李林森论文选集（上）

LI LINSEN LUNWEN XUANJI

◎ 李林森 著

东北师范大学出版社

长 春

图书在版编目（CIP）数据

李林森论文选集：上、下：汉文、英文 / 李林森著. —长春：东北师范大学出版社，2020.12
ISBN 978 - 7 - 5681 - 7586 - 9

Ⅰ. ①李… Ⅱ. ①李… Ⅲ. ①天体力学—文集—汉、英 Ⅳ. ①P13-53

中国版本图书馆 CIP 数据核字（2020）第 261402 号

□责任编辑：付 好 李 双 □封面设计：隋福成
□责任校对：王 蕾 □责任印制：许 冰

东北师范大学出版社出版发行
长春净月经济开发区金宝街 118 号（邮政编码：130117）
电话：0431-84568019
传真：0431-85691969
网址：http://www.nenup.com
东北师范大学音像出版社制版
吉林省良原印业有限公司印装
长春市净月小合台工业区（邮政编码：130117）
2020 年 12 月第 1 版 2020 年 12 月第 1 次印刷
幅面尺寸：185 mm×260 mm 印张：45 字数：995 千

定价：167.00 元

序

作者李林森教授1956年毕业于南京大学天文系．他酷爱所学天文专业，特别是天体轨道要素变化理论和天体自转理论的研究．他退休后，以活到老学到老的精神始终坚持搞研究．他常说，搞研究一要勤奋钻研，二要手脑并用，三要珍惜时间．而今他90岁年华仍然坚持这种科研态度．他在这种科研态度的推动下，退休近30年来孜孜不倦地撰写论文．他的论文发表在国内19种杂志和英国、美国、俄罗斯等10个国家的13种杂志上．一分耕耘，一分收获，他从已发表的论文中选出80余篇编入《李林森论文选集》．论文集包括“天体轨道要素变化理论”和“天体自转理论”两部分。研究天体轨道要素变化理论对预测天体位置的演变趋势至关重要，研究天体自转理论对研究天体起源和演化很有意义．

作者在论文集的上册中深入研究了经典天体力学、相对论天体力学、变引力常数天体力学、变质量天体力学和人造天体力学中轨道要素的变化领域的课题并取得了可喜的成果；在下册中研究了地球自转、太阳自转、恒星自转、脉冲星自转以及双星同步自转理论等方面的课题，也取得了许多有价值的成果．

作者还重视将天体轨道要素变化理论和天体自转理论同物理学和天体物理学的交叉学科相联系，每篇论文都重视数学理论上的推导和对具体天体的推算．他的研究成果是在前人研究基础上取得的新成就，绝大多数论文都是独自完成的，特别下册完全由他自己独立完成，两册文集都有较强的系统性和完整性．他的好些论文被美国SCI和俄罗斯《力学文摘》杂志收录．他常说：人生在世一回，为后人留些可纪念的物品是最有意义的，如书籍、发表的论文．作者本着这种精神，退休后近30年来老有所为，手脑并用，取得了可喜的科研成果，实现了人生的价值和意义，我深感钦佩．

叶叔华

2019年3月11日

前　言

宇宙间所有天体在万有引力作用下均按一定轨道运动，从人造卫星、流星、彗星、小行星到大行星以及双星均按自己的轨道周而复始地运转. 然而，天体轨道在外力影响下不断随时间演变，这种演变对天体系统的发展有很大影响. 例如，地球轨道在其他行星的摄动作用下由椭圆轨道演变成圆形轨道，再由圆形轨道演变成椭圆轨道. 在圆形轨道时对地球气候有很大影响，地球冰河期由此产生. 又如同步双星轨道的演变对双星系统的结局影响最大，人造卫星的轨道演变决定卫星的寿命. 所以，研究天体轨道要素的变化有重大意义.

宇宙间各种天体诞生后均有自转，宇宙间没有一种天体不在自转着. 自转是天体运动的普遍规律. 研究天体自转理论对研究天体的起源和演化有重要意义，因为自转和天体的起源有关. 天体自转也对我们人类有各种益处. 研究地球自转变化对我们生活计时的精确性有重要意义；研究太阳自转观测到的赤道加速度现象或称较差自转使我们可以了解太阳是个流体或者气体星，并推广到所有恒星均有较差自转现象；脉冲星高速稳恒态自转发射的脉冲频率使我们有了对时间频率的改进；双星系统从非同步自转演变到同步自转的趋势是双星系统的最后结局和归宿. 各类天体的中心体自转对子星轨道变化产生的效应至关重要，这是广义相对论和引力理论的结果. 所以，天体自转现象及其规律很有研究的价值和意义.

本文集共分上、下两册. 文集上册（天体轨道要素变化理论）共分五部分，笔者在其中对各种天体轨道要素的变化做了深入研究. 在第一部分对太阳和双星模型对行星和双星轨道要素的演变以及双星系统中的三体摄动效应均做了深入研究；第二部分主要研究了天体的相对论轨道效应，特别双星引力辐射对探讨引力波的起源很有意义，包括对太阳系以外行星轨道的研究；第三部分用变质量力学研究了太阳和双星质量流失对地球、行星、小行星、流星群以及双星轨道的演变做了深入研究；第四部分主要用引力常数变化对行星、小行星和流星轨道以及双星系统的演变做了普遍研究；第五部分用天体力学方法和电磁学理论研究了人造卫星在地球电磁场和电离层中的电磁感应阻力对带电人造卫星和导体人造卫星的轨道演变做了研究. 以上就是文集上册各部分研究成果的特点．

文集下册（天体自转理论）共分六部分．第一部分研究了牛顿引力和后牛顿引力中的刚体地球自转理论；第二部分突出研究了太阳较差自转以及太阳内部和外部各种制动力对较差自转的影响；第三部分主要研究了主序前年轻的金牛 T 星的慢自转到上主序的高速自转的 O，B 型恒星的自转；第四部分主要研究了脉冲星的磁辐射和磁衰减对自转减速产生的影响；第五部分重点研究了判断双星同步自转的两种方法以及双星系的同步自转和假同步自转理论；第六部分研究了各类天体的中心体自转效应．本册文集不仅包括固体星的自转理论，也包括气体星的自转理论，这是本册文集的特点．

本文集根据笔者发表过的论文整理而成，86 篇论文中绝大部分是笔者退休后 30 年内发表的．其中难免有误，请读者见谅．

人生在世一回，能为后人留下可纪念的东西（作品）是最宝贵的．

本文集上册有 5 篇论文与他人合作，已在文中注明，其他各篇及下册全部论文均为笔者单独发表，文中不再署名．

李林森

2020 年 1 月 15 日于东北师范大学

目　录

第一部分　经典天体力学中的天体轨道要素变化

第二部分　相对论天体力学中的天体轨道要素变化

第三部分　变质量天体力学中的天体轨道要素变化

第四部分　变引力常数天体力学中的天体轨道要素变化

第五部分　人造卫星天体力学中的天体轨道要素变化

第一部分

经典天体力学中的天体轨道要素变化

小行星族在长期摄动作用下的运动特点*

1. 引　言

小行星族是研究小行星各方面问题的主要课题，它的复杂运动，包括它的起源需要用天体力学中的长期摄动理论来讨论．有关小行星族的专题研究已由 Hirayama（平山清次），Gullon，Senespleda 等人著文论述[1]~[8]．用天体力学中的长期摄动理论研究小行星族的运动特点在 Charlier 著之 *Die Mechanik des Himmels* 中有所论述，此外，在平山清次、松隅健彦著之《天体力学》中也有所论述．特别古在由秀（Kazai Y.）在这方面做过深入研究并讨论了高阶摄动对小行星的运动影响[7]~[10]．近年来古在由秀和日本其他天文学家对小行星的长期理论又做了各方面研究，并把长期摄动同共振理论联系起来[11]~[15]．本文对小行星族在这方面的研究做一综述．

2. 小行星族及其特点

小行星族同小行星群两者在特性上有所不同．以平均运动 500″为分界线，小行星在小于 500″的区域大都成群存在，在大于 500″的区域有空隙存在，而群和空隙都是发生在与木星的周期成简单整数比的地方．但是，在大于 500″的区域也好像有几群，而这些群和木星的周期并不成简单整数比，它们的平均运动、平均轨道半径都类似，偏心率和轨道倾角略等，这种集团称为族．

已确认的著名小行星族见表 1 所列．

表 1

小行星族名称	公转周期(年)	小行星数目(个)
Flora 族	3.30	77
Themis 族	5.54	34
Eos 族	5.23	33
Coronis 族	4.88	21
Maria 族	4.06	14

* 原文载于《天文与时频》，1986（3，4）：12-16.

此外，有些族的成员数目较少，如 Togaia 族有 15 个，其他还有 Pallas，Zerlina，Baroelona Celestial 等族.

族的显著特点是，它们轨道的中心都排列在圆周上，而轨道的极也排列在圆周上. 图 1 和图 2 分别是 Coronis 族中 21 颗小行星的轨道之极和中心在圆周上的分布图.

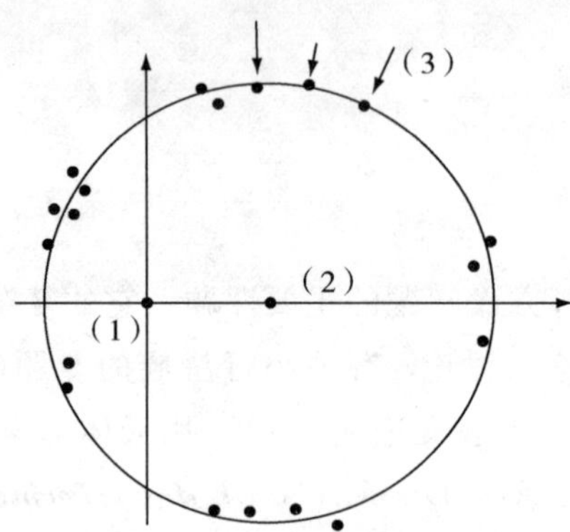

(1) 黄道之极　(2) 木星轨道之极　(3) 小行星轨道之极

图 1　Coronis 族中 21 颗小行星轨道之极分布图

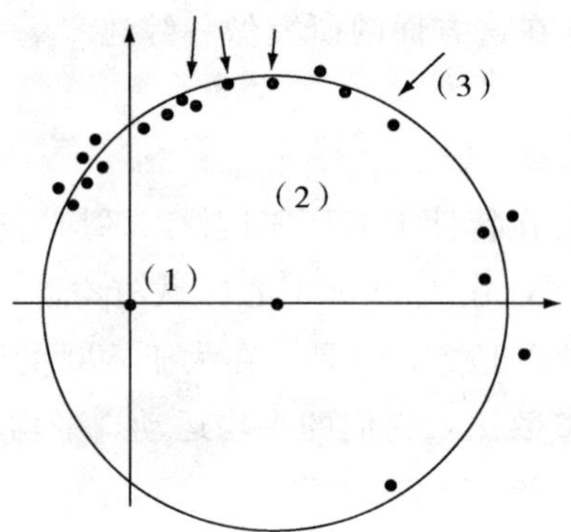

(1) 太阳　(2) 木星轨道之中心　(3) 小行星轨道中心位置

图 2　Coronis 族中 21 颗小行星轨道中心的位置

3. 长期摄动对小行星族运动的影响

现在我们用天体力学的长期摄动理论说明小行星族的运动特点.

根据长期摄动理论，需采用 Lagrange 变换：

$$\begin{aligned} p&=\tan i\ \sin \Omega,\ h=e\ \sin \tilde{\omega}, \\ q&=\tan i\ \cos \Omega,\ k=e\ \cos \tilde{\omega}, \end{aligned} \tag{1}$$

其中 i，e，Ω 和 $\tilde{\omega}$ 分别表示小行星的轨道倾角、偏心率、升交点黄经和近日点黄经.

根据上述变换可将小行星的长期摄动方程写成下列形式[6]~[9]：

$$
\begin{aligned}
&\frac{\mathrm{d}h}{\mathrm{d}t}-bk+\sum_{i=1}^{s}E_i\cos(g_it+\beta_i)=0,\\
&\frac{\mathrm{d}k}{\mathrm{d}t}+bh-\sum_{i=1}^{s}E_i\sin(g_it+\beta_i)=0,\\
&\frac{\mathrm{d}p}{\mathrm{d}t}+bq-\sum_{i=1}^{s}F_i\cos(f_it+\alpha_i)=0,\\
&\frac{\mathrm{d}q}{\mathrm{d}t}-bp+\sum_{i=1}^{s}F_i\sin(f_it+\alpha_i)=0,
\end{aligned}
\tag{2}
$$

将式（2）积分，则有

$$
\begin{aligned}
&h=e\sin\tilde{\omega}=A\sin(bt+B)+\sum_{i=1}^{s}G_i\sin(g_it+\beta_i),\\
&k=e\cos\tilde{\omega}=A\cos(bt+B)+\sum_{i=1}^{s}G_i\cos(g_it+\beta_i),\\
&p=i\sin\Omega=C\sin(-bt+D)+\sum_{i=1}^{s}H_i\sin(f_i+\alpha_i),\\
&q=i\cos\Omega=C\cos(-bt+D)+\sum_{i=1}^{s}H\cos(f_it+\alpha_i),
\end{aligned}
\tag{3}
$$

其中

$$
G_i=\frac{R_i}{b-g_i},
$$

$$
H_i=-\frac{F_i}{b+f_i},
$$

式中 A，B，C，D 为积分常数，A 称固有偏心率，C 称固有倾角.

考虑到式（3）右端第二项都是时间 t 的函数，故可写：

$$
\begin{aligned}
&h=e\sin\tilde{\omega}=A\sin(bt+B)+h_0(t),\\
&k=e\cos\tilde{\omega}=A\cos(bt+B)+k_0(t),\\
&p=i\sin\Omega=C\sin(-bt+D)+p_0(t),\\
&q=i\cos\Omega=C\cos(-bt+D)+q_0(t).
\end{aligned}
\tag{4}
$$

多数小行星有相同的平均运动 n 时，所求出来的 A 和 C 大致相等. 凡是 A 和 C 都相等者，就称为一个小行星族. 小行星族的另一定义是：固有倾角和固有偏心率都相等，称为族.

现在将式（4）移项后平方，用三角函数关系，得

$$
\begin{aligned}
&[h-h_0(t)]^2+[k-k_0(t)]^2=A^2,\\
&[p-p_0(t)]^2+[q-q_0(t)]^2=C^2.
\end{aligned}
\tag{5}
$$

这是一个在 hk 平面上，以 h_0k_0 为中心、以 A 为半径的圆；另一个是在 pq 平面

上，以 p_0q_0 为中心、以 C 为半径的圆（见图 3）.

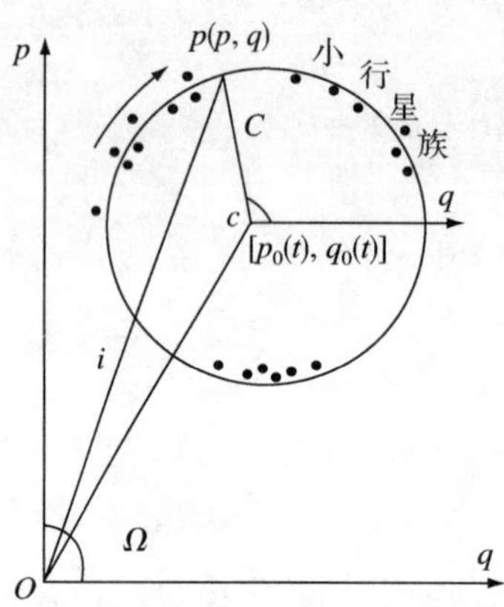

木星轨道面中心之方向 c'

固有偏心率 $c'p'=A$

轨道倾角 $Op=i$

固有升交点黄经 $\angle qcp=-bt+D$

固有近日点黄经 $\angle kc'p'=-bt+B$

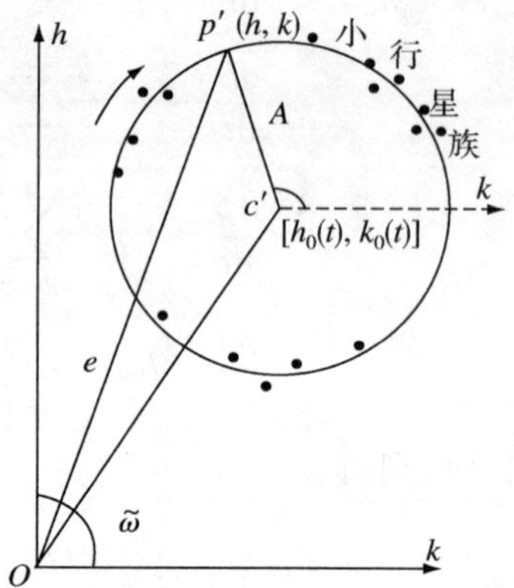

木星轨道面之极的方向 c

固有倾角 $cp=C$

偏心率 $Op'=e$

升交点黄经 $\angle qOp=\Omega$

近日点黄经 $\angle kOh=\tilde{\omega}$

图 3

两个圆的中心 $[p_0(t),q_0(t)]$ 及 $[h_0(t),k_0(t)]$ 都是时间 t 的函数，两个圆由于大行星的摄动影响在平面 pq 和平面 hk 上变化着. 对于同一族来说，其半径 A 和 C 不变，圆上任一点随着固有升交点黄经和固有近日点黄经在以 A 和 C 为半径的圆周上变化着.

由此可知，固有倾角和固有偏心率不受摄动的影响，但固有升交点黄经随时间的增加而减小，固有近日点黄经随时间的增加而增大.

在任何时刻，圆中心 c 的位置可由大行星的质量和轨道要素以及小行星的公转周期或平均运动为自变量而求得.

由图 3 极坐标（i，Ω）和（e，$\tilde{\omega}$）可知，i 和 Ω 决定小行星轨道面的方向，即极的方向；而 e 和 $\tilde{\omega}$ 决定小行星的轨道形状，即轨道中心的方向. 所以，小行星轨道面的极 p 在以木星轨道面的极 c 为中心、以 C 为半径的圆周上，小行星轨道的中心 p' 在以木星轨道面之中心 c' 为中心、以 A 为半径的圆周上.

p 和 p' 绕 c 和 c' 一周 7 000～45 000 年，每一族小行星其数值不同. Coronis 族为 20 300 年，Themis 族为 1 500 年，Eos 族为 17 100 年.

属于族的小行星在原始时刻都在同一轨道上，但由于长期摄动作用的结果，每个小行星分散在圆周上.

每一族小行星都有自己的 A，C，n 等（见表 2）.

表 2

族名称	成员数(个)	周期(年)	平均运动(n)	固有倾角	固有偏心率
Themis	34	5.54	640.54″	0.023 8	0.153 9
Eos	38	5.23	678.03″	0.178 9	0.075 1
Coronis	23	4.88	727.63″	0.037 1	0.047 8
Maria	16	4.06	872.91″	0.267 7	0.097 1
Flora	81	3.30	1 076.27″	0.075 2	0.137 5
Togaia	15	3.49	1 014.00″	0.471 0	0.286 0

4. 小行星族的秤动和周动

任一小行星在圆周上 p 点的运动有两种，即秤动和周动.

4.1　秤　动

当固有倾角或固有偏心率 $cp<Oc$ 时（见图 4），p 点的位置由 O 点看去只限于一方面，因此交点及近日点黄经 Ω，$\tilde{\omega}$ 只能限于某一范围内做周期变化，这种运动称为族的秤动.

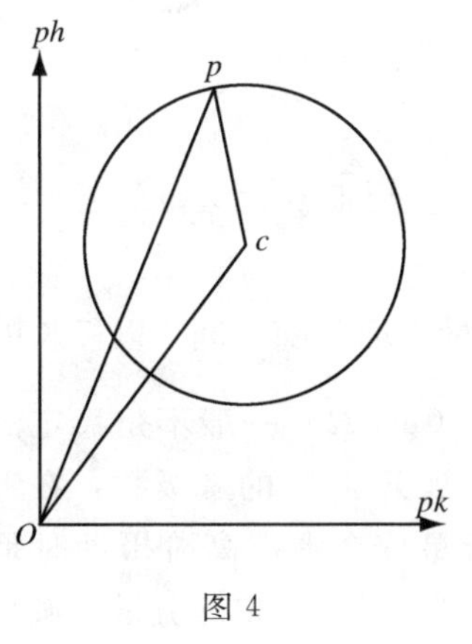

图 4

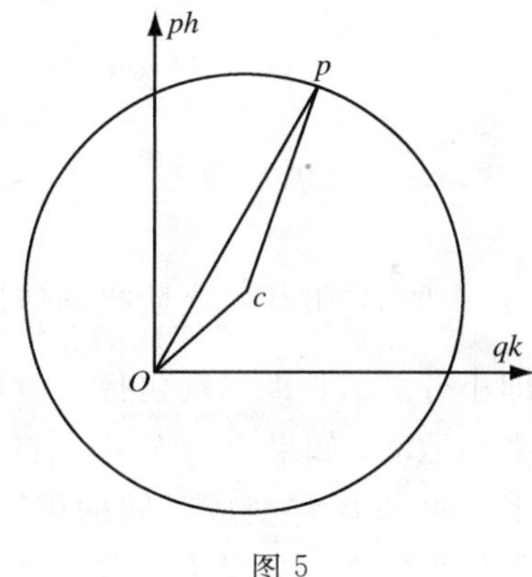

图 5

4.2　周　动

当固有倾角或固有偏心率 $cp>Oc$ 时（见图 5），原点 O 进入圆周内，p 点在圆周上绕 O 点旋转，同时绕 c 点旋转. 此时交点的黄经常常减小而近日点黄经常常增大，这种运动称为族的周动.

4.3　小行星族统计分布

在周动情况中，当 cp 和 Oc 的方向一致时，Op 的长为最大；当 cp 和 Oc 的方向相反时，Op 为最小. 由原点 O 看 p 点的角速度，与 c 同向时为最小，与 c 反向时为最大. 于是，由原点 O 看 p 点时，p 点在 c 点方向时间较长，在反方向时间较短. 就多数小行星族的统计，以 c 点方向为最多，而相反方向为最少（见图 6）. 在秤动情况下，这种倾向更为显著. 倾角或偏心率的平均值以 c 点方向为最大，相反方向为最小.

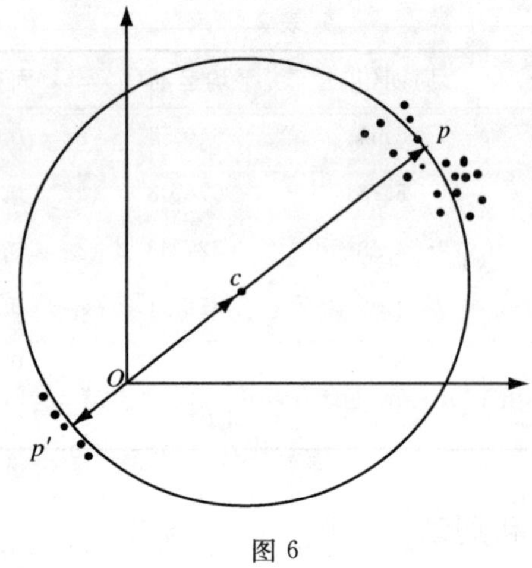

图 6

5. 高阶摄动和小行星轨道的稳定性

古在由秀曾用高阶摄动和特性指数讨论过小行星族的运动特点和稳定性，得到小行星的长期摄动结果与式（3）类似，但固有偏心率 A 和固有倾角 B 都是时间 t 的周期函数[10].

$$
\begin{aligned}
A^2 &= A^2\cos^2\zeta t + \left[A + 2f\,\frac{f(A-B)}{1-f^2}\right]^2\sin^2\zeta t,\\
B^2 &= B^2\cos^2\zeta t + \left[B + 2f\,\frac{f(B-A)}{1-f^2}\right]^2\sin^2\zeta t.
\end{aligned}
\tag{6}
$$

式（6）中的 A 和 B 在高阶摄动作用下不是不变量，而是随时间 t 以极长的周期 $\frac{\pi}{\zeta}$ 变化着，即小行星的长期运动包括二阶的周期项，而（$\omega+\Omega$）一般不是稳定的，但有不为零的平均运动. 如果 ξt 量较小，将 $\cos\xi t$，$\sin\xi t$ 展开成 ξt 的幂级数，在考虑高阶项的情况下，A 和 B 都变成时间的函数. 这样，小行星族在考虑高阶摄动时是否稳定的问题就很值得研究，如果不稳定，小行星族就会瓦解而不会固定地分散在圆周上成为一族.

参考文献

[1] Hirayama（平山清次）. Families of asteroids.

[2] Hirayama. Present state of the families of asteroids，1933.

[3] Gullon. Families de asteroides.

[4] Senespleda. Families de asteroides，1937.

[5] 平山清次，小惑星.

[6] C L Charlier. Die mechanik des himmels，1，1902-1907.

[7] 松限健彦. 天体力学（岩波讲座）. 第六章.

[8] 松限健彦，平山清次. 天体力学. 岩波书店出版，163.

[9] Kozai Y（古在由秀）. On the secular perturbation of asteroids. Tokyo Astronomical Observatory Reprints No 3，1954.

[10] Kozai Y，Astron J. 61（1962），591.

[11] Kozai Y. Dynamics of the solar system duncombe（1979）.

[12] Kozai Y. Asteroids，Gehrels（1979）.

[13] Kinoshita H. Bulletin Astronomique，17（1970），209.

[14] Horoshi Nakai，Hiroshi Kinoshita. Celestial Mechanics，36（1985），391-407.

太阳多方模型对行星轨道要素变化的长期摄动影响*

摘要：本文利用天体力学中的摄动理论和天体物理学中的气体星多方模型理论研究了太阳多方模型对行星轨道要素变化的长期摄动影响．文中给出了太阳多方指数 $n=3$ 的模型由于自转、扁度和内部密度分布等因素对行星轨道要素变化的长期摄动效应的理论结果．研究结果表明：行星轨道要素除长轴、偏心率和轨道倾角不受长期摄动影响外，升交点经度、近日点经度以及平近点角均受长期摄动的影响．最后利用理论结果对行星轨道要素的长期摄动效应做了数值计算，数值结果在表 1 中给出．

关键词：太阳多方模型；行星轨道；长期摄动

1．引　言

太阳对行星轨道要素的摄动影响来自太阳的各种因素，如太阳的自转、扁度、内部密度分布及其他各种因素等．文献［1］单纯从引力理论研究了太阳自转对行星轨道的摄动影响，文献［2］只从太阳扁度研究对行星轨道的摄动影响，文献［3］研究了不仅包括扁度也包括自转对行星轨道的摄动影响．然而，所有这些研究均没有涉及内部密度分布．一个考虑包括自转、扁度和内部密度分布的模型应该计算自转的气体星的多方模型及其多方模型的摄动函数．研究太阳对行星轨道的摄动函数不能直接用地球或行星对卫星的摄动函数中的 J_2，因为太阳不是固体星，而是气体星．对于气体星，如果只考虑质量、密度、压力和温度分布，不涉及辐射光度、对流等物理过程，用多方模型来近似研究就足够了，而天体力学中所需要的正好是前者部分，因此，研究太阳模型对行星轨道摄动影响的较完善理论莫过于用气体星的多方模型做近似．当然，光度辐射造成的质量损失对轨道要素变化影响的变质量天体力学除外．文献［4］曾利用太阳多方模型的摄动函数研究过太阳对水星轨道的近日点的摄动影响，但该研究没有对所有轨道要素的长期摄动效应做全面考察，本文在文献［4］的研究基础上用不同方法对此问题做了进一步研究．

2．太阳多方模型对行星运动产生的摄动函数

为了给出太阳多方模型对行星运动产生的摄动函数，首先写出太阳引力四极矩对行

* 国家自然科学基金资助课题．原文载于《陕西天文台台刊》，1995，18：20-25．

星运动产生的摄动函数[5][7]：

$$R=-\frac{GMR_{\odot}^{2}J_{2}}{r^{3}}\left(\frac{3\cos^{2}\theta-1}{2}\right)=-\frac{GMR_{\odot}^{2}J_{2}}{r^{3}}\left(\frac{3}{2}\sin^{2}\varphi-\frac{1}{2}\right),\tag{1}$$

式中 M 和 $R_{\odot}$ 分别表示太阳质量和半径，φ 为纬度，θ 为余纬度，即 $\theta=90°-\varphi$，而

$$\cos\theta=\sin\varphi=\sin i\sin(\omega+f),\tag{2}$$

式中 f 为真近点角，ω 为近点角距. 文献［2］［3］将太阳引力四极矩参量 J_2 用太阳扁率 σ 表示，以研究对行星轨道的摄动影响，

$$J_2=\frac{2}{3}\sigma.\tag{3}$$

文献［3］不仅将 J_2 同太阳扁率 σ，而且同自转角速 ω 联系起来，以此研究对行星轨道的摄动影响，

$$J_2=\frac{2}{3}\sigma-\frac{\omega^{2}R^{2}}{3GM}=\frac{2}{5}\sigma.\tag{4}$$

所有这些都是在假定太阳是一个密度均匀的理想流体情况下得出的. 但是，太阳内部密度分布不是均匀的. 故需寻找 J_2 不仅同太阳扁率和自转角速有关的函数，而且应同太阳内部密度分布有关或同模型有关. 较好的办法是将多方模型函数引入 J_2. 虽然多方模型同太阳的实际模型尚有一定差距，但正如在引言所指出的，多方模型可作为太阳实际模型的近似，至少其内部密度分布不是均匀的. 为了将太阳引力四极矩参量 J_2 用多方模型函数表示，将 J_2 写成[6]

$$J_2=\frac{(C-A)}{MR_{\odot}^{2}}.\tag{5}$$

现在可将转动惯量（$C-A$）用多方模型函数表示. 文献［4］用多方函数变换 $r=\alpha\xi$ 和 $\mu=\cos\theta$ 积分得到

$$\begin{aligned}C-A&=2\pi\int_{\pi}^{0}\int_{0}^{R_{\odot}}r^{4}\rho(r,\theta)P_{2}\cos\theta\,\sin\theta\,\mathrm{d}r\,\mathrm{d}\theta\\&=\frac{2\pi\lambda R^{5}\nu}{3}\left[\frac{2\Psi_{2}-\xi\Psi'_{2}}{3\Psi_{2}+\xi\Psi'_{2}}\right]_{\xi=\xi_{1}}\\&=\frac{2\pi\lambda R_{\odot}^{5}\nu}{3}\left[\frac{2}{\xi}-\frac{\Psi'_{2}}{\Psi_{2}}\right]\left[\frac{\xi\Psi_{2}}{3\Psi_{2}+\xi\Psi'_{2}}\right]_{\xi=\xi_{1}},\end{aligned}\tag{6}$$

式中

$$\nu=\frac{\omega^{2}}{2\pi G\lambda},\tag{6$'$}$$

ω 和 λ 分别表示多方球的自转角度和中心密度，$R_{\odot}$ 为半径，而 Ψ_2 和 $\Psi'_2=\frac{\mathrm{d}\Psi_2}{\mathrm{d}\xi}$ 均表示多方球函数和其微商. 对于不同的多方指数 n 可查表得其值，ξ 是通过 $r=\alpha\xi$ 变换推得的. $\xi=\xi_1$ 表示取边界（表面）值.

现在将（6）式代入（5）式，再将（5）式代入摄动函数（1）式就得到用多方模型

函数 $K(n)$ 来表示的太阳多方模型对行星运动产生的摄动函数

$$R=\frac{GM}{r^3}K(n)\left(\frac{1-3\cos^2\theta}{2}\right)=\frac{GM}{r^3}K(n)\left(\frac{1}{2}-\frac{3}{2}\sin^2\varphi\right), \tag{7}$$

式中多方模型函数 $K(n)$ 为

$$K(n)=\frac{2\pi\lambda R_{\odot}^5\nu}{3M}\left[\frac{2\Psi_2-\xi\Psi'_2}{3\Psi_2+\xi\Psi'_2}\right]_{\xi=\xi_1}=C(n)\sigma(n). \tag{8}$$

如果扁率 $\sigma(n)$ 由文献[8]用多方模型函数表示，则

$$\begin{aligned}\sigma(n)&=\frac{5}{4}\cdot\frac{\nu}{|\theta'|_{\xi_1}}\left[\frac{\xi\Psi_2}{3\Psi_2+\xi\Psi'_2}\right]_{\xi=\xi_1},\\ C(n)&=\frac{8}{15}\cdot\frac{\pi\lambda R_{\odot}^5|\theta'|_{\xi}}{M}\left[\frac{2}{\xi}-\frac{\Psi'_2}{\Psi_2}\right]_{\xi=\xi_1}.\end{aligned} \tag{9}$$

如果扁率 $\sigma(n)$ 由文献[4]按着从地球用弧度测量之，并表示为多模型函数时，则

$$\begin{aligned}\sigma(n)&=\frac{5}{2}\cdot\frac{R_{\odot}\nu}{A|\theta'|_{\xi_1}}\left[\frac{\xi\Psi_2}{3\Psi_2+\xi\Psi'_2}\right]_{\xi_1}\text{rad},\\ C(n)&=\frac{4}{15}\cdot\frac{\pi\lambda R_{\odot}^4 A|\theta'|_{\xi_1}}{M}\left[\frac{2}{\xi}-\frac{\Psi'_2}{\Psi_2}\right]_{\xi=\xi_1},\end{aligned} \tag{10}$$

式中 A＝天文单位（日地距离），$|\theta'|_{\xi_1}$ 表示多方函数 $\frac{d\theta}{d\xi}$ 取表面值的绝对值（查文献[8]表得知）. 本文主要用（9）式，而（7）式就是本文给出的太阳多方模型对行星运动产生的摄动函数.

3. 太阳多方模型对行星轨道要素变化产生长期摄动影响的理论结果

为了研究太阳多方模型对行星轨道要素变化产生的长期摄动效应，现将摄动函数（2）式右端三角函数 $\sin(\omega+f)$ 用倍角函数表示，将（2）式代入（7）式后将 $\sin^2(\omega+f)$ 化为倍角函数后，则得

$$R=\frac{GM}{r^3}K(n)\left[\frac{1}{2}\left(1-\frac{3}{2}\sin^2 i\right)+\frac{3}{4}\sin^2 i\cos 2(\omega+f)\right]. \tag{11}$$

由于 r 和 f 是行星轨道要素 a，e 和平近点角 M 的函数，故摄动函数 R 在形式上可分为仅含轨道要素 a，e 和 i 的常数项和含有轨道要素 M 的周期项，前者使轨道要素产生长期变化，后者产生周期变化，但由于考虑到太阳对行星运动的影响很小，特别周期项的影响更小，故只考虑长期项的影响就足够了. 下面用平均轨道要素法来求 R 中的长期项

$$\bar{R}=\frac{1}{2\pi}\int_0^{2\pi}R\,dM. \tag{12}$$

将（11）式中的 R 代入（12）式，积分得到

$$\bar{R}=\frac{GMK(n)}{2a^3}(1-e^2)^{-\frac{3}{2}}\left(1-\frac{3}{2}\sin^2 i\right). \tag{13}$$

将（13）式代入拉格朗日行星运动方程[7]，则可得到太阳多方模型对行星轨道的长期摄动影响的理论式子：

$$\begin{cases}\dfrac{\mathrm{d}a}{\mathrm{d}t}=\dfrac{\mathrm{d}e}{\mathrm{d}t}=\dfrac{\mathrm{d}i}{\mathrm{d}t}=0,\\[2ex]\dfrac{\mathrm{d}\Omega}{\mathrm{d}t}=\dfrac{-\dfrac{3}{2}K(n)\cos i}{p^2}=\dfrac{-3\pi K(n)\cos i}{p^2T},\\[2ex]\dfrac{\mathrm{d}\omega}{\mathrm{d}t}=\dfrac{\dfrac{3}{4}K(n)n(4-5\sin^2 i)}{p^2}=\dfrac{3\pi K(n)\left(2-\dfrac{5}{2}\sin^2 i\right)}{p^2T},\\[2ex]\dfrac{\mathrm{d}\tilde{\omega}}{\mathrm{d}t}=\dfrac{\dfrac{3}{2}K(n)n\left(2-\cos i-\dfrac{5}{2}\sin^2 i\right)}{p^2}\\[2ex]\qquad=\dfrac{3\pi K(n)\left(2-\cos i-\dfrac{5}{2}\sin^2 i\right)}{p^2T},\\[2ex]\dfrac{\mathrm{d}M_0}{\mathrm{d}t}=\dfrac{\dfrac{3}{2}K(n)n\sqrt{1-e^2}\left(1-\dfrac{3}{2}\sin^2 i\right)}{p^2}\\[2ex]\qquad=\dfrac{3K(n)\pi\sqrt{1-e^2}\left(1-\dfrac{3}{2}\sin^2 i\right)}{p^2T},\end{cases}\tag{14}$$

式中 $p=a(1-e^2)$，$T=\dfrac{2\pi}{n}$为行星轨道周期（用年表示），多方函数 $K(n)$ 由（8）式给出. 故太阳多方模型对行星轨道 a，e，i 无长期摄动影响，只对 Ω，ω 或 $\tilde{\omega}$ 和 M_0 有长期摄动效应.

4. 数值结果

现在将本文所推得的结果（14）式用来估计太阳多方模型对行星轨道要素的长期摄动效应的数值，需先计算多方模型函数 $K(n)$，包括 $k(n)$和 $\sigma(n)$. 对于太阳取多方指数 $n=3$ 的多方模型，根据文献[8]给出的表Ⅵ查出对应多方指数 $n=3$ 时的 $\xi_1=6.8968$，$\Psi_2(\xi_1)=11.278$，$\Psi'_2(\xi_1)=3.0409$，$-\theta'(\xi_1)=0.04243$ 和由文献[9]给出的太阳的 M，R，ω，λ（中心密度），代入（6）（8）（9）式，求得

$$\begin{aligned}&K(n)=4.14\times10^{15},\\&C(n)=1.90\times10^{20},\quad(\mathrm{c\cdot g\cdot s})\\&\sigma(n)=2.18\times10^{-5},\end{aligned}\tag{15}$$

将（15）式的 $K(n)$值代入（14）式后，再将由文献[9][10]给出的水星、金星、地球和火星的轨道要素 a，e，i 和 T 代入（14）式，并按每百年角秒进动速度计算，则所

得结果如表 1 所示.

表 1　太阳多方模型对行星轨道要素的长期摄动的进动速度（角秒/世纪）的估计

进动速度	水星	金星	地球	火星
$\dot{\Omega}$	−0.108 7	−0.011 1	−0.003 6	−0.000 4
$\dot{\omega}$	+0.216 3	+0.022 2	+0.007 0	+0.001 6
$\dot{\tilde{\omega}}$	+0.107 6	+0.011 1	+0.003 4	+0.001 2
M_0	+0.105 7	+0.011 1	+0.003 5	+0.000 8

5. 结　论

（1）太阳对行星轨道要素的摄动不仅受其自转或非自转效应的影响，还受到太阳扁度和内部密度分布的影响，同时同太阳多方模型指数 n 有关. 对于主序星模型的太阳，本文取 $n=3$，扁度和密度分布同多方指数 n 的取值有关.

（2）现用本文的理论推算出的水星近日点经度的进动速度 $\tilde{\omega}$ 值同其他文献相比较，可列入表 2.

表 2　对水星近日点经度的进动速度值的比较

文献	[1]	[2]	[3]	本文	[4]
ω(角速)	自转	非自转	自转	自转	自转
λ	均匀	均匀	均匀	非均匀	非均匀
σ	0	5.2×10^{-5} (0.05″)	10^{-5} (0.01″)	2.2×10^{-5} (0.02″)	3.1×10^{-4} (0.30″)
$\dot{\tilde{\omega}}$	−0.02″	4.05″	0.49″	0.11″	0.37″

由表 2 可以看出：

文献 [1] 是密度均匀的自转球体（$\sigma=0$，$\lambda=$const）属于单纯来自自转的效应，其作用使近日点向相反方向减速.

文献 [2] 是密度均匀分布的非自转的扁球体，属于单纯来自扁度的效应，其作用使近日点速度加大，故有较大的值.

文献 [3] 是个密度均匀分布的旋转扁球体，包括扁度和自转的联合效应，因扁度加速进动，自转减速进动，故总的联合进动值小于文献 [2] 的值.

本文所讲是属于密度非均匀分布（集中中心）的旋转扁球体，包括自转、扁度和密度分布（多方指数）的效应. 均匀密度分布（多方指数略小）可加速进动，非均匀密度分布（多方指数略大）可减速进动，故三者联合效应要比文献 [2] [3] 都小.

文献 [4] 是同本文理论相一致的模型所推算的值，但该文对 σ 的取值不是由多方模型推出的式子给出，而是根据 1963 年文献给出的 $\sigma=0.''3$ 算出的，这相当于 $\sigma=$

3.12×10^{-4}，其值过大，故所得进动速度略大于本文的进动速度. 本文所用的 σ 值是按本文多方模型理论中（9）式推得的，因本文是研究太阳多方模型对行星轨道的摄动影响，故需用本文推出的 $\sigma(n)$ 值，它是多方指数 n 的函数. 文献［3］所确定的 σ 值范围：$1.04\times10^{-5}\leqslant\sigma\leqslant2.6\times10^{-5}$.

参考文献

［1］ Li Linsen. Commun. Theor Phys，15，353-358（1991）.

［2］ R H Dicke. Ann Rev Astron Ap，8,297（1970）.

［3］ 郑学塘，童彝. 北京师范大学学报（自然科学报），No 4，63-70（1981）.

［4］ I M Winer. Mon Mot R Astron Soc，132，401-404（1966）.

［5］ C M Misner，K S Thorne，J A Wheeler. Gravitation，San Francisco，1115（1973）.

［6］ C M Will. Theory and experiment in gravitational physics. Cambrige Univ Press，177（1981）.

［7］ 郑学塘，倪彩霞. 天体力学和天文动力学. 北京师范大学出版社，155，184-189（1989）.

［8］ S Chandrasekhar. Mon Not R Astron Soc，93，395，398（1993）.

［9］ C W Allen. Astrophysical quantities. Third edition. The Athlone Press，161，163，140-141（1973）.

［10］ L Gugusi，E Proverbio. Astron Astrophys，69，322（1978）.

The Perturbation Effect of a Rotating Solar Polytropic Model on the Variation of Planetary Orbital Elements*

Abstract: In this paper, the author examines the perturbation effect of rotating solar polytropic model on the variation of planetary orbital elements by the method of general perturbation in celestial mechanics and the polytropic model of gaseous star in astrophysics. The perturbation variables of planetary orbital elements caused by the rotation, oblateness and central density of the sun for the polytropic index $n=3$ are derived. The result shows clearly that the periodic perturbation effects are the orbital elements of all and the secular perturbation effects are the variation of the longitudes of perihelion, the ascending node and the mean anomaly of epoch. Finally, the author applies the obtained theoretical results to a calculation of the variation of orbital elements of four planets. The numerical results are given in table 1.

1. Introduction

In Ref. [1], the author studied the effect of the rotation of the central body on the motion of celestial body in three gravitational theories and applied the results to the effect of the rotation of the sun on the variation of orbital elements of planets. But in that paper, the sun was regarded as a rigid spherical stellar model with uniform distribution of the density and we did not point out which theories accord with the observational test in three gravitational theories of Einstein, Brans-Dicke and Nordtvedt. Obviously, this is not the case of an actual model of the sun. Practically, the sun is an oblate spherical gaseous star of non-uniform distribution of the density. Hence the better method to study this problem is that the sun is considered approximately as a rotating oblate spherical gaseous star by using the polytropic model. Although the authors studied the effect of the sun on the advances of perihelion of Mercury by using this model in Ref. [2], they did not give the theory of the effect of the polytropic model on

* The project supported by National Natural Science Foundation of China. 原文载于 *Commun Theor Phys*, 1997 (27): 361-366.

all of the orbital elements. This paper presents a detailed theoretical treatment by using the method of the polytropic model.

2. Formulation of the perturbation function

First of all, We write down the perturbation function F resulting from solar gravitational quadrupole-moment J_2 on the motion of planets in order to derive the perturbation function resulting from rotating solar polytropic model on the motion of the planets expressed as the perturbation components, R, S, W. According to Ref. [3],

$$F = -GMJ_2\left(\frac{R_\odot^2}{r^3}\right)\left(\frac{3\cos^2\theta - 1}{2}\right), \tag{1}$$

where M and $R_\odot$ denote solar mass and radius respectively, and

$$\cos\theta = \sin i \sin(\omega + v), \tag{2}$$

where i denotes the inclination of planetary orbit with respect to solar equatorial plane, ω and v denote the longitude of perihelion measured from the ascending node and planetary true anomaly respectively. The gravitational quadrupole-moment parameter J_2 is written as[4]

$$J_2 = \frac{(C-A)}{MR_\odot^2}. \tag{3}$$

The difference of moments of inertia $(C-A)$ can be expressed as the function of the polytropic model. According to Ref. [2], it can be obtained by integrating the following expression through the polytropic transformation $r=\alpha\xi$ and $\mu=\cos\theta$,

$$C - A = 2\pi\int_\pi^0\int_0^{R_\odot} r^4\rho(r\cdot\theta)P_2(\mu)\sin\theta \mathrm{d}r\mathrm{d}\theta = \frac{2\pi\lambda R_\odot^5 v}{3}\left[\frac{2\psi_2 - \xi\psi'_2}{3\psi_2 + \xi\psi'_2}\right]_{\xi=\xi_1} \tag{4}$$

$$= \frac{2\pi\lambda R_\odot^5 v}{3}\left[\frac{2}{\xi} - \frac{\psi'_2}{\psi_2}\right]\left[\frac{\xi\psi_2}{3\psi_2 + \xi\psi'_2}\right]_{\xi=\xi_1}, \tag{5}$$

where $v=\frac{\omega^2}{2\pi G\lambda}$. ω and λ denote the rotation angular velocity and the central density of the polytropic spheroid and R denotes its radius. ψ_2 and $\psi'_2=\frac{\mathrm{d}\psi_2}{\mathrm{d}\xi}$ denote the polytropic function and its differentiation. Their values can be known in table Ⅳ of Ref. [5] for different polytropic indices n. ξ is obtained through the transformation $r=\alpha\xi$. $\xi=\xi_1$ denotes to take the boundary values of the surface.

Substituting equation (4) into equation (3), then substituting equation (3) into equation (1), we obtain the perturbation function in terms of the polytropic model

$$F = \frac{GM}{r^3}K(n)\left(\frac{1-3\cos^2\theta}{2}\right), \tag{6}$$

where

$$K(n)=C(n)\cdot\sigma(n)=\frac{2\pi\lambda R_{\odot}^{5}v}{3M}\left[\frac{2\psi_2-\xi\psi'_2}{3\psi_2+\xi\psi_2}\right]_{\xi=\xi_1}. \tag{7}$$

The oblateness σ (n) in terms of the polytropic function is given by Chandrasekhar[5]

$$\sigma(n)=\frac{5}{4}\cdot\frac{v}{|\theta'|_{\xi_1}}\left[\frac{\xi\psi_2}{3\psi_2+\xi\psi'_2}\right]_{\xi=\xi_1}, \tag{8}$$

then C (n) can be expressed as the polytropic function as follows:

$$C(n)=\frac{8}{15}\cdot\frac{\pi\lambda R_{\odot}^{5}|\theta'|_{\xi_1}}{M}\left[\frac{2}{\xi}-\frac{\psi'_2}{\psi_2}\right]_{\xi=\xi_1}, \tag{9}$$

where $|\theta'|_{\xi_1}$ denotes that $\frac{d\theta}{d\xi}$ is taken as the absolute values of the boundary values, it can be known in table Ⅳ of Ref. [5].

Substituting equation (6) into the following expressions,[6] then we obtain the perturbation components R, S, W in terms of the function of the polytropic model as the formulae in Ref. [1].

$$R=\frac{\partial F}{\partial r}=-\frac{3}{2}\cdot\frac{GM}{r^4}K(n)[1-3\sin^2 i\ \sin^2(v+\omega)], \tag{10a}$$

$$S=-\left[\frac{\cos(v+\omega)\sin i}{r\sin\theta}\right]\frac{\partial F}{\partial\theta}=-\frac{3}{2}\cdot\frac{GM}{r^4}K(n)\sin^2 i\sin 2(v+\omega), \tag{10b}$$

$$W=-\left(\frac{\cos i}{r\sin\theta}\right)\frac{\partial F}{\partial\theta}=-\frac{3}{2}\cdot\frac{GM}{r^4}K(n)\sin 2i\sin(v+\omega). \tag{10c}$$

3. The perturbation variable

As in Ref. [1], we quote the Lagrange equation with true anomaly as an independent one given by Ref. [7] or quoted by Ref. [1] and put $mc^2=GM$, the mean anomaly of epoch $\sigma=M_0$ in Lagrange's equation, it follows that

$$\begin{aligned}
&\frac{da}{dv}=\frac{2pe\sin v}{GM(1-e^2)^2}r^2R+\frac{2p^2}{GM(1-e^2)^2}rS,\\
&\frac{de}{dv}=\frac{\sin v}{GM}r^2R+\frac{e+2\cos v+e\cos^2 v}{2Gp}r^3S,\\
&\frac{di}{dv}=\frac{\cos(\omega+v)}{GM}r^3W,\qquad \frac{d\Omega}{dv}=\frac{\sin(\omega+v)}{GMp\sin i}r^3W,\\
&\frac{d\omega}{dv}=-\frac{\cos v}{GMe}r^2R+\frac{(2+e\cos v)\sin v}{GMpe}r^3S-\frac{\sin(\omega+v)\cot i}{GMp}r^3W,\\
&\frac{dM_0}{dv}=-\frac{(1-e^2)^{\frac{1}{2}}}{GMpe}(2e-\cos v-e\cos^2 v)r^3R-\frac{(1-e^2)^{\frac{1}{2}}}{GMpe}(2+e\cos v)\sin v\cdot r^3S,\\
&\frac{d\tilde{\omega}}{dv}=\frac{d\omega}{dv}+\frac{d\Omega}{dv},
\end{aligned} \tag{11}$$

where

$$p = a(1 - e^2).$$

Now, substituting equation (10) into equation (11), then integrating them, we obtain the perturbation variables of the orbital elements caused by solar polytropic model:

$$\Delta a = \frac{3}{2} \cdot \frac{K(n)}{p^2(1-e^2)^2}\left[\sum_{i=1}^{4} A_i(\sin iv - \sin iv_0) + \sum_{i=1}^{4} A'_i(\cos iv - \cos iv_0)\right],$$

$$\Delta a = \frac{3}{2} \cdot \frac{K(n)}{p^2}\left[\sum_{i=1}^{5} E_i(\sin iv - \sin iv_0) + \sum_{i=1}^{5} E'_i(\cos iv - \cos iv_0)\right],$$

$$\Delta i = \frac{3}{2} \cdot \frac{K(n)}{p^2}\sin 2i\left[\sum_{i=1}^{3} I_i(\sin iv - \sin iv_0) + \sum_{i=1}^{3} I'_i(\cos iv - \cos iv_0)\right],$$

$$\Delta\Omega = \frac{3}{2} \cdot \frac{K(n)}{p^2}\cos i\left[(v - v_0) + \sum_{i=1}^{3} \Lambda_i(\sin iv - \sin iv_0) + \sum_{i=1}^{3} \Lambda'_i(\cos iv - \cos iv_0)\right], \quad (12)$$

$$\Delta\omega = \frac{3}{2} \cdot \frac{K(n)}{p^2}\left[W_0(v - v_0) + \sum_{i=1}^{5} W_i(\sin iv - \sin iv_0) + \sum_{i=1}^{5} W'_i(\cos iv - \cos iv_0)\right],$$

$$\Delta M_0 = \frac{3}{2} \cdot \frac{K(n)}{p^2} \cdot \frac{\sqrt{1-e^2}}{e}\left[H_0(v - v_0) + \sum_{i=1}^{5} H_i(\sin iv - \sin iv_0) + \sum_{i=1}^{5} H'_i(\cos iv - \cos iv_0)\right],$$

$$\Delta\tilde{\omega} = \Delta\Omega + \Delta\omega,$$

$$\Delta L_0 = \Delta M_0 + \Delta\tilde{\omega}.$$

where

$$\begin{aligned}
A_1 &= -\frac{3}{2}e\sin^2 i \sin 2\omega, \\
A'_1 &= \left[(2 - 3\sin^2 i)e + \frac{3}{2}e\sin^2 i\cos 2\omega\right], \\
A_2 &= -\left(1 + \frac{3}{2}e^2\right)\sin^2 i \sin 2\omega, \\
A'_2 &= \left[\left(1 - \frac{3}{2}\sin^2 i\right)e^2 + \left(1 + \frac{3}{2}e^2\right)\sin^2 i\cos 2\omega\right], \\
A_3 &= -\frac{3}{2}e\sin^2 i \sin 2\omega, \\
A'_3 &= \frac{3}{2}e\sin^2 i\cos 2\omega, \\
A_4 &= -\frac{3}{4}e^2\sin^2 i\sin 2\omega, \\
A'_4 &= \frac{3}{4}e^2\sin^2 i\cos 2\omega.
\end{aligned} \quad (13)$$

$$
\begin{aligned}
E_1 &= -\frac{1}{4}\left(1+\frac{5}{2}e^2\right)\sin^2 i\sin 2\omega,\\
E'_1 &= \left(1+\frac{1}{4}e^2\right)\left(1-\frac{3}{2}\sin^2 i\right)+\frac{1}{4}(1+3e^2)\sin^2 i\cos 2\omega,\\
E_2 &= -\frac{1}{5}e\sin^2 i\ \sin 2\omega,\\
E'_2 &= \frac{1}{2}\left(1-\frac{3}{2}\sin^2 i\right)e+\frac{1}{5}e\sin^2 i\cos 2\omega,\\
E_3 &= -\frac{1}{12}\left(7+\frac{17}{4}e^2\right)\sin^2 i\sin 2\omega,\\
E'_3 &= \frac{1}{12}\left(1-\frac{3}{2}\sin^2 i\right)e^2+\frac{1}{12}\left(7+\frac{7}{14}e^2\right)\sin^2 i\cos 2\omega,\\
E_4 &= -\frac{3}{8}e\sin^2 i\sin 2\omega,\\
E'_4 &= \frac{3}{8}e\sin^2 i\cos 2\omega,\\
E_5 &= -\frac{1}{16}e^2\sin^2 i\sin 2\omega,\\
E'_5 &= \frac{1}{16}e^2\sin^2 i\cos 2\omega.
\end{aligned}
\tag{14}
$$

$$
\begin{aligned}
&I_1 = -\frac{1}{4}e\sin 2\omega, && I'_1=\frac{1}{4}e\cos 2\omega, && I_2=-\frac{1}{4}\sin 2\omega,\\
&I'_2=\frac{1}{4}\cos 2\omega, && I_3=-\frac{1}{12}e\ \sin 2\omega, && I'_3=\frac{1}{12}e\ \cos 2\omega.
\end{aligned}
\tag{15}
$$

$$
\begin{aligned}
\Lambda_1 &= \left(1-\frac{1}{2}\cos 2\omega\right)e,\\
\Lambda'_1 &= -\frac{1}{2}e\sin 2\omega,\\
\Lambda_2 &= -\frac{1}{2}\cos 2\omega,\\
\Lambda'_2 &= -\frac{1}{2}\sin 2\omega,\\
\Lambda_3 &= -\frac{1}{6}e\cos 2\omega,\\
\Lambda'_3 &= -\frac{1}{6}e\ \sin 2\omega.
\end{aligned}
\tag{16}
$$

$$
\begin{aligned}
&W_0=2-\frac{5}{2}\sin^2 i,\\
&W_1=\frac{\left[1+e^2+\left(\frac{3}{2}+\frac{17e^2}{8}\right)\sin^2 i\right]}{e}-\left[\frac{1}{2}+\frac{1}{4}\left(\frac{1}{e^2}-\frac{15}{4}\right)\sin^2 i\right]\cos 2\omega,\\
&W_1'=-\frac{1}{2}\left[1+\frac{1}{2}\left(\frac{1}{e^2}+\frac{5}{4}\sin^2 i\right)\right]\sin 2\omega,\\
&W_2=\frac{1}{2}\left(1-\frac{3}{2}\sin^2 i\right)-\frac{1}{e}\left(1-\frac{5}{2}\sin^2 i\right)\cos 2\omega,\\
&W_2'=-\frac{1}{2e}\left(1-\frac{5}{2}\sin^2 i\right)\sin 2\omega,\\
&W_3=\frac{1}{6}\left[\left(\frac{7}{2e^2}-\frac{19}{8}\right)\sin^2 i-1\right]\cos 2\omega,\\
&W_3'=\frac{1}{6}\left[\left(\frac{7}{2e^2}-\frac{19}{18}\right)\sin^2 i-1\right]\sin 2\omega,\\
&W_4=\frac{3}{8e}\sin^2 i\cos 2\omega,\qquad W_4'=\frac{3}{8e}\sin^2 i\sin 2\omega,\\
&W_5=\frac{1}{16}e\sin^2 i\cos 2\omega,\qquad W_5'=\frac{1}{16}e\sin^2 i\sin 2\omega.
\end{aligned}
\tag{17}
$$

$$
\begin{aligned}
&H_0=\left(1-\frac{3}{2}\sin^2 i\right)e,\\
&H_1=\left(\frac{1}{4}-e^2\right)\sin^2 i\cos 2\omega-\left(1-\frac{5}{4}e^2\right),\\
&H_1'=\frac{1}{4}\left(1+\frac{9}{2}e^2\right)\sin^2 i\sin 2\omega,\\
&H_2=\frac{1}{2}\left(\frac{3}{2}\sin^2 i\cos 2\omega-1\right)e,\\
&H_2'=\frac{3}{4}e\ \sin^2 i\sin 2\omega,\\
&H_3=-\frac{1}{12}\left[\left(7-\frac{13}{4}e^2\right)\sin^2 i\cos 2\omega-e^2\right],\\
&H_3'=-\frac{1}{12}\left[7-\frac{13}{4}e^2\right]\sin^2 i\sin 2\omega,\\
&H_4=-\frac{3}{8}e\sin^2 i\cos 2\omega,\\
&H_4'=-\frac{3}{8}e\sin^2 i\sin 2\omega,\\
&H_5=-\frac{1}{16}e^2\sin^2 i\cos 2\omega,\\
&H_5'=-\frac{1}{16}e^2\sin^2 i\sin 2\omega.
\end{aligned}
\tag{18}
$$

4. The periodic and secular perturbation

It can be seen from expression (12) that solar polytropic model causes both periodic and secular perturbations to the orbital elements. All of the orbital elements present the periodic perturbation, especially the longitudes of ascending mode, the perihelion and the mean anomaly or the mean longitude L_0 at epoch present both periodic and secular perturbations.

(1) Periodic perturbation. The effect of periodic perturbation on the elements can be expressed in terms of the amplitudes given by the expressions (13) ～ (18).

(2) It can be seen from equation (12) that the effects of the secular perturbation on the orbital elements are

$$\begin{aligned}
\Delta\Omega &= -\frac{3\pi K(n)\cos i}{p^2}\Big/\text{Revolution},\\
\Delta\omega &= -\frac{3\pi K(n)\,W_0}{p^2}=\frac{3\pi K(n)}{p^2}\left(2-\frac{5}{2}\sin^2 i\right)\Big/\text{Revolution},\\
\Delta\tilde{\omega} &= \frac{3\pi K(n)}{p^2}\left(2-\cos i-\frac{5}{2}\sin^2 i\right)\Big/\text{Revolution},\\
\Delta M_0 &= \frac{3\pi K(n)\sqrt{1-e^2}}{p^2 e}H_0=\frac{3\pi K(n)\sqrt{1-e^2}\left(1-\frac{3}{2}\sin^2 i\right)}{p^2}\Big/\text{Revolution}.
\end{aligned}\tag{19}$$

$$\begin{aligned}
\dot{\Omega} &= \frac{\mathrm{d}\Omega}{\mathrm{d}t}=-\frac{3\pi K(n)\cos i}{p^2 T}(\text{rad/a}),\\
\dot{\omega} &= \frac{\mathrm{d}\omega}{\mathrm{d}t}=\frac{3\pi K(n)\left(2-\frac{5}{2}\sin^2 i\right)}{p^2 T}(\text{rad/a}),\\
\dot{\tilde{\omega}} &= \frac{\mathrm{d}\tilde{\omega}}{\mathrm{d}t}=\frac{3\pi K(n)\left(2-\cos i-\frac{5}{2}\sin^2 i\right)}{p^2 T}(\text{rad/a}),\\
\dot{M}_0 &= \frac{\mathrm{d}M_0}{\mathrm{d}t}=\frac{3\pi K(n)\sqrt{1-e^2}\left(1-\frac{3}{2}\sin^2 i\right)}{p^2 T}(\text{rad/a}),
\end{aligned}\tag{20}$$

where T is the orbital period in terms of a year.

5. Numerical estimation for the secular perturbation of solar polytropic model on the orbital elements of planets

Firstly, substitution of the numerical values of ξ_1, $\psi_2(\xi)$, $\psi'_2(\xi_1)$ and $-\theta'(\xi_1)$ for the polytropic index 3 given by the table Ⅳ of Ref. [5] and data for M, $R_\odot$, λ, ω in Ref. [8] into the expressions (7) ～ (9) yields

$$K(n)=4.14\times10^{15},\ C(n)=1.90\times10^{20},\ \sigma(n)=2.18\times10^{-5}. \tag{21}$$

By using equation (20) and the data for a, e, T in Ref. [8] and for i in Ref. [9], numerical computation has been made for the secular effect of solar polytropic model on the orbital elements of Mercury, Venus, Earth and Mars. The numerical results obtained for the effect of secular variation of orbital elements per century in terms of seconds of arc are listed in table 1.

Table 1　The estimation for the velocities of shift of the orbital elements of four planets by secular perturbation (seconds of arc/century)

	Mercury	Venus	Earth	Mars
$\dot{\Omega}$	−0.108 7″	−0.011 1″	−0.003 6″	−0.000 4″
$\dot{\omega}$	+0.216 3	+0.022 2	+0.007 0	+0.001 6
$\dot{\varpi}$	+0.107 6	+0.011 1	+0.003 4	+0.001 2
M_0	+0.105 7	+0.011 1	+0.003 5	+0.000 8

6. Conclusion

(1) The resulting secular effects of solar polytropic model on the variation of planetary orbital elements are the periodic and the secular variations of longitudes of perihelion, ascending node and mean anomaly of epoch.

(2) The perturbation effect of solar polytropic model on the variation of planetary orbital elements is not only determined by the rotation, oblateness and the density distribution but also the polytropic index n of the sun. The effect of the rotation makes perihelion shift retard on the contrary direction of the motion according to the computation of Ref. [1]. The effect of oblateness makes perihelion shift accelerated. The uniform density distribution (homogeneous model, no central condensation or the polytropic index n is less) makes perihelion shift accelerate. The non-uniform density distribution (inhomogeneous model, central condensation or the polytropic index n is larger) makes perihelion shift retarded. The obtained effect in this paper is the total combination of the above-mentioned effects.

(3) The theoretical results of solar polytropic model are advantageous or support to the theory of relativity in three gravitational theories in Ref. [1].

Now, by taking the perihelion shift of Mercury as example, the shift computed in Ref. [10] and Ref.[1] in the two cases of non-rotation and rotation of three gravitational theories plus the shift produced by the solar polytropic model are

	$\dot{\omega}(E)$	$\dot{\omega}(B)$	$\dot{\omega}(N)$
Non-rotation	+43.994 1″	+38.399 4″	+39.411 3″
Rotation	−0.017 7	−0.010 8	−0.010 8
Polytropic model	+0.107 6	+0.107 6	+0.107 6
Total effect	+43.084 0	+38.496 2	+39.508 1

Where $\dot{\omega}$ (E), $\dot{\omega}$ (B) and $\dot{\omega}$ (N) denote the perihelion shift in three gravitational theories of Einstein, Brans-Dicke and Nordtvedt.

The observational values arising from the unknown causes are 43. 11[11]. Hence only the effect of relativistic theory in the above three gravitational theories approaches the observational values.

References

[1] Lin-Sen Li. Commun. Theor Phys, (Beijing, China) 15 (1991) 353.

[2] I M Wiler. Mon Not Roy Astro Soc, 132 (1966) 401.

[3] C W Misner, K S Thorne, J A Wheele. Gravitation, San Francisco Press (1973) 1115.

[4] C M Will. Theory and experiment in gravitational physics. Cambridge Univ Press, (1981) 177.

[5] S Chandraselhar. Mon Not Roy Astro Soc, 93 (1933) 395.

[6] R H Merson, Geophys J Roy. Astro Soc, 4 (1961) 17.

[7] A Bogdrowskii, J Astron (USSR). 36 (1959) 883.

[8] C W Allen. Astrophysical quantities. Third edition. Athlone Press (1973) 162-163.

[9] L Cugusi, E Proverbio. Astron Astrophys, 69 (1978) 322.

[10] Lin-Sen Li. Science in China 5 (1988) 523 (in Chinese).

[11] S Weinberg. Gravitation and cosmology. Wiley, New York, Charpter 8, (1972).

双星多方模型的形状及其对同步子星轨道要素的摄动影响*

摘要：本文研究了双星多方模型的形状对同步子星轨道要素的摄动影响．假定两子星在同一轨道面上运动，推出了主星对伴星的轨道要素的摄动量．理论结果表明：双星多方模型对轨道半长轴和偏心率只有周期摄动，无长期摄动，但对近星点和历元平近点角除有周期摄动外还有长期摄动效应．文中将理论结果应用于同步双星 β Per（大陵五双星）的计算上．除计算了两个子星的形状（椭率）外，对同步子星的轨道要素变化的周期项振幅和长期项的效应做了数值计算．

关键词：双星多方模型；同步子星；轨道要素摄动

1. 引　言

本文研究限于同步自转的子星轨道要素的摄动影响，即主星自转和在轨道上伴星公转周期相等或接近相等时主星对伴星的轨道要素的摄动影响．对同步自转双星的研究是件有意义的事，当然也包括对其摄动的影响．文［1］～［3］曾研究过自转同步双星的拱线进动理论，但没有对同步双星轨道要素的摄动影响做过研究．本文主要利用潮汐和自转离心力两种作用对双星多方模型产生的形变理论来研究主星对同步子星轨道要素产生的摄动影响．因为这种影响来自双星多方模型的形状对子星的摄动，故首先需计算双星多方模型的形状（椭率），然后再计算对轨道要素的摄动效应．由于 β Per（大陵五双星）是典型的同步双星，故理论适用于对此双星的摄动效应的计算．

2. 双星多方模型的形状

双星子星的形状对球形的偏离是由自转和潮汐两种作用联合造成的，故研究双星的形状需研究气体自转星和潮汐星的形变理论，Chandrasekhar 用 $\sigma(\theta, \Phi)$ 这个函数研究了双星的形状[4]~[6]：

$$\sigma(\theta,\Phi)=-\frac{1}{3}\left(1+\frac{M_2}{M_1}\right)\Delta_2\nu^3P_2(\cos\theta)+\frac{M_2}{M_1}\sum_{j=2}^{4}\Delta_j\nu^jP_j^1(\sin\theta\cos\Phi), \tag{1}$$

式中 M_1 和 M_2 为主星和伴星的质量，而

* 原文载于《云南天文台台刊》，1997（4）：9-17.

$$\nu=\frac{R}{a},\tag{2}$$

R 和 a 为主星的半径和主伴星的间隔距离或轨道半长轴. Δ_j 是潮汐多方函数 Ψ 中的一个参量（$j=2$，3，4），其值可由文［4］［5］中根据多方指数 n 给的表查知，P 为勒让德函数.

在赤道面上，$\sigma(\theta,\Phi)$的形式为

$$\sigma\left(\frac{\pi}{2},\Phi\right)=\frac{1}{6}\left(1+\frac{M_2}{M_1}\right)\nu^3+\frac{M_2}{M_1}\sum_{j=2}\Delta_j\nu^{j+2}P_j(\cos\Phi).$$

在主子午面上（通过伴星的中心），其形式为

$$\sigma(\theta,0)=-\frac{1}{3}\left(1+\frac{M_2}{M_1}\right)\Delta_2\nu^3P_2(\cos\theta)+\frac{M_2}{M_1}\sum_{j=2}^{4}\Delta_j\nu^{j+1}P_j(\sin\theta).$$

在侧子午面上（沿 y 轴），其形式为

$$\sigma\left(\theta,\frac{\pi}{2}\right)=-\frac{1}{3}\left(1+\frac{M_2}{M_1}\right)\Delta_2\nu^3P_2(\cos\theta)-\frac{1}{2}\cdot\frac{M_2}{M_1}\Delta_2\nu^3+\frac{3}{8}\cdot\frac{M_2}{M_1}\Delta_4\nu^5.$$

如果略去 ν^4，ν^5 项，只保留 ν^3 项，则平衡形状为椭球体，其三轴方向的膨胀或收缩率为

$$\begin{aligned}\sigma\left(\frac{\pi}{2},0\right)&=\frac{1}{6}\left(1+7\frac{M_2}{M_1}\right)\Delta_2\nu^3,\\ \sigma\left(\frac{\pi}{2},\pi\right)&=\frac{1}{6}\left(1+7\frac{M_2}{M_1}\right)\Delta_2\nu^3,\\ \sigma\left(\frac{\pi}{2},\frac{\pi}{2}\right)&=\frac{1}{6}\left(1-2\frac{M_2}{M_1}\right)\Delta_2\nu^3,\\ \sigma(0,0)&=-\frac{1}{3}\left(1+\frac{5}{2}\cdot\frac{M_2}{M_1}\right)\Delta_2\nu^3.\end{aligned}\tag{3}$$

由（3）式可以构成椭球体在三个主轴面上的扁度.

在主子午面上：

$$\varepsilon_m=\sigma\left(\frac{\pi}{2},0\right)-\sigma(0,0)=\frac{1}{2}\left(1+4\frac{M_2}{M_1}\right)\Delta_2\nu^3;$$

在赤道面上：

$$\varepsilon_e=\sigma\left(\frac{\pi}{2},0\right)-\sigma\left(\frac{\pi}{2},\frac{\pi}{2}\right)=\frac{3}{2}\left(\frac{M_2}{M_1}\right)\Delta_2\nu^3;\tag{4}$$

在侧子午面上：

$$\varepsilon_d=\sigma\left(\frac{\pi}{2},\frac{\pi}{2}\right)-\sigma(0,0)=\frac{1}{2}\left(1+\frac{M_2}{M_1}\right)\Delta_2\nu^3.$$

3. 主星对伴星轨道产生的摄动分量

在双星系中，自转和潮汐作用使子星的形状产生变化，由此形变产生的力函数为[5]

$$F=\frac{\mu}{r}\left\{1+\frac{A_1}{3}\left(\frac{R_1}{r}\right)^2\left[\varepsilon_{m_1}+\varepsilon_{e_1}(1-3\sin^2\Phi_1)\right]+\right.$$
$$\left.\frac{A_2}{3}\left(\frac{R_2}{r}\right)^2\left[\varepsilon_{m_2}+\varepsilon_{e_2}(1-3\sin^2\Phi_2)\right]\right\},\tag{5}$$

式中 $\mu=G(M_1+M_2)$，R_1 和 R_2 分别为两个子星的半径.

$$A_1=1-\frac{1}{\Delta(1)_2},\qquad A_2=1-\frac{1}{\Delta(2)_2},\tag{6}$$

Φ_1 和 Φ_2 分别表示两个子星的最长轴和子星动径之间的角. 假定在轨道面内取 x 轴为固定方向，由 x 轴到最长轴的经度用 f_1 和 f_2 表示，伴星的经度用 f 表示，则

$$\Phi_1=f-f_1,\ \Phi_2=f-f_2.\tag{7}$$

假定主星和伴星作为二体问题，二者在同一轨道平面上运动，则将（5）式的力函数代入下列二体问题的运动方程后，可得

$$\frac{\mathrm{d}^2r}{\mathrm{d}t^2}-r\left(\frac{\mathrm{d}f}{\mathrm{d}t}\right)^2=\frac{\partial F}{\partial r}=-\frac{\mu}{r^2}-\frac{\mu}{r^4}(K-3H_1\sin^2\Phi_1-3H_2\sin^2\Phi_2),$$
$$r\frac{\mathrm{d}^2f}{\mathrm{d}t^2}-2r\frac{\mathrm{d}f}{\mathrm{d}t}=\frac{1}{r}\cdot\frac{\partial F}{\partial f}=-\frac{\mu}{r^4}\left[H_1\sin 2\Phi_1+H_2\sin 2\Phi_2\right],\tag{8}$$

式中

$$\begin{cases}K=A_1R_1^2(\varepsilon_{m_1}+\varepsilon_{e_1})+A_2R_2^2(\varepsilon_{m_2}+\varepsilon_{e_2}),\\ H_1=A_1R_1^2\varepsilon_{e_1},\\ H_2=A_2R_2^2\varepsilon_{e_2},\end{cases}\tag{9}$$

其中 ε_{m_1}，ε_{e_1}，ε_{m_2}，ε_{e_2} 由（4）式计算.

由（8）式的第一个方程的左端可知，第一项为万有引力产生的项，第二项为多方模型产生的项；第二个方程左端的项也是多方模型产生的项. $\frac{\partial F}{\partial r}$为在径向方向产生的加速度，用 S 表示，而$\frac{1}{r}\cdot\frac{\partial F}{\partial f}$为在垂直径向方向产生的加速度，用 T 表示，则有

$$S=-\frac{\mu}{r^4}(K-3H_1\sin^2\Phi_1-3H_2\sin^2\Phi_2),$$
$$T=-\frac{\mu}{r^4}(H_1\sin 2\Phi_1+H_2\sin 2\Phi_2).\tag{10}$$

由于本文研究的是同步子星轨道的摄动影响，故对（10）式的 S 和 T 可做进一步简化.

如果伴星和主星是同步双星，伴星的轨道周期或轨道角速度应该同主星自转角速度相等，即形成两子星长轴相对或在一直线上，在此情况下只有条件

$$\Phi_1=\Phi_2,$$

此时

$$f_1=f_2=f. \tag{11}$$

将（11）式代入（10）式后即得在同步双星情况下的摄动分量：

$$\begin{cases} S=-\dfrac{\mu}{r^4}K, \\ T=0, \\ W=0. \qquad \text{（因二体在平面上运动）} \end{cases} \tag{12}$$

式中 K 由（9）式的第一个式子给出.

4. 双星多方模型对同步子星轨道要素产生的摄动量

将（12）式代入拉氏摄动方程后，有

$$\begin{aligned} \frac{\mathrm{d}a}{\mathrm{d}t}&=\frac{2e\sin f}{n\sqrt{1-e^2}}S=-\frac{2\mu e\sin f}{1\sqrt{1-e^2}}\cdot\frac{K}{r^4}, \\ \frac{\mathrm{d}e}{\mathrm{d}t}&=\frac{\sqrt{1-e^2}\sin f}{na}S=-\frac{\mu\sqrt{1-e^2}}{na}K\left(\frac{\sin f}{r^4}\right), \\ \frac{\mathrm{d}\omega}{\mathrm{d}t}&=-\frac{\sqrt{1-e^2}}{nae}\cos f\cdot S=\frac{\mu\sqrt{1-e^2}}{nae}K\left(\frac{\cos f}{r^4}\right), \\ \frac{\mathrm{d}M_0}{\mathrm{d}t}&=\frac{1-e^2}{nae}\left(\cos f-2e\,\frac{r}{p}\right)S=-\mu\left(\frac{1-e^2}{nae}\right)K\left(\frac{\cos f}{r^4}-\frac{2e}{pr^3}\right). \end{aligned} \tag{13}$$

利用 Kepler 第三定律：

$$n^2a^3=\mu=G(M_1+M_2),$$

和

$$\frac{1}{r}=\frac{(1+e\cos f)}{p},\ p=a\ (1-e^2),$$

将其代入方程组（13），并利用下列变换：

$$\mathrm{d}t=\frac{1}{n\sqrt{1-e^2}}\left(\frac{r}{a}\right)^2\mathrm{d}f,$$

则方程组（13）变成

$$\begin{aligned} \frac{\mathrm{d}a}{\mathrm{d}f}&=-\frac{2eaK}{p^2(1-e)}\sin f(1+2e\cos f+e^2\cos^2 f), \\ \frac{\mathrm{d}e}{\mathrm{d}f}&=\frac{K}{p^2}\sin f(1+2e\cos f+e^2\cos^2 f), \\ \frac{\mathrm{d}\omega}{\mathrm{d}f}&=\frac{K}{p^2e}\cos f(1+2e\cos f+e^2\cos^2 f), \\ \frac{\mathrm{d}M_0}{\mathrm{d}f}&=\frac{\sqrt{1-e^2}}{p^2e}K[(2e-\cos f-e^2\cos f)(1+e\cos f)]. \end{aligned} \tag{14}$$

积分上式后，得摄动量：

$$
\begin{aligned}
\delta a = {} & \frac{2ea}{p^2(1-e^2)}K\Big[\left(1+\frac{1}{4}e^2\right)(\cos f-\cos f_0) \\
& +\frac{1}{2}e(\cos 2f-\cos 2f_0) \\
& +\frac{1}{12}e^2(\cos 3f-\cos 3f_0)\Big], \\
\delta e = {} & \frac{K}{p^2}\Big[\left(1+\frac{1}{4}e^2\right)(\cos f-\cos f_0) \\
& +\frac{1}{2}e(\cos 2f-\cos 2f_0) \\
& +\frac{1}{12}e^2(\cos 3f-\cos 3f_0)\Big], \\
\delta\omega = {} & \frac{K}{ep^2}\Big[e(f-f_0)+\left(1+\frac{3}{4}e^2\right)(\sin f-\sin f_0) \\
& +\frac{1}{2}e(\sin 2f-\sin 2f_0) \\
& +\frac{1}{8}e^2(\sin 3f-\sin 3f_0)\Big], \\
\delta M_0 = {} & \frac{\sqrt{1-e^2}}{p^2e}K\Big[e(f-f_0)+\left(\frac{5}{4}e^2-1\right)(\sin f-\sin f_0) \\
& -\frac{1}{2}e(\sin f-\sin 2f_0) \\
& -\frac{1}{12}e^2(\sin 3f-\sin 3f_0)\Big].
\end{aligned}
\tag{15}
$$

5. 长期摄动和周期摄动

由（15）式可知，对于轨道要素 ω 和 M_0 有长期摄动效应，每年进动量为

$$
\begin{aligned}
\frac{\mathrm{d}\omega}{\mathrm{d}t} &= \frac{2\pi K}{p^2T}(\mathrm{rad/a}), \\
\frac{\mathrm{d}M_0}{\mathrm{d}t} &= \frac{2\pi\sqrt{1-e^2}}{p^2}\cdot\frac{K}{T}(\mathrm{rad/a}),
\end{aligned}
\tag{16}
$$

式中 T 为以年为单位的同步子星的轨道周期，$p=a\ (1-e^2)$，则 K 由（9）式的第一个式子给出.

由（15）式又可知，对于四个轨道要素均有周期摄动. 如果取（15）式右端周期项第一项中的 $\cos f$ 和 $\sin f$ 的振幅为周期面的振幅，则对 a，e，ω 和 M_0 的摄动周期项的振幅 A_s，E_s，W_s 和 M_s 分别为

$$A_s=\frac{2K}{p}\cdot\frac{\left(1+\frac{1}{2}e^2\right)e}{(1-e^2)^2},E_s=\frac{K}{p^2}\left(1+\frac{1}{4}e^2\right),$$
$$W_s=\frac{K}{p^2}\cdot\frac{\left(1+\frac{3}{4}e^2\right)}{e},M_s=\frac{K}{p^2}\cdot\frac{\sqrt{1-e^2}}{e}\left(\frac{5}{4}e^2-1\right).\tag{17}$$

6. 理论结果对 β Per 双星的计算结果

由于本文的理论结果只适用于对同步子星的轨道摄动影响，因此需选取双星系中两子星为同步双星的情况．根据文［6］～［9］在 β Per 双星系中相距最近的子星为同步双星，故本文选取此双星为计算实例．

β Per 系统至少有三个子星所组成的食双星，实际上它是由四颗子星组成的聚星．该系统的主星是一颗 B_8 型的主序星，和主星最近的子星是一颗 gK_0 型的巨星．由于这颗子星同主星相距较近，由此引起的潮汐摩擦作用使这两颗子星成为同步双星（主星的自转周期接近轨道公转周期）．由于轨道周期为 2.867 301 日，故主星的自转周期也应近于 2.867 301 日．比这颗子星距主星稍远的子星是一颗公转周期为 1.885 年的 F 型主序星，而距主星最远的子星是一颗轨道周期为 190 年的看不见的大质量星．本文就是选取 B_8 型主序星（取多方指数 $n=3$）为主星、K_0 型巨星（取 $n=4$）为伴星的同步双星为计算实例．在计算时只考虑主星的多方模型对同步伴星轨道的摄动影响，而不考虑第三颗子星对第二颗同步子星的摄动作用．在计算时对 B_8 和 K_0 两子星的物理参量 M_1，M_2，R_1，R_2，a，e 和 T（轨道周期）的数据取自文献［7］～［10］．

根据（4）式计算两子星的形状，得出两个子星的 Δ_2 数值，由（6）式和（2）式计算两子星的 A 和 ν 的数值．

对于主星（主序星）取 $n=3$ 和伴星（巨星）取 $n=4$，查表得知[4][5]，Δ_2（$n=3$）$=1.028\ 9$，$\Delta_2=$（$n=4$）$=1.002\ 67$，代入（6）后，得

$$A_1=0.028\ 1,\ A_2=0.002\ 67,$$

取 $a=15.118R_\odot$，$R_1=3.6R_\odot$，$R_2=3.8R_\odot$，代入（2）式后，得

$$\nu_1=0.013\ 5,\ \nu_2=0.018\ 5,$$

将 A_1，A_2，ν_1，ν_2 和 $M_1=M_\odot$，$M_2=5.2M_\odot$[10]的数据代入（4）式后得到两子星的形状．

主星和伴星的主子午面、赤道面和侧子午面的椭率分别为

$$\begin{cases}\varepsilon_{m_1}=0.012\ 3,\\ \varepsilon_{e_1}=0.004\ 0,\\ \varepsilon_{d_1}=0.008\ 3.\end{cases}\tag{18}$$

$$\begin{cases}\varepsilon_{m_2}=0.174\ 3,\\ \varepsilon_{e_2}=0.124\ 6,\\ \varepsilon_{d_2}=0.049\ 5.\end{cases}\tag{19}$$

由（16）和（17）式计算主星多方模型对同步子星（伴星巨星）的轨道要素的长期和周期摄动影响．为此将 A_1，A_2 和 ε_{m_1}，ε_{e_1}，ε_{m_2}，ε_{e_2} 以及两星半径 $R_1=3.6R_{\odot}$，$R_2=3.8R_{\odot}$ 代入（9）式后，得

$$K=8.456\ 2\times 10^{19}(\mathrm{cm}^2). \tag{20}$$

根据 $a=1.052\ 2\times 10^7$ km 和 $e=0.038$，得 $p=a\ (1-e^2)\ =1.050\ 6\times 10^7$ km，利用 $T=2.867\ 3$ d$=247\ 734.72$ s，将这些和 K 的值代入（16）和（17）式便得长期摄动和周期摄动的效应值：

$$\begin{aligned}\frac{\mathrm{d}\omega}{\mathrm{d}t}&=0.061\ 27(\mathrm{rad/a}),\\ \frac{\mathrm{dM_0}}{\mathrm{d}t}&=0.061\ 23(\mathrm{rad/a}),\end{aligned} \tag{21}$$

其中 a 表示以年为单位．

$$\begin{aligned}A_s&=61.277\ 0\ (\mathrm{km}),\\ E_s&=7.662\ 8\times 10^{-5},\\ W_s&=2.017\ 9\times 10^{-3}\ (\mathrm{rad}),\\ M_s&=-2.010\ 7\times 10^{-3}\ (\mathrm{rad}).\end{aligned} \tag{22}$$

7. 讨　论

(1) 本文的理论结果是（10）式假定子星为同步条件（11）式成立的情况下由（12）式得到的．如果子星为非同步双星，由（10）式代入拉氏摄动方程可得非同步子星的摄动量．但是因（10）式中的 Φ_1 和 Φ_2 均是时间的函数，摄动方程将会出现多自变量使方程难以积分，如选取同步条件（11），则可简化使方程易解．然而，这种情况属于特殊情况，如本文所叙述的．对一般情形仍需用（10）式解问题．

(2) 本文是在力函数 F 式子内假定极坐标 $\theta=\frac{1}{2}\pi$ 或轨道面位于主星的赤道面的情况下得到的运动方程（8），只有在密近双星系内潮汐摩擦作用使伴星轨道位于主星赤道面形成同步双星情况下才有此近似结果．一般来说，伴星轨道面同主星的赤道面的交角 i 很难测定．我们所能测定的轨道倾角 i 是指轨道面同垂直于视线的天球切面的交角，但这不是指摄动方程中的轨道倾角．只有主星的赤道面同垂直于观测者的天球切面相一致时，即主星的赤道面垂直于观测者的视线时，两者的倾角才有相同意义，但主星的赤道面是否正好垂直于观测者的视线很难测定．

(3) 由（19）（20）式可以看出，两子星的潮汐相互作用和自转的影响使两子星的形状形成三轴不等的椭球体，其椭率之大也是相当可观的，特别主星对伴星的椭球化影响更大，使得伴星的三轴椭率远远大于主星在三个截面的椭率．这也是自然的事，因为主星的质量为伴星的 5.2 倍，此外还与两子星的 Δ_2 和 ν 或 $\frac{R}{a}$ 的不同有关系．

(4) 根据本文对 β Per 的计算结果（21）（22）式可以看出，双星多方模型对轨道

的长期摄动效应是很大的. 从近星点进动量来看，每年进动量为 0.612 7 rad，相当于每世纪 61.27 rad，而广义相对论效应对此双星的近星点进动量每年为 0.002 087 rad，每世纪 0.208 7 rad. 故由多方模型引起的长期进动量是相当大的，由此引起的进动量为广义相对效应的 293 倍. 此外，对周期项的振幅也有较大影响，特别对轨道半长轴的周期项振幅的摄动达 61 km 以上.

（5）本文只考虑二体的摄动影响，尚未考虑位于同步伴星以外的轨道周期 1.885 年的第三颗子星对第二颗同步子星的轨道要素的摄动影响. 研究和计算此影响属于二体以外的第三体摄动理论.

参考文献

[1] Z Kopal. MNRAS，1938（98）：448.

[2] T G Cowling. MNRAS，1938（98）：734.

[3] T E Sterne. MNRAS，1939（99）：451，602.

[4] S Chandrasekhar. MNRAS，1933（93）：567.

[5] 荒木俊马，等. 连星，宇宙物理学会版. 1954：183-186，191-195.

[6] G Hill. Ap J，1971（186）：443.

[7] J Tomkin，et al. Ap J，1978（222）：119.

[8] 谭徽松. 天文学报，1985（26）：226.

[9] 谭徽松. 天文学报，1989（30）：135.

[10] Z Kopal. Close kinary system. London：Chapman and Hall，1959，495.

The Effect of a Third Body on the Orbital Parameters of the Secondary Component in the System of Algol*

Abstract: The perturbing effects of the third component on the orbital parameters of the secondary component in the system of Algol are numerically estimated using the method of the theory of perturbation. The equations of secular perturbation are derived using the method of integration of the average value to solve the Lagrangian equations. The results show that the perturbing effect of the third body on the orbital parameters of the secondary component is not negligible.

Keywords: binaries; close-binaries; general-celestial mechanics

1. Introduction

The author has previously studied the perturbing effect of the primary component on the variation of the orbital parameters of the secondary component in the system of Algol using the theory of polytropic models, including the mutual action of the tidal distortion and centrifugal force due to the rotation of the two components (Li, 1997). However, this theory only applies to the problem of two bodies. In the system of Algol, there are not just two bodies but also a third. Hence, the orbit of the secondary component is perturbed by the third component.

Belopolsky (1906, 1908, 1909, 1911) discovered from the light curve that the center of mass of the system of Algol exhibits a periodic variation in radial velocity (the "light-time effect"). He inferred that outside the secondary component there exists a third body and that its orbital period is 1.82 years. In the system of Algol, it seems likely that fairly erratic fluctuations in the period on a 200 years timescale are due to dynamo activity, perhaps related to fluctuations in the quadrupole moment or the mass-loss rate. But another explanation may be that there exists a fourth body in the system of Algol. Long-term observations indicate a massive, unseen fourth component with a period of about 190 years (Hopkins, 1976). Even if there exists a fourth component in

* 原文载于 *The Astronomical Journal*, 2006, 131 (1802): 994-999.

the system, its perturbing effect on the second body is very small because it is very far from the secondary component, so that the perturbation effect need not be considered.

First, Kopal (1959) studied perturbation by a third body using Delaunay variables to solve the canonical equations, but he did not study the system of Algol. Harrington (1968, 1969) studied the dynamical evolution of triple stars using the Von Zeipel method. He found that the semi-major axis has no secular terms and used the Weierstras elliptic function to obtain the solution of the long-period perturbation, but he also did not apply the theory to the Algol system. In discussing the orientation of the orbital plane of Algol AB, he also gave the parameter variation (Harrington, 1984). Söderhjelm (1975) studied the perturbation in a triple-star system using an approximation method and applied the theory to Algol AB. Later, he again studied the dynamics of the Algol system (Söderhjelm, 1980), but did not deal with perturbation theory. He dealt with motion in a pointmass triple-star system using analytical and numerical methods (Söderhjelm, 1982) and showed that the equation for the secular motion is given by the elliptic function expanded in a Fourier series.

Recently, Ford et al. (2000) studied the secular evolution of triple-star systems using classical Hamiltonian perturbation techniques. They derived secular perturbation equations that describe the secular evolution of the orbital eccentricities and inclination. Their theoretical results can be applied to high-inclination as well as coplanar systems, but they only applied it to a millisecond pulsar and a protostellar binary, and not to Algol.

In this paper, the author studies the secular perturbing effect on the secondary component's orbit by a third body in the system of Algol using the method of average integration to solve the Lagrangian equations. The author adopts the disturbing function given by Kopal, but the adopted method is different from Kopal's method. His method used Delaunay variables to solve the canonical equations. In addition, the author's method is different from the methods of Harrington, Söderhjelm, and Ford et al. These authors adopted the Von Zeipel method, an approximation method, and the classical Hamiltonian perturbation method, respectively.

2. Formulation of the disturbing function

First, we write the disturbing function R arising from the presence of a third body. Let the plane of the third orbit be adopted as the plane of reference, let m_1, m_2, and m_3 denote the masses of the primary, secondary, and tertiary components, respectively, and let r and r' denote the radii vectors of m_2 and m_3 in the orbits. The disturbing function R arising from the presence of a third body can be written in the form (Kopal, 1959)

$$R = Gm_3 \frac{r^2}{(r')^3} \sum_{j=1}^{\infty} \frac{(m_1)^j - (-m_2)^j}{(m_1+m_2)^j} \left(\frac{r}{r'}\right)^{j-1} P_{(j+1)}(\sigma). \tag{1}$$

Letting $j=1$ and 2 only,

$$R = \frac{Gm_3}{(r')^3}\left[r' P_2(\sigma) + \left(\frac{m_1 - m_2}{m_1+m_2}\right)\frac{r^3}{r'} P_3(\sigma) + \cdots\right]. \tag{2}$$

The Legendre polynomials are

$$P_2(\sigma) = \frac{1}{2}(3\sigma^2 - 1), P_3(\sigma) = \frac{1}{2}(5\sigma^3 - 3\sigma). \tag{3}$$

Substituting equation (3) into equation (2), the disturbing function can be written as

$$R = \frac{1}{2}Gm_3\left[\frac{r^2}{(r')^3}(3\sigma^2 - 1) + \left(\frac{m_1 - m_2}{m_1+m_2}\right)\frac{r^3}{(r')^4}(5\sigma^3 - 3\sigma)\right], \tag{4}$$

where σ is the cosine of the angle between r and r' (Kopal, 1959):

$$\sigma = \cos\Psi = \cos(u - \Omega)\cos(u' - \Omega) + \sin(u - \Omega)\sin(u' - \Omega)\cos i. \tag{5}$$

In this formula, Ω stands for the longitude of the line of intersection of the two orbital planes (the node), i for the angle of inclination between them, i. e., the mutual inclination between the orbital planes of the second and the third components, and u and u' for the longitudes of m_2 and m_3 reckoned from the line of nodes (Ω) in the planes of their respective orbits. Thus, one can be written as

$$u = \omega + f,\ u' = \omega' + f', \tag{6}$$

where ω and ω' denote the longitudes of the periastron of the second and third components reckoned from the line of nodes (Ω), and f and f' denote the true anomalies of m_1 and m_2, both reckoned from the longitudes ω and ω' of the periastron.

Substituting equations (6) into equation (5), we obtain

$$\begin{aligned} &\sigma = k_1 \sin f + k_2 \cos f,\ \sigma^2 = k_3 \sin 2f + k_4 \cos 2f + k_5, \\ &\sigma^3 = k_6 \sin f + k_7 \cos f + k_8 \sin 3f + k_9 \cos 3f, \end{aligned} \tag{7}$$

where

$$\begin{aligned} &k_1 = \cos(\omega - \Omega)\sin(u' - \Omega)\cos i - \sin(\omega - \Omega)\cos(u' - \Omega), \\ &k_2 = \sin(\omega - \Omega)\sin(u' - \Omega)\cos i + \cos(\omega - \Omega)\cos(u' - \Omega), \\ &k_3 = k_1 k_2,\ k_4 = \frac{1}{2}(k_2^2 - k_1^2),\ k_5 = \frac{1}{2}(k_1^2 + k_2^2), \\ &k_6 = \frac{3}{4}k_1(k_1^2 + k_2^2),\ k_7 = \frac{3}{4}k_2(k_1^2 + k_2^2), \\ &k_8 = -\frac{1}{4}k_1(k_1^2 - 3k_2^2),\ k_9 = \frac{1}{4}k_2(k_2^2 - 3k_1^2). \end{aligned} \tag{8}$$

Substituting equations (7) into equation (4) gives

$$R = \frac{1}{2}Gm_3 \frac{r^2}{(r')^3}[3(k_3 \sin 2f + k_4 \cos 2f + k_5) - 1] + \frac{1}{2}Gm_3\left(\frac{m_1 - m_2}{m_1+m_2}\right)\frac{r^3}{(r')^4}$$

$$\times [5(k_6 \sin f + k_7 \cos f + k_8 \sin 3f + k_9 \cos 3f) - 3(k_1 \sin f + k_2 \cos f)], \quad (9)$$

where $\left(\frac{1}{r'}\right)^n$ ($n=3$ or 4) can be expanded as constant terms and periodic terms. We take the constant terms of $\left(\frac{1}{r'}\right)^n$ to be $\frac{1}{(r_0')^3}=[1+\frac{2}{3}(e')^2](p')^3$, $\frac{1}{(r_0')^4}=\frac{\left[1+\frac{3}{8}(e')^4\right]}{(p')^4}$, and $p'=a'[1-(e')^2]$. When the secondary component revolves for one period (cycle: 2.867 3 days) in its orbit, the third body revolves very slowly due to the long period (679.85 days) in its orbit. Hence, the orbital parameters a' and e' may be regarded as a constant for the third body (see § 3, Eq.[18]).

We integrate equation (9) to average R in order to find the secular terms, and then we obtain the disturbing function, omitting the periodic terms:

$$\begin{aligned}\bar{R} &= \frac{1}{2\pi}\int_0^{2\pi} R\,\mathrm{d}M \\ &= \frac{1}{2}\cdot\frac{Gm_3a^2}{(r_0')^3}\left[3k_3\overline{\left(\frac{r}{a}\right)^2 \sin 2f} + 3k_4\overline{\left(\frac{r}{a}\right)^2\cos 2f} + (3k_5-1)\overline{\left(\frac{r}{a}\right)^2}\right] \\ &\quad - \frac{1}{2}\frac{Gm_3(m_1-m_2)a^3}{(m_1+m_2)(r_0')^4}\left[5k_6\overline{\left(\frac{r}{a}\right)^3\sin f} + 5k_7\overline{\left(\frac{r}{a}\right)^3\cos f}\right. \\ &\quad + 5k_8\overline{\left(\frac{r}{a}\right)^3\sin 3f} + 5k_9\overline{\left(\frac{r}{a}\right)^3\cos 3f} \\ &\quad \left. - 3k_1\overline{\left(\frac{r}{a}\right)^3\sin f} - 3k_2\overline{\left(\frac{r}{a}\right)^3\cos f}\right]. \end{aligned} \quad (10)$$

By using the transformations

$$\mathrm{d}M = \frac{r}{a}\mathrm{d}E = \frac{1}{\sqrt{1-e^2}}\left(\frac{r}{a}\right)^2\mathrm{d}f,$$

$$r = a(1-e\cos E) = \frac{a(1-e^2)}{1+e\cos f},$$

we obtain

$$\overline{\left(\frac{r}{a}\right)^2} = \frac{1}{2\pi}\int_0^{2\pi}\left(\frac{r}{a}\right)^2\mathrm{d}M = \oint(1-e\cos E)\mathrm{d}E = 1+\frac{3}{2}e^2.$$

Similarly,

$$\begin{aligned}&\overline{\left(\frac{r}{a}\right)^2\sin 2f}=0,\ \overline{\left(\frac{r}{a}\right)^2\cos 2f}=\frac{5}{2}e^2,\ \overline{\left(\frac{r}{a}\right)^3\sin f}=0,\\ &\overline{\left(\frac{r}{a}\right)^3\cos 3f}=-\left(\frac{5}{2}e+\frac{15}{8}e^2\right),\ \overline{\left(\frac{r}{a}\right)^3\sin 3f}=0,\\ &\overline{\left(\frac{r}{a}\right)^3\cos 3f}=-\frac{35}{8}e^2.\end{aligned} \quad (11)$$

Then expression (10) becomes

$$\bar{R}=\frac{1}{2}\cdot\frac{Gm_3a^2}{(r')^3}\left[\frac{15}{2}k_4e^2+3k_5\left(1+\frac{3}{2}e^2\right)-\left(1+\frac{3}{2}e^2\right)\right]$$
$$-\frac{5}{2}\cdot\frac{Gm_3(m_1-m_2)}{m_1+m_2}\cdot\frac{a^3}{(r'_0)^4}\left[(5k_7+3k_2)\left(e+\frac{3}{4}e^2\right)+\frac{35}{4}k_9e^3\right].\tag{12}$$

Because this paper studies only the secular effect, it is only necessary to determine the constant terms. We can ignore the periodic terms involving u' or f' that are added to them, provided they are periodic about zero.

According to equations (8), k_2 consists of only periodic terms (no constant terms; see Eqs. [8])

$$k_4=\frac{1}{2}(k_2^2-k_1^2)=\frac{1}{2}\cos i\sin 2(\omega-\Omega)\sin 2(u'-\Omega)$$
$$+\frac{1}{4}(1+\cos^2 i)\cos 2(\omega-\Omega)\cos 2(u'-\Omega)+\frac{1}{4}\sin^2 i\cos 2(\omega-\Omega).$$

$$k_5=\frac{1}{2}(k_1^2+k_2^2)=\frac{1}{4}(1+\cos^2 i)+\sin^2 i\cos 2(u'-\Omega),$$

$$k_7=\frac{3}{4}k_2(k_1^2+k_2^2)$$
$$=\frac{3}{8}\Big\{(\cos^2 i+1)[\sin(\omega-\Omega)\cos i\sin(u'-\Omega)+\cos(\omega-\Omega)\cos(u'-\Omega)]$$
$$+\frac{1}{2}\sin^2 i\cos i\sin(\omega-\Omega)[\sin 3(u'-\Omega)-\sin(u-\Omega)]$$
$$+\frac{1}{2}\sin^2 i\cos(\omega-\Omega)[\cos(u'-\Omega)+\cos 3(u'-\Omega)]\Big\},$$

$$k_9=\frac{1}{4}k_2(k_2^2-3k_1^2)$$
$$=\frac{1}{16}\Big\{[1-4\cos^2(\omega-\Omega)]\sin(\omega-\Omega)\cos^3 i\times[3\sin(u'-\Omega)-\sin 3(u'-\Omega)]$$
$$+[1-4\cos^2(\omega-\Omega)]\cos^2 i\cos(\omega-\Omega)\times[\cos(u'-\Omega)-\cos 3(u'-\Omega)]$$
$$+[1-4\sin^2(\omega-\Omega)]\cos^2 i\sin(\omega-\Omega)\times[\sin 3(u'-\Omega)-\sin(u'-\Omega)]$$
$$+[1-4\sin^2(\omega-\Omega)]\cos(\omega-\Omega)\times[\cos 3(u'-\Omega)+3\cos(u'-\Omega)]$$
$$+[2\sin(\omega-\Omega)]\sin 2(\omega-\Omega)\cos^2 i\times[\cos(u'-\Omega)-\cos 3(u'-\Omega)]$$
$$+[2\cos(\omega-\Omega)]\sin 2(\omega-\Omega)\cos i\times[\sin(u'-\Omega)-\sin 3(u'-\Omega)]\Big\}.$$

It can be seen from the above expressions that only k_4 and k_5 have constant terms in addition to the periodic terms. Therefore, k_2, k_7 and k_9 do not have constant terms, only the periodic terms in u'. We write the constant terms of k_4 and k_5 as k'_4 and k'_5 and of $\bar{R}$ as $\bar{R}_S$. Evaluating for the secular terms, i. e., those that do not contain u', we obtain

$$\bar{R}_S = \frac{1}{2} \cdot \frac{Gm_3 a^2}{(r'_0)^3}\left[\frac{15}{2}k'_4 e^2 + 3k'_5\left(1+\frac{3}{2}e^2\right) - \left(1+\frac{3}{2}e^2\right)\right], \tag{13}$$

where

$$k'_4 = \frac{1}{4}\sin^2 i \cos 2(\omega - \Omega),\ k'_5 = \frac{1}{4}(1+\cos^2 i). \tag{14}$$

3. The secular perturbation variable rate

In order to obtain the rates of perturbation by solving Lagrangian equations, it is necessary to deduce the partial differentials of the disturbing function R with respect to the orbital parameters, a, e, i, ω, Ω and M_0. Differentiating the disturbing function $\bar{R}_S$ of equation (13) with respect to the orbital parameters and using equations (14), we obtain

$$\begin{aligned}
&\frac{\partial \bar{R}_S}{\partial M_0} = 0,\\
&\frac{\partial \bar{R}_S}{\partial \Omega} = \frac{1}{8} \cdot \frac{Gm_3 a^2}{(r'_0)^3}\left[15e^2 \sin^2 i \sin 2(u - \Omega) + \left(1+\frac{3}{2}e^2\right)(3\cos^2 i - 1)\right],\\
&\frac{\partial \bar{R}_S}{\partial a} = \frac{Gm_3 a}{8(r'_0)^3}[15e^2 \sin^2 i \cos 2(\omega - \Omega) + (2+3e^2)(3\cos^2 i - 1],\\
&\frac{\partial \bar{R}_S}{\partial e} = \frac{Gm_3 a^2}{8(r'_0)^3}[15\sin^2 i \cos 2(\omega - \Omega) + 9\cos^2 i - 3]e,\\
&\frac{\partial \bar{R}_S}{\partial i} = \frac{Gm_3 a^2}{8(r'_0)^3}\left[\frac{15}{2}e^2 \cos 2(\omega - \Omega) - 3\left(1+\frac{3}{2}e^2\right)\right]\sin 2i,\\
&\frac{\partial \bar{R}_S}{\partial \omega} = -\frac{15Gm_3 a^2}{8(r'_0)^3}e^2 \sin^2 i \sin 2(\omega - \Omega).
\end{aligned} \tag{15}$$

Substituting expressions (15) into the Lagrangian equations (Smart, 1953),

$$\begin{aligned}
&\overline{\frac{\mathrm{d}a}{\mathrm{d}t}} = \frac{2}{na} \cdot \frac{\partial \bar{R}_S}{\partial M_0},\ \overline{\frac{\mathrm{d}e}{\mathrm{d}t}} = \frac{1-e^2}{na^2 e} \cdot \frac{\partial \bar{R}_S}{\partial M_0} - \frac{\sqrt{1-e^2}}{na^2 e} \cdot \frac{\partial \bar{R}_S}{\partial \omega},\\
&\overline{\frac{\mathrm{d}i}{\mathrm{d}t}} = \frac{1}{na^2\sqrt{1-e^2}} \cdot \cot i \cdot \frac{\partial \bar{R}_S}{\partial \omega} - \frac{1}{na^2\sqrt{1-e^2}\sin i} \cdot \frac{\partial \bar{R}_S}{\partial \Omega},\\
&\overline{\frac{\mathrm{d}\Omega}{\mathrm{d}t}} = \frac{1}{na^2\sqrt{1-e^2}\sin i} \cdot \frac{\partial \bar{R}_S}{\partial i},\\
&\overline{\frac{\mathrm{d}\omega}{\mathrm{d}t}} = \frac{\sqrt{1-e^2}}{na^2 e} \cdot \frac{\partial \bar{R}_S}{\partial e} - \frac{1}{na^2\sqrt{1-e^2}} \cdot \cot i \cdot \frac{\partial \bar{R}_S}{\partial i},\\
&\overline{\frac{\mathrm{d}M_0}{\mathrm{d}t}} = -\frac{2}{na} \cdot \frac{\partial \bar{R}}{\partial a} - \frac{1-e^2}{na^2 e} \cdot \frac{\partial \bar{R}}{\partial e},
\end{aligned} \tag{16}$$

we obtain

$$\overline{\frac{\mathrm{d}a}{\mathrm{d}t}}=0,\ \overline{\frac{\mathrm{d}e}{\mathrm{d}t}}=\frac{15Gm_3\sqrt{1-e^2}}{8n(r_0')^3}e\sin^2 i\sin 2(\omega-\Omega),$$

$$\overline{\frac{\mathrm{d}i}{\mathrm{d}t}}=-\frac{Gm_3}{8n\sqrt{1-e^2}(r_0')^3}\Big\{15e^2\sin i\cos i\sin 2(\omega-\Omega)$$
$$-\csc i\left[15e^2\sin^2 i\cos 2(\omega-\Omega)+\left(1+\frac{3}{2}e^2\right)(3\cos^2 i-1)\right]\Big\},$$

$$\overline{\frac{\mathrm{d}\Omega}{\mathrm{d}t}}=\frac{3Gm_3}{8n\sqrt{1-e^2}(r_0')^3}\left[5e^2\cos 2(\omega-\Omega)-2\left(1+\frac{3e_2}{2}\right)\right]\cos i,\tag{17}$$

$$\overline{\frac{\mathrm{d}\omega}{\mathrm{d}t}}=\frac{3Gm_3}{8n(r_0')^3}\Big\{\sqrt{1-e^2}[5\sin^2 i\cos 2(\omega-\Omega)+3\cos^2 i-1]$$
$$-\frac{\cos^2 i}{\sqrt{1-e^2}}[5e^2\cos 2(\omega-\Omega)]-3e^2-2\Big\},$$

$$\overline{\frac{\mathrm{d}M_0}{\mathrm{d}t}}=\frac{Gm_3}{8n(r_0')^2}\Big\{[30e^2\sin^2 i\cos 2(\omega-\Omega)+2(2+3e^2)(3\cos^2 i-1)]$$
$$+(1-e^2)[15\sin^2 i\cos 2(\omega-\Omega)+9\cos^2 i-3]\Big\}.$$

We have set $n=\frac{2\pi}{P}$, where P denotes the orbital period.

As in §2, $\frac{1}{(r')^3}$ can be expanded as a constant term and some periodic terms:

$$\frac{1}{(r')^3}=\frac{(1+e'\cos f')^3}{(a')^3[1-(e')^2]^3}$$
$$=\frac{1+\frac{3}{2}(e')^2+\frac{3}{2}e'\cos 2f'+3e'\cos f'+(e')^3\cos^3 f'}{(a')^3[1-(e')^2]^3}.\tag{18}$$

We take only the constant term and ignore the periodic terms in f, because we are considering only the secular effect. We also use Kepler's third law:

$$(n')^2(a')^3=\frac{4\pi^2}{(p')^2}(a')^3=G(m_1+m_2+m_3).$$

Then,

$$\frac{1}{(r_0')^3}=\frac{1+\frac{3}{2}(e')^2}{(a')^3[1-(e')^2]^3}=\frac{4\pi^2\left[1+\frac{3}{2}(e')^2\right]}{G(m_1+m_2+m_3)(P')^2[1-(e')^2]^3},\tag{19}$$

where P' is the period of the third component and e' is its eccentricity. In addition,

$$M=n(t-\tau)=nt+M_0,\ \varepsilon_0=M_0+\tilde{\omega},\ \tilde{\omega}+\Omega,\tag{20}$$

where $\tau=-\frac{M_0}{n}$ is the time of the periastron passage. Inserting $n=\frac{2\pi}{P}$ and $\frac{1}{r_0}$ of equation (19) into equations (17), we obtain the secular perturbation variable rates:

$$\overline{\dot{a}}=\overline{\frac{\mathrm{d}a}{\mathrm{d}t}}=0,$$

$$\overline{\frac{\mathrm{d}e}{\mathrm{d}t}}=\frac{15\pi m_3(1-e)^{\frac{1}{2}}e\left[1+\frac{3}{2}(e')^2\right]P}{4(m_1+m_2+m_3)(P')^2\left[1-(e')^2\right]^3}\sin^2 i\sin 2(\omega-\Omega),$$

$$\overline{\frac{\mathrm{d}i}{\mathrm{d}t}}=-\frac{\pi m_3 P\left[1+\frac{3}{2}(e')^2\right]}{4(m_1+m_2+m_3)(P')^2\sqrt{1-e^2}\left[1-(e')^2\right]^3}$$
$$\times\left\{\frac{15}{2}e^2\sin 2i\sin 2(\omega-\Omega)\right.$$
$$\left.+\csc i\left[15e^2\sin^2 i\sin 2(\omega-\Omega)+\left(1+\frac{3}{2}e^2\right)(3\cos^2 i-1)\right]\right\}$$

$$\overline{\frac{\mathrm{d}\Omega}{\mathrm{d}t}}=\frac{\pi m_3 P\left[1+\frac{3}{2}(e')^2\right]}{4(m_1+m_2+m_3)(P')^2\left[1-(e')^2\right]^3}$$
$$\times\left[15e^2\cos 2(\omega-\Omega)-9e^2-6\right]\cos i,$$

$$\overline{\frac{\mathrm{d}\omega}{\mathrm{d}t}}=\frac{3\pi m_3\left[1+\frac{3}{2}(e')^2\right]P}{4(m_1+m_2+m_3)(p')^2\left[1-(e')^2\right]^3} \tag{21}$$
$$\times\left\{\sqrt{1-e^2}\left[5\sin^2 i\cos 2(\omega-\Omega)+3\cos^2 i-1\right]\right.$$
$$\left.-\frac{\cos i}{\sqrt{1-e^2}}\left[5e^2\cos 2(\omega-\Omega)-3e^2-2\right]\right\},$$

$$\overline{\frac{\mathrm{d}M_0}{\mathrm{d}t}}=-\frac{\pi m_3 P\left[1+\frac{3}{2}(e')^2\right]}{4(m_1+m_2+m_3)(P')^2\left[1-(e')^2\right]^3}$$
$$\times\left\{\left[30e^2\sin^2 i\cos 2(\omega-\Omega)+2(2+3e^2)(3\cos^2 i-1)\right]\right.$$
$$\left.+(1-e^2)\left[15\sin^2 i\cos 2(\omega-\Omega)+9\cos^2 i-3\right]\right\},$$

$$\overline{\dot{M}}=n+\overline{\dot{M}_0}(\because\ \dot{a}=0,\ \therefore\ \dot{n}=0),$$

$$\overline{\dot{\tau}}=-\frac{\dot{M}_0}{n}=-\frac{\overline{P}}{2\pi}\overline{\dot{M}_0},\ \overline{\dot{\varepsilon}_0}=\overline{\dot{M}_0}+\overline{\dot{\tilde{\omega}}},\ \overline{\dot{\tilde{\omega}}}=\overline{\dot{\omega}}+\overline{\dot{\Omega}}.$$

The period of revolution of the apsidal line is

$$T=\frac{2\pi}{\frac{\mathrm{d}\omega}{\mathrm{d}t}}. \tag{22}$$

Integrating equations (21), we obtain the secular variables

$$\begin{aligned}
&\overline{\delta a}=0,\ \overline{\delta M_0}=\overline{M_{0,S}}(t-t_0),\ \overline{\delta e}=\overline{e_S}(t-t_0),\\
&\overline{\delta M}=n\delta t+\overline{M_{0,S}}(t-t_0),\overline{\delta i}=\overline{i_S}(t-t_0),\\
&\overline{\delta\tau}=-\frac{P\delta\overline{M_0}}{2\pi},\ \overline{\delta\Omega}=\overline{\Omega_S}(t-t_0),\ \overline{\delta\varepsilon_0}=\delta\overline{M_0}=\overline{\delta\tilde{\omega}},\\
&\overline{\delta\omega}=\overline{\omega_S}(t-t_0),\ \overline{\delta\tilde{\omega}}=(\overline{\omega_S}+\overline{\Omega_S})P,
\end{aligned}\tag{23}$$

where the coefficients of the secular terms are

$$\begin{aligned}
&\overline{a_S}=0,\\
&\overline{e_S}=\frac{15\pi m_3(1-e)^{\frac{1}{2}}e\left[1+\frac{3}{2}(e')^2\right]P}{4(m_1+m_2+m_3)(P')^2[1-(e')^2]^3}\sin^2 i\sin 2(\omega-\Omega),\\
&\overline{i_S}=-\frac{\pi m_3 P\left[1+\frac{3}{2}(e')^2\right]}{4(m_1+m_2+m_3)(P')^2\sqrt{1-e^2}\,[1-(e')^2]^3}\\
&\qquad\times\left\{\frac{15}{2}e^2\sin 2i\sin 2(\omega-\Omega)\right.\\
&\qquad\left.+\csc i\left[15e^2\sin^2 i\sin 2(\omega-\Omega)+\left(1+\frac{3}{2}e^2\right)(3\cos^2 i-1)\right]\right\},\\
&\overline{\Omega_S}=\frac{\pi m_3 P\left[1+\frac{3}{2}(e')^2\right]}{4(m_1+m_2+m_3)(P')^2[1-(e')^2]^3}\\
&\qquad\times[15e^2\cos 2(\omega-\Omega)-9e^2-6]\cos i,\\
&\overline{\omega_S}=\frac{3\pi m_3\left[1+\frac{3}{2}(e')^2\right]P}{4(m_1+m_2+m_3)(P')^2[1-(e')^2]^3}\\
&\qquad\times\left\{\sqrt{1-e^2}\,[5\sin^2 i\cos 2(\omega-\Omega)+3\cos^2 i-1]\right.\\
&\qquad\left.-\frac{\cos i}{\sqrt{1-e^2}}[5e^2\cos 2(\omega-\Omega)-3e^2-2]\right\},\\
&\overline{M_{0,S}}=-\frac{\pi m_3 P\left[1+\frac{3}{2}(e')^2\right]}{4(m_1+m_2+m_3)(P')^2[1-(e')^2]^3}\\
&\qquad\times\left\{[30e^2\sin^2 i\cos 2(\omega-\Omega)+2(2+3e^2)(3\cos^2 i-1)]\right.\\
&\qquad\left.+(1-e^2)[15\sin^2 i\cos 2(\omega-\Omega)+9\cos^2 i-3]\right\}.
\end{aligned}\tag{24}$$

Setting $t-t_0=P$ (the orbital period) in equations (23), we obtain the secular perturbation variable rates for one cycle:

$$
\begin{aligned}
&\overline{\Delta a}=0,\ \overline{\Delta M_0}=\overline{M_{0,S}}P,\ \overline{\Delta e}=\overline{e_S}P,\\
&\overline{\Delta\tau}=-\frac{\Delta\overline{M_0}}{n}=-\frac{P\,\overline{\Delta M_0}}{2\pi},\ \overline{\Delta i}=\overline{i_S}P,\\
&\overline{\Delta M}=nP+\overline{\Delta M_0}=2\pi+\overline{M_{0,S}}P,\ \overline{\Delta\Omega}=\overline{\Omega_S}P,\\
&\overline{\Delta\varepsilon_0}=(\overline{M_{0,S}}+\overline{\omega_S}+\overline{\Omega_S})P,\ \overline{\Delta\omega}=\overline{\omega_S}P,\\
&\overline{\Delta\tilde{\omega}}=(\overline{\omega_S}+\overline{\Omega_S})P.
\end{aligned}
\tag{25}
$$

The expressions of the secular perturbation variable rates are given by formulae (21).

4. Numerical estimation for the secular perturbation of the secondary component by the third body in the system of Algol

We estimate the secular variable rate and variation over one cycle of the orbital parameters of the secondary component caused by the third body in the system of Algol using formulae (21) ~ (25). In the calculation, the data for the parameters of Algol AB and C are adopted from the classical model (model 1) given by Harrington (1984), but using the mutual inclination given by Lestrade et al. (1993). These data are

$$P=2.867\,3\ \text{d},\ P'=679.85\ \text{d},\ e=0.015,$$
$$e'=0.27,\ i=100^\circ,\ \omega=62^\circ,\ \Omega=38^\circ,$$
$$m_1=3.7\ M_\odot,\ m_2=0.8\ M_\odot,\ m_3=1.7\ M_\odot.$$

Inserting these data into fromulae (21) ~ (25) give the numerical results for the secular effects shown in table 1.

Table 1 Secular effects on the orbital elements of the secondary component by a third component in algol

σ	$\Delta\sigma$ (cycle^{-1})	$\Delta\sigma$ (a^{-1})
a(cm)	0	0
e	8.63×10^{-7}	1.10×10^{-4}
i(deg)	4.91×10^{-6}	6.25×10^{-4}
Ω(rad)	5.54×10^{-6}	7.06×10^{-4}
ω(rad)	4.28×10^{-5}	5.45×10^{-3}
M_0(rad)	-1.79×10^{-5}	-2.28×10^{-3}
τ(s)	0.71	90
T(a)	1 152	…

Note: In the header row, σ denotes an arbitrary parameter.

5. Discussion

(1) Almost all orbital parameters for the secondary component disturbed by the third body exhibit the secular perturbation effect, but the semi-major axis of the orbit exhibits no variation.

(2) As compared with the secular perturbation effect of the polytropic model of Algol AB, in the previous paper (Li, 1997), the author showed that the secular perturbation effects for $\dot{\omega}$ and T are $\dot{\omega}=0.061\ 27$ rad/a and $T=102.5$ a. But in this paper, the secular effects of the secondary component disturbed by the third body are $\dot{\omega}=0.005\ 45$ rad/a and $T=1\ 152$ a. Therefore, the secular effect of the secondary component disturbed by the third body is smaller by 1 order of magnitude than that of the polytropic model of the two bodies A and B for $\dot{\omega}$ and T.

(3) In model 2 and model 3 given by Harrington (1984), the orbit is circular for Algol B ($e=0$), and the longitude at periastron, ω, is meaningless; therefore, so are $\dot{\omega}$, $\dot{i}$, $\dot{\Omega}$, $\dot{M}$ and $\dot{\tau}$. However, $\dot{a}=0$ and $\dot{e}=0$ are given according to formulae (21), so in this paper the author cannot make an estimation for the model 2 and model 3 given by Harrington.

(4) It can be seen from formulae (23) and the results of table 1 that the orbital eccentricity of the secondary component increases with time due to perturbation by the distant third body, i. e., the secondary orbit becomes more elliptical. This result accords with the idea that the perturbing effect of the distant third body may decircularize the secondary orbit, but on the other hand, tidal friction circularizes the secondary orbit (Kiseleva, et al., 1998).

(5) In this paper, the perturbation effect of the quadrupole moment and the tidal force of the distant body on the orbit of the secondary component need not be considered, because the distance from the secondary component to the third body is far larger than the distance between the secondary and the primary. Therefore, the secular effect on the secondary component by the third body is smaller by 1 order of magnitude than that of the polytropic model of the two bodies AB for the longitude of periastron.

(6) This paper retained σ^3 in the disturbing function (4). In practice it can be seen from the calculation that σ^3 contains a periodic term but does not contain a secular term. Therefore, in considering only the secular terms, σ^3 can be neglected.

References

[1] Belopolsky A. 1906, Pulkova Mitt, 1, 101.

[2] Belopolsky A. 1908, Pulkova Mitt, 2, 185.

[3] Belopolsky A. 1909, Pulkova Mitt, 3, 71.
[4] Belopolsky A. 1911, Pulkova Mitt, 4, 171.
[5] Ford E B, Kozinsky B, Rasio F A. 2000, ApJ, 535, 385.
[6] Harrington R S. 1968, AJ, 73, 190.
[7] Harrington. 1969, Celest Mech, 1, 200.
[8] Harrington. 1984, ApJ, 277, 69.
[9] Hopkins J. 1976, Glossary of Astronomy and Astrophysics (Chicago: Univ Chicago Press).
[10] Kiseleva L G, Eggleton P P, Mikkola S. 1998, MNRAS, 300, 292.
[11] Kopal Z. 1959, Close Binary Systems (London: Chapman & Hall).
[12] Lestrade J F, Phillips R B, Hodges M W, Preston R A. 1993, ApJ, 410, 808.
[13] Li L-S. 1997, Publ Yunnan Astron Obs, 4, 9.
[14] Smart W M. 1953, Celestial Mechanics (London: Longmans).
[15] Söderhjelms S. 1975, A&A, 42, 229.
[16] Söderhjelms. 1980, A&A, 89, 100.
[17] Söderhjelms. 1982, A&A, 107, 54.

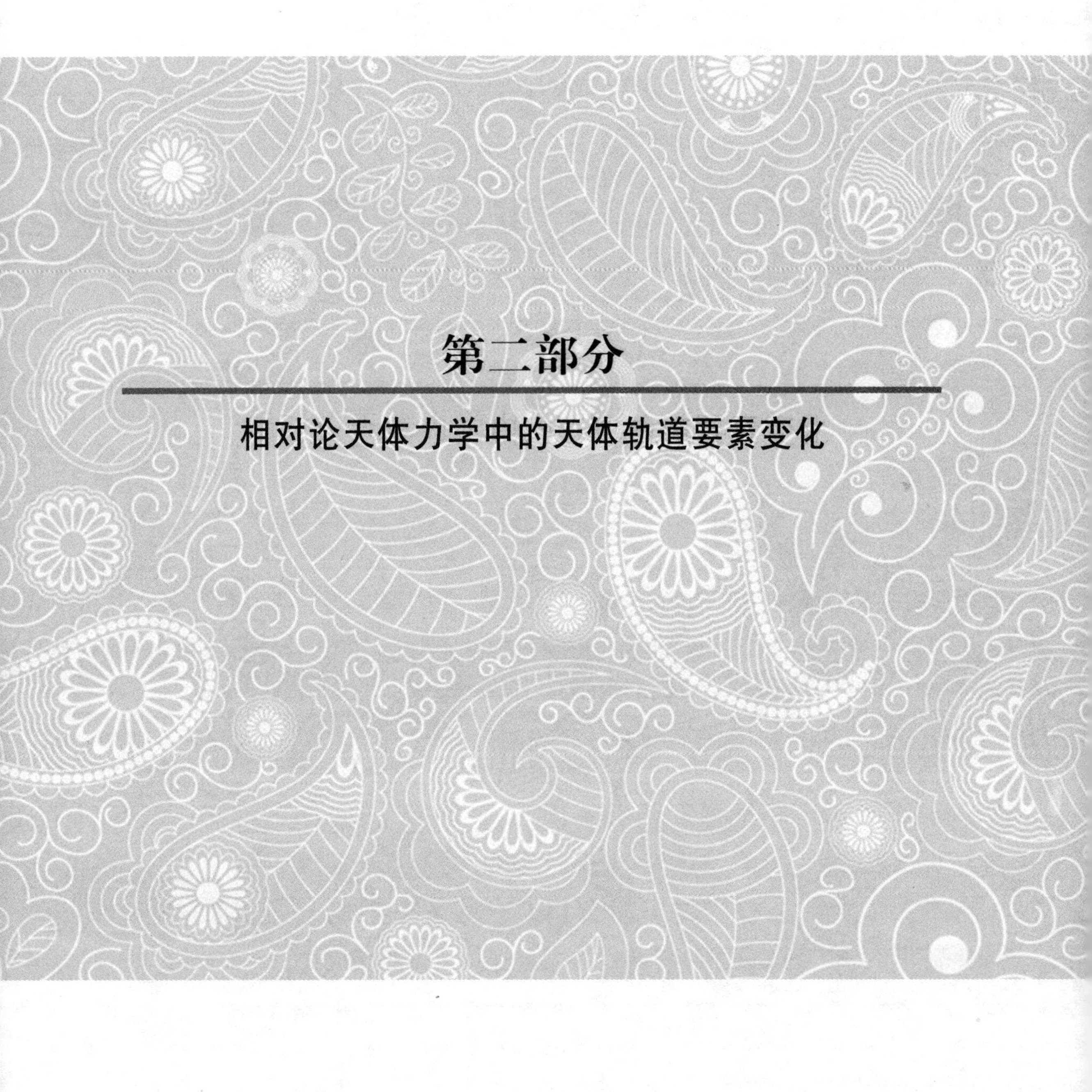

第二部分

相对论天体力学中的天体轨道要素变化

相对论天体力学早期研究史的回顾 50 年（1916—1966）*

摘要： 本文对相对论天体力学早期研究史（20 世纪前半个世纪）做了回顾（1916—1966）. 回顾了好些天文物理学者前半个世纪在这个学科领域所取得的研究成果，其中包括对相对论一体问题、二体问题和多体问题的研究结果，特别包括了二体问题中中心体自转以及自转液体星的形状和平衡理论的一些研究结果，并给出了这些研究的文献.

关键词： 相对论天体力学；早期研究史（1916—1966）；回顾

1. 引　言

1915 年爱因斯坦（Einstein）发表广义相对论后，1916 年好些作者将广义相对论推广到太阳系天体的运动理论. 如果说这是相对论天体力学的开始，那么到 2016 年这个学科已发展一个世纪了，取得了可喜的研究成果. 相对论天体力学的发展从研究的历史来看经历了对一体问题、二体问题（包括月离理论）以及多体问题和自转液体星的研究，从研究方法来看经历了严密求解、后牛顿近似、参数化的后牛顿近似方法以及高阶后牛顿近似法（2 阶后牛顿 2PN）（2.5PN 和 3.5PN）和最新的 DSX 方法等. 早期研究的历史（20 世纪前半个世纪）主要研究一体问题、二体问题和多体问题，严密求解、近似解法，以及将这些问题和研究方法应用在太阳系天体轨道运动和双星轨道后牛顿效应，后期也应用于人造卫星的运动理论. 这些理论首先由 Einstein，de Sitter 等人开始着手研究，特别是 Einstein，Infeld 和 Hoffmann 等人的深入研究. 本文回顾了自 1916 年相对论天体力学创建后半个世纪各学者研究的历史.

2. 相对论一体问题的早期研究史的回顾

相对论天体力学的研究首先是从一体问题开始的. 相对论一体问题就是利用 Schwarzschild 度规来研究实验粒子在质量 M 为引力源周围的引力场中的运动问题. 这一理论自 Einstein 建立广义相对论后就有人着手研究，理论结果在好多天体力学书中都已给出[1]~[4]. 对于这一理论的研究方法不外乎两种：一种是用 Schwarzschild 度规做变分后得到轨道方程；另一种是利用度规推出 Hamilton-Jacobi 方程，从而得到特性曲线

* 原文载于《天文与天体物理》，2014（2）：13-19.

方程，然后推出轨道方程. 对轨道方程求解也用两种方法：一种是逐次解非齐次常微分方程；另一种是利用椭圆函数表示的完全可积解确定动径 r，纬度和经度的坐标变化. 利用 Weirstrass 椭圆函数来表示解：$u=\frac{\alpha}{r}=W\left(\frac{\Psi+\beta_1}{2}\right)+\frac{1}{3}$，需要解 u 的三次代数方程，故有三个根. 根据三个根相同或不相同可讨论相对论一体运动的各种特性. 三个根不同时有拟椭圆、拟抛物线、拟双曲线，三个根相同时有圆的周期轨道等. 由轨道半径 $r>3\alpha=\frac{3GM}{c^2}$ 得到稳定轨道，由 $r<3\alpha$ 得到不稳定轨道. 这些结果的讨论已在文献［2］中给出了.

其次就是从轨道方程推出摄动分量 S，T，W，然后代入高斯摄动方程再求轨道要素变化的广义相对论效应，其中有用真近点角为自变量表示摄动量的，也有用平近点角 M 为自变量表示摄动量的. 解法按二体问题在平面运动求解后给出后牛顿效应，这已在文献［1］～［4］中给出了结果.

除利用 Schwarzschild 度规外，还可用 de Sitter，Weyl 度规推出轨道方程，由此得到摄动变量 δr 和 $\delta\theta$ 解，当将解中的 $-\lambda$ 略去时就同 Schwarzschild 度规推出的结果相一致[5]. 为了将一体问题应用到人造卫星的运动理论上，Mevittie (1958)，Pamels & Mevittie (1966) 将 Schwarzschild 度规场转换成 Weyl 和 Levi-Civita 给出的轴对称的度规引力场，后推出轨道方程，由此得到考虑地球扁球体时人造卫星的近星点进动的式子[6][7]：

$$\delta\omega=2\pi\left\{\frac{3m}{p}+\frac{JR_E^2}{p^2}+\frac{1}{4}\cdot\frac{J_2R^2(2-e^2)}{p^4}\right\}. \tag{1}$$

相对论一体问题中中心体除考虑质量和扁度（四极矩）外，就是中心体自转的问题. 这个问题首先由 Thirring (1918) 完成，并得到中心体自转对轨道要素产生的摄动影响，最后将理论应用于卫星轨道的效应计算上[8]. Lense & Thrring (1918) 利用弱场近似方法，将天体力学中的轨道要素变化摄动方程的解应用于行星和月球轨道的效应计算上[9]. Bogdorowskii (1959) 发展了这种理论，也推得轨道要素变化的摄动量，并将理论应用于人造卫星的轨道效应上，在推出 S，T，W 三分量时两者所用的方法略有不同[10].

3. 相对论二体问题的研究史的回顾

Einstein 于 1915 年建立广义相对论，1916 年就有人着手研究相对论二体问题和多体问题，到 20 世纪 60 年代可分为以下几个研究阶段.

(1) Droste，de Sitter，Livi-Civita，Eddington 和 Clark 等人的研究

Droste (1916) 首先讨论了相对论的 n 体问题，但他并没有把理论应用在天体运动上[11]. 其后 de Sitter (1916—1917) 将 Droste 的理论稍加修改，并把它应用到天文问题中[12]. 此外，他还根据广义相对论理论研究了行星和月球的运动理论[13]. de Sitter 给出 n 体度规表示，然而在 de Sitter 的推导过程中有理论误差，该误差导致有长期加速

度[14]. 之后 Levi-Civita (1937) 也研究了相对论的多体问题，并将相对论的二体问题应用于双星的质心绝对轨道运动，给出双星每一世纪质心速度的增量值[15][16]. 其结果是，双星的质心 G 的长期加速度是沿着向主星的近星点的半长轴. 此外，他的理论中也引用了 de Sitter 的研究，但他没有取 de Sitter 所包括的误差的公式. Eddington 和 Clark[17] (1938) 根据 de Sitter 给出的 n 体的世界线的式子推出 n 体的运动方程，但所推出的 n 体方程是对 de Sitter 方程的改正，除最后两项同 de Sitter 所推出的有所不同外，其他各项同 de Sitter 所推出的各项相对应，而 de Sitter 的结果最后项的系数有一个误差. Eddington 和 Clark 又将其 n 体问题的运动方程化为二体问题的运动方程，然后化为质心坐标方程. 结果在 Eddington 和 Clark 的理论中，Levi-Civita 理论中那种质心的长期加速度是不存在的. 经过 Eddington 等人的研究，对于二体系统，结果证明，整个系统没有加速度. 在二体问题中计算小的项是利用近似牛顿求解法，在 n 体问题中相对应的近似牛顿解是不存在的.

(2) 建立在 E-I-H 方法基础上的二体问题的研究

在 Eddington 等人研究二体问题的同时，Einstein & Robertson (1936), Infeld, Hoffmann (1938) 也开始建立二体问题的完整理论体系. 这一体系是先从场方程推出二体的运动方程，即给出把有限质量当作引力场的奇点的二体运动的近似方程，即 E-I-H 方程，它包括了用简单标号的奇点代表球对称的非自转物体. 该方法的特点是先用 $h\mu\nu$ 将场方程分离成 n 的二次和高阶的线性项并取 c^{-2} 项作为一阶后牛顿近似（称为 PPN 近似）来推出二体的运动方程. 运动方程涉及坐标条件和选择，这个方法称为 E-I-H 方法[18]~[21]. 他们只推出 n 体运动方程并化为二体运动方程，但没有给出解. Robertson[22] (1938) 将由 E-I-H 方法推出的运动方程化为二体运动方程，并将二体问题限制在平面上得到了二体运动方程的积分. 将此结果同样应用于双星的近星点进动，得到进动量为[22]

$$\delta\omega = \frac{3GM}{c^2 p}\theta, \tag{2}$$

式中 $M = m_1 + m$，它比一体问题所得到的结果更精确，这个相对轨道受着质量为双星的两个质量之和的引力场支配. 此外，双星的质心速度也表示不出有相对效应的长期变化，这同前面 Levi-Civita 的结果是一个惊奇的对照.

Infeld (1953—1954) [23][24]对 E-I-H 方法又做了进一步发展和改进. 他的方法是以所引入的奇点通过 δ 函数所构成的能量-动量密度张量为媒介而变成运动方程. 同时，他又将运动方程和坐标条件的关系做了进一步研究. 他也同样推出行星近日点进动式子：[23]

$$\delta\omega = \omega_{n+1} - \omega_n = \frac{6m\pi}{p}. \tag{3}$$

结果，近日点进动在某种情形下不依赖坐标.

Brunberg (1958) 进一步讨论了坐标条件同 n 体运动方程的联系并得到一些有益的结果[25].

Narlikar 和 Rao（1955）同样从场方程推出运动方程[26]．Rao（1960）用类似 E-I-H 的方法，但所采用的坐标系 $x\mu$ 和坐标条件与 Robertson 有所不同．由于 Robertson 没有保证观测坐标系是和 $x\mu$ 系相同，所以 Rao 计算了所有参考系中的近日点进动．他推得在旧坐标系和新坐标系中的二体运动方程，然后将 x-系转换成 x^* 系的运动方程，最后成为在极坐标下的近日点进动方程，积分后得到水星近日点进动式子：[27]

$$\delta\omega=\lambda^2\left(\frac{3M}{P}-\alpha\right)\vartheta. \tag{4}$$

这个结果同 Robertson 所推出的结果略有不同，在第二项引出一个 α 项，α 为一常数．Rao 的理论所以有如此结果，是因为运动方程依赖所用的坐标条件．

在二体问题中，带有自转的二体运动方程首先由 Ryabinushka（1957）着手研究．他对旋转物体运动的研究利用 Infeld 的方法，但在他的能量动量张量的假设中出现了错误[28]．Tulczyjew（1959）研究了将两个自转物体的系统当作引力场的奇点来讨论的近似运动方程，他所用的方法建立在 Infeld[24]（1954）给出的方法基础上．他推出了两个自转物体的系统的运动方程，并对运动方程做了积分，后得到了以等角速度的轴线运动的新相对论效应，所推出的二体系统有自转的后牛顿运动方程也相当长．将运动方程化为二体问题平面上的极坐标方程后积分，则得到二体带有自转时的近星点进动式子：[29]

$$\delta\omega=2\pi\alpha=6\pi\frac{M}{P}\left(1-\frac{4}{3}\cdot\frac{S}{J}\right), \tag{5}$$

式中 $J=\sqrt{MP}$（轨道角动量），S 为自转角动量．

这一结果同二体非自转系统所得的结果比多了第二项．这一结果也符合在一体问题中中心体自转情形的 Lense-Thirring 的结果．

（3）建立在 Fock-Papapetrou 理论基础上的二体问题的研究

和 E-I-H 的奇点方法相平行的另一方法，是用能量-动量密度来研究二体问题的 Fock 等人的方法．这一方法已由 Fock 和 Papapetrou 等人完成．这一方法主要考虑了二体系统的自转的运动理论．Fock（1939）首先研究了非自转的球对称体的情形，这一方法等价于 Infeld 的结果[30]，Fock 利用二体系统的 Lagrange 作用量推出相对轨道的运动方程，最后解近星点进动方程后得到近星点进动的式子：[31]

$$\delta\omega=\frac{6\pi\alpha}{p}(\text{每周转}) \tag{6}$$

式中 $p=a\ (1-e^2)$，$\alpha=\dfrac{Gm}{C^2}$，$m=m_1+m_2$．

St. Kalitzin（1958）根据 Fock 给出的带有自转的二体系统的 Lagrange 作用量 L，其中 L 包括二体均有自转情形的作用量．他首先研究二体系统的中心体有自转情形时的问题解，最后求得这种近星点进动式子是[32]

$$\delta\omega=\frac{6\pi G(m_1+m_2)}{c^2a(1-e^2)}-\frac{16\pi Gm_2r_0{}^2\omega_{12}}{5c^2a^{\frac{3}{2}}(1-e^2)^{\frac{3}{2}}\sqrt{G(m_1+m_2)}}, \tag{7}$$

式中第二项为中心体自转产生的效应项，m_2，r_0，ω_{12} 为中心体的质量、半径和自转角速度. 最后，他将上述理论结果应用于卫星轨道的近星点进动的计算上.

St. Kalitzin (1959) 随后又研究在二体系统中二体均有自转的情形，即将二体均有自转的拉氏作用量代入 Lagrange 运动方程，得到 $u=\frac{1}{r}$ 的二阶线性齐次方程，求解后便得到二体系统中二体均有自转时的近星点进动式子：[33]

$$\delta\omega=\frac{6\pi G(m_1+m_2)}{a(1-e^2)c^2}-\frac{16\pi G(m_1 r_1^2\omega^{(1)}\cos i_1+m_2 r_2^2\omega^{(2)}\cos i_2)}{5c^2 a^{\frac{3}{2}}(1-e^2)^{\frac{3}{2}}\sqrt{GM}}-\frac{12\pi G(m_2 r_1^2\omega^{(1)}\cos i_1+m_2 r_2^2\omega^{(2)}\cos i_2)}{5c^2 a^{\frac{3}{2}}(1-e^2)^{\frac{3}{2}}\sqrt{GM}}. \tag{8}$$

St. Kalitzin 最后将此结果应用于双星系统的近星点进动的计算上. St. Kalitzin 的研究结果是对 Fock 理论在二体问题上的良好应用及发展.

对于二体问题的自转物体的运动方程的另一研究，是建立在 Papapetrou 理论基础上的理论. 前面的 E-I-H 方法主要讨论限制在球对称情形，而 Papapetrou 方法 (1951) 应用物体内部和真空相同的场方程来研究非对称情形下的二体系统的运动方程[34]. Haywood (1956)[35] 曾利用 Papapetrou 方法进一步研究了带有自转情形的二体运动方程，但他所研究的属于自转物体保持球对称且一个物体的运动方程只依赖第二物体的自转，而不依赖它的自转. 此外，所推得的运动方程在一定条件下又化为 E-I-H 方程和 Papapetrou (1951) 所推得的两个球对称的运动方程，然而，Haywood 理论中忽略了和 $\frac{R}{r}$ 成比例的项，其中 R 是物体半径的量级，r 是二体之间的距离.

4. 相对论自转液体星的平衡形状的研究

自转液体星的平衡形态（形状和稳定）是经典天体力学的组成部分，这一理论已由 G. H. Darwin，H. Jeans，J. H. Poincarĕ，A. M. Liapounoff (A. M. Ляпунов) 和 L. Lichtenstein 代表的五大学派完成，其研究的理论结果比较成熟.

首先研究相对论自转液体星的平衡形态理论的是 Akeley (1931)[36]，他于 1931 年首先找出相对论自转液体星和经典自转液体星的对应关系，这一关系称为第一近似. 然后他又给出自转液体星的引力场，这被称为第二近似. 最后他推出相对论情形下的 Maclaulin 椭球体的平衡形态的理论式子. 然而，在相对论情形下却没有 Maclaulin 椭球体和 Jacobi 椭球体的精确解. Clark (1941)[37] 也研究了相对论自转液体星的平衡形状，也给出了相对论的 Maclaulin 椭球体的平衡形态式子，同时他 (1947) 还研究了自转的内聚系统的引力场并将其应用于双星的引力能耗损问题上[38]. Florides 等 (1962) 讨论了广义相对论中的自转液体星的引力场，其中讨论了自转液体星的牛顿模型和相对论模型，给出了相对论模型中密度和压力同引力能之间的关系式[39]. 在那以后，Boyer (1965) 研究了广义相对论的自转液体星的平衡问题[40]，他利用 Kerr 度规讨论了自转液体内部区域的一些情形.

关于相对论中自转液体星的运动方程最早已由 Papapetrou (1951) 给出，后由

Haywood (1956) 发展，他们深入研究了自转液体为球体情形的二体自转时运动方程的解，其结果已在前面概述了，在此就不再重述.

5. 小 结

（1）如果说相对论天体力学开始于 1916 年，那么到 1966 年它走过了半个世纪. 可以说，相对论天体力学在 20 世纪前半个世纪的研究成果为后半个世纪的研究打下了良好的基础，它推动了后半个世纪相对论天体力学的发展. 因此，研究和总结前半个世纪相对论天体力学的研究史很有意义.

（2）从引用的参考文献来看，相对论天体力学在 20 世纪前半个世纪的研究主要由物理学工作者参与完成. 随着天文仪器的精确度提高，相对论效应在天体力学中显示出来，这才被天文学家所重视，才有了广义相对论在天体力学中广泛应用于各类天体轨道运动的理论和观测. 我们可以看到并断言，目前和今后随着天文仪器的精确度不断提高，相对论天体力学在理论和观测上会有更大的发展.

6. 展 望

本文回顾了 20 世纪前半个世纪（1916—1966）相对论天体力学的发展史，后半个世纪这个学科又有较大的发展，从研究太阳系的相对论天体力学扩大和发展到外太阳系的行星运动的相对论效应[41]，此外也扩展到恒星系统的相对论天体力学[42]. 有关后半个世纪前 30 年国外相对论天体力学研究的进展可见文献［42］. 自 1994 年引用的文献后又经历了 20 年，相对论天体力学在国外又有较大的发展. 相对论天体力学研究在国内起步较晚，到 20 世纪 70 年代末期才开始有好些作者着手研究此学科，文［43］曾介绍 1973—1992 年国内研究相对论天体力学的进展概况，可是自 1992 年到现在的 22 年间，在国内又有较大的发展. 可以预言，相对论天体力学今后在国内外会有更大的发展.

参考文献

［1］Chazy J. La theorie de la relativite et la Mecanique Celeste. Paris：Gauthier-villar，1928.
［2］荻原雄祐. 天体力学基础（上）. 东京：河出书房，1947.
［3］Clemence G M. Rev Mod Phys，1947，19：361.
［4］Finlay-Freundlich E. Celestial mechanics. Chapter XV. London，New York，Paris，Los Angeles：Pergamon Press，1958.
［5］Anderson D，Lorell J. AiAA Journal，1963，6：1372.
［6］Mevittie G C，Astron J. 1958，163：448.
［7］Pamels A G，Mcvittie G C. MNRAS，1966，4：483.
［8］Thirring H. Phys，Zeits，1918，3：23.

[9] Lense J, Thirring H. Phys Zeits, 1918, 19: 156.
[10] Bogorodskii A F. Astron Zh (USSR), 1969, 136: 883.
[11] Droste J. Proc Acad Soc Amst, 1916, B19: 447.
[12] de Sitter W. Proc Acad Soc Amst, 1916, 19: 367.
[13] de Sitter W. MNRAS, 1916, 76: 699.
[14] de Sitter W. MNRAS, 1977, 77: 155.
[15] Levi-Civeta T. Amer J Math, 1937a, 59: 222; 1937b, 225.
[16] Levi-Civita T. The n-body problem in general relativity. Dordrecht: Netherlands, 1964.
[17] Eddington A S, Clark G L. Proc Roy Soc, 1938, 166: 465.
[18] Einstein A, Infeld L, Hoffmann B. Ann Math, 1938, 39: 65.
[19] Einstein A, Infeld L. Ann Math, 1940, 41: 455.
[20] Einstein A, Infeld L. Can J. Math, 1949, 1: 209.
[21] Einstein A, Roberson H P. Phys Rev, 1936, 49: 404.
[22] Robertson H P. Ann Math, 1938, 39: 101.
[23] Infeld L, Can J. Math, 1953, 4: 17.
[24] Infeld L. Act. Phys Polon, 1954, 13: 87. (in Latin)
[25] Brumberg. Astron. Zh (USSR), 1958, 135: 893.
[26] Narlikar V V, Rao B R. Proc Nat Inst Sci India, 1955, 21: 416.
[27] Rao B R. Proc. Nat Inst Sci India, 1960, 26: 168.
[28] Pyabinushka A P. Soviet Phys JETP, 1957, 4: 935.
[29] Tulczyiew. Acta Phys Pol, 1959, 18: 37.
[30] Fock V A. J Phys (USSR), 1939, 1: 81.
[31] Fock V A. The theory of space, time and gravitation. New York: Pergamon, Translated by N Kemmer, 1959.
[32] St Kalitzin N. I L Nuovo Cimento B, 1958, 9: 365.
[33] St Kalitzin N. I L Nuovo Cimento B, 1959, 11: 178.
[34] Papapetrou A. Proc Phys Soc, 1951, 64: 57, 302.
[35] Haywood J H. Proc Phys Soc, 1956, 69: 2.
[36] Akeley E S. Phil Mag, 1931, 11: 330.
[37] Clark G L. Proc Roy Soc, 1941, 177: 227.
[38] Clark G L. Proc Cambrige Phil Soc, 1947, 43: 164.
[39] Florides P S, Synge J L. Proc Roy Soc, 1962, 270: 467.
[40] Boyer R H. Proc Cambrige Phil Soc, 1956, 61: 527.
[41] Li L S. Astrophys & Space Sci, 2012, 339: 323.
[42] 易照华，黄城，李林森. 天文学进展，1994 (1): 3-10.
[43] 李林森，黄城. 人造卫星观测与研究，1993 (1): 17.

相对论天体力学*

摘要： 本文综合评述正在建立的一门新学科——相对论天体力学，其中包括基础理论课题（分为相对论质点组动力学和相对论延伸体动力学）和具体天体运动理论课题（又分为相对论太阳系动力学和相对论恒星系统动力学）. 最后对最新建立的系统理论 DSX 方法做简短介绍.

1. 概　况

长期以来，天体力学同牛顿的名字分不开，尽管在 19 世纪后期已发现牛顿天体力学在解释天体运动现象上有偏差，但仍然如此. 自广义相对论出现（1916）后，Einstein[1]，de Sitter[2]，Eddington[3]，Droste[4]，Chazy[5]等人试图建立以广义相对论为基础的天体运动理论，直到 1938 年 Einstein，Infeld，Hoffman[6]建立了相应方程（简称 E-I-H 方程）而告一段落，初步形成了后牛顿天体力学，作为相对论天体物理学的一部分. 但直到 20 世纪 60 年代都没有很大进展，有两方面原因：一是理论上有困难，相对论多体和延伸体动力学问题都未能找到严格解，无法建立严格的运动方程；二是观测精度不高，用牛顿力学已能解决绝大多数天体运动课题.

60 年代以后，原子时频进展和观测新技术如激光测月（LLR）、激光测卫（SLR）和甚长基线干涉测量（VLBI）等的出现，使天体测距和定位精度大幅度提高，牛顿天体力学的偏差日益显著，于是用广义相对论建立天体的运动理论又提上日程. 具体研究方法沿下面两条途径发展.

一条途径是随着引力理论本身的发展进行. 60 年代初曾发现太阳扁率较大（约 2×10^{-5}），对水星近日点进动速率的广义相对论结果产生约 10％的误差，引起物理学界对广义相对论这个引力理论的怀疑. 1961 年出现的 Brans-Dicke[7]理论是第一个向广义相对论挑战的一种新引力理论. 此后 20 年内先后提出上百种引力理论，连同实验技术一起，建立了引力物理学. 但各种引力理论要得到场方程的严格解都很困难，为了检验又必须同实验或观测比较，由此在 70 年代开始建立参数化后牛顿（PPN）方法，并于 1981 年正式系统化[8]. 各种不同引力理论有自己的参数值（最多 10 个不同参数）. 随着观测精度的提高，近年来又在建立参数化二阶后牛顿理论.

另一条途径是以不同类型天体运动为背景，分别建立质点组和延伸体（作为流体）

* 原文载于《天文学进展》，1994，12（1）：3-10. 与易照华、黄珹合作.

的相对论动力学. 由于场方程严格解困难，除少量一体问题外，都只能建立后牛顿近似的理论. 为了光线弯曲和引力波的精确讨论，建立了一体和二体的高阶后牛顿理论. 这种动力学方程，一般都是由牛顿项和后牛顿项（包括高阶后牛顿项）组成；由后牛顿项产生的运动效应，文献中常称为相对论效应，显然同所用参考系有关，由此建立相应的相对论参考系理论. 这两条途径的研究成果，就成为相对论天体力学的理论基础.

第一次提出将相对论天体力学作为学科的是俄国人勃隆别格（бруМберг），他在1972年出版的书中就用“相对论天体力学”作为书名[9]，书中阐明了这个学科的基本内容. 但因此书用俄语出版，国际上影响不大. 直到80年代才开始引起重视，并于1985年在列宁格勒（现名圣彼得堡）召开的“天体力学和天体测量学中的相对论”学术讨论会（IAU Symposium No. 114)[10]上建议他把《相对论天体力学》一书修改后用英语出版[11]. 到目前为止，一些刊物开始把相对论天体力学作为一个专门研究领域，但对它是否可作为一个新建学科尚有争议. 下面介绍它的主要课题和当前进展.

2. 基础理论课题

一个学科，必须有自己的基础理论；对于研究天体运动的学科，应该建立起有关力学模型的相对论动力学，包括建立运动方程和解的方法.

2.1　相对论质点组动力学——相对论多体问题

质点组模型的爱因斯坦场方程的严格解尚未解决，目前进展如下.

2.1.1　一体问题

一体问题即讨论检验体在已知度规场作用下的运动. 但已得到的严格解很少，故一体问题也只有 Schwarzschild，Kerr 和 Weyl-Levi-Civita 等度规下的严格运动方程，且为可积系统.

2.1.2　二体问题

二体问题即研究两个质点（或质量分布为球对称）模型在广义相对论框架下的运动. 由于未求出场方程的严格解，相对论二体问题的严格运动方程至今仍无法列出，只有后牛顿（PN）、参数化后牛顿（PPN)[8]以及二阶后牛顿（2PN）二体问题得到了完整的运动方程，而且是可积系统. 为了引力辐射研究，二阶半后牛顿（2.5PN，准到 c^{-5}，c 为光速）二体问题已有不少人研究，得到运动方程[12]；最近又在讨论三阶半后牛顿(3.5PN)二体问题[13].

2.1.3　三体问题

三体问题的严格解未找出，只有近似运动方程. 目前已求出 PN 限制性三体问题(勃隆别格)[11]和 PN 及 2PN 的一般三体问题（Schäfer)[14]的运动方程.

2.1.4　多体问题

多体问题没有求出严格解，现在只有 PN 多体（E-I-H）方程[6]，PPN 多体运动方程（Will)[8]，最近正研究 2PN 多体和二阶 PPN 多体的运动方程.

2.2　相对论延伸体动力学

质点模型大多数情况下不能适用于天体，一般用延伸体，即具有一定大小、形状及不同物质分布的流体作为天体模型. 在相对论框架下，研究这些延伸体的自转和空间运动就形成了相对论延伸体动力学. 建立这种动力学的严格理论有两方面困难.

2.2.1　相容性困难

度规张量 $\boldsymbol{g}^{\alpha\beta}$ 必须满足爱因斯坦场方程：

$$\boldsymbol{R}^{\alpha\beta}-\frac{1}{2}\boldsymbol{R}\boldsymbol{g}^{\alpha\beta}=\frac{8\pi G}{c^4}\boldsymbol{T}^{\alpha\beta}, \tag{1}$$

能量动量张量 $\boldsymbol{T}^{\alpha\beta}$ 中含有各延伸体内部各处的压力 p 和密度 ρ 以及 $\boldsymbol{g}^{\alpha\beta}$；但对各延伸体而言，$p$，$\rho$ 必须满足物态方程

$$p=p(\rho), \tag{2}$$

此物态方程同延伸体内自引力有关，描述自引力又要用到度规张量 $\boldsymbol{g}^{\alpha\beta}$，因此（1）（2）式存在相容性问题.

此外，（1）（2）式同边界约束条件如距离充分大时 $\boldsymbol{g}^{\alpha\beta}\rightarrow\boldsymbol{\eta}^{\alpha\beta}$（Minkovsky 张量）也存在相容性问题.

2.2.2　动力学基本量的定义困难

描述某延伸体的空间运动，必须用它的质量中心运动来表达；延伸体的自转必须用到自引力的动量矩和力矩以及外引力的力矩等. 在弯曲时空中，建立严格的物体质量中心定义、自引力和外引力的力矩和动量矩的定义非常困难，至今未能解决.

另外，即使上面两个困难能解决，寻找延伸体模型的场方程严格解比质点组情况要困难得多，至少在短期内无法解决.

正因为如此，当前延伸体动力学只能建立近似理论. 在 1PN 近似下，各动力学基本量都可具体定义，质心运动方程都已建立，形状影响可用多极矩展开. 现在已能列出 N 个延伸体的 1PN 运动方程，而且可讨论轨道运动和自转的耦合效应[12].

在 1PN 近似下，近年内出现了一些新方法. 一种是勃隆别格和 Kopejkin 提出的渐近匹配方法[15]~[19]，比以前的方法数学上更有效，物理意义更明确；而且同时考虑延伸体多极矩，自转和密度分布，在建立运动方程时也建立起局部和全局坐标系. 另一种就是 DSX 方法，将在后面具体介绍.

3. 相对论太阳系动力学

随着太阳系天体的定位精度提高，特别是 LLR，SLR 和雷达测距，相对精度达 $10^{-10}\sim10^{-11}$；而牛顿力学在太阳系内精度仅 $10^{-7}\sim10^{-8}$，故建立相对论太阳系动力学已成急需. 由于基础理论课题解决得不好，当前相对论太阳系动力学只能集中在下列方面.

3.1　太阳系天体运动的相对论效应，主要研究三种天体的运动

3.1.1　大行星运动

在一定的参考系框架内，讨论运动方程后牛顿项对大行星轨道要素的影响，并同观测比较以检验广义相对论或其他新引力理论. 水星近日点进动是这方面最早的课题，在 20 世纪 60 年代初因发现太阳扁率大而对广义相对论产生怀疑，80 年代以后多次重新测定太阳扁率，只有 10^{-6} 量级，使广义相对论的水星近日点进动值的偏差降到 1%，因而

矛盾缓和. 现在已求出二阶后牛顿的结果. 对所有大行星的全部轨道要素的相对论效应进行研究的代表是法国国际时间局（BIH）的 Lestrade 等人，他们在球对称太阳的 PPN 多体问题运动方程（只用两个 PPN 参数 β，γ）的基础上，给出了各大行星的半长径 a，平黄经 λ，$h=e\sin(\omega+\Omega)$，$k=e\cos(\omega+\Omega)$ 的相对论效应分析表达式，并算出了展开式系数值，在 100 年内准到 10^{-10}[20]. 现在看来，所得结果除常数项外，数量级是可靠的，还需要进一步精确化.

3.1.2　月球运动

由于 LLR 已有 20 多年历史，精度还在不断提高，目前已达厘米级（10^{-10}），预计几年后可达毫米级. 天文学家和物理学家都寄希望于月球运动的相对论效应研究，并从观测比较中检验各种引力理论.

至今对此课题研究得最多的还是勃隆别格，他早在 1958 年（博士论文）就开始[21]，到 1982 年已有系列结果[11]. 他提出的方法可称为后牛顿 Hill-Brown 方法，也是一种后牛顿限制性三体问题. 他们给出了月球向径、黄经和黄纬中各主要项的相对论改正值，并在其中分别给出 PPN 参数 β，γ 以及不含 β，γ 各项的系数. 其中有两个结果值得注意；一是向径 r 的相对论效应，最大是振幅约 100 cm 的周期项，周期为半个朔望月；另一项振幅约 40 cm，周期为 1 近点月. 这两项容易被 LLR 观测证实. 另一结果是月球轨道的测地岁差：

$$\Delta\omega=1''.728\ \mathrm{a}^{-1},\Delta\Omega=1''.901\ \mathrm{a}^{-1}. \tag{3}$$

这也容易从观测证实.

此外，不少研究者还得到一些其他效应，当前最受重视的是下面两种.

Nordtvedt 效应[22]. 这是假定地月的引力质量和惯性质量不相等所产生的效应，反映在地月距离上的最大项为

$$\begin{cases}\Delta\rho=9.2\eta\cos(L-L')\mathrm{m},\\ \eta=4\beta-\gamma-3-\dfrac{10}{3}\xi-\alpha_1+\dfrac{2}{3}\alpha_2-\dfrac{2}{3}\zeta_1-\dfrac{1}{3}\zeta_2,\end{cases} \tag{4}$$

其中 L，L' 为月球和太阳的地心平黄经；β，γ，ξ，α_1，α_2，ζ_1，ζ_2 等为 PPN 参数，η 就称为 Nordtvedt 参数，当天体引力质量和惯性质量相等时为零. 因此，Nordtvedt 效应是强等效原理的检验之一，又称为空间 Eötvös 实验. 多次用 LLR 观测资料反测 η 值都在 0.001[23]，而且误差比它更大，故不能下结论，看来要等 LLR 精度到毫米级时才可能有可靠结果.

Mashhoon 效应[24][25]. 这是太阳自转在月球运动中产生的相对论效应，1985 年首先由 Mashhoon 导出[25]，对月球轨道升交点黄经 Ω 和地月距 ρ 有影响，具体式子为

$$\Delta\Omega=0''.5\sin(\omega t+\beta),\text{周期约 }6.7\times10^{7}\ \mathrm{a},$$

$$\frac{\Delta\rho}{\rho}=-At+\sum_{i=1}^{3}A_i\cos(\omega_i t+B_i),$$

其中 $A\sim10^{-16}\mathrm{a}^{-1}$，$A_i\sim10^{-11}$，$\omega_1$，$\omega_2$，$\omega_3$ 对应的周期分别为 1 年，0.5 年，1 个月. 因效应微弱，至今尚未在观测中验出.

3.1.3　卫星运动

自从带激光反射器卫星发射及 SLR 观测网建立后，人造卫星定位精度大幅提高，必须而且可能在人造卫星运动中考虑相对论效应. 在后牛顿精度下，讨论人造卫星的相对论效应的理论已趋完善，代表性的结果有下面两种.

一是以中国人为主的结果，在 1990 到 1992 年间的系列论文中[26][27]，逐步完整地列出了人造卫星在后牛顿精度下的运动方程，包括 Schwarzschild 解、测地岁差、Lense-Thirring 进动和地球形状摄动；还给出了这些项的直接的和混合的分析解.

另一种是俄国人在所提出的渐近匹配方法基础上给出的[28][29]，最后得到了一种后牛顿人造卫星运动方程的封闭形式（避免按地心坐标展开）；并分别在他们定义的动力学及运动学地心系（DGRS 及 KGRS）中表达，自变量用太阳系质心坐标时（TCB）及地心坐标时（TCG），简化了在质心系和地心系中的时间尺度因子的引入.

除月球和人造卫星外，天然卫星的相对论效应也开始引起重视. 例如，对木卫一和土卫 1980S28，它们的近星点相对论进动值（$\Delta\omega$）分别为 270 秒每世纪和 720 秒每世纪；太阳自转的 Lense-Thirring 效应（$\Delta\Omega$）分别为 9 秒每世纪和 50 秒每世纪[12]. 这些都是检验新引力理论的新对象，对天然卫星的相对论效应研究还刚开始.

3.2　太阳系动力参考系的精确化

由于相对论效应与参考系有关，必须建立准确的实用参考系，以及这些参考系之间的准确变换关系. 当前实用的参考系主要有：

3.2.1　太阳系质心参考系 BRS

以太阳系质心作为空间坐标原点，度规场中考虑所有较大天体的引力势（太阳、大行星、月球、质量较大的小行星和卫星）. 在 1PN 精度下已实现的有以下几种：一是 JPL 给出的 DE 系列数值历表，DE200（LE200）已国际通用，DE303 已在试用，但精度仍不符合要求（只有 $10^{-8}\sim10^{-9}$）；二是法国和比利时合作的分析历表 VSOP-82，精度与 DE200 相近；三是德国给出的数值历表 GLE2000，据作者讲比 DE200 精度高[12]，但未见具体报道. 此外，还有日本的数值历表（Japanese Ephemeris，1985），其精度也不亚于 DE200[30]. 但现有历表都还不符合精度要求，必须继续精确化.

3.2.2　地心参考系 GRS

包括非旋转和旋转（观测者站心）两种，已建立的有很多，考虑地球引力场各种后牛顿项以及日月引力的潮汐项和相对论效应. 理论上较完整的是 1989 年 Kopejkin 提出的一种[31]. 另外，某些准确的人造卫星历表也是一种地心参考系，如全球定位系统（GPS）等. 与 BRS 一样，有待进一步精确化.

3.2.3　卫星参考系 SRS

随着空间天体测量技术的发展，特别是近年提出的空间 VLBI 和 POINT 计划，需要高精度的卫星参考系，希望能达到微角秒量级，目前尚未实现.

此外，上述三种参考系之间的变换已有很多研究，最近 Klioner 和 Kopejkin 提出的结果认为可符合微角秒级天体测量的要求[13]，尚有待证实.

4. 相对论恒星系统动力学

这是希腊天文学家Contopoulos在1983年提出的一个专门研究领域[32]，即在广义相对论框架下，研究各种恒星集团（双星、聚星、星团、星系……）的动力学规律. 其中相对论聚星、星团、星系以及宇宙动力学内容都与相对论天体物理学中的内容相同，在这里不谈. 相对论双星动力学，特别是脉冲双星动力学由于精度要求高，成为相对论天体力学中的一个热门课题；又因与引力辐射的检验相关，也是引力理论和相对论天体物理学的一个前沿课题. 自1974年发现第一个脉冲双星PRS1913＋16以后，10多年的观测资料表明：公转周期变率与广义相对论引力辐射理论预言值符合得很好（偏差小于5%）[33][34]；近星点进动率高达4.2°·a^{-1}，为水星近日点相对论进动率的4 000倍. 近年开始更深入研究，一方面研究其他轨道要素和自转参数相对论效应，另一方面又继续讨论高阶PN的影响[35]~[37]. 我国也有人从自转理论给出脉冲星的密度下限[38].

5. 最新PN系统理论——DSX方法

由法国物理学家Damour，德国天文学家Soffel和中国物理学家须重明（Xu Chongming）组成的研究组，最近几年内完成了N个延伸体运动在1PN精度下的严格理论. 取名为广义相对论天体力学（*Ceneral-Relativistic Celestial Mechanics*），分为四篇论文发表：(1)《方法和参考系定义》（已在1991年5月发表[39]）；(2)《移动运动方程》（已在1992年2月发表[40]）；(3)《自转运动方程》（只见到preprint）；(4)《卫星运动》. 现在已受到国际上的重视，称为DSX方法.

5.1 方法的特点

力学模型为N个任意形状和结构的可变形自转延伸体同另一个检验体在广义相对论1PN精度下的运动（当然假定为弱场低速），又可称为$N+1$体问题. 方法主要特点如下.

(1) 内外问题结合. 讨论$N+1$体的质心在空间的运动称为外问题，需要建立全局的参考系；讨论各延伸体绕自己质心的运动称为内问题，需要建立各延伸体质心为原点的局部参考系. DSX方法解决了这两种参考系的自洽，保证了内外问题严格在1PN精度下统一进行.

(2) 对能量动量张量$\boldsymbol{T}^{\mu\nu}$不加任何限制，就是延伸体的形状结构完全任意.

(3) 给出了1PN精度下的多极矩和潮汐矩定义，用于表示各延伸体的结构以及$\boldsymbol{T}^{\mu\nu}$.

(4) 用他们提出的“指数参数化”度规来对场方程及坐标变换进行线性化，得到1PN精度的结果.

(5) 改变坐标条件，不用谐和坐标或标准后牛顿坐标的微分条件，而用他们自己提出的一个代数条件：

$$\boldsymbol{g}_{oo}\boldsymbol{g}_{ij}=-\delta_{ij}+O(c^{-4})(i,j=1,2,3), \tag{5}$$

其中$\boldsymbol{g}_{oo}$，$\boldsymbol{g}_{ij}$即度规张量分量，δ_{ij}即δ函数. (5)式实际上给出了一个空间各向同性坐

标系，又称为“保角笛卡儿坐标系”.

（6）时间坐标能与空间坐标独立［在 $\delta t = O\ (c^{-4})$ 量级］，使运算方便.

5.2 得到的主要结果

给出了 $N+1$ 体的空间移动方程，实际上是推广了 E-I-H 方程；其中有轨道-自旋及自旋-自旋耦合项，第一次把每一体的运动表示为它自身 PN 多极矩和其他体的潮汐矩耦合的结果. 又给出了各体自旋向量的运动方程，并讨论了各种进动以及由 PN 多极矩和 PN 潮汐矩产生的主要相对论效应. 另外，还联系太阳系情况做了初步讨论. 大量的应用和检验会在今后几年进行.

勃隆别格已对 DSX 方法表态（私人通信），认为 DSX 方法比他们提出的渐近匹配方法更好.

参考文献

[1] Einstein A. Annalen der Phys.，1916，49：769.

[2] de Sitter W. MNRAS，1916，76：699. 1916，77：155.

[3] Eddington A S. MNRAS，1916，76：716.

[4] Droste J Versl. K Wet. Amsterdam，1916，19：447.

[5] Chazy J. La théorie de la relativité et la mécanique célèste，Paris：Gauthier-Villar，1928.

[6] Einstein A，Infeld L，Hoffman B. Ann Math，1938，39：65.

[7] Brans C H，Dicke R H. Phys Rev，1961，124：925.

[8] Will C. Theory and experiment in gravitational physics. Cambridge：Cambridge University Press，1981：4-8.

[9] Ърумберг В А. Релетивиская небесная небесная механика. Москва：Наука，1972.

[10] Kovalevsky I，Brumberg V A. Proc IAU symp No 114，Leningrad，1985，Dordrech-Boston：Reidel，1986：5.

[11] Brumberg V A. Essential relativistic celestial mechanics. Bristol：Adam Hilger，1991.

[12] Soffel M H. Relativity in celestial mechanics，astrometry and geodesy. Heidelberg：Springer，1989：4.

[13] Klioner S A，Kopejkin S M. A J，1992，104 (2)：897.

[14] Schäfer G. Phys Lett，1987，A123：336.

[15] Brumberg V A，Kopejkin S M. Reference system. Dordrecht：Kluwer，1989：36.

[16] Brumberg V A，Kopejkin S M. Nuovo Cimento，1989，B103：63.

[17] Brumberg V A，Kopejkin S M. Celest Mech，1990，48 (1)：23.

[18] Kopejkin S M. Celest Mech, 1988, 44 (1): 87.
[19] Kopejkin S M. Manuscrpita Geodaetica, 1991, 16: 301.
[20] Lestrade J F, Bretagnon P. Astron Astrophys, 1982, 42: 105.
[21] Brumberg V A. Bull Inst Theor Astron (USSR), 1958, 6: 733.
[22] Nordtvedt K Jr. Phys Rev, 1971, D3: 1683.
[23] Shapiro I I. Counseleman C C, King R W. Phys Rev Lett, 1976, 36: 555.
[24] Mashhoon B. Gen Relative Gravitation, 1984, 16: 311.
[25] Mashhoon B. Found Phy, 1985, 15: 497.
[26] Huang Cheng, et al. Celest Mech, 1990, 48: 167.
[27] Huang C, Liu Lin. Celest Mech, 1992, 53: 293.
[28] Brumberg V A. Astron Astrophys, 1992, 257 (2): 777.
[29] Jupp A H, Brumberg V A. Celest Mech, 1991, 52 (4): 345.
[30] Japanese ephemeris: Basis of the new Japanese ephemeris. Tokyo: Hydrographic Department Maritime Agency, 1985: 476.
[31] Kopejkin S M. Astron Zh, 1989, 66: 1289.
[32] Contopoulos G. In: Abell G O, Chincarini G. Proc IAU syrup No 104, Dordrecht-Boston: Reidel, 1983: 417.
[33] Taylor J H, Weisberg J M. Ap J, 1989, 345: 434.
[34] Damour T, Taylor J M. Ap J, 1991, 366: 501.
[35] Blanchet L, Schafer G. MNRAS, 1989, 239: 845.
[36] Lincoln C W, Will C M. Phys Rev, 1990, D42: 1123.
[37] Junker W, Schäafer G. MNRAS, 1992, 254: 146.
[38] 易照华. 第一届张稀学术讨论会论文摘要. 西安, 1990: 40.
[39] Damour T, Soffel M, Xu Chongming. Phys Rev, 1991, D43 (10): 3273.
[40] Damour T, Soffel M, Xu Chongming. Phys Rev, 1992, D45 (4): 1017.

中国相对论天体力学研究进展的十五年 (1977—1992)

*

摘要： 本文对我国近十五年来（1977—1992）相对论天体力学研究的进展情况做一综述，其中包括用后牛顿方法和参数化的后牛顿方法对相对论一体问题和二体问题以及其他方面的研究成果，理论涉及大行星、自然卫星、人造卫星、小行星以及双星等方面的应用.

关键词： 相对论；天体力学；后牛顿方法；参数化的后牛顿方法；轨道

1. 前　言

1916 年 Einstein 创建广义相对论后不久，de Sitter 就将广义相对论应用于天体运动理论研究，开始形成相对论天体力学. 经历了近 70 年的发展，现已形成一门较完善的相对论天体力学. 对于这门新兴的学科已在文献［1］中做了全面介绍. 然而，我国研究这门学科只是近十几年的事，它晚于相对论天体物理的研究，特别近三年来在我国有较大的发展，其中有些研究成果已达到国际先进水平. 目前国内好多单位都在开展这方面的研究工作，如上海天文台、紫金山天文台、南京大学天文系、东北师范大学物理系、北京师范大学天文系、陕西师范大学物理系以及其他单位均做了大量工作，云南天文台也已开展了这方面的研究工作. 可以预言，这一工作今后在我国将有较大的发展.

关于近三年（1988—1990）中国相对论天体力学研究的进展概况已在文献［2］中做了综述，本文将详细地综述近十五年（1977—1992）中国相对论天体力学研究的进展. 本文可视为对文献［2］中有关相对论天体力学研究方面进展部分的详细补充. 本文将按后牛顿方法和参数化的后牛顿方法概述我国天体力学工作者在相对论天体力学研究方面的进展情况，其中包括相对论一体问题和二体问题的研究.

2. 后牛顿方法

由广义相对论或其他新的引力理论所得结果和牛顿力学结果之差，一般称为相对论效应. 在天体力学中，研究这种效应的方法称为后牛顿方法（包括参数化的后牛顿方法），其中包括精确解法和近似解法. 首先，人们对相对论一体问题用椭圆函数积分可得完全解，对二体问题只能用上述后牛顿近似展开法，这种方法已由 Einstein，Infeld，

* 原文载于《人造卫星观测与研究》，1993（1）：17-23. 与黄珹合作.

Hoffman 等人发展．

相对论天体力学首先是从近星点进动研究开始的，在中国也是如此．陈应天、时永澄、童傅、刘安国、李林森等人做了不少工作．陈应天等[3]研究了标量引力理论中行星近日点进动公式，年进动量同行星绕太阳运转中不变的质量有关．时永澄[4]从高阶场方程和所得静态球对称解中得到了行星公转一周近日点进动公式．该式同引力源质量的积分常数 ε_0 有关，只有当 $\varepsilon_0=0$ 时进动值同 Einstein 的理论结果相一致．童傅[5]用常系数 Lindstedt 方程研究了史瓦西场中近星点进动的新解，该解对于过去由 Binet 公式推出的解做了改正．李林森[6]又将带有自转效应的二体的近星点进动理论应用于脉冲星 PSR1913+16 的估计上．刘安国[7]用广义相对论史瓦西度规详细研究了水星近日点进动的理论值．上述所有研究，不论从理论上的改正还是从数值上所计算的结果均为验证广义相对论或新引力理论提供了依据．

将近星点进动的相对论效应扩大到对轨道要素变化影响的后牛顿效应，是相对论天体力学的主要研究内容．国内曾用两种方法研究之．一种方法是寻找后牛顿摄动函数或找出摄动分量 S，T，W 再代入拉格朗日摄动方程，再求摄动量．郑学塘、童彝、童傅等人就是利用这种方法研究的．郑学塘等[8]从史瓦西度规出发推出天体在平面上的轨道要素变化的后牛顿效应，并将理论应用于行星轨道要素的长期和周期变化的相对论效应计算．与此相类似，童傅[9]将来自太阳的后牛顿摄动力表达式代入拉氏方程也同样推出四个轨道要素变化的后牛顿摄动量，同时也对九大行星轨道要素变化的长期项和周期项做了数值计算．上述研究结果表明，轨道大小和形状有周期变化，近点经度不但有周期变化，还有长期变化；但对轨道平面在空间的位置保持不变．研究的另一种方法是找出轨道要素和正则常数的关系，推出相对论摄动方程，然后用平均根数法求摄动量．例如，李国平、刘存侠、刁丽华、张秀华等人就是利用这种方法研究的．李国平[10]将行星运动摄动矢量方程化为哈密顿-雅可比方程求解后得到了相对论理论中的轨道要素和正则常数的关系式，并可化为行星近日点的进动表达式．刘存侠等[11]又根据同样的运动矢量方程以及轨道要素和正则常数的关系推出了相对论二体问题的摄动方程式，当忽略相对论效应时又可过渡到经典天体力学中的拉氏方程．刘存侠[12]随后用平均根数法对所得上述摄动方程求解，并得到了考虑地球形状摄动的一阶长周期摄动和一阶短周期摄动．刁丽华等[13]又用上述方法求得二阶长周期摄动和二阶长周期摄动的解，完成了李、刘、刁、张在此法上的一系列研究．

坐标参考系在相对论天体力学中具有重要意义，须重明等[14]简明讨论了相对论天体力学同参考系的关系．建立在各种坐标系和各种效应中的相对论运动方程，是相对论天体力学的主要研究内容．这方面的研究已由姚敏、程宗颐、严豪健、朱圣源、潘容士、朱文耀、黄珹、刘林、易照华等人完成．姚敏等[15][16]首先给出了在地心系中人造卫星的相对论效应，推出包括来自史瓦西场和太阳潮汐摄动的运动方程，并给出相对论效应对轨道长轴的影响．与此同时，程宗颐等[17][18]又具体详细地研究了在地心系 N 体度规场中实验质点所受到的史瓦西场的广义相对论摄动和地球四极矩 J_2 项的广义相对论摄动，以及 Kerr 场对轨道要素的摄动影响[17][18]．研究结果表明：在这两种广义相对论摄动作用下，卫星轨道是稳定的，升交点角距、近地点参数及平近点角都有长期变化. 朱圣源等[19][20]除引用地心系的广义相对论效应外，也引用太阳系质心坐标系，并在两种系中对激光测距做了比较[19][20]. 黄珹等人[21][22]给出了在太阳系质心坐标系中相对论地势改正，从而真正解决了相对论效应在两类坐标系中的等价性[21][22]. 随后他们于1990年较全面地研究了地心坐标系和太阳系质心坐标系中包括各种效应项的相对论运动方程[23]. 该方程包括了地球作为球体的史瓦西解，太阳和月球的 N 体相对论效应，地球公转引起的测地岁差效应，地球自转引起的 Lense-Thirring 效应，以及地球扁率引起的相对论效应. 此外，他们还在国际上首次给出了质心参考系中相对论地势改正公式. 最后利用所得式子比较了在非惯性地心参考系和质心参考系中得到的轨道计算结果，在国际上首次用实测资料证实了两类参考系中相对论效应的等价性. 实际上，他们在1990年的工作是对1988年工作[24]的进一步完善和补充. 然而，他们的上述工作只是研究了卫星动力学及其应用，包含上述各种效应项的完整相对论运动方程，未涉及方程的分析解. 之后黄珹等人（1992）利用类似古在由秀的平均轨道要素方法的拟平均根数法推出了包括上述4种后牛顿效应（史瓦西解、测地岁差、Lense-Thirring 岁差、地球扁率效应）的直接摄动与联合摄动分析解[25][26]. 所得结果表明：4种后牛顿效应在近地卫星轨道 a 和 e 中没有长期项，且对半长轴 a 没有长周期变化. 另外，易照华[27]在综述人造卫星运动中的相对论效应时也对上述各种相对论效应进行过简单的量级讨论与综述.

地心坐标系和太阳系质心坐标系涉及两个不同的时间系统. 地心坐标系是以地心为原点的各向同性坐标系，它以地球动力学时间（TDT）为其坐标时. 质心系是以太阳系质心为原点的太阳系质心坐标，它类似于参数化的后牛顿系，只是将 PPN 坐标系的时间坐标用质心动力学时（TDB）来代替. TDT 时间坐标是由国际原子时（TAI）来实现的. 黄珹等[23]、黄天衣等[28]分别指出了这些时间坐标的定义在上述两种参考系中会影响空间尺度. 黄天衣等[28][29]在讨论相对论框架下的时间尺度问题时指出了 TAI 的建立应当与地心参考系的选择有关，而 TDT 应该看作在去除地心引力的虚拟时空中的地心处的原时.

对于天体自转的广义相对论效应方面的研究，可在薛凡炳、张德荣、李令怀、黄天衣等人的论文中找到. 薛凡炳[30]通过地球自转轴的广义相对论进动与地球轨道近日点广义相对论进动研究指出了它们与地球气候变化的关系，而张德荣[31]利用太阳自转的 Kerr 场中的轨道角动量将太阳自转的同向感应与地球公转角动量联系起来，并得出地球轨道角动量的变化规律. 李令怀等[32]从 Einstein 方程的解开始严格地论证了相对论岁差和章动的起源，并推出测地、Lense-Thirring 和 Thomas 岁差章动以及黄极的相对论进动的理论表达式，所有这些都显示广义相对论在天体力学中的作用.

在后牛顿方法中，同 $\frac{1}{c^2}$ 有关的项称为一阶后牛顿项，同 $\frac{1}{c^4}$ 有关的项称为二阶后牛顿项或后-后牛顿项，同 $\frac{1}{c^5}$ 有关的项称为引力辐射的后牛顿项. 以上所陈述的后牛顿方法皆属前者，引力辐射的后牛顿轨道效应也属于相对论天体力学的内容之一．近年来，钟鸣乾、李林森在这方面做了研究．钟鸣乾[33]研究了引力辐射阻尼对双星轨道周期变率的后牛顿效应的分析式．李林森[34][35]研究了引力辐射阻尼对双星椭圆轨道要素的后牛顿效应．结果表明：轨道长轴和偏心率不仅有周期变化且有长期变化，但近星点进动只有周期变化，这是同一阶后牛顿效应$\frac{1}{c^2}$完全不同的．

相对论天体力学应该包括对经典天体力学的修正，即在经典天体力学中应能找到相对论天体力学中的对应式或在相对论天体力学中做后牛顿极限时应回到经典天体力学中的结果，文道友[36]在这方面做了工作，他从史瓦西度规出发，除推出了广义相对论对牛顿引力定律的修正外，还推出了广义相对论对 Kepler 第三定律的修正，所得结果可作为广义相对论的一项预测．

3. 参数化的后牛顿方法

利用后牛顿极限的系数或参数来研究度规引力理论和分析实验检验，称为参数化的后牛顿形式（PPN 形式），而系数称为 PPN 参数．参数化的后牛顿形式是相对论天体力学中最重要而可行的基本方法之一．这方面的研究 20 世纪 70 年代由 Nordtvedt 提出后，由 Will-Nordtvedt 等人改进和完善，已有二十多年的发展史，我国对它的研究还只是最近几年的事，但已取得了一些可喜的成果．程宗颐、韩韬、赵长印、李林森、易照华等人在这方面做了大量工作．程宗颐等[37]首先在 PPN 形式中引入了局部惯性系，这是一项有意义的尝试．韩韬[38]较全面地介绍了国内外利用参数化后牛顿方法研究天体运动的一些成就，其中包括自转 N 体的 PPN 度规，旋转 N 体和质点 N 体的运动方程，二体问题的 PPN 解以及限制性三体问题的 PPN 效应的综述．目前，国内主要集中在 PPN 摄动对轨道形态的影响以及对二体问题的 PPN 解的研究上．韩韬[39]得到了天体轨道的径向、速度、动量矩和能量的改正的分析解．前两者改正存在长期影响，后两者只存在周期影响，最后将理论化为三种引力理论后对九大行星和十一颗小行星的轨道进行了改正计算，其数值结果具有参考价值．随后，赵长印[40]又严格证明了后牛顿二体问题的可积性，并给出了对应二体问题的六个积分常数，用摄动方法处理成有摄二体问题，也得到了有意义的结果．然而，二体问题 PPN 形式的一阶摄动解是由李林森[41]、赵长印[40]以及韩韬[38][39]分别独立给出的．三人皆从不同形式的 PPN 矢量运动方程出发，将运动方程右端的非牛顿项作为摄动加速度，并分解在径向和垂直径向的两个分量 S，T，然后代入拉氏方程求一阶摄动解．但积分方法有所不同，如赵采用了平均轨道要素法积分．此外，三者在运动方程中使用的后牛顿参数也不同，赵用了 α_1，α_2，α_3，…，α_7；李用了由 Nordtvedt 给出的一组参数：γ，β，α'，α''，α'''，χ 和 Δ；韩用了 Will-Nordtvedt 给出的一组参数：γ，β，α_1，α_2，α_3，ξ_1，ξ_2，ξ_3，ξ_4．三者均有相互对应关系，如后两者除 γ，β 相同外，有对应的转换关系：$\alpha_1=8\Delta-4\gamma-1$，$\alpha_2=\alpha'''-1$，$\alpha_3=4\alpha''-\alpha'''-2\gamma-1$，$\xi_1=\alpha'''-\chi$，$\xi_2=2\beta-\alpha'-1$，因而可通过两组参数的转换关系使两者所推出的式子相互转化为同一式子．此外，三者所得到的结果也一致，即半长轴、偏心率只有周期摄动项而无长期项，近点经度和历元平近点经度有长期摄动效应，轨道倾角和升交点经度不受后牛顿的摄动影响. 再者，后两者均把参数化的后牛顿形式化为三种引力理论. 韩将理论化为 Einstein，Brans-Dicke 和 Barker 三种引力理论应用于文［39］的计算实例上. 李将理论化为 Einstein，Brans-Dicke 和 Nordtvedt 三种引力理论，并用这些理论对月球、木星和天鹅座 y 双星的轨道进行了改正计算[41]. 计算结果表明，对于天鹅座 y 双星，如按一体问题的理论计算（只考虑中心体质量），其近星点和历元平黄经的进动量也只不过是考虑二体质量情形所计算的一半，其他各值也远小于考虑二体质量所计算的值，特别对于木星来说，二体情形的偏心率的影响要比一体情形甚至大两个数量级，故理论很适于研究二体质量较大的双星情形. 至于求限制性三体问题的轨道要素的摄动量的长期效应，这已在文［38］中给出.

关于在 PPN 形式中的自转效应和四极矩效应也只限于对中心体自转和四极矩的后牛顿效应的研究，韩韬、李林森、易照华等人做了大量工作. 李林森[42]给出了中心体自转对天体轨道要素变化的摄动量，并将其化为 Einstein，Brans-Dicke 和 Nordtvedt 三种引力理论应用于行星自转对自然卫星轨道的长期摄动效应的计算上，随后他于 1991 年又将理论讲行全面推导后将其应用于太阳自转对九大行星轨道要素变化的长期摄动效应的计算[43]，并于 1992 年又对地球自转对人造卫星轨道的长期摄动的后牛顿效应做了数值估计[44]. 另一方面，韩韬[45]导出了自转二体问题的 PPN 运动方程后得到了几种类型的自转产生的摄动三分量，然后他于 1991 年得到了太阳系内自转因素产生的瞬时轨道要素改正的一阶封闭分析解，并用两种引力理论分别计算了太阳自转对地内大行星及一些小行星轨道、行星自转对自然卫星轨道以及地球自转对人造卫星轨道分别产生的相对论效应[46]. 然而，两者所用的后牛顿参数符号仍然是不同的，正如在中心体非自转时产生的效应所用的后牛顿参数一样. 李、韩二人研究的结果表明：轨道半长轴、偏心率和轨道倾角不受长期效应的影响，只受周期效应的影响，而升交点经度近星点角距和平近点角既受长期效应又受周期效应的影响. 在这点上，两者的结果大致相同.

对于 PPN 形式中的四极矩效应，韩韬[47]做了工作. 他研究了太阳引力四极矩在后牛顿精度内产生的影响，除对 PPN 参数值做了估计外，还给出了在 10^{-11} 量级的瞬时轨道要素的改正值. 地球球对称、地球自转、地球公转（测地岁差）和四极距相对论效应都联合在一起考虑人造卫星运动中的相对论效应已由易照华[27]做了全面讨论.

4. 小　结

相对论天体力学发展了 70 多年，经历了由后牛顿方法发展到参数化的后牛顿方法. 在我国也同样经历了这一发展过程，但同国外研究相比只是近十几年的事，并在这短短的十几年内取得了在本文中所概述的成果，许多成果已达到国际先进水平，被运用到许多国家的计算软件中，甚至列入国际地球自转服务（IERS）规范中. 这是件可贵的事. 可以预言，随着观测仪器精确度的不断提高，相对论天体力学在未来会有更大的发展，特别星际航行时代的到来更显示出它在天体力学中的重要作用.

参考文献

[1] 易照华．相对论天体力学．百科知识，1988（3）：47.
[2] 何妙福，黄珹．人造卫星观测与研究，1991（2）：14.
[3] 陈应天，等．华中理工学院学报，1978（4）：1.
[4] 时永澄．物理学报，1979，28（5）：741.
[5] 童傅．科学通报，1981，26（13）：831.
[6] 李林森．东北师范大学学报（自然科学版），1985（3）：39.
[7] 刘安国．山东师范大学学报（自然科学版），1991（3）：37.
[8] 郑学塘，童彝．北京师范大学学报（自然科学版），1981（4）：63.
[9] 童傅．科学通报，1984，29（1）：34.
[10] 李国平．武汉大学学报（自然科学版），1977（4）：20.
[11] 刘存侠，张秀华．陕西师范大学学报（自然科学版），1987（2）：37.
[12] 刘存侠．陕西师范大学学报（自然科学版），1989（1）：16.
[13] 刁丽华，刘存侠．陕西师范大学学报（自然科学版），1990（1）：27.
[14] Damoov T，Xu Chongming. Proc，127th Colloq IAU Held in Virginia Beach，USA 1990 oct 14.
[15] 姚敏，等．天文学报，1988，29：181.
[16] 严豪健，等．上海天文台台刊，1988：960.
[17] 程宗颐，严豪健，朱文耀．天文学报，1988，29：403.
[18] Cheng Zongyi，Yan Haojian，Astron Astrophys，1989，13（2）：188.
[19] 朱圣源，等．天文学报，1988，29：264.
[20] Zhu Shengyuan，et al. Proceedings of IAU colloquium No 6，1987，Turku Finland.
[21] Huang Cheng，et al. Center for space research technical memorandum 87-3，1987，The university of Texas at Austin.
[22] Huang Cheng，et al. ibid，1987，87（4）.
[23] Huang Cheng，et al. Celestial Mechanics，1990，48：167.
[24] Ries J C，Huang Cheng，Watkins M M. Phys Rev Let，1988，61：903.
[25] Huang Cheng，Liu Lin. Celestial Mechanics，1992，53：293.
[26] Huang Cheng，Liu Lin. The proceeding of the 6th international geodetic symposium on satellite positioning. Ohio Univ March，1992.
[27] 易照华．人造卫星观测与研究，1989（2）：1.
[28] 黄天衣，等．天文学进展，1989，7：41.
[29] Huang Tianyi，et al. Astron Astrophys，1989，220：329.
[30] 薛凡炳．天地生综合研究．中国科技出版社，1989（11）：128.
[31] 张德荣．天文学报，1990，31：195.

［32］李令怀，黄天衣．紫金山天文台，1992，11（1）：27.
［33］钟鸣乾．西北大学学报（自然科学版），1990，20（2）：29.
［34］李林森．物理研究通讯，1981：22.
［35］李林森．物理学报，1989，38（11）：1877.
［36］文道友．四川师范大学学报（自然科学版），1987（3）：68.
［37］程宗颐，等．天文学报，1987，28：390.
［38］韩韬．紫金山天文台台刊，1989，8：83.
［39］韩韬．紫金山天文台台刊，1988，7：184.
［40］赵长印．紫金山天文台台刊，1988，7：317.
［41］李林森．中国科学：A 辑，1988，5：523.
［42］李林森．天文学报，1990，31：108.
［43］Li Linsen. Commun Theor Phys，1991，15：353.
［44］李林森．人造卫星观测与研究，1992（1）：35.
［45］韩韬．紫金山天文台台刊，1991，10（2）：128.
［46］韩韬．紫金山天文台台刊，1991，10（4）：276.
［47］韩韬．紫金山天文台台刊，1990，9：208.

天体轨道要素变化的后牛顿效应*

摘要： 本文利用后牛顿度规理论得出的二体运动方程，推出后牛顿摄动项对天体轨道要素产生的摄动量，并将所推出的结果应用于 Einstein，Brans-Dicke 和 Nordtvedt 三种引力理论上．最后计算了在三种引力理论中考虑二体质量的天鹅座 y 密近双星、木星和月球的轨道要素变化的后牛顿效应，并与他人所做的只考虑一体质量计算的结果做了比较．

在天体运动的实际观测中和牛顿引力理论产生的偏差，被认为是由一种后牛顿摄动力产生的．这种摄动虽然不像经典天体力学存在摄动函数，但这种力也可分解成摄动分量，使轨道要素产生变化．这种变化现已达到可观测的数量级，在编制星历表时必须考虑此问题．这就是目前国内外学者对研究后牛顿天体力学较为重视的原因．目前，国内外对后牛顿天体力学的研究有较大的发展，并已取得了可喜的成绩[1]~[5]．

本文用参数化了的后牛顿度规理论，研究后牛顿摄动项对天体轨道要素变化产生的效应．结果，这种效应对考虑二体质量的天体轨道产生一定影响，特别对二体质量较大的双星产生的效应更大．正因如此，本文在计算实例中选取天鹅座 y 双星、木星和月球，并对这三种天体在三种引力理论（Einstein，Brans-Dicke，Nordtvedt）中所产生的效应做了计算．最后，在讨论中将本文所计算的二体质量的结果同他人按一体所计算的结果做了比较．结果发现，考虑二体质量时的后牛顿效应比只考虑中心体的一体质量时的效应对轨道偏心率的影响大．

1．天体轨道要素变化的后牛顿摄动量

本文利用后牛顿度规理论所推出的、用参数化了的后牛顿系数表示的二体摄动矢量式[6]，将其改写成用径向矢量 $\boldsymbol{r}$ 和速度矢量 $\mathbf{V}$ 表示的、适合用在天体力学中的矢量形式：

$$\begin{aligned}\boldsymbol{a}_{\mathrm{PN}}=\frac{c^2\boldsymbol{r}}{r^3}\Bigg[&\frac{(2\beta+2\alpha\gamma)(m_1^2+m_2^2)+(2\alpha'+8\alpha\Delta)m_1m_2}{r}\\&+\frac{(\gamma-2\alpha''-4\Delta)m_1m_2-\gamma(m_1^2+m_2^2)}{mc^2}(\dot r^2+r^2\dot f^2)+\frac{3}{2}\alpha'''\frac{m_1m_2}{mc^2}\dot r^2\Bigg]\\&+\frac{\dot r}{r^2}\mathbf{V}\left[\frac{2(\alpha+\gamma)(m_1^2+m_2^2)+(8\Delta-\alpha-\alpha''')m_1m_2}{m}\right],\end{aligned}\tag{1}$$

* 原文载于《中国科学》，1988（5）：523-529.

式中 m_1 和 m_2 是以 G，c 为单位表示的二体质量（几何质量），$m=\frac{GM}{c^2}$，$m=m_1+m_2$，$M=M_1+M_2$. f 代表真近点角，$\dot{f}=\frac{\mathrm{d}f}{\mathrm{d}t}=\frac{na^2\sqrt{1-e^2}}{r^2}$，$\dot{r}=\frac{nae}{\sqrt{1-e^2}}\sin f$，$mc^2=n^2a^3$，$n$ 为平均运动.

现在将矢量 $\boldsymbol{a}$ 分解为径向方向的分量 S 和垂直径向方向的分量 T，因二体在平面上运动，故 $W=0$，经过一番推算后得到：

$$\begin{cases}S=\frac{c^2}{r^2}\left(\frac{K_1}{\boldsymbol{r}}+K_2\frac{e^2}{p}\sin^2 f+K_3\frac{p}{r^2}\right),\\T=\frac{c^2}{r^3}K_4 e\sin f,\\W=0,\end{cases}\tag{2}$$

式中 $p=a\ (1-e^2)$，而 K_1，K_2，K_3 和 K_4 为常量.

$$\begin{cases}K_1=2(\beta+\alpha\gamma)(m_1^2+m_2^2)+2(\alpha'+4\alpha\Delta)m_1m_2,\\K_2=(2\alpha+\gamma)(m_1^2+m_2^2)+\left(4\Delta+\gamma-\alpha-2\alpha''+\frac{1}{2}\alpha'''\right)m_1m_2,\\K_3=-\gamma(m_1^2+m_2^2)-(2\alpha''+4\Delta-\gamma)m_1m_2,\\K_4=2(\alpha+\gamma)(m_1^2+m_2^2)+(8\Delta-\alpha'''-\alpha)m_1m_2,\end{cases}\tag{3}$$

式中参数化的后牛顿系数 α，α'，α''，α'''，β，γ 和 Δ 在 Einstein 引力理论中均为 1；在 Brans-Dicke 引力理论中，除 α，β，α''' 都为 1 外，

$$\gamma=\frac{1+\omega}{2+\omega},\alpha''=\Delta=\frac{3+2\omega}{4+2\omega};$$

在 Nordtvedt 引力理论中，除 α，α''' 为 1 外，

$$\beta=1+\frac{\omega'}{(4+2\omega)(3+2\omega)^2},$$

$$\alpha'=1+\frac{2\omega'}{(4+2\omega)(3+2\omega)^2},$$

$$\alpha''=\Delta=\frac{3+2\omega}{4+2\omega}.$$

这里 ω 为无量纲常量或耦合常数，在本文中根据文献 [6]，$\omega\approx 5$，$\omega'=\frac{\mathrm{d}\omega}{\mathrm{d}\phi}$，$\phi$ 为标量场. 根据文献 [7]，

$$G=\phi^{-1}\left(\frac{4+2\omega}{3+2\omega}\right)=1,$$

故

$$\omega'=-\frac{1}{2}(3+2\omega)^2=-\frac{169}{2}.$$

再将所推出的 S，T，W（（2）式）代入 Lagrange 方程[8]：

$$\begin{cases}\dfrac{\mathrm{d}a}{\mathrm{d}t}=\dfrac{2}{n\sqrt{1-e^2}}\left[Se\sin f+\dfrac{p}{r}T\right],\\[2mm] \dfrac{\mathrm{d}e}{\mathrm{d}t}=\dfrac{\sqrt{1-e^2}}{na}[S\sin f+T(\cos E+\cos f)],\\[2mm] \dfrac{\mathrm{d}\tilde{\omega}}{\mathrm{d}t}=\dfrac{\sqrt{1-e^2}}{nae}\left[-S\cos f+T\left(1+\dfrac{r}{p}\right)\sin f\right],\\[2mm] \qquad\dfrac{\mathrm{d}\varepsilon_0}{\mathrm{d}t}=-\dfrac{2r}{na}S+\dfrac{e^2}{1+\sqrt{1-e^2}}\cdot\dfrac{\mathrm{d}\tilde{\omega}}{\mathrm{d}t},\\[2mm] \text{或}\quad\dfrac{\mathrm{d}M_0}{\mathrm{d}t}=\dfrac{\mathrm{d}\varepsilon_0}{\mathrm{d}t}-\dfrac{\mathrm{d}\tilde{\omega}}{\mathrm{d}t},\dfrac{\mathrm{d}i}{\mathrm{d}t}=\dfrac{\mathrm{d}\Omega}{\mathrm{d}t}=0.\end{cases}\tag{4}$$

然后，利用 $\mathrm{d}t=\dfrac{r^2}{na^2\sqrt{1-e^2}}\mathrm{d}f$ 做自变量变换，并对 $\mathrm{d}f$ 积分后可得，在三种引力理论中由于后牛顿效应产生的轨道要素变化的摄动量：

$$\begin{cases}\delta a(E,B,N)=\sum\limits_{i=1}^{2}A_i(E,B,N)(\cos if-\cos if_0),\\[2mm] \delta e(E,B,N)=\sum\limits_{i=1}^{2}e_i(E,B,N)(\cos if-\cos if_0),\\[2mm] \delta\tilde{\omega}(E,B,N)=W_0(E,B,N)(f-f_0)\\ \qquad\qquad+\sum\limits_{i=1}^{2}W_i(E,B,N)(\sin if-\sin if_0),\\[2mm] \delta\varepsilon_0(E,B,N)=H(E,B,N)(E-E_0)+Q_0(E,B,N)(f-f_0)\\ \qquad\qquad+\sum\limits_{i=1}^{2}Q_i(E,B,N)(\sin if-\sin if_0),\\[2mm] \text{或}\ \delta M_0(E,B,N)=\delta\varepsilon_0(E,B,N)-\delta\tilde{\omega}(E,B,N),\\ \delta i(E,B,N)=\delta\Omega(E,B,N)=0.\end{cases}\tag{5}$$

式中 E 代表偏近点角，E_0 和 f_0 为初始值，而括号内的符号 E，B，N 分别表示 Einstein，Brans-Dicke 和 Nordtvedt 三种引力理论中的量. 故每个轨道要素的摄动量代表三个式子，求和内每个振幅也代表三个式子. 经过一番推算，现将摄动量（5）式的周期项振幅和长期项系数的表达式写成下列形式.

周期项振幅的表达式：

$$A_1(E,B,N)=-\frac{2c^2e}{GM(1-e^2)^2}\left[K_1+\frac{3}{4}e^2K_2+\left(1+\frac{1}{4}e^2\right)K_3+\left(1+\frac{1}{4}e^2\right)K_4\right],$$

$$A_2(E,B,N)=-\frac{c^2e^2}{2GM(1-e^2)^2}(K_1+2K_3+2K_4),$$

$$A_3(E,B,N)=-\frac{c^2e^3}{6GM(1-e^2)^2}(K_3-K_2+K_4),$$

$$e_1(E,B,N)=-\frac{c^2}{GMa(1-e^2)}\left[K_1+\frac{3}{4}e^2K_2+\left(1+\frac{1}{4}e^2\right)K_3+\frac{5}{4}e^2K_4\right],$$

$$e_2(E,B,N)=-\frac{c^2e}{4GMa(1-e^2)}(K_1+2K_3+2K_4),$$

$$e_3(E,B,N)=-\frac{c^2e^2}{12GMa(1-e^2)}(K_3-K_2+K_4),$$

$$W_1(E,B,N)=\frac{c^2}{GMa(1-e^2)e}\left[\frac{1}{4}e^2K_4-\left(\frac{3}{4}e^2+1\right)K_3-\frac{1}{4}e^2K_2-K_1\right],$$

$$W_2(E,B,N)=-\frac{c^2}{4GMa(1-e^2)}(K_1+2K_3+2K_4),\tag{6}$$

$$W_3(E,B,N)=-\frac{c^2e}{12GMa(1-e^2)}(K_4+K_3-K_2),$$

$$\begin{aligned}Q_1(E,B,N)=\frac{c^2}{GMa(1-e^2)e}\Big\{&\frac{1}{4}(1-\sqrt{1-e^2})e^2K_4\\&-(1-\sqrt{1-e^2})K_1-\frac{1}{4}(1-9\sqrt{1-e^2})e^2K_2\\&-\left[\left(1+\frac{3}{4}e^2\right)-\sqrt{1-e^2}\left(1-\frac{5}{4}e^2\right)\right]K_3\Big\},\end{aligned}$$

$$Q_2(E,B,N)=-\frac{c^2(1-\sqrt{1-e^2})}{4GMa(1-e^2)}(K_1+2K_3+2K_4),$$

$$Q_3(E,B,N)=-\frac{c^2(1-\sqrt{1-e^2})e}{12GMa(1-e^2)}(K_4+K_3-K_2).$$

长期项系数的表达式：

$$W_0(E,B,N)=\frac{c^2}{GMa(1-e^2)}\left(K_4-\frac{1}{2}K_1-K_3\right),$$

$$H(E,B,N)=\frac{2c^2K_2}{GMa},\tag{7}$$

$$\begin{aligned}Q_0(E,B,N)=\frac{c^2}{GMa(1-e^2)}\Big[&(1-\sqrt{1-e^2})K_4-\frac{1}{2}(1+3\sqrt{1-e^2})K_1\\&-2\sqrt{1-e^2}K_2-(1+\sqrt{1-e^2}K_3).\end{aligned}$$

由轨道要素摄动量(5)式可知：轨道长轴 a，偏心率 e 只有摄动的周期项而无长期项，故这两种轨道要素只存在周期摄动；近星点平黄经 $\tilde{\omega}$ 和历元平黄经 ε_0 不仅有周期项，而且有长期项，故这两种轨道要素受周期和长期摄动的影响.因二体在平面上运动，故轨道倾角 i 和升交点黄经 Ω 不受后牛顿的摄动影响.周期项振幅和长期项系数的表达式已由(6)(7)式给出.轨道要素每周转的进动量或进动速度由下式给出：

$$\begin{cases}\Delta a=\Delta e=\Delta i=\Delta\Omega=0,\\ \Delta\tilde{\omega}=\dfrac{2\pi c^2}{GMa(1-e^2)}\left(K_4-\dfrac{1}{2}K_1-K_3\right)\mathrm{rad},\\ \Delta\varepsilon_0=\dfrac{2\pi c^2}{GMa(1-e^2)}\Big[K_4-K_3-\dfrac{1}{2}K_1+2(1-e^2)K_2\\ \qquad -\sqrt{1-e^2}\left(\dfrac{3}{2}K_1+2K_2+K_3+K_4\right)\Big]\mathrm{rad}.\end{cases} \tag{8}$$

$$\begin{cases}\dot{a}=\dot{e}=\dot{i}=\dot{\Omega}=0,\\ \dot{\tilde{\omega}}=\dfrac{\Delta\tilde{\omega}}{T}\ \mathrm{rad/s},\ \dot{\varepsilon}_0=\dfrac{\Delta\varepsilon_0}{T}\ \mathrm{rad/s}.\end{cases} \tag{9}$$

其中 T 是用秒表示的轨道周期.

二、对三种天体轨道要素变化的后牛顿效应的计算结果

由于本文是研究在后牛顿天体力学中二体问题中的天体轨道要素变化的后牛顿效应，故在计算效应时，需将二体质量考虑进去，即需选取二体质量都较大的天体为计算对象. 在行星系、卫星系内以木星和月球为例最佳，特别在双星系以天鹅座 y 双星更为适宜. 对这三种天体采用的观测数据（a，e，T，M）取自文献［9］［10］. 将（3）式中的 K_1，K_2，K_3，K_4 代入（6）～（9）式后，可得轨道要素变化的周期项振幅、长期项系数和进动速度的后牛顿效应的计算值，如表 1～表 3 所示.

表 1　轨道要素变化的周期项振幅的后牛顿效应值

振幅值	天鹅座 y 双星	木　星	月　球
$A_1(E)$	−93.444 2 km	−1.006 4 km	$-3.453\ 3\times10^{-6}$ km
$A_1(B)$	−87.035 6 km	−0.944 8 km	$-3.240\ 8\times10^{-6}$ km
$A_1(N)$	−85.974 4 km	−0.934 5 km	$-3.205\ 4\times10^{-6}$ km
$A_2(E)$	−4.159 8 km	−0.017 3 km	$-6.732\ 3\times10^{-8}$ km
$A_2(B)$	−3.862 8 km	−0.016 3 km	$-6.343\ 9\times10^{-8}$ km
$A_2(N)$	−3.825 5 km	−0.016 2 km	$-6.295\ 4\times10^{-8}$ km
$e_1(E)$	$-5.312\ 5\times10^{-5}$	$-11.830\ 8\times10^{-8}$	$-0.064\ 1\times10^{-8}$
$e_1(B)$	$-5.031\ 4\times10^{-5}$	$-11.266\ 4\times10^{-8}$	$-0.060\ 9\times10^{-8}$
$e_1(N)$	$-4.898\ 6\times10^{-5}$	$-10.986\ 1\times10^{-8}$	$-0.059\ 4\times10^{-8}$
$e_2(E)$	$-0.520\ 4\times10^{-5}$	$-0.474\ 8\times10^{-8}$	$-0.002\ 8\times10^{-8}$
$e_2(B)$	$-0.483\ 2\times10^{-5}$	$-0.447\ 7\times10^{-8}$	$-0.002\ 72\times10^{-8}$
$e_2(N)$	$-0.478\ 5\times10^{-5}$	$-0.444\ 3\times10^{-8}$	$-0.002\ 70\times10^{-8}$
$W_1(E)$	$-5.050\ 7\times10^{-5}$	$-11.757\ 1\times10^{-8}$	$-0.063\ 4\times10^{-8}$
$W_1(B)$	$-4.790\ 4\times10^{-5}$	$-11.198\ 0\times10^{-8}$	$-0.060\ 4\times10^{-8}$
$W_1(N)$	$-4.657\ 6\times10^{-5}$	$-10.917\ 7\times10^{-8}$	$-0.058\ 9\times10^{-8}$

续 表

振幅值	天鹅座 y 双星	木　星	月　球
$W_2(E)$	-5.2040×10^{-5}	-0.4748×10^{-8}	-0.00289×10^{-8}
$W_2(B)$	-4.8336×10^{-5}	-0.4477×10^{-8}	-0.00273×10^{-8}
$W_2(N)$	-4.7858×10^{-5}	-0.4443×10^{-8}	-0.00271×10^{-8}
$Q_1(E)$	$+0.2291\times10^{-5}$	$+0.0458\times10^{-8}$	$+0.00041\times10^{-8}$
$Q_1(B)$	$+0.2117\times10^{-5}$	$+0.0419\times10^{-8}$	$+0.00038\times10^{-8}$
$Q_1(N)$	$+0.4706\times10^{-5}$	$+0.1736\times10^{-8}$	$+0.00128\times10^{-8}$
$Q_2(E)$	-5.1215×10^{-5}	-0.000111×10^{-8}	-0.00043×10^{-8}
$Q_2(B)$	-4.7604×10^{-3}	-0.00105×10^{-8}	-0.00041×10^{-8}
$Q_2(N)$	-4.7133×10^{-5}	-0.00104×10^{-8}	-0.00040×10^{-8}

表 2　轨道要素变化的长期项系数的后牛顿效应值

振幅值	天鹅座 y 双星	木　星	月　球
$W_0(E)$	$+7.8095\times10^{-6}$	$+0.5703\times10^{-8}$	$+0.0035\times10^{-8}$
$W_0(B)$	$+7.0658\times10^{-6}$	$+0.5159\times10^{-8}$	$+0.0031\times10^{-8}$
$W_0(N)$	$+7.1587\times10^{-6}$	$+0.5227\times10^{-8}$	$+0.0032\times10^{-8}$
$H(E)$	$+1.0841\times10^{-5}$	$+1.1339\times10^{-8}$	$+0.00690\times10^{-8}$
$H(B)$	$+1.0113\times10^{-5}$	$+1.0798\times10^{-8}$	$+0.00656\times10^{-8}$
$H(N)$	$+1.0113\times10^{-5}$	$+1.0798\times10^{-8}$	$+0.00656\times10^{-8}$
$Q_0(E)$	-2.5042×10^{-5}	-2.2727×10^{-8}	-0.01388×10^{-8}
$Q_0(B)$	-1.8977×10^{-5}	-2.1632×10^{-8}	-0.01312×10^{-8}
$Q_0(N)$	-2.9005×10^{-5}	-2.1390×10^{-8}	-0.01317×10^{-8}

表 3　天鹅座 y 双星、木星和月球的 $\dot{\omega}$ 和 $\dot{\varepsilon}$ 进动速度值

振幅值	天鹅座 y 双星	木　星	月　球
$\dot{\omega}(E)$	598.320×10^{-5} rad/a	0.302×10^{-8} rad/a	8.073×10^{-12} rad/d
$\dot{\omega}(B)$	541.255×10^{-5} rad/a	0.273×10^{-8} rad/a	7.304×10^{-12} rad/d
$\dot{\omega}(N)$	548.377×10^{-5} rad/a	0.276×10^{-8} rad/a	7.401×10^{-12} rad/d
$\dot{\varepsilon}(E)$	-1087.792×10^{-5} rad/a	-0.603×10^{-8} rad/a	-0.00160×10^{-8} rad/d
$\dot{\varepsilon}(B)$	-679.015×10^{-5} rad/a	-0.573×10^{-8} rad/a	-0.00150×10^{-8} rad/d
$\dot{\varepsilon}(N)$	-1447.170×10^{-5} rad/a	-0.561×10^{-8} rad/a	-0.00152×10^{-8} rad/d

三、结　论

（1）本文研究的特点：对天体轨道要素变化的后牛顿效应不局限于广义相对论一种引力理论，而包括三种引力理论的效应，且所研究的天体对象最适宜包括二体质量的天体轨道要素变化的后牛顿效应．这一理论最适宜研究二体质量较大的双星轨道要素变化的后牛顿效应．

（2）本文所研究的后牛顿效应只包括各种纯引力理论的效应，不包括由中心体产生的四极矩、扁平度和自转所引起的附加效应．

（3）三种引力理论中对每种轨道要素变化的后牛顿效应也有所不同．从表 1 可以看出：对于摄动量 δa，δe 和 $\delta\tilde{\omega}$ 的周项振幅值的效应，以 Einstein 引力理论的计算值最大，以 Nordtvedt 引力理论计算的值最小．但是，由长期项引起的进动速度值在三种引力理论中之比为

$$\dot{\tilde{\omega}}(E):\dot{\tilde{\omega}}(B):\dot{\tilde{\omega}}(N)=W_0(E):W_0(B):W_0(N)=84:76:77.$$

从表 3 可以看出，此计算值以 Einstein 引力理论的值最大，以 Brans-Dicke 引力理论的值最小．哪种引力理论中所计算的值符合实际，这需要根据实际观测值扣除引力理论以外的影响因素才能知道．故此理论的计算值为验证各种引力理论实验提供数据，此外也为编制星历表提供补充附加数据．

（4）由于本文要考虑二体质量的后牛顿效应，故将本文所计算的二体质量效应同一体质量效应（只考虑中心体质量）相比较，也有所不同．对于天鹅座 y 双星，如按一体问题的理论计算（只考虑主星质量），其近星点和历元平黄经的进动量也只不过考虑二体质量情形所计算值的一半，其他各值也远小于考虑二体质量所计算的值．对于 $\Delta\tilde{\omega}$ 的计算，本文计算的结果在 Einstein 引力理论中同文献［3］中所计算的值接近．

对于木星和月球的计算结果，在广义相对论情形中也同文献［1］［2］的工作做了比较．从比较结果可以看出，对于 Δa，$\Delta\tilde{\omega}$ 的周期项振幅值，前者比只考虑一体质量（中心体质量）的计算值大些，后者则小些．但对于 Δe 的振幅值，对于木星情形比只考虑一体质量时大两个数量级，对于月球大一个数量级．故研究天体轨道要素变化的后牛顿效应时，在二体质量均较大情形下对偏心率的影响采用本文理论为宜．

参考文献

［1］郑学塘，童彝．北京师范大学学报（自然科学版），4（1981），63-70.
［2］童傅．科学通报，16（1984），34-36.
［3］Brumberg V A. Relativistic celestial mechanics. Moscow，1972.
［4］Finkelstein A M，Kreinovich V Ja. Celestial Mechanics，13（1976），151-176.
［5］Damou T. Ann Inst. Henri Poincare Phy Theory，43（1985），2403.
［6］Breen B J. Phys A：Math Nucl & Gen，16（1973），150-160.
［7］Will C M. Theory and experiment in gravitational physics，Chapter 5-7，1981：124-125.
［8］易照华．天体力学教程．上海：上海科技出版社，1961：225.
［9］Finlay-Freundlich E. Celestial Mechanics：Chapter Ⅵ，Pergamon Press，1958：139-140.
［10］Allen C W. Astrophysical Quantities，1973：140-141，146.

The Numerical Estimation of the Effect of the Post-Post-Newtonian Approximation of the Advance of the Periastron of Celestial Bodies*

Abstract: This paper estimates the effect of post-post-Newtonian approimation of the advance of the periastron for the planets, natural and artificial satellites and binary stars by using the formulae of the advance of the periastron of the two bodies given by the PPN approximation. The numerical results are given in four tables.

1. Introduction

In the wake of unceasing development in the theory of the relativistic celestial mechanics, at present, the research on the relativistic celestial mechanics not only confines to the first-order post-Newtonian effect, but also extends to the second-order post-Newtonian effect. The second-order post-Newtonian effect on the motion of some celestial bodies had been exhibited gradually owing to the fact that the degree of accuracy of astronomical observable instruments heightens unceasingly. Therefore, researching this subject is very important and very meaningful. The so-called second-order post-Newtonian perturbation consists in putting the term of c^{-4} in the post-Newtonian expanding terms. The term is called post-post-Newtonian approximation or second-order post-Newtonian approximation, it differs from the first-order post-Newtonian approximation by the term of c^{-2}.

Sarmiento firstly studied the parameterized post-post-Newtonian (PP^2N) formalism for the solar system[1]. He used his theory to estimate the post-post-Newtonian effect of the advance of the periastron for Mercury, Venus and Icarus and obtained meaningful results. Nordtvedt studied the second-order post-Newtonian gravitational phenomenon in the solar system[2]. He obtained the analysis of the history of the solar rotational axis in need of second-order post-Newtonian gravity $\frac{1}{c^4}$. So that the solar system became the test of the second-order post-Newtonian gravitational

* 原文载于 *IL NUOVO CIMENTO*，2005，120 (1)：21-24.

laboratory. Tadayuki Ohta and Toshiei Kimura developed in detail the theory of second-order post-Newtonian approximation[3]. They called it the post-post-Newtonian approximation and derived the formulae for the advance of the periastron in post-post-Newtonian approximation, but they did not calculate the effect of the advance for various celestial bodies. In this paper, the author estimates the effect of the advance of the periastron for four typical celestial bodies in the post-post-Newtonian approximation basing on the theoretical results given by them.

2. The formulae for the post-post-Newtonian approximation of the periastron advance of celestial bodies

In Ref. [3], Tadayuki Ohta and Toshiei Kimura studied the two-body motion and the advance of the periastion in the post-post-Newtonian approximation. They gave the formulae for the advance of the periastron δ per cycle in relative motion of the two bodies in the PPN approximation:

$$\frac{\delta}{2\pi}=\frac{3G^2\mu^2M^2}{c^2J^2}+\frac{C^4\mu^4M^3}{4c^4J^4}\{(90M-24\mu)+(15M-6\mu)e^2\},\tag{1}$$

where $M=m_1+m_2$, $\mu=\dfrac{m_1m_2}{M}$, $J^2=\mu^2n^2a^4\ (1-e^2)$, $n=\dfrac{2\pi}{T}$ (mean motion), T is the orbital period, a is the semi-major axis, e is the eccentricity and m_1, m_2 are the masses of the two bodies, J is the orbital angular momentum.

It can be seen that the first term on the right-hand of expression (1) is the term of the post-Newtonian approximation, the second term is the term of the post-post-Newtonian approximation. The former is denoted by δ_{PN} and the latter is denoted by δ_{PPN}:

$$\delta_{\text{PN}}=\frac{6\pi G^2\mu^2M^2}{c^2J^2}=\frac{6\pi GM}{c^2a(1-e^2)}\text{(per cycle)},\tag{2}$$

$$\delta_{\text{PPN}}=\frac{\pi G^4\mu^4M^3}{2c^4J^4}\{(90M-24\mu)+(15M-6\mu)e^2\}\text{(per cycle)}.\tag{3}$$

By using $J^2=\mu^2n^2a^4\ (1-e^2)$ and $p=a\ (1-e^2)$ in (3) and substituting J into (3), it reduces to

$$\delta_{\text{PPN}}=\frac{\pi G^2M^2}{2c^4p^2}\left\{\left(90-24\frac{\mu}{M}\right)+\left(15-6\frac{\mu}{M}\right)e^2\right\}\text{(rad/cycle)}.\tag{4}$$

If equation (4) is expressed as the advanced velocity, the unit is expressed as rad/century, then

$$\dot{\delta}_{\text{PPN}}=\frac{\pi G^2M^2}{2c^4p^2T}\left\{\left(90-24\frac{\mu}{M}\right)+\left(15-6\frac{\mu}{M}\right)e^2\right\}\text{(rad/century)},\tag{5}$$

where T denotes the orbital period in unit as century.

Expression (2) can be correspondingly written as

$$\dot{\delta}_{\mathrm{PN}}=\frac{\pi G^2 M^2}{2c^2 pT}(\mathrm{rad/century}). \tag{2a}$$

Table 1　The post-post-Newtonian effect of the advance of the perihelion of planets

Planets	$\dot{\delta}_{\mathrm{PN}}$ (seconds of arc/century)	$\dot{\delta}_{\mathrm{PPN}}$ (seconds of arc/century)
Mercury	42.91	8.7×10^{-6}
Venus	8.61	8.8×10^{-7}
Earth	3.38	2.8×10^{-7}
Mars	1.35	6.6×10^{-8}
Jupiter	0.06	8.9×10^{-10}

Table 2　The post-post-Newtonian effect of the advance of the perigee of natural satellites

Natual satellites	$\dot{\delta}_{\mathrm{PN}}$ (seconds of arc/century)	$\dot{\delta}_{\mathrm{PPN}}$ (seconds of arc/century)
Moon	0.059	5.17×10^{-12}
Mars-1	23.58	9.36×10^{-9}
Jupiter-5	2 217.25	1.29×10^{-4}
Saturn-1	341.42	5.80×10^{-6}
Uranus-1	18.88	4.75×10^{-8}

Table 3　The post-post-Newtonian effect of the advance of the perigee of artificial satellites

Artificial satellites	$\dot{\delta}_{\mathrm{PN}}$ (seconds of arc/century)	$\dot{\delta}_{\mathrm{PPN}}$ (seconds of arc/century)
China-1	1 035.54	4.49×10^{-6}
China-2	1 164.69	5.28×10^{-6}
Scwict-11(1957α)	1 356.87	6.29×10^{-6}
Explorer-14(1962-$\beta\gamma_1$)	33.18	9.18×10^{-8}
Syncom-3(1964-47A)	1.54	1.23×10^{-9}

Table 4　The post-post-Newtonian effect of the advance of the periastron of binary stars

Binary stars	$\dot{\delta}_{\mathrm{PN}}$ (seconds of arc/century)	$\dot{\delta}_{\mathrm{PPN}}$ (seconds of arc/century)
PSR1913+16	2 012 096.80	924.21
Y Cyg	124 284.36	185.47
C W Cep	100 604.00	1.36
A G Per	102 142.92	1.04
δ Ori	46 623.87	0.62

Expression (5) is applicable to study the case of the mass of two bodies such as binary stars. If m_2 is much lower than the mass m_1, then putting $\frac{\mu}{M}-\frac{m_1 m_2}{(m_1+m_2)^2}\to 0$, therefore, equations (4) and (5) reduce to

$$\delta_{\mathrm{PPN}}=\frac{15\pi G^2 M^2}{2c^4 p^2}(6+e^2)(\mathrm{rad/cycle}), \tag{6}$$

$$\dot{\delta}_{\mathrm{PPN}}=\frac{15\pi G^2 M^2}{2c^4 p^2 T}(6+e^2)(\mathrm{rad/century}). \tag{7}$$

3. The numerical estimation of post-post-Newtonian effect of the periastron advance of four celestial bodies

We estimate the post-post-Newtonian effect of the advance of periastron of planets, natural and artificial satellites and binary stars by using expressions (5) and (7). For a, e and T of four celestial bodies, we adopt the data given by Refs. [4] ~ [7]. Substituting these data into (2a), (5) and (7), the numerical results obtained for the post-post-Newtonian effect of the advance of periastron of four typical celestial bodies are given in table 1～table 4.

4. Conclusion

It can be seen from the calculated results of table 1～table 4 that for the post-post-Newtonian effect of the advance of periastron of four celestial bodies the effect on binary stars is the most obvious, its values are by far larger than in the other three celestial bodies. Therefore, the post-post-Newtonian effect must be considered for researching the advance of periastron of binary stars. This is an observable value.

References

[1] Sarmiento A F G. GRG Journal, 14 (1982) 793.

[2] Norotvedt K. Paper presented at the International Symposion on Experimental Gravitational Physics, Guangzhou, China (1987).

[3] Tadayuki Ohta, Toshiei Kimura. Prog Theor Phys, 18 (1989) 679.

[4] Allen C W. Astrophysical quantities. (The Athlone Press) 1973, 140.

[5] Liu Lin, et al. The theory of motion of artificial satellites. (Beijing Science Press) 1974, 6.

[6] Batten A H, Flecher J M, MacCarthy D G. Publication of the dominion astrophysical observatory, Vol 17 (1989).

[7] Hulse R A, Taylor J H. Astrophys J Lett, 195 (1975) 51.

The Post-Newtonian Effects of the Rotation of the Central Body on the Motion of the Celestial Body in Three Gravitational Theories*

Abstract: The post-Newtonian effects of the rotation of the central body on the variation of celestial orbital elements are studied according to the post-Newtonian metric theory. The variation of celestial orbital elements caused by the rotation of the central body in three gravitational theories of Einstein, Brans-Dicke and Nordtvedt is obtained by using the method of general perturbation. The resulting effects are the periodic variation of inclination, eccentricity and mean anomaly; the periodic and secular variation of longitudes of periastron and ascending node and mean longitudes of epoch, but the semi-major axis remains unperturbed (no variation). In addition, the obtained theoretical results are applied to the calculation of the post-Newtonian effect of the rotation of the sun on the variation of the orbital elements of planets in solar system. The numerical results are given in table 1. Finally, the obtained results are discussed and compared with other theories.

1. Introduction

The effect of the rotation of the central body on the motion of celestial body must be considered, if the central body rotates rapidly. The problem of the post-Newtonian effect of the rotation of central body is a classical problem. A. Einstein established general relativity before long. Firstly, Von. J. Lense and Thring[1] studied the effect of the rotation of the central body on the motion of celestial body by the methods of perturbation of celestial mechanics. Later on, Kalitzin et al.[2] and Bogdorowskii[3][4] studied this problem further also. Recently, Cheng Zongyi et al.[5] studied this problem by using Kerr metric. But all of the above theories start from general relativity. They are confined only to one theory. Firstly, B. Breen studied the effect of the rotation of central body in three gravitational theories of Einstein, Brans-Dicke and Nordtvedt. But his study is confined to the advance of periastron and the precession of normal of orbit,

* 原文载于 *Commun Theor Phys*, 1991, 15 (3): 353-358.

without giving the theory of the effect of the rotation on all of the orbital elements and numerical computation. In Ref. [7], the author had given the theoretical and numerical results, but the theoretical expressions are deduced not in detail, and numerical computation is estimated for the satellites only. this paper presents a detailed theoretical treatment, and the theoretical results are applied to the study of the post-Newtonian effect of the rotation of the sun on the planets in solar system.

2. Formulae

In order to derive the perturbating components R, S, W, firstly it is necessary to introduce the perturbation equations that the celestial body rotates around the central body. This paper adopts the equations of motion induced by the method of expansion of post-Newtonian metric. These equations in the coordinates xyz are given by B. Breen, and we choose the expressions of the terms concerning with the effect of the rotation[6]:

$$\begin{cases} X = \ddot{x} = -\dfrac{4\Delta m R^2 w_0 \cos i}{5r^3}\left[2\dot{y} - 3(\boldsymbol{r}\cdot\boldsymbol{v})\dfrac{y}{r^2}\right] + \dfrac{12\Delta m R^2 w_0 \cos i}{5r^5} x(x\dot{y} - y\dot{x}), \\ X = \ddot{y} = \dfrac{4\Delta m R^2 w_0 \cos i}{5r^3}\left[2\dot{x} - 3(\boldsymbol{r}\cdot\boldsymbol{v})\dfrac{x}{r^2}\right] + \dfrac{12\Delta m R^2 w_0 \cos i}{5r^5} y(x\dot{y} - y\dot{x}), \\ Z = \ddot{z} = -\dfrac{4\Delta m R^2 w_0 \cos i}{5r^3}\left[\dot{x} - 3(\boldsymbol{r}\cdot\boldsymbol{v})\dfrac{x}{r^2}\right], \end{cases} \tag{1}$$

where $m = \dfrac{GM}{c^2}$ is the geometrized mass of the body, R and ω_0 denote the radius and angular velocity of the central body, i denotes the inclination of the orbital plane with respect to the equatorial plane (as shown in Fig. 1), $\boldsymbol{v}$ denotes the vector of the velocity, Δ is the post-Newtonian parameter. $\Delta = 1$ in the theory of Einstein, and $\Delta = \dfrac{3+2\omega}{4+2\omega}$ in the theory of Brans-Dicke and Nordtvedt, and ω is the dimensionless constant of the theory. According to Ref. [5], we put $\omega \approx 5$, therefore, $\Delta = \dfrac{13}{14}$.

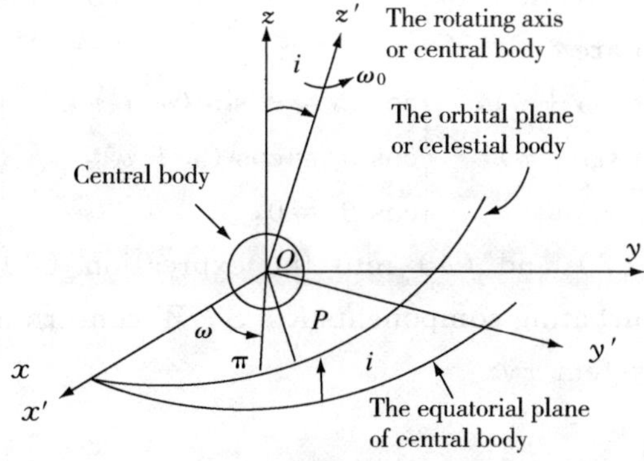

Fig. 1

The coordinate system xyz adopted by the systems of the equations of motion coincides with the orbital coordinate system at epoch. As shown in Fig. 1, the orbital plane coincides with the plane xOy at epoch, then it is a variable due to the effect of the perturbation. So the coordinate system xyz is not the orbital coordinate system, it is an inertial frame. The system $x'y'z'$ in Fig. 1 is established by the system xyz rotating with the inclination i around the axis Ox, and the plane $x'Oy'$ is the quational plane of the central body, it is an inertial frame also. In the following deduce and computation, the orbital elements are defined referred to the coordinate system $x'y'z'$, and the perturbating components R, S, W are the same in two coordinate systems.

Now, x, y, $\dot{x}$, $\dot{y}$ and $(\boldsymbol{r}\cdot\boldsymbol{v})$ in the system of equation (1) are expressed in terms of the orbital elements. As shown in Fig. 1, in the orbital plane coinciding with the plane xOy at epoch, ω is measured from axis x ($\Omega=0$), the anomaly is denoted by v. According to the celestial mechanics, equation (1) in terms of the orbital elements is derived:

$$\begin{aligned} X=\ddot{x}= & -A\{2[e\cos\omega+\cos(\omega+v)]-3e\sin v\sin(\omega+v)- \\ & 3(1+e\cos v)\cos(\omega+v)\}, \\ Y=\ddot{y}= & -A\{2[e\sin\omega+\sin(\omega+v)]+3e\sin v\cos(\omega+v) \\ & -3(1+e\cos v)\sin(\omega+v)\}, \\ Z=\ddot{z}= & A\{e\sin v+\sin(\omega+v)+3e\sin v\cos(\omega+v)\}, \end{aligned} \tag{2}$$

where $A=\dfrac{4mR^2\Delta an\omega_0\cos i}{5\sqrt{1-e^2}\,r^3}$. This is the perturbation of equation of motion in terms of the orbital elements in the coordinate system xyz. The expressions for the perturbating components R, S, W in terms of X, Y, Z or $\ddot{x}$, $\ddot{y}$, $\ddot{z}$ are

$$\begin{cases} R=X\cos\alpha_1+Y\cos\alpha_2+Z\cos\alpha_3, \\ S=X\cos\beta_1+Y\cos\beta_2+Z\cos\beta_3, \\ W=X\cos\gamma_1+Y\cos\gamma_2+Z\cos\gamma_3, \end{cases} \tag{3}$$

where the cosines of direction of the perturbating component (acceleration) in rectangular coordination are

$$\begin{cases} \cos\alpha_1=\cos(\omega+v), \\ \cos\alpha_2=\sin(\omega+v), \\ \cos\alpha_3=0, \end{cases} \quad \begin{cases} \cos\beta_1=-\sin(\omega+v), \\ \cos\beta_2=\cos(\omega+v), \\ \cos\beta_3=0, \end{cases} \quad \begin{cases} \cos\gamma_1=0, \\ \cos\gamma_2=0, \\ \cos\gamma_3=1. \end{cases} \tag{4}$$

Substituting equations (2) and (4) into the expression (3), then we obtain the expressions for the perturbating components R, S, W concerning with the effect of the rotation in coordinate system xyz:

$$\begin{cases} R = \dfrac{4}{5}\Delta \dfrac{an}{\sqrt{1-e^2}} mR^2\omega_0 \cos i \, \dfrac{1+e\cos v}{r^3}, \\ S = -\dfrac{4}{5}\Delta \dfrac{an}{\sqrt{1-e^2}} mR^2\omega_0 \cos i \, \dfrac{e\sin v}{r^3}, \\ W = \dfrac{4}{5}\Delta \dfrac{an}{\sqrt{1-e^2}} mR^2\omega_0 \sin i \, \dfrac{e\sin\omega + \sin(\omega+v) + 3e\sin v\cos(\omega+v)}{r^3}. \end{cases} \tag{5}$$

R, S, W of equations (5) are three perturbation components referred to the coordinate system xyz, but the following deduce all referred to the coordinate system $x'y'z'$, so that we must transform R, S, W into R', S', W' in the coordinate system $x'y'z'$. However as just mentioned above because both of the coordinate systems are all inertial frames, the perturbating components R, S, W are invariant under coordinate transformations according to Galilean transformation, i. e., $R=R'$, $S=S'$, $W=W'$.

3. The post-Newtonian perturbation variable

By using $mc^2=kM=n^2a^3$, $n=cm^{\frac{1}{2}}p^{-\frac{3}{2}}(1-e^2)^{\frac{3}{2}}$, $r=\dfrac{p}{1+e\cos v}$ and $\dfrac{\mathrm{d}t}{\mathrm{d}v}=\dfrac{r^2}{cm^{\frac{1}{2}}p^{\frac{1}{2}}}$ to transform the Lagrange equations with the time t as an independent into the equations with anomaly v as an independent, it follows that[3]:

$$\begin{cases} \dfrac{\mathrm{d}a}{\mathrm{d}v} = \dfrac{2pe\sin v}{c^2m(1-e^2)} r^2 R + \dfrac{2p^2}{c^2m(1-e^2)^2} rS, \\ \dfrac{\mathrm{d}e}{\mathrm{d}v} = \dfrac{\sin v}{c^2m} r^2 R + \dfrac{e+2\cos v+e\cos^2 v}{c^2mp} r^3 S, \\ \dfrac{\mathrm{d}i}{\mathrm{d}v} = \dfrac{\cos(\omega+v)}{c^2mp} r^3 W, \\ \dfrac{\mathrm{d}\Omega}{\mathrm{d}v} = \dfrac{\sin(\omega+v)}{c^2mp\sin i} r^3 W, \\ \dfrac{\mathrm{d}\omega}{\mathrm{d}v} = \dfrac{\cos v}{c^2me} r^2 R + \dfrac{(2+e\cos v)\sin v}{c^2mpe} r^3 S - \dfrac{\sin(\omega+v)\cos i}{c^2mp} r^3 W, \\ \dfrac{\mathrm{d}\sigma}{\mathrm{d}t} = -\dfrac{(1-e^2)^{\frac{1}{2}}}{e^2mpe}(2e-\cos v-e\cos^2 v) r^3 R \\ \qquad - \dfrac{(1-e^2)^{\frac{1}{2}}}{e^2mpe}(2+e\cos v)\sin v r^3 S, \end{cases} \tag{6}$$

where σ is the mean anomaly when $t=0$, i. e., $\sigma=-n\tau$ and τ is the time through perihelion, and the mean longitude L_0 at epoch is

$$L_0 = \sigma + \omega + \Omega = \sigma + \tilde{\omega},$$

where $\tilde{\omega}=\omega+\Omega$ is the longitude of perihelion, so

$$\Delta L_0 = \Delta\sigma + \Delta\omega + \Delta\Omega = \Delta\sigma + \Delta\tilde{\omega}. \tag{7}$$

Now, substituting equations (5) into equations (6), then integrating them, we obtain the post-Newtonian variables of the orbital elements caused by the rotation of the central body:

$$
\left\{
\begin{aligned}
&\Delta a = 0,\\
&\Delta e = e - e_0 = -K\cos i(\cos v - \cos v_0),\\
&\Delta i = -K\sin i\Big[\Big(1+\frac{5}{4}\cos 2\omega\Big)e(\cos v - \cos v_0)\\
&\qquad +\frac{1}{4}\cos 2\omega(\cos 2v - \cos 2v_0)\\
&\qquad +\frac{1}{4}\cos 2\omega\cdot e(\cos 3v - \cos 3v_0) - \frac{4}{5}e\sin 2\omega(\sin v - \sin v_0)\\
&\qquad -\frac{1}{4}\sin 2\omega(\sin 2v - \sin 2v_0) - \frac{1}{4}e\sin 2\omega(\sin 3v - \sin 3v_0)\Big],\\
&\Delta\Omega = \frac{1}{2}K\Big[(v - v_0) + \Big(1 - \frac{1}{2}\cos 2\omega\Big)e(\sin v - \sin v_0)\\
&\qquad -\frac{1}{2}\cos 2\omega(\sin 2v - \sin 2v_0)\\
&\qquad -\frac{1}{2}e\cos 2\omega(\sin 3v - \sin 3v_0) + \frac{1}{2}e\sin 2\omega(\cos v - \cos v_0)\\
&\qquad -\frac{1}{2}\sin 2\omega(\cos 2v - \cos 2v_0)\\
&\qquad -\frac{1}{2}e\sin 2\omega(\cos 3v - \cos 3v_0)\Big],\\
&\Delta\omega = -\frac{K\cos i}{e}\Big[\frac{5}{2}(v - v_0)e\\
&\qquad +\Big(1 - \frac{1}{4}e + \frac{5}{4}e^2 + e^2\sin^2\omega + \frac{3}{4}e^2\cos 2\omega\Big)(\sin v - \sin v_0)\\
&\qquad -\frac{1}{4}e\cos 2\omega(\sin 2v - \sin 2v_0)\\
&\qquad -\frac{1}{12}\Big(1 - e + \frac{3}{4}\cos 2\omega\Big)e(\sin 3v - \sin 3v_0)\\
&\qquad +\frac{1}{4}e^2\sin 2\omega(\cos v - \cos v_0) - \frac{1}{4}e\sin 2\omega(\cos 2v - \cos 2v_0)\\
&\qquad -\frac{1}{4}e^2\sin 2\omega(\cos 3v - \cos 3v_0)\Big],\\
&\Delta\sigma = K\cos i\,\frac{(1-e^2)^{\frac{3}{2}}}{e}(\sin v - \sin v_0),\\
&\Delta\tilde{\omega} = \Delta\omega + \Delta\Omega,\\
&\Delta L_0 = \Delta\sigma + \Delta\omega + \Delta\Omega = \Delta\sigma + \Delta\tilde{\omega},
\end{aligned}
\right.
\tag{8}
$$

where

$$K = \frac{4}{5}\Delta \frac{(KM)^{\frac{1}{2}} R^2 \omega_0}{c^2 a^{\frac{3}{2}} (1-e^2)^{\frac{3}{2}}}. \tag{9}$$

4. The periodic and secular perturbation

It can be seen from expressions (8) that the rotation of the central body causes both periodic and secular perturbations to the orbital elements. Except the semi-major axis's remaining unperturbed (no effect), all of the orbital elements present the periodic perturbations, especially the longitudes of ascending node and periastron present both periodic and secular perturbations.

(1) Periodic perturbation

The effect of periodic perturbation on the orbital elements can be expressed in terms of the amplitude of sine and cosine. The values of their amplitudes are given by the expressions (8).

(2) Secular perturbation

It can be seen from equations (8) that the effects of the secular perturbation on the orbital elements are

$$\begin{cases} \Delta\Omega = \pi K = \frac{4}{5}\Delta\pi \frac{(KM)^{\frac{1}{2}} R^2 \omega_0}{c^2 a^{\frac{3}{2}} (1-e^2)^{\frac{3}{2}}} (\text{Revolution}^{-1}), \\ \Delta\omega = -5\pi K \cos i = -\frac{20}{5}\Delta\pi \frac{(KM)^{\frac{1}{2}} R^2 \omega_0 \cos i}{c^2 a^{\frac{3}{2}} (1-e^2)^{\frac{3}{2}}} (\text{Revolution}^{-1}), \\ \Delta L_0 = \Delta\tilde{\omega} = \Delta\Omega + \Delta\omega (\text{Revolution}^{-1}); \end{cases} \tag{10}$$

$$\begin{cases} \dot{\Omega} = \frac{d\Omega}{dt} = \frac{\pi K}{T} (\text{rad/s}), \\ \dot{\omega} = \frac{d\omega}{dt} = -\frac{5\pi K \cos i}{T} (\text{rad/s}), \\ \dot{\tilde{\omega}} = \frac{d\tilde{\omega}}{dt} = (\dot{\omega} + \dot{\Omega}) \ (\text{rad/s}), \\ L_0 = \frac{dL_0}{dt} = \dot{\tilde{\omega}} (\text{rad/s}). \end{cases} \tag{11}$$

5. The estimation for the post-Newtonian effect of the rotation of the sun on the orbital elements of planets

By using equations (10) ~ (11) and the data for ω_0, a, e, i, M, R and T in Ref. [8], numerical computation has been made for the post-Newtonian effects of the rotation of the sun on the orbital elements of planets. The numerical results obtained for the effects of secular variation of the orbital elements per revolution in three gravitational theories are listed in table 1. In table 1 the lower indexes E, B and N in the round brackets of Ω and ω denote three gravitational theories of Einstein, Brans-Dicke and Nordtvedt.

6. Conclusion

(1) The resulting post-Newtonian effects of the rotation of the central body on the variation of celestial orbital elements are the periodic variation of the inclination, eccentricity and mean anomaly, the periodic and the secular variation of longitudes of periastron and ascending node and mean longitudes of epoch, but the semi-major axis has no variation.

(2) It can be seen from the computation (see table 1) in three gravitational theories that the values of general relativistic effects are larger than those of the theories of Brans-Dicke and Nordtvedt no matter whether the periodic or the secular perturbation. The values of both the later theories are equal.

Table 1 The post-Newtonian effects of secular perturbation of the rotation of the sun on the orbital elements of planets (seconds of arc/century)

Planet	$\dot{\Omega}_{(E)}$	$\dot{\Omega}_{(B)}=\dot{\Omega}_{(N)}$	$\dot{\omega}_{(E)}$	$\dot{\omega}_{(B)}=\dot{\omega}_{(N)}$	$\dot{\tilde{\omega}}_{(E)}=\dot{L}_{0(E)}$	$\dot{\tilde{\omega}}_{(B)}=\dot{L}_{0(B)}$ $\dot{\tilde{\omega}}_{(N)}=\dot{L}_{0(N)}$
Mercury	2.933×10^{-3}	2.72×10^{-3}	-1.46×10^{-2}	-1.35×10^{-2}	-1.17×10^{-2}	-1.08×10^{-2}
Venus	4.21×10^{-4}	3.91×10^{-4}	-2.10×10^{-3}	-1.95×10^{-3}	-1.68×10^{-3}	-1.56×10^{-3}
Earth	1.59×10^{-4}	1.56×10^{-4}	-7.91×10^{-4}	-7.34×10^{-4}	-6.31×10^{-4}	-5.86×10^{-4}
Mars	2.52×10^{-5}	2.33×10^{-5}	-1.25×10^{-4}	-1.16×10^{-4}	-1.00×10^{-4}	-0.93×10^{-4}
Jupiter	1.14×10^{-6}	1.05×10^{-6}	-5.64×10^{-6}	-5.64×10^{-6}	-4.53×10^{-6}	-4.21×10^{-6}
Saturn	1.86×10^{-8}	1.73×10^{-8}	-9.25×10^{-7}	-8.59×10^{-7}	-9.01×10^{-7}	-8.42×10^{-7}
Uranus	2.27×10^{-8}	2.11×10^{-8}	-1.13×10^{-7}	-1.06×10^{-7}	-9.02×10^{-8}	-8.37×10^{-8}
Neptune	5.92×10^{-9}	5.49×10^{-9}	-2.95×10^{-8}	-2.74×10^{-8}	-2.35×10^{-8}	-2.18×10^{-8}
Pluto	2.78×10^{-9}	2.57×10^{-9}	-1.36×10^{-8}	-1.26×10^{-8}	-1.08×10^{-8}	-1.00×10^{-8}

(3) The relations between the results of this paper and Refs. [3] and [6] are

$$\begin{aligned} \Delta\Omega_1 &= \Delta\Omega_2 = \frac{1}{2}\Delta\Omega_3 = \pi K\,(\text{Revolution}^{-1}), \\ \Delta\omega_1 &= \frac{5}{4}\Delta\omega_2 = \frac{5}{6}\Delta\omega_3 = -5\pi K\cos i\,(\text{Revolution}^{-1}), \end{aligned} \tag{12}$$

or the relations between three results are

$$\Delta\omega_1 = \Delta\omega_2 - \Delta\Omega_1\cos i = \Delta\omega_3 + (\Delta\Omega_3 - \Delta\Omega_1)\cos i, \tag{13}$$

where K is given by the expression (9), and the lower indexes1, 2 and 3 denote the symbols in this paper and Refs. [3] and [6].

Acknowledgments

The author is grateful to Huang Tianyi (Nanjing University) for helpful discussions.

References

[1] J Lense, H Thirring. Physik Zeitschr XIX, (1918) 156.
[2] N St Kalitzin. Il Nuovo Cimento IX, (1958) 365; XI, (1959) 178.
[3] A F Bogdorowskii. J Astron (USSR), 36 (1959) 883.
[4] A F Bogdorowskill. The Einstein field equations and their applications to astronomy. Kiev University (1962).
[5] Chen Zongyi, et al. Acta Astronomic Sinica 29 (1988) 403.
[6] B Breen. J Phys A: Math Nucl and Gen, 7 (1974) 216.
[7] Li Linsen. Acta Astronomic Sinica, 31 (1990) 108.
[8] C W Allen. Astrophysical Quantities, (1973) 140.

Post-Newtonian Effect on the Variation of Time of Periastron Passage of Binary Stars in Three Gravitational Theories*

Abstract: The equation for the variation of the time of a periastron passage of binary stars has been solved by using the perturbation approach. The post-Newtonian effect on the variation of the time of a periastron passage has been examined within three gravitational theories. The results clearly show that the periastron passage of a binary star occurs earlier (advances) at each revolution. This effect has been calculated and discussed for ten binary stars.

Keywords: post-Newtonian effect; variation of time of periastron passage; binary stars

1. Introduction

It is well known that, in celestial mechanics, the orbital motion of test particles can be parameterized in terms of six orbital elements. In general, they are continuously modified with respect to Keplerian case by various factors. Rubincam (1997) considered the motion of a test particle in the Schwarzchild metric and gave the time variation applying his calculation of the orbit of satellites (Rubincam, 1997). In the same year, Calura et al. (1997) presented a method to study time variation of the orbital parameter of a post-Keplerian binary system by using the post-Newtonian Lagrangian planetary equations (Calura et al., 1997). They obtained the variation of the semi-major axis and the mean anomaly with time. Iorio (2007) derived the post-Newtonian rate of the mean anomaly of a two-body system in the framework of the general theory of relativity (Iorio, 2007). He applied his theoretical result to the PSR1913+16 and PSRJ0737-3039 systems. These studies are restricted to only one theory of gravitation, and parameterized post-Newtonian formalism is not dealt with.

* 原文载于 *Astrophys & Space Sci*, 2010 (327): 59-65.

2. The perturbing equation for the variation of the time of periastron passage: General case

In the celestial mechanics the mean anomaly, M_a can be written as

$$M_a = n(t - \tau). \tag{1}$$

Here, τ denotes the time of a periastron passage of binary stars, and n denotes the mean motion.

Differentiating formula (1), we get

$$n\frac{\mathrm{d}\tau}{\mathrm{d}t} = \frac{\mathrm{d}n}{\mathrm{d}t}(t - \tau) + n - \frac{\mathrm{d}M_a}{\mathrm{d}t}. \tag{2}$$

We use the Kepler's third law:

$$n^2 a^3 = GM = mc^2, \tag{3}$$

where m is geometrical mass which is related to the physical mass $\frac{M}{m} = \frac{GM}{c^2}$ in which c is the speed of light and G is the gravitational constant.

Differentiating formula (3), we obtain

$$\frac{\mathrm{d}n}{\mathrm{d}t} = -\frac{3}{2} \cdot \frac{n}{a} \cdot \frac{\mathrm{d}a}{\mathrm{d}t}. \tag{4}$$

Then we use the Gaussian perturbation equations:

$$\frac{\mathrm{d}a}{\mathrm{d}t} = \frac{2}{n\sqrt{1-e^2}}\left[Se\sin f + T\frac{p}{r}\right], \tag{5}$$

$$\frac{\mathrm{d}M_a}{\mathrm{d}t} = n - \frac{1-e^2}{nae}\left[-S\left(\cos f - 2e\frac{r}{p}\right) + T\left(1 + \frac{r}{p}\right)\sin f\right]. \tag{6}$$

Here, S and T are the ratal and transverse component of a perturbing acceleration smaller than the Newtonian one, and f is the true anomaly, moreover, $p = a(1-e^2)$.

Substituting formulae (4) (5) and (6) into (2), and using (3), we obtain

$$\begin{aligned}\frac{\mathrm{d}\tau}{\mathrm{d}t} = {} & \frac{a}{mc^2}\left[\left(2r - \frac{p}{e}\cos f\right) - 3(t-\tau)\frac{nae\sin f}{\sqrt{1-e^2}}\right]S \\ & + \frac{a}{mc^2 e}\left[(p+r)\sin f - 3(t-\tau)\frac{nae}{\sqrt{1-e^2}}\left(\frac{p}{r}\right)\right]T.\end{aligned} \tag{7}$$

It is difficult to use the true anomaly as an independent variable for integrating equation (7). We choose the eccentric anomaly E as an independent variable in order to integrate (7). Thus, we may use the Keplerian equation in the equation (Smart, 1953; Bertotti et al. 2003):

$$\begin{aligned} M_a &= n(t - \tau) = E - e\sin E, \\ t - \tau &= \frac{1}{n}(E - e\sin E). \end{aligned} \tag{8}$$

And use the well-known formulae for the Keplerian ellipse (Smart, 1953):

$$r = a(1 - e\cos E), \tag{9}$$

$$\sin f = \frac{\sqrt{1-e^2}\sin E}{(1 - e\cos E)} = \frac{a\sqrt{1-e^2}\sin E}{r}, \tag{10}$$

$$\cos f = \frac{\cos E - e}{1 - e\cos E} = \frac{a(\cos E - e)}{r}, \tag{11}$$

$$\frac{\mathrm{d}E}{\mathrm{d}t} = \frac{na}{r} = \left(\frac{m}{a}\right)^{\frac{1}{2}} \frac{c}{r}.\text{[use formula (3)]} \tag{12}$$

Substituting formulae (10) (11) and (12) into formula (7), we get

$$\frac{\mathrm{d}\tau}{\mathrm{d}E} = \left(\frac{a}{m}\right)^{\frac{3}{2}} \left(\frac{1}{c^3}\right) \left[2r^2 - \frac{ap}{e}(\cos E - e) - 3(E - e\sin E)a^2 e\sin E\right] S$$
$$+ \left(\frac{a}{m}\right)^{\frac{3}{2}} \left(\frac{1}{ec^3}\right) \left[(r+p)a\sqrt{1-e^2}\sin E - 3(E - e\sin E)\frac{aep}{\sqrt{1-e^2}}\right] T. \tag{13}$$

3. S and T components of the post-Newtonian perturbing acceleration for the two-body problem

The relative acceleration of two-body with the post-Newtonian parameters is given by Breen (1973). For the sake of application to celestial mechanics, it may be written as

$$\boldsymbol{a}_{\mathrm{PN}} = \frac{c^2 \boldsymbol{r}}{r^3}\left[\frac{(2\beta + 2\alpha\gamma)(m_1^2 + m_2^2) + (2\alpha' + 8\alpha\Delta)m_1 m_2}{r}\right.$$
$$+ \frac{(\gamma - 2\alpha'' - 4\Delta)m_1 m_2 - \gamma(m_1^2 + m_2^2)}{mc^2}$$
$$\left.\times(\dot{r}^2 + r^2\dot{f}^2) + \frac{3}{2}\alpha'''\frac{m_1 m_2}{mc^2}\dot{r}^2\right] + \frac{\dot{r}}{r^2}\boldsymbol{v}$$
$$\times\left[\frac{2(\alpha+\gamma)(m_1^2 + m_2^2) + (8\Delta - \alpha - \alpha''')m_1 m_2}{m}\right]. \tag{14}$$

Here, $m = m_1 + m_2$, $\boldsymbol{r}$ and $\boldsymbol{v}$ are the radius and velocity vectors.

Substituting the following formulae for the problem of two-body into (14) (Smart, 1953):

$$\dot{f} = \frac{\mathrm{d}f}{\mathrm{d}t} = \frac{na^2\sqrt{1-e^2}}{r^2},\quad \dot{f} = \frac{nae\sin f}{\sqrt{1-e^2}},$$
$$n^2 a^3 = mc^2, \tag{15}$$

we get

$$S = \frac{c^2}{r^2}\left(\frac{K_1}{r} + \frac{K_2 e^2 \sin^2 f}{p} + \frac{K_3 p}{r^2}\right), \tag{16}$$

$$T = \frac{c^2}{r^3} K_4 e\sin f, \tag{17}$$

$$W = 0, \tag{18}$$

where K_1, K_2, K_3 and K_4 are given by

$$\begin{cases} K_1 = 2(\beta + \alpha\gamma)(m_1^2 + m_2^2) + 2(\alpha' + 4\alpha\Delta)m_1 m_2, \\ K_2 = (2\alpha + \gamma)(m_1^2 + m_2^2) + (4\Delta + \gamma - \alpha - 2\alpha'' + \frac{1}{2}\alpha''')m_1 m_2, \\ K_3 = -\gamma(m_1^2 + m_2^2) - (2\alpha'' + 4\Delta - \gamma)m_1 m_2, \\ K_4 = (2\alpha + \gamma)(m_1^2 + m_2^2) + (8\Delta - \alpha''' - \alpha)m_1 m_2. \end{cases} \tag{19}$$

In the Einstein gravitational theory, the post-Newtonian parameters α, α', α'', α''', β, γ and Δ are all equal to 1.

In the Brans-Dicke gravitational theory , α, β, α'' and α''' are all equal to 1, $\gamma=\frac{1+\omega}{2+\omega}$,

$$\alpha'' = \Delta = \frac{3+2\omega}{4+2\omega}.$$

In the Nordtvedt gravitational theory, α and α''' are all equal to 1,

$$\beta = \frac{1+\omega'}{(4+2\omega)(3+2\omega)^2}$$

$$\alpha' = \frac{1+2\omega'}{(4+2\omega)(3+2\omega)^2},$$

$$\alpha'' = \Delta = \frac{3+2\omega}{4+2\omega}, \gamma = \frac{1+\omega}{2+\omega},$$

where ω is the dimensionless constant of theory

$$\omega = 5, \omega' = \frac{d\omega}{d\phi} = -\frac{1}{2}(3+2\omega)^2 = -\frac{169}{2},$$

and ϕ is a scalar field. Here we have to pass from the true anomaly, f, to the eccentric anomaly, E, in formulae (16) (17). Using formulae (10) and (11) yields,

$$S = \frac{c^2}{r^2}\left(\frac{K_1}{r} + \frac{K_2 e^2 a \sin E}{r^2} + \frac{K_3 p}{r^2}\right), \tag{20}$$

$$T = \frac{c^2}{r^4} K_4 a e \sqrt{1-e^2} \sin E, \tag{21}$$

$$W = 0. \tag{22}$$

4. Calculation of the PN variation of the time of periastron passage

Substituting expressions (20) and (21) for S and T into expression (13), we obtain

$$\frac{d\tau}{dE} = \frac{a^{\frac{1}{2}}}{m^{\frac{3}{2}} c}\left\{\left[\left(\frac{3}{2}K_1 + K_3 + K_4\right) + \left(2K_3 - \frac{1}{2}K_2\right)e \right.\right.$$

$$\left. + \left(6K_1 + K_2 + \frac{19}{2}K_3 + 2K_4\right)e^2\right]$$

$$+ \left[\left(\frac{1}{2}e - 2e^{-2}\right)K_1 - \left(\frac{5}{2}e + 2e^{-1}\right)K_2\right.$$

$$+\left(\frac{7}{4}e-3e\right)eK_4\Big]\cos E$$

$$+\Big[\left(2e+e^2-\frac{3}{2}\right)K_1+e^2K_2$$

$$+\left(8e+\frac{21}{2}e^2-2\right)K_3$$

$$-\frac{1}{2}(3e^2-3e-2)K_4\Big]\cos 2E$$

$$+\Big[\frac{3}{2}K_1-\frac{1}{4}K_2+\frac{15}{2}K_3$$

$$-\left(\frac{21}{4}+\frac{3}{4}e\right)eK_4\Big]\cos 3E$$

$$-3(K_1+K_3)eE\sin E$$

$$-\frac{1}{2}\left(\frac{3}{2}K_1+2K_3\right)e^2 2E\ \sin E\Big\}. \qquad (23)$$

We integrate expression (23) and use the binomial expansion for $\frac{1}{r}$, $\frac{1}{r^2}$, $\frac{1}{r^3}$ and $\frac{1}{r^4}$:

$$\frac{1}{r^j}[a(1-e\cos E)]^{-j}=a^{-j}\left[1+je\cos E+\frac{j(j-1)}{2}e^2\cos^2 E+\cdots\right].$$

Here, $e\cos E<1$, $j=1, 2, 3, 4$,

$$\mathrm{d}\tau=\tau-\tau_0=S(E)+P(E)+\mathrm{Mix}\ P(E). \qquad (24)$$

S (E), P (E) and Mix P (E) denote the secular, periodic and mixed terms, respectively.

$$S(E)=\frac{a^{\frac{1}{2}}}{cm^{\frac{3}{2}}}\Big[\left(\frac{3}{2}K_1+K_3+K_4\right)+\left(2K_3-\frac{1}{2}K_2\right)e$$

$$+\left(6K_1+K_2+\frac{19}{2}K_3+2K_4\right)e^2\Big]$$

$$\times(E-E_0), \qquad (25)$$

$$P(E)=\frac{a^{\frac{1}{2}}}{cm^{\frac{3}{2}}}\sum_{i=1}^{4}Q_i(\sin iE-\sin iE_0), \qquad (26)$$

$$\begin{cases} Q_1=\left(\frac{1}{2}e-2e^{-2}\right)K_1-\left(\frac{5}{2}e+2e^{-1}\right)K_2+\left(\frac{7}{4}-3e\right)eK_4, \\ Q_2=\left(e+\frac{1}{2}e^2-\frac{3}{4}\right)K_1+\frac{1}{2}eK_2+\left(\frac{21}{4}e^2+4e-1\right)K_3 \\ \quad +\frac{1}{4}(3e^2-3e-2)K_4, \\ Q_3=\frac{1}{2}K_1-\frac{1}{12}K_2+\frac{5}{2}K_3-\left(\frac{7}{4}+\frac{1}{2}e\right)eK_4, \\ Q_4=-\frac{1}{2}\left(e^2+\frac{1}{4}e\right)K_4. \end{cases} \qquad (27)$$

$$\text{Mix } P(E) = \frac{a^{\frac{1}{2}}}{cm^{\frac{3}{2}}} \left\{ \sum_{i=1}^{2} M_i(E)[(\sin iE - iE\cos iE) - (\sin iE_0 - iE_0 \cos iE_0)] \right\}, \tag{28}$$

$$\begin{cases} M_1(E) = -3(K_1 + K_3 + K_4)e, \\ M_2(E) = -\frac{3}{8}(3K_1 + 4K_3 + K_4)e^2. \end{cases} \tag{29}$$

Letting $E - E_0 = 2\pi$ in expression (25), we obtain the secular variation for the time of the periastron passage of binary stars per revolution:

$$\Delta\tau = \frac{2\pi a^{\frac{1}{2}}}{cm^{\frac{3}{2}}} \left[\left(\frac{3}{2}K_1 + K_3 + K_4\right) + \left(2K_3 - \frac{1}{2}K_2\right) e + \left(3K_1 + K_2 + \frac{19}{2}K_3 + 2K_4\right) \right] \times e^2 (\text{revolution}^{-1}), \tag{30}$$

$$i = \frac{\Delta\tau}{P}. \tag{31}$$

Here, P is the orbital period.

Substituting the post-Newtonian parameters for the three gravitational theories into the expressions (19), we obtain the following expressions:

In the Einstein theory,

$$\begin{cases} K_1 = 4(m_1^2 + m_2^2) + 10m_1m_2 = 4m^2 + 2m_1m_2, \\ K_2 = 3(m_1^2 + m_2^2) + \frac{5}{2}m_1m_2 = 3m^2 - \frac{7}{2}m_1m_2, \\ K_3 = -(m_1^2 + m_2^2) - 5m_1m_2 = -m^2 - 3m_1m_2, \\ K_4 = 4(m_1^2 + m_2^2) + 6m_1m_2 = 4m^2 - 2m_1m_2. \end{cases} \tag{32}$$

In the Brans-Dicke theory,

$$\begin{cases} K_1 = \frac{26(m_1^2 + m_2^2)}{7} - \frac{14m_1m_2}{7} = \frac{26m^2}{7} + 2m_1m_2, \\ K_2 = \frac{20(m_1^2 + m_2^2)}{7} + \frac{7m_1m_2}{5} = \frac{20m^2}{7} - 5m_1m_2, \\ K_3 = -\frac{6(m_1^2 + m_2^2)}{7} - \frac{33m_1m_2}{7} = -\frac{6m^2}{7} - 3m_1m_2, \\ K_4 = \frac{26(m_1^2 + m_2^2)}{7} + \frac{38m_1m_2}{7} = \frac{26m^2}{7} - 2m_1m_2. \end{cases} \tag{33}$$

In the Nordtvedt theory,

$$\begin{cases} K_1 = \dfrac{5(m_1^2 + m_2^2)}{14} + \dfrac{65 m_1 m_2}{7} = \dfrac{51 m^2}{14} + 2 m_1 m_2, \\ K_2 = \dfrac{20(m_1^2 + m_2^2)}{7} + \dfrac{5 m_1 m_2}{7} = \dfrac{20 m^2}{7} - 5 m_1 m_2, \\ K_3 = -\dfrac{6(m_1^2 + m_2^2)}{7} - 3 m_1 m_2 = -\dfrac{6}{7} m^2 - 3 m_1 m_2, \\ K_4 = \dfrac{26(m_1^2 + m_2^2)}{7} + \dfrac{38 m_1 m_2}{7} = \dfrac{26 m^2}{7} - 2 m_1 m_2. \end{cases} \tag{34}$$

Now, we use $m = \dfrac{GM}{c^2}$, $m_1 = \dfrac{GM_1}{c^2}$, $m_2 = \dfrac{GM_2}{c^2}$ (M_1 is the primary mass, M_2 is the secondary mass), M_1 and M_2 are expressed in units of solar mass $M_\odot$, and the semi-major axis, a, is expressed in the unit of solar radius $R_\odot$. Formula (30) becomes

$$\begin{aligned} \Delta\tau_E = C_1 a^{\frac{1}{2}} \Bigg[& \left(9M^{\frac{1}{2}} - \frac{2\mu}{M^{\frac{1}{2}}}\right) \\ & - \left(\frac{7}{2} M^{\frac{1}{2}} + \frac{17\mu}{2M^{\frac{1}{2}}}\right) e \\ & + \left(\frac{51 M^{\frac{1}{2}}}{2} - \frac{24\mu}{M^{\frac{1}{2}}}\right) e^2 \Bigg] (\text{s/Rev}), \end{aligned} \tag{35}$$

$$\begin{aligned} \Delta\tau_{B-D} = C_1 a^{\frac{1}{2}} \Bigg[& \left(\frac{59 M^{\frac{1}{2}}}{7} - \frac{2\mu}{M^{\frac{1}{2}}}\right) \\ & - \left(\frac{22 M^{\frac{1}{2}}}{7} + \frac{7\mu}{2M^{\frac{1}{2}}}\right) e \\ & + \left(\frac{171 M^{\frac{1}{2}}}{7} - \frac{51\mu}{2M^{\frac{1}{2}}}\right) e^2 \Bigg] (\text{s/Rev}), \end{aligned} \tag{36}$$

$$\begin{aligned} \Delta\tau_N = C_1 a^{\frac{1}{2}} \Bigg[& \left(\frac{233 M^{\frac{1}{2}}}{28} - \frac{2\mu}{M^{\frac{1}{2}}}\right) \\ & - \left(\frac{22 M^{\frac{1}{2}}}{7} + \frac{7\mu}{2M^{\frac{1}{2}}}\right) e \\ & + \left(\frac{168 M^{\frac{1}{2}}}{7} - \frac{51\mu}{2M^{\frac{1}{2}}}\right) e^2 \Bigg] (\text{s/Rev}). \end{aligned} \tag{37}$$

Here

$$C_1 = \frac{2\pi (G M_\odot R_\odot)^{\frac{1}{2}}}{c^2} = 2.121\,3 \times 10^{-2} (\text{s}). \tag{38}$$

($G = 6.67 \times 10^{-8}\ \text{cm}^3 \cdot \text{g}^{-1} \cdot \text{s}^{-2}$), $M_\odot = 1.989 \times 10^{33}$ g, $R_\odot = 6.959\,9 \times 10^{10}$ cm, $c = 3 \times 10^{10}$ cm/s. $\mu = \dfrac{M_1 M_2}{(M_1 + M_2)}$, s/Rev denotes seconds per revolution. We express the semi-major axis a in terms of the orbital period. P, in the above formulae (35) ~ (37) by using the Kepler's third law: $\frac{4\pi^2 a^3}{P^2} = GM = c^2 m$. Substituting $a^{\frac{1}{2}} = c^{\frac{1}{3}} m^{\frac{1}{6}} P^{\frac{1}{3}} (4\pi^2)^{\frac{1}{6}}$ into formula (29) or $a^{\frac{1}{2}} = \frac{(GM)^{\frac{1}{6}} p^{\frac{1}{3}}}{(4\pi^2)^{\frac{1}{6}}}$ into formulac (35) ~ (37), we get

$$\Delta\tau_E = C_2 P^{\frac{1}{3}} \left[\left(9M^{\frac{2}{3}} - \frac{2\mu}{M^{\frac{1}{3}}}\right) - \left(7M^{\frac{2}{3}} + \frac{17\mu}{2M^{\frac{1}{3}}}\right) e + \left(51M^{\frac{2}{3}} - \frac{24\mu}{M^{\frac{1}{3}}}\right) e^2 \right] \text{(s/Rev)}, \tag{39}$$

$$\Delta\tau_{B-D} = C_2 P^{\frac{1}{3}} \left[\left(59M^{\frac{2}{3}} - \frac{2\mu}{M^{\frac{1}{3}}}\right) - \left(\frac{22M^{\frac{2}{3}}}{7} + \frac{7\mu}{2M^{\frac{1}{3}}}\right) e + \left(\frac{171M^{\frac{2}{3}}}{7} - \frac{51\mu}{2M^{\frac{1}{3}}}\right) e^2 \right] \text{(s/Rev)}, \tag{40}$$

$$\Delta\tau_N = C_2 P^{\frac{1}{3}} \left[\left(\frac{233M^{\frac{2}{3}}}{28} - \frac{2\mu}{M^{\frac{1}{3}}}\right) - \left(\frac{22M^{\frac{2}{3}}}{7} + \frac{7\mu}{2M^{\frac{1}{3}}}\right) e + \left(\frac{168M^{\frac{2}{3}}}{7} - \frac{51\mu}{2M^{\frac{1}{3}}}\right) e^2 \right] \text{(s/Rev)}. \tag{41}$$

Here, $C_2 = (2\pi GM_\odot)^{\frac{2}{3}} d^{\frac{1}{3}}/c^2 = 4.350\,6 \times 10^{-2}$ s, 1 d=86 400 s.

The orbital period P is denoted by the unit of days. C_1 and C_2 are two constants with dimension. Their units are second (s). However, C_1 and C_2 are non-dimensional in formulae (35) ~ (37) and (39) ~ (41), because the right-hand sides of formulae (35) ~ (37) and (39) ~ (41) have been denoted by the units of (s/Rev) already.

5. The results of the numerical calculation for ten binary stars

In this paper, we consider the following binary systems: M33X-7 (black hole), CenX-3 (neutron star), PSR1913 + 16 and PSRJ0737 + 3039 (binary pulsars) as calculated examples. For these binary stars, their mass P, M_1, M_2, a and e are retrieved from Oroza et al. (2007), Brancewicz and Dwarak (1980), Batten et al.

(1989), Simon et al. (1997), Lewin (2006), Lecar etal. (1976), Hutchings et al. (1979), Willems et al. (2004), Burgal et al. (2003). Their data are listed in table 2 in the appendix.

Substituting them into formulae (35) ~ (37), we obtain the numerical results for the variation of time of a periastron passage per revolution of the binary systems considered in the three gravitational theories examined.

6. Discussion and conclusions

(1) It can be seen from table 1 that the change in the time of the periastron passage is more enhanced for massive systems than for lighter ones, $\Delta\tau$ is directly proportional to the semi-major axis, $a^{\frac{1}{2}}$, or the period, $P^{\frac{1}{3}}$, according to formulae (35) ~ (37) or (39) ~ (41). It can be seen from formulae (33) ~ (35) that if the eccentricity e is larger, the second and third terms in the right hand side of the expression should not be omitted, especially the second term of order $O(e)$. If the eccentricity is smaller, the third term of order $O(e^2)$ can be neglected.

Table 1 The post-Newtonian effect for the variation of time of periastron passage of ten binary stars per revolution

Binary stars	$\Delta\tau_E$ (s/Rev)	$\Delta\tau_{B-D}$ (s/Rev)	$\Delta\tau_N$ (s/Rew)
M33X-7	+11.04	+10.32	+10.14
V448 Cyg	+7.90	+7.38	+7.28
V382 Cyg	+7.07	+7.29	+7.08
Y Cyg	+5.49	+5.15	+5.14
Cw Cep	+3.76	+3.52	+3.47
CenX-3	+3.46	+3.26	+3.21
A G per	+2.06	+1.93	+1.90
H S Her	+1.44	+1.34	+1.21
PSR1913+16	+0.78	+0.74	+0.72
PSRJ0737+3039	+0.31	+0.30	+0.29

The "+" sign denotes an advance of time of a periastron passage, s/Rev stands for seconds per revolution.

(2) It can be seen from table 1 that, among the three gravitational theories examined, the effect in the Einstein theory is the largest one, followed by the Brans-Dicke and Nordtvedt theories. The gravitational theory that most closely corresponds to the real world should be supported by comparing its predicted results with observation. At present, although periastron advance has been observed, there are no published data

for the variation of the time of a periastron passage.

(3) There are three possibilities for $\Delta\tau$ when binary stars pass through a periastron: $\Delta\tau=0$ (no variation of time); $\Delta\tau>0$ (earlier occurrence); $\Delta\tau<0$ (delayed occurrence). Their occurrence is determined by the value of the eccentricity. As an example, using Einstein gravitational theory in formula (35), we can get the following condition.

By letting $Q=\dfrac{9M^{\frac{1}{2}}-\dfrac{2\mu}{M^{\frac{1}{2}}}}{7M^{\frac{1}{2}}-\dfrac{17\mu}{2M^{\frac{1}{2}}}}$,

$$\Delta\tau=0,\text{when } e=Q;$$
$$\Delta\tau>0,\text{when } e<Q;$$
$$\Delta\tau<0,\text{when } e>Q.$$

These cases correspond to neglecting the term with e^2. When we consider it, we must solve quadric algebraic equation

$$ae^2+be+c\begin{cases}=Q,\\<Q,\\>Q.\end{cases}$$

In the case considered in this paper, the pericenter passage always occurs in advance, and it is never retarded because always we have $e<Q$.

(4) In this paper, we consider PPN theories. When using PPN theories, we have to consider the conservative PPN ones. ζ_2, in the notation of Will-Nordtvedt (Nordtvedt and Will, 1972; Misner et al., 1973; Will, 1993), is

$$\zeta_2=2\beta-\alpha'-1.$$

If $\zeta_2=0$, the system is conservative.

If $\zeta_2\neq0$, the system is not conservative.

This paper adopted PPN parameters: α', β, etc. in the notation of Nordtvedt.

For Einstein theory (general relativity), $\alpha'=1$, $\beta=1$,

$\therefore\ \zeta_2=2\beta-\alpha'-1=0.$

For Brans-Dicke theory, $\alpha'=1$, $\beta=1$,

$\therefore\zeta_2=2\beta-\alpha'-1=0.$

For Nordtvedt theory, $\alpha'=1+\dfrac{2\omega'}{(4+2\omega)(3+2\omega)^2}$, $\beta=1+\dfrac{\omega'}{(4+2\omega)(3+2\omega)^2}$,

$\therefore\zeta_2=2\beta-\alpha'-1=0.$

Therefore, in this paper we consider conservative theories.

(5) Now, let us compare our results to those by other authors. Iorio (2007) gave the secular decrease of the mean anomaly for PSR1913+16 and PSRJ0737-3039 due to

the gravitational wave emission in PN (general relativity). However, Iorio (2007) did not give the secular variation of time of a periastron passage of PSR1913 + 16 and PSRJ0737-3039 in PN. For the sake of comparison we use Iorio's approach to calculate the time of passage of the periastron. In Iorio's formula (5), one rewrites (Iorio, 2007)

$$\frac{d\xi}{dt}=\dot{\xi}_{GE}=-\frac{2\pi}{P_b}\left(\frac{dT_0}{dt}\right).$$

When the value of ξ_{EG} is given, one integrates this expression and obtains the secular variation of the time of a periastron passage:

$$\Delta T_0=-\frac{P_b}{2\pi}\dot{\xi}_{GE}(t-t_0),$$

where T_0 is the date of a chosen periastron passage. T_0 corresponds to ε in the present paper. P_b is the orbital period.

Iorio gave the value of $\dot{\xi}_{GE}$ and P_b for PSR1913+16 ($\dot{\xi}_{GE}=-10.422\ 159$ deg · a^{-1}, $P_b=0.322\ 997\ 448\ 930$ d) and PSRJ0737-3039 ($\dot{\xi}_{GE}=-47.79$ deg · a^{-1}, $P_b=0.102\ 251\ 561$ d). In order to calculate this effect per revolution, one may take $t-t=P_b$ (S). Substitution of these data into the above expression yields.

For PSR1913+16, $\Delta T_0=0.71$ (s/Rev).

For PSRJ0737+3039, $\Delta T_0=0.32$ (s/Rev).

By comparing the values given in table 1 for pulsars: PSR1913 + 16, $A_E=0.78$ s/Rev; PSRJ0737+3039, $\Delta\tau_E=0.31$ s/Rev, with Iorio's paper in PN (general relativity), we see that ΔT_0 or $\Delta\tau_E$ are of the same order of magnitude for both pulsars. The errors are 0.07 and 0.01 for PSR1913+16 and PSRJ0737+3039 respectively.

(6) Let us discuss the possibility of observing these effects.

Although the advancement/delay of the time of a periastron passage of binary stars (binary stars pass through a periastron earlier or later each evolution) is very short, it is possible to observe these effects, because they are cumulative in time. One could use the results calculated in table 1 of this paper as an example. the time of a periastron passage of M33X-7 advances by 11.04 s after each revolution (M33X-7 pass though periastron 11.04 s earlier in each revolution). This corresponds to 5.52 min over 30 revolution (3.45 months in this case). The accumulated time of 5.52 min may be observed by using current instruments.

7. Prospect for further investigation

Looking for non-Newtonian gravitational effects in extrasolar planets is interesting and meaningful. The idea of using extra-solar planets for testing general relativity was put forth in Iorio (2006). Iorio not only investigates the planets of the solar system (Iorio, 2005), but also the extra-solar planet HD209458b with small eccentricity by using the method of the post-Newtonian approximation. In the present paper, the method described by the author could be also used to those extra-solar planets which have a large eccentricity. The investigation for those extra-solar planets with a large eccentricity is very meaningful. The author predicts that in could be done in a forthcoming paper by some authors.

Table 2　The data for ten binary stars

Binary stars	P(d)	$a(R_\odot)$	$M_1(M_\odot)$	$M_2(M_\odot)$	e	Ref.
M33X-7	3.450 0	42.4	15.65	70.00	0.038 5	(Oroza et al., 2007)
V448 Cyg	6.579 7	50.09	23.84	15.73	0.04	(Brancewicz and Dwarak, 1980; Batten et al., 1989)
V382 Cyg	1.885 5	26.44	37.16	36.42	0.04	(Brancewicz and Dwarak, 1980; Batten et al., 1989)
Y Cyg	2.996 3	28.49	17.57	17.04	0.141 5	(Simon et al., 1997)
CW Cep	2.729 1	22.34	10.62	9.45	0.03	(Brancewicz and Dwarak, 1980; Batten et al., 1989)
CenX-3	2.087 1	17.00	17.00	1.09	0.23	(Batten et al., 1989; Lewin, 2006; Lecar et al., 1976; Hutchings et al., 1979)
A G per	2.028 7	14.33	5.08	4.52	0.07	(Brancewicz and Dwarak, 1980; Batten et al., 1989)
H S Her	1.632 4	10.66	4.52	1.54	0.05	(Brancewicz and Dwarak, 1980; Batten et al., 1989)
PSR1913+16	0.323 0	2.80	1.44	1.38	0.617	(Willems et al.,2004)
PSRJ0737+3039	0.102 25	1.26	1.34	1.25	0.087 8	(Willems et al., 2004; Burgal et al., 2003)

References

[1] Batten A H, Fletcher J M, MacCarthy D G. Eighth catalogue of the orbital. elements of spectro-scopic binary system. Publ Dom Astrophys Obs, 17, 1-127 (1989).

[2] Bertotti B, Farinella P, Vokrouhlicyky D. Physics of the solar system. Kouwer, Dordrecht (2003).

[3] Bracewicz K, Dwarak T Z. A catalogue of parameters for eclipsing binaries. Acta Astron, 30 (4), 501 (1980).

[4] Breen B. The two-body problem for the metric of Nordtvedt. J Phys A, Math Nucl Gen, 6, 150 (1973).

[5] Burgal M, et al. An increased estimate of the merger rate of double neution stars from observation of a highly relativistic system. Nature, 246 (2003).

[6] Calura M, et al. Post-Newtonian lagrangian planetary equations. Phys Rev, D, 56, 4762 (1997).

[7] Hutching J R, et al. Centaurus X-3, Astrophys. J, 229, 1079 (1979).

[8] Iorio L. On the possibility of measuring the post-Newtonian gravitoelectric correction to the orbital period of a test body in a solar system scenario. Mon Not R Astron Soc, 359, 328 (2005).

[9] Iorio L. Are we far from testing general relativity with transiting extrasolar planet H D 205498b "Osiris"? New Astron, 11, 490-494 (2006).

[10] Iorio L. The post-Newtonian mean anomaly advance as further post-Keplerian parameter in pulsar binary systems. Astrophys Space Sci, 312, 331 (2007).

[11] Lecar M, Wheeler J C, Mckee C F. Tidal circularization of the binary X-ray sources, Hercules X-1 and centaurus X-3. Astrophys J, 205, 556 (1976).

[12] Lewin W H G. Vander Klis, Compact stellar X-ray Sources (CUP), 18. Cambridge Univ Press, Cambridge (2006).

[13] Misner C M, Thorne K S, Wheeler J A. Gravitation, 1039. Freeman, San Francisco (1973).

[14] Nordtvedt K Jr, Will C M. Conservation law and preferred frames in relativistic gravity Ⅱ. Astrophys J, 177, 775 (1972).

[15] Oroza A J, et al. A15. 65-solar mass black hole in an eclipsing binary in the nearby spiral galaxy M33. Nature, 449, 872 (2007).

[16] Rubincam P M. General relativity and satellite orbit: the motion of a test particle in the Schwarzshild metric. Celest Mech Dyn Astron, 15, 21 (1997).

[17] Simon K, Sturm E, Fiedler A. Spectroscopic analysis of hot binaries Ⅱ. The components of Y Cygni. Astron Astrophys, 292, 507 (1997).

[18] Smart W M. Celestial Mechanics. London, New York, Toronto (1953).

[19] Will M C. Theory and experiment in gravitational physics, revised edn. Cambridge University Press, Cambridge (1993).

[20] Willems B, Kalogera V, Henninger M. Pulsar kicks and spin tilts in the close double neutron stars. PSRJ0737-3039, PSR1534 + 12, and PSR1913 + 16. Apstrophys J, 616, 414 (2004).

General Relativistic Orbital Effects in Compact Binary Stars (Solution by the Method of Celestial Mechanics)*

Abstract: Perturbation methods are employed to calculate time variation in the orbital elements of a compact binary system. It turns out that the semi-major axis and eccentricity exhibit only periodic variations. The longitude of periastron and mean longitude of epoch exhibit both secular and periodic variation. In addition, the relativistic effects on the time of periastron passage of binary stars are also given. Four compact binary systems (PSRJ0737-3039, PSR1913+16, PSR1543+12 and M33X-7) are considered. Numerical results for both secular and periodic effects are presented, and the possibility of observing them is discussed.

Keywords: general relativistic orbital effect; compact binary stars

1. Introduction

In the wake of unceasing development in the post-Newtonian celestial mechanics, at present, the research on the post-Newtonian effects has been exhibited gradually due to the fact that the degree of accuracy of astronomical observation improves unceasingly. Hence several authors devoted their research to this subject and the scopes (Brumberg, 1972, 1985[1][2]; Rubincam, 1977[3]; Soffel, 1987, 1989[4][5]; Iorio, 2005[6]). These authors research mainly the post-Newtonian effect of the orbital elements of planets and artificial satellites in the solar system. The largest post-Newtonian effects have been exhibited in the orbits of binary systems, especially in the compact binary systems. So, the research in the post-Newtonian orbital effect of the compact binary stars is important and meaningful. Hence some authors research this subject from theory and observation. Such as, Will (1981, 2006)[7][8], Damour & Deruelle (1985, 1986)[9][10], Schāfer & Wex (1993)[11], Wex (1995)[12]. Calura (1997)[13], Iorio (2007)[14] studied this subject from theory. On the other hand, Burgay et al. (2003)[15], Konacki (2003)[16], Kramer et al. (2005)[17], and Weisberg & Taylor (2005)[18] researched the

* 原文载于 *World Journal of Mechanics*, 2017 (7): 360-369.

post-Newtonian effect for the periastron shift of compact binary stars (PSRJ0737-3039, PSR1913+16, PSR1543+12) from observation. These researches are very interesting in the theoretical and observing aspects. This paper presents the post-Newtonian effect on all orbital elements of the compact binary stars on the theoretical aspect. The research method of this paper is different from previous studies that this paper uses the method of perturbation theory in the celestial mechanics.

2. *R*, *S* and *W* components for the general relativistic accelerations in the two-body problem

The relative acceleration of two-body with the post-Newtonian parameters is given by Will (1981)[7],

$$\boldsymbol{a}_{\mathrm{PN}}=\frac{m\boldsymbol{X}}{r^3}\left[(2\gamma+2\beta)\frac{m}{r}-\gamma\nu^2+(2+\alpha_1-2\zeta_2)\frac{\mu}{r}\right.$$
$$\left.-\frac{1}{2}(6+\alpha_1+\alpha_2+\alpha_3)\frac{\mu}{m}\nu^2+\frac{3}{2}(1+\alpha_2)\frac{\mu}{m}(\boldsymbol{v}\cdot\boldsymbol{n})^2\right]$$
$$+\frac{m(\boldsymbol{X}\cdot\boldsymbol{v})\bar{\nu}}{r^3}\left[(2\gamma+2)-\frac{\mu}{m}(2-\alpha_1+\alpha_2)\right]. \tag{1}$$

Here $m=m_1+m_2$, $\mu=\dfrac{m_1m_2}{m}$, $\boldsymbol{n}=\dfrac{\boldsymbol{X}}{r}$, $\boldsymbol{X}=\boldsymbol{n}\cdot r=\boldsymbol{r}$, $\boldsymbol{r}\cdot\dot{\boldsymbol{t}}=r\cdot\dot{r}$, $\nu=\dot{\boldsymbol{r}}=\dot{r}\boldsymbol{n}+r\dot{f}\boldsymbol{\lambda}$, $v^2=\dot{r}^2+r^2\dot{f}^2$, $(\boldsymbol{v}\cdot\boldsymbol{n})^2=\left(\bar{\nu}\cdot\dfrac{\boldsymbol{X}}{r}\right)^2=\dfrac{(\boldsymbol{v}\cdot\boldsymbol{n}r)^2}{r^2}=\dfrac{(\dot{r}^2\cdot\boldsymbol{r})^2}{r^2}=\dot{r}^2$.

$$\frac{m(\boldsymbol{X}\cdot\boldsymbol{v})\boldsymbol{v}}{r^3}=\frac{m}{r^3}(\boldsymbol{n}r\cdot\boldsymbol{v})\boldsymbol{v}$$
$$=\frac{m}{r^3}(\boldsymbol{r}\cdot\dot{\boldsymbol{r}})\dot{\boldsymbol{r}}$$
$$=\frac{m}{r^3}(r\cdot\dot{r})(\dot{r}\boldsymbol{n}+r\dot{f}\boldsymbol{\lambda})$$
$$=\frac{m}{r^3}(r\dot{r}\boldsymbol{n}+r^2\dot{r}\dot{f}\boldsymbol{\lambda}). \tag{2}$$

Here f denotes the true anomaly. $\boldsymbol{n}$ is a unit vector in the radial direction and $\boldsymbol{\lambda}$ is unit vectors in the orbital plane. $\boldsymbol{n}$ is directed along the radial direction, and $\boldsymbol{\lambda}$ is perpendicular to $\boldsymbol{n}$. In the equation, m denotes Gm and the right side should be multiplied by c^{-2}. G is gravitational constant, and c is the speed of light.

In this paper, we research the general relativistic effect. In the general relativistic case the post-Newtonian parameters $\alpha_1=\alpha_2=\alpha_3=0$, $\beta=1$, $\gamma=1$, $\zeta_2=0$ (Will, 1981)[7]. The equation (1) can be written as

$$\boldsymbol{a}_{\mathrm{PN}}=\frac{m\boldsymbol{X}}{r^3}\left[4\frac{m}{r}-\nu^2+2\frac{\mu}{r}-3\frac{\mu}{m}\nu^2+\frac{3}{2}\cdot\frac{\mu}{m}(\boldsymbol{v}\cdot\boldsymbol{n})^2\right]$$

$$+\frac{m(\boldsymbol{X}\cdot\boldsymbol{v})\bar{\nu}}{r^3}\left[4-2\frac{\mu}{m}\right]. \tag{3}$$

Using the relative expressions the equation (3) may be written as

$$\boldsymbol{a}_{\text{PPN}}=\frac{m}{r^3}(r\boldsymbol{n})\left[4\frac{m}{r}+2\frac{\mu}{r}-\left(1+3\frac{\mu}{m}\right)(\dot{r}^2+r^2\dot{f}^2)+\frac{3}{2}\cdot\frac{\mu}{m}\dot{r}^2\right]$$
$$+\frac{m}{r^3}\left[(r\dot{r}^2\boldsymbol{n}+r^2\dot{r}\dot{f}\boldsymbol{\lambda})\left(4-2\frac{\mu}{m}\right)\right], \tag{4}$$

here boldface denotes vector.

We resolve the acceleration $\boldsymbol{a}$ into a radial component $R\boldsymbol{n}$, a component $S\boldsymbol{\lambda}$, normal to $R\boldsymbol{n}$ and a component W normal to the orbital plane.

i. e., $\boldsymbol{a}=R\boldsymbol{n}+S\boldsymbol{\lambda}+W\ (\boldsymbol{n}\times\boldsymbol{\lambda})$, $\boldsymbol{n}\times\boldsymbol{\lambda}=\boldsymbol{N}$ (the unit vector normal to the orbital plane).

On comparison with the expression (4), we get three scalar accelerative components R, S and W.

$$R=\frac{m}{r^2}\left[4\frac{m}{r}-2\frac{\mu}{r}-\left(1+3\frac{\mu}{m}\right)(r'^2+r^2\dot{f}^2)+\frac{3}{2}\dot{r}^2\cdot\frac{\mu}{m}\right]$$
$$+\frac{m}{r^2}\dot{r}^2\left(4-2\frac{\mu}{m}\right), \tag{5}$$
$$S=\frac{m}{r}\left(4-2\frac{\mu}{m}\right)\dot{r}\dot{f},$$
$$W=0.$$

Substituting the following formulae of the problem of two-body into the above formula (Smart, 1953)[19]:

$$\dot{f}=\frac{\mathrm{d}f}{\mathrm{d}t}=\frac{na\sqrt[2]{1-e^2}}{r^2},\ \dot{r}=\frac{nae\sin f}{\sqrt{1-e^2}},\ n^2a^3=m. \tag{6}$$

We obtain

$$r^2R=m^2\left[\frac{\left(4+2\frac{\mu}{m}\right)}{r}+\left(3-\frac{7}{2}\cdot\frac{\mu}{m}\right)\frac{e^2\sin^2 f}{p}-\left(1+3\frac{\mu}{m}\right)\frac{p}{r^2}\right],$$
$$r^2S=\frac{m^2}{r}\left(4-2\frac{\mu}{m}\right)e\sin f, \tag{7}$$
$$W=0.$$

Here $p=a\ (1-e^2)$.

An independent variable dt is transformed to an independent variable df in the Gaussian perturbation equations (Brouwer & Clemence, 1961[20]; Roy, 1988[21]) by using the second formula of the equations (6), we get the perturbation equations with an independent variable true anomaly f:

$$\begin{cases}\dfrac{\mathrm{d}a}{\mathrm{d}f}=\dfrac{2a}{m(1-e^2)}\left[Rr^2e\sin f+Sr^2\left(\dfrac{p}{r}\right)\right],\\ \dfrac{\mathrm{d}e}{\mathrm{d}f}=\dfrac{1}{n^2a^3}[Rr^2\sin f+Sr^2(\cos E+\cos f)],\\ \dfrac{\mathrm{d}\tilde{\omega}}{\mathrm{d}f}=\dfrac{1}{nae}\left[-Rr^2\cos f+Sr^2\left(1+\dfrac{r}{p}\right)\sin f\right],\\ \dfrac{\mathrm{d}\varepsilon_0}{\mathrm{d}f}=-\dfrac{2r^3R}{n^2a^4\sqrt{1-e^2}}+\dfrac{e^2}{1+\sqrt{1-e^2}}\cdot\dfrac{\mathrm{d}\omega}{\mathrm{d}f},\\ \dfrac{\mathrm{d}i}{\mathrm{d}f}=\dfrac{r^3\cos(\omega+f)}{n^2a^4(1-e^2)}W,\\ \dfrac{\mathrm{d}\Omega}{\mathrm{d}f}=\dfrac{r^3\sin(\omega+f)}{n^2a^4(1-e^2)}W,\end{cases}\tag{8}$$

where $\tilde{\omega}$ is the longitude of periastron, E is the eccentric anomaly and ε_0 is the mean longitude at epoch.

3. Integration for the perturbation equations and its perturbation solutions

Substituting R, S and W for expressions (7) into the perturbation equations (8) by using Kepler's third law $n^2a^3=m_1+m_2=m$, we obtain

$$\begin{cases}\dfrac{\mathrm{d}a}{\mathrm{d}f}=\dfrac{2m}{(1-e^2)^2}\left\{\left[\left(7-3\dfrac{\mu}{m}\right)e+\left(3-\dfrac{31}{8}\cdot\dfrac{\mu}{m}\right)e^3\right]\sin f\right.\\ \qquad\left.+\left(5-4\dfrac{\mu}{m}\right)e^2\sin 2f-\dfrac{3}{8}\cdot\dfrac{\mu}{m}e^3\sin 3f\right\},\\ \dfrac{\mathrm{d}e}{\mathrm{d}f}=\dfrac{m}{p}\left\{\left[\left(3-\dfrac{\mu}{m}\right)+\left(7-\dfrac{47}{8}\cdot\dfrac{\mu}{m}\right)e^2\right]\sin f+\right.\\ \qquad\left.\left(5-4\dfrac{\mu}{m}\right)e\sin 2f-\dfrac{3}{8}e^2\cdot\dfrac{\mu}{m}\sin 3f\right\},\\ \dfrac{\mathrm{d}\tilde{\omega}}{\mathrm{d}f}=\dfrac{m}{ep}\left\{3e+\left[\left(\dfrac{\mu}{m}-3\right)+\left(1+\dfrac{21}{8}\cdot\dfrac{\mu}{m}\right)e^2\right]\cos f\right.\\ \qquad\left.-\left(5-4\dfrac{\mu}{m}\right)e\cos 2f+\dfrac{3}{8}\cdot\dfrac{\mu}{m}e^2\cos 3f\right\},\\ \dfrac{\mathrm{d}i}{\mathrm{d}f}=\dfrac{\mathrm{d}\Omega}{\mathrm{d}f}=0,\\ \dfrac{\mathrm{d}\varepsilon_0}{\mathrm{d}f}=-\dfrac{2m}{a\sqrt{1-e^2}}\left[\left(6-\dfrac{9}{2}\cdot\dfrac{\mu}{m}\right)+\left(3-\dfrac{7}{2}\cdot\dfrac{\mu}{m}\right)\dfrac{e^2-1}{p}r\right.\\ \qquad\left.-\left(4-\dfrac{1}{2}\cdot\dfrac{\mu}{m}\right)e\cos f\right]+\dfrac{e^2}{1+\sqrt{1-e^2}}\cdot\dfrac{\mathrm{d}\omega}{\mathrm{d}f}.\end{cases}\tag{9}$$

Integrating the above equations (9), we obtain the perturbation secular and periodic solutions:

$$\begin{cases}\delta a=-\dfrac{2m}{(1-e^2)^2}\left\{\left[\left(7-3\dfrac{\mu}{m}\right)e+\left(3-\dfrac{31}{8}\cdot\dfrac{\mu}{m}\right)e^3\right](\cos f-\cos f_0)\right.\\ \qquad\left.+\dfrac{1}{2}\left(5-4\dfrac{\mu}{m}\right)e^2(\cos 2f-\cos 2f_0)-\dfrac{1}{8}\cdot\dfrac{\mu}{m}e^3(\cos 3f-\cos 3f_0)\right\},\\ \delta e=-\dfrac{m}{a(1-e^2)}\left\{\left[\left(3-\dfrac{\mu}{m}\right)+\left(7-\dfrac{47}{8}\cdot\dfrac{\mu}{m}\right)e^2\right](\cos f-\cos f_0)\right.\\ \qquad\left.+\dfrac{1}{2}\left(5-4\dfrac{\mu}{m}\right)e(\cos 2f-\cos 2f_0)-\dfrac{1}{8}e^2\cdot\dfrac{\mu}{m}(\cos 3f-\cos 3f_0)\right\},\\ \delta\tilde{\omega}=\dfrac{m}{a(1-e^2)e}\left\{3e(f-f_0)+\left[\left(\dfrac{\mu}{m}-3\right)+\left(1+\dfrac{21}{8}\cdot\dfrac{\mu}{m}\right)e^2\right](\sin f-\sin f_0)\right.\\ \qquad\left.-\dfrac{1}{2}\left(5-4\dfrac{\mu}{m}\right)e(\sin 2f-\sin 2f_0)+\dfrac{1}{8}\cdot\dfrac{\mu}{m}e^2(\sin 3f-\sin 3f_0)\right\},\\ \delta\varepsilon_0=-\dfrac{m}{a\sqrt{1-e^2}}\left\{\left(12-9\dfrac{\mu}{m}\right)(f-f_0)-\left(6-7\dfrac{\mu}{m}\right)\sqrt{1-e^2}(E-E_0)\right.\\ \qquad\left.-\left(8-\dfrac{\mu}{m}\right)e(\sin f-\sin f_0)\right\}+\dfrac{e^2}{1+\sqrt{1-e^2}}\delta\omega,\\ \delta\lambda=n(t-t_0)+\delta\varepsilon_0,\\ \delta i=\delta\Omega=0.\ m=m_1+m_2,\end{cases}\tag{10}$$

where λ denotes the mean longitude of periastron, E denotes the eccentric anomaly. In the last integral expression, we have used the next integral already:

$$\int r\,\mathrm{d}f=a\int\sqrt{1-e^2}\,\mathrm{d}E.$$

$$\int\frac{e^2\sin^2 f}{p}r\,\mathrm{d}f=\frac{e^2-1}{p}\int r\,\mathrm{d}f+\int\mathrm{d}f-e\int\cos f\,\mathrm{d}f.$$

4. The secular and periodic variation of the orbital elements

(1) The secular variation per cycle (revolution)

By letting $f_0=0$, $f=2\pi$, $E_0=0$, $E=2\pi$, the periodic terms are disappeared and one obtains the secular variables per cycle (revolution):

$$
\begin{cases}
\Delta a = 0 \ (\text{cm/cycle}), \\
\Delta e = 0 (\text{cycle}^{-1}), \\
\Delta\tilde{\omega} = 6\pi \dfrac{m}{a(1-e^2)} (\text{rad/cycle}), \\
\Delta\varepsilon_0 = -\left\{ \dfrac{2\pi m}{a\sqrt{1-e^2}} \left[\left(12 - 9\dfrac{\mu}{m}\right) - \left(6 - 7\dfrac{\mu}{m}\right)(1-e^2)^{\frac{1}{2}} \right] \right. \\
\qquad \left. - \dfrac{6\pi m}{a(1-e^2)} \left(\dfrac{e^2}{1+\sqrt{1-e^2}} \right) \right\} (\text{rad/cycle}), \\
\Delta\lambda = (2\pi + \Delta\varepsilon_0)(\text{rad/cycle}), \\
\Delta i = \Delta\Omega = 0 (\text{rad/cycle}),
\end{cases}
\tag{11}
$$

where $\mu = G\ (M+m)$.

The author Li (2010)[24] obtained the formulae for the post-Newtonian effect on the time variation of periastron passage of binary stars. In that paper, we change the symbol of the first expression of (35) (in the case of relativity) as the symbol of the present paper, which is

$$
\Delta\tau = 2\pi a^{\frac{1}{2}} m^{\frac{1}{2}} \left[\left(9 - 2\frac{\mu}{m}\right) - \frac{1}{2}\left(7 - 17\frac{\mu}{m}\right)e + \left(\frac{51}{2} - 24\frac{\mu}{m}\right)e^2 \right] (\text{s/Rev}). \tag{12}
$$

(2) The secular variable rate

$$
\begin{cases}
\dot{a} = \dot{e} = \dot{i} = \dot{\Omega} = 0, \\
\dot{\tilde{\omega}} = \dfrac{\Delta\tilde{\omega}}{P} (\text{rad/a}), \\
\dot{\varepsilon}_0 = \dfrac{\Delta\varepsilon_0}{P} (\text{rad/a}), \\
\dot{\lambda} = \dfrac{2\pi}{P} + \dfrac{\Delta\varepsilon_0}{P} (\text{rad/a}), \\
\dot{\tau} = \dfrac{\Delta\tau}{P} (\text{s/d}),
\end{cases}
\tag{13}
$$

where the period P is denoted in unit of day.

(3) The periodic variation of amplitudes

In the expressions (10) all terms are the periodic variable terms except for all secular terms. Here we list the maximal and minimal amplitudes of the periodic terms for semi-major axis, a and eccentricity, e from the expressions (10).

For the semi-major axis:

$$\begin{cases} A_{\max} = -\dfrac{2m}{(1-e^2)^2}\left[\left(7 - 3\dfrac{\mu}{m}\right)e + \left(3 - \dfrac{31}{8}\cdot\dfrac{\mu}{m}\right)e^3\right], \\ A_{\min} = \dfrac{m}{4(1-e^2)^2}\cdot\dfrac{\mu}{m}e^3. \end{cases} \tag{14}$$

For eccentricity:

$$\begin{cases} E_{\max} = -\dfrac{m}{a(1-e^2)}\left[\left(3 - \dfrac{\mu}{m}\right) + \left(7 - \dfrac{47}{8}\cdot\dfrac{\mu}{m}\right)e^2\right], \\ E_{\min} = \dfrac{m}{8a(1-e^2)}\cdot\dfrac{\mu}{m}e^2. \end{cases} \tag{15}$$

5. Numerical results for four compact binary systems

We use the formulae (11) ～ (13) to calculate the secular of the general relativistic secular effect on the orbital elements of four compact binary systems. It is convenient to reduce the formulae (11) ～ (13) to practical units m_1, m_2 and a are denoted by the unit in solar mass M_1 ($m_\odot$), M_2 ($m_\odot$) and solar radius A ($R_\odot$), and P is denoted by the unit in 1 d=86 400 s, $G=6.67\times10^{-8}$ (c · g · s), $c=3\times10^{10}$ cm/s. The formulae (11) ～ (13) can be written by taking the secular effect:

$$\begin{cases} \Delta\tilde{\omega} = 6K\,\dfrac{(M_1+M_2)}{A(1-e^2)}(\text{rad/cycle}), \\ \Delta\varepsilon_0 = -\left\{\dfrac{2K(M_1+M_2)}{A\sqrt{1-e^2}}\left[\left(12 - 9\dfrac{\mu}{m}\right) - \left(6 - 7\dfrac{\mu}{m}\right)(1-e^2)^{\frac{1}{2}}\right]\right. \\ \qquad\left. - \dfrac{6K(M_1+M_2)}{A(1-e^2)}\left(\dfrac{e^2}{1+\sqrt{1-e^2}}\right)\right\}(\text{rad/cycle}), \\ \Delta\lambda = 2\pi + \Delta\varepsilon_0(\text{rad/cycle}), \\ \Delta i = \Delta\Omega = 0(\text{rad/cycle}), \\ \Delta\tau = 2A^{\frac{1}{2}}(M_1+M_2)^{\frac{1}{2}}\left[\left[9 - 2\dfrac{\mu}{M_1+M_2} - \dfrac{1}{2}\left(7 - 17\dfrac{\mu}{M_1+M_2}\right)e\right.\right. \\ \qquad\left. + \left(\dfrac{51}{2} - 24\dfrac{\mu}{M_1+M_2}\right)e^2\right](\text{s/Rev}). \end{cases} \tag{16}$$

Here $K=\dfrac{\pi G M_\odot}{c^2 R_\odot}=6.66\times10^6$ (c · g · s).

This paper chooses four compact binary systems: PSR1913＋16, PSR1543＋12, PSRJ0737-3039 and a black hole M33X-7 as an example. For these compact binary stars, their data for P, a, e, M and m are retrieved from Burgay et al. (2003)[15], Konacki et al. (2003)[16], Kramer et al. (2005)[17], Willems et al. (2004)[22] and Orosz et al. (2007)[23]. Their data are listed in table 1.

Table 1 The data of four compact binary stars

Compact binary stars	P(d)	$A(R_\odot)$	e	$M_1(m_\odot)$	$M_2(m_\odot)$	Ref.
M33X-7	3.450	42.40	0.038 5	15.65	70.00	Orosz et al.(2007)[23]
PSRJ0737-3039	0.102 2	1.26	0.087 8	1.34	1.25	Willems et al.(2004)[22] Burgay et al. (2003)[15] Kramar et al. (2005)[17]
PSR1913+16	0.323 0	2.80	0.617 0	1.44	1.38	Willems et al. (2004)[22]
PSR1543+12	0.102 2	3.28	0.273 6	1.35	1.33	Konacki et al.(2003)[16] Willems et al. (2004)[22]

Substituting these data in table 1 into formulae (16) and (13) and (14)(15), we obtain the numerical results for the periodic and secular variation of the orbital elements of four compact binary stars in table 2～table 4.

It can be seen from table 2 that the maximum amplitude of semi-major axis is the black hole binary system M33X-7 and the maximum eccentricity is PSR1913+16.

Table 2 Periodic variation of the amplitudes of the orbits of semi-major axis and eccentricity

Compact binary stars	Semi-major axis		Eccentricity	
	A_{max}(km)	A_{min}(km)	$E_{max}(\times 10^{-5})$	$E_{min}(\times 10^{-6})$
M33X-7	−1 661.80	0.000 27	−1.23	0.000 12
PSRJ0737-3039	−48.55	0.000 16	−1.23	0.001 00
PSR1913+16	−51.77	0.056 0	−1.68	0.041 0
PSR1543+12	−60.83	0.003 7	−0.62	0.002 70

It can be seen from table 3 that the maximum secular variable of longitude per period is PSRJ0737-3039. The longest time of the periastron passage is M33X-7.

Table 3 Secular variation of the orbital elements of four compact binary stars per cycle (Revolution)

Compact binary stars	Δa(cm/Rev)	e(Rev)	$\Delta\tilde{\omega}$(″/Rev)	$\Delta\varepsilon_0$(″/Rev)	$\Delta\tau$(s/Rev)
M33X-7	0	0	16.68	−32.34	11.04
PSRJ0737-3039	0	0	17.08	−29.92	0.37
PSR1913+16	0	0	13.45	−19.75	0.78
PSR1543+12	0	0	7.29	−13.48	0.53

Note: The symbol denotes arc-second, Rev denotes revolution (cycle).

It can be seen from table 4 that the maximum secular variable rates of longitude is PSRJ0737-3039. The longest time of the periastron passage is M33X-7.

Table 4 Secular variable rates of the orbital elements of four compact binary stars per year

Compact binary stars	$\dot{a}$(″/a)	$\dot{e}$(″/a)	$\dot{\tilde{\omega}}$ (″/a)	$\dot{\tilde{\omega}}$ (deg/a)	$\dot{\varepsilon}_0$ (″/a)	$\dot{\varepsilon}_0$ (deg/a)	$\dot{\tau}$(s/a)
M33X-7	0	0	1 765	0.49	−3 424	−0.95	19.47
PSRJ0737-3039	0	0	61 016	16.95	−106 875	−29.68	18.45
PSR1913+16	0	0	15 218	4.22	−22 332	−6.20	14.70
PSR1543+12	0	0	6 323	1.75	−11 703	−3.25	7.66

6. Discussion and conclusion

(1) The comparison of the theoretical results with the observable results

The theoretical results in this paper as compared with the observable results given by several authors for three compact binary stars are listed in the table 5.

Table 5 Comparison of the theoretical results with the observable results

Compact binary stars	The theoretical values $\dot{\tilde{\omega}}$(deg/a)	The observable values $\dot{\tilde{\omega}}$(deg/a)	Authors for providing Data
PSRJ0737-3039	16.95	16.90	Kramer et al. (2005)[17]
		16.88	Burgay et al. (2003)[15]
PSR1913+16	4.226 0	4.226 6	Weisberg & Taylor (2005)[18]
PSR1543+12	1.756 6	1.755 8	Kohacki et al. (2003)[16]

It can be seen from table 5 that the theoretical results are very close to the observed results.

(2) The possibility of observing effects

In the solar system, the advance of perihelion of Mercury may be observed by the recent instrument. We can see from table 4 that maximal value of the advance of PSRJ0737-3039 is 61 016″ per year which correspond to 145 000″ time value of advance of perihelion of Mercury in solar system. The value of the advance of periastron of compact binary star is larger than that of Mercury in solar system. Therefore the effects of the advance of compact binary stars can be observed too.

We have four conclusions:

a. The compact binary stars are the best objects for studying the post-Newtonian effects on the orbits.

b. Although there are no secular variation for the semi-major axis and eccentricity, there is maximal amplitude of the periodic terms for semi-major axis, such as $|A_{max}|=1\ 661.80$ km.

c. The longitudes of periastron and the mean longitude at epoch exist both secular and periodic variable terms, and the maximal values for $\dot{\omega}$ and $\dot{\varepsilon}_0$ arrive at 16.95/a and−29.68/a for PSRJ0737-3039 respectively.

d. The longest time of periastron passage is 19. 47 minute per year for black hole M33X-7. This corresponds to over 3 seconds per day.

References

[1] Brumberg V A. (1972) Relativistic Celestial Mechanics, Nauk, Moscow (In Russian).

[2] Brumberg V A. (1985) Essential Relativistic Celestial Mechanics, Adam Hilger, Bristol.

[3] Rubincam D P. (1977) General relativity and satellite orbit: The motion of a test particle in the schwarzchild metric. Celestial Mechanics and Dynamical Astronomy, 15, 21-33. https://doi.org/10.1007/BF01229045.

[4] Soffel M H, Ruder H, Schneider M. (1987) The two-body problem in the (Truncated) PPN theory. Celestial Mechanics and Dynamical Astronomy, 40, 77-85. https://doi.org/10.1007/BF01232326.

[5] Soffel M H. (1989) Relativity in Celestial Mechanics, Astronomy and Geodesy, Heidelberg, https://doi.org/10.1007/978-3-642-73406-9.

[6] Iorio L. (2005) On the possibility of measuring the solar oblateness and some relativistic effects from planetary ranging. A & A, 433, 385-393.

[7] Will C M. (1981) Theory of experiment in gravitational physics. Cambridge University Press, London, New York, New Rochelle, Melbourne, Sydne.

[8] Will C M. (2006) The confrontation between general relativity and experiment. Living Reviews in Relativity, 9, 5-100. https://doi.org/10.12942/lrr-2006-3.

[9] Damour T, Deruelle N. (1985) General Relativistic Celestial Mechanics 1. The post-Newtonian motion. Annales de 1 Institut Henri Poincaré, 43, 107-132.

[10] Damour T, Deruelle N. (1986) General Relativistic Celestial Mechanics 11. The post-Newtonian timing formulas. Annales de 1 Institut Henri Poincaré, 44, 263-292.

[11] Schāefer G, Wex N. (1993) Second post-Newtonian motion of compact binaries. Physics Letters A, 174, 196-205. https://doi.org/10.1016/0375-

9601(93)90758-R.

[12] Wex N. (1995) The second post-Newtonian motion of compact binary-star systems with spin.Classical and Quantum Gravity, 12, 983. https://doi.org/10.1088/0264-9381/12/4/009.

[13] Calura M, et al.(1997) Post-Newtonian lagrangian planetary equation. Physical Review D,56, 4782-4788.https://doi.org/10.1103/Phys Rev D.56.4782.

[14] Iorio L. (2007) The post-Newtonian mean anomaly advance as further post-Keplerian parameter in pulsar binary systems. Astrophys & Space Science, 312,331-335.

[15] Burgay M, et al. (2003) An increased Estimate of the merger rate of double neutron stars from observation of a highly relativistic system. Nature, 426, 531-533.https://doi.org/10.1038/nature02124.

[16] Konacki M, Wolszczan A, Stairs I H.(2003) Geodetic precession and timing of the relativistic binary pulsars B1543+12 and PSR1913+16. The Astrophysical Journal, 589,495-502.https://doi.org/10.1086/374418.

[17] Kramer M, et al.(2005)The double pulsars:A new test relativistic gravity. In: Rasio F A, Stairs I H. ASP Conference Series, 328, 61-65.

[18] Weisberg J M, Taylor J H.(2005) The relativistic binary pulsars B 1913+16. Thirty years of observations and analysis. In: Rasio F A, Stairs I H. ASP Conference Series, 328, 25-31.

[19] Smart W M.(1953) Celestial Mechanics, London, New York, Toronto, 19.

[20] Brouwer D, Clemence G M.(1961) Methods of Celestial Mechanics. Academic Press, New York, London.

[21] Roy A E.(1988)Orbital Motion, Adam Helger, Bristol and Philadelphia, 192.

[22] Willems B, Kalogera V, Henninger M.(2004)Pulsar licks and spin tilts in the close double neutron stars PSRJ0737-3039. PSRB1534+12 and PSR1913+16. The Astrophysical Journal, 616, 414-438. https://doi.org/10.1086/424812.

[23] Orosz J A, et al. (2007) A 15.65-Solar mass black hole in an eclipsing binary in the nearly spiral Galaxy M33. Nature, 449, 872-875. https://doi.org/10.1038/nature06218.

[24] Li L S. (2010) Post-Newtonian effect on the variation of time of periastron passage of binary stars in three gravitational theories. Astrophysics and Space Science, 327, 59-65.

Parameterized Post-Newtonian Orbital Effects in Extrasolar Planets*

Abstract: Perturbative post-Newtonian variations of the standard osculating orbital elements are obtained by using the two-body equations of motion in the parameterized post-Newtonian theoretical framework. The results are applied to the Einstein and Brans-Dicke theories. As a result, the semi-major axis and eccentricity exhibit periodic variation, but no secular changes. The longitude of periastron and mean longitude at epoch experience both secular and periodic shifts. The post-Newtonian effects are calculated and discussed for six extrasolar planets.

Keywords: parameterized post-Newtonian framework; orbital effect in extrasolar planets

1. Introduction

At present, the post-Newtonian effect has been exhibited gradually in the wake of unceasing development in the post-Newtonian celestial mechanics and due to that the accurate degree of astronomical instruments is heightened unceasingly. Hence some authors devoted to the research on the subject and scopes, such as Estabrook (1969), Nordtvedt (1970), Rubincam (1977), Brumberg (1972, 1985, 2010), Damour and Deruelle(1985), Soffel et al. (1987), Soffel (1989), Klioner and Kopejkin (1992), Calura et al. (1997), Brumberg et al.(1995), Brumberg and Brumberg (2001), Iorio (2005a, 2005b, 2007a, 2011a), Will(2008), Everitt et al. (2011), Kopeikin et al.(2011) and Iorio et al.(2011). In the post-Newtonian celestial mechanics there are some best methods. One of the best methods is the method of parameterized post-Newtonian Formalism (PPN method). because the theories include the various different gravitational theories with different parameters, such as Einstein, Brans-Dicke and other theories. Hence some authors devoted to the research on this scope, such as, Misner et al. (1973), Nordtvedt (1976), Sarmiento (1982), Will (1981, 2006). Moreover, the Asymptotic method (Brumberg and Kopejkin, 1989, 1990) and DSX

* 原文载于 *Astrophy Space Sci*, 2012(341): 323-330.

method (Damour et al., 1991,1992) are also desirable.

At present, some authors not only studied the post-Newtonian effect on the motion of celestial objects in the solar system, but also in the extrasolar planetary system. It is interesting and significant for studying the post-Newtonian effects on the extrasolar planets, because in the extrasolar planetary system, the separation between planets and primary star is nearer mutually and planet mass is nearly Jupiter mass. Hence the post-Newtonian effect on the orbital elements of extra planets is larger. In the recent years some authors studied the post-Newtonian effect or the relativistic effect in the extrasolar planets (Calura and Montanari, 1999; Miralda-Escudé, 2002; Wittenmyer et al., 2005; Iorio, 2006, 2011b, 2011c; Adams and Laughlin, 2006a, 2006b, 2006c; Heyl and Giadman, 2007; Pál and Kocsis, 2008; Jordán and Bakos, 2008; Ragozzine and Wolf, 2009). However, these authors used the method of the general relativity or the post-Newtonian approximation to study this problem. This paper used the parameterized post-Newtonian theories to study and calculate the parameterized post-Newtonian effect on the extrasolar planets with large eccentric orbit.

2. *R*, *S* and *W* components for the parameterized post-Newtonian perturbing acceleration in the two-body problem

The relative acceleration of two-body with the post-Newtonian parameters is given by Will (1981):

$$\begin{aligned}\boldsymbol{a}_{\mathrm{PN}}=&\frac{m\boldsymbol{X}}{r^3}\Big[(2\gamma+2\beta)\frac{m}{r}-\gamma v^2+(2+\alpha_1-2\zeta_2)\frac{\mu}{r}\\&-\frac{1}{2}(6+\alpha_1+\alpha_2+\alpha_3)\frac{\mu}{m}v^2+\frac{3}{2}(1+\alpha_2)\frac{\mu}{m}(\boldsymbol{v}\cdot\boldsymbol{N})^2\Big]\\&+\frac{m(\boldsymbol{X}\cdot\boldsymbol{v})\boldsymbol{v}}{r^3}\Big[(2\gamma+2)-\frac{\mu}{m}(2-\alpha_1+\alpha_2)\Big].\end{aligned}\tag{1}$$

Here

$$m=m_1+m_2,\quad \mu=\frac{m_1m_2}{m},\quad \boldsymbol{N}=\frac{\boldsymbol{X}}{r},$$

$$\boldsymbol{X}=\boldsymbol{N}\cdot r=\boldsymbol{r}\cdot\boldsymbol{r}\cdot\boldsymbol{i}=r\cdot\dot{r},\quad \boldsymbol{v}=\dot{\boldsymbol{r}}=\dot{r}\boldsymbol{N}+r\dot{f}\boldsymbol{\lambda},$$

$$v^2=\dot{r}^2+r^2\dot{f}^2,$$

$$(\boldsymbol{v}\cdot\boldsymbol{N})^2=\left(\boldsymbol{v}\cdot\frac{\boldsymbol{X}}{r}\right)^2=\frac{(\boldsymbol{v}\cdot\boldsymbol{N}r)^2}{r^2}=\frac{(\dot{r}^2\cdot\boldsymbol{r})^2}{r^2}=\dot{r}^2,$$

$$\frac{m(\boldsymbol{X}\cdot\boldsymbol{v})\boldsymbol{v}}{r^3}=\frac{m}{r^3}(\boldsymbol{N}r\cdot\boldsymbol{v})\boldsymbol{v}$$

$$= \frac{m}{r^3}(\boldsymbol{r} \cdot \dot{\boldsymbol{r}})\, \dot{\boldsymbol{r}}$$

$$= \frac{m}{r^3}(\boldsymbol{r} \cdot \dot{\boldsymbol{r}})(\dot{r}\boldsymbol{N} + rf\boldsymbol{\lambda})$$

$$= r\dot{r}^2\boldsymbol{N} + r^2\dot{r}\dot{f}\boldsymbol{\lambda}.$$

Here f denotes the true anomaly. $\boldsymbol{N}$ is a unit vector in the radial direction and $\boldsymbol{\lambda}$ is the unit vectors in the orbital plane. $\boldsymbol{N}$ is directed along the radial direction, while $\boldsymbol{\lambda}$ is perpendicular to $\boldsymbol{N}$. In the equation m denotes Gm and the right side should multipled by c^{-2}. G is the gravitational constant, and c is the speed of light. Equation (1) can be written as

$$\begin{aligned}
\boldsymbol{a}_{\mathrm{PPN}} = & \frac{m}{r^3}(r\dot{N})\Big\{ (2\gamma + 2\beta)\frac{m}{r} + (2 + \alpha_1 - 2\zeta_2)\frac{\mu}{r} \\
& - \left[\gamma + \frac{1}{2}(6 + \alpha_1 + \alpha_2 + \alpha_3)\frac{\mu}{m}\right] \times (\dot{r}^2 + r^2\dot{f}^2) \\
& + \frac{3}{2}(1 + \alpha_2)\frac{\mu}{m} \cdot \dot{r}^2 \Big\} \\
& + \frac{m}{r^3}\Big\{ (r\dot{r}^2\dot{N} + r^2\dot{r}f\boldsymbol{\lambda})\Big[(2\gamma + 2) \\
& - (2 - \alpha_1 + \alpha_2)\frac{\mu}{m}\Big]\Big\}.
\end{aligned} \tag{2}$$

We resolve the acceleration $\boldsymbol{a}$ into a radial component $R\boldsymbol{N}$, a component $S\boldsymbol{\lambda}$, normal to $R\boldsymbol{N}$and a component W normal to the orbital plane, i. e., $\boldsymbol{a} = R\boldsymbol{N} + S\boldsymbol{\lambda} + W\ (\boldsymbol{N} \times \boldsymbol{\lambda})$, $\boldsymbol{N} \times \boldsymbol{\lambda} = \boldsymbol{L}$ (the unit vector normal to the orbital plane).

On comparison with the expression (2), we get three scalar accelerative components R, S and W:

$$\begin{cases}
R = \dfrac{m}{r^2}\Big\{ (2\gamma + 2\beta)\dfrac{m}{r} + (2 + \alpha_1 - 2\zeta_2)\dfrac{\mu}{r} \\
\quad - \left[\gamma + \dfrac{1}{2}(6 + \alpha_1 + \alpha_2 + \alpha_3)\dfrac{\mu}{m}\right] \\
\quad \times (\dot{r}^2 + r^2\dot{f}^2) + \dfrac{3}{2}(1 + \alpha_2)\dot{r}^2\dfrac{\mu}{m}\Big\} \\
\quad + \dfrac{m}{r^2}\dot{r}^2\left[(2\gamma + 2) - (2 - \alpha_1 + \alpha_2)\dfrac{\mu}{m}\right], \\
S = \dfrac{m}{r}\left[(2\gamma + 2) - (2 - \alpha_1 + \alpha_2)\dfrac{\mu}{m}\right]\dot{r}\dot{f}, \\
W = 0.
\end{cases} \tag{3}$$

Substituting the following formulae of the problem of two-body into the above formula (Smart, 1953),

$$\dot{f}=\frac{\mathrm{d}f}{\mathrm{d}t}=\frac{na^2\sqrt{1-e^2}}{r^2},\ \dot{r}=\frac{nae\sin f}{\sqrt{1-e^2}}, \tag{4}$$

$$n^2a^3=m.$$

We obtain

$$\begin{cases} R=\dfrac{m^2}{r^2}\left\{\dfrac{2(\gamma+\beta)+(2+\alpha_1-2\zeta_2)\dfrac{\mu}{m}}{r}\right. \\ \qquad +\left[(\gamma+2)-\dfrac{1}{2}(7-\alpha_1+\alpha_3)\dfrac{\mu}{m}\right]\dfrac{e^2\sin^2 f}{p} \\ \qquad \left.-\left[\gamma+\dfrac{1}{2}(6+\alpha_1+\alpha_2+\alpha_3)\dfrac{\mu}{m}\right]\dfrac{p}{r^2}\right\}, \\ S=\dfrac{m^2}{r^3}\left[(2\gamma+2)-(2-\alpha_1+\alpha_2)\dfrac{\mu}{m}\right]e\sin f, \\ W=0, \end{cases} \tag{5}$$

where $p=a\ (1-e^2)$.

We can write simply the above formulae as the following formulae:

$$\begin{cases} r^2R=\left(\dfrac{K_1}{r}+K_2\dfrac{e^2}{p}\sin^2 f+K_3\dfrac{p}{r^2}\right), \\ r^2S=\dfrac{K_4}{r}e\sin f, \\ W=0. \end{cases} \tag{6}$$

Substituting $r=\dfrac{p}{1+e\cos f}$ into the right hand side of the expression (2), we obtain

$$\begin{cases} r^2R=\dfrac{1}{p}\left\{\left[K_1+\dfrac{1}{2}e^2K_2+\left(1+\dfrac{1}{2}e^2\right)K_3\right]\right. \\ \qquad \left.+(K_1+2K_3)e\cos f+\dfrac{1}{2}(K_3-K_2)e^2\cos 2f\right\}, \\ r^2S=\dfrac{1}{p}K_4(1+e\cos f)e\sin f \\ \qquad =\dfrac{c^2}{p}\left(K_4e\sin f+\dfrac{1}{2}K_4e^2\sin 2f\right), \\ W=0. \end{cases} \tag{7}$$

In it, it is

$$\begin{cases} K_1 = (2\gamma + 2\beta)m^2 + (2 + \alpha_1 - 2\zeta_2)m_1 m_2, \\ K_2 = (\gamma + 2)m^2 - \dfrac{1}{2}(7 - \alpha_1 + \alpha_3)m_1 m_2, \\ K_3 = -\gamma m^2 - \dfrac{1}{2}(6 + \alpha_1 + \alpha_2 + \alpha_3)m_1 m_2, \\ K_4 = (2\gamma + 2)m^2 - (2 - \alpha_1 + \alpha_3)m_1 m_2. \end{cases} \tag{8}$$

Based on the post-Newtonian parameters (Will, 1981), in the general relativity the post-Newtonian parameters $\alpha_1 = \alpha_2 = \alpha_3 = 0$, $\beta = 1$, $\gamma = 1$, $\zeta_2 = 0$. And in the Brans-Dicke gravitational theories $\alpha_1 = \alpha_2 = \alpha_3 = 0$, $\zeta_2 = 0$, $\beta = 1$, $\gamma = \dfrac{1+\omega}{2+\omega}$, ω is the dimensionless constant of the theory, $\omega = 5$ (Estabrook, 1969; Nordtvedt, 1970).

3. The post-Newtonian perturbing equations and the perturbing variables

Substituting the perturbing accelerations R, S, W for the formulae (3), into the following Gaussian equations (Brouwer and Clemence, 1961):

$$\begin{cases} \dfrac{\mathrm{d}a}{\mathrm{d}t} = \dfrac{2}{n(1-e^2)^{\frac{1}{2}}}\left(Re\sin f + S\dfrac{p}{r}\right), \\ \dfrac{\mathrm{d}e}{\mathrm{d}t} = \dfrac{(1-e^2)^{\frac{1}{2}}}{na}[R\sin f + S(\cos u + \cos f)], \\ \dfrac{\mathrm{d}I}{\mathrm{d}t} = \dfrac{1}{na(1-e^2)^{\frac{1}{2}}} W \cdot \dfrac{r}{a} \cdot \cos(\omega + f), \\ \dfrac{\mathrm{d}\Omega}{\mathrm{d}t} = \dfrac{1}{na(1-e^2)^{\frac{1}{2}}} W \cdot \dfrac{r}{a} \cdot \sin(\omega + f), \\ \dfrac{\mathrm{d}\tilde{\omega}}{\mathrm{d}t} = \dfrac{(1-e^2)^{\frac{1}{2}}}{nae}\left[-R\cos f + S\left(\dfrac{p}{r} + 1\right)\sin f\right] \\ \qquad + 2\sin^2\dfrac{1}{2}I \cdot \dfrac{\mathrm{d}\Omega}{\mathrm{d}t}, \\ \dfrac{\mathrm{d}\varepsilon}{\mathrm{d}t} = -\dfrac{2r}{na^2}R + \dfrac{e^2}{1+(1-e^2)^{\frac{1}{2}}} \cdot \dfrac{\mathrm{d}\omega}{\mathrm{d}t} \\ \qquad + 2(1-e^2)^{\frac{1}{2}}\sin^2\dfrac{1}{2}I \cdot \dfrac{\mathrm{d}\Omega}{\mathrm{d}t}. \end{cases} \tag{9}$$

Here u is the eccentric anomaly, $\tilde{\omega}$ is the longitude of periastron and ω is the argument of periastron, ε is the mean longitude at epoch.

We obtain the set of the post-Newtonian Perturbing equations:

$$
\left\{
\begin{aligned}
\frac{\mathrm{d}a}{\mathrm{d}t} &= \frac{2}{n\sqrt{1-e^2}\,p}\cdot\frac{1}{r^2}\left\{\left[K_1+\frac{3}{4}K_2e^2+\left(1+\frac{1}{4}e^2\right)K_3\right.\right.\\
&\quad\left.+\left(1+\frac{1}{4}e^2\right)K_4\right]e\sin f\\
&\quad+\frac{1}{2}(K_1+2K_3+2K_4)e^2\sin 2f\\
&\quad\left.+\frac{1}{4}(K_3-K_2+K_4)e^2\sin 3f\right\},\\
\frac{\mathrm{d}e}{\mathrm{d}t} &= \frac{\sqrt{1-e^2}}{nap}\cdot\frac{1}{r^2}\left\{\left[K_1+\frac{3}{4}e^2K_2+\left(1+\frac{1}{4}e^2\right)K_3+\frac{5}{4}e^2K_4\right]\sin f\right.\\
&\quad+\left(\frac{1}{2}K_1+K_3+K_4\right)e\sin 2f\\
&\quad\left.+\frac{1}{4}(K_3-K_2+K_4)e^2\sin 3f\right\},\\
\frac{\mathrm{d}\tilde{\omega}}{\mathrm{d}t} &= \frac{\sqrt{1-e^2}}{naep}\cdot\frac{1}{r^2}\left\{\left(K_4-\frac{1}{2}K_1-K_3\right)e\right.\\
&\quad+\left[\frac{1}{4}e^2K_4-\left(\frac{3}{4}e^2+1\right)K_3-\frac{1}{4}e^2K_2-K_1\right]\cos f\\
&\quad-\left(\frac{1}{2}K_1+K_3+K_4\right)e\cos 2f\\
&\quad\left.-\frac{1}{4}(K_4+K_3-K_2)e^2\cos 3f\right\},\\
\frac{\mathrm{d}I}{\mathrm{d}t} &= \frac{\mathrm{d}\Omega}{\mathrm{d}t}=0,\\
\frac{\mathrm{d}\varepsilon}{\mathrm{d}t} &= -\frac{2}{na^2}\cdot\frac{1}{r^2}\left[(K_1+K_2+K_3)\right.\\
&\quad\left.+K_2(e^2-1)\frac{r}{p}+(K_3-K_2)e\cos f\right]\\
&\quad+(1-\sqrt{1-e^2})\frac{\mathrm{d}\tilde{\omega}}{\mathrm{d}t}.
\end{aligned}
\right.
\tag{10}
$$

In the set of formulae (6) we transform independent variable time t into independent variable anomaly f by using $\mathrm{d}t=\dfrac{r^2\mathrm{d}f}{na^2\sqrt{1-e^2}}$ and $n^2a^3=m$, and then, integrating the equation

$$
\delta\sigma=\int_{\sigma_0}^{\sigma}\mathrm{d}\sigma=\int_{f_0}^{f}\left[\frac{\mathrm{d}\sigma}{\mathrm{d}t}\cdot\frac{\mathrm{d}t}{\mathrm{d}f}\right]\mathrm{d}f. \tag{11}
$$

In it σ denotes arbitrary orbital elements from a, e, ω, i, Ω, and ε_0.

Substituting $\frac{d\sigma}{dt}$ for the set of formulae (6) and $\frac{dt}{df}=\frac{r^2}{na^2\sqrt{1-e^2}}$ into the above definite integral expressions and integrating, one obtain the perturbation variables

$$
\left\{
\begin{aligned}
\delta a =& -\frac{2}{m\,(1-e^2)^2}\left\{\left[K_1+\frac{3}{4}e^2K_2+\left(1+\frac{1}{4}e^2\right)K_3\right.\right.\\
&\left.+\left(1+\frac{1}{4}e^2\right)K_4\right]e(\cos f-\cos f_0)\\
&+\frac{1}{4}(K_1+2K_3+2K_4)e^2(\cos 2f-\cos 2f_0)\\
&\left.+\frac{1}{12}(K_3-K_2+K_4)e^3(\cos 3f-\cos 3f_0)\right\},\\
\delta e =& -\frac{1}{mp}\left\{\left[K_1+\frac{3}{4}e^2K_2+\left(1+\frac{1}{4}e^2\right)K_3+\frac{5}{4}e^2K_4\right](\cos f-\cos f_0)\right.\\
&+\frac{1}{4}(K_1+2K_3+2K_4)e(\cos 2f-\cos 2f_0)\\
&\left.+\frac{1}{12}(K_3-K_2+K_4)e^2(\cos 3f-\cos 3f_0)\right\},\\
\delta I =& \delta\Omega=0,\\
\delta\tilde{\omega} =& \frac{1}{mpe}\left\{\left(K_4-\frac{1}{2}K_1-K_3\right)e(f-f_0)\right.\\
&+\left[\frac{1}{4}e^2K_4-\left(\frac{3}{4}e^2+1\right)K_3-\frac{1}{4}e^2K_2-K_1\right](\sin f-\sin f_0)\\
&-\frac{1}{2}\left(\frac{1}{2}K_1+K_3+K_4\right)e(\sin 2f-\sin 2f_0)\\
&\left.-\frac{1}{12}(K_4+K_3-K_2)e^2(\sin 3f-\sin 3f_0)\right\},
\end{aligned}
\right.
\tag{12}
$$

$$
\begin{aligned}
\delta\varepsilon =& \frac{1}{mpe}\left\{\left[\left(K_4-K_3-\frac{1}{2}K_1\right)\right.\right.\\
&\left.-\sqrt{1-e^2}\left(\frac{3}{2}K_1+2K_2+K_3+K_4\right)\right]e(f-f_0)\\
&+2(1-e^2)eK_2(u-u_0)+(1-\sqrt{1-e^2})\left[\frac{1}{4}e^2K_4\right.\\
&\left.-\frac{3}{4}(e^2+1)K_3-\frac{1}{4}e^2K_2-K_1\right]\\
&-2e^2\sqrt{1-e^2}(K_3-K_2)(\sin f-\sin f_0)\\
&-\frac{1}{2}(1-\sqrt{1-e^2})\left(\frac{1}{2}K_1+K_3+K_4\right)e(\sin 2f-\sin 2f_0)
\end{aligned}
$$

$$-\frac{1}{12}(1-\sqrt{1-e^2})(K_4+K_3-K_2)e^2(\sin 3f-\sin 3f_0)\Big\},\tag{13}$$

$\delta l = n\ (t-t_0)\ +\delta\varepsilon$, u is the eccentric anomaly.

Here l denotes the mean longitude of periastron.

The perturbative solutions (12) and (13) of Keplerian elements include over ten kinds of gravitational theories as shown in table 1 (Will, 1981). Hence the formulae (12) (13) are important and worth-while. In this paper we only select two kind theories of general relativity and Brans-Dicke.

In the above last integral expression, we have used already the next integral expressions:

$$\int r\mathrm{d}f = a\int\sqrt{1-e^2}\,\mathrm{d}u,$$

$$\int\frac{e^2\sin^2 f}{p}r\mathrm{d}f = \frac{(e^2-1)}{p}\int r\mathrm{d}f + \int \mathrm{d}f - e\int \cos f\mathrm{d}f.$$

Here u is the eccentric anomaly.

4. The secular variations of the orbital elements

It is seen from the results of the integrations (8) that there exist the secular terms for $\delta\omega$ and $\delta\varepsilon_0$:

$$f-f_0 = n(t-t_0) + \text{Periodic terms},$$

$$u-u_0 = n(t-t_0) + \text{Periodic terms}.$$

Here u denotes the eccentric anomaly and u_0 is the value of u as $t=0$.

All other terms are the periodic terms for δa, δe, $\delta\tilde{\omega}$ and $\delta\varepsilon$. The coefficients of the periodic terms are the amplitudes of the periodic terms.

It is interesting for studying the secular terms. Hence we take the secular terms from the expressions (8) or integrating the definite integrations (7) and taking the lower limit $f_0=0$ and upper limit $f=2\pi$, the results of integration are that the periodic terms disappear and the secular terms appear per cycle by letting $m=\frac{GM}{c^2}$, we get

$$\begin{cases}\Delta a = \Delta e = \Delta I = \Delta\Omega = 0,\\ \Delta\tilde{\omega} = -\frac{2\pi}{mp}\left(K_4 - K_3 - \frac{1}{2}K_1\right)(\text{rad/cycle}),\\ \Delta\varepsilon = -\frac{2\pi}{mp}\Big[K_4 - K_3 - \frac{1}{2}K_1 + 2(1-e^2)K_2\\ \qquad -\sqrt{1-e^2}\left(\frac{3}{2}K_1 + 2K_2 + K_3 + K_4\right)\Big](\text{rad/cycle}),\\ \Delta l = 2\pi + \Delta\varepsilon,\\ \Delta\tilde{\omega} = \Delta\omega + \Delta\Omega = \Delta\omega.\end{cases}\tag{14}$$

The time variation of periastron passage, τ can be derived from the following relation:

$$M_0 = \varepsilon - \omega - \Omega,\ M_0 = -n\tau,$$
$$-n\Delta\tau - \tau\Delta n = \Delta\varepsilon - \Delta\omega - \Delta\Omega,$$
$$\Delta n = -\frac{3}{2}\cdot\frac{n}{a}\cdot\Delta a = 0,\ \Delta\Omega = 0,\ n = \frac{2\pi}{P}, \tag{15}$$
$$\Delta\tau = -\frac{1}{n}(\Delta\varepsilon - \Delta\omega) = -\frac{P}{2\pi}(\Delta\varepsilon - \Delta\omega).$$

The secular rates per year are

$$\begin{cases} \dot{a} = \dot{e} = \dot{I} = \dot{\Omega} = 0, \\ \dot{\tilde{\omega}} = \dfrac{\Delta\tilde{\omega}}{P}(\text{rad/a}), \\ \dot{\varepsilon} = \dfrac{\Delta\varepsilon}{P}(\text{rad/a}), \\ \dot{l} = \dfrac{2\pi}{P} + \dfrac{\Delta\varepsilon_0}{P}(\text{rad/a}), \\ \dot{\tau} = \dfrac{\Delta\tau}{P}(\text{s/a}). \end{cases} \tag{16}$$

Here P denotes the orbital period in a year.

Substituting K_1, K_2, K_3 and K_4 for the expressions (9) into the expressions (14) and by replacing G and c^2, then, we obtain the formulae for the secular variables and the variable rate in the general relativity:

$$\begin{cases} \Delta\tilde{\omega}_{GR} = \dfrac{6\pi Gm}{c^2(1-e^2)}(\text{rad/cycle}), \\ \Delta\varepsilon_{GR} = \dfrac{6\pi Gm}{c^2 a(1-e^2)}[1 + 2(1-e^2) - 5\sqrt{1-e^2}] \\ \qquad + \dfrac{2\pi Gm}{c^2 a(1-e^2)}[9\sqrt{1-e^2} - 7(1-e^2)](\text{rad/cycle}), \\ \Delta\tau_{GR} = -\dfrac{1}{n}(\Delta\varepsilon_{GR} - \Delta\tilde{\omega}_{GR}) \\ \qquad = -\dfrac{P}{2\pi}(\Delta\varepsilon_{0Gr} - \tilde{\omega}_{Grr})(\text{s/cycle}) \end{cases} \tag{17}$$

$$\begin{cases} \dot{\tilde{\omega}}_{GR} = \dfrac{\Delta\tilde{\omega}_{GR}}{P}(\text{rad/a}), \\ \dot{\varepsilon}_{GR} = \dfrac{\Delta\varepsilon_{GR}}{P}(\text{rad/a}), \\ \dot{\tau}_{GR} = \dfrac{\Delta\tau_{GR}}{P}(\text{s/a}). \end{cases} \tag{18}$$

In the Brans-Dicke theory,

$$\begin{cases} \Delta \dot{\tilde{\tilde{\omega}}}_{B-D} = \dfrac{38}{7} \cdot \dfrac{\pi G m}{c^2(1-e^2)} (\text{rad/cycle}), \\ \Delta \varepsilon_{B-D} = \dfrac{38}{7} \cdot \dfrac{\pi G m}{c^2 a(1-e^2)} \left[1 + \dfrac{40}{19}(1-e^2) - \dfrac{99}{19}\sqrt{1-e^2} \right] \\ \qquad + \dfrac{4\pi G m}{c^2 a(1-e^2)} [6\sqrt{1-e^2} - 5(1-e^2)] (\text{rad/cycle}), \\ \Delta \tau_{B-D} = -\dfrac{P}{2\pi}(\Delta\varepsilon - \Delta\tilde{\omega}) (\text{s/cycle}). \end{cases} \tag{19}$$

$$\begin{cases} \dot{\tilde{\tilde{\omega}}}_{B-D} = \dfrac{\Delta\tilde{\omega}_{B-D}}{P} (\text{rad/a}), \\ \dot{\varepsilon}_{B-D} = \dfrac{\Delta\varepsilon_{B-D}}{P} (\text{rad/a}), \\ \dot{\tau}_{B-D} = \dfrac{\Delta\tau_{B-D}}{P} (\text{s/a}). \end{cases} \tag{20}$$

5. Numerical calculation for six extrasolar planets

In this paper we choose six exoplanets: HD16874b, HD68988b, HD217107b, HD88133b, XO-3b and GJ-436b as an example for the former exoplanets, their P (d), M^* ($M_\odot$) are retrieved from Bodenheimer et al. (2003) and a (Au), e and m_b (m_J) are cited from www. mpia. de/homes/Lyra/planet _ naming. html; for latter three exoplanets, their P (d), a (AU), M^* ($M_\odot$) and e are retrieved from Jordán and Bakos (2008) and m_b (m_J) is cited from http://www.exoplanet. eu/index. php. These data are listed in table 5 of the Appendix.

Substituting those data into formulae (17) ～ (20), we obtain the numerical results for the secular variation of the orbital element of six exoplanets in table 1 and table 2.

Table 1　The secular variations per revolution for the orbital elements of six extrasolar planets

Exoplanets	$\Delta\tilde{\tilde{\omega}}_{GR}$ (″/Rev)	$\Delta\varepsilon_{GR}$ (″/Rev)	$\Delta\tilde{\omega}_{B-D}$ (″/Rev)	$\Delta\varepsilon_{B-D}$ (″/Rev)	$\Delta\varepsilon_{GR}$ (s/a)	$\Delta\tau_{B-D}$ (s/a)
HD68988b	0.61	−0.78	0.55	−0.73	−0.58	0.54
HD16874b	0.62	−0.81	0.56	−0.76	−0.61	0.56
HD217107b	0.52	−0.68	0.47	−0.64	0.57	0.53
HD88133b	0.99	−1.32	−0.90	−1.20	−0.52	0.48
XO-3b	1.24	−1.51	1.10	−1.36	−0.57	0.52
GJ-436b	0.60	−0.74	0.52	−0.69	−0.23	0.21

Note:″ denotes second and Rev denotes revolution (cycle).

Table 2 The secular rates per year for the orbital elements of six extrasolar planets

Exoplanets	$\dot{\tilde{\omega}}_{GR}$ ("/a)	$\dot{\varepsilon}_{GR}$ ("/a)	$\dot{\omega}_{B-D}$ ("/a)	$\dot{\varepsilon}_{B-D}$ ("/a)	$\dot{\varepsilon}_{GR}$ (s/a)	$\dot{\tau}_{B-D}$ (s/a)
HD68988b	35.61	−45.39	31.18	−42.66	33.84	31.16
HD16874b	35.19	−46.60	31.83	−43.18	34.81	32.14
HD217107b	26.86	−35.22	24.29	−33.01	−29.21	27.02
HD88133b	106.64	−153.94	96.76	−128.73	56.24	51.13
XO-3b	142.46	−176.26	125.86	−155.30	−66.22	−59.89
GJ-346b	83.19	−103.19	71.97	−95.04	−31.89	−29.46

6. Discussion

(1) Comparison with the results of other authors

The results of the numerical values of advance of periastron of HD88133b, XO-3b and GJ-436b in this paper as compared with that of three exoplanets in the other author's work (Jordán & Bakos, 2008) are listed in table 3.

Table 3 Comparison with other authors for three exoplanets

Exoplanets	This study		Jordan and Bakos (2008)
	$\dot{\tilde{\omega}}$("/cy)	$\dot{\tilde{\omega}}$(deg/cy)	$\dot{\tilde{\omega}}$(deg/cy)
HD88133b	10 664	2.961	2.958
XO-3b	14 246	3.959	3.886
GJ-436b	8 319	2.311	2.234

We can see from the above table 3 that both results are nearly approximate in the relativistic effect, but there are some differences. The calculated values of this paper are some larger than that of Jordán and Bakos (2008). This different results in this paper calculates $\dot{\omega}_{GR}$ by using the mass of two-body (parent star and exoplanet) and Jordán and Bakos only consider the mass of the parent star and neglect the mass of exoplanet.

(2) Comparison with the planets in solar system

Substituting the data of Mercury and Jupiter into the formula (11) for $\Delta\tilde{\omega}_E$, we obtain the results for the comparison of the perihelion of Mercury and Jupiter per century with that of two exoplanets per century listed in table 4.

Table 4　The results of comparison with that of the Mercury and Jupiter

Exoplanets	$(\Delta\tilde{\omega})_{max}$ (″/cy)	$(\Delta\tilde{\tilde{\omega}})_{min}$ (″/cy)	Planets in solar system	$(\Delta\tilde{\tilde{\omega}})_{max}$ (″/cy)	$(\Delta\tilde{\tilde{\omega}})_{min}$ (″/cy)
XO-3b	14 246		Mercury	42.91	
HD217107b		2 686	Jupiter		0.06

We can see from table 4 that the values of advance of the periastron of the exoplanets are larger than that of the planets in the solar system. Therefore, it is important and meaningful for studying the motion of the exoplanets.

(3) On the possibility of observing these effects

Let us discuss the possibility of observing these effects. In the solar system the advance of perihelion of Mercury is 42.91″ per century. We may see from table 3 that in the extrasolar planetary system the maximal value of advance of XO-3b is 14 246″ per century which correspond to 332 time (fold) value of advance of perihelion of the Mercury. At present, some authors applied the method of TTV (transit timing variation) or the method of TDV (transit duration variation), i. e., the secular precession can be detected through the long-term change in P_{obs} or in T_D (TDV) to the observation of the extrasolar planetary system (Agol et al., 2005; Rabus et al., 2009; Gibson et al., 2009; Iorio, 2011b). Therefore, the possibility that the non-Newtonian advances of the periastre of the extrasolar planets considered can be observed is certainly interesting and deserves further studies.

(4) Slowly orbiting planets

The author emphasizes that when we consider should orbiting planets, we could look like secular term over relatively short observational time interval, i. e., the relatively short arcs or the short term effect are available and important. Hence the author takes the time interval per year in the table 1 and table 2.

(5) Prospect for further investigation (the new try)

At present, the fifth force, Yukawa-like interaction has been investigated in our solar system (Iorio, 2007b; Haranas et al., 2011; Tsang, 2012). It may be predicted that extrasolar planets may well be used also for constraining putative fifth force, Yukawa-like interaction in the further investigation.

7. Conclusions

In this paper we worked out parameterized post-Newtonian effect on the orbits of celestial objects. The semi-major axis and eccentricity exhibit periodic variation, but no secular variation. The longitude of periastron and mean longitude at epoch exhibit secular and periodic variation. The inclination and the longitude of ascending node are unaffected. Such effects on the orbits of the extrasolar planets may be observed possibly, because their effects of advance of periastron are large as in the calculation of this paper. The results of this paper based on the parameterized post-Newtonian gravitational metric by the work of C. M. Will, amplified and extended his work.

Appendix

See table 5.

Table 5 Orbital and physical parameters of six extrasolar planetary systems used in the text

Exoplanets	P(d)	a(AU)	M^* ($m_\odot$)	m_b(m_J)	e	Ref.
HD68988b	6.276	0.071	1.11	1.90	0.140	Bodenheimer et al. (2003)
HD16874b	6.403	0.065	1.09	0.23	0.081	Bodenheimer et al. (2003)
HD217107b	7.125	0.073	0.98	1.33	0.132	Bodenheimer et al. (2003)
HD88133b	3.416	0.047	1.20	0.22	0.133	Jordaán and Bakos (2008)
XO-3b	3.192	0.048	1.41	11.79	0.260	Jordán and Bakos (2008)
GJ-436b	2.644	0.028	0.41	0.073 7	0.159	Jordán and Bakos (2008)

Note: m_b denotes exoplanet mass which is cited from http://www.mpia.de/homes/Lyra/planet_naming.html, for the former three references, and the latter three references is cited from http://www.exoplanet.eu/index.php for m_b.

References

[1] Adams F C, Laughlin G. Effects of secular interactions in extrasolar planetary systems. Astrophys J, 649 (2), 992-1003 (2006a).

[2] Adams F C, Laughin G. Relativistic effect in extrasolar planetary systems. Int J Mod Phys, D15, 2133-2140 (2006b).

[3] Adams F C, Laughlin G. Long-term evolution of close planets including the effects of secular interaction. Astrophys J, 649 (2), 1004-1009 (2006c).

[4] Agol E, Steffen J, Sari R, et al. On detecting terrestrial planets with timing of giant planet transits. Mon Not R Astron Soc, 359, 567-579 (2005).

[5] Bodenheimer P, Laughlin G, Lin D N C. On the radii of extrasolar giant planets. Astrophys J, 592, 555-563 (2003).

[6] Brouwer D, Clemence G M. Methods of Celestial Mechanics, Academic Press,

New York and London, (1961).

[7] Brumberg V A. Relativistic Celestial Mechanics, Nauka, Moscow (1972) (in Russian).

[8] Brumberg V A. Essential Relativistic Celestial Mechanics, Adam, Hilger, Bristol (1985).

[9] Brumberg V A. Relativistic Celestial Mechanics, Scholarpedia 5 (8), 10669 (2010).

[10] Brumberg V A, Kopejkin S M. Relativistic reference system and motion of test bodies in the vicinity of the Earth. Nuovo Cimento B, 013, 63-98 (1989).

[11] Brumberg V A, Kopejkin S M. Relativistic time scales in the solar system. Celest Mech Dyn Astron, 48 (1), 23-44 (1990).

[12] Brumberg V A, Brumberg E V. Elliptic anomaly in constructing long term and short-thermodynamical theories. Celest Mech Dyn Astron, 80, 159-166 (2001).

[13] Brumberg E V, et al. Analytical linear perturbation theory for highly eccentric satellite orbits. Celest Mech Dyn Astron, 61, 369-387 (1995).

[14] Calura M, Fortini P, Montanari E. Post-Newtonian Lagrangian planetary equation. Phys Rev D, Part Fields, 56 (8), 4782-4788 (1997).

[15] Calura M, Montanari E. Exact solution to the homogeneous Maxwell equations in the field of a gravitational wave in linearized theory. Class Quantum Gravity, 16 (2), 643-652 (1999).

[16] Damour T. Deruelle: General relativistic celestial mechanics of binary systems 1: The post-Newtonian motion. Ann. Inst. Henri Poincaré Probab. Stat, 43, 107-302 (1985).

[17] Damour T, Soffel M, Xu C. General-relativistic celestial mechanics Ⅰ. Method and definition of reference systems. Phys Rev D, Part Fields, 43 (10), 3273-3307 (1991).

[18] Damour T, Soffel M, Xu C. General-relativistic celestial mechanics Ⅱ translational equations of motion. Phys Rev D, Part Fields, 45 (4), 1017-1044 (1992).

[19] Estabrook F B. Post-Newtonian n-body equations of the Brans-Dicke theory, Astrophys J, 158 (1969).

[20] Everitt C W F, et al. Gravity probe B: Final result of a space experiment to text general relativity. Phys Rev Lett, 106, 221101 (2011).

[21] Gibson N P, Pollacco D, Simpson E K, et al. A Transit timing analysis of nine light curves of the exoplanet system TrES-3. Astrophys J, 700 (2),

1078-1085 (2009).

[22] Haranas I, Ragos C, Mioc V. Yukawa-type potential effects in the anomalistic period of celestial bodies. Astrophys Space Sci, 332, 107-113 (2011).

[23] Heyl J S, Giadman B J. Using long-term transit timing to detect terrestrial planets. Mon Not R Astron Soc, 377 (4), 1511-1591 (2007).

[24] Iorio L. On the possibility of measuring the post Newtonian gravito electric correction to the orbital period of a test body in a solar system scenario. Mon Not R Astron Soc, 359, 328-332 (2005a).

[25] Iorio L. Is it possible to measure the Lense-Thirring effect on the orbit of planets in gravitational field of the sun?. Astron Astrophys, 431, 385-389 (2005b).

[26] Iorio L. Are we far from testing general relativity with the transiting extrasolar planet HD 209458b "Osiris"?. New Astron, 11, 490-497 (2006).

[27] Iorio L. The post-Newtonian mean anomaly advance as further post-Keplerian parameter in pulsar binary systems. Astrophys Space Sci, 312, 331-335 (2007a).

[28] Iorio L. First preliminary text of the general relativistic gravito magnetic field of the sun and new constraints on a Yukawa-like fifth force from planetary data. Planetary Space Sci, 55, 1290-1298 (2007b).

[29] Iorio L. Long-term classical and relativistic affects on the radial velocities of the stars orbiting SqrA. Mon Not R Astron Soc, 411, 453-463 (2001a).

[30] Iorio L. Classical and relativistic long-term time variation of some observables for transiting exoplanets. Mon Not R Astron Soc, 411, 167-183 (2001b).

[31] Iorio L. Classical and relativistic node precessional effect in WASP33b and perspectives for detecting them. Astrophys Space Sci, 331, 485-496 (2011c).

[32] Iorio L, et al. Phenomenology of the Lense-Thirring effect in the solar system. Astrophys Space Sci, 331, 351-395 (2011).

[33] Jordán A, Bakos G A. Observability of the general relativistic precession of periastra in exoplanets. Astrophys J, 685 (1), 543-552 (2008).

[34] Klioner S A, Kopejkin S M. Microarcsecond astronometry in space-relativistic effects and reduction of observation. Astron J, 104 (2), 897-914 (1992).

[35] Kopeikin S, Efroimasky M, Maplan G. Relativistic celestial mechanics of the solar system. Wiley-VCH, Berlin (2011).

[36] Miralda-Escudé J. Orbital perturbations of transiting planets: A possible method to measure stellar quadruples and to detect Earth-mass planets.

Astrophys J, 564 (2), 1019-1023 (2002).

[37] Misner C W, Thorne K S, Wheeler J A. Gravitation, Part Ⅸ. 1066-1095. W H Freeman, San Francisco (1973).

[38] Nordtvedt K Jr. Post-Newtonian metric for a general class of scalar tensor gravitational theories and observational consequences. Astrophys J, 161, 1059-1067 (1970).

[39] Nordtvedt K Jr. Anisotropic parameterized post-Newtonian gravitational metric field. Phys Rev D, Part, Fields, 14, 1311-1317 (1976).

[40] Pál A, Kocsis B. Periastron precession measurement in transiting extrasolar planetary systems at the level of general relativity. Mon Not R Astron Soc, 389 (1), 191-198 (2008).

[41] Ragozzine D, Wolf A S. Probing the interiors of very hot Jupiter's using transit light curves. Astrophys J, 698 (2), 1778-1794 (2009).

[42] Rubincam P M. General relativity and satellite orbit: The motion of a test particle in the Schwarzchild metric. Celest Mech Dyn Astron, 15, 21-33 (1977).

[43] Rabus M, Deeg H J, Alonso R, et al. Transit timing analysis of the exoplanets TrES-1 and TrES-2. Formalism for the solar system. Astron Astrophys, 508 (2), 1011-1020, (2009).

[44] Sarmiento A F. Parameterized post-post Newtonian (PP^2N) formalism for the solar system. Gen Relativ Gravit, 14, 793-805 (1982).

[45] Smart W M. Celestial Mechanics, 18, London, New York, Toronto (1953).

[46] Soffel M H. Relativity in celestial mechanics, astrometry and geodesy. Chap 4. Springer, Heidelberg (1989).

[47] Soffel M H, Ruder H, Schneider M. The two-body problem in the (truncated) PPN theory. Celest Mech Dyn Astron, 40 (1), 77-85 (1987).

[48] Tsang L M. How can NASA's Lundar reconnaissance orbit projects verify the existence of the fifth force. New Astron, 17, 18-21 (2012).

[49] Will C M. Theory of Experiment in Gravitational Physics. Chaps 4-6, 86-165. Cambridge University Press, Cambridge (1981).

[50] Will C M. The confrontation beteen general relativity and experiment. Living Rev Relativ, 9, 5-100 (2006).

[51] Will C M. Testing the general realtivistic "No-Hair" theorems using the galactic center black hole Sagittarius A. Astrophys J Lett, 674, L25-L28 (2008).

[52] Wittenmyer R, Welsh A, William F, et al. System parameters of the trasiting extrasolar planet HD 209458b. Astrophys J, 632, 1157-1167 (2005).

双星系中两子星的自转对双星轨道变化的后牛顿效应*

摘要： 本文在以前研究的基础上继续研究了双星两子星的自转对轨道变化的后牛顿效应，给出自转对轨道产生的长期摄动效应和周期摄动效应．理论结果表明，两子星的自转对轨道半长轴、轨道偏心率、近星点角和平近点经度均产生周期摄动效应，但对前两个轨道要素不产生长期摄动效应，只对后两个轨道要素产生长期摄动效应．同时利用理论结果对6个双星系——E K Cep，G T Cep，N Y Cep，V448 Cyg，V1143 Cyg 和 V451 Oph 中两子星的自转对轨道产生周期和长期摄动效应做了数值计算，数值结果显示：对于两个质量较大快速自转的双星系，由此产生的后牛顿效应是不能忽视的．

关键词： 双星自转；轨道变化；后牛顿效应

1. 引　言

在牛顿引力理论中不存在自旋场效应，但在后牛顿引力理论中存在自旋场效应，这就是自旋体对轨道产生的后牛顿效应．文［1］［2］曾研究了中心体自转对天体轨道要素产生的后牛顿效应，但理论结果只能应用于太阳系内自转缓慢的一体自转情形．例如：文［1］计算行星自转对卫星轨道产生的后牛顿效应以及文［2］计算太阳自转对行星轨道产生的后牛顿效应．随后文［4］又根据文［3］的理论结果计算了太阳系内各种天体的自转对轨道产生的效应，但也属一体自转情形．然而，所有这些计算均不适用于双星系中质量较大的快速自转的两子星对轨道产生的后牛顿效应．正因如此，文［5］根据文［3］给出的摄动三分量又研究了自转轴垂直于轨道面的双星自转对轨道产生的后牛顿效应．然而，文［5］的研究采用摄动方程求平均值的积分法得到长期摄动的后牛顿效应而没有给出周期摄动效应．此外，文中利用理论结果只对两个样本双星做了数值计算，所选取的样本星太少．为了全面研究此课题，本文对高斯型摄动方程采用非平均值法解方程以求得周期摄动和长期摄动的后牛顿效应，并在计算实例中增加6个样本星的计算．在计算中不仅给出轨道要素每周转的进动量、拱线进动速率和进动周期的长期摄动效应，也计算了周期摄动项中最大振幅值的效应．所有这些研究都是对文［5］的进一步完善．

---

* 原文载于《天文学报》，2001，42（4）：428-435.

2. 双星自转对子星轨道产生的后牛顿摄动量

一般来说，双星自转轴不一定严格垂直于轨道面，但在密近双星系中潮汐摩擦作用使两子星的赤道面近似重合，两子星的自转轴近似垂直于轨道面. 本文在此假定下仍采用作者在文［5］中根据文［3］给出二体自转共同影响的摄动三分量 S，T，W 的如下形式[5]：

$$S=\frac{1}{c^2}\left(\frac{K_1}{r^2}+\frac{K_2}{r^4}\right), \tag{1}$$

$$T=\frac{K_3 e\sin f}{r^3}, \tag{2}$$

$$W=0, \tag{3}$$

其中

$$K_1=-\frac{1}{5}(1+2\gamma)(GM_1R_1^2\Omega_1^2+GM_2R_2^2\Omega_2^2), \tag{4}$$

$$K_2=\frac{2}{5}(1+\gamma)(GM_1R_1^2\Omega_1+GM_2R_2^2\Omega_2)\sqrt{GMp}-\frac{3}{35}(1+\gamma)(GM_1R_1^4\Omega_1^2+GM_2R_2^4\Omega_2^2), \tag{5}$$

$$K_3=-\left[\frac{2}{5}(1+\gamma)GM_1R_1^2\Omega_1-2(1+\gamma)GM_2R_2^2\Omega_2\right]\frac{\sqrt{GMp}}{p}. \tag{6}$$

式中 f 为真近点角，e 为轨道偏心率，R_1 和 R_2 为二体的半径，M_1 和 M_2 为二体的质量，而 $M=M_1+M_2$，Ω_1 和 Ω_2 为二体的自转角速度，$p=a\ (1-e^2)$，a，c，G 和 γ 分别为轨道半长轴、光速、引力常数和后牛顿参量.

文［3］～［5］都采用了引力常数 G 和光速 c 为 1 的确定单位，而本文将 G 和 c 取为量纲单位，R_1，R_2 和 a 取太阳半径为单位，M_1，M_2 和 M 取太阳质量为单位.

将（1）～（3）式代入由摄动三分量 S，T，W 表示的以时间为自变量的高斯型摄动方程[6]，并做自变量变换：

$$\mathrm{d}t=\frac{1}{n}\left(\frac{r}{a}\right)^2\frac{1}{\sqrt{1-e^2}}\mathrm{d}f, \tag{7}$$

可得以真近点角为自变量的摄动方程：

$$\frac{\mathrm{d}a}{\mathrm{d}f}=\frac{2}{c^2n^2a^2(1-e^2)}\left\{\left[K_1+\left(\frac{K_2}{p^2}+\frac{K_3}{p}\right)e\right]\sin f+\left(\frac{K_2}{p^2}+\frac{K_3}{p}\right)e^2\sin 2f\right\}, \tag{8}$$

$$\frac{\mathrm{d}e}{\mathrm{d}f}=\frac{1}{c^2n^2a^3}\left\{\left[K_1+\left(1+\frac{1}{4}e^2\right)\frac{K_2}{p^2}+5e^2\frac{K_3}{4p}\right]\sin f\right.$$

$$+\left(\frac{K_2}{p^2}+\frac{K_3}{p}\right)e\sin 2f+\frac{1}{4}\left(\frac{K_2}{p^2}+\frac{K_3}{p}\right)e^2\sin 3f\Big\},\tag{9}$$

$$\frac{\mathrm{d}\omega}{\mathrm{d}f}=\frac{1}{c^2n^2a^3e}\Big\{\left(\frac{K_3}{p^2}-\frac{K_2}{p^2}\right)e-\left[K_1+\left(1+\frac{3}{4}e^2\right)\frac{K_2}{p^2}-\frac{e^2K_3}{4p}\right]\cos f-$$
$$\left(\frac{K_2}{p^2}+\frac{K_3}{p}\right)e\cos 2f-\frac{1}{4}\left(\frac{K_2}{p^2}+\frac{K_3}{p}\right)e^2\cos 3f\Big\},\tag{10}$$

$$\frac{\mathrm{d}M_0}{\mathrm{d}f}=-\frac{\sqrt{1-e^2}}{c^2n^2a^3e}\Big\{\left(\frac{K_2}{p^2}+\frac{K_3}{p}\right)e+\Big[\frac{e^2K_3}{4p}$$
$$-\left(1-\frac{5}{4}e^2\right)\frac{K_2}{p^2}-K_1\Big]\cos f-\left(\frac{K_2}{p^2}+\frac{K_3}{p}\right)e\cos 2f$$
$$-\frac{1}{4}\left(\frac{K_2}{p^2}+\frac{K_3}{p}\right)e^2\cos 3f+\frac{2eK_1r}{p}\Big\}.\tag{11}$$

式中 ω 为近星点角距，M_0 为 $t=0$ 时的平近点角，n 为平均运动. 利用

$$r\mathrm{d}f=a\sqrt{1-e^2}\,\mathrm{d}E \text{ 和 } n^2a^3=G(M_1+M_2),\tag{12}$$

积分（8）～（11）式可得轨道要素的后牛顿摄动量：

$$\delta a=\sum_{i=1}^{2}A_i(\cos if-\cos if_0),\tag{13}$$

$$\delta e=\sum_{i=1}^{3}E_i(\cos if-\cos if_0),\tag{14}$$

$$\delta\omega=W_0(f-f_0)+\sum_{i=1}^{3}W_i(\sin if-\sin if_0),\tag{15}$$

$$\delta M_0=Q_0(f-f_0)+Q_0'(E-E_0)+\sum_{i=1}^{3}Q_i(\sin if-\sin if_0).\tag{16}$$

式中 E 为轨道偏近点角，展开式中略去 e^3 项后可得各周期项的振幅和长期项系数如下：

$$\begin{cases}A_1=-\dfrac{2a^2}{c^2G(M_1+M_2)}\left[\dfrac{K_1}{p}+\left(\dfrac{K_2}{p^3}+\dfrac{K_3}{p^2}\right)e\right],\\ A_2=-\dfrac{a^2}{c^2G(M_1+M_2)}\left[\dfrac{K_2}{p^3}+\dfrac{K_3}{p^2}\right]e^2.\end{cases}\tag{17}$$

$$\begin{cases}E_1=-\dfrac{1}{c^2G(M_1+M_2)}\left[K_1+\left(1+\dfrac{1}{4}e^2\right)\dfrac{K_2}{p^2}+\dfrac{5e^2K_3}{4p}\right],\\ E_2=-\dfrac{1}{2c^2G(M_1+M_2)}\left[\dfrac{K_2}{p^2}+\dfrac{K_3}{p}\right]e,\\ E_3=-\dfrac{1}{12c^2G(M_1+M_2)}\left[\dfrac{K_2}{p^2}+\dfrac{K_3}{p}\right]e^2.\end{cases}\tag{18}$$

$$\begin{cases}W_0=-\dfrac{1}{c^2G(M_1+M_2)}\left[\dfrac{K_3}{p}-\dfrac{K_2}{p^2}\right],\\ W_1=-\dfrac{1}{c^2G(M_1+M_2)e}\left[K_1+\left(1+\dfrac{3}{4}e^2\right)\dfrac{K_2}{p^2}-\dfrac{e^2K_3}{4p}\right],\\ W_2=-\dfrac{1}{2c^2G(M_1+M_2)}\left[\dfrac{K_2}{p^2}+\dfrac{K_3}{p}\right],\\ W_3=-\dfrac{1}{12c^2G(M_1+M_2)}\left[\dfrac{K_2}{p^2}+\dfrac{K_3}{p}\right]e.\end{cases}\tag{19}$$

$$\begin{cases}Q_0=-\dfrac{\sqrt{1-e^2}}{c^2G(M_1+M_2)}\left[\dfrac{K_2}{p^2}+\dfrac{K_3}{p}\right],\\ Q_0'=\dfrac{-2K_1}{c^2G}(M_1+M_2),\\ Q_1=\dfrac{\sqrt{1-e^2}}{c^2G(M_1+M_2)e}\left[K_1+\left(1-\dfrac{5}{4}e^2\right)\dfrac{K_2}{p^2}-\dfrac{e^2K_3}{4p}\right],\\ Q_2=\dfrac{\sqrt{1-e^2}}{2c^2G(M_1+M_2)}\left[\dfrac{K_2}{p^2}+\dfrac{K_3}{p}\right],\\ Q_3=\dfrac{\sqrt{1-e^2}}{12c^2G(M_1+M_2)}\left[\dfrac{K_2}{p^2}+\dfrac{K_3}{p}\right]e,\end{cases}\tag{20}$$

式中 K_1，K_2 和 K_3 由（4）～（6）式给出.

3. 周期摄动和长期摄动

由（13）～（16）式可以看出，δa，δe，$\delta\omega$ 和 δM_0 各式右端有正弦和余弦的项，皆为周期摄动项，故 4 个轨道要素皆有周期摄动，周期摄动项的振幅为（17）～（20）中的 A_1，A_2，E_1，E_2，W_1，W_2，W_3，Q_1，Q_2 和 Q_3 各式.

又因为真近点角 f 和偏近点角 E 皆可展开平近点角 $M=nt$ 加上 M 的三角级数，所以（15）和（16）式右端凡有（$f-f_0$）和（$E-E_0$）的项皆为长期项，长期项的系数为 W_0n，Q_0n，$Q_0'n$. 故轨道近星点角距和平近点角不仅有周期项，还有长期项.

（1）长期项系数为

$$\begin{cases}W_s=W_0n=\dfrac{2\pi}{c^2G(M_1+M_2)}\left(\dfrac{K_3}{p}-\dfrac{K_2}{p^2}\right),\\ Q_s=(Q_0+Q'_0)n=-\dfrac{2\pi\sqrt{1-e^2}}{c^2G(M_1+M_2)T}\left(\dfrac{2K_1}{\sqrt{1-e^2}}+\dfrac{K_2}{p^2}+\dfrac{K_3}{p}\right),\end{cases}\tag{21}$$

式中 T 为轨道周期.

（2）轨道要素每周转一次的长期进动量.

令 f 和 E 由 0° 变化到 2π，即令 $f_0=0$，$f=2\pi$，$E_0=0$，$E=2\pi$，将其代入（13）～（16）式后得每旋转一周的进动量：

$$\begin{cases}\Delta a_s=0,\Delta e_s=0,\\ \Delta\omega_s=2\pi W_0=\dfrac{2\pi}{c^2G(M_1+M_2)}\left(\dfrac{K_3}{p}-\dfrac{K_2}{p^2}\right)(\mathrm{rad/w}),\\ \Delta M_{0s}=2\pi(Q_0+Q'_0)\\ \quad=-\dfrac{2\pi\sqrt{1-e^2}}{c^2G(M_1+M_2)}\left[\dfrac{2K_1}{\sqrt{1-e^2}}+\dfrac{K_2}{p^2}+\dfrac{K_3}{p}\right](\mathrm{rad/w}).\end{cases}\tag{22}$$

(3) 轨道进动速率.

将（22）式除以轨道周期 T，得轨道长期进动率：

$$\begin{cases}\dot{a}_s=\dfrac{\mathrm{d}a_s}{\mathrm{d}t}=0,\dot{e}_s=\dfrac{\mathrm{d}e_s}{\mathrm{d}t}=0,\\ \dot{\omega}_s=\dfrac{\mathrm{d}\omega_s}{\mathrm{d}t}=\dfrac{2\pi W_0}{T}=\dfrac{2\pi}{c^2G(M_1+M_2)T}\left(\dfrac{K_3}{p}-\dfrac{K_2}{p^2}\right)(\mathrm{rad/a}),\\ \dot{M}_{0s}=\dfrac{\mathrm{d}M_{0s}}{\mathrm{d}t}=\dfrac{2\pi}{T}(Q_0+Q'_0)\\ \quad=-\dfrac{2\pi\sqrt{1-e^2}}{c^2G(M_1+M_2)T}\left[\dfrac{2K_1}{\sqrt{1-e^2}}+\dfrac{K_2}{p^2}+\dfrac{K_3}{p}\right](\mathrm{rad/a}),\end{cases}\tag{23}$$

式中轨道周期 T 的单位用年表示.

(4) 拱线进动周期 P_ω：

$$P_\omega=\frac{2\pi\mathrm{rad}}{\dot{\omega}_s}.$$

如果 $\dot{\omega}_s$ 以角秒/年为单位表示，P_ω 以年为单位表示，则

$$P_\omega(\text{年})=\frac{1\ 296\ 004(\text{角秒})}{\dot{\omega}_s(\text{角秒 / 年})}.\tag{24}$$

4. 对 6 颗双星的计算结果

正如上文所述，由于密近双星相距很近，潮汐摩擦作用使伴星的轨道面几乎位于主星的赤道面上，形成两子星几乎在同一轨道面上运动，这时可以看作两子星的自转轴几乎垂直于轨道面，故本文的理论结果可以应用于密近双星的计算. 文［5］曾对两个样本星 C W Cep 和 D R Vul 的长期效应做计算. 本文再增加 6 颗双星：E K Cep，G T Cep，N Y Cep，V448 Cyg，V1143 Cyg 和 V451 Oph，对周期和长期摄动效应做全面计算，所需物理量 T，a，R_1，R_2，M_1，M_2 和 e 的数据取自文［7］. 两子星的自转角速度 $\Omega_{1,2}=\dfrac{V_{1,2}}{R_{1,2}}$，其中的 $V_{1,2}$ 取自文［7］.

本文对 6 颗双星在两种引力理论中做后牛顿效应的计算. 在广义相对论中取后牛顿参量 $\gamma=1$，在 Brans-Dicke 理论中 $\gamma=1+\dfrac{\omega}{2}+\omega=\dfrac{15}{16}$，耦合常数 $\omega=14$[4]. 将 γ 的值和所有物理数据代入（4）～（6）式可得两种引力理论中 K_1，K_2 和 K_3 的数值，然后代入（17）～（24）式可得周期摄动项的最大振幅值，长期项的系数值、轨道要素每周的

进动量、拱线进动速率和拱线进动周期如表 1 至表 3 所示．表中每格上方为广义相对论的理论数值，下方为 Brans-Dicke 的理论数值．

5. 讨　论

（1）由理论结果可知，自转轴垂直于轨道面的两子星自转对轨道半长轴和偏心率均产生周期摄动效应而无长期效应，但对近星点角距和历元平近点角不仅有周期摄动效应，而且有长期摄动效应．这同文［1］给出的一体自转效应略有不同．对于一体自转情形，轨道半长轴无摄动效应，历元平近点角只有周期摄动效应而无长期摄动效应．如果将（4）～（6）式的 K_1，K_2，K_3 代入（23）式，立即化为文［5］给出的轨道要素 ω 和 M_0 的长期摄动效应式子．故用两种方法推得的长期摄动式子是一致的，但文［5］并没有给出周期摄动效应．文［1］［2］［4］虽然计算了 $W\neq 0$ 的情形，但所得结果只适用于太阳系内一体自转效应，而文［5］和本文的结果适用于双星系中二体自转的情形．

表 1　周期摄动项的振幅的最大值

Binary Stars	A_{max}(m)	$E_{max}\times10^{-10}$	$W_{max}\times10^{-10}$(rad)	$Q_{max}\times10^{-10}$(rad)
E K Cep	32.72	−7.49	−72.41	+67.15
	31.35	−7.41	−71.48	+66.39
G T Cep	562.95	−90.36	−1 555.06	+1 522.75
	539.94	−89.14	−1 533.23	+1 501.87
N Y Cep	7 723.29	+276.85	+323.74	+545.09
	7 395.92	+259.90	+302.09	+517.91
V448 Cyg	4 459.17	−231.99	−6 250.20	+6 177.11
	4 276.60	−231.71	−6 212.07	+6 141.14
V1143 Cyg	160.54	+16.72	−20.41	+0.18
	154.79	+16.04	−20.08	+0.43
V451 Oph	1 299.23	+308.09	+15 398.09	−15 413.81
	1 245.01	+290.34	+14 511.66	−14 526.96

表 2　长期项的系数值

Binary Stars	$W_0\times10^{-10}$(rad)	$Q_0\times10^{10}$(rad)	$Q'_0\times10^{10}$(rad)	W_0(角秒/年)	Q_S(角秒/年)
E K Cep	−3.18	−3.16	+28.47	−0.03	+0.27
	−3.08	−3.06	+27.28	−0.03	+0.26
G T Cep	−15.25	+216.13	+308.29	−0.15	+5.05

续 表

Binary Stars	$W_0\times10^{-10}$(rad)	$Q_0\times10^{10}$(rad)	$Q'_0\times10^{10}$(rad)	W_0(角秒/年)	Q_S(角秒/年)
	−14.76	+209.38	+295.45	−0.14	+4.86
N Y Cep	−550.13	−61.57	+1 065.86	−1.70	+3.11
	−532.93	−59.65	+1 021.45	−1.65	+2.98
V448 Cyg	−2 831.99	+1 127.53	+1 207.17	−20.56	+16.95
	−2 743.49	+1 092.29	+1 156.87	−19.92	+16.33
V1143 Cyg	−75.91	+32.39	+31.89	−0.47	+0.39
	−73.54	+31.38	+30.56	−0.46	+0.38
V451 Oph	−528.36	−411.47	+1 556.12	−11.37	+24.63
	−511.85	−398.61	+1 491.28	−11.01	+23.51

表 3 长期摄动对轨道要素产生的后牛顿效应

Binary Stars	$\Delta\omega_s$(角秒/周)	ΔM_{0s}(角秒/周)	$\dot{\omega}_s$(角秒/年)	P_ω(年)
E K Cep	−0.000 4	0.003 2	−0.033 9	38 230 213
	−0.000 3	0.003 1	−0.032 9	39 392 226
G T Cep	−0.002 0	0.679 6	−0.146 9	8 822 357
	−0.001 9	0.654 3	−0.142 3	9 107 549
N Y Cep	−0.712 9	0.130 2	−1.704 2	760 477
	−0.690 6	0.124 6	−1.650 9	785 029
V448 Cyg	−0.367 0	0.302 6	−20.560 4	63 034
	−0.355 5	0.291 6	−19.917 9	65 067
V1143 Cyg	−0.009 8	0.008 3	−0.470 3	274 319
	−0.009 5	0.008 0	−0.455 9	282 966
V451 Oph	−0.068 4	0.148 3	−11.368 2	114 002
	−0.066 3	0.141 6	−11.012 9	117 680

由表 1 至表 3 的数值可知，双星系中两子星的自转对轨道的周期摄动效应和长期摄动效应是比较显著的. 其中对半长轴的周期摄动项的最大振幅可达 7 千米以上 (N Y Cep)，拱线进动速率在广义相对论情形下每年达 20 角秒以上，进动周期仅 6 万多年 (V448 Cyg). 所以，双星两子星的自转对轨道产生的后牛顿效应不应忽视.

(2) 如果本文根据文 [3] 给出的摄动三分量 S，T，W 取一体自转情形($M_1\neq0$，$M_2=0$)，并取 Ω 的一阶量，在广义相对论情形下 ($\Delta=1$，$\gamma=1$)，(1) ～ (3) 式中 S，T，W 化为文 [1] 中 $i=0$ 时的 R，S，W 式子. 故两者给出的摄动三分量式子都

是正确的，只是文［1］给出的三分量是文［3］给出的式子的特例．文［4］在研究和计算太阳系内一体自转效应时得出结论：含 $R^2\Omega^2$ 因子的项产生的效应与含 $R^2\Omega$ 因子的项产生的效应有相同量级．故 Ω 的二阶量在一体自转情形下也应加以考虑，这比文［1］更完善．在双星的二体自转效应情形下，按本文的研究和计算，如果将（4）～（6）式中的 K_1，K_2 和 K_3 代入（22）（23）式，以 E K Cep 双星为例，将其数据代入后比较 $\Delta\omega_s$ 和 ΔM_{0s} 两式右端含有 $R^2\Omega$，$R^2\Omega^2$ 和 $R^4\Omega^2$ 因子的项，可得出含 $R^2\Omega^2$ 因子的项虽然比含 $R^2\Omega$ 因子的项小，但都属同一量级，而含 $R^4\Omega^2$ 因子的项要比含 $R^2\Omega$ 因子的项小 2～3 个量级．故在二体自转情形下含 $R^4\Omega^2$ 因子的项可以略去，但含 $R^2\Omega^2$ 因子的项不应略去，而本文的计算值包括了对 $R^4\Omega^2$ 因子的项的计算．

（3）由于双星两子星的自转轴的坐标难以测定，本文选取两子星的自转轴垂直于轨道面，这可使子星轨道面同主星的赤道面一致（$i=0$），此点符合双星系两子星的潮汐摩擦作用使伴星位于主星的赤道面上，使两子星的自转轴垂直于轨道面．然而，此种假设仍为近似而已．由于子星轨道面同主星的赤道面一致，$i=0$，再由（3）式 $W=0$，故高斯型摄动方程积分后可得 $\delta i=0$，即轨道倾角不受摄动影响．至于对升交点经度的摄动影响，因 i 和 W 都为零，摄动方程虽然出现奇异性，但可通过变换消除，最后仍可得到一个合理解 $\delta\Omega=0$．不过讨论升交点有无摄动并无意义，因为轨道面同主星赤道面重合（$i=0$），轨道上就没有升交点线的标志，摄动对 Ω 的效应也就无从量起，从而也就失去意义．至于对近星点角距 ω 的摄动，虽然对 ω 也无法从升交点线量起，但只要是椭圆轨道，双星的近星点是存在的，并可观测到．故对近星点产生的后牛顿摄动量 $\delta\omega$ 也是存在的，其值较大时也可观测到．同样，由近星点量起的历元平近点角 M_0 也是如此，故本文对 6 颗双星计算的 $\Delta\omega_s$，$\dot{\omega}_s$，ΔM_{0s} 和 $\dot{M}_{0s}$ 的摄动效应仍有意义．

参考文献

［1］李林森．天文学报，1990，31：108-111．
［2］Li Linsen. Commun Theor Phys，1991，15：353-358．
［3］韩韬．紫金山天文台刊，1991，10：128-138．
［4］韩韬．紫金山天文台刊，1991，10：276-286．
［5］李林森．陕西天文台台刊，1998，21：78-82．
［6］郑学塘，倪彩霞．天体力学和天文动力学．北京：北京师范大学出版社，1989．
［7］谭徽松，潘开科，汪洵浩．天体物理学报，1995，15：57-68．

Gravitational Radiation Damping and Evolution of the Orbit of Compact Binary Pulsars*

1. Introduction

Although the effect of gravitational radiation damping upon the variation of the orbital elements of binary system is small, the studies of the effect are important and worthwhile because it concerns with the problems of the stability of the orbit and the lifetime of the system form a long-term point of view. There are several methods to study the effect of gravitational radiation damping upon the variation of orbital elements of a binary system. One of them is the energy method given by Peter[1], but the variation of orbital elements deduced by using this method is only confined to the secular variation of the semi-major axis and eccentricity, and the effect of the periodic variation cannot be obtained. Another one is the method of perturbation given by Walker et al.[2]. The advantage of this method is that the number of variables in orbital elements obtained by this method is not confined only to the above two; in addition, both the secular and the periodic terms of the variation of orbital elements can be obtained also. However, Walker et al. gave only the differential equations for the variation of orbital elements with time, without giving the expressions for the perturbation variable caused by gravitational radiation damping. Later on, W. Lincoln and C. M. Will[3] researched the binary systems of the compact object to $(\text{post})^{2.5}$-Newtonian order and use it to study gravitational radiation emission. They obtained a solution and researched the evolution of the orbit of the compact object, but they only give secular solutions, without giving the periodic variation and the computation for binary stars of the concrete compact object. This paper presents a theoretical treatment of the effects of gravitation radiation damping by the perturbation method, and the theoretical results are applied to the research on three compact binary pulsars and give the solution for the secular and periodic variation.

---

* 原文载于 *IL NUOVO CIMENTO*，2009，124 (7)：709-715.

2. The effects of gravitational radiation damping on the variation of the orbital elements of binary systems

If the orbit of binary stars is regarded as the two-body motion, that is, the motion is restricted in a plane, the perturbation forces caused by gravitational radiation damping upon the orbit can be resolved into a radial component R and a component S normal to R in the orbital plane. They are given by Walker et al.[2] as

$$R = \frac{16}{15}\mu e m^{-2}\left(\frac{m}{p}\right)^{\frac{9}{2}}(1+e\cos\varphi)^3\sin\varphi(22+18e^2+40e\cos\varphi-15e^2\sin^2\varphi), \quad (1)$$

$$S = -\frac{8}{5}\mu m^{-2}\left(\frac{m}{p}\right)^{\frac{9}{2}}(1+e\cos\varphi)^4(4+6e^2+10e\cos\varphi-15e^2\sin^2\varphi), \quad (2)$$

where a, e, φ denote the semi-major axis of the orbit, eccentricity and true anomaly, respectively, and $p=a\ (1-e^2)$,

$$m=\frac{GM}{c^2}=m_1+m_2=\frac{G(M_1+M_2)}{c^2},\ \mu=\frac{m_1m_2}{m_1+m_2}.$$

Walker et al.[2] used the expressions (1) and (2) to deduce differential equations of the variation of orbital elements, but they did not deduce in detail perturbation variation caused by the gravitational radiation damping for the orbit. Here we shall study in detail the effects of the periodic and secular perturbation upon the orbital elements of a binary system by using equations (1) and (2).

Substituting equations (1) and (2) into the perturbation equations for the variation of the orbital elements of a binary system [4][5], one obtains

$$\frac{\mathrm{d}p}{\mathrm{d}t}=2m\left(\frac{m}{p}\right)^{-\frac{3}{2}}(1+e\cos\varphi)^{-1}S, \quad (3)$$

$$\frac{\mathrm{d}e}{\mathrm{d}t}=\left(\frac{m}{p}\right)^{-\frac{1}{2}}[R\sin\varphi+(e+2\cos\varphi+e\cos^2\varphi)(1+e\cos\varphi)^{-1}S], \quad (4)$$

$$\frac{\mathrm{d}\omega}{\mathrm{d}t}=-e^{-1}\left(\frac{m}{p}\right)^{-\frac{1}{2}}[R\cos\varphi-\sin\varphi(2+e\cos\varphi)(1+e\cos\varphi)^{-1}S], \quad (5)$$

$$\frac{\mathrm{d}M_0}{\mathrm{d}t}=\left(\frac{p}{m}\right)^{\frac{1}{2}}\frac{(1-e^2)^{\frac{1}{2}}}{e}\left[\left(\cos\varphi-\frac{2er}{p}\right)R-\left(1+\frac{r}{p}\right)\sin\varphi S\right], \quad (6)$$

where M_0 is the mean anomaly as $(t-0)$, and we also obtain

$$\frac{\mathrm{d}a}{\mathrm{d}t}=\frac{1}{1-e^2}\cdot\frac{\mathrm{d}p}{\mathrm{d}t}+\frac{2ae}{1-e^2}\cdot\frac{\mathrm{d}e}{\mathrm{d}t}, \quad (7)$$

$$\frac{\mathrm{d}T}{\mathrm{d}t}=\frac{3}{2}\cdot\frac{T}{a}\cdot\frac{\mathrm{d}a}{\mathrm{d}t}, \quad (8)$$

where T denotes the orbital period.

Substituting S and R for the expressions of (1) and (2) into equations (3) ～ (8)

and changing independent variables by using $\frac{d\varphi}{dt}=\frac{h^2}{r^2}=m^{-1}\left(\frac{m}{p}\right)^{\frac{3}{2}}(1+e\cos\varphi)^2$, we use it to transform equations (3) ～ (8), and then, integrating equations (3) ～ (8), we obtain the perturbation variables of orbital elements arising from gravitational radiation damping:

$$\delta a=A_0(\varphi-\varphi_0)+\sum_{i=1}^{2}A_i(\sin i\varphi-\sin i\varphi_0),\tag{9}$$

$$\delta e=E_0(\varphi-\varphi_0)+\sum_{i=1}^{3}E_i(\sin i\varphi-\sin i\varphi_0),\tag{10}$$

$$\delta\omega=\sum_{i=1}^{3}W_i(\sin i\varphi-\sin i\varphi_0),\tag{11}$$

$$\delta M_0=\sum_{i=1}^{4}K_i(\cos i\varphi-\cos i\varphi_0),\tag{12}$$

$$\delta T=\frac{3}{2}\left(\frac{T}{a}\right)\delta a,\tag{13}$$

$$\delta i=\delta\Omega=0,\tag{14}$$

where δa, δe, $\delta\omega$, δM_0, δT, δi, $\delta\Omega$ denote the perturbation variables of the semi-major axis, eccentricity, longitude of periastron, longitude of mean anomaly as $t=0$, orbital period, orbital inclination and longitude of the ascending node, respectively.

The coefficients of the secular terms are

$$\begin{cases}A_0=-\frac{8}{15}\mu\left(\frac{a}{p}\right)^2\left(\frac{m}{p}\right)^{\frac{3}{2}}(24+73e^2),\\ E_0=-\frac{4}{15}\mu p^{-\frac{5}{2}}m^{\frac{3}{2}}\times 76e.\end{cases}\tag{15}$$

The amplitudes of the periodic terms are

$$\begin{cases}A_1=-\frac{8}{15}\mu\left(\frac{a}{p}\right)^2\left(\frac{m}{p}\right)^{\frac{3}{2}}(85+36e)e,\\ A_2=-\frac{8}{15}\mu\left(\frac{a}{p}\right)^2\left(\frac{m}{p}\right)^{\frac{3}{2}}\times 145e^2.\end{cases}\tag{16}$$

$$\begin{cases}E_1=-\frac{4}{15}\mu p^{-\frac{5}{2}}m^{\frac{3}{2}}(48+247e^2),\\ E_2=-\frac{4}{15}\mu p^{-\frac{5}{2}}m^{\frac{3}{2}}\times 70e,\\ E_3=-\frac{4}{15}\mu p^{-\frac{5}{2}}m^{\frac{3}{2}}\times\frac{113e^2}{3};\end{cases}\tag{17}$$

$$\begin{cases} W_1 = \frac{8}{15}\left(\frac{\mu}{m}\right)\left(\frac{m}{p}\right)^{\frac{5}{2}}(24+49e^2), \\ W_2 = \frac{8}{15}\left(\frac{\mu}{m}\right)\left(\frac{m}{p}\right)^{\frac{5}{2}}\left(35+5e+\frac{79e^2}{8}\right), \\ W_3 = \frac{8}{15}\left(\frac{\mu}{m}\right)\left(\frac{m}{p}\right)^{\frac{5}{2}}\left(\frac{79}{3}-\frac{696}{389}e^2\right)e; \end{cases} \tag{18}$$

$$\begin{cases} K_1 = \frac{a^2(1-e^2)^{\frac{5}{2}}}{5m^3}\mu\left(\frac{m}{p}\right)^{\frac{9}{2}}\left(148e^2+\frac{64}{e}\right), \\ K_2 = \frac{a^2(1-e^2)^{\frac{5}{2}}}{15m^3}\mu\left(\frac{m}{p}\right)^{\frac{9}{2}}(408-84e^2), \\ K_3 = -\frac{196a^2(1-e^2)^{\frac{5}{2}}}{45m^3}e\mu\left(\frac{m}{p}\right)^{\frac{9}{2}}, \\ K_4 = \frac{a^2(1-e^2)^{\frac{5}{2}}}{6m^3}e^2\mu\left(\frac{m}{p}\right)^{\frac{9}{2}}. \end{cases} \tag{19}$$

Letting the true anomaly from $\varphi=0$ to $\varphi=2\pi$, one obtains the amount of variation of orbital elements per revolution:

$$\begin{aligned} \Delta a &= 2\pi A_0(\text{cm/cycle}), \\ \Delta e &= 2\pi E_0(\text{per cycle}), \\ \Delta\omega &= 0(\text{rad/cycle}), \\ \Delta M_0 &= 0(\text{rad/cycle}), \\ \Delta T &= \frac{3}{2}\left(\frac{T}{a}\right)\Delta a(\text{s/cycle}). \end{aligned} \tag{20}$$

We use the true anomaly φ in terms of time, t, in equations (9) ~ (14):

$\varphi-\varphi_0=M-M_0+$periodic terms$=n\ (t-t_0)\ +$periodic terms.

We take the secular variables and neglect periodic terms in equations (9) ~ (14). We get

$$\begin{aligned} \delta a &= A_0 n(t-t_0), \\ \delta e &= E_0 n(t-t_0), \\ \delta\omega &= 0, \\ \delta M_0 &= 0, \end{aligned}$$

where $n=\frac{2\pi}{P}$ (n is the mean motion, and P is the orbital period).

Therefore, we obtain the rate of the orbital variables:

$$\begin{aligned}
\dot{a} &= \frac{\mathrm{d}a}{\mathrm{d}t} = A_0 n = \frac{2\pi A_0}{P}(\mathrm{cm/a}), \\
\dot{e} &= \frac{\mathrm{d}e}{\mathrm{d}t} = E_0 n = \frac{2\pi E_0}{P}(\mathrm{a}^{-1}), \\
\dot{\omega} &= \frac{\mathrm{d}\omega}{\mathrm{d}t} = 0(\mathrm{rad/a}), \\
\dot{M}_0 &= \frac{\mathrm{d}M}{\mathrm{d}t} = 0(\mathrm{rad/a}), \\
\dot{T} &= \frac{3T}{2a}\dot{a}(\mathrm{s/a}).
\end{aligned} \tag{21}$$

The lifetime (spiral time)

$$t = \left|\frac{a}{\dot{a}}\right|(\mathrm{a}). \tag{22}$$

We see from equations (9) ～ (14) that gravitational radiation damping can cause both the periodic and the secular variation of the orbital elements, but only periodic variation occurs in the longitude of periastron. The effect of gravitational radiation damping is just contrary to the relativistic effect.

3. Numerical results for the effect of gravitational radiation damping on the orbital elements of binary systems

The numerical computation has been made for the effects of gravitational radiation damping upon the variation of the orbital elements of three compact binary pulsars (PSRJ0737-3039, PSR1913+16 and PSR2303+46) by using equations (15) and (20). The numerical results are obtained based on data of M_1, M_2, a, e, T in Refs. [6] ～ [9]. The coefficients of the secular terms and the secular variation of the orbital elements per revolution are listed in tables 1, table 2.

We obtain the lifetimes (spiral time) of the three binary systems from the computation for the secular effect of gravitational radiation damping upon the orbital elements according to table 2. For systems of PSR1913+16 and PSRJ0737-3039, their lifetimes are of the order of 10^8 years, and for PSR2303+46, the order of 10^{12} years.

Table 1 The effect of gravitational radiation damping upon the secular terms

Coefficient	PSRJ0737-3039	PSR1913+16	PSR2303+46
A_0	−0.009 1 cm	−0.112 18 cm	−0.002 61 cm
E_0	$-1.403\,3\times10^{-14}$	$-7.228\,28\times10^{-13}$	$-1.260\,77\times10^{-15}$

4. Discussion and conclusion

(1) The gravitational radiation damping produces not only the secular variation but

also the periodic variation of orbital elements of a binary system. The effect caused by secular variation is more important. For example, these two kinds of effects may be present in the semi-major axis and the eccentricity of the orbit, while the effect of the secular variation would lead to the collapse of the binary systems or the two components of the system would finally unite spirally into one due to the contraction of the orbit.

(2) The effects of both the gravitational radiation damping and general relativity upon the periodic variation of orbital elements are the same, but their effects upon the secular variation of orbital elements are contrary to each other. For example, in general relativity there are no secular effects for the semi-major axis and eccentricity, but in the theory of gravitational radiation there are secular effects for the semi-major axis and eccentricity. On the other hand, in general relativity there is the secular effect for the advance of periastron, but in the theory of gravitational radiation no effect is shown. This is clearly seen from the comparison between the formulae deduced in this paper and that in Ref. [10].

(3) Let us compare the result of this paper to those by other authors.

This paper gives the prediction for the rate of the orbital change due to gravitational radiation in table 2.

Table 2 The effect of gravitational radiation damping upon the secular variation of the orbital elements per revolution

Orbital elements	PSRJ0737-3039	PSR1913+16	PSR2303+46
Δa (cm/cycle)	−9.057 2	−0.704 5	−0.016 4
Δe (cycle^{-1})	$-8.817\ 2\times10^{-11}$	$-4.539\ 3\times10^{-12}$	$-7.917\ 6\times10^{-13}$
$\Delta\omega$ (rad/cycle)	0	0	0
ΔM_0 (rad/cycle)	0	0	0
ΔT ($\times10^8$ s/cycle)	−0.864 3	−6.504 3	−5.008
$\dot{a}$ (cm/a)	−204.321 3	342.400 4	−0.944 8
$\dot{e}\times10^{-10}$ (a^{-1})	−3.149 5	−4.931 2	−0.002 3
$\dot{\omega}$ (rad/a)	0	0	0
$\dot{M}_0$ (rad/a)	0	0	0
$\dot{T}$ ($\times10^{-12}$ s/a)	−0.978 7	−2.330 7	−0.046 9
t ($\times10^8$ a)	4.292 0	5.691 5	10 791

$$\dot{T}=-2.330\ 7\times10^{-12}.$$

Taylor and Weisberg[11] gave this prediction which is

$$\dot{T}=(-2.402\ 16\pm0.000\ 21)\times10^{12}.$$

Therefore, both predictions are the same order and both differences are only $(0.071\,25 \sim 0.071\,67) \times 10^{-12}$. This shows that the result of this paper approaches to those by the work of other authors.

(4) Let us compare the theoretical result of this paper to the measured result.

It is well known the gravitational wave comes from binary stars. At present we may use pulsars PSR1913+16 and PSRJ0737-3039 as an experiment on the observation of gravitational radiation damping. Some authors detected this damping from these two pulsars. Taylor et al.[12], Taylor and Weisberg [11], Weisberg and Taylor [13] discover damping effect and the rate of the orbital decay of PSR1913 + 16 by emission gravitational wave. The measured value of the rate of the orbital period change due to the gravitational radiation is given by Taylor and Weisberg as

$$\dot{T} = (-2.427 \pm 0.026) \times 10^{-12}.$$

According to table 2 the theoretical value of this paper is

$$\dot{T} = -2.330\,7 \times 10^{-12}.$$

Hence the difference is only $(0.070 \sim 0.122) \times 10^{-12}$. This shows that the theoretical result of this paper is a better approximation compared with the measured value.

(5) It is shown from the results of the numerical computation that the effects of gravitational radiation damping upon the periodic or secular variation of orbital elements are smaller than the relativistic effects. This can be seen from the results of computation for the binary system, PSR1913+16, as compared with those in Ref. [10]. This means that the gravitational radiation is really weak, but its effect upon the orbit of a binary system is more important than the relativistic effect because it concerns with the stability of the orbit of a system and its ultimate collapse. In calculating the effect of three binary systems, the effects of gravitational radiation damping upon the variation of orbital elements of PSR1913+16 and PSRJ0737-3039 are larger than that of PSR2303+46. Therefore PSR1913+16 and PSRJ0737-3039 are the first to collapse or unite spirally into one, and the next is PSR2303 + 46. This can be seen from the above calculated results.

Appendix

Table 3 The data for three compact binary pulsars

Binary stars	$M_1(M_\odot)$	$M_2(M_\odot)$	$a(R_\odot)$	e	T(d)	Refs.
PSR1913+16	1.44	1.39	2.80	0.617	0.323 0	[6]
PSR2303+46	1.40	1.26	14.65	0.660	12.339 5	[8][9]
PSRJ0737-3039	1.34	1.25	1.26	0.087 8	0.102 25	[6][7]

References

[1] Peter P C. Phys Rev B, 136 (1964) 1224.
[2] Walker M, Will C M. Phys Rev D, 19 (1979) 3483.
[3] Lincoln W, Will C M. Phys Rev D, 42 (1990) 1123.
[4] Roberson H P, Noonan T W. Relativity and cosmology. Saunders, Philadelphia, 1964: 405.
[5] Will C M. Theory and experiment in gravitational physics. Cambridge University Press, London, New York, 1981: 179.
[6] Willems D. Kalogera V, Henninger M, Astrophys J, 616 (2004) 414.
[7] Burgay M, et al. Nature, 426 (2003) 531.
[8] Stroks G H, Taylor J H. Astrophys J, 294 (1984) L21.
[9] Batten A H, Fletcher J M, MacCartly D G. Publ Dom Astrophys Obs, 17 (1989) 110.
[10] Li Lin-Sen. Nuovo Cimento B, 120 (2005) 21.
[11] Taylor J H, Weisberg J M. Astrophys J, 345 (1989) 434.
[12] Taylor J H, et al. Nature, 277 (1979) 437.
[13] Weisberg J M, Taylor J H. Astrophys J, 576 (2002) 942.

Gravitational Radiation Damping and Evolution of the Orbit of Compact Binary Stars (Solution by the Second Perturbation Method) *

Abstract: The influence of the gravitational radiation damping on the evolution of the orbital elements of compact binary stars is examined by using the method of perturbation. The perturbation equations with the true anomaly as an independent variable are given. This effect results in both the secular and periodic variation of the semi-major axis, the eccentricity, the mean longitude at the epoch and the mean longitude. However, the longitude of periastron exhibits no secular variation, but only periodic variation. The effect of secular variation of the orbit would lead to collapse of the system of binary stars. The deduced formulae are applied to the calculation of secular variation of the orbital elements for three compact binary stars: PSR1913+16, PSRJ0737-3039 and M33X-7. The results obtained are discussed.

Keywords: gravitational radiation damping; orbit of compact binary stars; evolution

1. Introduction

Although the effect of the gravitational radiation damping upon variation of the orbital element of a binary system is small, the research of the effect is important and worthwhile because it deals with the problem of stability of the orbit and lifetime of the system from a long-term point of view. There are several methods to research the effect of gravitational radiation damping upon the variation of orbital element of binary system. One of them is the energy method given by Peter (1964). But the variation of the orbital element deduced by this method is only confined to secular variation of the semi-major axis and eccentricity, and the effect of periodic variation cannot be given. Another is the method of perturbation given by Walker and Will (1979). The advantage of this method is that numbers of variation in orbital elements are not only confined to

* 原文载于 *J Astrophys Astr*, 2014, 35 (2): 189-200.

the above two variations, but the secular and periodic terms of the variation of orbital elements can be obtained. However, they gave only the differential equations for the variation of the orbital elements with time. Later on, Lincoln and Will (1990) studied the binary system of compact object to $(\text{post})^{5/2}$ (2.5PN) and use it to study the gravitational radiation emission. They obtain secular and periodic partial solutions and studied the evolution of the orbit of compact object. Blanchet et al. (1995) studied the gravitational radiation damping of compact binary systems to 2PN order. They derived the rate of energy loss from binary system and obtained the orbital angular velocity of the circular orbits, correct to 2PN. Damour et al. (2004) studied the phasing of gravitational waves from eccentric binaries. They gave the secular and periodic variation of partial orbital elements, n and e and also gave the graphical representation of the result for eccentric binaries with solar mass.

Li (2009) studied the gravitational radiation damping and evolution of the orbit of compact binary pulsars based on the theory given by Walker and Will in 1979 (the first perturbation method). The present paper examined a theoretical treatment of the effect of gravitation radiation damping on the evolution of orbit of compact binary systems based on the theory given by Lincoln and Will, and gives both secular and periodic variations of all orbital elements (the second perturbation method). The theoretical results are applied to the calculation on three concrete compact binary systems including two binary pulsars and one black hole binary star. In section 6, the results obtained are discussed in detail.

2. Derivation for the perturbation components *R* and *S*

The formula for the relative acceleration with post, post-post and $(\text{post})^{5/2}$ was given by Lincoln and Will (1990):

$$\boldsymbol{a} = \frac{m}{r^2}[(-1+A)\boldsymbol{n} + B\boldsymbol{V}]. \tag{1}$$

For the gravitational emission, we take

$$\boldsymbol{a}_{5/2} = \frac{m}{r^2}[(-1+A_{5/2})\boldsymbol{n} + B_{5/2}\boldsymbol{V}]. \tag{2}$$

Where $m = m_1 + m_2$ and $\boldsymbol{r}$ denote separation of two binary stars respectively. $\boldsymbol{n}$ and $\boldsymbol{V}$ denote the unit vectors of a radial direction and relative velocity respectively. In equation (2), the Newtonian term is $-\left(\frac{m}{r^2}\right)\boldsymbol{n}$ and the post-Newtonian term $(\text{post})^{5/2}$ is $\left(\frac{m}{r^2}\right)$ $(A_{5/2}\boldsymbol{n} + B_{5/2}\boldsymbol{V})$.

Resolving the perturbation acceleration $\boldsymbol{a}_{5/2}$ into a radial component $R_{5/2}$, we get a transverse component $S_{5/2}$ perpendicular to $R_{5/2}$ and a component $W_{5/2}$ normal to the orbital plane by using the polar co-ordinations:

$$\boldsymbol{n}=\boldsymbol{e}_r=\frac{\boldsymbol{r}}{r},\ \boldsymbol{V}=\dot{r}\boldsymbol{e}_r+(r\dot{\phi})\boldsymbol{e}_\phi,$$

where ϕ denotes the polar angle in the polar coordination. Substituting these into the equation (2) and taking the post-Newtonian term, yields

$$R_{5/2}=\left(\frac{m}{r^2}\right)(A_{5/2}+\dot{r}B_{5/2}),\tag{3}$$

$$S_{5/2}=\left(\frac{m}{r}\right)\dot{\phi}B_{5/2}.\tag{4}$$

Here $R_{5/2}$ and $S_{5/2}$ are given by (Lincoln & Will, 1990)

$$A_{5/2}=\frac{8}{5}\eta\left(\frac{m}{r}\right)\dot{r}\left(3\nu^2+\frac{17}{3}\cdot\frac{m}{r}\right),\tag{5}$$

$$B_{5/2}=-\frac{8}{5}\eta\left(\frac{m}{r}\right)\left(\nu^2+3\frac{m}{r}\right).\tag{6}$$

Here $m=m_1+m_2$, $\eta=\dfrac{\mu}{m}$, $\mu=\dfrac{m_1m_2}{m}$ $(G=c=1)$.

In the expressions (3) ～ (6) we use formulae for the separation r and the relative velocity ν in the problem of two-body:

$$r=\frac{p}{(1+e\cos f)},\ p=a(1-e^2).\tag{7}$$

$$\nu^2=m\left(\frac{2}{r}-\frac{1}{a}\right)=\frac{m}{p}(1+e^2+2e\cos f).\tag{8}$$

The equations of the elliptical motion are (Lincoln & Will, 1990)

$$\dot{r}=\left(\frac{m}{p}\right)^{\frac{1}{2}}e\sin f,\tag{9}$$

$$r^2\dot{\phi}=r^2\dot{f}=(mp)^{\frac{1}{2}}.\tag{10}$$

Here a and e denote the orbital semi-major axis and eccentricity respectively, f is the true anomaly, $f=\phi-\omega$, and ω is the argument of periastron, $\dot{\phi}=\dot{f}$.

Substituting equations (7) ～ (9) into equations (5) ～ (6), we get

$$A_{5/2}=\frac{8}{15}\eta\frac{m^2}{r}\left(\frac{m}{p}\right)^{\frac{1}{2}}p^{-1}e\sin f(26+9e^2+35e\cos f),\tag{11}$$

$$B_{5/2}=-\frac{8}{15}\eta\frac{m^2}{r}p^{-1}(12+3e^2+15e\cos f).\tag{12}$$

Substituting the expressions (10) ～ (12) into the equations (3) and (4), we obtain the formulae for perturbation components.

$$R_{5/2}=\frac{8}{15}\eta\left(\frac{m}{r}\right)^3\left(\frac{m}{p}\right)^{\frac{1}{2}}p^{-1}e\sin f(14+6e^2+20e\cos f),\tag{13}$$

$$S_{5/2} = -\frac{8}{15}\eta \frac{m^3}{r^4}\left(\frac{m}{p}\right)^{\frac{1}{2}}(12 + 3e^2 + 15e\cos f), \tag{14}$$

$$W_{5/2} = 0. \tag{15}$$

3. The transformation for perturbation equations

Lincoln and Will (1990) wrote the Gaussian equations with sin $(\psi - \omega)$ and cos $(\psi - \omega)$. ψ is the angle in the orbit from the ascending node, and let the orbital plane be fixed ($W=0$), so that $\psi = \phi$, i. e., $f = \phi - \omega = \psi - \omega$. We can use the transformed Gaussian equations (2.7a) ~ (2.7f) given by Lincoln and Will in 1990 to the Gaussian equations with f as an dependant variable as follows:

$$\dot{a} = \frac{2a^2}{(mp)^{\frac{1}{2}}}\left[eR_{5/2}\sin f + \left(\frac{p}{r}\right)S_{5/2}\right], \tag{16}$$

$$\dot{e} = \left(\frac{p}{m}\right)^{\frac{1}{2}}\left\{R_{5/2}\sin f + \left[e\left(\frac{r}{p}\right) + \left(1 + \frac{r}{p}\right)\cos f\right]S_{5/2}\right\}, \tag{17}$$

$$e\dot{\omega} = \left(\frac{p}{m}\right)^{\frac{1}{2}}\left[-R_{5/2}\cos f + \left(1 + \frac{r}{p}\right)\sin f\, S_{5/2}\right] - e\left(\frac{r}{p}\right)\cos i\, \sin f\, W_{5/2}, \tag{18}$$

$$\dot{i} = \frac{r\cos(f + \omega)}{(mp)^{\frac{1}{2}}}W_{5/2}, \tag{19}$$

$$\dot{\Omega} = \frac{r\sin(f + \omega)}{(mp)^{\frac{1}{2}}\sin i}W_{5/2} \tag{20}$$

$$m\dot{T} = a\left[2r - \left(\frac{p}{e}\right)\cos f - 3\left(\frac{m}{p}\right)^{\frac{1}{2}}e(t - T)\sin f\right]R_{5/2}$$
$$+ \frac{a}{e}\left[(r + p)\sin f - 3(mp)^{\frac{1}{2}}\frac{e(t - T)}{r}\right]S_{5/2}, \tag{21}$$

and the following equations by Brouwer and Clemence in 1961:

$$\dot{\varepsilon}_0 = -\frac{2r}{na^2}R_{5/2} + \frac{e^2}{1 + (1 - e^2)^{\frac{1}{2}}}\dot{\omega}, \tag{22}$$

$$\dot{\lambda} = n + \dot{\varepsilon}_0, \tag{23}$$

$$\dot{i} = \dot{\Omega} = 0, \tag{24}$$

where ε_0 is the mean longitude at the epoch, λ is the mean longitude, n is the mean motion and T is the time of periastron passage.

Substituting $R_{5/2}$, $S_{5/2}$ and $W_{5/2}$ in equations (13) ~ (15) into the above equations (16) ~ (22), and changing the independent variable time t as independent variable f by using the formula (10), we get $\frac{\mathrm{d}f}{\mathrm{d}t} = \frac{(mp)^{\frac{1}{2}}}{r^2}$. Then we obtain the equations with independent variable f (neglecting $O(e^3)$) as follows:

$$\frac{\mathrm{d}a}{\mathrm{d}f}=\frac{\mathrm{d}a}{\mathrm{d}t}\cdot\frac{\mathrm{d}t}{\mathrm{d}f}$$

$$=-\frac{8}{15}\eta m^{\frac{5}{2}}p^{-\frac{3}{2}}(1-e^2)^{-2}[24+73e^2$$

$$+(102e+18e^2)\cos f+95e^2\cos 2f+16e^2\cos 3f], \tag{25}$$

$$\frac{\mathrm{d}e}{\mathrm{d}f}=\frac{\mathrm{d}e}{\mathrm{d}t}\cdot\frac{\mathrm{d}t}{\mathrm{d}f}$$

$$=-\frac{8}{15}\eta\left(\frac{m}{p}\right)^{\frac{5}{2}}\left[38e+\frac{121}{8}e^3+\left(24+\frac{91}{2}e^2\right)\cos f\right.$$

$$\left.+(14+24e^2)\cos 2f+\frac{65}{4}e^2\cos 3f\right], \tag{26}$$

$$\frac{\mathrm{d}\omega}{\mathrm{d}f}=\frac{\mathrm{d}\omega}{\mathrm{d}t}\cdot\frac{\mathrm{d}t}{\mathrm{d}f}=-\frac{8}{15}\eta\left(\frac{m}{p}\right)^{\frac{5}{2}}\frac{1}{e}\left[\left(24+\frac{81}{4}e^2+\frac{17}{2}e^3\right)\sin f\right.$$

$$+\left(33+7e+\frac{33}{4}e^2\right)\sin 2f+\left(\frac{57}{4}e+\frac{17}{2}e^2\right)\sin 3f$$

$$\left.+\frac{15}{8}e^3\sin 4f\right], \tag{27}$$

$$\frac{\mathrm{d}\varepsilon_0}{\mathrm{d}f}=\frac{\mathrm{d}\varepsilon_0}{\mathrm{d}t}\cdot\frac{\mathrm{d}t}{\mathrm{d}f}$$

$$=-\frac{8}{15}\eta\left(\frac{m}{p}\right)^{\frac{5}{2}}(1-e^2)^{\frac{1}{2}}\left\{28e\sin f+20e^2\sin 2f\right.$$

$$+\left(\frac{e^2}{1-e^2+\sqrt{1-e^2}}\right)\frac{1}{e}\left[\left(24+\frac{81}{4}e^2+\frac{17}{2}e^3\right)\sin f\right.$$

$$+\left(33e+7e^2+\frac{33}{4}e^3\right)\sin 2f+\left(\frac{57}{44}e^2+\frac{17}{2}e^3\right)\sin 3f$$

$$\left.\left.+\frac{15}{8}e^3\sin 4f\right]\right\}, \tag{28}$$

$$\frac{\mathrm{d}\lambda}{\mathrm{d}f}=\frac{\mathrm{d}\lambda}{\mathrm{d}t}\cdot\frac{\mathrm{d}t}{\mathrm{d}f}=\frac{\left(\frac{r}{a}\right)^2}{\sqrt{1-e^2}}+\frac{\mathrm{d}\varepsilon_0}{\mathrm{d}f}. \tag{29}$$

Equations (25) ～ (29) are the systems with true anomaly f as independent variable. Their physical meaning is that the orbital elements, a, e, ω, ε_0 and λ vary with anomaly f.

4. Solution for perturbation equations (25) ～ (29)

In the perturbation equations (25) ～ (29), their range of validity vary in $0\leqslant f\leqslant 2\pi$. When we integrate the right-hand side of equations (25) ～ (29), the orbital elements a and e vary very little or very slowly in one cycle, and the orbital elements a and e may be regarded as a constant over one full orbital revolution or in one period. Integrating the above equations (25) ～ (29), we obtain the perturbation variables of the orbital elements arising from the gravitational radiation damping:

$$\delta a = A_0(f - f_0) + \sum_{i=1}^{3} A_i(\sin if - \sin if_0), \tag{30}$$

$$\delta e = E_0(f - f_0) + \sum_{i=1}^{3} E_i(\sin if - \sin if_0), \tag{31}$$

$$\delta\omega = \sum_{i=1}^{4} W_i(\cos if - \cos if_0), \tag{32}$$

$$\delta\varepsilon_0 = \sum_{i=1}^{4} H_i(\cos if - \cos if_0), \tag{33}$$

$$\delta\lambda = n(t - t_0) + \delta\varepsilon_0, \tag{34}$$

$$\delta i = \delta\Omega = 0. \tag{35}$$

The solution of equation (21) is given by Li (2011). Time variation of periastron passage is

$$\delta T = K_0(E^2 - E_0^2) + \frac{8}{15}\eta\frac{m^2}{a}\Big[\sum_{i=1}^{4} K_i(\cos iE - \cos iE_0) + \sum_{i=1}^{2} M_i(iE\cos iE - iE_0\sin iE_0)\Big]. \tag{36}$$

Here E denotes the eccentric anomaly.

Coefficients of the secular terms are

$$A_0 = -\frac{8}{15}\eta m^{\frac{5}{2}} p^{-\frac{3}{2}}(1 - e^2)^{-2}(24 + 73e^2), \tag{37}$$

$$E_0 = -\frac{8}{15}\left(\frac{m}{p}\right)^{\frac{5}{2}}\left(38e + \frac{121}{8}e^3\right), \tag{38}$$

$$K_0 = \frac{2}{5}\eta\frac{m^2}{a}(24 - 23e^2). \tag{39}$$

The coefficients (amplitudes) of the periodic terms are

$$\begin{cases} A_1 = -\frac{8}{15}\eta m^{\frac{5}{2}} p^{-\frac{3}{2}}(1 - e^2)^{-2}(102e + 18e^2), \\ A_2 = -\frac{8}{15}\eta m^{\frac{5}{2}} p^{-\frac{3}{2}}(1 - e^2)^{-2}\frac{95}{2}e^2, \\ A_3 = -\frac{8}{15}\eta m^{\frac{5}{2}} p^{-\frac{3}{2}}(1 - e^2)^{-2}\frac{16}{3}e^2. \end{cases} \tag{40}$$

$$\begin{cases} E_1 = -\dfrac{8}{15}\eta\left(\dfrac{m}{p}\right)^{\frac{5}{2}}\left(24e + \dfrac{91}{2}e^2\right), \\ E_2 = -\dfrac{8}{15}\eta\left(\dfrac{m}{p}\right)^{\frac{5}{2}}(7e + 12e^2), \\ E_3 = -\dfrac{8}{15}\eta\left(\dfrac{m}{p}\right)^{\frac{5}{2}} \cdot \dfrac{65}{12}e^2. \end{cases} \tag{41}$$

$$\begin{cases} W_1 = -\dfrac{8}{15}\eta\left(\dfrac{m}{p}\right)^{\frac{5}{2}} \dfrac{\left(24 + \dfrac{81}{4}e^2 + \dfrac{17}{2}e^3\right)}{e}, \\ W_2 = -\dfrac{8}{15}\eta\left(\dfrac{m}{p}\right)^{\frac{5}{2}}\left(\dfrac{33}{2} + \dfrac{7}{2}e + \dfrac{33}{8}e^2\right), \\ W_3 = -\dfrac{8}{15}\eta\left(\dfrac{m}{p}\right)^{\frac{5}{2}}\left(\dfrac{57}{12}e + \dfrac{17}{6}e^2\right), \\ W_4 = -\dfrac{8}{15}\eta\left(\dfrac{m}{p}\right)^{\frac{5}{2}} \cdot \dfrac{15}{32}e^2. \end{cases} \tag{42}$$

$$\begin{cases} H_1 = \dfrac{8}{15}\eta\left(\dfrac{m}{p}\right)^{\frac{5}{2}}\left[\dfrac{24e}{1 - e^2 + \sqrt{1-e^2}} + 28e(1-e^2)^{\frac{1}{2}}\right], \\ H_2 = \dfrac{8}{15}\eta\left(\dfrac{m}{p}\right)^{\frac{5}{2}}\left[\dfrac{33e^2}{2(1-e^2) + \sqrt{1-e^2}} + 10e^2(1-e^2)^{\frac{1}{2}}\right], \\ H_3 = \dfrac{8}{15}\eta\left(\dfrac{m}{p}\right)^{\frac{5}{2}} \cdot \dfrac{57}{12}\left(\dfrac{e^3}{1 - e^2 + \sqrt{1-e^2}}\right), \\ H_4 = \dfrac{8}{15}\eta\left(\dfrac{m}{p}\right)^{\frac{5}{2}} \cdot \dfrac{15}{32}\left(\dfrac{e^4}{1 - e^2 + \sqrt{1-e^2}}\right). \end{cases} \tag{43}$$

$$\begin{cases} K_1 = 211e + 24e^2 + \dfrac{3\left(8 - \dfrac{39}{4}e^2\right)}{e}, \\ K_2 = 32 - \dfrac{81}{2}e^2, \\ K_3 = \dfrac{103}{12}e, \\ K_4 = \dfrac{15}{16}e^2. \end{cases} \tag{44}$$

$$\begin{cases} M_1(e) = 189e, \\ M_2(e) = \dfrac{3e^2}{4}. \end{cases} \tag{45}$$

The true anomaly f is taken from 0 to 2π, and the secular variation per cycle is

$$
\begin{cases}
\Delta a = 2\pi A_0 (\mathrm{cm/cycle}), \\
\Delta e = 2\pi E_0 (\mathrm{cycle}^{-1}), \\
\Delta\omega = 0, \\
\Delta\varepsilon_0 = 0, \\
\Delta\lambda = 2\pi, \\
\Delta i = \Delta\Omega = 0, \\
\Delta P = \dfrac{3}{2}\left(\dfrac{P}{a}\right)\Delta a (\mathrm{s/cycle}), \\
\Delta T = 2\pi K_0 (\mathrm{s/cycle}).
\end{cases}
\tag{46}
$$

Here P denotes the orbital period.

The variable rate of the orbital elements is

$$
\begin{cases}
\dot{a} = \dfrac{2\pi A_0}{P} (\mathrm{cm/a}), \\
\dot{e} = \dfrac{2\pi E_0}{P} (\mathrm{a}^{-1}), \\
\dot{\omega} = 0, \\
\dot{\varepsilon}_0 = 0, \\
\dot{\lambda} = n = \dfrac{2\pi}{P}, \\
\dot{i} = \dot{\Omega} = 0, \\
\dot{P} = \dfrac{3}{2}\left(\dfrac{P}{a}\right)\dot{a} (\mathrm{s/a}), \\
\dot{T} = \dfrac{2\pi K_0}{P} (\mathrm{s/a}).
\end{cases}
\tag{47}
$$

The lifetime (spiral time) is

$$
t = \frac{a}{\dot{a}} (\mathrm{a}). \tag{48}
$$

5. Numerical results for the effect of gravitational radiation damping on the orbital elements of binary systems

We use formulae (46) ~ (48) to calculate the secular effects of gravitational radiation damping on the orbital elements of three compact binary systems, but it is necessary to reduce formulae (46) ~ (48) as an applicable formulae before calculation.

As in section 2, the right-hand side of equations (13) ~ (14) need to be multiplied by $\frac{1}{c^5}$, and m should be multiplied by G. We get

$$\eta m^{\frac{5}{2}} = \frac{m_1 m_2}{m^2} m^{\frac{5}{2}} = m_1 m_2 m^{\frac{1}{2}} = G^{\frac{5}{2}} m_1 m_2 (m_1 + m_2)^{\frac{1}{2}},$$

Therefore,

$$\eta m^2 = m_1 m_2 = G^2 m_1 m_2, \ p = a(1 - e^2).$$

Equations (46) become

$$\begin{cases} \Delta a = 2\pi A_0 = -\frac{16}{15}\pi\left(\frac{G^{\frac{5}{2}}}{c^5}\right)\frac{m_1 m_2 \ (m_1 + m_2)^{\frac{1}{2}}}{a^{\frac{3}{2}} \ (1 - e^2)^{\frac{7}{2}}}(24 + 73e^2), \\ \Delta e = 2\pi E_0 = -\frac{16}{15}\pi\left(\frac{G^{\frac{5}{2}}}{c^5}\right)\frac{m_1 m_2 \ (m_1 + m_2)^{\frac{1}{2}}}{a^{\frac{5}{2}} \ (1 - e^2)^{\frac{7}{2}}} e\left(38 + \frac{121}{8}e^2\right), \\ \Delta\omega = 2\pi W_0 = 0, \\ \Delta\varepsilon_0 = 0, \\ \Delta T = 2\pi K_0 = \frac{8}{5}\pi^2\left(\frac{G^2}{c^5}\right)\frac{m_1 m_2}{a}(24 - 23e^2), \\ \Delta P = \frac{3}{2}\left(\frac{P}{a}\right)\Delta a. \end{cases} \tag{49}$$

Here m_1, m_2 and a are denoted by the unit in solar mass M ($M_\odot$), $M_\odot = 1.989 \times 10^{33}$ g and solar radius a ($R_\odot$), $R_\odot = 6.959\ 9 \times 10^{10}$ cm, and P is denoted by the unit in day=86 400 s, $G = 6.67 \times 10^{-8}$ (c • g • s), $c = 3 \times 10^{10}$ cm/s. Substituting these data into equations (49), we get

$$\begin{cases} \Delta a = -1.52 \times 10^{-3} \dfrac{M_1 M_2 \ (M_1 + M_2)^{\frac{1}{2}} (24 + 73e^2)}{A^{\frac{3}{2}} \ (1 - e^2)^{\frac{7}{2}}}, \\ \Delta e = -2.18 \times 10^{-14} \dfrac{M_1 M_2 \ (M_1 + M_2)^{\frac{1}{2}}}{A^{\frac{5}{2}}} \cdot \dfrac{e}{(1 - e^2)^{\frac{7}{2}}}\left(38 + \dfrac{121}{8}e^2\right), \\ \Delta\omega = 0, \\ \Delta\varepsilon_0 = 0, \\ \Delta T = 1.64 \times 10^{-10} \cdot \dfrac{M_1 M_2}{A}(24 - 23e^2). \end{cases} \tag{50}$$

We choose three compact binary pulsars PSR1913+16, PSRJ0373-3039 and black hole binary star: M33X-7 as an example. For these binary stars, their data for P (d), A ($R_\odot$), M_1 ($M_\odot$), M_2 ($M_\odot$) and e are cited in references listed in the appendix. Substituting these data in the appendix into equations (50), we obtain numerical results listed in table 1.

Table 1 Numerical results for the secular effect of gravitational radiation upon all orbital elements of three compact binary systems

Binary stars	PSR1913+16	PSRJ0737-3039	M33X-7
Δa (cm/cycle)	−0.30	−0.07	−1.35
Δe ($\times 10^{-13}$/cycle)	−8.04	−1.13	−4.46
$\Delta\omega$ (rad/cycle)	0	0	0
$\Delta\varepsilon_0$ (rad/cycle)	0	0	0
$\Delta\lambda$ (rad/cycle)	2π	2π	2π
ΔP ($\times 10^{-7}$ s/cycle)	−0.64	−0.03	−2.04
ΔT ($\times 10^{-8}$ s/cycle)	0.18	0.52	10.15
$\dot{a}$ (cm/a)	−339.91	−260.76	−143.43
$\dot{e}$ ($\times 10^{-12}$/a^{-1})	−908.92	−405.14	−47.22
$\dot{\omega}$ (rad/a)	0	0	0
$\dot{\varepsilon}_0$ (rad/a)	0	0	0
$\dot{\lambda}$ (rad/a)	7 105$+\varepsilon_0$	22 443$+\varepsilon_0$	1 665$+\varepsilon_0$
$\dot{P}$ ($\times 10^{-5}$ s/a)	−7.30	−1.15	−2.16
$\dot{T}$ ($\times 10^{-5}$ s/a)	0.20	1.86	1.07
t ($\times 10^{9}$ a)	0.57	0.34	20.63

It can be seen from numerical results in table 1 that the orbital lifetime (decay time) of the three binary systems are such that lifetime are the order of 10^8 year for the system of PSR1913+16 and PSRJ0737-3039. It is the order of 10^9 year for M33X-7.

6. Discussion

(1) The gravitational radiation damping results in both secular and periodic variations of orbital elements of compact binary systems. The effect caused by secular variation is more important. For example, the effects of these two kinds may be presented in the semi-major axis and eccentricity of the orbit. The effect of secular variation would lead to the collapse of binary systems or two components of the system and would finally spiral into one due to the contraction of the orbit.

(2) It can be seen in table 1 that the secular variable rate per year is more than variables per cycle or within a period P because the periods of all binary stars are less than one year as shown in the appendix. This is illustrated or explained in equations (46) and (47) where we have

$$\Delta a = 2\pi A_0(\text{cm/cycle}), \ \dot{a} = \frac{\Delta a}{P}(\text{cm/a}).$$

If the period $P>1$ a, $\dot{a}<\Delta a$; If $P<1$ a, $\dot{a}>\Delta a$. However, In the appendix, periods of all binary stars are less than one year. This gives $\dot{a}>\Delta a$. It is shown in table 1 that the values of the secular variable rates are more than the values of the change within in a period or one cycle (revolution).

(3) In calculating the effect of three binary systems, the effect of the gravitational radiation damping upon the variation of the orbital elements of PSRJ0737-3039 is larger than that of other binary systems. Therefore, PSRJ0737-3039 is the first to collapse, the next is PSR1913+16 and M33X-7 is the last to collapse.

(4) Let us discuss the observable effect. It is well-known that the gravitational wave comes mainly from the binary system (Damour et al., 2004). Therefore, binary system is a good 'lab' for testing the theory of gravitational radiation. But all binary systems are not suitable for the test. Only a binary system consisting of two compact stars with large eccentricity and smaller separation can be used to test gravitational radiation damping. At present, such compact stars are pulsars PSR1913+16 and PSRJ0737-3039. Many authors detected this damping effect from these two compact binary pulsar (Taylor et al., 1979; Hulse & Taylor, 1975, 1993; Taylor, 1994; Weisberg & Taylor, 2002, 2005; Belazynski et al., 2002). They discovered the damping effect and the rate of the orbital decay of PSR1913+16 using emission gravitational wave during thirty years of observation and analysis. Burgay et al. (2003, 2005) who discovered the system of PSRJ0737-3039 described the secular decay of the orbital period and orbital shrinking due to gravitational wave emission (Van der Heavel, 2003). These observable effects provide the evidence that gravitational radiation damping results in the change of the orbits of binary systems. The results calculated in this paper such as, the orbit is enlarged over 3.3 m per year for PSR1913+16 and the orbit is enlarged over 2.6 m per year for PSRJ0737-3039 and their effects can be observed over one using recent instruments.

(5) The results of the first method are the same as the results of the second method in theoretical aspect. The gravitational radiation damping results in both secular and periodic variation of semi-major axes and eccentricities in both methods, the longitude of periastron and mean longitude at epoch exhibit no secular variation, only periodic variation. The numerical results of the second method are better than the results of the first method, for example, the rate of the semi-major axis of PSR1913+16 is $\dot{a}=-342$ cm/a in the first method, whereas $\dot{a}=-339$ cm/a in the second method. The numerical results in the first method are larger than that of the second method.

(6) This paper is based on the theory of Lincoln and Will (1990). They integrated

planetary equations, by using the iterative method, to obtain secular solutions of the orbital elements $\Delta \frac{p}{m}$, Δe, $\Delta\omega$ and they used the method of the expanding approximation series for periodic solutions of $\frac{a}{p}=u$, $\alpha=e\cos\omega$, $\beta=e\sin\omega$. We integrated planetary equations to obtain secular and periodic solutions a, e, ω by using the method of perturbation. Solutions for Δa and Δe are the same, but are different in form for both the methods. The result given by Lincoln and Will (1990) may be reproduced with the results derived here using the relation

$$\Delta a=\frac{\Delta p+2ae\Delta e}{1-e^2}.$$

Substituting the values for Δp and Δe given by the equation (3.1a) of Lincoln and Will (1990) into the above expression, we can obtain the value of Δa and Δe given here using the equation (3.1 b) of Lincoln and Will (1990).

Thus all solutions in both papers are different in form basted on the same 2.5PN, but solutions in both papers may be transformed mutually. Concerning the solution for the time variation of periastron passage, Lincoln and Will (1990) gave only the equation. But the present paper cites the solution given by Li (2011) in a previous paper. In addition, the present paper also gives the perturbation effect on the mean longitude at epoch ε_0 and the mean longitude.

7. Conclusion

We conclude that the influence of gravitational radiation damping on evolution of orbits of binary systems is very important because its orbital semi-major axis and period exhibit secular variation and can collapse the system of binary stars. Hence, its effect is more important. Moreover, its effect exists and may be observed possibly on the orbital decay of PSR1913+16 and PSRJ0737-3039 using the recent astronomical instrument.

Appendix

Table A1　Table of data of three compact binary stars

Binary stars	P(d)	$A(R_\odot)$	$M_1(M_\odot)$	$M_2(M_\odot)$	e	Refs.
PSR1913+16	0.323 0	2.80	1.44	1.38	0.617	Willems et al. (2004)
PSRJ0737-3039	0.102 25	1.26	1.34	1.25	0.087 8	Willems et al.(2004) Burgay et al.(2003)
M33X-7	3.450 0	42.4	15.65	70.00	0.038 5	Oroza et al.(2007)

References

[1] Belczynski K, Bulik T, Kluzniak W. 2002, ApJ, 567, L63.

[2] Blanchet L, Damour T, Lyer B R, et al. 1995, Phys Rev Lett, 24, 3515.

[3] Brouwer D, Clemence G M. 1961, Method of Celestial Mechanics, Academic Press, New York and London.

[4] Burgay M D, et al. 2003, Nature, 426, 531.

[5] Burgay M D, et al. 2005, in : Binary Radio Pulsar, ASP conference series, 328, F A Rasio and J H Stairs (eds), 53-58.

[6] Damour T, Gopakumar A, Iyer B R. 2004, Gen Relative Quantum Cosmol, 30, 1-49.

[7] Hulse R A, Taylor J H. 1975, ApJ, 195, L51.

[8] Hulse R A, Taylor J H. 1993, http: // nobelprize.org/nobel-prizes/physics/laureates/1993/press.html.

[9] Li L S. 2009, Il Nuovo Cimento, 124B (7), 709.

[10] Li L S. 2011, Astrophys Space Sci, 334 (N1), 125.

[11] Lincoln C W, Will C M. 1990, Phys Rev, D42, 1123.

[12] Oroza J A, McClintock J E, et al. 2007, Nature, 449, 872.

[13] Peter P C. 1964, Phys Rev, B136, 1224.

[14] Taylor J H. 1994, Rev Mod Phys, 66, 711.

[15] Taylor J H, Fowler L A, McCulloch P H. 1979, Nature, 277, 437.

[16] Van der Heuvel E P J. 2003, Nature, 426, 504.

[17] Walker M, Will C M. 1979, Phys Rev, D19, 2483.

[18] Weisberg J M, Taylor J H. 2002, ApJ, 576, 942.

[19] Weisberg J M, Taylor J H. 2005 // Binary Radio Pulsar, ASP conference series, 382, F A Rasio and J H Stairs (eds), 25-29.

[20] Willems B, Kalogera V, Henninger M. 2004, ApJ, 616, 414.

Influence of the Gravitational Radiation Damping on the Time of Periastron Passage of Binary Stars*

Abstract: The influence of the gravitational radiation damping on the time of periastron passage of a binary system is examined. It turns out that the gravitational radiation damping yields secular, periodic and mixed periodic variation of the time of periastron passage. As a consequence, the crossing of the periastron occurs earlier (advance) at each revolution. A numerical estimation of such an effect for eight binary stars is given. The results obtained are discussed.

Keywords: gravitational radiation; time of periastron passage; orbits of binary stars; influence

1. Introduction

In post-Newtonian theories of gravity the periastron of two-body system does not remain fixed in space. As a consequence, the time of the periastron passage changes as well. It turns out that it is connected with the time variation of the mean anomaly. Earlier on, Calura et al. (1997), Damour and Deruelle (1985), and Rubincam (1977) worked out the post-Newtonian time variation of the mean anomaly in general relativity by using the first post-Newtonian Lagrangian perturbative equation, but these works did not connect it with the time variation of the periastron passage. Later on, Iorio (2007) researched the post-Newtonian time variation of the mean anomaly advances and deal with the change of the periastron passage in the Einstein general relativity (GTR). Although he estimated the value of the time variation of the mean anomaly advance in GTR (1PN), he did not estimate the value of the time variation of perihelion passage of pulsar of 2.5PN order. Recently, Pound and Poisson (2008) established Hybrid post-Newtonian equation of motion derived to 2.5PN order, they did not yield the time variation of periastron passage of binaries for 2.5PN order. Li (2010) studied the post-Newtonian variation of the periastron passage of binary stars in three gravitational

* 原文载于 *Astrophys & Space Sci*, 2001 (334): 125-130.

theories. However, his calculation are at 1PN order; they do not deal with the theory of the gravitational wave emission (2.5PN). Although Lincoln and Will (1990) gave the perturbation equation for the time of periastron passage, they did not solve it. The author of the present paper solves the perturbative equation for the variation of the time of periastron passage. The results obtained are use to calculate the resulting advance of the time of periastron passage for several binary stars.

2. The perturbative equation for the variation of time of periastron passage

The perturbation equation for the variation of time of periastron passage is given by Lincoln and Will (1990):

$$m\frac{\mathrm{d}T}{\mathrm{d}t}=a\left[2r-\left(\frac{p}{e}\right)\cos f-3\left(\frac{m}{p}\right)^{\frac{1}{2}}e(t-T)\sin f\right]R+\left(\frac{a}{e}\right)\left[(r+p)\sin f-3(mp)^{\frac{1}{2}}\frac{e(t-T)}{r}\right]S. \tag{1}$$

Here T denotes the time of periastron passage of binary star, f denotes true anomaly, R and S denote the disturbing components to the direction of the radius and perpendicular to the radius respectively and $p=a\ (1-e^2)$.

Li (2010) gave another form for formula (1) by posing the right velocity $c=1$.

$$\frac{\mathrm{d}T}{\mathrm{d}t}=\frac{a}{m}\left[\left(2r-\frac{p}{e}\cos f\right)-3(t-T)\frac{ane\sin f}{\sqrt{1-e^2}}\right]R+\frac{a}{me}\left[(p+r)\sin f-3(t-T)\frac{nae}{\sqrt{1-e^2}}\left(\frac{p}{r}\right)\right]S. \tag{2}$$

Formula (2) is equivalent to the formula (1) practically. Here n denotes the mean motion.

Li (2010) transforms the formula (1) (2) by using the eccentric anomaly E as independent variable instead of t by mean of Smart (1953):

$$t-T=\frac{1}{n}(E-e\sin E),\ r=a(1-e\cos E),$$

$$\sin f=\frac{a\sqrt{1-e^2}\sin E}{r},\ \cos f=\frac{a(\cos E-e)}{r},$$

$$\frac{\mathrm{d}E}{\mathrm{d}t}=\frac{na}{r}=\frac{\left(\frac{m}{a}\right)^{\frac{1}{2}}}{r}.$$

Accordingly, formula (1) or (2) becomes

$$\frac{\mathrm{d}T}{\mathrm{d}E}=\left(\frac{a}{m}\right)^{\frac{3}{2}}\left[2r^2-\frac{ap}{e}(\cos E-e)-3(E-e\sin E)a^2e\sin E\right]R+\left(\frac{a}{m}\right)^{\frac{3}{2}}\left[(r+p)a\sqrt{1-e^2}\sin E-3(E-e\sin E)\frac{aep}{\sqrt{1-e^2}}\right]S. \tag{3}$$

In all equations above, a, e denote the semi-major axis and eccentricity of the orbit. Mass $m = m_1 + m_2$ denotes mass of two-body which should be multiplied by G (gravitational constant), n denotes the mean motion $n=\left(\frac{GM}{a^3}\right)^{\frac{1}{2}}$.

3. The derivation for the perturbation components

At first, one needs to derive the pertubation components $R_{5/2}$ and $S_{5/2}$ for the gravitational radiation by using the formulae given by Lincoln and Will (1990):

$$R_{5/2}=\left(\frac{m}{r^2}\right)(A_{5/2}+\dot{r}B_{5/2}), \tag{4.1}$$

$$S_{5/2}=\left(\frac{m}{r}\right)\dot{\phi}B_{5/2}. \tag{4.2}$$

Here

$$A_{5/2}=\frac{8}{5}\eta\left(\frac{m}{r}\right)\dot{r}\left(3v^2+\frac{17}{3}\cdot\frac{m}{r}\right), \tag{5.1}$$

$$B_{5/2}=-\frac{8}{5}\eta\left(\frac{m}{r}\right)\left(v^2+3\,\frac{m}{r}\right), \tag{5.2}$$

In (5.1) and (5.2), we have used the following formulae:

$$v^2=m\left(\frac{2}{r}-\frac{1}{a}\right)=\frac{m}{r}(1+e\cos E),$$

$$\dot{r}=\frac{nae\sin f}{\sqrt{1-e^2}}=\frac{na^2e\sin E}{r}=\left(\frac{m}{p}\right)^{\frac{1}{2}}\frac{ea\sqrt{1-e^2}\sin E}{r},$$

$$\dot{\phi}=na^2\sqrt{1-e^2}=(mp)^{\frac{1}{2}}.$$

Accordingly, formulae (5.1) and (5.2) become

$$A_{5/2}=\frac{8}{5}\eta\left(\frac{m}{r}\right)^2\left(\frac{m}{p}\right)^{\frac{1}{2}}ea\sqrt{1-e^2}\sin E\times\left[3(1+e\cos E)+\frac{17}{3}\right], \tag{6.1}$$

$$B_{5/2}=-\frac{8}{5}\eta\left(\frac{m}{r}\right)^2(4+e\cos E). \tag{6.2}$$

Substituting the expressions (6.1) and (6.2) into the formulae (4.1) and (4.2), and then, using the formulae for $\dot{\phi}$, the perturbation components become

$$R_{5/2}=\frac{16}{15}\eta\,\frac{m^{\frac{7}{2}}}{r^5}p^{-\frac{1}{2}}ae\sqrt{1-e^2}\sin E\times(7+3e\cos E), \tag{7.1}$$

$$S_{5/2}=-\frac{8}{5}\eta_{5/2}\,\frac{m^{\frac{7}{2}}}{r^5}p^{\frac{1}{2}}(4+e\cos E). \tag{7.2}$$

In the theory of the gravitational radiation, the right hand side of formulae (4.1) (4.2) and (7.1) (7.2) need to be multiplied by $\frac{1}{c^5}$ (c: the light velocity) in which one takes

$c=1$ and $G=1$, and $\eta=\frac{\mu}{m}$, $\mu=\frac{m_1 m_2}{m}$, $m=m_1+m_2$.

4. The solution for the perturbative equation (3)

Substituting the expressions (7.1) and (7.2) for $R_{5/2}$ and $S_{5/2}$ into (3) which becomes

$$\begin{aligned}\frac{\mathrm{d}T}{\mathrm{d}E}=&\frac{32}{15}\eta m^2 p^{-\frac{1}{2}} a^{\frac{5}{2}} e\sqrt{1-e^2}\,\frac{\sin E(7+3e\cos E)}{r^3}\\&-\frac{16}{15}\eta m^2 p^{\frac{1}{2}} a^{\frac{7}{2}}\sqrt{1-e^2}\,\frac{(\cos E-e)\sin E(7+3e\cos E)}{r^5}\\&-\frac{48}{15}\eta m^2 p^{-\frac{1}{2}} a^{\frac{9}{2}} e^2\sqrt{1-e^2}\,\frac{(E-e\sin E)\sin^2 E(7+3e\cos E)}{r^5}\\&-\frac{8}{5}\eta m^2 p^{\frac{1}{2}} a^{\frac{5}{2}} e^{-1}\sqrt{1-e^2}\,\frac{\sin E(4+e\cos E)}{r^4}\\&-\frac{8}{5}\eta m^2 p^{\frac{3}{2}} a^{\frac{5}{2}} e^{-1}\sqrt{1-e^2}\,\frac{\sin E(4+e\cos E)}{r^5}\\&+\frac{24}{5}\eta m^2 p^{\frac{3}{2}} a^{\frac{5}{2}}(1-e^2)^{-\frac{1}{2}}\,\frac{(E-e\sin E)(4+e\cos E)}{r^5}.\end{aligned} \tag{8}$$

Expanding r^{-k} ($k=3$, 4, 5) and using the binomial theorem:

$$\begin{aligned}r^{-k}&=[a(1-e\cos E)]^{-k}\\&=a^{-k}\left[1+ke\cos E+\frac{k(k-1)}{2}e^2\cos^2 E+\cdots\right](e\cos E<1,\ k=3,4,5).\end{aligned} \tag{9}$$

Substituting formula (9) into (8), we get

$$\begin{aligned}\frac{\mathrm{d}T}{\mathrm{d}E}=&\frac{32}{15}\eta m^2 a^{-1} e\left[\left(7+\frac{9}{4}e^2\right)\sin E+12e\sin 2E+\frac{9}{4}e^2\sin 3E\right]\\&-\frac{16}{15}\eta m^2 a^{-1}(1-e^2)\left[\frac{5}{2}e\sin E+\left(\frac{7}{2}-\frac{67}{4}e^2\right)\sin 2E\right.\\&\left.+\frac{19}{2}e\sin 3E+\frac{15}{8}e^2\sin 4E\right]\\&-\frac{48}{15}\eta m^2 a^{-1} e^2\left[\left(\frac{7}{2}+\frac{15}{8}e^2\right)E+\left(\frac{19}{4}e^2-\frac{21}{4}e\right)\sin E\right.\\&-\frac{19}{2}e^2\sin 2E+\left(\frac{7}{4}e+\frac{19}{4}e^2\right)\sin 3E+\frac{19}{2}eE\cos E\\&\left.-\frac{7}{2}E\cos 2E+\frac{19}{2}eE\cos 3E-\frac{15}{8}e^2 E\cos 4E\right]\\&-\frac{8}{5}\eta m^2 a^{-1}(1-e^2)\left[(4+e^2)\sin E+\frac{17}{2}e\sin 2E+e^2\sin 3E\right]\\&-\frac{8}{5}\eta m^2 a^{-1}(1-e^2)^2\left[\left(4+\frac{5}{4}e^2\right)\sin E+\frac{21}{2}e\sin 2E+\frac{5}{4}e^2\sin 3E\right]\end{aligned}$$

$$+\frac{24}{5}\eta m^2 a^{-1}(1-e^2)\left[\left(4+\frac{5}{2}e^2\right)E-4e\sin E\right.$$

$$\left.-\frac{21}{2}e^2\sin 2E+21eE\cos E+\frac{5}{2}e^2E\cos 2E\right]. \tag{10}$$

Integrating (10) and neglecting the terms with e^3 and e^4, we obtain

$$\Delta T=T-T_0=S(E^2)+P(E)+\mathrm{Mix}P(E). \tag{11}$$

Here

S (E^2): The secular terms;

P (E): The periodic terms;

Mix P (E): The mixed periodic terms.

$$S(E^2)=\frac{2}{5}\eta\frac{m^2}{a}(24-23e^2)(E^2-E_0^2), \tag{12}$$

$$P(E)=\frac{8}{15}\eta\frac{m^2}{a}\sum_{i=1}^{4}K_i(\cos iE-\cos iE_0). \tag{13}$$

Where

$$K_1=211e+24e^2+\frac{3\left(8-\frac{39}{4}e^2\right)}{e},$$

$$K_2=32-\frac{81}{2}e^2,$$

$$K_3=\frac{103}{12}e,$$

$$K_4=\frac{15}{16}e^2.$$

$$\mathrm{Mix}P(E)=\frac{8}{15}\eta\frac{m^2}{a}\sum_{i=1}^{2}M_i(e)(iE\sin iE-iE_0\sin iE_0), \tag{14}$$

where M_1 $(e)=189e$, M_2 $(e)=\frac{3e^2}{4}$.

By letting $E=2\pi$ and $E_0=0$ in formula (12), the secular variation for the time of periastron passage of binary stars per revolution (one cycle) is

$$\Delta T_s=\frac{8}{5}\pi^2\eta\frac{m^2}{a}(24-23e^2)(\mathrm{s/cycle}). \tag{15}$$

One uses Kepler's third law $\frac{4\pi^2a^3}{P^2}=m$ to change formula (15) in terms of the period P, then

$$\Delta T_s=\frac{8}{5}\eta\frac{m^{\frac{5}{3}}}{P^{\frac{2}{3}}}\pi^2\cdot(4\pi^2)^{\frac{1}{3}}(24-23e^2)(\mathrm{s/cycle}). \tag{16}$$

5. The numerical calculation for binary stars

We use formula (15) or (16) to calculate ΔT_s for several binary stars, but it is necessary to reduce formula (15) or (16) as an applicable formula before calculation.

As in the sections 2 and 3 the right hand of formulae (15) and (16) need to be multiplied by $\frac{1}{c^5}$, and m should be multiplied by G:

$$\therefore \eta m^2 = \left(\frac{\mu}{m}\right) m^2 = \mu m = \frac{m_1 m_2}{m} m = m_1 m_2 = G^2 m_1 m_2,$$

$$\eta m^{\frac{5}{3}} = \frac{\mu}{m} m^{\frac{5}{3}} = \mu m^{\frac{2}{3}} = \left(\frac{m_1 m_2}{m}\right) m^{\frac{2}{3}} = \frac{m_1 m_2}{m^{\frac{1}{3}}}$$

$$= \frac{m_1 m_2}{(m_1 + m_2)^{\frac{1}{3}}} = G^{\frac{5}{3}} \frac{m_1 m_2}{(m_1 + m_2)^{\frac{1}{3}}}.$$

Substituting the above two expressions into formula (15) or (16), we get

$$\Delta T_s = \frac{8}{5} \cdot \frac{G^2}{c^5} \cdot \frac{m_1 m_2}{a} \pi^2 (24 - 23e^2)(\text{s/cycle}), \tag{17}$$

$$\Delta T_s = \frac{8}{5}\left(\frac{G^{\frac{5}{3}}}{c^5}\right) \frac{m_1 m_2 \pi^2 \cdot (4\pi^2)^{\frac{1}{3}}}{(m_1 + m_2)^{\frac{1}{3}} P^{\frac{2}{3}}} (24 - 23e^2)(\text{s/cycle}). \tag{18}$$

In the calculation, m_1, m_2 and a are denoted by the unit in solar mass $M_\odot$ and solar radius $R_\odot$, and P is denoted by the unit in day or $P(d)$, $m_1 = M_1(M_\odot)$, $m_2 = M_2(M_\odot)$ and $a = A(R_\odot)$. Therefore, formulae (17) and (18) become

$$\Delta T_s = C_1 \frac{M_1 M_2}{A} (24 - 23e^2). \tag{19}$$

The constant:

$$C_1 = \frac{8}{5} \cdot \frac{G^2}{c^5} \pi^2 \left(\frac{M_\odot^2}{R_\odot}\right) = 1.64 \times 10^{-10}, \tag{20}$$

$$\Delta T_s = C_2 \frac{M_1 M_2}{(M_1 + M_2)^{\frac{1}{3}} P(d)^{\frac{2}{3}}} (24 - 23e^2)(\text{s/cycle}). \tag{21}$$

The constant:

$$C_2 = \frac{\frac{8}{5}\pi^2 (4\pi^2)^{\frac{1}{2}} \frac{G^{\frac{5}{3}}}{c^5} M_\odot^{\frac{5}{3}}}{(86\ 400)^{\frac{2}{3}}} = 3.91 \times 10^{-11}, \tag{22}$$

where M_1, M_2 and A are denoted by the unit in solar mass $M_\odot$ and radius R, and $P(d)$ is denoted by the unit in day. In the expressions (20) and (22) we used the data: $G = 6.67 \times 10^{-8}\ \text{cm}^3 \cdot \text{g}^{-1} \cdot \text{s}^{-2}$, $c = 3 \times 10^{10}\ \text{cm} \cdot \text{s}^{-1}$, $M_\odot = 1.989 \times 10^{33}$ g, $R_\odot = 6.959\ 9 \times 10^{10}$ cm, $P(d) = 864\ 00$ s.

One uses formula (19) to calculate ΔT_s for eight binary stars. This paper chooses five massive binary stars: V448 Cyg, Y Cyg, C W Cep, A G Per and H S Her; two pulsars: PSR1913+16 and PSRJ0737-3039, and one black hole M33X-7 as an example. For these binary stars, their data for P (d), A, e, M_1 and M_2 are cited from the references listed in table 3 of the appendix.

Substituting these data in table 3 of the appendix into formula (19), we obtain the numerical results for the variation of the time of periastron passage of eight binary stars listed as in table 1.

Table 1　The effect of the gravitational radiation damping on the variation of the time of periastron passage of eight binary stars

Binary stars	ΔT_s ($\times 10^{-8}$ s/cycle)	Binary stars	ΔT_s ($\times 10^{-8}$ s/cycle)
M33X-7	10.15	A G Per	0.63
Y Cyg	4.06	H S Her	0.24
V448 Cyg	2.14	PSRJ0737-3039	0.52
C W Cep	1.61	PSR1913+16	0.18

6. Discussion

(1) There are three possibilities for ΔT_s when binary stars pass through a periastron: $\Delta T_s=0$ (no variation of time), $\Delta T_s>0$ (earlier occurrence), $\Delta T_s<0$ (the delayed occurrence). Their occurrence is determined by formula (17), one can obtain the following conditions:

By letting $Q=24-23e^2$. Based on the formula (17),

$$\Delta T_s=0,\ \text{when } Q=0,\ \text{i.e., } e=1.021\ 5.$$

This case can not occurs for all binary stars because the eccentricity of all binary stars is not equal to 1.

$$\Delta T_s<0,\ \text{when } Q<0,\ \text{i.e., } e>1.021\ 5.$$

This case can not occurs for all binary stars too because the eccentricities of all binary stars are not large than 1.021 5.

$$\Delta T_s>0,\ \text{when } Q>0,\ \text{i.e., } e<1.021\ 5.$$

This case occurs for all binary stars.

(2) The comparison with other effect (relativistic effect).

In the previous paper Li (2010) gave the effect of general relativity on the time of periastron passage determined by the formula:

$$\Delta T(s)=C_1\left[\left(9M^{\frac{1}{2}}-\frac{2\mu}{M^{\frac{1}{2}}}\right)-\left(\frac{7}{2}M^{\frac{1}{2}}+\frac{17}{2}\cdot\frac{\mu}{M^{\frac{1}{2}}}\right)e\right.$$

$$+\left[\frac{51}{2}M^{\frac{1}{2}}-\frac{24\mu}{M^{\frac{1}{2}}}\right]e^2\Bigg](\text{s/cycle}). \tag{23}$$

$C_1=2.121\ 3\times10^{-2}$ s and it gave the calculated values for some binary stars.

Comparing the calculated values of eight binary stars obtained from the above formula in the case of general relativity by the previous paper (Li, 2010) with that of this paper in the case of the gravitational radiation as shown in table 2.

Table 2 The comparison for the 1PN effect with 2.5PN effect

Binary stars	1PN effect ΔT_s (s)	2.5PN effect ΔT_s ($\times10^{-8}$ s/cycle)
M33X-7	11.04	10.15
Y Cyg	5.49	4.06
V448 Cyg	7.90	2.96
C W Cep	3.76	1.61
A G Per	2.06	0.63
H S Her	1.44	0.24
PSR1913+16	0.78	0.18
PSRJ0737-3039	0.31	0.52

1PN effect: the effect of the general relativity;

2.5PN effect: the effect of the gravitational radiation.

It can be seen from table 2 that the effect of the gravitational radiation (2.5PN) is smaller than that of the general relativity (1PN). This means the gravitational radiation damping is very weak.

(3) The relation between time variation of periastron passage with time variation of the mean anomaly and comparison with the method of other author.

Calura et al. (1997) in their paper [Section 5, (55)], Damour and Deruelle (1985) in their paper [appendix B: (B.11)], and Rubincam (1977) in his paper [Section 3 (20)] all gave the formulae for the time variation of the mean anomaly, but these formulae do not connect with the time variation of periastron passage. However, these formulae may connected with the time variation of periastron passage.

Iorio (2007) gave the formula for the relation between the time variation of the mean anomaly M and the time T of periastron passage from $M=n(t-T)$ and $n=\frac{2\pi}{P_b}$ as follows

$$\frac{\mathrm{d}M}{\mathrm{d}t}=n-2\pi\left(\frac{\dot{P}_b}{P_b^2}\right)(t-T)-\frac{2\pi}{P_b}\left(\frac{\mathrm{d}T}{\mathrm{d}t}\right). \tag{24}$$

Here T denotes the time of periastron passage, P_b denotes the orbital period and $\dot{P}_b=\frac{d\dot{P}_b}{dt}$.

The author Iorio assumes $M=a_0+b_0t+c_0t^2$ and calculates $M(t)$ for the quadratic advance due to gravitational emission over thirty years by sing the above second term of light hand side after integration. He also takes the third term in the change of the time of the pericenter passage for which he defines as

$$\frac{d\xi}{dt}=-\frac{2\pi}{P_b}\left(\frac{dT}{dt}\right).$$

When we consider the case of the gravitational emission and integrate the above equation, we can obtain the change of the time of periastron passage per revolution by taking $t-t_0=P_b$.

$$\Delta T=-\dot{\xi}\mid_{GW}\frac{P_b}{2\pi}(t-t_0)=-\dot{\xi}\mid_{GW}\left(\frac{P_b^2}{2\pi}\right).$$

However Iorio only gives the values of $\dot{\xi}\mid_{GW}$ calculated from his formulae (6) and (8) $(m_1\ll m_2)$ in the case of the general relativity. If we consider the case of the gravitational emission, we must calculate the value of $\dot{\xi}\mid_{GW}$ from the Gaussian perturbative equation in the case of the gravitational emission. But Iorio's paper researched mainly the general relativistic static case. Hence he only gives the values of $\dot{\xi}\mid_{GE}$ and do not gives the value of $\dot{\xi}\mid_{GW}$. This is another method for studying the case of the time variation of periastron passage in the theory of the gravitational emission. Li and Iorio adopt the Gaussian equation to calculate the change of time of periastron passage.

7. Conclusion

(1) The effect of the gravitational radiation damping on the orbit of binary stars consists secular, periodic, and mixed periodic variations, but the secular one is of paramount importance.

(2) The crossing of the periastron passage occurs earlier (advance or move up) for all the binary stars, but none of the selected eight binary stars is late through periastron.

(3) The variable time of periastron passage ΔT_s is longer or shorter according to the eccentricity, separation, and mass of doable system considered.

Appendix

In table 3, A, M_1 and M_2 are expressed in solar radii and masses.

Table 3 Data for eight binary stars

Binary stars	P(d)	A	M_1	M_2	e	Refs.
M33X-7	3.450 0	42.40	15.65	70.00	0.038 5	Orosz et al.(2007)
Y Cyg	2.996 3	28.49	17.57	17.04	0.141 5	Simon et al.(1994)
V448 Cyg	6.579 7	50.09	23.84	15.73	0.04	Brancewicz and Dworak(1980) Batten et al.(1989)
C W Cep	2.729 1	22.34	10.62	9.45	0.03	Brancewicz and Dworak(1980) Batten et al.(1989)
A G Per	2.028 7	14.33	5.08	4.52	0.07	Brancewicz and Dworak(1980) Batten et al.(1989)
H S Her	1.632 4	10.66	4.52	1.54	0.05	Brancewicz and Dworak(1980) Batten et al.(1989)
PSRJ0737-3039	0.102 25	1.26	1.34	1.25	0.087 8	Willems et al.(2004) Burgay et al.(2003)
PSR1913+16	0.323 0	2.80	1.44	1.38	0.617	Willems et al.(2004)

References

[1] Batten A H, Fletcher J M, MacCarthy D G. Publ Dom Astrophys Obs, 17, 1-126 (1989).

[2] Brancewicz H K, Dworak T Z. Acta Astron, 30, 501 (1980).

[3] Burgay M, Amico N, Possenti A, et al. Nature, 426, 531 (2003).

[4] Calura M C, Fortini P, Montanari E. Phys Rev, D 56, 4782 (1997).

[5] Damour T, Deruelle N. Ann Insti Henri Poincare, 43, 107 (1985).

[6] Iorio L. Astrophys Space Sci, 312, 331 (2007).

[7] Li L S. Astrophys Space Sci, 327, 59 (2010).

[8] Lincoln C W, Will C M. Phys Rev, D 42, 11237 (1990).

[9] Orosz J A, McClintock J E, et al. Nature, 449, 872 (2007).

[10] Pound A, Poisson E. Phys Rev D, 77, 044013-1 (2008).

[11] Rubincam D P. Celest Mech Dyn Astron, 15, 21 (1977).

[12] Simon K P, Sturm E, Fiedler A. Astron Atrophys, 292, 507 (1994).

[13] Smart W M. Celestial Mechanics, 16. Longmans, London (1953).

[14] Willems B, Kalogera V, Henninger M. Astrophys J, 616, 414 (2004).

Reaction Effect of Gravitational Radiation of Rotating Ellipsoid as Central Body upon the Variation of Celestial Orbital Plane*

Abstract: The reaction effect of gravitational radiation emitted from central body with quadrupole moment on the variation of celestial orbital plane was studied in detail. We derive the formulae for the relation between the variation of the inclination of the orbital plane and contraction of the orbital radius with time. The expressions deduced were applied to the estimation for the evolution of the systems of planet-satellite (Jupiter-2 and Neptune-1).

As pointed out in Ref. [1], any system which emits gravitational radiation necessarily undergoes the influence of radiation reaction forces. In Refs. [2] and [3], the author studied the effect of gravitational radiation damping on the variation of orbital elements of binary stars, in which the effects on the semi-major axis, eccentricity longitude of periastron and time of passing perigee were studied, but the effect on the variation of the orbital plane was not studied. As a problem of two bodies, the motion is restricted to a plane. However, it causes slowly the effect on the variation of the orbital plane around the central body, if the central body possesses mass quadrupole moment or large ellipticity. In Ref. [1], gravitational radiation-reaction effect in a star-planet system was studied. But in that paper the theory was not deduced in detail or not transformed to a possible expression for estimation of the variation of the orbital plane.

For a central body with ellipticity $\varepsilon > 0$ or $\varepsilon < 0$, the conclusion of the range of variation of the orbital inclination exists a limitation, or the conclusion holds in a condition that it is only suitable to the case of the original angle in the second quadrant ($90° < \alpha < 180°$). While the conclusion drawn in this paper has generality.

In Ref. [1], the equations for the loss of three angular momentum components L_1, L_2 and L_3 due to gravitational radiation in a circular orbit were derived. In this paper, we take the first and the third equations concerning the variation of orbital inclination and radius: [1]

* 原文载于 *CHIN PHYS LETT*, 1997, 14 (5): 328-331.

$$\frac{\mathrm{d}L_1}{\mathrm{d}t}=6\,\frac{G}{c^5}\omega^5 M^{-1} m r_0^2 \varepsilon I \sin 2\alpha,\tag{1}$$

$$\frac{\mathrm{d}L_3}{\mathrm{d}t}=-\frac{32}{5}\cdot\frac{G}{c^5}\omega^5\left[m^2 r_0^4+M^{-1} m r_0^2 \varepsilon I(2-3\sin^2\alpha)\right].\tag{2}$$

Where G is the gravitation constant and c is the velocity of light; M, I, and ε denote the mass, moment of inertia, and ellipticity of the central body respectively; m and ω denote the mass and the orbital angular velocity of the body in the orbit; α is the inclination of the orbital plane to the equatorial plane, $0\leqslant\alpha\leqslant\pi$; r_0 is defined as[1]

$$r=r_0\left[1+\frac{\varepsilon I}{2Mr_0^2}(\cos^2\alpha-\sin^2\alpha\cos^2\omega t)\right],\tag{3}$$

where r is the radius of a circular orbit as $\varepsilon\neq 0$.

In the case of a circular orbit the relation between the angular momentum L and components L_1, L_3 with angle α can be written as[1]

$$\begin{cases}L_3\approx L=m(GMr)^{\frac{1}{2}},\\ \mathrm{d}L_1=L\,\mathrm{d}\alpha.\end{cases}\tag{4}$$

In this paper, we take approximately

$$L_3=L.$$

Substituting equations (4) into equations (1) and (2), we obtain the equations for the variation of the inclination α and the orbital radius r with time:

$$\frac{\mathrm{d}\alpha}{\mathrm{d}t}=\frac{6G^{\frac{1}{2}}\omega^5 m r_0^2\varepsilon I}{c^5 M^{\frac{3}{2}} r^{\frac{1}{2}}}\sin 2\alpha,\tag{5}$$

$$\frac{\mathrm{d}r}{\mathrm{d}t}=\frac{64G^{\frac{1}{2}}\omega^5 m r_0^2 r^{\frac{1}{2}}}{5c^5 M^{\frac{1}{2}}}\left[r_0^2+M^{-1}\varepsilon I(2-3\sin^2\alpha)\right].\tag{6}$$

The moment of inertia I can be written as

$$I=kMR^2,\tag{7}$$

where R denotes the radius of the central body, and k is the moment of inertia in term MR^2 as unit or $k=\frac{R_g}{R}$, R_g is the radius of gyration.

Since $r=r(t)$, $\omega=\omega(t)$ in equations (5) and (6), the third law of Kepler in a circular orbit can be written as

$$r(t)^3\omega(t)^2=GM.\tag{8}$$

Substituting I in equation (7) and ω^5 in equation (8) into equations (5) and (6), we obtain

$$\frac{\mathrm{d}\alpha}{\mathrm{d}t}=\frac{6G^3M^2 m r_0^2\varepsilon k R^2\sin 2\alpha}{c^5 r^8}\tag{9}$$

$$\frac{\mathrm{d}r}{\mathrm{d}t}=-\frac{64G^3M^2 m r_0^2}{5c^5 r^7}\left[r_0^2+\varepsilon k R^2(2-3\sin^2\alpha)\right],\tag{10}$$

where r_0 is given by equation (3). By inserting r_0 into equation (9), then expanding it by using the binomial theorem, and neglecting the term with the second order ε^2, we obtain

$$\frac{\mathrm{d}\alpha}{\mathrm{d}t}=\frac{6G^3M^2m\varepsilon kR^2}{c^5r^6}\sin 2\alpha. \tag{11}$$

For equation (10), we need an additional restrictive condition, i. e.,

$$R\ll r \quad \text{or} \quad \left(\frac{R}{r}\right)^2<1. \tag{12}$$

By using $\varepsilon<1$, neglecting the term with factor $\varepsilon\left(\frac{R}{r}\right)^2$, equation (10) can be written as

$$\frac{\mathrm{d}r}{\mathrm{d}t}=-\frac{64G^3M^2m}{5c^5r^3}. \tag{13}$$

Integrating equation (13), we obtain the expression for the variation of orbital radius with time t:

$$r(t)=r(0)\left(1-\frac{256G^3M^2m}{5c^5r(0)^4}t\right)^{\frac{1}{4}}. \tag{14}$$

This is the solution for the case of a circular orbit and $M+m\approx M$ given in Ref. [4].

In equation (11) r (0) is the original value of the radius of a circular orbit at $t=0$, and r_0 in equation (3) is the radius of a circular orbit as $\varepsilon=0$. The relation between r_0 and r (0) can be obtained from equation (3) at $t=0$:

$$r(0)=r_0\left(1+\frac{\varepsilon I}{2Mr_0^2}\cos 2\alpha_0\right). \tag{15}$$

Introducing r (t) in equation (14) into equation (11) and integrating yield,

$$\tan\alpha=\alpha_0\exp\left\{\frac{15}{32}\varepsilon k\left(\frac{R}{r(0)}\right)^2\left[\left(1-\frac{256G^3M^2m}{5c^5r(0)^4}t\right)^{-\frac{1}{2}}-1\right]\right\}. \tag{16}$$

Letting r (t) $=0$ in equation (14), we obtain the collapsing time (spiral time) of the system

$$t=\frac{5c^5r(0)^4}{256G^3M^2m}. \tag{17}$$

It can be seen from equation (16) that the variation of angle α with time is concerned with whether $\varepsilon>0$ or $\varepsilon<0$, and which quadrant α_0 is in.

We take the planets (Jupiter and Neptune with a large ellipticity and a rapid rotation) and their satellites (Jupiter-2 and Neptune-1 with a nearly circular orbit) as an example to verify the calculation. For M, R, ε and k of Jupiter and Neptune, and m, r (0), e (eccentricity) and α_0 of Jupiter-2 and Neptune-1, we adopt the data given by Ref. [5]. Substituting these data into equations (14) (16) and (17), and putting the time interval as 10^{28} s or 1.3×10^{20} a, the numerical results obtained for the variation of the orbital radius and inclination with time in period of time are given in table 1 and table 2.

Table 1 Numerical results for the variation of orbital radius and inclination with time for Jupiter-2

$t(10^{28}$ s)	$r(10^{10}$ cm)	α(deg)	$\Delta r(10^{10}$ cm)	$\Delta\alpha$(deg)
0.00	6.710 000	1.000 000		
1.00	6.618 556	1.000 002	−0.091 443	0.000 001
3.00	6.423 380	1.000 010	−0.286 619	0.000 010
5.00	6.208 591	1.000 014	−0.501 408	0.000 014
7.00	5.968 866	1.000 023	−0.741 133	0.000 023
9.00	5.696 186	1.000 033	−1.013 813	0.000 033
18.72	0.000 000	90.000 000	−6.710 000	89.000 000

Table 2 Numerical results for the variation of orbital radius and inclination with time for Neptune-1

$t(10^{28}$ s)	$r(10^{10}$ cm)	α(deg)	$\Delta r(10^{10}$ cm)	$\Delta\alpha$(deg)
0.00	3.550 000	160.000 000		
1.00	3.496 966	159.999 988	−0.053 033	−0.000 011
3.00	3.383 013	159.999 973	−0.166 986	−0.000 026
5.00	3.256 219	159.999 951	−0.293 780	−0.000 049
7.00	3.112 601	159.999 658	−0.437 399	−0.000 341
9.00	2.945 796	159.999 540	−0.604 204	−0.000 459
17.11	0.000 000	90.000 000	−3.550 000	70.000 000

The last rows in table 1 and table 2 denote the spiral time of the system, and the changes of orbital radius and inclination in that time for Jupiter-2 and Neptune-1. It can be seen from table 1 and table 2 that the effect of gravitational, radiation-reaction of the central body on the change of the orbital radius and inclination is very slow, and the change is very little $0\sim9\times10^{28}$ s, until the two stars collapse or combine spirally into one. Then the change becomes very large suddenly, e. g., as Jupiter-2 arrives at the spiral time $t=18.72\times10^{28}$ s, its orbital inclination increases from 1° to 90°; and as Neptune-1 arrives at the spiral time $t=17.11\times10^{28}$ s, its orbital inclination decreases from 160° to 90° as the limitation.

It can be seen from equation (16) that the radiation-reaction effect on the change of inclination of the orbital plane is concerned with whether the ellipticity of the central body $\varepsilon>0$ or $\varepsilon<0$, and the original orbital inclination α_0. For an oblate star ($\varepsilon>0$), the change of angle α is concerned with which quadrant α_0 is in. The angle α increases successively with time, if the angle α_0 in the first quadrant (0°～90°). Jupiter-2 belongs to this case. The angle α decreases with time successively, if α_0 is in the second quadrant ($0° \sim 90°$), e. g., Neptune-1 belongs to this case. For a prolate star ($\varepsilon < 0$), the variation of angle α is just opposite the case of an oblate star. Therefore, the conclusion in this paper is different from that of Ref. [1]. The conclusion of Ref. [1] is that for an oblate star ($\varepsilon > 0$), the angle α decreases, and for a prolate star, it increases. This conclusion holds for the case that the former is referred to the angle α_0 in the second quadranat, and the later referred to α_0 in the first quadrant.

Compared with the result in Ref. [6], it can be seen that the radiation-reaction effect of the central body on the inclination of the orbital plane is secular other than periodic. But the post-Newtonian effect gives a contrary result, i. e., the effect is periodic other than secular.

References

[1] Patterson J A. Phys Rev, 11 (1975) 253.
[2] Li Linsen. Acta Phys Sin, 38 (1989) 1877 (in Chinese).
[3] Li Linsen, Acta Phys Sin, 43 (1994) 694 (in Chinese).
[4] Landau L D, Lifshitz E M. The classical theory of field (Pemon Press, London, 1975) 356.
[5] Allen C W. Astrophysical Quantities (Athlone Press, University of London, 1973) 140, 146.
[6] Li Linsen. Commun Theor Phys, 15 (1991) 353.

The Secular Effect of Gravitational Radiation Damping on the Periastron Advance of Binary Stars in Second Order Perturbation Theory*

Abstract: The second order perturbation effect of gravitational radiation damping on the periastron advance of binary stars is studied. The second order analytic solution is obtained based on the first order theory in the 2014 article by Li. Theoretical results show that secular variation exists in the periastron advance of binary stars in the second order theory, but secular variation does not exist in the first order perturbation theory. Numerical results for two compact binary stars (PSRJ0737-3039 and M33X-7) are given, demonstrating the theoretical significance even though the effect is very small.

Keywords: binaries; close; gravitational wave; celestial mechanics

1. Introduction

It is important and significant to study the secular effect of gravitational radiation damping on the time and space variation of the periastron of binary stars. The time variation refers to the time variation of periastron passage. The space variation of periastron refers to the advance of periastron. Lincoln & Will (1990) deduced from the equation for time variation of periastron passage that there is no secular variation of longitude of periastron ω, but only relativistic periastron advance in 2.5 post-Newtonian (PN) (gravitational-radiation emission) of first order perturbation theory. Li (2011) obtained the secular and periodic solutions of the time variation of periastron passage for binary stars. Moreover, Li (2009) studied gravitational radiation damping and the orbital evolution of compact binary pulsars by using the first perturbation method presented in Walker & Will (1979). In that paper, the author only obtained the periodic variation of longitude of periastron and not secular variation, that is, there is no periastron advance in first order perturbation theory for 2.5PN. Li (2014) also studied gravitational radiation damping and the orbital evolution of compact binary stars by using the first perturbation method presented in Lincoln & Will (1990). However, in

* 原文载于 *Research in Astronomy and Astrophysics*, 2017, 17 (8): 1-8.

that paper the author obtained periodic variation and cases without secular variation of the longitude of periastron, that is, there is no periastron advance in first order perturbation theory for 2.5PN.

It is necessary to examine the existence of secular variation of the orbit or periastron advance of binary stars in second order perturbation theory. The associated results demonstrate the existence of secular variation in the orbital elements of a binary star system in second order perturbation theory.

2. A method for solving the pertubation equations in high order perturbation theory

It is necessary to research and explore how high order perturbation theory is related to the stability of a binary star system or the solar system. The most important consideration is the secular variation of orbital elements in high order perturbation theory. Some authors investigate this topic, such as the book Brouwer & Clemence (1961).

Perturbation equations describing time as an independent variable may be written as

$$\frac{d\sigma}{dt}=F(a,e,\cdots),\tag{1}$$

where σ denotes one of the orbital elements, a is the semi-major and e is the eccentricity.

Equation (1) can be transformed into an equation with true anomaly f as the independent variable from the case of time being an independent variable:

$$\frac{d\sigma}{df}=F_0(a_0,e_0,\cdots).\tag{2}$$

The perturbation order of the orbital elements may be written as

$$\sigma=\sigma^{(0)}+\sigma^{(1)}+\sigma^{(2)}+\sigma^{(3)}+\cdots,\tag{3}$$

$$\therefore\ \frac{d\sigma}{df}=\frac{d\sigma^{(0)}}{df}+\frac{d\sigma^{(1)}}{df}+\frac{d\sigma^{(2)}}{df}+\frac{d\sigma^{(3)}}{df}+\cdots,\tag{4}$$

$$\begin{aligned}\frac{d\sigma}{df}=F_0&+\frac{\partial F_0}{\partial a_0}(\delta a^{(1)}+\delta a^{(2)}+\cdots)\\&+\frac{\partial F_0}{\partial e_0}(\delta e^{(1)}+\delta e^{(2)}+\cdots)\\&+\cdots+\frac{1}{2}\cdot\frac{\partial^2 F_0}{\partial a_0^2}(\delta a^{(1)}+\delta a^{(2)}+\cdots)^2.\end{aligned}\tag{5}$$

Comparing equation (4) with equation (5), we find that

$$\frac{d\sigma^{(0)}}{dt}=0,\tag{6}$$

$$\frac{d\sigma^{(1)}}{dt}=F_0(a_0,e_0,\cdots),\tag{7}$$

$$\frac{d\sigma^{(2)}}{dt}=\frac{\partial F_0}{\partial a_0}\delta a^{(1)}+\frac{\partial F_0}{\partial e_0}\delta e^{(1)}+\cdots, \tag{8}$$

$$\frac{d\sigma^{(3)}}{dt}=\frac{\partial F_0}{\partial a_0}\delta a^{(2)}+\frac{\partial F_0}{\partial e_0}\delta e^{(2)}+\cdots+\frac{1}{2}\cdot\frac{\partial^2 F_0}{\partial a_0^2}\delta a^{(2)}+\frac{1}{2}\cdot\frac{\partial^2 F_0}{\partial e_0^2}\delta e^{(2)}+\cdots. \tag{9}$$

The purpose of this paper is to investigate the secular effect of second order perturbation on the longitude of periastron, i. e. , letting $\sigma=\omega$,

$$\frac{d\omega^{(1)}}{df}=F_0\{a_0,e_0,\cdots\}, \tag{10}$$

$$\frac{d\omega^{(2)}}{df}=\frac{\partial F_0}{\partial a_0}\delta a^{(1)}+\frac{\partial F_0}{\partial e_0}\delta e^{(1)}+\cdots, \tag{11}$$

$$\frac{d\bar{\omega}^{(2)}}{df}=\frac{d\omega^{(2)}}{df}+\frac{d\Omega^{(2)}}{df}. \tag{12}$$

Integrating equation (11), we yield

$$\Delta\omega^{(2)}=\int_{f_0}^{f}\left(\frac{d\omega^{(2)}}{df}\right)df,\ \bar{\omega}=\omega+\Omega, \tag{13}$$

where ω is the argument of periastron and $\bar{\omega}$ is the longitude of periastron.

3. Results for the first order perturbation effect of gravitational radiation damping on the orbit of binary stars

Results for the first order perturbation effects have been given by Li (2014) and related results are listed as follows.

The formula for relative acceleration with 2.5PN was provided by Lincoln & Will (1990):

$$\boldsymbol{a}=\frac{m}{r^2}[(-1+A)\boldsymbol{n}+B\boldsymbol{V}]. \tag{14}$$

For gravitational emission, we take

$$\boldsymbol{a}_{5/2}=\frac{m}{r^2}[(-1+A_{5/2})\bar{\boldsymbol{n}}+B_{5/2}\boldsymbol{V}], \tag{15}$$

where $m=m_1+m_2$ and r denotes the distance between the two binary stars. $\boldsymbol{n}$ *and* $\mathbf{V}$ denote the unit vectors of the radial direction and the relative velocity vector respectively.

Resolving the perturbation acceleration $\boldsymbol{a}$ into the radial component $R_{5/2}$, the transverse component $S_{5/2}$ perpendicular to $R_{5/2}$ in the orbital plane and the component $W_{5/2}$ normal to the orbital plane, we obtain (Li, 2014)

$$R_{5/2}=\frac{8}{15}\eta\left(\frac{m}{r}\right)^3\left(\frac{m}{p}\right)^{\frac{1}{2}}p^{-1}\times e\sin f(14+6e^2+20e\cos f), \tag{16}$$

$$S_{5/2}=-\frac{8}{15}\eta\cdot\frac{m^3}{r^4}\left(\frac{m}{p}\right)^{\frac{1}{2}}(12+3e^2+15e\cos f), \tag{17}$$

$$W_{5/2}=0. \tag{18}$$

Here $\eta=\frac{\mu}{m}$, $\mu=\frac{m_1 m_2}{m}$ and $G=c=1$. These parameters have been defined in Lincoln & Will (1990). $p=a\ (1-e^2)$, f denotes the true anomaly, and a and e denote the semi-major axis and eccentricity respectively.

We substitute $R_{5/2}$, $S_{5/2}$ and $W_{5/2}$ from equations (16) ~ (18) into Gaussian equations (16) ~ (22) in Li (2014), which were derived from Lincoln & Will (1990) and Brouwer & Clemence (1961). We also change independent variable time t to an independent true anomaly f to transform the Gaussian equations by using $r^2\frac{\mathrm{d}f}{\mathrm{d}t}=(mp)^{\frac{1}{2}}$. Then, by integrating Gaussian equations (16) ~ (22), we obtain the results for the first order perturbation effects in 2.5PN as follows (Li, 2014).

$$\delta a^{(1)}=A_0(f-f_0)+\sum_{i=1}^{3}A_i(\sin if-\sin if_0), \tag{19}$$

$$\delta e^{(1)}=E_0(f-f_0)+\sum_{i=1}^{3}E_i(\sin if-\sin if_0), \tag{20}$$

$$\delta\omega^{(1)}=\sum_{i=1}^{4}W_i(\cos if-\cos if_0), \tag{21}$$

$$\delta\varepsilon_0^{(1)}=\sum_{i=1}^{4}H_i(\cos if-\cos if_0), \tag{22}$$

$$\delta\lambda^{(1)}=n(t-t_0)+\delta\varepsilon_0^{(1)}, \tag{23}$$

$$\delta i^{(1)}=\delta\Omega^{(1)}=0. \tag{24}$$

The coeffcients of the secular terms are

$$A_0=-\frac{8}{15}\eta m^{\frac{5}{2}}p_0^{-\frac{3}{2}}(1-e_0^2)^{-2}(24+73e_0^2), \tag{25}$$

$$E_0=-\frac{8}{15}\eta\left(\frac{m}{p_0}\right)^{\frac{5}{2}}\left(38e_0+\frac{121}{8}e_0^2\right). \tag{26}$$

The amplitudes of the periodic terms are

$$\begin{cases} A_1=-\frac{8}{15}\eta m^{\frac{5}{2}}p_0^{-\frac{3}{2}}(1-e_0^2)^{-2}(102e_0+18e_0^2), \\ A_2=-\frac{76}{3}\eta m^{\frac{5}{2}}p_0^{-\frac{3}{2}}e_0^2(1-e_0)^{-2}, \\ A_3=-\frac{8}{15}\eta m^{\frac{5}{2}}p_0^{-\frac{3}{2}}\frac{16}{3}e_0^2(1-e_0)^{-2}, \\ A_4=0. \end{cases} \tag{27}$$

$$
\begin{cases}
E_1 = -\frac{8}{15}\eta\left(\frac{m}{p_0}\right)^{\frac{5}{2}}\left(24e_0 + \frac{91}{2}e_0^2\right), \\
E_2 = -\frac{8}{15}\eta\left(\frac{m}{p_0}\right)^{\frac{5}{2}}(7e_0 + 12e_0^2), \\
E_3 = -\frac{8}{15}\eta\left(\frac{m}{p_0}\right)^{\frac{5}{2}}\frac{65}{12}e_0^2, \\
E_4 = 0.
\end{cases}
\tag{28}
$$

$$
\begin{cases}
W_1 = \frac{8}{15}\eta\left(\frac{m}{p_0}\right)^{\frac{5}{2}} \times \frac{\left(24 + \frac{81}{4}e_0^2 + \frac{17}{2}e_0^3\right)}{e_0}, \\
W_2 = \frac{8}{15}\eta\left(\frac{m}{p_0}\right)^{\frac{5}{2}} \times \frac{1}{2}\left(33 + 7e_0 + \frac{33}{4}e^2\right), \\
W_3 = \frac{8}{15}\eta\left(\frac{m}{p_0}\right)^{\frac{5}{2}} \times \frac{1}{3}\left(\frac{57}{4}e_0 + \frac{17}{2}e_0^3\right), \\
W_4 = \frac{8}{15}\eta\left(\frac{m}{p_0}\right)^{\frac{5}{2}} \times \frac{15}{32}e_0^2.
\end{cases}
\tag{29}
$$

$$
\begin{cases}
H_1 = \frac{8}{15}\eta\left(\frac{m}{p_0}\right)^{\frac{5}{2}}\left[\frac{24e_0 + \frac{81}{4}e_0^3}{1 - e_0^2 + \sqrt{1 - e_0^2}} + (1 - e_0^2)^{\frac{1}{2}}(28e_0 + 12e_0^3)\right], \\
H_2 = \frac{8}{15}\eta\left(\frac{m}{p_0}\right)^{\frac{5}{2}}\left[\frac{33e_0^2 + 7e_0^3}{2[(i - e_0^2) + \sqrt{1 - e_0^2}]} + 10e_0^2(1 - e_0^2)^{\frac{1}{2}}\right], \\
H_3 = \frac{8}{15}\eta\left(\frac{m}{p_0}\right)^{\frac{5}{2}} \cdot \frac{1}{6} \cdot \frac{\frac{57}{2}e_0^3 + 17e_0^4}{1 - e_0^2 + \sqrt{1 - e_0^2}}, \\
H_4 = \frac{8}{15}\eta\left(\frac{m}{p_0}\right)^{\frac{5}{2}} \cdot \frac{15}{32} \cdot \frac{e_0^4}{(1 - e_0^2 + \sqrt{1 - e_0^2})}.
\end{cases}
\tag{30}
$$

where $p_0 = a_0(1 - e_0^2)$.

Expressions (19) ～ (30) indicate that there are both secular and periodic variations for the semi-major axis and the eccentricity, but there is only periodic variation for the argument of periastron ω in first order perturbation theory; that is, there is neither secular variation of the longitude of periastron, $\bar{\omega}$ nor periastron advance for 2.5PN in first order perturbation theory.

4. Secular solution for longitude of periastron in second order theory

Because there is no secular variation (shift) for the longitude of periastron in the first order theory, it is necessary to examine the secular variation (shift) for the longitude of periastron in second order theory.

First, one must write down the first order Gaussian equations for the longitude of argument ω with the anomaly as an independent variable by using Gaussian equations (Lincoln & Will, 1990):

$$e\frac{\mathrm{d}\omega^{(1)}}{\mathrm{d}t}=\left(\frac{p}{m}\right)^{\frac{1}{2}}\left[-R_{5/2}\cos f+\left(1+\frac{r}{p}\right)\sin fS_{5/2}\right]$$
$$+e\left(\frac{r}{p}\right)\cos i\ \sin f\ W_{5/2}. \tag{31}$$

By substituting equations (16) ~ (18) fo $R_{5/2}$, $S_{5/2}$ and $W_{5/2}$ respectively into the above Gaussian equation and using $\frac{\mathrm{d}f}{\mathrm{d}t}=\frac{(mp)^{\frac{1}{2}}}{r^2}$, the first order Gaussian equation with true anomaly as an independent variable for ω has been derived by Li (2014):

$$\frac{\mathrm{d}\omega^{(1)}}{\mathrm{d}f}=\frac{\mathrm{d}\omega^{(1)}}{\mathrm{d}t}\cdot\frac{\mathrm{d}t}{\mathrm{d}f}$$
$$=-\frac{8}{15}\eta\left(\frac{m}{p}\right)^{\frac{5}{2}}\cdot\frac{1}{e}\left[\left(24+\frac{81}{4}e^2+\frac{17}{2}e^3\right)\sin f\right.$$
$$+e\left(33+7e+\frac{33}{4}e^2\right)\sin 2f$$
$$+e\left(\frac{57}{4}e+\frac{17}{2}e^2\right)\sin 3f$$
$$\left.+\frac{15}{8}e^3\sin 4f\right]. \tag{32}$$

For brevity, we write down the first order equation above in the following form ($\sum$ form)

$$\frac{\mathrm{d}\omega^{(1)}}{\mathrm{d}f}=\sum_{i=1}^{3}R_i\sin if=F_0(a_0,e_0,\omega_0,\cdots,\varepsilon_0,f). \tag{33}$$

where

$$\begin{cases}R_1=-\frac{8}{15}\eta\left(\frac{m}{p_0}\right)^{\frac{5}{2}}\frac{\left(24+\frac{81}{4}e_0^2+\frac{17}{2}e_0^3\right)}{e_0},\\ R_2=-\frac{8}{15}\eta\left(\frac{m}{p_0}\right)^{\frac{5}{2}}\left(33+7e_0+\frac{33}{4}e_0^2\right),\\ R_3=-\frac{8}{15}\eta\left(\frac{m}{p_0}\right)^{\frac{5}{2}}\left(\frac{57}{4}e_0+\frac{17}{2}e_0^2\right),\\ R_4=-\frac{8}{15}\eta\left(\frac{m}{p_0}\right)^{\frac{5}{2}}\frac{15}{8}e_0^2=-\eta\left(\frac{m}{p}\right)^{\frac{5}{2}}e_0^2.\end{cases} \tag{34}$$

The second order equation for the longitude of periastron can be written according to equation (7).

$$\frac{d\omega^{(2)}}{df}=\frac{\partial F_0}{\partial a_0}\delta a^{(1)}+\frac{\partial F_0}{\partial e_0}\delta e^{(1)}+\frac{\partial F_0}{\partial i_0}\delta i^{(1)}+\frac{\partial F_0}{\partial \omega_0}\delta\omega^{(1)}+\frac{\partial F_0}{\partial \Omega_0}\delta\Omega^{(1)}+\frac{\partial F_0}{\partial \varepsilon_0}\delta\varepsilon^{(1)}. \tag{35}$$

$$\frac{\partial F_0}{\partial a_0}=\sum_{i=1}^{3}Q_i\sin if, \tag{36}$$

where

$$\begin{cases}Q_1=\frac{8}{15}\eta m^{\frac{5}{2}}p_0^{-\frac{7}{2}}\ \frac{5}{2}(1-e_0^2)\ \frac{\left(24+\frac{81}{4}e_0^2+\frac{17}{2}e_0^3\right)}{e^2},\\ Q_2=\frac{8}{15}\eta m^{\frac{5}{2}}p_0^{-\frac{7}{2}}\ \frac{5}{2}(1-e_0^2)\left(33+7e_0+\frac{33}{4}e_0^2\right),\\ Q_3=\frac{8}{15}\eta m^{\frac{5}{2}}p_0^{-\frac{7}{2}}(1-e_0^2)\left(\frac{51}{4}e_0+\frac{17}{2}e_0^2\right),\\ Q_4=\eta m^{\frac{5}{2}}p_0^{-\frac{7}{2}}(1-e_0^2)e_0^2.\end{cases} \tag{37}$$

$$\frac{\partial F_0}{\partial e_0}=\sum_{i=1}^{3}N_i\sin if. \tag{38}$$

Here

$$\begin{cases}N_1=-\frac{8}{15}\eta\left(\frac{m}{p_0}\right)^{\frac{5}{2}}\left[\frac{299}{4}+33e_0+\frac{365}{4}e_0^2+O(e^3)\right],\\ N_2=-\frac{8}{15}\eta\left(\frac{m}{p_0}\right)^{\frac{5}{2}}\left[7+\frac{363}{2}e_0+35e_0^2+O(e^3)\right],\\ N_3=-\frac{8}{15}\eta\left(\frac{m}{p_0}\right)^{\frac{5}{2}}\left[\frac{57}{4}+17e_0+\frac{285}{4}e_0^2+O(e^3)\right],\\ N_4=-7\eta\left(\frac{m}{p_0}\right)^{\frac{5}{2}}e_0,\end{cases} \tag{39}$$

where $p_0=a_0(1-e_0^2)$.

$$\frac{\partial F_0}{\partial \omega_0}=\frac{\partial F_0}{\partial i_0}=\frac{\partial F_0}{\partial \Omega_0}=\frac{\partial F_0}{\partial \varepsilon_0}=0$$

$$(\delta\omega=\delta i=\delta\Omega=\delta\varepsilon_0=0). \tag{40}$$

The expressions in equation (19) with (36) yield

$$\frac{\partial F_0}{\partial a_0}\delta a^{(1)}=\sum_{i=1}^{4}Q_i\sin if\left[A_0(f-f_0)+\sum_{i=1}^{4}A_i(\sin if-\sin if_0)\right], \tag{41}$$

$$\sum_{i=1}^{4}Q_iA_i(f-f_0)\sin if=\sum_{i=1}^{4}Q_iA_if\sin if-\sum_{i=1}^{4}Q_iA_if_0\sin if.$$

Here

$$\begin{cases}\sum_{i=1}^{4} Q_i A_i f_0 \sin if = \text{Periodic terms}, \\ \sum_{i=1}^{4} Q_i A_i \sin if_0 \sin if = \text{Periodic terms}, \\ \sum_{i=1}^{4} Q_i A_i \sin^2 if = \frac{1}{2}\sum_{i=1}^{4} Q_i A_i (1-\cos 2f) \\ \qquad = \frac{1}{2}\sum_{i=1}^{4} Q_i A_i - \frac{1}{2}\sum_{i=1}^{4} Q_i A_i \cos 2if. \end{cases} \tag{42}$$

We take the secular term $\frac{1}{2}\sum_{i=1}^{4} Q_i A_i$ and the term $\sum_{i=1}^{4} A_i Q_i f \sin if$,

$$\frac{\partial F_0}{\partial a}\delta a^{(1)} = \frac{1}{2}\sum_{i=1}^{4} A_i Q_i + \sum_{i=1}^{4} A_i Q_i f \sin if. \tag{43}$$

Similarly the expressions in equation (20) with equation (38) give

$$\frac{\partial F_0}{\partial e_0}\delta e^{(1)} = \sum_{i=1}^{4} N \sin if \left[E_0(f-f_0) + \sum_{i=1}^{4} E_i(\sin if - \sin if_0)\right],$$

$$\frac{\partial F_0}{\partial e_0}\delta e^{(1)} = \frac{1}{2}\sum_{i=1}^{4} N_i E_i + \sum_{i=1}^{4} N_i E_i f \sin if. \tag{44}$$

In addition, equations (21) ～ (24) with equation (40) generate

$$\frac{\partial F_0}{\partial \omega_0}\delta\omega^{(1)} = \frac{\partial F_0}{\partial i_0}\delta i^{(1)} = \frac{\partial F_0}{\partial \Omega_0}\delta\Omega^{(1)} = \frac{\partial F_0}{\partial \varepsilon_0}\delta\varepsilon^{(1)} = 0. \tag{45}$$

Substituting equations (43) (44) and (45) into equation (35), one obtains

$$\frac{d\omega^{(2)}}{df} = \frac{1}{2}\left(\sum_{i=1}^{4} A_i Q_i + \sum_{i=1}^{4} N_i E_i\right) + \left(\sum_{i=1}^{4} A_i Q_i f \sin if + \sum_{i=1}^{4} N_i E_i f \sin if\right). \tag{46}$$

Integrating the above equation from 0 to 2π,

$$\begin{aligned}\delta\omega^{(2)} &= \frac{1}{2}\left(\sum_{i=1}^{4} A_i Q_i + \sum_{i=1}^{4} N_i E_i\right)\int_0^{2\pi} df \\ &\quad + \left(\int_0^{2\pi}\sum_{i=1}^{4} A_i Q_i f \sin f\, df + \int_0^{2\pi}\sum_{i=1}^{4} N_i E_i f \sin f\, df\right).\end{aligned} \tag{47}$$

we use the formula for integration

$$\int x \sin x\, dx = \sin x - x\cos x.$$

The integration

$$\int_0^{2\pi}\sum_{i=1}^{4} A_i Q_i f \sin if\, df = \sum_{i=1}^{4} AQ\,\frac{1}{i^2}[\sin if - if\cos if]_0^{2\pi} = -2\pi\sum_{i=1}^{4}\frac{A_i Q_i}{i}. \tag{48}$$

Similarly

$$\int_0^{2\pi}\sum_{i=1}^{4} N_i E_i f \sin i = -2\pi\sum_{i=1}^{4}\frac{N_i E_i}{i}. \tag{49}$$

The result of the integration (47) is

$$\delta\omega^{(2)} = \pi\Big(\sum_{i=1}^{4} A_i Q_i + \sum_{i=1}^{4} N_i E_i\Big) - 2\pi\Big(\sum_{i=1}^{4} \frac{A_i}{Q_i} i + \sum_{i=1}^{4} \frac{N_i E_i}{i}\Big),$$

or

$$\delta\omega^{(2)} = \left[\pi\sum_{i=1}^{4} A_i Q_i \Big(1-\frac{2}{i}\Big) + \pi\sum_{i=1}^{4} N_i E_i \Big(1-\frac{2}{i}\Big)\right] (\text{rad/cycle}), \tag{50}$$

$$\dot{\omega}^{(2)} = \left[\frac{\pi\sum_{i=1}^{4} A_i Q_i \Big(1-\frac{2}{i}\Big)}{P} + \frac{\pi\sum_{i=1}^{4} N_i E_i \Big(1-\frac{2}{i}\Big)}{P}\right] (\text{rad/a}), \tag{51}$$

where P is the orbital period.

$$\delta\bar{\omega} = \delta\omega + \delta\Omega = \delta\omega,\ \dot{\bar{\omega}} = \dot{\omega} + \dot{\Omega} = \dot{\omega}.$$

$$\therefore \delta\Omega = \dot{\Omega} = 0, \tag{52}$$

where $\bar{\omega}$ and ω are the longitudes of periastron and argument respectively.

5. Numerical results for the secular effect of gravitational radiation damping on periastron advance in second order perturbation theory

In this paper we choose two compact binary star systems. One is PSRJ0737-3039 and the other is black hole binary star M33X-7. Their data are listed in table 1.

Table 1 Table for data on PSRJ0737-3039 and M33X-7

Pulsar	P(d)	$A(R_\odot)$	$M_1(M_\odot)$	$M_2(M_\odot)$	e	Refs.
PSRJ0737-3039	0.102 25	1.26	1.34	1.25	0.087 8	Willems et al., 2004; Burgay et al., 2003
M33X-7	3.450 0	42.4	15.65	70.00	0.018 5	Orosz et al., 2007

The right hand side of equations (16) ~ (18) need to be multiplied by c^5 (light speed) and m should be multiplied by G (Gravitational constant).

$$\eta m^{\frac{5}{2}} = \frac{m_1 m_2}{m^2} m^{\frac{5}{2}} = m_1 m_2.$$

$$\begin{aligned} m^{\frac{1}{2}} &= \frac{G^{\frac{5}{2}}}{c^5} m_1 m_2 (m_1 + m_2)^{\frac{1}{2}} \\ &= 2.283\ 5 \times 10^{13}\ (\text{for PSRJ0737-3039}) \\ &= 8.588\ 3 \times 10^{16}\ (\text{for M33X-7}). \end{aligned} \tag{53}$$

$$\begin{aligned} p_0 &= a_0(1-e_0^2) \\ &= 8.701\ 9 \times 10^{10}\ (\text{for PSRJ0737-3039}) \\ &= 2.940\ 5 \times 10^{12}\ (\text{for M33X-7}). \end{aligned} \tag{54}$$

Here m_1, m_2 and a_0 are expressed in the units of solar mass M ($M_\odot$), $M_\odot = 1.989 \times 10^{33}$ g, and solar radius a ($R_\odot$). $R_\odot = 6.959\ 9 \times 10^{10}$ cm, $G = 6.67 \times 10^{-8}$ c · g · s and

$c=2.9979\times10^{10}$ cm/s.

Substituting data for the values of equations (53) ～ (54) and M_1 ($M_\odot$), M_2 ($M_\odot$) and e_0 into equations (27) (28) (37) and (39), we obtain table 2 and table 3.

Table 2　Numerical values for the amplitudes of periodic terms for PSRJ0373-3039

Amplitude	$A_i\times10^{-4}$	$E_i\times10^{-15}$	$Q_i\times10^{-23}$	$N_i\times10^{-13}$
$i=1$	−23.829 0	−1.340 1	+47.594 0	−9.181 0
$i=2$	−1.746 8	−0.385 5	+3.449 3	−1.265 1
$i=3$	−0.198 6	−0.022 7	+0.048 5	−0.892 4
$i=4$	0	0	+0.000 3	−0.062 8

Table 3　Numerical values for the amplitudes of periodic terms for M33X-7

Amplitude	$A_i\times10^{-1}$	$E_i\times10^{-15}$	$Q_i\times10^{-27}$	$N_i\times10^{-15}$
$i=1$	−1.717 8	−1.411 9	+73 621	−231.708 2
$i=2$	−0.014 6	−4.108 2	+33.125 3	−31.869 9
$i=3$	−0.000 2	−0.005 6	+4.941 8	−44.476 7
$i=4$	0	0	+0.000 3	−0.746 2

Expanding the terms in equations (50) and (51) for

$$\sum_{i=1}^{4}A_iQ_i\left(1-\frac{2}{i}\right)$$

and

$$\sum_{i=1}^{4}N_iE_i\left(1-\frac{2}{i}\right)$$

yields

$$\begin{aligned}\sum_{i=1}^{4}A_iQ_i\left(1-\frac{2}{i}\right)&=A_1Q_1\left(1-\frac{2}{1}\right)+A_2Q_2\left(1-\frac{2}{2}\right)+A_3Q_3\left(1-\frac{2}{3}\right)+A_4Q_4\left(1-\frac{2}{4}\right)\\&=\sum_{i=1}^{4}A_iQ_i\left(1-\frac{2}{i}\right)\\&=-A_1Q_1+\frac{1}{3}A_3Q_3+\frac{1}{2}A_4Q_4.\end{aligned}\tag{55}$$

The next expression is similar to the above expression,

$$\sum_{i=1}^{4}N_iE_i\left(1-\frac{2}{i}\right)=-N_1E_1+\frac{1}{3}N_3E_3+\frac{1}{2}N_4E_4.\tag{56}$$

Substituting equations (55) and (56) into equations (50) and (51), we obtain that

$$\delta\bar{\omega}^{(2)} = \left[\pi\left(-A_1Q_1 + \frac{1}{3}A_3Q_3 + \frac{1}{2}A_4Q_4\right) + \pi\left(-N_1E_1 + \frac{1}{3}N_3E_3 + \frac{1}{2}N_4E_4\right)\right] (\text{rad/cycle}). \quad (57)$$

$$\dot{\bar{\omega}}^{(2)} = \left[\pi\left(-A_1Q_1 + \frac{1}{3}A_3Q_3 + \frac{1}{2}A_4Q_4\right) + \frac{\pi\left(-N_1E_1 + \frac{1}{3}N_3E_3 + \frac{1}{2}N_4E_4\right)}{P}\right] (\text{rad/a}). \quad (58)$$

We can substitute the values of A_1, A_3, A_4, Q_1, Q_3, Q_4, E_1, E_3, E_4, N_1, N_3 and N_4 into table 2, table 3 and P (d) in table 1.

Then, we can apply these results for PSRJ0737-3039 and M33X-7 in equations (57) and (58) to obtain the second order secular solutions for periastron advance of pulsars or black holes that are part of binary systems as shown in table 4.

Table 4 The second order secular solutions for the periastron advance of PSRJ0737-3039 and M33X-7 compared with the first order solution of the previous paper (Li, 2014)

Binary star	$\delta\bar{\omega}^{(1)}$ (rad/cycle)	$\dot{\bar{\omega}}^{(1)}$ (rad/a)	$\delta\bar{\omega}^{(2)}$ (rad/cycle)	$\dot{\bar{\omega}}^{(2)}$ (rad/a)
PSRJ0737-3039	0	0	6.55×10^{-24}	2.34×10^{-20}
M33X-7	0	0	3.97×10^{-23}	4.21×10^{-21}

Notes: The first order values of $\delta\bar{\omega}^{(1)}$ and $\dot{\bar{\omega}}^{(1)}$ have been given in a previous article (Li, 2014).

6. Discussion

(1) It is important to study the secular advance of periastron in binary star systems, because the period of advance of the apsidal line is determined by the secular advance of periastron in binary stars. As is well known, there is not a secular advance of periastron in first order perturbation theory (Li, 2009, 2014). It is necessary for us to study and explore whether or not there is a secular advance of periastron in second order perturbation theory, the work highlighted in this paper is such an attempt. We obtain the associated theoretical and numerical results. According to Burgay et al. (2005), pulsars A and B in the system PSRJ0737-3039 will coalesce due to the emission of gravitational waves in a merger time of 85 Ma.

In Table 4 for PSRJ0737-3039, 2.34×10^{-20} rad/a$\times85\times10^{6}$ a$=1.99\times10^{-12}$ rad is increased within the time 85 Ma. This effect is so small that we cannot measure it. Even though this effect is very small, it still has theoretical significance, especially as this paper demonstrates that there is secular advance of periastron in second order perturbation theory.

(2) The result obtained by Lincoln & Will (1990) for the gravitational radiation reaction in the first order perturbation theory was used to derive equation 2.11b for 1PN (relativistic term), 2PN and 2.5PN for ω. We write the differential equation (2.11b) for ω in the following form.

$$e\frac{\mathrm{d}\omega}{\mathrm{d}t}=\frac{m}{p}\left[3e+\sum_{i=1}^{3}A_i\cos if\right]+\left(\frac{m}{p}\right)^2\left\{\left[e(7+5\eta-7\eta^2)-\frac{1}{8}e^3(2-2\eta+48\eta^2)\right]+\sum_{i=1}^{5}B_i\cos if\right\}+\left(\frac{m}{p}\right)^{\frac{5}{2}}\left(\sum_{i=1}^{4}C_i\sin if\right).$$

They integrate the equation above and take the secular terms, which yield

$$\Delta\omega=O\left(\frac{m}{p}\right)+O\left(\frac{m}{p}\right)^2+O\left(\frac{m}{p}\right)^{\frac{5}{2}}=6\,\frac{m}{p}+O\left(\frac{m}{p}\right)^2.$$

Here the first term is the relativistic periastron advance (secular terms + periodic terms), the second term is the 2PN periastron advance (secular terms + periodic terms), the third term is the 2.5PN (gravitational radiation reaction), and

$$O\left(\frac{m}{p}\right)^{\frac{5}{2}}=\left(\frac{m}{p}\right)^{\frac{5}{2}}\left(\sum_{i=1}^{4}\frac{C_i}{i}\cos if\right)$$

for which these periodic terms disappear in $\Delta\omega$. Because these terms are periodic terms and not secular terms, there exist secular variable terms in 1PN and 2PN, but no secular terms exist and only periodic terms exist in 2.5PN in first order theory.

This implies that there is no secular term or there is no periastron advance but there are only periodic terms in the first order perturbation theory for 2.5PN.

(3) We can compare the results of Li (2009, 2014) with those from Lincoln & Will (1990) in terms of first order theory for 2.5PN theory. Li (2009, 2014) concludes that there are not secular variable terms and there are only periodic variable terms for $\Delta\bar{\omega}$ in first order theory. This is consistent with the result obtained by Lincoln & Will (1990) in the first order theory. However, in the present paper, Li obtains the secular variable term for $\Delta\bar{\omega}$ in second order perturbation theory. Moreover, there is no secular variable term in the first order perturbation theory. It must appear in the second order pertubation theory.

References

[1] Brouwer D, Clemence G M. 1961, Methods of Celestial Mechanics (New York: Academic Press).

[2] Burgay M, D'Amico N, Possenti A, et al. 2003, Nature, 426, 531.

[3] Burgay M, D'Amico N, Possenti A, et al. 2005, in Astronomical Society of the Pacific Conference Series, 328, Binary Radio Pulsars, eds. F A Rasio, I H Stairs, 53.

[4] Li L S. 2009, Nuovo Cimento B, 124, 709.

[5] Li L S. 2011, Ap&SS, 334, 125.

[6] Li L S. 2014, Journal of Astrophysics and Astronomy, 35, 189.

[7] Lincoln C W, Will C M. 1990, Phys Rev D, 42, 1123.

[8] Matukuma T, Hirayama K. 1930, Celestial Mechanics (Cosmic Physics Ⅱ A), Iwanami Bookstore, Tokyo, Chapter 5, 142 (in Japanese).

[9] Orosz J A, McClintock J E, Narayan R, et al. 2007, Nature, 449, 872.

[10] Walker M, Will C M. 1979, Phys Rev D, 19, 3483.

[11] Willems B, Kalogera V, Henninger M. 2004, ApJ, 616, 414.

第三部分

变质量天体力学中的天体轨道要素变化

太阳质量损失对地球轨道改变的长期影响的估计*

摘要： 本文研究了太阳质量损失对地球轨道改变的长期影响．太阳质量损失包括太阳因光子辐射和太阳风流失两方面产生的质量损失．利用二体问题的中心体变质量的 Jeans 理论估计了太阳目前在主序阶段和将来后主序（红巨星）阶段由于上述两种机制造成的质量损失对地球轨道改变的长期效应．计算结果表明：太阳质量损失在主序阶段对地球轨道改变的影响较小，但在后主序阶段对地球轨道改变的影响甚大，且此估计只是一种理论预测．

关键词： 太阳质量损失；地球轨道；长期影响

地球自形成以来其公转和自转在外界的影响下一直在变化着，研究地球公转和自转的变化是件极有价值和意义的事．如影响地球自转改变的各种因素一样，影响地球轨道改变和公转周期变化的因素很多，除各大行星和银河环以及星际物质阻力对地球轨道的长期摄动影响外，来自太阳的各种因素对地球轨道也产生种种影响，如太阳多方模型、太阳自转和太阳质量损失均对行星轨道产生影响．前一因素产生的影响已有些作者做了研究．笔者及同事近年来主要对后一因素产生的影响进行了研究[1]~[4]，但研究主要针对行星和地球．本文主要研究太阳质量损失对地球轨道产生的长期影响．

太阳质量损失对太阳自身和地球有怎样的影响？这是值得研究的课题，特别后者与人类关系比较密切，更值得探讨．笔者在文［5］中曾研究了太阳风和光子辐射造成的质量损失对太阳自转减速的影响，其后在文［4］中又和同事们研究了太阳质量损失对行星轨道的影响．理论是用小参量级数展开法解 G-M 型变质量二体轨道要素变化方程，得到了长期和周期性变化解，并对九大行星轨道半长轴变率的影响效应做了计算，其结果是有意义的．当然也包括了对地球轨道改变的影响，但文中并没有专门对地球轨道的影响做详细探讨．由于地球与我们的关系比较密切，有必要对地球轨道产生的影响做进一步探讨．太阳质量损失对地球轨道周期性的影响并不重要，重要的是它对地球轨道的长期影响，不仅要研究太阳目前处于主序阶段对地球轨道改变产生的影响，也要研究太阳处于后主序阶段对地球轨道产生怎样的影响．由于本文只考虑长期效应的影响，这就无须用文［4］的方法去解 G-M 型变质量的轨道要素方程，直接用变质量二体问题的 Jeans 理论解问题就足够了．由于 Jeans 理论适用于太阳质量损失模型的日地系统，故

* 国家自然科学基金（19073005）资助项目．原文载于《云南天文台台刊》，2000（2）：10-17.

本文的方法是用简化了的G-M型变质量二体问题的Jeans理论的结果作为研究问题的出发点. 实际上，本文是对文［5］从太阳自身的影响扩大到对地球的影响，同时对文［4］用不同简便方法专门对地球轨道在内容上做了进一步补充和探讨，这种扩大、补充和探讨也是有意义的.

1. 变质量二体问题的Jeans理论对日地系统的应用

1.1 Jeans理论的概述

Jeans理论或Jeans问题就是指小的常质量伴星绕着质量随时间各向同性损失的主星运动的二体问题，故需从变质量问题中伴星相对于主星的运动方程开始论述，由文［4］，该方程是

$$\ddot{\boldsymbol{r}} = -\frac{G[M(t)+m(t)]}{r^3}\boldsymbol{r} + \frac{1}{m(t)}\cdot\frac{\mathrm{d}m(t)}{\mathrm{d}t}(\boldsymbol{u}_1-\boldsymbol{v}_1) - \frac{1}{M(t)}\cdot\frac{\mathrm{d}M(t)}{\mathrm{d}t}(\boldsymbol{u}-\boldsymbol{v}), \tag{1}$$

式中符号已在文［4］中做过解释，黑体字符号表示矢量，$\boldsymbol{r}$是伴星相对于主星的位置矢量，$M(t)$和$m(t)$分别是t时主星和伴星的质量，$\boldsymbol{u}$，$\boldsymbol{v}$和$\boldsymbol{u}_1$，$\boldsymbol{v}_1$分别是M，$\mathrm{d}M$和m，$\mathrm{d}m$的绝对速度，G为引力常数.

如果二体中主星有质量损失，其损失的形式是均匀地呈球对称向周围空间发射的各向同性变化，则有$\boldsymbol{u}=\boldsymbol{v}$，若伴星为常质量$m(t)=\mathrm{const}$，且$m(t)\ll M(t)$，将这些条件代入（1）式后可简化成矢量方程：

$$\ddot{\boldsymbol{r}} = -\frac{DM(t)}{r^3}\boldsymbol{r}.$$

将上述矢量方程分解成用极坐标表示的在径向和切向方向两分量加速度的标量方程，再对切向分量方程积分后用常量h表示，就得到了Jeans给出的在极坐标中的变质量二体运动方程[6][7]：

$$\ddot{r} - r\dot{\theta}^2 = -\frac{GM(t)}{r^2},$$

$$r^2\dot{\theta} = h.$$

Jeans利用以上两方程化成伴星在轨道上的总能量E的变率等于$-\frac{G}{r}\cdot\frac{\mathrm{d}M(t)}{\mathrm{d}t}$，即

$$\frac{\mathrm{d}E}{\mathrm{d}t} = \frac{\mathrm{d}}{\mathrm{d}t}\left[\frac{1}{2}(\dot{r}^2+r^2\dot{\theta}^2) - \frac{GM(t)}{r}\right] = \frac{\mathrm{d}}{\mathrm{d}t}\left[\frac{M(t)}{2a}\right] = -\frac{G}{r}\cdot\frac{\mathrm{d}M(t)}{\mathrm{d}t}.$$

如果只考虑长期效应，Jeans将$\frac{1}{r}$取每周转的平均值$\frac{1}{a}$代替后，积分以上方程便得Jeans的结果：

$$\begin{cases} aM(t) = \mathrm{const}, \\ PM(t)^2 = \mathrm{const}, \\ 1-e^2 = \dfrac{h^2}{GM(t)a} = \mathrm{const}, \end{cases} \tag{2}$$

式中 a，P 和 e 分别表示伴星的轨道半长轴、轨道周期和轨道偏心率，h 为轨道角动量.

1.2　Jeans 理论对太阳质量损失模型的日地系统的应用

实际上，太阳质量损失模型可以被认为是太阳以太阳风和光子辐射形式均匀呈球对称向周围空间发射物质或者太阳质量变化是各向同性变化，而且地球可被视为比太阳质量小很多的常质量，组成的日地系统的变质量问题满足 Jeans 理论所给出的（2）式．将（2）式两端对时间求导数，则可得到太阳质量损失率 $-\dfrac{\mathrm{d}M}{\mathrm{d}t}$ 同地球轨道的 a，P，e 变率的关系式：

$$\begin{cases}\dfrac{\mathrm{d}a}{\mathrm{d}t}=-\dfrac{a}{M}\cdot\dfrac{\mathrm{d}M}{\mathrm{d}t},\\[2mm] \dfrac{\mathrm{d}P}{\mathrm{d}t}=-2\,\dfrac{P}{M}\cdot\dfrac{\mathrm{d}M}{\mathrm{d}t},\\[2mm] \dfrac{\mathrm{d}e}{\mathrm{d}t}=0.\end{cases}\tag{3}$$

2. 太阳在主序阶段质量损失对地球轨道改变的长期影响

2.1　太阳在主序阶段各种物理量及地球轨道数据

太阳目前的各种物理量取自文［8］，但需将其数据由 c・g・s 制改为 SI 单位制（国际单位制）：

质量 $M_{\odot}=1.989\times10^{33}$ g$=1.989\times10^{30}$ kg，

半径 $R_{\odot}=6.959\,9\times10^{10}$ cm $=6.959\,9\times10^{8}$ m，

光度 $L=3.826\times10^{33}$ erg・s$^{-1}=3.826\times10^{26}$ J・s^{-1}，

地球轨道半长轴 $a=1.495\,9\times10^{13}$ cm$=1.495\,9\times10^{11}$ m，

地球轨道周期 $P=1$ a$=31\,556\,926$ s，

地球轨道偏心率 $e=0.016\,722=$const(在本文中).

2.2　太阳质量损失率

目前太阳在主序阶段的质量损失主要是由以下机制造成的，由此可计算出质量损失率.

首先，太阳内部因热核反应向外部进行光子辐射造成的质量损失，可利用质能转换关系 $Mc^2=E$ 得到质量损失率[9]：

$$\frac{\mathrm{d}M}{\mathrm{d}t}=\frac{1}{c^2}\cdot\frac{\mathrm{d}E}{\mathrm{d}t}=-\frac{L}{c^2},\tag{4}$$

其中 c 为光速，$c=3\times10^{8}$ m/s，将太阳光度 L 的数据代入后，得

$$\left(\frac{\mathrm{d}M}{\mathrm{d}t}\right)_L=-6.7\times10^{-14}M_{\odot}(\mathrm{a}^{-1}),\tag{5}$$

式中的 $M_{\odot}$ 以 kg 为单位，表示太阳质量.

其次，太阳风造成的太阳质量损失，可按在地球轨道处测得的太阳风抛射的氢粒子数密度 N 和太阳风速 v，由以下公式求得[10]：

$$\frac{\mathrm{d}M}{\mathrm{d}t}=-4\pi D^2 N m_H v, \tag{6}$$

式中 D 为日地之间的距离，取 1.4959×10^{11} m，m_H 为氢粒子的质量，按文［10］，$N=10$ 个/立方厘米 $=10\times10^6$ 个/立方米，$v=400$ km/s $=4\times10^5$ m/s，$m_H=1.6735\times10^{-27}$ kg.

将这些数据代入后，得

$$\left(\frac{\mathrm{d}M}{\mathrm{d}t}\right)_W=-4\times10^{-14}M_\odot(\mathrm{a}^{-1}). \tag{7}$$

此外，太阳表面耀斑爆发时也会因抛射大量粒子暂时造成质量损失，但这种损失不是连续性的，而是局部的，可以忽略不计.

将（5）式和（7）式相加后，即得太阳目前在主序阶段的总质量损失率：

$$\frac{\mathrm{d}M}{\mathrm{d}t}=-10.7\times10^{-14}M_\odot(\mathrm{a}^{-1}). \tag{8}$$

2.3 质量损失对地球轨道改变的长期效应

将 3.1 节中的 M，a，P 和（8）式中 $\frac{\mathrm{d}M}{\mathrm{d}t}$ 的数据代入（3）式后，得

$$\begin{cases}\frac{\mathrm{d}a}{\mathrm{d}t}=1.6\ \mathrm{cm/a}=0.016\ \mathrm{m/a},\\ \frac{\mathrm{d}P}{\mathrm{d}t}=6.7\times10^{-6}\ \mathrm{s/a},\\ \frac{\mathrm{d}e}{\mathrm{d}t}=0.\end{cases} \tag{9}$$

该结果表明：太阳在主序阶段由于目前质量逐渐减少使地球轨道半长轴每年扩大 1.6 cm，使轨道周期每年延长 6.7×10^{-6} s，这相当于每百万年（10^6 a）使日地间距离扩大 16 km，轨道周期延长 6.7 s 之多. 此数值不应忽视. 另外，轨道偏心率 e 不变. 用此法得到的数值结果同文［4］的方法所得数值是一致的 .

3. 太阳在后主序阶段质量损失对地球轨道改变的长期影响

由于本文主要研究太阳质量损失对地球轨道改变的长期影响，故不仅需考虑太阳在主序阶段的影响，也需考虑它在后主序阶段对地球轨道改变的影响. 为此，需先给出太阳演化到后主序阶段处于红巨星阶段时它的各种物理量和质量损失率.

3.1 太阳在后主序阶段演化成红巨星的各种物理量和地球轨道数据

目前，太阳演化地位处于主序阶段，估计太阳离开主序阶段演化成红巨星至少是 100 亿年以后的事. 根据目前太阳内部的氢有 10% 聚变成氦，按质能转化公式 $\Delta E=\Delta m\times c^2$ 求得全部氢转化成氦所释放出的能量为 1.28×10^{42} J，再除以每年太阳辐射的光度 3.826×10^{26} J $\times365\times86\,400$ 就可估计出太阳在主序阶段至少要停留 10^{10} 年（100 亿年）以上，然后就开始演变成红巨星. 太阳在红巨星阶段还需停留 10 亿年时间，将内部的氦转化成碳后就进入白矮星的晚期演化阶段.

按文［11］，太阳演变成红巨星时其半径要膨胀到现在的 30 倍，其光度约为现在的 100 倍，即

$$R=30R_{\odot}=30\times 6.959\ 9\times 10^{8}\ \text{m}=2.087\times 10^{10}\ \text{m},\\ L=100L_{\odot}=100\times 3.826\times 10^{26}\ \text{J/s}=3.826\times 10^{28}\ \text{J/s}. \tag{10}$$

如果按目前太阳的质量损失率，由（8）式可得，在 $t=10^{10}$ a 后其质量减少为

$$M=(1-10.7\times 10^{-14}\times 10^{10})M_{\odot}=0.999\ 8M_{\odot}. \tag{11}$$

如果按目前地球轨道的扩大率计算，由（9）式中第一个式子，每年扩大 1.6 cm，则 10^{10} a 后地球轨道扩大到同日心的距离为

$$a=a_0+1.6\times 10^{8}\ \text{m}=1.497\ 5\times 10^{11}\ \text{m},a_0=1.495\ 9\times 10^{11}\ \text{m}. \tag{12}$$

故那时地球轨道扩大量至少为

$$\Delta a=a-a_0=1.6\times 10^{8}\ \text{m}.$$

将（11）式和（12）式的 M 和 a 值代入 Kepler 第三定律便得到那时地球轨道周期一年的长度为

$$P=\frac{2\pi}{\sqrt{GM}}a^{\frac{3}{2}}=3\ 159\ 877\ \text{s}=365.728\ 9\ \text{d}. \tag{13}$$

故那时轨道周期比现在的周期延长

$$\Delta P=365.728\ 9-365.242\ 2=0.486\ 7\ (\text{d}).$$

由（10）式和（12）式可知，那时地球轨道半长轴 a 的数值仍比膨胀后的太阳半径 $R=30R_{\odot}$ 大 7 倍之多. 故太阳在 100 亿年后处于红巨星阶段时地球轨道不会落进膨胀的太阳半径以内，这是理论上的最低估计.

3.2　太阳处于红巨星阶段时的质量损失率

对于太阳处于红巨星阶段时的质量损失率，仍需考虑那时由光子辐射和太阳风造成的质量损失.

对于那时因光子辐射造成的质量损失仍需由（4）式给出. 因那时太阳的光度 $L=100L_{\odot}$，将此代入（4）式或将（5）式乘 100，则得

$$\left(\frac{\mathrm{d}M}{\mathrm{d}t}\right)_L=-6.7\times 10^{-12}M_{\odot}(\text{a}^{-1}). \tag{14}$$

对于太阳处于红巨星阶段时因太阳风造成的质量损失率，前面的（6）式不能应用，需要寻找适合太阳的晚型光谱的红巨星的质量损失率式子，再将其化为太阳风的质量损失率式子. 本文根据文［12］给出的晚型光谱冷星（红巨星）因星风造成的质量损失率式子来研究此问题.

从本文（6）式所列的太阳风的质量损失率出发，先将式子中的 Nm_H 和 v 用太阳质量 M 和半径 R 表示，最后化成一般式子[12]：

$$\frac{\mathrm{d}M}{\mathrm{d}t}=-9.7\times 10^{-12}(2.74\times 10^{4})^{\beta}\times\left(\frac{M}{M_{\odot}}\right)^{\beta+\frac{1}{2}}\left(\frac{R}{R_{\odot}}\right)^{\frac{3}{2}-2\beta}M_{\odot}(\text{a}^{-1}), \tag{15}$$

式中 $\beta=0.5\sim 0.57$. 如果按文［12］取 $\beta=0.5$，则

$$\frac{\mathrm{d}M}{\mathrm{d}t}=-1.6\times10^{-9}\left(\frac{M}{M_{\odot}}\right)\left(\frac{R}{R_{\odot}}\right)^{\frac{1}{2}}M_{\odot}(\mathrm{a}^{-1}).\tag{16}$$

将（10）式中的 $R=30R_{\odot}$ 和（11）式中的 $M=0.999\,8M_{\odot}$ 代入上式后，求得太阳处于红巨星阶段因太阳风造成的质量损失率为

$$\begin{aligned}\left(\frac{\mathrm{d}M}{\mathrm{d}t}\right)_{W}&=-1.6\times10^{-9}\times0.999\,8\times\sqrt{30}M_{\odot}(\mathrm{a}^{-1})\\&=-8.757\,6\times10^{-9}M_{\odot}(\mathrm{a}^{-1}).\end{aligned}\tag{17}$$

故太阳处于红巨星阶段因太阳风造成的质量损失率比在主序阶段因星风造成的质量损失率大 5 个数量级，比那时光子辐射造成的损失大 3 个数量级，其量级相当于目前所观测到的红巨星的质量损失率的程度. 在主序阶段太阳风造成的质量损失同光子辐射造成的损失几乎同一量级，而到后主序（红巨星）阶段因太阳风造成的质量损失占主导地位，这是由观测到的红巨星具有较大星风的特点决定的.

将（14）式和（17）式两端相加后即得太阳处于后主序阶段红巨星时总的质量损失率：

$$\frac{\mathrm{d}M}{\mathrm{d}t}=-8.768\,5\times10^{-9}M_{\odot}(\mathrm{a}^{-1}).\tag{18}$$

（18）式是太阳处于红巨星阶段时质量损失率的预测值，但它很接近目前所观测到的红巨星的质量损失率的量级.

3.3 太阳处于后主序（红巨星）阶段时质量损失对地球轨道改变的影响的预测

最后预测太阳在 100 亿年后演变成红巨星时质量损失对地球轨道半长轴或日地距离和轨道周期的扩大率.

将（11）（12）式太阳处于红巨星阶段时的 M，a 和 P 以及质量损失率（18）代入（3）式，即得太阳处于红巨星阶段时因其质量损失对地球轨道半长轴 a 和轨道周期 P 的扩大率的数值：

$$\frac{\mathrm{d}a}{\mathrm{d}t}=-\frac{a}{M}\cdot\frac{\mathrm{d}M}{\mathrm{d}t}=131\,2(\mathrm{m/a}),\tag{19}$$

$$\frac{\mathrm{d}P}{\mathrm{d}t}=-2\frac{P}{M}\cdot\frac{\mathrm{d}M}{\mathrm{d}t}=0.554\,3(\mathrm{s/a}),\tag{20}$$

$$\frac{\mathrm{d}e}{\mathrm{d}t}=0,\tag{21}$$

即那时因太阳质量损失使地球轨道半长轴或日地距离每年扩大 1 km 以上，同（9）式相比可知，这一扩大率相当于太阳在主序上扩大率的 10 000 倍，而那时轨道周期每年以0.554 3 s 延长，也相当于目前太阳处于主序阶段每年延长的 10 000 倍以上. 所以，太阳处于后主序（红巨星）阶段因其质量损失对地球轨道改变的影响是巨大的，但轨道偏心率不受影响.

4. 结　论

（1）太阳质量因其随时间的损失在逐年减少，这种减少引起的变化将导致地球轨道半长轴或日地距离逐年扩大，轨道周期也逐年延长，但轨道偏心率或轨道形状不受影响.

（2）虽然太阳质量损失在主序阶段是比较小的，但其对地球轨道改变的影响不应忽视，特别它在后主序阶段处于红巨星时质量损失较大，对地球轨道改变的影响甚大. 然而，所有这些定量的估计是较粗略的，只是一种理论上的预测性估计.

（3）太阳在 100 亿年后演变成红巨星时地球轨道扩大率以及日地距离远远超过太阳半径的膨胀率，那时膨胀的太阳半径即$\frac{\mathrm{d}a}{\mathrm{d}t}>\frac{\mathrm{d}R_{\odot}}{\mathrm{d}t}$，$a>R_{\odot}$. 在那以后的岁月，地球轨道永远不会落进膨胀的太阳体积内. 故此，太阳演变成红巨星时地球轨道落进膨胀的太阳半径或膨胀的体积内的说法没有理论上的定量根据.

参考文献

[1] Li Linsen. The post-Newtonian effects of the rotation of the central body on the motion of the celestial body in three gravitational theories [J]. Commun Theor Phys，1991，15：353.

[2] Li Linsen. The perturbation effect of a rotating solar polytropic model on the variation of planetary orbital elements [J]. Commun Theor Phys，1997，27：361.

[3] 李林森. 太阳多方模型对行星轨道要素变化的长期摄动影响 [J]. 陕西天文台台刊，1995，18：20.

[4] 郁丽忠，郑学塘，李林森. 太阳质量损失对行星轨道的影响 [J]. 空间科学学报，1994，14：70.

[5] 李林森. 太阳风对太阳自转减速的影响 [J]. 空间科学学报，1990，10：274.

[6] Jeans J H. Cosmogonic problems associated with a secular decrease of mass [J]. MNRAS，1924，84：2，912.

[7] Jeans J H. Astronomy and cosmogony [M]. cambridge，Univ Press，1929：298.

[8] Allen C W. Astrophysical quantities [M]. The Alone Press，1973：161.

[9] Масевич А Г. Воиросы Космогонии [M]. Том Ⅴ，ИКНСССР Москва，1957：172.

[10] Bowers B L，Deeming T. Astrophyics，I stars [M]. 1984：204.

[11] Sandage A. The birth and death of a star [J]. Amer J Phys，1957，25：525.

[12] Mullan D J. Supersonic stellar wind and rapid mass loss in cool star [J]. Astrophys J，1978，226：151.

太阳质量损失对行星轨道的影响*

摘要：本文利用 Gylden-Meshcherskii 方程和 Eddington-Jeans 定律，讨论太阳质量损失对行星轨道的影响. 结果表明，太阳质量损失会产生轨道半长径 a 的一阶长期项和周期项，轨道偏心率 e 的一阶周期项和二阶混合项，近日点角距 ω 的一阶周期项、二阶长期项和混合项. 行星轨道半长径的长期变化会影响太阳系的稳定性.

关键词：太阳质量损失；G-M 型问题；Jeans 定律；行星轨道

1. 引　言

人们在研究行星运动，确定它们的位置时往往认为太阳的质量是恒定不变的. 事实上，太阳风，太阳的光辐射、电磁辐射和微粒辐射等使得太阳的质量不断地损失[1]. 以前认为这种质量损失是极其微小的，它对行星轨道的影响完全可以忽略不计. 近年来，许多观测事实表明，太阳质量损失比原来估计的要大得多. 太阳风会使太阳外层大气流失，造成太阳质量损失，其损失率每年约为 $4\times10^{-14}M_{\odot}$[2]；太阳通过光辐射和电磁辐射等形式也会损失质量，其损失率每年约为 $6.7\times10^{-14}M_{\odot}$[3]. 当太阳处于活动时期和爆发阶段时将会损失更多的质量. 随着观测技术的发展、观测精度的提高、行星精密定位的可能和需要，有必要研究太阳质量损失对行星运动的影响. 当太阳质量不断损失时，在其引力作用下行星的运动问题可以处理成 Gylden-Meshcherskii 型变质量二体问题. Hadjidemetriou 等曾给出 G-M 型问题的运动方程[4][5]，Verhulst 利用时标变换得到了质量变化模型中对于系数 $k=3$ 时的 G-M 型问题的解[6]. 本文进一步研究 G-M 型变质量二体问题，得到系数 k 为任意值时的解，并将结果应用到太阳系，讨论太阳质量损失对大行星运动和太阳系稳定性的影响.

2. 运动方程及其解

Meshcherskii 在研究火箭运动时建立了变质量质点的动力学方程：

$$M(t)\frac{\mathrm{d}\boldsymbol{v}}{\mathrm{d}t}=\frac{\mathrm{d}M(t)}{\mathrm{d}t}(\boldsymbol{u}-\boldsymbol{v})+\boldsymbol{F}. \tag{1}$$

式中 $\boldsymbol{v}$ 和 $\boldsymbol{u}$ 分别是变质量质点 M 和质量增量 $\mathrm{d}M$ 的绝对速度，$\boldsymbol{F}$ 是作用在 M 上的所有外力.

* 国家自然科学基金资助项目. 原文载于《空间科学学报》，1994，14（1）：70-75. 与郑学塘、郁丽忠合作.

利用（1）式不难得到一般变质量二体问题中伴星相对于主星的运动方程：

$$\ddot{\boldsymbol{r}}=-\frac{G[M(t)+m(t)]}{r^3}\boldsymbol{r}+\frac{1}{m(t)}\cdot\frac{\mathrm{d}m(t)}{\mathrm{d}t}(\boldsymbol{u}_1-\boldsymbol{v}_1)-\frac{1}{M(t)}\cdot\frac{\mathrm{d}M(t)}{\mathrm{d}t}(\boldsymbol{u}-\boldsymbol{v}).\tag{2}$$

其中 $\boldsymbol{r}$ 是伴星相对于主星的位置矢量，$m(t)$ 和 $M(t)$ 是 t 时它们的质量，$\boldsymbol{v}_1$，$\boldsymbol{u}_1$ 和 $\boldsymbol{v}$，$\boldsymbol{u}$ 分别是 m，$\mathrm{d}m$ 和 M，$\mathrm{d}M$ 的绝对速度，G 是引力常数.

太阳质量损失是以太阳风和光辐射等形式均匀地呈球对称向周围空间抛射物质，这种变化称为各向同性的，这时有 $\boldsymbol{u}=\boldsymbol{v}$. 若行星质量没有变化或者它相对于太阳的质量变化极其微小，则（2）式化为

$$\ddot{\boldsymbol{r}}+\frac{G\mu(t)}{r^3}\boldsymbol{r}=0,\tag{3}$$

其中 $\mu(t)=M(t)+m(t)$.（3）式属于 G-M 型变质量二体问题[8]，它所对应的摄动加速度是[4][5]

$$\boldsymbol{F}=-\frac{1}{2}\cdot\frac{\mathrm{d}}{\mathrm{d}t}(\ln\boldsymbol{\mu})\frac{\mathrm{d}\boldsymbol{r}}{\mathrm{d}t}=-\frac{1}{2\mu}\cdot\frac{\mathrm{d}\mu}{\mathrm{d}t}\cdot\frac{\mathrm{d}\boldsymbol{r}}{\mathrm{d}t}.\tag{4}$$

将（4）式代入以摄动加速度表示的适用于可变质量的摄动运动方程[9]，可得太阳质量变化时行星轨道要素应当满足方程：

$$\frac{\mathrm{d}\Omega}{\mathrm{d}t}=\frac{\mathrm{d}i}{\mathrm{d}t}=0,\tag{5}$$

$$\frac{\mathrm{d}a}{\mathrm{d}t}=-\frac{a(1+e\cos E)}{1-e\cos E}\cdot\frac{1}{\mu}\cdot\frac{\mathrm{d}\mu}{\mathrm{d}t},\tag{6}$$

$$\frac{\mathrm{d}e}{\mathrm{d}t}=-\frac{(1-e^2)\cos E}{1-e\cos E}\cdot\frac{1}{\mu}\cdot\frac{\mathrm{d}\mu}{\mathrm{d}t},\tag{7}$$

$$\frac{\mathrm{d}\omega}{\mathrm{d}t}=-\frac{(1-e^2)^{\frac{1}{2}}\sin E}{e(1-e\cos E)}\cdot\frac{1}{\mu}\cdot\frac{\mathrm{d}\mu}{\mathrm{d}t},\tag{8}$$

$$\frac{\mathrm{d}E}{\mathrm{d}t}=\frac{\beta(1-e^2)^{\frac{3}{2}}}{1-e\cos E}\mu^2+\frac{\sin E}{e(1-e\cos E)}\cdot\frac{1}{\mu}\cdot\frac{\mathrm{d}\mu}{\mathrm{d}t}.\tag{9}$$

其中 $\beta=\frac{G^2}{C^3}$，C 是面积常数. 由（6）和（7）式可以得到它们存在一个积分

$$G\mu(t)a(1-e^2)=C^2.$$

Jeans 在研究双星系演化时提出一种恒星质量变化模型[10]

$$\frac{\mathrm{d}M}{\mathrm{d}t}=-\alpha M^k,\tag{10}$$

其中 α 是小参数，k 是常数，通常 $k\in[0.4,4.4]$.

设 M_0 是初始质量，则这时对应的质量模型是

$$M(t)=\begin{cases}M_0e^{\alpha t}, & (k=1)\\ M_0[1+(k-1)M_0^{k-1}\alpha t]^{-\frac{1}{k-1}}. & (k\neq 1)\end{cases}$$

如果 $m\ll M$，$\frac{\mathrm{d}m}{\mathrm{d}t}\ll\frac{\mathrm{d}M}{\mathrm{d}t}$（如太阳系）或者 m 与 M 的变化规律相同（如某些双星系），

则有

$$\frac{\mathrm{d}\mu}{\mathrm{d}t}=-\alpha\mu^{k}. \tag{11}$$

(6)(7)(8)(9) 和 (11) 式是自治系统，消去自变量 t 后可以得到

$$\frac{\mathrm{d}a}{\mathrm{d}E}=\alpha\mu^{k-3}aeA(1+e\cos E), \tag{12}$$

$$\frac{\mathrm{d}e}{\mathrm{d}E}=\alpha\mu^{k-3}e(1-e^{2})A\cos E, \tag{13}$$

$$\frac{\mathrm{d}\omega}{\mathrm{d}E}=\alpha\mu^{k-3}(1-e^{2})^{\frac{1}{2}}A\cos E, \tag{14}$$

$$\frac{\mathrm{d}\mu}{\mathrm{d}E}=-\alpha\mu^{k-2}eA(1-e\cos E). \tag{15}$$

其中

$$A=\frac{1}{\beta e(1-e^{2})^{\frac{3}{2}}-\alpha\mu^{k-3}\sin E}=\frac{1}{\beta e(1-e^{2})^{\frac{3}{2}}}+\frac{\alpha\mu^{k-3}\sin E}{\beta^{2}e^{2}(1-e^{2})^{3}}+\cdots.$$

(12) ～ (15) 式右端函数包含小参数 α，因此可以采用小参数幂级数展开法求解. 设它们的解是

$$\begin{cases}a=a_0+a_1\alpha+a_2\alpha^2+\cdots, e=e_0+e_1\alpha+e_2\alpha^2+\cdots;\\ \omega=\omega_0+\omega_1\alpha+\omega_2\alpha^2+\cdots, \mu=\mu_0+\mu_1\alpha+\mu_2\alpha^2+\cdots.\end{cases} \tag{16}$$

将 (16) 式代入 (12) ～ (15) 式后，比较 α 的各次幂的系数，可得到 α 各次幂的解（称为相应阶的解）. 比较 α 一次幂的系数后，有

$$\begin{cases}\dfrac{\mathrm{d}a_1}{\mathrm{d}E}=\dfrac{\mu_0^{k-3}a_0}{\beta(1-e_0^2)^{\frac{3}{2}}}(1+e_0\cos E),\\ \dfrac{\mathrm{d}e_1}{\mathrm{d}E}=\dfrac{\mu_0^{k-3}}{\beta(1-e_0^2)^{\frac{1}{2}}}\cos E,\\ \dfrac{\mathrm{d}\omega_1}{\mathrm{d}E}=\dfrac{\mu_0^{k-3}}{\beta e_0(1-e_0^2)}\sin E,\\ \dfrac{\mathrm{d}\mu_1}{\mathrm{d}E}=-\dfrac{\mu_0^{k-2}}{\beta(1-e_0^2)^{\frac{3}{2}}}(1+e_0\cos E).\end{cases} \tag{17}$$

若取行星过近日点的时刻为初始时刻，这时 $E=0$，则 (17) 式的积分结果是

$$\begin{cases}a_1=\dfrac{\mu_0^{k-3}a_0}{\beta(1-e_0^2)^{\frac{3}{2}}}(E+e_0\sin E), e_1=\dfrac{\mu_0^{k-3}}{\beta(1-e_0^2)^{\frac{1}{2}}}\sin E,\\ \omega_1=\dfrac{\mu_0^{k-3}}{\beta e_0(1-e_0^2)}(1-\cos E), \mu_1=-\dfrac{\mu_0^{k-2}}{\beta(1-e_0^2)^{\frac{3}{2}}}(E-e_0\sin E).\end{cases} \tag{18}$$

为方便起见，采用这样的理论单位制：初始质量 μ_0 为质量单位，各个行星的轨道半长径 a_0 为距离单位，$\frac{1}{2\pi}P$（P 是相应行星的公转周期）为时间单位，则 $G=1$，$\beta=(1-e_0^2)^{-\frac{3}{2}}$，$E=t+e\sin E$. 这时一阶解是

$$\begin{cases} a = 1 + \alpha(E + e_0 \sin E) = 1 + \alpha(t + 2e_0 \sin E), e = e_0 + \alpha(1 - e_0^2)\sin E, \\ \omega = \omega_0 + \dfrac{\alpha(1 - e_0^2)^{\frac{1}{2}}}{e_0}(1 - \cos E), \mu = 1 - \alpha(E - e_0 \sin E) = 1 - \alpha t. \end{cases} \tag{19}$$

将（19）式代入（13）和（14）式后，比较 α 二次幂的系数，可得

$$\frac{\mathrm{d}e_2}{\mathrm{d}E} = (1 - e_0^2)\left[(3 - k)E + \frac{1 + (k - 2)e_0^2}{e_0}\sin E\right]\cos E. \tag{20}$$

$$\frac{\mathrm{d}\omega_2}{\mathrm{d}E} = \frac{(1 - e_0^2)^{\frac{1}{2}}}{e_0}[(3 - k)E + ke_0 \sin E]\sin E. \tag{21}$$

对（20）和（21）式积分，结果是

$$\begin{aligned} e_2 = &(3 - k)(1 - e_0^2)(\cos E - 1 + E\sin E) \\ &+ \frac{1 + (k - 2)e_0^2}{4e_0}(1 - e_0^2)(1 - \cos 2E). \end{aligned} \tag{22}$$

$$\omega_2 = \frac{(3 - k)(1 - e_0^2)^{\frac{1}{2}}}{e_0}(\sin E - E\cos E) + \frac{k(1 - e_0^2)^{\frac{1}{2}}}{2}\left(E - \frac{1}{2}\sin 2E\right). \tag{23}$$

如取 $k=3$，这时（22）和（23）式化为

$$e_2 = \frac{1}{4e_0}(1 - e_0^4)(1 - \cos 2E), \ \omega_2 = \frac{3}{2}(1 - e_0^2)^{\frac{1}{2}}\left(E - \frac{1}{2}\sin 2E\right). \tag{24}$$

由（16）（18）和（23）式可得轨道要素 ω 的长期项系数是

$$\frac{\mathrm{d}\omega}{\mathrm{d}r} = \frac{k}{2}(1 - e_0^2)^{\frac{1}{2}}\alpha^2. \tag{25}$$

3. 计算结果和讨论

太阳风和太阳光辐射等使得目前太阳质量每年至少损失 $1.1\times10^{-13}M_{\odot}$，由（11）式可得

$$\alpha = \frac{P}{2\pi} \times 1.1 \times 10^{-13}, \tag{26}$$

其中 P 是各个行星的公转周期（用年来表示）.

将太阳系各大行星的轨道数据及相应的 α 值代入（19）式中第一式后，可得太阳质量损失对行星轨道半长径 a 的影响. 计算结果列于表 1.

表 1　太阳质量损失对行星轨道半长径的影响

Planet	Mercury	Venus	Earth	Mars	Jupiter	Saturn	Uranus	Neptune	Pluto
$\frac{\mathrm{d}a}{\mathrm{d}t}$(cm/a)	0.637	1.19	1.65	2.51	8.56	15.70	31.57	49.47	64.90
a_s(cm)	0.010	0.002	0.009	0.140	1.566	8.191	39.88	22.26	1 279

注：$\frac{\mathrm{d}a}{\mathrm{d}t}$ 和 a_s 分别表示轨道半长径 a 的长期变化率和周期变化的振幅.

利用本文得到的结果，我们可以得到下面一些结论.

（1）由（5）式可得 $\Omega=\Omega_0$，$i=i_0$，这说明太阳质量损失并不改变行星轨道平面在空间中的位置.

（2）由（19）式中第一式和表 1，可以看到太阳质量损失会引起行星轨道半长径 a 的长期和周期变化；特别对于远日行星，变化数值较大，因此在编制行星精密星历表时需做适当考虑. 另外，在向远日行星发射探测器时由于所需飞行时间较长，如沿着最小能量轨道飞向冥王星时约需 45.5 年[11]，这时它的轨道半长径约变大 30 m，因此在做精密轨道设计时也应适当考虑.

（3）由于行星轨道半长径存在长期变化，各大行星特别是远日行星不断地远离太阳；如果再考虑太阳其他微粒辐射则远离更快，这可能会影响到太阳系的结构和稳定性. 但是一般来说这种变化较小，因此在较大时间区间内，太阳质量的损失不会破坏太阳系的稳定性.

（4）由（19）（22）（23）（24）（25）式可得太阳质量损失会产生轨道偏心率 e 的一阶周期项、二阶混合项，远日点角距 ω 的一阶周期项、二阶长期项和混合项. 如取 $k=3$ 时偏心率 e 不存在二阶混合项，这时意味着行星的轨道尽管越变越大，但并不改变轨道的形状. ω 存在二阶长期项，说明行星的轨道拱线方向有极其缓慢的东进现象.

（5）当取 $k=3$ 时，本文结果与文［6］和［12］的结果一致. 但是文［6］和［12］仅适用于质量变化模型 $k=3$ 的情形，而本文适用于 k 为任何数值的情形. 不仅如此，对于质量变化模型采用其他函数形式也同样可以利用本文的方法得到它对天体轨道的影响. 本文结果也同样适用于双星系，讨论双星系质量损失对其运动和稳定性的影响.

郑丽同志曾参与本文计算工作，特此致谢.

参考文献

［1］Zheng X T，Yu L Z. Chinese Phys Lett，Vol 10，61，1993.

［2］Bowers R L. Astrophysics I stars. Jones and Bartlett Pub，204，1984.

［3］铃木敬信. 太阳の热源，恒星社版，1952：51.

［4］Hadjidemetriou J D. Icarus，Vol 5，34，1966.

［5］Омаров Т В. Иэв Астрофпэ，Т Ⅹ Ⅳ стр，66，1962.

［6］Verhulst F. Bull Astron Inst Neth，Vol 20，215，1969.

［7］Meshcherskii I V. Astron Nachr，Vol 159，229，1902.

［8］Razbitnaya E P. Astron Zh，Vol. 62，1175，1985.

［9］郑学塘，倪彩霞. 天体力学和天文动力学. 北京：北京师范大学出版社，1989：137.

［10］Jeans J H. Monthly Notices Roy. Astron Soc，Vol 85，2，1924.

［11］郑学塘. 空间科学学报，1991，11：40.

［12］陈黎，郑学塘. 天体物理学报，1991，11：149.

太阳质量变化对小天体轨道半长轴变化的影响*

摘要：本文利用变质量天体力学方法研究了太阳质量变化对小天体轨道半长轴的变化的影响．太阳质量变化包括光子辐射和太阳风造成的质量损失和太阳吸积周围星际物质造成的质量增加两种联合因素．利用 G-M 型变质量天体轨道要素变化方程的一阶解对 7 颗小行星轨道半长轴 a 的长期变化率 $\dot{a}$ 做了数值计算，结果表明：太阳质量损失使小行星轨道逐渐扩大同太阳的距离，而质量吸积逐渐缩小同太阳的距离，但因前者扩大量大于后者缩小量，故太阳质量变化对小行星轨道半长轴的影响的总趋势是扩大同日的距离。

关键词：太阳质量变化；小天体；轨道长轴摄动

1．引　言

文［1］研究了太阳质量损失对行星探测器轨道的影响问题．文中利用小参量级数展开法对 G-M 型变质量天体轨道要素变化方程求解后给出了太阳质量损失对行星探测器轨道的影响改变量，并对六个行星探测器做了数值计算．然而，太阳质量损失只是太阳质量变化的一个主要方面．太阳除光子辐射和太阳风造成的质量损失外，还有太阳质量吸积周围星际物质导致其质量增加的另一方面．实际上不仅太阳质量损失影响行星轨道，太阳质量吸积物质也会影响行星轨道．影响行星轨道应该是太阳质量变化这两种因素联合造成的，故本文在这方面又做了补充．此外，小行星轨道变化对编制小行星星历表尤为重要，除考虑大行星对它的轨道摄动影响外，太阳质量变化对它的影响也必须考虑进去．由于在文［1］中没有对小行星轨道的影响做数值计算，此外该理论也没有包括对太阳质量吸积的影响，故本文又在这方面做了补充研究．

2．太阳质量变化

太阳质量随时间缓慢地变化，太阳因光子辐射和太阳风以及磁活动等产生质量损失，使其质量逐渐减少；另一方面，太阳吸积周围星际物质使其质量逐渐增加．太阳质量变化就是这两种因素联合形成的，但由于前者减少量大于后者增加量，故太阳质量变化的总趋势向减少方向发展．表示星的质量变化规律可用 Jeans 的定律形式[1]：

* 国家自然科学基金资助项目．原文载于《人造卫星观测与研究》，1994 (1)：26-29，46．与郑学塘、郁丽忠合作．

$$\frac{\mathrm{d}M}{\mathrm{d}t}=-\alpha M^{k}. \tag{1}$$

式中 α 为一正的常数小量，而指数 K 在 0.4 和 4.4 之间.（1）式适合电磁辐射或微粒辐射。

考虑太阳光子辐射和太阳风造成的质量损失时，依前文取 $k=3$，$\alpha=\alpha_L$，则

$$\frac{\mathrm{d}M}{\mathrm{d}t}=-\alpha_L M^{3}. \tag{2}$$

按文［1］，太阳因光子辐射和太阳风每年损失的质量为 $1.1\times10^{-13}M_{\odot}$，将此值及 $M=M_{\odot}=1.989\times10^{33}\,\mathrm{g}$ 代入上式，可得

$$\alpha_L=7.2\times10^{-88}(\mathrm{c\cdot g\cdot s}). \tag{3}$$

太阳质量吸积周围星际物质产生的质量变化可用 Hoyle 等人给出的吸积率式子[2]：

$$\frac{\mathrm{d}M}{\mathrm{d}t}=\frac{18G^2\rho M^2}{\mathbf{V}^3}=\alpha_A M^2. \tag{4}$$

式中 $K=2$；$\alpha=-\alpha_A=\dfrac{-18G^2\rho}{\mathbf{V}^3}$；$\rho$ 为星际物质密度；G 为引力常数；$\rho=1.66\times10^{-23}\ \mathrm{g/cm^3}$；$V$ 为太阳相对银河系运动的平均速度或相对星际物质云的速度，取 $V=2\times10^{6}\ \mathrm{cm/s}$. 代入(4) 式，得

$$\alpha_A=1.66\times10^{-55}(\mathrm{c\cdot g\cdot s}). \tag{5}$$

3. 太阳质量变化对小天体轨道长轴改变的影响

小行星的质量同行星探测器的质量一样远远小于太阳质量 M，即 $m_0\ll M$. m_0 为小行星的不变质量，其变质量的二体运动方程属于伴星为常质量的 G-O 型变质量二体问题，等价于 Jeans 问题，均属于 G-M 型的动力系统，故无论质量损失情形或质量吸积情形均可用 G-M 型变质量天体轨道要素变化方程去解问题，所以现在可将文献［1］或前文以 E 为自变量的轨道要素变化方程用 α 小参数幂级数展开法求解. 如果只研究轨道长轴 a 的一阶解，可得到[1]

$$a=a_0+\alpha a_1=a_0+\alpha\,\frac{M_0^{k-3}a_0}{\beta(1-e_0^2)^{\frac{3}{2}}}(E+e_0\sin E).$$

将 Kepler 方程 $E-e_0\sin E=\eta_0 t$ 代入上式，则可得轨道长轴 a 的改变量和长期改变率式子.

$$\begin{cases}\Delta a=\dfrac{\alpha M_0^{k-3}a_0}{\beta(1-e_0^2)^{\frac{3}{2}}}(E+e_0\sin E)=\dfrac{\alpha M^{k-3}a_0}{\beta(1-e_0^2)^{\frac{3}{2}}}(\eta_0 t+2e_0\sin E),\\[2ex] \dot{a}=\dfrac{\mathrm{d}a}{\mathrm{d}t}=\dfrac{\alpha M_0^{k-3}a_0 n_0}{\beta(1-e_0^2)^{\frac{3}{2}}}=\dfrac{2\pi\alpha M_0^{k-3}a_0}{\beta(1-e_0^2)^{\frac{3}{2}}T_0}(a^{-1}).\end{cases} \tag{6}$$

式中 M_0 为太阳现在的质量，T_0 是用年表示的小行星轨道周期，而

$$\beta=\frac{G^2}{C^3},\qquad C^2=GMa(1-e^2). \tag{7}$$

对于太阳风和光子辐射造成的质量损失情形，将前节由（2）式给出的 $\alpha=\alpha_L=7.2\times10^{-88}$ 和 $k=3$ 代入（6）式，得

$$\begin{cases}\Delta a_L=\dfrac{\alpha_L a_0}{\beta(1-e_0^2)^{\frac{3}{2}}}(E+e_0\sin E)=\dfrac{\alpha_L a_0}{\beta(1-e_0^2)^{\frac{3}{2}}}(n_0t+2e_0\sin E),\\ \dot{a}_L=\dfrac{\mathrm{d}a_L}{\mathrm{d}t}=\dfrac{\alpha_L a_0 n_0}{\beta(1-e_0^2)^{\frac{3}{2}}}=\dfrac{2\pi\alpha_L a_0}{\beta(1-e_0^2)^{\frac{3}{2}}T_0}(\mathrm{a}^{-1}).\end{cases}\tag{8}$$

对于太阳质量吸积情形，将前节给出的 $\alpha=-\alpha_A=-1.66\times10^{-55}$ 和 $k=2$ 代入(6)式，可得

$$\begin{cases}\Delta a_A=\dfrac{-\alpha_A a_0}{M_0\beta(1-e_0^2)^{\frac{3}{2}}}(E+e_0\sin E)=-\dfrac{\alpha_A a_0}{M_0\beta(1-e_0^2)^{\frac{3}{2}}}(n_0t+2e_0\sin E)(\mathrm{a}^{-1}),\\ \dot{a}_A=-\dfrac{\alpha_A a_0 n_0}{M_0\beta(1-e_0^2)^{\frac{3}{2}}}=-\dfrac{2\pi\alpha_A a_0}{M_0\beta(1-e_0^2)^{\frac{3}{2}}T_0}(\mathrm{a}^{-1}).\end{cases}\tag{9}$$

再将（7）式代入（8）式和（9）式后消去 β，则可得到太阳质量损失和质量增加两种情形对轨道长轴 a 的长期变率的表达式为

$$\begin{cases}\dot{a}_L=\dfrac{\mathrm{d}a_L}{\mathrm{d}t}=\dfrac{2\pi\alpha_L a_0^{\frac{5}{2}}M_0^{\frac{3}{2}}}{G^{\frac{1}{2}}T_0}(\mathrm{a}^{-1}),\\ \dot{a}_A=\dfrac{\mathrm{d}a_A}{\mathrm{d}t}=-\dfrac{2\pi\alpha_A a_0^{\frac{5}{2}}M_0^{\frac{1}{2}}}{G^{\frac{1}{2}}T_0}(\mathrm{a}^{-1}).\end{cases}\tag{10}$$

所以小行星轨道半长轴 $\dot{a}$ 的总长期变率为

$$\dot{a}=\dot{a}_L-\dot{a}_A=\frac{2\pi a_0^{\frac{5}{2}}}{G^{\frac{1}{2}}T_0}(\alpha_L M_0^{\frac{3}{2}}-\alpha_A M_0^{\frac{1}{2}})(\mathrm{a}^{-1}).\tag{11}$$

由（8）式和（9）式可得两种情形的周期项的振幅式：

$$a_{LS}=\frac{2\alpha_L e_0 a_0}{\beta(1-e_0^2)^{\frac{3}{2}}},\quad a_{AS}=-\frac{2\alpha_A e_0 a_0}{M_0\beta(1-e_0^2)^{\frac{3}{2}}}.\tag{12}$$

故振幅的总量为

$$a_S=a_{LS}-a_{AS}=\frac{2e_0a_0}{\beta(1-e_0^2)^{\frac{3}{2}}}\left(\alpha_L-\frac{\alpha_A}{M_0}\right).\tag{13}$$

4. 对 7 颗小行星计算的数值结果

现在利用（10）～（11）式计算 7 颗著名的小行星由于太阳质量变化对轨道半长轴的长期变率的影响.（10）～（11）式用到的太阳质量 M_0 以及小行星现在的轨道半长轴 a_0 和轨道周期 T_0 取自文［3］. 将这些数据以及 $\alpha_L=7.2\times10^{-88}$，$\alpha_A=1.66\times10^{-55}$ 代入（10）～（11）式后便得到 7 颗小行星——Eros，Icarus，Vesta，Hygiea，Ceres，Apollo 和 Davida 的数值结果，如表 1 所示.

表 1　太阳质量变化对 7 颗小行星轨道半长轴改变影响的数值结果

小行星	$\dot{a}_L$(cm/a)	$\dot{a}_A$(cm/a)	$\dot{a}$(cm/a)
Eros	+1.957 4	−0.226 2	+1.728 5
Icarus	+1.448 8	−0.167 3	+1.281 4
Vesta	+3.170 7	−0.366 1	+2.804 5
Hygiea	+4.228 9	−0.488 3	+3.740 6
Ceres	+3.708 7	−0.428 2	+3.280 5
Apollo	+1.992 3	−0.230 0	+1.762 3
Davida	+4.318 1	−0.498 6	+3.819 5

5. 结　论

由计算可以看出：

(1)太阳质量变化可以使小行星轨道半长轴产生长期变化和周期变化.

(2)太阳质量损失使小行星轨道逐渐扩大到太阳的距离，而质量吸积逐渐缩小到太阳的距离，但前者扩大的距离大于后者缩小的距离，故太阳质量变化对小行星轨道半长轴的影响的总趋势是扩大到太阳的距离.如果从长远演变考虑问题，在编制小行星星历表时必须考虑这种距离或半长轴的改变影响.

参考文献

[1]郑学塘，郁丽忠.太阳质量损失对行星探测器轨道的影响.人造卫星观测与研究，1993(1):29.

[2]Hoyle F, Lyttleton R A. Proc Cambrige SPhil Soc, 1939, 35:405, 592.

[3]Allen C W. Astrophysical Quantities, 1973:152.

太阳质量变化对小行星轨道根数的影响*

摘要：利用变质量天体力学方法研究了太阳质量变化对小行星轨道根数的影响.质量变化包括光子辐射和太阳风造成的质量损失以及太阳吸积周围星际物质造成的质量增加两个联合因素.利用 Gylden-Meshcherskii(G-M)型变质量天体轨道根数变化方程的一阶解和二阶解对 7 颗小行星轨道根数的长期和周期性影响做了数值计算.在一阶解中太阳质量流失对小行星轨道半长轴、轨道偏心率和近点辐角的变化率产生增大作用，而质量吸积起减小作用；在二阶解中两者均起增大作用.不过质量流失大于质量吸积的作用，故总的趋势是使半长轴、偏心率和近点辐角的变化率增大.

关键词：太阳质量；太阳风；质量损失；小行星；轨道根数

1.引　言

文[1][2]首先给出了 Gylden-Meshcherskii(G-M)型变质量的轨道根数变化方程.文[3]用小参数级数展开法对 G-M 型变质量天体轨道根数变化方程求解后给出太阳质量损失对行星轨道影响的改变量，并利用 Jeans 定律 $k=3$ 对一阶解中九大行星轨道半长轴的改变率和周期项振幅的影响做了数值计算.然而，太阳质量损失是太阳质量变化的一个主要方面.太阳除因光子辐射和太阳风造成的质量损失外，还有因太阳质量吸积周围星际物质使其质量增加的另一个次要方面.前者因太阳风造成的质量损失率约达每年 $4\times10^{-14}M_{\odot}$[4]，这是可观测值.太阳质量吸积周围星际物质造成的质量增加因其量较小而难以观测到.A. S. Eddington 用自己的吸积理论首先计算出太阳绕银河系旋转时吸积星际物质达每秒 4.8×10^{8} 克[5]，这相当于太阳质量增加达每年 $10^{-17}M_{\odot}$. 之后又有 F. Hoyle 等人对 Eddington 的吸积理论进一步完善，并给出改进的质量吸积率式子应用于双星轨道变化方面[6]. 本文在第二节采用了 Hoyle 等人改进的质量吸积率式子. 太阳质量变化对行星轨道根数的改变影响应该是这两种因素联合造成的. 利用 G-M 型变质量方程考虑物质吸积情形只适用于小天体，故本文将此理论应用于小行星轨道的影响方面.

文 [3] 曾用理论单位制推算使理论式子加以简化，但理论单位制需将时间单位取 $\frac{P}{2\pi}$（P 为轨道周期），计算时需用每颗小行星轨道周期 P 的初始数据. 然而，本文引用的文 [8] 的小行星星历表中的轨道根数不是给出轨道周期 P，而是给出半长轴 a，需

* 国家自然科学基金资助课题.原文载于《中国科学院上海天文台年刊》，2000(21)：72-79..

通过 Kepler 第三定律由 a 推算 P. 为避免推算过程中产生误差，还是直接引用星历表中 a 的原始数据为佳. 本文采用量纲单位制推算的式子就可直接引用星历表中的数据了.

2. 太阳质量变化

太阳质量随时间缓慢地变化着，一方面光子辐射和太阳风造成的质量损失使其质量逐渐减小，另一方面太阳绕银河系旋转过程中吸积周围的星际物质又使其质量逐渐增加，太阳质量变化就是这两种因素联合造成的. 太阳质量变化规律可用 Eddington-Jeans 定律形式[2][3]表示：

$$\frac{\mathrm{d}M}{\mathrm{d}t}=-\alpha M^{k}, \tag{1}$$

式中 α 为一常数小参量，而指数 k 在 0.4 和 4.4 之间.

考虑太阳光子辐射和太阳风造成的质量损失时，依据文［3］，取 $k=3$，$\alpha=\alpha_L$，则

$$\frac{\mathrm{d}M}{\mathrm{d}t}=-\alpha_L M^{3}, \tag{2}$$

文［3］曾用理论单位制推算 α_L 的数值$\left(\alpha_L=\frac{P}{2\pi}\times1.10\times10^{-13}\right)$，但正如本文引言所述，本文需用量纲单位制推算的 α_L 数值. 按文［3］给出的太阳光子辐射和太阳风使太阳每年损失的质量为$-1.1\times10^{-13}M_{\odot}$，取 $M=M_{\odot}=1.989\times10^{33}\,\mathrm{g}$. 将这些数值代入（2）式后，得

$$\alpha_L=8.80\times10^{-88}\,(\mathrm{c\cdot g\cdot s}). \tag{3}$$

太阳吸积周围星际物质产生的质量增加可用 Hoyle 等人给出的吸积率式子[6]：

$$\frac{\mathrm{d}M}{\mathrm{d}t}=\frac{18G^{2}\rho M^{2}}{V^{3}}=\alpha_A M^{2}, \tag{4}$$

与（1）式相比，相当于 $k=2$，$\alpha=-\alpha_A=-18\,\frac{G^{2}\rho}{V^{3}}$. 按照文［5］，取星际物质密度 $\rho=1.66\times10^{-23}\ \mathrm{g/cm^3}$，太阳绕银河系运动穿过星际云时相对云的平均速度 $V=2\times10^{6}\ \mathrm{cm/s}$，引力常数 $G=6.67\times10^{-8}$（c·g·s）. 将这些代入（4）式后，得

$$\alpha_A=1.66\times10^{-55}\,(\mathrm{c\cdot g\cdot s}). \tag{5}$$

3. 太阳质量变化对小行星轨道根数影响的一阶解和二阶解

文［3］用小参数展开法由理论单位制给出质量损失情形的一阶解和部分二阶解. 本文除考虑质量损失外还需考虑质量吸积情形和全部二阶解，故需先论述一下对太阳-小行星系统有质量吸积情形仍可用 G-M 型变质量方程求解的问题.

在太阳-小行星构成的二体问题中，小行星质量远小于太阳质量 $M_{\odot}$，小行星质量又可视为常质量 m_0，故在这个惯性系统中可将太阳视为静止地吸积星际物质，其变质

量二体问题属于文［7］中常质量伴星（$m_0 \ll M$）绕着变质量中心运动的类型，在数学形式上类似 $m=m_0 \ll M$ 的 G-M 型方程的动力系统. 因此，在本文中仍可用 G-M 型方程求解，此时只需将文［3］中的 $\mu=M+m$ 换成 $\mu=M$. 故文［3］中的（11）～（15）式应改为

$$\frac{\mathrm{d}M}{\mathrm{d}t}=-\alpha M^k, \tag{6}$$

$$\frac{\mathrm{d}a}{\mathrm{d}E}=-\alpha M^{k-3}aeA(1+e\cos E), \tag{7}$$

$$\frac{\mathrm{d}e}{\mathrm{d}E}=\alpha M^{k-3}e(1-e^2)A\cos E, \tag{8}$$

$$\frac{\mathrm{d}\omega}{\mathrm{d}E}=\alpha M^{k-3}(1-e^2)^{\frac{1}{2}}A\sin E, \tag{9}$$

$$\frac{\mathrm{d}M}{\mathrm{d}E}=-\alpha M^{k-2}eA(1-e\cos E). \tag{10}$$

式中

$$A=\frac{1}{\beta e(1-e^2)^{\frac{3}{2}}}+\frac{\alpha M^{k-3}\sin E}{\beta^2e^2(1-e^2)^3}+\cdots, \tag{11}$$

而

$$\begin{aligned}&\beta=\frac{G^2}{C^3},\\&C^2=GM(t)a(1-e^2)=GM_0a_0(1-e_0^2)=\text{const}.\end{aligned} \tag{12}$$

式中 C 为面积常数，E 为轨道偏近点角，M_0，a_0 和 e_0 为 $E=0$ 或 $t=0$ 时的初始值. 为使本文推出的式子用量纲量 M_0，a_0 和 e_0 表示，需将（12）式中的 β 用 M_0，a_0 和 e_0 表示 $\left(\beta=\frac{G^{\frac{1}{2}}}{[M_0a_0(1-e_0^2)]^{\frac{3}{2}}}\right)$ 后再代入（11）式，则该式可写成

$$A=\frac{[M_0a_0(1-e_0^2)]^{\frac{3}{2}}}{G^{\frac{1}{2}}e(1-e^2)^{\frac{3}{2}}}+\alpha\frac{M^{k-3}[M_0a_0(1-e_0^2)]^3}{Ge^2(1-e^2)^3}\sin E+\cdots. \tag{11$'$}$$

按文［3］用小参数幂级数展开法求解，设它们的解是

$$\begin{aligned}&a=a_0+a_1\alpha+a_2\alpha^2+\cdots,\omega=\omega+\omega_1\alpha+\omega_2\alpha^2+\cdots,\\&e=e_0+e_1\alpha+e_2\alpha^2+\cdots,M=M_0+M_1\alpha+M_2\alpha^2+\cdots.\end{aligned} \tag{13}$$

式中 a_0，e_0 和 ω_0 为参考解，a_1，a_2，e_1，$e_2\cdots$为一阶解、二阶解，a，e，ω 为轨道根数的摄动解.

正如文［3］所做那样，将（13）式代入（7）～（10）式后，比较 α 各次幂的系数可得 α 各次幂的相应解，比较 α 的一到二次幂的系数可得到一阶和二阶的微分方程组，积分方程组后可得轨道根数的一阶和二阶摄动解.

用量纲单位表示的一阶解是

$$a_1=M_0^{k-\frac{3}{2}}a_0^{\frac{5}{2}}\frac{(E+e_0\sin E)}{G^{\frac{1}{2}}},$$
$$e_1=M_0^{k-\frac{3}{2}}a_0^{\frac{3}{2}}\frac{(1-e_0^2)\sin E}{G^{\frac{1}{2}}},$$
$$\omega_1=M_0^{k-\frac{3}{2}}a_0^{\frac{3}{2}}(1-e_0^2)^{\frac{1}{2}}\frac{(1-\cos E)}{G^{\frac{1}{2}}e_0},\qquad(14)$$
$$M_1=-M_0^{k-\frac{1}{2}}a_0^{\frac{3}{2}}\frac{(E-e_0\sin E)}{G^{\frac{1}{2}}}.$$

二阶解是

$$a_2=\left[\frac{M_0^{2k-3}a_0^4}{G}\right]\left\{\left[\frac{1}{4}ke_0^2+(2k-3)e_0+e_0^{-1}+\frac{1}{2}\right]+\frac{1}{2}(4-k)E^2+\right.$$
$$\left.(4-k)e_0E\sin E+[(3-2k)e_0+e^{-1}]\cos E-\frac{1}{2}\left(1+\frac{1}{2}ke_0^2\right)\cos 2E\right\},$$
$$e_2=\left[\frac{M_0^{2k-3}a_0^3(1-e_0^2)}{G}\right]\left\{\frac{1}{4e_0}[(k-2)e_0^2+4(k-3)e_0+1]+\right.$$
$$\left.(3-k)E\sin E+(3-k)\cos E-\frac{1}{4e_0}[1+(k-2)e_0^2]\cos 2E\right\},\qquad(15)$$
$$\omega_2=\left[\frac{M_0^{2k-3}a_0^3(1-e_0^2)^{\frac{1}{2}}}{Ge_0}\right]\left\{\frac{1}{2}ke_0E+(k-3)E\cos E+\right.$$
$$\left.(3-k)\sin E-\frac{1}{4}ke_0\sin 2E\right\}.$$

不求三阶解，无须给出 M_2 的解.

在(14)(15)式中利用 $E=nt+e\sin E=(n_0+\alpha n_1+\cdots)t+(e_0+\alpha e_1+\cdots)\sin E$ 和 $n_0^2a_0^3=GM_0$，消去 E 和 n_0 后再将其代入(13)式，便得到包括一阶解和二阶解在内的小行星轨道根数的摄动量：

$$\Delta a=a-a_0=\alpha\left[a_0M_0^{k-1}t+2M_0^{k-\frac{3}{2}}a_0^{\frac{5}{2}}e_0\frac{\sin E}{G^{\frac{1}{2}}}\right]+\alpha^2\left(\frac{M_0^{2k-3}a_0^4}{G}\right)\cdot$$
$$\left\{\left[\left(3-\frac{1}{2}k\right)e_0^2+(2k-3)e_0+e_0^{-1}+1\right]+\frac{1}{2}(4-k)\left(\frac{GM_0}{a_0^3}\right)t^2\right.$$
$$+2(4-k)\left(\frac{GM_0}{a_0^3}\right)^{\frac{1}{2}}e_0t\sin E+[(3-2k)e_0+e_0^{-1}]\cos E$$
$$\left.+\frac{1}{2}[(k-6)e_0^2-1]\cos 2E\right\},$$

$$\Delta e = e - e_0 = \alpha\left[M_0^{k-\frac{3}{2}} a_0^{\frac{3}{2}} (1-e_0^2) \frac{\sin E}{G^{\frac{1}{2}}}\right] + \alpha^2\left[\frac{M_0^{2k-3} a_0^4 (1-e_0^2)}{G}\right]$$

$$\cdot\left\{\frac{1}{4e_0}\left[(k-2)e_0^2 + \frac{7}{2}(k-3)e_0 + 1\right] + (k-3)\left(\frac{GM_0}{a_0^3}\right)^{\frac{1}{2}} t\sin E\right.$$

$$\left. + (3-k)\cos E + \frac{1}{4e_0}[(k-4)e_0^2 - 1]\cos 2E\right\},$$

$$\Delta\omega = \omega - \omega_0 = \alpha\left[\frac{M_0^{k-\frac{3}{2}} a_0^{\frac{3}{2}} (1-e_0^2)^{\frac{1}{2}}}{G^{\frac{1}{2}} e_0}\right](1-\cos E) + \alpha^2\left[M_0^{2k-3}\cdot\right. \tag{16}$$

$$\left.\frac{a_0^3 (1-e_0^2)^{\frac{1}{2}}}{Ge_0}\right]\left\{\frac{1}{2}ke_0\left(\frac{GM_0}{a_0^3}\right)^{\frac{1}{2}} t + (k-3)\left(\frac{GM_0}{a_0^3}\right)^{\frac{1}{2}} t\cos E\right.$$

$$\left. + \left[\left(1+\frac{1}{2}e_0^2\right)k - 3\right]\sin E + \frac{1}{2}\left(\frac{1}{2}k - 3\right)e_0 \sin 2E\right\},$$

$$\Delta\Omega = \Delta i = 0.$$

4. 轨道根数的长期变化和周期变化

4.1　轨道根数 a 和 ω 的长期变率

方程组（16）的第一个式子给出轨道半长轴 a 的一阶解变率：

$$\dot{a} = \frac{\mathrm{d}a}{\mathrm{d}t} = \alpha M_0^{k-1} a_0. \tag{17}$$

二阶解的加速率：

$$\ddot{a} = \frac{\mathrm{d}^2 a}{\mathrm{d}t^2} = (4-k) M_0^{2(k-1)} a_0 \alpha^2, \tag{18}$$

它代表太阳质量变化造成的轨道扩大加速率.

由方程组（16）的第二个式子可知轨道偏心率 e 无长期变化，所以，

$$\dot{e} = \frac{\mathrm{d}e}{\mathrm{d}t} = 0. \tag{19}$$

由方程组（16）的第三个式子可知近点辐角 ω 的进动速率为

$$\dot{\omega} = \frac{\mathrm{d}\omega}{\mathrm{d}t} = \frac{\frac{1}{2}\alpha^2 k M_0^{2k-\frac{5}{2}} a_0^{\frac{3}{2}} (1-e_0^2)^{\frac{1}{2}}}{G^{\frac{1}{2}}}. \tag{20}$$

对于质量损失情形，取 $k=3$，$\alpha=\alpha_L$，将其代入（17）～（20）式后可得 $\dot{a}_L$，$\ddot{a}_L$，$\dot{e}_L$ 和 $\dot{\omega}_L$；对于质量吸积情形，取 $k=2$，$\alpha=-\alpha_A$，将其代入（17）～（20）式后可得 $\dot{a}_A$，$\ddot{a}_A$，$\dot{e}_A$ 和 $\dot{\omega}_A$. 最后将两种情形中相应的量相加可得轨道根数总的长期变化率式：

$$
\begin{aligned}
\dot{a} &= \dot{a}_L + \dot{a}_A = a_0(\alpha_L M_0^2 - \alpha_A M_0), \\
\ddot{a} &= \ddot{a}_L + \ddot{a}_A = a_0 M_0^2(\alpha_L^2 M_0^2 + 2\alpha_A^2), \\
\dot{e} &= \dot{e}_L + \dot{e}_A = 0, \\
\dot{\omega} &= \dot{\omega}_L + \dot{\omega}_A = \left[\frac{M_0^3 a_0^3(1-e_0^2)}{G}\right]^{\frac{1}{2}}\left(\frac{3}{2}\alpha_L^2 M_0^2 + \alpha_A^2\right).
\end{aligned} \tag{21}
$$

4.2　一阶周期变化项的振幅

因二阶摄动项的周期项振幅很小，故只取一阶周期项的振幅就可以了. 由方程组（16）可得一阶周期项的振幅为

$$
\begin{aligned}
a_S &= \frac{2\alpha M_0^{k-\frac{3}{2}} a_0^{\frac{5}{2}} e_0}{G^{\frac{1}{2}}}, \\
e_S &= \frac{\alpha M_0^{k-\frac{3}{2}} a_0^{\frac{3}{2}}(1-e_0^2)}{G^{\frac{1}{2}}}, \\
\omega_S &= -\frac{\alpha M_0^{k-\frac{3}{2}} a_0^{\frac{3}{2}}(1-e_0^2)^{\frac{1}{2}}}{G^{\frac{1}{2}} e_0}.
\end{aligned} \tag{22}
$$

对于质量损失情形，取 $k=3$，$\alpha=\alpha_L$，将其代入上式后可得 $a_{L,S}$，$e_{L,S}$ 和 $\omega_{L,S}$；对于质量吸积情形，取 $k=2$，$\alpha=-\alpha_A$，将其代入（22）式后可得 $a_{A,S}$，$e_{A,S}$ 和 $\omega_{A,S}$. 然后将两种情形中相应的振幅相加可得一阶周期项振幅总的变化量为

$$
\begin{aligned}
a_S &= a_{L,S} + a_{A,S} = \frac{2a_0^{\frac{5}{2}} e_0(\alpha_L M_0^{\frac{3}{2}} - \alpha_A M_0^{\frac{1}{2}})}{G^{\frac{1}{2}}}, \\
e_S &= e_{L,S} + e_{A,S} = \frac{a_0^{\frac{3}{2}}(1-e_0^2)(\alpha_L M_0^{\frac{3}{2}} - \alpha_A M_0^{\frac{1}{2}})}{G^{\frac{1}{2}}}, \\
\omega_S &= \omega_{L,S} + \omega_{A,S} = -\frac{a_0^{\frac{3}{2}}(1-e_0^2)^{\frac{1}{2}}(\alpha_L M_0^{\frac{3}{2}} - \alpha_A M_0^{\frac{1}{2}})}{G^{\frac{1}{2}} e_0}.
\end{aligned} \tag{23}
$$

5. 对 7 颗小行星计算的数值结果

利用（21）和（23）式计算太阳质量变化对 7 颗小行星——Peking（北京）、Chang（张钰哲）、Henan（河南）、Wu Chienshiung（吴健雄）、Foshan（佛山）、Harbin（哈尔滨）和 Chen Jiageng（陈嘉庚）的轨道根数的长期和周期性影响. 对于这 7 颗小行星的 a_0 和 e_0，采用文［8］给出的小行星星历表中的数据. 将第二节中给出的 α_L，α_A，M_0 和 G 数值代入（21）和（23）式后便得到这 7 颗小行星的数值结果，如表 1，表 2 所示. 对于二阶解，因其量较小，只给出量级估计.

表 1　太阳质量变化对 7 颗小行星轨道根数的长期影响

小行星名（编号）	$\dot{a}_L$ ($cm \cdot a^{-1}$)	$\dot{a}_A$ ($cm \cdot a^{-1}$)	$\dot{a}$ ($cm \cdot a^{-1}$)	$\ddot{a}$ ($cm \cdot a^{-2}$)	$\dot{\omega}$ ($rad \cdot a^{-1}$)	$\dot{e}$
Peking (2045)	3.91	−0.37	3.54	10^{-13}	10^{-26}	0
Chang (2051)	4.67	−0.44	4.23	10^{-13}	10^{-26}	0
Henan (2085)	4.44	−0.42	4.02	10^{-13}	10^{-26}	0
Wu Chienshiung (2752)	4.97	−0.47	4.50	10^{-13}	10^{-26}	0
Foshan (2789)	3.66	−0.35	3.31	10^{-13}	10^{-27}	0
Harbin (2851)	4.07	−0.39	3.68	10^{-13}	10^{-26}	0
Chen Jiageng (2963)	4.72	−0.45	4.27	10^{-13}	10^{-26}	0

表 2　太阳质量变化对 7 颗小行星轨道根数的周期性影响

小行星名（编号）	$a_{L,S}$ (cm)	$a_{A,S}$ (cm)	a_S (cm)	$e_{L,S}$ ($\times 10^{-14}$)	$e_{A,S}$ ($\times 10^{-14}$)	e_S ($\times 10^{-14}$)	$\omega_{L,S}$ ($\times 10^{-13}$ rad)	$\omega_{L,S}$ ($\times 10^{-13}$ rad)	ω_S ($\times 10^{-13}$ rad)
Peking (2045)	0.26	−0.02	0.24	6.40	−0.61	5.79	−11.47	1.09	−10.41
Chang (2051)	0.54	−0.05	0.49	8.33	−0.79	7.54	−10.98	1.04	−9.94
Henan (2085)	0.53	−0.05	0.48	7.10	−0.63	6.47	−8.78	0.83	−7.95
Wu Chienshiung (2752)	0.90	−0.09	0.81	9.06	−0.86	8.20	−8.46	0.80	−7.66
Foshan (2789)	0.64	−0.06	0.58	5.66	−0.54	5.12	−3.49	0.33	−3.16
Harbin (2851)	0.63	−0.06	0.57	6.72	−0.64	6.08	−5.40	0.51	−4.89
Chen Jiageng (2963)	0.55	−0.05	0.50	8.45	−0.80	7.65	−11.16	1.06	−10.10

由表 1，表 2 的计算结果可以得到以下结论：

（1）对于轨道半长轴的长期变率，在一阶解中太阳质量损失可使轨道扩大，质量吸积可使轨道缩小，但由于前者大于后者，轨道半径逐年扩大．对于 Wu Chienshiung 星，其轨道半径的扩大量达每年 4.5 cm，这个值将会改变小行星在空间的坐标位置．在二阶解中，由于上述两种原因均有使小行星轨道扩大加速度的作用，质量损失和质量吸积对周期项振幅的影响也同长期效应类似，总的趋势也向轨道半径增大发展．

（2）对于轨道偏心率，在一、二阶解中均无长期效应，但有周期项变化效应．在一阶解中质量损失使周期项的振幅增大，质量吸积使其减小，但前者大于后者，故总的趋势使振幅增加．在二阶解中虽无长期项，但有混合项 $t\sin E$．至于偏心率有无长期项，这需研究三阶解才能知道．

（3）对于近日点进动速率，在一阶解中无长期变化，只有周期性变化．质量损失使近日点向与轨道运动相反的方向进动，质量吸积使近日点顺方向进动，但前者大于后者，故总的趋势仍向与轨道运动相反的方向进动．

（4）太阳质量变化对小行星轨道倾角和升交点经度影响没有变化．

（5）由表中的数值结果可以看出，如果质量损失造成的效应计算到毫米量级或小数点后两位，那么质量吸积产生的效应就必须考虑进去．

（6）在一、二阶解中轨道半长轴有长期变化，这说明太阳质量变化会影响小行星系统的稳定性．

致谢：紫金山天文台张家祥研究员为本文提供了小行星星历表中轨道根数的最近数据，南京理工大学郑学塘教授提出了理论改正的一些意见，笔者深表谢意．

参考文献

[1] J D Hadjidemetriou. Icarus，1966，5：34.
[2] Т Ъ Омаров. ИЗВ Астрофиз，1962，14：66.
[3] 郁丽忠，郑学塘，李林森．空间科学学报，1994，14：70.
[4] R L Bowers. Astrophysics I star，Jones and Bartlett pub，1984，61.
[5] A S Eddington. The internal constitution of the stars. Cambridge Press，1926，391.
[6] F Hogle，R A Lyttleton. Proc Cambrige Phil Soc，1939，35：405，592.
[7] Е П Развитная. Астрон Журн，1985，62：1175.
[8] Yu V Barakov，et al. Ephemerides of minor planets for 1994，Leningrad Science Press，1933，70-73.

太阳质量损失对流星群轨道改变的长期影响*

摘要： 本文将笔者在变质量天体力学中所得理论结果应用于太阳质量损失对流星群轨道要素变化的长期效应上．太阳质量损失包括光子辐射和太阳风造成的质量损失．利用 G-M 型变质量天体轨道要素变化方程的一阶解和二阶解对 15 个流星群轨道半长轴、近日点距离、轨道周期和近日点经度因太阳质量损失造成的每世纪的长期改变效应做了数值计算，并得出计算结果．计算结果表明，太阳质量损失使流星群轨道半长轴每世纪的改变效应较明显，它们同太阳距离的扩大影响值得关注，但对轨道周期的拉长每世纪的影响甚小，对近日点经度只有量级变化，小到可以略而不计．

关键词： 太阳质量损失；流星群轨道；长期变化

天体的质量变化不仅会影响其自转情况，而且会影响绕其公转的天体轨道的变化．近年来，国内学者用变质量天体力学方法对后一情形做了各方面研究，取得了一些成果[1][6]．文［1］曾用变质量二体问题研究了星风造成的质量减小对双星轨道变化的影响，所用方法是在特殊情况下（取 $k=3$）用可积法对 G-M 型变质量天体轨道要素变化方程求解，得到有意义的结果．文［2］又研究了太阳光子辐射和太阳风造成的质量损失对九大行星轨道要素变化产生的影响，是用小参数的级数展开法对 G-M 型变质量方程求解，此法比文［1］更具普遍性，因为 k 可取任意值．然而，文［2］只研究到二阶解，文［3］在文［2］的研究基础上又将二阶解推广到三阶解，并计算了太阳质量损失对九大行星轨道在三阶解中的长期效应，通过对三阶解的研究，太阳系在遥远的将来仍存在不稳定性．文［4］又利用变质量二体问题的 Jeans 理论专门讨论了太阳质量损失对地球轨道改变的长期效应．文中不仅估计了太阳处于主序阶段对日地距离和轨道周期改变的影响，也估计出太阳处于后主序（红巨星）阶段时对日地距离和轨道周期的影响．文［5］又用文［2］的小参数级数展开法的一阶、二阶解计算了太阳质量变化对七颗小行星轨道要素的变化影响．太阳质量变化不仅包括太阳质量损失的减少，也包括质量吸积增加的两种联合效应．文［6］又利用二体质量均有变化的 Jeans 问题和 Fermi 问题研究了太阳和彗星两者质量的损失对彗星轨道改变的影响，也得到了良好的结果．然而，太阳质量损失对于和地球有关的流星群轨道又有怎样的改变影响，迄今尚没有学者研究和计算．本文利用前文研究的理论结果将其化成适合流星群轨道变化的理论式子，用此来计算一些著名的流星群轨道变化的情形．流星群轨道同地球轨道关系密切，

* 原文载于《天文研究与技术（国家天文台台刊）》，2005，2（3）：194-198.

故对这个课题的研究和计算很有必要，尤其对流星雨出现的预报更有辅助作用.

1. 太阳质量损失对流星群轨道改变的长期影响

太阳由于光子辐射和太阳风造成的质量损失会使其质量逐渐减小. 表示星的质量随时间减小的规律可用 Eddington-Jeans 定律形式：

$$\frac{\mathrm{d}M}{\mathrm{d}t}=-\alpha M^{k}, \tag{1}$$

式中 α 为一常数小参量，而指数 k 在 0.4 到 4.4 之间. 考虑太阳光子辐射和太阳风造成的质量损失时，按文［2］取 $k=3$，则有

$$\frac{\mathrm{d}M}{\mathrm{d}t}=-\alpha M^{3}. \tag{2}$$

按文［2］给出的太阳光子辐射和太阳风每年损失质量为 $-1.1\times10^{-13}M_{\odot}$，取 $M=M_{\odot}=1.989\times10^{33}$ g，将此数值代入（2）式后可得小参量 α 的数值，按文［5］，

$$\alpha=8.80\times10^{-88}(\mathrm{c\cdot g\cdot s}). \tag{3}$$

太阳质量损失对流星群轨道改变的影响可用小参数 α 级数展开法对 G-M 型变质量天体轨道要素变化方程求解得到，这正如在文［2］中所做的，如果考虑到一阶解，其解可写成

$$\begin{aligned} a&=a_0+a_1\alpha+\cdots,\\ e&=e_0+e_1\alpha+\cdots,\\ \omega&=\omega_0+\omega_1\alpha+\cdots. \end{aligned} \tag{4}$$

式中 a_0，e_0 和 ω_0 为参考解，a_1，e_1 和 ω_1 为一阶解，如果用量纲单位表示，按文［3］和文［5］可写成

$$\begin{aligned} a_1&=\frac{M^{k-\frac{3}{2}}a_0^{\frac{5}{2}}(E+e_0\sin E)}{G^{\frac{1}{2}}},\\ e_1&=\frac{M_0^{k-\frac{3}{2}}a_0^{\frac{3}{2}}(1-e_0^2)\sin E}{G^{\frac{1}{2}}},\\ \omega_1&=\frac{M_0^{k-\frac{3}{2}}a_0^{\frac{3}{2}}(1-e_0^2)^{\frac{1}{2}}(1-\cos E)}{e_0G^{\frac{1}{2}}}. \end{aligned} \tag{5}$$

式中 E 为轨道偏近点角，G 为引力常数.

将（5）式代入（4）式，按太阳质量损失规律，取 $k=3$，令 $E=2\pi$，则得轨道旋转一周的摄动量：

$$\begin{aligned} \Delta a&=a-a_0=\frac{2\pi\alpha M_0^{\frac{3}{2}}a_0^{\frac{5}{2}}}{G^{\frac{1}{2}}},\\ \Delta e&=e-e_0=0,\\ \Delta\omega&=\omega-\omega_0=0. \end{aligned} \tag{6}$$

设 q 为流星群的近日点距离，则

$$q_0 = a_0(1-e_0),\tag{7}$$

$$\therefore \Delta q = (1-e)\Delta a = \frac{2\pi\alpha(1-e_0)M^{\frac{3}{2}}a_0^{\frac{5}{2}}}{G^{\frac{1}{2}}}.\tag{8}$$

设 T 为流星群轨道周期，依 Kepler 第三定律，

$$\Delta T = \frac{3}{2}\left(\frac{T}{a}\right)\Delta a,\ T = 2\pi a^{\frac{3}{2}}(GM)^{-\frac{1}{2}}.\tag{9}$$

$$\therefore \Delta T = 3\pi\left(\frac{a}{GM}\right)^{\frac{1}{2}}\Delta a = \frac{6\pi\alpha M_0 a_0^3}{G}.\tag{10}$$

将（7）式的 a，e，q 写成 a_0，e_0，q_0 后，再将该式同（6）（8）（10）式联立消去 a_0，则可用流星群轨道近日点距 q_0 和轨道偏心率 e 表示：

$$\begin{aligned}\Delta a &= 2\pi\alpha M_0^{\frac{3}{2}}q_0^{\frac{5}{2}}(1-e_0)^{-\frac{5}{2}}\cdot G^{-\frac{1}{2}},\\ \Delta q &= 2\pi\alpha M_0^{\frac{3}{2}}q_0^{\frac{5}{2}}(1-e_0)^{-\frac{3}{2}}\cdot G^{-\frac{1}{2}},\\ \Delta T &= 6\pi^2\alpha M_0 q_0^3(1-e_0)^{-3}\cdot G^{-1}.\end{aligned}\tag{11}$$

如果将 q_0 以 1 AU=1.495 9×10^{13} cm 表示，取

$$M_0 = M = 1.989\ 0\times 10^{33}\ \text{g},\quad G = 6.670\ 4\times 10^{-8}(\text{c}\cdot\text{g}\cdot\text{s}),$$
$$\alpha = 8.8\times 10^{-88}(\text{c}\cdot\text{g}\cdot\text{s}).$$

将这些代入（11）式后，则有

$$\begin{aligned}\Delta a &= K_a\left(\frac{q_0}{1-e_0}\right)^{\frac{5}{2}},\\ \Delta q &= K_a(1-e_0)\left(\frac{q_0}{1-e_0}\right)^{\frac{5}{2}},\\ \Delta T &= K_T\left(\frac{q_0}{1-e_0}\right)^{3}.\end{aligned}\tag{12}$$

式中

$$K_a = 2\pi\alpha M_{\odot}^{\frac{3}{2}}(\text{AU})^{\frac{5}{2}}G^{-\frac{1}{2}} = 1.643\ 8,\tag{13}$$

$$K_T = 6\pi^2\alpha M_{\odot}(\text{AU})^3G^{-1} = 5.201\ 7\times 10^{-6}.\tag{14}$$

根据文［5］，轨道半长轴 a 在二阶解中虽然仍有长期项，但其效应值同一阶解的值相比较太小，故可略而不计，轨道偏心率 e 在二阶解中仍无长期项，故 Δe 仍为零. 但近日点角距 ω 有长期项，其解为

$$\omega_2 = \frac{\frac{1}{2}kM_0^{2k-3}a_0^2(1-e_0^2)^{\frac{1}{2}}E}{G}.$$

取 $k=3$ 和 $E=2\pi$ 时，

$$\Delta\omega = \frac{3\pi\alpha^2M_0^3a_0^3(1-e_0^2)^{\frac{1}{2}}}{G} = \frac{3\pi\alpha^2M_0^3q_0^3(1-e_0^2)^{\frac{1}{2}}(1-e_0)^{-3}}{G},$$

$$\Delta\omega = K_\omega q_0^3(1-e_0^2)^{\frac{1}{2}}(1-e_0)^{-3},\tag{15}$$

$$K_{\omega}=\frac{3\pi\alpha^{2}M_{\odot}^{3}(\mathrm{AU})^{3}}{G}=2.882\ 2\times10^{-27}. \tag{16}$$

将（12）式和（15）式的右端用轨道周期 T 除之，如果 T 以年（a）为单位，则轨道要素的每年改变率为

$$\begin{aligned}
\dot{a}&=\frac{\mathrm{d}a}{\mathrm{d}t}=\frac{\Delta a}{T}=K_{a}\left(\frac{q_{0}}{1-e_{0}}\right)^{\frac{5}{2}}\frac{1}{T},\\
\dot{q}&=\frac{\mathrm{d}q}{\mathrm{d}t}=\frac{\Delta q}{T}=K_{a}(1-e_{0})\left(\frac{q_{0}}{1-e_{0}}\right)^{\frac{5}{2}}\frac{1}{T},\\
\dot{T}&=\frac{\mathrm{d}T}{\mathrm{d}t}=\frac{\Delta T}{T}=K_{T}\left(\frac{q_{0}}{1-e_{0}}\right)^{3}\frac{1}{T},\\
\dot{\omega}&=\frac{\mathrm{d}\omega}{\mathrm{d}t}=\frac{\Delta\omega}{T}=K_{\omega}q_{0}^{3}(1-e_{0}^{2})^{\frac{1}{2}}(1-e_{0})^{-3}\frac{1}{T}.
\end{aligned} \tag{17}$$

现用（12）～（17）式对 15 个主要流星群轨道做一数值计算. 对 15 个流星群轨道的 q_0 和 e_0 的数据引用文［7］表中给的数据. 为了计算轨道要素以年为单位的长期变化值，需要知道每个流星群的轨道周期 T，但文［7］表中的数据没有给出，本文利用（9）式将其化成用 q_0 和 e_0 表示的轨道周期

$$T=\frac{2\pi}{\sqrt{GM}}(\mathrm{AU})^{\frac{3}{2}}\left(\frac{q_{0}}{1-e_{0}}\right)^{\frac{3}{2}}=1.001\times\left(\frac{q_{0}}{1-e_{0}}\right)^{\frac{3}{2}}(\mathrm{a}), \tag{18}$$

计算出每个流星群的轨道周期数值，再将 T，q_0 和 e_0 的数据代入（17）式，得到太阳质量损失对 15 个流星群轨道要素每世纪的长期影响，详见表 1.

表 1　太阳质量损失对 15 个流星群轨道每世纪的长期改变量

流星群名	e_0	q_0(AU)	T(a)	$\dot{q}$(m/cent)	$\dot{a}$(m/cent)	$\dot{T}$(10^{-2} s/cent)
Quadrantids	0.71	0.97	6.12	1.59	5.49	0.32
Lyrids	0.95	0.92	78.93	1.51	36.58	4.11
η Aguarids	0.91	0.49	12.70	0.81	8.95	0.66
δ Aguarids	0.98	0.06	5.19	0.10	4.94	0.27
Perseds	0.96	0.94	113.77	1.54	38.68	5.93
Draconids	0.70	1.00	6.08	1.64	5.48	0.32
Orionids	0.91	0.54	14.69	0.88	9.87	0.76
Taurids	0.83	0.35	2.95	0.58	3.39	0.15
Leonids	0.92	0.97	42.22	1.59	19.93	2.19
Andromedids	0.70	0.80	4.35	1.31	4.39	0.22
Geminids	0.90	0.14	1.65	0.23	2.31	0.08
Ursids	0.83	0.93	12.79	1.53	8.99	0.66
Arietids	0.94	0.09	1.84	0.15	2.76	0.09
ξ Perseids	0.79	0.34	2.06	0.56	2.66	0.11
Taurids	0.85	0.34	3.41	0.56	3.73	0.17

对于近日点经度每世纪只有量级变化，对15个流星群的变化范围为

$$10^{-27} < \dot{\omega} < 10^{-24} \text{ (rad/cent)}.$$

其中以Perseds（英仙）流星群的变化稍大，也仅有10^{-24} rad/cent.

2. 结　论

（1）太阳质量损失对流星群轨道半长轴、近日点距离起到扩大的作用，对近日点角距也有长期改变的影响，但轨道偏心率、轨道倾角均不受长期改变的影响.

（2）从表1对15个流星群轨道的计算数值可以看出，太阳质量损失对流星群轨道半长轴每世纪的改变量值得关注. 例如，对于Lyrids（天琴）流星群和Perseds（英仙）流星群，每世纪轨道半长轴扩大距离达36 m和38 m以上，但对轨道周期的影响甚微，对近日点进动每世纪只有10^{-24}～10^{-28} rad量级影响，故其影响完全可以略而不计.

参考文献

［1］陈黎，郑学塘. 星风对双星HD698运动的影响［J］. 天体物理学报，1991，11（2）：149.

［2］郁丽忠，郑学塘，李林森. 太阳质量损失对行星轨道的影响［J］. 空间科学学报，1994，14（1）：70.

［3］李林森，郁丽忠，郑学塘. 太阳质量损失对高阶行星轨道的长期影响［J］. 云南天文台台刊，2004（4）：1.

［4］李林森. 太阳质量损失对地球轨道改变的长期影响的估计［J］. 云南天文台台刊，2000（2）：10.

［5］李林森. 太阳质量变化对小行星轨道根数的影响［J］. 上海天文台年刊，2000，21：72.

［6］Zheng Xuetang，Yu Lizhong. The influence of mass-loss on the orbit of comet［J］. 紫金山天文台台刊，1996，15（2）：110.

［7］Allen C W. Astrophysical quantities［M］. London：The Athlone Press，1973：158.

太阳质量损失对高阶行星轨道的长期影响*

摘要：本文在文［1］研究的基础上给出了太阳质量损失对三阶行星轨道的影响解，并计算了二阶、三阶解的长期效应的数值结果．理论结果表明，在三阶解中对于质量变化模型 $k=3$ 的情形，太阳质量损失对轨道半长轴继续产生长期项、混合项和周期项，但对轨道偏心率和近点角距只产生周期项，三阶解的效应值虽小，但有定性意义．

关键词：太阳质量损失；行星轨道；高阶解的效应

笔者在文［1］中研究了太阳质量损失对行星轨道的影响．文中用小参量展开法给出了用理论单位表示的一阶和部分二阶的理论式子，并计算了轨道半长轴在一阶解中的效应值，但文中尚没有给出三阶解以及二阶解中的轨道半长轴 a_2 和质量 μ_2 的表达式，对于推导三阶解还必须知道 a 和 μ 的二阶解 a_2 和 μ_2 的式子．虽然在文［2］中给出 a 的二阶解 a_2，但尚没给出 μ 的二阶解 μ_2．由于在二阶解中轨道偏心率 e_2 仍无长期项，为了了解太阳系的稳定性，有必要进一步了解三阶解的情况．本文在前文研究的基础上又补充了 a 和 μ 的二阶解，以及 a，e，ω 的三阶解中的主要长期项部分，因为此项对研究太阳系稳定性有定性意义．前文是用理论单位（无量纲制）推算理论式子，本文采用量纲单位制推算理论式子．

1．太阳质量损失对行星轨道的影响的高阶解

笔者在文［1］中曾给出太阳质量损失对行星轨道的一阶解和部分二阶解，为进一步了解太阳质量损失对太阳系的稳定性，有必要研究三阶解的效应．三阶解仍需引用文［1］给出的行星轨道要素随轨道偏近点角 E 变化的方程组．

按文［1］，先给出 G-M 型变质量二体问题的运动方程，之后就可给出相应的摄动加速度的矢量式，然后将摄动加速度的矢量式分解成摄动加速度三分量，正如文［3］所给出的，再将摄动三分量代入高斯型行星摄动方程组后便得文［1］所推出的行星轨道要素随时间变化的方程组，再利用 Jeans 类型的质量变化模型[1]：

$$\frac{\mathrm{d}\mu}{\mathrm{d}t}=-\alpha\mu^{k}. \tag{1}$$

消去方程组的自变量时间 t 后就得到文［1］给出的行星轨道要素随轨道偏近点角 E 变

* 国家自然科学基金（19073005）资助项目．原文载于《云南天文台台刊》，2003（4）：1-7．与郑学塘、郁丽忠合作．

化的方程组：[1]

$$\frac{\mathrm{d}a}{\mathrm{d}E}=\alpha\mu^{k-3}aeA(1+e\cos E),\tag{2}$$

$$\frac{\mathrm{d}e}{\mathrm{d}E}=\alpha\mu^{k-3}(1-e^{2})A\cos E,\tag{3}$$

$$\frac{\mathrm{d}\omega}{\mathrm{d}E}=\alpha\mu^{k-3}(1-e^{2})^{\frac{1}{2}}A\sin E,\tag{4}$$

$$\frac{\mathrm{d}\mu}{\mathrm{d}E}=-\alpha\mu^{k-2}eA(1-e\cos E).\tag{5}$$

式中 α 是小参数，k 是常数，在 0.4 到 4.4 之间，$\mu(t)=M(t)+m(t)$，而 A 可以展开成级数，文［1］只研究到一阶解和二阶解，A 的展开式只到 α 的一阶项就足够了，本文研究到三阶解，故 A 的展开式需要到 α 的二阶项才可以. 利用文［1］定义的 $\beta=\dfrac{G^{2}}{C^{3}}$，$G$ 为引力常数，C 为由下式给出的面积常数：

$$C=G\mu(t)a(1-e^{2})=G\mu_{0}a_{0}(1-e_{0}^{2}).$$

可将文［1］中 A 的展开式用量纲单位展开成三项级数：

$$A=\frac{1}{\beta e(1-e^{2})^{\frac{3}{2}}-\alpha\mu^{k-3}\sin E}=\frac{(\mu_{0}a_{0})^{\frac{3}{2}}(1-e_{0}^{2})^{\frac{3}{2}}}{G^{\frac{1}{2}}e(1-e^{2})^{\frac{3}{2}}}+$$
$$\frac{\mu^{k-3}\mu_{0}^{3}a_{0}^{3}(1-e_{0}^{2})^{3}\sin E}{Ge^{2}(1-e^{2})^{3}}\alpha+\frac{\mu^{2(k-3)}\mu_{0}^{\frac{9}{2}}a_{0}^{\frac{9}{2}}(1-e_{0}^{2})^{\frac{9}{2}}\sin^{2}E}{G^{\frac{3}{2}}e^{3}(1-e^{2})^{\frac{9}{2}}}\alpha^{2}+\cdots,\tag{6}$$

式中 a_0，e_0 和 μ_0 皆为 $t=0$ 时的初始轨道要素和初始质量值.

按文［1］用小参数级数展开法求解，对于本文研究到三阶解需将轨道要素和质量用小参数 α 展开到 α^3 项，故代替文［1］中的（16）式需写成下列形式：

$$\begin{aligned}&a=a_{0}+a_{1}\alpha+a_{2}\alpha^{2}+a_{3}\alpha^{3},e=e_{0}+e_{1}\alpha+e_{2}\alpha^{2}+e_{3}\alpha^{3},\\&\omega=\omega_{0}+\omega_{1}\alpha+\omega_{2}\alpha^{2}+\omega_{3}\alpha^{3},\mu=\mu_{0}+\mu_{1}\alpha+\mu_{2}\alpha^{2}+\mu_{3}\alpha^{3}.\end{aligned}\tag{7}$$

将（6）式和（7）式代入（2）～（5）式后比较 α 的各次幂系数就可得到 α 各次幂相应阶的解，比较 α 的一到三次幂的系数可得到一到三阶解的方程组. 对于一阶解的方程组及其积分分别在文［1］［2］中用理论单位制和量纲单位制两种方法推出，这里不再写出. 二阶解的方程组及其积分在文［1］［2］中也用两种单位制给出. 由于本文用量纲单位制推算三阶解时需用二阶解的结果，故这里只写出用量纲单位制给出的 a_2，e_2 和 ω_2 的解的结果[2]：

$$a_{2}=\left(\frac{\mu_{0}^{2k-3}a_{0}^{4}}{G}\right)\left\{\left[\frac{1}{4}ke_{0}^{2}+(2k-3)e_{0}-e_{0}^{-1}+\frac{1}{2}\right]E+\frac{1}{2}(4-k)E^{2}+\right.$$
$$\left.(4-k)e_{0}E\sin E+\left[(3-2k)e_{0}+e_{0}^{-1}\right]\cos E-\frac{1}{2}\left(1+\frac{1}{2}ke_{0}^{2}\right)\cos E\right\},\tag{8}$$

$$e_{2}=\left[\frac{\mu_{0}^{2k-3}a_{0}^{3}(1-e_{0}^{2})}{G}\right]\left\{\frac{1}{4e_{0}}\left[(k-2)e_{0}^{2}+4(k-3)e_{0}+1\right]+\right.$$

$$(3-k)E\sin E+(3-k)\cos E-\frac{1}{4e_0}[1+(k-2)e_0^2]\cos 2E\Big\}, \tag{9}$$

$$\omega_2=\left(\frac{\mu_0^{2k-3}a_0^3(1-e_0^2)^{\frac{1}{2}}}{Ge_0}\right)\Big\{\frac{1}{2}ke_0E+(k-3)E\cos E+$$

$$(3-k)\sin E-\frac{1}{4}ke_0\sin 2E\Big\}. \tag{10}$$

由于推算三阶解时还需要用 μ_2 的解，但在文［1］［2］中并没有给出，这里需补推出，可按前述推算各阶方程组的方法推出 μ_2 阶的方程式. 首先将（7）式的 e 和 μ 写成下列形式：

$$\begin{aligned}
e&=e_0\left(1+\frac{e_1}{e_0}\alpha+\frac{e_2}{e_0}\alpha^2+\cdots\right),\\
1-e^2&=1-e_0^2-2\alpha e_0e_1-\alpha^2(e_1^2+2e_0e_2)\\
&=(1-e_0^2)\left[1-\frac{2\alpha e_0e_1}{1-e_0^2}-\alpha^2\frac{(e_1^2+2e_0e_2)}{1-e_0^2}\right],\\
\mu&=\mu_0\left(1+\frac{\mu_1}{\mu_0}\alpha+\frac{\mu_2}{\mu_0}\alpha^2+\cdots\right).
\end{aligned} \tag{11}$$

将（7）式中的 μ 代入（5）式的左端后再将（6）式代入（5）式的右端，然后将（11）式用二项式定理展开的结果代入新推出的（5）式，两端取 α^2 的项就有（因推二阶解，A 式右端只取前两项即可）

$$\alpha^2\frac{d\mu_2}{dE}=-\frac{\alpha^2\mu_0^{k-\frac{1}{2}}a_0^{\frac{3}{2}}}{G^{\frac{1}{2}}}\left[(k-2)\frac{\mu_1}{\mu_0}+3\frac{e_0e_1}{1-e_0^2}\right]+\alpha^2\frac{\mu^{k-\frac{1}{2}}a_0^{\frac{3}{2}}}{G^{\frac{1}{2}}}\left[\frac{e_1}{e_0}+\frac{3e_0e_1}{1-e_0^2}+\right.$$

$$\left.(k-2)\frac{\mu_1}{\mu_0}\right]e_0\cos E-\alpha^2\frac{\mu_0^{2(k-1)}a_0^3}{Ge_0}\sin E+\alpha^2\frac{\mu_0^{2(k-1)}a_0^3}{G}\sin E\cos E,$$

$$\therefore\ \frac{d\mu_2}{dE}=-\frac{\mu_0^{k-\frac{1}{2}}a_0^{\frac{3}{2}}}{G^{\frac{1}{2}}}\left\{\left[(k-2)\frac{\mu_1}{\mu_0}+\frac{3e_0e_1}{1-e_0^2}\right](1-e_0\cos E)-e_1\cos E\right\}-$$

$$\frac{\mu_0^{2(k-1)}a_0^3}{Ge_0}(1-e_0\cos E)\sin E. \tag{12}$$

将文［2］给出的

$$e_1=\frac{\mu_0^{k-\frac{3}{2}}a_0^{\frac{3}{2}}(1-e_0^2)\sin E}{G^{\frac{1}{2}}},$$

$$\mu_1=-\frac{\mu^{k-\frac{1}{2}}a_0^{\frac{3}{2}}(E-e_0\sin E)}{G^{\frac{1}{2}}}$$

代入（12）式后积分，就可得 μ_2 的解

$$\mu_2=\frac{\mu_0^{2(k-1)}a_0^3}{G}\left[\left(\frac{1}{4}ke_0^2-3e_0-e_0^{-1}+\frac{1}{2}\right)+\frac{1}{2}(k-2)E^2+\right.$$

$$(2-k)e_0 E\sin E+(3e_0+e_0^{-1})\cos E-\frac{1}{4}(2+ke_0^2)\cos 2E\Big].\tag{13}$$

下面推算三阶解. 按前述方法，将包括右端三项的 A 式代入（7）式并用（11）式按推算一阶、二阶解的做法，比较 α^3 的系数就可得三阶方程组：

$$\begin{aligned}\frac{\mathrm{d}a_3}{\mathrm{d}E}=&\frac{\mu_0^{k-\frac{3}{2}}a_0^{\frac{5}{2}}}{G^{\frac{1}{2}}}\Big\{(k-3)\left[\frac{\mu_2}{\mu_0}+\frac{\mu_1 a_1}{\mu_0 a_0}+3\frac{\mu_1 e_0 e_1}{\mu_0(1-e_0^2)}\right]\\&+\left[\frac{a_2}{a_0}+\frac{3e_1^2}{2(1-e_0^2)}+\frac{3e_0 e_2}{1-e_0^2}+\frac{3a_1 e_1 e_0}{a_0(1-e_0^2)}\right](1+e_0\cos E)\\&+\left[(k-3)\frac{\mu_1 e_1}{\mu_0}+e_0+\frac{a_1}{a_0}e_1+\frac{3e_0 e_1^2}{1-e_0^2}\right]\cos E\Big\}\\&+\frac{\mu_0^{2k-3}a_0^4}{Ge_0}\Big\{\left[2(k-3)\frac{\mu_1}{\mu_0}+\frac{a_1}{a_0}+\frac{6e_0 e_1}{1-e_0^2}\right](1+e_0\cos E)\sin E\\&+\frac{e_1}{e_0}\sin E\Big\}+\frac{\mu_0^{3k-\frac{9}{2}}a_0^{\frac{11}{2}}(1-e_0^2)^3}{G^{\frac{3}{2}}e_0^2}(1+e_0\cos E)\sin E,\end{aligned}\tag{14}$$

$$\begin{aligned}\frac{\mathrm{d}e_3}{\mathrm{d}E}=&\frac{\mu_0^{k-\frac{3}{2}}a_0^{\frac{3}{2}}(1-e_0^2)}{G^{\frac{1}{2}}}\Big\{(k-3)\left[\frac{\mu_2}{\mu_0}+\frac{\mu_1 e_0 e_1}{\mu_0(1-e_0^2)}\right]+\\&\frac{e_1^2}{2(1-e_0^2)}+\frac{e_0 e_1}{1-e_0^2}\Big\}\cos E+\frac{\mu_0^{2k-3}a_0^3(1-e_0^2)}{Ge_0}\Big\{2(k-3)\frac{\mu_1}{\mu_0}\\&+\frac{5e_0^2-1}{1-e_0^2}\cdot\frac{e_1}{e_0}\Big\}\sin E\cos E+\frac{\mu_0^{k-\frac{9}{2}}a_0^{\frac{9}{2}}(1-e_0^2)}{a_0^{\frac{3}{2}}e_0^2}\cos E\sin^2 E,\end{aligned}\tag{15}$$

$$\begin{aligned}\frac{\mathrm{d}\omega_3}{\mathrm{d}E}=&\frac{\mu_0^{k-\frac{3}{2}}a_0^{\frac{3}{2}}(1-e_0^2)^{\frac{1}{2}}}{G^{\frac{1}{2}}e_0}\Big\{(k-3)\left[\frac{\mu_2}{\mu_0}+\frac{3e_0^2-1}{1-e_0^2}\cdot\frac{\mu_1 e_1}{\mu_0 e_0}\right]\\&+\frac{3e_0^2-1}{1-e_0^2}\cdot\frac{e_2}{e_0}-\frac{e_1^2}{1-e_0^2}\Big\}\sin E+\frac{\mu_0^{2k-3}a_0^3(1-e_0^2)^{\frac{1}{2}}}{Ge_0^2}\Big\{2(k-3)\frac{\mu_1}{\mu_0}\\&+\frac{7e_0^2-2}{1-e_0^2}\cdot\frac{e_1}{e_0}\Big\}\sin^2 E+\frac{\mu_0^{3k-\frac{9}{2}}a_0^{\frac{9}{2}}(1-e_0^2)^{\frac{7}{2}}}{G^{\frac{3}{2}}e_0^3}\sin^3 E.\end{aligned}\tag{16}$$

如果不推算四阶解，无须推算 μ_3 的方程式及其解.

将文［2］中的 e_1 和 μ_1（前面已给出）以及（8）～（10）式中的 a_2，e_2 和（13）式中的 μ_2 代入（14）～（16）式的右端，然后积分可得到三阶解 a_3，e_3 和 ω_3 的表达式：

$$a_3=\frac{\mu_0^{3k-\frac{9}{2}}a_0^{\frac{11}{2}}}{G^{\frac{3}{2}}}\Big\{A_1E+A_2E^3+A_3E\cos E+A_4E^2\sin E+\sum_{i=1}^{3}F_i\sin iE\Big\},\tag{17}$$

$$e_3=\frac{\mu_0^{3k-\frac{9}{2}}a_0^{\frac{9}{2}}(1-e_0^2)}{G^{\frac{3}{2}}}\Big\{B_1E+B_2E\cos E+B_3E^2\sin E+\sum_{i=1}^{3}G_i\sin iE\Big\},\tag{18}$$

$$\omega_3=\frac{\mu_0^{3k-\frac{9}{2}}a_0^{\frac{9}{2}}(1-e_0^2)^{\frac{1}{2}}}{G^{\frac{3}{2}}e_0}\left\{C_1E^2+C_2E\sin E+\sum_{i=1}^{3}H_i(\cos iE-1)\right\}. \tag{19}$$

式中长期项和混合项的系数为

$$\begin{aligned}
A_1&=\frac{1}{4}\left[(k^2-k-3)e_0^2+\frac{3}{2}e_0+(7-k)e_0^{-1}+\frac{1}{2}(11-3k)\right],\\
A_2&=\frac{1}{6}(k-2)^2,\\
A_3&=k(k-3)e_0+(2k-7)e_0^{-1},\\
A_4&=\frac{1}{2}(k-2)e_0;
\end{aligned} \tag{20}$$

$$\begin{aligned}
B_1&=\frac{3}{2}(k-3e),\\
B_2&=\frac{1}{2}(k-3)\left[\left(1-\frac{1}{2}k\right)e_0-e_0^{-1}+2(k-2)\right],\\
B_3&=-\frac{1}{2}(k-3)(k-2);
\end{aligned} \tag{21}$$

$$\begin{aligned}
C_1&=\frac{1}{4}(k-3)(1-e_0-e_0^2),\\
C_2&=-\frac{1}{4}(k-3)(1-e_0-e_0^2).
\end{aligned} \tag{22}$$

由于本文最后只计算长期效应，不计算周期项效应，再因篇页所限，周期项振幅 F_1，F_2，F_3，G_1，G_2，G_3，H_1，H_2，H_3 就不列出了.

式中有 E，E^2，E^3 的项均为长期项，有 $E\cos E$，$E\sin E$ 和 $E^2\sin E$ 的项均为混合项，其余求和项均为周期项.

2. 行星轨道要素长期效应的高阶解的定量估计

在文［1］中虽然在理论上研究到部分二阶解，但文中只计算了一阶解的长期效应，没有对二阶解的效应做计算，本文对 $k=3$ 情况下太阳质量的损失对行星轨道要素的长期效应的高阶解的数值估计，包括了对二阶解和三阶解的定量估计.

计算时只限于长期效应，则只计算质量损失对轨道要素变率的影响就可以了，故需将（7）式写成对时间变率的形式：

$$\begin{aligned}
\frac{\mathrm{d}a}{\mathrm{d}t}&=\dot{a}=\frac{\mathrm{d}a_1}{\mathrm{d}t}\alpha+\frac{\mathrm{d}a_2}{\mathrm{d}t}\alpha^2+\frac{\mathrm{d}a_3}{\mathrm{d}t}\alpha^3=\dot{a}^{(1)}+\dot{a}^{(2)}+\dot{a}^{(3)},\\
\frac{\mathrm{d}e}{\mathrm{d}t}&=\dot{e}=\frac{\mathrm{d}e_1}{\mathrm{d}t}\alpha+\frac{\mathrm{d}e_2}{\mathrm{d}t}\alpha^2+\frac{\mathrm{d}e_3}{\mathrm{d}t}\alpha^3=\dot{e}^{(1)}+\dot{e}^{(2)}+\dot{e}^{(3)},\\
\frac{\mathrm{d}\omega}{\mathrm{d}t}&=\dot{\omega}=\frac{\mathrm{d}\omega_1}{\mathrm{d}t}\alpha+\frac{\mathrm{d}\omega_2}{\mathrm{d}t}\alpha^2+\frac{\mathrm{d}\omega_3}{\mathrm{d}t}\alpha^3=\dot{\omega}^{(1)}+\dot{\omega}^{(2)}+\dot{\omega}^{(3)}.
\end{aligned} \tag{23}$$

对于一阶轨道要素变率 $\dot{a}^{(1)}$，$\dot{e}^{(1)}$ 和 $\dot{\omega}^{(1)}$ 已在文［1］中做了计算（由于 $\dot{e}^{(1)}=0$，

$\dot{\omega}^{(1)}=0$，没有计算）. 本文需对二阶长期变率 $\dot{a}^{(2)}$，$\dot{e}^{(2)}$ 和 $\dot{\omega}^{(2)}$ 以及三阶长期变率 $\dot{a}^{(3)}$，$\dot{e}^{(3)}$ 和 $\dot{\omega}^{(3)}$ 做数值计算.

由于本文只限于长期效应的计算，故只需取二阶解（8）～（10）式和三阶解（17）～（19）式中有 E，E^2 和 E^3 的项就可以了，对于混合项和周期项不必计算. 为了计算 $\dot{a}^{(2)}$，$\dot{e}^{(2)}$，$\dot{\omega}^{(2)}$，$\dot{a}^{(3)}$，$\dot{e}^{(3)}$ 和 $\dot{\omega}^{(3)}$，将（17）～（19）式和（8）～（10）式中的偏近点角 E 由 0 到 2π 变化，即按每一周轨道要素变化，令 $E=2\pi$，代入后得每周轨道要素的变量，然后用轨道周期 T 除之，即得轨道要素的变率 $\dot{a}^{(2)}$，$\dot{e}^{(2)}$，$\dot{\omega}^{(2)}$ 和 $\dot{a}^{(3)}$，$\dot{e}^{(3)}$，$\dot{\omega}^{(3)}$. 为了减少一个变量，轨道周期 T 用 Kepler 第三定律：$T=\dfrac{2\pi a^{\frac{3}{2}}}{\sqrt{G\mu_0}}$，再将 $k=3$ 代入就得到以下轨道要素的二阶解和三阶解的变率：

$$
\begin{aligned}
\dot{a}^{(2)}&=\frac{\mathrm{d}a^{(2)}}{\mathrm{d}t}=\alpha^2\frac{\mathrm{d}a_2}{\mathrm{d}t}=\left(\frac{\pi\mu^{\frac{7}{2}}a^{\frac{5}{2}}}{G^{\frac{1}{2}}}\right)\alpha^2,\\
\dot{e}^{(2)}&=\frac{\mathrm{d}e^{(2)}}{\mathrm{d}t}=\alpha^2\frac{\mathrm{d}e_2}{\mathrm{d}t}=0,\\
\dot{\omega}^{(2)}&=\frac{\mathrm{d}\omega^{(2)}}{\mathrm{d}t}=\alpha^2\frac{\mathrm{d}\omega_2}{\mathrm{d}t}=\frac{3}{2}\alpha^2\left(\frac{\mu^{\frac{7}{2}}a^{\frac{3}{2}}(1-e_0^2)^{\frac{1}{2}}}{G^{\frac{1}{2}}}\right).
\end{aligned}
\tag{24}
$$

$$
\begin{aligned}
\dot{a}^{(3)}&=\frac{\mathrm{d}a^{(3)}}{\mathrm{d}t}=\alpha^3\frac{\mathrm{d}a_3}{\mathrm{d}t}=\alpha^3\left(\frac{\mu_0^5a_0^4}{2G}\right)(3\pi^2+5e_0^2+8e_0-3e_0^{-1}+e_0^{-2}+1),\\
\dot{e}^{(3)}&=\frac{\mathrm{d}e^{(3)}}{\mathrm{d}t}=\alpha^3\frac{\mathrm{d}e_3}{\mathrm{d}t}=0,\\
\dot{\omega}^{(3)}&=\frac{\mathrm{d}\omega^{(3)}}{\mathrm{d}t}=\alpha^3\frac{\mathrm{d}\omega_3}{\mathrm{d}t}=0.
\end{aligned}
\tag{25}
$$

利用（24）（25）式可对行星轨道做数值估计，实际上对（24）式的第一、第三式和（25）式的第一式做出估计即可. 其中 G（引力常数）$=6.67\times10^{-8}$(c·g·s)，$\mu_0=M_0+m_0$，即太阳质量 M_0 和行星质量 m_0 之和，而小参量 α 仍按文［1］和文［2］所确定的值，因本文采用量纲单位制(c·g·s)，故按文［2］

$$\alpha=8.80\times10^{-88},$$

对于 G，μ_0 或 M_0，m_0 以及 a_0 和 e_0 采用文［4］中给出的量纲单位制的数据，将太阳质量和九大行星的质量和轨道要素的数据代入（24）和（25）式后便得到太阳质量损失对行星轨道要素长期效应的高阶解的估计结果.

由于在二阶解和三阶解中估计的效应值很小，只估计到量级就可以了. 九大行星轨道要素的长期效应的定量估计结果如下.

由（24）和（25）式可知，对于九大行星轨道偏心率在二阶解和三阶解中都没有效应影响（$\dot{e}^{(2)}=0$，$\dot{e}^{(3)}=0$），对于近星点辐角，除在二阶解产生效应外，在三阶解不产生效应（$\dot{\omega}^{(2)}\neq0$，$\dot{\omega}^{(3)}=0$），只有轨道半长轴在二阶解、三阶解中有长期效应，近点辐角在二阶解中有长期效应. 九大行星在这两个轨道要素产生的量级效应结果见表 1.

表 1　太阳质量损失对九大行星轨道要素产生的二阶和三阶效应的量级估计结果

行星	水星	金星	地球	火星	木星	土星	天王星	海王星	冥王星
$\dot{a}^{(2)}$ (cm/a)	10^{-15}	10^{-14}	10^{-14}	10^{-13}	10^{-12}	10^{-11}	10^{-11}	10^{-10}	10^{-10}
$\dot{a}^{(3)}$ (cm/a)	10^{-28}	10^{-24}	10^{-25}	10^{-25}	10^{-23}	10^{-22}	10^{-20}	10^{-20}	10^{-18}
$\dot{\omega}^{(2)}$ (cm/a)	10^{-28}	10^{-27}	10^{-27}	10^{-27}	10^{-26}	10^{-26}	10^{-25}	10^{-25}	10^{-25}

3. 讨　论

（1）太阳质量损失对行星轨道半长轴的改变影响．由文［2］可知在二阶解中除了仍有长期项外，还有混合项和周期项，对三阶解仍然如此．两者只是长期项 E 的幂次有所不同以及效应不同．

（2）在文［1］中已得出太阳质量损失对行星轨道偏心率的改变影响在二阶解中没有长期项，也不含混合项，只有周期项，然而到三阶解时仍只有周期项而无长期项，这对太阳系稳定性有益处．

（3）由文［1］［2］知太阳质量损失对近点辐角的改变影响存在长期项和周期项，但在三阶解时长期项消失，则只有周期项了．

（4）太阳质量损失对行星轨道要素高阶解（二阶、三阶解）按前节定量估计其效应值很小，在定量上意义不大，但在定性讨论中有一定意义．在高阶解中除弄清轨道偏心率在三阶解中仍无长期项外，对轨道半长轴仍有长期项．故太阳系中行星轨道在遥远的将来仍存在不稳定性，即行星轨道因太阳质量损失继续不断扩大直至不稳定局面出现．

参考文献

［1］郁丽忠，郑学塘，李林森．太阳质量损失对行星轨道的影响［J］．空间科学学报，1994，14（1）：70．

［2］李林森．太阳质量变化对小行星轨道根数的改变影响［J］．上海天文台年刊，2000（21）：72．

［3］ОМАРОВ Т Б. О ДИФФЕРЕНЦИАЛЬНЫХ УРАВНЕНИЯХ ОСКУЛИРУЮЩИХ ЭЛЕМЕНТОВ В ТЕОРИИ ДВИЖЕНИЯ ПЕРЕМЕНЫХ МАСС［J］．ИЗВ АСТРОФИЗ ИН-Та АН КазССР，1962，ТОМ Ⅹ Ⅳ：66．

［4］Allen C W. Astrophysical quantities［M］. The Athlone Press，1973：13，140-141．

太阳在红巨星阶段对8个大行星轨道改变的估计*

摘要： 本文利用变质量二体问题给出了当太阳到达红巨星阶段时8个大行星轨道改变的情况，太阳在红巨星阶段由于星风和光子辐射使得太阳质量流失造成了8个行星轨道的改变，估计了那时8个行星轨道离太阳的距离和周期. 距离太阳越远，轨道半长轴扩大率越大而周期越长. 可以推论：由太阳风造成的太阳质量流失对行星轨道的改变影响在红巨星阶段比在主序阶段大. 估计的数值结果列入表1. 最后做了讨论和推论.

关键词： 红巨星阶段；太阳质量流失；8个大行星轨道改变

1. 引　言

太阳的演化从主序前阶段到达主序阶段以后还要经过后主序阶段，即到达红巨星阶段. 太阳在每一演化阶段由星风等原因造成的质量流失影响着行星轨道的改变. 这种影响在主序阶段并不明显，然而，当太阳到达红巨星阶段时由星风等原因造成的质量流失较大，这时对行星轨道的改变影响甚为明显. 所以，研究太阳到达红巨星阶段行星轨道的改变很有意义，尽管这是100亿年以后要发生的事，但我们生活在地球上的人类很有必要预测一下.

首先必须研究太阳从主序阶段到红巨星阶段的演化. 过去好些作者研究了这个问题. Sandage (1957) 首先在研究了恒星生和死的论文中讨论了太阳演化到红巨星阶段时半径和光度的改变，但较少讨论对行星轨道改变的影响[1]. Sweigart (1976) 详细地研究了红巨星的构造和演化，但他的研究没有涉及构造和演化对行星轨道改变的影响[2]. 本文作者 (2000) 研究了太阳质量损失对地球轨道改变的影响，其中也讨论了太阳在红巨星阶段对地球半长轴和轨道周期的影响并给出数值的估计，然而该估计是较粗略的[3]. Schröder 和 Smith (2008) 研究了太阳模型的演化并计算了地球和太阳的将来距离以及地球行星轨道半径的演化曲线[4]. 本文利用变质量二体问题的解及 Schröder 和 Smith 给出的太阳演化模型的数据估计了当太阳到达红巨星阶段时8个大行星的轨道半长轴和轨道周期改变的数值解.

* 原文载于《天文与天体物理》，2014 (2)：21-25.

2. 当太阳到达红巨星阶段时行星轨道半长轴 a，轨道周期 P 以及轨道偏心率 e 的数值解

作者在前文利用 Jeans 给出的变质量二体问题的解[3][5]：

$$aM(t)=\text{const}, \tag{1}$$

$$PM(t)^2=\text{const}, \tag{2}$$

$$1-e^2=\frac{h^2}{GM(t)a}=\text{const}. \tag{3}$$

给出了轨道半长轴 a，轨道周期 P 和轨道偏心率 e 随时间变化的方程式：

$$\frac{\mathrm{d}a}{\mathrm{d}t}=-\frac{a}{M}\cdot\frac{\mathrm{d}M}{\mathrm{d}t}, \tag{4}$$

$$\frac{\mathrm{d}P}{\mathrm{d}t}=-2\frac{P}{M}\cdot\frac{\mathrm{d}M}{\mathrm{d}t}, \tag{5}$$

$$\frac{\mathrm{d}e}{\mathrm{d}t}=0. \tag{6}$$

当太阳到达主序末段或红巨星阶段时 a，P，e 随时间的变化可由方程式(4)～(6) 推出：

$$a=a_0-\left(\frac{a}{M}\cdot\frac{\mathrm{d}M}{\mathrm{d}t}\right)_0(t-t_0)=a_0\left[1-\frac{\dot{M}}{M}(t-t_0)\right], \tag{7}$$

$$P=P_0-2\left(\frac{P}{M}\cdot\frac{\mathrm{d}M}{\mathrm{d}t}\right)_0(t-t_0)=P_0\left[1-2\frac{\dot{M}}{M}(t-t_0)\right], \tag{8}$$

$$e=e_0. \tag{9}$$

我们取 $t-t_0=1.217\times10^{10}$ a 为太阳到达红巨星阶段的时间，根据 Schröder 和 Smith (2008) 给出的太阳演化模型$\left(\frac{\mathrm{d}M}{\mathrm{d}t}\right)_0$或 $(\dot{M})_0$ 为太阳在主序阶段时的质量损失率. 目前的数值由本文作者 (2013) 给出[6]：

$$\left(\frac{\mathrm{d}M}{\mathrm{d}t}\right)_0=-9.16\times10^{-14}M_\odot(\mathrm{a}^{-1}),\ \left(\frac{\dot{M}}{M}\right)_0=-9.16\times10^{-14}(\mathrm{a}^{-1}). \tag{10}$$

将 8 个行星的 a_0，P_0 数值 (Allen，1973) 和$\left(\frac{\mathrm{d}M}{\mathrm{d}t}\right)_0$ 及 $t-t_0=1.217\times10^{10}$ a 代入方程式 (7)，我们得到当太阳到达红巨星阶段时 8 个行星轨道 a_0 和 P_0 的数值 (见表 1).

表 1　太阳到达红巨星阶段时 8 大行星轨道的演化(1.217×10^{10} 年以后)

Planets	a_R(AU)	a($R_\odot$)	Δa_R(AU)	P_R(a)	ΔP_R(s)	$\dot{a}$(km/a)	$\dot{P}$(s/a)	$\dot{e}$/a
Mercury	0.387 3	83.25	0.000 4	0.241 3	0.000 5	1.61	0.42	0
Venus	0.723 9	155.58	0.000 8	0.616 3	0.001 3	3.01	1.08	0
Earth	0.000 9	215.12	0.001 0	1.001 8	0.002 2	4.15	1.76	0

续　表

Planets	a_R(AU)	a(R_Θ)	Δa_R(AU)	P_R(a)	ΔP_R(s)	$\dot{a}$(km/a)	$\dot{P}$(s/a)	$\dot{e}$/a
Mars	1.525 0	327.77	0.001 6	1.884 3	0.004 1	6.14	3.31	0
Jupiter	5.207 5	1 119.25	0.005 7	11.883 6	0.026 1	21.66	20.58	0
Saturn	9.547 4	2 052.03	0.010 5	29.600 9	0.064 8	39.71	51.79	0
Uranus	19.199 1	4 126.48	0.021 1	84.165 1	0.184 8	79.85	147.73	0
Neptune	30.084 8	6 400.16	0.033 0	165.089 6	0.362 5	125.13	289.77	0

3. 当太阳到达红巨星阶段时 8 个大行星 *a*，*P*，*e* 的长期变率

首先我们根据 Schröder & Smith 给出的太阳演化模型，当太阳到达红巨星阶段时（$t-t_0=1.217\times10^{10}$ a），太阳的模型数据[4]：

$$t-t_0=12.17\ \text{Ga}=1.217\times10^{10}\,\text{a},\ L(L_\Theta)=2\ 730.$$

$$T_{\text{eff}}=2\ 602\ \text{K}, R(R_\Theta)=256, M_{\text{sun}}(M_\Theta)=0.668.$$

太阳在红巨星阶段的演化是由太阳风和光子辐射造成的质量损失决定的. 因为太阳到达红巨星阶段时它的温度是很低的，所以我们必须利用冷星的质量损失率，本文作者（2000）曾利用 Mullan（1978）给出的由太阳风造成的冷星的质量损失率[7].

$$\dot{M}=-9.7\times10^{-12}\times(2.74\times10^4)^\beta\left(\frac{M}{M_\Theta}\right)^{\beta+\frac{1}{2}}\left(\frac{R}{R_\Theta}\right)^{\frac{3}{2}-2\beta}M_\Theta(\text{a}^{-1}).\tag{11}$$

其中 $\beta=0.5\sim0.57$，如果我们取 $\beta=0.5$，$M=0.668M_\Theta$，$R=256R_\Theta$，则得到

$$\dot{M}=\left(\frac{\text{d}M}{\text{d}t}\right)_{L1}=-1.71\times10^{-8}M_\Theta(\text{a}^{-1}),\tag{12}$$

$$\left(\frac{\dot{M}}{M}\right)_{L1}=-\frac{1.71\times10^{-8}M_\Theta/\text{a}}{0.668M_\Theta}=-2.56\times10^{-8}(\text{a}^{-1}).\tag{13}$$

Schröder & Smith（2008）曾给出红巨星的质量损失公式[4]：

$$\dot{M}_{L2}=-\eta\frac{L(L_\Theta)R(R_\Theta)}{M(M_\Theta)}\left(\frac{T_{\text{eff}}}{4\ 000\ \text{K}}\right)^{3.5}\left(1+\frac{g_\Theta}{4\ 300\ \text{g}}\right).\tag{14}$$

其中 $\eta=8\times10^{-44}M_\Theta/\text{a}$，$g_\Theta=GM/R^2$（太阳表面重力加速度）.

根据 Schröder 和 Simth 的太阳演化模型，太阳到达红巨星阶段时 $t-t_0=1.217\times10^{10}$ a，那时太阳的物理量是

$$M=0.668\ M_\Theta,\ R=256\ R_\Theta,\ L=2\ 730\ L_\Theta, T_{\text{eff}}=2\ 602\ \text{K}.$$

因此，$g_0=\dfrac{GM}{R^2}=0.277\ 4$.

将这些数据代入上面的公式（14），得到

$$\dot{M}=\left(\frac{\text{d}M}{\text{d}t}\right)_{L2}=-1.858\ 7\times10^{-8}M_\Theta(\text{a}^{-1}),\tag{15}$$

$$\left(\frac{\dot{M}}{M}\right)_{L2}=-\frac{1.858\times10^{-8}M_{\Theta}(\mathrm{a}^{-1})}{0.668M_{\Theta}}=-2.78\times10^{-8}(\mathrm{a}^{-1}).\qquad(16)$$

我们可以看出两个模型的质量损失率，（12）式同（15）式，（13）式同（16）式是很接近的.

以下，我们考虑在红巨星阶段由太阳风和光子辐射造成的太阳质量损失可以从质能关系 $E=Mc^2$ 来估计，即

$$\dot{M}=\frac{\mathrm{d}M}{\mathrm{d}t}=\frac{\frac{\mathrm{d}E}{\mathrm{d}t}}{c^2}=-\frac{L}{c^2}=-\frac{2\,730\times2.826\times10^{33}}{9\times10^{20}}=-1.36\times10^{-10}M_{\Theta}(\mathrm{a}^{-1}),\qquad(17)$$

$$\left(\frac{\dot{M}}{M}\right)_{ph}=-\frac{1.36\times10^{-10}M_{\Theta}(\mathrm{a}^{-1})}{0.668M_{\Theta}}=-2.035\times10^{-10}(\mathrm{a}^{-1}).\qquad(18)$$

如果我们只用式（16）和（18）的质量损失率，那么由光子辐射造成的质量损失率比太阳风造成的质量损失率小，则总的质量损失率为

$$\left(\frac{\mathrm{d}M}{\mathrm{d}t}\right)_{\mathrm{sun}}=\left(\frac{\mathrm{d}M}{\mathrm{d}t}\right)_{L2}+\left(\frac{\mathrm{d}M}{\mathrm{d}t}\right)_{ph}=-1.86\times10^{-8}M_{\Theta}(\mathrm{a}^{-1}).\qquad(19)$$

$$\left(\frac{\dot{M}}{M}\right)_{\mathrm{Red}}=\frac{1.86M_{\Theta}(\mathrm{a}^{-1})}{0.668M_{\Theta}}=-2.78\times10^{-8}(\mathrm{a}^{-1}).\qquad(20)$$

其次，我们利用公式（7）～（9）估计当太阳到达红巨星阶段时 8 大行星的轨道半长轴和轨道周期的长期变率，我们改变公式（7）～（9）为红巨星阶段的公式，即对公式（7）～（9）时间微分：

$$\left(\frac{\mathrm{d}a}{\mathrm{d}t}\right)_R=-\frac{a_R}{M_R}\left(\frac{\mathrm{d}M}{\mathrm{d}t}\right)_R=-a_R\left(\frac{\dot{M}}{M}\right)_R,\qquad(21)$$

$$\left(\frac{\mathrm{d}P}{\mathrm{d}t}\right)_R=-2\frac{P_R}{M_R}\left(\frac{\mathrm{d}M}{\mathrm{d}t}\right)_R=-2P_R\left(\frac{\dot{M}}{M}\right)_R,\qquad(22)$$

$$\left(\frac{\mathrm{d}e}{\mathrm{d}t}\right)_R=0.\qquad(23)$$

将表 1 和公式（19）中 $\left(\frac{\dot{M}}{M}\right)_R$，$a_R$，$P_R$ 的数值代入上面的公式（21）～（23），我们得到当太阳到达红巨星阶段时 8 个大行星轨道半长轴和轨道周期的长期变率（从现在到未来 1.217×10^{10} 年）.

4. 讨论和推论

（1）距离太阳越远的行星，轨道扩大率越大，所以海王星的轨道扩大率最大.

（2）在 1.217×10^{10} 年后太阳到达红巨星阶段时，根据 Schröder 和 Smith 给出的数据 $R=256\,R_{\Theta}$，又根据表 1 中的数值结果，水星和金星（$a<256R_{\Theta}$）进入膨胀的太阳体积内或者轨道被膨胀的太阳体积吞进.

（3）本文的结果同文［3］的结果略有不同，在文［3］中太阳在红巨星阶段地球轨道扩大率：$\dot{a}=1.31$ km/a，$\dot{P}=0.55$ s/a；而在本文中给的数值：$\dot{a}=4.15$ km/a，$\dot{P}=$

1.76 s/a（见表 1），所以本文的扩大率要比前文的扩大率大些.

（4）太阳在主序阶段，目前对行星轨道改变的影响同在红巨星阶段改变的影响相比，红巨星阶段甚为显著，通过主序阶段质量损失率公式（目前 $t=0$）：$\dot{a}=-a_0\left(\frac{\dot{M}}{M}\right)$，$\frac{\dot{M}_0}{M_0}=-9.16\times10^{-14}(\mathrm{a}^{-1})$[6]，$a_0$ 等于每个行星轨道半长轴[8]，可以计算目前 8 大行星轨道半长轴改变率如下.

	水星	金星	地球	火星	木星	土星	天王星	海王星
目前($t=0$)$\dot{a}$(10^{-4} km/a)	0.05	0.07	0.13	0.20	0.71	1.31	2.62	4.11
红巨星阶段($t=1.217\times10^{10}$ a)$\dot{a}$(km/a)	1.61	3.01	4.15	6.14	21.66	39.71	79.85	125.13

由上表可见，太阳在红巨星阶段行星轨道的改变率比目前在主序阶段的改变率大，因此，研究太阳在红巨星阶段行星轨道的改变有很大意义.

参考文献

[1] Sandge A. Amer J Phys，1957，25：525.
[2] Sweigart A V. Physics Today，1976，21：25.
[3] 李林森. 云南天文台台刊，2000，2：10.
[4] Schrŏder K P，Smith R C. MNRAS，2008，386：155.
[5] Jeans J H. Astronomy and cosmogony. London：Cambridge University Press，1929：298.
[6] Li L S. MNRAS，2013，431：2971.
[7] Mullan D J. Ap J，1978，226：151.
[8] Allen C W. Astrophysical quantities. London：The Athlone Press，1973：140-141.

Secular Influence of Solar Dark Matter Accretion upon the Evolution of Orbits of Planets*

Abstract: This paper examines the secular influence of solar dark matter accretion on the evolution of the orbital elements of planets. The solutions of the perturbation equations are given by using the mean anomaly as the fast variable of integration. The theoretical results obtained are secular rates in the semi-major axis, eccentricity, orbital period and the time of perihelion passage. The results obtained are applied to the orbital evolution of major planets and of some near-Earth asteroids in our solar system.

Keywords: accretion; evolution of orbital elements of planets

1. Introduction

There is a lot of dark matter in our universe and in our surroundings. Evidence for the existence of dark matter has been confirmed by several kinds of independent observations, such as the cosmic microwave background. Especially, galaxies contain a lot of dark matter. During the movement of our solar system through the Milky Way, it may capture a lot of dark matter while increasing its mass. Any increase of the solar mass influences the variations of the orbits of the planets. Press and Spergel (1985) studied such capture by the Sun of a galactic population of weakly interacting massive particles. Anderson et al. (1989) researched the bounds on dark matter in solar orbit. Anderson et al. (1995) also studied the bounds on non-luminous matter in solar orbit. Kardashev, Tutukov and Fedorova (2005) also investigated the limits on the mass of dark matter in the Sun from a model for the modern Sun. Khriplovich and Pitjeva (2006) examined the upper limits on the density of dark matter in the solar system. Sereno and Jetzer (2006) gave dark matter versus modifications of the gravitational inverse-square law. Khriplovich (2007) also studied the density of dark matter in the solar system and the perihelion precession of the planets. Frère, Ling, and Vertongen

* 原文载于 *Publ. Astron. Soc. Japan*, 2013, 65 (107): 1-4.

(2008) researched the bounds of the dark matter density in the solar system based on planetary motion. Khriplovich and Shepelyansky (2009) researched the capture of dark matter by the solar system. Peter (2009a, 2009b, 2009c) investigated dark matter in the solar system. Concerning the influence of dark matter on the motion of planets in the solar system, some authors have pursued this subject. Braginsky, Gurevich, and Zybin (1992) researched the influence of dark matter on the motion of planets and satellites. Klioner and Soffel (1993) researched the influence of dark matter on the motion of the solar system. Iorio (2006, 2010a, 2010b) also researched the relation between solar system planetary motion and dark matter, and also applied both classical and relativistic orbital motion around a mass-varying body to the effect of sun and planet-bound dark matter on planets and satellite dynamics in the past year (Ga) of the solar system by means of the eccentric anomaly as an independent variable averaged over one orbital revolution. Iorio (2010c) also researched the orbital effects of the Sun's mass loss and Earth's fate. Recently, Iorio (2013) investigated expressions for pericenter precession caused by some dark matter distributions and constraints on them from orbital motions in solar system. Saadat et al. (2010) researched the effect of dark matter on solar system and the perihelion precession of the planet Earth. Recently, Pitjev and Pitjeva (2013) researched constraints on dark matter in the solar system. Pitjeva and Pitjev (2013) also researched relativistic effects and dark matter in the solar system based on observations of planets and spacecraft. In the present paper the author considers the influence of solar dark matter accretion on the variable rate of the orbital elements of planets in the future by means of the mean anomaly as an independent variable averaged over one revolution.

2. The solution of perturbation equations and evolution of the orbital element.

The acceleration experienced by a test particle orbiting a mass-varying central body by $\mu(t)=Gm(t)$ can be approximated by Iorio (2010a, 2010b):

$$\mathbf{A}=-\frac{\mu(t)}{r^2}\boldsymbol{r}\approx-\frac{\mu}{r^2}\left[1+\frac{\dot{\mu}}{\mu}(t-t_o)+\cdots\right]\boldsymbol{r},\tag{1}$$

where t_0 is a given epoch, which is the present time; we assume $\mu=\mu\mid_{t=0}$ and $\dot{\mu}=\dot{\mu}\mid_{t=0}=$ constant; $\ddot{\mu}$ may be neglected.

This paper adopts symbols used by Iorio. Iorio (2010) used formula (1) to study the variation of the overall pericenter-to-pericenter orbit of planets by using the eccentric anomaly as an independent variable by letting $t<t_0$ or $t-t_0<0$ and $\frac{\dot{\mu}}{\mu}(t-t_0)<1$ in the past year (Ga). In the present paper the author uses formula (1) to study the evolution of orbital elements of planets in the solar system by using the mean anomaly M, as an independent variable, and by letting $t>t_0$ or $t-t_0>0$ and $\frac{\dot{\mu}}{\mu}(t-t_0)<1$.

We resolve the acceleration (1) into the radial and transverse components, A_r and A_t orthogonal to the direction of $\boldsymbol{r}$, and let $t_0=\tau$ (the time of perihelion passage), i. e., take the time of perihelion passage as a given epoch. The acceleration (1) can be written as

$$\begin{gathered}\boldsymbol{A}=A_r\boldsymbol{e}_r+A_t\boldsymbol{e}_\theta+A_W(\boldsymbol{e}_r\times\boldsymbol{e}_\theta),\\ \boldsymbol{e}_r=0,\boldsymbol{e}_r\times\boldsymbol{e}_\theta=\boldsymbol{e}_W=0.\end{gathered}\tag{2}$$

We can obtain three components of the acceleration in which planets move in the orbital plane.

$$A_r=-\frac{\dot{\mu}}{r^2}(t-t_0)=-\frac{\dot{\mu}}{r^2}(t-\tau),\ A_t=0,\ A_W=0.\tag{3}$$

According to the definition of the mean anomaly,

$$M=n(t-\tau),\ t-\tau=\frac{M}{n},\tag{4}$$

n denotes the orbital mean motion. Equations (3) become

$$A_r=-\frac{\dot{\mu}}{r^2}\cdot\frac{M}{n},A_t=0,\ A_W=0.\tag{5}$$

When $A_t=0$, $A_W=0$, all terms with A_t and A_W vanish, and the Gaussian equations for variation of the orbital elements become (Bertotti, et al., 2003; Roy, 2005):

$$\frac{\mathrm{d}a}{\mathrm{d}t}=\frac{2}{n\sqrt{1-e^2}}eA_r\sin f,\tag{6}$$

$$\frac{\mathrm{d}e}{\mathrm{d}t}=\frac{\sqrt{1-e^2}}{na}A_r\sin f,\tag{7}$$

$$\frac{\mathrm{d}\omega}{\mathrm{d}t}=\frac{\sqrt{1-e^2}}{nae}A_r\cos f,\tag{8}$$

$$\frac{\mathrm{d}i}{\mathrm{d}t}=\frac{\mathrm{d}\Omega}{\mathrm{d}t}=0,\tag{9}$$

$$\frac{\mathrm{d}M}{\mathrm{d}t}=n-\frac{2}{na}A_r\frac{r}{a}-\sqrt{1-e^2}\left(\frac{\mathrm{d}\omega}{\mathrm{d}t}+\cos i\frac{\mathrm{d}\Omega}{\mathrm{d}t}\right).\tag{10}$$

The equation for the time variable rate of perihelion passage is given by $M=n(t-\tau)$:

$$n\frac{\mathrm{d}\tau}{\mathrm{d}t}=(t-\tau)\frac{\mathrm{d}n}{\mathrm{d}t}+n-\frac{\mathrm{d}M}{\mathrm{d}t}=\frac{M}{n}\cdot\frac{\mathrm{d}n}{\mathrm{d}t}+n-\frac{\mathrm{d}M}{\mathrm{d}t}.\tag{11}$$

Kepler's third law, $n^2a^3=Gm(t)=\mu(t)$, gives

$$\frac{\mathrm{d}n}{\mathrm{d}t}=\frac{1}{2na^2}\cdot\frac{\mathrm{d}\mu(t)}{\mathrm{d}t}-\frac{3}{2}\cdot\frac{n}{a}\cdot\frac{\mathrm{d}a}{\mathrm{d}t}.\tag{12}$$

Substituting equations (4) and $\frac{\mathrm{d}a}{\mathrm{d}t}$ into this equation, we obtain

$$\frac{\mathrm{d}n}{\mathrm{d}t}=\frac{\dot{\mu}}{2na^2}-\frac{3e\sin f}{a\sqrt{1-e^2}}A_r. \tag{13}$$

Substituting $\frac{\mathrm{d}M}{\mathrm{d}t}$ for equation (10) and $\frac{\mathrm{d}n}{\mathrm{d}t}$ for the equation (13) into equation (11) for $\frac{\mathrm{d}\tau}{\mathrm{d}t}$, we obtain an equation for the time variable rate of perihelion passage:

$$\frac{\mathrm{d}\tau}{\mathrm{d}t}=\frac{\dot{\mu}}{2n^2a^3}M-\frac{(2e\sin f)M}{na\sqrt{1-e^2}}A_r+\frac{2}{na}\cdot\frac{r}{a}A_r-\left(\frac{1-e^2}{n^2ae}\cos f\right)A_r. \tag{14}$$

In order to obtain the secular variable rate of the orbital elements, we average over one orbital revolution with respect to equations (6) ～ (10) and (14). We substitule formula (5) into equations (6) ～ (10) and (14) and use $n^2a^3=\mu$, $\mathrm{d}t=\frac{\mathrm{d}M}{n}$, and the orbital period, $T=\frac{2\pi}{n}$. Upon then integrate equations (6) ～ (10) and (14) with respect to dM by average over one revolution, equations (6) ～ (10) and (14) become

$$\begin{aligned}\overline{\frac{\mathrm{d}a}{\mathrm{d}t}}&=-\frac{1}{T}\cdot\frac{\dot{\mu}}{\mu}\int_0^T\frac{a^3e}{\sqrt{1-e^2}}M\left(\frac{\sin f}{r^2}\right)\mathrm{d}t\\&=-\frac{1}{2\pi}\cdot\frac{\dot{\mu}}{\mu}\int_0^{2\pi}\frac{a^3e}{\sqrt{1-e^2}}M\left(\frac{\sin f}{r^2}\right)\mathrm{d}M.\end{aligned} \tag{15}$$

Similarly,

$$\overline{\frac{\mathrm{d}e}{\mathrm{d}t}}=-\frac{1}{2\pi}\cdot\frac{\dot{\mu}}{\mu}\int_0^{2\pi}a^2\sqrt{1-e^2}\,M\left(\frac{\sin f}{r^2}\right)\mathrm{d}M, \tag{16}$$

$$\overline{\frac{\mathrm{d}\omega}{\mathrm{d}t}}=\frac{1}{2\pi}\cdot\frac{\dot{\mu}}{\mu}\int_0^{2\pi}\left(\frac{a^2\sqrt{1-e^2}}{e}\right)M\left(\frac{\cos f}{r^2}\right)\mathrm{d}M, \tag{17}$$

$$\overline{\frac{\mathrm{d}i}{\mathrm{d}t}}=\overline{\frac{\mathrm{d}\Omega}{\mathrm{d}t}}=0, \tag{18}$$

$$\begin{aligned}\overline{\frac{\mathrm{d}M}{\mathrm{d}t}}=&\frac{1}{2\pi}\int_0^{2\pi}n\,\mathrm{d}M+\frac{1}{2\pi}\cdot\frac{\dot{\mu}}{\mu}\int_0^{2\pi}\left(\frac{a}{r}\right)M\mathrm{d}M\\&-\frac{1}{2\pi}\cdot\frac{\dot{\mu}}{\mu}\int_0^{2\pi}\frac{a^2\,(1-e^2)}{e}M\left(\frac{\cos f}{r^2}\right)\mathrm{d}M,\end{aligned} \tag{19}$$

$$\begin{aligned}\overline{\frac{\mathrm{d}\tau}{\mathrm{d}t}}=&\frac{1}{4\pi n}\cdot\frac{\dot{\mu}}{\mu}\int_0^{2\pi}M\mathrm{d}M-\frac{1}{n\pi}\cdot\frac{\dot{\mu}}{\mu}\int_0^{2\pi}\left(\frac{a}{r}\right)M\mathrm{d}M\\&+\frac{1}{2n\pi}\cdot\frac{\dot{\mu}}{\mu}\int_0^{2\pi}\frac{a^2(1-e^2)}{e}\left(\frac{\cos f}{r^2}\right)M\mathrm{d}M\\&+\frac{3}{2}\cdot\frac{1}{n\pi}\cdot\frac{\dot{\mu}}{\mu}\int_0^{2\pi}\frac{a^2e}{\sqrt{1-e^2}}\left(\frac{\sin f}{r^2}\right)M^2\mathrm{d}M.\end{aligned} \tag{20}$$

According to Kepler's third law, the variable rate of the orbital period, T is given by

$$\overline{\frac{\mathrm{d}T}{\mathrm{d}t}}=\frac{1}{2}T\left(3\,\overline{\frac{\dot{a}}{a}}-\frac{\dot{\mu}}{\mu}\right). \tag{21}$$

We substitute the following formulae (22) ～ (24) for the two-body problem into equations (15) ～ (21) (Smart, 1953),

$$\frac{\sin f}{r^2}=\frac{2\sqrt{1-e^2}}{a^2 e}\sum_{i=1}^{\infty} iJ_i(ie)\sin iM, \tag{22}$$

$$\frac{\cos f}{r^2}=\frac{2}{a^2}\sum_{i=1}^{\infty}\frac{\mathrm{d}}{\mathrm{d}e}J_i(ie)\cos iM, \tag{23}$$

$$\frac{a}{r}=1+\sum_{i=1}^{\infty}J_i(ie)\cos iM. \tag{24}$$

We obtain equations (25) ～ (30):

$$\overline{\frac{\mathrm{d}a}{\mathrm{d}t}}=-\frac{2a}{\pi}\cdot\frac{\dot{\mu}}{\mu}\int_0^{2\pi}\sum_{i=1}^{\infty}iJ_i(ie)M\sin iM\mathrm{d}M, \tag{25}$$

$$\overline{\frac{\mathrm{d}e}{\mathrm{d}t}}=-\left(\frac{1-e^2}{\pi e}\right)\frac{\dot{\mu}}{\mu}\int_0^{2\pi}\sum_{i=1}^{\infty}iJ_i(ie)M\sin iM\mathrm{d}M, \tag{26}$$

$$\overline{\frac{\mathrm{d}\omega}{\mathrm{d}t}}=\frac{\sqrt{1-e^2}}{\pi e}\cdot\frac{\dot{\mu}}{\mu}\int_0^{2\pi}\sum_{i=1}^{\infty}\frac{\mathrm{d}}{\mathrm{d}e}J_i(ie)M\cos iM\mathrm{d}M, \tag{27}$$

$$\begin{aligned}\overline{\frac{\mathrm{d}M}{\mathrm{d}t}}=&\frac{1}{2\pi}\int_0^{2\pi}n\mathrm{d}M+\frac{1}{\pi}\cdot\frac{\dot{\mu}}{\mu}\int_0^{2\pi}M\mathrm{d}M\\&+\frac{1}{\pi}\cdot\frac{\dot{\mu}}{\mu}\int_0^{2\pi}\sum_{i=1}^{\infty}J_i(ie)M\cos iM\mathrm{d}M\\&-\frac{1-e^2}{\pi e}\cdot\frac{\dot{\mu}}{\mu}\int_0^{2\pi}\sum_{i=1}^{\infty}\frac{\mathrm{d}}{\mathrm{d}e}J_i(ie)M\cos iM\mathrm{d}M,\end{aligned} \tag{28}$$

$$\begin{aligned}\overline{\frac{\mathrm{d}\tau}{\mathrm{d}t}}=&\frac{1}{4\pi n}\cdot\frac{\dot{\mu}}{\mu}\int_M^{2\pi}M\mathrm{d}M-\frac{1}{\pi n}\cdot\frac{\dot{\mu}}{\mu}\int_0^{2\pi}M\mathrm{d}M\\&-\frac{1}{\pi n}\cdot\frac{\dot{\mu}}{\mu}\int_0^{2\pi}\sum_{i=1}^{\infty}J_i(ie)M\cos iM\mathrm{d}M\\&+\frac{1-e^2}{\pi ne}\cdot\frac{\dot{\mu}}{\mu}\int_0^{2\pi}\sum_{i=1}^{\infty}\frac{\mathrm{d}}{\mathrm{d}e}J_i(ie)M\cos iM\mathrm{d}M\\&+\frac{3}{\pi n}\cdot\frac{\dot{\mu}}{\mu}\int_0^{2\pi}\sum_{i=1}^{\infty}iJ_i(ie)M^2\sin iM\mathrm{d}M,\end{aligned} \tag{29}$$

$$\overline{\frac{\mathrm{d}T}{\mathrm{d}t}}=-\frac{1}{2}T\left[\frac{6}{\pi}\cdot\frac{\dot{\mu}}{\mu}\int_0^{2\pi}\sum_{i=1}^{\infty}iJ_i(ie)\sin iM\mathrm{d}M+1\right]. \tag{30}$$

Upon substituting the following expressions (31) ～ (34) into equations (25) ～ (30):

$$\int_0^{2\pi}\sum_{i=1}^{\infty}iJ_i(ie)M\sin iM\mathrm{d}M=-2\pi\sum_{i=1}^{\infty}J_i(ie), \tag{31}$$

$$\int_0^{2\pi}\sum_{i=1}^{\infty}iJ_i(ie)M^2\sin iM\mathrm{d}M=-4\pi^2\sum_{i=1}^{\infty}J_i(ie), \tag{32}$$

$$\int_0^{2\pi}\sum_{i=1}^{\infty}J_i(ie)M\cos iM\mathrm{d}M=0, \tag{33}$$

$$\int_0^{2\pi}\sum_{i=1}^{\infty}\frac{\mathrm{d}}{\mathrm{d}e}J_i(ie)M\cos iM\mathrm{d}M=0. \tag{34}$$

We obtain:

$$\overline{\frac{\mathrm{d}a}{\mathrm{d}t}}=4\pi\frac{\dot{\mu}}{\mu}\sum_{i=1}^{\infty}J_i(ie), \tag{35}$$

$$\frac{\mathrm{d}e}{\mathrm{d}t}=\frac{2(1-e^2)}{e}\cdot\frac{\dot{\mu}}{\mu}\sum_{i=1}^{\infty}J_i(ie), \tag{36}$$

$$\frac{\mathrm{d}\omega}{\mathrm{d}t}=\frac{\mathrm{d}i}{\mathrm{d}t}=\frac{\mathrm{d}\Omega}{\mathrm{d}t}=0, \tag{37}$$

$$\overline{\frac{\mathrm{d}M}{\mathrm{d}t}}=n+2\pi\frac{\dot{\mu}}{\mu}=n+\frac{\mathrm{d}M_0}{\mathrm{d}t}, \tag{38}$$

$$\frac{\mathrm{d}M_0}{\mathrm{d}t}=2\pi\frac{\dot{\mu}}{\mu}, \tag{39}$$

$$\overline{\frac{\mathrm{d}\tau}{\mathrm{d}t}}=-\frac{2\pi}{n}\left[6\sum_{i=1}^{\infty}J_i(ie)+\frac{3}{4}\right]\frac{\dot{\mu}}{\mu}, \tag{40}$$

$$\overline{\frac{\mathrm{d}T}{\mathrm{d}t}}=\frac{\pi}{n}\left[12\sum_{i=1}^{\infty}J_i(ie)-1\right]\frac{\dot{\mu}}{\mu}. \tag{41}$$

The series is expanded (Smart, 1953)

$$\sum_{i=1}^{\infty}J_i(ie)=J_1(e)+J_2(2e)+J_3(3e)+\cdots, \tag{42}$$

with

$$\begin{aligned} J_1(e)&=\frac{1}{2}e\left(1-\frac{1}{8}e^2\right),\\ J_2(2e)&=\frac{1}{2}e^2\left(1-\frac{1}{3}e^2\right),\\ J_3(3e)&=\frac{9}{16}e^3\left(1-\frac{9}{16}e^2\right). \end{aligned} \tag{43}$$

Substituting these into the above series and neglecting the terms with e^3, the series becomes

$$\sum_{i=1}^{\infty}J_i(ie)=\frac{1}{2}e+\frac{1}{2}e^2=\frac{1}{2}e(1+e). \tag{44}$$

Substituting expression (44) into equations (35) ～ (41), we obtain the results for the secular variable rate of the orbital elements:

$$\overline{\frac{\mathrm{d}a}{\mathrm{d}t}}=2ea(1+e)\frac{\dot{\mu}}{\mu}, \tag{45}$$

$$\overline{\frac{\mathrm{d}e}{\mathrm{d}t}}=(1+e)(1-e^2)\frac{\dot{\mu}}{\mu}, \tag{46}$$

$$\overline{\frac{\mathrm{d}\omega}{\mathrm{d}t}}=\overline{\frac{\mathrm{d}i}{\mathrm{d}t}}=\overline{\frac{\mathrm{d}\Omega}{\mathrm{d}t}}=0, \tag{47}$$

$$\frac{\mathrm{d}M}{\mathrm{d}t}=n+2\pi\frac{\dot{\mu}}{\mu}, \tag{48}$$

$$\frac{\mathrm{d}M_0}{\mathrm{d}t}=2\pi\frac{\dot{\mu}}{\mu}, \tag{49}$$

$$\overline{\frac{\mathrm{d}\tau}{\mathrm{d}t}}=-T\left[3e(1+e)+\frac{3}{4}\right]\frac{\dot{\mu}}{\mu}, \tag{50}$$

$$\overline{\frac{\mathrm{d}T}{\mathrm{d}t}}=\frac{1}{2}T[6e(1+e)-1]\frac{\dot{\mu}}{\mu}. \tag{51}$$

Here, the orbital period is $T=\frac{2\pi}{n}$.

3. Numerical results

Numerical results for the secular variable rate of the orbital elements of planets may be obtained by using equations (45) ～ (51). As an example, we chose four major planets (Mercury, Venus, Earth and Mars) and two near-Earth asteroids (1566 Icarus and 1862 Apollo). Their data (a, e and T) of major planets and near-Earth asteroids are cited from data given by Allen (1973).

Because we assume that $\mu(t)=Gm(t)$, i. e, $G=$const. $\dot{G}=0$, $m=m(t)$, $\frac{\dot{\mu}}{\mu}=\frac{\dot{G}}{G}+\frac{\dot{m}}{m}=\frac{\dot{m}}{m}$. The rate of solar-dark matter accretion is cited from the datum given by Iorio (2010b):

$$\frac{\dot{m}}{m}=7\times10^{-12}(\mathrm{a}^{-1}). \tag{52}$$

Substituting data $\left(a, T \text{ and } \frac{\dot{m}}{m}\right)$ into the equations (45) ～ (51), we obtained the numerical results listed in table 1.

Table 1　Numerical results of four major planets and two near-Earth asteroids

Planets	$\overline{\dot{a}}$ (m/cy)	$\overline{\dot{e}}$ (10^{-10}/cy)	$\overline{\dot{T}}$ (10^{-3} s/cy)	$\overline{\dot{\omega}}$ (″/cy)	$\overline{\dot{M}_0}$ (10^{-4}″/cy)	$\overline{\dot{\tau}}$ (10^{-2} s/cy)
Mercury	20.09	8.08	1.29	0	9.07	−5.56
Venus	1.72	0.00	−6.51	0	9.07	−1.05
Earth	3.56	7.11	−9.41	0	9.07	−1.77
Mars	32.57	7.58	−8.04	0	9.07	−4.39
1566 Icarus	338.57	4.04	+99.50	0	9.07	−13.03
1862 Apollo	275.84	7.45	+86.40	0	9.07	−14.09

All planets also accrete dark matter mass. The accretion rate, $\frac{\dot{m}}{m}$ is almost 10^{-17} a^{-1} according to Iorio's estimation (2010b). Hence, this paper neglects dark matter accretion rate captured by planets and near-Earth asteroids.

4. Discussion and conclusion

(1) The Sun not only lose its mass, but also captures dark matter while increase its mass. The accretion rate, $10^{-12}\ M_{\odot}\,a^{-1}$ is larger than the mass loss $10^{-14}\ M_{\odot}\,a^{-1}$. Thus, the solar accretion dark matter can not be omitted.

(2) The time scale of solar-dark matter accretion should be the time

$$t - t_0 = \frac{m}{\dot{m}} = \frac{1}{7} \times 10^{12}\,(\mathrm{a}) = 1.4 \times 10^{11}\,(\mathrm{a}). \tag{53}$$

The maximal period, T of the selected planet, Mars is 1.88 years. Thus, this period satisfies the condition above, i. e., $t-t_0>T$. On the other hand, the solar radiation can be maintained for almost 10^{11} years by H transforming into He^4 in the solar interior. Thus, the time scale of the solar dark matter accretion also satisfies the sun's life.

(3) Comparison of the results of this paper with the results of Iorio's paper. The theoretical results of this paper are consistent with Iorio's results. For instance, Iorio gave the variable rate of the semi-major axis as

$$\overline{\frac{\mathrm{d}a}{\mathrm{d}t}} = 2\left(\frac{e}{1-e}\right) a\,\frac{\dot{\mu}}{\mu} = 2e\,(1-e)^{-1} a\,\frac{\dot{\mu}}{\mu} = 2ae(1+e+e^2+e^3+\cdots)\,\frac{\dot{\mu}}{\mu}. \tag{54}$$

We can neglect the terms over e^3, and obtain

$$\overline{\frac{\mathrm{d}a}{\mathrm{d}t}} \approx 2ae(1+e)\,\frac{\dot{\mu}}{\mu}. \tag{55}$$

This result is consist with result given by this paper (equation (45)), if we neglect the term with over e^2, even through both methods are different because of adopting independent variables.

(4) We also conclude that the variable rate of the semi-major axis is determined by the orbital semi-major axis and eccentricity. The variable rate of the eccentricity is determined only by its eccentricity. The smaller is the eccentricity, the smaller will be the variable rate of the eccentricity, such as that of Venus. The variable rate of period is determined by small or large eccentricity. If the eccentricity is small, the rate of period is negative, such as that of Venus, Earth and Mars. If the eccentricity is large, the rate of period is positive, such as that of Mercury, Icarus and Apollo. The time of perihelion passage is deferred because the variable rate of the time of perihelion passage is negative in table 1.

References

[1] Allen C W. 1973, Astrophysical Quantities. 3rd ed. London: Athlone Press, 140, 141, 152.

[2] Anderson J D, Lau E L, Krisher T P, Dicus D A, Rosenbaum D C, Teplitz V L. 1995, ApJ, 448, 885.

[3] Anderson J D, Lau E L, Taylor A H, Dicus D A, Teplitz D C, Teplitz V L 1989, ApJ, 342, 539.

[4] Bertotti B, Farinella P, Vokrouhlický, D. 2003, Physics of the Solar System (Dordrecht: Kluwar Academic Publishes).

[5] Braginsky V B, Gurevich A V, Zybin K P. 1992, Phys Lett, A, 171, 275.

[6] Frère J M, Ling F S, Vertongen, G. 2008, Phys Rev D, 77, 083005.

[7] Iorio L. 2006, J Cosmology Astroparticle Phys, 5, 2.

[8] Iorio L. 2010a, SRX Phys, 2010, 261249.

[9] Iorio L. 2010b, J Cosmology Astroparticle Phys, 5, 18.

[10] Iorio L. 2010c, Natural Science, 2, 329.

[11] Iorio L. 2013, Galaxies, 1, 6.

[12] Kardashev N S, Tutukov A V, Fedorova V A. 2005, Astron Rep, 49, 134.

[13] Khriplovich I B. 2007, Int J Mod Phys, D, 16, 1475.

[14] Khriplovich I B, Pitjeva E V. 2006, Int J Mod Phys, D, 15, 615.

[15] Khriplovich I B, Shepelyansky D L. 2009, Int J Mod Phys, D, 18, 1903.

[16] Klioner S, Soffel M. 1993, Phys Lett, A, 184, 41.

[17] Peter A H G. 2009a, Phys Rev D, 79, 103531.

[18] Peter A H G. 2009b, Phys Rev D, 79, 103532.

[19] Peter A H G. 2009c, Phys Rev D, 79, 103533.

[20] Pitjev N P, Pitjeva E V. 2013, Astron Lett, 39, 141.

[21] Pitjeva E V, Pitjev N P. 2013, MNRAS, 432, 3431.

[22] Press W H, Spergel D N. 1985, ApJ, 296, 679.

[23] Roy A E. 2005, Orbital Motion, 4th ed (Bristol: Institute of Physics).

[24] Saadat H, Mousavi S N, Saadat M, Saadat N, Saadat A M. 2010, Int J Theor Phys, 49, 2506.

[25] Sereno M, Jetzer Ph. 2006, MNRAS, 371, 626.

[26] Smart W M. 1953, Celestial Mechanics (London: Longmans, Green & Co), 41, 42, 278.

Influence of Mass-Loss Due to Stellar Wind on the Orbits of Binary Stars to a Second Order Theory*

Abstract: We examine the influence of mass-loss due to stellar wind using the celestial mechanics of variable mass, and derive first-and second-order solutions, taking into account the decreasing mass due to the stellar wind. The theoretical results show that the semi-major axis exhibits secular and periodic variations in the first-and second-order theory. The orbital eccentricity exhibits periodic, but no secular variation or changes. The longitude of periastron exhibits only periodic variations in the first-order solution, but also secular variations in the second-order solution. The theoretical results are applied to the binary star HD 698, and variability of the orbital elements of this star due to stellar-wind mass loss calculated.

1. Introduction

The two-body problem with variable mass is a most important and basic problem in the celestial mechanics of variable mass. The orbital evolution of celestial bodies due to mass loss in the solar system and binary system have been studied using analytical solutions for this problem obtained with various methods, such as series expansions and integration methods, as well as numerical solutions obtained via extensive numerical integration[1]~[21].

Chen et al.[22] studied the influence of mass-loss due to stellar wind on the orbit of the binary star HD 698, obtaining theoretical and numerical results for a first-order solution and partial second-order solution using the integration method, but do not give the second-order solution for the orbital semi-major axis and eccentricity. Yu et al.[23] used series expansions in a small parameter to study the first-and partial second-order solutions for the influence of solar mass loss on planetary orbits. Later, Li[24] used the same method to study the influence of solar mass-loss and mass accretion on the orbits of asteroids. However, these authors did not apply this method to binary stars, and also

* 原文载于 *Astronomy Reports*，2008，52 (10)：806-810.

do not give the second-order solution for the semi-major axis. The current paper gives the first-and second-order solutions for the influence of mass-loss due to stellar wind on the orbit of the binary star HD 698 obtained form a series expansion in a small parameter.

2. System of equations for variable mass for the two-body problem

We consider the system of equations defining the time variations of the orbital elements in the Gylden-Meshcherkii problem[1][2][3][12] for the case of isotropic mass loss as presented in [23]:

$$\frac{da}{dt}=-\frac{a(1+e\cos E)}{1-e\cos E}\cdot\frac{1}{\mu}\cdot\frac{d\mu}{dt},\tag{1}$$

$$\frac{de}{dt}=-\frac{(1-e^2)\cos E}{1-e\cos E}\cdot\frac{1}{\mu}\cdot\frac{d\mu}{dt},\tag{2}$$

$$\frac{d\omega}{dt}=-\frac{(1-e^2)^{\frac{1}{2}}\sin E}{e(1-e\cos E)}\cdot\frac{1}{\mu}\cdot\frac{d\mu}{dt},\tag{3}$$

$$\frac{d\Omega}{dt}=\frac{di}{dt}=0,\tag{4}$$

$$\frac{dE}{dt}=\frac{\beta(1-e^2)^{\frac{3}{2}}}{1-e\cos E}\mu^2+\frac{\sin E}{e(1-e\cos E)}\cdot\frac{1}{\mu}\cdot\frac{d\mu}{dt},\tag{5}$$

where $\mu(t)=M(t)+m(t)$, $M(t)$ is the primary mass, $m(t)$ is the secondary mass, $\beta=\frac{G^2}{C^3}$, G is the gravitational constant, and C is the area constant, given by

$$C^2=G\mu(t)a(1-e^2).\tag{6}$$

The system (1) ~ (5) represent differential equations for the osculating elements in the Gylden-Meshcherkii problem[1]~[3].

Jeans[4] suggested the model for mass loss in binary stars:

$$\frac{d\mu}{dt}=-\alpha\mu^k,\tag{7}$$

where α is a small parameter and k is a constant, $0.4<k<4.4$.

Eliminating the independent variable t from (1) ~ (5) and (7), we obtain[23]

$$\frac{da}{dE}=\alpha\mu^{k-3}aeA(1+e\cos E),\tag{8}$$

$$\frac{de}{dE}=\alpha\mu^{k-3}e(1-e^2)A\cos E,\tag{9}$$

$$\frac{d\omega}{dE}=\alpha\mu^{k-3}(1-e^2)^{\frac{1}{2}}A\sin E,\tag{10}$$

$$\frac{d\mu}{dE}=-\alpha\mu^{k-2}eA(1-e\cos E),\tag{11}$$

where

$$A=\frac{1}{\beta e(1-e^2)^{\frac{3}{2}}-\alpha\mu^{k-3}\sin E}=\frac{1}{\beta e(1-e^2)^{\frac{3}{2}}}+\frac{\alpha\mu^{k-3}\sin E}{\beta^2 e^2(1-e^2)^3}+\cdots.$$

Substituting (6) together with the relation $C^2=G\mu(t)a(1-e^2)=G\mu_0 a_0(1-e_0^2)$ into the above expression yields:

$$A=\frac{(\mu_0 a_0)^{\frac{3}{2}}(1-e_0^2)^{\frac{3}{2}}}{G^{\frac{1}{2}}e(1-e^2)^{\frac{3}{2}}}+\alpha\frac{\mu^{k-3}\mu_0^3 a_0^3(1-e_0^2)^3\sin E}{Ge^2(1-e^2)^3}+\cdots. \tag{12}$$

We can solve the system (8) ～ (11) via an expansion in a power series in a small parameter. We will assume solutions of the form

$$\begin{aligned}a&=a_0+a_1\alpha+a_2\alpha^2+\cdots,\\ \omega&=\omega_0+\omega_1\alpha+\omega_2\alpha^2+\cdots,\\ e&=e_0+e_1\alpha+e_2\alpha^2+\cdots,\\ \mu&=\mu_0+\mu_1\alpha+\mu_2\alpha^2+\cdots.\end{aligned} \tag{13}$$

Substituting (13) into (8) ～ (11) and taking into account (11), comparing the coefficients of α in the various power series yields first-and second-order systems of equations.

The first-order equations are[24]

$$\frac{da_1}{dE}=\frac{\mu_0^{k-\frac{3}{2}}a_0^{\frac{5}{2}}(1+e_0\cos E)}{G^{\frac{1}{2}}}, \tag{14}$$

$$\frac{de_1}{dE}=\frac{\mu_0^{k-\frac{3}{2}}a_0^{\frac{3}{2}}(1-e_0^2)\cos E}{G^{\frac{1}{2}}}, \tag{15}$$

$$\frac{d\omega_1}{dE}=\frac{\mu_0^{k-\frac{3}{2}}a_0^{\frac{3}{2}}(1-e_0^2)^{\frac{1}{2}}\sin E}{G^{\frac{1}{2}}e_0}, \tag{16}$$

$$\frac{d\mu_1}{dE}=-\frac{\mu_0^{k-\frac{1}{2}}a_0^{\frac{3}{2}}(1+e_0\cos E)}{G^{\frac{1}{2}}}. \tag{17}$$

The second-order equations are[24]

$$\frac{da_2}{dE}=\frac{\mu_0^{k-\frac{3}{2}}a_0^{\frac{5}{2}}}{G^{\frac{1}{2}}}\times\left\{\left[(k-3)\frac{\mu_1}{\mu_0}+\frac{a_1}{a_0}+\frac{3e_0e_1}{1-e_0^2}\right]\times(1+e_0\cos E)+e_1\cos E\right\}, \tag{18}$$

$$\frac{de_2}{dE}=\frac{\mu_0^{k-\frac{3}{2}}a_0^{\frac{3}{2}}(1-e_0^2)}{G^{\frac{1}{2}}}\times\left[(k-3)\frac{\mu_1}{\mu_0}+\frac{e_0e_1}{1-e_0^2}\right]\cos E+\frac{\mu_0^{2k-3}a_0^3(1-e_0^2)}{Ge_0}\cos E\sin E, \tag{19}$$

$$\frac{\mathrm{d}\omega_2}{\mathrm{d}E}=\frac{\mu_0^{k-\frac{3}{2}}a_0^{\frac{3}{2}}(1-e_0^2)^{\frac{1}{2}}}{G^{\frac{1}{2}}e_0}\times\left[(k-3)\frac{\mu_1}{\mu_0}+\frac{(3e_0^2-1)e_1}{(1-e_0^2)e_0}\right]\sin E$$

$$+\frac{\mu_0^{2k-3}a_0^3(1-e_0^2)^{\frac{1}{2}}}{Ge_0^2}\sin^2 E, \tag{20}$$

$$\frac{\mathrm{d}\mu^2}{\mathrm{d}E}=-\frac{\mu_0^{k-\frac{1}{2}}a_0^{\frac{3}{2}}}{G^{\frac{1}{2}}}\times\left\{\left[(k-2)\frac{\mu_1}{\mu_0}+\frac{3e_0e_1}{1-e_0^2}\right]\right.$$

$$\left.\times(1-e_0\cos E)-e_1\cos E\right\}$$

$$-\frac{\mu_0^{2(k-1)}a_0^3}{Ge_0}(1-e_0\cos E)\sin E. \tag{21}$$

3. Solution of the system of equations for a body of variable mass

Integrating (14) ~ (15), we obtain the first-order solution

$$a_1=\frac{\mu_0^{k-\frac{3}{2}}a_0^{\frac{5}{2}}(E+e_0\sin E)}{G^{\frac{1}{2}}}. \tag{22}$$

Table 1 Calculated results for the first-order secular variations of the orbital elements of the binary HD 698

$\delta a^{(1)}$ (km)	$\delta e^{(1)}$	$\delta\omega$ (rad)	$\dot{a}^{(1)}$ (cm/a)	$\dot{e}^{(1)}$	$\dot{\omega}^{(1)}$ (rad/a)
4.253 3	0	0	27.770 1	0	0

$$e_1=\frac{\mu_0^{k-\frac{3}{2}}a_0^{\frac{3}{2}}(1-e_0^2)\sin E}{G^{\frac{1}{2}}}, \tag{23}$$

$$\omega_1=\frac{\mu_0^{k-\frac{3}{2}}a_0^{\frac{3}{2}}(1-e_0^2)^{\frac{1}{2}}(1-e_0\cos E)}{G^{\frac{1}{2}}e_0}, \tag{24}$$

$$\mu_1=\frac{-\mu_0^{k-\frac{1}{2}}a_0^{\frac{3}{2}}(E-e_0\sin E)}{G^{\frac{1}{2}}}, \tag{25}$$

Substituting (22) ~ (25) into the system (17) ~ (19), the latter can be written as

$$\frac{\mathrm{d}a_2}{\mathrm{d}E}=\frac{\mu_0^{2k-3}a_0^4}{G}\left\{(4-k)E+(4-k)e_0E\cos E\right.$$

$$\left.+[(1+k)e_0+e_0^{-1}]\sin E+\left(1+\frac{1}{2}ke_0^2\right)\sin 2E\right\}, \tag{26}$$

$$\frac{\mathrm{d}e_2}{\mathrm{d}E}=\left[\frac{\mu_0^{2k-3}a_0^3(1-e_0^2)}{G}\right]\times\left\{(3-k)E\cos E\right.$$

$$\left.+\frac{1}{2}\left[\frac{1+(k-2)e_0^2}{e_0}\right]\sin 2E\right\}, \tag{27}$$

$$\frac{d\omega_2}{dE}=\frac{\mu_0^{2k-3}a_0^3(1-e_0^2)^{\frac{1}{2}}}{Ge_0}\times\left\{\frac{1}{2}ke_0\right.$$

$$\left.+(3-k)E\sin E-\frac{1}{2}ke_0\cos 2E\right\}. \tag{28}$$

It is not necessary to solve (21) for $\frac{d\mu^2}{dE}$ if we do not consider the third-order solution.

Integrating (26) ～ (28) yields the second-order solutions for the orbital elements a_2, e_2, and ω_2:

$$a_2=\left[\frac{\mu_0^{2k-3}a_0^4}{G}\right]\left\{\left[\frac{1}{4}ke_0^2+(2k-3)e_0\right.\right.$$

$$\left.-e_0^{-1}+\frac{1}{2}\right]+\frac{1}{2}(4-k)E^2+(4-k)e_0E\sin E$$

$$\left.+[(3-2k)e_0+e_0^{-1}]\cos E-\frac{1}{2}\left(1+\frac{1}{2}ke_0^2\right)\cos 2E\right\}, \tag{29}$$

$$e_2=\frac{\mu_0^{2k-3}a_0^3(1-e_0^2)}{G}\left\{\frac{1}{4e_0}[(k-2)e_0^2\right.$$

$$+4(k-3)e_0+1]+(3-k)E\sin E$$

$$\left.+(3-k)\cos E-\frac{1}{4e_0}[1+(k-2)e_0^2]\cos E\right\}, \tag{30}$$

$$\omega_2=\frac{\mu_0^{2k-3}a_0^3(1-e_0^2)^{\frac{1}{2}}}{Ge_0}\left[\frac{1}{2}ke_0E+(k-3)E\cos E\right.$$

$$\left.+(3-k)\sin E-\frac{1}{4}ke_0\sin 2E\right]. \tag{31}$$

Let us consider a model for mass loss in binary stars, setting $k=3$ in (7). Formulae (22) ～ (25) and (29) ～ (31) can be written as

$$a_1=\frac{\mu_0^{\frac{3}{2}}a_0^{\frac{5}{2}}(E+e\sin E)}{G^{\frac{1}{2}}}, \tag{32}$$

$$e_1=\frac{\mu_0^{\frac{3}{2}}a_0^{\frac{3}{2}}(1-e_0^2)\sin E}{G^{\frac{1}{2}}}, \tag{33}$$

$$\omega_1=\frac{\mu_0^{\frac{3}{2}}a_0^{\frac{3}{2}}(1-e_0^2)^{\frac{1}{2}}(1-e_0\cos E)}{G^{\frac{1}{2}}e_0}, \tag{34}$$

$$a_2=\frac{\mu_0^3a_0^4}{G}\left[\left(\frac{3}{4}e_0^2+3e_0-e_0^{-1}+\frac{1}{2}\right)+\frac{1}{2}E^2\right.$$

$$\left.+e_0E\sin E-(3e_0-e_0^{-1})\cos E-\frac{1}{2}\left(1+\frac{3}{2}e_0^2\right)\cos E\right], \tag{35}$$

$$e_2=\frac{\mu_0^3 a_0^3(1-e_0^2)(1+e_0^2)(1-\cos E)}{4Ge_0},\tag{36}$$

$$\omega_2=\frac{\mu_0^3 a_0^3(1-e_0^2)^{\frac{1}{2}}\left(\frac{3}{2}E-\frac{3}{4}e_0\sin 2E\right)}{G}.\tag{37}$$

4. Formulae for the secular variations of the orbital elements

To calculate the secular evolution of the orbital elements of celestial bodies, we take the secular terms, i. e., the terms proportional to E and E^2 in (32) ~ (34) and (35) ~ (37). We let the eccentric anomaly E vary from 0 to 2π per cycle in the orbit. Substituting $E=2\pi$ and using Kepler's third law, $\frac{4\pi^2 a_0^3}{P_0^2}=G\mu_0$, yields the variations of the orbital elements per cycle:

$$\begin{cases}\delta a^{(1)}=\alpha\delta a_1=\dfrac{2\pi\alpha\mu_0^{\frac{3}{2}}a_0^{\frac{5}{2}}}{G^{\frac{1}{2}}}=\dfrac{\alpha G^{\frac{1}{3}}\mu_0^{\frac{7}{3}}P^{\frac{5}{3}}}{(2\pi)^{\frac{2}{3}}},\\ \delta e^{(1)}=\alpha\delta e_1=0,\\ \delta\omega^{(1)}=\alpha\delta\omega_1=0.\end{cases}\tag{38}$$

$$\begin{cases}\delta a^{(2)}=\alpha^2\delta a_2=\dfrac{2\pi^2\alpha^2\mu_0^3 a_0^4}{G}=\dfrac{\alpha^2 G^{\frac{1}{3}}\mu_0^{\frac{13}{3}}P^{\frac{8}{3}}}{2(2\pi)^{\frac{2}{3}}},\\ \delta e^{(2)}=\alpha^2\delta e_2=0,\\ \delta\omega^{(2)}=\alpha^2\delta\omega_2=\dfrac{3\alpha^2\mu_0^4(1-e_0^2)^{\frac{1}{2}}P^2}{4\pi}.\end{cases}\tag{39}$$

Dividing (38) ~ (39) by the period P, we obtain the rate of variations of the orbital elements:

$$\begin{cases}\dot{a}^{(1)}=\alpha\dfrac{da_1}{dt}=\alpha\mu_0^2 a_0=\dfrac{2\pi\alpha\mu_0^{\frac{3}{2}}a_0^{\frac{5}{2}}}{G^{\frac{1}{2}}P}=\dfrac{\alpha G^{\frac{1}{3}}\mu_0^{\frac{7}{3}}P^{\frac{2}{3}}}{(2\pi)^{\frac{2}{3}}},\\ \dot{e}^{(1)}=0,\\ \dot{\omega}^{(1)}=0.\end{cases}\tag{40}$$

$$\begin{cases}\dot{a}^{(2)}=\alpha^2\dfrac{da_2}{dt}=\dfrac{2\pi^2\alpha^2\mu_0^3 a_0^4}{GP}=\dfrac{\pi\alpha^2\mu_0^{\frac{7}{2}}a_0^{\frac{5}{2}}}{G^{\frac{1}{2}}}=\dfrac{\alpha^2 G^{\frac{1}{3}}\mu_0^{\frac{13}{3}}P^{\frac{5}{3}}}{2(2\pi)^{\frac{2}{3}}},\\ \dot{e}^{(2)}=\alpha^2\dfrac{de_2}{dt}=0,\\ \dot{\omega}^{(2)}=\alpha^2\dfrac{d\omega_2}{dt}=\dfrac{3}{2}\alpha^2\mu_0^{\frac{7}{2}}a_0^{\frac{3}{2}}(1-e_0^2)^{\frac{1}{2}}\\ \quad=\dfrac{3\alpha^2\pi\mu_0^3 a_0^3(1-e_0^2)^{\frac{1}{2}}}{GP}=\dfrac{3\alpha^2\mu_0^4(1-e_0^2)^{\frac{1}{2}}P}{4\pi}.\end{cases}\tag{41}$$

Table 2　Calculated results for the second-order secular variations of the orbital elements of the binary HD 698

$\delta a^{(2)}$ (cm/cycle)	$\delta e^{(2)}$	$\delta\omega^{(2)}$ (rad/cycle)	$\dot{a}^{(2)}$ (cm/a)	$\dot{e}^{(2)}$	$\dot{\omega}^{(2)}$ (rad/a)
0.006 4	0	$2.189\ 4\times10^{-16}$	0.042 0	0	$1.429\ 8\times10^{-15}$

5. Theoretical estimation of the secular variations of the orbital elements of binary stars

As an example, we calculate the secular variations of the orbital elements of the binary star HD 698 due to mass loss arisen from stellar wind, neglecting star's. This binary loses mass at a rate of almost 7×10^{-6} $M_{\odot}$/a, i. e., $\dot{\mu}=-7\times10^{-6}$ $M_{\odot}$/a[25]. Since the initial mass of the primary is (16.8～20.2) $M_{\odot}$, we will take $m_1=\frac{1}{2}(16.8+20.2)=18.5$ $M_{\odot}$ for our calculations. The mass of the secondary is (15.3～18.4) $M_{\odot}$, and we will take $m_2=\frac{1}{2}(15.3+18.4)=16.9$ $M_{\odot}$. Hence, $\mu_0=m_1+m_2=35.4$ $M_{\odot}$.

We adopt the orbital period $P=0.153\ 2$ a and the orbital eccentricity $e=0.03$[25]. We can estimate the small parameter α from (7) (taking $k=3$):

$$\alpha=-\frac{\dot{\mu}}{\mu^3}.$$

Substituting the data for μ and $\dot{\mu}$ into this, we obtain

$$\alpha=1.263\ 9\times10^{-84}(\mathrm{c}\cdot\mathrm{g}\cdot\mathrm{s}).$$

We will assume the stellar wind and associated mass loss to be isotropic, so that the motion of the binary satisfies the system (1) ～ (4). Substituting the above data for HD 698 into (38) ～ (41), we obtain calculated results for the first-and second-order secular variations of the orbital elements due to mass loss due to the stellar wind, listed in tables 1, table 2.

6. Conclusion

(1) In both the first-and second-order solutions, the semi-major axis exhibits secular and periodic variations. The first-order effects are larger than the second-order effects for the binary star HD 698. The orbit of HD 698 is gradually increasing in size due to stellar wind arisen from stellar wind.

(2) In the first-and second-order solutions, the orbital eccentricity exhibits periodic variations, but no secular variations.

(3) The longitude of periastron exhibits periodic variations without secular variations in the first-order solution, but both secular and periodic variations in the

second-order solution.

(4) The orbital inclination and ascending node are not variable.

References

[1] H Gylden. Astron Nachr, 109, 1 (1884).

[2] I V Meshcherskii. Astron Nachr, 159, 3807 (1902).

[3] I V Meshcherskii. Works on Mechanics of Bodies of Variable Mass, 2nd ed (Moscow, 1952) (in Russian).

[4] J H Jeans. Astronomy and Cosmogony (Cam bridge Univ Press, Cambridge, 1928).

[5] G M Idlis, G V Omarov. Izv Astrofiz Inst Akad Nauk KazSSR, 10, 28 (1960).

[6] G V Omarov. Izv Astrofiz Inst Akad Nauk KazSSR, 13, 16 (1961).

[7] G V Omarov. Izv Astrofiz Inst Akad Nauk KazSSR, 14, 66 (1962).

[8] G V Omarov. Astron Zh, 41, 170 (1964) [Sov Astron 7, 127 (1964)].

[9] V V Radzievskii, B E Gel'fgat. Astron Zh, 34, 568 (1957) [Sov Astron 1, 581 (1957)].

[10] V V Radzievskii, L P Surkova. Astron Zh 50, 1200 (1973) [Astron Rep 17, 757 (1973)].

[11] V I Kuryshev, N I Petrov. Astron Zh, 58, 886 (1981) [Sov Astron 25, 504 (1981)].

[12] E R Razbitaya. Astron Zh, 62, 1275 (1985) [Sov Astron 29, 684 (1985)].

[13] J D Hadjidemetriou. Icarus, 2, 440 (1963).

[14] J D Hadjidemetriou. Icarus, 5, 34 (1966).

[15] J D Hadjidemetriou. Z Astrophys, 63, 116 (1966).

[16] A Blaauw. Bull Astron Inst Netherl 15, 265 (1961).

[17] E P J Van Den Huvel. Bull Astron Inst Netherl, 19, 11 (1967).

[18] F Verhulst. Bull Astron Inst Netherlands, 20, 215 (1969).

[19] F Verhulst, W Eckhaus. Int J Nonlin, 5, 617 (1979).

[20] F Verhulst. Celest Mech, 5, 27 (1972).

[21] P Guillaume. Celest Mech, 10, 141 (1974).

[22] L Chen, X T Zheng. Acta Astrophys Sinica, 11, 149 (1991).

[23] L Z Yu, X T Zheng, L S Li. Chinese J Space Sci, 14 (1), 70 (1994).

[24] L S Li, Ann. Shanghai Astron Obs, 21, 72 (2000).

[25] J B Hutchings, J E Bernard. Publ Astron Soc Pac, 90, 179 (1978).

第四部分

变引力常数天体力学中的天体轨道要素变化

引力常数随时间变化对双星（密近食双星）轨道演变的影响（圆形轨道情形）*

摘要： 本文研究了引力常数随时间变化对食双星轨道演变的影响．理论结果表明：轨道半径和轨道周期以线性形式随时间缩减，但无周期变化，圆形轨道的形状只有周期项和混合长期项（poisson 项）．对 5 颗密近食双星的轨道半径和轨道周期的长期演变的上下限做了数值估计，并具体讨论了理论结果和其他效应的对比．

关键词： 引力常数随时间变化；密近食双星轨道；长期演变

自从狄拉克（Dirac）（1937）[1][2]提出了引力常数随时间变化后，这种理论在天文学和地球物理学领域显示出很大影响。首先，Kholchenikov 和 Fracassini（1968）[3]根据狄拉克的大数假说研究了具有引力常数变化的二体问题．他们将理论应用于行星经度变化的估计．Hut 和 Verhulst（1976）[4]研究了引力常数随时间减小的二体问题，并推出了平均运动和平均经度的长期变化的方程式，给出了真经度的性质[4]．同年，Bishop 和 Landsberg（1976）[5]由能量守恒定律推出了引力常数随时间变化的牛顿引力定律的运动方程．随后 Maiti（1978）[6]利用此理论研究在圆形轨道中引力常数随时间变化和地球表面的有效温度之间的关系，但他没有研究引力常数变化和圆形轨道演变之间的关系．本文在这方面做了研究．一般来说，食双星轨道并非都是圆形轨道或轨道偏心率为零，但有些密近食双星的轨道为圆形轨道，所以本文的理论结果适用于密近食双星轨道的演变．

1．引力常数随时间变化产生的轨道要素变化（圆形轨道情形）

Maiti（1978）根据 Bishop 和 Landsberg（1976）给出的公式推出了引力常数随时间变化的矢量运动方程[5]：

$$\boldsymbol{F}=-\left(\nabla V+\frac{\boldsymbol{u}}{u^2}\cdot\frac{\partial V}{\partial t}\right).\tag{1}$$

其中 $V=-\dfrac{G(t)mm_2}{r}$，$\dfrac{\partial V}{\partial t}=-\dfrac{mm_2}{r}\cdot\dfrac{\mathrm{d}G}{\mathrm{d}t}=-\dfrac{mm_2}{r}\dot{G}$；速度矢量 $\boldsymbol{u}=\dot{r}\boldsymbol{e}_r+r\dot{\theta}\boldsymbol{e}_\theta$，$u^2=\dot{r}^2+r^2\dot{\theta}^2$，$\dot{G}=\dfrac{\mathrm{d}G}{\mathrm{d}t}$；$\theta$ 为真近点角；$m=m_1+m_2$，m_1 为主星质量，m_2 为伴星质量．

---

* 原文载于《天文研究与技术》，2009，7（4）：290-294.

Maiti（1978）[6]将矢量公式（1）写成标量方程．在圆形轨道情形下，有

$$\dot{r}=0,\ \dot{\theta}=n, \tag{2}$$

其中 r 为圆形轨道半径，n 为平均运动（轨道平均角速度）．将（1）式写成标量方程：

$$F_r=-rn^2m=-\frac{G(t)mm_2}{r^2}, \tag{3}$$

$$F_\theta=r\dot{n}m=\frac{\dot{G}mm_2}{nr^2}. \tag{4}$$

将 G（t）展开为 Taylor 级数：

$$G(t)=G(t_0)+\dot{G}(t-t_0)+\frac{1}{2}\ddot{G}(t-t_0)^2+\cdots, \tag{5}$$

其中 $G(t_0)=G_0$ 为牛顿引力常数（不随时间变化）．

略去 $\dot{G}$ 以后的高阶项并将（5）式代入（3）（4）式，则（3）（4）式可以写成

$$F_r=-\frac{G_0mm_2}{r^2}-\frac{\dot{G}(t-t_0)}{r^2}mm_2=-\frac{G_0mm_2}{r^2}-\frac{\dot{G}}{G}n^2r(t-t_0)m_2, \tag{6}$$

$$F_\theta=\frac{\dot{G}}{G}nrm_2. \tag{7}$$

将方程（6）（7）同牛顿运动方程相比较后，可得后牛顿项：

$$(\delta F_r)_{PN}=m_2S=-\frac{\dot{G}}{G}n^2r(t-t_0)m_2, \tag{8}$$

$$(\delta F_\theta)_{PN}=m_2T=-\frac{\dot{G}}{G}(nr)m_2. \tag{9}$$

因此，后牛顿摄动加速度的径向和切向分量是

$$S=-\frac{\dot{G}}{G}n^2r(t-t_0), \tag{10}$$

$$T=\frac{\dot{G}}{G}(nr), \tag{11}$$

$(\delta F_r)_{PN}$和（$\delta F_\theta)_{PN}$可以认为是具有引力常数 G_0 的牛顿运动方程的改正项或为变引力常数 G（t）的摄动项．因此，S 和 T 就是具有 G_0 的高斯摄动方程的摄动加速度．利用以时间为自变量的高斯方程[7]：

$$\frac{\mathrm{d}a}{\mathrm{d}t}=\frac{2}{\sqrt{1-e^2}}\left[Se\sin\theta+\frac{p}{r}T\right],$$

$$\frac{\mathrm{d}e}{\mathrm{d}t}=\frac{\sqrt{1-e^2}}{na}[S\sin\theta+T(\cos E+\cos\theta)].$$

其中 a 为轨道半长轴，e 为轨道偏心率，E 为偏近点角，$p=a$（$1-e^2$）．

本文研究圆形轨道情形．对于圆形轨道：$a=r$（圆轨道半径），$e=0$，$E=\theta=nt$，$p=r$．将这些代入轨道半长径和轨道偏心率随时间变化的高斯摄动方程[7]，得

$$\frac{\mathrm{d}r}{\mathrm{d}t}=\frac{2}{n}T, \tag{12}$$

$$\frac{\mathrm{d}e}{\mathrm{d}t}=\frac{1}{nr}(S\sin nt+2T\cos nt). \tag{13}$$

将（10）（11）式中的 S 和 T 代入（12）（13）式，得

$$\frac{\mathrm{d}r}{\mathrm{d}t}=2\frac{\dot{G}}{G}r, \tag{14}$$

$$\frac{\mathrm{d}e}{\mathrm{d}t}=-\frac{\dot{G}}{G}[n(t-t_0)\sin nt-2\cos nt]. \tag{15}$$

积分（14）式的结果应该是指数形式，但因指数含 $\frac{\dot{G}}{G}$，其值很小，因此，可将（14）式用线性形式表示，得圆形轨道的变化：

$$\delta r=r-r_0=2r_0\frac{\dot{G}}{G}(t-t_0). \tag{16}$$

再推出轨道周期 P 的变化. 将 $n=\frac{2\pi}{P}$ 代入 Kepler 第三定律并对时间微分，得

$$\frac{2}{P}\cdot\frac{\mathrm{d}P}{\mathrm{d}t}=\frac{3}{r}\cdot\frac{\mathrm{d}r}{\mathrm{d}t}-\frac{\dot{G}}{G}.$$

将（14）式代入上述方程，积分上述方程，可得

$$\delta P=P-P_0=\frac{5}{2}P_0\cdot\frac{\dot{G}}{G}(t-t_0). \tag{17}$$

下面推出轨道偏心率的变化. 积分方程（15）后，可得到轨道偏心率 e 的变化：

$$\delta e=e-e_0=\frac{\dot{G}}{G}\left[(t-t_0)\cos nt+\frac{1}{n}(\sin nt-\sin nt_0)\right]. \tag{18}$$

结果表明：轨道半径和周期以线性形式随时间缩减，圆形轨道的形状以周期和混合长期项随时间变化.

2. 对 5 颗密近食双星轨道半径和轨道周期的长期演变的上下限估计

本文选取 5 颗短周期圆轨道（$e=0$）的密近食双星 T Y UMa，R W Com，R T Sd，V W Cep，T W Cet 为例子，计算引力常数随时间变化对轨道半径和轨道周期的长期演变效应. 这 5 颗食双星的轨道半径 r，周期 P 和轨道偏心率 e 的现在值引自文献［8］给出的食双星参数表中的数据. 对于 $\frac{\dot{G}}{G}$ 的数据，不同年代每个作者给出不同的值. 在 1980 年以前，$\frac{\dot{G}}{G}$ 的值为 $-(10^{-10}\sim10^{-11})\ \mathrm{a}^{-1}$，而在 1980 年以后为 $-(10^{-11}\sim10^{-12})\ \mathrm{a}^{-1}$，到了 2000 年以后测量值达到 $-10^{-13}\ \mathrm{a}^{-1}$ 量级. 本文采用最新数据，即 2007 年由 AI-Rawaf 通过微波背景辐射和核子合成得到的数据[9]：

$$-2.80\times10^{-13}\ \mathrm{a}^{-1}<\frac{\dot{G}}{G}<-6.00\times10^{-13}\ \mathrm{a}^{-1}.$$

将$\frac{\dot{G}}{G}$的上下限和5颗密近食双星的r_0和P_0代入（16）和（17）式，得到表1所列的计算结果.

表1　5颗密近食双星轨道半径和轨道周期长期演变的上下限估计

食双星名	Sp	P_0(d)	$r(R_\odot)$	δe	δr(− cm/a)	δP = (− 10^{-8} s/cent)
T Y UMa	F_8+F_0	0.354 4	2.50	0	0.097～0.208	2.134～4.953
R W Com	G_2+G_2	0.237 0	1.50	0	0.058～0.125	1.435～3.075
R T Sd	A_5N+F_3	0.511 6	2.03	0	0.079～0.169	3.094～6.630
V W Cep	G_5+K_0V	0.278 3	1.87	0	0.073～0.156	1.683～3.606
T W Cet	G_5+G_8	0.319 6	2.45	0	0.095～0.204	1.933～4.142

3. 讨论和结论

(1)由(16)式和(17)式可知，轨道半径和轨道周期以线性形式随时间缩小.

(2)由(18)式可以看出，轨道偏心率的变化不仅有纯周期项，还有混合长期项(poisson项)，即$t\cos nt$项.这表明周期变化的振幅随时间t呈线性增长，可以估计此项随时间变化的量级.如果取时间t为万年(10^4年)，而$\cos nt$的变化在0到±1之间，那么在10 000年内δe的增减量为$\left(\frac{\dot{G}}{G}\right)t\cos nt=\pm10^{-13}\times10^4\times1=\pm10^{-9}$量级(取$\cos nt=\pm1$).这样极小的变率在目前的宇宙学时标中仍然可以认为δe在10 000年内不变而予以忽略.因此，表1中的δe可以写为0.

(3)在圆形轨道情形下，因无近星点，故无须考虑近星点经度ω的进动问题.然而，如果轨道演化进程中出现偏心率变化，轨道形状逐渐变成椭圆，因此出现近星点和近星点进动，可以估计进动值.将(18)式中e的解代入摄动方程[7] $\frac{\mathrm{d}\omega}{\mathrm{d}t}=\frac{\sqrt{1-e^2}}{e}[-S\cos nt+2T\sin nt]$，积分后得摄动量$\delta\omega$.然而正如结论(2)对$\delta e$变量的估计，因该量实在太小，在10 000年内不足以影响近星点经度变化，所以不必考虑在10 000年内近星点经度的进动问题中.

(4)因二体问题在共面上运动，垂直轨道平面的摄动加速度分量$W=0$，将其代入摄动方程后轨道倾角的i和升交点经度Ω不变.

(5)同其他4种效应相比较.如果将$e=0$(圆形轨道情形)代入作者在文[10]～[13]中椭圆轨道情形中的双星多方模型摄动效应、后牛顿效应、二体自转效应和引力辐射阻尼效应的式子，可得引力常数变化对圆形轨道半径和轨道偏心率的效应同另外4种效应的对比如表 2.

表 2　在圆形轨道情形中引力常数变化对轨道半径和轨道偏心率产生的效应和其他 4 种效应的对比

种类效应	引力常数变化效应			多方模型效应[10]			后牛顿效应[11]			二体自转效应[12]			引力辐射阻尼效应[13]		
摄动量	长期	周期	混合	长期	周期	混合	长期	周期	混合	长期	周期	混合	长期	周期	混合
δr	有	—	—	—	—	—	—	—	—	—	有	—	有	—	—
δe	—	有	有	—	有	—	—	有	—	—	有	—	—	有	—

由表 2 可以看出，只有引力辐射阻尼对轨道半径产生的长期效应同引力常数变化产生的长期效应一致.而对轨道偏心率，除前者有混合长期项外两者皆有周期项.两者的长期效应可在量级上比较.

将圆形轨道情形下 $e=0, a=r, p=a(1-e^2)=r$ 代入文[13]中椭圆轨道半长径的式子后可化为圆形轨道情形下 $\delta r=\frac{\Delta r}{P}=\frac{2\pi A_0}{P}=\frac{-\left[2\pi\times\frac{8}{15}\mu\left(\frac{m}{r}\right)^{\frac{3}{2}}\times 48\right]}{P}$(cm/a)，其中 $m=m_1+m_2=\frac{G}{c^2}(M_1+M_2)$，$\mu=\frac{m_1 m_2}{m_1+m_2}$. 如果以 V W Cep 为计算实例，$M_1=0.851M_\odot$，$M_2=0.34M_\odot$ 取自文献［14］的数据. 计算的结果 $\delta r=-11.81$ cm/a，而表 1 中的引力常数变化效应 $\delta r=-$（0.7～0.15）cm/a，故引力常数变化对轨道半径产生的效应远小于引力辐射阻尼对轨道半径产生的效应.

参考文献

［1］Dirac P A M. The cosmological constant ［J］. Nature，1937，139：323.

［2］Dirac P A M. A New basis for cosmology ［J］. Proc R Soc London A，1938，A165：199-208.

［3］Kholchevnikov C，Fracassins M. La Problems dex deux corps avec G variable selon I'hypothese de Dirac ［J］. Conference Dell'Osservatorio Astronomic di Milano Serie 1，1968，9：1-50.

［4］Hut P，Verhulst F. The two-body problem with a deceasing gravitational constant ［J］. MNRAS，1976，177：545-549.

［5］Bishop N T，Landsberg P T. Time-varying Newtonian gravity and universal motion ［J］. Nature，1976，264（25）：346-347.

［6］Maiti S R. Time-varying gravitation in Newtonian theory ［J］. MNRAS，1978，

185：293-295.

[7] Brouwer D，Clemence C M. Method of Celestial Mechanics [M]. Academic press，New York and London，1961.

[8] http://binaries. boulder. swri. edu/atlas/.

[9] AI-Rawaf A S. Limits on the changes in the gravitational constant from nucleosynthesis [J]. Astrophys &Space Sci，2007，310 (1-2)：173-175.

[10] 李林森. 双星多方模型的形状及其对同步子星轨道要素的摄动影响 [J]. 云南天文台台刊，1997 (4)：9-167.

[11] 李林森. 天体轨道要素变化的后牛顿效应 [J]. 中国科学，A 辑（数学物理学天文学技术科学），1988，31 (5)：523-529.

[12] 李林森. 双星系中两子星的自转对双星轨道变化的后牛顿效应 [J]. 天文学报，2001，42 (4)：428-435.

[13] 李林森. 引力辐射阻尼对双星轨道要素变化的影响 [J]. 物理学报，1989，38 (11)：1877-1881.

[14] Khajavi M，Edalate M T，Jassur D M Z. BVRI photometry and light curve analysis of V W Cep [J]. Astrophys & Space Sci，2002，282 (4)：645-653.

引力常数随时间变化对双星轨道演变的长期效应（椭圆轨道情形）*

摘要：本文给出了以偏近点角为自变量的变引力常数的摄动方程组的解．解包括轨道半长轴的长期和周期变化项，其他轨道要素在一阶解中无长期项，只有周期项．近星点经度和平经度在二阶解中显示长期项变化．同时给出了引力常数变化对双星轨道演变情况的数值估计，对结果做了讨论并给出结论．

关键词：天体力学；双星；普通

1．引　言

引力常数变化包括引力常数随时间和空间变化以及随速度变化，并分各向同性和各向异性两种变化．引力常数变化对天文地球物理和宇宙学有一定影响，特别是从长远考虑，对天体运动的影响应该考虑．引力常数变化在天体力学中构成了变引力天体力学，它同变质量天体力学有同等地位．最早研究这类天体力学的是 Hadjidemetriou[1][2]．随后 Kholchevnikov 等[3]用两类吻合轨道要素变化研究变引力常数的天体力学．文献［3］给出的第 2 类轨道要素变化方程类似于 Hadjidemetriou 给出的摄动方程[1]，Kholchevnikov 等人所建立的变质量和变引力常数的轨道要素变化方程就属这类．如果令引力常数不变，质量随时间变化，即变质量方程；如果令质量不变，引力常数随时间变化，即变引力常数方程．此后，Vinti[4]研究了引力常数 G 随速度变化对天体轨道的各向异性的影响，并对行星、月球和人造卫星轨道产生的效应做了估计．Hut 等[5]研究了减引力常数随时间变化的二体问题并在 Hadjidemetriou 的理论基础上研究了平均运动和平均经度的长期变化方程，并用此解释了某些宇宙学问题，但在文中并没有给出轨道半长轴、轨道偏心率和近星点经度的长期变化的解．近年来，笔者研究了引力常数随时间、空间和速度变化对地球自转产生的影响[6][7]，也研究了引力常数的大尺度距离变化对天体轨道要素产生的影响并对行星轨道的效应做了数值估计[8]．笔者又将引力常数随时间变化对双星轨道的演变情况做了研究，但只限于圆形轨道的情形[9]．然而，在双星系统中严格圆形轨道是很少见的，只有因潮汐摩擦使轨道最终达到同步圆形化的双星轨道才是真正的圆形轨道．针对这一点，笔者又研究了在椭圆轨道情形下引力常数随时间变化对所有轨道要素产生的影响．笔者主要根据文献［3］给出的变引力常数的方程，

* 原文载于《天文学报》，2011，52 (3)：242-250.

以偏近点角为自变量推算方程的解并将其应用于双星轨道的长期演变问题.

2. 在椭圆轨道上变引力和变质量的轨道要素随时间变化的方程

Hut 等[5]用以下变引力常数和变质量运动方程研究了引力常数随时间减弱的二体运动问题：

$$\ddot{\boldsymbol{r}} = -\frac{\mu(t)}{r^3}\boldsymbol{r}, \tag{1}$$

其中 $\mu(t)=G(t)[m_1(t)+m_2(t)]$，$m_1$ 和 m_2 分别是主星和伴星的质量. 同时在文献[2] 的基础上研究了平近点角和平经度的变化问题.

Kholchevnikov 等[3]将运动方程转换成两种类型的吻合轨道要素变化方程并推导出具有变引力常数和变质量的轨道半长轴 a，轨道偏心率 e，近星点经度 ω，平近点角 M 和平经度 λ 的方程组. 这里引用第 2 类轨道要素变化方程组[3]：

$$\frac{\mathrm{d}a}{\mathrm{d}t} = -\chi a\left(\frac{2a}{r}-1\right), \tag{2}$$

$$\frac{\mathrm{d}e}{\mathrm{d}t} = -\chi(e+\cos f), \tag{3}$$

$$\frac{\mathrm{d}\omega}{\mathrm{d}t} = -\chi\,\frac{\sin f}{e}, \tag{4}$$

$$\frac{\mathrm{d}M}{\mathrm{d}t} = n+\chi\,\frac{\sin f}{e}\sqrt{1-e^2}\left(1+e^2\,\frac{r}{p}\right), \tag{5}$$

$$\frac{\mathrm{d}\lambda}{\mathrm{d}t} = \frac{\mathrm{d}M}{\mathrm{d}t}+\frac{\mathrm{d}\omega}{\mathrm{d}t}, \tag{6}$$

$$\frac{\mathrm{d}i}{\mathrm{d}t} = \frac{\mathrm{d}\Omega}{\mathrm{d}t}-0, \tag{7}$$

其中 $\chi=\frac{\dot{\mu}}{\mu}=\frac{1}{Gm}\cdot\frac{\mathrm{d}Gm}{\mathrm{d}t}=\frac{1}{G}\cdot\frac{\mathrm{d}G}{\mathrm{d}t}+\frac{1}{m}\cdot\frac{\mathrm{d}m}{\mathrm{d}t}$，而 f 为真近点角，n 为平均运动，$p=a\ (1-e^2)$. Kholchevnikov 等[3] 推出的方程（2）～（4）等同于 Hut 等[5] 引用的 Hadjidemetriou[1]给出的方程. 当 $m=m\ (t)$，$G=G\ (t)$时，$\chi=\frac{\dot{\mu}}{\mu}$.

本文只考虑 G 随时间变化，而不考虑质量 m 的变化，则 $\chi=\frac{1}{G}\cdot\frac{\mathrm{d}G}{\mathrm{d}t}=\frac{\dot{G}}{G}$. 这里假定$\frac{\dot{G}}{G}$为常数（$10^{-13}\ \mathrm{a}^{-1}$量级），为解上述方程组，笔者以偏近点角 E 为自变量，故引用二体问题中的公式[10]：

$$\begin{cases} r=a(1-e\cos E), \\ \sin f=\dfrac{\sqrt{1-e^2}\sin E}{1-e\cos E}=\dfrac{a}{r}(\sqrt{1-e^2}\sin E), \\ \cos f=\dfrac{\cos E-e}{1-e\cos E}=\dfrac{a}{r}(\cos E-e). \end{cases} \tag{8}$$

将（8）式代入（2）～（6）式，则得摄动方程

$$\frac{\mathrm{d}a}{\mathrm{d}t}=-\frac{\dot{G}}{G}\left(\frac{2a^2}{r}-a\right), \tag{9}$$

$$\frac{\mathrm{d}e}{\mathrm{d}t}=-\frac{\dot{G}}{G}\left[e+\frac{a}{r}(\cos E-e)\right], \tag{10}$$

$$\frac{\mathrm{d}\omega}{\mathrm{d}t}=-\frac{\dot{G}}{G}\left(\frac{a}{r}\right)\frac{\sqrt{1-e^2}}{e}\sin E, \tag{11}$$

$$\frac{\mathrm{d}M}{\mathrm{d}t}=n+\frac{\dot{G}}{G}\left(\frac{p}{er}+e\right)\sin E, \tag{12}$$

$$\frac{\mathrm{d}\lambda}{\mathrm{d}t}=\frac{\mathrm{d}\omega}{\mathrm{d}t}+\frac{\mathrm{d}M}{\mathrm{d}t}. \tag{13}$$

上面推出的方程（9）～（11）等同于 Hadjidemetriou[2] 给出的方程. 当 $m=m_0$，$G=G(t)$，$\frac{\dot{\mu}}{\mu}=\frac{\dot{G}}{G}$时，$m_0$ 是 $t=0$ 时的初始质量.

3. 方程（9）～（13）的解（轨道要素变化式）

为解方程（9）～（13），再引入 E 随时间变化的方程[3]

$$\frac{\mathrm{d}E}{\mathrm{d}t}=n\left(\frac{a}{r}\right)+\frac{\dot{G}}{G}\cdot\frac{\sin f}{e\sqrt{1-e^2}}=\frac{na}{r}+\frac{\dot{G}}{G}\cdot\frac{a}{r}\cdot\frac{\sin E}{e}, \tag{14}$$

（14）式可写成

$$\frac{\mathrm{d}t}{\mathrm{d}E}=\left(\frac{an}{r}\right)^{-1}\left(1+\frac{\dot{G}}{G}\cdot\frac{\sin E}{ne}\right)^{-1}, \tag{15}$$

式中$\frac{\dot{G}}{G}\cdot\frac{\sin E}{ne}<1\left(\frac{\dot{G}}{G}\sim10^{-13}\ \mathrm{a}^{-1}\right)$，$\sin E\leqslant1$，$\left(\frac{1}{n}\right)_{\max}=\left(\frac{P}{2\pi}\right)_{\max}=4.88\times10^{-3}$，$\left(\frac{1}{e}\right)_{\max}=\frac{1}{0.03}=33.33$（其中已用本文表 1 中的最大周期 P 和最小偏心率 e 的值）. 故（15）式可用二项式定理展开，略去$\left(\frac{\dot{G}}{G}\right)^3$ 项后，则

$$\frac{\mathrm{d}t}{\mathrm{d}E}=\frac{r}{an}-\frac{\dot{G}}{G}\cdot\frac{r\sin E}{an^2e}+\left(\frac{\dot{G}}{G}\right)^2\frac{r\sin^2 E}{an^3e^2}. \tag{16}$$

利用（16）式，将以时间为自变量的方程（9）～（13）转换为以 E 为自变量的方程，即

$$\frac{\mathrm{d}a}{\mathrm{d}E}=\frac{\mathrm{d}a}{\mathrm{d}t}\cdot\frac{\mathrm{d}t}{\mathrm{d}E}=-\frac{\dot{G}}{G}\left(\frac{2a}{n}-\frac{r}{n}\right)+\left(\frac{\dot{G}}{G}\right)^2\left(\frac{2a\sin E}{n^2e}-\frac{r\sin E}{n^2e}\right), \tag{17}$$

$$\frac{\mathrm{d}e}{\mathrm{d}E}=\frac{\mathrm{d}e}{\mathrm{d}t}\cdot\frac{\mathrm{d}t}{\mathrm{d}E}=-\frac{\dot{G}}{G}\left[\frac{er}{an}+\frac{1}{n}(\cos E-e)\right]$$

$$+\left(\frac{\dot{G}}{G}\right)^2\left[\frac{r\sin E}{an^2}+\frac{\sin E}{n^2 e}(\cos E-e)\right], \tag{18}$$

$$\frac{\mathrm{d}\omega}{\mathrm{d}E}=\frac{\mathrm{d}\omega}{\mathrm{d}t}\cdot\frac{\mathrm{d}t}{\mathrm{d}E}=-\frac{\dot{G}}{G}\left(\frac{\sqrt{1-e^2}}{ne}\sin E\right)+\left(\frac{\dot{G}}{G}\right)^2\left[\frac{\sqrt{1-e^2}\sin^2 E}{n^2e^2}\right], \tag{19}$$

$$\frac{\mathrm{d}M}{\mathrm{d}E}=\frac{\mathrm{d}M}{\mathrm{d}t}\cdot\frac{\mathrm{d}t}{\mathrm{d}E}=\frac{r}{a}+\frac{\dot{G}}{G}\left[\frac{1-e^2}{ne}+\frac{er}{an}-\frac{r}{ane}\right]\sin E$$

$$-\left(\frac{\dot{G}}{G}\right)^2\left[\frac{1-e^2}{n^2e^2}+\frac{r}{an^2}-\frac{r}{an^2e^2}\right]\sin^2 E, \tag{20}$$

$$\frac{\mathrm{d}\lambda}{\mathrm{d}E}=\frac{\mathrm{d}\lambda}{\mathrm{d}t}\cdot\frac{\mathrm{d}t}{\mathrm{d}E}=\frac{\mathrm{d}\omega}{\mathrm{d}E}+\frac{\mathrm{d}M}{\mathrm{d}E}. \tag{21}$$

将上面方程组的右端用 $r=a(1-e\cos E)$ 代入后，经过推算则得到以下以 E 为自变量的方程：

$$\frac{\mathrm{d}a}{\mathrm{d}E}=-\frac{\dot{G}}{G}\left(\frac{a}{n}\right)(1+e\cos E)+\left(\frac{\dot{G}}{G}\right)^2\left(\frac{a}{2n^2e}\right)(2\sin E+e\sin 2E), \tag{22}$$

$$\frac{\mathrm{d}e}{\mathrm{d}E}=-\frac{\dot{G}}{G}\left(\frac{1-e^2}{n}\right)\cos E+\left(\frac{\dot{G}}{G}\right)^2\left(\frac{1-e^2}{2n^2e}\right)\sin 2E, \tag{23}$$

$$\frac{\mathrm{d}\omega}{\mathrm{d}E}=-\frac{\dot{G}}{G}\left(\frac{\sqrt{1-e^2}}{ne}\right)\sin E+\left(\frac{\dot{G}}{G}\right)^2\left[\frac{\sqrt{1-e^2}}{n^2e^2}\right]\sin^2 E, \tag{24}$$

$$\frac{\mathrm{d}M}{\mathrm{d}E}=(1-e\cos E)+\frac{\dot{G}}{G}\left(\frac{1-e^2}{2n}\right)\sin 2E$$

$$-\left(\frac{\dot{G}}{G}\right)^2\left(\frac{1-e^2}{4n^2e}\right)(\cos E-\cos 3E), \tag{25}$$

$$\frac{\mathrm{d}\lambda}{\mathrm{d}E}=\frac{\mathrm{d}\omega}{\mathrm{d}E}+\frac{\mathrm{d}M}{\mathrm{d}E}. \tag{26}$$

对（22）～（26）式进行积分，得轨道要素的长期和周期变化量表达式：

$$\delta a=\frac{\dot{G}}{G}A_0^{(1)}[(E-E_0)+e(\sin E-\sin E_0)]$$

$$+\left(\frac{\dot{G}}{G}\right)^2\sum_{i=1}^{2}A_i^{(2)}(\cos iE-\cos iE_0), \tag{27}$$

$$\delta e=\frac{\dot{G}}{G}E_1^{(1)}(\sin E-\sin E_0)+\left(\frac{\dot{G}}{G}\right)^2\sum_{i=1}^{2}E_i^{(2)}(\cos iE-\cos iE_0), \tag{28}$$

$$\delta\omega=\frac{\dot{G}}{G}\left(\frac{\sqrt{1-e}}{ne}\right)(\cos E-\cos E_0)+$$

$$\left(\frac{\dot{G}}{G}\right)^2\left[W_0^{(2)}(E-E_0)+\sum_{i=1}^{2}W_i^{(2)}(\sin iE-\sin iE_0)\right], \tag{29}$$

$$\delta M=(E-E_0)-e(\sin E-\sin E_0)+\frac{\dot{G}}{G}\sum_{i=1}^{2}K_i^{(1)}(\cos iE-\cos iE_0)$$

$$+\left(\frac{\dot{G}}{G}\right)^2\sum_{i=1}^{3}N_i^{(2)}(\sin iE-\sin iE_0),\tag{30}$$

$$\delta\lambda=\delta\omega+\delta M.\tag{31}$$

式中

$$A_0^{(1)}=-\frac{a}{n},\ A_1^{(2)}=-\frac{a}{n^2e},\ A_2^{(2)}=-\frac{a}{4n^2};$$

$$E_1^{(1)}=-\frac{1-e^2}{n},\ E_1^{(2)}=0,\ E_2^{(2)}=-\frac{1-e^2}{4n^2e};$$

$$W_0^{(2)}=\frac{\sqrt{1-e^2}}{2n^2e^2},\ W_1^{(2)}=0,\ W_2^{(2)}=-\frac{\sqrt{1-e^2}}{4n^2e^2};$$

$$K_1^{(1)}=0,\ K_2^{(1)}=-\frac{1-e^2}{4n};$$

$$N_1^{(2)}=-\frac{1-e^2}{4n^2e},\ N_2^{(2)}=0,\ N_3^{(2)}=\frac{1-e^2}{12n^2e}.$$

4. 轨道长期变化

取（27）～（30）式中的长期项，利用 $A_0^{(1)}$ 和 $W_0^{(2)}$ 各式可得$\frac{\dot{G}}{G}$一阶解和$\left(\frac{\dot{G}}{G}\right)^2$二阶解中轨道长期项变化量：

$$\delta a^{(1)}=\frac{\dot{G}}{G}A_0^{(1)}(E-E_0),\ \delta e^{(1)}=0,\ \delta\omega^{(1)}=0,\tag{32}$$

$$\delta\omega^{(2)}=\left(\frac{\dot{G}}{G}\right)^2W_0^{(2)}(E-E_0),\ \delta a^{(2)}=0,\ \delta e^{(2)}=0,\tag{33}$$

$$\delta M^{(2)}=E-E_0,\ \delta\lambda^{(2)}=\delta\omega^{(2)}+\delta M^{(2)}.\tag{34}$$

令 $E_0=0$，$E=2\pi$，即双星在轨道运转一周时 $E-E_0=2\pi$，周期项消失，轨道长期变化率为

$$\Delta a_s^{(1)}=-\frac{\dot{G}}{G}\cdot\frac{2\pi a}{n}=-\frac{\dot{G}}{G}aP(\text{cm/cycle}),\tag{35}$$

$$\Delta e_s^{(1)}=0,\ \Delta\omega_s^{(1)}=0,\ \Delta M_s^{(1)}=0,\tag{36}$$

$$\Delta\omega_s^{(2)}=\left(\frac{\dot{G}}{G}\right)^2\left[\frac{\pi\sqrt{1-e^2}}{n^2e^2}\right](\text{rad/cycle}),\tag{37}$$

$$\Delta M_s^{(2)}=2\pi(\text{rad/cycle}),\tag{38}$$

$$\Delta\lambda_s^{(2)}=\Delta\omega_s^{(2)}+\Delta M_s^{(2)},\ n=\frac{2\pi}{P}.\tag{39}$$

由此可得轨道要素年变率的一阶解和二阶解分别为

$$\dot{a}_s^{(1)}=-\frac{\dot{G}}{G}a(\text{cm/a}),\ \dot{e}_s^{(1)}=0,\ \dot{\omega}_s^{(1)}=0,\ \dot{M}_s^{(1)}=\dot{\lambda}_s^{(1)}=0,\tag{40}$$

$$\dot{a}_s^{(2)}=0,\ \dot{e}_s^{(2)},\ \dot{\omega}_s^{(2)}=\left(\frac{\dot{G}}{G}\right)^2\left[\frac{\sqrt{1-e^2}}{4\pi e^2}P\right]\ (\mathrm{rad/a}), \tag{41}$$

$$\dot{M}_s^{(2)}=n,\ \dot{\lambda}_s^{(2)}=\dot{\omega}_s^{(2)}+\dot{M}_s^{(2)}. \tag{42}$$

注意（35）（41）（42）式中 P 以 a 为单位，但表 1 中以 d 为单位.

由开普勒第三定律$\frac{4\pi^2 a^3}{P^2}=Gm$ 可以推出 P 的变率

$$\dot{P}=\frac{3}{2}\left(\frac{P}{a}\right)\dot{a}-\frac{P}{2}\cdot\frac{\dot{G}}{G}. \tag{43}$$

将 $\dot{a}=-\frac{\dot{G}}{G}a$ 代入后，得 P 的一阶变率

$$\dot{P}=-2\frac{\dot{G}}{G}P\ (\mathrm{s/a}). \tag{44}$$

（44）式中 P 以 s 为单位，但表 1 中 P 以 d 为单位.

5. 对双星轨道要素变率的上下限估计

利用本文（40）～（44）式计算引力常数的变化引起的轨道要素的长期演变的上下限. 文中选取 6 颗双星作为计算实例，即 3 颗一般双星 Y Cyg，C W Cep 和 δ Ori，2 颗脉冲星 PSR1913＋16，PSRJ0737＋3039 和一颗黑洞 M33X-7. 这 6 颗双星的轨道半长轴 a，轨道周期 P 和轨道偏心率 e 的数据引自表 1 中的网址及文献［11］［15］，见表 1.

表 1　6 颗双星数据

Name	P(d)	$A(R_\odot)$	e	Reference
δ Ori	5.732 5	43.2	0.04	http://Binaries.boulder.swri.edu/atlas
Y Cyg	2.996 3	28.67	0.14	[11]
C W Cep	2.729 1	22.34	0.03	[12][13]
PSR1913＋16	0.323 0	2.80	0.617	[14]
PSRJ0737＋3039	0.102 25	1.26	0.087 8	[14]
M33X-7	3.450 0	42.4	0.038 5	[15]

1980 年之前$\frac{\dot{G}}{G}$的测量值和理论值为 $10^{-11}\ \mathrm{a}^{-1}\sim10^{-10}\ \mathrm{a}^{-1}$量级，而在 1980～1990 年给出的值为 $10^{-12}\ \mathrm{a}^{-1}\sim10^{-11}\ \mathrm{a}^{-1}$量级，1990 年以后给出的值为 $10^{-13}\ \mathrm{a}^{-1}\sim10^{12}\ \mathrm{a}^{-1}$量级.

不同文献给出的$\frac{\dot{G}}{G}$值不同. 下面列出文献［16］从各文献引用的数据，见表 2.

表 2　Will[16] 从其他文献中引用的$\frac{\dot{G}}{G}$数据

Method	$\frac{\dot{G}}{G}(\times 10^{-13}\ \mathrm{a}^{-1})$	Year	Reference
Binary pulsar1913＋16	40±50	1994	［17］
Helioseismology	0±16	1998	［18］
Lunar Laser Ranging(LLR)	4±9	2004	［19］
Big bang nucleosynthesis	0±4	2004/2005	［20］/［21］

表 2 中 Will[16] 只引用到 2005 年的数据. 2007 年又有新的数据，即 Al-Rawaf[22] 用 WMAP 方法在微波背景下测量核子合成得到的$\frac{\dot{G}}{G}$的上下限值：

$$-6.4\times 10^{-13}(\mathrm{a}^{-1})<\frac{\dot{G}}{G}<-1.6\times 10^{-13}(\mathrm{a}^{-1}).$$

将上述数据和表 1 中 a，P 和 e 的数据代入（40）～（44）式后得到在$\frac{\dot{G}}{G}$一阶解和$\left(\frac{\dot{G}}{G}\right)^2$二阶解中的轨道要素变率的数值，结果分别列入表 3 和表 4.

表 3　6 颗双星轨道要素变率在$\frac{\dot{G}}{G}$一阶解中的上下限

Name	$\dot{a}^{(1)}$(cm/a)	$\dot{P}^{(1)}(10^{-7}$ s/a)	$\dot{e}^{(1)}(\mathrm{a}^{-1})$	$\dot{\omega}^{(1)}$(rad/a)	$\dot{M}^{(1)}=\dot{\lambda}^{(1)}$(rad/a)
δ Ori	0.84～1.80	2.77～5.96	0	0	0
Y Cyg	0.56～1.19	1.45～3.11	0	0	0
C W Cep	0.43～0.93	1.32～2.83	0	0	0
PSR1913＋16	0.05～0.12	0.15～0.33	0	0	0
PSRJ0737＋3039	0.02～0.05	0.05～0.11	0	0	0
M33X-7	0.82～1.77	1.66～3.59	0	0	0

表 4　6 颗双星轨道要素在 $\frac{\dot{G}}{G}$ 二阶解中的上限值

Name	$\dot{\omega}^{(2)}$ $(10^{-25}\,\text{rad/a})$	$\dot{M}^{(2)}$ $(10^{-25}\,\text{rad/a})-n$	$\dot{\lambda}^{(2)}$ $(10^{-25}\,\text{rad/a})-n$
δ Ori	2.806 67	0	2.806 67
Y Cyg	0.113 21	0	0.113 21
C W Cep	2.376 25	0	2.376 25
PSR1913＋16	0.000 52	0	0.000 52
PSRJ0737＋3039	0.009 88	0	0.009 88
M33X-7	1.823 50	0	1.823 50

注：$\dot{a}^{(2)}=0$，$\dot{P}^{(2)}=0$，$\dot{e}^{(2)}=0$.

6. 讨　论

（1）同引力辐射阻尼效应相比较

在本文中，轨道半长轴由于引力常数变化有长期项，而广义相对论中无长期项，但引力辐射阻尼有长期项[23]，如以 Y Cyg 和 PSR1913＋16 为例，见表 5. 由表 5 可以看出，引力常数变化对轨道半长轴产生的效应远比引力辐射阻尼对轨道半长轴产生的效应小. 轨道偏心率在本文效应中无长期项，这一点同广义相对论效应相同，但在引力辐射效应中有长期项，故两者不能比较.

表 5　同引力辐射阻尼效应（2.5PN）相比较

Name	2.5PN[23]		Time variation of G (First-order effect)
	Δa (cm/cycle)	$\dot{a}$ (cm/a)	$\dot{a}$ (cm/a)
Y Cyg	－0.876 17	－106.79	0.56～1.19
PSR1913＋16	－0.704 53	－796.66	0.05～0.12

（2）同广义相对论相比较

本文中 ω 和 λ 在二阶解中有长期项，在广义相对论中一阶解和二阶解中也有长期项，两者的二阶解可以比较，如表 6. 由表 6 可以看出，引力常数变化引起的近星点经度效应远小于广义相对论中二阶解（2PN）的效应，所以引力常数变化对近星点经度的效应完全可以略去.

表 6　同广义相对论相比较

Name	2PN[24] $\dot{\omega}^{(2)}$ (rad/century)	Time variation of G (Second-order effect) $\dot{\omega}^{(2)}$ (10^{-23} rad/century)
δ Ori	0.62	2.80
Y Cyg	185.47	0.11
C W Cep	1.36	2.37
PSR1913+16	924.21	0.000 52

(3) 观测效应的问题

目前，后牛顿或广义相对论理论对天体轨道的效应比较明显，各理论的相对精度已达到 10^{-8} 量级[25]，而理论给出的效应可通过行星近星点进动的观测得到验证. 然而，变引力常数对轨道的影响并不属于后牛顿或广义相对论范畴，它对轨道的影响目前并不明显，必须从长远观测得到. 变引力常数对轨道近星点在一阶解中不产生进动，虽然在二阶解中有进动，但其值甚小，如表 4 中给出的 10^{-25} rad/a，这只有理论意义，无观测价值. 所以，我们只能通过轨道半长轴和轨道周期的长期变化得到观测值. 由于每年变率较小，必须通过累积时间法观测. 以本文中 δ Ori 双星为例. 如果取 $\frac{\dot{G}}{G}\approx 10^{-13}\ \mathrm{a}^{-1}$，轨道半长轴变率每年最大值为 1 cm，如取表 2 中 $\frac{\dot{G}}{G}\approx 10^{-12}\ \mathrm{a}^{-1}$，最大值为10 cm，所以等到 10 年后观测应有 10 cm 或 100 cm 的变化. 这样大尺度的变化在太阳系可借激光或雷达测距观测到. 虽然目前对太阳系天体的定位用 LLR，SLR（Satellite Laser Ranging）和雷达测距相对精度达 $10^{-11}\sim 10^{-10}$，而牛顿力学框架下，太阳系内精度达 $10^{-8}\sim 10^{-7}$[26]，但是在数光年以外的双星就不能用此方法，必须用高精度天文测量方法，如 ASTRUOD（Astrodynamical Space Test of Relativity Using Optical Devices）空间计划方案[27]. 观测双星的轨道周期变化最好采用本文表 3 给出的轨道周期变率 10^{-7} s/a. 这是指 1 年内的周期变化，如果在 1 天内观测周期变化率为 10^{-9} s/d，则必须用高精度天文测量方法在双星系统内观测精度达到 10^{-9} 量级时，才需要考虑这种对轨道的影响. 由于观测技术的不断提高和改进以及空间科学突飞猛进的发展，可以期望观测变引力常数对轨道的影响问题不久将会提到日程上来.

7. 结　论

轨道半长轴在一阶解中有长期项和周期项，但在二阶解中只有周期项而无长期项. 轨道半长轴的变率每年同轨道半长轴成比例扩大. 轨道偏心率在一阶解和二阶解中均无长期项，两者均只有周期项. 近星点经度和平经度在一阶解中均无长期项，但在二阶解中均有长期项. 轨道倾角和升交点经度均无变化.

参考文献

[1] Hadjidemetriou J D. Icar，1963，2：440.

[2] Hadjidemetriou J D. Icar，1966，5：34.

[3] Kholchevnikov C，Fracassini M. La problème des deux corps avec G variable selon I'hypothese de Dirac，Conference Dell'Osservatorio Astronomic di Milano Merate，1968，Serie 1 No 9：1-50.

[4] Vinti J P. CeMDA，1972，6：198.

[5] Hut P，Verhulst F. MNRAS，1976，177：545.

[6] 李林森. 上海天文台年刊，2002，23：46.

[7] 李林森. 天文研究与技术，2007，4：135.

[8] Li L S. IL Nuovo Cimento，2009，124：849.

[9] 李林森. 天文研究与技术，2010，7：8.

[10] Smart W M. Celestial Mechanics. London：Longmans，Green & Co，1953：18.

[11] Simon K，Sturm E，Fiedler A. A&A，1994，292：507.

[12] Batten A H，Fletcher J M，MacCarthy D G. PDAO，1989，17：1.

[13] Brancewicz K，Dwarak T Z A. AcA，1980，30：501.

[14] Willems B，Kalogera V，Henninger M. ApJ，2004，616：414.

[15] Oroza J A，McClintock J E，Narayan R，et al. Natur，2007，449：872.

[16] Will C M. The confrontation between general relativity and experiment. Mühlenberg：Max Planck Institute for Gravitational Physics，2006：5.

[17] Kaspi V M，Taylor J H，Ryba M F. ApJ，1994，428：713.

[18] Guenther D B，Krauss L M，Demarque P. ApJ，1998，498：871.

[19] Williams J G，Turyshev S G，Boggs D H. PhRvL，2004，93：1101.

[20] Copi C J，Davis N，Krauss L M. PhRvL，2004，92：1301.

[21] Bambi C，Giannotti M，Villante F L. PhRvD，2005，71：3524.

[22] Al-Rawaf A S. Ap&SS，2007，310：173.

[23] 李林森. 物理学报，1989，38：1877.

[24] Li L S. IL Nouvo Cimento，2005，120：21.

[25] 童傅. 科学通报，1984，29：34.

[26] 易照华，黄城，李林森. 天文学进展，1994，12：3.

[27] Ni W T. IJMPD，2008，17：921.

Influence of the Time Variation of the Gravitational Constant on the Orbital Elements of Planets*

Abstract: In this paper, using the expansion of the true anomaly, we examine how the time variation of the gravitational constant influences the variation of the orbital elements of planets. The theoretical results show that the semi-major axis exhibits secular and periodic variation in the first order for $\frac{\dot{G}}{G}$. The eccentricity exhibits periodic variation, but there is no secular variation in the first and second orders for $\frac{\dot{G}}{G}$. The longitude of perihelion and the mean longitude at the epoch exhibit periodic variation but no secular variation in the first order for $\frac{\dot{G}}{G}$. However, they do exhibit secular variation in the second order for $\frac{\dot{G}}{G}$. The inclination and ascending node exhibit no variation. The bounds on the values of the secular variation of the semi-major axis and the orbital period, which result from the time variation of the gravitational constant, are estimated for five planets. The results are discussed and conclusions are made.

Keywords: gravitation; celestial mechanics; planets and satellites; dynamical evolution and stability; planets and satellites; general

1. Introduction

Since Dirac (1937, 1974) suggested that the gravitational constant G varies with time, this theory has had a large influence on astronomy and geophysics. Some authors have studied how the variation of the gravitational constant influences orbital elements. Kholshevnikov & Fracassini (1968) were the first to research the two-body problem by varying G based on the Dirac hypothesis. They studied the variation of two types of osculating elements. They derived equations for the variation of orbital elements of two

* 原文载于 *Monthly Notices of the Royal Astronomical Society*, 2012 (419): 1825-1832.

types and used their theoretical results to calculate the secular variation of planetary orbits and the periodic variation of the orbits of binary stars. Later, Will (1971) discussed the effects of the anisotropy of the gravitational constant G. Vinti (1972) studied the possible effects of the anisotropy of G on the orbital elements of celestial bodies, for which G varies with velocity. He obtained the maximal values of the periods of the amplitudes of the radius vector for the planets, the Moon and close artificial satellites. Hut & Verhulst (1976) researched the two-body problem with decreasing G and obtained the secular variation of the mean motion and mean longitude, based on the two-body problems with variable mass and the variable gravitational constant of the theory of Hadjidemetriou (1963, 1966). However, they did not give the secular variation of other orbital elements.

In this paper, the equations given by Kholshevnikov & Fracassini for the variation of the orbital elements as a result of varying G are solved and solutions are obtained. These are used to calculate the evolution of the orbital elements of planets.

2. Outline of the theoretical results for two types of osculating orbital elements

The equation of motion with variable mass was first established by Gylden (1884). The equation was integrated by Mestschersky (1893) and was reduced to the equation of motion with the isotropic mass variable in the Gylden-Mestschersky (Mestschersky, 1902)

$$\ddot{\boldsymbol{r}} = -G\frac{m}{r^3}\boldsymbol{r},$$

here

$$Gm = \frac{G_0 m}{1+\alpha t},$$

where G_0 denotes the initial gravitational constant at epoch and $\alpha = -\frac{\dot{G}_0}{G_0}$ is a very small parameter representing the variation of G.

Mestschersky (1902) transformed the above equation of motion by using new variables ρ and τ, in terms of r and t, i. e.,

$$\rho = \frac{r}{1+\alpha t},\ \tau = \frac{t}{1+\alpha t},$$

as the variables of the new equation of motion:

$$\ddot{\boldsymbol{\rho}} = -\frac{G_0 m}{\rho^2}\boldsymbol{\rho}.$$

A detailed analysis of the Gylden-Mestschersky problem has been given by Berkovié (1981).

Strömgren (1903), Armellini (1926), Jeans (1929) and Duboshin (1929) first introduced two types of osculating elements. Later, Kholshevnikov & Fracassini (1968) studied these topics in depth and obtained two types of osculating orbits and equations according to the transformed equation of Mestschersky. The first type is the osculating orbit with the initial G_0 at the epoch of the osculation. The second type is the osculating orbit with the actual G at the same epoch. The first type of osculating orbit detaches the second type when time increases. They also derived the first type of equations of the osculating elements with parameter

$$\psi(t) = GM - G_0 M_0,$$

and the second type of equations of the osculating elements with parameter

$$\chi = \frac{1}{Gm} \cdot \frac{\mathrm{d}Gm}{\mathrm{d}t}.$$

In this paper, the equations of the osculating elements for the second type are used to study the secular effects of the time variation of the gravitational constant on the orbital elements of planets. The second type of equations given by Kholshevnikov & Fracassini (1968) are

$$\frac{\mathrm{d}a}{\mathrm{d}t} = -\chi a\left(\frac{2a}{r} - 1\right), \tag{1}$$

$$\frac{\mathrm{d}e}{\mathrm{d}t} = -\chi(e + \cos f), \tag{2}$$

$$\frac{\mathrm{d}\omega}{\mathrm{d}t} = -\chi\frac{\sin f}{e}, \tag{3}$$

$$\frac{\mathrm{d}M}{\mathrm{d}t} = n + \chi\frac{\sin f}{e}\sqrt{1-e^2}\left(1 + e^2\frac{r}{p}\right), \tag{4}$$

$$\frac{\mathrm{d}\lambda}{\mathrm{d}t} = \frac{\mathrm{d}M}{\mathrm{d}t} + \frac{\mathrm{d}\omega}{\mathrm{d}t}, \tag{5}$$

$$\frac{\mathrm{d}i}{\mathrm{d}t} = \frac{\mathrm{d}\Omega}{\mathrm{d}t} = \mathrm{const}, \tag{6}$$

$$\frac{\mathrm{d}f}{\mathrm{d}t} = n\left(\frac{a}{r}\right)^2\sqrt{1-e^2} + \chi\frac{\sin f}{e}, \tag{7}$$

$$\chi = \frac{1}{Gm} \cdot \frac{\mathrm{d}Gm}{\mathrm{d}t}.$$

Here, a, e, ω, M and λ are the semi-major axis, eccentricity, longitude of perihelion, mean anomaly and mean longitude at the epoch of the orbit, respectively. f is the true anomaly and $p = a(1-e^2)$.

3. Solutions for equations with varying G for osculating elements of the second type

In this paper, it is assumed that G is variable with time and that mass m is a constant. So,

$$\chi = \frac{1}{G} \cdot \frac{dG}{dt} = \frac{\dot{G}}{G},$$

which is supposed to be constant and is measured experimentally.

We transform equations (1) ~ (6) for the independent variable df by using equation (7), which can be rewritten as

$$\frac{dt}{df} = \left[n\left(\frac{a}{r}\right)^2 \sqrt{1-e^2} + \left(\frac{\dot{G}}{G}\right)\frac{\sin f}{e} \right]^{-1}$$

$$= \left\{ \left[n\left(\frac{a}{r}\right)^2 \sqrt{1-e^2} \right] \left[1 + \left(\frac{\dot{G}}{G}\right) \frac{r^2 \sin f}{ena^2\sqrt{1-e^2}} \right] \right\}^{-1}.$$

Here, $\left|\frac{\dot{G}}{G}\right|_{\max} = (10^{-14} \sim 10^{-13})\ \mathrm{a}^{-1}$ and $(\sin f)_{\max} = (\cos f)_{\max} = 1$. In the solar system, $e_{\max} = 0.205\ 6$ (Mercury), $e_{\min} = 0.006\ 7$ (Venus) and $T_{\max}$ (orbital period) $= 164.8$ a (Neptune). So, $\left(\frac{r}{a}\right)^2_{\max} = (1+e\cos f)^2 = 1.453\ 4$, $\left(\frac{1}{e}\right)_{\max} = 149.25$, $\left(\frac{1}{\sqrt{1-e^2}}\right)_{\max} = 1.12$ and $\left(\frac{1}{n}\right)_{\max} = \frac{T}{2\pi} = 26.22$ a. Therefore,

$$\left[\left|\frac{\dot{G}}{G}\right| \frac{r^2 \sin f}{ena^2\sqrt{1-e^2}} \right]_{\max} = 10^{-9} \sim 10^{-8} < 1.$$

We can use the binomial theorem to expand this, i. e.,

$$\frac{dt}{df} = \left[\frac{r^2}{na^2\sqrt{1-e^2}} \right] \left[1 - \left(\frac{\dot{G}}{G}\right) \frac{r^2 \sin f}{ena^2\sqrt{1-e^2}} + \left(\frac{\dot{G}}{G}\right)^2 \frac{r^4 \sin^2 f}{e^2n^2a^4(1-e^2)} - \cdots \right].$$

If we neglect the fourth term with $\left(\frac{\dot{G}}{G}\right)^3$ on the right-hand side of the above expression, we obtain

$$\frac{dt}{dt} = \frac{r^2}{na^2\sqrt{1-e^2}} - \left(\frac{\dot{G}}{G}\right) \frac{r^4 \sin f}{en^2a^4(1-e^2)} + \left(\frac{\dot{G}}{G}\right)^2 \frac{r^6 \sin^2 f}{e^2n^3a^6(1-e^2)^{\frac{3}{2}}}. \tag{8}$$

We use equation (8) to transform equations (1) ~ (4) with the true anomaly f as independent variable:

$$\frac{da}{df} = \frac{da}{dt} \cdot \frac{dt}{df} = -\left(\frac{\dot{G}}{G}\right) \frac{1}{n\sqrt{1-e^2}} \left(2r - \frac{r^2}{a}\right) + \left(\frac{\dot{G}}{G}\right)^2 \frac{\sin f}{a^2n^2e(1-e^2)} \left(2r^3 - \frac{r^4}{a}\right), \tag{9}$$

$$\frac{de}{df} = \frac{de}{dt} \cdot \frac{dt}{df} = -\left(\frac{\dot{G}}{G}\right) \frac{(e+\cos f)}{na^2\sqrt{1-e^2}} r^2 + \left(\frac{\dot{G}}{G}\right)^2 \frac{(e+\cos f)\sin f}{n^2a^4e(1-e^2)} r^4, \tag{10}$$

$$\frac{d\omega}{df} = \frac{d\omega}{dt} \cdot \frac{df}{df} = -\left(\frac{\dot{G}}{G}\right) \frac{r^2 \sin f}{na^2e\sqrt{1-e^2}} + \left(\frac{\dot{G}}{G}\right)^2 \frac{\sin^2 f r^4}{n^2a^4e^2(1-e^2)}, \tag{11}$$

$$\frac{\mathrm{d}M}{\mathrm{d}f}=\frac{\mathrm{d}M}{\mathrm{d}t}\cdot\frac{\mathrm{d}t}{\mathrm{d}f}=\frac{r^2}{a^2\sqrt{1-e^2}}$$

$$+\frac{\dot{G}}{G}(\sin f)\left[\frac{r^2}{ena^2}+\frac{er^3}{na^3(1-e^2)}-\frac{r^4}{na^4e(1-e^2)}\right]$$

$$-\left(\frac{\dot{G}}{G}\right)^2\sin^2 f\left[\frac{r^4}{n^2a^4e^2(1-e^2)^{\frac{1}{2}}}\right.$$

$$\left.+\frac{r^5}{n^2a^5(1-e^2)^{\frac{3}{2}}}-\frac{r^6}{n^2a^6e^2(1-e^2)^{\frac{3}{2}}}\right]. \tag{12}$$

We use the binomial theorem for r^m,

$$r^m=a^m(1-e^2)^m(1+e\cos f)^{-m}$$

$$=a^m(1-e^2)^m\left[1-me\cos f+\frac{m(m+1)}{1\times 2}e^2\cos^2 f\right.$$

$$\left.+\frac{m(m+1)(m+2)}{1\times 2\times 3}e^3\cos^3 f+\cdots\right].$$

Equations (9) ～ (12) need to take $m=1$, 2, 3, 4 and 5 for r^m in the binomial expansion, and we neglect the terms with e^3.

Expanding the above system of differential equations, and then substituting the expressions for r, r^2, r^3, r^4 and r^5 into system of equations, we obtain the transitional equations from the independent variable time t to the independent variable anomaly f:

$$\frac{\mathrm{d}a}{\mathrm{d}f}=-\frac{\dot{G}}{G}\cdot\frac{a}{n}(1-e^2)^{\frac{1}{2}}\left[\left(1+\frac{1}{2}e^2+\frac{3}{2}e^4\right)-2e^3\cos f\right.$$

$$\left.-\frac{1}{2}(e^2+3e^4)\cos 2f\right]$$

$$+\left(\frac{\dot{G}}{G}\right)^2\frac{a(1-e^2)^2}{n^2e}\left[\left(1+\frac{3}{2}e^2+\frac{5}{2}e^4\right)\sin f\right.$$

$$\left.-(e+2e^3)\sin 2f+\frac{1}{2}(e^2+5e^4)\sin 3f\right], \tag{13}$$

$$\frac{\mathrm{d}e}{\mathrm{d}f}=-\frac{\dot{G}}{G}\cdot\frac{(1-e^2)^{\frac{3}{2}}}{n}\left[\left(e+\frac{3}{2}e^3-e\right)+\left(1+\frac{1}{4}e^2\right)\cos f\right.$$

$$\left.-\left(e-\frac{3}{2}e^3\right)\cos 2f+\frac{3}{4}e^2\cos 3f\right]$$

$$+\left(\frac{\dot{G}}{G}\right)^2\frac{(1-e^2)^3}{n^2e}\left[\frac{5}{2}e^3\sin f+\frac{1}{2}(1+e^2)\sin 2f\right.$$

$$\left.+\left(\frac{5}{2}e^2-e\right)\sin 3f+\frac{5}{4}e^2\sin 4f\right], \tag{14}$$

$$\frac{\mathrm{d}\omega}{\mathrm{d}f}=-\frac{\dot{G}}{G}\cdot\frac{(1-e^2)^{\frac{3}{2}}}{ne}\left[\left(1+\frac{3}{4}e^2\right)\sin f-(e+e^3)\sin 2f\right.$$

$$\left.+\frac{3}{4}e^2\sin 3f-\frac{1}{2}e^3\sin 4f\right]$$

$$+\left(\frac{\dot{G}}{G}\right)^2\frac{(1-e^2)^3}{2n^2e^2}\left[\left(1+\frac{5}{2}e^2\right)-(2e+5e^3)\cos f-\cos 2f\right.$$

$$\left.+\left(2e+\frac{5}{2}e^3\right)\cos 3f-\frac{5}{2}e^2\cos 4f+\frac{5}{2}e^3\cos 5f\right], \qquad (15)$$

$$\frac{\mathrm{d}M}{\mathrm{d}f}=(1-e^2)^{\frac{3}{2}}\left[\left(1+\frac{3}{2}e^2\right)-2e\cos f+\frac{3}{2}e^2\cos 2f\right]$$

$$+\left(\frac{\dot{G}}{G}\right)\frac{(1-e^2)^2}{4ne}[(e^2+16e^4)]\sin f$$

$$+(4e-14e^3)\sin 2f-(7e^2-16e^4)\sin 3f$$

$$+\left(\frac{\dot{G}}{G}\right)^2\frac{(1-e^2)^{\frac{7}{2}}}{8n^2e^2}[(3e^2-36e^4)+(4e-22e^3)\cos f+8e^2\cos 2f$$

$$+(4e-22e^3)\cos 3f-(11e^2-36e^4)\cos 4f]. \qquad (16)$$

Integrating equations (13) ~ (16) by neglecting the terms with e^3, we obtain the variable of the orbital elements:

$$\delta a=-\frac{\dot{G}}{G}\cdot\frac{a}{n}(1-e^2)^{\frac{1}{2}}\left[\left(1+\frac{1}{2}e^2\right)(f-f_0)-\frac{1}{4}e^2(\sin 2f-\sin 2f_0)\right]$$

$$-\left(\frac{\dot{G}}{G}\right)^2\frac{a(1-e^2)^2}{n^2e}\left[\left(1+\frac{3}{2}e^2\right)(\cos f-\cos f_0)\right.$$

$$\left.-\frac{1}{2}(e+2e^3)(\cos 2f-\cos 2f_0)+\frac{1}{6}e^2(\cos 3f-\cos 3f_0)\right], \qquad (17)$$

$$\delta e=-\frac{\dot{G}}{G}\cdot\frac{(1-e^2)^{\frac{3}{2}}}{n}\left[\left(1+\frac{1}{4}e^2\right)(\sin f-\sin f_0)\right.$$

$$\left.-\frac{1}{2}e(\sin 2f-\sin 2f_0)+\frac{1}{4}e^2(\sin 3f-\sin 3f_0)\right]$$

$$-\left(\frac{\dot{G}}{G}\right)^2\frac{(1-e^2)^3}{n^2e}\left[\frac{5}{2}e^3(\cos f-\cos f_0)+\frac{1}{4}(1+e^2)(\cos 2f-\cos 2f_0)\right.$$

$$\left.+\frac{1}{3}\left(\frac{5}{2}e^2-e\right)(\cos 3f-\cos 3f_0)+\frac{5}{16}e^2(\cos 4f-\cos 4f_0)\right], \qquad (18)$$

$$\delta\omega=\frac{\dot{G}}{G}\cdot\frac{(1-e^2)^{\frac{3}{2}}}{ne}\left[\left(1+\frac{3}{4}e^2\right)(\cos f-\cos f_0)\right.$$

$$
\begin{aligned}
&-\frac{1}{2}(e+e^3)(\cos 2f-\cos 2f_0)\\
&+\frac{1}{4}e^2(\cos 3f-\cos 3f_0)-\frac{1}{8}e^3(\cos 4f-\cos 4f_0)\\
&+\left(\frac{\dot G}{G}\right)^2\frac{(1-e^2)^3}{2n^2e^2}\left[\left(1+\frac{5}{2}e^2\right)(f-f_0)\right.\\
&\left.-(2e+5e^3)(\sin f-\sin f_0)-\frac{1}{2}(\sin 2f-\sin 2f_0)\right.\\
&+\frac{1}{3}\left(2e+\frac{5}{2}e^3\right)(\sin 3f-\sin 3f_0)\\
&\left.-\frac{5}{8}e^2(\sin 4f-\sin 4f_0)+\frac{1}{2}e^3(\sin 5f-\sin 5f_0)\right],
\end{aligned}
\tag{19}
$$

$$
\begin{aligned}
\delta M=&(1-e^2)^{\frac{3}{2}}\left[\left(1+\frac{3}{2}e^2\right)(f-f_0)-2e(\sin f-\sin f_0)\right.\\
&\left.+\frac{3}{4}e^2(\sin 2f-\sin 2f_0)\right]\\
&-\frac{\dot G}{G}\cdot\frac{(1-e^2)^2}{4ne}\left[e^2(\cos f-\cos f_0)+(2e-7e^3)\right.\\
&\left.(\cos 2f-\cos 2f_0)-\frac{7}{3}e^2(\cos 3f-\cos 3f_0)\right]\\
&+\left(\frac{\dot G}{G}\right)^2\cdot\frac{(1-e^2)^{\frac{7}{2}}}{8n^2e^2}\left[(3e^2-36e^4)(f-f_0)+(4e-22e^3)(\sin f-\sin f_0)\right.\\
&+4e^2(\sin 2f-\sin 2f_0)+\frac{1}{3}(4e-22e^3)(\sin 3f-\sin 3f_0)\\
&\left.-\frac{1}{4}(11e^2-36e^4)(\sin 4f-\sin 4f_0)\right],
\end{aligned}
\tag{20}
$$

$$\delta\lambda=\delta M+\delta\omega, \tag{21}$$

$$\delta i=\delta\Omega=0. \tag{22}$$

4. Secular evolution of the orbital elements

We only study the secular effect of the time variation of the gravitational constant on the evolution of the orbital elements. It is shown from equations (17) ～ (20) that in the first-order solution only the variable δa exhibits secular variation. Other variables (δe, $\delta\omega$, δM and $\delta\lambda$) exhibit no secular variation. However, in the second-order solution for $\left(\frac{\dot G}{G}\right)^2$ the variables $\delta\omega^{(2)}$, $\delta M^{(2)}$ and $\delta\lambda^{(2)}$ exhibit secular variation and the other variables $\delta a^{(2)}$ and $\delta e^{(2)}$ exhibit no secular variation.

Letting $f-f_0=2\pi$ in equations (17) ～ (20), we obtain the secular variables of the orbital elements per revolution in the first-order theory for $\frac{\dot{G}}{G}$:

$$\Delta a_s^{(1)} = -\frac{\dot{G}}{G} \cdot \frac{2\pi a}{n}(1-e^2)^{\frac{1}{2}}\left(1+\frac{1}{2}e^2\right)$$
$$= -\frac{\dot{G}}{G} aT(1-e^2)^{\frac{1}{2}}\left(1+\frac{1}{2}e^2\right)(\text{circle}^{-1}), \tag{23}$$
$$\Delta e_s^{(1)} = \Delta\omega_s^{(1)} = \Delta M_s^{(1)} = \Delta\lambda_s^{(1)} = \Delta i^{(1)} = \Delta\Omega^{(1)} = 0(\text{circle}^{-1}).$$

In the second order for $\left(\frac{\dot{G}}{G}\right)^2$, the solutions per revolution are

$$\Delta a_s^{(2)} = \Delta e_s^{(2)} = 0,$$
$$\Delta\omega_s^{(2)} = \left(\frac{\dot{G}}{G}\right)^2 \frac{\pi(1-e^2)^3\left[1+\frac{5}{2}e^2\right]}{n^2 e^2}$$
$$= \left(\frac{\dot{G}}{G}\right)^2 \frac{T^2}{4\pi e^2}(1-e^2)^3\left(1+\frac{5}{2}e^2\right)(\text{circle}^{-1}),$$
$$\Delta M_s^{(2)} = \delta\lambda_s^{(2)} = \left(\frac{\dot{G}}{G}\right)^2 \frac{\pi(1-e^2)^{\frac{7}{2}}}{4n^2}(3-36e^2)$$
$$= \left(\frac{\dot{G}}{G}\right)^2 \frac{T^2}{16\pi}(1-e^2)^{\frac{7}{2}}(3-36e^2)(\text{cycle}^{-1}),$$
$$\Delta i_s^{(2)} = \Delta\Omega_s^{(2)} = 0. \tag{24}$$

The secular variable rates of the orbital elements per year in the first-order theory for $\frac{\dot{G}}{G}$ are

$$\dot{a}_s^{(1)} = -\left(\frac{\dot{G}}{G}\right) a(1-e^2)^{\frac{1}{2}}\left(1+\frac{1}{2}e^2\right)(\text{cm/a}),$$
$$\dot{e}_s^{(1)} = \dot{\omega}_s^{(1)} = \dot{M}_s^{(1)} = \dot{\lambda}_s^{(1)} = 0, \quad \dot{i}_s^{(1)} = \dot{\Omega}_s^{(1)} = 0. \tag{25}$$

In the second-order theory for $\left(\frac{\dot{G}}{G}\right)^2$

$$\dot{a}_s^{(2)} = \dot{e}_s^{(2)} = 0,$$
$$\dot{\omega}_s^{(2)} = \left(\frac{\dot{G}}{G}\right)^2 \frac{T}{4\pi e^2}(1-e^2)^3\left(1+\frac{5}{2}e^2\right)(\text{rad/a})$$
$$\dot{M}_s^{(2)} = \dot{\lambda}_s^{(2)} = \left(\frac{\dot{G}}{G}\right)^2 \frac{T}{16\pi}(1-e^2)^{\frac{7}{2}}(3-36e^2)(\text{rad/a}), \tag{26}$$
$$\dot{i}_s^{(2)} = \dot{\Omega}_s^{(2)} = 0,$$

where T is the orbital period in terms of years.

In fact, strictly speaking, the semi-major axis varies according to the decay exponential form, which can be obtained from equations (23) by integrating it, as follows:

$$a = a_0 \exp\left[-\frac{\dot{G}}{G}T(1-e^2)^{\frac{1}{2}}\left(1+\frac{1}{2}e^2\right)(f-f_0)\right].$$

We obtain the variable Δa per revolution, if $f-f_0=2\pi$:

$$\Delta a = -\left(\frac{\dot{G}}{G}\right)a_0 T(1-e^2)^{\frac{1}{2}}\left(1+\frac{1}{2}e^2\right)(\text{circle}^{-1}). \tag{27}$$

Here, the factor a can be replaced by the initial value a_0 in the first expression of system (23), and thus

$$\dot{a} = -\left(\frac{\dot{G}}{G}\right)a_0(1-e^2)^{\frac{1}{2}}\left(1+\frac{1}{2}e^2\right)\ (\text{cm/a}). \tag{28}$$

Using Kepler's third law with varying G, we can give the rate of the orbital period T,

$$\frac{\dot{T}}{T} = \frac{3}{2}\cdot\frac{\dot{a}}{a} - \frac{1}{2}\cdot\frac{\dot{G}}{G} \quad \text{or} \quad \dot{T} = \frac{3}{2}\cdot\frac{T}{a}\dot{a} - \frac{T}{2}\cdot\frac{\dot{G}}{G}.$$

Substituting the first expression of equation (25) into the above equation, we obtain

$$\dot{T} = -\frac{1}{2}\cdot\frac{\dot{G}}{G}T\left[3(1-e^2)^{\frac{1}{2}}\left(1+\frac{1}{2}e^2\right)-1\right]\ (\text{s/a}), \tag{29}$$

where T is in units of seconds.

5. Estimation of the bounds of the secular evolution of the orbital elements of planets

In this paper, five planets are chosen as examples: Mercury, Venus, Earth, Mars and Jupiter. The data given by Allen (1973) were adopted for T, a and e of the five planets. All authors give different values for $\frac{\dot{G}}{G}$. The measured and theoretical values of $\frac{\dot{G}}{G}$ range from $(10^{-11}\sim10^{-10})\ \text{a}^{-1}$ before 1980 to $(10^{-12}\sim10^{-11})\ \text{a}^{-1}$ after 1980. Gillies (1997) gave the values of $\frac{\dot{G}}{G}$ from 1980 to 1996 in detail. Will (2006) cited the data of $\frac{\dot{G}}{G}=10^{-13}\ \text{a}^{-1}$ given by Guenther, Krauss & Demargue (1998), Williams, Turyshev & Boggs (2004), Copi, Davis & Krauss (2004) and Bambi, Giannotti & Villante (2005) from 1998 to 2005. Recently, the range of values $10^{-14}\sim10^{-13}\ \text{a}^{-1}$ has been given by Müller & Biskuped (2007), Al-Rawaf (2007), Folkner (2010) and Pitjeva (2010). In this paper, $\frac{\dot{G}}{G}=(-5.9\pm4.4)\times10^{-14}\ \text{a}^{-1}$ is used, which was given by Pitjeva (2010). This corresponds to $\left(-1.03\leqslant\frac{\dot{G}}{G}\leqslant-0.15\right)\times10^{-13}\ \text{a}^{-1}$.

Substituting the values of T, a, e and $\frac{\dot{G}}{G}$ into equations (25)(26)(29), we obtain the numerical results for the secular evolution with first order $O\left(\frac{\dot{G}}{G}\right)$ and second order $O\left(\frac{\dot{G}}{G}\right)^2$, as listed in table 1 and table 2.

Table 1　The numerical bounds of the secular evolution of the orbits of five planets as a result of the time variation of the gravitational constant in first-order theory

Planets	$\dot{a}^{(1)}$ (cm · a^{-1})	$\dot{T}^{(1)}$ (10^{-7} s · a^{-1})	$\dot{e}^{(1)}$ (a^{-1})	$\dot{\omega}^{(1)}$ (rad · a^{-1})	$\dot{\lambda}^{(1)}$ (rad · a^{-1})
Mercury	0.08～0.06	0.11～0.76	0	0	0
Venus	0.16～1.13	0.29～2.04	0	0	0
Earth	0.22～1.57	0.47～3.25	0	0	0
Mars	0.34～2.34	0.89～6.11	0	0	0
Jupiter	1.16～8.01	5.61～38.55	0	0	0

Table 2　The numerical bounds of the secular evolution of the orbits of five planets as a result of the time variation of the gravitational constant in second-order theory

Planets	$\dot{a}^{(2)}$ (cm · a^{-1})	$\dot{e}^{(2)}$ (a^{-1})	$\dot{\omega}^{(2)}$ (arcsec · century^{-1})	$\dot{M}^{(2)}=\dot{\lambda}^{(2)}$ (arcsec×10^{-21} century^{-1})
Mercury	0	0	(0.15～7.27)×10^{-20}	0.03～1.33
Venus	0	0	(0.49～13.26)×10^{-17}	0.16～8.02
Earth	0	0	(0.12～6.22)×10^{-17}	0.27～1.27
Mars	0	0	(0.78～37.10)×10^{-19}	0.45～21.32
Jupiter	0	0	(0.18～8.78)×10^{-17}	0.07～1.49

6. Discussion

We compare the results with the relativistic effect (the general relativity effect, hereafter the *GR* effect). The results of relativistic effects are that the semi-major axis and eccentricity do not exhibit secular variation, only the perihelion shift exhibits secular variation. However, the effect of the time variation of the gravitational constant on the orbits means that secular variation is exhibited in the semi-major axis and period, but there is no secular variation in the perihelion shift. This is the opposite of the relativistic effect.

A numerical comparison can be made with the secular variable rate of the semi-major axis and eccentricity for relativistic effects (*GR* effect). It is well known that the semi-major axis and eccentricity do not exhibit secular variation in the relativistic effect (*GR* effect). Table 3 lists the numerical values of the effects for $\dot{a}^{(1)}$ ($\mathrm{cm} \cdot \mathrm{a}^{-1}$) and $\dot{e}^{(1)}$ a^{-1} in the *GR* effect, compared with the effect for $\frac{\dot{G}}{G}$.

It can be seen from table 3 that the effect of the time variation of the gravitational constant on the variation of the semi-major axis is more than that of the relativistic effect (*GR* effect).

We can also make a numerical comparison with the advance of perihelion of five planets in the post-Newtonian (PN) effects. We use the values of $\dot{\omega}^{(1)}$ form table 1 and table 3, and $\dot{\omega}^{(2)}$ (arcsec · century^{-1}) from table 2. Then, comparing with the PN effect for $\dot{\omega}_{PN}$ and $\dot{\omega}_{2PN}$ given by Li (2005), the numerical results are shown in table 4.

Table 3　Numerical comparison of the secular effects for $\frac{\dot{G}}{G}$ with the relativistic secular effects (*GR* effect) for $\dot{a}$ and $\dot{e}$ of five planets

Planets	*GR* effect $\dot{a}_{PN}$ ($\mathrm{cm} \cdot \mathrm{a}^{-1}$)	$\frac{\dot{G}}{G}$ effect $\dot{a}^{(1)}$ ($\mathrm{cm} \cdot \mathrm{a}^{-1}$)	*GR* effect $\dot{e}_{PN}$ (a^{-1})	$\frac{\dot{G}}{G}$ effect $\dot{e}^{(1)}$ (a^{-1})
Mercury	0	0.08～0.60	0	0
Venus	0	0.16～1.13	0	0
Earth	0	0.22～1.57	0	0
Mars	0	0.34～2.34	0	0
Jupiter	0	1.16～8.01	0	0

Table 4　Numerical comparison of the effect for $\frac{\dot{G}}{G}$ with the PN effect for the advance of perihelion of five planets

Planets	PN effect $\dot{\omega}_{PN}$ (arcsec · century^{-1})	2PN effect $\dot{\omega}_{2PN}$ (arcsec · century^{-1})	$\frac{\dot{G}}{G}$ effect $\dot{\omega}^{(1)}$ (arcsec · century^{-1})	$\left(\frac{\dot{G}}{G}\right)^2$ effect $\dot{\omega}^{(2)}$ (arcsec · century^{-1})
Mercury	42.98	8.7×10^{-6}	0	$(0.15～7.27)\times10^{-20}$
Venus	8.61	8.8×10^{-7}	0	$(0.49～13.26)\times10^{-17}$
Earth	3.38	2.8×10^{-7}	0	$(0.12～6.22)\times10^{-17}$
Mars	1.35	6.6×10^{-8}	0	$(0.78～37.10)\times10^{-19}$
Jupiter	0.06	8.9×10^{-10}	0	$(0.18～8.78)\times10^{-17}$

Table 4 shows that the effect of the time variation of the gravitational constant on the advance of the perihelion of planets is much less than the post-post-Newtonian (2PN) effect.

Although the longitude of the pericentre (perihelion) ω and the mean longitude λ exhibit secular variation in the second order for $\left(\frac{\dot{G}}{G}\right)^2$, the secular effect can be neglected because its effect is very small, of the order of $\left(\frac{\dot{G}}{G}\right)^2 \sim 10^{-26}$. For instance, for the five planets, $\dot{\omega}^{(2)}_{\max}$ is of the order $(10^{-20} \sim 10^{-17})$ (arcsec · century^{-1}) and $\dot{\lambda}^{(2)}_{\min}$ is of the order $(10^{-22} \sim 10^{-21})$ (arcsec · century^{-1}). Hence, the secular effects for $\dot{\omega}^{(2)}$ and $\dot{\lambda}^{(2)}$ can be neglected in he second order for $\left(\frac{\dot{G}}{G}\right)^2$.

We can see from equation (14) that if we retain the term with $O(e^3)$, the eccentricity exhibits secular variation. Based on equation (14),

$$\Delta e = -\frac{3}{2} \cdot \frac{\dot{G}}{G} \cdot \frac{2\pi(1-e^2)^{\frac{3}{2}}}{n} e^3 = -3\frac{\dot{G}}{G} T(1-e^2)^{\frac{3}{2}} e^3 (\mathrm{Re}^{-1}),$$

$$\dot{e} = -3\frac{\dot{G}}{G}(1-e^2)^{\frac{3}{2}} e^3 (\mathrm{a}^{-1}).$$

For Mercury, $\Delta e = -6.0 \times 10^{-16}\,\mathrm{Re}^{-1}$ and $\dot{e} = -2.5 \times 10^{-15}\,\mathrm{a}^{-1}$. This is so small that we can neglect the term with e^3 and the eccentricity will still not exhibit secular variation.

Although the variation of G has a small effect on the orbital elements of planets, it is possible to observe these effects by using current instruments. It can be seen from the theoretical and calculated results that the greater the distance from the Sun, the larger the effect will be. We use Jupiter as an example. Its amplified distance from the Sun is $1 \sim 8$ cm · a^{-1}, because of the time variation of G, as calculated in table 1. The maximal value of the amplified distance is 80 cm within 10 years. The accumulated distance in 10 years can be observed by using current instruments, such as LADAR (laser detecting and ranging) systems and, in particular, the ASROD (astro dynamical space test of relativity using optical devices) method (Ni, 2008). The time variation of G can have an effect on observations: It can cause the displacement of a planet along the orbit compared to the case where $G = \text{const}$. This displacement is much larger than the change in the orbital semi-major axis by a few orders of magnitude.

There is an error in $\frac{\dot{G}}{G}$ because of the measurement, and all authors give different data for $\frac{\dot{G}}{G}$. We only take the values of data in a certain range. Hence, the numerical results in table 1 and table 2 are also the bounds on the values in a certain range.

7. Conclusions

(1) In the first order for $\frac{\dot{G}}{G}$, the time variation of the gravitational constant results in secular and periodic variation for the semi-major axis and orbital period. The semi-major axis increases with time successively, but the eccentricity, the longitude of perihelion and the mean longitude at the epoch only exhibit periodic variation. There is no secular variation in first-order theory.

(2) In the second order for $\left(\frac{\dot{G}}{G}\right)^2$, the longitude of perihelion and the mean longitude at the epoch exhibit secular variation. The eccentricity still does not exhibit secular variation.

(3) There is no secular and periodic variation for inclination and ascending node longitude.

(4) It can be seen from equations (28) and (29), or from the numerical results in table 1, that the larger the separation or the longer the orbital period, the larger the effect will be, especially for a planet such as Jupiter.

(5) It can be seen from section 6 that there is no secular effect for the semi-major axis in the *GR* effect, but there is a secular effect of the time variation of the gravitational constant on the semi-major axis. Hence, the influence of the variation of the gravitational constant with time on the valuation of the semi-major axis plays a more important role than the relativistic effect in this regard. Therefore, the effect of the time variation of the gravitational constant on the orbits of planets cannot be ignored. Even though the effect is very small, it is important.

Acknowledgments

The author is grateful to T. Kiang for providing the Bibliography and K. V. Kholshevnikov for the valuable discussion.

References

[1] Allen C W. 1973, Astrophysical Quantities. Athlone Press, London, 140.
[2] Al Rawaf A S, 2007, Ap&SS, 310, 173.
[3] Armellini G, 1926, Atti Accad Naz Lincei C C C, XXII, 415.
[4] Bambi C, Giannotti M, Villante F L. 2005, Phys Rev, D71, 171301.
[5] Berkovič L M. 1981, Celest Mech Dyn Astr, 24, 407.
[6] Copi C J, Davis N, Krauss L M. 2004, Phys Rev Lett, 92, 171.

[7] Dirac P A M. 1937, Nat, 139, 232.

[8] Dirac P A M. 1974, Proc R Soc London A, 338, 439.

[9] Duboshin G N. 1929, Sov Astron, 6, 126.

[10] Folkner W M. 2010, in Klioner S A, Seidelmann P K, Soffel M H, eds. Proc IAU Symp 261, Relativity in fundamental astronomy: Dynamics, reference frames, and data analysis. Cambridge Univ Press, Cambridge, 155.

[11] Gillies G T. 1997, Rep Prog Phys, 60, 151.

[12] Guenther D B, Krauss L M, Demargue P. 1998, ApJ, 498, 871.

[13] Gylden H. 1884, Astron Nachr, 109, 2593.

[14] Hadjidemetriou J D. 1963, Icarus, 2, 440.

[15] Hadjidemetriou J D. 1966, Icarus, 5, 34.

[16] Hut P, Verhulst F. 1976, MNRAS, 177, 545.

[17] Jeans J H. 1929, Astronomy and cosmogony. Cambridge Univ Press, Cambridge.

[18] Kholshevnikov K V, Fracassini M. 1968, Conferenze Dell'Osservatorio Astronomico di Milano-Merate, Series l, No 9, 1.

[19] Li L S. 2005, Nuevo Cimento B, 120, 21.

[20] Mestschersky I W. 1893, Astron Nachr, 132, 129.

[21] Mestschersky I W. 1902, Astron Nachr, 159, 229.

[22] Müller J, Biskupek L. 2007, Class Quantum Grav, 24, 4533.

[23] Ni W T. 2008, Int J Mod Phys D, 17, 921.

[24] Pitjeva E V. 2010, in Klioner S A, Seidelmann P K, Soffel M H, eds. Proc IAU Symp 261, Relativity in fundamental astronomy: Dynamics, reference frames, and data analysis. Cambridge Univ Press, Cambridge, 170.

[25] Strömgren E. 1903, Astron Nachr, 163, 129.

[26] Vinti J P. 1972, Celest Mech Astron Dyn, 6, 198.

[27] Will C M. 1971, ApJ, 149, 141.

[28] Will C M. 2006, Liv Rev Relativ, 9, 3.

[29] Williams J G, Turyshev S G, Boggs D H. 2004, Phys Rev Lett, 93, 261101.

Time Variation of the Gravitational Constant and Secular Evolution of the Orbit of Binary Stars*

Abstract: The author of this paper examines the influence of time variation of the gravitational constant on the evolution of the orbital elements of binary stars. The theoretical results show that the semi-major axis, eccentricity and mean longitude exhibit periodic, secular and mixed periodic variation, but the longitude of the periastron exists in periodic and mixed periodic variation, but not secular variation. The inclination and ascending node exhibit no variation. In addition, the limits of the secular evolution of the orbit of six binary stars due to time variation of the gravitational constant are estimated. The numerical results are given. The theoretical results are discussed and conclusions drawn.

Keywords: Time variation of the gravitational constant; orbital elements of binary stars; secular evolution.

1. Introduction

The theory of variation of the gravitational constant with time has exhibited a large influence on astronomy and geophysics since Dirac[8][9], suggested a large number of hypotheses. Therefore, some authors study the influence of time variation of the gravitational constant on the orbital elements. Will[25] first discussed the effects of anisotropy of the gravitational constant G. Then Vinti[24] studied the possible effects of anisotropy of G on the orbital elements of celestial bodies where G varies with velocity v. He obtained the maximal variables of the period of amplitudes of the radius vector for the planets, moon and close artificial satellites. Bishop and Landsberg[3] deduced a formula for the Newtonian gravitational force law with time variation of the gravitational constant from energy conservation. Maite[18] studied time variation in Newtonian theory and discussed the variation of G with time in the motion of the circular orbit according to the theory given by Bishop and Landsberg. He used his

* 原文载于 *International Journal of Modern Physics D*, 2009, 18 (8): 1243-1256.

theoretical results to discuss the effects of time variation of the gravitational constant on the effective temperature of the Earth's surface in the past year. However, his study does not deal with the influence of G on the orbit of the ellipse. The author of the present paper studies the effects of G on the elliptic orbital elements of binary stars.

2. The formula for the Newtonian gravitational law with time variation of the gravitational constant

Bishop and Landsberg[3] deduced a formula for the Newtonian gravitational force law with time variation of the gravitational constant from energy conservation for particle interactions:

$$\boldsymbol{F}_{\alpha i}=-\sum_{\beta=1}^{N} m_{\alpha} m_{\beta}\left(\frac{\partial V}{\partial r_{\alpha\beta i}}+\frac{\dot{\boldsymbol{r}}_{\alpha\beta i}}{v_{\alpha\beta}^{2}}\cdot\frac{\partial V}{\partial t}\right), \tag{1}$$

where $v_{\alpha\beta}=|\dot{\boldsymbol{r}}_{\alpha\beta}|$. It can be written as the form in the problem of two bodies:

$$\boldsymbol{F}=-\left(\nabla V+\frac{\boldsymbol{v}}{v^{2}}\cdot\frac{\partial V}{\partial t}\right), \tag{2}$$

where

$$V=-\frac{G(t)\mu m}{r},\ \frac{\partial V}{\partial t}=-\frac{\mu m}{r}\cdot\frac{\mathrm{d}G}{\mathrm{d}t}=-\frac{\mu m}{r}\dot{G},$$

$$\boldsymbol{v}=v_{r}\boldsymbol{e}_{r}+v_{\theta}\boldsymbol{e}_{\theta}=\dot{r}\boldsymbol{e}_{r}+r\dot{\theta}\boldsymbol{e}_{\theta},$$

$$v^{2}=\dot{r}^{2}+r^{2}\dot{\theta}^{2}\quad(\theta\text{ is the true anomaly}).$$

The vector formula (2) can be written in the form of scalar components[18]:

$$\begin{cases}F_{r}=-\dfrac{G(t)\mu m_{2}}{r^{2}}+\dfrac{\dot{G}\mu m_{2}\dot{r}}{r(\dot{r}^{2}+r^{2}\dot{\theta}^{2})},\\[2ex] F_{\theta}=\dfrac{\dot{G}\mu m_{2}\dot{\theta}}{\dot{r}^{2}+r^{2}\dot{\theta}^{2}},\ \dot{G}=\dfrac{\mathrm{d}G}{\mathrm{d}t},\end{cases} \tag{3}$$

where $\mu=m_1+m_2$, with m_1 being the mass of the primary star and m_2 being the mass of the secondary star.

We use the formulae of the problem of two bodies in celestial mechanics[20]:

$$\begin{aligned}&\dot{r}=\frac{nae\sin\theta}{\sqrt{1-e^{2}}},\ \dot{\theta}=\frac{na^{2}\sqrt{1-e^{2}}}{r^{2}},\\ &v^{2}=\dot{r}^{2}+r^{2}\dot{\theta}^{2}=\frac{n^{2}a^{3}}{p}(1+e^{2}+2e\cos\theta)=\frac{G\mu}{p}(1+e^{2}+2e\cos\theta),\\ &n^{2}a^{3}=G\mu\ (\text{Kepler's third law}),\\ &r=\frac{p}{1+e\cos\theta},\end{aligned} \tag{4}$$

where $p=a\ (1-e^2)$ is a semi-major axis, e is eccentricity and $G=G\ (t)$, $\dot{G}=\dfrac{\mathrm{d}G}{\mathrm{d}t}$.

Expanding G as the Taylor series:

$$G=G(t_0)+\dot{G}(t-t_0)+\frac{1}{2}\ddot{G}(t-t_0)^2+\cdots, \tag{5}$$

where $G(t_0)=G_0$ is the Newtonian gravitational constant. Neglecting the term with $\ddot{G}$ and substituting (4) and (5) into (3), equations (3) become

$$\begin{cases} F_r=-\dfrac{G_0\mu m_2}{r^2}-\dfrac{\dot{G}(t-t_0)}{r^2}\mu m_2+\dfrac{\dot{G}nae\sin\theta m_2}{G\sqrt{1-e^2}(1+e^2+2e\cos\theta)}\cdot\dfrac{p}{r}, \\ F_\theta=\dfrac{\dot{G}m_2na^2\sqrt{1-e^2}}{G(1+e^2+2e\cos\theta)}\cdot\dfrac{p}{r^2}. \end{cases} \tag{6}$$

Letting $\mu=\dfrac{n^2a^3}{G}$ in the second term of the right-hand side of the first equations (6) and comparing with the motion of Newtonian equations, we can write down the equations of motion with Newtonian and post-Newtonian terms:

$$\begin{cases} F_r=-\dfrac{G_0\mu m_2}{r^2}+(\delta F_r)_{\mathrm{PN}}, \\ F_\theta=(\delta F_\theta)_{\mathrm{PN}}, \end{cases} \tag{7}$$

where

$$\begin{aligned} (\delta F_r)_{\mathrm{PN}}=m_2S=&-\frac{\dot{G}}{G}\cdot\frac{n^2a^3}{r^2}m_2(t-t_0) \\ &+\frac{\dot{G}}{G}\cdot\frac{nae\sin\theta m_2}{\sqrt{1-e^2}(1+e^2+2\cos\theta)}\cdot\frac{p}{r}, \\ (\delta F_\theta)_{\mathrm{PN}}=m_2T=&\frac{\dot{G}}{G}\cdot\frac{na^2\sqrt{1-e^2}m_2}{(1+e^2+2e\cos\theta)}\cdot\frac{p}{r^2}, \end{aligned} \tag{8}$$

with S and T being the components of the acceleration, respectively:

$$\begin{aligned} S&=-\frac{\dot{G}}{G}\left(\frac{n^2a^3}{r^2}\right)(t-t_0)+\frac{\dot{G}}{G}\cdot\frac{nae\sin\theta}{\sqrt{1-e^2}(1+e^2+2e\cos\theta)}\cdot\frac{p}{r}, \\ T&=\frac{\dot{G}}{G}\cdot\frac{na^2\sqrt{1-e^2}}{1+e^2+2e\cos\theta}\cdot\frac{p}{r^2}, \end{aligned} \tag{9}$$

with $W=O$.

3. The variable of the orbital elements due to time variation of the gravitational constant

We regard $(\delta F_r)_{\mathrm{PN}}$ and $(\delta F_\theta)_{\mathrm{PN}}$ as the corrective terms of Newtonian equations of motion with constant G_0 or as the perturbation terms with variable constant $G(t)$. Hence S and T are the perturbation acceleration in the Gaussian perturbation equations with $\dfrac{\dot{G}}{G}$. We use the Gaussian equation with time as a independent variable, i. e., the well-known equations in celestial mechanics:

$$\frac{\mathrm{d}a}{\mathrm{d}t}=\frac{2}{n\sqrt{1-e^2}}\left[Se\sin\theta+\frac{p}{r}T\right],$$

$$\frac{\mathrm{d}e}{\mathrm{d}t}=\frac{\sqrt{1-e^2}}{na}\left[S\sin\theta+T(\cos E+\cos\theta)\right],$$

$$\frac{\mathrm{d}\omega}{\mathrm{d}t}=\frac{\sqrt{1-e^2}}{nae}\left[-S\cos\theta+T\left(1+\frac{r}{p}\right)\sin\theta\right],$$

$$\frac{\mathrm{d}i}{\mathrm{d}t}=\frac{r\cos u}{na^2\sqrt{1-e^2}}W,$$

$$\frac{\mathrm{d}\Omega}{\mathrm{d}t}=\frac{r\sin u}{na^2\sqrt{1-e^2}\sin i}W, \tag{10}$$

$$\frac{\mathrm{d}M}{\mathrm{d}t}=n-\frac{1-e^2}{nae}\left[-S\left(\cos\theta-2e\frac{r}{p}\right)+T\left(1+\frac{r}{p}\sin\theta\right)\right]=n+\frac{\mathrm{d}M_0}{\mathrm{d}t},$$

$$\frac{\mathrm{d}M_0}{\mathrm{d}t}=\frac{1-e^2}{nae}\left[S\left(\cos\theta-2e\frac{r}{p}\right)-T\left(1+\frac{r}{p}\right)\sin\theta\right],$$

$$\frac{\mathrm{d}\lambda}{\mathrm{d}t}=\frac{\mathrm{d}M}{\mathrm{d}t}+\frac{\mathrm{d}\omega}{\mathrm{d}t}=n+\frac{\mathrm{d}M_0}{\mathrm{d}t}+\frac{\mathrm{d}\omega}{\mathrm{d}t},$$

where M is the mean anomaly and λ is the mean longitude.

Substituting S and T for equations (9) into equations (10), we get

$$\frac{\mathrm{d}a}{\mathrm{d}t}=-\frac{2na^3a}{\sqrt{1-e^2}}\left(\frac{\dot G}{G}\right)(t-t_0)\frac{\sin\theta}{r^2}+\frac{2ae^2\sin^2\theta}{(1-e^2)(1+e^2+2e\cos\theta)}\cdot\frac{\dot G}{G}\cdot\frac{p}{r}$$
$$+\frac{2a^2(1+e\cos\theta)}{1+e^2+2e\cos\theta}\cdot\frac{\dot G}{G}\cdot\frac{p}{r^2},$$

$$\frac{\mathrm{d}e}{\mathrm{d}t}=-na^2\sqrt{1-e^2}\left(\frac{\dot G}{G}\right)(t-t_0)\frac{\sin\theta}{r^2}+\frac{e\sin^2\theta}{1+e^2+2e\cos\theta}\cdot\frac{\dot G}{G}\cdot\frac{p}{r}$$
$$+\frac{a(1-e^2)(e+2\cos\theta+e\cos^2\theta)}{(1+e^2+2e\cos\theta)(1+e\cos\theta)}\cdot\frac{\dot G}{G}\cdot\frac{p}{r^2},$$

$$\frac{\mathrm{d}\omega}{\mathrm{d}t}=\frac{na^2\sqrt{1-e^2}}{e}\left(\frac{\dot G}{G}\right)(t-t_0)\frac{\cos\theta}{r^2}-\frac{\sin\theta\cos\theta}{1+e^2+2e\cos\theta}\cdot\frac{\dot G}{G}\cdot\frac{p}{r}$$
$$+\frac{a(1-e^2)}{e}\cdot\frac{\sin\theta}{1+e^2+2e\cos\theta}\cdot\frac{\dot G}{G}\cdot\left(1+\frac{r}{p}\right)\cdot\frac{p}{r^2}, \tag{11}$$

$$\frac{\mathrm{d}i}{\mathrm{d}t}=\frac{\mathrm{d}\Omega}{\mathrm{d}t}=0,$$

$$\frac{\mathrm{d}M}{\mathrm{d}t}=n+2n\frac{\dot G}{G}\cdot\frac{a}{r}(t-t_0)-\frac{na^2(1-e^2)}{e}\cdot\frac{\dot G}{G}\cdot\frac{\cos\theta}{r^2}(t-t_0)$$
$$+\sqrt{1-e^2}\frac{\dot G}{G}\cdot\frac{\sin\theta\cos\theta}{1+e^2+2e\cos\theta}\cdot\frac{p}{r}-2\sqrt{1-e^2}\frac{\dot G}{G}\cdot\frac{e\sin\theta}{1+e^2+2e\cos\theta}$$
$$-\frac{a}{e}(1-e^2)^{\frac{3}{2}}\frac{\dot G}{G}\cdot\frac{\sin\theta}{1+e^2+2e\cos\theta}\left(1+\frac{r}{p}\right)\frac{p}{r^2}=n+\frac{\mathrm{d}M_0}{\mathrm{d}t},$$

$$\frac{\mathrm{d}\lambda}{\mathrm{d}t}=\frac{\mathrm{d}M}{\mathrm{d}t}+\frac{\mathrm{d}\omega}{\mathrm{d}t}=n+\frac{\mathrm{d}M_0}{\mathrm{d}t}+\frac{\mathrm{d}\omega}{\mathrm{d}t}.$$

When we are integrating the right-hand side of equations (11), the first term uses the following transformation:

The mean anomaly $M-M_0=n(t-t_0)$, $\mathrm{d}t=\dfrac{\mathrm{d}M}{n}$ (n: the mean motion),

$$\begin{aligned}&\frac{\sin\theta}{r^2}=\frac{2\sqrt{1-e^2}}{a^2e}\sum_{i=1}^{\infty}iJ_i(ie)\sin iM,\\&\frac{\cos\theta}{r^2}=\frac{2}{a^2}\sum_{i=1}^{\infty}\frac{\mathrm{d}}{\mathrm{d}e}[J_i(ie)]\cos iM,\\&\frac{a}{r}=1+\sum_{i=1}^{\infty}J_i(ie)\cos iM,\end{aligned}\tag{12}$$

where $J_i(ie)$ is a Bessel function. The author takes $i=1, 2, 3$ in the following expressions, and the second and the third terms use the transformation:

$$\mathrm{d}t=\frac{r^2\mathrm{d}\theta}{na^2\sqrt{1-e^2}},\ r=\frac{p}{1+e\cos\theta}.$$

We get

$$\begin{aligned}&\mathrm{d}a=-4\frac{a}{n}\cdot\frac{\dot G}{G}(M-M_0)\sum_{i=1}^{3}iJ_i(ie)\sin iM\mathrm{d}M+\frac{2a\sqrt{1-e^2}}{n}\cdot\frac{r}{p}\cdot\frac{\dot G}{G}\mathrm{d}\theta,\\&\mathrm{d}e=-\frac{2(1-e^2)}{ne}\cdot\frac{\dot G}{G}(M-M_0)\sum_{i=1}^{3}iJ_i(ie)\sin iM\mathrm{d}M\\&\qquad+\frac{2(1-e^2)^{\frac{3}{2}}}{n}\cdot\frac{\dot G}{G}\cdot\frac{(e+\cos\theta)\mathrm{d}\theta}{(1+e^2+2e\cos\theta)(1+e\cos\theta)},\\&\mathrm{d}\omega=\frac{2\sqrt{1-e^2}}{ne}\cdot\frac{\dot G}{G}(M-M_0)\sum_{i=1}^{3}\frac{\mathrm{d}J_i(ie)}{\mathrm{d}e}\cos iM\mathrm{d}M\\&\qquad+\frac{2(1-e^2)^{\frac{3}{2}}}{ne}\cdot\frac{\dot G}{G}\cdot\frac{\sin\theta\mathrm{d}\theta}{(1+e^2+2e\cos\theta)(1+e\cos\theta)},\\&\mathrm{d}i=\mathrm{d}\Omega=0,\\&\mathrm{d}M=n\mathrm{d}t+\mathrm{d}M_0,\\&\mathrm{d}M_0=\frac{2}{n}\cdot\frac{\dot G}{G}(M-M_0)\left[1+2\sum_{i=1}^{3}J_i(ie)\cos iM\right]\mathrm{d}M\\&\qquad-\frac{2(1-e^2)}{ne}(M-M_0)\frac{\dot G}{G}\sum_{i=1}^{3}\frac{\mathrm{d}J(ie)}{\mathrm{d}e}\cos iM\mathrm{d}M\\&\qquad+\frac{(1-e^2)^2}{n}\cdot\frac{\dot G}{G}\cdot\frac{\sin\theta\cos\theta\mathrm{d}\theta}{(1+e^2+2e\cos\theta)(1+e\cos\theta)}\\&\qquad-\frac{(1-e^2)^2}{n}\cdot\frac{\dot G}{G}\cdot\frac{e\sin\theta\mathrm{d}\theta}{(1+e^2+2e\cos\theta)(1+e\cos\theta)^2}\\&\qquad-\frac{(1-e^2)^2}{ne}\cdot\frac{\dot G}{G}\cdot\frac{\sin\theta(2+e\cos\theta)\mathrm{d}\theta}{(1+e^2+2e\cos\theta)(1+e\cos\theta)},\\&\mathrm{d}\lambda=n\mathrm{d}t+\mathrm{d}M_0+\mathrm{d}\omega.\end{aligned}\tag{13}$$

By expanding $\frac{1}{(1+e^2+2e\cos\theta)(1+e\cos\theta)}=1+\frac{5}{2}e^2-3e\cos\theta+\frac{7}{2}e^2\cos 2\theta+\cdots+O(e^3)$ and by using the transformation $r\mathrm{d}\theta=a\sqrt{1-e^2}\,\mathrm{d}E$ (E: the eccentric anomaly), and then integrating equations (13), we get

$$
\begin{aligned}
\delta a &= -4\frac{a}{n}\cdot\frac{\dot{G}}{G}\left\{\sum_{i=1}^{3}\frac{1}{i}J_i ie(\sin iM-\sin iM_0)\right.\\
&\quad\left.-(M-M_0)\sum_{i=1}^{3}J_i ie\cos iM\right\}+2\frac{a}{n}\cdot\frac{\dot{G}}{G}(E-E_0),\\
E-E_0 &= (\theta-\theta_0)+2\sum_{i=1}^{3}\frac{(-1)^i}{i}\left(\frac{e}{1+\sqrt{1-e^2}}\right)^i(\sin i\theta-\sin i\theta_0),\\
\delta e &= -\frac{2(1-e^2)}{ne}\cdot\frac{\dot{G}}{G}\left\{\sum_{i=1}^{3}\frac{1}{i}J_i ie[\sin iM-\sin iM_0]\right.\\
&\quad\left.-(M-M_0)\sum_{i=1}^{3}J_i ie\cos iM\right\}\\
&\quad+\frac{2(1-e^2)^{\frac{3}{2}}}{n}\cdot\frac{\dot{G}}{G}\left\{A_0(\theta-\theta_0)+\sum_{i=1}^{3}A_i[\sin i\theta-\sin i\theta_0]\right\},\\
\delta\omega &= \frac{2\sqrt{1-e^2}}{ne}\cdot\frac{\dot{G}}{G}\left\{\sum_{i=1}^{3}\frac{1}{i^2}\frac{\mathrm{d}J_i ie}{\mathrm{d}e}[\cos iM-\cos iM_0\right.\\
&\quad\left.+(M-M_0)]\sum_{i=1}^{3}\frac{1}{i}\frac{\mathrm{d}J_i ie}{\mathrm{d}e}\sin iM\right\}\\
&\quad+\frac{2(1-e^2)^{\frac{3}{2}}}{ne}\cdot\frac{\dot{G}}{G}\left\{\sum_{i=1}^{3}B_1(\cos i\theta-\cos i\theta_0)\right\},\\
\delta i &= \delta\Omega=0,\\
\delta M &= n(t-t_0)+\delta M_0,\\
\delta M_0 &= \frac{1}{n}\cdot\frac{\dot{G}}{G}(M-M_0)^2+\frac{1}{n}\cdot\frac{\dot{G}}{G}\sum_{i=1}^{3}\left\{\left[4J_i(ie)-\frac{2(1-e^2)}{e}\cdot\frac{\mathrm{d}J_i(ie)}{\mathrm{d}e}\right]\right.\\
&\quad\left.\times\left[\frac{1}{i^2}(\cos iM-\cos iM_0)+\frac{1}{i}(M-M_0)\sin iM\right]\right\}\\
&\quad+\frac{(1-e^2)^2}{n}\cdot\frac{\dot{G}}{G}\sum_{i=1}^{3}\frac{1}{i}C_i(\cos i\theta-\cos i\theta_0),\\
\delta\lambda &= n(t-t_0)+\delta M_0+\delta\omega,
\end{aligned}
\tag{14}
$$

where

$$A_0=-\frac{1}{2}e,\ A_1=1+\frac{5}{4}e^2,\ A_2=-\frac{3}{4}e,\ A_3=\frac{7}{12}e^2;$$
$$B_1=2+\frac{3}{2}e^2,\ B_2=-\frac{1}{4}(e+5e^2),\ B_3=\frac{7}{6}e^2; \tag{15}$$
$$C_1=2e^{-1}+\frac{5}{2}e+e^3,\ C_2=-\left(3+\frac{9}{4}e^2\right),\ C_3=\frac{7}{2}e+e^3.$$

$M\sum_{i=1}^{3} J_i ie\cos iM$ and $M\sum_{i=1}^{3}\left(\frac{1}{i}\right)\left(\frac{\mathrm{d}J_i\,ie}{\mathrm{d}e}\right)\sin iM$ are the mixed secular terms including periodic variation.

4. The secular evolution on the orbital elements

We study only the secular effect of time variation of the gravitational constant on the evolution of the orbital elements. It is shown from the expressions (14) that the formulae for the perturbation variables δa and δe have constant, periodic, secular and mixed terms, and $\delta\omega$ has no secular term in the first order.

The secular terms are included in the term: $(E-E_0)$ or $(\theta-\theta_0)$ and $(M-M_0)$. Because $E-E_0=n(t-t_0)+$the periodic terms, $\theta-\theta_0=n(t-t_0)+$the periodic terms and $M-M_0=n(t-t_0)$, we take the secular terms from the terms $(E-E_0)$, $(\theta-\theta_0)$ and $(M-M_0)$ in the expressions (14), and do not consider the mixed secular term, such as $M\sum_{i=1}^{3}J_i\sin iM$. Then, we obtain the secular variables

$$\delta a_S=\frac{2a}{n}\cdot\frac{\dot G}{G}n(t-t_0)=2a\frac{\dot G}{G}(t-t_0),$$
$$\delta e_S=\frac{2(1-e^2)^{\frac{3}{2}}}{n}\cdot\frac{\dot G}{G}\cdot A_0 n(t-t_0)=-(1-e^2)^{\frac{3}{2}}e\frac{\dot G}{G}(t-t_0),$$
$$\delta\omega_S=\delta i_S=\delta\Omega_S=0, \tag{16}$$
$$\delta M=n(t-t_0)+\delta M_0,\ \delta M_0=n\frac{\dot G}{G}(t-t_0)^2,$$
$$\delta\lambda=n(t-t_0)+\delta M_0=n(t-t_0)+n\frac{\dot G}{G}(t-t_0)^2$$

($\delta\omega_S=0$; there is no secular term).

We put $t-t_0=P=\frac{2\pi}{n}$ (P is the orbital period), i. e., the time of the orbital revolution per cycle, and the expressions (16) can be written as

$$\Delta a_S = 2aP\frac{\dot{G}}{G}(\text{cycle}^{-1}),$$
$$\Delta e_S = -(1-e^2)^{\frac{3}{2}}eP\frac{\dot{G}}{G}(\text{cycle}^{-1}),$$
$$\Delta\omega_S = \delta i_S = \delta\Omega_S = 0, \tag{17}$$
$$\Delta M = \left(2\pi + 2\pi P\frac{\dot{G}}{G}\right)(\text{cycle}^{-1}),\ \Delta M_0 = 2\pi P\frac{\dot{G}}{G}(\text{cycle}^{-1}),$$
$$\Delta\lambda = 2\pi + \Delta M_0 = 2\pi + 2\pi P\frac{\dot{G}}{G}(\text{cycle}^{-1}).$$

Differentiating the formulae (16) with time, we get the variable rate of the orbital elements: dividing by the period P and expanding $(1-e^2)^{\frac{3}{2}}e = \left(1-\frac{3}{2}e^2+\cdots\right)e = e - \frac{3}{2}e^3$, for the small eccentricity, and neglecting e^3, the variable rates of the orbital elements are

$$\dot{a}_S = \frac{\mathrm{d}a_S}{\mathrm{d}t} = 2a\frac{\dot{G}}{G},\ \dot{e}_S = \frac{\mathrm{d}e_S}{\mathrm{d}t} = -e\frac{\dot{G}}{G},\ \dot{\omega}_S = \dot{i}_S = \dot{\Omega}_S = 0,$$
$$\dot{M} = \frac{\mathrm{d}M}{\mathrm{d}t} = n + \dot{M}_0,\ \dot{M}_0 = 2n\frac{\dot{G}}{G}(t-t_0) = \frac{4\pi}{P}\cdot\frac{\dot{G}}{G}(t-t_0), \tag{18}$$
$$\dot{\lambda} = n + \dot{M}_0 = \frac{2\pi}{P} + \frac{4\pi}{P}\cdot\frac{\dot{G}}{G}(t-t_0),$$
$$\ddot{\lambda} = -\frac{2\pi}{P^2}\dot{P} + \frac{4\pi}{P}\cdot\frac{\dot{G}}{G}.$$

In fact, strictly speaking, the semi-major axis varies with time according to the decay exponential form (spiral form). If we take the secular term in the first expression of the system (13) and use $r\mathrm{d}\theta = a\sqrt{1-e^2}\,\mathrm{d}E$, we get

$$\left(\frac{\mathrm{d}a}{a}\right)_S = \frac{2\sqrt{1-e^2}}{n}\cdot\frac{r}{p}\cdot\frac{\dot{G}}{G}\mathrm{d}\theta = \frac{2}{n}\cdot\frac{\dot{G}}{G}\mathrm{d}E.$$

Integrating the above equation, we get the secular variation for the semi-major axis according to the exponential form (spiral form) with the eccentric anomaly E:

$$a_S = a_0 e^{\frac{2}{n}(E-E_0)\frac{\dot{G}}{G}}. \tag{19}$$

Letting $E - E_0 = 2\pi$ (one cycle), $n = \frac{2\pi}{P}$,

$$\Delta a_S = a_0\left[e^{2P\frac{\dot{G}}{G}} - 1\right](\text{cycle}^{-1}),$$
$$\dot{a}_S = \frac{\mathrm{d}a}{\mathrm{d}t} = 2a_0\frac{\dot{G}}{G}e^{2\frac{\dot{G}}{G}(t-t_0)}. \tag{20}$$

Expanding the terms $e^{2P\frac{\dot{G}}{G}}$ and $e^{2\frac{\dot{G}}{G}(t-t_0)}$ as the series,

$$\Delta a_S = 2a_0 P \frac{\dot{G}}{G} + 2a_0 P \left(\frac{\dot{G}}{G}\right)^2 + \cdots,$$

$$\dot{a}_S = \frac{\mathrm{d}a_S}{\mathrm{d}t} = 2a_0 \frac{\dot{G}}{G} + 4a_0 \left(\frac{\dot{G}}{G}\right)^2 (t - t_0) + \cdots.$$

Hence, if we neglect the second order term $\left(\frac{\dot{G}}{G}\right)^2$, the above expressions can replace the formulae (18), i. e,

$$\Delta a_S = 2a_0 P \frac{\dot{G}}{G}(\text{cycle}^{-1}), \qquad \dot{a} = 2a_0 \frac{\dot{G}}{G}(\text{cm/a}). \tag{21}$$

Therefore, the orbital elements a and e on the right-hand side of the formulae (18) can be replaced by the initial values a_0 and e_0.

From the above formulae, we can obtain the spiral falling time of the binary system:

$$T = \frac{\dot{a}}{a} = \frac{1}{2}\left(\frac{\dot{G}}{G}\right)^{-1} (\text{a}). \tag{22}$$

Using Kepler's third law, $\frac{4\pi^2 a^3}{P^2} = G\mu$, one can give the rate of the orbital period P:

$$\frac{\dot{P}}{P} = \frac{3}{2} \cdot \frac{\dot{a}}{a} - \frac{1}{2} \cdot \frac{\dot{G}}{G}.$$

Substituting $\frac{\dot{a}}{a}$ for the formulae (18) into the above expression, we obtain

$$\frac{\dot{P}}{P} = \frac{5}{2} \cdot \frac{\dot{G}}{G} \text{ or } \dot{P} = \frac{\mathrm{d}P}{et} = \frac{5}{2} \cdot \frac{\dot{G}}{G} P(\text{d/a}). \tag{23}$$

5. The estimation for the limit of the secular evolution of the orbital elements due to the variation of the gravitational constant

In this paper, the author selects six detached binary stars—N Y Cep, V448 Cyg, δ Ori, G T Cep, C W Cep and PSR2303+24—as an example to calculate the limit of the secular evolution of its orbital elements by using equations (18). The orbital elements a, e and P are quoted from the data given by Brancewicz et al.[4], Batten, et al.[2] and Stokes, et al.[21]. Every author gives different values for $\frac{\dot{G}}{G}$. The measured and theoretical values of $\frac{\dot{G}}{G}$ before 1980 range as $10^{-10} \sim 10^{-11}\,\text{a}^{-1}$ and after 1980 they range as $10^{-11} \sim 10^{-12}\,\text{a}^{-1}$. Gillies[11] gave the values of $\frac{\dot{G}}{G}$ from 1962 to 1996. The present author lists the values of $\frac{\dot{G}}{G}$ given by every author from 1980 to 1998, in table 1.

Table 1 The numerical values of $\frac{\dot{G}}{G}$ $(-10^{-11}\ a^{-1})$ from 1980 to 1998

Authors	Methods	$-10^{-11}\ a^{-1}$	Publication years
T. C. Van Flandern	Lunar orbit	6.4±2.2	1981
T Dannehold	Laser measurement	0.4	1982
R W Hellings, et al.	Viking lander	0.2±0.4	1983
S Yabushita	Secular acceleration of the sun and moon	1.4−3.3	1986
T. Damour, et al.	Binary pulsar data	1.0±2.3	1988,1991
J. H. Taylor, et al.	Binary pulsar 1913+16	1.2±1.3	1989
D. Anderson, et al.	Radar ranging	±0.20	1991
C. M. Will	Laser ranging	0.0±0.8	
	Viking radar	−0.2±0.4	1992
	Binary pulsar	1.1±1.1	
E. B. Pitjeve	Radar ranging to inner planets	0.47±0.47	1993
V. M. Kaspi, et al.	Timing of pulsar 1855+09	−0.9±1.8	1994
E. Garcia-Berro, et al.	Chemical composition of the white dwarf	⩽1±1	1995
D. B. Guenther, et al.	Helioseismology	⩽0.16	1998

It can be seen from table 1 that the minimal value of $\left(\frac{\dot{G}}{G}\right)_{\min} = -1.6\times10^{-12}\ a^{-1}$ (Guenther, et al.[12]) and the maximal value of $\left(\frac{\dot{G}}{G}\right)_{\max} = -6.4\times10^{-11}\ a^{-1}$ (Van Flandern[23]). The author selects $\left(\frac{\dot{G}}{G}\right)_{\min} = -1.6\times10^{-12}\ a^{-1}$ as the lower limit and the $\left(\frac{\dot{G}}{G}\right)_{\max} = -6.4\times10^{-11}\ a^{-1}$ as the upper limit.

Substituting the values of a, e and $\frac{\dot{G}}{G}$ into the expressions (18), we get the numerical results listed in table 2.

Table 2　The limits of the secular evolution of the orbits of six binary stars due to time variation of the gravitational constant.

Binary stars	$\dot{a}$ (cm/a)	$\dot{P}$ ($\times 10^{-11}$ d/a)	$\dot{e}$ (-10^{-12}/a)	$\dot{\omega}$ (rad/a)	$\dot{M}_0$ (-10^{-9} rad/a)	$\dot{\lambda}=\frac{2\pi}{P}+\dot{M}_0$ (rad/a)
N Y Cep	17.92～717.06	6.11～244.42	0.78～313.16	0	0.48～19.23	$150.32+\dot{M}_0$
V448 Cyg	11.15～446.22	2.60～104.31	0.06～2.36	0	1.12～45.05	$352.99+\dot{M}_0$
δ Ori	10.24～409.70	2.29～91.71	0.16～6.40	0	1.28～51.24	$400.20+\dot{M}_0$
G T Cep	5.40～215.94	1.96～78.54	0.09～3.84	0	1.49～59.84	$408.89+\dot{M}_0$
C W Cep	4.97～199.02	1.09～43.66	0.04～1.92	0	2.69～107.63	$837.76+\dot{M}_0$
PSR2303+24	3.26～132.29	4.89～195.83	1.05～42.24	0	0.59～23.99	$185.98+\dot{M}_0$

We get the spiral falling time for all binary system from the formula (22):

$$T=\frac{1}{2}\left(\frac{\dot{G}}{G}\right)^{-1}=(0.78-31.25)\times 10^{10}\,(\mathrm{a}).$$

This is the same for all binary systems.

6. Discussion

(1) Comparison with the relativistic effect or with the post-Newtonian effect. The results of the relativistic effects are that the semi-major axis and eccentricity do not exhibit secular variation, and only the periastron shift does. The author[17] gave the periastron shift for C W Cep and δ Ori. However, the effect of time variation of the gravitational constant on the orbit of these binary stars exhibit secular variation only in the semi-major axis and eccentricity, and not in the periastron shift. This point is just contrary to the relativistic effect.

(2) Comparison with the post-Newtonian effect for the rotation of two components of binary stars. The post-Newtonian effect due to the rotation on the variation of the orbital elements of the components in the binary system was carried out by the author. In 2001, he obtained that there is no secular variation in the semi-major axis and eccentricity, and secular variation in the periastron for binary stars N Y Cep, G T Cep and V448 Cyg.

(3) Comparison with the configuration of the polytropic model. The effect of the configuration of the polytropic model and rotational action on the orbit only exhibits secular variation in the periastron shift (Li, 2007). However, this is just contrary to the effect of time variation of the gravitational constant for which $\dot{\omega}=0$, $\dot{a}\neq 0$ and $\dot{e}\neq 0$.

(4) The results of this paper are based on Bishop and Landsberg's theory of time variation of the gravitational constant. But this theory is suitable for the system of

energy conservation. In general the system of binary stars is not energy conservative, due to tidal friction. In particular, the separation is nearer for those binary stars, such as the contact or semidetached binary stars. However, the separation is larger or far away for those binary stars; it may be regarded as the system of energy conservation since the tidal friction can be ignored. The five binary stars selected in this paper are all detached binary stars and mutual separation of two components is very far away (20～80 solar radius). Because the separation between two stars in the pulsar binary PSR2303+24 is 14.65 solar radius, the tidal friction may be omitted for such a far separation. In which, the system of six binary stars should be systems of energy conservation. So Bishop and Landsberg's theory is suitable for the research in this paper.

(5) In the six orbital elements, only the variation of the mean longitude, $\delta\lambda$, possesses the quadratic term$=n\frac{\dot{G}}{G}(t-t_0)^2=\delta\lambda^{(2)}$ and the term of acceleration based on equations (16) and (18). However, we get its effect by observation for a long time. We use C W Cep as an example. $\delta\lambda^{(2)}=0.2$ rad $=11.46°$ can be observed by us. Substituting $\frac{\dot{G}}{G}=(1.6\times10^{-12}\sim1.6\times10^{-11})\ \mathrm{a}^{-1}$, $n=\frac{2\pi}{P}=841.12$ rad/a and $\delta\lambda^{(2)}=0.2$ rad into $(t-t_0)^2=\frac{\delta\lambda^{(2)}}{n}\left(\frac{\dot{G}}{G}\right)$ and letting $t_0=0$, one gets $t=3\ 000$ a, i. e., one waits for 3 000 years at least to get an observable effect. On the contrary, if one can observe this effect for C W Cep after 3 000 years, one can test the theory of time variation of the gravitational constant by using the quadratic term in the longitude. Although one tests this theory by using the quadratic term for a long time, one can use effect of the semi-major axis to test the theory for 10 years. Based on table 2, if one waits for 10 years, the effect of the semi-major axis $\delta a_{\max}=17$ m for N Y Cep, and $\delta a_{\max}=3.2$ m for the binary pulsar PSR2303 + 24. Such data may be observed by using the current instrument. On the contrary, if one can get the above effective values by using observation, one may test the theory from the observable effect of the semi-major axis when one passes through 10 years.

(6) It can be seen from the expression (5) that we must satisfy the limit of the evolutionary time interval, $\dot{G}(t-t_0)<G(t_0)$ or $\ddot{G}(t-t_0)^2<\dot{G}(t-t_0)$, i.e., $t-t_0<\frac{G(t_0)}{\dot{G}}$ or $t-t_0<\frac{\dot{G}}{\ddot{G}}$. And since $\frac{\dot{G}}{G}=1.6\times(10^{-12}-10^{-11})\ \mathrm{a}^{-1}$, $t-t_0<6\times(10^{10}-10^{11})\mathrm{a}^{-1}$.

In this paper we take $t-t_0=1\ \mathrm{a}\ll0.156-6.250\times10^{11}\ \mathrm{a}^{-1}$, So, our problems satiety the above condition. It is valid for all formulas in this paper.

(7) $\frac{\dot{G}}{G}$ has an error due to the measurement, and every author gives different values

(data). We take the values of data only in a certain range. Hence the numerical results are the limit values in a certain range also in table 2.

7. Conclusion

(1) Time variation of the gravitational constant results in periodic, secular and mixed variation (terms) for the semi-major axis, eccentricity and mean longitude. The semi-major axis decreases with time successively. The eccentricity increases with time successively. The mean longitude and mean anomaly vary with time, t^2, and exhibit the phenomenon of acceleration. The longitude of the periastron exhibits periodic and mixed terms, but no secular term. There is no secular variation for the inclination.

(2) It can be seen from the numerical results in table 2 that the larger the separation (distance) of two components, the larger the effect, especially, such as for N Y Cep and V448 Cyg.

(3) It can be seen from the discussion of the previous section that there is no secular variation for the semi-major axis and eccentricity in the relativistic effect and rotational or configurable effects. However, the variation of the gravitational constant with time plays a role in this aspect. Hence it cannot be ignored for the effect of time variation of the gravitational constant on the orbit of binary stars even though these effects are very small in the secular variation, but it is important. It is necessary to measure it for a long time.

(4) The lifetime of all binary systems is smaller than the spiral falling time. Hence all binary stars die away from space before they arrive at the spiral falling time due to time variation of the gravitational constant.

(5) The effect of varying G on the orbital elements is smaller than other effects, but its semi-major axis, eccentricity and mean longitude have secular variation.

Appendix: Table for the data of six binary stars

Binary stars	Type	P(d)	$a(R_\odot)$	e	Ref.
N Y Cep	DS	15.276 7	80.49	0.49	Brancewicz, et al. (1980), Batten, et al. (1989)
V448 Cyg	DS	6.519 7	50.09	0.04	ibid.
δ Ori	DS	5.732 4	45.99	0.10	ibid.
G T Cep	DS	4.908 8	24.24	0.06	ibid.
C W Cep	DS	2.729 1	22.34	0.03	ibid.
PSR2303+24	DS	12.239 5	14.65	0.66	Batten, et al. (1989), Stokes, et al. (1985)

DS: Detached system.

References

[1] J D Anderson, J K Campbell, R F Jurgens, et al. Sixth Marcel Grossman Meeting (Tokyo, Japan, 1991) (World Scientific, Singapore) Vol 1, 353.

[2] A H Batten, J M Fletchr, D G MacCarthy. Publ Dom Astrophys O 17 (1989) 22, 96, 110.

[3] N T Bishop, P T Landsberg. Nature, 264 (1976) 346.

[4] H K Brancewicz, T Z Dworak. Acta Astronomica, 30 (1989) 511, 515, 518.

[5] T Damour, G W Gibbons, J H Taylor. Phys Rev Lett, 61 (1988) 1151.

[6] T Damour, E Thiboult J H Taylor. Astrophys J, 366 (1999) 50.

[7] T Dannehold. Gen Relativ Gravit, 14 (1982) 565.

[8] P A M Dirac. Nature, 139 (1937) 232.

[9] P A M. Dirac, Proc R Soc London A, 338 (1974) 439.

[10] E Garcia-Berro, et al. Mon Not R Astron Soc, 277 (1995) 801.

[11] G T Gillies. Rep Prog Phys, 60 (1997) 151.

[12] D B Guenther, L M Krauss, P Demargne. Astrophys J, 498 (1998) 871.

[13] R W Helling, et al. Phys Rev Lett, 51 (1983) 1609.

[14] V M Kaspi, J H Taylor, M F Ryba. Astrophys J, 428 (1994) 73.

[15] L-S Li. Publ Yunan Astron Obs, 4 (1997) 9.

[16] L-S Li. Acta Astron Sinica, 42 (4) (2001) 428.

[17] L-S Li. Nuovo Cimento B, 120 (2005) 21.

[18] S R Maite. Mon Not R Astron Soc, 185 (1978) 293.

[19] E B Pitjeva. Celest Mech Dyn Astr, 55 (1993) 313.

[20] W M Smart. Celestial Mechanics (Longmans, Green, London, 1953) 18.

[21] G H Stokes, J H Taylor, R J Dewey. Astrophys J, 294 (1985) L21.

[22] J H Taylor, J M Weisbery. Astrophys J, 345 (1989) 434.

[23] T C Van Flandern. Astrophys J, 248 (1981) 813.

[24] J P Vinti. Celest Mech Dyn Astr, 6 (1972) 198.

[25] C M Will. Astrophys J, 149 (1971) 141.

[26] C M Will. Proc First Iberian Meeting on Gravity Classical and Quantum Gravity (World Scientific, Singapore, 1993), 183.

[27] S Yabushita. Earth Moon Planets, 34 (1986) 139.

Secular Influence of the Evolution of Orbits of Near-Earth Asteroids Induced by Temporary Variation of *G* and Solar Mass-Loss*

Abstract: The secular influence of the time variation of the gravitational constant and solar mass-loss on near-Earth asteroids (NEAs) is examined using the method of celestial mechanics with variable mass and variable gravitational constant. Numerical solutions for the secular variables of the semi-major axes and orbital periods have been given by means of the method of average values for five NEAs. The orbital semi-major axes and periods increase continuously with time. Eccentricities also increase continuously with time. There is no variation in the longitude of perihelion. The results are discussed and conclusions drawn.

Keywords: gravitation; Sun: general; minor planets; asteroids: general

1. Introduction

It is well known that there are a lot of near-Earth asteroids (NEAs) in the solar system. These NEAs move on their own orbits around the Sun. The orbits of some NEAs cross the orbit of the Earth; in particular, the perihelion distances of some NEAs are close to the distance of the Earth from the Sun (1 AU). Hence research on the evolution of orbits of NEAs is very significant. The orbital evolution of NEAs arises from solar mass-loss and the variation of G, as well as planetary perturbation, so that research on the influence of solar mass-loss and the variation of G on the orbits of NEAs is an important subject.

In celestial mechanics with variable mass, the influence of solar mass-loss on orbits is studied mainly using the Gylden-Meshcherskii (G-M) equations. Omarov (1962) derived Gaussian equations with variable mass and gave the equations of variation of the semi-major axis and eccentricity with time. Hadjidemetriou (1963, 1966a, 1966b) established the equations of variation of the orbital elements based on the isotropic G-M

* 原文载于 *Monthly Notices of the Royal Astronomical Society*, 2013 (431): 2971-2974.

equations to research the orbital evolution of planets and binary stars. Later on, Verhulst (1969, 1972) also studied such a problem based on Hadjidemetriou's equations. Chen & Zheng (1991) studied the influence of the stellar wind on the motion of binary stars by means of an integrated method for G-M type equations. Yu, Zheng & Li (1994) researched the influence of solar mass-loss on the orbit of planets by using the expansion method with small parameters. Zheng & Yu (1996) also studied the influence of mass-loss on the orbit of comets using the Jeans problem and the Fermi problem of two bodies. Prieto & Docobo (1997a, 1997b) gave an analytic solution of the two-body problem with decreasing mass. The author Li (2000) even studied the influence of the variation of solar mass-loss on the evolution of the orbits of eight asteroids by means of G-M type equations with small parameters. Li, Yu & Zheng (2003) research the influence of solar mass-loss on a high order of planetary orbits. Li (2005) studied the secular influence of solar mass-loss on the orbital elements of meteor streams. Li (2008a, 2008b) also studied the influence of mass-loss due to the stellar wind on the orbit of binary stars to second order. Rahoma, Abd EI-Salam, Ahmed (2009) gave an analytical treatment of the two-body problem with slowly varying mass in the Hamiltonian framework. Iorio (2010) researched the orbital effects of the Sun's mass-loss on the Earth's fate. However, all the research above cannot take into account the influence of variation of the gravitational constant on the evolution of the orbits of celestial bodies.

In variable gravitational celestial mechanics, the secular influence of the gravitational constant on the orbit of a celestial body has been considered over a long time period. The earliest researchers on this subject are Kholchevnikov & Fracassini (1968). They researched the problem of two bodies with variable G based on Dirac's hypothesis and derived two kinds of orbital elements and also applied their results to research on the evolution of planets and binary stars. Hut & Verhulst (1976) researched the two-body problem with a decreasing gravitational constant and applied this to cosmological considerations. Krasinsky & Brumberg (2004) worked out the effect of the secular increase of G on the motion of major planets. Pitjeva (2005) researched the effect of G on the high-precision ephemerides of planets. Li (2009) studied the time variation of the gravitational constant and secular evolution of the orbits of binary stars using the mean anomaly as an independent variable with the aid of the method of Bessel-function expansion. Li (2011, 2012a) studied secular effects on the orbits of binary stars induced by temporal variation on the gravitational constant using the eccentric anomaly as an independent variable based on the Kolshevnikov & Fracassini (K-F) equations. Li (2012b) also studied the influence of time variation of the gravitational constant on the orbital elements of planets by using the true anomaly as an independent variable based on the K-F equations. However, none of the above research considers the influence of mass variation on the orbits. In this paper, the author considers the joint influence of solar mass-loss and time variation of the gravitational constant on the orbits of five NEAs by means of the method of average values.

2. Solar mass-loss and time variation of the gravitational constant

2.1 Solar mass-loss

The Sun has been losing mass since it born. When it lay on the premain-sequence, its emitted radiation was provided by the energy from gravitational contraction. During that time (the Hayashi track), mass-loss came mainly from the solar wind. When the Sun reached the main sequence, its mass-loss occurred through photoradiation due to nuclear burning, rather than the solar wind. The mass-loss rate due to the solar wind is given by the formula

$$\left(\frac{\mathrm{d}M}{\mathrm{d}t}\right)_W = -4\pi R^2 N m_H V.$$

An earlier researcher, Parker (1964), estimated

$$\left(\frac{\mathrm{d}M}{\mathrm{d}t}\right)_W = -1.5\times 10^{12} g\,(\mathrm{s}^{-1}),$$

i. e.

$$\left(\frac{\mathrm{d}M}{\mathrm{d}c}\right)_W = -2.38\times 10^{-14} M_\odot\,(\mathrm{a}^{-1}).$$

Next, Hundhausen (1997) inferred

$$\left(\frac{\mathrm{d}M}{\mathrm{d}c}\right)_W = -1.374\times 10^{12} g\,(\mathrm{s}^{-1}),$$

i. e.

$$\left(\frac{\mathrm{d}M}{\mathrm{d}t}\right)_W = -2.18\times 10^{-14} M_\odot\,(\mathrm{a}^{-1}).$$

Based on Einstein's mass-energy relative formula, the mass-loss rate due to nuclear burning in the solar interior is given by

$$\left(\frac{\mathrm{d}M}{\mathrm{d}t}\right)_L = -\frac{1}{c^2}\cdot\frac{\mathrm{d}E}{\mathrm{d}t} = -\frac{L}{c^2}.$$

Here L is the solar luminosity. Bahcall (1989) gave the mass-loss late

$$\left(\frac{\mathrm{d}M}{\mathrm{d}t}\right)_L = -4.382\times 10^{12} g\,(\mathrm{s}^{-1}),$$

i. e.

$$\left(\frac{\mathrm{d}M}{\mathrm{d}t}\right)_L = -6.95\times 10^{-14} M_\odot\,(\mathrm{a}^{-1}).$$

Therefore the sum of solar mass-loss due to the solar wind and photoradiation is

$$\frac{\mathrm{d}M}{\mathrm{d}t}=-\left[\left(\frac{\mathrm{d}M}{\mathrm{d}t}\right)_W+\left(\frac{\mathrm{d}M}{\mathrm{d}t}\right)_L\right]$$
$$=-(2.18+6.95)\times 10^{-14}M_{\odot}$$
$$=-9.13\times 10^{-14}M_{\odot}(\mathrm{a}^{-1}). \quad (1)$$

Here the value of $\left(\frac{\mathrm{d}M}{\mathrm{d}t}\right)_L$ is adopted from the value given by Bahcall (1989).

This value is near the value of $-9\times 10^{-14}\ M_{\odot}\mathrm{a}^{-1}$ given by Iorio (2010).

2.2 Time variation of the gravitational constant

In a universe with a variable gravitational constant, when the universe expands the gravitational constant decreases with time t or is connected with Hubble's constant H (Weinberg, 1972). This illustrates that variation of the gravitational constant is connected with Hubble's constant. Hut & Verhulst (1976) used $\frac{\dot{G}}{G}=\frac{-1}{(k-1)(t-T)}$ to derive the Hubble time T and Hubble constant H_0. This also illustrates that variation of G is connected with the Hubble time. The variation of gravitational constant with time is examined or tested by some experiments such as Radar Ranging, Viking Radar, Leser Ranging and Lunar orbit etc. Its rates of variation are given by some authors. Before 2000, the relative rates for the bound on values of $\frac{\dot{G}}{G}$ were the order of $-10^{-11}\sim -10^{-12}\ \mathrm{a}^{-1}$ (Gillies, 1997). After 2000, the rates were the order $-10^{-13}\sim -10^{-14}\ \mathrm{a}^{-1}$ given by, among others, Williams, Turyshev & Doggs (2004), Krasinsky & Brumberg (2004), Bambi, Giannottim & Villante (2005), Will (2006), AI-Rawaf (2007), Folkner (2010) and Pitjeva (2005, 2010), of which Pitjeva (2010) gives the bound $\frac{\dot{G}}{G}=(-5.9\pm 4.4)\times 10^{-14}\ \mathrm{a}^{-1}$ using the method of ephemerides of planets and moons (EPM). This paper cites this value of the bound. This corresponds to

$$-1.03\times 10^{-13}(\mathrm{a}^{-1})<\frac{\dot{G}}{G}<-0.15\times 10^{-13}(\mathrm{a}^{-1}). \quad (2)$$

Because $\frac{\dot{G}}{G}$ and $\frac{\dot{M}}{M}$ are in the same units (a^{-1}), they may both be added. Adding the value for formula (1) to both sides of formula (2), we obtain

$$-1.94\times 10^{-13}(\mathrm{a}^{-1})<\left(\frac{\dot{M}}{M}+\frac{\dot{G}}{G}\right)<-1.06\times 10^{-13}(\mathrm{a}^{-1}). \quad (3)$$

3. Solution of the equations with variation of *G* and mass loss for orbital elements

This paper mainly studies the evolution of the orbital semi-major axis and the orbital period due to the variation of G and solar mass-loss for NEAs. Hence this paper still cites the K-F equations with variation of G and variable mass (Kholchevnikov & Fracassini, 1968):

$$\frac{\mathrm{d}a}{\mathrm{d}t}=-\chi(t)a\left(\frac{2a}{r}-1\right), \tag{4}$$

$$\frac{\mathrm{d}e}{\mathrm{d}t}=-\chi(e+\cos f), \tag{5}$$

$$\frac{\mathrm{d}\omega}{\mathrm{d}t}=-\chi\frac{\sin f}{e}, \tag{6}$$

$$i=\Omega=\text{constant}, \tag{7}$$

$$\tilde{\omega}=\omega+\Omega, \tag{8}$$

and

$$\frac{\mathrm{d}f}{\mathrm{d}t}=n\left(\frac{a}{r}\right)^2\sqrt{1-e^2}+\chi(t)\frac{\sin f}{e}. \tag{9}$$

Here $\tilde{\omega}$ denotes the longitude of perihelion and ω denotes the argument of perihelion. i and Ω denote the orbital inclination and ascending node respectively and f denotes the true anomaly,

$$\chi(t)=\frac{1}{G(t)M(t)}\cdot\frac{\mathrm{d}G(t)M(t)}{\mathrm{d}t}.$$

Li (2012b) obtained the solution of equations (4) ~ (8) with the help of equation (9) by using the true anomaly f as an independent variable to expand equation (9) by the binomial theorem and neglecting the second-order terms for $\chi(t)$:

$$\frac{\mathrm{d}t}{\mathrm{d}f}=\frac{r^2}{na^2\sqrt{1-e^2}}\left[1-\chi(t)\frac{r^2\sin f}{ena^2\sqrt{1-e^2}}\right]. \tag{10}$$

To obtain the secular terms, we take the method of average values:

$$\overline{\frac{\mathrm{d}a}{\mathrm{d}t}}=-\frac{1}{T}\int_0^T\chi(t)a\left(\frac{2a}{r}-1\right)\mathrm{d}t, \tag{11}$$

$$\overline{\frac{\mathrm{d}e}{\mathrm{d}t}}=-\frac{1}{T}\int_0^T\chi(t)(e+\cos f)\mathrm{d}t, \tag{12}$$

$$\overline{\frac{\mathrm{d}\omega}{\mathrm{d}t}}=-\frac{1}{T}\int_0^T\chi(t)\frac{\sin f}{e}\mathrm{d}t. \tag{13}$$

Here T denotes the orbital period.

Combining equation (10) and equations (11) ~ (13) and neglecting the term with $\chi(t)^2$, we obtain

$$\overline{\frac{\mathrm{d}a}{\mathrm{d}t}}=-\frac{1}{2\pi}\int_0^{2\pi}\chi(t)\left[\frac{1}{\sqrt{1-e^2}}\left(2r-\frac{r^2}{a}\right)\right]\mathrm{d}f, \tag{14}$$

$$\overline{\frac{\mathrm{d}e}{\mathrm{d}t}}=-\frac{1}{2\pi}\int_0^{2\pi}\chi(t)\frac{r^2(e+\cos f)}{a^2\sqrt{1-e^2}}\mathrm{d}f, \tag{15}$$

$$\overline{\frac{\mathrm{d}\omega}{\mathrm{d}t}} = -\frac{1}{2\pi}\int_0^{2\pi} \chi(t) \frac{r^2 \sin f}{a^2 e\sqrt{1-e^2}} \mathrm{d}f, \tag{16}$$

Here

$$\chi(t) = \frac{1}{G(t)M(t)} \cdot \frac{\mathrm{d}G(t)M(t)}{\mathrm{d}t} = \frac{\dot{G}}{G} + \frac{\dot{M}}{M}. \tag{17}$$

Because $\frac{\dot{G}}{G} = -(10^{-14} - 10^{-13})\ \mathrm{a}^{-1}$, $\frac{\dot{M}}{M} = -10^{-14}\ \mathrm{a}^{-1}$ are assumed to be the temporary variation in solar mass-loss and gravitation constant (see the next section, which cites these values), when the orbit revolves one circle or one period the values of $\frac{\dot{G}}{G}\ \mathrm{a}^{-1}$ and $\frac{\dot{M}}{M}\ \mathrm{a}^{-1}$ vary very little. We assume $\frac{\dot{G}}{G}$ and $\frac{\dot{M}}{M}$ to be constant, i. e.

$$\chi(t) = \frac{\dot{G}}{G} + \frac{\dot{M}}{M} = \text{constant}. \tag{18}$$

Integrating equations (14) ~ (16) from 0 to 2π for $\mathrm{d}f$ and using

$$r^m = a^m (1-e^2)^m \left[1 - me\cos f + \frac{m(m+1)}{1.2} e^2 \cos^2 f - \cdots\right],$$

where $m = 1, 2$, we obtain

$$\bar{\dot{a}} = \overline{\frac{\mathrm{d}a}{\mathrm{d}t}} = -\left(\frac{\dot{G}}{G} + \frac{\dot{M}}{M}\right)_0 a(1-e^2)^{\frac{1}{2}}\left(1 + \frac{1}{2}e^2 + \frac{3}{2}e^4\right), \tag{19}$$

$$\bar{\dot{e}} = \overline{\frac{\mathrm{d}e}{\mathrm{d}t}} = -\frac{3}{2}\left(\frac{\dot{G}}{G} + \frac{\dot{M}}{M}\right)_0 (1-e^2)^{\frac{3}{2}} e^3, \tag{20}$$

$$\bar{\dot{\omega}} = \overline{\frac{\mathrm{d}\omega}{\mathrm{d}t}} = 0, \tag{21}$$

$$\begin{aligned} \bar{\dot{i}} &= \bar{\dot{\Omega}} = 0, \\ \bar{\dot{\tilde{\omega}}} &= \bar{\dot{\omega}} + \bar{\dot{\Omega}} = 0. \end{aligned} \tag{22}$$

In a previous paper (Li, 2012b), values of eccentricities are small for major planets so that e^3 and e^4 may be neglected. However, in this paper eccentricities are large for NEAs (see table 1). Hence this paper retains the terms with e^3 and e^4.

Table 1 Data of the orbital elements of five NEAs

NEAs	a(AU)	T	e	Refs.
1976 AA	0.966	0.950 a	0.182	Marsden & Williams(1977)
1982 DB	1.489	1.817 a	0.601	Helin, Hulkower & Bender(1984)
1566 Icarus	1.078	408 d	0.827	Allen(1973)

续 表

1862 Apollo	1.486	662 d	0.566	Allen(1973)
433 Eros	1.458	642 d	0.223	Allen(1973)

The variable rate of the period T may be obtained from Kepler's third law: $T=\frac{2\pi a^{\frac{3}{2}}}{\sqrt{GM}}$, so

$$\overline{\dot{T}}=\overline{\frac{\mathrm{d}T}{\mathrm{d}t}}=\frac{T}{2}\left(3\,\frac{\overline{\dot{a}}}{a}-\frac{\dot{G}}{G}-\frac{\dot{M}}{M}\right). \tag{23}$$

Substituting $\frac{\overline{\dot{a}}}{a}$ from equation (19) into equation (23), we obtain

$$\overline{\dot{T}}=\overline{\frac{\mathrm{d}T}{\mathrm{d}t}}=-\frac{1}{2}T\left(\frac{\dot{G}}{G}+\frac{\dot{M}}{M}\right)\left[3(1-e^2)^{\frac{1}{2}}\left(1+\frac{1}{2}e^2+\frac{3}{2}e^4\right)+1\right](\mathrm{s}\cdot\mathrm{a}^{-1}). \tag{24}$$

The relative variable rates are

$$\frac{\dot{a}}{a}=-\left(\frac{\dot{G}}{G}+\frac{\dot{M}}{M}\right)_0(1-e^2)^{\frac{1}{2}}\left(1+\frac{1}{2}e^2+\frac{3}{2}e^4\right), \tag{25}$$

$$\frac{\dot{e}}{e}=-\frac{3}{2}\left(\frac{\dot{G}}{G}+\frac{\dot{M}}{M}\right)_0(1-e^2)^{\frac{3}{2}}e^2, \tag{26}$$

$$\frac{\overline{\dot{\omega}}}{\omega}=0, \tag{27}$$

$$\frac{\overline{\dot{T}}}{T}=-\frac{1}{2}\left(\frac{\dot{G}}{G}+\frac{\dot{M}}{M}\right)\left[3(1-e^2)^{\frac{1}{2}}\left(1+\frac{1}{2}e^2+\frac{3}{2}e^4\right)+1\right]. \tag{28}$$

4. Numerical results for secular variation of the orbital elements of five NEAs

This paper chooses five NEAs close to Earth's semi-major axis (1 AU) as an example: (1976) AA, (1982) DB, (1566) Icarus, (1862) Apollo and (433) Eros. The data for their semi-major axes, periods and eccentricities are listed in table 1.

In table 1, because the orbital semi-major axes are denoted by units of au and $\left(\frac{\dot{G}}{G}+\frac{\dot{M}}{M}\right)$ by units of years, for convenience of calculation the orbital period T must be denoted in years.

Before calculation, let us estimate the time-scales of G and solar mass that must be satisfied: $\frac{G}{\dot{G}}$(a) $>T$ (a) and $\frac{M}{\dot{M}}$(a) $>T$ (a). Based on expressions (1) and (2) in section 2, $\left(\frac{\dot{G}}{G}\right)_{\min}=0.97\times10^{13}$ a and $\frac{M}{\dot{M}}=1.09\times10^{13}$ a and in table 1 the maximal period T of an asteroid is 1.817 a, so that the period T satisfies the conditions above.

Substituting the data for a, T and e in table 1 and the values of $\left(\frac{\dot{G}}{G}+\frac{\dot{M}}{M}\right)$ in a year for expression (3) into expressions (19) ~ (22) and (24) ~ (28), we obtain the numerical results listed in table 2 and table 3.

Table 2 The secular variable rate of the orbital elements of five NEAs

NEAs	$\overline{\dot{a}}$ (cm · a^{-1})	$\overline{\dot{T}}$ (10^{-5} s · a^{-1})	$\overline{\dot{e}}$ (10^{-14} a^{-1})	$\overline{\dot{\omega}}$ (rad · a^{-1})
1976 AA	1.53～2.81	0.63～1.16	0.09～0.61	0
1982 DB	2.59～4.74	1.30～2.39	1.75～3.22	0
1566 Icarus	1.96～3.59	0.83～1.51	1.85～2.92	0
1862 Apollo	2.45～4.48	1.24～2.28	1.61～2.95	0
433 Eros	2.31～4.23	1.17～2.45	1.69～3.11	0

Table 3 Secular relative variable rates of the orbital elements of five NEAs

NEAs	$\frac{\overline{\dot{a}}}{a}$ (10^{-13} a^{-1})	$\frac{\overline{\dot{T}}}{T}$ (10^{-13} a^{-1})	$\frac{\overline{\dot{e}}}{e}$ (10^{-14} a^{-1})	$\frac{\overline{\dot{\omega}}}{\omega}$ (a^{-1})
1976 AA	0.35～0.64	0.30～0.55	0.05～0.09	0
1982 DB	1.16～2.13	0.27～0.41	9.61～17.69	0
1566 Icarus	1.21～2.22	2.35～4.29	3.45～4.86	0
1862 Apollo	1.01～2.02	0.22～0.40	1.84～3.38	0
433 Eros	1.06～1.94	2.11～3.87	2.98～5.49	0

5. Discussion and conclusion

The following conclusions can be drawn from our work.

(1) It can be seen from table 2 and table 3 that the orbital semi-major axes and periods increase continually with time. This is consistent with previous work (Li, 2000) on solar mass-loss.

(2) There is no secular variation of the orbital eccentricity based on previous work (Li, 2012b) when neglecting $O(e^3)$. However, in this paper the eccentricities of some asteroids are large, so that it is necessary to retain terms with e^3 and e^4. The variation rate of the eccentricity increases with time, by a very small amount per year.

(3) There is no secular variation of the longitude of perihelion to first order. Although in a previous paper (Li, 2012b) there is secular variation at second order for

χ, its value is so small that it can also be neglected in this paper.

(4) We now discuss the possibility of observing effects. It can be seen from table 2 and table 3 that the joint influence of variation of G and solar mass-loss on the orbit are very remarkable. As an example we take Apollo, where the maximal distance of the semi-major axis increases as $4.48\ \text{cm} \cdot \text{a}^{-1}$ and the period is $2.28 \times 10^{-5}\ \text{s} \cdot \text{a}^{-1}$, respectively. These joint influences are larger than the effect of the gravitational constant or solar mass-loss.

(5) We now discuss the Sun's life and the final fate of the orbits of NEAs. In the previous section it was shown that the time-scales of $\frac{G}{\dot{G}}$ and $\frac{M}{\dot{M}}$ are 10^{13} a. In that time the semi-major axes are enlarged to 10^{13} cm, which is equal to the distance from the Sun for Icarus. However, the orbits of these NEAs will collapse when the Sun's life comes to an end. Based on the Einstein mass-energy relation $E = Mc^2$, in the solar interior all ${}_1H^1$ transform to ${}_2Ne^4$ to produce the total energy $= 1.989 \times 10^{33}\ \text{g} \times 6.4 \times 10^{18}\ \text{erg} \cdot \text{g}^{-1}$. Dividing this by the radiation emitted (luminosity $= 3.826 \times 10^{33}\ \text{erg} \cdot \text{s}^{-1}$), the Sun's radiation can be maintained for almost 10^{11} a. Thus the orbit of these NEAs will collapse in 10^{11} a, before 10^{13} a is reached.

(6) We concludes that the joint influence of time variation of G and solar mass-loss on the orbit of NEAs is larger than only one influence mass-loss or variation of G and cannot be omitted.

References

[1] AI-Rawaf A S, 2007, Ap&SS, 310, 173.

[2] Allen C W. 1973, Astrophysical Quantities. Athlone Press London, 152.

[3] Bahcall J N. 1989, Neutrino Astrophysics. Cambridge Univ Press, 79.

[4] Bambi C, Giannottim M, Villante F L. 2005, Phys Rev D, 71, 171301.

[5] Chen L, Zheng X T. 1991, Acta Astrophys Sinica, 11, 149.

[6] Folkner W M. 2010, in Klioner S M, Seidelman P K, Soffel M H, eds. Proc IAU Symp 261, Relativity in Fundamental Astronomy. Cambridge Univ Press, Cambridge, 155.

[7] Gillies G T. 1997, Rep Prog Phys, 60, 151.

[8] Hadjidemetriou J D. 1963, Icarus, 2, 440.

[9] Hadjidemetriou J D. 1966a, Icarus, 5, 34.

[10] Hadjidemetriou J D. 1966b, Z Astrophys, 63, 116.

[11] Helin E F, Hulkower N D, Bender D F. 1984, Icarus, 57, 42.

[12] Hundhausen A J. 1997, in Jokipii J R, Sonett C S, Giampappa M S, eds.

Coronal expansion and solar wind: Cosmic wind and the heliosphere. University of Arizona Press, Tucson, AZ.

[13] Hut P, Verhulst F. 1976, MNRAS, 177, 545.

[14] Iorio L. 2010, Natural Sci, 2, 329.

[15] Kholchevnikov C, Fracassini M. 1968, Conferenze Dell'Observatorio Astronomico di Milano-Merate, Ser, 1, 9, 1.

[16] Krasinsky G A, Brumberg V A, 2004, Celest Mech Dyn Astron, 90, 267.

[17] Li L S. 2000, Ann Shanghai Obs, 21, 72.

[18] Li L S. 2005, Astron Res & Tech Publ Nat Astron Obs China, 2, 194.

[19] Li L S. 2008a, Astron Rep, 52, 806.

[21] Li L S. 2008b, Astron Zh, 85, 1 (in Russian, Abstract in English).

[22] Li L S. 2009, Inter J Mod Phys, 18, 1243.

[23] Li L S. 2011, Acta Astron Sinica, 52, 424 (in Chinese, Abstract in English).

[24] Li L S. 2012a, Chin Astron Astrophys, 36, 63 (in English).

[25] Li L S. 2012b, MNRAS, 419, 1825.

[26] Li L S. Yu L Z, Zheng XT. 2003, Publ Yunnan Obs, 4, 1.

[27] Marsden B G, Williams J G. 1977, Icarus, 31, 420.

[28] Omarov G V. 1962, Izv Astrofiz Inst Acad Nauk Kaz SSR, 14, 66.

[29] Parker E N. 1964, Planet Space Sci, 12, 451.

[30] Pitjeva E V. 2005, Solar System Res, 39, 176.

[31] Pitjeva E V. 2010, in Klioner S A, Seidelmann P K, Soffel M H, eds. Proc IAU Symp 261, Relativity in Fundamental Astronomy Dynamics, Reference Frames, and Data Analysis. Cambridge Univ Press, Cambridge, 170.

[32] Prieto C, Docobo J A. 1997a, A&A, 381, 657.

[33] Prieto C, Docobo J A. 1997b, Celest Mech Dyn Astron, 68, 53.

[34] Rahoma W A, Abd EI-Salam F A, Ahmed M K. 2009, J Astrophys Astron, 30, 187.

[35] Verhulst F. 1969, Bull Astron Inst Netherlands, 20, 215.

[36] Verhulst F. 1972, Celest Mech Dyn Astron, 5, 27.

[37] Weinberg S. 1972, Gravitation and cosmology, principles and application of the general relativity. John Wiley, London (chapter 16, Section 4).

[38] Will C M. 2006, Living Rev Relativ, 9, 3.

[39] Williams I G, Turyshev S G, Doggs D H. 2004, Hys Rev Lett, 93, 361101.

[40] Yu L Z, Zheng X T, Li L S. 1994, Chinese J Space Sci, 14, 70.

[41] Zheng X T, Yu L Z. 1996, Publ Purple Mountain Obs, 15, 110 (in English).

Secular Influence of Change in the Heliocentric Gravitation Constant $GM_{\odot}$ on Evolution of Orbits of Meteor Streams*

Abstract: The secular influence of the change in the heliocentric gravitational constant on the evolution of orbits of Meteor Streams is examined by using the method of celestial mechanics with variable mass and variable gravitational constant. The change in the heliocentric gravitational constant includes the combined changes in the Sun's mass and gravitational constant obtained from the modern observation of planets and spacecraft. The perturbation equations are solved by expanding series with mean anomaly. The secular variables of the semi-major axes, solar distances at perihelion and orbital periods are given for three Meteor Streams: Draconids, Quadrantids and Ursids. The numerical results are shown in table 2. The discussion and conclusion are drawn.

Keywords: variation in heliocentric gravitational constant; Meteor Streams; orbital secular evolution

1. Introduction

It is well known that there are over ten famous principal Meteor Streams in the solar system. These Meteor Streams move around the Sun. Their orbits cross over the orbit of the Earth. Hence the research of the evolution of the orbits of Meteor Streams is very important and significant for our Earth. The orbital evolution of the Meteor Streams is undergone by the solar mass-loss and variation of G in addition to the planetary perturbation. So the research of the influence of solar mass-loss and variation of G on the orbit of Meteor Streams is an important subject.

The author Li (2005) had ever studied the secular influence of solar mass-loss on the evolution of the orbits of the Meteor Streams by using the expanding method of a small parameter for Gylden-Meshcherskii equations (Yu, et al., 1994). However, the above research did not consider time variation of the gravitational constant. Kholshevnikov-Fracassini (1968) established the equations with consideration of mass

* 原文载于 *Astronomy Letters*, 2016, 24 (6): 413-416.

variable and the variation of G. Li (2012a) studied the influence of variation of G on the orbits of binary stars based on K-F equations with eccentric anomaly as independent variable. In the same year, Li (2012b) also studied the secular influence of variation of G on the orbit of planets based on K-F equations with true anomaly as independent variable. However, the research above does not consider the variation of solar mass. Hence, Li (2013a) also studied the influences of variation of G and solar mass on the orbits of the near Earth asteroids based on K-F equations with the true anomaly as independent variable and using the datum of G given by Pitjeva (2010). This research above separates into two parties for the effects of variation of solar mass and gravitational constant. However, the best method uses the combined effects of solar mass and gravitational constant as one effect. In fact, the variation of the solar mass includes two parties of the solar mass-loss and solar dark-matter accretion. The variable rates of the solar mass-loss and gravitational constant are given by the article of Li (2013a). The variable rate of solar dark-matter accretion is given by the article of Li (2013b). Recently, Pitjeva and Pitjev (2012) obtained the change in the sun's mass and gravitational constant as heliocentric gravitational constant $GM_{\odot}$ by using modern observations of planets and spacecraft. Such, the variation of solar mass and gravitational constant may merge one variable. In the present paper the author uses the new data given by Pitjeva and Pitjev (2012) solved K-F equations with the mean anomaly as an independent variable to study the evolution of orbits of Meteor Stream. These are different from previous paper (Li, 2005, 2013a).

2. The solution of the equations with variation of G and mass loss for the orbital semi-major axis etc

This paper studies mainly the secular influence on the evolution of the orbital semi-major axis, perihelion distance and the orbital period of the Meteor Streams due to the change in the heliocentric gravitational constant. Hence this paper still cited K-F equation with variation of G and variable mass (Kholshevnikov & Fracassini, 1968).

$$\frac{\mathrm{d}a}{\mathrm{d}t}=-\chi(t)a\left(\frac{2a}{r}-1\right), \tag{1}$$

$$\frac{\mathrm{d}e}{\mathrm{d}t}=-\chi(e+\cos f), \tag{2}$$

$$\frac{\mathrm{d}\omega}{\mathrm{d}t}=-\chi\frac{\sin f}{e}. \tag{3}$$

Here f denotes the true anomaly, $\chi(t)=\dfrac{1}{G(t)M(t)}\times\dfrac{\mathrm{d}G(t)M(t)}{\mathrm{d}t}$.

Because this paper researches the secular influence of the change in the Sun's mass and gravitational constant, we may use $\chi(t)$ to the case of the variation of solar mass and gravitational constant in which M can be written as $M_{\odot}$. The author Li (2013a) uses the variation of G given by Pitjeva (2010). According to Pitjeva and Pitjev (2012), the heliocentric gravitational constant $GM_{\odot}$ was found to vary with

$$\frac{1}{GM_{\odot}} \cdot \frac{\mathrm{d}GM_{\odot}}{\mathrm{d}t} = \frac{G\dot{M}_{\odot}}{GM_{\odot}} = (-5.0 \pm 4.1) \times 10^{-14}(\mathrm{a}^{-1}).$$

This corresponds to

$$-9.1 \times 10^{-14}(\mathrm{a}^{-1}) < \frac{1}{GM_{\odot}} \cdot \frac{\mathrm{d}GM_{\odot}}{\mathrm{d}t} < -0.9 \times 10^{-14}(\mathrm{a}^{-1}).$$

Because the value is very small per year when the orbit revolves one circle or one period, its value varies very small, we can assume $\chi(t)$ to be constant, i. e.,

$$-9.1 \times 10^{-14}(\mathrm{a}^{-1}) < \frac{1}{GM_{\odot}} \cdot \frac{\mathrm{d}GM_{\odot}}{\mathrm{d}t} = \chi_0 < -0.9 \times 10^{-14}(\mathrm{a}^{-1}). \tag{4}$$

In the previous papers the author used eccentric and true anomalies as independent variables to solve equations (1) ~ (3). In this paper the author solves the equations (1) ~ (3) by using the mean anomaly as an independent variable, and cites the variable rate for the equation of the mean anomaly (Kholshevnikov & Fracassini, 1968),

$$\frac{\mathrm{d}M}{\mathrm{d}t} = n + \chi \frac{\sin f}{e}\sqrt{1-e^2}\left(1 + \frac{e^2}{1-e^2} \cdot \frac{a}{r}\right). \tag{5}$$

If we consider the first order for χ, we use the first term of the right hand from equation (5); If we consider the second order for χ^2, we use the second term. This paper only consider the first order solution of equations (1) ~ (3) for χ which is enough for the orbits of Meteor Streams. So we take

$$\frac{\mathrm{d}M}{\mathrm{d}t} = n \text{ or } \frac{\mathrm{d}t}{\mathrm{d}M} = \frac{1}{n}. \tag{6}$$

The equations (1) ~ (3) may be written as

$$\frac{\mathrm{d}a}{\mathrm{d}M} = \frac{\mathrm{d}a}{\mathrm{d}t} \cdot \frac{\mathrm{d}t}{\mathrm{d}M} = -\chi \frac{a}{n}\left(\frac{2a}{r} - 1\right), \tag{7}$$

$$\frac{\mathrm{d}e}{\mathrm{d}M} = \frac{\mathrm{d}e}{\mathrm{d}t} \cdot \frac{\mathrm{d}t}{\mathrm{d}M} = -\chi \frac{(e + \cos f)}{n}, \tag{8}$$

$$\frac{\mathrm{d}\omega}{\mathrm{d}M} = \frac{\mathrm{d}\omega}{\mathrm{d}t} \cdot \frac{\mathrm{d}t}{\mathrm{d}M} = -\chi \frac{\sin f}{ne}. \tag{9}$$

We use the following formulae in the problem of two-body (Smart, 1953):

$$\frac{a}{r} = 1 + 2\sum_{i=1}^{\infty} J_i(ie)\cos iM, \tag{10}$$

$$\sin f = 2\sqrt{1-e^2}\sum_{i=1}^{\infty} \frac{1}{i} \cdot \frac{\mathrm{d}J_i(ie)}{\mathrm{d}e}\sin iM, \tag{11}$$

$$\cos f = -e + \frac{2}{e}(1-e^2)\sum_{i=1}^{\infty} J_i(ie)\cos iM. \tag{12}$$

Substitution of (10) ～ (12) into equations (7) ～ (9), we obtain

$$\frac{\mathrm{d}a}{\mathrm{d}M}=-\chi\frac{a}{n}\left[2+4\sum_{i=1}^{\infty}J_i(ie)\cos iM-1\right]$$

$$=-\chi\frac{a}{n}\left[1+4\sum_{i=1}^{\infty}J_i(ie)\cos iM\right], \tag{13}$$

$$\frac{\mathrm{d}e}{\mathrm{d}M}=-\chi\frac{1}{n}\left[e-e+\frac{2}{e}(1-e^2)\sum_{i=1}^{\infty}J_i(ie)\cos iM\right]$$

$$=-\chi\frac{1}{n}\cdot\frac{2}{e}(1-e^2)\sum_{i=1}^{\infty}J_i(ie)\cos iM, \tag{14}$$

$$\frac{\mathrm{d}\omega}{\mathrm{d}M}=-\chi\frac{2\sqrt{1-e^2}}{ne}\sum_{i=1}^{\infty}\frac{1}{i}\cdot\frac{\mathrm{d}Ji(ie)}{\mathrm{d}e}\sin iM. \tag{15}$$

Integrating equations (13) ～ (15), we obtain the secular and periodic variables of the orbital elements:

$$\delta a=-\chi\frac{a}{n}\left[(M-M_0)+4\sum_{i=1}^{\infty}\frac{J_i(ie)}{i}(\sin iM-\sin iM_0)\right], \tag{16}$$

$$\delta e=-\chi\frac{2(1-e^2)}{ne}\sum_{i=1}^{\infty}\frac{J_i(ie)}{i}(\sin iM-\sin iM_0), \tag{17}$$

$$\delta\omega=\chi\frac{2\sqrt{1-e^2}}{ne}\sum_{i=1}^{\infty}\frac{1}{i^2}\cdot\frac{\mathrm{d}J_i(ie)}{\mathrm{d}e}(\cos iM-\cos iM_0). \tag{18}$$

By letting $M_0=0$, $M=2\pi$ or integrating equations (13) ～ (15) from 0 to 2π by assuming χ to be constant in the above mention (for the Sun $\chi=\chi_\odot=\frac{1}{GM_\odot}\cdot\frac{\mathrm{d}GM_\odot}{\mathrm{d}t}$), we obtain the secular variation of the orbits:

$$\Delta a=-\chi_\odot a\frac{2\pi}{n}=-\frac{1}{GM_\odot}\cdot\frac{\mathrm{d}GM_\odot}{\mathrm{d}t}aT, \tag{19}$$

$$\Delta e=0, \tag{20}$$

$$\Delta q=(1-e_0)\Delta a, \tag{21}$$

$$\Delta\omega=0, \tag{22}$$

$$\dot{a}=\frac{\Delta a}{T}=-\frac{1}{GM_\odot}\cdot\frac{\mathrm{d}GM_\odot}{\mathrm{d}t}a, \tag{23}$$

$$\dot{e}=0, \tag{24}$$

$$\dot{q}=(1-e_0)\dot{a}, \tag{25}$$

$$\dot{\omega}=0. \tag{26}$$

Here T denotes the orbital period, Rev denotes revolution or circle. The variable rate of the period T may be obtained from Kepler's law $T=\frac{2\pi a^{\frac{3}{2}}}{\sqrt{GM_\odot}}$. Differentiating this formula, we get

$$\dot{T}=\frac{\mathrm{d}T}{\mathrm{d}t}=\frac{T}{2}\left[3\,\frac{\dot{a}}{a}-\left(\frac{\dot{G}}{G}+\frac{\dot{M}_\odot}{M_\odot}\right)\right]. \tag{27}$$

Substituting $\frac{\dot{a}}{a}$ for equation (23) into equation (27), we obtain

$$\dot{T}=\frac{T}{2}(-3\chi_\odot-\chi_\odot)=-2T\chi_\odot$$

$$=-2T\,\frac{1}{GM_\odot}\cdot\frac{\mathrm{d}GM_\odot}{\mathrm{d}t}. \tag{28}$$

The variation per revolution (circle) is

$$\Delta T=T\dot{T}=-2T^2\,\frac{1}{GM_\odot}\cdot\frac{\mathrm{d}GM_\odot}{\mathrm{d}t}. \tag{29}$$

3. Numerical results for the secular variation of the orbital semi-major axes, periods and perihelion distances of three Meteor Stream

This paper chooses three principal Meteor Streams: Draconids, Qudrantids and Ursids. Their perihelion distances q and eccentricities e are listed in table 1. q (AU) and e are cited from data given by Allen (1973). a (AU) and Y (a) are calculated from $a=\frac{q}{1-e}$ and Kepler's third law $T=\frac{2\pi a^{\frac{3}{2}}}{\sqrt{GM_\odot}}$.

Table 1　The data of three Meteor Streams

Meteor Streams	q_0 (AU)	e_0	a_0(AU)	T_0(a)
Draconids	1	0.70	3.33	6.08
Quadrantids	0.97	0.71	3.34	6.11
Ursids	0.93	0.83	5.47	13.75

The current values of a and T are variables in the right side of equations (19) (23) (28) and (29). One can use the initial values of a_0 ant T_0 instead of current values of a and T, due to the very small change in $GM_\odot$. The equations (19) (23) (28) and (29) may be written as

$$\Delta T=-2T_0^2\,\frac{1}{GM_\odot}\cdot\frac{\mathrm{d}GM_\odot}{\mathrm{d}t}. \tag{30}$$

$$\dot{T}=-2T_0\,\frac{1}{GM_\odot}\cdot\frac{\mathrm{d}GM_\odot}{\mathrm{d}t}. \tag{31}$$

$$\Delta a=-a_0T_0\,\frac{1}{GM_\odot}\cdot\frac{\mathrm{d}GM_\odot}{\mathrm{d}t}. \tag{32}$$

$$\dot{a}=-a_0\,\frac{1}{GM_\odot}\cdot\frac{\mathrm{d}GM_\odot}{\mathrm{d}t}. \tag{33}$$

Substituting the data of q_0, e_0, a_0 and T_0 in table 1 into the expressions (21) (25) and (30) ~ (33), we obtain the numerical results listed in table 2.

Table 2 The secular variation of semi-major axes, perihelion distances and periods of three Meteor Streams per revolution and per year

Meteor Streams	Δa (cm/Rev)	Δq (cm/Rev)	ΔT (10^{-5} s/Rev)	$\dot{a}$ (cm/a)	$\dot{q}$ (cm/a)	$\dot{T}$ (10^{-5} s/a)
Draconids	2.73~27.56	0.82~8.26	2.10~21.23	0.45~4.53	0.14~1.36	0.34~3.49
Quadrantids	2.75~27.78	0.79~8.05	2.12~21.43	0.45~4.55	0.13~1.32	0.35~3.51
Ursids	10.13~102.38	1.72~17.14	10.73~108.58	0.74~7.44	0.12~1.26	0.73~7.45

In table 2, the values in each column correspond to the extreme values of the relative variation of $GM_\odot$, i. e. χ taken from (4).

4. Discussion and conclusion

4.1 Difference compared to previous works

(1) One infers that the found estimates of the evolution of the orbit of Meteor Streams at the expense of change in the heliocentric gravitational constant are probably smaller than the stream "broadening" at the expense of gravitational perturbation from the Moon and planets.

(2) In the previous paper the effect was separates into two parties for effects of variation of solar mass and gravitational constant, and used datum of change in gravitational constant G given by Pitjeva (2010) $\frac{1}{GM} \cdot \frac{\mathrm{d}GM}{\mathrm{d}t} = \frac{\dot{M}}{M} + \frac{\dot{G}}{G}$, of which $\frac{\dot{M}}{M} = -9.13 \times 10^{-14}\ \mathrm{a}^{-1}$ (Li, 2013a) and $\frac{\dot{G}}{G} = (-5.9 \pm 4.4) \times 10^{-14}\ \mathrm{a}^{-1}$ (Pitjeva, 2010).

The present paper used the recent new datum of change in the heliocentric gravitational constant $GM_\odot$ as one variable using the modern observations of planets and spacecraft given by Pitjeva and Pitjev (2012) which suites to the orbits of planets in our solar system: $\frac{1}{GM_\odot} \cdot \frac{\mathrm{d}GM_\odot}{\mathrm{d}t} = (-5.0 \pm 4.1) \times 10^{-14}\ \mathrm{a}^{-1}$ (Pitjeva and Pitjev, 2012).

(3) The previous paper only gave the secular effect in the theory and estimated the secular effect on the evolution of orbital elements of near Earth asteroids. The present paper gave the secular and periodic effects in the theory and estimated the secular effect on the evolution of orbits of Meteor Streams.

4.2 The possibility of observing the effect

Let us discuss the possibility of the observing effect. It can be seen from table 2 that the combined influences of heliocentric gravitational variation on the orbit are very remarkable. As an example, we take the Meteor Stream Ursids. The maximum distances of its semi-major axes are enlarged as 7.44 cm/a and its perihelion distance enlarged as 1.26 cm/a. The sum of the combined influences is larger than that of effect of the gravitational constant or solar mass-lose in our previous papers.

4.3 Conclusions

We conclude that it can be seen from table 2 that the semi-major axes and perihelion distances of the orbits become larger with time continually and the periods are prolonged with time continually due to variation of heliocentric gravitational constant. There is secular and periodic variation of the orbital semi-major axis according to the result of formula (16). There is only periodic variation but no secular variation in the eccentricity and the longitude of perihelion according to the results of formulae (20) (22) (24) and (26).

References

[1] C W Allen. Astrophysical Quantities (University of London, The Athlone Press, 1973), 158.

[2] H Gylden. Astron Nachr, 109, 2593 (1884).

[3] K V Kholchevnikov, M Fracassini. Conferenze Dell'Observatorio Astronomico di Milano-Merate, Series, No 9, 1 (1968).

[4] L S Li. Astron Res and Tech (Publ Nat Astron Obs China) 2 (3), 194 (2005).

[5] L S Li. Chinese Astronomy and Astrophysics, 36, 63 (2012a).

[6] L S Li. MNRAS, 419, 1825 (2012b).

[7] L S Li. MNRAS, 431, 2971 (2013a).

[8] L S Li. Publ Astron Soc Japan, 65 (5), 107 (2013b).

[9] I W Meshchersky. Astron Nachr, 159, 3807 (1902).

[10] E V Pitjeva. Proc IAU Symp, 261, 170.

[11] E V Pitjeva, N P Pitjev. Solar System Research, 46 (1), 78 (2012).

[12] W M Smart. Celestial Mechanics (London: Long-mans, Green and Co, 1953), 40-41.

[13] L Z Yu, X T Zheng, L S Li. Chinese J Space Sci, 17 (1), 70 (1994).

Effect of a Large-Scale Distance Variation of Gravitational Constant on the Orbital Elements of Celestial Bodies*

Abstract: The effects of the variation of the gravitational constant with distance on the variation of the orbital elements of celestial objects are examined. The theoretical results show clearly that the large distance variation of the gravitational constant results in the periodic variation of the semi-major axis, eccentricity, longitude of the perihelion and the mean longitude, but it results in the secular variation of the longitude of the perihelion and the mean longitude, no secular variation for other orbital elements. As an example, the effects on four planets are estimated. Discussion and conclusion are drawn.

1. Introduction

It is well known that the Newtonian gravitational constant not only varies with time, but also with space or distance. These theories result in a larger influence on astronomy and geophysics. The investigation and its references for the variation of the gravitational constant with time and space have been summarily reviewed by Gills [1]. Li [2] published a paper as to the effect of time variation of the gravitational constant on the orbits of binary stars, but the author did not deal with the effect of distance variation of the gravitational constant on the orbit. The effect of distance variation of the gravitational constant on the orbits of celestial object is worth investigating too. Time variation of the gravitational constant was studied by many authors, but the spatial variation of the gravitational constant was studied by some authors too. The problem of the variation of the gravitational constant with distance was suggested by Long[3]~[6] from the experimental research. Later on, some authors[7]~[22] further studied this problem from various aspects. They infer that in the Newtonian regime the gravitational force between two bodies is not exactly inversely proportional to the distance r^2. There should be a deviation with respect to $\frac{1}{r^2}$. They give a formula for the variation of the gravitational constant $G(r)$ with distance. But the formulae $G(r)$ given by Fujii and

* 原文载于 *IL NUOVO CIMENTO*，2009，124B (8)：849-859.

Long only are suited for the regime of a short distance. Especially, some authors gave constraints on the regime of short distances, such as Mackenzie [23] (37 mm$<r<$ 74 mm), Zang [24] (2.5 mm$<r<$100 mm) and Liu, et al. [25] ($r=320$ m), etc. These short regimes are not suitable for a large distance. The investigation for the regime of a large distance was carried out by some authors, such as: Mikkelsen and Newman[26], Hut[27], Chan and Paik[28][29], Kislik[30], Milgron[31], Hoskin, et al.[32], Rujula[33], Talmadge, et al. [34] and Collins, et al. [35]. Mikkelsen, et al. investigated the constrains on the gravitational constant at a large distance by using the model of the solar system (Mercury, Venus, Mars, Icarus and Jupiter) and binary pulsars. Hut gave a constraint on the large distance 10 cm$<r<10^3$ km obtained from the comparison between theory and observation of Sirius B in $\frac{G}{G_0}=0.98$. Chan and Paik gave an experiment test of a spatial variation of the Newtonian gravitational constant at a large distance in the range 1 m$<r<10^7$ km. This characteristic allows a precision test of the inverse square law at geological distance using a nature object like Earth. Kislik proposed to investigate $G\ (r)$ at a large distance $\frac{\Delta G}{G}=O\ (10^{-8})$, i. e. from terrestrial to planetary scale base on astronomic observation of the planets. Collins, et al. proposed to investigate $G\ (r)$ at a large distance by using Voyager-like Probes. Moreover, some of the above authors, such as Mikkelsen, et al. [26], Rujula[33] and Talmadge, et al. [34] gave the formulae for the secular advances of the longitude of the perihelion due to the gravitational constant variation with distance. They did not give the periodic variation of the longitude of the perihelion, the mean longitude and the variation of the semi-major axis and eccentricity of the orbit due to the variation of $G\ (r)$. In this paper the author further examines this aspect.

2. The perturbation components with the distance variation of the gravitational constant

The gravitational force varies with distance, that is the variation of the gravitational force with the variable gravitational constant $G\ (r)$. Hence, the Newtonian gravitational law with the distance variation of the gravitational constant $G\ (r)$ can be written as

$$\boldsymbol{F}_r=-\frac{G(r)Mm}{r^3}\boldsymbol{r}, \tag{1}$$

i. e. the law of Newtonian gravitational force with the gravitational constant which is formulated by formula (1) with the variable gravitational constant $G\ (r)$.

Most early, Fujii [7]~[10] and O'Hanlon[11] give the formula for the variable gravitational constant $G\ (r)$ based on the potential function $V\ (r)$:

$$G(r)=G_0[1+\alpha(1+\beta r)e^{-\beta r}].$$
$$G(r)\sim G_0(1+\alpha) \text{ as } \beta r\ll 1;\quad G(r)=G_0 \text{ as } \beta r\gg 1. \tag{2}$$

Formula (2) is suitable for the short regime 10 m～1 km. It is not suitable for the largescale distance.

Long[4] gives another form of the formula for the variable gravitational constant $G\ (r)$ based on his experiment:

$$G(r)=G_0[1+\alpha\ln r+\beta(\ln r)^2]^2. \tag{3}$$

Long[5] simplifies the above expression to write the following form:

$$G(r)=G_0\left[1+0.002\ \ln\left(\frac{1}{r}\ \text{cm}\right)\right]. \tag{4}$$

But formula (4) is suitable for the regime $r<10^4$ km, and $G=G_0$ (constant), when $r>10^4$ km. This is a short distance. It is not suitable for large distance.

Later on, Mikkelsen and Newman suggested a constraint on the gravitational constant at large distance. $G\ (r)$ varies in the regime beyond $10^3\ \text{km}<r<10^8$ km. Hence, in this regime $G\ (r)=G_0$ (constant). This theory is suitable for the large scalar distance.

We now write formula (1) as the form of the perturbing force.

$$\boldsymbol{F}(r)=\boldsymbol{F}(a)+\delta\boldsymbol{F}(r)=-\frac{G(a)Mm}{r^3}\boldsymbol{r}+\delta\boldsymbol{F}(r), \tag{5}$$

where a is the unperturbing semi-major axis of the orbit, and $G\ (r)$ is the variable gravitational constant at the semi-major axis a in which $G\ (a)$ varies in the regime beyond 10^3 km<a<10^8 km according to the definition by Mikkelesen and Newman.

Comparing expression (5) with expression (1), the perturbing force is

$$\delta\boldsymbol{F}(r)=-[G(r)-G(a)]\frac{Mm}{r^3}\boldsymbol{r}=-\delta G(r)\frac{Mm}{r^3}\boldsymbol{r}, \tag{6}$$

where

$$\delta G(r)=G(r)-G(a), \text{ and } a \text{ is the semi-major axis.}$$

Using Taylor's series:

$$G(r)=G(a)+G'(a)(r-a)+\frac{1}{2}G''(a)(r-a)^2+\cdots,$$

where

$$G'(a)=\frac{\mathrm{d}G(a)}{\mathrm{d}a}. \tag{7}$$

We omit the terms over the second order,

$$\therefore G(r)=G(a)+G'(a)(r-a),$$
$$\text{or } \delta G(r)=G(r)-G(a)=G'(a)(r-a).$$

It can be written as the acceleration of three components S, T, W according to formula (6):

$$S=-\delta G(r)\frac{M}{r^2}=-\frac{G'M(r-a)}{r^2},\ T=0,\ W=0. \tag{8}$$

We use the formula $r=\dfrac{a(1-e^2)}{(1+e\cos f)}$ in expression (8), then formulae (8) become

$$\begin{aligned} S &= -\frac{G'Me(e+\cos f)(1+e\cos f)}{a(1-e^2)^2}, \\ T &= 0, \\ W &= 0, \end{aligned} \tag{9}$$

where f is the true anomaly.

3. The perturbation variables with $\dfrac{G'(a)}{G}$

We can regard $\delta F(r)$ or S, T, W as the perturbation force or the perturbation acceleration components of the Newtonian force $F(a)=-\dfrac{G(a)Mm\boldsymbol{r}}{r^3}$. Therefore, S, T, W are the perturbation accelerative components in the Gaussian perturbation equations with the gravitational constant $G(a)$. The perturbation equations are[36]

$$\begin{aligned} \frac{\mathrm{d}a}{\mathrm{d}t} &= \frac{2}{n\sqrt{1-e^2}}\left[Se\sin f+\frac{p}{r}T\right], \\ \frac{\mathrm{d}e}{\mathrm{d}t} &= \frac{\sqrt{1-e^2}}{na}[S\sin f+T(\cos E+\cos u)], \\ \frac{\mathrm{d}\omega}{\mathrm{d}t} &= \frac{\sqrt{1-e^2}}{nae}\left[-S\cos f+T\left(1+\frac{r}{p}\right)\sin f\right], \\ \frac{\mathrm{d}i}{\mathrm{d}t} &= \frac{r\cos u}{na^2\sqrt{1-e^2}}W, \\ \frac{\mathrm{d}\Omega}{\mathrm{d}t} &= \frac{r\sin u}{na^2\sqrt{1-e^2}\sin i}W, \\ \frac{\mathrm{d}\varepsilon}{\mathrm{d}t} &= -\frac{2r}{na^2}S+\frac{e^2}{1+(1-e^2)^{\frac{1}{2}}}\cdot\frac{\mathrm{d}\omega}{\mathrm{d}t}, \\ \frac{\mathrm{d}\lambda}{\mathrm{d}t} &= n+\frac{\mathrm{d}\varepsilon}{\mathrm{d}t}, \end{aligned} \tag{10}$$

where λ denotes the mean longitude, ε denotes the mean longitude of the epoch.

We translate equations (10) by using $T=0$, $W=0$, $\mathrm{d}t=\dfrac{r^2\mathrm{d}f}{na^2}\sqrt{1-e^2}$ and $n^2a^3=G(a)Mt$, and then, we have

$$
\begin{aligned}
\frac{\mathrm{d}a}{\mathrm{d}f}&=\frac{2r^2 e\sin f}{n^2a^2(1-e^2)}S=\frac{2r^2ae\sin f}{G(a)M(1-e^2)}S,\\
\frac{\mathrm{d}e}{\mathrm{d}f}&=\frac{r^2\sin f}{n^2a^3}S=\frac{r^2\sin f}{G(a)M}S,\\
\frac{\mathrm{d}\omega}{\mathrm{d}f}&=-\frac{r^2\cos f}{G(a)Me}S,\\
\frac{\mathrm{d}i}{\mathrm{d}f}&=\frac{r^3\cos u}{n^2a^4(1-e^2)}W,\\
\frac{\mathrm{d}\Omega}{\mathrm{d}f}&=\frac{r^3\sin u}{n^2a^2(1-e^2)\sin i}W,\\
\frac{\mathrm{d}\varepsilon}{\mathrm{d}f}&=-\frac{2r^3}{n^2a^4\sqrt{1-e^2}}+\frac{e^2}{1+\sqrt{1-e^2}}\cdot\frac{\mathrm{d}\omega}{\mathrm{d}t}\\
&=-\frac{2r^3}{GMa\sqrt{1-e^2}}S+\frac{e^2}{1+\sqrt{1-e^2}}\cdot\frac{\mathrm{d}\omega}{\mathrm{d}f},\\
\frac{\mathrm{d}\lambda}{\mathrm{d}t}&=\frac{r^2}{a^2\sqrt{1-e^2}}+\frac{\mathrm{d}\varepsilon}{\mathrm{d}f}.
\end{aligned}
\tag{11}
$$

Substituting expressions (9) into equations (11), we obtain

$$
\begin{aligned}
\frac{\mathrm{d}a}{\mathrm{d}f}&=\frac{2a^2}{1-e^2}\cdot\frac{G'(a)}{G}\cdot\frac{(e^3+e^2\cos f)\sin f}{1+e\cos f},\\
\frac{\mathrm{d}e}{\mathrm{d}f}&=a\frac{G'(a)}{G}\cdot\frac{(e^2+e\cos f)\sin f}{1+e\cos f},\\
\frac{\mathrm{d}\omega}{\mathrm{d}f}&=-a\frac{G'(a)}{G}\cdot\frac{(e+\cos f)\cos f}{1+e\cos f},\\
\frac{\mathrm{d}i}{\mathrm{d}f}&=\frac{\mathrm{d}\Omega}{\mathrm{d}f}=0,\\
\frac{\mathrm{d}\varepsilon}{\mathrm{d}f}&=-\frac{G'}{G}a\sqrt{1-e^2}\cdot e\frac{(e+\cos f)}{(1+e\cos f)^2}+(1-\sqrt{1-e^2})\frac{\mathrm{d}\omega}{\mathrm{d}f},\\
\frac{\mathrm{d}\lambda}{\mathrm{d}f}&=\frac{(1-e^2)^{\frac{3}{2}}}{(1+e\cos f)^2}+\frac{\mathrm{d}\varepsilon}{\mathrm{d}f}.
\end{aligned}
\tag{12}
$$

Using $\frac{1}{(1+e\cos f)^n}=1-ne\cos f+\frac{1}{2}n(n+1)e^2\cos^2 f+\cdots(n=1,2)$ in the above set of equations (12), and then, integrating the above equations and neglecting the terms with $O(e^3)$, we obtain the perturbation variables with $\frac{G'(a)}{G(a)}$:

$$
\begin{aligned}
\delta a&=-\frac{1}{2}\cdot\frac{G'(a)}{G}\cdot\frac{a^2e^2}{1-e^2}(\cos 2f-\cos 2f_0),\\
\delta e&=-\frac{G'(a)}{G}ae\left[e(\cos f-\cos f_0)+\frac{1}{4}(\cos 2f-\cos 2f_0)\right],
\end{aligned}
$$

$$\delta\omega = -\frac{G'(a)}{G}\cdot\frac{1}{2}a\left[\left(1-\frac{1}{4}e^2\right)(f-f_0)+\frac{1}{2}e(\sin f-\sin f_0)\right.$$
$$+\frac{1}{2}(\sin 2f-\sin 2f_0)-\frac{1}{12}e(\sin 3f-\sin 3f_0)$$
$$\left.+\frac{1}{16}e^2(\sin 4f-\sin 4f_0)\right],$$
$$\delta i=\delta\Omega=0,$$
$$\delta\varepsilon = -\frac{G'(a)}{G}\cdot\frac{1}{2}a\left\{(1-\sqrt{1-e^2})\left(1-\frac{1}{4}e^2\right)(f-f_0)\right.$$
$$+\left[2e\sqrt{1-e^2}+\frac{1}{2}e(1-\sqrt{1-e^2})\right](\sin f-\sin f_0) \tag{13}$$
$$-\left[e^2\sqrt{1-e^2}-\frac{1}{2}(1-\sqrt{1-e^2})\right](\sin 2f-\sin 2f_0)$$
$$+\frac{1}{12}e(1-\sqrt{1-e^2})(\sin 3f-\sin 3f_0)$$
$$\left.-\frac{1}{16}e^2(1-\sqrt{1-e^2})(\sin 4f-\sin 4f_0)\right\},$$
$$\delta\lambda=(1-e^2)^{\frac{3}{2}}\left[\left(1+\frac{1}{2}e^2\right)(f-f_0)-2e(\sin f-\sin f_0)\right.$$
$$\left.+\frac{1}{4}e^2(\sin 2f+\sin 2f_0)\right]+\delta\varepsilon.$$

4. The periodic and secular perturbation

Expressions (13) can be written as the following forms:

$$\delta a=\sum_{i=1}^{2}A_i(\cos if-\cos if_0),$$
$$\delta e=\sum_{i=1}^{2}E_i(\cos if-\cos if_0),$$
$$\delta\omega=W_0(f-f_0)+\sum_{i=1}^{4}W_i(\sin if-\sin if_0), \tag{14}$$
$$\delta i=\delta\Omega=0,$$
$$\delta\varepsilon=Q_0(f-f_0)+\sum_{i=1}^{4}Q_i(\sin if-\sin if_0),$$
$$\delta\lambda=H_0(f-f_0)+\sum_{i=1}^{4}H_i(\sin if-\sin if_0).$$

By comparing expressions (13) with expressions (14), we obtain the amplitudes of the periodic terms and the coefficient of the secular terms.

The amplitudes of the periodic terms are

$$
\begin{aligned}
&A_1=0,\ A_2=-\frac{1}{2}\cdot\frac{G'(a)a^2e^2}{G(1-e^2)},\\
&E_1=\frac{G'(a)}{G}ae^2,\ E_2=-\frac{1}{4}\cdot\frac{G'(a)}{G}ae,\\
&W_1=-\frac{1}{4}\cdot\frac{G'(a)}{G}ae,\ W_2=-\frac{1}{4}\cdot\frac{G'(a)}{G}a,\\
&W_3=\frac{1}{24}\cdot\frac{G'(a)}{G}ae,W_4=-\frac{1}{32}\cdot\frac{G'(a)}{G}ae^2,\\
&Q_1=-\left[e\sqrt{1-e^2}+\frac{1}{4}e(1-\sqrt{1-e^2})\right]a\frac{G'(a)}{G},\\
&Q_2=\left[\frac{1}{2}e^2\sqrt{1-e^2}-\frac{1}{4}(1-\sqrt{1-e^2})\right]a\frac{G'(a)}{G},\\
&Q_3=-\frac{1}{24}ae(1-\sqrt{1-e^2})\frac{G'(a)}{G},\\
&Q_4=\frac{1}{32}e^2(1-\sqrt{1-e^2})a\frac{G'(a)}{G},\\
&H_1=-2e(1-e^2)^{\frac{3}{2}}+Q_1,\ H_2=\frac{1}{4}e^2(1-e^2)^{\frac{3}{2}}+Q_2,\\
&H_3=Q_3,\ H_4=Q_4.
\end{aligned}
\tag{15}
$$

The coefficients of the secular terms are

$$
\begin{aligned}
&W_0=-\frac{1}{2}\cdot\frac{G'(a)}{G}a\left(1-\frac{1}{4}e^2\right),\\
&Q_0=-\frac{1}{2}\cdot\frac{G'(a)}{G}a(1-\sqrt{1-e^2})\left(1-\frac{1}{4}e^2\right),\\
&H_0=(1-e^2)^{\frac{3}{2}}-\frac{1}{2}\cdot\frac{G'(a)}{G}a(1-\sqrt{1-e^2})\left(1-\frac{1}{4}e^2\right).
\end{aligned}
\tag{16}
$$

Therefore the advance of the longitude of perihelion, the mean longitude of the epoch and the mean longitude per cycle:

$$
\begin{aligned}
&\Delta\omega=2\pi W_0=-\frac{G'(a)}{G}\pi a\left(1-\frac{1}{4}e^2\right)(\text{rad/cycle}),\\
&\Delta\varepsilon=2\pi Q_0=-\frac{G'(a)}{G}\pi a(1-\sqrt{1-e^2})\left(1-\frac{1}{4}e^2\right)(\text{rad/cycle}),\\
&\Delta\lambda=2\pi H_0=2\pi\left[(1-e^2)^{\frac{3}{2}}\left(1+\frac{1}{2}e^2\right)\right.\\
&\qquad\left.-\frac{1}{2}\cdot\frac{G'(a)}{G}a(1-\sqrt{1-e^2})\left(1-\frac{1}{4}e^2\right)\right](\text{rad/cycle}).
\end{aligned}
\tag{17}
$$

The velocities of the advance are

$$
\begin{aligned}
\dot{\omega} &= \frac{\mathrm{d}\omega}{\mathrm{d}t} = -\frac{G'(a)}{G}\left(\frac{\pi a}{T}\right)\left(1-\frac{1}{4}e^2\right)(\mathrm{rad/a}),\\
\dot{\varepsilon} &= \frac{\mathrm{d}\varepsilon}{\mathrm{d}t} = -\frac{G'(a)}{G}\left(\frac{\pi a}{T}\right)\left(1-\sqrt{1-e^2}\right)\left(1-\frac{1}{4}e^2\right)(\mathrm{rad/a}),\\
\dot{\lambda} &= \frac{\mathrm{d}\lambda}{\mathrm{d}t} = \frac{2\pi}{T}\left[(1-e^2)^{\frac{3}{2}}\left(1+\frac{1}{2}e^2\right)\right.\\
&\quad \left. -\frac{1}{2}\cdot\frac{G'(a)}{G}a\left(1-\sqrt{1-e^2}\right)\left(1-\frac{1}{4}e^2\right)\right](\mathrm{rad/cycle}),
\end{aligned} \tag{18}
$$

where T denotes the period.

As an example, we estimate the secular effect of a celestial object arisen from the variation of the gravitational constant by using formulae (17) and (18).

We adopted the datum given by Mikkelsen and Newman as the calculated example of the long-range distance. The limit on variation in $G(r)$ is the limit of $r\frac{G'(r)}{G(r)} \leqslant 10^{-8}$ for the distance $r \sim 10^8$ km, and Mikkelsen and Newman present the observational evidence for constancy in the range $10^3\ \mathrm{km} < r < 10^8$ km. For Mercury $r = a = 5.79 \times 10^7$ km, hence, its semi-major axis, a, lies in this range. It is not suitable choosing Mercury as an example. Hence we choose Venus, Earth, Mars and Jupiter as an example. For data of a, e and T of these planets, we cite the data given by Allen[37] (see table in the appendix). Therefore, the distance of these planets from the Sun lies in the range of the variation of the gravitational constant with distance, we let

$$
r\frac{G'(r)}{G(r)} = a\frac{G'(a)}{G(a)} \leqslant 10^{-8}.
$$

Substituting these values into formulae (18), we obtain the secular variable rate of advance of the orbital elements of four planets per century as shown in table 1.

Table 1　The secular variable rate of advance of the orbital elements of four planets per century

Planets	$\dot{a}$ (cm/cent)	$\dot{e}$ (/cent)	$\dot{\omega}$ (10^{-6} rad/cent)	$\dot{\varepsilon}$ (10^{-10} rad/cent)	$\dot{\lambda}$ (rad/cent)
Venus	0	0	−5.11	1.22	$1\,021 - 1.22\times10^{-10}$
Earth	0	0	−3.14	4.39	$628 - 4.39\times10^{-10}$
Mars	0	0	−1.66	728.32	$331 - 7.28\times10^{-10}$
Jupiter	0	0	−0.26	3.09	$52.8 - 3.09\times10^{-10}$

5. Discussion

(1) The comparison with the post-Newtonian effects (PN) (relativistic effect) and

PPN effects.

Li[38] gave the secular variable rates of the advance of the perihelion of four planets in table 1. We compare the numerical results of the variable rate of the advance of the perihelion by reducing radian to second of arc (rad = 206 265″) in table 1 with the numerical results in Table 1 of Ref. [38] as follows in table 2.

Table 2 Comparison for the results of the effect of G (r) with PN and PPN effects

Planets	PN effects[38] $\dot{\omega}$ (second of arc/cent)	PN effects[38] $\dot{\omega}$ (second of arc/cent)	G (r) effect $\dot{\omega}$ (10^{-6} rad/cent)(second of arc/cent)
Venus	8.81	8.8×10^{-7}	$-5.11=-1.05$
Earth	3.38	2.8×10^{-7}	$-3.41=-0.70$
Mars	1.35	6.6×10^{-8}	$-1.66=-0.42$
Jupiter	0.06	8.9×10^{-10}	$-0.26=-0.05$

PPN denotes the post-post-Newtonian or the second-order post-Newtonian(2PN).

We can see from table 2 that the values of the effect due to the variation of G (r) are smaller than the effect of PN (relativity) for four planets, but their values are larger than the effect of PPN. Moreover, the directions of advance are contrary to each other for both variations of G (r) and PN.

(2) The comparison with the effect of time variation of the gravitational constant G (r) on the orbit.

Li[2] obtained the theoretical results for the effect of time variation of the gravitational constant on the orbital elements. We compare the results of the secular and periodic variation due to G (r) with the results of the secular and periodic variation due to G (t) in table 3.

Table 3 The comparison for the theoretical results of the secular and periodic variation due to G (r) with those due to G (t)

Variable rates of elements	$G(t)$ effect[2] Secular variation	$G(t)$ effect[2] Periodic variation	$G(r)$ effect Secular variation	$G(r)$ effect Periodic variation
$\dot{a}$	have	have	no	have
$\dot{e}$	have	have	no	have
$\dot{\omega}$	no	have	have	have
$\dot{\lambda}$	have	have	have	have

We can see from table 3 that there are secular variations of the semi-major axis and eccentricity due to the $G(t)$ effect, but there are no secular variations for the longitude of the perihelion. On the other hand, there are no secular variations of the semi-major axis and eccentricity due to $G(r)$, and there is secular variation of the longitude of the perihelion. Both effects are contrary to the semi-major axis, eccentricity and the advance of the perihelion.

(3) The comparison with the result of the previous author.

Mikkelsen and Newman[26] obtained the result for the formula of the advance of the perihelion:

$$\frac{\delta\omega}{2\pi}=-\frac{a}{2}\cdot\frac{G'(a)}{G(a)}+O(e^2)$$

$$\text{or } \delta\omega=-\pi a\frac{G'(a)}{G(a)}+O(e^2).$$

In the present paper the author obtains this result:

$$\delta\omega=-\pi a\frac{G'(a)}{G(a)}\left(1-\frac{1}{4}e^2\right)=-\pi a\frac{G'(a)}{G(a)}+O(e^2),$$

where $O(e^2)=\frac{1}{4}\pi a e^2\frac{G'(a)}{G(a)}$.

Hence the result obtained in this paper corresponds to the result of the previous author and this paper gives the formulation of the order for the eccentricity.

(4) The Newtonian gravitational constant not only varies with time or space, but also with isotropy or anisotropy, i. e. the variation of $G(r)$ is not the same in the various directions. Unnikrishnan and Gillies[39] investigated the variation of the spatial anisotropy of the gravitational constant. They obtained nano-constraints to less than a part per 10^9 or even smaller. Such smaller data cannot change the effect on the orbit in the isotropic direction.

(5) In this paper the limit on the variation is the limit of $r\frac{G'(a)}{G(a)}\leqslant 10^{-8}$ for distance $r\sim 10^8$ km and the observational evidence for constancy lies in the range $10^3\text{ km}<r<10^8\text{ km}$, or $G(r)$ varies in the ranges $r<10^3$ km and $r>10^8$ km. The distances of the four planets selected in this paper are suitable for these ranges.

6. Conclusion

(1) It is seen from expressions (13) or (14) that the variation of the gravitational constant G with distance results in the periodic variation of the semi-major axis, eccentricity, longitude of the perihelion and the mean longitude. The amplitudes of the periodic variation are shown in formulae (15).

(2) The variation of the gravitational constant $G(r)$ with distance results in the secular variation of the longitude of the perihelion and the mean longitude, and the

direction of advance of the perihelion is contrary to the motion of the orbit.

(3) The orbital inclination and the longitude of the ascending node exhibit no variation.

Appendix

Data for the orbital elements of four planets[37]

Planets	a (10^6 km)	T (a)	e
Venus	108.2	0.615 21	0.006 787
Earth	149.6	1.000 04	0.016 722
Mars	227.9	1.880 89	0.093 377
Jupiter	778.3	11.862 23	0.048 45

References

[1] Gills G T. Rep Prog Phys, 60 (1997) 151.
[2] Li L S. Int J Mod Phys D, 18 (2009) 1243.
[3] Long D R. Bull Am Phys Soc, 12 (1967) 1057; 15 (1970) 1640.
[4] Long D R. Phys Rev D, 9 (1974) 850.
[5] Long D R. Nature, 260 (1976) 417.
[6] Long D R. Nuovo Cimento B, 62 (1981) 130.
[7] Fujii Y. Nature, Physical Science, 234 (1971) 5.
[8] Fujii Y. Ann Phys (N Y), 69 (1972) 494.
[9] Fujii Y. Phys Rev D, 9 (1974) 874.
[10] Fujii Y. Gen Relativ Gravit, 13 (1981) 1147.
[11] O'Hanlon J. Phys Rev Lett, 29 (1972) 137.
[12] Yamaguchi Y. Prog Theor Phys, 55 (1977) 723.
[13] Hirakawa H, Narihara K, Fujimoto M K. J Phys Soc Jpn, 41 (1976) 1093.
[14] Hirakawa H, Hiramatsu S, Ogawa Y. Phys Lett A, 63 (1977) 199.
[15] Hirakawa H, Tsubono K, Oide K. Nature, 283 (1980) 184.
[16] Oide K, Hirakawa H, Fujimoto M K. Phys Rev D, 20 (1979) 2980.
[17] Panov V I, Frontov V N. Zh Theor Fiz, 77 (1979) 1093; Sov Phy-JETP, 50 (1979) 852.
[18] Kimura S, Suzuki T, Hirakawa H. Phys Lett A, 81 (1981) 302.
[19] Ogawa Y, Tsubono K, Hirakawa H. Phys Rev D, 26 (1982) 729.
[20] Linde A D. Phys Lett B, 227 (1989) 352.

[21] Schurr J, Nolting F, Kundig W. Phys Rev Lett, 80 (1998) 1142.
[22] Schmidt Hans-Jurgen. Phys Rev D, 78 (2008) 023542-1.
[23] Mackenzie A S. Phys Rev, 2 (1985) 321.
[24] Zang P H. Chin Phys Lett, 5 (1988) 325.
[25] Liu Y C, et al. Phys Rev A, 169 (1992) 131.
[26] Mikkelsen D R, Newman M J. Phys Rev D, 16 (1977) 919.
[27] Hut P. Phys Lett B, 99 (1981) 174.
[28] Chan H A, Moody M V, Paik H J. Phys Rev Lett, 49 (1982) 1745.
[29] Chan H A, Paik H J. Precision measurement and fundamental constants Ⅱ. Proceedings of the Second International Conference, Gaithersburg, Maryland, USA, June 8-12, 1981 (Washington DC, USA) 1984, 601-606.
[30] Kislik M D. Sov Astron Lett, 9 (1983) 168.
[31] Milgron M. Astrophys J, 270 (1983) 365, 371.
[32] Hoskins J K, Newman R D, Spero R, et al. Phys Rev D, 32 (1985) 3084.
[33] Rujula A De. Phys Lett B, 180 (1986) 213.
[34] Talmadge C, Berthias J P, Hellings R W, et al. Phys Rev Lett, 61 (1988) 1159.
[35] Collins S J, et al. Bull Am Phys Soc, 35 (1990) 108.
[36] Smart W M. Celestial Mechanics (London, New York, Toronto), 1953.
[37] Allen C W. Astrophysical Quantities (The Athlone Press, University of London, London) 1973, 140 and 146.
[38] Li L S. Nuovo Cimento B, 120 (2005) 21.
[39] Unnikrishnan C S, Gillies G T. Phys Lett A, 305 (2002) 26.

[21] Schiller [illegible], Kundig W. Phys Rev Lett, [illegible] (1998): [illegible]

[22] Schmidt-Hans Jurgen. Phys Rev D, 78 (2008) [illegible]

[23] Mackenzie A S. Phys Rev, [illegible] (1908) [illegible]

[24] Zang [illegible] H. Chin Phys Lett, [illegible] (1985) [illegible]

[25] Lee Y C, et al. Phys Rev A, [illegible] (1989) [illegible]

[26] Muskeljon D R, Newman M J. Phys Rev D, 18 (1977) [illegible]

[27] Hut P. Phys Lett B, 99 (1981) [illegible]

[28] [illegible] H A, [illegible] M V, Paik H J. Phys Rev Lett, [illegible] (1982) [illegible]

[29] [illegible] H A, Paik H J. Precision measurement and fundamental constants II, Proceedings of the Second International Conference, Gaithersburg, Maryland, USA, June 8-12, 1981. Washington D.C.: USA, 1984, 601-606.

[30] [illegible]

[31] [illegible]

[32] [illegible] M M, [illegible] R, et al. Phys Rev D, 32 [illegible]

Ritter [illegible] Phys Lett [illegible]

[33] [illegible] Phys Rev Lett, [illegible]

[34] Cohen S [illegible], et al. Bull Am Phys Soc, [illegible] (1990) [illegible]

[35] [illegible] M. Celestial Mechanics. London, New York: [illegible], [illegible]

[36] Allen C W. Astrophysical Quantities. The Athlone Press, University of London, [illegible]

[37] [illegible] Lett B, 120 [illegible]

[38] [illegible] G, [illegible] C. [illegible] 306 [illegible]

第五部分

人造卫星天体力学中的天体轨道要素变化

地球静电场对带电卫星的轨道要素的摄动影响*

摘要：本文利用摄动理论研究了带电卫星在地球静电场中做椭圆轨道运动时静电场对轨道要素的摄动影响．研究结果表明：地球静电场对带电卫星的轨道半长轴、偏心率和近地点经度只有周期摄动而无长期摄动，但对历元平经度和平近点角不仅有周期摄动，而且有长期摄动影响，对轨道倾角和升交点经度没有摄动影响．

关键词：带电卫星；地球静电场；轨道要素的变化

1．引　言

地球除存在磁场外也存在电场．当带电卫星在地球磁场和电场中飞行时，其轨道要素均受到摄动影响．文［1］曾研究了带电卫星在地球磁场中飞行时轨道要素受到的摄动影响，但并没有考虑地球电场的摄动影响．地球电场可分为地球表面上空的静电场和高空电离层中的电场．根据对地球上空电量测量的结果可知，高度每上升 1 cm 电压就上升 1.2 volt（编者注：原文如此），这相当于地球表面作为均匀电荷时约有 -5×10^5 C 的电量[2]，此即地球静电场所具有的电量．电离层中存在着电场是因为在电离层中电子和离子带有大量电荷，这同地球静电场所产生的电量是完全不同的．本文主要研究地球静电场对带电卫星的轨道要素的摄动影响，至于电离层中形成的电场对带电卫星的轨道要素的影响不在本文研究之内．

2．带电卫星在地球静电场中所受到的摄动分量

首先考虑质量为 m_s，带有电荷 q 的卫星在地球引力场和静电场的拉格朗日函数 L，

$$L=\frac{1}{2}m_s(\dot{r}^2+r^2\dot{\theta}^2+r^2\dot{\varphi}\sin^2\theta)+\frac{Gm_sM_E}{r}-\frac{kQq}{r},\tag{1}$$

式中 M_E 和 Q 为地球质量和带有静电场的电量，G 和 k 分别代表引力常数和库仑常数．

将（1）式代入拉氏运动方程：

$$\frac{\mathrm{d}}{\mathrm{d}t}\left(\frac{\partial L}{\partial q_i}\right)-\frac{\partial L}{\partial q_i}=0\quad(i=1,2,3),\tag{2}$$

则有

* 原文载于《人造卫星观测与研究》，1998（40）：42-45.

$$F_r = m_s(\ddot{r} + r\dot{\theta}^2 - r\dot{\varphi}\sin^2\theta) = -\frac{GM_E m_s}{r^2} + \frac{kQq}{r^2},$$

$$F_\theta = m_s(r\ddot{\theta} + 2\dot{r}\dot{\theta} - r\dot{\varphi}^2\sin\theta\cos\theta) = 0, \tag{3}$$

$$F_\varphi = m_s(r\ddot{\varphi}\sin\theta + 2\dot{r}\dot{\varphi}\sin\theta + 2r\dot{\varphi}\dot{\theta}\cos\theta) = 0.$$

由上式可以看出，第一式的右端第二项即为地球静电场对带电卫星在径向方向产生的摄动分量即径向分量 S，而垂直径向分量 T 和分量 W 皆为零，故有地球静电场对带电卫星产生的摄动加速度分量为

$$S = \frac{kQq}{m_s r^2}, T = 0, W = 0. \tag{4}$$

实际上，库仑力同万有引力有类似的性质，两者皆为有心力，故可将力写成如下形式：

$$F_r = m_s, S = \frac{kQq}{r^2}.$$

由此可推得径向加速度分量为

$$S = \frac{k_i Qq}{m_s r^2},$$

其他两分量皆为零.

3. 地球静电场对带电卫星轨道的摄动量

将（4）式中的 S，T，W 代入拉氏的轨道要素变化摄动方程[3]，得

$$\begin{aligned}
\frac{\mathrm{d}a}{\mathrm{d}t} &= \frac{2}{n\sqrt{1-e^2}} Se\sin\theta = \frac{2kQqe}{n\sqrt{1-e^2}m_s} \cdot \frac{\sin\theta}{r^2}, \\
\frac{\mathrm{d}e}{\mathrm{d}t} &= \frac{\sqrt{1-e^2}}{na} S\sin\theta = \frac{kQq\sqrt{1-e^2}}{m_s na} \cdot \frac{\sin\theta}{r^2}, \\
\frac{\mathrm{d}i}{\mathrm{d}t} &= \frac{\mathrm{d}\Omega}{\mathrm{d}t} = 0, \\
\frac{\mathrm{d}\tilde{\omega}}{\mathrm{d}t} &= \frac{\mathrm{d}\omega}{\mathrm{d}t} = -\frac{\sqrt{1-e^2}}{nae} S\cos\theta = -\frac{kQq\sqrt{1-e^2}}{m_s nae} \cdot \frac{\cos\theta}{r^2}, \\
\frac{\mathrm{d}\varepsilon_0}{\mathrm{d}t} &= -\frac{2r}{na^2} S + \frac{e^2}{1+\sqrt{1-e^2}} \dot{\tilde{\omega}} \\
&= -\frac{2kQq}{m_s na^2} \cdot \frac{1}{r} - \frac{e^2}{1+\sqrt{1-e^2}} \cdot \frac{kQq\sqrt{1-e^2}}{m_s nae} \cdot \frac{\cos\theta}{r^2}, \\
\frac{\mathrm{d}M_0}{\mathrm{d}t} &= \frac{\mathrm{d}\varepsilon_0}{\mathrm{d}t} - \frac{\mathrm{d}\omega}{\mathrm{d}t}.
\end{aligned} \tag{5}$$

利用 Kepler 第三定律 $n^2 a^3 = GM_E$，并采用变换

$$\mathrm{d}t = \frac{r^2\,\mathrm{d}\theta}{na^2\sqrt{1-e^2}} \tag{6}$$

后，方程组（5）变为

$$\begin{aligned}
\frac{\mathrm{d}a}{\mathrm{d}\theta} &= \frac{2kQqae\sin\theta}{GM_E m_s(1-e^2)},\\
\frac{\mathrm{d}e}{\mathrm{d}\theta} &= \frac{kQq\sin\theta}{GM_E m_s},\\
\frac{\mathrm{d}i}{\mathrm{d}\theta} &= \frac{\mathrm{d}\Omega}{\mathrm{d}\theta} = 0,\\
\frac{\mathrm{d}\tilde{\omega}}{\mathrm{d}\theta} &= \frac{\mathrm{d}\omega}{\mathrm{d}\theta} = -\frac{kQq\cos\theta}{GM_E m_s e},\\
\frac{\mathrm{d}\varepsilon_0}{\mathrm{d}\theta} &= -\frac{2kQqr}{GM_E m_s a\sqrt{1-e^2}} - \frac{e}{1+\sqrt{1-e^2}}\cdot\frac{kQq}{GM_E m_s}\cos\theta.
\end{aligned} \tag{7}$$

积分方程组（7）后，得摄动量为

$$\begin{aligned}
&\delta a = a - a_0 = A_s(\cos\theta - \cos\theta_0),\\
&\delta e = e - e_0 = E_s(\cos\theta - \cos\theta_0),\\
&\delta i = \delta\Omega = 0,\\
&\delta\tilde{\omega} = \delta\omega = Ws(\sin\theta - \sin\theta_0),\\
&\delta\varepsilon_0 = H_0(E - E_0) + Hs(\sin\theta - \sin\theta_0),\\
&\delta M_0 = \delta\varepsilon_0 - \delta\tilde{\omega} = M_0(E - E_0) + Ms(\sin\theta - \sin\theta_0),
\end{aligned} \tag{8}$$

其中长期项系数为

$$H_0 = M_0 = -\frac{2kQq}{GM_E m_s}, \tag{9}$$

周期项的振幅为

$$\begin{cases}
A_s = -\dfrac{2kQqe}{GM_E m_s(1-e^2)},\\
E_s = -\dfrac{kQq}{GM_E m_s},\\
W_s = -\dfrac{kQq}{GM_E m_s e},\\
H_s = -\dfrac{e}{1+\sqrt{1-e^2}}\cdot\dfrac{kQq}{GM_E m_s},\\
M_s = \dfrac{\sqrt{1-e^2}}{e}\cdot\dfrac{kQq}{GM_E m_s}.
\end{cases} \tag{10}$$

由（8）式和（9）式可得卫星在轨道上每周期的长期摄动进动量为

$$\begin{aligned}
&\Delta a = \Delta e = \Delta\tilde{\omega} = \Delta\omega = \Delta\Omega = 0,\\
&\Delta\varepsilon_0 = \Delta M_0 = 2\pi H_0 = 2\pi M_0 = -\frac{4\pi kQq}{GM_E m_s}(\mathrm{w}^{-1}),\\
&\dot{\varepsilon}_0 = \dot{M}_0 = -\frac{4\pi kQq}{GM_E m_s T} = -\frac{2kQq}{\sqrt{GM_E}\, m_s a^{\frac{3}{2}}(\mathrm{s}^{-1})}(\text{SI 单位}).
\end{aligned} \tag{11}$$

作为算例，假定质量 $m_s=1\ 000$ kg，带有负电量 $Q=-1$ C 的卫星在地球上空沿椭圆轨道半长径 $a=7\times10^6$ m，偏心率 $e=0.085$ 飞行时，取数据 $GM_E=3.985\ 992\times10^{14}$ m³/s² 和 $k=9\times10^9$（SI 单位），又用文［2］给出的地球静电场的电量 $Q=-5\times10^5$ C，将这些数据代入（10）和（11）式后，得到

$$H_0=M_0=-0.022\ 577; \tag{12}$$

$$\begin{cases}A_s=-0.001\ 900(\text{m}),\\ E_s=-0.011\ 289,\\ W_s=-0.132\ 811(\text{rad}),\\ H_s=-0.000\ 481(\text{rad}),\\ M_s=0.132\ 330(\text{rad});\end{cases} \tag{13}$$

$$\begin{cases}\Delta\varepsilon_0=\Delta M_0=-0.141\ 789(\text{rad/w}),\\ \dot{\varepsilon}_0=\dot{M}_0=-2.103\ 040(\text{rad/d}).\end{cases} \tag{14}$$

现将（13）式所得各振幅值代入（8）式，并令初始真近点角 $\theta_0=0$ 后，可得轨道要素的摄动量随真近点角 θ 的周期性变化情况如表 1 所示.

表 1　轨道要素摄动量随真近点角周期性变化规律的数值表示

摄动量 \ θ	0°	90°	180°	270°	360°
δa(m)	0	+0.001 900	+0.003 800	+0.001 900	0
δe	0	+0.011 289	+0.022 378	+0.011 289	0
$\delta\omega$(rad)	0	−0.132 811	0	+0.132 811	0
$\delta\varepsilon_0$(rad)	0	−0.000 481	0	+0.000 481	0
δM_0(rad)	0	+0.132 330	0	−0.132 330	0

由（14）式计算的轨道要素受到的长期项摄动变化率每周期或每日的进动值也是很大的，如对平近点角的进动速率每日达 2 弧度之多.

4. 结　论

（1）地球静电场对带电人造卫星的轨道半长径虽无长期振动影响，但有周期性变化的摄动影响，而地球磁场对轨道半长径既无长期摄动也无周期摄动影响[1]. 这是两种场对轨道半长径作用不同的地方，这也符合地球磁场对带电卫星不做功而电场对带电卫星做功的原因. 然而，两种场对轨道偏心率的摄动影响均以余弦三角函数变化，只是周期项的振幅变化值有所不同.

（2）地球静电场对轨道近地点经度没有长期摄动影响，只有以正弦三角函数变化的

周期摄动，这也同磁场对近地点经度的摄动影响有所不同.

（3）历元平经度或平近点角均有长期摄动和周期摄动影响，但地球磁场对平近点角只有周期摄动影响.

（4）地球静电场对非赤道卫星的轨道倾角和升交点经度均无摄动影响，但地球磁场对这两个轨道要素均有摄动影响. 这是由于地球静电场是有心力场，而地球磁场是非有心力场.

参考文献

［1］李林森. 宇航学报，1996，4：6-8，61.

［2］荒木俊马，等. 太阳系. 东京宇宙物理学研究会再版，1949：110-113.

［3］易照华. 天体力学教程. 上海：上海科学技术出版社，1962：225.

地球磁场对带电赤道卫星的轨道半长轴和偏心率的摄动影响*

摘要： 本文利用摄动理论研究了带电的赤道卫星在地球磁场中做椭圆轨道运动时地磁摄动力对轨道半长径和偏心率的摄动影响. 研究结果表明：地磁场对带电赤道卫星的轨道半长径没有摄动影响，既无周期摄动，也无长期摄动，但对轨道偏心率有摄动影响，且只有周期性摄动，无长期摄动. 当卫星自身带电量较大时，这种摄动影响必须予以考虑.

关键词： 带电赤道卫星；地磁摄动；轨道半长径和偏心率的变化

1. 引　言

由于地球的近地空间存在着磁场，带电卫星在地球磁场中运动时其轨道必然要受到地磁场的摄动影响. 文［1］曾研究过地球磁场对带电赤道卫星的圆形轨道的摄动影响并做了图解式的定性讨论. 本文用摄动理论的定量方法研究地磁摄动力对在椭圆轨道上的赤道卫星的轨道半长径和偏心率的摄动影响. 由于轨道半长径和偏心率表示轨道的大小和形状，故研究这两个轨道要素的变化很有意义. 此外，当导电金属卫星在地磁场运行，卫星自身带电量较大时，考虑这种影响也很有必要.

2. 带电赤道卫星在地磁场中受到的地磁摄动分量

文献［1］曾给出带有电量 Q 的赤道卫星在引力场和地磁场作用下的运动方程：

$$-\frac{GM_SM_E+hQ\dot{\theta}}{r^2}=(\ddot{r}-r\dot{\theta}^2)M_S, \tag{1}$$

$$-\frac{hQ\dot{r}}{r^3}=(2\dot{r}\dot{\theta}+r\ddot{\theta})M_S, \tag{2}$$

式中 M_S 和 M_E 分别表示卫星质量和地球质量，r 为卫星的地心向径，G 为引力常数，而 h 和地球磁矩 M 的关系为

$$h=\frac{\mu_0M}{4\pi}, \tag{3}$$

μ_0 为真空磁导率，θ 为真近点角，$\dot{\theta}=\frac{\mathrm{d}\theta}{\mathrm{d}t}$，$\dot{r}=\frac{\mathrm{d}r}{\mathrm{d}t}$.

---

* 原文载于《宇航学报》，1996，17（4）：6-8，60.

本文利用方程（1）（2）推出地磁场对带电赤道卫星产生的摄动加速度分量.

由方程组（1）（2）可以看出，方程（1）是摄动力在径向方向产生的分量，左端项是地磁场和引力场联合产生的分量，其中第二项是地磁场产生的分量. 方程（2）的左端项是地磁场在垂直径向方向产生的分量. 如果用 S 表示地磁摄动加速度在径向方向的分量，用 T 表示垂直径向方向的分量，则

$$S=\ddot{r}-r\dot{\theta}^2=\frac{hQ}{M_S r^2}\dot{\theta},\tag{4}$$

$$T=2\dot{r}\dot{\theta}+r\ddot{\theta}=-\frac{hQ}{M_S r^3}\dot{r}.\tag{5}$$

按二体问题，有[3]

$$\dot{\theta}=\frac{\mathrm{d}\theta}{\mathrm{d}t}=\frac{na^2\sqrt{1-e^2}}{r^2},\ \dot{r}=\frac{\mathrm{d}r}{\mathrm{d}t}=\frac{nae}{\sqrt{1-e^2}}\sin\theta,\tag{6}$$

式中 n 为平均运动，由 Kepler 第三定律，与

$$n^2a^3=GM_E\tag{7}$$

相联系.

将（6）式代入（4）（5）式后即得用轨道要素表示的地磁摄动加速度分量：

$$S=\frac{hQ}{M_S}\cdot\frac{na^2\sqrt{1-e^2}}{r^4},\tag{8}$$

$$T=-\frac{hQ}{M_S}\cdot\frac{nae}{\sqrt{1-e^2}}\cdot\frac{\sin\theta}{r^3}.\tag{9}$$

3. 地磁场对带电赤道卫星的轨道半长径和偏心率的摄动影响

卫星在椭圆轨道上在摄动力作用下轨道半长径 a 和偏心率 e 随时间变化的方程式可由天体力学给出的拉格朗日的摄动方程表示[4]：

$$\frac{\mathrm{d}a}{\mathrm{d}t}=\frac{2}{n\sqrt{1-e^2}}\left[Se\sin\theta+\frac{p}{r}T\right],\tag{10}$$

$$\frac{\mathrm{d}e}{\mathrm{d}t}=\frac{\sqrt{1-e^2}}{na}[S\sin\theta+T(\cos E+\cos\theta)].\tag{11}$$

现在将（8）（9）式的 S 和 T 代入（10）（11）式，用关系式 $r=\dfrac{p}{1+e\cos\theta}=a(1-e\cos E)$，$p=a(1-e^2)$ 或 $\cos E=\dfrac{\cos\theta+e}{1+e\cos\theta}$ 代入（10）（11）式，并做如下变换，即将时间 t 为自变量改为真近点角 θ 为自变量或按（6）式

$$\mathrm{d}t=\frac{r^2\mathrm{d}\theta}{na^2\sqrt{1-e^2}}=\frac{(1-e^2)^{\frac{3}{2}}}{n(1+e\cos\theta)}\mathrm{d}\theta\tag{12}$$

做变换，则方程组（10）（11）可得以 θ 为自变量的摄动方程：

$$\frac{\mathrm{d}a}{\mathrm{d}\theta}=0,\tag{13}$$

$$\frac{\mathrm{d}e}{\mathrm{d}\theta}=\frac{hQ\sin\theta}{M_S na^3(1-e^2)^{\frac{1}{2}}}. \tag{14}$$

将（3）式和（7）式的 $h=\frac{\mu_0 M}{4\pi}$，$n=\frac{(GM_E)^{\frac{1}{2}}}{a^{\frac{3}{2}}}$ 代入上述方程后两端积分，则得地球磁场对带电赤道卫星的轨道半长径和偏心率的摄动变量：

$$\delta a=a-a_0=0, \tag{15}$$

$$\delta e=e-e_0=-\frac{\mu_0 MQ(1-e^2)}{4\pi M_S\sqrt{GM_E p^3}}(\cos\theta-\cos\theta_0), \tag{16}$$

式中 $p=a(1-e^2)$.

（15）式的结果表示，地磁摄动力对带电卫星的轨道半长径没有摄动影响，故有

$$a=a_0. \tag{17}$$

（16）式的结果表示，地磁摄动力对带电卫星的轨道偏心率有以余弦三角函数为周期变化的摄动影响，周期变化的振幅为

$$E=-\frac{\mu_0 MQ(1-e^2)}{4\pi M_S\sqrt{GM_E p^3}}. \tag{18}$$

故偏心率 e 随真近点角 θ 的变化有

$$e=e_0+E(\cos\theta-\cos\theta_0), \tag{19}$$

半长径、偏心率每周转的进动量为

$$\Delta a=0,\ \Delta e=0. \tag{20}$$

作为算例，假定质量 $M_S=1\,000$ kg，带有电量 $Q=1$ C 的卫星在地球赤道上空沿椭圆轨道半长径 $a=7\times10^6$ m，偏心率 $e=0.098$ 飞行时，取数据 $GM_E=3.985\,992\times10^{14}\ \mathrm{m^3/s^2}$，用文［2］给出的 $M=8.1\times10^{22}\ \mathrm{A\cdot m^2}$，$\mu_0=4\pi\times10^{-7}$ H/m，将这些数据代入（18）式后得周期变化的振幅

$$E=-2.174\times10^{-5}.$$

如果令（16）式中的初始真近点角 $\theta_0=0$（$\cos\theta_0=1$），再由（16），（18）和（19）式可以计算出卫星在椭圆轨道上运转一周时偏心率的摄动量 δe 随真近点角 θ 由 0°到 360°变化的情况：θ 由 0°增加到 90°时，δe 值由 0 增加到 2.174×10^{-5}，e 也由0.098增大；当 θ 增加到 180°时，δe 值增加到最大值，为 $\theta=90°$时的两倍：4.348×10^{-5}，此时 e 也增加到最大值；当 $\theta=270°$时，δe 值又减小到$\theta=90°$时的值；到$\theta=360°$时，$\delta e=0$. 因此，带电卫星在地磁摄动力作用下轨道偏心率呈周期性变化.

4. 结　论

（1）地球磁场对带电赤道卫星的轨道半长径没有摄动影响，既无周期性摄动，也无长期摄动. 从摄动理论推出的这个结果同磁场对卫星不做功所得到的轨道半长径不会有影响的结果是一致的.

（2）地球磁场对带电赤道卫星的轨道偏心率有周期性摄动影响，但无长期摄动效

应. 周期摄动量最大值在真近点角 θ 为 180°处，每周转进动量为零.

参考文献

[1] Fain W W, Greer J. Electrically charged bodies moving in the Earth's magnetic field. A R S Journal, 1959, 29 (6): 451-453.

[2] Westerman H R. Perturbation approach to the effect of the geomagnetic field on a charged satellite. ARS Journal, 1960, 30: 204-206.

[3] Smart W M. Celestial Mechanics, 1953, London, New York, Toronto, 18.

[4] 易照华. 天体力学教程. 上海：上海科学技术出版社，1961：225.

地球磁场对带电人造卫星轨道根数的摄动影响*

摘要： 本文研究了地球磁场对带电的非赤道卫星的轨道根数的摄动影响．理论结果表明，地球磁场对带电卫星的轨道半长轴没有摄动影响，既无周期摄动，也无长期摄动，但对轨道偏心率、轨道倾角、升交点赤经、近地点经度和历元平近点角均有周期摄动，且对升交点和近地点经度有长期摄动效应．算例表明，当卫星带有大量电荷时，地球磁场对卫星轨道的摄动影响必须加以考虑．

关键词： 地球磁场；带电卫星；轨道根数；摄动

卫星带电一方面是因为发射时卫星自身带有电荷，另一方面是因为导体金属卫星穿过电离层时获得电荷而成为带有负电荷的卫星．电离层是由电离气体（氧、氮、离子和电子）所组成，当导体金属卫星穿过电离气体时，卫星同离子和电子相碰撞后获得电荷．这主要是电子的热速度比离子速度大 60 倍，电子比离子运动更快，所以撞击在卫星上的电子流量比相应的离子流量大，结果在卫星表面上获得负电荷而带电．

地球除具有引力场外也是一个具有电磁场的天体．当带电卫星在地球电磁场运行时，其轨道根数要受到地球电磁场的摄动影响．笔者在文［1］中研究了地球静电场对带电卫星的轨道根数的摄动影响问题，其结果是有意义的．笔者在文［2］和文［3］研究的基础上研究了地球磁场对带电赤道卫星的轨道根数的摄动影响．然而，文［3］只限于卫星在圆形轨道的情形，而文［2］又将其推广到椭圆轨道的情形，且两者都限于卫星在地球赤道上空飞行的情形，不适于有一定轨道倾角的非赤道卫星的情形．另外，笔者在文［2］中也只给出地球磁场对赤道带电卫星的轨道半长轴和轨道偏心率的摄动效应．研究有任意轨道倾角的卫星轨道变化比只限于赤道卫星轨道变化更有广泛意义，特别是地球磁场对卫星的所有轨道根数的摄动影响．因此，本文有必要对前文做一推广．文中首先将卫星在地磁场中所受的洛伦兹力分解成在直角坐标系中的三分量，然后推出卫星在轨道上所受的摄动分量 S，T 和 W，最后用高斯型摄动方程推出全部轨道根数的摄动量．

* 原文载于《云南天文台台刊》，2001（2）：18-25.

1. 地球磁场对轨道上带电卫星所产生的摄动加速度分量

当带有电量 Q 的卫星在地球磁场内以速度 $\boldsymbol{V}$ 运动时，卫星将受到洛伦兹力 $\boldsymbol{F}$. 设卫星在地心赤道直角坐标系（x，y，z）中飞行，则将洛伦兹力分解成三个分量 F_x，F_y 和 F_z 后就可推出作用在卫星上的径向摄动加速度 S，垂直径向摄动加速度 T 和垂直于轨道面的摄动加速度 W 三个分量. 由于坐标轴的指向可任意选定，为推算方便，选取 x 轴在轨道交点线（轨道面和赤道面的交线）上，这时升交点经度 $\Omega=0$，故由三方向余弦所表示的 S，T 和 W 式子简化如下：

$$\begin{aligned}
m_s S &= \cos(f+\omega)F_x + \sin(f+\omega)\cos iF_y + \sin(f+\omega)\sin iF_z,\\
m_s T &= -\sin(f+\omega)F_x + \cos(f+\omega)\cos iF_y + \cos(f+\omega)\sin iF_z,\\
m_s W &= -\sin iF_y + \cos iF_z.
\end{aligned}\tag{1}$$

式中 m_s 为卫星的质量，i 为轨道面对地球赤道面的倾角，ω 为近点辐角（近点角距），f 为真近点角.

根据电磁学理论，如果采用国际单位制（SI 制），洛伦兹力可写成

$$\boldsymbol{F}=Q[\boldsymbol{V}\times\boldsymbol{B}]=Q\begin{vmatrix}\boldsymbol{i} & \boldsymbol{j} & \boldsymbol{k}\\ \dot{x} & \dot{y} & \dot{z}\\ B_x & B_y & B_z\end{vmatrix},\tag{2}$$

式中 $\dot{x}$，$\dot{y}$ 和 $\dot{z}$ 为卫星在直角坐标中速度矢量 $\boldsymbol{V}$ 的三个分量，B_x，B_y 和 B_z 为磁感应强度矢量 $\boldsymbol{B}$ 的三个分量.

在电磁学理论中曾给出磁感应强度 $\boldsymbol{B}$ 在极坐标中的三个分量 B_r，B_θ 和 B_φ，但推算时将磁矩 $\boldsymbol{M}$ 选取在 z 轴（自转轴）的同一方向上，所给出的三个分量为正. 然而，根据地球的实际情况，地球磁矩 $\boldsymbol{M}$ 的指向同 z 轴方向相差近 180°（$\boldsymbol{M}$ 与 z 轴单位矢量 $\boldsymbol{k}$ 之间的夹角约 168.5°），所以两者指向相反方向. 故文［4］给出的磁感应强度的三个分量应为负，而文［5］给出的 B_r 和 B_θ 也是负的，所以本文取

$$\begin{aligned}
B_r &= -\frac{\mu_0 M}{4\pi}\cdot\frac{2\cos\theta}{r^3},\\
B_\theta &= -\frac{\mu_0 M}{4\pi}\cdot\frac{\sin\theta}{r^3},\\
B_\varphi &= 0.
\end{aligned}\tag{3}$$

式中 M 为地球磁偶极子矩，μ_0 为真空磁导率，θ 为在径向 r 处 P 点同 z 轴的交角. 采用球面极坐标：$x=r\sin\theta\cos\varphi$，$y=r\sin\theta\sin\varphi$，$z=r\cos\theta$ 后可推出磁感应强度 $\boldsymbol{B}$ 在直角坐标中的三个分量：

$$\begin{aligned}
B_x &= B_r\sin\theta\cos\varphi + B_\theta\cos\theta\cos\varphi,\\
B_y &= B_r\sin\theta\sin\varphi + B_\theta\cos\theta\sin\varphi,\\
B_z &= B_r\cos\theta - B_\theta\sin\theta.
\end{aligned}$$

将（3）式的 B_r，B_θ 和极坐标三个分量代入上式，得

$$
\begin{aligned}
B_x &= -\frac{\mu_0 M}{4\pi} \cdot \frac{3zx}{r^5}, \\
B_y &= -\frac{\mu_0 M}{4\pi} \cdot \frac{3yz}{r^5}, \\
B_z &= -\frac{\mu_0 M}{4\pi}\left(\frac{3z^2}{r^5} - \frac{1}{r^3}\right).
\end{aligned} \tag{4}
$$

将（4）式代入（2）式后得卫星所受的洛伦兹力三分量：

$$
\begin{aligned}
F_x &= \frac{Q\mu_0 M}{4\pi r^5}[(x^2 + y^2 - 2z^2)\dot{y} + 3yz\dot{z}], \\
F_y &= -\frac{Q\mu_0 M}{4\pi r^5}[(x^2 + y^2 - 2z^2)\dot{x} + 3xz\dot{z}], \\
F_z &= -\frac{3Q\mu_0 M}{4\pi r^5}[yz\dot{x} - xz\dot{y}].
\end{aligned} \tag{5}
$$

用天体力学方法将 x，y，z 和 $\dot{x}$，$\dot{y}$，$\dot{z}$ 用轨道根数和真近点角 f 表示：

$$
\begin{cases}
x = r\cos(f + \omega), \\
y = r\sin(f + \omega)\cos i, \\
z = r\sin(f + \omega)\sin i;
\end{cases}
$$

$$
\begin{cases}
\dot{x} = \dfrac{na}{\sqrt{1-e^2}}[-e\sin\omega - \sin(\omega + f)], \\
\dot{y} = \dfrac{na}{\sqrt{1-e^2}}\cos i[e\cos\omega + \cos(\omega + f)], \\
\dot{z} = \dfrac{na}{\sqrt{1-e^2}}\sin i[e\cos\omega + \cos(\omega + f)].
\end{cases}
$$

将这些代入（5）式，可得

$$
\begin{aligned}
F_x &= \frac{Q\mu_0 M}{4\pi\sqrt{1-e^2}} \cdot \frac{an}{r}\cos i[e\cos\omega + \cos(\omega + f)], \\
F_y &= \frac{Q\mu_0 M}{4\pi\sqrt{1-e^2}} \cdot \frac{an}{r}[e\sin\omega + \sin(\omega + f) - 3\sin^2 i\sin(\omega + f)(1 + e\cos f)], \\
F_z &= \frac{3Q\mu_0 M}{4\pi\sqrt{1-e^2}} \cdot \frac{an}{r}\sin i\cos i\sin(\omega + f)\cos(\omega + f).
\end{aligned} \tag{6}
$$

式中 a 为轨道半长轴，n 为轨道角速度（平均运动）.

将（6）式代入（1）式后便得到用轨道根数表示的摄动加速度三分量：

$$S=\frac{\mu_0 QMan}{4\pi m_s\sqrt{1-e^2}}\cdot\frac{\cos i}{r^3}(1+e\cos f)=\frac{\mu_0 QMa^2 n\sqrt{1-e^2}}{4\pi m_s r^4}\cos i,$$

$$T=-\frac{\mu_0 QMane}{4\pi m_s\sqrt{1-e^2}}\cdot\frac{\cos i}{r^3}\sin f, \tag{7}$$

$$W=\frac{1}{2}\cdot\frac{\mu_0 QMan}{4\pi m_s\sqrt{1-e^2}}\cdot\frac{\sin i}{r^3}[e\sin\omega+4\sin(\omega+f)+3e\sin(\omega+2f)].$$

式中 m_s 为卫星的质量.

如果上式中的轨道倾角 $i=0$，则可化为在文［2］中所推得的带电赤道卫星受到的摄动三分量：

$$S=\frac{\mu_0 MQ}{4\pi m_s}\cdot\frac{na\sqrt{1-e^2}}{r^4}=\frac{hQna\sqrt{1-e^2}}{m_s r^4},$$

$$T=-\frac{\mu_0 MQ}{4\pi m_s}\cdot\frac{nae\sin f}{\sqrt{1-e^2}\,r^3}=-\frac{hQnae\sin f}{m_s\sqrt{1-e^2}\,r^3},$$

$$W=0.$$

式中 $h=\frac{\mu_0 M}{4\pi}$（h 为文［2］中引用的符号）.

2. 地磁摄动力对带电卫星的轨道根数产生的摄动量

由于本文先给出的不是摄动函数 R，而是摄动三分量 S，T，W，故本文需采用高斯型摄动方程[6]：

$$\frac{\mathrm{d}a}{\mathrm{d}t}=\frac{2a^2}{\sqrt{\mu p}}\left(e\sin fS+\frac{p}{r}T\right),$$

$$\frac{\mathrm{d}e}{\mathrm{d}t}=\frac{\sqrt{\mu p}}{\mu}\sin fS+\frac{\sqrt{\mu p}}{\mu}(\cos f+\cos E)T,$$

$$\frac{\mathrm{d}i}{\mathrm{d}t}=\frac{r}{\sqrt{\mu p}}\cos(\omega+f)W,$$

$$\frac{\mathrm{d}\Omega}{\mathrm{d}t}=\frac{r}{\sqrt{\mu p}}\cdot\frac{\sin(\omega+f)}{\sin i}W, \tag{8}$$

$$\frac{\mathrm{d}\omega}{\mathrm{d}t}=-\frac{\sqrt{\mu p}}{e\mu}\cos fS+\frac{\sqrt{\mu p}}{e\mu}\left(1+\frac{r}{p}\right)\sin fT-\frac{r}{\sqrt{\mu p}}\mathrm{ctg}\, i\sin(\omega+f)W,$$

$$\frac{\mathrm{d}M_0}{\mathrm{d}t}=\frac{p}{e\sqrt{a\mu}}\left[\left(\cos f-\frac{2er}{p}\right)S-\left(1+\frac{r}{p}\right)\sin fT\right].$$

式中 $p=a(1-e^2)$，$\mu=Gm_E=n^2a^3$，m_E 为地球质量.

将（7）式的 S，T，W 代入以上方程组后右端可展开成真近点角 f 的函数，但左端的轨道根数都是时间 t 的函数，故需将时间 t 变换成真近点角 f. 按照文［7］［8］的变换法，对以上方程组利用椭圆轨道运动公式[8]：

$$\mathrm{d}t=\frac{1}{n}\left(\frac{r}{a}\right)^{2}\frac{1}{\sqrt{1-e^{2}}}\mathrm{d}f, \tag{9}$$

变换方程组（8）的左端，并将式中 $r=\dfrac{p}{1+e\cos f}$ 代换后，再由 $\mu=Gm_E$，则可推得：

$$\frac{\mathrm{d}a}{\mathrm{d}f}=\frac{\mathrm{d}a}{\mathrm{d}t}\cdot\frac{\mathrm{d}t}{\mathrm{d}f}=0,$$

$$\frac{\mathrm{d}e}{\mathrm{d}f}=\frac{\mu_0}{4\pi}\cdot\frac{QM(1-e^2)}{m_s\sqrt{Gm_E p^3}}\cos i\sin f,$$

$$\frac{\mathrm{d}i}{\mathrm{d}f}=\frac{\mu_0}{8\pi}\cdot\frac{QMn\sin i}{Gm_s m_E(1-e^2)^{\frac{3}{2}}}\Big[e\sin f+\frac{1}{2}e\sin(2\omega+f)$$
$$+2\sin(2\omega+2f)+\frac{3}{2}e\sin(2\omega+3f)\Big],$$

$$\frac{\mathrm{d}\Omega}{\mathrm{d}f}=\frac{\mu_0 QMn}{4\pi Gm_E m_s(1-e^2)^{\frac{3}{2}}}\Big[1+e\cos f-\frac{1}{4}e\cos(2\omega+f)$$
$$-\cos(2\omega+2f)-\frac{3}{2}e\cos(2\omega+3f)\Big],$$

$$\frac{\mathrm{d}\omega}{\mathrm{d}f}=-\frac{\mu_0 QMn\cos i}{4\pi Gm_E m_s(1-e^2)^{\frac{3}{2}}}e\Big[3e+(1+2e^2)\cos f-\frac{1}{4}e^2\cos(2\omega+f)$$
$$-e\cos(2\omega+2f)-\frac{3}{4}e^2\cos(2\omega+3f)\Big],$$

$$\frac{\mathrm{d}M_0}{\mathrm{d}f}=\frac{\mu_0 QM(1-e^2)^{\frac{3}{2}}\cos i}{4\pi m_s\sqrt{Gm_E p^3}\,e}\cos f.$$

积分上面的方程组，并利用 $n^2a^3=Gm_E$，则可得到轨道根数所受的摄动量：

$$\delta a=a-a_0=0, \tag{10}$$

$$\delta e=e-e_0=-K(1-e^2)\cos i(\cos f-\cos f_0), \tag{11}$$

$$\delta i=i-i_0=\frac{1}{4}K\sin i\{e\sin 2\omega(\sin f-\sin f_0)+2\sin 2\omega(\sin 2f-\sin 2f_0)$$
$$+e\sin 2\omega(\sin 3f-\sin 3f_0)-[(2+\cos 2\omega)e](\cos f-\cos f_0)$$
$$-2\cos 2\omega(\cos 2f-\cos 2f_0)-e\cos 2\omega(\cos 3f-\cos 3f_0)\}, \tag{12}$$

$$\delta\Omega=K\Big\{(f-f_0)+\Big[\Big(1-\frac{1}{4}\cos 2\omega\Big)e\Big](\sin f-\sin f_0)$$
$$-\frac{1}{2}\cos 2\omega(\sin 2f-\sin 2f_0)-\frac{1}{4}e\cos 2\omega(\sin 3f-\sin 3f_0)$$
$$-\frac{1}{4}e\sin 2\omega(\cos f-\cos f_0)-\frac{1}{2}\sin 2\omega(\cos 2f-\cos 2f_0)$$

$$-\frac{1}{4}e\sin 2\omega(\cos 3f-\cos 3f_0)\Big\},\tag{13}$$

$$\delta\omega=-\frac{K\cos i}{e}\Big\{3e(f-f_0)+\left(1+2e^2-\frac{1}{4}e^2\cos 2\omega\right)(\sin f-\sin f_0)$$

$$-\frac{1}{2}e\cos 2\omega(\sin 2f-\sin 2f_0)-\frac{1}{4}e^2\cos 2\omega(\sin 3f-\sin 3f_0)$$

$$-\frac{1}{4}e^2\sin 2\omega(\cos f-\cos f_0)-\frac{1}{2}e\sin 2\omega(\cos 2f-\cos 2f_0)$$

$$-\frac{1}{4}e^2\sin 2\omega(\cos 3f-\cos 3f_0)\Big\},\tag{14}$$

$$\delta\tilde{\omega}=\delta\omega+\delta\Omega,\tag{15}$$

$$\delta M_0=\frac{K\cos i(\sin f-\sin f_0)}{e},\tag{16}$$

$$\delta\varepsilon_0=\delta M_0+\delta\tilde{\omega},\delta\tau=\frac{-\delta M_0}{n}.\tag{17}$$

（10）～（17）式中，

$$K=\frac{\mu_0 QM}{4\pi m_s\sqrt{Gm_E P^3}},P=a(1-e^2).\tag{18}$$

τ 为过近地点时刻.

当 $i=0$ 时（赤道卫星情形），（10）（11）式中的 δa 和 δe 化为文［2］中所推得的结果.

3. 周期摄动和长期摄动及其效应的估计

由前节所得轨道根数的摄动量（10）～（18）式可以看出，除轨道半长轴 a 没有周期和长期摄动外，其他轨道根数均受摄动影响. e，i，Ω，ω，$\tilde{\omega}$，M_0 和 ε_0 均有周期摄动，摄动项的振幅已由（10）～（18）式给出，而 ω 或 $\tilde{\omega}$，Ω 和 ε_0 还有长期摄动效应.

长期摄动的每周转进动量和进动速度为

$$\begin{cases}\Delta\Omega=2\pi K=\left[\dfrac{\mu_0 QM}{2m_s\sqrt{Gm_E p^3}}\right](\text{rad/w}),\\ \Delta\omega=-3\times 2\pi K\cos i=-\left[\dfrac{3\mu_0 QM\cos i}{2m_s\sqrt{Gm_E p^3}}\right](\text{rad/w}),\\ \Delta\tilde{\omega}=(\Delta\omega+\Delta\Omega)(\text{rad/w}),\\ \Delta\varepsilon_0=\Delta\tilde{\omega}(\text{rad/w}).\end{cases}\tag{19}$$

$$\begin{cases}\dot{\Omega}=\dfrac{\mathrm{d}\Omega}{\mathrm{d}t}=\dfrac{\mu_0 QM}{2m_s\sqrt{Gm_E p^3}\,T},\\ \dot{\omega}=\dfrac{\mathrm{d}\omega}{\mathrm{d}t}=-\dfrac{3\mu_0 QM\cos i}{2m_s\sqrt{Gm_E p^3}\,T},\\ \dot{\tilde{\omega}}=\dot{\omega}+\dot{\Omega},\dot{\varepsilon}_0=\dot{\tilde{\omega}},\end{cases}\tag{20}$$

式中 T 为轨道周期.

作为算例，设质量 $m_s=1\ 000$ kg，带有表面电量 $Q=1$ C 的卫星在地面上空以轨道倾角 $i=35°$沿椭圆轨道半长轴 $a=7\times10^6$ m，偏心率 $e=0.085$，轨道周期 $T=1.618\ 2$ h 飞行. 现用（19）（20）式计算地球磁场对此卫星的轨道根数的长期摄动效应.

取文献［9］中 $Gm_E=3.985\ 9\times10^{14}\ \mathrm{m^3/s^2}$，$\mu_0=4\pi\times10^{-7}$ H/m，$M=8.1\times10^{22}\ \mathrm{A\cdot m^2}$. 采用国际单位制（SI 制）计算，将以上各数据代入（19）（20）式后，得

$$\begin{cases}K=2.214\ 6\times10^{-5},\\ \Delta\Omega=1.390\ 8\times10^{-4}(\mathrm{rad/w}),\\ \Delta\omega=-3.417\ 8\times10^{-4}(\mathrm{rad/w}),\\ \Delta\tilde{\omega}=\Delta\varepsilon_0=-2.027\ 0\times10^{-4}(\mathrm{rad/w})\end{cases}\tag{21}$$

$$\begin{cases}\dot{\Omega}=2.062\ 7\times10^{-3}(\mathrm{rad/d}),\\ \dot{\omega}=-5.069\ 0\times10^{-3}(\mathrm{rad/d}),\\ \dot{\tilde{\omega}}=\dot{\varepsilon}_0=-3.006\ 3\times10^{-3}(\mathrm{rad/d}).\end{cases}\tag{22}$$

由算例可见，地球磁场对带有 1 C 电量的卫星轨道根数的长期摄动效应是很显著的.

4. 讨　论

（1）将本文的结果同文［1］的结果比较后可以看出，地球磁场和地球静电场对卫星轨道的摄动影响迥然不同. 如：地磁场对轨道半长轴无摄动效应，但地球静电场对半长轴有周期摄动效应；地球磁场对近地点经度除有长期摄动外还有周期性摄动，但地球静电场对近地点经度只有周期摄动，无长期摄动；地球磁场对平近点角只有周期摄动，地球静电场对平近点角不仅有周期摄动，还有长期摄动；地球磁场对轨道倾角和升交点经度均有摄动，地球静电场对此均无摄动影响. 此外，两种场对轨道偏心率均产生周期摄动效应，这是两者类似的地方. 两种场对卫星轨道产生不同的摄动效应就在于两种场的性质不同：地球静电场是有心力场，此场对卫星做功，而地球磁场是非有心力场，此场对卫星不做功.

（2）讨论卫星沿地球赤道或沿两极飞行时也有两种不同情形. 当卫星沿地球赤道上空飞行时，轨道倾角 $i=0$，由（10）～（18）式可知，除轨道半长轴和轨道倾角不受摄动影响外，对其他轨道根数均有摄动效应，虽然对升交点经度有摄动影响，但因轨道上无升交点线标志，对此摄动影响无意义. 当卫星沿赤道上空飞行时，此结果也同文［2］研究赤道卫星所得结果相一致，故文［2］是本文研究的特例. 当卫星通过地球两极飞行时，因 $i=90°$，由（10）～（16）式可知，地球磁场除对轨道倾角有周期摄动，

对升交点经度有周期和长期摄动外，对其他轨道根数均不产生摄动效应.

(3) 本文积分高斯型摄动方程组 (8) 时，按文 [7] [8] 将自变量由时间 t 转换成真近点角 f，用的是二体问题的近似式 (9)，积分的结果对每周转的摄动量不会产生误差，如计算时所用的 (19) 式的结果. 但只有卫星在任意真近点角 f 处才会产生由轨道偏心率的摄动量 δe 导致的误差，不过此误差是因周期项产生的，误差比较小，对所得结果影响不大. 上述理由是，因地球磁场对卫星不做功，故 $\delta r=0$，$\delta a=0$ (同 (10) 式相一致)，$\delta n=0$，每周转时由 (11) 式 $\delta e=0$，结果卫星在受摄动的轨道上每周转近点角随时间变化完全同未受摄动的二体问题 (9) 式相同. 但卫星在任意真近点角 f 处，由 (11) 式 $\delta e\neq 0$，产生误差，误差值很小，略去后，(9) 式作为近似式，用其变换仍是合理的.

参考文献

[1] 李林森. 地球静电场对带电卫星的轨道要素的摄动影响. 河北师范大学学报 (自然科学版)，1999，23 (2)：205.

[2] 李林森. 地球磁场对带电赤道卫星的轨道半长轴和偏心率的摄动影响. 宇航学报，1996，17 (4)：6.

[3] Fain W W, Greer J. Electrically charged bodies motion in the Earth's magnetic field. ARS Journal, 1959, 29 (6): 451.

[4] 旺斯纳斯 R K，等，电磁场. 陈菊华，等译. 北京：科学出版社，1987：280.

[5] Shapiro I I, Jones H M. Effects of the Earth's magnetic field on the orbit of a charged satellite. J Geophys Res, 1961, 66 (12): 412.

[6] 郑学塘，倪彩霞. 天体力学和天文动力学. 北京：北京师范大学出版社，1989：146.

[7] Гръеников Е А. О вековых возмушениях в теориц движения искусственных спугников ЗЕМЛП. Асгрон Ж, 1959, 36 (6): 1111.

[8] Kozai Y. The motion of a close Earth satellite. Astron J, 1959, 64 (1274): 367.

[9] Westerman H R. Perturbation approach to the effect of the geomagnetic field on a charged Satellite. ARS Journal, 1960, 30: 204.

Perturbation Effect of the Coulomb Drag on the Orbital Elements of the Earth Satellite Moving in the Ionosphere*

Abstract: The perturbation effects of the Coulomb drag on the orbital elements of the earth satellite moving in the ionosphere are studied. The theoretical results show that the Coulomb drag results in both the secular and periodic variation in the semi-major axis and eccentricity. However, the argument of the perigee exhibits no secular variation, but only periodic variation. The inclination and the ascending node remain no variation. As an example, the secular effects of the Coulomb drag on the semi-major axis and the eccentricity of an ionosphere satellite Alouette (S-27) are calculated in the ionosphere with the mean height 1 000 km. It can be shown that the semi-major axis contracts and the eccentricity decreases for the case of the Coulomb drag under the interaction of the ions with the electric field of an Earth satellite.

Keywords: ionosphere; Coulomb drag; variation of orbital elements of satellite

1. Introduction

The atmosphere near the Earth surface is mainly the atmosphere without charged neutral particle, but in the ionosphere there exist the charged particle, such as, electrons and ions except for the neutral particle. Hence when the satellite moves in the space near the Earth surface, the influence of the drag on the orbit of the satellite is arisen mainly from the drag of the neutral particle and is not arisen from the charged particles. Hence in this condition the influence of Coulomb drag on the orbit is not important. However, when the satellite moves at the height of ionosphere, the influence of the atmosphere drag on the orbit is secondary due to the rarefied atmosphere. The Coulomb drag resulting from the electrons and ions plays main role in the ionosphere.

* 原文载于 *Acta Astronautica*, 2011 (68): 717-721.

The Coulomb drag is termed the electrostatic drag. After a great number of the flux of the electrons hitting on the satellite surface, the satellite acquires a negative charge and the electric field.

The Coulomb drag is produced by the Coulomb force between the charge on the satellite and the charge on the ions. Chopra[1] points out that thc Coulomb forcc under the interaction of ions with the electric field of the satellite changes the motion of the charge particle. The electrons and ions describe hyperbolic orbit about the charged satellite. In these encounters, the charged particles gain momentum in a direction perpendicular to the path of the satellite. As a consequence, the satellite speed is reduced. Accordingly, the drag is formed.

The Coulomb drag is divided into the drag with magnetic field and without magnetic field[5]. Jastrow and Pearse[2], Kraus and Watson[3], Chopra and Singer[4] studied in detail the Coulomb drag without magnetic field. They all gave the expressions for the drag and drag coefficient, but influence of this drag on the orbit of satellite is not studied. Later on, Ai'pert et al.[6] studied the motion of artificial satellites in a rarefied plasma in detail too, but they did not give the secular effect of the rarefied plasma on the variation of the orbital elements of the satellite too. The research for this influence is a significant problem. This paper researches and calculates the effect of the Coulomb drag on the variation of the orbital elements of an ionosphere satellite Alouette (S-27) at the mean height 1 000 km in the ionosphere using the theory of Chopras drag under the interaction of the electric field of satellite with ions and electrons. The drag is divided into two cases for the speed of satellite larger than the speed of ions and smaller than the speed of the electrons when the satellite acquired the charge.

2. Coulomb drag and the coefficient of the drag

Jastrow-Pearse's theory is valid for the case where the electric field of the satellite is confined only to the surface and does not penetrate outer region, such as the atmosphere. This theory and the theory of Kraus et al. all have a limited scope for the application of the satellite. Their results are significant for a linear dimensions small body moving in almost completely ionized atmosphere. The theory of Chopra et al. conjecture that the electric field of the charged satellite is not confined to the surface alone, and the electric field penetrates the whole atmosphere. The number of particle at equal distance from the center of the satellite increases as the square of distance. Therefore the region of influence extends to a larger linear dimension. The theory of Chopra-Singer is superior to the theory of Jastrow-Pearse. Hence this paper adopts the theory of Coulomb drag of Chopra et al.

Chopra and Singer[4] obtained the Coulomb drag according to the decrease in the satellite speed given by Chandrasehar and Spitzer, and dividing the drag into two cases in application to the artificial satellite.

(1) The case for $v_s > v_i$, i. e, the satellite speed v_s is larger than the ion's speed v_i. This case is the case for the Coulomb drag under the interaction of the ions with the electric field of the satellite.

In this case the drag F_i and drag coefficient $C_{D,i}$ are, respectively,[1]

$$F_i = \left[8\pi N_i R^2 \frac{(eV_{eq})^2}{m_i v_s^2}\right] \log_n\left(\frac{\lambda_D}{P_0}\right), \tag{1}$$

$$C_{D,i} = 4\frac{N_i}{N}\left[\frac{eV_{eq}}{\frac{1}{2}m_i v_s^2}\right]^2 \log_n\left(\frac{\lambda_D}{P_0}\right), \tag{2}$$

where the equilibrium potential

$$V_{eq} = \frac{kT_e}{2}\log_n\left(\frac{m_i T_e}{m_e T_i}\right) \text{Volt}.$$

The coefficient of drag is an important factor in terms of drag F_i. The drag is expressed by the coefficient of drag, hence the expression (1) is introduced the coefficient of drag, C_D, and then, the general expression of drag can be written as

$$F_i = \frac{1}{2}C_{D,i}(\pi R^2)(m_i N)v_s^2. \tag{3}$$

In the right of the expression (1), R is the radius of satellite, m_i and m_e denote the mass of ion and electron, T_i and T_e denote the temperature of the ion and electron, N is the number density of the neutral particle, N_i is the number density of the ion. P_0 denotes the impact parameter, λ_D is Debye length, k is Boltzmann constant.

(2) The case for $v_s < v_e$, i. e, the speed of satellite is smaller than the speed of the electron. This case belong to the case for the Coulomb drag under the interaction of the electron with the electric field of the satellite. In this case the drag F_e and the frag coefficient $C_{D,e}$ are, respectively,[1]

$$F_e = 10\left(\frac{m_e}{T_e^3}\right)^{\frac{1}{2}} N_e (RV_{eq})^2 \log_n\left(\frac{\lambda_D}{P_0}\right) v_s, \tag{4}$$

$$C_{D,e} = \left[\frac{20}{(\pi^2 m_e T_e^3)^{\frac{1}{2}}}\right]\left(\frac{N_e}{N}\right)\left(\frac{V_{eq}^2}{v_s}\right)\log_n\left(\frac{\lambda_D}{P_0}\right). \tag{5}$$

As in the similar formula (3), when the drag F_e is expressed using the drag coefficient $C_{D,e}$, the drag formula (4) can be written as

$$F_e = \frac{1}{2} C_{D,e} (\pi R^2)(m_e N) v_s^2. \tag{6}$$

As in the similar formula (3), the right of the formula (6) is equivalent to the right of the formula (4).

Where $C_{D,i}$ and $C_{D,e}$ denote the Coulomb drag coefficient under the interaction of the ion and electron with the electric field of the satellite, respectively.

Chopra gave the numerical table of three kind drag coefficients including the neutral drag coefficient C_D in the different height according to the formula (2) and (5)[1]. It can be seen from the numerical values in table 1 that in the space near the Earth surface the neutral atmosphere drag plays a main role and the Coulomb drag plays a little role. In the faraway space from the Earth surface or in the ionosphere, the Coulomb drag plays a main role and the neutral atmospheric drag becomes the secondary role. Therefore, it must be considered the problem of the influence of the Coulomb drag on the orbital elements when the satellite moves in the faraway space from Earth's surface or in the ionosphere.

Table 1　Numerical values of three kind drag coefficient in the different height[1]

	H(height)			
	250 km	500 km	800 km	2×10^4 km
$C_{D,i}$	7×10^{-5}	0.32	6.1	7.7×10^3
$C_{D,e}$	2.6×10^{-5}	0.50	1.38	1.1×10^3
C_D	2	2	2	2

3. Perturbation variable of the satellite orbit resulting from the Coulomb drag

The direction of the Coulomb drag is contrary to the direction of the motion of satellite. For the case of ions, the acceleration of the drag is

$$\alpha = \frac{1}{2} C_{D,i} \left(\frac{\pi R^2}{m_s}\right) (m_i N) v_s^2, \tag{7}$$

where m_s denotes the mass of the satellite.

For the case of the electrons, it is necessary to change the subscript i as e alone. Because the acceleration of the drag has only the tangential direction, three components U, N, W for the tangential and normal direction and the normal direction perpendicular to orbital plane of the satellite are

$$U=-\frac{1}{2}C_{D,i}\left(\frac{\pi R^2}{m_s}\right)(m_iN)v_s^2,$$
$$N=0, \tag{8}$$
$$W=0,$$

where v_s is the speed of the satellite relative to the ionosphere. Assuming that the ionosphere is rest, i. e., $V_E=0$, then, we have $v_s-V_E=V$, V denotes the absolute speed of the satellite relative to Earth's center

$$v_s^2=GM\left(\frac{2}{r}-\frac{1}{a}\right)=n^2a^3\left[\frac{1+e^2+2e\cos f}{a(1-e^2)}\right]. \tag{9}$$

Substituting the expressions (8) and (9) into the perturbation equations for the types U, N, W[7]:

$$\begin{cases}\dfrac{\mathrm{d}a}{\mathrm{d}t}=\dfrac{2}{n\sqrt{1-e^2}}(1+2e\cos f+e^2)^{\frac{1}{2}}U,\\ \dfrac{\mathrm{d}e}{\mathrm{d}t}=\dfrac{\sqrt{1-e^2}}{na}(1+2e\cos f+e^2)^{-\frac{1}{2}}\left[2(\cos f+e)U-\sqrt{1-e^2}\sin EN\right],\\ \dfrac{\mathrm{d}\omega}{\mathrm{d}t}=\dfrac{\sqrt{1-e^2}}{nae}(1+2e\cos f+e^2)^{-\frac{1}{2}}\left[2\sin fU+(\cos E+e)N\right]-\cos i\dfrac{\mathrm{d}\Omega}{\mathrm{d}t},\\ \dfrac{\mathrm{d}i}{\mathrm{d}t}=\dfrac{r\cos u}{na\sqrt{1-e^2}}W,\\ \dfrac{\mathrm{d}\Omega}{\mathrm{d}t}=\dfrac{r\sin U}{na\sqrt{1-e^2}}\sin iW.\end{cases} \tag{10}$$

We get

$$\begin{cases}\dfrac{\mathrm{d}a}{\mathrm{d}t}=\dfrac{na^2}{(1-e^2)^{\frac{3}{2}}}C_{D,i,e}\left(\dfrac{\pi R^2}{m_s}\right)m_{i,e}N(1+e^2+2e\cos f)^{\frac{3}{2}},\\ \dfrac{\mathrm{d}e}{\mathrm{d}t}=\dfrac{na}{(1-e^2)^{-\frac{1}{2}}}C_{D,i,e}\left(\dfrac{\pi R^2}{m_s}\right)m_{i,e}N(1+\cos f)(1+e^2+2e\cos f)^{\frac{1}{2}},\\ \dfrac{\mathrm{d}\omega}{\mathrm{d}t}=\dfrac{na}{e(1-e^2)^{\frac{1}{2}}}C_{D,i,e}\left(\dfrac{\pi R^2}{m_s}\right)m_{i,e}N\sin f(1+e^2+2e\cos f)^{\frac{1}{2}},\\ \dfrac{\mathrm{d}i}{\mathrm{d}t}=\dfrac{\mathrm{d}\Omega}{\mathrm{d}t}=0.\end{cases} \tag{11}$$

Adopting the formulae for the elliptic motion in the problem of two-body as the immediate orbit[8]:

$$r=a(1-e\cos E),\ \frac{\mathrm{d}E}{\mathrm{d}t}=\frac{na}{r}=\frac{n}{1-e\cos E},$$
$$\sin f=\frac{\sqrt{1-e^2}\sin E}{1-e\cos E},\ \cos f=\frac{\cos E-e}{1-e\cos E}. \tag{12}$$

Substituting the formulae (12) into the equations (11) and taking the terms with second order for e in the expanding expressions and then, we obtain

$$\left\{\begin{aligned}&\frac{da}{dE}=-C_{D,i,e}\left(\frac{\pi R^2}{m_s}\right)m_{i,e}Na^2\left[\left(1+\frac{3}{4}e^2\right)+2e\cos E+\frac{3}{4}e^2\cos E\right],\\&\frac{de}{dE}=-C_{D,i,e}\left(\frac{\pi R^2}{m_s}\right)m_{i,e}Na\\&\qquad\left[\frac{1}{4}e+\left(1-\frac{35}{32}e^2\right)\cos E+\frac{1}{4}e\cos 2E-\frac{3}{32}e^2\cos 3E\right],\\&\frac{d\omega}{dE}=-C_{D,i,e}\left(\frac{\pi R^2}{m_s}\right)m_{i,e}N\frac{a(1-e^2)^{\frac{1}{2}}}{e}\left[\left(1-\frac{5}{8}e^2\right)\sin E\right.\\&\qquad\left.+\left(e-\frac{1}{2}e^2+\frac{23}{16}e^3\right)\sin 2E-\frac{5}{8}e^2\sin 3E-\frac{1}{16}e^3\sin 4E\right],\\&\frac{di}{dE}=\frac{d\Omega}{dE}=0.\end{aligned}\right. \tag{13}$$

The equations (13) is the system of ternary simultaneous equations. We can use the method of numerical integration or the method of perturbation of expanding series to solve it. But in the case of artificial satellite the orbital elements vary very small or slowly in one cycle due to its short period or fast velocity on the orbit. Therefore when integrating equations (13), the orbital elements a, e may be regarded as constant in the right hand of equations (13). After integrating it, we get

$$\left\{\begin{aligned}&\delta a=-Ka^2\left[A_0+\sum_{i=1}^{2}A_i(\sin iE-\sin iE_0)\right],\\&\delta e=-Ka\left[E_0+\sum_{i=1}^{3}E_i(\sin iE-\sin iE_0)\right],\\&\delta\omega=W_0+\frac{Ka(1-e^2)^{\frac{1}{2}}}{e}\sum_{i=1}^{4}W_i(\cos iE-\cos iE_0),\end{aligned}\right. \tag{14}$$

where

$$K=C_{D,i,e}\left(\frac{\pi R^2}{m_s}\right)m_{i,e}N.$$

The coefficients of secular terms are

$$\left\{\begin{aligned}&A_0=\left(1+\frac{3}{4}e^2\right)(E-E_0)=\left(1+\frac{3}{4}e^2\right)n(t-t_0)+\text{periodic terms},\\&E_0=\frac{1}{4}e(E-E_0)=\frac{1}{4}en(t-t_0)+\text{periodic terms},\\&W_0=0.\end{aligned}\right. \tag{15}$$

The factors of the amplitudes of periodic terms are

$$\begin{cases} A_1 = -2e, A_2 = -\dfrac{3}{8}e^2; \\ E_1 = -\left(1 - \dfrac{35}{32}e^2\right), E_2 = -\dfrac{1}{4}e, E_3 = -\dfrac{1}{32}e^2; \\ W_1 = \left(1 - \dfrac{5}{8}e^2\right), W_2 = \dfrac{1}{2}\left(e - \dfrac{1}{2}e^2 + 2e^3\right), W_3 = -\dfrac{5}{24}e^2, W_4 = -\dfrac{1}{64}e^3. \end{cases} \tag{16}$$

We change the subscript i as the e for the case of the electron.

4. Calculation for the secular effects on the orbital elements of a satellite

It can be known from the expression (14) that influence of Coulomb drag on the satellite orbital elements a, e and ω exhibits periodic perturbation. Especially on the orbital semi-major axis and eccentricity also exhibit secular perturbation, but on the argument of the perigee ω, no secular perturbation. Because the present paper only calculates the secular effect, we use the formula for the secular perturbation. On putting $E - E_0 = 2\pi$ in the expression (14), we obtain the formulae for the secular effect of semi-major axis and eccentricity per cycle:

$$\begin{aligned} &\Delta a = -2\pi K a^2 A_0 = -2C_{D,i,e}\left(\frac{\pi R^2}{m_s}\right) a^2 m_{i,e} N\left(1 + \frac{3}{4}e^2\right), \\ &\Delta e = -2\pi K a E_0 = -\frac{1}{2}C_{D,i,e}\left(\frac{\pi R^2}{m_s}\right) a e m_{i,e} N, \\ &\Delta\omega = \Delta i = \Delta\Omega = 0, \\ &\Delta T = \frac{3}{2}\left(\frac{T}{a}\right)\Delta a \text{ (Using Kepler's third law)}, \\ &\Delta h_p = (1-e)\Delta a - a\Delta a \, [\text{Using } r_p = R_\oplus + h_p = a(1-e)], \\ &\Delta h_a = (1+e)\Delta a + a\Delta a \, [\text{Using } r_a = R_\oplus + h_a = a(1+e)], \end{aligned} \tag{17}$$

where T denotes the orbital period and $R_\oplus$ denotes the Earth radius. The secular variable rates of the orbital elements are

$$\begin{cases} \dot{a} = \dfrac{\mathrm{d}a}{\mathrm{d}t} = -Ka^2 n A_0 = -2C_{D,i,e}\left(\dfrac{\pi R^2}{m_s T}\right) a^2 m_{i,e} N\left(1 + \dfrac{3}{4}e^2\right), \\ \dot{e} = \dfrac{\mathrm{d}e}{\mathrm{d}t} = -KanE_0 = -\dfrac{1}{2}C_{D,i,e}\left(\dfrac{\pi R^2}{m_s T}\right) a e m_{i,e} N, \\ \dot{\omega} = \dot{i} = \dot{\Omega} = 0, \\ \dot{T} = \dfrac{3}{2} \cdot \dfrac{T}{a}\dot{a}, \\ \dot{h}_p = (1-e)\dot{a} - a\dot{e}, \\ \dot{h}_a = (1+e)\dot{a} + a\dot{e}, \end{cases} \tag{18}$$

where T denotes the orbital period of the satellite. Changing the subscript i as e for the case of the electron.

As an example, this paper chooses the ionosphere satellite Alouette No. 1 (S-27, 1962, $\beta-\alpha_1$) moving in the ionosphere. At present, this satellite still is moving on the orbit (life: 2000 year). Hence the research on the variation of the orbital elements of this satellite in the ionosphere is very practical meaningful. The data for this spherical satellite are cited as follows [9]:

Diameter=1.07 m (radius $R=0.535$ m). Weight=145 kg. The orbital period $T=105.52$ min. The height of perigee $h_p=993$ km. The height of apogee $h_a=1\ 032$ km. The semi-major axis $a=7\ 383.5$ km and the eccentricity $e=0.002\ 6$ are calculated from sixth and fifth expressions for the formulae (17) which can gave the formulae: ($R_{\oplus}=6\ 371$ km).

$$a=R_{\oplus}+\frac{h_a+h_p}{2},\ e=\frac{h_a-h_p}{2a}.$$

We take the mean height of this satellite as 1 000 km for which the number density of the neutral particle $\log N=5.2/\text{cm}^3$ [10], i. e. $N=1.58\times 10^{11}/\text{m}^3$, $m_e=9.109\ 5\times 10^{-31}$ kg, $m_i=14\times 1\ 840$, $m_e=2.34\times 10^{-26}$ kg.

Therefore,

$$m_iN=3.697\times 10^{-15}(\text{kg/m}^3),\ m_eN=1.439\times 10^{-19}(\text{kg/m}^3).$$

We use the values of the drag coefficients $C_{D,i}=6.1$ and $C_{D,e}=1.38$ with the height over 800 km in table 1. Substituting the data for R, m_s, a, e, m_iN, m_eN and $C_{D,i}$, $C_{D,e}$ into the formulae (17) and (18), we obtain the two results for the secular effects of the Coulomb drag under the interaction of the ions and electrons with the electronic field of satellite Alouette No. 1 (S-27) on the variation of the orbital elements listed in table 2 and table 3.

Table 2　Numerical results for the secular influence on the orbital elements of the ionosphere satellite Alouette No. 1 (S-27, 1962, β-α_1) due to Coulomb drag (the case for the ions)

Δa (m/cycle)	-0.048	$\dot{a}$ (m/d)	-0.652
Δe (cycle)	-4.217×10^{-12}	$\dot{e}$ (d^{-1})	-5.750×10^{-11}
$\Delta\omega$ (rad/cycle)	0	$\dot{\omega}$ (rad/d)	0
ΔP (s/cycle)	-6.14×10^{-5}	$\dot{P}$ (s/d)	-8.39×10^{-4}
Δh_P (m/cycle)	-0.047	$\dot{h}_P$ (m/d)	-0.649
Δh_a (m/cycle)	-0.048	$\dot{h}_a$ (m/d)	-0.654

Table 3 Numerical results for the secular influence on the orbital elements of the Alouette No. 1 (S-27) due to Coulomb drag (the case for the electrons)

Δa (m/cycle)	-4.209×10^{-7}	$\dot{a}$ (m/d)	-5.745×10^{-6}
Δe (cycle^{-1})	-2.897×10^{-16}	$\dot{e}$ (d^{-1})	-1.036×10^{-15}
$\Delta\omega$ (rad/cycle)	0	$\dot{\omega}$ (rad/d)	0
ΔP (s/cycle)	-5.414×10	$\dot{P}$ (s/d)	-7.388×10^{-9}
Δh_P (m/cycle)	-4.192×10^{-7}	$\dot{h}_P$ (m/d)	-5.722×10^{-6}
Δh_a (m/cycle)	-4.221×10^{-7}	$\dot{h}_a$ (m/d)	-5.759×10^{-6}

5. Discussion

5.1 Comparison with the result for the atmospheric drag

We use the formula for the perturbation influence of the atmospheric drag on the orbital semi-major axis[11]:

$$\Delta a = -2\pi k_s a^2 \rho_0 \exp[\beta(r_0 - a)]\{I_0 + 2eI_1 + \frac{3}{4}e^2(I_0 + I_2) + \cdots\}. \quad (19)$$

For the ionosphere satellite Alouette No. 1 (S-27) with the mean height 1 000 km, $H=150$ km, $\beta=\frac{1}{H}$ log $\rho_0=17.8$ g/cm^3, i. e., $\rho_0=1.548\ 9\times10^{-15}$ kg/m^3[10] and $\lambda=1$, $C_D=2$, $S=\pi R^2=0.889\ 2$, $k_s=0.012\ 26$, $\beta\ (r_0-a)\ =-0.128$ km, $\chi=\frac{ae}{H}=\beta ae=0.127\ 9<1$. Because $x<1$, we must estimate $I_n\ (\chi)$ using the expanded series of Bessel Function[8]:

$$I_n(\chi) = \frac{\left(\frac{\chi}{2}\right)^2}{n!}\left[1 - \frac{\left(\frac{\chi}{2}\right)^2}{1\cdot(n+1)} + \frac{\left(\frac{\chi}{2}\right)^4}{1\cdot 2(n+1)(n+2)}\cdots\right]. \quad (20)$$

Substituting $\chi=0.127\ 9$ into the above formula, we get $I_0\ (\chi)=0.995\ 9$, $I_1\ (\chi)=0.069\ 1$, $I_2\ (\chi)=0.002\ 04$. Substituting k_s, a, ρ_0, $\beta(r_0-a)$ and $I_0(\chi)$, $I_1(\chi)$, $I_2(\chi)$ into the formula (19), we get the comparison for the results of the atmospheric draw with that of Coulomb drag listed in table 4.

Table 4　Comparison for the results of the atmospheric drag with that of Coulomb drag at the same height (The mean height=1 000 km, the comparison with the case for ions)

Coulomb	Drag(1 000 km)	Atmospheric drag(100 km)
Δa(m/cycle)	-0.048	$-0.005\,8$
$\dot{a}$(m/d)	-0.652	-0.079
Δp(s/cycle)	-6.14×10^{-5}	-7.46×10^{-6}
$\dot{p}$(s/d)	-8.39×10^{-4}	1.01×10^{-4}

These are the results of the perturbation influence of atmospheric drag on the semi-major axis of satellite, which are smaller than that of Coulomb drag in not order for the case of the ion.

5.2 Comparison with Lorentz force

The Lorentz force does not work on the satellite. There is no secular and periodic variation in semi-major axis. The orbital eccentricity and the longitude of perigee only exhibit periodic variation, but no secular variation[12]. However, the Coulomb drag exhibits secular and periodic variation in semi-major axis and eccentricity. The longitude of perigee only exhibits periodic variation.

5.3 Comparison with solar radiation pressure

The solar radiation pressure cannot result in secular and periodic variation in semi-major axis and only results in periodic variation in the eccentricity and the longitude of perigee, but no secular variation[13]. However, the Coulomb drag results in secular and periodic variation of semi-major axis and eccentricity. The longitude of perigee only exhibits periodic variation.

6. Conclusion

(1) The Coulomb drag results in both the secular and periodic variation of the semi-major axis and eccentricity. The argument of the perigee exhibits only periodic variation, not secular, but there is no variation in ascending node and inclination.

(2) The influence of the Coulomb drag on the change of the orbit of satellite plays important role in the ionosphere. The influence of the Coulomb drag under the interaction of the ions with the electric field of satellite is larger than the influence of the electron on the orbit. Hence the influence of the Coulomb drag under the interaction of the electron with the electric field of the satellite can be neglected.

(3) The influence of the Coulomb drag on the orbit of satellite in the ionosphere plays a leading role which cannot be ignored. However, the influence of the atmospheric

drag is rather small than that of the Coulomb drag so that the former influence is secondary according to the numerical calculation of the Coulomb drag and the atmospheric drag for the satellite with the mean height 1 000 km in the ionosphere.

References

[1] K P Chopra. Interactions of rapidly moving bodies in terrestrial atmosphere. Rev Mod Phys, 33 (1961) 153-198.

[2] R Jastrow, C A Pearse. Atmospheric drag on the satellite. J Geophys Res, 62 (1957) 413-423.

[3] L Kraus K M, Watson K W. Plasma motions induced by satellites in the ionosphere. Phys, Fluid 1 (1958) 480-487.

[4] K P Chopra, S F Singer. University of maryland department. Technical Report No 97, also reprinted in Heat transfer and fluid mechanics institute, Stanford University Press, Stanford, California, 1958: 166.

[5] F Hohl, G P Wood. The electrostatic and electromagnetic drag forces on a spherical satellite in a rarefied partially ionized atmosphereic// J A Laurmann. Third international symposium on rarefied gas dynamics. Academic Press, New York, London, 1962: 45-64.

[6] Ya L Al'pert, V Gurevich, P Pitaevsky. Artificial satellites in a rarefied Plasma. Nauka, Moscow, 1964 (in Russian).

[7] Liu Lin. The orbital mechanics for artificial Earth satellite. Beijing, Higher Education Press, 1992: 95-96.

[8] W M Smart. Celestial Mechanics. London, New York, Toronto, 1953: 18, 28-29.

[9] H Ptaffe, P Stache. Raumschiffe, Raumsonden. Edsatelliten, VEB Verlag für Verkchrswesen, Berlin, 1970: 18-21.

[10] C W Allen. Astrophysical quantities. The Athlone Press, University of London, 1973: 122.

[11] X T Zheng, C X Ni. Celestial mechanics and dynamics of astronomy. Beijing Normal University Press, Beijing, 1989: 278-279.

[12] I I Shapiro, H M Jones. Effect of Earth's magnetic field on the orbit of a charged satellite. J Geophys Res, 66 (1961) 4123-4127.

[13] Y E N Polyakhova. Solar radiation pressure and the motion of Earth satellites. AIAA J, 1 (1963) 2893-2909.

Influence of the Electric Induction Drag on the Orbit of a Charged Satellite Moving in the Ionosphere (Solution by the Method of the Average Value)*

Abstract: The secular effects of the electric induction drag on the orbit of a charged satellite moving in the ionosphere are examined by the method of average values. The first solutions are obtained under the assumption of non-rotation of the Earth, the second solutions are obtained assuming rotation of the Earth. In the first case the semi-major axis exhibits secular variation, but the other orbital elements exhibit no secular variation. In the second case both semi-major axis and eccentricity exhibit secular variation, but the other orbital elements exhibit no secular variation. It can be shown that the semi-major axis is contracted due to the action of the electric induction drag if the satellite has enough charge in the ionosphere. The eccentricity is decreased gradually with time, but its variation is very small for the case of a rotating Earth. An example is presented in which the secular effects of the electric induction drag on the orbits of a charged satellite are calculated. The numerical results are given in table 1 and a discussion of them is presented in table 2.

Keywords: electric induction drag; ionosphere; charged setellite; orbital influence

1. Introduction

As an artificial satellite pass through the ionosphere where there exists a great number of electrons and ions, these particles ions and electronics collide with the satellite to produce a drag. This drag is termed Coulomb drag. Chapra (1961) gave a formula for Coulomb drag. The author Li (2011a) studied the effect of Coulomb drag on the orbital elements of an artificial satellite moving in the ionosphere. If the satellite is electrically charged or the satellite is a metallic conductor while in the ionosphere, the mutual action of the charged satellite with the electric field produces an electric induction drag. Waytt (1960) obtained the formula for the electric induction drag, but that paper did not determine of it on the orbit of a charged satellite. The present paper

* 原文载于 *Astrophys Space Sci*, 2016, 361 (1): 1-8.

studies the secular effect of the electric induction drag on the orbit of a charged satellite by using the method of average value.

2. The electric induction drag and the components of the perturbation acceleration of a charged satellite on the elliptic orbit

Waytt (1960) gave the formula of the electric induction drag force firstly,

$$F = -\int \nabla \phi(r')\rho_e \mathrm{d}r'.$$

He derived the solution of the potential function $\phi(r')$ from Boltzmann transport equation, and then he obtain the formula of the electric induction drag force F on a charged satellite moving in a magnetic field free ionosphere with altitude 500 km,

$$F = -\frac{5Q^2 B_S}{48\pi a_S^2 R_S^2}. \tag{1}$$

where Q and R_S denote respectialy the charge and radius of the satellite and

$$B_S = \frac{\sqrt{\pi A_{S-}}V}{\lambda 2_{D-}}, \quad A_{S-} = \frac{m_e}{2\theta_-}, \quad \theta_- = KT_e; \tag{2a}$$

$$a_S^2 = \frac{1}{\lambda_{D-}^2} + \frac{2}{\lambda_{D+}^2}, \quad \lambda_{D-}^2 = \frac{KT_e}{4\pi N_e e'^2}, \quad \lambda_{D+}^2 = \frac{KT_i}{4\pi N_e e_i'^2}. \tag{2b}$$

We let $V = v - v_E$ (the velocity of the satellite relative to the ionosphere), where v denotes the velocity of the satellite relative to the Earth's center. n_E is the linear velocity of the rotation of the ionosphere. Here m_e, T_e denote the mass and temperature of an electron respectively. m_i, T_i denote mass and temperature of an ion respectively. e' denotes the charge of an electron. N_e denotes the number density of the electron, and K is Boltzman's constant.

Substituting expressions (2a) (2b) into the formula (1), we obtain formula for the drag F and acceleration a_c

$$F = -\frac{5}{48}c\left(\frac{Q}{R_S}\right)^2 (v - v_E), \tag{3}$$

$$a_c = -\frac{5}{48}c\left(\frac{Q^2}{m_S R_S^2}\right)(v - v_E). \tag{4}$$

where m_S is the mass of the satellite and c is the constant

$$c = \frac{\sqrt{\dfrac{m_e}{2\pi K T_e}}}{\left(1 + 2\dfrac{T_e}{T_i}\right)}. \tag{5}$$

Next, we deduce three perturbation components of the electric induction drag on the orbit of the charged satellite.

The direction of the electric induction drag is in opposition to the direction of the orbital motion of the satellite. The drag acceleration is tangential. Writing the three perturbation components U, N, W for the tangential, normal and the perpendicular direction to the motion of the charged satellite, we have

$$\begin{cases} U = -\dfrac{\frac{5}{48}cQ^2(v - v_E)}{m_S R_S^2}, \\ N = 0, \\ W = 0. \end{cases} \tag{6}$$

From Kepler's third law $n^2 a^3 = GM_E$, and $r = \dfrac{a(1-e^2)}{(1+e\cos f)}$, we have

$$v = na^{\frac{3}{2}} \sqrt{\frac{(1 + 2e\cos f + e^2)}{a(1 - e^2)}}. \tag{7}$$

The relation between the rotational velocity of the atmosphere ω_A at r and the rotational velocity of the Earth Ω_E, are (Lamb, 1932; Li, 1991)

$$\omega_A = \left(\frac{R_E}{r}\right)^3 \Omega_E. \tag{8}$$

Where R_E, M_E denote the radius and mass of the Earth respectively. Hence, when we consider the effect of the rotation of the Earth, the linear velocity of the ionosphere at distance r is

$$v_E = r\omega_A \cos i = \frac{R_E^3 \Omega_E \cos i}{r^2} = \frac{(1 + e\cos f)^2 R_E^3 \Omega_E \cos i}{a^2 (1 - e^2)^2},$$

where i is the orbital inclination of the satellite. If we do not consider the effect of the rotation of the Earth,

$$v_E = 0.$$

Substituting v and v_E into the expressions (6), we obtain

$$\begin{cases} U = -\dfrac{5cQ^2}{48m_S R_S^2}\left[na^{\frac{3}{2}}\sqrt{\dfrac{1 + e^2 + 2e\cos f}{a(1 - e^2)}} - \dfrac{(1 + e\cos f)^2 R_E^3 \Omega_E \cos i}{a^2 (1 - e^2)^2}\right], \\ N = 0, \\ W = 0. \end{cases} \tag{9}$$

Substitution of U, N, W into the formulae of three components, S, T, W for the radial, transverse, and normal directions (Roy, 1988), we obtain

$$\begin{aligned} S &= \frac{e\sin f}{\sqrt{1 + e^2 + 2e\cos f}}U - \frac{1 + e\cos f}{\sqrt{1 + e^2 + 2e\cos f}}N \\ &= -\frac{5cQ^2}{48m_S R_S^2}\left[\frac{nae\sin f}{\sqrt{1 - e^2}} - \frac{(1 + e\cos f)^2 e\sin f R_E^3 \Omega_E \cos i}{a^2 (1 - e^2)^2 \sqrt{1 + e^2 + 2e\cos f}}\right] \\ &= S_{NR} + S_R, \end{aligned}$$

$$
\begin{aligned}
T &= \frac{1+e\cos f}{\sqrt{1+e^2 2e\cos f}}U + \frac{e\sin f}{\sqrt{1+e^2+2e\cos f}}N \\
&= -\frac{5cQ^2}{48m_S R_S^2}\left[\frac{na(1+e\cos f)}{\sqrt{1-e^2}} - \frac{(1+e\cos f)^3 R_E^3 \Omega_E \cos i}{a^2(1-e^2)^2\sqrt{1+e^2+2e\cos f}}\right] \\
&= T_{NR} + T_R, \\
W &= W_{NR} + W_R = 0.
\end{aligned}
\tag{10}
$$

Here the subscripts NR and R denote non-rotation and rotation of the Earth respectively.

Here the symbols a and e denote the semi-major axis and eccentricity respectively, n is the mean motion, and f is the true anomaly. The second terms in the right hand show the effect of the rotation of the Earth.

3. Solution for the case of non-rotation of the Earth and orbital inclination of the satellite

For the case of non-rotation of the Earth we designate certain terms in the expressions (10),

$$
\begin{cases}
S_{NR} = -\dfrac{5cQ^2}{48m_S R_S^2}\left(\dfrac{nae\sin f}{\sqrt{1-e^2}}\right), \\
T_{NR} = -\dfrac{5cQ^2}{48m_S R_S^2}\left(\dfrac{na(1+e\cos f)}{\sqrt{1-e^2}}\right), \\
W_{NR} = 0.
\end{cases}
\tag{11}
$$

Substitution of the formulae (11) into the Gaussian perturbation Gaussian equations (Roy, 1988),

$$
\begin{cases}
\dfrac{\mathrm{d}a}{\mathrm{d}t} = \dfrac{2}{n\sqrt{1-e^2}}[Se\sin f + T(1+e\cos f)], \\
\dfrac{\mathrm{d}e}{\mathrm{d}t} = \dfrac{\sqrt{1-e^2}}{na}[S\sin f + T(\cos E + \cos f)], \\
\dfrac{\mathrm{d}i}{\mathrm{d}t} = \dfrac{r\cos u}{na^2\sqrt{1-e^2}}W, \\
\dfrac{\mathrm{d}\Omega}{\mathrm{d}t} = \dfrac{r\sin u}{na^2\sqrt{1-e^2}\sin i}W, \\
u = \bar{\omega} + f, \\
\dfrac{\mathrm{d}\omega}{\mathrm{d}t} = \dfrac{\sqrt{1-e^2}}{nae}\left[-S\cos f + T\left(1+\dfrac{r}{p}\right)\sin f\right], \\
\dfrac{\mathrm{d}\tilde{\omega}}{\mathrm{d}t} = \dfrac{\mathrm{d}\omega}{\mathrm{d}t} + \dfrac{\mathrm{d}\Omega}{\mathrm{d}t}, \\
\dfrac{\mathrm{d}\varepsilon_0}{\mathrm{d}t} = -\dfrac{2r}{na^2}S + \left(\dfrac{e^2}{1+\sqrt{1-e^2}}\right)\dfrac{\mathrm{d}\tilde{\omega}}{\mathrm{d}t}.
\end{cases}
\tag{12}
$$

From these, we obtain

$$\begin{cases}\dfrac{da}{dt}=-\dfrac{5cQ^2}{24m_SR_S^2}\cdot\dfrac{a(1+e^2+2e\cos f)}{1-e^2},\\ \dfrac{de}{dt}=-\dfrac{5cQ^2}{24m_SR_S^2}(e+\cos f),\\ \dfrac{d\bar{\omega}}{dt}=\dfrac{d\omega}{dt}=-\dfrac{5cQ^2}{24m_SR_S^2}\left(\dfrac{\sin f}{e}\right),\\ \dfrac{d\varepsilon_0}{dt}=\dfrac{5cQ^2}{24m_SR_S^2}\left(\dfrac{r}{a\sqrt{1-e^2}}-\dfrac{1}{1+\sqrt{1-e^2}}\right)e\sin f.\end{cases}\tag{13}$$

In this paper, we use the method of average for sin if and cos if as listed in the table given by Liu (1992),

$$\begin{cases}\overline{\sin f}=\dfrac{1}{2\pi}\displaystyle\int_0^{2\pi}\sin f\,dM\\ \quad=\dfrac{1}{2\pi}\displaystyle\int_0^{2\pi}\sin f\left(\dfrac{r}{a}\right)dE\\ \quad=\dfrac{1}{2\pi}\displaystyle\int_0^{2\pi}\sqrt{1-e^2}\sin E\,dE\\ \quad=0,\\ \overline{\cos f}=\dfrac{1}{2\pi}\displaystyle\int_0^{2\pi}\cos f\,dM\\ \quad=\dfrac{1}{2\pi}\displaystyle\int_0^{2\pi}\cos f\left(\dfrac{r}{a}\right)dE\\ \quad=\dfrac{1}{2\pi}\displaystyle\int_0^{2\pi}(\cos E-e)dE\\ \quad=-e.\end{cases}\tag{14}$$

Substituting the average values for $\overline{\sin f}$ and $\overline{\cos f}$ into the average from equations (13), we get

$$\begin{cases}\left(\overline{\dfrac{da}{dt}}\right)_{NR}=-\dfrac{5cQ^2}{24m_SR_S^2}\left(\dfrac{a(1+e^2+2e\,\overline{\cos f})}{1-e^2}\right)=-\dfrac{5cQ^2}{24m_SR_S^2}a,\\ \left(\overline{\dfrac{de}{dt}}\right)_{NR}=-\dfrac{5cQ^2}{24m_SR_S^2}(e+\overline{\cos f})=-\dfrac{5cQ^2}{24m_SR_S^2}(e-e)=0,\\ \left(\overline{\dfrac{d\bar{\omega}}{dt}}\right)_{NR}=\left(\overline{\dfrac{d\omega}{dt}}\right)_{NR}=-\dfrac{5cQ^2}{24m_SR_S^2}\cdot\dfrac{\overline{\sin f}}{e}=0,\\ \left(\overline{\dfrac{d\varepsilon_0}{dt}}\right)_{NR}=\dfrac{5cQ^2}{24m_SR_S^2}\left(\dfrac{r}{a\sqrt{1-e^2}}-\dfrac{1}{1+\sqrt{1-e^2}}\right)e\,\overline{\sin f}=0,\end{cases}\tag{15}$$

According to Kepler's third law, $n^2a^3=GM_E$ and we obtain

$$\left(\dfrac{dT_S}{dt}\right)_{NR}=\dfrac{3}{2}\cdot\dfrac{T_S}{a}\left(\dfrac{da}{dt}\right)_{NR}=-\dfrac{15}{48m_S}\cdot\dfrac{cQ^2}{R_S^2}T_S.$$

Where T_S denotes the orbital period.

4. Solution for the case of rotation of the Earth and inclination of the orbit of the satellite

First, we expand the expression

$$(1+e^2+2e\cos f)^{-\frac{1}{2}}=\left[(1+e^2)\left(1+\frac{2e\cos f}{1+e^2}\right]^{-\frac{1}{2}}\right.$$

$$=\frac{1}{\sqrt{1+e^2}}(A+B\cos f+C\cos 2f), \tag{16}$$

where

$$A=1+\frac{3}{4}\left(\frac{e}{1+e^2}\right)^2,\quad B=-\frac{e}{1+e^2},$$

$$C=\frac{3}{4}\left(\frac{e}{1+e^2}\right)^2.$$

Substituting the above expressions into the second term in the right hand of equation (10) and using $\frac{1+e\cos f}{a\ (1-e^2)}=\frac{1}{r}$, we designate certain terms as before

$$\begin{cases} S_R=\left(\frac{5cQ^2}{48m_S R_S^2}\right)\frac{e\sin fR_E^3\Omega_E\cos i}{r^2\sqrt{1+e^2}}\times(A+B\cos f+C\cos 2f), \\ T_R=\left(\frac{5cQ^2}{48m_S R_S^2}\right)\frac{R^3 p\Omega_E\cos i}{r^3\sqrt{1+e^2}}\times(A+B\cos f+C\cos 2f), \\ W_R=0, \end{cases} \tag{17}$$

where $p=a\ (1-e^2)$.

Substituting S, T, W from the formulae (17) into the Gaussian equations (12), we get

$$\frac{\mathrm{d}a}{\mathrm{d}t}=\frac{5cQ^2}{48m_S R_S^2}\cdot\frac{2R_E^3\Omega_E\cos i}{n\sqrt{1-e^2}\sqrt{1+e^2}}\left(\frac{e^2\sin^2 f}{r^2}-\frac{p^2}{r^4}\right)\times(A+B\cos f+C\cos 2f).$$

Using $\sin^2 f=\frac{1}{2}(1-\cos^2 f)$, we obtain

$$\overline{\frac{\mathrm{d}a}{\mathrm{d}t}}=\frac{5cQ^2}{48m_S R_S^2}\cdot\frac{2R_E^3\Omega_E\cos i}{n\sqrt{1+e^2}\sqrt{1-e^2}}$$

$$\times\left\{\frac{1}{2}e^2\frac{A}{a^2}\overline{\left(\frac{a}{r}\right)^2}+\frac{1}{2}e^2\frac{B}{a^2}\overline{\left(\frac{a}{r}\right)^2\cos f}\right.$$

$$+\frac{1}{2}C\left(\frac{e}{a}\right)^2\overline{\left(\frac{a}{r}\right)^2\cos 2f}$$

$$-\frac{1}{2}A\left(\frac{e}{a}\right)^2\left(\frac{a}{r}\right)^2\cos 2f$$

$$-\frac{1}{2}B\left(\frac{e}{a}\right)^2\overline{\left(\frac{a}{r}\right)^2\cos f\cos 2f}$$
$$-\frac{1}{2}C\left(\frac{e}{a}\right)^2\overline{\left(\frac{a}{r}\right)^2\cos^2 2f}+A\frac{p^2}{a^4}\overline{\left(\frac{a}{r}\right)^4}$$
$$+B\frac{p^2}{a^4}\overline{\left(\frac{a}{r}\right)^4\cos f}+C\frac{p^2}{a^4}\left(\frac{a}{r}\right)^4\cos 2f\Bigg\}, \tag{18}$$

$$\overline{\left(\frac{a}{r}\right)^2}=(1-e^2)^{-\frac{1}{2}},\overline{\left(\frac{a}{r}\right)^2\cos f}=0,$$
$$\overline{\left(\frac{a}{r}\right)^2\cos 2f}=0,\overline{\left(\frac{a}{r}\right)^2\cos f\cos 2f}=0,$$
$$\overline{\left(\frac{a}{r}\right)^2\cos^2 2f}=(1-e^2)^{\frac{1}{2}},$$
$$\overline{\left(\frac{a}{r}\right)^4}=\left(1+\frac{1}{2}e^2\right)(1-e^2)^{-\frac{5}{2}},$$
$$\overline{\left(\frac{a}{r}\right)^4\cos f}=e\,(1-e^2)^{-\frac{5}{2}},$$
$$\overline{\left(\frac{a}{r}\right)^4\cos 2f}=\frac{1}{4}e^2\,(1-e^2)^{-\frac{5}{2}},\frac{p^2}{a^4}=\frac{(1-e^2)}{a^2}.$$

Substituting the results of the average values into equation (18), we find that

$$\overline{\frac{\mathrm{d}a}{\mathrm{d}t}}=\frac{5cQ^2}{48m_S R_S^2}\cdot\frac{2\,(1-e^2)^{-\frac{1}{2}}}{\sqrt{1+e^2}\sqrt{1-e^2}\cdot na^2}\Bigg\{\frac{1}{2}eA-\frac{1}{4}e^2C$$
$$+\left(1+\frac{1}{2}e^2\right)A+Be+\frac{1}{4}Ce\Bigg\}R^3\Omega\cos i.$$

Substituting the above values and the values of A, B, C that we used in the expressions (16) into equations (18), and neglecting higher than e^3 terms, and using $na^2=\sqrt{GM_Ea}$, we get

$$\left(\frac{\mathrm{d}a}{\mathrm{d}t}\right)_R=\frac{5cQ^2}{48m_S R_S^2}\cdot\frac{\left(1+\frac{3}{4}e^2\right)R_E^3\Omega_E\cos i}{\sqrt{GM_Ea}\,(1-e^2)\,(1+e^2)^{\frac{1}{2}}}. \tag{19}$$

Averaging over the Gaussian equation for variable rate of eccentricity, we have

$$\frac{\mathrm{d}e}{\mathrm{d}t}=\frac{\sqrt{1-e^2}}{na}[S\sin f+T(\cos E+\cos f)],$$

$$\cos E+\cos f=\frac{\cos f+e}{1+e\cos f}+\cos f=\frac{r}{p}\left(\frac{3}{2}e+2\cos f+\frac{1}{2}e\cos 2f\right).$$

Substituting the above expression with S and T from the expressions (17) into the Gaussian equations (12) for $\frac{\mathrm{d}e}{\mathrm{d}t}$, this equation can be written as

$$\frac{\mathrm{d}e}{\mathrm{d}t}=\frac{5cQ^2}{48m_S R_S^2}R_E^3\Omega_E\cos i\ \frac{\sqrt{1-e^2}}{na\sqrt{1+e^2}}$$
$$\times(A+B\cos f+C\cos 2f)$$
$$\times\frac{1}{r^2}\left(e\sin^2 f+\frac{3}{2}e+2\cos f+\frac{1}{2}e\cos 2f\right).$$

Using $\sin^2 f=\frac{1}{2}(1-\cos 2f)$, this becomes

$$\frac{\mathrm{d}e}{\mathrm{d}t}=\frac{5cQ^2}{48m_S R_S^2}R_E^3\Omega_E\cos i\ \frac{\sqrt{1-e^2}}{na\sqrt{(1+e^2)}\,r^2}$$
$$\times(A+B\cos f+C\cos 2f)(2e+2\cos f),$$

Consequently

$$\overline{\frac{\mathrm{d}e}{\mathrm{d}t}}=\frac{5cQ^2}{48m_S R_S^2}R_E^3\Omega_E\cos i\ \frac{\sqrt{1-e^2}}{\sqrt{1+e^2}}$$
$$\times\frac{2}{na^3}\left[eA\ \overline{\left(\frac{a}{r}\right)^2}+eB\ \overline{\left(\frac{a}{r}\right)^2\frac{\cos f}{2}}\right.$$
$$+eC\ \overline{\left(\frac{a}{r}\right)^2\cos 2f}+A\ \overline{\left(\frac{a}{r}\right)^2\cos f}$$
$$\left.+B\ \overline{\left(\frac{a}{r}\right)^2\cos 2f}+C\ \overline{\left(\frac{a}{r}\right)^2\cos f\cos 2f}\right].$$

Since

$$\overline{\left(\frac{a}{r}\right)^2}=(1-e^2)^{-\frac{1}{2}},\quad \overline{\left(\frac{a}{r}\right)^2\cos f}=0,$$
$$\overline{\left(\frac{a}{r}\right)^2\cos 2f}=0,\quad \overline{\left(\frac{a}{r}\right)^2\cos f\cos 2f}=0,$$
$$\overline{\cos^2 f}=\frac{1}{2}\ \overline{\left(\frac{a}{r}\right)^2}(1+\overline{\cos 2f})=\frac{1}{2}(1-e^2)^{-\frac{1}{2}}.$$

This expression becomes

$$\overline{\frac{\mathrm{d}e}{\mathrm{d}t}}=\frac{5cQ^2}{48m_S R_S^2}R_E^3\Omega_E\cos i\ \frac{\sqrt{1-e^2}}{\sqrt{1+e^2}}\cdot\frac{1}{na^3}$$
$$\times\left[Ae(1-e^2)^{-\frac{1}{2}}+\frac{1}{2}B(1-e^2)^{-\frac{1}{2}}\right].$$

Substituting the values of A and B used in the expressions (16) and $na^3=a^{\frac{3}{2}}\sqrt{GM_E}$ into the above equation and neglecting higher order terms than e^3, we obtain

$$\therefore\ \overline{\left(\frac{\mathrm{d}e}{\mathrm{d}t}\right)_R}=\frac{5cQ^2}{48m_S R_S^2}\cdot\frac{1}{\sqrt{GM_E a^3}}\cdot\frac{e}{\sqrt{1+e^2}}R_E^3\Omega_E\cos i\,. \tag{20}$$

Substituting the components S and T from the expressions (17) into the Gaussian equations (12) for $\frac{\mathrm{d}\omega}{\mathrm{d}t}$, this equation becomes

$$\begin{aligned}\frac{\mathrm{d}\omega}{\mathrm{d}t} &= \frac{\sqrt{1-e^2}}{nae}\left[-S\cos f + T\left(1+\frac{r}{p}\right)\sin f\right] \\ &= \frac{5cQ^2}{48m_S R_S^2} R_E^3 \Omega_E \cos i \, \frac{\sqrt{1-e^2}}{nae\sqrt{1+e^2}} \\ &\quad \times \left[\frac{e\sin f\cos f}{r^2} - \frac{P}{r^3}\left(1+\frac{r}{p}\right)\sin f\right] \\ &\quad \times (A + B\cos f + C\cos 2f).\end{aligned}$$

Using $\sin f \ \cos f = \frac{1}{2}\sin 2f$,

$$\begin{aligned}\frac{p}{r^3}\left(1+\frac{r}{p}\right)\sin f &= \frac{p}{r^3}\left(1+\frac{1}{1+e\cos f}\right)\sin f \\ &= \frac{p}{r^3}\left(\frac{2+e\cos f}{1+e\cos f}\right)\sin f \\ &= \frac{(2+e\cos f)}{r^2}\sin f \\ &= \frac{1}{r^2}\left(2\sin f + \frac{1}{2}e\sin 2f\right).\end{aligned}$$

It follows that

$$\begin{aligned}\overline{\frac{\mathrm{d}\omega}{\mathrm{d}t}} &= \frac{5cQ^2}{48m_S R_S^2} \cdot \frac{R_E^3 \Omega_E \cos i}{na^3 e} \cdot \frac{\sqrt{1-e^2}}{\sqrt{1+e^2}} \cdot \\ &\quad \left[\frac{1}{2}e\,\overline{\left(\frac{r}{a}\right)^2 \sin 2f} - 2\,\overline{\left(\frac{a}{r}\right)^2 \sin f}\right. \\ &\quad \left. - \frac{1}{2}e\,\overline{\left(\frac{a}{r}\right)^2 \sin 2f}\right](A + B\cos f + C\cos 2f).\end{aligned}$$

Since $\overline{\left(\frac{a}{r}\right)^2 \sin f} = 0$, $\left(\frac{a}{r}\right)^2 \sin 2f = 0$,

$$\overline{\left(\frac{\mathrm{d}\omega}{\mathrm{d}t}\right)_R} = 0. \tag{21}$$

Similarly,

$$\begin{cases}\overline{\left(\frac{\mathrm{d}i}{\mathrm{d}t}\right)_R} = \overline{\frac{r\cos u}{na^2\sqrt{1-e^2}}W} = 0, \\ \overline{\left(\frac{\mathrm{d}\Omega}{\mathrm{d}t}\right)_R} = \overline{\frac{r\sin u}{na^2\sqrt{1-e^2}\sin i}W} = 0, \\ \overline{\left(\frac{\mathrm{d}\bar{\omega}}{\mathrm{d}t}\right)_R} = \overline{\left(\frac{\mathrm{d}\omega}{\mathrm{d}t}\right)_R} + \overline{\left(\frac{\mathrm{d}\Omega}{\mathrm{d}t}\right)_R} = \overline{\left(\frac{\mathrm{d}\omega}{\mathrm{d}t}\right)_R} = 0.\end{cases} \tag{22}$$

Substituting the component S for the first expression of formulae (17) into the following equations

$$\frac{d\varepsilon_0}{dt}=-\frac{2}{na^2}rS+\left(\frac{e^2}{1+\sqrt{1-e^2}}\right)\frac{d\bar{\omega}}{dt},$$

$$rS=\frac{2}{na^2}\cdot\frac{5cQ^2}{48m_SR_S^2}\cdot\frac{e\sin fR_E^3\Omega_E\cos i}{r\sqrt{1+e^2}}\times(A+B\cos f+C\cos 2f).$$

We obtain

$$\therefore \overline{\frac{d\varepsilon_0}{dt}}=-\frac{5cQ^2}{48m_SR_S^2}R_E^3\Omega_E\cos i\,\frac{2}{na^3\sqrt{1+e^2}}\times\left[Ae\overline{\left(\frac{a}{r}\right)\sin f}+Be\overline{\left(\frac{a}{r^2}\right)\sin f\cos f}+Ce\overline{\left(\frac{a}{r}\right)\sin f\cos 2f}\right]+\frac{e^2}{1+\sqrt{1-e^2}}\cdot\overline{\frac{d\bar{\omega}}{dt}}.$$

Since $\overline{\left(\frac{a}{r}\right)\sin f}=0$, $\overline{\left(\frac{a}{r}\right)\sin f\cos f}=\frac{1}{2}\overline{\left(\frac{a}{r}\right)\sin f\cos f}=\frac{1}{2}\overline{\left(\frac{a}{r}\right)\sin 2f}=0$, $\overline{\left(\frac{a}{r}\right)\sin f\cos 2f}=0$, we arrive at

$$\overline{\left(\frac{d\bar{\omega}}{dt}\right)}_R=0. \tag{23}$$

When we consider the rotation of the Earth and the inclination, we obtain

$$\begin{cases}\overline{\left(\frac{da}{dt}\right)}_R=\frac{5cQ^2}{48m_SR_S^2}\cdot\frac{\left(1+\frac{3}{4}e^2\right)R_E^3\Omega_E\cos i}{\sqrt{GM_Ea}(1-e^2)(1+e^2)^{\frac{1}{2}}},\\ \overline{\left(\frac{de}{dt}\right)}_R=\frac{5cQ^2}{48m_SR_S^2\sqrt{GM_Ea^3}}\cdot\frac{e}{\sqrt{1+e^2}}R_E^3\Omega_E\cos i,\\ \overline{\left(\frac{d\omega}{dt}\right)}_R=\overline{\left(\frac{d\bar{\omega}}{dt}\right)}_R=0,\\ \overline{\left(\frac{di}{dt}\right)}_R=\overline{\left(\frac{d\Omega}{dt}\right)}_R=0,\\ \overline{\left(\frac{d\varepsilon_0}{dt}\right)}_R=0,\\ \overline{\left(\frac{dT_S}{dt}\right)}_R=\frac{3}{2}\left(\frac{T_S}{a}\right)\overline{\left(\frac{da}{dt}\right)}_R=-\frac{15}{48}\cdot\frac{\left(1+\frac{3}{4}e^2\right)\cos i\,R_ET_S}{a\sqrt{GM_Ea}(1-e)(1+e^2)^{\frac{1}{2}}}.\end{cases} \tag{24}$$

The total secular effects of the electric induction drag on the orbital elements of the charged satellite in the magnetic-free ionosphere are, therefore

$$
\begin{cases}
\bar{\dot{a}} = \bar{\dot{a}}_{NR} + \bar{\dot{a}}_R , \\
\bar{\dot{e}} = \bar{\dot{e}}_{NR} + \bar{\dot{e}}_R , \\
\bar{\dot{\omega}} = \bar{\dot{\omega}}_{NR} + \bar{\dot{\omega}}_R = 0, \\
\bar{\dot{i}} = \bar{\dot{i}}_{NR} + \bar{\dot{i}}_R = 0, \\
\bar{\dot{\Omega}} = \bar{\dot{\Omega}}_{NR} + \bar{\dot{\Omega}}_R = 0, \\
\bar{\dot{\tilde{\omega}}} = \bar{\dot{\tilde{\omega}}}_{NR} + \bar{\dot{\tilde{\omega}}}_R = 0, \\
\bar{\dot{\varepsilon}}_0 = \overline{(\dot{\varepsilon}_0)}_{NR} + \overline{(\dot{\varepsilon}_0)}_R + 0, \\
\overline{\dot{T}_S} = \overline{(\dot{T}_S)}_{NR} + \overline{(\dot{T}_S)}_R .
\end{cases}
\tag{25}
$$

Wyatt (1960) deems that the drag formula (1) is the approximate drag to consider for a satellite at altitude of 500 km. As an example, for illustrating this work we consider a conductive satellite at an altitude of 500 km in the ionosphere. For example, $R_S = 2$ m, $m_S = 45$ kg, $T_S = 102$ min, $a = 7\ 250$ km and $e = 0.025$, $i = 75°$. The satellite carries a charge 3 C under the action of the electric induction as it moves through the ionosphere. Earth's mass $M_E = 5.976 \times 10^{27}$ g, $R_E = 6\ 371$ km, $\Omega_E = 7.292\ 1 \times 10^{-5}$ rad/s.

First, we must calculate the value of c for the expression (4) at 500 km altitude in the ionosphere. According to data given by Allen (1973) the temperature of the electrons and ions at the height of 500 km in the ionosphere is respectively $T_e = 1\ 600$ K, $T_i = 1\ 600$ K, we are using $m_e = 9.109\ 56 \times 10^{-31}$ and $K = 1.380\ 62$ Joule deg^{-1}. Substituting these data into expression (5), we obtain

$$
c = \frac{\sqrt{\dfrac{m_e}{2\pi K T_e}}}{1 + 2\dfrac{T_e}{T_i}} = 5.26 \times 10^{-11}.
$$

Substituting into equations (15) and (24), and then substitute (15) and (24) into (25), we obtain the numerical results for effects of the orbital parameters of the charged satellite due to electric induction drag. This information is presented in table 1.

Table 1　Numerical results

Effects	$\dot{a}$(m/d)	$\dot{e}$(d^{-1})	$\dot{\omega}$(rad/d)	$\dot{\tilde{\omega}}$(rad/d)	$\dot{i}$(rad/d)	$\dot{\Omega}$(rad/d)	$\dot{\varepsilon}_0$(rad/d)	$\dot{T}$(s/d)
Case 1								
Non-rotation	−8.36	0	0	0	0	0	0	−0.01
Case 2								
Rotation	+0.13	2.15×10^{-8}	0	0	0	0	0	$+1.65 \times 10^{-4}$
Total values	−8.23	$+2.15 \times 10^{-8}$	0	0	0	0	0	−0.009 8

In case 1 the results are obtained from the formulae (15), and in case 2 the results are obtained from formulae (24).

5. Discussion and conclusion

5.1 Discussion

(1) When we do not consider the rotation of the Earth, the results of equations (15) give the variation of the orbital semi-major axis except all other orbital elements are without variation. When we consider the rotation of the Earth, the results of the equations (24) give the variation of the orbital semi-major axis and eccentricity: all other orbital elements are without variation.

(2) If we consider the case of rotation of the Earth and the inclination there exist variation of the eccentricity and of the semi-major axis even though their variation is very small, if the satellite moves along the equator of the Earth ($\cos i=1$), the effect is largest. If the satellite moves along a meridian circle ($\cos i=0$), the perturbation effect is zero.

(3) In this paper we adopt the method of average value to study this topic because the factor $(1+e^2+2e\cos f)^{-\frac{1}{2}}$ in the expressions (10) for the perturbation functions S and T becomes unwieldy, even when expanded. For this reason, this paper uses the method of average value which is rather easy and simple.

(4) In this paper the orbital effects only consider electric field, the effects of the magnetic field are not considered. The charged or conductive satellite moves in the magnetic field-free ionosphere according to the formula of drag given by Waytt (1960).

(5) Comparison of the effect of electronic induction drag with that of neutral atmospheric drag at the same altitude.

If we consider neutral atmospheric drag, the variable rate of the semi-major axis may be calculated from the formula for the atmospheric drag (Zheng & Ni, 1989).

$$\frac{\mathrm{d}a}{\mathrm{d}t}=-\frac{2\pi}{T_S}k_S a^2\rho_0\exp[\beta(r_0-a)]\times\left[I_0+2eI_1+\frac{3}{4}e^2(I_0+I_2)+\cdots\right]. \tag{26}$$

$$\frac{\mathrm{d}e}{\mathrm{d}t}=-\frac{2\pi}{T_S}k_S a\rho_0\exp[\beta(r_0-a)]\left[I_0+\frac{1}{2}e(I_0+I_2)+\frac{1}{4}e^2(-5I_1+I_3)+\cdots\right], \tag{27}$$

and based on Kepler's third law

$$\frac{\mathrm{d}T_S}{\mathrm{d}t}=\frac{3}{2}\cdot\frac{T_S}{a}\cdot\frac{\mathrm{d}a}{\mathrm{d}t}. \tag{28}$$

We consider the satellite at an altitude of 500 km and use data given by Allen (1973), $H=80$, $\beta=\frac{1}{80}$, $\log\rho_0=-15.2\ \mathrm{g/cm^3}$ ($\rho_0=3.60\times10^{-13}\ \mathrm{kg/m^3}$), $k_S=\lambda C_D\frac{S}{m_S}=$

0.558 5 m^2/kg ($\lambda=1$, $C_D=2.1$, $S=\frac{1}{4}\pi R^2$, $m_S=45$ kg), $r_0=637\,1+500=6\,871$ km, $R_E=6\,371$ km, $a=7\,250$ km, $\exp\beta\,(r_0-a)=0.008\,76$, $x=\beta ae=2.265\,6>1$, $T_S=$ 102 min. So we use the following formula for $I_n\,(x)$ (Watson, 1952; Li, 2011b),

$$I_n(x)=\frac{\exp x}{\sqrt{2\pi x}}\left\{1-\frac{4n^2-1}{1!\ (8x)}+\frac{(4n^2-1)(4n^2-3^2)}{1!\ 2!\ (n+1)(n+2)}-\cdots\right\}. \tag{29}$$

Substitution of x into the above formula, yields: $I_0=2.699\,0$, $I_1=1.558\,4$, $I_2=0.964\,1$, $I_3=0.282\,7$. Substituting the above data into the above formulae (26) (27) and (28), we obtain the numerical results for the variable rate of semi-major axis and eccentricity. We can therefore compare the results for the electric induction drag with the atmosphere drag as shown in table 2. It can be seen from table 2 that the effect of electric induction drag is large compare with that of neutral atmosphere drag.

(6) Comparison of the effect of the electric induction drag with that of Coulomb drag.

The formulae for the variable rate of the semi-major axis and eccentricity due to the action of Coulomb drag in the ionosphere was presented previously (Li, 2011a):

$$\frac{da}{dt}=-2C_{Di}\frac{(\pi R_S)^2}{m_S T_S}a^2(m_iN_i)\left(1+\frac{3}{4}e^2\right), \tag{30}$$

$$\frac{de}{dt}=-2C_{Di}\frac{(\pi R_S)^2}{m_i T_S}ae(m_iN_i), \tag{31}$$

$$\frac{dT}{dt}=\frac{3}{2}\cdot\frac{P}{a}\cdot\frac{da}{dt}. \tag{32}$$

For the satellite at an altitude of 500 km, we use data based on Chapra (1961): $C_{Di}=0.32$, $N_i=2.51\times10^7\ m^3$, $m_i=2.34\times10^{-26}$ kg, $m_iN_i=5.85\times10^{-19}\ kg/m^3$, $a=7\,250\times10^3$ m, $e=0.025$, $m_S=45$ kg, $T_S=102$ min, $R_S=2$ m. Substituting these data into the above formulae (30) ~ (32), we obtain the numerical results for the semi-major axis and eccentricity. We also obtain comparison for the effects of the electric induction drag with Coulomb drag as shown in the table 2.

Table 2　Comparison of the electric induction drag with atmospheric drag and Coulomb drag

Effects	Electric induction drag	Coulomb drag	Atmospheric drag
$\dot{a}$(m/d)	−8.23	−2.44	−39.79
$\dot{e}$(d^{-1})	$0+2.15\times10^{-8}$	-2.11×10^{-9}	-5.42×10^{-6}
$\dot{T}_s$(s/d)	−0.009 8	−0.003	−0.05

We can see from table 2 that the effect of electric induction drag is smaller than that of atmospheric drag and larger than that of Coulomb drag on the rates of the semi-major axes and periods. The effect of electric induction drag is larger than that of Coulomb drag and smaller than that of atmospheric drag for eccentricity rates in the same ionosphere.

5.2 Conclusion

We conclude that in the case of non-rotation of the Earth, the semi-major axis contracts gradually with time due to the electric induction drag, but does not have significant effect on eccentricity and inclination of the orbit as indicated in formulae (15). In the case of rotation of the Earth, however, the semi-major axis and eccentricity increase gradually with time, but the increase is very small, and other orbital elements: argument or longitude of perigee, mean longitude at epoch, orbital inclination and ascending node exhibit no secular variation.

References

[1] Allen C W. Astrophysical quantities. 112-113. University of London, The Athlone Press, London (1973).

[2] Chapra K P. Interaction rapidly moving bodies on terrestrial atmosphere. Rev Mod Phys, 33, 152-198 (1961).

[3] Lamb H. Hydrodynamics. Cambridge University Press, Cambridge (1932). Chap X1, 589.

[4] Li L S. The lifetime of an artificial satellite moving in non-uniform rotating atmosphere and instantaneous circle orbit. Appl Math Mech, 12 (5), 501-506 (1991).

[5] Li L S. Perturbation effect of the Coulomb drag on the orbital elements of the Earth satellite in the ionosphere. Acta Astronaut, 68, 717-721 (2011a).

[6] Li L S. Perturbation effects of quadratic drag on the orbital elements of a satellite in a central force field. J Astronaut Sci, 58 (1), 23-33 (2011b).

[7] Liu L. Orbital mechanics for artificial Earth satellite. 95-96. Beijing Higher Education Press, Beijing (1992).

[8] Roy A E. Orbital motion, 3rd ed. 192. Adam Hilger, Bristol (1988). Chap 6.

[9] Watson G N. A treatise on the theory of bessel function, 2nd ed. 203. Cambridge University Press, Cambridge (1952).

[10] Waytt P J. Induction drag on a large negatively charged satellite moving in a magnetic field free ionospherc. J Gcophys Res, 65, 1673-1678 (1960).

[11] Zheng X T, Ni C X. Celestial mechanics and dynamics of as tronomy. 278-279. Beijing Normal University Press, Beijing (1989).

磁感应阻力对导体卫星在圆形轨道上的摄动影响*

摘要： 本文用功能转换原理和摄动理论两种方法重点研究了导体卫星在地球磁场和有电导率介质空间飞行时磁感应阻力对圆形轨道半径的摄动影响. 理论研究表明：导体卫星在圆形轨道上受磁感应阻力后轨道半径除有随时间变化的长期摄动效应外，还有周期性变化. 此外，文中还讨论了磁感应阻力对圆形轨道的其他要素的摄动影响概况.

关键词： 磁感应阻力；导体卫星；圆形轨道变化

带有电荷的卫星在地球磁场飞行时轨道要受到磁场的摄动影响，带电卫星在电离层内飞行时轨道要受到电感应阻力的摄动影响. 作者在文［1］中曾研究了这种阻力对带电卫星轨道的摄动影响. 此外，根据电磁感应理论，当导体穿过有磁场存在的传导介质空间时，导体内的电流就会被感应，于是导体就受到一种磁感应阻力. 由于电离层中存在着大量自由电子和离子，形成传导介质，再加上有地球磁场存在，故当导体卫星穿过有这样介质空间的磁场时，导体卫星内就会产生磁感应阻力，这种阻力对导体卫星的轨道也会产生摄动效应. 文［2］～［5］曾研究并给出了磁感应阻力的表达式，但没有研究这种磁感应阻力对卫星在圆形轨道上产生的影响. 本文利用文［2］［3］给出的卫星在圆形轨道上受到的磁感应阻力，重点研究圆形轨道半径的变化. 因为对于圆形轨道而言，讨论它的变化比讨论其他要素变化更有实际意义，故这才是本文研究的特点.

1. 磁感应阻力的表达式

如果有电导率 σ 的导体以速度 v 穿过磁场 H，在不考虑电场影响的情况下，有电流密度 $\boldsymbol{j}$ 在导体内被感应[3]：

$$\boldsymbol{j}=\left(\frac{\sigma}{c}\right)[\boldsymbol{v}\times\boldsymbol{H}]. \tag{1}$$

此处电流同原始磁场相互作用就产生一种机械力：

$$\boldsymbol{F}=\left(\frac{\sigma}{c}\right)[\boldsymbol{j}\times\boldsymbol{H}]. \tag{2}$$

这个力阻碍导体运动，故这个机械力称为磁感应阻力.

文［2］首先利用（2）式做体积积分后给出（国际单位制 SI 表示）卫星在圆形轨道上受到的磁感应阻力的公式，然后文［3］又根据文［2］给出了用高斯单位制表示的

* 原文载于《天文研究与技术——国家天文台台刊》，2004，1（4）：274-281.

式子：

$$F=\frac{8\pi}{3}\cdot\frac{\sigma\sigma'}{c^2}\cdot\frac{a^3B^2}{\frac{(2\sigma+\sigma')+3\sigma b^3}{a^3-b^3}}v. \tag{3}$$

式中 B 为磁感应强度，a 和 b 分别为卫星的外半径和内半径，σ 和 σ' 分别表示空间电导率和球体卫星的电导率，v 为卫星在圆形轨道上垂直于地球径向磁场的速度，c 为光速.

如果研究的卫星是金属导体的实体球形卫星，则内半径 $b\to 0$，$\sigma'\gg\sigma$，即 $\frac{\sigma}{\sigma'}\ll 1$，故对 $\frac{\sigma}{\sigma'}$ 略而不计，这时（3）式可以简化成如下式子：

$$F=\frac{8\pi}{3}\cdot\frac{\sigma}{c^2}a^3B^2v. \tag{4}$$

本文取卫星的半径 R 代替 a，此外，磁感应强度 B 用磁场强度 H 表示，即 $B=\mu H$，μ 为真空中的磁导率，所以（4）式可改写为

$$F=\frac{8\pi}{3}\cdot\frac{\sigma}{c^2}R^3H^2\mu^2v. \tag{5}$$

地球磁场 H 有径向分量 H_r 和纬度方向分量 H_φ[6]：

$$H_r=-\frac{2M}{r^3}\cos\Phi,H_\varphi=-\frac{M}{r^3}\sin\Phi. \tag{6}$$

式中 M 为地球的磁偶矩，Φ 为由南赤极测量的余纬度，它同纬度 θ 的关系是 $\Phi=90°-\theta$. 按球面直角三角形，设 n 为平均运动（平均角速度），i 为轨道倾角（卫星轨道和地球赤道面的交角），则有（t 时经过的角度为 nt）：

$$\cos\Phi=\cos(90°-\theta)=\sin\theta=\sin i\sin nt. \tag{7}$$

由于地球的径向磁场 H_r 垂直于圆形轨道的切线，而卫星的瞬时线速度 v 在圆形轨道的切线方向上，所以卫星速度方向始终垂直于地球的径向磁场 H_r，即 v 垂直于 H_r，而同 H_φ 无关. 所以，（5）式的 H 只取 H_r 分量就可以了. 将（7）式代入（6）式，则有

$$H_r=-\frac{2M}{r^3}\sin i\sin nt. \tag{8}$$

将（8）式代入（5）式后，阻力的最后表达式为

$$F=\frac{32\pi\sigma\mu_0^2R^3M^2}{3c^2r^6}\sin^2 i\ \sin^2 nt\cdot v. \tag{9}$$

此式即本文要采用的磁感应阻力的表达式.

2. 磁感应阻力对圆形轨道半径的摄动影响

本文用两种方法研究.

2.1　功能转换原理的方法

从能量观点来看，卫星（导体卫星）在圆形轨道上在 dt 时间内位能 dE_r 和动能

$\mathrm{d}E_{\mathrm{k}}$ 的减少等于磁感应阻力对卫星所消耗的功. 设所消耗的功为 $\mathrm{d}W$，则[7]

$$\mathrm{d}E_t = \mathrm{d}E_{\mathrm{r}} + \mathrm{d}E_{\mathrm{k}} = -\mathrm{d}W. \tag{10}$$

在 $\mathrm{d}t$ 时间内卫星克服磁感应阻力所消耗的功应该是

$$\mathrm{d}W = F \cdot \mathrm{d}s.$$

在圆形轨道上 $\mathrm{d}s = v\mathrm{d}t$，

$$\therefore \mathrm{d}W = Fv\mathrm{d}t.$$

将（9）式的 F 代入上式，则有

$$\mathrm{d}W = \frac{32\pi\sigma\mu_0^2 R^3 M^2 \sin^2 i \sin^2 nt}{3c^2 r^6} v^2 \mathrm{d}t. \tag{11}$$

设卫星质量为 m_s，地球质量为 $m_\oplus$，不考虑大气旋转角速度时在圆形轨道情形下卫星的速度 $v = \sqrt{\dfrac{Gm_\oplus}{r}}$，$v^2 = \dfrac{Gm_\oplus}{r}$，位能 $E_{\mathrm{r}} = \dfrac{Gm_\oplus m_s}{r}$，动能 $E_{\mathrm{k}} = \dfrac{1}{2} m_2 v^2 = \dfrac{1}{2} \cdot \dfrac{m_s m_\oplus}{r}$，

$$\therefore \mathrm{d}E_t = \mathrm{d}\left(-\frac{m_\oplus m_s}{r}\right) + \mathrm{d}\left(\frac{1}{2} \cdot \frac{m_s m_\oplus}{r}\right) = \frac{1}{2} \cdot \frac{Gm_\oplus m_s}{r^2} \mathrm{d}r. \tag{12}$$

将 $v^2 = \dfrac{Gm_\oplus}{r}$ 代入，再将（11）式和（12）式代入（10）式，整理后得到圆形轨道在磁感应阻力作用下半径 r 随时间 t 变化的微分方程式：

$$r^5 \frac{\mathrm{d}r}{\mathrm{d}t} = -\frac{64\pi\sigma\mu_0^2 R^3 M^2 \sin^2 i \sin^2 nt}{3c^2 m_s}. \tag{13}$$

2.2　摄动方程的解法

此法是用高斯型摄动方程特例求解，故需求摄动径向分量加速度 S 和横向分量 T，以及垂直于轨道面的法向分量 W 的表达式.

根据（2）式，磁感应阻力 $\boldsymbol{F}$ 的方向是在三个矢量 $\boldsymbol{v}$，$\boldsymbol{H}$，$\boldsymbol{H}$ 乘积的方向，此三个矢量相乘的外积是在圆形轨道的切线方向，按右手定则，F 是和圆形轨道上的线速度 v 相反方向. 故磁感应阻力 F 只在切线方向有分量 U，在其他方向无分量，即法向分量 $N=0$，垂直轨道面的法向分量 $W=0$. 但椭圆轨道化为圆形轨道时径向分量 S 同法向分量 N 一致，横向分量 T 和切向分量 U 一致，W 在两种情形中一样. 根据（9）式，用卫星质量 m_s 除后即为磁感应阻力加速度，此加速度的方向正好和切线方向分量相反. 因在圆形轨道上 $v = nr$，故有

$$\begin{aligned} &S = N = 0, \\ &T = U = -\frac{32\pi\sigma\mu_0^2 R^3 M^2 \sin^2 i \sin^2 nt \cdot n}{3c^2 m_s r^5}, \\ &W = 0. \end{aligned} \tag{14}$$

再用高斯型摄动方程

$$\frac{\mathrm{d}a}{\mathrm{d}t} = \frac{2}{n\sqrt{1-e^2}}\left(Se\sin f + \frac{p}{r}T\right),$$

在圆形轨道情形下 $a=r$，$e=0$，$p=a\ (1-e^2)\ =r$. 于是以上方程可化为

$$\frac{\mathrm{d}r}{\mathrm{d}t}=\frac{2}{n}T.$$

将（14）式的第二个式子 T 代入上式，得

$$\frac{\mathrm{d}r}{\mathrm{d}t}=-\frac{64\pi\sigma\mu_0^2R^3M^2\sin^2 i\sin^2 nt}{3c^2m_sr^5}.$$

此式正好同第一种方法推出的（13）式一致.

3. 方程式的解和计算实例

现将方程（13）变数分离后积分：

$$\int_{r_0}^{r}r^5\,\mathrm{d}r=-\frac{64\pi\sigma\mu_0^2R^3M^2\sin^2 i}{3c^2m_s}\int_{t_0}^{t}\sin^2 nt\,\mathrm{d}t,$$

积分后得

$$r^6=r_0^6\left\{1-K\left[(t-t_0)-\frac{1}{2n}(\sin 2nt-\sin 2nt_0)\right]\right\}. \tag{15.1}$$

式中

$$K=\frac{64\pi\sigma\mu_0^2R^3M^2\sin^2 i}{3c^2m_sr_0^6}. \tag{15.2}$$

$$\delta r=r-r_0=r_0\left\{1-K\left[(t-t_0)-\frac{1}{2n}(\sin 2nt-\sin 2nt_0)\right]\right\}^{\frac{1}{6}}-r_0. \tag{16}$$

在（16）式中，如果 $K\left[(t-t_0)-\frac{1}{2n}(\sin 2nt-\sin 2nt_0)\right]>1$，则按（16）式的形式计算 δr；如果 $K\left[(t-t_0)-\frac{1}{2n}(\sin 2nt-\sin 2nt_0)\right]<1$，则可用二项式展开，得

$$\begin{aligned}&\delta r=-\frac{1}{6}Kr_0\delta t+\frac{Kr_0}{12n}(\sin 2nt-\sin 2nt_0),\\&\delta t=t-t_0.\end{aligned} \tag{17}$$

由此得到圆形轨道半径 r 随时间的长期变化式：

$$\frac{\delta r}{\delta t}=\frac{\mathrm{d}r}{\mathrm{d}t}=-\frac{Kr_0}{6}. \tag{18}$$

周期项的振幅 A 为（T 为轨道周期）：

$$A=\frac{Kr_0}{12n}=\frac{Kr_0T}{24\pi}. \tag{19}$$

作为算例，利用（18）（19）式可估算质量 $m_s=100$ kg，半径 $R=150$ cm 的导体金属卫星，在距地面高度 $h=1\ 500$ km 和地球赤道相交 5°倾角（$i=5°$）处，在地球磁场中沿圆形轨道在有电导率 σ 的空间飞行时，受到的磁感应阻力对轨道半径 r 或高度 h 随时间变化的情况.

计算时，因给出的（18）（19）式适合用高斯单位制，故（18）（19）式中的各物理

量均采用高斯单位制.

按文［8］给出的$\frac{\sigma}{c^2}=10^{-10}$，文［9］给出的$M=7.94\times10^{25}$ EMU，$\mu_0=1$，$h=15\times10^7$ cm，地球半径$R_\oplus=6\ 371\times10^5$ cm，$\therefore r_0=h+R_E=7.871\times10^8$ cm. $m_s=1\times10^6$ g，$R=150$ cm，$\sin i=\sin 5°=0.087\ 15$.

将以上数据代入（15.2）式，得（c·g·s·M）：

$$K=1.36\times10^{-11}. \tag{20}$$

因$K\ll1$，故可利用（18）式，将r_0值代入（18）式，得

$$\frac{\mathrm{d}r}{\mathrm{d}t}=-1.55\ \mathrm{m/d}, \tag{21}$$

即圆形轨道半径在磁感应阻力作用下每日缩短 1.55 m，因$\frac{\mathrm{d}h}{\mathrm{d}t}=\frac{\mathrm{d}r}{\mathrm{d}t}$，即卫星高度每日也降低 1.55 m.

其次，用（19）式计算周期的振幅A的数值. 根据 Kepler 第三定律：

$$T=\frac{2\pi r^{\frac{3}{2}}}{\sqrt{GM_\oplus}}, n=\frac{2\pi}{T}.$$

将地球质量$m_\oplus=5.976\times10^{27}$ g，$G=6.67\times10^{-8}$，$r=7.871\times10^8$ cm 代入上式后，得卫星轨道周期T和平均运动n：

$$T=1.93\ \mathrm{h}\ 或\ 0.080\ 4\ \mathrm{d}, n=78.131\ 5\ \mathrm{rad/d}.$$

将这些数据和K及r_0代入（19）式，得

$$A=0.99\ \mathrm{cm}. \tag{22}$$

由（17）式可知，振幅最大值在$nt=45°$，即$A_{\max}=0.99$ cm，最小值在$nt=0°$，90°，180°，即$A_{\min}=0$.

4. 对圆形轨道的其他根数变化的讨论

研究卫星在圆形轨道的变化主要研究卫星受阻力或摄动后轨道半径的变化. 根据圆形轨道的特点，对其他要素的讨论，诸如轨道偏心率等虽然是次要的，但在此也需要做一简要讨论.

4.1 关于圆形轨道受阻力产生摄动后轨道偏心率的变化

圆形轨道在受摄动前轨道偏心率$e=0$，但圆形轨道受到阻力后由于摄动就不再严格为圆形或e不再为零. 由于偏离圆形轨道，轨道由$e=0$开始变化为$e\neq0$或不是严格圆形轨道，以下用摄动理论说明此点.

首先假定圆形轨道作为椭圆轨道的特例加以研究. 按椭圆轨道的高斯型摄动方程：

$$\frac{\mathrm{d}e}{\mathrm{d}t}=\frac{\sqrt{1-e^2}}{na}[S\sin f+T(\cos E+\cos f)].$$

正如前节用$\frac{\mathrm{d}a}{\mathrm{d}t}$推算$\frac{\mathrm{d}r}{\mathrm{d}t}$的做法，在圆形轨道情形下，$e=0$，$a=r$，$E=f=nt$，所以

$\cos E+\cos f=2\cos nt$. 将（14）式中的 S 和 T 代入摄动方程后，

$$\frac{\mathrm{d}e}{\mathrm{d}t}=\frac{2T}{nr}\cos nt=-\frac{64\pi\sigma\mu_0^2R^3M^2\sin^2 i}{3c^2m_s r^6}\sin^2 nt\cos nt. \tag{23}$$

可见，卫星在圆形轨道上受到阻力后产生不为零的轨道偏心率不仅随时间变化，也随半径 r 变化.

将以上方程引入（15.2）式的 K，而

$$\sin^2 nt\cos nt=\frac{1}{4}(\cos nt-\cos 3nt).$$

于是（23）式可写成

$$\frac{\mathrm{d}e}{\mathrm{d}t}=-\frac{3}{4}K\left(\frac{r_0}{r}\right)^6(\cos nt-\cos 3nt). \tag{24}$$

式中 K 见（15.2）式.

将（15.1）式中的 r^6 代入以上方程后，再用二项式展开，有

$$\frac{\mathrm{d}e}{\mathrm{d}t}=-\frac{3}{4}K(\cos nt-\cos 3nt)\left\{1+K\left[(t-t_0)-\frac{1}{2n}(\sin 2nt-\sin 2nt_0)\right]\right\}.$$

按前节计算的 K 值很小，故略去和 K^2 有关的项后，得

$$\frac{\mathrm{d}e}{\mathrm{d}t}=-\frac{3}{4}K(\cos nt-\cos 3nt). \tag{25}$$

积分后得到圆形轨道受阻力摄动产生的轨道偏心率不为零的摄动变量为

$$\delta e=e-0=-\frac{3}{4}\cdot\frac{K}{n}\left[(\sin nt-\sin nt_0)-\frac{1}{3}(\sin 3nt-\sin 3nt_0)\right]. \tag{26}$$

可见，卫星在圆形轨道（$e=0$）上受磁感应阻力后轨道产生 $e\neq 0$ 的偏心率随时间按周期性变化，变化的振幅 $A=-\frac{3}{4}\cdot\frac{K}{n}$，但无长期变化.

4.2　轨道倾角 i 和升交点经度 Ω 的变化的讨论

根据高斯型摄动方程在圆形轨道的情形：

$$\frac{\mathrm{d}i}{\mathrm{d}t}=\frac{r\cos u}{na^2\sqrt{1-e^2}}W=\frac{\cos u}{nr}W,$$

$$\frac{\mathrm{d}\Omega}{\mathrm{d}t}=\frac{r\sin u}{na^2\sqrt{1-e^2}\sin i}W=\frac{\sin u}{nr\sin i}W.$$

将（14）式的 $W=0$ 代入以上方程后，有

$$\frac{\mathrm{d}i}{\mathrm{d}t}=0,\frac{\mathrm{d}\Omega}{\mathrm{d}t}=0.$$

$$\therefore \delta i=i-i_0=0,\delta\Omega=\Omega-\Omega_0=0. \tag{27}$$

故磁感应阻力对轨道倾角和升交点经度不产生摄动效应.

5. 结　论

（1）导体卫星在空间飞行时只要穿过有磁场存在的传导介质空间，在导体卫星上就

会产生和卫星运动方向相反的磁感应阻力．此阻力对圆形轨道半径或卫星的高度产生缩小作用，正如本文（21）式所计算的结果，这也是本文主要的理论结果．

（2）本文的次要结果是磁感应阻力对圆形轨道其他要素的影响．磁感应阻力对轨道倾角和升交点经度没有摄动影响；但对圆形轨道的偏心率 $e=0$ 受磁感应阻力摄动后变成 $e\neq 0$ 的非严格圆形轨道而言，轨道偏心率随时间按周期变化，而无长期摄动效应．

（3）磁感应阻力对在椭圆形轨道上的导体卫星轨道的摄动影响问题，因此种情形比较复杂，需另行讨论．

参考文献

［1］李林森．在电离层中电感应阻力对带电卫星的轨道根数的摄动影响．云南天文台台刊，2002（1）：1．

［2］Jefimenko O. Effect of the magnetic field on the motion of an artificial satellite. Amer J Phys，1959，27（5）：454．

［3］Chopra K P. Interactions of rapidly moving bodies in terrestial atmosphere. Rev Mod Phys，1961，33（2）：153．

［4］Hohl F，Wood G P. The electrostatic and electromagnetic drag forces on a spherical satellite in a rarefied partially ionized atmosphere. Third international symposium on rarefied gas dynamics，New York，London ：Academic Press，1962：45．

［5］Beard D B，Johnson F S. Charge and magnetic field interaction with satellite. J Geophys Res，1960，65（1）：1．

［6］Shapiro I I，Jones H M. Effect of the Earth's magnetic field on the orbit of a charged satellite. J Geophys Res，1961，66（12）：412．

［7］李林森．在不均匀旋转大气中瞬时圆形轨道的人造卫星的寿命．应用数学和力学，1991，12（5）：473．

［8］Chopra K P. Note on induction drag. J Geophys Res，1957，62（1）：143．

［9］Allen C W. Astrophysical quantities. London：University of London，The Athlone Press，1973：28-29，136．

Perturbation Effects of Quadratic Drag on the Orbital Elements of a Satellite in a Central Force Field*

Abstract: This paper presents the perturbation effects of quadratic drag on the orbital elements of satellites in a central force field. The author studied this subject by using the mixed-drag model, that is the Humi-Carter drag model in terms of the exponential drag model. The solutions of the perturbation equations are represented by the Bessel function. The results show clearly that the semi-major axis and eccentricity exhibit secular variation, but the longitude of perigee exhibits no variation. As an example we calculated the secular variation of the semi-major axis, eccentricity, perigee and apogee distances, and height for three satellites and the obtained results are discussed.

1. Introduction

The two-body problem with drag has been studied by several authors[1]~[11]. In particular, M. Humi and T. Carter presented certain methods of motion with quadratic drag[6]~[11]. In their investigation they derived the orbit equation based on quadratic drag. They also approximated this equation by a linear differential equation and obtained the same solution showing the variation of the radius from the center of attraction. But they did not give the variation of the other orbital elements under the action of a quadratic drag. In this article the author solves the perturbation equations by using the mixed model (Humi-Carter model in terms of the exponential model), and obtains the secular variation of the orbital elements under the action of the quadratic drag force. The results of this paper amplify and extend the work of Humi-Carter.

2. The equation of motion for quadratic drag

M. Humi and T. Carter (2002)[7] studied the motion of the spacecraft in a central

* 原文载于 *The Journal of the Astronautical Sciences*, 2011, 58 (1): 23-33.

force field with quadratic drag. They obtained the equations of motion of a satellite in orbit with the transverse and radial components as

$$R\ddot{\theta}+2\dot{R}\dot{\theta}=-g(\alpha,R)(\dot{R}^2+R^2\dot{\theta}^2)^n R\dot{\theta}, \tag{1}$$

$$\ddot{R}-R\dot{\theta}^2=-f(R)R-g(\alpha,R)(\dot{R}^2+R^2\dot{\theta}^2)^n\dot{R}. \tag{2}$$

The equations of motion (1) and (2) can be written as

$$R\ddot{\theta}+2\dot{R}\dot{\theta}=-g(\alpha,R)(R\dot{\theta})^{2n+1}\left[1+\left(\frac{\dot{R}}{R\dot{\theta}}\right)^2\right]^n, \tag{3}$$

$$\ddot{R}-R\dot{\theta}^2=-f(R)R-g(\alpha,R)\dot{R}(R\dot{\theta})^{2n}\left[1+\left(\frac{\dot{R}}{R\dot{\theta}}\right)^2\right]^n. \tag{4}$$

In these expressions, R is the magnitude of the radius vector of a satellite from the center of attraction and α is a parameter that depends on drag. In the case of a central force field with quadratic drag, $g(\alpha, R)=\frac{\alpha}{R}$, and n is any real number. For quadratic drag, $n=\frac{1}{2}$.

As in the paper of Humi and Carter, we solve the above equation for two cases with quadratic drag. The first case, $|\dot{R}|\ll|R\dot{\theta}|$, corresponds to a satellite whose orbit decays slowly. Because $\left|\frac{\dot{R}}{R\dot{\theta}}\right|\ll 1$, the term can be neglected. The equations (3) and (4) can be written as

$$R\ddot{\theta}+2\dot{R}\dot{\theta}=-g(\alpha,R)(R\dot{\theta})^{2n+1}, \tag{5}$$

$$\ddot{R}-R\dot{\theta}^2=-f(R)R-g(\alpha,R)\dot{R}(R\dot{\theta})^{2n}. \tag{6}$$

For quadratic drag $n=\frac{1}{2}$, and the equations (5) and (6) become

$$R\ddot{\theta}+2\dot{R}\dot{\theta}=-g(\alpha,R)R^2\dot{\theta}^2, \tag{7}$$

$$\ddot{R}-R\dot{\theta}^2=-f(R)R-g(\alpha,R)R\dot{R}\dot{\theta}. \tag{8}$$

The second case, $|R\dot{\theta}|\ll\dot{R}$ or $\left|\frac{R\dot{\theta}}{\dot{R}}\right|\ll 1$, corresponds to a projectile with rapid ascent or descent. Assuming $\left|\frac{R\dot{\theta}}{\dot{R}}\right|\ll 1$, equations (1) and (2) can be written as

$$R\ddot{\theta}+2\dot{R}\dot{\theta}=-g(\alpha,R)\dot{R}^{2n}R\dot{\theta}, \tag{9}$$

$$\ddot{R}-R\dot{\theta}^2=-f(R)R-g(\alpha,R)\dot{R}^{2n+1}. \tag{10}$$

For quadratic drag, $n=\frac{1}{2}$, and equations (9) and (10) become

$$R\ddot{\theta}+2\dot{R}\dot{\theta}=-g(\alpha,R)R\dot{R}\dot{\theta}, \tag{11}$$

$$\ddot{R}-R\dot{\theta}^2=-f(R)R-g(\alpha,R)\dot{R}^2. \tag{12}$$

The equations of motion (7) (8) and (11) (12) are the equations for quadratic drag in the two cases given by Humi and Carter (2002) [7].

3. The selection for the valid region of two cases

First, one should analyze and select the valid region for case 1 ($|\dot{R}| \ll |R\dot{\theta}|$) and case 2($|R\dot{\theta}| \ll \dot{R}$). We may use the well-known formula (13) of the two-body problem to calculate the radial to tangential ratio (14),

$$\dot{\theta} = \frac{na^2\sqrt{1-e^2}}{r^2}, \quad \dot{R} = \frac{nae\sin\theta}{\sqrt{1-e^2}}, \tag{13}$$

$$\frac{\dot{R}}{R\dot{\theta}} = \frac{e\sin\theta}{1+e\cos\theta}. \tag{14}$$

For case 1, it is required that

$$\frac{\dot{R}}{R\dot{\theta}} = \frac{e\sin\theta}{1+e\cos\theta} \leqslant 1. \tag{15}$$

If one gives the various values for $\cos\theta$ with $0 \leqslant \theta \leqslant 2\pi$, it is possible to calculate the bounds on the eccentricity, e, from the above inequality, and obtain the suitable region of eccentricity for the valid regions of the ratio $\left|\frac{\dot{R}}{R\dot{\theta}}\right| \leqslant 1$. This is the case where the altitude is lower or the spacecraft is in a nearly circular orbit.

For case 2, it is required that

$$\frac{\dot{R}}{R\dot{\theta}} = \frac{e\sin\theta}{1+e\cos\theta} \geqslant 1. \tag{16}$$

When one gives the various values for $\cos\theta$ with $0 \leqslant \theta \leqslant 2\pi$, it is possible to calculate the bounds on values for eccentricity, e, from the above inequality, and obtain the suitable region of eccentricity, e, which is over 0.75 for the valid region.

For the second case $\left(\frac{\dot{R}}{R\dot{\theta}} \geqslant 1\right)$, the ratio is 1.33. Therefore, this case is the high altitude case where the atmosphere is rare. Hence we do not select the second case $|R\dot{\theta}| \leqslant |\dot{R}|$. We should select the first case $|\dot{R}| \leqslant |R\dot{\theta}|$ as the researched subject.

4. The perturbation equations for quadratic drag and its solution

We use equations (7) and (8) for case 1 to derive the perturbation components, S and T and the perturbation equations. For this we compare equations (7) and (8) with the Newtonian equations:

$$R\ddot{\theta} + 2\dot{R}\dot{\theta} = 0, \ddot{R} - R\dot{\theta}^2 = -f(R)R = -\frac{\mu}{R^2}.$$

We can obtain the transverse and radial components of the perturbation acceleration as

$$S = -g(\alpha, R)R\dot{R}\dot{\theta}, \tag{17}$$

$$T = -g(\alpha, R)R^2\dot{\theta}^2. \tag{18}$$

In the Humi-Carter drag model, the function $g(\alpha, R)$ is not a constant. We can use the exponential model to transform the function of atmospheric density. We compare the drag formula for Humi and Carter [7]:

$$D = -g(\alpha, R)(\dot{\boldsymbol{R}}) \cdot (\dot{\boldsymbol{R}})^{\frac{1}{2}} \dot{R}, \tag{19}$$

with the formula for the exponential drag model,

$$D = -\frac{1}{2}\left(\frac{C_D s}{m}\right) \rho \mathbf{V} \cdot \mathbf{V}, \tag{20}$$

where $\dot{\boldsymbol{R}}$ and $\mathbf{V}$ are the vector velocity. We get

$$g(\alpha, R) = \frac{1}{2}\left(\frac{C_D s}{m}\right)\rho, \because g(\alpha, R) = \frac{\alpha}{R}, \tag{21}$$

$$\therefore \alpha = \frac{1}{2}\left(\frac{C_D s}{m}\right)\rho R, \tag{22}$$

where C_D is the coefficient of atmospheric drag, s is the effective area and m is mass. Substituting equation (21) into the formulae (17) and (18) leads to

$$S = \frac{1}{2}\left(\frac{C_D s}{m}\right)\rho R \dot{R} \dot{\theta}, \tag{23}$$

$$T = \frac{1}{2}\left(\frac{C_D s}{m}\right)\rho R^2 \dot{\theta}^2. \tag{24}$$

In the exponential drag model [12],

$$\rho = \rho_0 \exp\left(\frac{h - h_0}{H}\right) = \rho_0 \exp\left(\frac{R - R_0}{H}\right), \tag{25}$$

where H is scalar height. The best method is use the eccentric anomaly E as an independent variable in the components S and T and in the perturbation equation. For this we use the formulae for the two-body problem [13][14],

$$R = a(1 - e\cos E), \tag{26}$$

$$\sin\theta = \frac{\sqrt{1-e^2}\sin E}{1 - e\cos E} = \frac{a\sqrt{1-e^2}\sin E}{R}, \tag{27}$$

$$\cos\theta = \frac{\cos E - e}{1 - e\cos E} = \frac{a(\cos E - e)}{R}, \tag{28}$$

$$\dot{R} = \frac{nae\sin\theta}{\sqrt{1-e^2}} = \frac{nae\sin E}{1 - e\cos E} = \frac{na^2 e\sin E}{R}, \tag{29}$$

$$\dot{\theta} = \frac{na^2\sqrt{1-e^2}}{R^2}. \tag{30}$$

Substitution of $\dot{R}$ for formula (29) and $\dot{\theta}$ for formula (30) into the formulae (23) and (24), the components S and T become

$$S = -\frac{1}{2}\left(\frac{C_D s}{m}\right)\rho \frac{n^2 a^3 e\sqrt{1-e^2}\sin E}{R^2}, \tag{31}$$

$$T=-\frac{1}{2}\left(\frac{C_D s}{m}\right)\rho\frac{n^2a^4(1-e^2)}{R^2}. \tag{32}$$

Substituting R for formula (26) into formula (25), an expression for the density is obtained as

$$\rho=\rho_0\exp[\beta(R_0-a)+\beta ae\cos E]=\rho_0\exp[\beta(R_0-a)]\exp(\beta ae\cos E), \tag{33}$$

where $\beta=\frac{1}{H}$.

The formulae (26) ～ (28) can be used in the Gaussian perturbation equations:

$$\frac{\mathrm{d}a}{\mathrm{d}t}=\frac{2}{n\sqrt{1-e^2}}\left[Se\sin\theta+\frac{p}{R}T\right],$$

$$\frac{\mathrm{d}e}{\mathrm{d}t}=\frac{\sqrt{1-e^2}}{na}[S\sin\theta+T(\cos E+\cos\theta)],$$

$$\frac{\mathrm{d}\omega}{\mathrm{d}t}=\frac{\sqrt{1-e^2}}{nae}\left[-S\cos\theta+\left(1+\frac{R}{p}\right)T\sin\theta\right],$$

where ω is defined as the longitude of perigee. Using the eccentric anomaly E as the independent variable instead of time t[13]:

$$\mathrm{d}t=\frac{R}{na}\mathrm{d}E, \tag{34}$$

the Gaussian equations can be written as

$$\frac{\mathrm{d}a}{\mathrm{d}E}=\frac{2}{n^2a\sqrt{1-e^2}}[Sea\sqrt{1-e^2}\sin E+pT], \tag{35}$$

$$\frac{\mathrm{d}e}{\mathrm{d}E}=\frac{\sqrt{1-e^2}}{n^2a^2}\left\{Sa\sqrt{1-e^2}\sin E+T\left[\frac{\cos E}{R}+a(\cos E-e)\right]\right\}, \tag{36}$$

$$\frac{\mathrm{d}\omega}{\mathrm{d}E}=\frac{\sqrt{1-e^2}}{n^2a^2e}\left[-Sa(\cos E-e)+\left(1+\frac{R}{p}\right)Ta\sqrt{1-e^2}\sin E\right]. \tag{37}$$

Substituting the formula (33) into formulae (31) and (32), equations (31) and (32) become

$$S=-\frac{1}{2}\left(\frac{C_D s}{m}\right)\rho_0\exp[\beta(R_0-a)]\exp(\beta aE\cos E)\frac{n^2a^3e\sqrt{1-e^2}\sin E}{R^2}, \tag{38}$$

$$T=-\frac{1}{2}\left(\frac{C_D s}{m}\right)\rho_0\exp[\beta(R_0-a)]\exp(\beta ae\cos E)\frac{n^2a^4(1-e^2)}{R^2}. \tag{39}$$

Substituting the formulae for S and T into the Gaussian equations (35) ～ (37), leads to

$$\frac{\mathrm{d}a}{\mathrm{d}E}=-\left(\frac{C_D s}{m}\right)\rho_0\sqrt{1-e^2}\exp[\beta(R_0-a)]\exp(\beta ae\cos E)[(1-e^2)$$
$$+2e\cos E+e^2\cos 2E+O(e^3)], \tag{40}$$

$$\frac{\mathrm{d}e}{\mathrm{d}E}=-\frac{1}{2}\left(\frac{C_D s}{m}\right)\rho_0 a(1-e^2)^{\frac{3}{2}}\exp[\beta(R_0-a)]\exp(\beta ae\cos E)$$

$$\left[e+\left(2+\frac{3}{2}e^2\right)\cos E+e\cos 2E+\frac{1}{2}e^2\cos 3E+O(e^3)\right], \tag{41}$$

$$\frac{d\omega}{dE}=-\left(\frac{C_D s}{m}\right)\rho_0\frac{a(1-e^2)}{e}\exp[\beta(R_0-a)]\exp(\beta ae\cos E)\left[\left(1+\frac{1}{2}e^2\right)\sin E+\frac{1}{2}e\sin 2E+\frac{1}{4}e^2\sin 3E+O(e^3)\right]. \tag{42}$$

Integrating equations (40) ~ (42) and neglecting the terms with $O(e^3)$, the decrements of the orbital elements per cycle (revolution) (dE from 0 to 2π) are

$$\Delta a=-2\pi\left\{\frac{C_D s}{m}\right\}\rho_0\sqrt{1-e^2}\exp[\beta(R_0-a)]\left\{(1-e^2)\left[\frac{1}{2\pi}\int_0^{2\pi}\exp(\beta ae\cos E)dE\right]+2e\left[\frac{1}{2\pi}\int_0^{2\pi}\exp(\beta ae\cos E)\cos E dE\right]+e^2\left[\frac{1}{2\pi}\int_0^{2\pi}\exp(\beta ae\cos E)\cos 2E dE\right]\right\},$$

$$\Delta e=-2\pi\frac{1}{2}\left(\frac{C_D s}{m}\right)\rho_0 a(1-e^2)^{\frac{3}{2}}\exp[\beta(R_0-a)]\left\{E\left[\frac{1}{2\pi}\int_0^{2\pi}\exp(\beta ae\cos E)dE\right]+\left(2+\frac{3}{2}e^2\right)\left[\frac{1}{2\pi}\int_0^{2\pi}\exp(\beta ae\cos E)\cos E dE\right]+e\left[\frac{1}{2\pi}\int_0^{2\pi}\exp(\beta ae\cos E)\cos 2E dE\right]\right\},$$

$$\Delta\omega=-2\pi\left(\frac{C_D s}{m}\right)\rho_0\frac{a(1-e^2)}{e}\exp[\beta(R_0-a)]\left\{\left(1+\frac{1}{2}e^2\right)\times\left[\frac{1}{2\pi}\int_0^{2\pi}\exp(\beta ae\cos E)\sin E dE\right]+\frac{1}{2}e\left[\frac{1}{2\pi}\int_0^{2\pi}\exp(\beta ae\cos E)\sin 2E dE\right]+\frac{1}{4}e^2\left[\frac{1}{2\pi}\int_0^{2\pi}\exp(\beta ae\cos E)\sin 3E dE\right]\right\}.$$

The above integrands can be denoted by using the Bessel function ($n=0, 1, 2, 3$):

$$I_n(\beta ae)=\frac{1}{2\pi}\int_0^{2\pi}\exp(\beta ae\cos E)\sin nE dE=0, \tag{43}$$

$$I_n(\beta ae)=\frac{1}{2\pi}\int_0^{2\pi}\exp(\beta ae\cos E)\cos nE dE. \tag{44}$$

Letting $x=\beta ae$, if $z<1$, the above Bessel function may be expanded to the power series [13]

$$I_n(x)=\frac{\left\{\frac{x}{2}\right\}^2}{n!}\left\{1-\frac{\left\{\frac{x}{2}\right\}^2}{1\cdot(n+1)}+\frac{\left\{\frac{x}{2}\right\}^4}{1\cdot 2\cdot(n+1)\cdot(n+2)}-\cdots\right\}. \tag{45}$$

If $x>1$, the above power series converges more slowly, we must use the asymptotic expansion formula[15]:

$$I_n(x) = \frac{\exp x}{\sqrt{2\pi x}}\left\{1 - \frac{4n^2 - 1}{1!\ (8x)} + \frac{(4n^2 - 1^2)(4n^2 - 3^2)}{2!\ (8x)^2} - \cdots\right\}. \tag{46}$$

We use Bessel functions (43) and (44) instead of all integrands, the results of integration for the equations (40) ~ (42) are

$$\begin{cases} \Delta a = -K_a[1 - e^2]I_0(x) + 2eI_1(x) + e^2 I_2(x), \\ \Delta e = -K_e\left[eI_0(x) + \left(2 + \frac{3}{2}e^2\right) I_1(x) + eI_2(x) + \frac{1}{2}e^2 I_3(x)\right], \\ \Delta\omega = 0, \\ \Delta P = \frac{3}{2}\left(\frac{P}{a}\right)\Delta a. \end{cases} \tag{47}$$

Here

$$K_a = 2\pi\left(\frac{C_D s}{m}\right)\rho_0 a^2(1 - e^2)^{\frac{1}{2}}\exp[\beta(R_0 - a)], \tag{48}$$

$$K_e = \pi\left(\frac{C_D s}{m}\right)\rho_0 a(1 - e^2)^{\frac{3}{2}}\exp[\beta(R_0 - a)], \tag{49}$$

and the variable rate for a, e and ω,

$$\dot{a} = \frac{\Delta a}{P}, \dot{e} = \frac{\Delta e}{P}, \dot{\omega} = 0, \ \dot{P} = \frac{3}{2}\left(\frac{P}{a}\right)\dot{a}, \tag{50}$$

where P denotes the orbital period.

Table 1　The calculated data for three satellites

Satellites	K_a(cm)	K_e	$I_0(x)$	$I_1(x)$	$I_2(x)$	$I_3(x)$
1957α1	1.682 6	$1.182\ 8\times10^{-9}$	3 859.272 4	3 668.177 9	2 615.088 9	2 460.407 6
1964-4A	227.611 4	$1.506\ 5\times10^{-7}$	0.784 9	0.425 1	0.105 6	0.017 1
1971018A	8.185 7	$5.453\ 4\times10^{-13}$	$5.545\ 6\times10^{6}$	$5.388\ 5\times10^{6}$	$4.942\ 5\times10^{6}$	$4.286\ 0\times10^{6}$

The variation of the initial perigee and apogee distance and the height of a satellite are derived as follows. The initial perigee distance and altitude are defined as $R_p = a(1 - e)$ and h_p, and the initial apogee distance and altitude are defined as $R_a = a(1+e)$ and h_a. Therefore,

$$\Delta R_p = (1 - e)\Delta a - a\Delta e, \Delta R_a = (1 + e)\Delta a + a\Delta e, \tag{51}$$

$$\Delta h_p = \Delta R_p, \Delta h_a = \Delta R_a, \tag{52}$$

$$\dot{R}_p = (1 - e)\dot{a} - a\dot{e}, \dot{R}_a = (1 + e)\dot{a} + a\dot{e}, \tag{53}$$

$$\dot{h}_p = \dot{R}_p, \dot{h}_a = \dot{R}_a, \tag{54}$$

where Δa, Δe, $\dot{a}$ and $\dot{e}$ are given by the formulae (47) and (50).

5. The numerical calculation for the orbit of a satellite

As an example, we calculate the variation of the orbital elements of the satellites

Sputnik-1 ($1957\alpha_1$), Fcho-2 (1964-4A) and Science-Experiment (1971018A) under the quadratic drag. Their orbital elements and some physical quantities are cited in the appendix [16][17]. Substitution of the values of those physical quantities a, e, R_0, β, ρ, s, m and C_D of the satellites into formulae (48) and (49), we obtain the values of constants K_a and K_e listed in table 1.

For 1964-4A, $x=\beta ae=0.953\,3<1$. We must use the expansion power series of the Bessel function (45) to calculate $I_0(x)$, $I_1(x)$, $I_2(x)$ and $I_3(x)$. For these, we take $n=0$, 1, 2 and 3 and expand equation (45),

$$\begin{aligned} I_0(x) &= 1-\frac{1}{4}x^2+\frac{1}{64}x^4-\cdots, \\ I_1(x) &= \frac{1}{2}x\left[1-\frac{1}{8}x^2+\frac{1}{192}x^4-\cdots\right], \\ I_2(x) &= \frac{1}{8}x^2\left[1-\frac{1}{12}x^2+\frac{1}{384}x^4-\cdots\right], \\ I_3(x) &= \frac{1}{48}x^3\left[1-\frac{1}{16}x^2+\frac{1}{640}x^4-\cdots\right]. \end{aligned} \tag{55}$$

Substituting $x=0.953\,3$ into the above expressions, we obtain the numerical values of $I_0(x)$, $I_1(x)$, $I_2(x)$ and $I_3(x)$ listed in table 1.

Table 2 The secular effects of quadratic drag on the orbital elements of three satellites per revolution

Satellites International numbers	$1957\alpha_1$	1964-4A	1971018A
Satellite name	Sputnik-1	Fcho-2	Science-Experiment
Δa (m/Rev)	-71.31	-1.82	-55.16
Δe (1/Rev)	-9.11×10^{-6}	-1.31×10^{-7}	-6.59×10^{-6}
$\Delta\omega$ (rad/Rev)	0	0	0
ΔP (s/Rev)	-0.08	-2.36×10^{-3}	-0.06
Δh_p (m/Rev)	-4.21	-0.75	-0.19
Δh_a (m/Rev)	-138.29	-2.82	-110.14

Rev: Revolution.

For $1957\alpha_1$ and 1971018A, $x=\beta ae=10.331\,1$ and $17.882\,2$. We must use expansion power series of the asymptotic Bessel function (46) to calculate $I_0(x)$, $I_1(x)$, $I_2(x)$ and $I_3(x)$. For these, we take $n=0$, 1, 2, 3 and expand the formula (46) as

$$I_0(x) = \frac{\exp x}{\sqrt{2\pi x}}\left[1 - \frac{1}{8x} + \frac{9}{128x^2} - \cdots\right],$$
$$I_1(x) = \frac{\exp x}{\sqrt{2\pi x}}\left[1 - \frac{3}{8x} + \frac{15}{128x^2} - \cdots\right],$$
$$I_2(x) = \frac{\exp x}{\sqrt{2\pi x}}\left[1 - \frac{15}{8x} + \frac{105}{128x^2} - \cdots\right],$$
$$I_3(x) = \frac{\exp x}{\sqrt{2\pi x}}\left[1 - \frac{35}{8x} + \frac{945}{128x^2} - \cdots\right]. \tag{56}$$

Table 3　The secular effects of the variable rate of quadratic drag on the orbital elements of three satellites per day

Satellites International numbers	$1957\alpha_1$	1964-4A	1971018A
Satellite name	Sputnik-1	Fcho-2	Science-Experiment
$\dot{a}$(m/d)	$-1\,068.39$	-24.06	-749.39
$\dot{e}$(1/d)	-1.36×10^{-4}	-1.72×10^{-6}	-8.92×10^{-5}
$\dot{\omega}$(rad/d)	0	0	0
$\dot{P}$(s/d)	-1.32	-3.12×10^{-2}	0.94
$\dot{h}_p$(m/d)	-65.85	-10.55	-1.82
$\dot{h}_a$(m/d)	$-2\,070.88$	-37.57	$-1\,494.83$

Substituting $x=0.331\,1$ and $17.882\,2$ into the above expressions, we obtain the numerical values of $I_0(x)$, $I_1(x)$, $I_2(x)$ and $I_3(x)$ for two satellites respectively listed in table 1.

Substituting the values of K_a, K_e, and $I_0(x)$, $I_1(x)$, $I_2(x)$ and $I_3(x)$ in table 1 into formulae (47), (50) ～ (54), the numerical results are listed in table 2 and table 3.

6. Discussion and conclusion

In the Humi-Carter theory the equations of motion can be divided into two cases: $|\dot{R}| \ll |R\dot{\theta}|$ and $|R\dot{\theta}| \ll |\dot{R}|$. As in Section "*the selection for the valid region of two cases*" of this article, the first case is suitable to the near circular orbit with $e\leqslant0.25$ for the valid region, the second case is suitable to the highly elliptical orbit with $e>0.75$ for the valid region. The first case demands a high altitude where the atmosphere is very rare, and drag is very small. This paper takes Sputnik-1 (1957α), Fcho-2 (1964-4A) and Science-Experiment (1971018A) as the calculated example. However, these satellites' eccentricities are $e=0.052$, 0.019 and 0.111, all of which are less than 0.75. Hence this paper selects the first case as the theoretical research and calculation which are corrective.

In the Humi-Carter drag model with the function $g(\alpha, R)=\frac{a}{R}$, the parameter α depends on the drag and R is variable. Therefore the function $g(\alpha, R)$ should be a variable function. We may use the methods of observation (measurement) or theory to determine the value of the parameter, α. Humi-Carter gave the formula for α by using the method of measurement for the circular orbit[7], but they do not give that for elliptic orbit by the method of measurement. It is difficult to determine the parameter α for the elliptic orbit by using the method of measurement. Therefore, this paper adopted the mixed-drag model, that is the Humi-Carter model in terms of the exponential decay drag model to solve this problem.

In this article, the author takes the eccentric anomaly, E, as an independent variable and integrates the perturbation equations by expanding Bessel functions. Although these methods are similar to that method of King-Hele[2], both solutions are different. The author's solutions are based on the theory of quadratic drag, while King-Hele's solutions are not.

It can be seen from formula (47) and the calculated results in table 2 and table 3 that the semi-major axis and eccentricity of the satellite decrease with time continually. The orbit circularizes from the elliptic orbit to the circular orbit.

The longitude of the perigee has no secular variation because the result for the integration of the perturbation equation (42) is that $\Delta\omega=0$ by using the Bessel function,

$$I_n(\beta ae)=\frac{1}{2\pi}\int_0^{2\pi}\exp(\beta ae\cos E)\sin nE\,dE=0.$$

It can be seen from the calculated results in table 2 and table 3 that the descent rates of the apogee distance or height are faster than that of the perigee distance or height of the satellite's orbit. When the descent height (altitude) of the apogee distance is equal to that of the perigee distance, the satellite orbit become a circular orbit, and then, the satellite descends with a spiral orbit. Finally, it falls on the Earth surface.

References

[1] Mittleman D, Jezenski D. An analytic solution of the class of 2-body motion with drag. Celestial Mechanics Dynamical Astronomy, Vol 28, 1982, 401-403.

[2] King-Hele D. Satellite orbit in an atmosphere. Blackie, London, Ch 4, 1987.

[3] Leach P G L. The first integral and orbit equation for the Kepler equation with

drag. Journal of Physics, Vol 20, 1987, 1997-2002.

[4] Mavraganis A G, Mickalakis D G. The two-body problem with drag and radiation pressure. Celestial Mechanics Dynamical Astronomy, Vol 58, 1997, 393-403.

[5] Breiter S, Jackson A. Unified analytical solution to two-body problems with drag. Monthly Notices of Royal Astronomical Society, Vol 299, 1998, 237-243.

[6] Humi M, Carter T. Fuel optimal rendezvous in a central force field with linear drag. AIAA Journal of Guidance and Control, Vol 26, 2002, 74-97.

[7] Humi M, Carter T. Model motion in a central force field with quadratic drag. Celestial Mechanics Dynamical Astronomy, Vol 84, 2002, 245-262.

[8] Carter T, Humi M. Clohessy-wiltshire equations modified to include quadratic drag. Journal of Guidance, Control, and Dynamics. Vol 25, No 6, 2002, 1058-1063.

[9] Humi M, Carter T. Closed-form solutions near-circular ares with quadratic drag model. Journal of Guidance, Control, and Dynamics, Vol 29, No 3, 2006, 513-518.

[10] Humi M, Carter T. The two-body problem for relatively high tangential speeds and quadratic drag. Journal of Guidance, Control, and Dynamics, Vol 30, No 1, 2007, 248-251.

[11] Carter T, Humi M. The two-body problem with drag and high tangential speeds. Journal of Guidance, Control, and Dynamics, Vol 31, No 3, 2008, 641-646.

[12] Vallado D A. Fundamentals of astrodynamics and applications. McGraw-Hill, New York, 1997.

[13] Smart W M. Celestial mechanics. London, New York, Toronto, 1953: 18.

[14] Kovalevsky J. Introduction to celestial mechanics. D Reidel Publishing Company, Dordrecht, The Netherlands, 1967, Ch 2, Sect 12.

[15] Watson G N. A treatise on the theory of bessel function. The Cambridge University Press, Second ed, 1952: 203.

[16] Liu L. Theory of motion of artificial earth satellite. Scientific Press, Beijing, 1997: 6.

[17] Zheng X T. Motion and forecast of artificial Earth satellite. Scientific Press, Beijing, 1981: 16-17.

Appendix

Table A1 Some parameters of three satellites[16][17]

Parameters	Diameter D(m)	Weight (kg)	e	a (km)	P (min)	h_p (km)	h_a (km)
1957α_1	0.575	83.54	0.052	6 954	96.20	213	939
1964-4A	41	265	0.019	7 551	108.95	1 029	1 316
1971018A	1	221	0.111	7 424	106	266	1 826

Table A2 Some data of three satellites

Data	$S=14\pi D^2$ (m^2)	R_0 (km)	H (km)	$\beta=\frac{1}{H}$ (km^{-1})	$x=\beta ae$	$\log\rho$ (g/cm^3)	C_D
1957α_1	0.259 6	6 584	35	0.028 5	10.331 1	−12.5	2.2
1964-4A	1 320	7 400	150	0.006 7	0.955 3	−17.8	2.2
1971018A	0.785 4	6 637	46	0.012 7	17.882 2	−13.1	2.2

The Lifetime of an Artificial Satellite Moving in Nonuniform Rotating Atmosphere and Instantaneous Circular Orbit*

Abstract: The lifetime of an artificial satellite moving in the circular orbit under the action of nonuniform rotating atmospheric drag is studied from an energy point of view in this paper. The angular velocity of atmospheric rotation decreases with height according to hydrodynamics. The atmospheric density decreases with height according to the exponential formula. The expression for the lifetime of a satellite in the instantaneous circular orbit in the above-mentioned rotating atmospheric model is derived, and the numerical estimation for the lifetime of a concrete satellite has been made. The result shows clearly that the satellite lifetime calculated by this paper is shorter than that calculated by the uniform rotating atmospheric model.

Keywords: nonuniform rotating atmospheric drag; satellite lifetime; calculation

1. Introduction

After an artificial satellite is launched into space, the most important is the research and estimation for its lifetime besides at any time mastering the variation of the orbital elements and forecasting its position. Some authors studied this problem by using various approximate methods. One of them, the method of an energy point of view to study this problem is most widespread. For example, reference [1] made analogous assumption in studying a satellite moving in rotating atmosphere. Later, reference [3] assumed that the angular velocity of atmospheric rotation differs with the angular velocity of the Earth rotation in one factor, but this factor is proportional constant, too. If the atmosphere is regarded as the fluid, it can be found that this factor is not constant, but the function of the height. The following theory is to study the theory of the lifetime of a satellite using this model of the rotating atmosphere and an energy point

* 原文载于 *Applied Mathematics and Mechanics*, 1991, 2(5): 501-506.

of view.

2. The model of the rotating atmosphere

At first, we assume that the Earth's atmosphere is rotating and has no limit. Both the atmospheric density and rotating angular velocity diminish with height.

2.1 The law of the change of the atmospheric density with the height

The Earth's atmosphere density ρ diminishes with height, h, it can be written in exponential equation[1]:

$$\rho(h)=k\exp\left[-\frac{h}{c}\right]=k\exp\left[-\frac{(r-R)}{c}\right], \tag{1}$$

where R denotes the Earth radius, $h=r-R$, r denotes the distance from geocentre, and the values k and c are given by reference [1]:

$$\begin{cases} k=7.7\times10^{-10}\ \mathrm{g/cm^3}, \\ c=2.33\times10^{6}\ \mathrm{cm}. \end{cases} \tag{2}$$

2.2 The law of the change of the atmospheric rotating angular velocity with the height

The Earth atmosphere does not rest, it rotates with the Earth rotation together. How is the law about that atmosphere rotates around the Earth axies. The studies of it are worthwhile.

Let the angular velocity of the Earth and atmosphere denote Ω and ω. Then reference [2] assumes:

$$\omega=\Omega. \tag{3}$$

Reference [3] further assumes that both Ω and ω differ in factor Λ:

$$\Omega=\Lambda\Omega. \tag{4}$$

It can be demonstrated from viscous hydrodynamics that the atmospheric rotating angular velocity diminishes with height.

The atmospheric angular velocity at the Earth surface is almost equal to the angular velocity of the Earth rotation. The higher it is, the smaller is angular velocity. It is often considered that the Earth atmosphere's has not edge and limit, and the angular velocity of atmospheric edge is equal to zero at infinity. This suggests that where the atmosphere can not be almost spurred by the Earth rotation where the atmospheric velocity, of course, is equal to zero.

According to the above-mentioned model of atmospheric rotating fluid and the theory of hydrodynamics, the expression for the angular velocity ω of no limit rotating fluid layer surrounding solid sphere changes with the distance r from the centre is

$$\omega=\left(\frac{R}{r}\right)^{3}\Omega, \tag{5}$$

where R and Ω denote the radius and the angular velocity of solid sphere, respectively.

If expression (5) is applied to the Earth's atmosphere, then R, Ω and ω denote the radius and the angular velocity of the Earth and the atmospheric rotating velocity, respectively. Comparing expression (5) with expression (4), then

$$\Lambda(r)=\left(\frac{R}{r}\right)^{3}. \tag{6}$$

It can be seen that $r=R$, at the Earth surface, then $\Lambda(r)=1$, so $\omega=\Omega$. When we consider atmospheric edge, i. e. $r\to\infty$, so $\omega\to 0$ at there, i. e. the angular velocity of the atmospheric rotation is equal to zero.

3. The expression of the forced air resistance of a satellite in nonuniform rotating atmosphere

The expression of the forced air resistance of a satellite in the atmosphere can be written:

$$F_D=\frac{C_D\rho S v^2}{2}, \tag{7}$$

where C_D denotes the coefficient of the air resistance, taking $C_D\approx 2$ approximately, ρ is the density of atmosphere, S denotes the effective area, v and V denote the linear velocity and absolute velocity of a satellite relative to the rotating atmosphere and geocentre, respectively, and $r\omega\cos\varphi$ denotes the linear velocity at the latitude φ and the distance r resulting from the atmosphere rotating around the Earth axis. Then

$$v=V-r\omega\cos\varphi\sin\beta, \tag{8}$$

where the angular β is given by the relationship of spherical rectangular trigonometry:

$$\sin\beta=\frac{\cos i}{\cos\varphi}. \tag{9}$$

If the orbit of a satellite makes an inclination i with the Earth's equator, then we obtain from expressions (8) and (9):

$$v=V-r\omega\cos i. \tag{10}$$

Substituting expression (5) into (10), it follows

$$v=V-\left(\frac{R^3\Omega\cos i}{r^2}\right). \tag{11}$$

Substituting (11) into (7), and expanding it, we obtain the expression of the air resistance in the rotating atmosphere:

$$F_D=\frac{1}{2}C_D\rho S\left[V^2-\frac{2VR^3\Omega\cos i}{r^2}+\frac{R^6\Omega^2\cos^2 i}{r^4}\right]. \tag{12}$$

4. The various energies of a satellite in circular orbit

The potential energy E_p of a satellite in the orbit is

$$E_p=\int_R^r mg(r)\mathrm{d}r,$$

where m is the satellite's mass. Let the Earth's mass be M_E, and k_g is the gravitational constant, and G is the gravity acceleration at the Earth's surface. Then

$$E_{\mathrm{p}} = \int_R^r m \frac{GR^2}{r^2} \mathrm{d}r = GmR\left(\frac{r-R}{r}\right). \tag{13}$$

The kinetic energy of a satellite in the circular orbit is

$$E_{\mathrm{k}} = \frac{1}{2} mV^2(r).$$

The absolute velocity of a satellite in the circular orbit is

$$V^2(r) = \frac{k_g M_E}{r} = \frac{GR^2}{r},$$

$$\therefore E_{\mathrm{k}} = \frac{1}{2} \frac{GmR^2}{r}. \tag{14}$$

So the total energy E_{t} of a satellite in the circular orbit is

$$E_{\mathrm{t}} = E_{\mathrm{p}} + E_{\mathrm{k}} = GmR\left(\frac{r-R}{r}\right) + \frac{\frac{1}{2}mGR^2}{r}$$

$$= \frac{1}{2} \frac{GmR(2r-R)}{r}. \tag{15}$$

5. The differential equation of the lifetime of a satellite in the instantaneous circular orbit

From an energy point of view, the lifetime of a satellite in the circular orbit is decided by the total energy dissipated with which a satellite overcome the air resistance. The diminution of the total energy of a satellite in the orbit in time $\mathrm{d}t$ is equal to the work dissipated by the atmospheric resistance. Let the dissipated work be denoted by $\mathrm{d}W$. Then

$$\mathrm{d}E_{\mathrm{t}} = \mathrm{d}E_{\mathrm{p}} + \mathrm{d}E_{\mathrm{k}} = -\mathrm{d}W,$$

i. e.,

$$\mathrm{d}E_{\mathrm{p}} + \mathrm{d}E_{\mathrm{k}} + \mathrm{d}W = \mathrm{d}E_{\mathrm{t}} + \mathrm{d}W = 0. \tag{16}$$

The dissipated work with which a satellite overcome air resistance in the atmosphere is

$$\mathrm{d}W = F_D \cdot \mathrm{d}S.$$

In the circular orbit $\mathrm{d}S = V\mathrm{d}t$,

$$\therefore \mathrm{d}W = F_D V \mathrm{d}t. \tag{17}$$

Substituting expression (11) into (17), and considering (1), putting $B = R^3 \Omega \cos i$, we obtain

$$\mathrm{d}W = \frac{1}{2} C_D S k \exp\left[-\frac{(r-R)}{c}\right]\left[V^2 - \frac{2VB}{r^2} + \frac{B^2}{r^4}\right] V \mathrm{d}t. \tag{18}$$

Differentiating both sides of expression (15), then

$$dE_t = \frac{1}{2}Gm\left(\frac{R}{r}\right)^2 dr. \tag{19}$$

Substituting (18) and (19) into (16), it follows

$$\frac{1}{2}mG\left(\frac{R}{r}\right)^2 dr + \frac{1}{2}C_D Sk \exp\left[-\frac{(r-R)}{c}\right]\left[V^2 - \frac{2VB}{r^2} - \frac{B^2}{r^4}\right]V dt = 0.$$

Let $A = GR^2$. Then, (13) can be written as $V^2 = \frac{A}{r}$, after substituting them into the above expression, putting $C_D \approx 2$, then we obtain the differential equation determining the lifetime of a satellite:

$$dt = -\left(\frac{m}{2Sk}\right)\frac{\exp\left[\frac{r-R}{c}\right]}{\left(A^{\frac{1}{2}}r^{\frac{1}{2}} - \frac{2B}{r} + \frac{A^{-\frac{1}{2}}B^2}{r^{\frac{5}{2}}}\right)}dr. \tag{20}$$

6. The expression for the lifetime of a satellite—The integral of the differential equation

Now, taking the difinite integral of both sides of equation (20):

$$\int_0^t dt = -\frac{m}{2Sk}\int_{r_0}^{R}\left(A^{\frac{1}{2}}r^{\frac{1}{2}} - \frac{2B}{r} + \frac{A^{-\frac{2}{3}}B^2}{r^{\frac{5}{2}}}\right)^{-1}\exp\left[\frac{r-R}{c}\right]dr,$$

and then changing the definite integral limit, the form of the right integral can be written as

$$\begin{aligned} t &= \frac{m}{2Sk}\int_R^{r_0} A^{-\frac{1}{2}}r^{-\frac{1}{2}}\left(1 - \frac{2A^{-\frac{1}{2}}B}{r^{\frac{3}{2}}} + \frac{A^{-1}B^2}{r^3}\right)^{-1}\exp\left[\frac{r-R}{c}\right]dr \\ &= \frac{m}{2Sk}\int_R^{r_0} A^{-\frac{1}{2}}r^{-\frac{1}{2}}\exp\left[\frac{r-R}{c}\right]dr + \frac{mB}{SkA}\int_R^{r_0} r^{-2}\exp\left[\frac{r-R}{c}\right]dr \\ &\quad + \frac{3mB^2}{2A^{\frac{3}{2}}Sk}\int_R^{r_0} r^{-\frac{7}{2}}\exp\left[\frac{r-R}{c}\right]dr. \end{aligned}$$

In order to integrate the above expression, we perform the transformation of the above integral expression. Let h be the height of a satellite from the Earth's surface. Then $r = R+h = R\left(1+\frac{h}{R}\right)$. So, $dr = dh$. Substituting this into the above expression, we have

$$\begin{aligned} t = t_0 + t_1 + t_2 &= \frac{1}{2}\left(\frac{mc}{Sk}\right)G^{-\frac{1}{2}}R^{-\frac{3}{2}}\int_0^h\left(1+\frac{h}{R}\right)^{-\frac{1}{2}}\frac{\exp\left[\frac{h}{c}\right]}{c}dh \\ &\quad + \left(\frac{mc}{Sk}\right)\frac{B}{GR^4}\int_0^h\left(1+\frac{h}{R}\right)^{-2}\frac{\exp\left[\frac{h}{c}\right]}{c}dh \end{aligned}$$

$$+\frac{3}{2}\left(\frac{mc}{Sk}\right)\frac{B}{G^{\frac{3}{2}}R^{\frac{13}{2}}}\int_0^h\left(1+\frac{h}{R}\right)^{-\frac{7}{2}}\frac{\exp\left[\frac{h}{c}\right]}{c}dh.$$

For the height $h<R$, $\left(1+\frac{h}{R}\right)^n$, $\left(n=-\frac{1}{2},-2,-\frac{7}{2}\right)$ are expanded by using binomial theorem to substitute these into the above expression. Integrating, then we obtain

$$\begin{aligned}
t=&\frac{D}{2G^{\frac{1}{2}}R^{\frac{3}{2}}}\left\{\left[1-\frac{1}{2k}(h-c)+\frac{3}{8R^2}(h^2-2ch+2c^3)\right]\exp\left[\frac{h}{c}\right]\right.\\
&\left.-\left[1-\frac{1}{2}\left(\frac{c}{R}\right)+\frac{3}{4}\left(\frac{c}{R}\right)^2\right]\right\}\\
&+\frac{DB}{GR^4}\left\{\left[1-\frac{2}{R}(h-c)+\frac{3}{R^2}(h^2-2ch+2c^2)\right]\exp\left[\frac{h}{c}\right]\right.\\
&\left.-\left[1-2\left(\frac{c}{R}\right)+6\left(\frac{c}{R}\right)^2\right]\right\}\\
&+\frac{3DB^2}{2G^{\frac{3}{2}}R^{\frac{13}{2}}}\left\{\left[1-\frac{7}{2R}(h-c)+\frac{63}{8R^2}(h^2-2ch+2c^2)\right]\exp\left[\frac{h}{c}\right]\right.\\
&\left.-\left[1-\frac{7}{2}\left(\frac{c}{R}\right)+\frac{63}{4}\left(\frac{c}{R}\right)^2\right]\right\},
\end{aligned}$$

where $D=\frac{mc}{Sk}$.

For a satellite above the height $h=160$ km, the value $\exp\left[\frac{h}{c}\right]$ is larger, so the terms without factor $\exp\left[\frac{h}{c}\right]$ are smaller, then it may be neglected. Resubstituting $B=R^3\Omega\cos i$ into the above expression, we obtain the expression for the lifetime of a satellite:

$$\begin{aligned}
t=&t_0+t_\Omega+t_{\Omega^2}\\
=&\frac{D}{2G^{\frac{1}{2}}R^{\frac{3}{2}}}\left[1-\frac{1}{2R}(h-c)+\frac{3}{8R^2}(h^2-2ch+2c^2)\right]\exp\left[\frac{h}{c}\right]\\
&+\frac{DB}{GR}\Omega\cos i\left[1-\frac{2}{R}(h-c)+\frac{3}{R^2}(h^2-2ch+2c^2)\right]\exp\left[\frac{h}{c}\right]\\
&+\frac{3D}{2G^{\frac{3}{2}}R^{\frac{1}{2}}}\Omega^2\cos i\left[1-\frac{7}{2R}(h-c)+\frac{63}{8R^2}(h^2-2ch+2c^2)\right]\exp\left[\frac{h}{c}\right].
\end{aligned}\quad(21)$$

7. The numerical result of theoretical calculation for the lifetime of a satellite

Reference [1] made the numerical calculation for the lifetime of a concrete satellite in the variable range between the height from 1 000 km to 150 km by using the theoretical expression deduced from the assumption that the atmospheric rotating angular velocity is equal to that of the Earth. In order to compare the result of the present paper with that of reference [1], this paper calculated the lifetime of a satellite in the same variable range of the same height by using expression (21) and the same data of reference [1] $\left(\frac{m}{S}=317\ \mathrm{km/m^2},\ i=0, \Omega=7.292\ 1\times10^{-5}\ \mathrm{rad}\right)$. The results are given in table 1.

Table 1

h(km)	t_0(d)	t_Ω(d)	$t_{\Omega 2}$(d)	$\Delta t_\Omega=\Delta t$(d)
150	0.676×10^{0}	0.741×10^{-1}	0.325×10^{-10}	-0.085×10^{-1}
200	0.583×10^{7}	0.650×10^{0}	0.293×10^{-5}	-0.061×10^{0}
400	0.303×10^{5}	0.328×10^{4}	0.141×10^{-5}	-0.063×10^{4}
600	0.159×10^{9}	0.188×10^{8}	0.687×10^{-2}	-0.028×10^{8}
800	0.841×10^{12}	0.099×10^{12}	0.339×10^{2}	-0.016×10^{12}
1 000	0.443×10^{16}	0.427×10^{15}	0.170×10^{6}	-0.218×10^{15}

In table 1, the values of $\Delta t_\Omega=\Delta t$ denote the corrective values of the term t_Ω of this paper on the same term of reference [1], i. e. $\Delta t_\Omega=t_\Omega-t_{\Omega'}=\Delta t$, and $t_{\Omega'}$ denotes the correspondent values in reference [1].

8. The disscusion for the results

(1) It can be seen from expression (21) that the expression of the first term t_0 is the expression of the first term deduced in reference [1], without considering that the Earth rotates ($\Omega=0$) or the atmosphere is at rest.

(2) It can be seen from the numerical result in table 1 that the value of the term $t_{\Omega 2}$ is so small that the third term is negligible. Therefore, expression (21) can be written as $t=t_0+t_\Omega$. In addition, it is shown from the calculated results that the calculated values t_Ω for different height in this paper is smaller than the calculated values t_Ω for the same height in reference [1]. The corrective values of this paper to reference [1] are shown by $\Delta t_\Omega=\Delta t$ in table 1. Δt is the corrective value of the lifetime to reference [1]. Therefore, the lifetime of a satellite calculated by reference [1] based on the model of uniform rotating atmosphere is larger than that of this paper based on the model of nonuniform rotating atmosphere.

(3) It can be seen from expression (21) that the lifetime of a satellite concerned

with the inclination of the orbit relative to the equator of the Earth. the lifetime of a satellite is shortest when the motion of a satellite is perpendicular to the Earth's equator through the south or north poles of the Earth (at this time $\cos i=0$). However, the lifetime of a satellite is longest when the motion of a satellite passes in the sky above the Earth's equator (at this time $\cos i=1$).

(4) If the direction of the motion of a satellite correponds to that of the Earth rotation, then the term with Ω in the expression is positive; if the motion of a satellite is contrary to the direction of the Earth rotation, then that term is negative. Therefore, expression (21) can be written as $t=t_0 \pm t_\Omega$.

It can be shown that: If a satellite moves from east to west, it can diminish the lifetime of a satellite.

The author is very grateful for the help of Professor Wong Chia-ho, Zhejiang University.

References

[1] Corrado cascie Vittorio Giavota, IXth International Astronautical Congress 1958: 343-358.

[2] Cook D E, D E Hing-Hele, D M C Walker. Proc Roy Soc, 257 (1960), 224-249.

[3] Cook D E, R N Plimmer. Proc Roy Soc, 258 (1960), 516-528.

[4] Lamb H. Hydrodynamics, Chapter XI, (1932) 589.

光压及其在自然界中的各种作用和应用*

摘要：本文重点讨论光压及其在自然界中的各种作用和影响以及对它的应用，如它对人造卫星运动和寿命的影响和它对太阳系小天体如彗尾、土星环的作用，以及用它的作用所做的光帆（太阳帆）及进行宇宙飞行．此外，它对地球自转也有微小的影响．

1. 光　压

光压就是光子流产生的压强，它的存在早在 1900 年就从实验上得到了证实．光压除有能量 $h\nu$ 外还有动量$\frac{h\nu}{C}$．从光子观点来看，光压的产生是光子把它的动量传给物体的结果．从量子观点来看，光压就是光子流产生的压强．因此，光压的强度可以从光子观点给出，也可以从量子观点给出．如果我们求出光子在单位时间内传递到单位面积上的动量，也就求得了光压的强度．可是，从电磁辐射理论看，光压是反射和吸收物体所受到的一种光的力学作用．依电磁辐射理论，在平面上由于电磁波受到的压力等于在表面附近的电磁能的密度，此能量包括了入射波和反射波的能量．设 Φ 表示每单位面积的入射波的本领($\mathrm{erg/cm^2\cdot sec}$)，即频率 ν 的单色光垂直入射到壁上每单位面积的光通量．如设单位时间内落到单位面积上的光子数为 N，则 $\Phi=Nh\nu$．设 ρ 为壁的反射系数，则电磁波的能量 $E=\Phi+\rho\Phi=(1+\rho)\Phi$，而电磁波的动量 $P=\frac{E}{C}=\frac{(1+\rho)\Phi}{C}$，按前述对光压的定义，物体表面受到的光压力 P 为[1]

$$P=\frac{(1+\rho)\Phi}{C}. \tag{1}$$

设 θ 为光在表面上的入射角，则[1]

$$P=\frac{(1+\rho)\Phi\cos^2\theta}{C}. \tag{2}$$

设每单位时间内落在地球表面上每平方厘米的太阳辐射本领，称它为太阳常数$\Phi_0=1.35\times10^6\ \mathrm{erg/cm^2\cdot sec}$，则离开太阳在距离 r 处的物体受到的 Φ 由下式给出：

$$\because 4\pi r^2\Phi=4\pi r_0^2\Phi_0,\quad \therefore \Phi=\Phi_0\left(\frac{r_0}{r}\right)^2. \tag{3}$$

其中 r_0 为地日之间的距离．将(3) 式代入(1) 式，则

* 原文载于《广西物理》，1993，14 (2)：21-25，13.

$$P = \Phi_0(1+\rho)\left(\frac{r}{r_0}\right)^2 \frac{\cos^2\theta}{C}. \tag{4}$$

在地球轨道上垂直于反射表面的压力(按理想的特殊表面的球)：[1]

$$P_0 = \frac{2\Phi_0}{C} = 0.9\times10^{-4}\ \text{dyne/cm}^2.$$

因此，若 $\rho=1$，则 $P_0 = \dfrac{\Phi_0(1+\rho)}{C} = \dfrac{2\Phi_0}{C}$，

$$\therefore P = P_0\left(\frac{r_0}{r}\right)^2 \cos^2\theta. \tag{5}$$

有时将辐射压力表示成不仅与入射角 θ 有关，也与散射角 ψ 有关，则一般可表示为[2]

$$P = \frac{Qk\pi R^2}{C}, \tag{6}$$

其中 R 为物体的半径，k 为距太阳 r 处的物体所在地的太阳常数，$k=\dfrac{L_\odot}{4\pi r^2}$($L_\odot$ 为太阳的光度)，Q 为辐射压力的有效因子，它由光的吸收和散射两部分组成：[2]

$$Q = q_{\text{abs}} + Q_{\text{sca}}(1-\cos\psi). \tag{7}$$

Q_{abs} 和 Q_{sca} 分别表示吸收和散射的有效因子，它们依赖于粒子的半径、波长和物质的性质. 对于入射辐射，$\cos\psi=1$；对于各向同性散射，$\cos\psi=0$；对于完全黑体散射，$\cos\psi=1$.

2. 光压对人造卫星轨道变化和寿命的影响

人造卫星距地球愈远所受到的光压影响就愈大，并可超越大气阻力的影响，故当卫星距离地球相当远时必须考虑光压对它的影响. 一个质量为 m 和有效截面为 A 的卫星在辐射压力 P 的作用下所受到的加速度是

$$F = k\rho_\odot A = P\left(\frac{A}{m}\right), \tag{8}$$

式中 k 是与材料、形状以及粗糙程度有关的常数，$\rho_\odot$ 是太阳光压强度，$\rho_\odot=4.5\times10^{-5}\,\text{dyne/cm}^2$，一般将 F 表示成矢量形式：

$$\boldsymbol{F} = F\boldsymbol{L}_\odot, \tag{8}$$

$\boldsymbol{L}_\odot$ 是地日方向的单位矢量. 然后就可将光压摄动加速度分解成轨道径向、横向和法向三分量 S，T，W，如设三方向的单位矢量为 $\boldsymbol{S}_0$，$\boldsymbol{T}_0$ 和 $\boldsymbol{W}_0$，则 $S=\boldsymbol{F}\cdot\dfrac{\boldsymbol{S}_0}{m}$，$T=\boldsymbol{F}\cdot\dfrac{\boldsymbol{T}}{m}$，$W=\boldsymbol{F}\cdot\dfrac{\boldsymbol{W}}{m}$. 再将此三分量代入卫星轨道摄动变化方程式就可推得卫星在轨道上受光压后轨道长轴 a，偏心率 e，倾角 i 以及其他各要素的变化. 轨道长轴 a 和周期 T 随时间单调变化，而偏心率 e 有周期性改变. 对于圆形轨道，辐射压力(光压)对近地点高度随时间单调减少，一直到卫星同地面碰撞为止. 对于非圆形轨道，近地点高度先增加，后单调减少. 其次是光压会造成卫星运动速度加大，因而轨道能量也加大. 这使卫星轨道向某一方向移动，如图 1，轨道向左移动. 当卫星在 B 点附近时，太阳光压在和卫星运动方向相反方向推动卫星，于是就慢些，这造成轨道长轴在减小，故产生如同经过 B 的

轨道. 结果是整个轨道在垂直于光压的方向移动，移动的大小与卫星的 A 和 m 成比例. 另外，光压对卫星寿命也有影响. 在共振的轨道上卫星寿命与 $\frac{A}{m}$ 成反比，即光压可缩短卫星的寿命，使寿命 7 年的卫星缩短到 2 年.

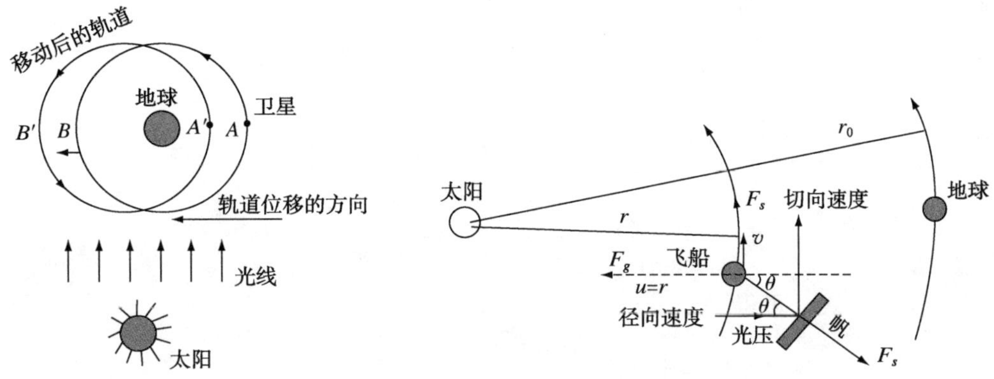

图 1　光压对卫星轨道和寿命的影响　　　　图 2　在光压作用下太阳帆的航行

3. 光帆(太阳帆)在光压作用下的航行

利用光压产生很小的加速度使飞船按小推力的轨道飞行，这就是利用光压推动光帆的星际航行. 光帆没有质量消耗，它完全靠光压来产生推力. 如果控制太阳帆的转动，使其表面永远垂直于太阳光线方向，则飞船处于弱引力场中，它将沿着以太阳为焦点的椭圆、抛物线或双曲线轨道运动. 光帆在引力场中在太阳光压作用下的运动轨迹可按图 2 对光帆的安置给出的运动方程来描述：[4]

$$m\left(\dot{u}-\frac{v^2}{r}\right)=F_s\cos\theta-F_g, \tag{9}$$

$$m\left(\dot{v}-\frac{uv}{r}\right)=-F_s\sin\theta. \tag{10}$$

式中 u，$\dot{u}$，v 和 v 分别为飞船在轨道径向和垂直径向(法向)的速度和加速度，$u=\dot{r}$，$\dot{u}=\ddot{r}$，而 F_s 和 F_g 是光压作用在帆上的压力和在向径 r 处太阳作用在飞船上的引力. 根据前面(5)式，可将 F_s 和 F_g 表示成

$$\frac{F_s}{m}=P\left(\frac{A}{m}\right)=P_0\left(\frac{A}{m}\right)\cos^2\theta\left(\frac{r_0}{r}\right)^2=\alpha\cos^2\theta\left(\frac{r_0}{r}\right)^2.$$

$$\frac{F_g}{m}=\frac{F_{g_0}}{m}\left(\frac{r}{r_0}\right)^2=\alpha_0\left(\frac{r_0}{r}\right)^2,$$

所以，帆的运动方程式：

$$\dot{u}-\frac{v^2}{r}=(-\alpha_0+\alpha\cos^3\theta)\left(\frac{r_0}{r}\right)^2, \tag{11}$$

$$\dot{v}+\frac{uv}{r}=-\alpha\sin\theta\cos^2\theta\left(\frac{r_0}{r}\right)^2. \tag{12}$$

经过适当简化，可求得上述方程的解：

$$\frac{v^2}{r}=(\alpha_0-\alpha\cos^3\theta)\left(\frac{r_0}{r}\right)^2,$$

$$\text{或}\quad v=r^{-\frac{1}{2}}r_0(\alpha_0-\alpha\cos^3\theta)^{\frac{1}{2}}. \tag{13}$$

由式(12) 和(14) 消去 v，则得

$$u=\frac{\mathrm{d}r}{\mathrm{d}t}=-r^{-\frac{1}{2}}r_0\frac{2\alpha\sin\theta\cos^2\theta}{(\alpha_0-\alpha\cos^3\theta)^{\frac{1}{2}}}, \tag{14}$$

积分此式，可求得在 r_0 和 r 之间的旅行时间：

$$t=\frac{1}{3}\left[\frac{r_0^{\frac{3}{2}}-r^{\frac{3}{2}}}{r_0\alpha^{\frac{1}{2}}}-\frac{\left(\frac{\alpha_0}{\alpha}-\cos^3\theta\right)^{\frac{1}{2}}}{\sin\theta\cos^2\alpha}\right]. \tag{15}$$

由(13) 和(14) 式，可得

$$\left|\frac{u}{v}\right|=\frac{2\sin\theta\cos 2\theta}{\frac{\alpha_0}{\alpha}-\cos\theta}=\tan\psi. \tag{16}$$

因此，飞船的路径是一个对数螺旋轨迹，螺旋角度 $\psi=\tan^{-1}\left(\frac{u}{v}\right)$，它只依赖于加速度比$\frac{\alpha_0}{\alpha}$ 和θ 角.

4. 光压对彗星的作用

对于普通大小的物体光压的作用微不足道，但对于非常小的物体，如尘粒、气体分子，光压就超过太阳引力好多倍，当质点接近太阳时就被光压所排斥，彗尾的不同形状就是由此产生的. 彗尾分为三种类型，其中类型 I 可用太阳光对电离一氧化碳原子的光压产生的斥力加速度来描述，类型 Ⅱ 和类型 Ⅲ 一般可用太阳光压来说明.[5]

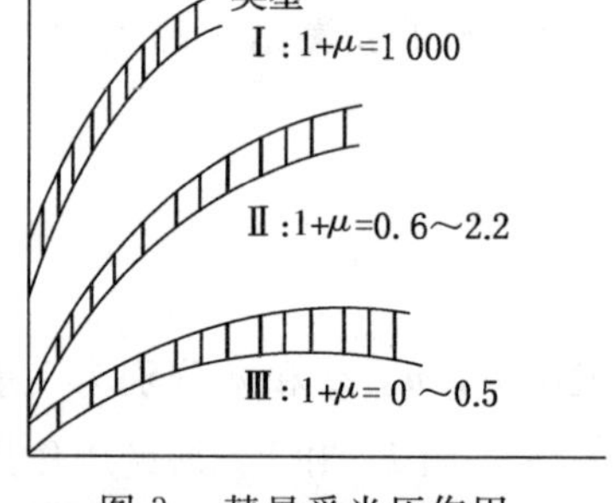

图 3　彗星受光压作用后的三种类型

按彗尾所受的斥力和引力性质，斥力加速度等于引力加速度的 m 倍，彗尾质点所受引力加速度为$\frac{k^2}{r^2}$(k 为高斯常数)，则斥力加速度为$\frac{mk^2}{r^2}$，而有效加速度为引力加速度的 μ 倍，则

$$\frac{k^2\mu}{r^2}=\frac{mk^2}{r^2}-\frac{k^2}{r^2}=\frac{(m-1)k^2}{r^2},$$

$$\text{即}\quad m=1+\mu\ \text{或}\ \mu=m-1. \tag{17}$$

由彗尾的观测事实可知：

对于类型 Ⅰ：m(斥加速度系数)$=1+\mu=1\,000$；

对于类型 Ⅱ：$m=1+\mu=0.6\sim 2.2$；

对于类型 Ⅲ：$m=1+\mu=0\sim0.5$.

质点在光压下产生的加速度 a 为

$$a=\frac{(1+\mu)k^2}{r}. \tag{18}$$

如果在光压(4)式中令 $\theta=0°$，则半径为 R 的小球(彗尾质点)每秒吸收太阳辐射的能量(包括反射)

$$E=\left\{4\pi R^2\Phi_0(1+\rho)\left(\frac{r_0}{r}\right)^2\right\}\times\frac{1}{4},$$

$$P=\frac{E}{C}=\pi R^2\Phi_0(1+\rho)\frac{{r_0}^2}{cr^2}. \tag{19}$$

设彗尾质点的密度为 δ，则

$$P=ma=\frac{4}{3}\pi R^3\delta(1+\mu)\frac{k^2}{r^2}. \tag{20}$$

将上两式的 P 对等后，得

$$1+\mu=(1+\rho)\frac{3\Phi_0 r_0^2}{4ck^2}\left(\frac{1}{R\delta}\right). \tag{21}$$

$k=GM$，$M=3\times10^{39}$ g，$\Phi_0=1.35\times10^6\,\mathrm{erg/cm^2\cdot sec}$. $r_0=1.5\times10^{13}$ cm，代入上式后，得

$$1+\mu=(1+\rho)\frac{5.7}{R\delta}\times10^{-5}. \tag{22}$$

只要 $R>10^{-4}$ cm，光压对质点的影响就存在，将 δ 和 ρ 值代入上式后，Ⅱ 和 Ⅲ 类型彗尾的 $(1+\mu)$ 值很接近前面所给定的观测数值.

5. 光压对太阳系微小天体(土星光环粒子)的轨道影响

前面已经提到光压对愈微小的物体影响作用就愈大，除前节所述彗尾中的质点外还有太阳系内的尘埃粒子，更具体像土星、木星、天王星光环中的粒子受到的太阳光压影响也不可忽视. 光环中的粒子受太阳光压最大时是当光环平面同太阳光平行时，太阳光压加在粒子上的力矩 L 由(5)或(6)式可知：

$$L=P\times r=P_0r_0^2\frac{\cos^2\theta}{r}=\frac{QK\pi R^2 r}{C}. \tag{23}$$

如果考虑光压的方向(太阳光的方向)与粒子向径的交角有周期性变化，需对力矩乘 $\sin\omega_0 t$ 的因子，ω_0 为粒子向径与太阳光线的交角变化率，则可得光环粒子的运动方程：[6]

$$\frac{\mathrm{d}}{\mathrm{d}t}(mr^2\dot{\varphi})=-\frac{QK\pi R^2 r}{C}\sin\omega_0 t. \tag{24}$$

$$m\ddot{r}-mr\ddot{\varphi}^2=-\frac{GMm}{r^2}+\frac{QK\pi R^2}{C^2}\cos\omega_0 t. \tag{25}$$

M 为土星的质量，φ 为光环粒子的方位角.

现在将(24)(25)式简化，可求得近似圆形轨道解有如下形式：

$$r=r_0[1-f(t)], \tag{26}$$

其中 $f(t)$ 就是待定的时间函数，设行星绕太阳公转的角速度为 Ω，令 $\omega=\omega_0+\Omega$，文献[6] 在 $Q=1$ 的情况下求得 $f(t)$ 的形式为

$$f(t)=\frac{\beta}{2\omega\Omega}[\cos\omega t-\cos(\omega-\Omega)t], \tag{27}$$

而

$$\beta=\frac{9}{4}\cdot\frac{K}{cpRr_0}.$$

对于土星光环 B 的情形，文献[6] 求得

$$f(t)=2.5\times10^{-5}[\cos\omega t-\cos(\omega-\Omega)t]. \tag{28}$$

取 $r_0=9\times10^7$ m，可算得(22) 式中括号里的数值在 ±2 之内变化，由此可得，半径为 2 cm 大小的粒子，轨道半径的变化范围可达10 km左右. 因此，光压对土星环中粒子运动的影响比较大.

6. 光压(太阳辐射压力) 对地球自转的影响

前面研究了太阳辐射压力在土星环中的粒子上产生的力矩对粒子运动的影响，现在讨论这种光压作用在地球上的力矩对地球自转产生的影响. 太阳作用在地球上的斥力 $P=4.5\times10^{-5}\text{dyne/cm}^2$，在反射那边为 $2P$，在吸收那边为 P，因此求得较差力矩是[7]

$$\begin{aligned}L&=2\times\frac{1}{2}Pa\int_0^{\frac{\pi}{2}}\int_0^{\frac{\pi}{2}}\sin^3\theta\sin\lambda\cos\lambda\,\mathrm{d}\theta\,\mathrm{d}\lambda=\frac{1}{3}Pa^3,\\&=4\times10^{21}(\text{dyne/cm}).\end{aligned} \tag{29}$$

其中 a 为地球的半径. 设地球自转角速为 ω，转动惯量为 I，则光压对地球产生的角速变化由下列方程给出：

$$I\frac{\mathrm{d}\omega}{\mathrm{d}t}=-L=-\frac{1}{3}Pa^3.$$

由此得到角速改变率($I=8\times10^{44}\,\text{g}\cdot\text{cm}^2$)：

$$\frac{\mathrm{d}\omega}{\mathrm{d}t}=\frac{-4\times10^{21}}{8}\times10^{44}=-5\times10^{-24}(\text{rad/s}). \tag{30}$$

故这一影响是很小的.

参考文献

[1] Y E N. Polyakhova，AIAA Journal Vol 1 No 12 (1963)，2893.

[2] J A Fernandez，K Jockers. Report on progress in Physics，Vol 46 No 6 (1983)756.

[3] R W Parkinson，et al. Nature，Vol 131，(1960)920.

[4] D C Hock. Proceedings of the IRE，Vol 48 No 4，(1960)497.

[5] 戴文赛，等. 天体物理学方法. 上海：上海科学技术出版社，1962：442.

[6] 叶壬癸. 厦门大学学报（自然科学版)，1984，23 (1)：41.

[7] W H 芒克，G J F 麦克唐纳. 地球自转. 李启斌，等译. 北京：科学出版社，1979：241.

李林森论文选集（下）

LI LINSEN
LUNWEN XUANJI

◎ 李林森 著

东北师范大学出版社
长 春

目　　录

第一部分　地球自转理论

第二部分　太阳自转理论

第三部分　恒星自转理论

第四部分　脉冲星自转理论

第五部分　双星系轨道和中心体自转同步和假同步理论

第六部分　中心体自转的轨道效应

第一部分

地球自转理论

Variation of the Instantaneous Angular Velocity of the Rigid Earth in the Lunar-Solar Gravitational Field*

Abstract: The variation of the instantaneous rotational angular velocity of the rigid Earth in the lunar-solar gravitational field is studied. The formula is derived for variation of the instantaneous angular velocity of the rigid oblate Earth using the potential function from Euler's dynamic equations. The theoretical results show that under the influence of the gravitational field of the Moon and the Sun the Earth instantaneous angular velocity varies with periodic terms, but without secular variations. Amplitudes of the periodic terms and their periods are calculated and discussed.

1. Introduction

The problem of the Earth rotation consists of two parts. One is the study of the motion of the Earth rotation axis in space and the other is the study of the motion of the Earth instantaneous rotation axis. The complexity of the Earth rotation arises from inconsistency between the rotation axis and the axis of the figure (the axis of the greatest moment of inertia). The observed difference between the two axes is caused by three factors, namely, the inertial rotation, the action of the gravitational forces of the Moon and the Sun, and the difference of the real Earth from a rigid body. The second factor is studied in this paper.

Even though the Earth is non-rigid, we treat it as a rigid body which is sufficient in the first approximate theory. Woolard[1] studied the motion of the Earth's rotation about its mass center using Euler's dynamical equations. He obtained variations of the angular velocity with periodic terms, but without secular variation. Later, Kinoshita[2] studied the theory of the rotation of the rigid Earth. In his paper an and oyer variable was used to find the effect of the improved treatment of nutation and precession. Also Woolard's theory was checked, but the variation of the angular velocity of the rigid

* 原文载于 *Astronomy Reports*, 2016, 60 (4): 420-424.

Earth was not studied. Dolgachev[3] obtained an analytic expression for the angular velocity of the rotation of the Earth as a function of orbital elements of the Moon and the Sun. He derived equations determining the motion of the axis of the figure and the axis of rotation for the absolutely rigid Earth. Bretagnon et al.[4][5] studied the theory of the rotation of the rigid Earth. They presented the computation of precession and nutation, but did not study the variation of the rotational angular velocity of the Earth due to the gravitation of the Moon and the Sun.

This paper provides a method for studying variations of angular velocity of the Earth rotation in the lunar and solar gravitational field on the basis of Euler's dynamic equations.

2. Variation of the instantaneous angular velocity of the rotating oblate rigid earth in lunar-solar gravitational field

It is well known that besides the axis of rotation and the axis of the figure (the axis of the greatest principal inertia) of the Earth, there is also the instantaneous rotation axis of the Earth. The axis of rotation of the Earth is very close to the axis of the figure, and the difference between the instantaneous axis of rotation and the axis of the figure is very small, being not greater than 0.5″. The theory of rotation of the rigid Earth deals with these axes.

We assume that the Earth is a rotating oblate spherical rigid body with the moments of inertia $A = B$, and $\frac{\partial U}{\partial \varphi} = 0$. Then, the Euler's equations can be written as[6]

$$\begin{aligned}
&\frac{\mathrm{d}\alpha}{\mathrm{d}t} + \frac{C-A}{A}\beta\gamma = \frac{\sin\varphi}{A\sin\theta}\cdot\frac{\partial U}{\partial\psi} - \frac{\cos\varphi}{A}\cdot\frac{\partial U}{\partial\theta},\\
&\frac{\mathrm{d}\beta}{\mathrm{d}t} - \frac{C-A}{A}\gamma\alpha = \frac{\cos\varphi}{A\sin\theta}\cdot\frac{\partial U}{\partial\psi} + \frac{\sin\varphi}{A}\cdot\frac{\partial U}{\partial\theta},\\
&\frac{\mathrm{d}\gamma}{\mathrm{d}t} = 0.
\end{aligned} \tag{1}$$

This set of equations contains equations of motion for the axis of the Earth rotation with respect to the axis of the principal inertia. Here θ, φ and ψ are Euler's angles, U is the potential function, α, β and γ are the three components of the instantaneous angular velocity $\boldsymbol{\omega}$ about the instantaneous axis, i. e.

$$\boldsymbol{\omega} = \alpha\boldsymbol{i} + \beta\boldsymbol{j} + \gamma\boldsymbol{k}. \tag{2}$$

The resultant instantaneous angular velocity of the Earth's rotation about the instantaneous axis can be written from (2) as

$$\omega^2 = \alpha^2 + \beta^2 + \gamma^2. \tag{3}$$

This is the result obtained by using the vector method. We can obtain this result, too, using the scalar method. If the direction angles of the instantaneous axis with respect to the axis of principal inertia are denoted as a, b and c, then

$$\omega\cos a=\alpha,\ \omega\cos b=\beta,\ \omega\cos c=\gamma.$$

So $\omega^2(\cos^2 a+\cos^2 b+\cos^2 c)=\alpha^2+\beta^2+\gamma^2$ and $\cos^2 a+\cos^2 b+\cos^2 c=1$.

The first expression above is consistent with (3).

In expression (2) vector $\boldsymbol{\omega}$ gives the direction of the instantaneous rotation in space. In expression (3) scalar ω gives the magnitude of the instantaneous angular velocity about the instantaneous rotation axis. As α, β, and γ vary with time, ω varies with time, too. So,

$$\omega\frac{d\omega}{dt}=\alpha\frac{d\alpha}{dt}+\beta\frac{d\beta}{dt}+\gamma\frac{d\gamma}{dt}=\alpha\frac{d\alpha}{dt}+\beta\frac{d\beta}{dt}. \tag{4}$$

Substituting $\frac{d\alpha}{dt}$ and $\frac{d\beta}{dt}$ from (1) into equation (4)

$$\omega\frac{d\omega}{dt}=\alpha\left(\frac{\sin\varphi}{A\sin\theta}\cdot\frac{\partial U}{\partial\psi}-\frac{\cos\varphi}{A}\cdot\frac{\partial U}{\partial\theta}-\frac{C-A}{A}\beta\gamma\right)$$
$$+\beta\left(\frac{\cos\varphi}{A\sin\theta}\cdot\frac{\partial U}{\partial\psi}+\frac{\sin\varphi}{A}\cdot\frac{\partial U}{\partial\theta}+\frac{C-A}{A}\alpha\gamma\right),$$

we obtain

$$\omega\frac{d\omega}{dt}=\frac{1}{2}\cdot\frac{d\omega^2}{dt}=\frac{\alpha\sin\varphi+\beta\cos\varphi}{A\sin\theta}\cdot\frac{\partial U}{\partial\psi}$$
$$+\frac{\beta\sin\varphi-\alpha\cos\varphi}{A}\cdot\frac{\partial U}{\partial\theta}. \tag{5}$$

Substituting the relative expression for the components of angular velocity with Euler's angles into the expression (5)

$$\alpha=\frac{d\psi}{dt}\sin\theta\sin\varphi-\frac{d\theta}{dt}\cos\varphi,$$
$$\beta=\frac{d\psi}{dt}\sin\theta\cos\varphi+\frac{d\theta}{dt}\sin\varphi, \tag{6}$$

we obtain

$$\frac{1}{2}\cdot\frac{d\omega^2}{dt}=\frac{\frac{d\psi}{dt}\sin\theta(\sin^2\varphi+\cos^2\varphi)}{A\sin\theta}\cdot\frac{\partial U}{\partial\psi}$$
$$+\frac{\frac{d\theta}{dt}(\sin^2\varphi+\cos^2\varphi)}{A}\cdot\frac{\partial U}{\partial\theta}.$$

If the potential function $U=U\left[\psi(t),\ \theta(t)\right]$, without explicit dependence of U on time, we have the following first differential equation:

$$\frac{1}{2}\cdot\frac{\mathrm{d}\omega^2}{\mathrm{d}t}=\frac{1}{A}\cdot\frac{\partial U}{\partial\psi}\cdot\frac{\mathrm{d}\psi}{\mathrm{d}t}+\frac{1}{A}\cdot\frac{\partial U}{\partial\theta}\cdot\frac{\mathrm{d}\theta}{\mathrm{d}t}$$
$$=\frac{1}{A}\cdot\frac{\mathrm{d}U}{\mathrm{d}t}.$$

If the potential function $U=U\ [\psi\ (t),\ \theta\ (t),\ t]$, without explicit dependence of U on time, we have the second differential equation:

$$\frac{1}{2}\cdot\frac{\mathrm{d}\omega^2}{\mathrm{d}t}=\frac{1}{A}\cdot\frac{\partial U}{\partial\psi}\cdot\frac{\mathrm{d}\psi}{\mathrm{d}t}+\frac{1}{A}\cdot\frac{\partial U}{\partial\theta}\cdot\frac{\mathrm{d}\theta}{\mathrm{d}t}$$
$$=\frac{1}{A}\cdot\frac{\mathrm{d}U}{\mathrm{d}t}-\frac{1}{A}\cdot\frac{\partial U}{\partial t}.$$

As in this paper U is given by expression (10) (see below), we use the first differential equation. Integrating it, we get

$$\omega^2=\omega_0^2+\frac{2}{A}(U-U_0),\tag{7}$$

$$\omega=\omega_0\left[1+\frac{2}{A\omega_0^2}(U-U_0)\right]^{\frac{1}{2}}.$$

Because $|U-U_0|<2\times10^{-7}T$, $T=\frac{C\omega_0}{2}$ [6], and we take $A=8.0177\times10^{44}\ \mathrm{g\cdot cm^2}$ and $C=8.0428\times10^{44}\ \mathrm{g\cdot cm^2}$ [7],

$$\frac{2}{A\omega_0}(U-U_0)<2\times10^{-7}\left(\frac{C}{A}\right)=2\times10^{-7}\ \frac{8.0428\times10^{44}}{8.0177\times10^{44}}<1.$$

We can expand expression (7), using the binomial theorem and neglecting second order terms:

$$\omega=\omega_0+\frac{1}{A\omega_0}(U-U_0).\tag{8}$$

Thus, the variable angular velocity of the Earth resulting from the force-function is given by

$$\Delta\omega=\frac{U-U_0}{A\omega_0}=\frac{\Delta U}{A\omega_0},\tag{9}$$

where ω_0 denotes the angular velocity at $t=0$, and U_0 denotes the force-function U at $\omega=\omega_0$ or $t=0$.

3. Variable angular velocity in terms of periodic terms

The force-function in (9) can be expanded as the Euler's angle and periodic terms of the orbital elements of the Moon and the Earth. Smart[6] gave the expression for the force-function U. But in this paper we need to express the angular velocity ω in terms of constant ω_0. Hence the angular velocity ω on the right-hand side of the force-function U also denotes constant ω_0 for expression K. If we consider only lunar-solar gravitational field, the force function U is given by[6]

$$
\begin{aligned}
U = -KC\omega_0 \Big\{ & \Big[L\Big(\frac{1}{2} + \frac{3}{4}e^2 - \frac{3}{4}s^2\Big) \\
& + \frac{1}{2} + \frac{3}{4}e_1^2 \Big] \sin^2\theta - Ls\Big(1 - \frac{1}{2}s^2 + \frac{1}{4}e^2\Big) \\
& \times \sin\theta\cos\theta\cos(N + \psi) \\
& - \frac{1}{4}ls^2\sin^2\theta\cos(2N + 2\psi) \\
& - \frac{1}{2}[L\cos(2M + 2\tilde{\omega} + 2\psi) \\
& + \cos(2M_1 + 2\tilde{\omega}_1 + 2\psi)]\sin^2\theta \\
& + i(L+1)\cos(\psi + \Omega)\sin\theta\cos\theta \\
& + \frac{3}{2}(Le\cos M - e_1\cos M_1)\sin^2\theta \Big\},
\end{aligned} \tag{10}
$$

where

$$K = \frac{3}{2} \cdot \frac{C-A}{C} \cdot \frac{n_1^2}{\omega_0}, \tag{11}$$

$$L = \frac{m}{M} \cdot \Big(\frac{a_1}{a}\Big)^2. \tag{12}$$

Here m and M denote masses of the Moon and the Sun, a and n denote the semi-major axis and the mean motion of the Earth, a_1 and N denote the orbital semi-major axis and the longitude of ascending node of the Moon, respectively, $s = \sin c = \sin(5°8'43'') = 0.089\,683\,5$.

When we consider only the action of lunar-solar gravitational field and do not consider the secular perturbation from the planets on the Earth orbit, we can assume that the Earth orbital elements e, i and Ω are constant. But for the Earth orbit $i = 0$, so the term

$$i(L+1)\cos(\psi + \Omega)\sin\theta\cos\theta = 0.$$

Hence the expression (10) can be expanded as the periodic terms, and we get the expansion expression for U. In this expression we used $\sin^2\theta = \frac{1}{2}(1 - \cos 2\theta)$.

$$
\begin{aligned}
U = -C\omega_0 \Big\{ & \frac{1}{2}K\Big[L\Big(\frac{1}{2} + \frac{3}{4}e^2 - \frac{3}{4}s^2\Big) \\
& + \frac{1}{2} + \frac{3}{4}e_1^2 \Big](1 - \cos 2\theta) + \frac{1}{4}KLs\Big(1 - \frac{1}{2}s^2 \\
& + \frac{3}{4}e^2\Big)[\sin(2\theta + N + \psi) + \sin(2\theta - N - \psi)]
\end{aligned}
$$

$$-\frac{1}{16}KLs^2[2\cos(2N+2\psi)-\cos(2\theta+2N$$

$$+2\psi)-\cos(2\theta-2N-2\psi)]-\frac{1}{8}KL[2\cos(2M+2\bar{\omega}+2\psi)$$

$$-(2M+2\psi-2\theta)-\cos(2M+2\bar{\omega}+2\psi+2\theta)]$$

$$-\frac{1}{8}K[2\cos(2M_1+2\bar{\omega}_1+2\psi)-\cos(2M_1$$

$$+2\bar{\omega}_1+2\psi-2\theta)-\cos(2M_1+2\bar{\omega}_1+2\psi+2\theta)]$$

$$+\frac{3}{8}KLe[2\cos M-\cos(2\theta-M)$$

$$-\cos(2\theta+M)]+\frac{3}{8}Ke_1[2\cos M_1$$

$$-\cos(2\theta-M_1)-\cos(2\theta+M_1)]\Big\}. \tag{13}$$

Next, we write down the expression for force-function U_0. If we take January, $0^d.5$, 1 900, as the initial time, following Newcomb[8], $\psi_0=0$ in expression (13) for U_0 and $\theta_0=23°27'08''$. Then, we get the following expression for U_0:

$$U_0=-C\omega_0\Big\{\frac{1}{2}K\Big[L\Big(\frac{1}{2}+\frac{3}{4}e^2-\frac{3}{4}s^2\Big)$$

$$+\frac{1}{2}+\frac{3}{4}e_1^2\Big](1-\cos 2\theta_0)+\frac{1}{4}KLs\Big(1-\frac{1}{2}s^2$$

$$+\frac{3}{4}e^2\Big)[\sin(2\theta_0+N_0)+\sin(2\theta_0-N_0)]$$

$$-\frac{1}{16}KLs^2[2\cos 2N_0-\cos(2\theta_0+2N_0)$$

$$-\cos(2\theta_0-2N_0)]-\frac{1}{8}KL[2\cos(2M_0+2\bar{\omega}_0)$$

$$-\cos(2M_0+2\bar{\omega}_0-2\theta_0)-\cos(2M_0$$

$$+2\bar{\omega}_0+2\theta_0)]-\frac{1}{8}K[2\cos(2M_{10}+2\bar{\omega}_{10})$$

$$-\cos(2M_{10}+2\bar{\omega}_{10}-2\theta_0)-\cos(2M_{10}$$

$$+2\bar{\omega}_{10}+2\theta_0)]+\frac{3}{8}KLe[2\cos M_0$$

$$-\cos(2\theta_0-M_0)-\cos(2\theta_0+M_0)]$$

$$+\frac{3}{8}Ke_1[2\cos M_{10}-\cos(2\theta_0-M_{10})$$

$$-\cos(2\theta_0+M_{10})]\Big\}. \tag{14}$$

Substituting U and U_0 from (13) (14) into formula (9), we obtain

$$\Delta\omega=Q_1(\cos 2\theta-\cos 2\theta_0)$$

$$
\begin{aligned}
&+Q_2[\sin(2\theta+N+\psi)+\sin(2\theta-N-\psi)\\
&-\sin(2\theta+N_0)-\sin(2\theta_0-N_0)]\\
&+Q_3[\cos(2\theta+2N+2\psi)+\cos(2\theta-2N\\
&-2\psi)-\cos 2(\theta_0+N_0)-\cos 2(\theta_0-N_0)]\\
&+Q_4[\cos 2(N+\psi)-\cos 2N_0]\\
&+Q_5[\cos(2M+2\tilde{\omega}+2\psi-2\theta)+\cos(2M+2\tilde{\omega}\\
&+2\psi+2\theta)-\cos(2M_0+2\tilde{\omega}_0-2\theta_0)\\
&-\cos(2M_0+2\tilde{\omega}_0+2\theta_0)]\\
&+Q_6[\cos(2M+2\tilde{\omega}+2\psi)-\cos(2M_0+2\omega_0)]\\
&+Q_7[\cos(2M_1+2\tilde{\omega}_1+2\psi-2\theta)\\
&+\cos(2M_1+2\tilde{\omega}_1+2\psi+2\theta)\\
&-\cos(2M_{10}+2\tilde{\omega}_{10}-2\theta_0)-\cos(2M_{10}\\
&+2\tilde{\omega}_{10}+2\theta_0)]+Q_8[\cos(2M_1+2\tilde{\omega}_1\\
&+2\psi)-\cos(2M_{10}+2\omega_{10})]\\
&+Q_9[\cos(2\theta-M)+\cos(2\theta+M)\\
&-\cos(2\theta_0+M_0)-\cos(2\theta-M_0)]\\
&+Q_{10}(\cos M-\cos M_0)+Q_{11}[\cos(2\theta\\
&-M_1)+\cos(2\theta+M_1)-\cos(2\theta_0-M_{10})\\
&-\cos(2\theta_0+M_{10})]+Q_{12}(\cos M_1-\cos M_{10}).
\end{aligned} \tag{15}
$$

Here

$$
\begin{aligned}
&Q_1=\frac{1}{2}\cdot\frac{C}{A}K\left[L\left(\frac{1}{2}+\frac{3}{4}e^2-\frac{3}{4}s^2\right)+\frac{1}{2}+\frac{3}{4}e_1^2\right],\\
&Q_2=-\frac{1}{4}\cdot\frac{C}{A}KLs\left(1-\frac{1}{2}s^2+\frac{3}{4}e^2\right),\\
&Q_3=-\frac{1}{6}\cdot\frac{C}{A}KLs^2,\ Q_4=2Q_3,\\
&Q_5=-\frac{1}{8}\cdot\frac{C}{A}KL,\ Q_6=2Q_5,\\
&Q_7=-\frac{1}{8}\cdot\frac{C}{A}K,\ Q_8=2Q_7,\\
&Q_9=\frac{3}{8}\cdot\frac{C}{A}KLe,\ Q_{10}=-2Q_9,\\
&Q_{11}=\frac{3}{8}\cdot\frac{C}{A}Ke_1,\ Q_{12}=-2Q_{11}.
\end{aligned} \tag{16}
$$

Here Q_i ($i=1, 2, \cdots, 12$) are amplitudes of the periodic terms which are constants. The periods are

$$
T=2\pi\ \text{rad}/\sigma(\text{rad/a})=\frac{1\ 296\ 004.\ 248''}{\sigma''/\text{a}}. \tag{17}
$$

Here σ is the arbitrary value of the amplitude per year. The arguments θ, ψ, N, $\tilde{\omega}$, M, $\tilde{\omega}_1$ and M_1 of the periodic terms are all functions of time (January, $0^d.5$, 1 900, as the initial time)[6][8]:

$$\left.\begin{aligned}\theta &= \theta_0 + ct^2,\\ \psi &= at + bt^2,\end{aligned}\right\}$$

(considering only luni-solar precession)

$$N = N_0 - N't,$$
$$M = M_0 + nt = n(t-\tau),$$
$$M_1 = M_{10} + n_1 t = n_1(t-\tau),$$
$$\tilde{\omega} = \tilde{\omega}_0 + 0.111\,404\,080\,3d,$$
$$\tilde{\omega}_1 = \tilde{\omega}_{10} + 6\,889.03''T.$$

Here

$$\theta_0 = 23°27'08'',\ \psi_0 = 0,\ a = 50.37'',$$
$$b = -0.000\,107\,2'',\ c = 5.61'' \times 10^6,$$
$$N_0 = 125°02'40'',\ N' = 0.337\,57\ \text{rad/a},$$
$$n = 0.036\,6°/\text{d},\ n_1 = 0.985\,6°/\text{d},$$
$$\tilde{\omega}_0 = 334.324\,56°,\ \tilde{\omega}_{10} = 101°13'15''.$$

4. Amplitudes of the periodic variation

In calculations the following data are adopted[5]:

$$K = 17.45''/\text{a},\ e = 0.054\,900\,5\ \text{(for the Moon)},$$
$$L = 2.163,\ e_1 = 0.016\,730\,11\ \text{(for the Earth)},$$
$$s = \sin 5°08'43'' = 0.089\,685\,5.$$

For the moments of inertia C and A of the Earth and its angular velocity we adopt[7]

$$C = 8.043\,8 \times 10^{44}\ \text{g}\cdot\text{cm}^2,$$
$$A = 8.017\,7 \times 10^{44}\ \text{g}\cdot\text{cm}^2.$$

The numerical results

Amplitudes	σ''/a	T (a)	Amplitudes	σ''/a	T (a)
Q_1	+13.773 9	94 091	Q_7	−2.188 3	592 242
Q_2	−0.864 8	1 498 617	Q_8	+4.376 7	296 121
Q_3	−0.019 0	68 210 749	Q_9	+0.779 6	1 662 396
Q_4	+0.038 1	34 105 374	Q_{10}	−1.559 2	831 198
Q_5	−4.733 4	273 799	Q_{11}	+0.109 8	11 803 317
Q_6	+9.466 8	136 899	Q_{12}	−0.219 6	5 901 658

$$\omega_0 = 7.292\ 15 \times 10^{-5}\ \text{rad/s}.$$

Substituting the above data into (16) (17), we obtain numerical estimates for the absolute values of the amplitudes of periodic terms and the period of the amplitude, listed in table. Symbol σ'' denotes the amplitude.

It can be seen from table that the absolute maximum of the amplitude is over 13″, and the shortest value of the period is about 9.4×10^4 years, while the longest period is about 6.8×10^7 years.

5. Discussion and conclusion

(1) The method presented in this paper is different from those developed by other authors. The older methods imply the use of the differentiation for Euler's angle with respect to time or potential U with respect to Euler's angle, necessitating transformations of the coordinate system. The method given in this paper does not need the differentiation with respect to Euler's angle or with respect to potential U and the transformation of the coordinate system. It only requires the integration for $\frac{dU}{dt}$.

(2) It can be seen from (5) that its physical sense is related to the mechanism of conservation of energy. If we write (7) as $\frac{1}{2}A\omega^2 - U = \text{const}$, this is just the conservation law for the rotational energy of the Earth and the potential energy arising from the influence of the Moon and the Sun on the rigid Earth, if we do not consider the tidal friction. Moreover, the potential U is determined by $A \neq C$. If $A = C$, we obtain $K = 0$ and $U = 0$ from (10) and (11). Hence the Earth should be a rigid rotating spheroid ($A = B = C$).

(3) It can be seen from table that the maximum value of the variation of amplitudes of the periodic terms exceeds 13″ per year. The period of amplitude is about 9.4×10^4 years. The influence of the lunar and solar attraction on the angular velocity of the rotation of the Earth cannot be omitted due to its large amplitude.

(4) The action of the lunar and solar gravitation on the variation of the rotational angular velocity of the Earth only results in the periodic variation, but no secular variation, if we do not consider the secular perturbation of planets on the orbit of the Earth.

References

[1] E W Woolard. Theory of the Rotation of the Earth around its Center of Mass, US Naval Observatory Astronomical Paper for Amer. Ephemeris and Nautical

Almanac，Vol15，Pt1 (US Govt Print Off 1953).
[2] H Kinoshita. Celest Mech Dyn Astron，15，277 (1977).
[3] V P Dolgachev. Sov，Astron，27，699 (1983).
[4] P Bretagnon，P Rocher，J L Simon. Astron Astrophys，319，305 (1997).
[5] P Bretagnon，G Francou，P Rocher，J L Simon. Astron Astrophys，329，329 (1998).
[6] W M Smart. Celestial Mechanics (Longmans，Green and Co London，New York，Toronto，1953).
[7] C W Allen. Astrophysical Quantities (Athlone Press，London，1973).
[8] S Newcomb. Compendium of Spherical Astronomy (Macmillan，New York，London，1906).

Indirect Perturbation Influence of Planets on the Variation of the Instantaneous Angular Velocity of the Rigid Earth in the Lunar-Solar Gravitational Field*

Abstract: The differential equation and its solution for indirect influence of the planetary perturbation on the variation of the rotational angular velocity of the rigid Earth in the lunar-solar gravitational field are obtained by using Euler's dynamic equations. The theoretical results show that the angular velocity of the Earth varies with the periodic and mixed periodic variation under the lunar and solar gravitational field due to the planetary perturbation on the Earth orbit. The numerical results for the amplitudes of the periodic terms and the coefficient of the mixed periodic terms are presented.

1. Introduction

Even through the Earth is non-rigid, we treat it as a rigid body which is sufficient in the first approx-imate theory. It is well known that some authors have investigated this subject. At first, Woolard[1] studied the influence of the variation of the lunar and solar attraction on the rotation of the rigid Earth. He derived the variable rate of the angular velocity in terms of the differentiation for Euler's angle with respect to time from Euler's dynamical equations. Later, Bulard [2] studied the theory of rotation of the Earth around its center of mass. Zhao [3] derived the variable rate of the angular velocity in terms of Eulerian angle and Earth's coordinate system and space coordinate system from Eulerian equations. However, he only gave the formula of the variable rate of angular velocity and did not provide the solution for his formula. Dolgachev [4] obtained the explicit expressions for the angular rate of rotation of the Earth as a function of derivatives of Euler's angles. He also obtained an analytic expression for the angular velocity of rotation of the Earth as a function of the orbital elements of the Moon and the Sun and analyzed the secular, periodic and mixed periodic terms of the angular

* 原文载于 *Astronomy Reports*，2017，61 (8)：702-708.

velocity of rotation of the absolutely rigid Earth. Dolgachev [5] converted the above method to the differentiation for potential function with respect to Euler's angle by using the formulas of precession and nutation. He obtained an analytic expression for the angular velocity of the rotation of the Earth as a function of the orbit of the Moon and the Sun. He also derived the equation determining the motion of the axis of the figure and the axis of rotation of the absolutely rigid Earth. Kinoshita [6], Simon et al.[7], Bretagnon[8][9] and Roosbeek and Dehant [10] studied theories of precession and nutation of the rigid Earth, but they did not study the theory of variation of the instantaneous rotational angular velocity of the rigid Earth.

Recently, Li [11] studied the variation of the instantaneous rotational angular velocity of the rigid Earth by using potential function in the lunar and solar gravitational field. However, his research did not consider the influence of the planetary perturbation on the rotation of the Earth. In fact, the direct and indirect perturbation influence of the planets may results in the variation of the rotation of the Earth. The direct influence may be obtained by using the fore-function for the Earth and planet and expanding the orbital elements of planets to solve the equation for the variation of the angular velocity of rotation of the Earth. The indirect influence may be obtained by using the perturbation of planets through the orbital elements of the Earth in the lunar and solar gravitational field. The present paper studies the indirect perturbation influence of the planets on the variation of angular velocity of rotation of the rigid Earth in the solar-lunar gravitational field from Euler's dynamical equations. The direct perturbation influence will be studied in the next paper.

2. The variation of angular velocity of rigid Earth in the solar-lunar gravitational field considering the indirect planetary perturbation

In the previous work[1] we obtain two kinds of equations of the variation of the instantaneous angular velocity of the rigid Earth by the potential function in the lunar-solar gravitational field.

If the potential function $U=U\left[\psi(t), \theta(t)\right]$ does not contain the explicit dependence of U on time, we have the first differential equation:

$$\frac{1}{2}\cdot\frac{\mathrm{d}\omega^2}{\mathrm{d}t}=\frac{1}{A}\cdot\frac{\partial U}{\partial\psi}\cdot\frac{\mathrm{d}\psi}{\mathrm{d}t}+\frac{1}{A}\cdot\frac{\partial U}{\partial\theta}\cdot\frac{\mathrm{d}\theta}{\mathrm{d}t}=\frac{1}{A}\cdot\frac{\mathrm{d}U}{\mathrm{d}t}. \tag{1}$$

If the potential function $U=U\left[\psi(t), \theta(t), t\right]'$ contains the explicit dependence of U on time, we have the second differential equation:

$$\frac{1}{2}\cdot\frac{\mathrm{d}\omega^2}{\mathrm{d}t}=\frac{1}{A}\cdot\frac{\partial U}{\partial\psi}\cdot\frac{\mathrm{d}\psi}{\mathrm{d}t}+\frac{1}{A}\cdot\frac{\partial U}{\partial\theta}\cdot\frac{\mathrm{d}\theta}{\mathrm{d}t}=\frac{1}{A}\cdot\frac{\mathrm{d}U}{\mathrm{d}t}-\frac{1}{A}\cdot\frac{\partial U}{\partial t}. \tag{2}$$

The Eq. (1) shows the variation of the instantaneous angular velocity of the Earth in the lunar-solar gravitational without considering planetary perturbation as in the previous work. The Eq. (2) shows the variation of the instantaneous angular velocity of the Earth considering planetary perturbation. However, this perturbation is an indirect perturbation of planets on the orbit of the Earth. In this paper we study mainly the second equation and its solution.

In the next we convert the Eq. (1) to the Eq. (2) by considering the perturbation influence of planets on the orbit of the Earth. We use the expanding formula for the potential function $U[\psi(t), \theta(t), t]$ given by Smart [12]. As in previous work [11] we need to express the angular velocity ω in term of the constant ω_0. Hence in the left hand side of potential function U the angular velocity also is denoted by the constant ω_0 including the expression for K. Therefore we expand the potential function $U[\psi(t), \theta(t), t]$ as follows [12]:

$$-\frac{U}{C\omega_0} = F\sin^2\theta + [G(g_1\cos\psi - g\sin\psi) \times \sin\theta\cos\theta + H\sin^2\theta]t + V. \tag{3}$$

Here, C denotes the moment of inertia of the Earth about the rotating axes

$$F = K\left[L\left(\frac{1}{2} + \frac{3}{4}e^2 - \frac{3}{4}s^2\right) + \frac{1}{2} + \frac{3}{4}e_0^2\right], \quad G = K(L+1), \quad H = -\frac{3}{2}Ke_0e', \tag{4}$$

$$\begin{aligned} V = K\Big\{ & Ls\left(1 - \frac{1}{2}s^2 + \frac{3}{2}e^2\right)\sin\theta\cos\theta \\ & \times\cos(N+\psi) - \frac{1}{4}Ls^2\sin^2\theta\cos 2(N+\psi) \\ & -\frac{1}{2}[L\cos 2(M+\bar{\omega}+\psi) \\ & +\cos 2(M_1+\bar{\omega}_1+\psi)]\sin^2\theta, \\ & +\frac{3}{2}(Le\cos M + e_1\cos M_1)\sin^2\theta\Big\}, \end{aligned} \tag{5}$$

$$K = \frac{3}{2}\cdot\frac{C-A}{C}\cdot\frac{n_1^2}{\omega_0}, \quad L = \frac{m}{S}\cdot\left(\frac{a_1}{a}\right)^2. \tag{6}$$

We also define that

$$W(\psi, \theta) = G(g_1\cos\psi - g\sin\psi) \times \sin\theta\cos\theta + H\sin^2\theta, \tag{7}$$

$$-\frac{U}{C\omega_0} = F\sin^2\theta + W(\psi, \theta)t + V, \tag{8}$$

where m and S denote the mass of the Moon and the Sun, a_1 and n_1 denote the semimajor axis and the mean motion of the Earth, a and N denote the orbital semimajor axis and the longitude of ascending node of the Moon respectively, $s=\sin c=\sin 5°8'43''=0.0896835$, g, g_1 and e' are the coefficients of the secular terms resulting from the orbital elements i and Ω of the Earth disturbed by planets, $e_1=e_0+e't$.

The formula (3) shows that the potential function $U=U[\psi(t), \theta(t), t]$ can be written as

$$\frac{dU}{dt}=\frac{\partial U}{\partial t}+\frac{\partial U}{\partial \psi}\cdot\frac{d\psi}{dt}+\frac{\partial U}{\partial \theta}\cdot\frac{d\theta}{dt}. \tag{9}$$

We obtain equation (2) from equation (1) and equation (9):

$$\frac{1}{2}\cdot\frac{d\omega^2}{dt}=\frac{1}{A}\left(\frac{\partial U}{\partial \psi}\cdot\frac{d\psi}{dt}+\frac{\partial U}{\partial \theta}\cdot\frac{d\theta}{dt}\right)=\frac{1}{A}\left(\frac{dU}{dt}-\frac{\partial U}{\partial t}\right).$$

Integrating equation (2), we can write

$$\begin{aligned}\omega^2&=\omega_0^2+\frac{2}{A}[(U-U_0)-(U'-U'_0)]\\&=\omega_0^2+\frac{2}{A}(\Delta U-\Delta U'),\end{aligned} \tag{10}$$

where

$$\begin{aligned}\Delta U&=U-U_0=\int_{t_0}^{t}\frac{dU}{dt}dt,\\ \Delta U'&=U'-U'_0=\int_{t_0}^{t}\frac{\partial U}{\partial t}dt.\end{aligned} \tag{11}$$

The formula (10) can be written as

$$\omega=\omega_0\left[1+\frac{2}{A\omega_0^2}(\Delta U-\Delta U')\right]^{\frac{1}{2}}. \tag{12}$$

We shall show that $U'-U'_0<U-U_0$ or $\Delta U'<\Delta U$ in the next section. Hence $\frac{2}{A\omega}(\Delta U-\Delta U')<1$. Thus, the expression (12) can be expanded using binomial theorem Neglecting second order terms, we obtain the last formula

$$\Delta\omega=\omega-\omega_0=\frac{\Delta U-\Delta U'}{A\omega_0}=\Delta\omega_1-\Delta\omega_2, \tag{13}$$

where

$$\begin{aligned}\Delta\omega_1&=\frac{\Delta U}{A\omega_0}=\frac{1}{A\omega_0}\int_{t_0}^{t}\frac{dU}{dt}dt,\\ \Delta\omega_2&=\frac{\Delta U'}{A\omega_0}=\frac{1}{A\omega_0}\int_{t_0}^{t}\frac{\partial U}{\partial t}dt.\end{aligned} \tag{14}$$

In addition, we can prove the formula (13) by using the method of partial integration from (14):

$$\Delta\omega = \frac{1}{A\omega_0}\int_{t_0}^{t}\left(\frac{dU}{dt} - \frac{\partial U}{\partial t}\right)dt.$$

According to (7) (8)

$$\frac{dU}{dt} = W(\theta, \psi) + t\frac{d}{dt}W(\theta, \psi) + \frac{d}{dt}(V + F\sin^2\theta),$$

$$\frac{\partial U}{\partial t} = W(\theta, \psi),$$

$$\therefore \Delta\omega = \frac{1}{A\omega_0}\int_{t_0}^{t} t\frac{d}{dt}W(\theta, \psi)dt + \frac{1}{A\omega_0}\int_{t_0}^{t}\frac{d}{dt}(V + F\sin^2\theta)dt = \frac{1}{A\omega_0}\int t\, dW(\theta, \psi) + \frac{1}{A\omega_0}\int_{t_0}^{t} d(V + F\sin^2\theta).$$

Using the method of the partial integration, we obtain

$$\Delta\omega = \frac{1}{A\omega_0}\Big[W(\theta, \psi)t - W(\theta_0, \psi_0)t_0 - \int_{t_0}^{t} W(\theta, \psi)dt + (V - V_0) + (F\sin^2\theta - F\sin^2\theta_0)\Big] = \frac{1}{A\omega_0}(U - U_0) - \frac{1}{A\omega_0}\int_{t_0}^{t} W(\theta, \psi)dt = \Delta\omega_1 - \Delta\omega_2,$$

where $W(\theta, \psi)$ is given by the expression (7).

Therefore the theoretical result given by the method of the partial integration is the same with the method for finding $\Delta\omega_1$ and $\Delta\omega_2$ respectively.

3. The variation of angular velocity as the function of the orbital elements of the moon and the sun considering the planetary perturbation

In this section we integrate the first and second equations of (14) in order to derive $\Delta\omega_1$ and $\Delta\omega_2$. Integrating the first equation of (14) and substituting U into the integrated expression, we obtain

$$\Delta\omega_1 = \frac{1}{A\omega_0}\int_{t_0}^{t}\frac{dU}{dt}dt = \frac{1}{A\omega_0}(U - U_0),$$

$$\Delta\omega_1 = -\frac{C}{4A}\{2H(t - t_0) - [(2H\cos 2\theta)t - (2H\cos\theta_0)t_0] + Gg_1[\sin(2\theta + \psi)t + \sin(2\theta - \psi)t - \sin(2\theta_0 + \psi_0)t_0 - \sin(2\theta_0 - \psi_0)t_0] + Gg[\cos(2\theta + \psi)t - \cos(2\theta - \psi)t - \cos(2\theta_0 + \psi_0)t_0$$

$$
\begin{aligned}
&+\cos(2\theta_0-\psi_0)t_0]-2F(\cos 2\theta-\cos 2\theta_0)\\
&+\frac{1}{2}KLs\left(1-\frac{1}{2}s^2+\frac{3}{2}e^2\right)[\sin(2\theta+N+\psi)\\
&+\sin(2\theta-N-\psi)-\sin(2\theta_0+N_0+\psi_0)\\
&+\sin(2\theta_0-N_0-\psi_0)]\\
&+\frac{1}{4}KLs^2[\cos 2(N+\psi+\theta)+\cos 2(N+\psi-\theta)\\
&-2\cos 2(N+\psi)-\cos 2(N_0+\psi_0+\theta_0)\\
&+\cos 2(N_0+\psi_0-\theta_0)+2\cos 2(N_0+\psi_0)]\\
&+KL[\cos 2(M+\tilde{\omega}+\psi+\theta)\\
&+\cos 2(M+\tilde{\omega}+\psi-\theta)\\
&-2\cos 2(M+\tilde{\omega}+\psi)\\
&-\cos 2(M_0+\tilde{\omega}_0+\psi_0+\theta_0)-\cos 2(M_0\\
&+\tilde{\omega}+\psi_0-\theta_0)+2\cos 2(M_0+\tilde{\omega}_0+\psi_0)]\\
&+\frac{1}{2}K[\cos 2(M_1+\tilde{\omega}_1+\psi+\theta)\\
&+\cos 2(M_1+\tilde{\omega}_1+\psi-\theta)-2\cos(M_1+\tilde{\omega}_1+\psi)\\
&-\cos 2(M_{10}+\tilde{\omega}_{10}+\psi_0+\theta_0)\\
&-\cos 2(M_{10}+\tilde{\omega}_{10}+\psi_0-\theta_0)\\
&+2\cos(M_{10}+\tilde{\omega}_{10}+\psi_0)]\\
&+\frac{3}{2}KLe[2\cos M-\cos(2\theta+M)\\
&-\cos(2\theta-M)-2\cos M_0\\
&+\cos(2\theta_0+M_0)+\cos(2\theta_0-M_0)]\\
&-\frac{3}{2}Ke_1[2\cos M_1-\cos(2\theta+M_1)\\
&-\cos(2\theta-M_1)-2\cos M_{10}\\
&+\cos(2\theta_0+M_{10})+\cos(2\theta-M_{10})]\},
\end{aligned}
\tag{15}
$$

where θ_0, ψ_0, N_0, M_0, $\tilde{\omega}_0$, $\widetilde{M}_{10}$, $\tilde{\omega}_{10}$ are values at $t=0$ or $\omega=\omega_0$ (initial angular velocity).

In the expression for $\Delta\omega_1$ there are secular terms $-\dfrac{C}{2A}H\ (t-t_0)$, periodic and mixed periodic terms.

Next we integrate the second equation of (14) by using the expression (7)

$$
\begin{aligned}
W(\psi,\theta)&=-C\omega_0[G(g_1\cos\psi-g\sin\psi)\\
&\quad\times\sin\theta\cos\theta+H\sin^2\theta_0]\\
&=-\frac{1}{4}C\omega_0[Gg_1\sin(2\theta+\psi)+Gg_1\sin(2\theta-\psi)
\end{aligned}
$$

$$+Gg\cos(2\theta+\psi)-Gg\cos(2\theta-\psi)$$
$$+2H-2H\cos\theta]. \tag{16}$$

Taking the partial derivative of U with respect to time from the expression (8), we obtain

$$\frac{\partial U}{\partial t}=W(\psi,\ \theta),$$

$$\Delta\omega_2=\frac{1}{A\omega_0}\int\frac{\partial U}{\partial t}\mathrm{d}t=-\frac{1}{A\omega_0}\int_{t_0}^{t}W(\psi,\ \theta)\mathrm{d}t.$$

Substitution of the expression (16) into the above expression, we obtain

$$\Delta\omega_2=-\frac{1}{4}\int_{t_0}^{t}[Gg_1\sin(2\theta+\psi)$$
$$+Gg_1\sin(2\theta-\psi)+Gg\cos(2\theta+\psi)$$
$$-Gg\cos(2\theta-\psi)+2H-2H\cos 2\theta]\mathrm{d}t. \tag{17}$$

The result of integrating equations of motion of rotating Earth in the gravitational field of the Sun, the Moon and the other planets can be written in the form[4]

$$\begin{aligned}\psi&=\psi_0+A_1t+B_1t^2+\Psi,\\ \theta&=\theta_0+N_1t^2+\Theta,\end{aligned} \tag{18}$$

where ψ_0 and θ_0 are the values of ψ and θ normalized to the initial epoch (1 900, 0). According to Woolard[1]

$$A_1=-5\ 037.19,\ B_1=+1.072\ 1,\ N_1=-0.060\ 6,$$

(Units: Julian century)

$$\Psi=-17.233\sin\Omega,\ \Theta=+9''.210\cos\Omega,$$

where Ω is the mean longitude of the ascending node of lunar orbit, reckoned 1 900. 0

$$2\theta+\psi=[2(\theta_0+\Theta)+\psi_0+\Psi]$$
$$+A_1t+(B_1+2N_1)t^2=c+bt+at^2, \tag{19}$$

$$2\theta-\psi=[2(\theta_0+\Theta)-\psi_0-\Psi]$$
$$-A_1t+(2N_1-B_1)t^2=c'+b't+a't^2, \tag{20}$$

$$2\theta=2(\theta_0+\Theta)+2N_1t^2=a''t^2+c'', \tag{21}$$

where

$$\begin{aligned}&a=2N_1+B_1,\ b=A_1,\\ &c=2\theta+\psi_0+2\Theta+\Psi,\\ &a'=2N_1-B,\ b'=-A_1,\\ &c'=2\theta_0-\psi_0+2\Theta-\Psi,\\ &a''=2N_1,\ c''=2(\theta_0+\Theta).\end{aligned} \tag{22}$$

Substituting (19) ～ (21) into (17), which can be written as

$$\Delta\omega_2=-\frac{C}{4A}\int_{t_0}^{t}[Gg_1\sin(at^2+bt+c)$$

$$
\begin{aligned}
&+Gg_1\sin(a't^2+b't+c')]\mathrm{d}t\\
&-\frac{C}{4A}\int_{t_0}^{t}[Gg\cos(at^2+bt+c)\\
&-Gg\cos(a't^2+b't+c')]\mathrm{d}t\\
&-\frac{C}{4A}\int_{t_0}^{t}[2H-2H(a''t^2+c'')]\mathrm{d}t,
\end{aligned}
\tag{23}
$$

we perform the next transformation

$$at^2+bt+c=x,$$

$$\mathrm{d}t=\frac{\mathrm{d}x}{b+2at}=(b+2at)^{-1}\mathrm{d}x=\left(\frac{1}{b}-\frac{2at}{b^2}+\frac{4a^2t^2}{b^3}-\cdots\right)\mathrm{d}x,$$

$$at^2=(x-c)-bt,\ at^2+bt+(c-x)=0,$$

$$\mathrm{d}t=\left(\frac{1}{b}-\frac{4ac}{b^3}+\frac{4ax}{b^3}-\frac{6a}{b^2}t\right)\mathrm{d}x,$$

$$t=\frac{-b\pm\sqrt{b^2-4a(c-x)}}{2a}.$$

We have the first root:

$$
\begin{aligned}
t&=-\frac{b}{2a}+\frac{b}{2a}\left[1-\frac{4a(c-x)}{b^2}\right]^{\frac{1}{2}}\\
&=-\frac{b}{2a}+\frac{b}{2a}\left[1-\frac{2a(c-x)}{b^2}\right.\\
&\quad\left.-\frac{1}{2}\cdot\frac{a^3(c-x)^2}{b^4}-\cdots\right].
\end{aligned}
$$

The second root:

$$
\begin{aligned}
t&=\frac{b}{2a}-\frac{b}{2a}\left[1-\frac{4a(c-x)}{b^2}\right]^{\frac{1}{2}}\\
&=-\frac{b}{2a}-\frac{b}{2a}\left[1-\frac{2a(c-x)}{b^2}\right.\\
&\quad\left.-\frac{1}{2}\cdot\frac{a^3(c-x)^2}{b^4}-\cdots\right].
\end{aligned}
$$

Neglecting the third term in the series, we have the first root:

$$t_1=-\frac{b}{a}+\frac{b}{a}-\frac{(c-x)}{b}=\frac{x}{b}-\frac{c}{b},$$

and the second root:

$$t_2=-\frac{b}{2a}-\frac{b}{2a}+\frac{(c-x)}{b}=\left(\frac{c}{b}-\frac{b}{a}\right)-\frac{x}{b}\cdots.$$

Here we consider the first root. The second root will be discussed in Section 5.

In the integration we use the following integrating formulas:

$$\int x\sin x\,\mathrm{d}x=\sin x-x\cos x,$$

$$\int x\cos x\,\mathrm{d}x=\cos x+x\sin x,$$

$$\int x^{n}\cos x\,\mathrm{d}x=x^{n-1}(x\sin x-n\cos x).$$

$\left(n=\frac{1}{2}\right.$ is used in the last integration of (23)$\left.\right)$.

Integrating the expression after the above transformation, we obtain the solutions

$$\begin{aligned}\Delta\omega_{2}=&-\frac{C}{4A}[D(t)^{[1]}\cos(2\theta+\psi)\\&+D(t_{0})^{[1]}\cos(2\theta_{0}+\psi_{0})]\\&-\frac{C}{4A}[D'(t)^{[2]}\cos(2\theta-\psi)\\&+D'(t_{0})^{[2]}\cos(2\theta_{0}-\psi_{0})]\\&-\frac{C}{4A}[D(t)^{[3]}\sin(2\theta+\psi)\\&+D(t_{0})^{[3]}\sin(2\theta_{0}+\psi_{0})]\\&-\frac{C}{4A}[D'(t)^{[4]}\sin(2\theta-\psi)\\&+D'(t_{0})^{[4]}\sin(2\theta_{0}-\psi_{0})]-\frac{C}{4A}2H(t-t_{0})\\&+\frac{C}{4A}2H(2a'')^{-\frac{1}{2}}D''(t)^{-\frac{3}{2}}\left[D''(t)\left(\sin 2\theta\right.\right.\\&\left.\left.-\frac{1}{2}\cos 2\theta\right)\right]-\frac{C}{4A}2H(2a'')^{-\frac{1}{2}}D''(t_{0})^{-\frac{3}{2}}\\&\times\left[D''(t_{0})\left(\sin 2\vartheta_{0}-\frac{1}{2}\cos 2\vartheta_{0}\right)\right],\end{aligned}\tag{24}$$

where

$$\begin{aligned}D(t)^{[1]}=&-Gg_{1}\left[\frac{1}{b}+\frac{2ac}{b^{3}}\right.\\&\left.+\frac{2a}{b^{3}}(at^{2}+bt+c)\right]-Gg\left(\frac{2a}{b^{3}}\right),\end{aligned}$$

$$\begin{aligned}D(t_{0})^{[1]}=&+Gg_{1}\left[\frac{1}{b}+\frac{2ac}{b^{3}}\right.\\&\left.-\frac{2a}{b^{3}}(at_{0}^{2}+bt_{0}+c)\right]+Gg\left(\frac{3a}{b^{3}}\right),\end{aligned}$$

$$D'(t)^{[2]}=-Gg_{1}\left[\frac{1}{b'}-\frac{2a'c'}{b'^{3}}\right.$$

$$- \frac{2a'}{b'^3}(a't^2 + b't + c')\Big] - Gg\left(\frac{2a'}{b'^3}\right),$$

$$D'(t_0)^{[2]} = +Gg_1\Big[\frac{1}{b'} - \frac{2a'c'}{b'^3}$$

$$+ \frac{2a'}{b'^3}(a't_0^2 + b't_0 + c)\Big] + Gg\left(\frac{2a'}{b'^3}\right), \qquad (25)$$

$$D(t)^{[3]} = +Gg\Big[\frac{1}{b} - \frac{4ac}{b^3}$$

$$- \frac{2a}{b^3}(at^2 + bt + c)\Big] - Gg_1\left(\frac{2a}{b^3}\right),$$

$$D(t_0)^{[3]} = -Gg\Big[\frac{1}{b} + \frac{4ac}{b^3}$$

$$- \frac{2a}{b^3}(at_0^2 + bt_0 + c)\Big] - Gg_1\left(\frac{2a}{b^3}\right),$$

$$D'(t)^{[4]} = +Gg\Big[\frac{1}{b'} + \frac{4a'c'}{b'^3}$$

$$- \frac{2a'}{b'^3}(a't^2 + b't + c')\Big] - Gg_1\left(\frac{2a'}{b'^3}\right),$$

$$D'(t_0)^{[4]} = -Gg\Big[\frac{1}{b'} + \frac{4a'c'}{b'^3}$$

$$- \frac{2a'}{b'^3}(a't_0^2 + b't_0 + c)\Big] - Gg_1\left(\frac{2a'}{b'^3}\right),$$

$$D''(t) = a''t^2 + c'' = 2\vartheta,$$

$$D''(t_0) = a''t_0^2 + c'' = 2\vartheta_0.$$

In the expression for $\Delta\omega_2$ there are secular terms $-\frac{C}{2A}H\ (t - t_0)$ and the mixed periodic terms.

In order to estimate these coefficients, we adopt the following data according to Smart[12]:

$$g = 0.045\,84''\ \mathrm{a}^{-1},\quad g_1 = 0.468\,49''\ \mathrm{a}^{-1},$$

$$K = 17.45''\ \mathrm{a}^{-1},\quad L = 2.163,\quad e = 0.054\,900\,5, \qquad (26)$$

$$e_0 = 0.016\,730\,11,\quad e' = -4.18 \times 10^{-7}.$$

Substituting K, L, e, e' in (4), we get

$$G = 55.194\,35''\ \mathrm{a}^{-2},$$

$$H = -1.830\,46'' \times 10^{-7}\ \mathrm{a}^{-2}, \qquad (27)$$

$$F = 27.281\,36''\ \mathrm{a}^{-2}.$$

We use the above data to estimate the following coefficient:

$$Gg_1 = -25.853\,0''\ \mathrm{a}^{-2},\quad Gg = 2.530\,1''\ \mathrm{a}^{-2}. \qquad (28)$$

In the expressions (25) all coefficients $D\ (t)^{[1]}$, $D\ (t)^{[2]}$, $D\ (t)^{[3]}$, $D\ (t)^{[4]}$ and

$D'(t)^{[1]}$, $D'(t)^{[2]}$, $D'(t)^{[3]}$, $D'(t)^{[4]}$ contain factors $\frac{1}{b}$, $\frac{1}{b'}$ and $\frac{1}{b^3}$, $\frac{1}{b'^3}$. However, $b=A_1=-5\,037.19$, $b'=-A=+5\,037.19$. So $\frac{1}{b}$, $\frac{1}{b^3}$ and $\frac{1}{b'}$, $\frac{1}{b'^3}$ are very small. Hence, values of the above coefficients $D(t)$ and $D(t)'$ in the expression (24) are very small relative to the coefficients Gg_1 and Gg in the expression (15). The coefficients of the last two expressions in (24) $\frac{C}{4A}2H(a'')^{-\frac{3}{2}}\sim 10^{-7}$ are also very small. So their values in the expression (24) can be neglected. The term $2F$ counteracts with the same $2F$ in (15). Neglecting the above values in the expression (25), we can write the expression for $\Delta\omega_2$ as follows

$$\Delta\omega_2 = -\left(\frac{C}{2A}\right)H(t-t_0).$$

Because there exists the term $-\left(\frac{C}{2A}\right)H(t-t_0)$ in the expression (15) for $\Delta\omega_1$ we can write the expression $\Delta\omega$ as follows:

$$\begin{aligned}
\Delta\omega = \Delta\omega_1 - \Delta\omega_2 = {} & E_1[\sin(2\theta+\psi) \\
& +\sin(2\theta-\psi)]t - [\sin(2\theta_0+\psi_0) \\
& +\sin(2\theta_0-\psi_0)]t_0 + E_2[\cos(2\theta+\psi) \\
& -\cos(2\theta-\psi)]t - [\cos(2\theta_0-\psi_0) \\
& +\cos(2\theta_0-\psi_0)]t_0 + Q_1(\cos 2\theta - \cos 2\theta_0) \\
& +Q_2[\cos 2(M+\tilde{\omega}+\psi+\theta) \\
& +\cos 2(M+\tilde{\omega}+\psi-\theta) - 2\cos 2(M-\tilde{\omega}+\psi) \\
& -\cos 2(M_0+\tilde{\omega}_0+\psi_0+\theta_0) \\
& -\cos 2(M_0+\tilde{\omega}_0+\psi_0-\theta_0) \\
& +2\cos 2(M_0+\tilde{\omega}_0+\psi_0)] \\
& +Q_3[\cos 2(M_1+\tilde{\omega}_1+\psi+\theta) \\
& +\cos 2(M_1+\tilde{\omega}_1+\psi-\theta) \\
& -2\cos 2(M_1+\tilde{\omega}_1+\psi) \\
& -\cos 2(M_{10}+\tilde{\omega}_{10}+\psi_0+\theta_0) \\
& -\cos 2(M_{10}+\tilde{\omega}_{10}+\psi_0-\theta_0) + 2\cos 2(M_{10}+\tilde{\omega}_{10}+\psi_0)] \\
& +Q_4[\sin(2\theta+N+\psi) - \sin(2\theta-N-\psi) \\
& -\sin(2\theta_0+N_0+\psi_0) + \sin(2\theta_0-N_0-\psi_0)],
\end{aligned} \tag{29}$$

where θ, ψ, N, M, $\tilde{\omega}$, M_1, $\tilde{\omega}_1$ are all the function of time. Hence in the expression (29) there are no secular terms and there are periodic and mixed periodic terms.

The coefficient of the mixed periodic terms (absolute values)

$$|B_1| = E_1 t = \frac{1}{4} \cdot \left(\frac{C}{A}\right) Gg_1 t,$$
$$|B_2| = E_2 t = \frac{1}{4} \cdot \left(\frac{C}{A}\right) Ggt. \tag{30}$$

The amplitudes of the periodic terms (absolute values)

$$|Q_1| = \frac{1}{2} \cdot \left(\frac{C}{A}\right) F, \quad |Q_3| = \frac{1}{8} \cdot \left(\frac{C}{A}\right) K,$$
$$|Q_2| = \frac{1}{8} \cdot \left(\frac{C}{A}\right) KL, \tag{31}$$
$$|Q_4| = \frac{1}{4} \cdot \left(\frac{C}{A}\right) KLs\left(1 - \frac{1}{2}s^2 + \frac{3}{4}e^2\right).$$

The period of amplitude:

$$T = \frac{2\pi r(\text{rad})}{\sigma(\text{rad/a})} = \frac{1\ 296\ 004''.248}{\sigma''/\text{a}}, \tag{32}$$

where σ is the arbitrary value of the amplitude per year.

4. Numerical results

We use the expressions (30) ～ (32) to calculate the amplitudes of the periodic terms and the coefficient of the mixed periodic terms Substituting values $A = 8.017\ 7 \times 10^{44}$ g · cm^2, $C = 8.042\ 8 \pm 10^{44}$ g · cm^2[13], K, L, F, s, e, Gg and Gg_1 into expressions (30) ～ (32), we obtain the numerical results listed in table. Symbol σ'' denotes arbitrary amplitude.

5. Discussion

(1) The method of this paper is different from those previous authors. The methods of the previous authors require using the differentiation for the Euler 's angle with respect time or use potential function U with respect the Euler's angle and need to transform coordinate systems. This paper does not need to use the differentiation with respect Euler's angle and the transformation of the coordinate system.

The numerical results

Coefficient of the mixed terms	σ''/a^2	T (a^2)
$\lvert B_1 \rvert$	$12.972\ 1t$	$99\ 907/t$
$\lvert B_2 \rvert$	$1.269\ 3t$	$1\ 021\ 038/t$
Amplitudes of the periodic terms	σ''/a	T (a)
$\lvert Q_1 \rvert$	13.685 2	19 470
$\lvert Q_2 \rvert$	4.733 7	273 777

续 表

Amplitudes of the periodic terms	σ''/a	T (a)
$\mid Q_3 \mid$	2.188 5	592 188
$\mid Q_4 \mid$	0.849 5	1 525 608

(2) The tidal potential function due to tidal friction depends on time explicitly. This paper uses the potential function which also depends on time explicitly due to considering the perturbation influence of planets on the orbital elements of the Earth. The system does not conserve energy. However, the energy can be converted mutually in the system. The variation of the orbital elements of the Moon and the Sun can result in the change of the potential energy which results in the variation of the rotational energy. This is the reason of the variation of the rotational angular velocity of the Earth.

(3) The action of the term $\frac{\partial U}{\partial t}$ on the variation of the rotational angular velocity of the Earth is important even though the term is very small. If not this term, the secular term would appear. If there is this term, the secular term disappears.

(4) The quadratic equation $at^2+bt+(c-x)=0$ in Section 3 has two roots. The first root $t_1=\frac{x}{b}-\frac{c}{b}$ has been used to solution. The second root $t_2=\left(\frac{c}{b}-\frac{b}{a}\right)-\frac{x}{b}$ has not been used.

$$\begin{aligned}\int t_2\cos x\mathrm{d}x &= \int\left[\left(\frac{c}{b}-\frac{b}{a}\right)-\frac{x}{b}\right]\cos x\mathrm{d}x\\ &= A\int\cos x\mathrm{d}x+B\int x\cos x\mathrm{d}x.\end{aligned}$$

If we substitute it in the result of integration still is similar with that of the first root t_1. This shows that the solution has periodic and mixed periodic variable terms and there is no secular variable term.

6. Conclusion

(1) In this paper we consider planetary perturbation on the rotation of the Earth. The conclusion are that there are secular variable terms $-\frac{C}{2A}H(t-t_0)$ in $\Delta\omega_1$ and $\Delta\omega_2$, and there is no secular variation term in $\Delta\omega_1-\Delta\omega_2=\Delta\omega$.

(2) The influence of the lunar-solar gravitation (attraction) on the rotation of the Earth only results in the periodic variation, but no secular variation. The amplitudes of periodic terms do not vary with time, if the lunar orbital elementals e and $s=\sin c$ are assumed to be constant. It can be seen from table that the maximum of amplitude reaches over 13″ per year, and the period of amplitude is over ninety thousand for the

variation of amplitudes of the periodic terms. The amplitudes of the periodic term deal with the variation of the lunar and solar orbit. Hence the influence of the periodic variation of the lunar and solar attraction on the angular velocity of rotation of the Earth cannot be omitted due to the larger amplitudes.

(3) The influence of planetary perturbation through the orbital elements of the Earth on the rotation of the Earth only results in the variation of the mixed periodic terms, but no secular variable term. The coefficient of the mixed periodic terms $|B_1|$ and $|B_2|$ varies with time. Its variation is related to g and g_1 or the variation of the orbital elements of the Earth, e, i and Ω with time ($e=e_0+e't$, $i\sin\Omega=gt+ht^2$, $i\cos\Omega=g_1t+ht^2$) by the planetary perturbation. These coefficients of the mixed periodic terms also can not be omitted.

References

[1] E W Woolard. Theory of the rotation of the Earth around the center of mass, US Naval Observatory Astronomical paper, American Ephemeris XV, 1-165 (1953).

[2] E Bulard. Theory of Rotation of the Earth around Its Center of mass (Moscow, Fizmatlit, 1963).

[3] J-Y Zhao-Hua. Celestial Mechanics, revised by Yi Zhao-Hua (Shanghai Scientific and Technical Press 323, 1983).

[4] V P Dolgachev. Sov Astron, 27, 699 (1983).

[5] V P Dolgachev. Sov Astron, 29, 581 (1985).

[6] H Kinoshita. Cel Mech Dyn Astron, 15, 277 (1977).

[7] J L Simon, P Bretagnon, J Chapront, M Chapront-Touze, G Francou, J Laskar. Astron Astrophys, 282, 663 (1994).

[8] P Bretagnon, P Rocher, J L Simon. Astron Astrophys, 319, 305 (1997).

[9] P Bretagnon, G Fancon, P Rocher, J L Simon. Astron Astrophys, 329, 329 (1998).

[10] P Roosbeek, V Dehant. Cel Mech Dyn Astron, 70, 215 (1998).

[11] Lin-Sen Li. Astronomy Reports, 60, 420 (2016).

[12] W M Smart. Celestial Mechanics (London, New York, Toronto, 1953).

[13] M L Smith, F A Dahlen, Geophys J Roy. Astron Soc, 64, 223 (1981).

Variation of the Rotational Angular Velocity of the Earth in the Post-Newtonian Gravitational Theories*

Abstract: The problems for the variation of the rotational angular velocity of the Earth in the post-Newtonian gravitational theories are examined. The post-Newtonian gravitational theories include general relativity (Einstein theory), scalar vector theory (Brans-Dicke theory) and vector tensor theory (Will-Nordtvedt theory) etc. The influences of the coupling between the rotation of the Earth with its orbit and the rotation of the Moon or the Sun on the variation of the rotational angular velocity of the Earth are formulated. The results show that the action of the coupling between the rotation and the orbit results in the periodic variation with time for three components of the rotational angular velocity of the Earth, but the resultant angular velocity is constant or is not variable.

Keywords: Rotational variations; polar wobble; Post-Newtonian approximation; perturbation theory; related approximations

1. Introduction

In the Newtonian theory the gravitational field does not influence the rotation of the Earth, but this is not the case in the post-Newtonian theories. In these theories the rotation of a celestial body is connected with the orbital revolution, i. e. the rotation couples with the orbit motion. This states clearly the influence of the curvature of time-space on the rotation. It is even more significant for researching the effect of the curvature of the time-space on the rotation of the Earth. However, some authors studied mainly the precession of the axis of the rotation of the Earth for which there are many researches, but there is very a few research for discussion of the variation of the angular velocity of the Earth. Barker and O' Connell used the equation for the rate of change of the spin angular momentum of the gyroscope to study the precession of the

* 原文载于 *ILNuoto Cimento*, 2007, 132 (1): 23-29.

axis of the rotation of the gyroscope[1]. But they did not use the equation to study the variation of the rotational angular velocity. Later on, Vokrouhlicky studied the relativistic spin effects and applied to the Earth-Moon system[2]~[4]. But his research discussed mainly the effects of coordinate system, precession, mutation and Moon's spin-orbital motion. He does not study the influence of the Earth or connection of the orbital motion and rotation of the Sun or the Moon with the rotational angular velocity of the Earth in the post-Newtonian theory. Next, in this paper the author studies the influence of the coupling between the rotation of the Earth with its orbital revolution and the rotation of the Sun or the Moon on the variation of the rotational angular velocity of the Earth.

2. The equations for the variation of the components of the rotational angular velocity of the Earth in the post-Newtonian gravitational theories

It is well known that the rate of change of the spin angular momentums (vector) $\boldsymbol{s}$ of the gyroscope in the post-Newtonian theory is given by Barker et al.[1] as

$$\frac{\mathrm{d}\boldsymbol{s}}{\mathrm{d}t}=\boldsymbol{\Omega}\times\boldsymbol{s}. \tag{1}$$

We now use eq. (1) to study the case for the rotation of the Earth. Let $\boldsymbol{s}=I\boldsymbol{\omega}$ (I and $\boldsymbol{\omega}$ are the moment of inertia and angular velocity (vector) of the Earth, respectively), then eq. (1) can be written as

$$\frac{\mathrm{d}\boldsymbol{\omega}}{\mathrm{d}t}=\boldsymbol{\Omega}\times\boldsymbol{\omega}. \tag{2}$$

Equation (2) makes clear that the Earth itself rotates on its axis with angular velocity $\boldsymbol{\omega}$, besides the axis of rotation of the Earth surrounds a fixed line of the axis with angular velocity $\boldsymbol{\Omega}$. The angular velocity of the precession $\boldsymbol{\Omega}$ (velocity) is

$$\boldsymbol{\Omega}=\boldsymbol{\Omega}_{DS}+\boldsymbol{\Omega}_{LT}. \tag{3}$$

The de Sitter term $\boldsymbol{\Omega}_{DS}$ (vector) and the Lense-Thirring term $\boldsymbol{\Omega}_{LT}$ (vector) are given by Barker et al.[1]

$$\begin{aligned}\boldsymbol{\Omega}_{DS}&=\frac{G\boldsymbol{\omega}[(2\gamma+1)m_2+\mu]}{2c^2a(1-e^2)}\boldsymbol{n},\\ \boldsymbol{\Omega}_{LT}&=\frac{(\gamma+1)GS^{(2)}}{4c^2a^3(1-e^2)^{\frac{3}{2}}}[\boldsymbol{n}^{(2)}-3(\boldsymbol{n}\cdot\boldsymbol{n}^{(2)})\boldsymbol{n}].\end{aligned} \tag{4}$$

Here a: semi-major axis, e: eccentricity, $\boldsymbol{\omega}=\frac{2\pi}{T}$: the mean motion. $\mu=\frac{m_1m_2}{m_1+m_2}$, $S^{(2)}=I_2\omega_2$ (the spin momentum of the secondary body, such as the Moon or the Sun). G: the gravitational constant, c: the right velocity. $\boldsymbol{n}$ is the unit vector of the direction of the orbital momentum, $\boldsymbol{n}^{(2)}$ is the unit vector of the rotational direction of the secondary body. γ is the parameter PPN in the post-Newtonian theories. $\gamma=1$ in the general relativity (Einstein theory) and vector-tensor theory (Will-Nordtvedt). $\gamma=-1$ in the Nordstrom tensor; $\gamma=\frac{(1+\omega)}{(2+\omega)}$ ($\omega\approx 6$) in the scalar-vector theory (Brans-Dicke) and $\gamma=$arbitrary constant in the tensor-tensor theory (Lee-Lightman) and Rosen theory. At present, the usual theories are the general relativity and Brans-Dicke theory in the post-Newtonian theories.

For solving eq. (2), we select the Cartesian coordinates xyz with the Earth centre as the origin, the coordinate axes x, y lie on the orbital plane. Hence, the axis y is perpendicular to the orbital plane. The unit vectors of the three axes are $\boldsymbol{i}$, $\boldsymbol{j}$, $\boldsymbol{k}$. The orbital plane refers to the orbital plane of the Sun-Earth system. $\boldsymbol{n}$ is the unit vector perpendicular to the direction of the orbital plane. Therefore $\boldsymbol{n}=\boldsymbol{k}$. The unit vector $\boldsymbol{n}^{(2)}$ of the direction of the rotational axis of the Sun is so translated to the origin of the Earth coordinate system ($\boldsymbol{i}$, $\boldsymbol{j}$, $\boldsymbol{k}$) that $\boldsymbol{n}^{(2)}$ forms an angle θ with $\boldsymbol{n}$, i. e. $\boldsymbol{n}\cdot\boldsymbol{n}^{(2)}=\cos\theta$ and $\boldsymbol{n}^{(2)}$ is formulated by using the unit vectors $\boldsymbol{i}$ and $\boldsymbol{k}$ in the Earth coordinate system, i. e. $\boldsymbol{n}^{(2)}=\boldsymbol{k}\cos\theta+\boldsymbol{i}\sin\theta$.

In expressions (4) let

$$A=\frac{G\boldsymbol{\omega}[(2\gamma+1)m_2+\mu]}{2c^2a(1-e^2)},\qquad B=\frac{(\gamma+1)GS^{(2)}}{4c^2a^3(1-e^2)^{\frac{3}{2}}}.\tag{5}$$

Substituting expressions (5) and (4) into expression (3) and using $\boldsymbol{n}\boldsymbol{n}^{(2)}=\cos\theta$, $\boldsymbol{n}^{(2)}=\boldsymbol{k}\cos\theta+\boldsymbol{i}\sin\theta$, and then expression (3) can be written as

$$\boldsymbol{\Omega}=A\boldsymbol{k}+B(\cos\theta\boldsymbol{k}+\sin\theta\boldsymbol{i}-3\cos\theta\boldsymbol{k})=(A-2B\cos\theta)\boldsymbol{k}+B\sin\theta\boldsymbol{i}.\tag{6}$$

In expression (2), $\vec{\omega}$ is written as the component forms:

$$\boldsymbol{\omega}=\omega_x\boldsymbol{i}+\omega_y\boldsymbol{j}+\omega_z\boldsymbol{k}.\tag{7}$$

Substituting expressions (6) and (7) into two hands of expression (2), and then, expanding it, we get

$$\begin{aligned}\frac{\mathrm{d}\boldsymbol{\omega}_x}{\mathrm{d}t}\boldsymbol{i}+\frac{\mathrm{d}\boldsymbol{\omega}_y}{\mathrm{d}t}\boldsymbol{j}+\frac{\mathrm{d}\boldsymbol{\omega}_z}{\mathrm{d}t}\boldsymbol{k}&=[(A-2B\cos\theta)\boldsymbol{k}+B\sin\theta\boldsymbol{i}]\times(\omega_x\boldsymbol{i}+\omega_y\boldsymbol{j}+\omega_z\boldsymbol{k})\\&=-(A-2B\cos\theta)\omega_y\boldsymbol{i}+[(A-2B\cos\theta)\omega_x-B\sin\theta\omega_z]\boldsymbol{j}+B\sin\theta\omega_y\boldsymbol{k}.\end{aligned}$$

Comparing the coefficients of the unit vectors $\boldsymbol{i}$, $\boldsymbol{j}$, $\boldsymbol{k}$, in two hands of the above expression, we obtain the set of the ternary simultaneous differential equations for the variation of the three components of the angular velocity of the Earth with time in the post-Newtonian gravitational theories.

$$\frac{\mathrm{d}\omega_x}{\mathrm{d}t}=-(A-2B\cos\theta)\omega_y,$$

$$\frac{d\omega_y}{dt}=(A-2B\cos\theta)\omega_x-B\sin\theta\omega_z, \tag{8}$$

$$\frac{d\omega_z}{dt}=B\sin\theta\omega_y.$$

The set of eqs. (8) are the equations for variation of the components of the angular velocity of the Earth in the post-Newtonian gravitational theories given by this paper.

3. The solution of the set of eqs. (8), i. e. the rule of the variation of angular velocity of the Earth

Let us now the set of eqs. (8) are rewritten in the following form:

$$\begin{aligned}\frac{d\omega_x}{dt}&=-\alpha\omega_y,\\ \frac{d\omega_y}{dt}&=\alpha\omega_x-\beta\omega_z,\\ \frac{d\omega_z}{dt}&=\beta\omega_y,\end{aligned} \tag{9}$$

where

$$\begin{aligned}\alpha&=A-2B\cos\theta=\frac{G\boldsymbol{\omega}[(2\gamma+1)m_2+\mu]}{2c^2a(1-e^2)}-\frac{(\gamma+1)GS^{(2)}\cos\theta}{2c^2a^3(1-e^2)^{\frac{3}{2}}},\\ \beta&=B\sin\theta=\frac{(\gamma+1)GS^{(2)}}{4c^2a^3(1-e^2)^{\frac{3}{2}}}\sin\theta.\end{aligned} \tag{10}$$

Solving the set of the differential equations (9), we get the solutions

$$\begin{aligned}\omega_x&=C_1+C_2\cos(\sqrt{\alpha^2+\beta^2})t+C_3\sin(\sqrt{\alpha^2+\beta^2})t,\\ \omega_y&=C_2\frac{\sqrt{\alpha^2+\beta^2}}{\alpha}\sin(\sqrt{\alpha^2+\beta^2})t-C_3\frac{\sqrt{\alpha^2+\beta^2}}{\alpha}\cos(\sqrt{\alpha^2+\beta^2})t,\\ \omega_z&=\frac{\alpha}{\beta}C_1-\frac{\beta}{\alpha}C_2\cos(\sqrt{\alpha^2+\beta^2})t-\frac{\beta}{\alpha}C_3\sin(\sqrt{\alpha^2+\beta^2})t,\end{aligned} \tag{11}$$

where C_1, C_2 and C_3 are three integral constants. Using the primary condition: $\omega_x=\omega_x(0)$, $\omega_y=\omega_y(0)$ and $\omega_z=\omega_z(0)$ as $t=0$, substituting these conditions into the left and right hands of eqs. (11), and let time $t=0$, then

$$\begin{aligned}\omega_x(0)&=C_1+C_2,\\ \omega_y(0)&=\frac{\sqrt{\alpha^2+\beta^2}}{\alpha}C_3,\\ \omega_z(0)&=\frac{\alpha}{\beta}C_1-\frac{\beta}{\alpha}C_2.\end{aligned} \tag{12}$$

Solving eqs. (12), we get three integral constants:

$$C_1=\frac{\alpha\beta\omega_z(0)+\beta^2\omega_x(0)}{\alpha^2+\beta^2},$$

$$C_2 = \frac{\alpha^2 \omega_x(0) - \alpha\beta\omega_z(0)}{\alpha^2 + \beta^2}, \tag{13}$$

$$C_3 = \frac{\alpha\omega_y(0)}{\sqrt{\alpha^2 + \beta^2}}.$$

Substituting (13) into expressions (11), we get the periodic variation of the three components ω_x, ω_y and ω_z for the angular velocity of the Earth with time in the coordinate system x, y, z.

4. The periodic variation of the angular velocity

Let us now write expressions (11) in the following forms:

$$\begin{aligned} \omega_x &= \omega_0 + \omega_1 \sin Ht + \omega_2 \cos Ht, \\ \omega_y &= \omega'_0 + \omega'_1 \sin Ht + \omega'_2 \cos Ht, \\ \omega_z &= \omega''_0 + \omega''_1 \sin Ht + \omega''_2 \cos Ht, \end{aligned} \tag{14}$$

where $H = \sqrt{\alpha^2 + \beta^2}$.

Compare these expressions with expressions (11), and then we get the constant terms are

$$\begin{aligned} \omega_0 &= C_1 = \frac{\alpha\beta\omega_z(0) + \beta^2\omega_x(0)}{H}, \\ \omega'_0 &= 0, \\ \omega''_0 &= \frac{\alpha}{\beta}C_1 = \frac{\alpha^2\omega_z(0) + \alpha\beta\omega_x(0)}{H}. \end{aligned} \tag{15}$$

The amplitudes of the periodic terms are

$$\begin{aligned} \omega_1 &= C_3 = \frac{\alpha\omega_z(0)}{H}, \\ \omega_2 &= C_2 = \frac{\alpha^2\omega_x(0) - \alpha\beta\omega_z(0)}{H}, \\ \omega'_1 &= \frac{C_2 H}{\alpha} = \frac{\alpha\omega_x(0) - \beta\omega_z(0)}{H}, \\ \omega'_2 &= -\frac{C_3 H}{\alpha} = -\omega_y(0), \\ \omega''_1 &= -\left(\frac{\beta}{\alpha}\right)C_3 = -\left(\frac{\beta}{H}\right)\omega_y(0), \\ \omega''_2 &= -\left(\frac{\beta}{\alpha}\right)C_2 = \frac{-[\alpha\beta\omega_x(0) - \beta^2\omega_z(0)]}{H}, \end{aligned} \tag{16}$$

where α and β have different values for the various gravitational theories. From expressions (5) we get

For the relativity theory (Einstein theory) ($\gamma = 1$):

$$\alpha_E = \frac{G\boldsymbol{\omega}(3m_2+\mu)}{2c^2a(1-e^2)} - \frac{GS^{(2)}\cos\theta}{c^2a^3(1-e^2)^{\frac{3}{2}}},$$
$$\beta_E = \frac{GS^{(2)}}{2c^2a^3(1-e^2)^{\frac{3}{2}}}. \tag{17}$$

For Brans-Dicke theory$\left(\gamma=\dfrac{1+\omega}{2+\omega}=\dfrac{7}{8},\ \omega=6\right)$：

$$\alpha_B = \frac{G\boldsymbol{\omega}(11m_2+4\mu)}{8c^2a(1-e^2)} - \frac{15GS^{(2)}\cos\theta}{16c^2a^3(1-e^2)^{\frac{3}{2}}}.$$
$$\beta_B = \frac{15GS^{(2)}}{32c^2a^3(1-e^2)^{\frac{3}{2}}}. \tag{18}$$

We now consider the Sun-Earth system and the Earth-Moon system.

The data for the Sun-Earth system[5] are that：the solar mass $m_1=1.989\times10^{33}$ g，the Earth mass：$m_2=5.976\times10^{27}$ g，$\therefore \mu=\dfrac{m_1m_2}{m_1+m_2}\approx5.97\times10^{27}$ g，$a=149.6\times10^6$ km，$e=0.0167\ 22$，$\boldsymbol{\omega}=\dfrac{2\pi}{T}=1.990\times10^{-7}$ rad/s，$S^{(2)}=1.630\times10^{48}$ gcm^2/s，$\theta=7°15$. Substituting these data into (17) and (18)，we get

$$\begin{cases}\alpha_E=2.942\times10^{-15}\ \text{rad},\\ \beta_E=2.277\ 6\times10^{-21}\ \text{rad},\end{cases}\qquad \begin{cases}\alpha_B=2.696\ 8\times10^{-15}\ \text{rad},\\ \beta_B=2.135\ 2\times10^{-21}\ \text{rad}.\end{cases} \tag{19}$$

The data for the Earth-Moon system[5] are：$m_3=7.35\times10^{25}$ g，$\mu=\dfrac{m_2m_3}{m_2+m_3}=7.26\times10^{23}$ g，$\alpha=384\ 001$ km，$e=0.054\ 9$，$\boldsymbol{\omega}=\dfrac{2\pi}{T}=2.661\times10^{-6}$ rad/s，$S^{(2)}=2.34\times10^{36}$ gcm^2/s，$\theta=6°41$；we obtain from these data

$$\begin{cases}\alpha_E=5.691\ 6\times10^{-19}\ \text{rad},\\ \beta_E=1.784\ 3\times10^{-25}\ \text{rad},\end{cases}\qquad \begin{cases}\alpha_B=5.218\ 8\times10^{-19}\ \text{rad},\\ \beta_B=1.672\ 8\times10^{-25}\ \text{rad}.\end{cases} \tag{19$'$}$$

Therefore，the values for α and β in the Earth-Moon system are smaller than the values in the Sun-Earth system for the two gravitational theories.

5. The resultant angular velocity

Squaring the two hands of every expressions of the set of eqs. (16) and adding it, we obtain

$$\omega^2=\omega_x{}^2+\omega_y{}^2+\omega_z{}^2=\left[1+\left(\frac{\alpha}{\beta}\right)^2\right]C_1{}^2+\left(\frac{H}{\alpha}\right)^2(C_2{}^2+C_3{}^2)\sin^2 Ht$$
$$+\left(\frac{H}{\alpha}\right)^2(C_2{}^2+C_3{}^2)\cos^2 Ht+\left(\frac{H}{\alpha}\right)^2(C_2C_3-C_2C_3)\sin^2 Ht, \tag{20}$$
$$\therefore \omega_2=\frac{H^2}{\beta^2}C_1{}^2+\left(\frac{H}{\alpha}\right)^2(C_2{}^2+C_3{}^2),$$

where $H=\sqrt{\alpha^2+\beta^2}$ or $H^2=\alpha^2+\beta^2$.

Substituting the integral constants C_1, C_2 and C_3 for expressions (13) into expressions (20), we get

$$\omega^2=\omega_x^2(0)+\omega_y^2(0)+\omega_z^2(0)=\omega^2(0)=\text{const}. \tag{21}$$

Hence the resultant angular velocity is not variable.

6. The solution for the special case $\theta=0$

θ is the angle between the unit vector $\boldsymbol{n}^{(2)}$ of the direction of the solar rotation and the unit vector $\boldsymbol{n}$ of the direction perpendicular to the orbital plane. For the Sun, $\theta=7°15$. Therefore this angle is so small that we can assume that θ is close to $0°$ in the approximate calculation or we take $\theta=0$.

Substitute $\theta=0$ into expressions (10), and then, $\alpha=A-2B$, $\beta=0$. Inserting these into the set of eqs. (9) again, we get

$$\begin{aligned}\frac{d\omega_x}{dt}&=-(A-2B)\omega_y,\\ \frac{d\omega_y}{dt}&=(A-2B)\omega_x.\\ \frac{d\omega_z}{dt}&=0.\end{aligned} \tag{22}$$

The solutions of the set of the equations are

$$\begin{aligned}\omega_x&=C_1\cos(A-2B)t+C_2\sin(A-2B)t,\\ \omega_y&=C_1\sin(A-2B)t-C_2\cos(A-2B)t,\\ \omega_z&=C_3.\end{aligned} \tag{23}$$

The integral constants:

$$\begin{aligned}&C_1=\omega_x(0),\ C_2=-\omega_y(0),\ C_3=\omega_z(0),\\ &\therefore \omega^2=\omega_x{}^2+\omega_y{}^2+\omega_z{}^2=\omega^2(0)=\text{const},\end{aligned} \tag{24}$$

Hence, the resultant angular velocity still is not variable. The amplitudes of the periodic variation (terms) are $\omega_x(0)$ and $|\omega_y(0)|$.

7. Conclusions

(1) The three components of the angular velocity of the Earth periodically vary with time in the post-Newtonian theory, but not with secular variable terms.

(2) The variation of the three components is connected with the solar spin angular momentum or angular velocity and the semi-major axis, eccentricity and the orbital mean velocity of the Earth in the Sun-Earth system. In the case of the Earth-Moon system, it is connected with the lunar spin angular velocity and the semi-major axis, eccentricity and the orbital mean velocity of Moon. This is the case in which the rotation

of the Earth couples with the solar rotation or lunar rotation and the orbit of the Earth or the Moon in the post-Newtonian theories.

(3) The three components of the angular velocity vary with time, but the sum of the square of the resultant angular velocity is a constant. It is concluded that the angular velocity of the Earth is not variable in whatever gravitational theories. The components of the angular velocity not only vary with time, but also its values are different in every gravitational theory.

References

[1] Barker B M, O' Connell R F. Phys Rev D, 14 (1976), 861.
[2] Vokrouhlicky D. Phys Rev D, 52 (1995), 689.
[3] Vokrouhlicky D. Astron Astrophys, 300 (1995), 559.
[4] Vokrouhlicky D. Int Astron Union Symp, No172 (1996), 321.
[5] Allen C W. Astrophysical Quantities (University of London, The Athlone Press), 1973.

在后牛顿引力理论（PPN形式）中引力常数变化对地球自转产生的效应*

摘要： 介绍和论述了在后牛顿引力理论（PPN 形式）中在优越参考系和非优越参考系中经过参数化后引力常数变化对地球自转产生的效应，其中特别重点介绍了年周期变化的效应．此外也将理论结果同观测结果相对比．

关键词： PPN 参考系；优越参考系；引力常数变化；地球自转效应

作者在文[1]中曾论述过引力常数变化对地球自转角速度产生的效应，但文中引力常数变化并没有涉及后牛顿参数化（PPN 形式），本文在这方面做一介绍和论述．

参数化的后牛顿引力理论是比牛顿引力理论更近似的引力理论．利用后牛顿参数来研究度规引力理论和分析实验，称为参数化的后牛顿形式（PPN 形式）．坐标系参数化称为 PPN 参考系．PPN 参考系分为优越参考系和非优越参考系．引力常数在两种参考系中的变化也各不相同，因而对地球自转产生的效应也不尽相同．

根据马赫原理推知，引力常数 G 的变化是由遥远的星际物质分布决定的．对于太阳系来说，银河系可算遥远的星际物质．假定银河系相对太阳系是静止的，则银河系在参考系中可算太阳系内各天体（地球、行星……）运动的优越参考系．Dicke 最早研究过优越参考系中的效应[2][3]，后来 Nordtvedt 和 Will 大大发展了这种理论．他们的研究结果表明，引力常数 G 依赖于优越参考系．Nordtvedt 和 Will 将此理论应用于地球自转效应和固体潮效应上，特别得出在优越参考系中 G 的变化对地球自转的周年变化的解释[4]~[7]．优越参考系是 PPN 参考系中的一种特殊参考系，在这种参考系中后牛顿参数 α_1，α_2，α_3 不完全为零，引力常数 G 的变化与这 3 个参数有关，因而对地球自转产生的效应也与这 3 个参数有关．以下将介绍 α_1，α_2 和 α_3 3 个参数的物理意义和论述优越参考系对地球自转产生的效应．

不具有优越参考系中的条件的参考系称为非优越参考系．在这种参考系中不存在 α_1，α_2，α_3 3 个参数或者这 3 个后牛顿参数全部为零．但在这种参考系中物体的引力位和速度引起的引力常数变化也会对地球自转产生效应，然而在某些引力理论中并不产生效应．C M Will 也发展了这种理论[4]．对于这方面的讨论在第 3 节论述．

* 原文载于《天文研究与技术（国家天文台台刊）》，2007，4（2），135-140.

1. 后牛顿参数（PPN 系数）和后牛顿引力理论

为第 2，3 节做准备，本节先介绍一下有关后牛顿参数和后牛顿引力理论的相关知识.

在后牛顿引力理论中参数化的后牛顿形式（PPN 形式）是用参数化的后牛顿系数来表示的（PPN 系数），现在已知 PPN 系数有 3 类，即[8]：

第一类：用 Nordtvedt 的记号表示的参数有 γ，β，α'，α''，α'''，Δ 和 χ.

第二类：用 Will 的记号表示的参数有 γ，β，β_1，β_2，β_3，β_4，Δ_1，Δ_2 和 ξ.

第三类：用 Will-Nordtvedt 的修正记号表示的参数有 γ，β，α_1，α_2，α_3，ξ_1，ξ_2，ξ_3，ξ_4 和 ξ_W.

本文中所用的参数属于后两类的某些参数，如 γ，β，α_1，α_2，α_3，β_1，β_2，Δ_1，Δ_2，ξ 和 ξ_2，它们的物理意义如下[8]：

γ：由静止质量产生的空间弯曲的程度；β：牛顿引力势叠加的非线性大小；α_1，α_2，α_3：优越参考系中的效应大小和性质；β_1：由动能产生的牛顿型引力影响程度；β_2：由单位引力位能产生的牛顿型引力影响程度；Δ_1：由单位动量产生的磁型引力影响程度或者由单位动量产生的惯性系统的阻滞的程度；Δ_2：动量方向对动量产生的磁型力的影响程度；ξ：由径向动能产生的牛顿型引力（g_{00}）影响程度；ξ_2：衡量动量守恒定律在引力系统中违反（破坏）的程度.

前面所列的 3 类参数可以借数学式相互转换. 因本文要利用第二类和第三类参数，故列举这两类参数之间的转换关系. 除 γ 和 β 在两类参数中都一样外，其他，如[8]：

$$\begin{gathered}\alpha_1=7\Delta_1+\Delta_2-4\gamma-4,\ \xi_1=\xi,\\ \alpha_2=\Delta_2+\xi-1,\ \xi_2=2\beta+2\beta_2-3\gamma-1,\\ \alpha_3=4\beta_1-2\gamma-2-\xi,\ \xi_3=\beta_3-1,\ \xi_4=\beta_4-\gamma.\end{gathered}\tag{1}$$

我们可以利用上述关系式转换本文中所用的两类参数之间的关系.

每个后牛顿参数（系数）在不同后牛顿引力理论中有不同的数值. 已知在后牛顿引力理论中有 8 种引力理论，即广义相对论（Einstein 理论）、标量-张量理论（Brans-Dicke 理论）、矢量-张量理论（Will-Nordtvedt）、张量-张量理论（Lee-Lightman）、传统平直理论（Nordstrom）、A 型成层理论（Rosen）、B 型成层理论（Ni 理论）和准线性理论（Whitehead）. 然而，目前常用到的有生命力的引力理论是广义相对论和标量-张量理论（Brans-Dicke 理论）. 故本文中在讨论对地球自转效应时只选取这两种理论，它们的参数（系数）值在这两种理论中分别见表 1.

表 1　在广义相对论和标量-张量理论中 PPN 系数值

	γ	β	α_1	α_2	α_3	β_1	β_2	Δ_1	Δ_2	ξ
广义相对论	1	1	0	0	0	1	1	1	1	0
标量-张量理论（Brans-Dicke 理论）	$\frac{1+\omega}{2+\omega}$	1	0	0	0	$\frac{3+2\omega}{4+2\omega}$	$\frac{1+2\omega}{4+2\omega}$	$\frac{10+7\omega}{14+7\omega}$	1	0

其中 ω 为耦合常数，一般取 $\omega=6$.

2. 在优越参考系中引力常数的变化对地球自转产生的效应

有关优越参考系的效应在前言中已经概述了，在第 1 节又介绍衡量优越参考系中的效应是由 α_1，α_2 和 α_3 3 个后牛顿参数来确定的. 因此，在优越参考系中 α_1，α_2，α_3 不完全为零，这是优越参考系的特点. 根据矢量-张量引力理论，可知，引力常数 G 依赖于优越参考系. Nordtvedt 和 Will 等人发展了这种理论，并将其应用于地球自转的周年变化的解释上[5]~[7].

文[5] [6]作者给出在优越参考系中引力常数 G 依赖于优越参考系中的表达式：

$$F_r=\frac{GM}{R_p^2},$$

$$G=1+\frac{1}{2}\left[(\alpha_3-\alpha_1)+\alpha_2\left(1-\frac{1}{MR^2}\right)\right]W_E^2-\frac{1}{2}\alpha_2\left(1-\frac{3I}{MR^2}\right)(\vec{W}_E\cdot \boldsymbol{e})^2. \tag{2}$$

其中：$\boldsymbol{W}_E=(\boldsymbol{W}+\boldsymbol{V})^2=\boldsymbol{W}^2+2\boldsymbol{W}\cdot\boldsymbol{V}+\boldsymbol{V}^2$，$(\boldsymbol{W}_E\cdot\boldsymbol{e}_r)^2=(\boldsymbol{W}\cdot\boldsymbol{e}_r)^2+2(\boldsymbol{W}\cdot\boldsymbol{e}_r)\cdot(\boldsymbol{V}\cdot\boldsymbol{e}_r)+(\boldsymbol{V}\cdot\boldsymbol{e}_r)^2$.

式中 $\boldsymbol{W}$ 是太阳系相对于优越参考系的速度矢量；$\boldsymbol{V}$ 是地球相对于太阳的速度矢量；$\boldsymbol{W}_E$ 是地球相对于优越参考系的速度矢量；$\boldsymbol{e}$ 是卡文迪许实验仪器（测量计）联结地心的单位矢量，$\boldsymbol{e}_r=\frac{\boldsymbol{R}}{R}$，$I=\frac{1}{2MR^2}$. 由（2）式可得 G 的变化式：

$$\frac{\Delta G}{G}=\left(\frac{1}{2}\alpha_2+\alpha_3-\alpha_1\right)\boldsymbol{W}\cdot\boldsymbol{V}+\frac{1}{4}\alpha_2[(\boldsymbol{W}\cdot\boldsymbol{e}_r)^2+2(\boldsymbol{W}\cdot\boldsymbol{e}_r)(\boldsymbol{V}\cdot\boldsymbol{e}_r)+(\boldsymbol{V}\cdot\boldsymbol{e}_r)^2]. \tag{3}$$

将 $\boldsymbol{W}$ 和 $\boldsymbol{V}$ 写成地心椭圆坐标：

$$\begin{aligned}\boldsymbol{W}&=W[\cos\beta(\cos\lambda\boldsymbol{e}_x+\sin\lambda\boldsymbol{e}_y)+\sin\beta\boldsymbol{e}_z],\\ \boldsymbol{V}&=V(\sin\omega t\boldsymbol{e}_x-\cos\omega t\boldsymbol{e}_y),\\ \boldsymbol{e}_r&=\cos L\cos(\Omega t-\varepsilon)\boldsymbol{e}_x+[\cos L\sin(\Omega t-\varepsilon)\cos\theta+\sin L\sin\theta]\boldsymbol{e}_y-\\ &\quad[\cos L\sin(\Omega t-\varepsilon)\sin\theta-\sin L\cos\theta]\boldsymbol{e}_z.\end{aligned} \tag{4}$$

式中 λ，β 决定 W 的椭圆坐标，L 是测量计在地球上的纬度，θ 是地球对椭圆轨道的倾角（23.5°），ε 是与测量计在地球上经度有关的量，ω 是地球轨道角频率，Ω 是地球自转角频率，一般取 $\lambda=346°$，$\beta=60°$.

由（4）式可推得：

$$\begin{aligned}\boldsymbol{W}\cdot\boldsymbol{V}&=WV\cos\beta\sin(\omega t-\lambda),\\ (\boldsymbol{W}\cdot\boldsymbol{e}_r)^2&=W^2\left[\frac{1}{3}+\frac{3}{2}\left(\frac{1}{3}-\sin^2\delta\right)\left(\frac{1}{3}-\sin^2L\right)+\cdots\right],\\ (\boldsymbol{W}\cdot\boldsymbol{e}_r)(\boldsymbol{V}\cdot\boldsymbol{e}_r)&=WV\left\{\frac{1}{3}\cos\beta\sin(\omega t-\lambda)+\left(\frac{1}{3}-\sin^2L\right)\right.\\ &\quad\left.\times\left[\frac{1}{2}\cos\beta\sin(\omega t-\lambda)+\frac{3}{2}\sin\delta\cos\theta\cos\omega t\right]+\cdots\right\},\end{aligned} \tag{5}$$

$$(\boldsymbol{V}\cdot\boldsymbol{e}_r)^2=V^2\left[\frac{1}{3}+\frac{3}{2}\left(\frac{1}{3}-\sin^2L\right)\left(\frac{1}{3}-\frac{1}{2}\sin^2\theta\right)+\cdots\right].$$

在上式中$\boldsymbol{W}\cdot\boldsymbol{V}$和（$\boldsymbol{W}\cdot\boldsymbol{e}_r$）·（$\boldsymbol{V}\cdot\boldsymbol{e}_r$）两项与地球自转周期变化有关，其他各项与地球固体潮有关. 因此，我们取（5）式中与地球自转有关的项$\boldsymbol{W}\cdot\boldsymbol{V}$和（$\boldsymbol{W}\cdot\boldsymbol{e}_r$）·（$\boldsymbol{V}\cdot\boldsymbol{e}_r$），将其代入（3）式后可得地球自转日长的年变化式子：

$$\left(\frac{\Delta G}{G}\right)_{\text{球形}}=\left(\frac{2}{3}\alpha_2+\alpha_3-\alpha_1\right)WV\cos\beta\sin(\omega t-\lambda),\tag{6}$$

$$\left(\frac{\Delta G}{G}\right)_{\text{带状}}=\frac{1}{2}\alpha_2WV\left(\frac{1}{3}-\sin^2L\right)\left[\frac{1}{2}\cos\beta\sin(\omega t-\lambda)+\frac{3}{2}\sin\delta\cos\theta\cos\omega t\right].$$

文[5]作者取$W=200$ km/s，$V=30$ km/s，地心椭圆坐标：$\lambda=346°$，$\beta=60°$，地心赤道坐标：$\alpha=318°$，$\delta=48°$. 将这些数据代入（6）式后并结合G的改变同地球自转角速Ω的变化的关系式：

$$\frac{\Delta\Omega}{\Omega}=-\frac{\Delta I}{I}\approx\frac{1}{10}\cdot\frac{\Delta G}{G},\tag{7}$$

（这个关系式已在文献[6]的附录中加以证明并在文[1]中作者做了详细解释）

便得到优越参考系对地球自转的周年变化振幅的效应值，并将变化分为球形和带状两类[6]：

$$\left(\frac{\Delta\Omega}{\Omega}\right)_{\text{球形}}=3\times10^{-9}\left(\frac{2}{3}\alpha_2+\alpha_3-\alpha_1\right),$$

$$\left(\frac{\Delta\Omega}{\Omega}\right)_{\text{带状}}=8\times10^{-6}\alpha_2(\text{轨道频率为}\ \omega\ \text{时}),\tag{8}$$

$$<10^{-9}\alpha_2(\text{轨道频率为}\ 2\omega\ \text{时}).$$

其中$|\alpha_1|<0.2$，$|\alpha_2|<3\times10^{-2}$，$\alpha_3<2\times10^{-5}$，$\left|\frac{2}{3}\alpha_2+\alpha_3-\alpha_1\right|<0.2$.

将（8）式的两端相加后得：

$$\frac{\Delta\Omega}{\Omega}=\left|\left(\frac{\Delta\Omega}{\Omega}\right)_{\text{球形}}+\left(\frac{\Delta\Omega}{\Omega}\right)_{\text{带状}}\right|\leqslant6\times10^{-10}.\tag{9}$$

由（5）～（8）式联合后可知，当地球绕太阳运行时，（5）式的$\boldsymbol{W}\cdot\boldsymbol{V}$和（$\boldsymbol{W}\cdot\boldsymbol{e}_r$）·（$\boldsymbol{V}\cdot\boldsymbol{e}_r$）两项以一个恒星年为周期变化着，因而（6）式的$G$也以此周期而变化. 又（7）式$G$的变化改变地球转动惯量$I$的变化，从而引起地球自转角频率$\Omega$按（8）式给出的振幅值以恒星年为周期而变化着.

3. 在非优越参考系（PPN形式）中引力常数的变化对地球自转产生的效应

在优越参考系中3个后牛顿参数α_1，α_2和α_3不完全为零，这是前节所讨论的情形. 如果在一个参考系中$\alpha_1=\alpha_2=\alpha_3=0$，这就是本节所讨论的不存在优越参考系效应的情形.

作者在文[1]中曾讨论过，引力常数G依赖于空间引力位U和物体速度的变化而变化从而导致地球自转角速变化的效应，然而所引用的两种式子是非参数化的. 本文同文

[1]的不同就在于这两种效应引入参数化.

文［4］在讨论引力常数 G 的各向异性变化时给出了在实验室测量的引力常数 G（相对于 PPN 坐标系以速度 ν 而运动时依赖于引力位 U 和速度 ν）参数化的形式为：

$$G=1-(2\beta+2\gamma-2\beta_2-2)U+\frac{1}{2}\left(4\beta_1+2\gamma+1-7\Delta_1\right)\nu^2-\frac{1}{2}\left(\Delta_2+\xi-1\right)(\boldsymbol{\nu}\cdot\boldsymbol{e}_r)^2. \tag{10}$$

式中 U 是太阳系包括银河系中所有物质产生的牛顿引力位，$\boldsymbol{e}_r$ 是两物体之间间隔方向的单位矢量，后牛顿参数 γ，β，β_2，β_1，Δ_1，Δ_2 和 ξ 已在第 1 节做了介绍.

首先由（10）式研究引力位 U 对自转产生的效应. 为此，文［8］将（10）式的右端第一项写成：

$$\frac{\Delta G}{G}=-2(\beta+\gamma-\beta_2-1)U. \tag{11}$$

文[9]［10]又利用第 1 节中（1）的关系式：$\xi_2=2\beta+2\beta_2-3\gamma-1$ 将（11）式写成：

$$\frac{\Delta G}{G}=-(4\beta-\gamma-3-\xi_2)U. \tag{12}$$

（11）式和（12）式是引力常数 G 依赖于空间物质分布的式子.

由表 1 中所列的参数值，在广义相对论情形中，很明显有：$\beta+\gamma-\beta_2-1=0$ 或者 $4\beta-\gamma-3-\xi_2=0$，故有 $\frac{\Delta G}{G}=0$.

由（7）式可知：

$$\frac{\Delta\Omega}{\Omega}=0. \tag{13}$$

所以在广义相对论情形中既不存在引力常数变化的 PPN 效应，也不对地球自转产生 PPN 效应. 在标量-张量理论（Brans-Dicke 理论）中根据表 1 给出的 γ，β，β_2 的数值有：

$$2(\beta+\gamma-\beta_2-1)=\frac{1}{2+\omega}=\frac{1}{8}(\text{取 }\omega=6).$$

将此代入（11）式后有：

$$\frac{\Delta G}{G}=-\frac{1}{8}U. \tag{14}$$

所以在 Brans-Dicke 理论中存在引力常数 G 的变化效应.

在考虑地球绕太阳运转时，可将引力位 U 写成[9][10]：

$$U=\frac{GM}{c^2}\left(\frac{1}{R_{\max}}-\frac{1}{R_{\min}}\right). \tag{15}$$

将（15）式和（14）式代入（7）式后可得：

$$\frac{\Delta\Omega}{\Omega}=\frac{1}{10}\cdot\frac{\Delta G}{G}=-0.0125\frac{GM}{c^2}\left(\frac{1}{R_{\max}}-\frac{1}{R_{\min}}\right). \tag{16}$$

式中 c 为光速，$R_{\max}$ 和 $R_{\min}$ 分别表示地球在椭圆轨道上与太阳的最大距离（远日点）和最小距离（近日点）. $R_{\max}=a(1+e)=1.5207\times10^8$ km，$R_{\min}=a(1-e)=1.4702\times10^8$ km，M：太阳的质量.

$$GM=1.3266\times10^{28}(\mathrm{c\cdot g\cdot s}),\ c^2=8.98\times10^{20}(\mathrm{c\cdot g\cdot s}).$$

将以上数据代入（16）式后得

$$\left(\frac{\Delta\Omega}{\Omega}\right)_{B-D}=-\left(\frac{\Delta l}{l}\right)_{B-D}=-(1.2142-1.2556)\times10^{-8}=4.14\times10^{-10}.$$

这相当地球在椭圆轨道上日长缩短的幅度 $\Delta l=-4.14\times10^{-10}\times l=-0.0357$ ms，即在远日点处比在近日点处缩短了 0.0357 ms. 这同文[1]中非参数化的理论结果相一致.

下面讨论在 PPN 参考系中经过参数化后速度对地球自转产生的效应.

文［8］将 G 的变化依赖于物体速度 ν 经参数化后写成：

$$\frac{\Delta G}{G}=\frac{1}{2}(\alpha_2+\alpha_3-\alpha_1)\nu^2-\frac{1}{2}\alpha_2(\boldsymbol{v}\cdot\boldsymbol{n})^2. \tag{17}$$

因为在非优越参考系中 $\alpha_1=0$，$\alpha_2=0$，$\alpha_3=0$，所以

$$\frac{\Delta\Omega}{\Omega}=\frac{1}{10}\cdot\frac{\Delta G}{G}=0. \tag{18}$$

即在非优越参考系中物体速度 ν 对地球自转不会产生效应. 如果将（1）式的 $\alpha_1=7\Delta_1+\Delta_2-4\gamma-4$，$\alpha_2=\Delta_2+\xi-1$，$\alpha_3=4\beta_1-2\gamma-2-\xi$ 代入（17）式，则（17）式右端第一项为：

$$\frac{\Delta G}{G}=\frac{1}{2}(4\beta_1+2\gamma+1-7\Delta_1)\nu^2. \tag{19}$$

这正是（10）式右端第三项. 如果将表 1 中广义相对论和标量-张量理论（Brans-Dicke 理论）中的 β_1，γ 和 Δ_1 的数值分别代入（10）式，则有：

$4\beta_1+2\gamma+1-7\Delta_1=0.$

则由（19）式可同样得到在上述两种引力理论中（18）式的结果：

$\frac{\Delta\Omega}{\Omega}=0.$

这说明在广义相对论和 Brans-Dicke 两种引力理论中在非优越参考系中经过参数化后速度对地球自转不产生效应，只有在优越参考系中 $\alpha_1<0.2$，$\alpha_2<3\times10^{-2}$，$\alpha_3<2\times10^{-5}$ 或者 $\alpha_i\neq0$（$i=1,2,3$）才对地球自转产生效应.

4. 理论效应值同观测结果相比较

（1）正如第 2 节所述，在优越参考系中引力常数变化对地球自转产生的效应主要在周年变化方面.

文［11］作者根据地球自转率的周年变化的观测给出周年变化的振幅是$\left(\frac{\Delta\Omega}{\Omega}\right)_{obs}\approx 4\times10^{-9}$.

这是非引力效应的观测值. 然而引起地球自转周年变化在非引力效应中主要是大气的季节性作用[12]，如果除去大气的季节性作用，还有大约15%不能解释. 但本文中优越参考系对地球自转产生的周年变化的振幅（9）式：$\left(\frac{\Delta\Omega}{\Omega}\right)_{PPN}\leqslant 6\times10^{-10}$，是引力效应的理论值. 此值接近上述非引力效应中尚未解释的15%. 故优越参考系对地球自转产生的周年变化有利于解释非引力效应尚未解释的部分.

（2）在非优越参考系（具有PPN形式）中引力常数随速度和空间变化方面，前者在广义相对论和Brans-Dicke引力理论中对地球自转均不产生效应，但后者在Brans-Dicke引力理论中对地球自转产生效应. 正如第3节给出的，地球在椭圆轨道上在近日点或远日点处产生不同效应，即在远日点处比近日点处日长缩短. 这点符合地球在远日点（7月）比近日点（1月）日长缩短的观测事实.

5. 讨论和结论

（1）优越参考系是PPN参考系中的一种特殊参考系，是PPN参量α_1，α_2，α_3不完全为零的参考系，是相对宇宙静止系（框架）的参考系. 此种参考系不仅对地球自转产生效应，而且对天体轨道也产生效应. 文［13］不仅研究了前者效应，也研究了地球卫星的轨道效应，所以这种效应也是较重要的.

（2）非优越参考系是PPN参考系中参数化的后牛顿参量α_1，α_2，α_3全部为零($\alpha_i=0$，$i=1$，2，3)的参考系. 在这种参考系中参数化后引力常数变化对地球自转产生的效应在某些引力理论中是不存在的，如在广义相对论引力理论中；在有些理论中是存在的，如在Brans-Dicke引力理论中.

（3）本文中所讨论的引力常数变化对地球自转产生的效应，其中引力常数变化是经过参数化的，而文［1］中的引力常数变化是非参数化的，这是两者主要的不同之处

参考文献

［1］李林森. 引力常数变化对地球自转长期变化的影响［J］. 上海天文台年刊，2002，23：46.

［2］W H 芒克，G J F 麦克唐纳. 地球自转［M］. 李启斌，译. 北京：科学出版社，1976，144.

［3］Dicke R H. The secular acceleration of the Earth' s rotation and cosmology In the Earth-Moon system［M］. B G Marsden，et al. Plemum press，New York，1966.

［4］Will C M. Relativistic gravity in the solar system II Anisotropy in the Newtonian gravitational constant［J］. ApJ，1971，169：141.

［5］ Nordtvedt K，Will C M. Conservation laws and preferred frames in relativistic gravity II Experimental evidence to rule out preferred frame theories of gravity ［J］. ApJ，1972，177：775.

［6］ Will C M. Theory and experiment in gravitational physics ［M］. Cambrige University press，London，New York，New Rochelle，1981.

［7］ Will C M. The confrontation between general relativity and experiment ［J］. Science Abstracts (Series A：Physics Abstract)，1994 (18)：10953.

［8］ Misner C W，et al. Gravitation ［M］. Printed in USA by W H Freeman and Company，1972，1122-1125.

［9］ De Sabbata V，Rizzti P. A relation between the periodicity of Earthquakes and the variation of gravitational constant ［J］. Lettere al Nuovo Cimento，1977，20 (4)：117.

［10］ De Sabbata V，Rizzti P. Is there a relation between the speed-ups of some binary pulsars and the variation of gravitational constant ［J］. Lettere al Nuovo Cimento，1978，22 (9)：363.

［11］ Smith H M，Tuckr R H. The annual fluctuation in the rate of rotation of the Earth ［J］. MNRAS，1953，113：251.

［12］ Rochester M G，Smylie D E. On change in the trace of the Earth's inertia tensor ［J］. Journal of Geophysical Research，1974，79：4948.

［13］ Nordtvedt K. Gravitational preferred frames and Earth satellite orbit ［J］. Class Quantum Gravity，1999，16 (4)：PL19-21.

地球自转减速研究的现状及地球大气黏滞性对地球自转减速的影响*

摘要： 首先，介绍了地球自转减速的研究现状，其次，利用黏性流体力学研究了地球大气黏滞性对地球自转减速的影响．根据被黏滞性大气包围的地球的自转能和角动量变化的2种理论推出了地球自转角速随时间减速的规律的同一式．利用所推出的理论式计算了在百年后地球自转角速的减少值．理论和计算结果表明：地球大气黏滞性对地球自转确实有减速的作用，但这种影响作用也确实很小，只能在长久岁月中（数千年以上）才能观测到．

关键词： 地球自转；减速；研究现状；大气黏滞性；地球自转角速；减速效应

地球自转减速现象的原因很多，其中有些属于地球物理原因，有些属于气象原因，也有些属于天文问题的原因，如地幔和地核之间的电磁耦合，地磁能的耗损均属地球物理原因；大气或气团的运动均属天气原因；日月的潮汐摩擦，行星际力矩包括太阳辐射压力的作用均属天文方面的原因．近年来对于这方面的研究已有不少成果．有关这方面的成果已由 W. H. Munk 等人所著的《地球自转》一书中全面概述了[1]．但是在该书中虽然讨论了大气运动对地球自转角速的影响，但没有讨论大气黏滞性对地球自转角速的影响．

本文认为，地球大气黏滞性对地球自转产生减速的机理主要是大气的黏滞性和地球自转之间产生摩擦力而耗损一部分能量，所耗损这部分能量由地球自转的减速来补偿．或从另一观点来看，由于大气的黏滞性在自转的地球上产生一种减速力偶，从而使地球自转角速减速．本文利用 H. Lamb 著的流体力学中自转的固体球在包围的黏滞流体中的自转理论[2]研究地球大气的黏滞性对地球自转角速产生的减速影响．首先介绍一下目前地球自转减速的研究现状．

1. 地球自转减速的研究现状

地球自转变化除分为长期、周期和不规则或突然变化外又分为加速和减速2种变化．使地球自转加速因素较少，除地壳均衡效应[1]、大气潮和地球质量减小[3]可使地球自转加速外主要使地球自转减速因素较多．故地球自转变化总的趋势是自转减速或减

* 原文载于《云南大学学报（自然科学版）》，2008，30：299-301．

慢. 使地球自转减速有外部因素和内部因素 2 种. 外部因素最主要是日月潮汐摩擦引起的减速效应[4]：$\omega=-64.9$ s/世纪^2，日长变率：$\mathrm{d}l=1.78$（ms・d^{-1}）/世纪；海平面上升[3]：$\omega=-384''$/世纪^2，$\mathrm{d}l=0.0007$（s・d^{-1}）/世纪；大气和海洋活动[5]：$\Delta\omega=-2.06\times10^{-16}$/s；太阳辐射压力（光压）[6]：$\omega=-5\times10^{-25}$ rad/s^2；流星坠落地面[1]：$\omega=-3\times10^{-28}$ rad/s^2. 其次，来自地球内部因素，如地核的磁耗损[1]：$\omega=-10^{-26}$ rad/s^2；地核和地幔之间角动量交换（核-幔电磁耦合）[7]：$\omega=-9\times10^{-13}$ rad/s^2 或 $\mathrm{d}l=0.3\sim0.6$ ms（10 a 以内）[8]；地震[9]：$\mathrm{d}l=10^{-5}$ s（8.5 级地震）引起 1 ms 所需时间约 2 000 a. 除此之外，物理因素主要有引力常数变化使自转减速[10]：$\frac{\dot{\omega}}{\omega}=(0.86\sim0.034)\times10^{-11}$ 或 $\mathrm{d}l=8\times(10^{-4}\sim10^{-6})$ ms[11].

上述地球自转减速变化是属于长期（secular）变化，尚没有论及周期减速和突然减速变化. 周期变化是按振幅有增有减变化的，在此没有必要论述. 突然变化属于不规则变化，即地球自转突然加速或减速，产生突然加速或减速的机理目前尚不清楚. 地核-地幔之间的电磁耦合每 10 a 有 1 次起伏改变，也许此种原因是太阳活动和耀斑爆发频繁引起地球自转突然变化使自转减速，日长变长[12]. 目前，主要研究地球自转减速的原因中，尚无人论述地球大气黏滞性对地球自转产生的减速影响. 故本文对此课题做了探讨.

2. 地球大气的黏滞性对地球自转角速减速影响理论

首先从能量守恒理论研究此问题.

根据黏滞流体力学理论，包围半径 a 的固体球的黏滞性流体对自转的固体球的自转角速度会产生减速的影响作用. 这是由于固体球的自转和黏滞性流体之间存在着摩擦力而耗损能量，故引起地球的自转减速. 从黏滞流体力学出发可以推出由于这种原因所产生的能量耗损率，H. Lamb 给出[2]

$$\frac{\mathrm{d}\varepsilon}{\mathrm{d}t}=8\pi\mu\frac{a^3b^3}{b^3-a^3}\omega^2, \tag{1}$$

式中 ε 为由于流体的黏滞性和自转的球体之间产生的摩擦而耗损的能量，μ 为流体的黏滞系数，a 为球体的半径，b 为由球心到包围球体的流体的边缘的距离，ω 为球的自转角速度.

现在我们可以将（1）式应用于地球自转角速度变化的情形.

设地球半径为 R，由地心到地球表面以上大气边缘的距离为 r，大气高度为 h，则（1）式的 $a=R$，$b=r$，而 $r=R+h$.

按能量守恒原则，地球大气黏滞性和地球自转之间摩擦所耗损的能量 ε 是由地球自转能 E_{rot} 的减少来补偿的，而地球自转能 E_{rot} 和 ε 的关系应该是

$$\varepsilon=-E_{\mathrm{rot}}=-\frac{1}{2}I\omega^2, \tag{2}$$

式中 I 为地球的转动惯量.

将（2）式代入（1）式，并令 $a=R$，$b=r$，则有

$$\frac{\mathrm{d}\varepsilon}{\mathrm{d}t}=-\frac{\mathrm{d}E_{\mathrm{rot}}}{\mathrm{d}t}=-I\omega\frac{\mathrm{d}\omega}{\mathrm{d}t}=8\pi\mu\frac{R^3r^3}{r^3-R^3}\omega^2. \tag{1$'$}$$

由上式可得大气黏滞性对地球自转减速的公式

$$\frac{\mathrm{d}\omega}{\mathrm{d}t}=-\frac{8\pi\mu}{I}\cdot\frac{R^3r^3}{r^3-R^3}\omega, \tag{3}$$

这就是从能量守恒理论推出的结果.

其次从角动量守恒理论研究此问题.

自转的地球除有自转能外还有自转角动量，设地球自转角动量为 H. 从角动量守恒出发，根据 Lamb 的黏性流体力学理论知包围在地球外部的黏性流体作用在自转的地球表面上会产生一种减速力矩 L. 如果将（1）$'$式等于 $F\times v$（v：地球自转线速度），则有

$$\frac{\mathrm{d}\varepsilon}{\mathrm{d}t}=8\pi\mu\frac{R^3r^3}{r^3-R^3}\omega^2=F\times v=F\times R\omega=L\omega.$$

由此可得大气黏滞性作用在自转的地球表面所产生的力矩为

$$L=8\pi\mu\frac{R^3r^3}{r^3-R^3}\omega. \tag{4}$$

地球自转角动量 H 随时间变化和作用在地球表面上的力矩 L 的关系是

$$L=-\frac{\mathrm{d}H}{\mathrm{d}t}, \tag{5}$$

而 $H=I\omega$.

将 $H=I\omega$ 代入（5）式后再同（4）式联合，可得

$$-\frac{\mathrm{d}I\omega}{\mathrm{d}t}=8\pi\mu\frac{R^3r^3}{r^3-R^3}\omega, \tag{3$'$}$$

故

$$\frac{\mathrm{d}\omega}{\mathrm{d}t}=-\frac{8\pi\mu}{I}\cdot\frac{R^3r^3}{r^3-R^3}\omega.$$

此式同前面（3）式完全相同，故用 2 种理论推出的结果是一致的.

由（3）式或（3）$'$式可得地球自转角速的相对改变率

$$\frac{\dot{\omega}}{\omega}=-\frac{8\pi\mu}{I}\cdot\frac{R^3r^3}{r^3-R^3}=-K, \tag{6}$$

式中

$$K=\frac{8\pi\mu}{I}\cdot\frac{R^3r^3}{r^3-R^3}=\mathrm{const}. \tag{7}$$

将（6）式积分，可得地球自转角速随时间的减速公式

$$\int_{\omega_0}^{\omega}\frac{\mathrm{d}\omega}{\omega}=-K\int_0^t\mathrm{d}t,$$

所以

$$\ln\left(\frac{\omega}{\omega_0}\right)=-Kt,$$

$$\omega(t)=\omega_0 e^{-Kt}=\omega_0 \exp(-Kt). \tag{8}$$

式中 K 由（7）式给出，ω_0 是现在（$t=0$）的角速度.

3. 理论对地球自转减速情况的数值估计

现在我们利用（6）～（8）式探究一下地球大气黏滞性对地球自转角速减速的长期效应.

文中对于地球的各种数据取自文献［13］的数据：

$R=6\,371\times10^5$ cm，$I=8.04\times10^{44}$ g·cm^2，$\omega_0=7.292\,115\times10^{-5}$ rad/s，$\mu=1.72\times10^{-4}$ poise（泊）.

取大气高度从地球表面到平流层的边缘. 平流层以上电离层高空大气因太稀薄对地球自转影响甚微，故大气高度 h 只取到平流层边缘处. 按文献［13］，$h=80$ km$=8\times10^6$ cm，所以 $r=R+h=6.451\times10^8$ cm. 将以上数据代入（7）式，得

$$K=3.783\,9\times10^{-20}. \tag{9}$$

将 K 值代入（6）式，得地球自转角速相对改变率：

$$\frac{\dot{\omega}}{\omega}=-3.783\,9\times10^{-20}. \tag{10}$$

现在用（8）式计算在千万年和百年后地球因大气的黏滞性使那时角速的减速值.

先取时间 $t=10^7$ a，再将 ω_0 值和 K 值代入（8）式后经过指数运算后

$$\omega(t)=7.292\,028\times10^{-5}\ \text{rad/s}. \tag{11}$$

故改变量

$$\Delta\omega=\omega(t)-\omega_0=-8.7\times10^{-10}\ \text{rad/s}=-2.7\times10^{-2}\ \text{rad/a}. \tag{12}$$

所以百年（$t=10^2$ a）后的改变量：

$$\Delta\omega=-8.7\times10^{-15}\ \text{rad/s}=-2.7\times10^{-7}\ \text{rad/a}. \tag{13}$$

4. 小　结

（1）地球自转减速研究的课题值得关注.

（2）从理论上来看，地球大气的黏滞性确实对地球自转产生减速的机理，这可从文中导出的（8）式看出，即角速减速随时间以指数而减少. 从（8）式不难看出，当 $t=0$ 时，角速度变成初始值，故（8）式完全正确.

（3）从计算的数值来看，此种减速效应其值实在太小，但比前述所列举的各种因素使地球自转减速的某些值还稍大些. 像如此小的效应值在短期内察觉不到，只有在以后的长远岁月中（数千年以后）才能观测到实际减速值.

参考文献

［1］Munk W H，Macdonal G J F. The rotation of the earth［M］. 李启斌，等译. 北京：科学出版社，1976.

[2] Lam B H. Hy drody namics [M]. Cambrige press，1932（Chapter X1）：588-589.

[3] 张国栋. 地球质量可能在减小 [J]. 陕西天文台台刊，1982（2）：6-11.

[4] 吴守贤，刘次沅. 古代交食观测记录对地球自转速度长期变化的研究进展 [J]. 天文学进展，1987，5（2）：147-157.

[5] 郑大伟. 地球自转与大气，海洋活动 [J]. 天文学进展，1988，6（4）：316-327.

[6] 李林森. 光压及其在自然界中的各种作用和应用 [J]. 广西物理，1993，14（2）：21-25.

[7] Roden R B. Electromagnetic core-mantle coupling [J]. M N R A S Geophys Supl，1963，7（3）：54-63.

[8] Ro Chester M G. Geomagnetic westward draft and irregularities in the Earth's rotation [J]. Phil Trans Roy Soc London，1960，20：531-564.

[9] 张焕杰. 地震对地球自转的影响 [J]. 北京天文台台刊，1975（5）：28-39.

[10] 谢丽林，赵铭. 地球自转速率在千年尺度下长期变化的研究 [J]. 天文学进展，1988，6（3）：222-231.

[11] 李林森. 引力常数变化对地球自转长期变化的影响 [J]. 上海天文台年刊，2002，23：46-51.

[12] 叶叔华，黄珹. 天文地球动力学 [M]. 山东科学技术出版社，2000.

[13] Allen C W. Astrophysical quantities [M]. London：The Athlone Press，1973.

引力常数变化对地球自转长期变化的影响*

摘要： 探讨和估计了各种引力常数变化理论对地球角速度和日长变化的影响. 各种引力常数变化理论包括了引力常数 G 随时间、空间以及速度变化等几个方面的影响. 另外也估计了对地球自转角速度和日长变化产生的效应. 其中有些研究对探讨地球自转变化也有启发意义.

关键词： 引力常数变化；地球自转变化；长期效应

1. 引　言

地球自转问题包括自转的起源和演化以及自转的周期变化、长期变化和不规则变化（突然变化）等. 虽然目前对这些问题有不少研究，但因其复杂性，这些问题尚未圆满解决，有待进一步探讨. 就以长期变化而论，观测数据与理论结果尚有较大差别，如理论上得出的日长变化或角速度变化的数值均大于观测数值. 正因为如此，很多学者从各种理论中探讨这些差异以寻求理论上的数据更接近实测值. 在各种理论中，有的从外力作用在地球上的力矩着手，如日月引力引起海平面隆起，这种隆起造成地球上的力矩变化后使地球自转角动量产生变化而导致角速度变化. 另一种理论认为是地球内外物理因素使转动惯量改变引起地球自转角速度变化，如日月引力作用在地壳上产生固体潮后改变地球转动惯量，从而引起地球自转角速度改变. 引起地球转动惯量改变的因素还有海平面变化以及地球内部的物质分布改变，再有就是引力常数变化也可导致地球转动惯量的改变，从而引起地球自转角速度的改变. 本文就是从后面一个课题来探讨引力常数变化对地球自转产生怎样的影响. 在这方面做些分析研究工作. 从对所产生效应的估计来看，即使引力常数变化对地球自转变化的影响甚微，但从数量级考虑，也可能对地球动力学的研究有所启发.

2. 引力常数变化和地球自转变化的关系

根据牛顿的万有引力定律，引力常数 G 是不变的，但早在 20 世纪 30 年代，物理学家狄拉克就已提出 G 是可变的. 后来有许多学者从理论上和实验中预测 G 的变化值，但其数值甚小. 尽管各个学者从理论上和实验中所测得的变化数值很小，且各不尽相同，但也说明 G 在极缓慢地变化着. 特别是近年来通过卫星和火箭加速的观测得出了地心引力常数 G 也在随时间变化，这也可能证实其中 G 有变化，G 不为常数的事实.

* 原文载于《中国科学院上海天文台年刊》，2002，23：46-51.

既然引力常数有变化，那么它的变化对地球自转又有怎样的影响呢？这也是值得探讨的问题. 关于这方面的研究，过去有不少专题文献和专著都有论述，特别是 Munk 的专著[1]和 Hess 的专题论文[2]，都对此做过较详细的论述，并论证了引力常数变化对地球的日长变化有影响.

引力常数变化对地球自转的影响，首先是对地球转动惯量 I 的影响，因为 G 的变化将影响 I 的改变[3][4]：

$$\frac{\Delta I}{I}=-\frac{\varepsilon\Delta G}{G},\tag{1}$$

而 I 的改变又影响地球自转角速度 ω 的改变：

$$\frac{\Delta\omega}{\omega}=-\frac{\Delta I}{I}\text{ 或 }\frac{\dot{\omega}}{\omega}=-\frac{\dot{I}}{I}.\tag{2}$$

由此可以推算出 G 的改变影响 ω 的变化或日长 $\mathrm{d}l$ 的变化：

$$\frac{\Delta\omega}{\omega}=-\frac{\mathrm{d}l}{l}=\frac{\varepsilon\Delta G}{G}.\tag{3}$$

式中 ε 为常量，一般取值在 0.10～0.172 4 之间. 许多学者从理论上推测的 ε 值也稍有不同，现将不同学者给定的值列入表 1.

表 1　各学者对 ε 所给定的值

作者	ε	文献
Nordtvedt	0.10	[4]
Munk 等	0.12	[1]
Hess	0.12	[2]
Lyttleton 等	0.12　0.1724	[3] [5]
Blake	0.15	[6]

本文取文献［4］给定的数据：$\varepsilon=0.10$，因文献［4］在附录有所证明.

3. 各种引力常数变化对地球自转变化产生的影响

3.1　引力常数随时间变化对地球自转产生的效应

根据狄拉克的大数假说，可以知道引力常数 G 随时间而变化. 不同学者用不同手段所测定的 $\frac{\dot{G}}{G}$ 值也有所不同. 现将各学者对 $\frac{\dot{G}}{G}$ 的测定值列入表 2.

从表 2 中看出，由观测所确定的 $\frac{\dot{G}}{G}$ 变化的范围是（-10^{-10}/a～-10^{-12}/a).

由 $\frac{\dot{\omega}}{\omega}=-\frac{\dot{l}}{l}=0.10\,\frac{\dot{G}}{G}$ 推测 G 随时间变化对地球自转产生的效应为（-10^{-11}/a～-10^{-13}/a). 故 G 随时间减小将导致地球自转减速，日长变长，$\dot{l}$ 为（8×10^{-4}～8×10^{-6}）ms,

这与文［16］所计算的结果相一致．这样小的数值很难观测到．

表 2 各学者对 $\dot{G}/G$ 的测定值

作者	手段	$\dot{G}/G$	文献
Blake	用哈勃常数 Ho	-15.3×10^{-11}/a	[6]
Brans-Dicke	宇宙膨胀	$(-10^{-10}\sim-10^{-11})$ /a	[7]
Dicke. Peebles	地球物理	$\leqslant-10^{-10}$/a	[8]
Shapiro 等人	行星轨道	$\leqslant-4\times10^{-10}$/a	[9]
Flandern	月球轨道	$-(6.9\pm2.4)\times10^{-11}$/a	[10]
Danneholde	激光测量	-4×10^{-12}/a	[11]
Canutt 等人	水星金星雷达和火星轨道飞行器	$<-0.2\times10^{-11}$/a	[12]
Yabushita	日、月长期加速	$-(1.4\sim3.3)\times10^{-11}$/a	[13]
Yong shi wu 等人	超弦理论	$-1\times(10^{-10}\sim10^{-12})$ /a	[14]

另外，J. D. Barrow 给出 G 随时间变化的规律为 $G\propto t^{-n}$[15]．

3.2 引力常数依赖空间变化对地球自转产生的效应

如果引力常数由宇宙的物质分布决定，那么 G 就应该依赖物质的空间变化．所谓依赖空间变化实际上就是依赖引力位的变化．

Finzi 首先给出 G 依赖引力位 U 在整个空间的变化形式[17]

$$G=G_0\left[1+a\left(\frac{U}{c^2}\right)\right], \tag{4}$$

式中 a 是数量级为 1 的常数，在文［17］中取 1，故在本文中也取 1，c 为光速．

由（4）式可得

$$\frac{\Delta G}{G}=\frac{\Delta U}{c^2}\left(1+\frac{U}{c^2}\right)^{-1}=-\frac{\Delta U}{c^2}, \tag{5}$$

式中右端展开式略去了 $\frac{1}{c^4}$ 项，而

$$\Delta U=\frac{GM_\odot}{R_{\max}}-\frac{GM_\odot}{R_{\min}},$$

$R_{\max}$ 和 $R_{\min}$ 分别表示地球在轨道上远日点和近日点处离太阳的距离，取太阳质量 $M_\odot=1.989\times10^{33}$ g，$R_{\max}=1.521\times10^{13}$ cm，$R_{\min}=1.471\times10^{13}$ cm，代入上式后得到 $\Delta U=-2.97\times10^{11}$（c·g·s），取 $c=3\times10^{10}$ cm/s，则由（5）式得

$$\frac{\Delta G}{G}=3.29\times10^{-10},$$

将此值代入（3）式，并取 $\omega=7.29\times10^{-5}$ rad/s，$l=864\times10^5$ ms，则得

$$\frac{\Delta\omega}{\omega}=-\frac{\Delta l}{l}=0.10\frac{\Delta G}{G}=3.29\times10^{-11}. \tag{6}$$

这相当于地球在椭圆轨道上自转加速的幅度 $\Delta\omega=2.39\times10^{-15}$ rad/s，日长缩短的幅度 $\Delta l=-0.0028$ ms，即在远日点处比在近日点处日长缩短了 0.002 8 ms，这符合地球自转在七月（远日点处）比在一月（近日点处）日长缩短的观测事实[18].

对于引力常数随空间变化的试验在文［19］中已做了精确测量.

3.3　引力常数（各向异性）随速度 v 的变化对地球自转产生的效应

Dicke 根据马赫原理推知，引力常数的变化决定于相当遥远物质的速度，按此见解，G 的变化式如下[1]

$$G=G_0\left[1+2\left(\frac{v}{c}\right)^2\right], \tag{7}$$

式中 G_0 为某一特定坐标系内的引力常数，c 为光速，v 为相对于所选择的坐标系的速度.

Vinti 曾将 G 的各向异性用来研究对天体轨道的效应，其表达式写成矢量形式如下[20]

$$G=G_0\left[1+\varepsilon\left(\frac{\boldsymbol{v}\cdot\boldsymbol{r}}{r}\right)^2\Big/c^2\right], \tag{8}$$

式中常量 ε 取值在 1～2，Vinti 在文献［20］中取 1. 在本文中如取 $\varepsilon=2$，将矢量化成标量形式后即得（7）式. 由（7）式可推得

$$\frac{\Delta G}{G}=\frac{4v}{c^2}\cdot\left[1+2\left(\frac{v}{c}\right)^2\right]^{-1}\Delta v=\frac{4v}{c^2}\Delta v, \tag{9}$$

式中右端展开式略去了 $\left(\frac{v}{c}\right)^3$ 项.

Hess 利用上式研究了 G 的变化对日长变化的影响. 他假定银河系在这个坐标系中是相对静止的，并将 v 写成[1]

$$v=v_0+v_1\cos(l_\odot+29°), \tag{10}$$

式中 $l_\odot$ 为太阳的平黄经（取 346°），$v_0=100\times10^5$ cm/s（太阳速度的银河分量），地球的平均轨道速度 $v_1=30\times10^5$ cm/s，则 $v=101\times10^5$ cm/s. 令

$$\Delta v=v-v_0=v_1\cos(l_\odot+29°). \tag{11}$$

将（10）式和（11）式代入（9）式，并应用 v，v_1 和 $l_\odot$ 的数值，可得

$$\frac{\Delta G}{G}=\frac{4v\cdot v_1}{c^2}\cos(346°+29°)=1.30\times10^{-7}.$$

将此数值代入（3）式得

$$\frac{\Delta\omega}{\omega}=-\frac{\Delta l}{l}=0.10\frac{\Delta G}{G}=1.30\times10^{-8}. \tag{12}$$

将 $\omega=7.29\times10^{-5}$ rad/s，$l=864\times10^5$ ms 代入上式后得：

$$\Delta\omega=9.5\times10^{-13}\ \text{rad/s},\ \Delta l=-1.1\ \text{ms}.$$

故日长缩短 1.1 ms. 这比前一节引力常数随空间变化对日长的影响大三个量级. 这是因

为两种情况有所不同.

3.4 引力常数随温度和距离的变化对地球自转产生的影响问题

有些学者根据物质随温度吸引和排斥理论，推出引力常数 G 随温度 T 变化的公式[21]

$$G(T)=G_0(1-\lambda T), \tag{13}$$

式中常数

$$\lambda=3\times10^{-6}/(^\circ),\ G_0=6.67\times10^{-8}(\mathrm{c\cdot g\cdot s}).$$

（13）式表示当两物体的温度升高时，斥力增加，引力减小；当温度下降时，吸引加强. 文［21］曾用（13）式解释月球长期加速的原因，但没有考虑对地球自转产生的影响.

由（13）式可以导出

$$\frac{\Delta G}{G}=-\frac{G_0\lambda\Delta T}{G_0(1-\lambda T)}=-\lambda\Delta T(1+\lambda T+\lambda^2T^2+\cdots),$$

因 λ 的值很小，略去 λ^2 项后可得

$$\frac{\Delta G}{G}=-\lambda\Delta T. \tag{14}$$

结合（3）式有

$$\frac{\Delta\omega}{\omega}=-\frac{\Delta l}{l}=\frac{\varepsilon\Delta G}{G}=-\varepsilon\lambda\Delta T. \tag{15}$$

由上式可以看出，当温度上升时，$\Delta T>0$，角速减慢，日长加长；当 $\Delta T<0$ 时（温度下降时），角速加快，日长缩短. 由此可以推测每当月全食时，月球表面温度下降近 200 ℃时应该会引起地球自转加快、日长缩短现象. 人们曾发现在日、月食时有引力效应现象，这是否由此引起也很难说. 此外，由（15）式所计算出的地球自转角速度加快或日长缩短的量值较大，这个理论是否适宜解释对地球自转产生的效应也需进一步探讨.

关于引力常数随距离变化的问题，这是否也可解释对地球自转产生的影响，理论尚不成熟.

近年来，有些学者认为引力与距离平方成反比的定律并不严格成立. 最早由 Fuzuy 提出，并给出 G 随距离变化的公式[22]：

$$G(r)=\frac{3}{4}G_0\left[1+\frac{1}{3}(1+\mu r)e^{-\mu r}\right].$$

可是在此理论中，引力作用范围仅在 10 m～1 km，理论才成立. 后来 Long 也提出 G（r）的变化形式[23]：

$$G(r)=G_0(1+0.002\ln r).$$

但此理论也只有当 $r<10^4$ km 时才成立. 显然这两种理论均难以适用于大尺度距离的天体问题. 后来 David 等人也提出适合大尺度距离的 G（r）公式[24]，但也只适用于范围在 10^3 km$<r<10^8$ km. 当 10^4 km$<r<3\times10^8$ km 时，G（r）$=G_0$，G 就不随 r 变化

了. 即使这样的距离范围也不适用于日地距离，故此理论难以解释对地球自转产生的影响，对此也就无须再做效应估计了.

4. 讨论和结论

（1）本文利用各学者给出的引力常数变化与地球转动惯量变化的关系式（1），虽然它是在地球内部结构处于流体静力平衡下得到的，但该关系式完全适用于转动惯量变化引起地球自转角速度或日长变化的关系式（2），这在文［1］～［4］和［15］已得到应用.

（2）引力常数随时间变化对地球自转产生的效应，按本文的估计仅在 $10^{-4}\sim10^{-6}$ ms 量级，实在太小，可略而不计.

（3）引力常数随空间变化对地球自转产生的效应，随地球在轨道上的位置不同而略有不同，在远日点处要比近日点处日长缩短 0.002 8 ms，这符合地球自转在七月份比一月份日长缩短的实测事实.

（4）引力常数随速度变化对地球自转的影响，可使日长缩短 1.1 ms. 这对减少长期变化的理论计算值大于实测值是件有意义的事.

（5）引力常数随温度和距离变化对地球自转的影响，目前只是在理论上探索，至于该理论对地球自转有无影响有待于实验或观测上的证实.

参考文献

［1］Munk W M, Macdonal G J F. The rotation of the earth, Cambridge University Press, 1960: 144.

［2］Hess G. The annual variation of the length of the day as evidence relating to a theory of gravity, senior Thesis, Dept of physics Princeton University, 1958.

［3］Lyttleton R A, Fiteh J P. ApJ, 1978, 221: 412.

［4］Nordtvedt K, Will G. ApJ, 1972, 177: 775.

［5］Lyttleton R A, Fiteh J P. MNRAS, 1977, 180: 471.

［6］Blake C M. MNRAS, 1978, 185: 399.

［7］Brans C, Dicke R H. Phys Rev, 1961, 124: 925.

［8］Dicke R H, Peebles P J E. Space Sciences Rev, 1965, 4: 419.

［9］Shapiro I I, et al. Phys Rev Lett, 1977, 26: 27.

［10］Van Flandern T. Proceeding of the tenth Texas symposium on Relativistic Astrophysics, Anals of the new Academy of sciences, 1981, 375.

［11］Dannehole, Terry. G R G, 1982, 14 (6): 565.

［12］延君. 自然杂志，1984，7：709.

［13］Yabushita S. Earth Moon &Planets, 1986, 34 (2): 139.

［14］Yong shi wu, Zi Wang. Phys Rev Lett, 1986, 27 (16): 1978.

[15] Barrow J D. MNRAS，1996，282（4）：1397.

[16] 谢丽林，赵铭. 天文学进展，1988，6（3）：222.

[17] Finzi A. Annals of physics，1984，26（3）：411.

[18] 陈应夫，王勤. 华中科技大学学报，1978，（4）：13.

[19] Chan H A，Paik H J. Proceedings of the Second International Conference，Washington D C，USA，1984：601.

[20] Vinti J P. Celestial Mechanics，1972，6（1）：198.

[21] 谢继深. 新物理探讨，第四集，1976：165.

[22] Fuzuy. Phys Rev D，1974，9（4）：874.

[23] Long D R. Phys Rev D，1974，9（4）：850.

[24] David R，et al. Phys Rev D，1977，16（4）：919.

用弹性力学研究地壳内的应变*

摘要： 用弹性力学研究了非均质的弹性地球模型在Helmelt密度分布下内部产生的应变，推出了在上述模型下地球内部自吸引作用产生的应变解析式，并用该式估算了地壳内产生的应变值.

关键词： 弹性力学；地壳；应变

由研究地震振动所获得的一些数据表明，地球是一个具有弹性的物体，即在短暂的应力作用下，地球介质可以看作是一个弹性体. 正因如此，科学工作者用弹性力学研究了地震波在地球内部的传播情况，从而获得了地球内部的各种信息. 近年来，国内有些学者用弹性力学研究了弹性地球受外界天体（月球）的潮汐作用而产生的地壳应变，并取得了不少研究成果[1][2]，国外有些学者也利用地壳应变理论来预报地震[3][4]. 同样，我们也可用弹性力学研究地球内部的应变情况.

众所周知，弹性球体在外力和内力作用下其内部将产生应变和应力. 同样，作为弹性体的地球，在外力（日、月引起的潮汐力）和内力（相互作用的自吸引力）作用下其内部也会产生应变和应力. 地球内部的物质由于相互自吸引而产生的应变，在文献［5］中已将地球视为各向同性均质弹性模型用弹性力学做了研究. 文献［6］也在研究弹性球体在万有引力作用下的解时，同样将地球内部密度视为均匀分布而得到了地球内部应变和应力的解及地心的数值. 文献［7］曾研究了地球在非均质密度分布下的应变理论，并使用四种均质密度分布定律对应变理论做了研究. 然而，所有这些理论结果并不完全适合于地球的实际情况. 本文用弹性力学和上述学者没有用过的Helmelt密度分布定律研究了此问题. 由于该密度分布定律与我们要测定密度的那层地圈的位置深度有关，因此，它适合于研究地壳内产生的应变情况. 在研究过程中，我们只考虑由于地球内部的物质相互吸引所产生的应变，而不考虑外力，如日、月引起的潮汐力对应变产生的影响.

* 原文载于《宁夏大学学报（自然科学版）》，2000，21（2），119-121.

1. 地球模型的密度分布和作用在地球径向上的力

根据非均质地球模型的 Helmelt 密度分布定律[8]，地球内部上层的地壳部分的密度

$$\rho=\rho_0\left[1-\alpha\left(\frac{r}{R}\right)^2+\beta\left(\frac{r}{R}\right)^4\right]$$

$$=\rho_0[1-k_1r^2+k_2r^4], \tag{1}$$

式中地心密度 $\rho_0=11.8\ \mathrm{g/cm^3}$，$\alpha=1.04$，$\beta=0.275$. 或者 $k_1R^2=1.04$，$k_2R^4=0.275$，R 为地球半径.

作用在地球径向上的力[9]

$$F_r=-G\frac{4\pi}{r^2}\int_0^r\rho r^2\mathrm{d}r, \tag{2}$$

式中 G 为引力常数.

将（1）式代入（2）式积分后可得

$$F_r=-G\left(\frac{4\pi}{3}\right)\rho_0r\left[1-\frac{3}{5}k_1r^2+\frac{3}{7}k_2r^4\right].$$

利用重力加速度 $g=\dfrac{GM}{R^2}$得

$$G\left(\frac{4}{3}\pi\right)=\frac{g}{R\bar{\rho}},$$

又地球的平均密度 $\bar{\rho}=5.518\ \mathrm{g/cm^3}$，所以

$$F_r=-\frac{gr}{0.4676\,R}\left[1-\frac{3}{5}k_1r^2+\frac{3}{7}k_2r^4\right]. \tag{3}$$

2. 地球内部的应变解析式

由弹性力学可以写出地球内部在径向方向体力作用下的平衡方程式为[6][7]

$$(\lambda+2\mu)\frac{\partial}{\partial r}\left(\frac{\partial U}{\partial r}+2\frac{U}{r}\right)+\rho F_r=0, \tag{4}$$

式中 U 为径向位移，λ 和 μ 为弹性常数，两者可由体积弹性模量 k 联系起来，即

$$\lambda=k-\frac{2}{3}\mu. \tag{5}$$

将（1）式和（3）式代入（4）式移项后并对 dr 积分得

$$\Theta=\frac{\partial U}{\partial r}+2\frac{U}{r}=\frac{11.8g}{0.4676(\lambda+2\mu)}\left[\frac{1}{2}r^2-\frac{2}{5}k_2r^4\right.$$

$$\left.+\frac{1}{6}\left(\frac{3}{5}k_1^2+\frac{10}{7}k_2\right)r^6-\frac{9}{10}k_1k_2r^8+\frac{3}{70}k_2^2r^{10}\right]+C_1, \tag{6}$$

式中 C_1 为积分常数.

将（6）式按一阶线性微分方程求解，并利用 $r=0$，$U=0$ 的中心边界条件得

$$U=A\left[\frac{1}{10}r^3-\frac{2}{35}k_1r^5+\frac{1}{54}\left(\frac{3}{5}k_1^2+\frac{10}{7}k_2\right)r^7-\frac{9}{770}k_1k_2r^9+\frac{3}{910}k_2^2r^{11}\right]+\frac{1}{3}C_1r, \tag{7}$$

式中

$$A=\frac{11.8g}{0.4676(\lambda+2\mu)R}. \tag{8}$$

再利用向径 $r=R$ 时的自由表面条件，应力

$$\sigma_r=\lambda\Theta+2\mu e_r=\lambda\left(\frac{\partial U}{\partial r}+2\frac{U}{r}\right)+2\mu\frac{\partial U}{\partial r}=0.$$

得

$$(\lambda+2\mu)\frac{\partial U}{\partial r}+2\lambda\frac{U}{r}=0. \tag{9}$$

将（7）式代入（9）式求得待定常数

$$C_1=-\frac{3A}{3\lambda+2\mu}\left[\frac{R^2}{10}(5\lambda+6\mu)-\frac{2}{35}R^4k_1(7\lambda+10\mu)+\frac{1}{54}R^6\left(\frac{3}{5}k_1^2+\frac{10}{7}k_2\right)(9\lambda+14\mu)-\frac{9}{770}R^8k_1k_2(11\lambda+8\mu)+\frac{3}{910}R^{10}k_2^2(13\lambda+22\mu)\right], \tag{10}$$

再由（10）式和（7）式消去 C_1 后则有

$$U=ArR^2\left[\frac{1}{10}\left(\frac{r^2}{R^2}-\frac{5\lambda+6\mu}{3\lambda+2\mu}\right)-\frac{2}{35}k_1R^2\left(\frac{r^4}{R^4}-\frac{7\lambda+10\mu}{3\lambda+2\mu}\right)+\frac{1}{54}\left(\frac{5}{3}k_1^2+\frac{10}{7}k_2\right)R^4\left(\frac{r^6}{R^6}-\frac{9\lambda+14\mu}{3\lambda+2\mu}\right)-\frac{9}{770}k_1k_2R^6\left(\frac{r^8}{R^8}-\frac{11\lambda+18\mu}{3\lambda+2\mu}\right)+\frac{3}{910}k_2^2R^8\left(\frac{r^{10}}{R^{10}}-\frac{13\lambda+22\mu}{3\lambda+2\mu}\right)\right]. \tag{11}$$

令 η 为 Poisson 比，即

$$\eta=\frac{\lambda}{2(\lambda+\mu)}. \tag{12}$$

将（12）式代入（11）式得径向位移

$$U=ArR^2\Big[\frac{1}{10}\Big(\frac{r^2}{R^2}-\frac{3-\eta}{1+\eta}\Big)-\frac{2}{35}k_1R^2\Big(\frac{r^4}{R^4}-\frac{5-3\eta}{1+\eta}\Big)$$
$$+\frac{1}{54}\Big(\frac{10}{7}k_2+\frac{3}{5}k_1^2\Big)R^4\Big(\frac{r^6}{R^6}-\frac{7-5\eta}{1+\eta}\Big)$$
$$-\frac{9}{770}k_1k_2R^6\Big(\frac{r^8}{R^8}-\frac{9-7\eta}{1+\eta}\Big)$$
$$+\frac{3}{910}k_2^2R^8\Big(\frac{r^{10}}{R^{10}}-\frac{11-9\eta}{1+\eta}\Big)\Big],\tag{13}$$

再将 $\eta=\frac{1}{3}$[7]，$k_1R^2=1.04$，$k_2R^4=0.275$ 代入（13）式得

$$U=ArR^2\Big[0.1000\Big(\frac{r}{R}\Big)^2-0.0594\Big(\frac{r}{R}\Big)^4+0.0193\Big(\frac{r}{R}\Big)^6$$
$$-0.0033\Big(\frac{r}{R}\Big)^8+0.0002\Big(\frac{r}{R}\Big)^{10}-0.0837\Big].\tag{14}$$

取 $g=980\ \mathrm{cm/s^2}$，$R=6\,371\times10^5\ \mathrm{cm}$，并将其代入（8）式得

$$AR^2=\frac{1.5756}{\lambda+2\mu}\times10^{13}.\tag{15}$$

由（14）式可得地球内部径向 r 处的径向应变和切向应变的解析式为

$$e_r=\frac{\partial U}{\partial r}=AR^2\Big[0.3000\Big(\frac{r}{R}\Big)^2-0.2970\Big(\frac{r}{R}\Big)^4$$
$$+0.1351\Big(\frac{r}{R}\Big)^6-0.0297\Big(\frac{r}{R}\Big)^8$$
$$+0.0022\Big(\frac{r}{R}\Big)^{10}-0.0837\Big],\tag{16}$$

$$e_\theta=e_\varphi=\frac{U}{r}=AR^2\Big[0.1000\Big(\frac{r}{R}\Big)^2-0.0594\Big(\frac{r}{R}\Big)^4$$
$$+0.0193\Big(\frac{r}{R}\Big)^6-0.0033\Big(\frac{r}{R}\Big)^8$$
$$+0.0002\Big(\frac{r}{R}\Big)^{10}-0.0837\Big].\tag{17}$$

3. 地壳内产生的径向应变值

本文所用的 μ，λ 和 k 的值，均采用文献［10］中的地壳在 0～33 km 处的数据. 表 1 列出了利用（16）式估算的由地表面向下深度（h）为 10 km 和 33 km 处的地壳的径向应变 e_r 的数值.

表 1　地壳内不同深度处的径向应变值

h/km	$\frac{r}{R}$	μ	k	λ	e_r
0	1.000	2.6×10^{11}	4.4×10^{11}	2.7×10^{11}	+0.536 5
10	0.998	3.0×10^{11}	5.1×10^{11}	3.1×10^{11}	+0.500 9
33	0.995	6.3×10^{11}	1.17×10^{12}	7.5×10^{11}	+0.226 5

4. 讨　论

(1) 已知地球由地壳、地幔和地核三部分构成，除地壳具有一定弹性外，地幔和地核不具有弹性体性质. 我们现在把地壳看成弹性体加以研究，也只是近似的，严格说，地壳应该是塑性体. 所以用弹性力学研究地壳内的应变情况，也只是近似描述，与地球的实际情况仍有一定差距. 按照地球的实际情况，地壳内的实际应变值应该比弹性模型计算值略小些，故本文给出的数值结构仍是近似值.

(2) 地球在内力（内部物质相互作用的自吸引力和自转作用的离心力）和外力（日、月引起的潮汐力）的作用下产生应变. 地球内部温度的变化也会影响应变，但这些对地壳部分的应变影响不大，本文对此不做考虑. 虽然外力对地壳部分的应变影响较大，但属于另一研究课题，因此，本文只考虑地壳内物质相互自吸引的作用产生的应变.

(3) 本文所用的地球内部密度分布定律（由 Helmelt 改正的 Roche 定律）也只适合于地壳内物质密度连续分布的情况，在地壳下的深层处就不一定随径向 r 按 (1) 式连续分布，因此，本文的理论结果仅适合于地壳部分.

参考文献

[1] 韩大仲. 地球和月球的弹性潮汐形变解 [J]. 地球物理学报，1984，27 (3)：229.

[2] 刘序俨，李平. 应变固体潮理论计算及调和分析 [J]. 地球物理学报，1986，29 (5)：460.

[3] Pevnev A K. Geodetic aspects of earthquake prediction: Strain measurement use in earthquake prediction [J]. Phys Solid Earth，1988，24 (12)：1011.

[4] Takemoto S. Some problems on detection of earthquake precursor by means of continuous monitoring of crustal strains and tilts [J]. J Geophys Rev，1991，96 (6)：10377.

［5］ Love A E H. Mathematical theory of elasticity ［M］. New York：Dover Edition，1944：65-210.

［6］ 钱伟长，叶开沅. 弹性力学 ［M］. 北京：科学出版社，1956：330-336.

［7］ Pan S K. A note on the small deformation in the interior of different earth models ［J］. Indian J of Theor Phys，1962，10（2-3）：42.

［8］ 彭契科夫斯基 B Φ. 地球的内部构造 ［M］. 王子昌，译. 北京：科学出版社，1957：31.

［9］ 马格尼茨基 B A. 大地物理学 ［M］. 周梦麟，译. 北京：地质出版社，1956：79.

［10］ Allen C W. Astrophysical quantities ［M］. London：The Athlone Press. 1873：118.

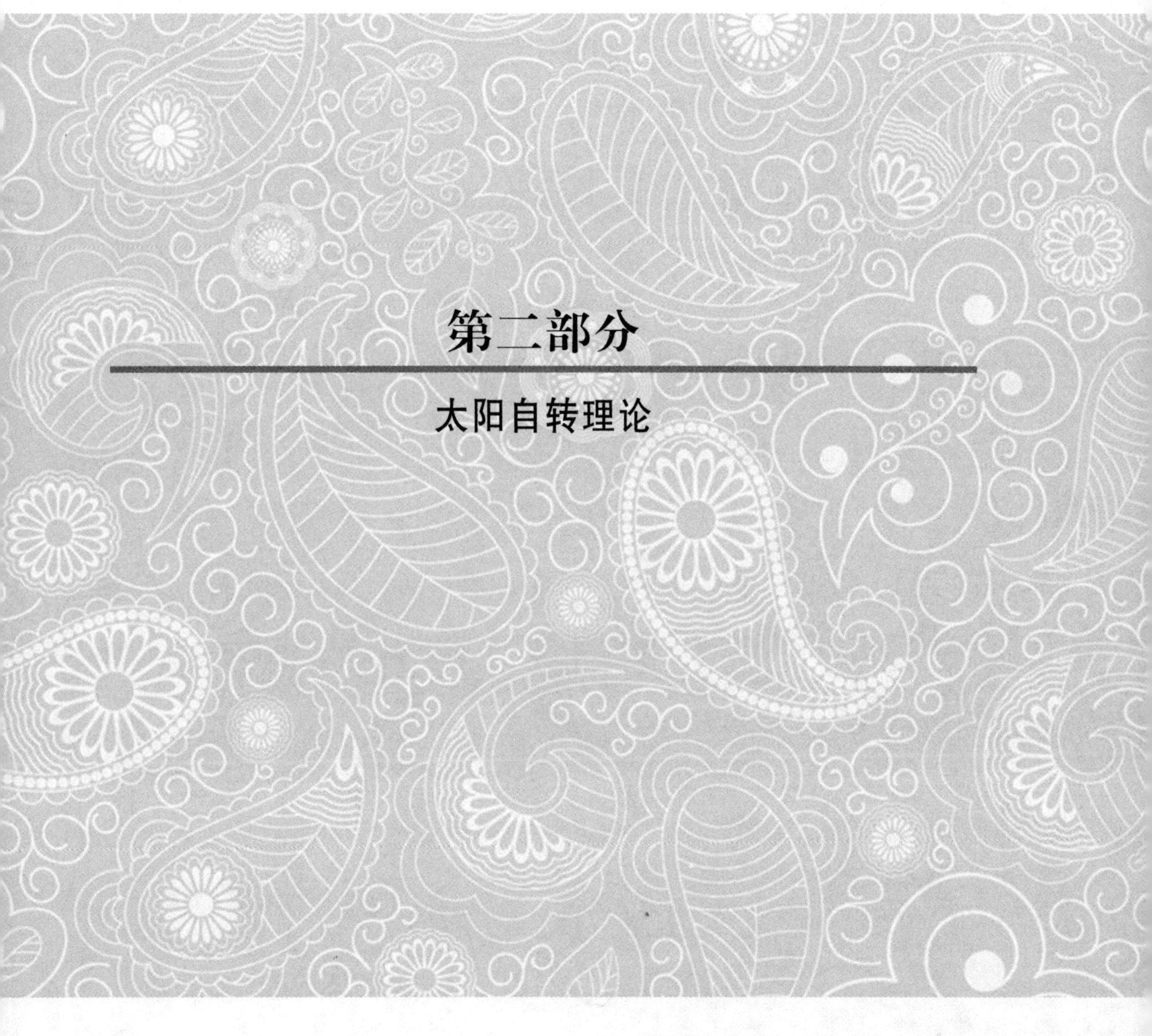

第二部分

太阳自转理论

太阳风对太阳自转减速的影响*

摘要： 本文研究了由于太阳风作用在太阳表面上的力矩以及太阳风造成的质量损失使太阳自转角速度减速的影响；推出了由于这些原因使自转角速度的相对改变率以及自转角速的长期改变的表达式；最后估计了自转角速减慢的相对改变率值和在一千万年内角速的长期减速值，并绘出了减速曲线. 计算表明，质量损失对于相对改变率的影响可以略去，但对于长期减速的影响不应该略去.

关键词： 太阳风转矩；太阳自转；减速影响

一、引　言

已知太阳风有两种作用会对太阳自转产生影响：一种是太阳风在太阳外面形成的螺旋磁场，其磁应力作用在太阳上产生的转矩（力矩），此转矩按角动量变化会改变太阳的自转角速度；另一种是由于太阳风造成的太阳质量损失，按角动量守恒也将影响太阳自转角速度的改变. 经本文理论和数值验证，虽然两种作用均会使太阳自旋减慢，但是前者要比后者减速的影响大 4 到 5 个数量级. 故在考虑角速相对改变率时，质量损失的影响可以略去；但对较长时期内的改变，质量损失的影响不应略去. 此外质量损失也会影响各行星轨道要素的改变，然而这种改变也是较小的. 本文只研究对太阳自转的影响.

二、太阳风形成的螺旋磁场在太阳上产生的力矩和太阳风造成的太阳质量损失率

E. N. Parker[1]首先研究了太阳风在太阳表面上产生的力矩，后来 L. Mestel[2]也研究了星风转矩对恒星的影响. 本文只引用 Parker 的研究结果. Parker 首先研究了太阳的螺旋磁场的性质，并根据$\nabla B=0$，得到磁场强度 B_r，B_φ 用坐标 r，θ 和太阳风速 v_m、太阳自转角速 ω 表示的式子以及向径 r 和 v_m，ω，φ 的关系式. 然后，Parker 用这些关系式推出了由于太阳风形成的螺旋场的应力在太阳表面上的作用力矩的表达式[1]：

$$L(r)=\frac{2}{15}b^4\ \frac{\omega}{v_m}B_0^2\left(1-\frac{b}{r}\right). \tag{1}$$

式中 b 为日冕所热到的距离，v_m 为在 $r=b$ 处太阳的风速，B_0 为在太阳极处偶极子场的场强.

* 原文载于《空间科学学报》，1990，10（4）：274-248.

太阳风除在太阳表面上产生一种力矩外还带走大量气体，造成太阳质量损失. 质量损失率可由下式估计[1]：

$$-\frac{\mathrm{d}M}{\mathrm{d}t}=4\pi R^2 N_0 M_{\mathrm{H}} v_0. \tag{2}$$

式中 R 为太阳半径，N_0 为太阳表面处氢离子个数，约为 3×10^7 个/cm^3，M_{H} 为氢离子的质量，v_0 为太阳表面处的风速，一般取 $v_0=160$ km/s.

Parker 曾给出（2）式的估计值[3]：

$$-\frac{\mathrm{d}M}{\mathrm{d}t}=1.5\times10^{12}\ \mathrm{g/s}. \tag{3}$$

这正好相当太阳风每秒带走质量为百万吨的气体，使得太阳在过去 50 亿年的历史中质量损失了万分之一.

已知除太阳风造成的太阳质量损失外还有核能或太阳发光造成的质量辐射（光子辐射），其质量损失率可按下式估计[4]：

$$\frac{\mathrm{d}M}{\mathrm{d}t}=-\frac{L}{c^2}=-\alpha M^3=-4.2\times10^{12}\ \mathrm{g/s}. \tag{4}$$

这同 Parker 给出的太阳风的质量损失率有相同的量级，但较其稍大些.

三、太阳风对太阳自转减速的影响

现在利用（1）式和（2）式推出由于太阳风在太阳表面上产生的转矩和因太阳风造成的质量损失率使太阳自转角速改变的影响关系式.

已知太阳角动量 H 和磁转矩 L 的关系是

$$L=-\frac{\mathrm{d}H}{\mathrm{d}t}, \tag{5}$$

而

$$H=I\omega=\frac{2}{5}qMR^2\omega. \tag{6}$$

对于太阳平均密度 $\rho=\mathrm{const}$ 的模型，$q=100$；对于 Schwarzschild[5] 太阳模型，$q=0.1284$.

将（1）式和（6）式代入（5）式，有

$$\frac{\mathrm{d}}{\mathrm{d}t}\left(\frac{2}{5}qMR^2\omega\right)=-\frac{2}{15}b^4\frac{\omega}{v_m}B_0^2\left(1-\frac{b}{r}\right).$$

现在将太阳质量 M 和自转角速度 ω 都视为时间的函数，则上式微分后可得由于太阳风使自转角速的相对改变率的表达式：

$$\frac{\dot{\omega}}{\omega}=-\left[\frac{\dot{M}}{M}+\frac{b^4B_0^2\left(1-\frac{b}{r}\right)}{3qMR^2v_m}\right]. \tag{7}$$

如果考虑太阳风可吹到无穷远处，$r\to\infty$，则 $\frac{b}{r}\to0$，故上式为

$$\frac{\dot{\omega}}{\omega}=-\left(\frac{\dot{M}}{M}+\frac{b^4B_0^2}{3qMR^2v_m}\right)=-(K_1+K_2). \tag{8}$$

式中 $\dot{M}=\frac{\mathrm{d}M}{\mathrm{d}t}$ 由（3）式给出．上式右端 K_1 代表因质量损失率造成的角速改变率值，K_2 代表因太阳风的螺旋磁场造成的角速改变率值．

如果 ω 取目前太阳角速度 $\omega_0=2.865\times10^{-6}$ rad/s，则可得太阳目前（$t=0$ 时）的角速改变率：

$$\frac{\mathrm{d}\omega}{\mathrm{d}t}=-\left(\frac{\dot{M}}{M}+\frac{b^4B_0^2}{3qMR^2v_m}\right)\omega_0\ \mathrm{rad/s^2}. \tag{9}$$

推算任意年后，角速度随时间的改变值需要解微分方程（8）．如果不考虑质量损失，即 $\dot{M}=0$，$M=\mathrm{const}$，则（8）式积分后的结果为

$$\omega=\omega_0\exp(-K_2t). \tag{10}$$

其中 $K_2=\frac{b^4B_0^2}{3qMR^2v_m}$ 已由（8）式给出．

但是如果考虑由于太阳风造成的质量损失，从长时期（百万年）考虑，（8）式中的 M 不能视为常量，应为时间的函数．如果 $\dot{M}$ 按目前的损失率推算，即（2）式可先用（3）式的常数值来代替：

$$-\dot{M}=-\frac{\mathrm{d}M}{\mathrm{d}t}=4\pi R^2N_0M_{\mathrm{H}}v_0=1.5\times10^{12}\ \mathrm{g/s}=K_3. \tag{11}$$

积分上式后得

$$M=M_0-K_3t. \tag{12}$$

M_0 为 M 在 $t=0$ 时的值（目前太阳质量 $M_0=1.98\times10^{33}$ g）．将（11）式和（12）式代入（8）式后进行积分：

$$\int_{\omega_0}^{\omega}\frac{\mathrm{d}\omega}{\omega}=-\left(-K_3+\frac{b^4B_0^2}{3qR^2v_m}\right)\int_0^t\frac{\mathrm{d}t}{M_0-K_3t},$$

即

$$\omega=\omega_0\left(1-\frac{K_3}{M_0}t\right)^n\ \mathrm{rad/s}. \tag{13}$$

式中

$$n=\frac{b^4B_0^2}{3K_3qR^2v_m}-1,$$

而 K_3 已由（11）式给出．

在（8）式中，如果尚需考虑由于质量辐射（光子辐射）造成的质量损失率，还需加上由（4）式给出的 $\dot{M}=-4.2\times10^{12}$ g/s $=-K_4$．但是（4）式的质量损失率如果不是以目前的损失率来估计，而用 $\dot{M}=-\alpha M^3$，则（8）式中的 $K_1=\frac{\dot{M}}{M}=-\alpha M^2$．解此方程得

$$M=M_0(1+\alpha M_0^2t)^{-\frac{1}{2}}, \tag{14}$$

及

$$K_1=\frac{\dot{M}}{M}=-\alpha M_0^2(1+\alpha M_0^2 t)^{-1}. \tag{15}$$

再将（14）式和（15）式代入（8）式后进行积分：

$$\int_{\omega_0}^{\omega}\frac{\mathrm{d}\omega}{\omega}=\int_0^t\frac{\alpha M_0^2}{(1+\alpha M_0^2 t)}\mathrm{d}t-\int_0^t\frac{b^4B_0^2(1+\alpha M_0^2 t)^{\frac{1}{2}}}{3qM_0R^2v_m}\mathrm{d}t.$$

得

$$\omega=\omega_0(1+2\alpha M_0^2 t)^{\frac{1}{2}}\exp\left[-\frac{2b^4B_0^2(1+2\alpha M_0^2 t)^{\frac{3}{2}}}{9qR^2M_0^3\alpha v_m}\right]. \tag{16}$$

式中 α 值由（4）式给出：

$$\alpha=\frac{4.2\times10^{12}}{M^3}=5.4\times10^{-88}/\mathrm{g}^2\,\mathrm{s}. \tag{17}$$

因本文只考虑太阳风对太阳自转角速的影响，故对光子辐射造成的质量损失可不做考虑，只考虑太阳风的质量损失就可以了.

四、数值估计

对于太阳模型，取文献［6］的数值：$M=1.98\times10^{33}$ g，$R=6.95\times10^{10}$ cm，$\omega_0=2.865\times10^{-6}$ rad/s，$q=0.128\,4$. 对于太阳风数据，在文献［1］的计算中取 $B_0=1$ G，按文献［6］，$B_0=1\sim2$ G，本文取 $B_0=2$ G. 按文献［1］取 $b=2\times10^{11}$ cm，当 $r\to\infty$ 时，$v_m=1\,000$ km/s. 取（3）式的质量损失率 $\dot{M}=-1.5\times10^{12}$ g/s. 将这些数值代入（8）式、（9）式和（13）式，得数值结果如下：

1. 角速的相对改变率值

（1）由于太阳风形成的螺旋磁场影响的相对改变率，（8）式：

$$\frac{\dot{\omega}}{\omega}=-K_2=-\frac{b^4B_0^2}{3qMR^2v_m}$$
$$=-1.7\times10^{-17}/\mathrm{s}.$$

（2）由于太阳风造成的质量损失影响的相对改变率，（8）式：

$$\frac{\dot{\omega}}{\omega}=-K_1=-\frac{\dot{M}}{M}=-7.5\times10^{-22}/\mathrm{s}.$$

（3）由于质量辐射造成的质量损失影响的相对改变率：

$$\frac{\dot{\omega}}{\omega}=-K'_1=-\frac{\dot{M}}{M}=2.11\times10^{-21}/\mathrm{s}.$$

由以上估计可以看出，太阳风形成的磁场对角速相对改变率的影响要比后两者质量损失的影响大 4 到 5 个数量级，所以后两者同前者相比较完全可以略去. 故太阳风对太阳的角速相对改变值可写成

$$\frac{\dot{\omega}}{\omega}=-1.7\times10^{-17}/\mathrm{s}=-5.4\times10^{-10}/\mathrm{a}.$$

2. 角速的目前改变值

同样略去质量损失的影响，按（9）式则

$$\dot{\omega}=\frac{d\omega}{dt}=-K_2\omega_0=-1.6\times10^{-26}\ \mathrm{rad/a}.$$

3. 角速的长期改变

虽然质量损失影响较小，但长时期的影响必须考虑进去. 由于本文主要研究太阳风对太阳自转角速产生的减速影响，故质量损失率的影响只需用（13）式来估计. 取（13）式中的时间 t 以百万年为时间间隔，计算对应时期的角速 ω 值，取（11）式的 K_3 值和前面给出的 b，B_0，R，v_m，q 和 $M_0=M$ 各值；结果见图 1.

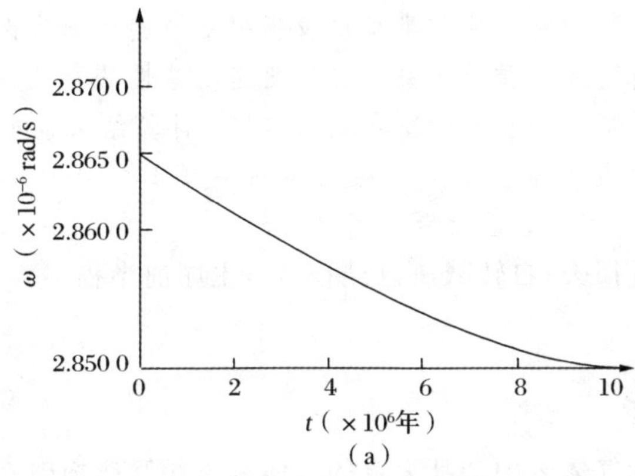

图 1　太阳风造成的太阳自转角速减速曲线

五、结　论

1. 由前面的数值估计可知，由于太阳风的转矩对太阳角速的相对改变率值要比由于太阳风造成的质量损失或质量辐射造成的损失对太阳角速的相对改变率值大 4 到 5 个数量级，故对角速相对改变率而言后两者（质量损失）的影响完全可以略去.

2. 如果考虑太阳风对太阳自转角速影响的长期效应（至少以百万年计），需要考虑质量损失率，无论由太阳风造成的质量损失或由质量辐射造成的质量损失均需要考虑. 本文对太阳风影响太阳自转角速长期效应的数值计算结果示于图 1.

参考文献

[1] Parker E N. Ap J，Vol128，p664，1958.

[2] Mestel L. Mon Not R Astron Soc，Vol138，p359；Vol140，p177，1968.

[3] Parker E N. Planet Space Sci，Vol12，p451，1964.

[4] 铃木敬信，太阳の热源. 恒星社版，p51，1952.

[5] Праийский，H H Bonpocbl Kocmozonuu，Tom. Ⅳ，p1，1955.

[6] Allen C W. Astrophysical Quantites，p160，1973.

太阳在主序前半程质量流失对自转角速度改变的影响*

摘要：本文研究了太阳在主序前半程质量损失对自转角速度改变的影响，给出了太阳因太阳风和光子辐射造成的质量损失对自转角速度减慢的影响理论式子. 理论结果表明太阳自转角速度随质量损失和时间变化逐渐减慢. 计算结果也表明太阳在主序前半程自转角速度减速很慢. 表 1 给出了太阳在主序前半程 1×10^{9}，2×10^{9}，3×10^{9} 和 4×10^{9} 年时自转角速减速的数值. 最后做了简要讨论.

关键词：太阳质量损失；自转减速；长期影响；主序前半程

1. 引　言

原始太阳是在星际气体云中杂乱无章的气体分子相互碰撞时在统计力学和概率作用下使气体分子规一化形成的在同一方向转动的原始星云中诞生的. 原始转动方向也是由上述因素决定的. 原始星云有了转动后，才从无形状的气体云中形成扁球形的原始太阳. 随后开始引力塌缩. 塌缩使转动加快. 最后太阳进入主序前的演化阶段. 此时内部产生引力能使半径开始收缩渐小，转动角速逐渐增大. 从主序前阶段进入主序阶段后核能代替引力能，太阳开始几乎停止收缩，而半径变化很小，在光子辐射和太阳风作用下太阳质量逐渐减少造成自转角速逐渐变慢. 大约在 100 亿年核能由氢全部转化成氦后半径膨胀进入红巨星阶段. 由于较大的星风使质量损失更大，再加上半径增大，这比在主序阶段更使自转减速. 关于太阳在主序前的演化细节在文献［1］做了研究和数值计算；在主序阶段的演化细节在文献［2］已经给出；在后主序阶段的演化细节在文献［3］做了研究和数值计算，但他们没有研究太阳自转在三个阶段角速改变的演化.

太阳是气体星，不是固体星，它的自转比固体星（行星）的自转更复杂些. 太阳自转分为整体自转和较差自转，前者是以赤道自转速度为度量的，后者在不同纬度处有不同的自转角速度. 较差自转分为表面较差自转和内部径向较差自转. 作者在文［4］做了概述. 本文主要研究太阳整体自转理论，即太阳质量因太阳风和光子辐射造成的质量损失对太阳整体自转速度减小. 对于太阳整体自转，本文作者在文［5］中曾研究了太阳风螺旋磁场对其自转产生角速减小的情形并给出理论结果和对自转角速减小的估计.

---

* 原文载于《天文与天体物理》，2015，3：19-24.

本文利用另一方法给出太阳在主序前半程 40 亿年间自转角速随时间改变的数值.

表 1　太阳在主序前半程各阶段因质量损失对自转角速度改变的数值结果

t （10^9 a）	M/M_0	$\delta M/M_0$	Ω/Ω_0	$\delta\Omega/\Omega_0$
0	1	0	1	0
1	0.999 90	−0.000 10	0.999 72	−0.000 28
2	0.999 83	−0.000 17	0.999 49	−0.000 51
3	0.999 72	−0.000 28	0.999 16	−0.000 84
4	0.999 63	−0.000 37	0.998 88	−0.001 12

$\Omega_0=2.865\times10^{-6}$ rad/s，$M_0=1.989\,2\times10^{33}$ g.

2. 太阳质量损失对自转角速长期影响的理论研究

太阳质量损失对自转角速度 Ω 产生的长期影响通过角动量 J 的改变的理论式子由下式给出[6].

$$\frac{\mathrm{d}J}{\mathrm{d}t}=\frac{2}{3}\Omega R_{\odot}^{2}\frac{\mathrm{d}M}{\mathrm{d}t}. \tag{1}$$

$\frac{\mathrm{d}J}{\mathrm{d}t}$和$\frac{\mathrm{d}M}{\mathrm{d}t}$分别是角动量和质量的损失率，$R_{\odot}$ 是太阳半径，Ω 是表面自转角速度. 角动量 J 可用 $KMR_{\odot}^{2}\Omega$ 表示. 将 $J=KMR_{\odot}^{2}\Omega$ 代入（1）式后微分之，可得

$$\frac{\mathrm{d}\Omega}{\mathrm{d}t}+\frac{\Omega}{M}\cdot\frac{\mathrm{d}M}{\mathrm{d}t}+2\frac{\Omega}{R_{\odot}}\cdot\frac{\mathrm{d}R_{\odot}}{\mathrm{d}t}=\frac{2}{3}\cdot\frac{R_{\odot}^{2}\Omega}{KMR_{\odot}^{2}}\cdot\frac{\mathrm{d}M}{\mathrm{d}t}. \tag{2}$$

太阳在主序前阶段因引力收缩能使半径 $R_{\odot}$ 产生收缩变化，故$\frac{\mathrm{d}R_{\odot}}{\mathrm{d}t}\neq0$，而在红巨星阶段因体积膨胀，$\frac{\mathrm{d}R_{\odot}}{\mathrm{d}t}\neq0$，但在主序阶段核能代替引力收缩能，故半径很少变化，可以认为半径几乎不变，所以$\frac{\mathrm{d}R_{\odot}}{\mathrm{d}t}=0$. 根据文献［2］的计算和文献［7］给出的半径演化曲线，太阳在主序前半程 50 亿年前半径变化很小，只有在 50 亿年以后特别在 60 亿～70 亿年后半径有所增大. 据文献［3］可知太阳在 100 亿年主序阶段结束时半径增大 $1.37R_{\odot}$. 所以本文研究太阳从现在到 40 亿年间角速的演变时可以认为太阳在此阶段半径不变，$\frac{\mathrm{d}R_{\odot}}{\mathrm{d}t}=0$.

（2）式化为

$$\frac{\mathrm{d}\Omega}{\mathrm{d}t}=\left(\frac{2}{3K}-1\right)\frac{\Omega}{M}\cdot\frac{\mathrm{d}M}{\mathrm{d}t}. \tag{3}$$

令 $N=\frac{2}{3K}$，故（3）式可写成

$$\frac{1}{\Omega}\cdot\frac{\mathrm{d}\Omega}{\mathrm{d}t}=(N-1)\frac{1}{M}\cdot\frac{\mathrm{d}M}{\mathrm{d}t}. \tag{4}$$

积分此式后得

$$\ln\frac{\Omega}{\Omega_0}=(N-1)\ln\left(\frac{M}{M_0}\right)=\ln\left(\frac{M}{M_0}\right)^{N-1}.$$

由此可得质量变化和角速度改变的关系式

$$\Omega=\Omega_0\left(\frac{M}{M_0}\right)^{N-1}. \tag{5}$$

这是太阳质量变化和太阳自转角速度的关系式.

以下推出自转角速度 Ω 变化随时间演变的关系式.

恒星质量损失的 Jeans 公式给出[8]

$$\frac{\mathrm{d}M}{\mathrm{d}t}=-\alpha M^k,\ 3<k<4. \tag{6}$$

取 $k=3$,

$$\therefore\ \frac{\mathrm{d}M}{\mathrm{d}t}=-\alpha M^3. \tag{7}$$

积分此方程:

$$\int_{M_0}^{M}\frac{\mathrm{d}M}{M^3}=-\alpha\int_0^t\mathrm{d}t.$$

得

$$M=\frac{M_0}{(1+2\alpha M_0^2t)^{\frac{1}{2}}}. \tag{8}$$

将 (7) 式写成

$$\frac{1}{M}\cdot\frac{\mathrm{d}M}{\mathrm{d}t}=-\alpha M^2.$$

将 (8) 式代入上式右端，即得

$$\frac{1}{M}\cdot\frac{\mathrm{d}M}{\mathrm{d}t}=\frac{-\alpha M_0^2}{1+2\alpha M_0^2t}. \tag{9}$$

将 (9) 式代入 (4) 式右端，即得

$$\frac{1}{\Omega}\cdot\frac{\mathrm{d}\Omega}{\mathrm{d}t}=-(N-1)\alpha M_0^2(1+2\alpha M_0^2t)^{-1}.$$

积分之，得

$$\int_{\Omega_0}^{\Omega}\frac{1}{\Omega}\cdot\frac{\mathrm{d}\Omega}{\mathrm{d}t}=-(N-1)\alpha M_0^2\int_0^t\frac{\mathrm{d}t}{1+2\alpha M_0^2t}.$$

得

$$\ln\frac{\Omega}{\Omega_0}=-\frac{1}{2}(N-1)\ln(1+2\alpha M_0^2t).$$

故得太阳自转角速度随时间变化的关系式

$$\Omega=\Omega_0(1+2\alpha M_0^2t)^{\frac{-(N-1)}{2}}. \tag{10}$$

$$\delta\Omega=\Omega-\Omega_0=\Omega_0\left[(1+2\alpha M_0^2t)^{\frac{-(N-1)}{2}}-1\right]. \tag{11}$$

另外，将（8）式代入（5）式可得（10）式的同样结果

$$\Omega=\Omega_0\left(\frac{M}{M_0}\right)^{N-1}=\Omega_0\left[(1+2\alpha M_0^2 t)^{-\frac{1}{2}}\right]^{N-1}.$$

即：$\Omega=\Omega_0\ (1+2\alpha M_0^2 t)^{-\frac{N-1}{2}}$.

3. 太阳在主序前半程质量损失对自转角速度长期改变的数值估计

首先计算常数 N 的值.

太阳多层球指数 n 根据文［11］：$\Gamma=\gamma=\frac{5}{3}$，$n=1.5$，又根据文献［6］可计算 K 的值

$$\frac{1}{K}=\frac{3}{2}\left(n+\frac{5}{2}\right).$$

将 $n=1.5$ 代入后可得 $K=\frac{1}{6}$，将 K 的值代入下式

$$N=\frac{2}{3K}=4,\ N-1=3.$$

故（5）式和（10）式均化为

$$\Omega=\Omega_0\left(\frac{M}{M_0}\right)^3. \tag{12}$$

或者

$$\Omega=\Omega_0(1+2\alpha M_0^2 t)^{-\frac{3}{2}}. \tag{13}$$

故

$$\delta\Omega=\Omega-\Omega_0=\Omega_0[(1+2\alpha M_0^2 t)^{-\frac{3}{2}}-1]. \tag{14}$$

以下确定（7）式中的 α 数值.

根据作者在文献［12］中给出的目前太阳质量损失率的估计，太阳因星风的质量损失率 $-2.38\times10^{-14}\ M_\odot/\mathrm{a}$ 和因光子辐射造成的质量损失率 $-6.95\times10^{-14}M_\odot/\mathrm{a}$. 两者之和的总损失率为

$$\left(\frac{\mathrm{d}M}{\mathrm{d}t}\right)_0=-9.33\times10^{-14}\ M_\odot\ /\mathrm{a}. \tag{15}$$

这是目前太阳的质量损失率.

由（7）式给出 α 的常数值可写成：

$$\alpha=-\frac{1}{M^3}\cdot\frac{\mathrm{d}M}{\mathrm{d}t}=-\frac{1}{M_0^3}\cdot\left(\frac{\mathrm{d}M}{\mathrm{d}t}\right).$$

将（15）式代入上式并令 $M_\odot=M_0$，则有

$$\alpha=+\frac{9.13\times10^{-14}}{M_0^2}=2.30\times10^{-80}(\mathrm{g}^{-2}\cdot\mathrm{a}^{-1}). \tag{16}$$

或者

$$\alpha M_0^2 = 9.13 \times 10^{-14}/\text{a}. \tag{17}$$

将 αM_0^2 的值代入（8）式中，可得太阳质量损失随时间变化的公式

$$M = \frac{M_0}{[1 + (2 \times 9.13 \times 10^{-14}/\text{a})(t)]^{\frac{1}{2}}}. \tag{18}$$

再将 αM_0^2 的值代入（13）（14）式可得太阳角速度随时间变化的公式

$$\Omega = \Omega_0 [1 + (2 \times 9.13 \times 10^{-14}/\text{a})(t)]^{-\frac{3}{2}}. \tag{19}$$

$$\delta\Omega = \Omega_0 \{[1 + (1.826 \times 10^{-13}/\text{a})(t)]^{-\frac{3}{2}} - 1\}. \tag{20}$$

太阳在主序阶段停留大约 100 亿年时间，所以本文计算太阳在主序前半程 4×10^9（40 亿）年间 1×10^9 年，2×10^9 年，3×10^9 年和 4×10^9 年各阶段太阳自转角速度的减小值. 将各年代入式（18）～（20）便得到表 1 中的$\frac{M}{M_0}$，$\frac{\Omega}{\Omega_0}$以及$\frac{\delta\Omega}{\Omega}$各值.

4. 讨　论

（1）从表 1 中的计算结果可以看出太阳质量和自转角速随时间逐渐减小，但减小很慢. 当太阳到达 4×10^9 年（40 亿年）质量流失仅为现在太阳质量的 0.004 5%，而角速减小为目前角速的 0.023%，所以减少值很小.

（2）本文给出的理论式和计算值是近似的，因为在推导公式时，k 值取 3，实际上 $3<k<4$.此外，正如文献［7］所言，太阳在主序前半程，半径和光度只有很小变化，所以在前半程 50 亿年以前半径几乎视为常数. 故本文取 40 亿年前$\frac{\mathrm{d}R}{\mathrm{d}t}=0$，这也是近似的.

（3）使太阳自转产生变化有很多因素，除太阳质量流失使其角速产生减慢的机制外，还有太阳外部和内部电磁场使角速减慢的机制[7][13]～[15]. 这些机制在太阳从主序前演化到主序以及后主序阶段有不同机制作用. 本文主要研究太阳在主序前半程阶段质量流失对自转产生的影响，至于其他机制将在以后讨论.

（4）作者在前文主要研究太阳风造成的螺旋磁场产生的磁转矩对太阳自转角速减小的影响给出的理论值是$\frac{\dot{\Omega}}{\Omega}$的相对值，而 Ω 和 Ω_0 成指数关系. 本文主要研究太阳风和光子辐射造成的太阳质量损失对太阳角速产生的影响. 给出的理论值是$\frac{\Omega}{\Omega_0}$的相对值，而 Ω 和 Ω_0 成线性关系. 此外，本文在理论上的推导和出发点也同前文有所不同.

参考文献

［1］Ezer D，Cameron G W，Canad J. Phys，1965，43：1497. http：//dx. doi. org/10. 1139/p65-140.

[2] Icko Jr. I Astrophys J，1967，147：624. http：//dx. doi. org/10. 1086/149040.

[3] Schroder K P，Smith R C. MNRAS，2008，386：155. http：//dx. doi. org/10. 1111/j. 1365-2966，2008，13022，x.

[4] 李林森. 天文与天体物理，2013，1：45.

[5] 李林森. 空间科学学报，1990，4：27.

[6] Schatman E. Star Evolution // Fermi E，Gratton Proc 28th Course International School of Physics. New York Acada Press，1963：177.

[7] 林元章. 太阳物理学. 北京：北京科学出版社，2000：124，128，381.

[8] Jeans J H. Astronomy and Cosmogony. Cambridge Univ Press，1929：131.

[9] Jeans J H. MNRAS，1924，84：912.

[10] 铃木敬信. 太阳の热源. 恒星社版，1952：51.

[11] 荒木俊马，清永嘉一. 天文宇宙物理学总论（恒星物理学）. 宇宙物理学研究会出版，1950：262.

[12] Li L-S. MNRAS，2013，431：2971. http：//dx. doi. org/10. 1093/mnras/stt248.

[13] Durney B R. On Theories of Solar Rotation，Basic Mechanisms of Solar Activity // Bumba，Kleczek. Proceeding IAU. 1976：243.

[14] Alfven H Ark f. Math. Astr o Fysik，1942，6.

[15] Ferraro V C A. MNRAS，1937，97：458. http：//dx. doi. org/10. 1093/mnras/stt248.

磁制动作用下太阳在主序阶段质量流失对自转角速度减速的影响*

摘要： 本文研究了磁制动作用下太阳在主序阶段质量流失对自转角速度在主序前半程和后半程随时间的演变的影响，根据推导给出了理论结果. 理论结果表明：磁制动作用对自转角速度的影响在主序前半程比后半程影响更大. 计算了在主序前半程（1×10^9～5×10^9 a）和后半程（5×10^9～10×10^9 a）内角速度演变的数值. 数值结果表明：无论在主序前半程还是在后半程自转角速度都随时间逐渐减慢. 最后详细讨论了给出的理论和数值结果.

关键词： 太阳:基本参数;磁制动　恒星:质量损失

1. 引　言

研究太阳的演化是太阳物理学的一项主要课题，因为太阳过去和未来的演化关系着我们地球的未来. 太阳的演化包括其自转的演化，故此，研究太阳自转演化也是一项很有意义的重要课题.

天文工作者对于太阳自转的研究已有 100 多年的历史，文献［1］在 1976 年从理论方面研究了太阳自转，文献［2］和文献［3］分别在 1984 年和 1985 年从观测方面研究了太阳的自转. 他们的研究已在 2013 年发表的文献［4］"太阳较差自转 130 年（1855～1985）的观测和理论研究史的回顾"一文中做了介绍. 研究太阳自转主要研究太阳的自转角动量和自转角速度的演变.

太阳从星际气体云诞生后所有物理参量都已确定，包括自转角动量和自转角速度. 太阳早期的角动量要比目前的角动量大两个数量级，磁场也较强，磁活动激烈，发射粒子造成质量损失[5]. 角动量之所以减少的原因除太阳风损失质量外，主要还有磁场对自转起减速的磁制动作用. 在太阳一生的演化过程中，这两种作用始终扮演重要角色. 根据力矩对角动量制动的理论分析，对于太阳角动量损失而言，磁转矩所起的贡献比太阳风直接带走的角动量更大[6]. 可见磁制动作用对太阳自转减速起主导作用，但太阳风的作用也不能忽视. 据估计，角动量减少的特征时间（角动量与其角动量损失率之比）与太阳本身的年龄接近，从而意味着太阳风大大改变了太阳的总角动量[6][7]. 然而，根据

* 原文载于《天文学报》，2018，59（2），3-9.

文献［8］的观测，太阳磁场与 $t^{-\frac{1}{2}}$ 成正相关，随时间增加而减弱，这说明目前太阳的磁场比过去减弱了很多，因而，磁制动作用也减少了不少. 然而，根据文献［1］所言，太阳发射 CaII 谱线表示太阳仍有较强磁场，再加上太阳黑子的磁场最强达 4000 Gs，说明仍有磁制动作用，但这并不代表太阳的总磁场. 目前太阳的总磁场并不强. 太阳磁场由发电机产生. 文献［9］于 1957 年研究了太阳磁流体发电机理论；文献［10］于 2007 年研究了轴对称和非对称的太阳磁场的发电机模型.

根据以上所述，研究太阳角动量的制动作用仍需考虑磁制动和太阳风两种作用. 文献［11］研究了太阳在主序阶段质量流失对自转减速的影响. 文献［12］于 1990 年研究了太阳风对太阳自转减速的影响. 文献［13］于 2015 年研究了太阳在主序前半程因质量损失对自转减速的影响. 文献［14］于 2016 年研究了自转星因质量损失造成的自转角速度减小. 然而，这些作者只考虑太阳风减速的制动作用，没有考虑磁制动作用. 文献［15］于 1948 年研究了太阳内部磁力线对角动量的制动作用. 文献［8］于 1972 年从观测太阳发射的 CaII 研究了磁制动作用和太阳自转的关系. 文献［16］于 2009 年给出了磁性黑子对星风和角动量的影响. 文献［17］于 2014 年从黑子发电机的定标研究了类似太阳的自转磁体星，讨论了黑子发电机与磁制动和自转的关系，这似乎说明了强磁场的黑子是发电机之源. 文献［18］［19］于 2013 年研究了类似太阳的恒星的角动量模型并给出具有发电机的新的制动定律，并于 2015 年给出前文角动量模型的改进，包括新的磁风制动、发电机和质量损失. 文献［20］于 2016 年研究了类似太阳恒星的自转模型，自转的制动定律包括外部星风转矩和内部角动量运输过程. 文献［21］于 2016 年研究了老年恒星快速自转和弱磁制动的关系. 所有这些研究说明了磁制动作用对太阳自转减速的影响. 作者在文献［12］～［14］只考虑了太阳风的制动作用，没有考虑磁制动对自转减速的作用. 特别，文献［13］的研究是太阳在主序前半程半径视为常数的情况下做出的，并没有考虑磁制动作用下给出的理论结果，至于太阳在主序后半程因半径改变较大没有研究. 本文不仅考虑主序前半程也考虑后半程的磁制动效应，研究了太阳在整个主序阶段（100 亿年）内质量流失对自转角速度改变的影响. 文献［1］虽然给出了在磁制动作用下太阳角速度变化的理论，但没有给出在主序前半程和后半程自转角速度改变的数值. 本文除理论上做了详细推算外，在数值计算方面也做了一些工作.

2. 太阳磁制动和质量流失对自转角速度减慢的影响

文献［13］在不考虑磁制动作用时，角动量守恒可写为

$$\frac{\mathrm{d}J}{\mathrm{d}t}=\frac{2}{3}\Omega R^{2}\ \frac{\mathrm{d}M}{\mathrm{d}t}, \tag{1}$$

其中 Ω 为角速度. 当考虑磁制动作用时，太阳半径 R 必须用 Alfven 半径 r_A 表示，角动量损失率应该写成[1][6]

$$\frac{\mathrm{d}J}{\mathrm{d}t}=\frac{2}{3}\Omega_s r_A^2\ \frac{\mathrm{d}M}{\mathrm{d}t}, \tag{2}$$

Ω_s 是太阳表面的角速度.

太阳质量损失率由下式给出[1]：

$$\frac{\mathrm{d}M}{\mathrm{d}t}=-4\pi\rho_A r_A^2 v_A\,, \tag{3}$$

式中，v_A 和 ρ_A 分别表示太阳表面发射出的粒子速度和密度．将（3）式代入（2）式后有

$$\frac{\mathrm{d}J}{\mathrm{d}t}=-\frac{8}{3}\pi\Omega_s\rho_A r_A^4 v_A. \tag{4}$$

根据 Alfven-Mach 数的定义，应该有

$$\frac{B_A^2}{4\pi\rho_A v_A^2}=1,$$

B_A 是用 Alfven 表示的表面磁场，因此，

$$4\pi\rho_A v_A=\frac{B_A^2}{v_A}. \tag{5}$$

将（5）式代入（4）式有

$$\frac{\mathrm{d}J}{\mathrm{d}t}=-\frac{2}{3}\Omega_s\frac{r_A^4 B_A^2}{v_A}. \tag{6}$$

根据文献［1］，$B_s R_0^2=B_A r_A^2$．即 $r_A^4 B_A^2=R_0^4 B_s^2$，其中 B_s 表示太阳表面磁场强度．将此代入（6）式有

$$\frac{\mathrm{d}J}{\mathrm{d}t}=-\frac{2}{3}\Omega_s\frac{B_s^2 R_0^4}{v_A}. \tag{7}$$

根据文献［1］和［6］太阳磁场起源于太阳发电机的理论，磁场依赖太阳自转角速度．文献［8］从观测方面、文献［22］从理论方面均证实太阳表面磁场是自转角速度的函数（详见第 4 节第（1）条的讨论），即

$$B_s\propto\Omega_s,\quad B_s=k\Omega_s. \tag{8}$$

将（8）式代入（7）式，有

$$\frac{\mathrm{d}J}{\mathrm{d}t}=-\frac{2}{3}\cdot\frac{k^2R_0^4\Omega_s^3}{v_A}=-\alpha\Omega_s^3, \tag{9}$$

式中 α，k 是一个常数，R_0 是太阳半径．因为 $J=I\Omega_s$，有

$$\frac{\mathrm{d}\Omega_s}{\mathrm{d}t}=-\left(\frac{2}{3}\cdot\frac{k^2}{I}\cdot\frac{R_0^4}{v_A}\right)\Omega_s^3=-\beta\Omega_s^3, \tag{10}$$

式中 $\beta=\frac{2}{3}\cdot\frac{k^2}{I}\cdot\frac{R_0^4}{v_A}$，$I$ 是转动惯量．对于目前太阳（$v_A=v_0$）而言，β 也是一个常数，它可以由观测确定．

分别用 Ω_0 和 $\frac{\mathrm{d}\Omega_0}{\mathrm{d}t}=\dot{\Omega}_0$ 表示太阳目前角速度和速度变率，只要 β 是常数，$\frac{\dot{\Omega}_s}{\Omega_s^3}$ 的比值同 $\frac{\dot{\Omega}_0}{\Omega_0^3}$ 的比值相等．由（10）式则有

$$\beta=-\frac{\dot{\Omega}_s}{\Omega_s^3}=-\frac{\dot{\Omega}_0}{\Omega_0^3}.$$

取上面式子右端第 2 项，则 β 的第 2 个式子可写成

$$\beta=-\frac{\dot{\Omega}_0}{\Omega_0^3}. \tag{11}$$

这样，常数 β 可由（11）式中的 Ω_0 和 $\dot{\Omega}_0$ 的观测值来计算，而不能用（10）式来计算，但两个式子中的 β 值是相等的.

再将 β 代入（10）式，则（10）式可成为

$$\frac{\mathrm{d}\Omega_s}{\mathrm{d}t}=\left(\frac{\dot{\Omega}_0}{\Omega_0^3}\right)\Omega_s^3.$$

将上式两端除以 Ω_0，则有

$$\frac{\mathrm{d}}{\mathrm{d}t}\left(\frac{\Omega_s}{\Omega_0}\right)=\left(\frac{\dot{\Omega}_0}{\Omega_0}\right)\left(\frac{\Omega_s}{\Omega_0}\right)^3.$$

令 $-\left(\frac{\Omega_0}{\dot{\Omega}_0}\right)=\tau_0$，则上式变成 $\left(\frac{\Omega_s}{\Omega_0}\right)$ 的微分方程式

$$\frac{\mathrm{d}}{\mathrm{d}t}\left(\frac{\Omega_s}{\Omega_0}\right)+\frac{1}{\tau_0}\left(\frac{\Omega_s}{\Omega_0}\right)^3=0. \tag{12}$$

τ_0 就是太阳自转角速度维持到自转瓦解的时间，Ω_0 是目前角速度的值，是可知的，而 $\dot{\Omega}_0$ 的角速度变率值由观测得到. 因此 τ_0 的值也是可知的，而文献［1］给出 $\tau_0=10^{10}$ a.

这样，设 $x=\frac{\Omega_s(t)}{\Omega_0}$，$x_0=\frac{\Omega_s(0)}{\Omega_0}$，对方程（12）积分

$$\int_{x_0}^{x}\frac{\mathrm{d}x}{x^3}=-\frac{1}{\tau_0}\int_0^t\mathrm{d}t.$$

积分的结果为 $\frac{x}{x_0}=\frac{1}{\left(1+\frac{2tx_0^2}{\tau_0}\right)^{\frac{1}{2}}}$.

将 $x=\frac{\Omega_s(t)}{\Omega_0}$ 和 $x_0=\frac{\Omega_s(0)}{\Omega_0}$ 代入上式后可得

$$\Omega_s(t)=\frac{\Omega_s(0)}{\left\{1+\frac{2t\left[\frac{\Omega_s(0)}{\Omega_0}\right]^2}{\tau_0}\right\}^{\frac{1}{2}}}, \tag{13}$$

式中，Ω_0 是太阳目前的角速度，而 $\Omega_s(0)$ 是太阳在主序上初始 $t=0$ 的角速度，$\Omega_s(t)$ 是时间 t 的角速度.

文献［1］根据图解中角动量和质量 $m^{\frac{2}{3}}$ 的关系推出：太阳到达主序时，$t=0$ 为时间起点，此时太阳的自转角速度 $\Omega_s(0)=65\Omega_0$，即角速度比目前快 65 倍，目前太阳自转角速度 $\Omega_0=2.865\times10^{-5}$ rad/s.

首先估计（13）式右端分母中第 2 项 $\frac{2t\left[\frac{\Omega_s\ (0)}{\Omega_0}\right]^2}{\tau_0}$ 的数值. 太阳在主序阶段演化时

间（年龄）大约为 $t=1\times10^9\sim10\times10^9$ a，如果目前太阳的年龄取 $t=5\times10^9$ a，将 t，τ_0 和 $\frac{\Omega_s(0)}{\Omega_0}=65$ 代入，则得

$$\frac{2t\left[\frac{\Omega_s(0)}{\Omega_0}\right]^2}{\tau_0}=2\times\frac{5\times10^9}{10^{10}}\times65^2=4\ 225\gg1.$$

因此，(13) 式的分母第 2 项数值 4 225≫1，分母第 1 项的 1 可以略而不计. (13) 式可简化成

$$\Omega_s(t)=\frac{\Omega_s(0)\Omega_0}{\left[\frac{2t\Omega_s(0)^2}{\tau_0}\right]^{\frac{1}{2}}}=\frac{\Omega_0}{\sqrt{2}}\cdot\left(\frac{\tau_0}{t}\right)^{\frac{1}{2}}=K_1t^{-\frac{1}{2}},\tag{14}$$

其中，$K_1=\Omega_0\left(\frac{\tau_0}{2}\right)^{\frac{1}{2}}=2.019\ \text{rad}\cdot\text{s}\cdot\text{a}^{\frac{1}{2}}$，而

$$\frac{\Omega_s(0)}{\Omega_0}=K_2t^{-\frac{1}{2}},\tag{15}$$

$$K_2=\left(\frac{\tau_0}{2}\right)^{\frac{1}{2}}=\left(\frac{10^{10}}{2}\right)^{\frac{1}{2}}=7.071\times10^4\ \text{a}^{\frac{1}{2}},$$

式中，$\Omega_0=2.856\times10^{-5}$ rad/s，为目前太阳自转角速度，$\tau_0=10^{10}$ a，t 是从太阳到达主序开始以后的演化时标，以 a 为单位.

3. 对太阳在主序阶段（包括前半程和后半程）自转角速度 100 亿年内在 10 个演化阶段演变的数值计算

根据太阳内部氢转换成氦的燃烧（核反应）情况，太阳在主序至少停留 100 亿年 (10×10^9 a). 目前太阳在主序已经走完了前半程（大约 50 亿年），继续向后半程 50 亿年演化. 故数值计算时可将 (14) 式中的时间分为 10 个演化阶段 (1×10^9 a，2×10^9 a，3×10^9 a，4×10^9 a，5×10^9 a，6×10^9 a，7×10^9 a，8×10^9 a，9×10^9 a 和 10×10^9 a). 将每段时间 t 的值和 $\tau_0=10^{10}$ a，$\Omega_0=2.856\times10^{-5}$ rad/s 代入 (15) 式，可得到太阳在主序前半程和后半程自转角速度演化的数值并列入表 1.

表 1　太阳在主序前半程和后半程自转角速度变化的数值结果

Main sequence stage	$t/(10^9\ \text{a})$	Ω_s/Ω_0	$\Delta\Omega_s/\Omega_0$
Beginning time	0	65	0
Pre-half time	1	2.236 1	1.236 1
Pre-half time	2	1.581 1	0.581 1
Pre-half time	3	1.288 2	0.288 2
Pre-half time	4	1.118 0	0.118 0
At present	5	1	0

续 表

Main sequence stage	$t/$（10^9 a）	Ω_s/Ω_0	$\Delta\Omega_s/\Omega_0$
Post-half time	6	0.912 9	−0.087 1
Post-half time	7	0.844 5	−0.155 5
Post-half time	8	0.790 5	−0.209 5
Post-half time	9	0.745 3	−0.254 7
Post-half time	10	0.707 1	−0.292 9

4. 讨 论

关于太阳表面磁场和表面角速度到底有何关系，所得结论如下：

(1) 根据文献［8］的观测，太阳磁场和自转角速度皆为时间的函数，分别为 $B\propto t^{-\frac{1}{2}}$ 和 $\Omega\propto t^{-\frac{1}{2}}$. 文献［21］称这种关系为 Skumanich 关系式. 本文所得的（14）式也可以写成 $\Omega_s\propto t^{-\frac{1}{2}}$. 这从理论上证实了观测的结果是正确的.

将 Skumanich 的两个关系式相除，有 $B\propto\Omega$，即 $B_s\propto\Omega_s$. 这就是太阳表面磁场同表面角速度的关系，正如文献［6］所指出的：磁场本身起源于太阳发电机，它又依赖于自转角速度 Ω，而文献［1］也类似地指出：磁场由太阳发电机作用产生，而它本身又是 Ω 的函数. 此外，本文给出的理论结果同文献［1］的结果相一致.

(2) 表 1 中给出的 $\dfrac{\Omega_s}{\Omega_0}$ 的值，其物理意义就是对不同时间 t 的表面自转角速度为目前角速度 Ω_0（2.856×10^{-5} rad/s）的倍数值. 显然，$\dfrac{\Omega_s}{\Omega_0}=1$，即 $\Omega_s=\Omega_0$ 就是目前角速度的数值. $\dfrac{\Delta\Omega_s}{\Omega_0}$ 就是对应不同时间角速度从初始时刻到 t 时刻的演变差为目前角速度值的倍数.

(3) 从表中给出的计算数值可以看出太阳质量损失在磁制动作用下使角速度随年龄逐渐减慢. 从主序开始，在前半程（$1\times10^9\sim5\times10^9$ a）角速度开始逐渐减慢，现在 $\Omega_s(0)=\Omega_0=2.856\times10^{-5}$ rad/s，然后开始后半程（$5\times10^9\sim10\times10^9$ a）角速度继续减慢. 从表 1 中可以看到，无论主序前半程还是后半程，质量流失和磁制动作用角速度由快逐渐变慢的演化趋势是合理的.

(4) 太阳自诞生以后磁场逐渐减弱，到主序阶段仍然如此. 主序前半程磁场比主序后半程较强些，故主序前半程磁制动作用比后半程强. 因此，对自转角速度的制动影响前半程比后半程大些.

(5) 考虑磁制动作用时，Alfven 半径大于太阳半径，根据文献［6］［23］的观测结果，$r_A\approx12R$，又根据（1）式和（2）式，有磁制动作用时的角动量损失率大于无磁制动作用时的损失率. 故本文中的角速度变率 $\dot{\Omega}$ 要大于文献［13］的角速度变率 $\dot{\Omega}$.

(6) 根据文献［6］［24］，太阳在主序前半程半径变化很小（可视为常量），而在主序后半程从 5×10^9 a 以后半径逐渐增大；当考虑质量损失对角速度影响时，由（4）式可知，当 r_A 增大时（假定 ρ_A 和 v_A 不变），角动量变率 $\dfrac{dJ}{dt}$ 减小，从而角速度变率 $\dot{\Omega}_A$

也应减小，结果主序后半程相比前半程加快角速度变慢.

（7）根据文献［6］［24］，太阳在主序前半程光度变化甚微，但到后半程，从 5×10^9 a 开始，光度逐渐变大. 根据太阳光子辐射造成的质量损失 $\frac{\mathrm{d}M}{\mathrm{d}t}=\frac{-L}{c^2}$，将此代入（1）式或（2）式，角动量损失率由于光度 L 增大而减少$\left(\frac{\mathrm{d}J}{\mathrm{d}t}=-\frac{2}{3}\cdot\frac{R^2\Omega L}{c^2}\right)$，从而主序后半程比前半程角速度变慢更快. 然而，光子辐射对自转角速度的影响甚微.

参考文献

［1］Durney B R. On theories of Solar Rotation//Bumba V，Kleczek J. Basic Mechanisms of Solar Activity. Dordrecht：Springer，1976：243.

［2］Howard R. ARA&A，1984，22：131.

［3］Schröter E H. SoPh，1985，100：141.

［4］李林森. 天文与天体物理，2013，1：45.

［5］Schatzman E. The Early Stages of Stellar Evolution. Proceeding of the XXVIIIth Course of the International School of Physics "Enrico Fermi". New York：Academic Press，1963：233-235.

［6］林元章. 太阳物理导论. 北京：科学出版社，2000.

［7］Brandt J C，Heise J. ApJ，1970，159：1057.

［8］Skumanich A. ApJ，1972，171：565.

［9］Barker B N. PNAS，1957，41：8.

［10］Jian J，Wang J X. MNRAS，2007，377：711.

［11］费森柯夫·马赛维奇. 陈彪，译. 天文学报，1953，1：87.

［12］李林森. 空间科学学报，1990，10：274.

［13］李林森. 天文与天体物理，2015，3：19.

［14］Li L S. ARep，2016，60：853.

［15］Lundquist S. ArMAF，1948，35：1.

［16］Cohen O，Drake J J，Kashyap V L，et al. ApJ，2009，699：1501.

［17］Brun A S. IAUS，2014，302：114.

［18］Gallet F，Bouvier J. A&A，2013，556：A36.

［19］Gallet F，Bouvier J. A&A，2015，577：A98.

［20］Amard L，Palacios A，Charbonnel C，et al. A&A，2016，587：A105.

［21］Van Saders J L，Ceillier T，Metcalfe T S，et al. Nature，2016，529：181.

［22］Russel C T. Solar Wind Three. Los Angeles：Institute of Geophysics and Planetary Physics，University of California，1974：231.

［23］Pizzo V J，Schwenn R，Marsch E，et al. ApJ，1983，271：335.

［24］Iben I Jr. ApJ，1967，147：624.

行星的起潮力对太阳较差自转的影响*

——对 1982 年“九星连珠”时太阳较差自转角速度的估计

提要：本文研究了行星的起潮力对太阳内部较差自转的影响，并推出包括这种摄动力影响在内的较差自转角速度的一般式，文中利用所推出的式子计算 1982 年 3 月 9 日九大行星**运行在太阳一侧时（所谓九星连珠），联合起潮力对太阳内部任意指定点（纬度为 45°，经度为 200°，由表面向下深度为 16×10^4 千米）处的较差自转角速度的影响．计算结果表明，即使当九个行星连珠时，它们的联合起潮力对太阳内部较差自转的影响也只有 10^{-21} 数量级，故这种影响甚微，对太阳较差自转的改变不会起多大作用．

一、引　言

1982 年太阳系九大行星将要运行到太阳一侧，即所谓九星连珠，这是百年难遇的壮观奇景．太阳系内发生“九星连珠”现象时对地球和太阳都有怎样的影响？这是值得探讨的问题．

当“九星连珠”时对地球和太阳引起异常现象的是九个行星的联合起潮力．过去有人曾研究过非“九星连珠”时行星起潮力对太阳表面引起的异常现象．如，在文献［2］中曾讨论过行星起潮力和太阳活动区的联系．该文通过对 94 个耀斑所属活动区的行星起潮力计算认为，活动区的行星起潮力对其中耀斑爆发有影响．此外，活动区起潮力同黑子群的面积大小也有关系．

行星起潮力除对太阳活动区产生上述异常现象外，对太阳自转也会有影响．特别在“九星连珠”时，联合起潮力的影响值得研究．由于太阳是流体，它表面角速度随纬度而不同，即有所谓较差自转．开始，人们研究了表面较差自转，后来又深入研究内部较差自转．如，文献［4］推出内部较差自转为深度和纬度的函数，并认为较差自转是由子午环流运动引起的．而子午环流速度又受各种摄动力的影响，如起潮力、离心力和电磁力等．在文献［3］中给出了径向子午环流速度和各种摄动影响的因子关系，其中包括起潮力的因子．对于太阳的起潮力作用主要来自九大行星．由于子午环流推动较差自

* 原文载于《东北师范大学学报（自然科学版）》，1981，4：23-38.

** 2006 年 8 月 24 日国际天文学联合会大会召开之后，经过投票表决，冥王星被降级为矮行星，至此太阳系只剩下八颗行星，“九大行星”的说法已经成为历史，取而代之的是“八大行星”.

转，故行星的起潮力也会通过子午环流的径向速度分量影响着太阳内部的较差自转.

文献［1］曾定性讨论过“九星连珠”对地震和地球自转的影响. 文中认为，虽有影响，但此影响甚微，不会起多大作用. 本文着重研究行星起潮力对太阳较差自转的影响，并利用所推出的公式定量地估计1982年3月9日“九星连珠”时由于联合起潮力对太阳内部任一点的较差自转的影响情况. 计算表明：此影响也甚微. 故“九星连珠”对太阳较差自转的影响也是很小的.

二、太阳内部的较差自转表达式

B. R. Durney（1974）认为太阳较差自转是由对流带中的子午环流运动所维持的，而子午环流引起太阳较差自转. 在这种假设下，他用黏滞流体力学方程推出太阳较差自转为深度和纬度的函数的表达式为[4]

$$\Omega(r,\theta)=\Omega_0[1+\omega_0(r)+\omega_2(r)P_2(\cos\theta)], \tag{1}$$

其中，

$$\omega_0(r)=\frac{2}{3v}\int_r^R\left(\frac{\psi}{r^2\rho}\right)\mathrm{d}r, \tag{2}$$

$$\omega_2(r)=-0.189+\frac{4}{3v}\int_r^R\left(\frac{\psi}{r^2\rho}\right)\mathrm{d}r. \tag{3}$$

式中球函数 $P_2(\cos\theta)=\frac{1}{2}(3\cos^2\theta-1)$，$\theta$ 为余纬度，Ω_0 是由观测所确定的常数，$\Omega_0=2.57\times10^{-6}$弧度/秒，$R$ 表示太阳半径，v 是和流体的黏滞系数 μ 有关的常数，$v=2\times10^{12}$厘米²/秒.

流函数 ψ 和子午环流速度分量 v_r，v_θ 之间的关系是[4]：

$$v_r=\frac{2\psi}{r^2\rho}P_2(\cos\theta), \tag{4}$$

$$v_\theta=\frac{\psi'}{r^2\rho}\sin\theta\cos\theta,\ \psi'=\frac{\mathrm{d}\psi}{\mathrm{d}r}. \tag{5}$$

现在将（2）式和（3）式中的流函数 $\frac{\psi}{r^2\rho}$ 用（4）式中的径向环流速度 v_r 表示，然后将（2）式和（3）式代入（1）式后即得到用 v_r 表示的较差自转为

$$\Omega(r,\theta)=\Omega_0\left\{1-0.189P_2(\cos\theta)+\frac{2}{3v}\left[\frac{1}{2P_2(\cos\theta)}+1\right]\int_r^R v_r\mathrm{d}r\right\}. \tag{6}$$

三、引入各种摄动力的太阳内部较差自转表示

径向环流速度在太阳内部循环过程也受各种摄动力的作用而产生变化，这些摄动力包括离心力、电磁力和起潮力等. R. Kippenhahn 曾给出各种摄动力对 v_r 影响的因子 x 和 v_r 的关系[3]：

$$v_r=\frac{L}{4\pi GM\rho R}\left(\frac{\nabla_{ad}}{\nabla-\nabla_{ad}}\right)x, \tag{7}$$

式中 M，R，ρ，L 分别表示太阳的质量、半径、平均密度和光度，而 x 是各种摄动力强度 f 对重力强度之比，即

$$x=\frac{f}{g}. \tag{8}$$

式中摄动力强度 f 包括起潮力、离心力和电磁力，而 $g=\frac{GM(r)}{r^2}$.

在（7）式中 $\nabla_{ad}=\left(\frac{\mathrm{dln}T}{\mathrm{dln}P}\right)$ 绝热，$\nabla=1-\frac{\mathrm{dln}\rho}{\mathrm{dln}P}$，R. Kippenhahn 取[3] $\frac{\nabla_{ad}}{3\ (\nabla-\nabla_{ad})}=1$，则（7）式可写成：

$$v_r=\frac{3}{4}\cdot\frac{L}{\pi GM\rho R}x.$$

将此式的 v_r 代入（6）式后即得引入各种摄动力在内的太阳较差自转的式子：

$$\Omega(r,\ \theta)=\Omega_0\left\{1-0.189P_2(\cos\theta)+\frac{L}{4\pi vGM\rho R}\left[\frac{1}{P_2(\cos\theta)}+2\right]\int_{\gamma}^{R}x\,\mathrm{d}r\right\}, \tag{9}$$

其中，x 已由（8）式确定.

四、行星起潮力对太阳内部较差自转的影响

现在首先要推出（9）式中的起潮力 f，以计算 x.

利用行星对太阳内部（r，Θ）点处的起潮位函数[3]：

$$V(r\cdot\Theta)=-\frac{1}{D^3}Gmr^2P_2(\cos\Theta).$$

可以推出行星对该点的起潮力 f：

$$f=\left(f_r^2+f_\Theta^2\right)^{\frac{1}{2}}=\left[\left(\frac{\partial V}{\partial r}\right)^2+\frac{1}{r^2}\left(\frac{\partial V}{\partial\Theta}\right)^2\right]^{\frac{1}{2}}=\frac{Gmr}{D^3}(3\cos^2\Theta+1)^{\frac{1}{2}}. \tag{10}$$

当然（10）式可参考文献［2］直接推出，m 和 D 表示行星质量和与太阳的平均距离.

将（10）式的 f 和 $g=\frac{GM(r)}{r^2}$ 代入（8）式后得到起潮力因子 x：

$$x=\frac{f}{g}=(3\cos^2\Theta+1)^{\frac{1}{2}}\frac{m}{D^3}\cdot\frac{r^3}{M(r)}.$$

将此 x 再代入（9）式后可得：

$$\Omega(r,\ \theta)=\Omega_0\left[1-0.189P_2+\frac{Lm}{4\pi vGM\rho RD^3}\left(\frac{1}{P_2}+2\right)(3\cos^2\Theta+1)^{\frac{1}{2}}\int_r^R\frac{r^3}{M(r)}\mathrm{d}r\right], \tag{11}$$

式中，$P_2=P_2$（$\cos\theta$）.

现在利用多层球函数积分（11）式.

依多层球变换[5][6]：

$$r=\alpha\xi=\left[\frac{(n+1)K}{4\pi G}\right]^{\frac{1}{2}}\rho^{\frac{1-n}{2n}}\xi, \tag{12}$$

$$\rho=\rho_c\psi^n,\ K=\frac{P_c}{\rho_c}=\text{常数}.$$

式中 n 为多层球指数，ρ_c 和 P_c 分别为太阳的中心密度和中心压力.

将（12）式代入下列的质量 $M(r)$ 式子：

$$M(r)=4\pi\int_0^r r^2\rho(r)\mathrm{d}r=4\pi\alpha^3\rho_c\int_0^\xi \xi^2\psi^n\mathrm{d}\xi.$$

利用公式[5][6]：

$$\frac{1}{\xi^2}\cdot\frac{\mathrm{d}}{\mathrm{d}\xi}\left(\xi^2\frac{\mathrm{d}\psi}{\mathrm{d}\xi}\right)=-\psi^n.$$

对于太阳取 $n=\frac{3}{2}=1.5$[8]，则

$$M(r)=-4\pi\left(\frac{5K}{8\pi G}\right)^{\frac{3}{2}}\rho_c^{\frac{1}{2}}\left(\xi^2\frac{\mathrm{d}\psi}{\mathrm{d}\xi}\right). \tag{13}$$

将（12）式和（13）式的 r 和 $M(r)$ 代入（11）式并取 $\mathrm{d}r=\alpha\mathrm{d}\xi$，则

$$\int_r^R\frac{r^3}{M(r)}\mathrm{d}r=\int_\xi^{\frac{R}{\alpha}}\frac{3}{4\pi\rho_c}\left[-\xi\Big/\left(3\frac{\mathrm{d}\psi}{\mathrm{d}\xi}\right)\right]\alpha\,\mathrm{d}\xi. \tag{14}$$

当 r 给定后，如令 $r=r'$，则根据 $\xi=\frac{r'}{\alpha}$，ξ 值也就被确定了，再知道 $n=1.5$ 的 ξ 值后，就可从 Emden 多层球指数表中查找到对应 ξ 值的 $-\xi\Big/\left(3\frac{\mathrm{d}\psi}{\mathrm{d}\xi}\right)$ 值，故当 $r=r'$ 给定后，ξ 和 $-\xi\Big/\left(3\frac{\mathrm{d}\psi}{\mathrm{d}\xi}\right)$ 为定值，所以可将此值取在积分号外，则（14）式可写成：

$$\int_r^R\frac{r^3}{M(r)}\mathrm{d}r=\frac{3}{4\pi\rho_c}\left[-\xi\Big/\left(3\frac{\mathrm{d}\psi}{\mathrm{d}\xi}\right)\right]_{\xi=\frac{r'}{\alpha}}\alpha\int_{\xi=\frac{r'}{\alpha}}^{\frac{R}{\alpha}}\mathrm{d}\xi=\frac{3}{4\pi\rho_c}QH, \tag{15}$$

式中：

$$Q=\left[-\xi\Big/\left(3\frac{\mathrm{d}\psi}{\mathrm{d}\xi}\right)\right]_{\xi=\frac{r'}{\alpha}},\ H=R-r. \tag{16}$$

将（15）式代入（11）式，即得行星的起潮力对太阳内部较差自转的影响为

$$\Omega(r,\theta)=\Omega_0\left[1-0.189P_2(\cos\theta)+KQHF(\theta)(3\cos^2\Theta+1)^{\frac{1}{2}}\frac{m}{D^3}\right]. \tag{17}$$

式中

$$K=\frac{L}{48\pi^2 Gv MR\rho\rho_c},\ F(\theta)=\frac{1}{P_2(\cos\theta)}+2. \tag{18}$$

Q 和 H 由（16）式给出，$\theta=90^\circ-\phi$，ϕ 为太阳内一点的纬度，Θ 为行星对起潮点的天顶距，即如下图所示：

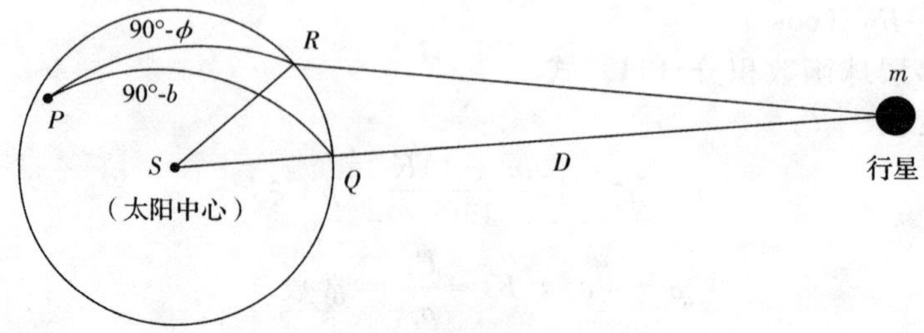

Θ 也可用太阳的经纬度（λ，ϕ）和行星的黄经 l 和黄纬 b 表之. 由球面三角 PQR 得出：

$$\cos\Theta = \sin\phi\sin b + \cos\phi\cos b\cos(\lambda - l).$$

令 $\psi(\Theta) = (3\cos^2\Theta + 1)^{\frac{1}{2}}$

$$= \left[\frac{3}{2}\cos^2\phi\cos^2 b + 3\sin^2\phi\sin^2 b + 1 + \frac{3}{2}\sin 2\phi\cos 2b\cos(\lambda - l) + \frac{3}{2}\cos^2\phi\cos^2 b\cos 2(\lambda - l)\right]^{\frac{1}{2}}. \quad (19)$$

故太阳系九大行星的联合起潮力对太阳内部一指定点（ϕ，λ，H）的较差自转影响最后可表示成：

$$\Omega = \Omega_0\left[1 - 0.189P_2(\cos\theta) + KQHF(\theta)\sum_{i=1}^{9}\psi_i(\phi, \lambda, b_i, l_i)\frac{m_i}{D_i^3}\right]. \quad (20)$$

式中 ψ_i（ϕ，λ，b_i，l_i）由（19）式推出.

（20）式右端第三项就是包括行星起潮力影响在内的较差自转的改正项.

五、讨 论

现在利用所推出的式子（20）讨论较差自转随纬度 ϕ 和深度 H 变化的情况.

现将（20）式中的包括起潮力影响在内的项用△表之，则可讨论△随 θ 和 r' 或 H 变化的情况.

$$\triangle(r', \theta) = KQH(r')F(\theta)\sum_{i=1}^{9}\psi_i(\theta)\frac{m_i}{D_i^3}. \quad (21)$$

为讨论方便作简化，设“九星连珠”时，九行星都在黄道面上，则 $b_i = 0$，根据（19）式有：

$$\psi_i = (3\cos^2\Theta + 1)^{\frac{1}{2}} = [3\cos^2\phi\cos^2(\lambda - l_i) + 1]^{\frac{1}{2}}.$$

对于不同纬度 ϕ 代入 ψ_i 和 F（θ）便得下表所示数据.

表 1 （$F(\theta) = 1/P_2(\cos\theta) + 2$，$\theta = 90° - \phi$.）

ϕ	θ	P_2（$\cos\theta$）	F（θ）	ψ_i	△（对较差自转影响情况）			
					$H=0$		$H\neq0$	
0°	90°	$-\frac{1}{2}$	0	$[3\cos^2(\lambda-l_i)+1]^{\frac{1}{2}}$	0	无影响	0	无影响
30°	60°	−8	−6	$\left[\frac{9}{4}\cos^2(\lambda-l_i)+1\right]^{\frac{1}{2}}$	0	无影响	−	减速作用
45°	45°	$\frac{1}{4}$	6	$\left[\frac{3}{2}\cos^2(\lambda-l_i)+1\right]^{\frac{1}{2}}$	0	无影响	+	加速作用
60°	30°	$\frac{5}{8}$	$\frac{18}{15}$	$\left[\frac{3}{4}\cos^2(\lambda-l_i)+1\right]^{\frac{1}{2}}$	0	无影响	+	加速作用
90°	0°	1	3	1	0	无影响	+	加速作用

由（21）式可以看出，对于△起主要影响的因子是 $F(\theta)$，其次是 ψ_i 和 H. 由表 1 看出，当深度 $H=0$ 时不论纬度 ϕ 如何，△皆为零，故对较差自转无影响. 在 $H\neq 0$ 时，对较差自转的影响如表 1 所示. 在赤道处 $\phi=0°$，△$=0$，代入（20）式，则有

$$\Omega=\Omega_0\left(1+\frac{1}{2}\times 0.189\right).$$

这与 Durney[4] 在赤道处讨论的情形相同.

又因深度 H 和△成正比，故 H 愈深对较差自转影响愈大，影响情况如表 1 所示.

根据（16）式，虽然 Q 随 ξ 值（因而也随 r 值）变化，但变化的范围较慢，当 $0<\xi<1.5$ 时，$1<Q<1.7$，故 Q 对△影响不必考虑.

六、对 1982 年“九星连珠”联合起潮力对太阳较差自转角速影响的估计

现在利用（20）式估计一下 1982 年 3 月 9 日九大行星运行至太阳一侧时，联合起潮力对较差自转影响的情况. 为方便计算，假定那时九大行星都在黄道平面上，即 $b_i=0$，但每个行星的黄经 l_i 并不相同，此时差别最小. 根据文献［1］，每个行星的 l_i 如下表：

表 2

行星	水星	金星	地球	火星	木星	土星	天王星	海王星	冥王星
l_i	240°	185°	161°	177°	211°	198°	241°	265°	205°

对于它们和太阳的平均距离 D_i 和质量 m_i 取文献［9］的数据. 对于太阳，依文献［7］，取 $M=1.98\times 10^{33}$ 克，$R=6.95\times 10^{10}$ 厘米，$L=3.82\times 10^{33}$ 尔格/秒，$\rho=1.4$ 克/厘米^3，$\rho_c=160$ 克/厘米^3，$P_c=3.4\times 10^{17}$ 达因/厘米^2.

依文献［3］，取 $v=2\times 10^{12}$ 厘米^2/秒，依文献［8］，取 $n=1.5$，$\gamma=\frac{5}{3}$.

现在利用上面数据根据（20）式估计那时九个行星的联合起潮力对太阳内部一点（$\phi=45°$，$\lambda=200°$，$H=16\times 10^4$ 千米）处的较差自转的影响情况.

计算的结果如下：

（1）对于 H，Q 值的计算

$H=1.6\times 10^{10}$ 厘米（先给定值），$r'=R-H=5.35\times 10^{10}$ 厘米，$K=\frac{P_c}{\rho_c}=2.125\times 10^{15}$，$\alpha=\left(\frac{5K}{8\pi G}\right)^{\frac{1}{2}}\rho_c^{-\frac{1}{6}}=1.07\times 10^{11}$，$\xi=\frac{r'}{\alpha}=0.5$.

查 $n=1.5$，$\gamma=\frac{5}{3}$ 的多层球函数表中的 $\xi=0.5$ 所对应的 $-\xi\Big/\left(3\frac{d\psi}{d\xi}\right)$ 值，依文献［6］有：

$$Q=-\xi\Big/\left(3\frac{d\psi}{d\xi}\right)=1.0380.$$

（2）对于 K，$P_2(\cos\theta)$，$F(\theta)$ 和 $\sum\psi_i\frac{m_i}{D_i^3}$ 的计算

将前面的数据代入（18）式得：$K=2.11\times10^{-21}$，$P_2(\cos\theta)=\frac{1}{2}(3\cos^2 45°-1)=\frac{1}{4}$，$F(\theta)=6$. ψ_i 和 $\psi_i\frac{m_i}{D_i^3}$如下表：

表 3　（表中 $M/\overline{AU}^3=5\ 953\times10^{-10}$，$\overline{AU}$为天文单位）

行星	ψ_i	$\frac{m_i}{D_i^3}\left(用\frac{M}{\overline{AU}^3}为单位\right)$	$\psi_i\frac{m_i}{D_i^3}\left(用\frac{M}{\overline{AU}^3}为单位\right)$
水星	1.740 48	2.728×10^{-6}	4.748×10^{-6}
金星	1.734 66	6.565×10^{-6}	1.140×10^{-5}
地球	1.752 66	3.040×10^{-6}	5.328×10^{-6}
火星	1.690 29	9.189×10^{-8}	1.553×10^{-7}
木星	1.572 96	6.805×10^{-6}	1.201×10^{-5}
土星	1.999 33	3.328×10^{-7}	6.654×10^{-7}
天王星	1.873 24	2.454×10^{-8}	4.597×10^{-8}
海王星	1.345 14	1.905×10^{-9}	2.562×10^{-9}
冥王星	1.995 72	7.399×10^{-12}	1.477×10^{-11}

对表 3 最后一栏的数值求和则有，

$$\sum_{i=1}^{9}\psi_i(\phi,\lambda,b_i,l_i)\frac{m_i}{D_i^3}=3.232\times10^{-5}.$$

将以上得到的 H，K，Q，$P_2(\cos\theta)$，$F(\theta)$ 和$\sum_{i=1}^{9}\psi_i\frac{m_i}{D_i^3}$代入（20）式后得到：

$$\Omega=\Omega_0(1-0.047\ 2+4.42\times10^{-16}).$$

上式右端第三项就是当“九星连珠”时（1982 年 3 月 9 日）因行星的联合起潮力对太阳内部指定点（$\phi=45°$，$\lambda=200°$，$H=16\times10^4$ 千米）处的较差自转角速度影响的项. 该项是属于 10^{-21}数量级，故此力影响甚小. 由此推论：1982 年“九星连珠”时九大行星的联合起潮力对太阳较差自转不会有多大影响.

参考文献

[1] 辛禹. 杞国无事忧天倾：“九星联珠”会导致“地球毁灭”吗. 北京师范大学学报（自然科学版），1975（1）：8-12.

[2] 董士仑，林柏森. 短期和中期太阳活动预报中引入行星起潮力效应的探索. 北京天文台台刊，1973（2）：55-63.

［3］ R kippenhahn. Proceeding of international school of physics “Envico Fermi” Course XXV Ⅱ. Stellar evoiution，1963：330-368.

［4］ B R Durey. Astrophys J，vol190，No1，1974：211-221.

［5］ S Chandrasekhar. An introduction to the study of stellar structure，1936：chapter 4.

［6］ 荒木俊马，清永嘉一. 恒星物理学. 259，262，恒星社出版.

［7］ C W Allen. Astrophysical Quantities，1963.

［8］ P Kuiper. The sun，chapter，2，P69.

［9］ П Г 库利考夫斯基. 天文爱好者手册（中译本）. 北京：科学出版社出版，340 页.

太阳内部离心力对内部径向和纬向较差自转的摄动影响*

摘要： 研究了太阳内部离心力对太阳内部径向和纬向较差自转的摄动影响．给出了内部摄动力对较差自转影响的积分式．利用太阳多方模型理论推出了从太阳表面到径向 $r=0.7R_{\odot}$ 的深度处在内部自转角速不变的情况下离心力对较差自转的摄动影响因子 Q，摄动因子 Q 为多方模型函数以及纬度 ϕ 和径向 r 或深度 H 的函数．利用所推出的理论式子计算出由太阳表面向下深度 $0.10R_{\odot}$ 和 $0.17R_{\odot}$ 以及内部纬度 0°，45°，60°，75°，90°在该处的离心力对内部径向和纬向较差自转影响因子 Q 的数值．数值结果列入表 1．最后讨论了给出的理论和数值的结果．

关键词： 太阳内部离心力；内部径向和纬向较差自转；摄动影响

1. 引　言

研究太阳自转的问题，是一项有研究价值和有意义的事情．因为对于这一问题的研究不仅同太阳的演化有联系，而且也同太阳内部物理过程和表面活动现象有联系．由于太阳不是固体星而是流体星，因此在不同纬度处自转角速度有所不同．人们对这种较差自转现象的研究和观测已有一百多年的研究史，但对于较差自转产生的机理有些尚不完全清楚．最先人们对太阳较差自转仅限于表面较差自转的研究．目前人们已深入到太阳内部较差自转的探讨．作者在文献［1］曾回顾了 1985 年以前过去 130 年对较差自转的研究和观测史，介绍了在过去一百多年来人们对太阳表面和内部较差自转的研究以及较差自转产生的机制，对内部较差自转到底是怎样产生的有所概述．实际上，太阳内部较差自转是和内部的子午环流的径向速度相联系的．文献［2］首先利用各向异性黏滞性理论计算了太阳较差自转和环流流动的关系．文献［3］在研究太阳较差自转和子午环流的关系发展了文献［2］的理论，文中认为太阳内部较差自转是由对流带中大尺度的子午环流维持的，并指出所观测到的较差自转产生在对流带的底下部分，在那里自转和对流带的相互作用推动着整个对流带上的子午环流，而子午环流又引起较差自转．到 1985 年以后有些作者，如文献［4］和文献［5］均从流体力学研究急速自转的流体球层对流运动理论，但较少结合太阳内部较差自转研究．

* 原文载于《天文与天体物理》，2016，4：12-19.

另一方面，太阳外部和内部的各种摄动力通过子午环流也会影响内部较差自转. 例如重力，行星的起潮力，离心力（科里奥利力），内部电磁力均会影响太阳内部的较差自转. 作者在文献［6］曾研究行星连珠时行星起潮力对太阳内部较差影响的定量数值结果，但这种起潮力对太阳内部较差自转的影响甚微. 文献［5］曾从流体力学研究恒星和行星内部自转产生的科里奥利力在对流深处所起的作用，但没有结合太阳物理模型给出离心力对内部径向和纬向较差自转的效应. 本文结合太阳物理模型给出了离心力对内部径向和纬向较差自转的效应的表达式并计算了效应的数值结果.

2. 太阳内部子午环流速度和太阳内部较差自转的关系式

太阳内部子午环流的径向速度影响着太阳内部较差自转的变化. Durney（1974）从黏滞流体动力方程给出太阳内部较差自转角速度为深度和纬度的函数的理论公式[3]

$$\Omega(r, \theta)=\Omega_0[1+\omega_0(r)+\omega_2(r)P_2(\cos\theta)]. \tag{1}$$

其中

$$\left.\begin{aligned}\omega_0(r)&=\frac{2}{3v}\int_r^{R_\Theta}\left(\frac{\psi}{r^2\rho}\right)\mathrm{d}r,\\ \omega_2(r)&=-0.189+\frac{4}{3v}\int_r^{R_\Theta}\left(\frac{\psi}{r^2\rho}\right)\mathrm{d}r.\end{aligned}\right\} \tag{2}$$

太阳内部子午环流在子午圈上的速度分量是

$$\left.\begin{aligned}V_r&=\frac{2\psi}{r^2\rho}P_2(\cos\theta),\\ V_\theta&=-\frac{\psi}{r^2\rho}\sin\theta\cos\theta.\end{aligned}\right\} \tag{3}$$

式中 ψ 为流函数，θ 为球坐标的余纬度. Ω_0 为太阳表面赤道角速度. 将（3）式中的 $\frac{\psi}{r^2\rho}=\frac{V_r}{2P_2(\cos\theta)}$ 代入（2）式中，则有

$$\left.\begin{aligned}\omega_0(r)&=\frac{1}{3vP_2(\cos\theta)}\int_r^{R_\Theta}V_r\mathrm{d}r,\\ \omega_2(r)&=-0.189+\frac{2}{3vP_2(\cos\theta)}\int_r^{R_\Theta}V_r\mathrm{d}r.\end{aligned}\right\} \tag{4}$$

将（4）式代入（1）式，即得太阳内部较差自转和内部径向子午环流在子午圈上的径向速度的积分关系式

$$\Omega(r, \theta)=\Omega_0\left\{1-0.189P_2(\cos\theta)+\frac{2}{3v}\left[\frac{1}{2P_2(\cos\theta)}+1\right]\int_r^{R_\Theta}V_r\mathrm{d}r\right\}. \tag{5}$$

式中 v 为太阳内部黏滞系数. $P_2(\cos\theta)=\frac{1}{2}(3\cos^2\theta-1)$（Legerdre 多项式).

3. 太阳内部摄动力对太阳内部较差自转影响的关系式

太阳内部各种摄动力对较差自转的影响是通过子午环流速度来实现的. Barer 和

Kippenhahn（1959）曾将摄动力对较差自转的作用同子午环流径向速度 V_r 联系起来并给出下列关系式[3][7]

$$V_r = \frac{L}{4\pi GM\rho R} \cdot \frac{\nabla_{ad}}{\nabla - \nabla_{ad}} x. \tag{6}$$

式中 $\nabla_{ad} = \left(\frac{\mathrm{dln}T}{\mathrm{dln}P}\right)_{ad}$，$\nabla = 1 - \frac{\mathrm{dln}\rho}{\mathrm{dln}P}$.

L，M，R，ρ 和 P 分别表示太阳光度，质量，半径，密度和压力，而 x 为摄动力 f 对重力 g 在太阳内部径向 r 处之比的因子，即

$$x = \frac{f}{g}.$$

在实际计算时，Kippenhahn 取 $\frac{\nabla_{ad}}{3\ (\nabla - \nabla_{ad})} \approx 1$.

将（6）式代入（5）式，即得太阳内部较差自转角速度同内部摄动力的因子 x 的积分关系式

$$\Omega(r,\ \theta) = \Omega_0 \left\{1 - 0.189 P_2(\cos\theta) + \frac{L}{36 v \pi GMR\rho}\left[\frac{1}{P_2(\cos\theta)} + 2\right]\int_x^{R_\Theta} x\,\mathrm{d}r\right\}. \tag{7}$$

因此，摄动力对较差自转影响的表达式 Q 为

$$Q = \frac{L}{36\pi GMR\rho}\left[\frac{1}{P_2(\cos\theta)} + 2\right]\int_r^{R_\Theta} x\,\mathrm{d}r. \tag{8}$$

积分式内的 x 代表各种摄动力因子，如重力，离心力，起潮力以及电力和磁力等摄动力因子，但尚未表现出各种摄动力对较差自转的效应. 本文中的离心力因子对 dr 积分后所得的理论式子和数值才是离心力对较差自转的效应，这是本文在第 4 节中的主要工作.

4. 太阳内部离心力对太阳内部较差自转的影响

由（7）式可以推算太阳内部离心力对太阳较差自转的影响. 首先需要给出摄动力因子 x 的式子. 因为离心力

$$f = \omega(r)^2 rm,\ g = \frac{GM(r)m}{r^2}.$$

所以

$$x_{\mathrm{rot}} = \frac{f}{g} = \frac{\omega(r)^2 r}{\frac{GM(r)}{r^2}} = \frac{\omega(r)^2 r^3}{GM(r)}. \tag{9}$$

太阳内部自转角速 ω 是径向 r 的函数[8][9]，

$$\omega(r)^2 = \lambda + \mu r^2.$$

式中 λ 和 μ 为常数. 实际上，太阳内部角速度变化不是径向 r 的连续函数，对不同层有不同角速度. 本文首先研究太阳内部在距表面 r 或深度 H 处角速度 ω 不随径向 r 或深度 H 变化，其中 r 是由太阳中心量起的径向矢量，根据文［11］［15］知从太阳表面到

径向 $r=0.70R_\Theta$ 内部角速度不变. 在这种情况下，$\omega(r)=\omega_\Theta=\text{const}$，即 ω 和太阳表面自转角速度一样. 将（8）式代入（7）式，得

$$\Omega(r,\theta)=\Omega_0\left\{1-0.189P_2(\cos\theta)+\frac{L_\Theta\omega_\Theta^2}{36\pi vG^2M_\Theta R_\Theta\rho_\Theta}\left[\frac{1}{P_2(\cos\theta)}+2\right]\int_r^{R_\Theta}\frac{r^3}{M(r)}\mathrm{d}r\right\}. \tag{10}$$

根据太阳内部多方模型理论，对 r 和 $M(r)$ 做如下变换：

$$M(r)=4\pi\int_0^r r^2\rho\,\mathrm{d}r. \tag{11}$$

由多方模型理论采用下列变换[10]：

$$\begin{cases}r=\alpha\xi=\left[\dfrac{(n+1)K_n}{4\pi G}\right]^{\frac{1}{2}}\rho_c^{\frac{1-n}{2n}}\xi,\\ \alpha=\left[\dfrac{(n+1)K_n}{4\pi G}\right]^{\frac{1}{2}}\rho_c^{\frac{1-n}{2n}}.\end{cases} \tag{12}$$

式中 K_n 为待定常数，n 为多方指数，ρ_c 表示太阳-中心密度，ψ 为多方模型函数.

将多方模型函数 ψ 和密度的关系式 $\rho=\rho_c\psi^n$ 以及 $\mathrm{d}r=\alpha\mathrm{d}\xi$ 代入（11）式，有

$$M(r)=M(\xi)=4\pi\alpha^3\rho_c\int_0^\xi\xi^2\psi^n\mathrm{d}\xi.$$

用

$$\frac{1}{\xi^2}\cdot\frac{\mathrm{d}}{\mathrm{d}\xi}\left(\xi^2\frac{\mathrm{d}\psi}{\mathrm{d}\xi}\right)=-\psi^n,$$

$$M(r)=M(\xi)=-4\pi\alpha^3\rho_c\int_0^\xi\frac{\mathrm{d}}{\mathrm{d}\xi}\left(\xi^2\frac{\mathrm{d}\psi}{\mathrm{d}\xi}\right)\mathrm{d}\xi=-4\pi\alpha^3\rho_c\xi^2\frac{\mathrm{d}\psi}{\mathrm{d}\xi},$$

将（12）式的 α 代入上式，可得

$$M(r)=-4\pi\left[\frac{(n+1)K_n}{4\pi G}\right]^{\frac{3}{2}}\rho_c^{\frac{3-n}{2n}}\left(\xi^2\frac{\mathrm{d}\psi}{\mathrm{d}\xi}\right).$$

对于太阳取 $n=\dfrac{3}{2}=1.5$[10]，则上式变为

$$M(r)=M(\xi)=-4\pi\left(\frac{5K_n}{8\pi G}\right)^{\frac{3}{2}}\rho_c^{\frac{1}{2}}\left(\xi^2\frac{\mathrm{d}\psi}{\mathrm{d}\xi}\right)=-4\pi\Delta^{\frac{3}{2}}\rho_c^{\frac{1}{2}}\left(\xi^2\frac{\mathrm{d}\psi}{\mathrm{d}\xi}\right). \tag{13}$$

令式中 $\dfrac{5K_n}{8\pi G}=\Delta$.

$$\begin{cases}r=\alpha\xi=\left(\dfrac{5K_n}{8\pi G}\right)^{\frac{1}{2}}\rho_c^{-\frac{1}{6}}\xi,\\ r^3=\Delta^{\frac{3}{2}}\rho_c^{-\frac{1}{2}}\xi^3,\\ \mathrm{d}r=\Delta^{\frac{1}{2}}\rho_c^{-\frac{1}{6}}\mathrm{d}\xi.\end{cases} \tag{14}$$

式中 K_n 是由太阳表面边界值 $r=R_\Theta$ 和 $\xi=\xi^\cdot$ 决定的常数. 由（14）式第一个式子可得

$$K_n=\frac{8\pi GR_\Theta^2}{5(\xi^\cdot)^2}\rho_c^{\frac{1}{3}}. \tag{15}$$

将（13）式的 $M(r)$ 和（14）式的 r^3 代入（10）式

$$\int_r^{R_\Theta} \frac{r^3}{M(r)}\mathrm{d}r = \frac{\Delta^{\frac{1}{2}}}{-4\pi\rho_c^{\frac{7}{6}}}\int_\xi^{\xi^*} \frac{\xi^3\mathrm{d}\xi}{\xi^2\dfrac{\mathrm{d}\psi}{\mathrm{d}\xi}} = \frac{\Delta^{\frac{1}{2}}}{4\pi\rho_c^{\frac{7}{6}}}\int_\xi^{\xi^*}\left(-\xi\Big/\frac{\mathrm{d}\psi}{\mathrm{d}\xi}\right)\mathrm{d}\xi$$

$$= \frac{\Delta^{\frac{1}{2}}}{4\pi\rho_c^{\frac{7}{6}}}\left(-\xi\Big/\frac{\mathrm{d}\psi}{\mathrm{d}\xi}\right)\int_\xi^{\xi^*}\mathrm{d}\xi. \tag{16}$$

$$\because r = \alpha\xi = \Delta^{\frac{1}{2}}\rho_c^{-\frac{1}{6}}\xi,\ r^3 = \Delta^{\frac{3}{2}}\rho_c^{-\frac{1}{2}}\xi^3.$$

r 和 ξ 取表面值 $r\to R_\Theta$，$\xi\to\xi^*$，则有 $R_\Theta = \Delta^{\frac{1}{2}}\rho_c^{-\frac{1}{6}}\xi^*$ 和 $\Delta^{\frac{1}{2}} = \rho_c^{\frac{1}{6}}\left(\frac{R_\Theta}{\xi^*}\right)$. 再将 $\Delta^{\frac{1}{2}}$ 代入积分式（16），则有

$$\int_r^{R_\Theta}\frac{r^3}{M(r)}\mathrm{d}r = \frac{3}{4\pi\rho_c}\left(\frac{R_\Theta}{\xi^*}\right)\left[-\xi\Big/\left(3\frac{\mathrm{d}\psi}{\mathrm{d}\xi}\right)\right](\xi^*-\xi)$$

$$= \frac{3R_\Theta}{4\pi\rho_c}\left[-\xi\Big/\left(3\frac{\mathrm{d}\psi}{\mathrm{d}\xi}\right)\right]\left(1-\frac{\xi}{\xi^*}\right).$$

令 $r = xR_\Theta = \alpha\xi$，$R_\Theta = \alpha\xi^*$，$\therefore \frac{\xi}{\xi^*} = x$，$x = \frac{r}{R_\Theta}$，

$$\int_r^{R_\Theta}\frac{r^3}{M(r)}\mathrm{d}r = \frac{3R_\Theta}{4\pi\rho_c}\left[-\xi\Big/\left(3\frac{\mathrm{d}\psi}{\mathrm{d}\xi}\right)\right](1-x).$$

因为 $1-x = 1-\frac{r}{R_\Theta} = \frac{R_\Theta - r}{R_\Theta} = \frac{H}{R_\Theta}$，$H = R_\Theta - r$（太阳表面向下的深度），所以有

$$\int_r^{R_\Theta}\frac{r^3}{M(r)}\mathrm{d}r = \frac{3R_\Theta}{4\pi\rho_c}\left[-\xi\Big/\left(3\frac{\mathrm{d}\psi}{\mathrm{d}\xi}\right)\right]\left(1-\frac{r}{R_\Theta}\right) = \frac{3}{4\pi\rho_c}\left[-\xi\Big/\left(3\frac{\mathrm{d}\psi}{\mathrm{d}\xi}\right)\right]H. \tag{17}$$

将（17）式代入（10）式最后项便得到离心力对太阳内部较差自转的效应项，即（8）式

$$Q = \frac{L_\Theta\omega_\Theta^2}{48\pi^2 vG^2M_\Theta\rho_\Theta\rho_c}\left[\frac{1}{P_2(\cos\theta)}+2\right]\left[-\xi\Big/\left(3\frac{\mathrm{d}\psi}{\mathrm{d}\xi}\right)\right]\left(1-\frac{r}{R_\Theta}\right)$$

$$= \frac{L_\Theta\omega_\Theta^2}{48\pi^2 vG^2M_\Theta\rho_\Theta\rho_c}\left[\frac{1}{P_2\left(\cos\theta\right)}+2\right]\left[-\xi\Big/\left(3\frac{\mathrm{d}\psi}{\mathrm{d}\xi}\right)\right]H. \tag{18}$$

式中 r 是由太阳中心量起的径向，H 是由太阳表面向下量起的深度，两者都以太阳半径 R_Θ 为单位，$-\xi\Big/\left(3\frac{\mathrm{d}\psi}{\mathrm{d}\xi}\right)$ 为 ξ（r）的函数，可由多方模型指数 n 的表查到对应值的函数值[10][13]．（10）式可以写成

$$\Omega = \Omega_0[1-0.189P_2(\cos\theta)+Q(\phi,\ H,\ \xi)]. \tag{19}$$

Ω_0 为太阳赤道自转角速度，P_2（$\cos\theta$）$=\frac{1}{2}$（$3\cos^2\theta-1$）.

5．数值结果

本文的理论结果适用于太阳内部角速度不变的部分或太阳内部角速度同太阳表面角

速度一致的部分，即从太阳表面向下深度H 或直到$\frac{r}{R_{\Theta}}=0.7$ 的角速不变部分，但线速度各部是不同的. 文［11］［15］认为太阳内部角速度从表面直到 $r=0.7R_{\Theta}\left(\frac{r}{R_{\Theta}}=0.7\right)$ 几乎不变，这意味着从太阳表面向下深度 $H=0.3R_{\Theta}$ 部分角速度几乎不变. 故本文取太阳内部这样的深度作为本文的研究和计算部分. 为此选取以下太阳的物理数据[12] $M=1.989\times10^{33}$ g，$R_{\Theta}=6.959\,9\times10^{10}$ cm，$L=3.826\times10^{33}$ erg/s，$\rho=1.409$ g/cm^3，$\rho_c=160$ g/cm^3.

在 $r=0.7R_{\Theta}$ 到太阳表面$r=R_{\Theta}$ 处太阳内部自转角速度应该等于太阳表面赤道角速度，即

$$\Omega_0=2.865\times10^{-6}\ \text{rad/s}=\omega_{\Theta}.$$

太阳内部黏滞系数可引用 Eddington 给的数值[13]

$$v=\eta_R=15.3.$$

K_n 数值由（15）式确定. 边界值 $\xi^{\cdot}$ 由多方模型边界值表给出[10]，对于太阳 $n=1.5$ 查表可知 $\xi^{\cdot}=3.657\,1$. 将 $\xi^{\cdot}$，R_{Θ}，ρ_c 各值代入（15）式可得 $K_n=1.145\,1\times10^{15}$ dyn·cm^{-1}·g^{-1}，$\Delta=\frac{5K_n}{8\pi G}=3.427\,5\times10^{21}$，$\Delta^{\frac{1}{2}}=5.854\times10^{10}$，$\rho_c^{-\frac{1}{6}}=0.429\,2$，$\alpha=\Delta^{\frac{1}{2}}\rho_c^{-\frac{1}{6}}=2.512\times10^{10}$.

由此可给出$\xi=\frac{r}{\alpha}=\frac{r}{\Delta^{\frac{1}{2}}}\rho_c^{-\frac{1}{6}}$ 的数值（对不同的 r），ξ 值查多方函数表（对于 $n=1.5$）对应的函数$-\xi\Big/\left(3\,\frac{\mathrm{d}\psi}{\mathrm{d}\xi}\right)$的数值[10][13]. 本文选取在 ψ 对流区域内径向 $r=0.90R_{\Theta}$ 和$r=0.83R_{\Theta}$ 得到对应值ξ 为 2.5 和 2.3[13]. 从查表知对应的$-\xi\Big/\left(3\,\frac{\mathrm{d}\psi}{\mathrm{d}\xi}\right)$值为 1.644 和 1.550 4. 2.3 的对应值是用 2 和 2.5 的对应值的内插得到的[13]. 文［13］中的 z 相当于本文中的ξ，而 u 相当于ψ. 因为（7）式中的因子 $F(\theta)=\left[\frac{1}{P_2\ (\cos\theta)}+2\right]$，其中 θ 是余纬度，需转换成纬度 $\phi=90°-\theta$，$\cos\theta=\sin\phi$，即由 $F(\theta)$转换成$F(\phi)$，同样，需要将 $1-0.189P_2(\cos\theta)$转换成 $1-0.189P_2(\sin\phi)$的数值.

根据文［11］，从太阳表面到径向 $r=0.70R_{\Theta}$ 自转角速度不变，而从太阳表面到径向 $r=0.75R_{\Theta}$ 为对流区域. 因为较差自转发生在对流层内，故必须研究从太阳表面到经向 $r=0.75\,R_{\Theta}$ 处深度的较差自转效应. 因此本文取径向 $r=0.83R_{\Theta}$，$H=0.17R_{\Theta}$ 和 $r=0.90R_{\Theta}$，$H=0.10R_{\Theta}$ 处的较差自转效应. 将以上各数据代入（18）式便得效应因子 Q 和 $1-0.189P_2$（$\sin\phi$）以及$\frac{\Omega}{\Omega_0}$的数值，并列入表 1.

6. 对理论和数值结果的讨论

（1）表 1 的计算结果表明太阳内部离心力对太阳内部径向和纬向较差自转均有影

响. 从表面向下愈深径向较差自转影响因子 Q 就愈大. 另外，对于纬向的影响正好相反. 在赤道处（0 度）Q 值为零（无影响），从纬度 45°开始纬度愈高影响因子 Q 值愈小. 虽然如此，因为 $1-0.189P_2$ (sin ϕ) 的值随纬度增高而减小，但它加上 Q 值所得总的数值在赤道处有最大值，随纬度增高而减小. 这说明即使包括离心力效应 Q 值（Q 值在赤道处为零），太阳仍有赤道自转加速现象.

数值结果同理论结果相一致. 例如：将纬度 $\phi=0°$，用 $\theta=90°-\phi$ 代入（7）式中的因子$\left[\frac{1}{P_2\cos(\theta)}+2\right]=0$，这和表 1 中 $Q=0$ 相一致.

（2）本文的理论推导公式是在太阳多方模型（Polytropic model）基础上给出的，但太阳模型结构不仅由多方模型组成而且还有太阳辐射平衡模型部分. 可是本文研究内部较差自转是在深度 $0.10R_\odot$ 和 $0.17R_\odot$ 处，该处主要受对流区域所支配，对流区域下部才是辐射平衡区域. 故本文用多方模型理论推导离心力对内部较差自转的影响在对流区域可以用多方模型推算而不考虑辐射层的影响.

（3）在太阳对流区域适合采用太阳自转角速度不变的理论，正如文 [11] 指出：根据日震学观测反演得到太阳从表面直到对流层底，太阳自转角速度基本不变. 太阳在主序前是完全对流的，借助对流摩擦在上下之间充分交换角动量，使太阳自转角速度不随深度变化（均匀自转），进入主序星形成了辐射中层，只留下表面附近对流层保持着均匀自转. 故本文取这一部分在角速不变的情况下研究离心力对太阳内部较差自转的影响是适宜的.

（4）本文所研究的离心力对太阳内部较差自转的影响区域与太阳内部磁场无关. 文 [14] 指出，太阳对流层没有磁场，自转方式取决于对流，而对流下面的辐射区域有磁场，自转方式取决于磁场. 故本文研究的区域与磁场无关.

表 1　太阳内部离心力对内部径向和纬向较差自转的摄动影响的数值结果

$r(R_\odot)$	$H(R_\odot)$	ξ	$-\xi\Big/\left(3\dfrac{d\psi}{d\xi}\right)$	ϕ (deg)	Q	$1-0.189P_2$ (sin ϕ)	Ω/Ω_0
0.90	0.10	2.5	1.644	0	0	1.094 5	1.094 5
0.90	0.10	2.5	1.644	45	0.002 1	0.952 7	0.954 8
0.90	0.10	2.5	1.644	60	0.001 3	0.881 9	0.883 2
0.90	0.10	2.5	1.644	75	0.001 1	0.830 0	0.831 1
0.90	0.10	2.5	1.644	90	0.001 0	0.810 0	0.812 0
0.83	0.17	2.3	1.550 4	0	0	1.094 5	1.094 5
0.83	0.17	2.3	1.550 4	45	0.003 4	0.952 7	0.956 1
0.83	0.17	2.3	1.550 4	60	0.002 1	0.881 9	0.884 0

续 表

$r(R_\Theta)$	$H(R_\Theta)$	ξ	$-\xi\Big/\left(3\dfrac{d\psi}{d\xi}\right)$	ϕ (deg)	Q	$1-0.189P_2$ ($\sin\phi$)	Ω/Ω_0
0.83	0.17	2.3	1.550 4	75	0.001 8	0.830 0	0.831 8
0.83	0.17	2.3	1.550 4	90	0.001 7	0.810 0	0.812 7

（5）正如引言节所述，太阳较差自转产生在对流区域，特别在对流带底下部分. 根据文［11］，太阳内部对流区域是在径向 $r=0.75R_\Theta$ 到太阳表面部分. 此外，太阳内部角速度不变（ω=const）是从太阳表面到径向 $r=0.70R_\Theta$ 的区域[11][15]，所以，本文研究太阳较差自转径向部分不仅选取从太阳表面到 $r=0.7R_\Theta$ 处，而且还必须从太阳表面到 $r=0.75R_\Theta$ 以内区域包括 $r=0.75R_\Theta$. 因此，本文计算太阳的两个径向 $r=0.90R_\Theta$（深度 $H=0.10R_\Theta$）和 $r=0.83R_\Theta$（$H=0.17R_\Theta$）适宜上述两个条件.

参考文献

［1］李林森. 天文与天体物理，2013，1：45.

［2］Kippenhahn R. Proceeding of International School of Physics “Envico Fermi” Couse X X V III. Stellar Evolution，1963：330.

［3］Durney B. ApJ，1974，190：211. http：//dx. doi. org/10. 1086/152865.

［4］李林森. 东北师范大学学报（自然科学版），1981，4：23.

［5］Zhang K，J Fluid. Mech，1992，236：535. http：// dx. doi. org/10. 1017/S0022112092001526.

［6］Zhang K，Schubert G. ApJ，2002，572：461. http：// dx. doi. org/10. 1086/340288.

［7］Baker N，Kippenhahn R. ZfAstrophysik，1959，48：140.

［8］Wilczinski E J. Hydrodynamische Undersuchungen mit Anwendung auf die Theoriedes Sonnen Rotation. Berlin：Mayer and Muller，1897.

［9］关口鲤吉. 太阳. 岩波书店，1926.

［10］荒木俊马，清永嘉一. 恒星物理学. 宇宙物理学研究会出版社，1950：259，262.

［11］林元章. 太阳物理学. 北京：科学出版社，2000：12，129.

［12］Allen C W. Astrophysical Quantities. The Athlone：University of London，1973：161，163，180.

［13］Eddington A S. The Internal Constitution of the Stars. Cambridge：Cambridge University Press，1926：281.

［14］Lundquist S. Arkiv f Math Astr O Fysik，1948：35A，N27.

［15］熊大润. 天文学进展，1988，6：8.

Influence of the Magnetic Field in the Solar Interior on the Differential Rotation*

Abstract: The influence of the magnetic force in the solar interior on the differential rotation is studied. The formula for the influence of the magnetic field in the solar interior on the differential rotation at depth H below surface and co-latitude is derived. As a calculating example, the influence of the magnetic field on the differential rotation at given depth $H = 0.3\ R$ below solar surface and latitude $\varphi = 0°$, $15°$, $30°$, $45°$, $60°$, $75°$ and $90°$ is calculated. The theoretical and calculated results are discussed.

Keywords: Solar interior magnetic field; Differential rotation; Influence

Introduction

The study for the sun's differential rotation had been passed through over hundred years, but some studies only restrict to the surface differential rotation, a few studies for the interior differential rotation. The sun's interior differential rotation is connected with the radius velocity of the meridional circulation. At first, Kippenhahn calculated the sun's differential rotation and circulational flow by using anisotropic viscosity[1][2]. Durney developed Kippenhahn's theory in study the relation between the differential rotation and meridional circulation[3][4]. He regards that the sun's differential rotation is maintained by a large scale meridional circulation flow in the convective zone, and he point out that the observational differential rotation is resulted from the base of convective zone in where the influence of mutual action between rotation and convective zone derives the meridional circulation on the whole convective zone, and the differential rotation is arisen from the meridional circulation. Under this assumption, he deduces the sun's differential rotational velocity as the function of the depth and co-latitude. But the various disturbing force in the outside or inside of the sun, such as the tidal, magnetic and Coriolis forces affect the radius velocity of the meridional circulation, and therefore, it affects indirectly the sun's differential rotation.

* 原文载于 *Journal of Physics and Astronomy*, 2016, 4 (2): 1-8.

Recently, Tassoul studied the meridional circulation, magnetic field's affect and rotation (spin-down) of the sun[5][6]. He obtains the significant scientific and theoretical results. The present paper studies the influence of the magnetic force on the differential rotation of the solar interior.

The formula of the solar interior differential rotation as expressed the meridional velocity in solar interior. Durney had ever deduced the formula for the differential rotational velocity in solar interior as the function of depth and co-latitude starting from hydrodynamics of viscous fluids[3]:

$$\Omega(r,\theta)=\Omega_0[1+\omega_0(r)+\omega_2(r)P_2(\cos\theta)]. \tag{1}$$

Where

$$\begin{aligned}\omega_0(r)&=\frac{2}{3v}\int_r^{R_\odot}\left(\frac{\psi}{r^2\rho}\right)\mathrm{d}r,\\ \omega_2(r)&=-0.189+\frac{4}{3v}\int_r^{R_\odot}\left(\frac{\psi}{r^2\rho}\right)\mathrm{d}r.\end{aligned}\tag{2}$$

$P_2(\cos\theta)$ is the Legendre polynomials.

The components of the velocity of the meridional circulation on the meridional circle in solar interior are

$$\begin{aligned}V_r&=\frac{2\psi}{r^2\rho}P_2(\cos\theta),\\ V_\theta&=-\frac{\psi'}{r^2\rho}\sin\theta\cos\theta.\end{aligned}\tag{3}$$

Where ψ denotes steam-function, θ is co-latitude in spherical coordinates and v is viscosity, $\psi'=\frac{\mathrm{d}\psi}{\mathrm{d}r}$.

Substituting $\frac{V_r}{2P_2\ (\cos\theta)}=\frac{\psi}{r^2\rho}$ of (3) into Eq. (2), then

$$\begin{aligned}\omega_0(r)&=\frac{1}{3vP_2(\cos\theta)}\int_r^{R_\odot}V_r\mathrm{d}r,\\ \omega_2(r)&=-0.189+\frac{2}{3vP_2(\cos\theta)}\int_r^{R_\odot}V_r\mathrm{d}r.\end{aligned}\tag{4}$$

Substituting (4) into (1), we obtain

$$\Omega(r,\theta)=\Omega_0\left\{1-0.189P_2(\cos\theta)+\frac{2}{3v}\left[\frac{1}{2P_2(\cos\theta)}+1\right]\int_r^{R_\odot}V_r\mathrm{d}r\right\}. \tag{5}$$

We study the influence of the velocity of meridional circulation on the solar interior differential rotation by using the formula (5).

The influence of the magnetic force of solar interior on the differential rotation

The influence of the magnetic force of solar interior on the differential rotation is realized through the interior meridional velocity. Kippenhahn had ever connected the magnetic force of this action with meridional velocity V_r, and he give the following formula[1]:

$$V_r = \frac{L}{4\pi GM\rho R} \cdot \frac{\nabla_{ad}}{\nabla - \nabla_{ad}} x_{\mathrm{mag}}, \tag{6}$$

Where

$$\nabla_{\mathrm{ad}} = \left(\frac{\mathrm{dln}T}{\mathrm{dln}P}\right)_{ad}, \quad \nabla = 1 - \frac{\mathrm{dln}\rho}{\mathrm{ln}P}.$$

L, M, ρ and R denote the luminosity, mass, density, and radius of the sun respectively, x_{mag} denotes the order of the ratio of the magnetic force to the gravitational force, and it relates with magnetic field B as follows[1][2]:

$$x_{\mathrm{mag}} = \frac{B^2 r}{4\pi GM(r)\rho(r)}. \tag{7}$$

$M(r)$ and $\rho(r)$ denote the mass and mean density inside the sphere of radius r.

In the expression (6), Kippenhahn puts $\frac{\nabla_{ad}}{3(\nabla - \nabla_{ad})} \approx 1$, and we let $\rho = \frac{M}{\frac{4}{3}\pi R^3}$,

then, (6) can be written as[1],

$$\therefore V_r = \frac{LR^2}{GM^2} x_{mag}. \tag{8}$$

Substituting (8) into (5) and consider (7), we obtain

$$\Omega = \Omega_0 \left\{1 - 0.189 P_2(\cos\theta) + \frac{L_{\odot}R^2}{12\pi v G^2 M^2}\left[\frac{1}{P_2(\cos\theta)} + 2\right]\int_r^{R_{\odot}} \frac{\vec{B}^2 r}{M(r)\rho(r)} \mathrm{d}r\right\},$$

using $\rho(r) = \frac{M(r)}{\frac{4}{3}\pi r^3}$, then

$$\Omega = \Omega_0 \left\{1 - 0.189 P_2(\cos\theta) + \frac{L_{\odot}R^2}{9 v G^2 M^2}\left[\frac{1}{P_2(\cos\theta)} + 2\right]\int_r^{R_{\odot}} \frac{\vec{B}^2 r^4}{M(r)^2} \mathrm{d}r\right\}. \tag{9}$$

The results of integration of formula (9).

$M(r)$ and $B(r)$ in formula (9) are the function of r, the components of the magnetic field $\vec{B}(r)$ at any point in solar interior are given by Chen-Biao[7]:

$$B_r = R_r(r)\cos\theta, \quad B_\theta = R_\theta(r)\sin\theta, \quad B_\varphi = R_\varphi(r)\sin\theta. \tag{10}$$

The solution is a circulational solution in the meridional plane, and according to the calculation by chen-Biao:

$$R_r(r) = (a + br^2 + cr^{-3})B_0,$$
$$R_\theta(r) = (a' + b'r^2 + c'r^{-3})B_0, \tag{11}$$

$$R_\varphi(r)=0.$$

Where B_0 is the magnetic field of the sun's surface, and

$$\begin{aligned}&a=1.4496,\ b=-1.2698,\ c=-0.1799,\\&a'=-1.4496,\ b'=2.5396,\ c'=-0.08995.\end{aligned} \tag{12}$$

Hence

$$\begin{aligned}B^2&=B_r^2+B_\theta^2+B_\varphi^2\\&=(a+br^2+cr^{-3})^2B_0^2\cos^2\theta+(a'+b'r^2+c'r^{-3})^2B_0^2\sin^2\theta\\&=(a^2+a'^2)B_0^2+(ab\cos^2\theta+a'b'\sin^2\theta)r^2B_0^2+\\&\quad+(b^2\cos^2\theta+b'^2\sin^2\theta)r^4B_0^2+2(cb\cos^2\theta+b'c'\sin^2\theta)\frac{1}{r}B_0^2\\&\quad+2(ac\cos^2\theta+a'c'\sin^2\theta)\frac{1}{r^3}B_0^2+(c^2\cos^2\theta+c'\sin^2\theta)\frac{B_0^2}{r^6}.\end{aligned} \tag{13}$$

According to the theory of stellar interior constitution Chandrasekhar[8]:

$$\begin{aligned}M(r)&=4\pi\int_0^r r^2\rho(r)\mathrm{d}r\\&=-4\pi\left[\frac{(n+1)K}{4\pi G}\right]^{\frac{3}{2}}\rho_c^{\frac{3-n}{2-n}}\left(\xi^2\frac{\mathrm{d}\psi}{\mathrm{d}\xi}\right).\end{aligned} \tag{14}$$

Where $K=\dfrac{P_c}{\rho_c}$, P_c and ρ_c are the central pressure and density respectively.

For the sun, we put $n=\dfrac{3}{2}=1.5$, then, (14) reduce to

$$\begin{aligned}\therefore M(r)&=M(\xi)=-4\pi\Delta^{\frac{3}{2}}\rho_c^{\frac{1}{2}}\left(\xi^2\frac{\mathrm{d}\psi}{\mathrm{d}\xi}\right),\\M(r)^2&=16\pi^2\Delta^3\rho_c\xi^4\left(\frac{\mathrm{d}\psi}{\mathrm{d}\xi}\right)^2.\end{aligned} \tag{15}$$

Where $\Delta=\dfrac{5K}{8\pi G}$, and

$$\begin{aligned}&r=\alpha\xi=\Delta^{\frac{1}{2}}\rho_c^{-\frac{1}{6}}\xi,\ r^4=\Delta^2\rho_c^{-\frac{2}{3}}\xi^4,\\&r^{-2}=\Delta^{-1}\rho_c^{\frac{1}{3}}\xi^{-2},\ r^6=\Delta^3\rho_c^{-1}\xi^6,\\&r^3=\Delta^{\frac{3}{2}}\rho_c^{-\frac{1}{2}}\xi^3,\ r^8=\Delta^4\rho_c^{-\frac{4}{3}}\xi^8,\end{aligned} \tag{16}$$

Substituting B^2 (r) and M (r) of (13) and (15) into (9), and use $\mathrm{d}r=\alpha\mathrm{d}\xi$, $\alpha=\dfrac{\Delta^{\frac{1}{2}}}{\rho_c^{\frac{1}{6}}}$, and then, integrating:

$$\begin{aligned}\int_r^{R_\Theta}\frac{B^2r^4}{M(r)^2}\mathrm{d}r&=(a^2+a'^2)\int_r^{R_\Theta}\frac{B_0^2r^4}{M(r)^2}\mathrm{d}r+2(ab\cos^2\theta+a'b'\sin^2\theta)B_0^2\int_r^{R_\Theta}\frac{r^6}{M(r)^2}\mathrm{d}r\\&\quad+(b^2\cos^2\theta+b'^2\sin^2\theta)B_0^2\int_r^{R_\Theta}\frac{r^8}{M(r)^2}\mathrm{d}r+2(b\cos^2\theta+b'c'\sin^2\theta)B_0^2\int_r^{R_\Theta}\\&\quad\frac{r^3}{M(r)^2}\mathrm{d}r\end{aligned}$$

$$+2(ac\cos^2\theta+a'c'\sin^2\theta)B_0^2\int_r^{R_\Theta}\frac{r}{M(r)^2}\mathrm{d}r+(c^2\cos^2\theta+c'^2\sin^2\theta)B_0^2\int_r^{R_\Theta}\frac{1}{M(r)^2r^2}\mathrm{d}r.$$

$$\begin{aligned}\therefore\int_r^{R_\Theta}\frac{B^2r^4}{M(r)^2}\mathrm{d}r=&\frac{B_0(a^2+a'^2)}{16\pi^2\Delta\rho_c^{\frac{5}{3}}}\left[1/\frac{\mathrm{d}\psi}{\mathrm{d}\xi}\right]_{\xi=\frac{r'}{\alpha}}\int_{\xi=\frac{r'}{\alpha}}^{R_\Theta/\alpha}\alpha\,\mathrm{d}\xi\\&+\frac{B_0^2}{8\pi^2\rho_c^2}(ab\cos^2\theta+a'b'\sin^2\theta)\left[\xi^2/\left(\frac{\mathrm{d}\psi}{\mathrm{d}\xi}\right)^2\right]_{\xi=\frac{r'}{\alpha}}\int_{\xi=\frac{r'}{\alpha}}^{R_\Theta/\alpha}\alpha\,\mathrm{d}\xi\\&+\frac{B_0^2\Delta}{16\pi^2\rho_c^{\frac{7}{3}}}(b^2\cos^2\theta+b'^2\sin^2\theta)\left[\xi^2/\left(\frac{\mathrm{d}\psi}{\mathrm{d}\xi}\right)^2\right]_{\xi=\frac{r'}{\alpha}}\int_{\xi=\frac{r'}{\alpha}}^{R_\Theta/\alpha}\alpha\,\mathrm{d}\xi\\&+\frac{B_0^2}{8\pi^2\Delta^{\frac{3}{2}}\rho_c^{\frac{3}{2}}}(bc\cos^2\theta+b'c'\sin^2\theta)\left[1/\xi\left(\frac{\mathrm{d}\psi}{\mathrm{d}\xi}\right)^2\right]_{\xi=\frac{r'}{\alpha}}\int_{\xi=\frac{r'}{\alpha}}^{R_\Theta/\alpha}\alpha\,\mathrm{d}\xi\\&+\frac{B_0^2}{8\pi^2\Delta^{\frac{5}{2}}\rho_c^{\frac{7}{6}}}(ac\cos^2\theta+a'c'\sin^2\theta)\left[1/\xi^3\left(\frac{\mathrm{d}\psi}{\mathrm{d}\xi}\right)^2\right]_{\xi=\frac{r'}{\alpha}}\int_{\xi=\frac{r'}{\alpha}}^{R_\Theta/x}\alpha\,\mathrm{d}\xi\\&+\frac{B_0^2}{16\pi^2\Delta^4\rho_c^{\frac{2}{3}}}(c^2\cos^2\theta+c'^2\sin^2\theta)\left[1/\xi^6\left(\frac{\mathrm{d}\psi}{\mathrm{d}\xi}\right)^2\right]_{\xi=\frac{r'}{\alpha}}\int_{\xi=\frac{r'}{\alpha}}^{R_\Theta/\alpha}\mathrm{d}\xi.\end{aligned}\tag{17}$$

$$\because\int_{\xi=\frac{r'}{\alpha}}^{R_\Theta/\alpha}\alpha\,\mathrm{d}\xi=\alpha\left(\frac{R_\Theta}{\alpha}-\frac{r'}{\alpha}\right)=R_\Theta-r'=H.\tag{18}$$

Where H is the depth bellow the solar surface.

The above expression (17) reduces to

$$\begin{aligned}\int_r^{R_\Theta}\frac{\vec{B}^2r^4}{M(r)^2}\mathrm{d}r=&\{(a'^2+a^2)Ak+(abBL+b^2CM+bcDN+acEP+c^2FQ)\cos^2\theta\\&+(a'b'BL+b'^2CM+b'c'DN+a'c'EP+c'^2FQ)\sin^2\theta\}B_0^2H.\end{aligned}$$

Substituting a, b, c and a', b', c' of (12) into the above expression, it can be written as

$$\begin{aligned}\int_r^{R_\Theta}\frac{\vec{B}^2r^4}{M(r)^2}\mathrm{d}r=&[4.2026Ak-(1.8144BL-1.5876CM+0.2255DN\\&+0.2610EP-0.0324FQ)\cos^2\theta-(3.6830BL-6.4516CM+0.2282DN\\&-0.1303EP-0.0081FQ)\sin^2\theta]\times B_0^2H.\end{aligned}\tag{19}$$

Where

$$A=\frac{1}{16}\pi^2\Delta\rho_c^{\frac{5}{3}},\ B=\frac{1}{8}\pi^2\rho_c^2,\ C=\frac{\Delta}{16}\pi^2\rho_c^{\frac{7}{3}},\ D=\frac{1}{8}\pi^2\Delta^{\frac{3}{2}}\rho_c^{\frac{3}{2}},$$

$$E=\frac{1}{8}\pi^2\Delta^{\frac{2}{5}}\rho_c^{\frac{7}{6}},\ F=\frac{1}{16}\pi^2\Delta^4\rho_c^{\frac{2}{3}},\ K=1\Big/\left(\frac{\mathrm{d}\psi}{\mathrm{d}\xi}\right)^2,\ L=\xi^2\Big/\left(\frac{\mathrm{d}\psi}{\mathrm{d}\xi}\right)^2,$$

$$M=\xi^4\Big/\left(\frac{\mathrm{d}\psi}{\mathrm{d}\xi}\right)^2,\ N=1\Big/\xi\left(\frac{\mathrm{d}\psi}{\mathrm{d}\xi}\right)^2,$$

$$P=1\Big/\xi^3\left(\frac{\mathrm{d}\psi}{\mathrm{d}\xi}\right)^2,\quad Q=1\Big/\xi^6\left(\frac{\mathrm{d}\psi}{\mathrm{d}\xi}\right)^2,\quad H=R_\Theta-r'. \tag{20}$$

Where R_Θ denotes solar radius, r' denotes the radius from solar center.

Substituting (19) into (9), we obtain the formula for the influence of the magnetic force in solar interior on the differential rotation at the depth H below the sun's surface and co-latitude $\theta=\frac{1}{2}\pi-\varphi$,

$$\Omega=\Omega_0\left\{1-0.189P_2(\cos\theta)+\frac{L_\Theta R^2}{27vG^2M^2}\left[\left(\frac{1}{P_2(\cos\theta)}\right)+2\right](k+\lambda\cos^2\theta+\mu\sin^2\theta)B_0^2H\right\}. \tag{21}$$

Where $k=4.2026AK$,

$\lambda=-(1.8144BL-1.5876CM+0.225DN+0.2610EP-0.0324FQ)$,

$\mu=-(3.6830BL-6.4516CM+0.2282DN-0.1303EP-0.008FQ)$. (22)

The numerical results

In the formula (21) the third term is the perturbation effect of the magnetic force in solar interior on the differential rotation. We denote as $\Delta\Omega$, that is

$$\Delta\Omega=\Omega_0QF(\theta)F(\theta,\ \lambda,\ \mu)B_0H. \tag{23}$$

Here

$$Q=\frac{L_\Theta R^2}{27vG^2M^2},\quad F(\theta)=\frac{1}{P_2(\cos\theta)}+2,\quad F(\theta,\ \lambda,\ \mu)=(k+\lambda\cos^2\theta+\mu\sin^2\theta). \tag{24}$$

As example, we use the obtained result (23) to calculate the differential rotation of solar interior at latitude $\varphi=0$, $15°$, $30°$, $45°$, $60°$, $75°$ and $90°$ and depth H below solar surface.

For the sun, we use $n=1.5$, $\gamma=\frac{5}{3}$, the values of its M, R, L, ρ_c, P_c and v are given by Allen[9]. So, we obtain:

$$r'=R-H=5.1\times10^{10}\ \text{cm},$$

$$K_{1.5}=2.12\times10^{15},\ \Delta=63\times10^{16},\ \alpha=3.4\times10^{10},\ \xi=1.5,$$

$$\psi=0.68132,\ \frac{\mathrm{d}\psi}{\mathrm{d}\xi}=-0.35752,\ \xi^2\frac{\mathrm{d}\psi}{\mathrm{d}\xi}=-0.80442.$$

Substituting $\Delta=63\times10^{20}$, $\rho_c=160\ \text{g/cm}^3$ and $\xi=1.5$, $\frac{\mathrm{d}\psi}{\mathrm{d}\xi}=-0.35752$ into (20) we obtain:

$\mu=6.4516CM-3.6830BL$.

$A=0$, $E=0$, $M=39.71$, $B=4.8\times10^{-7}$, $F=0$, $N=5.22$, $C=2.9\times10^8$, $K=7.84$, $P=2.32$, $D=0$, $L=17.65$, $Q=0.69$.

Substituting the above values into (22), we obtain:

$$K = 4.2026AK = 0,$$
$$\lambda = 4.2026AK = 0,$$
$$\mu = 1.5876CM - 1.8144BL. \qquad (25)$$

The value of $B = 4.8 \times 10^{-7}$ may be ignored as compare with the value of the order of $C = 2.9 \times 10^{8}$. so, $B \approx 0$, the above expressions can be written as

$$k = 0, \ \lambda = 1.5876CM = 1828 \times 10^{7}, \ \mu = 6.4516CM = 7431 \times 10^{7}. \qquad (26)$$

For the solar model $M = 1.989 \times 10^{33}$ g, $R = 6.959 \times 10^{10}$ cm, $L = 3.826 \times 10^{33}$ erg/s, $\Omega_0 = 2.865 \times 10^{-6}$ rad/s[9], $v = 2 \times 10^{12}$ cm/s[10] and the general magnetic field of solar surface $B_0 = 25 \sim 50$ G[11]. We take the average value 37 G. and calculate depth $H = 0.3R$ below solar surface. Substitution of the above data into the formulae (23) ~ (24), we obtain the numerical results for $\Delta\Omega$ as shown in table 1.

Table 1 Numerical results for the differential rotation of the depth 0. 3 *H* below solar surface

φ (deg)	θ (deg)	$F(\theta)$	$Q \times 10^{-12}$	$F(\theta, \lambda, \mu) \times 10^{7}$	$\Delta\Omega$ (10^{-6} rad / s)
90	0	+3	19. 5	1. 83	+1. 07
75	15	+3. 11	19. 5	2. 20	+1. 34
60	30	+3. 60	19. 5	3. 23	+2. 26
45	45	+6	19. 5	9. 26	+10. 83
30	60	−6	19. 5	−6. 03	−7. 05
15	75	−5. 03	19. 5	−7. 05	−0. 69
0	90	0	19. 5	0	0
φ is the latitude, θ is the co-latitude. $\Omega_0 = 2.865 \times 10^{-6}$ rad/s, $B_0 = 37G$.					

Discussion and Conclusion

We obtain the following conclusion according to theoretical and calculated results and numerical results in table.

In the table $\Delta\Omega = 0$ as $H = 0$. There is not perturbation effect. This is the case of the differential rotation of solar surface, that is, the differential rotational velocity decreases with the latitude φ. The formula (21) reduces to

$$\Omega = \Omega_0[1 - 0.189P_2(\cos\theta)].$$

The effect of the depth on the differential rotation

In the sun's interior, the deeper the depth, the larger the effect on the differential rotation as $H \neq 0$, In the sun's central $r = 0$, the differential rotational velocity arrives at maximum. In addition, the stronger the magnetic field B_0, the larger the effect on the differential rotation also.

The effect of various latitudes on the defferential rotation

As $\varphi = 0$ (the case of the equator), $\Delta\Omega = 0$, this show that there is not perturbation effect or no effect on the differential rotation. The effect exhibits a retardation (negative value) at $0 < \varphi \leqslant 30°$. The effect increases successively to maximum at $\varphi = 45°$. Their effect decreases successively to minimum at $45° \leqslant \varphi \leqslant 90°$.

Comparison of effects of the internal angular velocity with surface angular velocity

The solar surface angular velocity: $\Omega_0 = 2.865 \times 10^{-6}$ rad/s, as in table the internal angular velocity is small than that of surface values at 15° and rotation of contrary direction. The internal rotation is large than that of surface rotation at 30° and the rotation of the contrary direction. The value of internal rotation is large than that of the surface rotation at 45°. Their values of the internal rotation are small than that of the surface rotation at 60°～90°.

References

[1] Kippenhahn R. Proceeding of the international school of physics "Enrico Fermi" course XX VIII. Stellar evolution, 1963; 330.

[2] Kippenhahn R. Differential rotation in stars with convective envelopes. Ap J, 1963; 137: 664.

[3] Durney B. On the sun's differential rotation: Its maintenance by large-scale meridional motions in the convection zone. Ap J, 1974; 190: 211-22.

[4] Durney B. Solar physics, 1974; 34: 11.

[5] Tassoul M, Tassoul J L. Meridional circulation in rotating stars VIII-The solar spin-down problem. Ap J, 1984; 286: 350-8.

[6] Tassoul J L, Tassoul M. Meridional circulation in rotating stars IX-The effects of an axisymmetric magnetic field in early-type stars. Ap J, 1986; 310: 786-804.

[7] Biao Chen. Acta Astronomical Sinica, 1956; 4: 31.

[8] Chandrasekhar S. The dynamics of stellar systems I-Viii. An introduction to the study of the stellar structure, 1939; 90: 1.

[9] Allen C W. Astrophysical quantities the Athlone Press, Chapter 9. 1973; 161.

[10] Kuiper G P. Determination of the pole of rotation of venus The sun. Astrophys J, 1954; 120: 603.

[11] Shi-Hui Ye. The magnetic field of celestial body. Scientific Press, Cahpter 7, 1978, p131.

太阳较差自转 130 年（1855～1985）的观测和理论研究史的回顾*

摘要： 本文对太阳较差自转从 1855 年到 1985 年 130 年的观测和理论研究史做了回顾. 回顾了天文工作者对太阳较差自转的观测和理论研究结果，其中包括纬向较差自转的表面观测和理论研究，也包括径向较差自转（内部较差自转）以及产生较差自转的机制，稳定和演化的研究结果. 在最后一节中作者还列出了在不同年代一些作者从观测和理论研究给出的太阳的纬向和径向较差自转定律的形式.

关键词： 太阳较差自转；观测和理论研究史（1855～1985）；回顾

1. 引　言

在太阳物理学发展史上对太阳自转的观测和理论研究占有重要一页. 太阳自转问题是一项有研究意义的课题，而且也是一项比较复杂的问题. 对此课题研究的重大意义不仅对太阳物理本身的了解，同时对研究其他天体的自转（恒星自转）和演化也有启发意义. 由于太阳本身不是固体而是气体，因此，它的自转和刚体自转有所不同. 太阳表面自转角速度和表面纬度有联系. 纬度愈高，自转角速度愈小，愈接近赤道，角速度愈大，这种现象称为赤道加速现象或称为纬向较差自转现象. 此外，太阳内部不同的深度也在自转，称为径向较差自转. 人们对太阳这种自转的特性经历了一百多年的观测和理论研究. 本文只对天文工作者在过去 130 年期间从 1855 年到 1985 年所做出的观测研究结果做下回顾.

2. 太阳表面纬向较差自转百年观测研究史的回顾（1855～1985）

世界各国天文工作者从 1855 年开始从各方面着手研究此问题. 最初，由观测太阳黑子确定纬向较差定律的形式，后来又从太阳光斑、谱斑、日冕、色球层和表面上的暗条以及各种标志测定较差自转，最后发展成用现代分光方法测定. 目前又开始用射电和星际场方法研究此问题.

（1）由观测太阳黑子确定纬向较差定律的形式

最早从观测证实太阳有较差自转现象的是英国 Carrington，他从 1855 年到 1863 年

* 原文载于《天文与天体物理》，2013，1：45-52.

观测太阳黑子得到太阳自转角速随纬度变化的经验式子[1]~[3]

$$\omega = 14.42^\circ - 2.75^\circ \sin^{\frac{7}{4}} \phi.$$

随后 Faye 于 1865 年又从理论上解释了较差自转理论式子[4]

$$\omega = a - b\sin^2\phi.$$

式中 a 和 b 是两个待定常数.

从此以后，无论用哪种观测方法各研究者均以上述公式的形式作为太阳较差自转公式的基础. 其中，从太阳黑子观测着手深入研究此问题者有 Sporer（1874），Maunder（1905），Newall（1922），外目秀清（1927），野附诚天（1929），Abett（1934），Newton（1934），Becker（1954），Kippenhahn（1963），Durner（1974），Deubner 和 Vazquez（1975）以及 Chistyakov（1976），特别，长年跟踪太阳黑子的观测的作者有 Newton&Nunn（1951），Ward（1966），Lustig（1983），Howard（1984），Lustig&Dvorak（1984），Balthasar et al.（1985），Ward（1966），Godoli&Mazzucconi（1979），Balthasar&Wohl（1980），Arev-alo et al.（1982），Howard et al.（1984），Balthasar et al.（1982），其中 Newton 和 Nume 以及 Ballthasar 等人在英国 Greenwish 天文台通过观测太阳黑子对太阳较差自转做了长期研究. 他们观测的结果可见文献[5]～[29]和第 4 节中的纬向较差自转的观测式子.

（2）从太阳光斑、谱斑、暗条、日冕、色球层和分光谱线位移观测纬向较差自转

天文工作者除上述跟踪太阳黑子外还观测太阳光谱，谱斑和暗条，着手研究此问题者有 Wilsing（1888），Cheralier（1910～1911），Wlof（1896），Hale（1908），Kempf（1916），Fox（1921），D'azambuja（1948）等人，特别，Cheralier1911 年在中国佘山天文台做了观测研究工作，对于他们的研究结果和所得到的经验式子可见文献[30]～[37]及本文的附表. 此外，对于用分光仪根据都普勒原理的谱线位移确定太阳较差自转的研究者就更多了. 早期分光测量是由 Duner（1891，1909）和 Halm（1904）用目视所做成的[38]~[41]. 用分光法研究太阳自转的第一个近代研究者当算是 Adans 和 Lasby（1911）[42]~[44]在 Wilson 山天文台进行的. 他们是在反变层用钙和氢线进行测量的. 继他们之后，St. John 于 1914～1931 年也完成了此项工作[45]. 在此之后，另一些重要的分光研究已由 Schlesinger 在美国的 Allgheng 天文台，Plaskett[48]、Delury 和 O'Connor 等人在加拿大的 Ottawa 天文台以及 Eversched 和 Royds[52]在印度的 Kadai-Kanal 天文台完成[46-49]. 以后野附诚夫（1930）根据前人的研究，特别是 Eversched 的观测得到较差自转的一般式子[50]. 最近几年来用分光研究此问题者值得提的有 Livingston（1969）测定了太阳包层的较差自转[51]；Hansen 等人（1969）测定了日冕的较差自转[52]；Simon（1972）测定了色球层和日冕的较差自转[53]，Belvedere（1972），Dupree（1973）测定了色球层和日冕的较差自转[54][55]；特别是 Scherrer（1972）利用射电和星际场方法测定了日冕和光球的自转并得到两者有同步自转的结果[56]. 自从 1972 年以后又有好多天文工作者从观测太阳色球层和日冕构造研究太阳纬向较差自转，例如 Milosevie（1950），Schroter et al.（1975～1976），Dupree&Henze（1972～1973），Simon&Noyes（1972），Liu & Kundu（1976），Anto-mucci et al.

(1977)，D' azambuja (1948)，Wagner (1975)，Adams (1976)，Timothy et al. (1975) 以及 Snodgrass (1976～1984) 做了大量的观测研究，尤其 Snodgrass 在 Wilson 山天文台通过谱线位移对较差自转的长期观测. 他们的观测结果可见参考文献[57] ～ [68]以及第 4 节中给出的观测式子.

以上，从各种观察方法所确定的经验定律，其中绝大部分符合前述的 Faye 的理论式子，但也有些比那个理论式子更复杂的式子，不仅包括纬度的正弦的平方项，也包括四次项，如由 D' azambuja 所得到的较差自转[69]

$$\omega = \text{const}\left\{1 - 0.124P_2[\cos\theta - 0.022P_2(\cos\theta)]\right\}.$$

Howard. R 和 Harver (1970) 得到比上式更具体的式子[70]：

$$\omega = 2.57\times10^{-6}\{1 - 0.189P_2[\cos\theta - 0.0394P_4(\cos\theta)]\}.$$

从 1970～1984 年又有好多天文观测者从太阳光球等离子体观测到具有三次项的较差自转式子，如 Howard 等人 (1970，1980，1983)，Scherrer 等人 (1980)，LaBotte 等人 (1982)，Snodgrass 等人 (1984) 和 Pierce 等人 (1984) 都给出太阳较差自转三项式子. 他们的结果可见文献[71] ～ [76]和附录给出的观测式子.

从观测所得到的较差自转的三次项式子也给研究太阳内部较差自转理论提供了良好基础.

最后，值得提出的是自 70 年代以后在人造卫星上用空间探测器通过 X 射线和远紫外谱线研究太阳色球层和日冕的较差自转取得了有价值的结果，特别用空间飞行器 Skylab 对日冕洞的观测得出了良好的纬向较差的式子 (Timothy et al. (1975))[67]：

$$\omega = 14.23 - 0.4\sin^2\phi.$$

关于太阳纬向较差自转的观测结果可详见 R. Howard 1984 年发表的论文：Solar Rotation 和 Schroter 1985 年发表的论文：The Solar differential rotation present status of observation[77][78].

3. 对太阳较差自转（表面纬向较差自转和内部径向较差自转）的理论研究史的回顾（1855～1985）

为了说明以上对太阳较差自转的观测事实，有不少研究者从各种理论来解释由观测所得到的较差自转的经验定律. 从理论上发展来看，主要是从流体力学出发研究此问题，此外也有从太阳的电磁场和太阳风等方面研究此问题的.

自从 Faye (1865) 首先用流体力学研究此问题后，还有 Wilsing (1891)，Harzer (1891)，E. J. Wilczinski (1897) 等人在不考虑流体内部对流情况下从理论推出各种不同的较差自转公式，所得到的较差自转也与纬度有关[79]～[81]. 在他们所研究的流体内部虽然没考虑对流情形，但考虑了流体内部的摩擦阻力问题.

以后 Jeans (1928～1929) 和 Rosseland 也从流体力学出发在不考虑内部摩擦阻力的流体力学方程时也同样得到较差自转的式子，但他们所推出的式子含有三次项[82][83]. 此外，Emden (1936) 用流体力学研究了太阳光球层的自转规律可用 Faye 公式来代替[84]. 荒川秀目（1940）根据 Bjerkner 的太阳大气环流理论和 A. Oberback 的地球大气环流相结合而得到同 Faye 式子相同的式子[85]. Biermann（1947）也用 Bjerkner 的大气理论研究太阳赤道加速现象，也得到同观测相一致的结果[86]. Synge（1963）从理论上研究了太阳自转随纬度变化的事实是流体力学的结果[87].

以上各研究者均未考虑流体内部的复杂过程，如对流，黏滞性，各向异性等. 如果采用的流体力学是各向同性的黏滞性流体力学，那么在球壳内的流体就不会有热补充，其转动接近刚体转动. 但对于太阳并非如此，对流层内的涡黏性应该是各向异性的. Wasiutynsky（1946）首先考虑了各向异性的黏滞性[88]. Bierman（1951）指出：在各向同性黏滞性的情形中流体球有固体自转的稳恒态解，在各向异性黏滞性的情形中运动是比较复杂的[86]. Kippenhahn（1960）利用 Wasiutynsky 的各向异性黏滞性计算了太阳较差自转和环流流动的关系. 他在 1963 年研究黏滞性球壳的自转时也假定流体是各向异性的[89][90]. 樱井健郎（1966）利用对流深度对太阳半径之比的幂次的展开研究了由黏滞性的各向异性所产生的运动[91].

另一方面，太阳较差自转的机制是由什么来维持的问题也有不少人做了研究. 在一些研究中均涉及对流，湍流以及环流流动，特别与子午环流分量有关. Kippenhahn（1963）将问题的解表示成在球壳中的子午环流和较差自转[90]. Plaskett（1966）指出子午圈流动指向赤道，在南北两半球表示出自转之差，这些较差速度是子午圈压力梯度和惯性葛力奥力之间的平衡运动的结果[92]. Cocke（1967）利用轴对称的不依赖时间的流体力学方程研究了太阳较差自转和大尺度的子午环流并得到较差自转随半径变化的式子[93]. Roxburgh（1969）指出：自转和湍流对流的相互作用引起纬度依赖湍流能量运输. 能量守恒支配着在太阳外对流带中的缓慢的子午环流. 他所构造的模型给出在太阳上所观测到的赤道加速现象[94]. Kohler（1974）研究了在球壳中子午环流对依赖角速度径向的影响并以此研究太阳的较差自转[95]. Durney（1974）提出太阳较差自转是由对流带中大尺度的子午圈运动所维持的，在自转和对流带相互作用影响的假设下所计算的太阳角速度为深度和纬度的函数. 自转和对流带的相互作用的主要影响推动着在整个对流带上的子午圈运动，而该子午环流引起太阳的较差自转[96][97].

除此之外，在由什么维持较差自转时，加藤，中川等人（1969）提出了太阳较差自转可以被 Rossby 类型波的水平的非球体对流环流所维持[98]. 他们在 1971 年又进一步发展了这种理论，并指出在大尺度对流运动存在时，球壳的自转是不同的. Nickel（1969）研究了太阳较差自转是由两元湍流所维持的数值模型[99]. Gierash（1974）也讨论了在太阳对流带中的大尺度的流动，推出对流带的流动是自转引起的，子午圈流动受摩擦所控制，同时并对表面较差自转做了计算[100].

以上各研究者均没有考虑各种外部物理因素，如太阳磁场，太阳风等对太阳自转不均匀性的影响. 实际上这些影响，特别，太阳的电磁场的影响不能忽视.

Gunn（1930）首先指出了在太阳表面的离子同太阳的电磁场相互作用引起的大气运动对自转的不均匀性的影响[101]. 他认为太阳大气中离子的累加漂移表示着自转的不均匀性，并且计算的角速度随纬度的变化符合观测的形式. 最后他给出考虑电磁场在内的太阳较差自转定律的 Faye 形式. 但是太阳的电磁场对太阳自转的影响不仅限于太阳表面大气，更主要是对它内部的等旋自转的影响，即我们可将太阳分为绕着轴对称的壳，每个自转体的壳以它自己的角速而自转着. 因磁场冻结在气体里，在同一条磁力线上物质具有相同的自转角速度，即等旋自转. 对于这类问题早已由 Ferraro（1937），Alfven（1943），Walen（1949），Chapman（1948），Lundquist（1948），Sweet 和 Cowling（1953）等人加以研究过[102]~[107]. Alfven（1943）曾指出：太阳附近的离子云通过电磁效应可以阻碍太阳的自转[103]. 他给出由太阳表面向下深度所计算的太阳各层的自转. Lundquist 和 Ferraro 给出了在考虑磁场存在时等旋定律的较差自转是真的形式. Sweet 和 Ferraro 的工作扩充到 Hall 电流对较差自转速度的影响.

关于太阳风对太阳较差自转的影响也是存在的. 这种影响的机制可能是太阳风用扭转磁场同太阳相耦合，而转矩是产生较差自转的原因. 此外也推出在太阳风和日冕中的角动量转换造成了太阳较差自转现象. 太阳风对较差自转的影响已由 Clark 和 Thomas（1969），Schatten（1973），Howard（1975），Dicke（1969）和樱井健郎（1975）等人做过探讨[108]~[111].

最后也应该考虑到行星的联合起潮力对太阳较差自转也会有一定影响，尽管此影响甚小，但当各大行星运行到太阳一侧时这种联合影响也是存在的. 这种影响主要在于行星的联合起潮力对太阳内部子午环流运动有影响. 因为子午环流推动较差自转，故联合起潮力通过子午环流的径向分量影响内部角速，使得角速和无起潮力时完全不同. 作者李林森（1981）研究了这个课题，但此影响甚微[112].

从太阳自转研究发展史来看，人们开始只注意到太阳表面较差自转情况的研究，且对这方面的研究也较详细些，但随着对此问题的深入研究以后就不局限于太阳表层的较差自转，而逐渐深入到它的内部较差自转的探讨并将此问题同太阳内部物理相联系起来.

首先从理论上讨论此问题者要算 Jeans，Rosseland 和 Schwarzschild 等人. Jeans 认为角速度随深度而增加. Jeans（1928）和 Rosseland（1930）等人都把太阳看成具有对流的 Roche 模型的流体星，其核以等角速度而自转着，并将角速度展开成核的表面的偏心率和纬度的正弦的四次函数. 在太阳内部区域中较快的自转层是椭球形，而外测的不快的自转层近于球形[82][83]. 与此相反，Schwarzschild 认为太阳的角速度随深度向下而减小. Paul（1935）推出了和太阳构造有关的自转定律. 他所给出的方程式可以得出用刚体核自转角速度来表示的不同深度和纬度的自转时间. 这个核以 35 日自转着. 角速度向光球外而增加. 公式给出观测随纬度变化的规律[113]. 此后，Chapman（1948）也研究过内部角速度变化的情形，也给出在纬度中的角速度公式[105].

对于太阳内部多层较差自转的研究，首先是由 Парийский（1955）研究[114]. 他研究了具有核和外壳的两层太阳模型的较差自转，同时也研究了太阳的多层模型的较差自转的问题并给出核的角速式子. 以后，樱井健郎（1967）对太阳内层自转也分为两层加以研究，即对流层和层流层两区域. 两个区域的自转状态通过热的交换以不同角速度而自转着，由于子午圈流动使赤道附近自转加速，由此作用形成内部的较差自转[114][115].

Jager（1958）假定太阳内部一直到 $r=\frac{6}{7}R$ 的地方是无对流部分，它如钢体一样转动，$\omega=0.74\omega_0$ 黏滞性部分的角速度每年为 19°，在对流区域中对流使角动量在半径方向转移角速度 ω 和 r^2 成反比[116]．戴文赛（1960）断定非对流区的形状是一个旋转椭球体，然后又将它想象成圆柱，最后计算出在非对流表面处自转角速为 19°57，在极处为 15°8．他假定对流区是在 $r=0.85R$ 到 $r=R$ 处[117]．

对于太阳内部氢的对流带以下的自转，特别核的自转有不少人加以研究．Plaskett（1966）计算出在太阳的氢对流带下面可以在 12．5 小时内完成自转一周[47]．Clark（1969）等人通过对太阳的研究指出：太阳内部有刚体的自转核[108]．Dicke（1967）也假定太阳有急速均匀的自转核，较差自转限于 $0.05R_{\odot}$ 厚度的带，位于对流带下面大约 $0.05R$ 处[118]．他在 1969 年指出：核的自转周期小于 2 日[111]．此后，他在 1974 年指出：深的内部自转比表面自转快 20 倍，核的自转周期为 1．35 日，核应该产生太阳的四极矩[119]．但是，Schatten（1975）指出：太阳核的自转周期为 0．7 日，所观测到的扁平度是由于快速自转核引起的[120]．此外，他从广义相对论出发提出太阳较差自转的新模型．Rood 和 Vlrich（1974）在研究带有转动核的太阳模型时指出：太阳的辐射核开始是以不变角速度而自转着[121]．因有感应的环流流动，角动量由表面向外转换．由于整个太阳角动量守恒，故当表面层缓慢自转时，内层区域必须转动加快．

1973 年以后，人们又研究快速的较差自转和中微子流量的关系，即太阳发射大量中微子对较差自转有怎样的影响，Demarque 等人（1973）指出：从快速自转核的太阳模型中可获得低的中微子流是可能的[122]．此外 Rood 等人（1974）也提出这种主张[121]．Demarque 等人假定太阳模型有非自转的包层和 $0.9M_{\odot}$ 的自转核，在其内部离心力对重力之比 $\frac{\omega^2 r^3}{GM_r}=1-F$ 的值是均匀的．这个相当于具有向中心增加速度和减少角动量的较差自转的状态．此后 Roxburgh（1974～1975）指出：假定离心力对重力之比 $\frac{\omega^2 r^3}{GM_r}=1-F$ 的值在太阳中心向外减少，则快速自转可减少中微子流量[123]．本杉一郎（1974）在研究太阳中微子流量和自转核的角速关系时，给出高速自转核的质量和自转核角速度的上限[124]．

关于太阳较差自转的稳定性和演化理论的研究也有些研究者给出有意义的结果．首先对太阳较差自转的稳定性研究由 Dicke 加以讨论过．Dicke（1964）指出：较差自转的太阳模型是稳定的[125]．Goldreich 和 Shubert（1967）求得同 Dicke 观测相一致的较差自转的太阳模型是稳定的[126]．Goldreich 等人证明：在均质化学成分区域中稳定的必要条件是每单位质量的角动量是离自转轴的距离的增函数．在圆柱坐标（$\bar{\omega}$，ϕ，z）中，此条件是：

$$\frac{\partial\omega^2\Omega}{\partial\omega}>0,\quad \frac{\partial\Omega}{\partial z}=0.$$

他们将此结果应用于太阳较差自转上，证明较差自转的太阳模型是不稳定的．此外，他们还指出微观黏滞率不可能改变太阳的较差自转状态．

Goldreich 等人（1968）在研究太阳扁平度时又进一步研究了较差自转的太阳模型的稳定[127]．他利用上述第二个方程推论：太阳外部的化学均质部分必须是均匀自转的，因为对流带均匀地自转着．

对于太阳较差自转的演化理论，樱井健郎从 1972 年到 1975 年对这方面做过详细研究．樱井健郎（1972～1975）研究了在太阳风转矩的影响下由于 Eddington-Sweet 型环流的作用产生太阳内部自转的演化[128][129]．他在研究太阳的辐射内部的轴对称的自转的演化时从 Eddington-Sweet 的摄动理论推出基本方程，在解问题时考虑了质子 - 质子反应所建立起来的分子量梯度和太阳风转矩的影响．计算的结果表明：Eddington-Sweet 环流所带来的角动量在深的内部向内自转加速．对流带受着双重角动量提取：第一个角动量来自 Eddington-Sweet 环流内部，而第二个角动量来自太阳风转矩．因此，表面角速度现在的下降比只有对流带自转缓慢下去的快些．

樱井健郎后来（1975）在研究太阳内部自转的演化时又略去了分子量梯度的影响，但考虑了涡流黏滞率和太阳风的影响．他同时又给出势方程组的开始边界问题的新公式和较高阶非线性扩散方程．他利用公式解决了 Eddington-Sweet 理论的困难，其中子午圈速度在辐射区域和对流区域之间的分界面变成无限大[129]．

太阳自转演变的另一问题是关于自转向快方向演变成向慢方向演变的问题．美国海尔天文台的 Howard（1975）根据他的观测研究指出：太阳自 1967 年以来绕其自转轴的速度逐渐加快[110]．这种加速的大小是根据威尔逊天文台观测得到的，在近赤道处其转动速度增加 3%或者从每秒 2.011 米增加到每秒 2.123 米，转速增加的最大处不在赤道而在赤道两侧 10°到 15°处，并且由此向两极逐渐变小．产生太阳自转加快的原因可能和太阳活动 11 年周期有关，它是一种正常的太阳活动现象．产生这种加快现象只是限于太阳的外层气壳，而不是整个太阳自转都在加快．此外太阳自转的演变也并非只限于加快，有时也会减速．Howard 认为在今后若干年内太阳的转动还要有减小的倾向．

对于太阳较差自转理论的详细研究可详见文献[130]．

4. 根据观测给出的太阳纬向较差和径向较差自转定律的形式

$\omega = A + B\sin^2\phi + C\sin^4\phi$ 的形式和 A，B，C 的数值（ω，A，B，C 的单位是度/日）．

（1）根据观测太阳黑子所确定的较差自转定律较差自转定律的形式；研究者（年代）；文献

$\omega = 14.42° - 2.75°\sin^{\frac{7}{4}}\phi$；Carrington（1863）[3]，

$\omega = 8.55 + 5.80\cos\phi$；Spörer（1874）[5]，

$\omega = 14.43 - 2.13\sin^2\phi$；Maunder（1905）[6]，

$\omega = (a - b\sin^2\phi)\cos\phi$；Newall（1901～1913）[7]，

$\omega = 14.44 - 2.31\sin^2\phi$；外目清秀（1927）[8]，

$\omega = 14.37 - 2.61\sin^2\phi$；野附诚夫（1927）[9]，

$\omega=14.37-3\sin^2\phi$；Newton (1934)[12]，

$\omega=\mathrm{const}\ [1-0.137P_2\ (\cos\phi)]$；Kippenhahn (1963)[14]，

$\omega=a-b\sin^2\phi$；Chistyakov (1976)[17]，

$\omega=14.36-2.69\sin^2\phi$；Newton&Nunn (1951)[18]，

$\omega=14.378-2.69\sin^2\phi$；Ward (1966)[19]，

$\omega=14.38-2.57\sin^2\phi$；Lustig (1983)[19][20]，

$\omega=14.393-2.95\sin^2\phi$；Howard et al. (1984)[21]，

$\omega=14.23-2.36\sin^2\phi$；Lustig&Dvorak (1984)[22]，

$\omega=14.34-0.00\sin^2\phi$；Balthasar et al. (1982)[23]，

$\omega=14.523-2.69\sin^2\phi$；Ward (1966)[24]，

$\omega=14.58-2.84\sin^2\phi$；Godoli & Mazzucconi (1979)[25]，

$\omega=14.525-2.83\sin^2\phi$；Balthasar&wöhl (1980)[26]，

$\omega=14.626-2.70\sin^2\phi$；Arevalo et al. (1982)[27]，

$\omega=14.552-2.84\sin^2\phi$；Howard et al. (1984)[28]，

（2）用太阳光斑，谱斑，暗条和日冕，色球层以及分光都普勒原理的谱线位移所观测到的纬向较差自转

$\omega=14.47^\circ-2.27^\circ\sin^2\phi$；Cheralier (1910～1911)[31][32]，

$\omega=14.56-2.298\sin^2\phi$；Fox (1921)[36]，

$\omega=14.48-2.16\sin^2\phi$；D′azambuja (1948)[37]，

$\omega=14.81-4.21\sin^2\phi$；Duner (1891)[38]，

$\omega=14.53-2.50\sin^2\phi$；Halm (1907)[40][41]，

$\omega=14.63-4.04\sin^2\phi$；Adams (1908)[42]，

$\omega=14.9-2.4\sin^2\phi$；Adams (1908)[43]，

$\omega=15.4-13\sin^2\phi$；John (1913)[45]，

$\omega=14.24-3.71\sin^2\phi$；Plaskett (1915)[47]，

$\omega=2.57\times10^{-6}\ [100.189P_2\ (\cos\theta)-0.0394P_2\ (\cos\theta)]$；Harver (1970)[70]，

$\omega=14.54-249\mathrm{K}-[3.63^\circ+174.7\mathrm{K}]\sin^2\phi$；野附诚夫 (1930)[50]，

$\omega=14.37\cos^{0.135}\phi$；DeLury (1939)[48]，

$\omega=14.14-3.18\sin^2\phi$；Milosevie (1955)[57]，

$\omega=13.93-2.90\sin^2\phi$；Schrötor&wöhl (1975～1976)[58][59]，

$\omega=13.54-1.5\sin^2\phi$；Dupree & Henze (1972～1973)[60]，

$\omega=14.7\pm02-7.1\pm11\sin^2\phi$；Simon & Noyes (1972)[61]，

$\omega=14.5\pm0.27-4.19\pm3.0\sin^2\phi$；Liu & Kundu (1976)[62]，

$\omega=14.09-0.37\sin^2\phi$；Antonucii et al. (1977)[63]，

$\omega=14.48-2.16\sin^2\phi$；d’ Azambuja (1948)[64]，

$\omega=14.33-0.39\sin^2\phi$；wagner (1975)[65]，

$\omega=14.48-0.29\sin^2\phi$；Adams (1976)[66]，

$\omega=14.23\pm0.03-0.4\pm0.1\sin^2\phi$；Timothy et al. (1975)[67]，

$\omega=14.05-1.49\sin^2\phi-2.60\sin^4\phi$；Snodgrass (1967～1984)[68]，

(3) 由光球等离子体所观测到的四次项较差自转式子

$\omega=13.76-1.74\sin^2\phi-2.19\sin^4\phi$；Howard & Harvey (1970)[70]，

$\omega=13.95-1.61\sin^2\phi-2.63\sin^4\phi$；Howard et al. (1980)[71]，

$\omega=14.44-1.98\sin^2\phi-1.98\sin^4\phi$；Scherrer et al. (1980)[73]，

$\omega=14.23-1.54\sin^2\phi-2.80\sin^4\phi$；LaBonte & Howard (1982)[74]，

$\omega=14.19-1.70\sin^2\phi-2.36\sin^4\phi$；Howard et al. (1983)[72]，

$\omega=14.11-1.69\sin^2\phi-2.35\sin^4\phi$；Snodgrass et al. (1984)[75]，

$\omega=14.07-1.78\sin^2\phi-2.68\sin^4\phi$；Pierce&Lo-presto (1984)[76]，

(4) 太阳内部较差自转和径向较差自转的理论式子

$\omega=a+b\sin^2\phi$；Faye (1865)[4]，

$\omega=a+b\sin^2\phi$；Wilsing (1891)[79]，

$\omega^2=a+b\sin^2\phi$；Harzer (1891)[80]，

$\omega^2=\lambda+\mu r^2$；Wilczinski (1897)[81]，

$\omega^2=a-b\sin^2\phi+C\sin^4\phi$；Jeans (1928～1929)[82]，

$\omega=\omega_0\ (1-\alpha\sin^2\phi+\alpha^4\sin^4\phi+\cdots)$；Rosseland (1930)[83]，

$\omega=a-b\sin^2\phi$；荒川秀俊 (1940)[85]，

$\omega=\omega_0-\omega_1\cos^2\phi$；Chapman (1948)[105]，

$\omega_0=14.4°$（每日），$\omega_1=2.6°$（每日）

$\omega=(\omega_a-\omega'\cos^2\phi)\ R_0^2/r$；Lundqust (1948)[106]，

$\omega=a+Ab\sin^2\phi/r$；Ferraro (1949)[102]，

$\omega=\omega'_0+(E/H_0R)\sin^2\phi$；Gunn (1930)[101]，

$\omega=\text{const}\cdot r^{-2(1-s)}$；Biermann (1951)[86]，

$\omega^2a^3/m=\delta_2p_2(\mu)+\delta_4p'(\mu)/\mu+\cdots$；Synge (1963)[87]，

$\omega=u+u_r/a\cos B$；Plaskett (1966)[92]，

$\omega=\omega(0)\left[1+\frac{s-1}{s}\left(\frac{R}{R_i}\right)^2\right]$；Cocke (1967)[93]，

其中，$R_i=R-\Delta R$.

$\omega=(a-b\cos^2\phi)\ R^2/r^2$；戴文赛 (1960)[117]，

$\omega^2r^2=B_0+B_2P_2(\cos\phi)$；Dicke (1967)[118]，

$\omega=\omega_0\ [1+\omega_{10}(r)+\omega_{12}(r)\ P_2(\cos\theta)]$；Durney (1974)[97]，

$\omega_{10}(r)=\frac{2}{3v}\int_r^R(\phi/r^2\rho)\,\mathrm{d}r$，

$\omega_{12}(r)=-0.189+\frac{4}{3v}\int_r^R(\phi/r^2\rho)\,\mathrm{d}r$，

$\omega=\omega_0 \Big/ \left[1+2t\ (\omega_0/\omega_i)^2/\tau_i\right]^{\frac{1}{2}}$；Durney（1976）[130]，

$\omega=\omega_0\ [1-0.189P_2\ (\cos\theta)\ +\delta]$，

$\delta=KQHF\ (\theta)\ \psi\ (\phi,\ \lambda,\ b,\ l)\ \dfrac{m}{D}$，

$F\ (\theta)\ =\left[\dfrac{1}{P_2\ (\cos\theta)}-1\right]$；李林森（1981）[112]，

5. 展　望

本文属于天文学史的研究课题．天文学史可分阶段性研究．本文对太阳较差自转的研究史是从 1855 年到 1985 年这一阶段的研究史的回顾．然而缺少自 1985 年以后近 20 多年来的观测和理论研究史，故期望以后有续文发表．

参考文献

[1] Carrington R C. Results of astronomical observations made of the observatory of the University，Durham，1855.

[2] Carrington R C. MNRAS，1859：13.

[3] Carrington R C. Observation of Solar Spots. London：Williarms and Norgate，1863：244.

[4] Faye H. CR，1865，60：138.

[5] Spörer G. PAG，1874，13：151.

[6] Maunder A S D. MMRAS，1905，65：813.

[7] Newall M F. MNRAS，1922，82：110.

[8] Stom K（外目清秀）. PIA，1927，3：317.

[9] Notuki M（野附诚夫）. PPMSJ，1929，11：102.

[10] Abetti G. HDP，1929，4：162.

[11] Abetti G. ALA，1934，9：863.

[12] Newton H W. MNRAS，1934，95：66.

[13] Becker U. ZA，1954，34：229.

[14] Kippenhahn R. ApJ，1963，173：309.

[15] Durner B R. SoPh，1974，38：309.

[16] Deubner F L，Vazquez M. SoPh，1975，43：87.

[17] Chostyakov V F. BAICz，1976，27：84.

[18] Newton H W，Numn M. MNRAS，1951，111：413.

[19] Ward F. ApJ，1965，141：534；ApJ，1966，145：416.

[20] Lustig G，Dvorak R. A&A，1984，141：105.

[21] Howard R, et al. ApJ, 1984, 283: 373.

[22] Lustig G, Dvorak R. A&A, 1984, 141: 105.

[23] Balthasar H, et al. SoPh, 1982, 76: 21.

[24] Ward F. ApJ, 1966, 145: 416.

[25] Godoli G, Mazzucconi F. SoPh, 1979, 64: 247.

[26] Balthasar H, Wohl H. A&A, 1980, 92: 111.

[27] Arèvolo M J, et al. A&A, 1982, 111: 266.

[28] Howard R, et al. ApJ, 1984, 283: 373.

[29] Balthesar H, et al. SoPh, 1984, 91: 55.

[30] Wilsing J. AN, 1888, 119: 311.

[31] Cheralier S. ApJ, 1910, 32: 388.

[32] Cheralier S. AnZoC, 1911, 6: 47.

[33] Wolfer A. VNG, 1896, 41: 100.

[34] Hale E G. ApJ, 908, 7: 219.

[35] Kempf P. POPot, 1916, 71: 36.

[36] Fox P. PYerO, 1921, 3: 67.

[37] D' azambuja M. AnApm, 1948, 6: 7.

[38] Duner N C. Upsala: Sur la rotation du Soleil, 1891.

[39] Duner N C. UGC, 1891, 3: 3.

[40] Halm J. MNRAS, 1907, 173: 273.

[41] Halm J. TRSE, 1981, 41: 89.

[42] Adans W S, Lasby J B. Publications of Carnegie Institution of Washington, 1911: 1.

[43] Adans W S. Rotation Periods of the Sun, 1911.

[44] Adans W S. ApJ, 1910, 31: 30.

[45] S t John C E. ApJ, 1913, 38: 341.

[46] Schlesinger F. MNRAS, 1944, 104: 94.

[47] Plaskett J S. ApJ, 1913, 37: 73; 1915, 42: 392.

[48] Lury R E. JRASC, 1935, 35: 39.

[49] Evershed J. MNRAS, 1913, 73: 554; 1935, 95: 503.

[50] Notuki M. PPMSJ, 1930, 12: 264.

[51] Livingston W C. SoPh, 1969, 29: 448.

[52] Hansen R T, Hansen S F. SoPh, 1969, 10: 135.

[53] Simon G W. SoPh, 1972, 1: 8.

[54] Belvedere G, Godoli G, Smott L. MmSAI, 1972, 43: 637.

[55] Dupree A K. SoPh, 1973, 33: 452.

［56］Scherree P H. SoPh，1972，26：15.

［57］Milasevie K M. CzAS，1950，201：666.

［58］Schröter E H，et al. SoPh，1975，42：3.

［59］Schröter E H，Wöhl H. SoPh，1976，49：19.

［60］Dupree A K，Henze W. SoPh，1972，27：271.

［61］Simon G W，Noyes R W. SoPh，1972，22：450.

［62］Liu S J，Kundu R M. SoPh，1976，46：15.

［63］Antomucci E，et al. SoPh，1977，53：519.

［64］d' Azambuja M. AnPar，1948，6：1.

［65］Wagner W J. ApJ，1975，198：L141.

［66］Adams W M. SoPh，1976，47：601.

［67］Timothy A F，et al. SoPh，1975，42：135.

［68］Sonodgrass H M. SoPh，1984，94：13.

［69］d' Azambuja M. AnApM，1948，6：7.

［70］Howard R，Harvey J W. SoPh，1970，12：23.

［71］Howard R，et al. SoPh，1980，66：167.

［72］Howard R，et al. SolPh，1983，83：321.

［73］Scherrer P H，et al. ApJ，1980，241：811.

［74］LaBotte B J，Howard R. SoPh，1982a，75：161；1982b，80：361.

［75］Snodgrass H M，et al. SoPh，1984，90：199.

［76］Pierce A K，Lopresto J C. SoPh，1984，93：155.

［77］Howard R. ARA&A，1984，22：131.

［78］Schröter E H. SoPh，1985，100：14.

［79］Wilsing J. AN，1891，127：233.

［80］Harzer P. ApNr，1891，127：17.

［81］Wilczinski E J. Hydrodynamische Undersuchungen mit An-wendung auf die Theorie des Sonnen Rotation. Berlin：Mayer and Muller，1897.

［82］Jeans H. MNRAS，1926，85：328.

［83］Rosseland S. ZA，1930，1：138.

［84］Emden R. ZA，1936，12：233.

［85］荒川俊秀. 科学，1940，10：82.

［86］Biermann B L. ZA，1951，38：304.

［87］Synge J L. MNRAS，1963，124：275.

［88］Wasiutynsky J. ApNr，1946，4：1.

［89］Kippenhahn R. MSRSL，1960，5：249.

［90］Kippenhahn R. ApJ，1963，137：664.

［91］ Sakurai T. PASJ，1966，18：174.

［92］ Plaskett H H. MNRAS，1966，131：407.

［93］ Cocke W J. ApJ，1967，150：1041.

［94］ Roburgh I W. Proc IAU COU on Stellar Rotation，8-11 September 1969：318-320. Edited by A Slettebak，Columbus：Ohio State University.

［95］ Kohler H. SoPh，1974，34：11.

［96］ Durney B R. SoPh，1973，23：3.

［97］ Durney B R. ApJ，1974，190：211.

［98］ Kato S，Nakagawa Y. SoPh，1969，10：476.

［99］ Nickel G H. SoPh，1969，10：472.

［100］ Gierasch P J. ApJ，1974，190：199.

［101］ Gunn R. PhRv，1930，35：635；1930，36：1251；1931，37：283.

［102］ Ferraro V C A. MNRAS，1937，97：458.

［103］ Alfven H. ArMAF，1943，29：1.

［104］ Walèn C. On the Vibratory Rotation of the Sun. Stockholm：Henrik Lindståhls Bokhandel，1949.

［105］ Chapman S. MNRAS，1948，108：410.

［106］ Lundquist S. ArMAF，1948，35：1.

［107］ Cowling F G. Solar Electro-Dynamics. Chicago：University of Chicago Press，1953：31.

［108］ Clark A，Thomas J H，Clark P A. Sci，1969，164：290.

［109］ Schatten K H. SoPh，1973，32：315.

［110］ Howard R. SciAm，1975，232：106.

［111］ Dicka R H. Proc IAU Colloquium on Stellar Rotation，8-11 September 1969：289. Edited by A Slettebak，Columbus：Ohio State University.

［112］ 李林森. 东北师范大学学报（自然科学版），1981，4：23.

［113］ Paul H M. GBzG，1935，44：376.

［114］ Парийский Н Н. О моменме количества уижения Солнча в "ВОПРОСЫ КОСМГОНИЙ"，1955：том 4 edited by И А Н СССР，москва.

［115］ 樱井健郎. 日本物理学会志，1967，22：225.

［116］ de Jader C. HDP，1958，B52：80.

［117］ 戴文赛. 天文学报，1960，8：1.

［118］ Dicke R H. ApJ，1967，149：121.

［119］ Dicke R H. Sci，1974，184：419.

［120］ Schatten K H. NZJS，1973，16：659. Ap&SS，1975，34：467；ApJ，1977，216：650.

[121] Rood R T，Vlrich R R. Natur，1974，252：366.
[122] Demarque P，Mengel J. Natur，1973，246：33.
[123] Roxbuvgh I W. Natur，1974，252：209；MNRAS，1975，170：35.
[124] 杉本一郎. 科学，1974，44：544.
[125] Dicke R H. Natur，1964，202：432.
[126] Goldreich P，Schubert G. ApI，1967，150：571.
[127] Goldreich P，Schubert G. ApJ，1968，154：1005.
[128] Sakurai T. PASJ，1972，24：153.
[129] Sakurai T. MNRAS0，1975，171：35.
[130] Durney B R. Proc IAU，197006，71：243-295.

第三部分

恒星自转理论

金牛T星在慢引力收缩阶段抛射物质和引力收缩作用下质量和半径的演化时标及其对自转角速度变化的影响*

摘要： 研究了带有引力能源和抛射物质的引力收缩星如金牛T星处于慢引力收缩阶段后，在抛射物质和引力收缩联合作用下对质量和半径的改变及其对自转角速度变化产生的影响．给出了质量和半径随时间演变的联立微分方程组及其解．利用解计算了金牛T星的质量和半径的演化时标以及对自转角速度变化产生的影响．给出数值结果，并讨论了理论和数值结果．

关键词： 金牛T星；慢引力收缩和抛射物质；质量和半径的演化时标；自转角速度演变

恒星形成后首先进入星际云快速引力收缩阶段，当星际云的内部压力渐渐增大时，并处于准流体静力平衡，星际云由快引力收缩阶段进入慢引力收缩阶段．处于慢引力收缩阶段的恒星发生不规则光度并抛射大量物质，其中金牛T星就是处于慢引力收缩阶段抛射物质的恒星．在快引力收缩阶段以引力收缩为主导，质量损失可不考虑，因此自转加速加快．当进入慢引力收缩阶段因出现抛射物质时质量损失为主导而引力收缩次之，因此自转角速度开始减慢[1]．

对于金牛T型星抛射物质损失质量可参见文［2］～［10］．文［2］给出了较详细的研究，但星体在引力收缩和抛射物质作用下，质量损失和半径的演化时标及其对自转角速度变化的影响并没有给出，特别在前两种因素作用下，质量损失和半径收缩对金牛T型星的自转角速度的影响没有论述．

当星体进行引力收缩时，半径缩小，这使自转角速度加快，而当质量流失时，自转角速度变慢．金牛T星的自转角速度变化是在引力收缩半径缩小和抛射物质使质量减少这两种因素联合作用下产生的．文［11］～［16］讨论了有关金牛T星的自转变化，但较少同半径的变化相联系．本文在上述几方面做了进一步研究．金牛T星是每个恒星诞生后早期演化必经的过程，对于本文研究的典型金牛T星具有其他金牛类型星的普遍性质和意义．

* 原文载于《天文研究与技术》，2016，3：277-283.

1. 处于慢引力收缩阶段金牛 T 星的物理模型的基本假定

(1) 金牛 T 星的能源只靠引力收缩产生的引力能源，尚无核能源，是一颗带有引力能源模型的星，故星的质量辐射可以略去. 所以有

$$1-\beta=\frac{P_R}{P}=0，故 \beta=1.$$

其中，P_R 为辐射压力；P 为总压力.

(2) 星的质量损失来自某种物理机制产生的物质抛射，主要抛射氢粒子. 假定抛射物质的速度 v 视为常量，而抛射的氢粒子的密度也视为常量.

(3) 星的半径改变主要来自引力收缩产生的变化，其次也与抛射物质的质量动能有关. 但金牛 T 星抛射物质的最外面包层是膨胀的，而内层半径 R 因引力收缩而缩小.

(4) 金牛 T 星的辐射能量（热光度）主要是靠自身引力收缩释放的引力收缩能和抛射物质带走的动能之差.

(5) 根据文［17］可知收缩星在引力收缩阶段垂直于 H-R 图演化（Hayashi 轨迹），即演化路线近似垂直于 H-R 图上的横坐标（有效温度 T_e），故在收缩时可把星的表面温度 T_e 近似视为常量，不随时间变化.

(6) 由于收缩星在引力收缩阶段只靠对流传送能量（对流星），则对于对流星其多方指数取 $n=1.5$，$\gamma=\frac{5}{3}$.

2. 决定金牛 T 星的质量和半径的演化方程

处于慢引力收缩抛射物质的金牛 T 星由于抛射物质损失质量，质量损失率可由下式确定[2]：

$$\frac{\mathrm{d}m}{\mathrm{d}t}=-4\pi R^2 N_{\mathrm{H}} V_0 m_{\mathrm{H}}. \tag{1}$$

其中，R 为半径；V_0 为在表面处物质的抛射速度，它可由观测的轮廓给出；N_{H} 为氢粒子的数密度；m_{H} 为氢原子的质量. 按前 2 条假定，V_0，N_{H} 和 m_{H} 为常量，而 m 和 R 为时间变量. 这是 m，R 的第 1 个演化方程式. 再确定 m，R 的第 2 个演化方程式. 根据星的构造理论[18][19]，星的势能 E' 可写成：

$$E'=-\beta\frac{\gamma-\frac{4}{3}}{\gamma-1}\Omega,$$

其中，$\Omega=-\frac{3}{5-n}G\frac{m^2}{R}$.

星的引力收缩能：

$$E_{\mathrm{G}}=-E'=\frac{\gamma-\frac{4}{3}}{\gamma-1}\beta\Omega=-\frac{\gamma-\frac{4}{3}}{\gamma-1}\beta\left(\frac{3}{5-n}\right)G\frac{m^2}{R}.$$

根据第 1 节第（1）条和第（6）条假定，$\beta=1$，$n=1.5$，$\gamma=\frac{5}{3}$，

所以
$$E_G=-\frac{3}{7}G\frac{m^2}{R}.\tag{2}$$

因为星收缩时只能引起半径的改变，不影响质量改变，所以收缩能随时间的变率为
$$\frac{dE_G}{dt}=\frac{3}{7}G\frac{m^2}{R^2}\cdot\frac{dR}{dt}.\tag{3}$$

$$E_K=\frac{1}{2}mV_0{}^2.\tag{4}$$

所以带走的动能的变率为
$$\frac{dE_K}{dt}=\frac{1}{2}V_0{}^2\frac{dm}{dt}.\tag{5}$$

按第 1 节第（4）条假定，收缩星（金牛 T 星）的辐射能量 E_R 是引力收缩能 E_G 和抛射物质带走的动能 E_K 之差，即 $E_R=E_G-E_K$，因此$\frac{dE_R}{dt}=\frac{dE_G}{dt}-\frac{dE_K}{dt}$，但辐射能变率$\frac{dE_R}{dt}$等于热光度 L，故热光度 L 等于引力收缩能减去抛射物质带走的动能：
$$\frac{dE_G}{dt}-\frac{dE_K}{dt}=L.\tag{6}$$

其中，热光度 L 可写成：
$$L=4\pi R^2\sigma T_e{}^4.\tag{7}$$

其中，σ 为 Stefan 常数；T_e 为星表面有效温度.

将（3）式、（5）式和（7）式代入（6）式中，即得确定 m，R 的第 2 个演化方程式：
$$\frac{3}{7}G\frac{m^2}{R^2}\cdot\frac{dR}{dt}-\frac{1}{2}V_0{}^2\frac{dm}{dt}=4\pi R^2\sigma T_e{}^4.\tag{8}$$

根据第 1 节第（5）条假定，收缩星的演化路径近似垂直于 H-R 图上的横坐标（有效温度 T_e），故在（8）式右端的 T_e 可近似视为常量，又根据第（2）条假设，抛射物质速度 V_0 也可视为常量. 所以（1）式和（8）式组成的质量 m、半径 R 随时间演变的微分方程组是
$$\frac{dm}{dt}=-4\pi R^2N_Hm_HV_0,$$
$$\frac{3}{7}\cdot\frac{Gm^2}{R^2}\cdot\frac{dR}{dt}-\frac{1}{2}V_0{}^2\frac{dm}{dt}=4\pi R^2\sigma T_e{}^4.$$

再将第 1 式代入第 2 式后得金牛 T 星在引力收缩和抛射物质作用下质量和半径随时间的演化方程组：
$$\frac{dm}{dt}=-4\pi R^2N_Hm_HV_0.\tag{9}$$

$$\frac{dR}{dt}=\frac{14\pi R^4}{3Gm^2}(2\sigma T_e{}^4-N_H m_H V_0{}^3). \tag{10}$$

3. 质量和半径的演化时标（质量和半径同时间的演化关系）

演化方程组（9）（10）是可积的，可推出质量和半径的演化时标，要求得质量 m 和半径 R 随时间变化的规律和数值需要进行积分求解. 给出用可积求解法所得到的质量和半径的演化时标.

由（9）式和（10）式消去时间 dt 后，首先可得质量和半径在演化过程的关系式：

$$\left(\frac{m}{R}\right)^2\frac{dR}{dm}=\frac{7}{6G}\left(\frac{2\sigma T_e^4}{N_H m_H V_0}-V_0^2\right),$$

变数分离后积分：

$$\int_{R_0}^{R}\frac{dR}{R^2}=K_1\int_{m_0}^{m}\frac{dm}{m^2},$$

结果有

$$R=\frac{m}{K_1+K_2 m}. \tag{11}$$

$$或\ m=\frac{K_1 R}{1-K_2 R}. \tag{12}$$

其中，

$$K_1=\frac{7}{6G}\left(\frac{2\sigma T_e^4}{N_H m_H V_0}-V_0^2\right)=常数. \tag{13}$$

$$K_2=\frac{1}{R_0}-\frac{K_1}{m_0}=常数. \tag{14}$$

（11）和（12）式是质量和半径演化过程的关系式. 首先求解质量的演化时标，将（11）式的 R 代入（1）式右端，有

$$\frac{dm}{dt}=-4\pi\left(\frac{m}{K_1+K_2 m}\right)^2 N_H V_0 m_H=-K_3\left(\frac{m}{K_1+K_2 m}\right)^2.$$

$$-K_3 dt=\left(\frac{K_1+K_2 m}{m}\right)^2 dm=\frac{K_1^2+2K_1K_2 m+K_2^2 m^2}{m^2}dm.$$

积分后可得

$$-K_3(t-t_0)=-K_1^2\left(\frac{1}{m}-\frac{1}{m_0}\right)+2K_1K_2\ln\left(\frac{m}{m_0}\right)+K_2^2(m-m_0).$$

取 $t_0=0$ 时质量的演化时标：

$$K_3 t=(m_0-m)\left[K_2^2+\frac{K_1^2}{mm_0}\right]+2K_1K_2\ln\left(\frac{m_0}{m}\right). \tag{15}$$

其中，

$$K_3=4\pi N_H m_H V_0=常数. \tag{16}$$

再求解半径的演化时标，积分（10）式，令：

$$K_4=\frac{14\pi}{3G}(N_H m_H V_0^3+2\sigma T_e^4)=常数. \tag{17}$$

则有

$$\frac{dR}{dt}=K_4\frac{R^4}{m^2}.$$

再将（12）式的 m 代入上式后有

$$\frac{\mathrm{d}R}{\mathrm{d}t}=K_4\frac{(1-K_2R)^2R^4}{K_1^2R^2}=K_s(1-K_2R)^2R^2.$$

积分得

$$K_s\int_0^t \mathrm{d}t=\int_{R_0}^{R}\frac{\mathrm{d}R}{(1-K_2R)^2R^2}.$$

右端积分式可用分解有理分式为部分分式的积分法积分，则有

$$K_5t=\int_{R_0}^{R}\frac{\mathrm{d}R}{R^2}+\int_{R_0}^{R}\frac{2K_2\mathrm{d}R}{R}+\int_{R_0}^{R}\frac{K_2^2\mathrm{d}R}{(1-K_2R)^2}+\int_{R_0}^{R}\frac{2K_2\mathrm{d}R}{1-K_2R}.$$

所以半径演变的时标为

$$K_5t=\left(\frac{1}{R_0}-\frac{1}{R}\right)+\frac{K_2^2(R_0-R)}{(1-K_2R)(1-K_2R_0)}+2K_2\ln\frac{(1-K_2R_0)R}{(1-K_2R)R_0}. \tag{18}$$

其中，

$$K_5=\frac{K_4}{K_1^2}. \tag{19}$$

4. 质量损失率和半径收缩率对自转角速度变化的影响

当星体引力收缩时半径缩小，自转角速度加快，而当质量流失时自转角速度变慢. 金牛 T 星的自转角速度变化是在引力收缩半径缩小和抛射物质使质量减少两种因素联合作用下产生的.

当星体抛射物质时除损失质量外，还要损失角动量，损失的角动量是由抛射物质带走的动量. 所以金牛 T 星抛射物质时损失的角动量应该等于被抛射物质带走的角动量. 设金牛 T 星的自转角速度为 ω，回转半径为 K_sR，而 K_dR 是抛射物质 $\mathrm{d}m$ 的回转半径. 如果抛射物质是各向同性（球对称），按角动量守恒有[20]

$$\mathrm{d}(K_sR^2m\omega)=K_dR^2\omega\mathrm{d}m. \tag{20-1}$$

写成角动量和质量损失率的形式

$$\frac{\mathrm{d}(K_sR^2m\omega)}{\mathrm{d}t}=K_dR^2\omega\frac{\mathrm{d}m}{\mathrm{d}t}. \tag{20-2}$$

微分后有

$$\frac{K_s-K_d}{K_s}\cdot\frac{1}{m}\cdot\frac{\mathrm{d}m}{\mathrm{d}t}+\frac{2}{R}\cdot\frac{\mathrm{d}R}{\mathrm{d}t}+\frac{1}{\omega}\cdot\frac{\mathrm{d}\omega}{\mathrm{d}t}=0.$$

其中，K_s 对于不同多方模型星的指数 n 有不同值，当恒星进入主序星时 K_s 值很小，一般取 $K_s=0.1$，但在主序前阶段，如金牛 T 星的 K_s 值比较大. 根据文［20］对于多方指数 $n=1.5$（本文所取的值为第 2 节第（6）条）所对应的 K_s 值，查表可知 $K_s=\frac{1}{5}=0.2$. 由于抛射物质各向同性，所以取 $K_d=\frac{2}{3}$. 故由上式可得角速度相对变化率为

$$\frac{\dot{\omega}}{\omega}=\frac{7}{3}\cdot\frac{\dot{m}}{m}-2\frac{\dot{R}}{R}. \tag{21-1}$$

如果考虑 $t=0$ 时目前的角速度相对变化率，可写成：

$$\frac{\dot{\omega}(0)}{\omega(0)}=\frac{7}{3}\cdot\frac{\dot{m}(0)}{m(0)}-2\frac{\dot{R}(0)}{R(0)}. \tag{21-2}$$

ω（0），m（0）和 R（0）分别为目前（$t=0$）的角速度、质量和半径，而 $\dot{\omega}$（0），$\dot{m}$（0）和 $\dot{R}$（0）分别为目前（$t=0$）的角速度变化率、质量损失率和半径收缩率. 如果考虑角速度长期变化，积分（21—1）式有

$$\frac{\mathrm{d}}{\mathrm{d}t}(\ln\omega)=\frac{7}{3}\cdot\frac{\mathrm{d}}{\mathrm{d}t}(\ln m)-2\frac{\mathrm{d}}{\mathrm{d}t}(\ln R).$$

积分

$$\int_{\omega_0}^{\omega}\mathrm{d}\ln\omega=\frac{7}{3}\int_{m_0}^{m}\mathrm{d}\ln m-2\int_{R_0}^{R}\mathrm{d}\ln R.$$

$$\ln\left(\frac{\omega}{\omega_0}\right)=\ln\left(\frac{m}{m_0}\right)^{\frac{7}{3}}-\ln\left(\frac{R}{R_0}\right)^{2}=\ln\left(\frac{m}{m_0}\right)^{\frac{7}{3}}\left(\frac{R_0}{R}\right)^{2}.$$

$$\therefore\ \frac{\omega}{\omega_0}=\left(\frac{m}{m_0}\right)^{\frac{7}{3}}\left(\frac{R_0}{R}\right)^{2},$$

$$\omega=\omega_0\left(\frac{m}{m_0}\right)^{\frac{7}{3}}\left(\frac{R_0}{R}\right)^{2}. \tag{22}$$

其中，ω_0，m_0 和 R_0 为 $t=0$ 时的初始值. m 和 R 随时间 t 变化，由（9）和（10）式确定或由（15）和（18）式确定，故角速度 ω 也是关于时间 t 的函数，随时间变化. 如果将（11）式的 R 代入（22）式后可得角速度 ω 随星的质量变化而变化，即

$$\omega=\omega_0\left(\frac{m}{m_0}\right)^{\frac{1}{3}}\left(\frac{K_1+K_2m}{K_1+K_2m_0}\right)^{2}. \tag{23}$$

5. 理论结果对金牛 T 星（T Tauri）长期演变的数值计算

利用前节所得的理论结果对金牛 T 星的质量、半径和自转角速度随时间的演变做一数值计算. 先用文［2］中给出金牛 T 星的各项物理参数：

$m_0=0.60m_\odot=1.193\ 4\times10^{33}$ g，$R_0=4.56R_\odot=3.173\ 7\times10^{11}$ cm，

$T_e(\mathrm{K})=4\ 100^0\mathrm{K}$，$N_H=1.15\times10^{10}$ 个原子 /cm^3，$V_0=225$ km/s.

按物理量数据

$m_H=1.673\ 5\times10^{-24}$ g，$\sigma=5.669\ 5\times10^{-5}$ erg/cm^2 deg^4 s，$G=6.67\times10^{-8}$(c・g・s).

将这些数据代入（13）式、（14）式、（16）式、（17）式得

$K_1=1.285\ 80\times10^{24}$（c・g・s），$K_2=-1.088\ 75\times10^{-9}$（c・g・s），

$K_3=5.441\ 4\times10^{-6}$（c・g・s），$K_4=7.090\ 70\times10^{18}$（c・g・s），

$K_5=4.175\ 60\times10^{-30}$（c・g・s）.

根据以上数据和对常数 K 计算的数值，可按理论式子推算金牛 T 星在不同阶段演化时标对应的质量、半径和自转角速度长期演变的数值.

首先将 5 个阶段质量损失的演变数值，即 $m=0.999\ 999\ 999m_0$，

0.999 999 990m_0，0.999 999 900m_0，0.999 999 000m_0 和 0.999 990 000m_0（m_0 是现在的质量）以及 K_1 和 K_2 的数值代入（11）式可得 5 个演化阶段的半径演化数值. 再将 5 个演化阶段的质量和半径的演变值以及初始值 m_0 和 R_0 代入（22）式得 5 个演化阶段的自转角速度 ω 的演变值. 最后再将初始质量 m_0 和 5 个演化阶段的质量损失数值以及 K_1，K_2 和 K_3 的数值代入（15）式，即算出质量、半径和自转角速度在 5 个演化阶段对应的演化时标的数值，计算结果见表 1.

表 1　在慢引力收缩阶段金牛 T 星的质量、半径、自转角速度随年龄的演化

m/m_0	R/R_0	ω/ω_0	t (a)
0.999 999 999	−0.279 479 5	12.806 25	$3.250\,2\times10^4$
0.999 999 990	−0.279 479 8	12.806 23	$3.260\,2\times10^5$
0.999 999 900	−0.279 482 2	12.806 22	$3.261\,0\times10^6$
0.999 999 000	−0.279 506 2	12.800 17	$3.260\,9\times10^7$
0.999 990 000	−0.279 746 87	12.777 89	$3.261\,1\times10^8$
质量逐次减少	半径收缩逐次加大	自转角速度逐次减慢	时标

6. 讨　论

（1）恒星诞生后开始进入快引力收缩阶段. 在此阶段引力收缩占主导地位，质量损失可以不计，自转加快. 当抛射物质时进入慢引力收缩阶段. 此时质量损失占主导地位，引力收缩占次要地位，自转角速度渐慢. 本文研究金牛 T 星演化快引力收缩终止，开始进入慢引力收缩阶段以后的演化进程. 表 1 给出的数值是从快引力收缩开始时间 $t=0$ 到慢引力收缩开始时间 $t=3.250\,2\times10^4$ 年以后到 $t=3.261\,1\times10^8$ 年的 5 个阶段演化的数值.

（2）质量 m 和半径 R 联立演化方程组是在表面有效温度 T_e 和抛射物质速度 V 为常量的情况下推出的. 表面有效温度视为常量是根据第 1 节第（5）条，假设收缩星没进入主序前垂直于 H-R 图的横坐标（光谱型坐标上的有效温度）的路径而演化（Hayashi 演化轨迹）[17]，但这只是近似垂直，只限于没进入主序前期的演化阶段. 当收缩星快要进入主序时演化路线向左弯曲而不垂直于 H-R 图的横坐标，在此阶段 T_e 为常量就不适用. 此外，金牛 T 星抛射物质速度 V 视为不变. 在慢引力收缩阶段，金牛 T 星的质量损失主要来自抛射物质，因能源只靠引力收缩能而尚无核能，故光子辐射（质量辐射）造成的质量损失也可不考虑.

（3）表中给出的数值理论上是合理的. 第 1 行的数值表示金牛 T 星快引力收缩阶段终止，进入慢引力收缩阶段，开始时间 $t=3.250\,2\times10^4$ 年的演化质量、半径和开始减慢速度的数值. 第 1 列表示抛射物质质量逐年减少；第 2 列表示半径收缩逐年尺度加大（负号表示半径收缩）；第 3 列表示自转角速度逐年减慢；第 4 列表示质量和半径的演化时标. 根据文［12］对 28 颗金牛 T 星自转的观测，自转角速度的数值下降，但下降较少. 本文表中自转角速度减速的变化值在 5 个阶段也很少，这说明和观测一致. 表 1 的时标即质量从 0.999 999 999m_0 开始的演化时标也是半径从 −0.279 479 5R_0 开始的演化时标.

7. 结　论

本文研究的金牛 T 星是其他类型的金牛类星的典型星，它代表大多数金牛类型星的普遍性质. 在慢引力收缩阶段，因抛射物质使质量逐渐减少，引力收缩使半径收缩逐渐增大尺度，自转角速度逐渐减慢. 这些变化是理论和计算的结果，有待观测证实. 但目前尚未观测到金牛 T 星的自转角速度加快的事实，正如前节讨论，根据文［17］对 28 颗金牛 T 星自转的观测，自转角速度在减慢.

参考文献

［1］戴文赛. 天体演化研究的进展［J］. 科学通报，1973 (4)：145-152.

［2］Kuhi L V. Mass loss from T Tauri stars［J］. The Astrophysical Journal，1964，140 (4)：1409-1433.

［3］Kuhi L V，Forbes I E. The effect of mass loss on a contracting star［J］. The Astrophysical Journal，1970，159：871-878.

［4］Cuperman S，Sternlieb A，Mestel L. Effect of mass loss by stellar winds on the pre-main sequence stage of stellar evolution［J］. Monthly Notices of the Royal Astronomical Society，1974，167 (1)：183-188.

［5］Decampli W M. T Tauri winds［J］. The Astrophysical Journal，1981，244 (1)：124-146.

［6］Cohen M，Bieging J H，Schwartg P R. VLA observation of mass loss from T Tauri stars［J］. The Astrophysical Journal，1982，253 (2)：707-715.

［7］Cohen M. The case for anisotropic mass loss from T Tauri stars［J］. Publications of the Astronomical Society of the Pacific，1982，94 (558)：266-270.

［8］Mundt R. Mass loss in T Tauri stars-observational studies of the cool parts of their stellar winds and expanding shells［J］. The Astrophysical Journal，1985，280 (2)：749-770.

［9］Armirtage P J，Clarke C J. The ejection of T Tauri stars from molecular clouds and the fate of circum stellar discs［J］. Monthly Notices of the Royal Astronomical Society，1977，285 (3)：540-546.

［10］Grankin K N. T Tarui stars：physical parameters an evolutionary status［J］. Astronomy Letters，2016，42 (5)：314-328.

［11］King A R，Regev O. Spin rates and mass loss in accreting T-Tauri stars［J］.

Monthly Notices of the Royal Astronomical Society, 1994, 268 (4): L69-L73.

[12] Bouvier J, Bertout C, Benz W, et al. Rotation in T Tauri stars I-obsevations and immedia analysis [J]. Astronomy and Astrophysics, 1986, 165 (1-2): 110-119.

[13] Herbst W, Booth J F, Chugainov P F, et al. The rotation period and inclination angle of T Tauri [J]. The Astrophysical Journal, 1986, 310 (15): L71-L75.

[14] Bouvier T, Cabrit S, Fernandez M, et al. Coyotes-I-the photometric variability and rotational evolution of T-Tauri stars [J]. Astronomy and Astrophysics, 1993, 272 (1): 176-206.

[15] Gameiro J F, Lago M T V T. Rotational velocities for T Tauri stars with strong emission lines [J]. Monthly Notices of the Royal Astronomical Society, 1993, 265 (2): 359-364.

[16] Ghosh P. Rotation of T Tauri stars: accretion discs and stellar dynamos [J]. Monthly Notices of the Royal Astronomical Society, 1995, 272 (4): 763-771.

[17] Hayashi M. Pre-main sequence stage of stars [J]. Publications of the Astronomical Society of Japan, 1965, 17 (2): 177.

[18] Emden R. The internal constitution of the stars [M]. Cambridge: Cambridge University Press, 1926.

[19] Chandrasekhar S. An introduction to the study of stellar structure [M]. New York: Dover Publications, 1957.

[20] Schatzman E. The early stages of stellar evolution [C] //Proceedings of the XXVIIIth Course of the International School of Physics "Enrico Fermi", 1963, 192-193, 205.

Retardation of Angular Velocity of a Rotating Star Due To Mass Loss*

Abstract: Variations of angular velocity of a rotating star on the upper main sequence due to mass loss driven by various mechanisms, like radiation, corpuscule ejection, and stellar wind, are examined. Expressions for the variations of angular velocity are derived by considering a model of a rotating star. The theoretical results show that the angular velocity decreases with time due to mass loss. The obtained results are applied to a hot fast-rotating star V1182 Aql (O9V) and to Y Cyg (B0V).

1. Introduction

A star in the process of its evolution always loses mass due to various mechanisms. The mechanisms of mass loss include electromagnetic radiation, corpuscule ejection, and stellar wind. The influence of mass loss on the star due to these mechanisms during its life is very significant, especially, for rapidly rotating stars. Hence, in the past years some authors not only studied the basic theory of rotating stars, but also investigated the influence of mass loss due to stellar wind on the angular velocity of rotating stars[1]~[27]. Some authors start from the change of the angular momentum and do not deal with a stellar model. Porfirjev[1] has studied the structure of rotating stars, but he has not dealt with the variation of the angular velocity of a rotating star.

In this paper, we study the influence of mass loss due to various mechanisms on variations of angular velocity of the stellar rotation, using a model of a hot rotating main sequence star. A special attention is paid to the model of a hot O type star with stellar wind and a B type star with matter ejection on the upper main sequence. According to observations, the mass loss rate of these stars is very large, and their rotation is very fast.

---

* 原文载于 *Astronomy Reports*, 2016, 60 (9): 853-856.

2. The basic hypothesis for stellar models

(1) The stellar model used is that of a rapidly rotating hot star with a convective core and enve-lope on the upper main sequence at the stage of the relative stability. (2) Changes of stellar mass and luminosity are due to stellar mass loss. The mass loss includes photo-radiation (mass radiation), cor-puscule radiation (material ejection) and stellar wind. (3) The stellar radius does not decrease or increase. (4) The photo-radiation (mass radiation) is important for massive stars. The corpuscule radiation (ejection) is more important to B stars, and stellar wind is important for rapidly rotating O stars on the upper main sequence.

3. Stellar mass loss due to various mechanisms

The relation between the mass loss rate $\dot{M}$ and stellar luminosity L is formulated by[28]

$$\dot{M} = -KL. \tag{1}$$

Here K is a coefficient with different values for vari-ous mechanisms of mass loss:

$$K = \begin{cases} \dfrac{1}{c^2} = 0.111 \times 10^{-20}, \\ \text{(for photo-radiation)}^{[28][29]} \\ \dfrac{1}{\alpha} \cdot \dfrac{\mathrm{dln}M}{\mathrm{d}X} = 0.86 \times 10^{-18}, \\ \text{(for corpuscular radiation)}^{[28][29][30]} \\ \dfrac{N}{c^2} = 0.555 \times 10^{-18}, \\ \text{(for stellar wind)}^{[6]} \end{cases} \tag{2}$$

where c is the speed of light, $\alpha = 6.0 \times 10^{-18}$ erg g^{-1}, X is the hydrogen content, $N = 100 \sim 500$. The value $N = 500$ is assumed in this paper.

For a rotating star formula (1) is expressed as

$$\dot{M}_R = -KL_R. \tag{3}$$

For a non-rotating star formula (1) is expressed as

$$\dot{M}_0 = -KL_0. \tag{4}$$

4. Variation of angular velocity of a rotating star

In this paper we adopt the formulae for variations of mass, luminosity, and central density from a model of a rotating hot star on the upper main sequence with CNO cycle and $n = 18$, given by Porfirjev[1]

$$M_R = M_0(1 + Dv) = M_0(1 + 3.66v), \tag{5}$$

$$L_R = L_0(1 + Bv) = L_0(1 + 1.78v), \tag{6}$$

$$\rho_c = \rho_{0c}\left(1 + \frac{E}{\rho_{0c}}\omega^2\right) = \rho_{0c} + 3.4 \times 10^6 \omega^2, \tag{7}$$

where $v = \frac{\omega^2}{4\pi G\rho_c}$, ω is the angular velocity of the rotating star, ρ_c is the central density, G is the gravitational constant. M_0 and L_0 denote mass and luminosity of a non-rotating star, respectively. The relation between M_0 and l_0 is given by the usual mass-luminosity relation. The mass-luminosity relation and mass-radius relation for the upper main sequence (CNO cycle) are given by Massevich et al.[28][29]:

$$\frac{L_0}{L_\odot} = 1.12\left(\frac{M_0}{M_\odot}\right)^{3.9}, \tag{8}$$

$$\frac{R_0}{R_\odot} = \left(\frac{M_0}{M_\odot}\right)^{0.75}. \tag{9}$$

For the upper main sequence the central density of non-rotating stars is given by[31]:

$$\rho_{0c} = 52.2\left(\frac{M_0}{M_\odot}\right)\left(\frac{R}{R_\odot}\right)^{-3}. \tag{10}$$

Substituting formulae (5) and (6) for M_R and L_R in (3), we obtain

$$\dot{M}_0(t) + 3.66\dot{M}_0(t) + 3.66M_0(t)\frac{\mathrm{d}v}{\mathrm{d}t} = -KL_0(t) - 1.78vL_0(t).$$

Using (4) in the above expression, we obtain

$$3.66M_0(t)\frac{\mathrm{d}v}{\mathrm{d}t} = 3.66vKL_0(t)$$

$$-1.78vKL_0(t) = 1.88vKL_0(t),$$

$$\frac{1}{v}\cdot\frac{\mathrm{d}v}{\mathrm{d}t} = \frac{1.88}{3.66}K\frac{L_0(t)}{M_0(t)} = 0.5136K\frac{L_0(t)}{M_0(t)}, \tag{11}$$

where M_0 (t) and L_0 (t) denote time-dependent mass and luminosity of a non-rotating star.

Next, we derive formulae for M_0 (t) and L_0 (t). Substituting expression (8) for L_0 into (4), we obtain

$$\dot{M}_0(t) = -1.12K\left[\frac{M_0(t)}{M_\odot}\right]^{3.5}[F(t)]^{-\frac{3.9}{2.9}}.$$

Integrating the equations

$$\int\frac{\mathrm{d}M_0(t)}{M_0(t)^{3.9}} = -1.12KM_\odot^{-3.9}L_\odot\int\mathrm{d}t,$$

we obtain

$$M_0(t) = M_\odot\left[\frac{M_0(0)}{M_\odot}\right][F(t)]^{-\frac{1}{2.9}}. \tag{12}$$

Here

$$F(t)=1+3.248K\left(\frac{L_\odot}{M_\odot}\right)\left(\frac{M_0(0)}{M_\odot}\right)^{2.9}t. \tag{13}$$

Substituting (12) into (9), one gets

$$R_0(t)=R_\odot\left[\frac{M(0)}{M_\odot}\right]^{-\frac{3}{4}}[F(t)]^{-\frac{3}{11.6}}. \tag{14}$$

Substituting (12) and (14) into (10), we obtain

$$\rho_{0c}(t)=52.2\left[\frac{M(0)}{M_\odot}\right]^{-\frac{5}{4}}[F(t)]^{\frac{5}{11.6}}. \tag{15}$$

Substituting (12) into (8), we obtain

$$L_0(t)=1.12L_\odot\left[\frac{M_0(0)}{M_\odot}\right]^{3.9}[F(t)]^{-\frac{3.9}{2.9}}. \tag{16}$$

Substituting formulae (12) for M_0 (t) and (16) for L_0 (t) into the expression (11), we gets

$$\frac{dv}{dt}=0.5136\times1.12K\left(\frac{L_\odot}{M_\odot}\right)\left[\frac{M_0(0)}{M_\odot}\right]^{2.9}[F(t)]^{-1}. \tag{17}$$

We use the following transformation to transform dt:

$$dF(t)=d\left\{1+3.248K\left(\frac{L_\odot}{M_\odot}\right)\left[\frac{M_0(0)}{M_\odot}\right]^{2.9}t\right\}=3.248K\left(\frac{L_\odot}{M_\odot}\right)\left(\frac{M_0(0)}{M_\odot}\right)^{2.9}dt.$$

Thus,

$$dt=\frac{1}{3.248K}\left(\frac{L_\odot}{M_\odot}\right)^{-1}\left[\frac{M(0)}{M_\odot}\right]^{-2.9}dF(t). \tag{18}$$

Using (18) in equation (17), we obtain

$$d\ln v=\frac{0.5136\times1.12}{3.248}[F(t)^{-1}dF(t)]. \tag{19}$$

Integrating (19), we obtain

$$\ln\left[\frac{v(t)}{v(0)}\right]=\ln[F(t)]^{0.1771}, \tag{20}$$

i. e.

$$\frac{v(t)}{v(0)}=[F(t)]^{0.1771}. \tag{21}$$

Substituting $v(t)=\frac{\omega(t)^2}{4\pi G\rho_c(t)}$ and $v(0)=\frac{\omega(0)^2}{4\pi G\rho_c(0)}$ into equation (21), we gets

$$\omega^2(t)=\omega^2(0)\frac{\rho_c(t)}{\rho_c(0)}[F(t)]^{0.1771}. \tag{22}$$

According to (7),

$$\rho_c(t)=\rho_{0c}(t)+3.4\times10^6\omega(t)^2,$$

$$\rho_c(0)=\rho_{0c}(0)+3.4\times10^6\omega(0)^2.$$

Substituting these expressions for $\rho_c(t)$ and $\rho_c(0)$ into (22), we obtain

$$\omega(t)^2 = \frac{\omega(0)^2[\rho_{0c}(t) + 3.4 \times 10^6 \omega(t)^2][F(t)]^{0.1771}}{\rho_{0c}(0) + 3.4 \times 10^6 \omega(0)^2}. \tag{23}$$

Solving the above equation for $\omega(t)^2$, we obtain

$$\omega(t)^2 = \frac{\omega(0)^2 \rho_{0c}(t)[F(t)]^{0.1771}}{\rho_{0c}(0) + 3.4 \times 10^6 \omega^2(0)\{1 - [F(t)]^{0.1771}\}}. \tag{24}$$

where $\rho_{0c}(t)$ is given by the formula (15), and $\rho_{0c}(0)$ is given by the formula (10).

5. Numerical calculations for O and B stars

According to observations, an O star is a hot rotating star with stellar wind on the upper main sequence. A B star is a rotating star with corpuscule radiation or material ejection on the upper main sequence. In addition, O and B stars lose mass very effectively, while their rotational velocities are very large. Hence, the theoretical results are applied to these stellar models. We choose V 1182 Aql (Sp O9V) and Y Cyg (Sp B0V) as examples. For V1182 Aql star, mass and radius are taken from [32], and for Y Cyg mass and radius are taken from [33]. Their rotation velocities v are taken from [34]. The adopted values are the following:

- For V1182 Aql, $M=18M_{\odot}$, $R=7.45R_{\odot}$, $v=164$ km/s, $\omega=\frac{v}{R}=3.22\times10^{-5}$ rad/s.
- For Y Cyg, $M=17.57M_{\odot}$, $R=5.93R_{\odot}$, $v=146$ km/s, $\omega=\frac{v}{R}=3.54\times10^{-5}$ rad/s.

We take $t=100$ years (a century).

Substituting these data in (13) and taking the sum of K values in (2), we obtain

$$K = (0.011 + 0.860 + 0.555) \times 10^{-18} = 1.426 \times 10^{-18}.$$

For V1185 Aql, $F(t) = 1 + 1.22 \times 10^{-4}$, $\rho_{0c}(t) = 1.41$ g/cm^3. For Y Cyg, $F(t) = 1+1.15\times10^{-4}$, $\rho_{0c}(t) = 1.45$ g/cm^3.

Substituting the values for $F(t)$ into (24) (25), we obtain the numerical results for O, B stars as shown in table, where

$$\delta\omega = \omega(t) - \omega(0). \tag{25}$$

The numerical results for V 1182 Aql and Y Cyg per century

Star	Sp	$\omega(t)/\omega(0)$	$\omega(t)$ ($\times10^{-5}$ rad/s)	$\delta\omega$ ($\times10^{-5}$ rad/s)
V1185 Aql	O9 V	0.78	2.53	−0.68
Y Cyg	B0 V	0.57	2.03	−0.42

6. Discussion and conclusion

(1) We use initial condition: $t = 0$. We obtain $F(t) = 1$ from (13). Accordingly, the formulae (24) (25) become

$$\omega(t)=\omega(0),\ \delta\omega=0.$$

This shows that the theoretical results are corrects in the paper.

(2) It can be seen from the obtained formulae (24) (52) or table that the angular velocity of a rotating star decreases with time due to various mechanisms of mass loss.

(3) The variation of the rotation velocity is not only due to mass loss, but also due to variations in the model and the constitution of rotating stars, especially variations of the central density.

References

[1] V V Porfirjev. Astron Zhurn, 33, 690 (1956).

[2] P A Sweet. Monthly Not Roy Astron Soc, 113, 701 (1953).

[3] L W Roxburgh. Monthly Not Roy Astron Soc, 128, 157 (1964).

[4] V F Belevich. Sov Astron, 6, 696 (1962).

[5] D Vanbveren. Astron and Astrophys, 67, 373 (1978).

[6] W Packet, D Vanbeveren, C De Loore, S R Sreenivasan, J P De Greve. Astron and Astrophys, 82, 73 (1980).

[7] N Langer. Astron and Astrophys, 329, 551 (1998).

[8] W Glatrel. Astron and Astrophys, 339, 15 (1998).

[9] P A Denissenkov, N S Ivanova, A Weiss. Astron and Astrophys, 341, 181 (1999).

[10] E Sahasnich, A Bressan, C Chiesi. Astron and Astrophys, 342, 131 (1999).

[11] A Maeder. Astron and Astrophys, 178, 159 (1987).

[12] A Maeder. Astron and Astrophys, 242, 93 (1991).

[13] A Maeder. Astron and Astrophys, 264 105 (1992).

[14] A Maeder. Astron and Astrophys, 347, 185 (1999).

[15] A Maeder. Astron and Astrophys, 392, 575 (2002).

[16] A Maeder, G Meynet. Astron and Astrophys, 287, 803 (1994).

[17] A Maeder, G Meynet. Astron and Astrophys, 361, 159 (2000).

[18] A Maeder, G Meynet. Ann Rev Astron and Astrophys, 38, 143 (2000).

[19] A Maeder, G Meynet. Astron and Astrophys, 373, 555 (2001).

[20] G Meynet, A Maeder. Astron and Astrophys, 321, 465 (1997).

[21] G Meynet, A Maeder. Astron and Astrophys, 361, 101 (2000).

[22] G Meynet, M Arnould. Astron and Astrophys, 355, 176 (2000).

[23] G Meynet, A Maeder. Astron and Astrophys, 404, 957 (2003).

[24] G Meynet, A Maeder. Astron and Astrophys, 429, 581 (2005).

［25］ G Meynet，A Maeder，G Schaller，D Schaerer，C Charbonnel. Astron and Astrophys，103，97 (1994).

［26］ G Meynet，M Arnould，G Paulus，A Maeder. Space Sci Rev，99，73 (2001).

［27］ A Heger，N Langer，S E Woosley. Astrophys J，528，368 (2000).

［28］ A G Massevich. Voprosy Kosmogonii (in Russian)，5，149 (1957).

［29］ A G Massevich. Proc Roy Soc，260，183 (1961).

［30］ V G Fesenkov，G M Idlis. IAU Symp，10，113 (1959).

［31］ C W Allen. Astrophysical Quantities (University of London，The Athlone press，1973).

［32］ H K Brancewicz，T Z Dworak. Acta Astronomica，30，501 (1980).

［33］ K P Simon，E Sturm，A Fiedler. Astron and Astrophys，292，507 (1994).

［34］ G Giuricin，F Mardirossian，M Mezzetti. Astron and Astrophys，131，152 (1984).

由于恒星风等机制造成的质量损失对高速自转星的角速度变化和物理模型参量的演化影响以及对 O，B 型星的计算*

提要： 本文研究了由于各种机制造成的星体质量损失对高速自转的热量模型的演化影响. 各种机制包括质量辐射、微粒抛射和恒星风. 文中推出由于这些原因使自转星的角速度随时间的演变并由此推出自转星的物理参量，如中心温度、中心密度、质量和光度随时间演变的式子. 最后将文中推出的理论式子应用于高于高速自转的上主序 B，O 型热星模型的计算上.

一、模型的基本假设

所研究的恒星模型处于上主序上的相对稳定阶段的高速自转的亮热星模型（有对流核和包层）. 星的半径不收缩，外壳不膨胀，半径的改变只通过质量损失受质量半径关系的约束做微小变化. 质量损失按质光关系式给出. 质量损失的三种机制，其中质量辐射虽适合各种星体，但主要适宜光度较大的星体，而抛射物质的微粒辐射只适用于上主序星，如 B 型星，恒星风除发生在蓝色热巨星外也发生在高速自转的 O 型主序星.

二、恒星因各种机制造成的质量损失的一般表达式

恒星由于各种机制造成的质量损失率和热光度 L 成正比例：

$$\frac{\mathrm{d}M}{\mathrm{d}t}=-KL. \tag{1}$$

式中 K 是比例常数，它的值对各种质量损失机制有所不同：

$$K=\begin{cases}\dfrac{1}{c^2}=0.111\times10^{-20}\text{，（质量辐射）}\\[2ex] \dfrac{1}{\alpha}\cdot\dfrac{\mathrm{d}\ln M}{\mathrm{d}X}=0.86\times10^{-18}\text{，（抛射物质）}\\[2ex] \dfrac{N}{c^2}=0.555\times10^{-18}\text{，（恒星风）}\end{cases} \tag{2}$$

式中 c（光速）$=3\times10^{10}$ 厘米/秒，$\alpha=6.0\times10^{-18}$ 尔格/克，X 为氢含量，$N=100\sim500$，本文取 $N=500$.

---

* 原文载于《北京天文台台刊》，1986，13：1-5.

三、质量损失对非自转星（$\omega=0$）模型的演变影响

由于本文所研究的高速自转星属于主序星的亮热星模型（$O_5\sim G_4$），所以对于非自转星也应用此模型. 对于这样的主序星模型（有对流核和包层），其中心密度和中心温度采用以下公式：

$$\rho_{0c}=52.2\frac{M_0}{M_\odot}\left(\frac{R_0}{R_\odot}\right)^{-3}. \tag{3}$$

$$T_{0c}=20.8\times10^6\mu\frac{M_0}{M_\odot}\left(\frac{R_0}{R_\odot}\right)^{-1}. \tag{4}$$

对于上主序星质光关系和半径质量关系采用下式：[1]

$$\frac{L_0}{L_\odot}=1.12\left(\frac{M_0}{M_\odot}\right)^{3.9}. \tag{5}$$

$$\frac{R_0}{R_\odot}=\left(\frac{M_0}{M_\odot}\right)^{0.75}. \tag{6}$$

将（5）式代入（1）式有：

$$\frac{\mathrm{d}M_0}{\mathrm{d}t}=-1.12L_\odot\left(\frac{M_0}{M_\odot}\right)^{3.9}K.$$

积分上式后得：

$$M_0(t)=M_\odot\left[\frac{M_0(0)}{M_\odot}\right][F(t)]^{-\frac{1}{2.9}}. \tag{7}$$

式中

$$F(t)=1+3.248K\left(\frac{L_\odot}{M_\odot}\right)\left[\frac{M_0(0)}{M_\odot}\right]^{2.9}t. \tag{8}$$

M_0（0）表示 $t=0$ 时的非自转星的质量. 将（7）式代入（6）式的右端，然后再将（7）式和（6）式代入（3）式和（4）式得：

$$R_0(t)=R_\odot\left[\frac{M_0(0)}{M_\odot}\right]^{-\frac{3}{4}}[F(t)]^{-\frac{3}{11.6}}. \tag{9}$$

$$\rho_{0c}(t)=52.2\left[\frac{M_0(0)}{M_\odot}\right]^{-\frac{5}{4}}[F(t)]^{\frac{5}{11.6}}. \tag{10}$$

$$T_{0c}(t)=12.48\times10^6\left[\frac{M_0(0)}{M_\odot}\right]^{\frac{1}{4}}[F(t)]^{-\frac{1}{11.6}}. \tag{11}$$

$$L_0(t)=1.12L_\odot\left[\frac{M_0(0)}{M_\odot}\right]^{3.9}[F(t)]^{-\frac{3.9}{2.9}}. \tag{12}$$

式中 $F(t)$由（8）式给出. 各种机制取决于（8）式中的 K 值.

四、质量损失对自转星模型演化的影响

B. B. ЛОРФИРВЕВ 推出了由于星的自转所得到的高速自转的热星模型（有对流核和包层，能源由 C—N 循环产生）的质量、光度、中心密度和中心温度的式子[4]：

$$M=M_0(1+Dv)=M_0(1+3.66v). \tag{13}$$

$$L=L_0(1+Bv)=L_0(1+1.78v). \tag{14}$$

$$\rho_c=\rho_{0c}\left(1+\frac{E}{\rho_{0c}}\omega^2\right)=\rho_{0c}+3.4\times10^6\omega^2. \tag{15}$$

$$T_c=T_{0c}\left(1+\frac{F}{\rho_{0c}}\omega^2\right)=T_{0c}\left(1+1.5\times10^6\ \frac{\omega^2}{\rho_{0c}}\right). \tag{16}$$

其中

$$v=\frac{\omega^2}{4\pi G\rho_c}, \tag{17}$$

ω：星的自转角速度.

将（13）式和（14）式的 M 和 L 代入（1）式的两端并利用非自转星的质量损失率式子：

$$\frac{\mathrm{d}M_0}{\mathrm{d}t}=-KL_0.$$

便得到 v 的微分方程式：

$$\frac{1}{v}\cdot\frac{dv}{\mathrm{d}t}=\frac{\mathrm{dln}v}{\mathrm{d}t}=0.513\,6K\ \frac{L_0(t)}{M_0(t)}. \tag{18}$$

对于微分方程（18）的解法有两种：一种方法将 v 表示成氢含量 X 的函数，即利用：

$$\frac{\mathrm{d}X}{\mathrm{d}t}=\frac{1}{\alpha}\cdot\frac{L_0(t)}{M_0(t)}.$$

代入（18）式的右端，然后两端积分之，则可得 v 随 X 而改变的表达式，从而可得到自转星的各种物理参量随氢含量 X 而演变的表达式. 但是氢含量又是时间的函数，故（18）式的右端最好表示成时间的函数. 为此将（7）式和（12）式各式的 M_0（t）和 L_0（t）代入（18）式的右端，则有

$$\frac{\mathrm{dln}v}{\mathrm{d}t}=0.513\,6\times1.12K\left(\frac{L_\odot}{M_\odot}\right)\left(\frac{M_0(0)}{M_\odot}\right)^{2.9}[F(t)]^{-1}.$$

将此式积分可得：

$$\ln\left[\frac{v(t)}{v(0)}\right]=\ln[F(t)]^{0.1771}.$$

即

$$v(t)=v(0)[F(t)]^{0.1771}. \tag{19}$$

式中

$$v(t)=\frac{\omega(t)^2}{4\pi G\rho_c(t)},\ v(0)=\frac{\omega(0)^2}{4\pi G\rho_c(0)}. \tag{20}$$

将（15）式取 ρ_c（0）$=\rho_{0c}$（0）$+3.4\times10^6\omega$（0）^{2} 代入上式 v（0）的右端，然后再将 v（0）代入（19）式得：

$$v(t)=\frac{\omega(0)^2[F(t)]^{0.1771}}{4\pi G[\rho_{0c}(0)+3.4\times10^6\omega(0)^2]}. \tag{21}$$

将（15）式取 $\rho_c(t)=\rho_{0c}$（t）$+3.4\times10^6\omega(t)^2$ 代入（20）式的第一个式的右端，然后再将 v（t）代入（21）式的左端并解出 ω（t）^{2} 就得到自转星角速随时间变化的式子：

$$\omega(t)^2=\frac{\omega(0)^2\rho_{0c}(t)[F(t)]^{0.1771}}{\rho_{0c}(0)+3.4\times10^6\omega(0)^2\{1-[F(t)]^{0.1771}\}}. \tag{22}$$

现在将 t 时刻的非自转星的参量（7）～（12）式代入自转星模型参量（13）～（16）式，然后再将（21）和（22）式的 v（t）和 ω（t）^{2} 也代入（13）～（16）式就可得到自转星在任意时刻 t 时 M，L，ρ_c，T_c 和 ω 根据不同质量损失机制随时间演变的情况.

五、理论对 Bo 和 O 型星的计算结果

根据观测的事实，已知 Bo 和 O 型恒星是自转较快的上主序星，特别 Bo 型星的自转速度最快且带有抛射物质的微粒辐射作用. 而 O 型星由于存在恒星风的原因，物质损失较大，它又是热模型星，故本文的理论结果适宜用在对这些模型星的计算上.

先计算 Bo 型恒星在质量辐射和抛射物质的微粒辐射作用下对自转角速度减速的影响. 对于 Bo 型星采用下列各参数值[7]：$\log\left(\frac{M}{M_\odot}\right)=1.25$，$\log\left(\frac{R}{R_\odot}\right)=0.87$，$v=200$ km/s，$\omega=\frac{v}{R}=4\times10^{-5}$ rad/s，$L_\odot=3.8\times10^{33}$ erg/s. 利用这些数据计算在百万年内 $t=3.5\times10^{11}$ 秒后由于质量辐射对自转角速减速的影响. 依（2）式取 $K=0.111\times10^{-20}$，由（8）式可求得 F（t）$=1.000\ 009\ 3$，然后再由（3）和（10）式得：ρ_{0c}（0）$=2.13$ g/cm^3，ρ_{0c}（t）$=1.250\ 002$ g/cm^3，再代入（22）式后得 ω（t）$_{100万}=3.063\ 8\times10^{-5}$ rad/s，故在百万年内的角速改变量：

$$\Delta\omega=\omega(t)_{100万}-\omega(0)=-0.936\ 1\times10^{-5}\ \text{rad/s}.$$

其次估计由于抛射物质的质量损失对角速变化的影响，这时（2）式应取 $K=0.86\times10^{-18}$，如按百年内估计取 $t=100$ 年$=3.155\times10^9$ 秒. 由（8）式可得：F（t）$=1.000\ 072\ 93$，由此可得 ρ_{0c}（0）$=2.13$ g/cm^3，ρ_{0c}（t）$=1.25$ g/cm^3，而 ω（t）$_{100}=3.063\times10^{-5}$ rad/s，故在百年内自转角速改变量：

$$\Delta\omega=\omega(100)-\omega(0)=-0.936\ 1\times10^{-5}\ \text{rad/s}.$$

由以上计算可知，由于抛射物质造成的质量损失每百年对角速的减速值是与由于质量辐射每百万年对角速的减速值几乎相等，故质量辐射对 Bo 型星自转减速的影响远远小于抛射物质的微粒辐射的影响. 前者的影响可略而不计. 至于两者对模型参量的影响因篇幅关系在此从略.

现在估计下恒星风对 O 型星自转减速和物理模型参量的演变影响.

对于 O_5 型星取以下各物理参量[7]：

$\log\left(\frac{M}{M_\odot}\right)=1.6$，$\log\left(\frac{R}{R_\odot}\right)=1.25$，$v=400$ km/s（赤道上最大线速度），$\omega=\frac{v}{R}=8\times10^{-5}$ rad/s.

依（2）式取 $K=\frac{N}{c^2}=0.555\times10^{-18}$，如按百年内估计取 $t=3.155\times10^9$ 秒，用（3）～（4），（7）～（12），（13）～（16）和（21）～（22）式，计算的结果如下：

F（t）$=1.000\ 483$，ρ_{0c}（0）$=0.465\ 233$ g/cm^3，ρ_{0c}（100）$=0.465\ 156$ g/cm^3，ω（0）$=8\times10^{-5}$ rad/s，ω（100）$=7.998\ 93\times10^{-5}$ rad/s，v（100）$=0.015\ 684$.

100 年内恒星风对模型物理参量的演变影响是：

$\Delta M=M\ (100)\ -M\ (0)\ =-38.749\ 7\times10^{33}$ g，

$\Delta\rho_c=\rho_c\ (100)\ -\rho\ (0)\ =-0.001\ 963$ g/cm^3，

$\Delta T_c=T_c\ (100)\ -T_c\ (0)\ =-0.002\ 7\times10^6$ K，

$\Delta L=L\ (100)\ -L\ (0)\ =-190\ 797\times10^{33}$ erg/s，

$\Delta\omega=\omega\ (100)\ -\omega\ (0)\ =-0.001\ 07\times10^{-5}$ rad/s.

根据以上的计算结果，太阳风对 O 型自转星的各种物理参量和角速随时间演化的图像如图 1～3 所示.

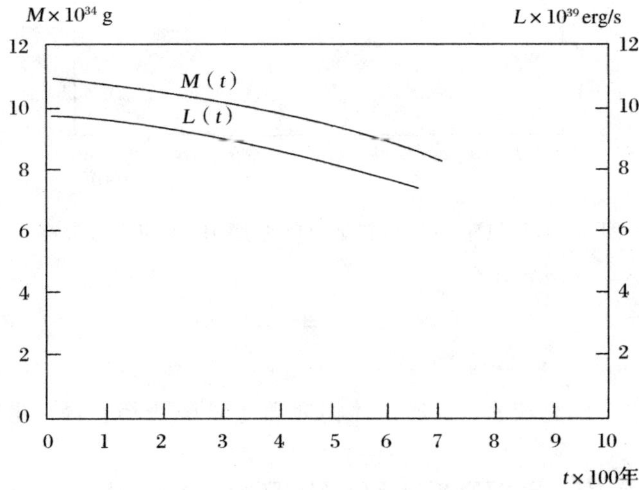

图 1　太阳风造成的质量损失对 O 型自转星的质量和光变随时间演变的影响

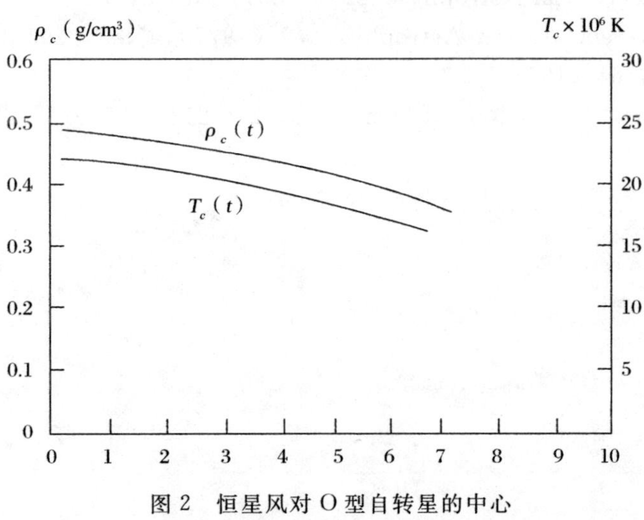

图 2　恒星风对 O 型自转星的中心密度和中心温度随时间演变的影响

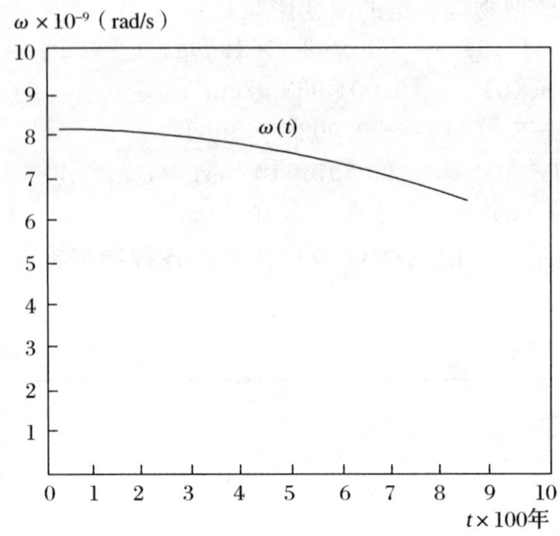

图 3　恒星风对 O 型自转星的角速度随时间演变的影响

参考文献

[1] J C 佩克尔，E 夏茨曼. 普通天体物理学 [M]. 李衔，译. 北京：科学出版社，1964：323-324.

[2] A Г МасеВИЧ，ВОПРОСЫ КОСМОГОНИИ ТОМ. V (1957)，172.

[3] A G Massevich. Pros Roy Soc，260 (1961)，183-189.

[4] B B ПОРФИРВЕВ，АСТР ЖУРН. 33，No5 (1956)，690.

[5] W Packet. Astron Astrophys，82 (1980)，No1-2，73-78.

[6] D Vanbeveren. Astron Astrophys，77 (1977)，No3，295-301，67 (1978)，No3373-37，AP J，61 (1977)，373.

[7] C W AAlen. Astrophysical Quantities，209-211 (1973).

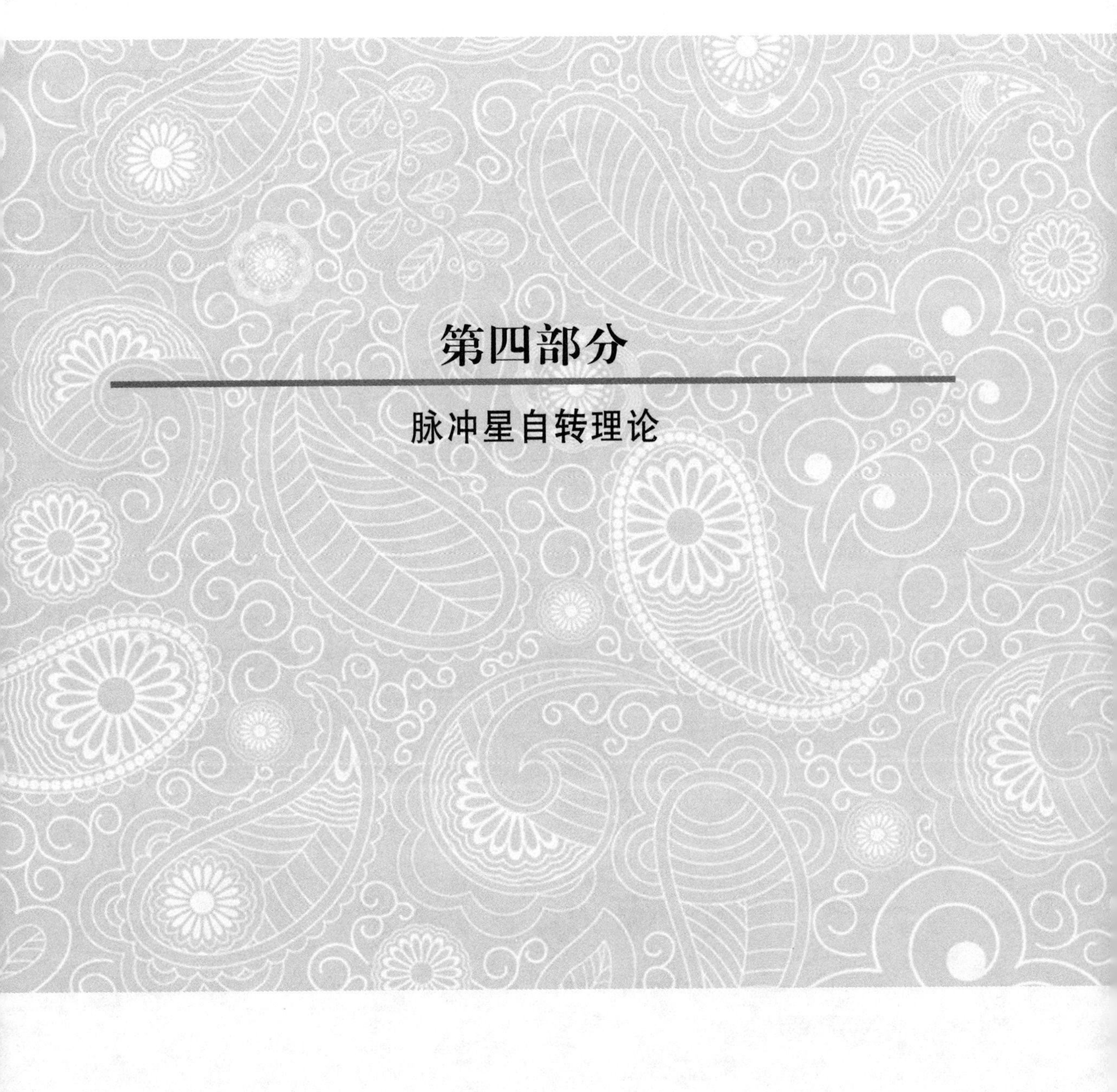

第四部分

脉冲星自转理论

脉冲星在磁偶极辐射作用下的演变*

提要： 本文研究了脉冲星在磁偶极辐射作用下的演变. 文中从演化方程组推出各种演化参量随时间演变的规律以及演化的时间尺度，最后对所推出的公式结合具体脉冲星做了简要的讨论.

1. 引　言

已知脉冲星是高速自旋的磁性中子星. 脉冲星具有强大的磁场，其强度可达 10^{12}～10^{13}高斯. 有人曾认为，脉冲星以自旋频率用电磁辐射的形式发射大量能量. 此能量的损失造成所观测到的自转周期增加[1]. 此外，由于脉冲星的自转轴和磁轴并不相重合，故彼此相交一定角度. 此角度受着垂直于角速度的力矩作用下在减小着，而自旋角速度受着沿自转轴方向的力矩作用下减慢，两者皆随时间变化. 此外，其他物理量，如角动量、自转能也随时间在改变着. 决定脉冲星在磁偶极辐射作用下这些物理量改变的方程式在文献［1］～［4］做过讨论.

本文就是根据前人所建立的演化方程组得到在磁场衰减和不衰减的两种情况的解，然后又用此解推出脉冲星的其他参量随时间的演变和演化的时间尺度. 最后又结合具体脉冲星 PSR0329＋54 对演化参量随时间变化的范围做了讨论.

2. 脉冲星在磁偶极辐射作用下的演化方程

脉冲星由于磁偶极辐射在辐射力矩的作用下其自转角速度 Ω 和自转轴与磁轴之间的夹角 α 随时间的变化的方程式由下列方程组确定：[3]

$$I\Omega \frac{\mathrm{d}\alpha}{\mathrm{d}t} = -N\mathrm{d}_{\perp} = -\frac{2M^2\Omega^3}{3c^3}\cos\alpha\sin\alpha, \tag{1}$$

$$I\frac{\mathrm{d}\Omega}{\mathrm{d}t} = -N\mathrm{d}_{\parallel} = -\frac{2M^2\Omega^3}{3c^3}\sin^2\alpha. \tag{2}$$

此方程组已在文献［3］中给出，并由文献［2］中的方程可直接导出.

其中 I 为脉冲星的转动惯量，M 为磁偶极矩，α 为磁轴和自转轴之间的交角，c 为光速. 如令 μ 为磁偶极矩在垂直自转轴方向上的投影，则 μ 和 α 的关系有，

---

* 原文载于《东北师范大学学报自然科学版》，1981，5（1）：37-42.

$$\mu = M\sin\alpha, \tag{3}$$

而

$$M = B_s R^3. \tag{4}$$

B_s 为脉冲星磁赤道处的磁场强变，R 为脉冲星的半径.

$Nd\perp$ 是垂直于角速度的力矩并使角度 α 减小.

$Nd\parallel$ 是沿着自转轴方向的力矩并阻滞自转角速度.

3. 演化方程组的解法

现在先由演化方程组（1）～（2）推出 Ω 和 α 随时间演变的式子. 这可分两种情况研究.

（1）磁矩不随时间的衰减的情况

此情况也是脉冲星的磁场强度 B_s 不随时间衰减的情况. 由（4）式可知，磁矩 M 也不随时间衰减，故在解方程组（1）～（2）时可将 M 视为不随时间变化的常量. 由方程组（1）～（2）消去时间 t 得

$$\frac{\mathrm{d}\Omega}{\mathrm{d}\alpha} = \frac{\Omega}{\cot\alpha},$$

积分此式，

$$\int_{\Omega_0}^{\Omega} \frac{\mathrm{d}\Omega}{\Omega} = \int_{\alpha_0}^{\alpha} \mathrm{ctg}\,\alpha\,\mathrm{d}\alpha,$$

由此得

$$\ln\frac{\Omega}{\Omega_0} = \ln\frac{\cos\alpha_0}{\cos\alpha},$$

$$\Omega = \frac{\Omega_0\cos\alpha_0}{\cos\alpha}. \tag{5}$$

现在将（5）式的 Ω 代入（1）式后经过运算有，

$$\frac{\mathrm{d}\alpha}{\mathrm{d}t} = -\frac{2}{3}\cdot\frac{M^2}{c^3 I}(\Omega_0^2\cos^2\alpha_0)\,\mathrm{ctg}\,\alpha,$$

积分此式，

$$\int_{\alpha_0}^{\alpha} \mathrm{ctg}\,\alpha\,\mathrm{d}\alpha = -\frac{2}{3}\cdot\frac{M^2}{c^3 I}\Omega_0^2\cos^2\alpha_0\int_0^t \mathrm{d}t,$$

$$\ln\left(\frac{\sin\alpha}{\sin\alpha_0}\right) = -\frac{2}{3}\left(\frac{M^2}{c^3 I}\Omega_0^2\cos^2\alpha_0\right)t,$$

$$\sin\alpha = \sin\alpha_0\exp\left\{-\frac{2}{3}\cdot\frac{M^2}{c^3 I}\Omega_0^2\cos^2\alpha_0 t\right\}. \tag{6}$$

又因

$$\cos\alpha = (1-\sin^2\alpha)^{\frac{1}{2}} = \left[1-\sin^2\alpha_0\exp\left\{-\frac{4}{3}\cdot\frac{M^2}{c^3 I}\Omega_0^2\cos^2\alpha_0 t\right\}\right]^{\frac{1}{2}}.$$

再将上式代入（5）式后得

$$\Omega=\Omega_0\cos\alpha_0\left[1-\sin^2\alpha_0\exp\left\{-\frac{4}{3}\cdot\frac{M^2}{c^3I}\Omega_0^2\cos^2\alpha_0 t\right\}\right]^{-\frac{1}{2}},\tag{7}$$

其中 $M=B_s^2R^3$.

(6) 和 (7) 式就是演化方程组的解，即磁倾角 α 和自转角速度由于磁偶极辐射在磁矩不变的情况下随时间演变的规律.

(2) 磁矩随时间衰减的情形

现在研究当磁矩 M 按以下形式随时间衰减时方程组 (1) ～ (2) 的解：

$$M^2=M_0^2\mathrm{e}^{-\xi t}.\tag{8}$$

其中 M_0 是 $t=0$ 时的磁矩，ξ 为磁衰减系数，对大部分脉冲星可取[5]，

$$\xi=1.3\times10^{-6}/\text{年}.\tag{9}$$

现在将 (8) 式的 M 和 (5) 式的 Ω 代入 (1) 式，则有，

$$\frac{\mathrm{d}\alpha}{\mathrm{d}t}=-\frac{2}{3}\cdot\frac{M_0^2}{c^3I}\mathrm{e}^{-\xi t}\Omega_0^2\cos^2\alpha_0\operatorname{ctg}\alpha,$$

积分此式，

$$\int_{\alpha_0}^{\alpha}\operatorname{ctg}\alpha\,\mathrm{d}\alpha=-\frac{2}{3}\cdot\frac{M_0^2}{c^3I}\Omega_0^2\cos^2\alpha_0\int_0^t\mathrm{e}^{-\xi t}\,\mathrm{d}t,$$

得

$$\ln\left(\frac{\sin\alpha}{\sin\alpha_0}\right)=-\frac{2}{3}\cdot\frac{M_0^2}{c^3I}\Omega_0^2\cos^2\alpha_0\ \frac{1}{\xi}(1-\mathrm{e}^{-\xi t}),$$

即

$$\sin\alpha=\sin\alpha_0\exp\left\{-\frac{2M_0^2\Omega_0^2\cos^2\alpha_0}{3c^3I\xi}(1-\mathrm{e}^{-\xi t})\right\}.\tag{10}$$

将 $\sin\alpha$ 化成 $\cos\alpha$ 后代入 (5) 式得

$$\Omega=\Omega_0\cos\alpha_0\left[1-\sin^2\alpha_0\exp\left\{-\frac{4}{3}\cdot\frac{M_0^2\Omega_0^2\cos^2\alpha_0}{c^3I\xi}(1-\mathrm{e}^{-\xi t})\right\}\right]^{-\frac{1}{2}}.\tag{11}$$

其中 $M_0=B_0^2R_s^3$.

B_0 为 $t=0$ 时脉冲星磁赤道处的场强.

4. 物理参量随时间演变及演化时间尺度

(1) 物理参量随时间的演变

现在根据 (6) ～ (7) 或 (10) ～ (11) 写出脉冲星在磁偶极辐射作用下其他各种参量随时间的演变，即推得磁倾角 α，角速度 Ω，自转周期 P，角动量 J 和自转能 E 随时间演变的式子如下：

$$\alpha=\arcsin K(t),\tag{12}$$

$$\Omega=\Omega_0\cos\alpha_0[1-K(t)^2]^{-\frac{1}{2}},\tag{13}$$

$$P=P_0\sec\alpha_0[1-K(t)^2]^{\frac{1}{2}},\tag{14}$$

$$J=J_0\cos\alpha_0[1-K(t)^2]^{-\frac{1}{2}},\tag{15}$$

$$E = E_0\cos^2\alpha_0[1-K(t)^2]^{-1}. \tag{16}$$

其中 Ω_0，P_0，J_0 和 E_0 都是 $t=0$ 的初始值，它们用 Ω_0 表示时，$P_0=\frac{2\pi}{\Omega_0}$，$J_0=I\Omega_0$，$E_0=\frac{1}{2}I\Omega_0^2$，而

$$K(t)=\begin{cases}\sin\alpha_0\exp\left\{-\frac{2}{3}\cdot\frac{M_0^2}{c^3I}(\Omega_0^2\cos^2\alpha_0)t\right\}, & \text{（磁矩不随时间变化的情形）}\\ \sin\alpha_0\exp\left\{-\frac{2}{3}\cdot\frac{M_0^2\Omega_0^2\cos^2\alpha_0}{c^3I\xi}(1-e^{-\xi t})\right\}, & \text{（磁矩随时间变化的情形）}\end{cases} \tag{17}$$

脉冲星的角速度 Ω_0 是通过自转周期 P_0 得到的，而 P_0 是通过脉冲周期观测得到的，所以 Ω_0 最好用 P_0 来表示．将（17）式中的 $\Omega_0=\frac{2\pi}{P_0}$后有：

$$K(t)=\begin{cases}\sin\alpha_0\exp\left\{-\frac{8}{3}\cdot\frac{\pi^2M_0^2}{c^3I}\left(\frac{\cos^2\alpha_0}{P_0^2}\right)t\right\}, & \text{（磁矩不随时间变化的情形）}\\ \sin\alpha_0\exp\left\{-\frac{8}{3}\cdot\frac{\pi^2M_0^2}{c^3I\xi}\left(\frac{\cos\alpha_0}{P_0}\right)^2(1-e^{-\xi t})\right\}. & \text{（磁矩随时间变化的情形）}\end{cases} \tag{18}$$

（2）演化的时间尺度

脉冲星由于磁偶极辐射自形成后所经历的时间，即所谓特性时间一般表示成：

$$\tau=\frac{P}{2\dot{P}}. \tag{19}$$

但此式是在（2）式中的 α 角不随时间变化或在（3）式 $\mu=M\sin\alpha=$常数的情况下得到的．但在本文的研究中，α 是随时间改变的，故特性时间 τ 并不像上述那样简单．现在从（6）式推出在 α 随时间变化的情况下的特性时间 τ 的式子．这只要将（6）式中的时间$t=\tau$，即理解成自脉冲星形成时到现在经历的时间，再根据（5）式，将 $\Omega_0^2\cos^2\alpha_0=\Omega^2\cos^2\alpha=\frac{4\pi^2}{P^2}\cos^2\alpha$ 代入（6）式后解出 τ：

$$\tau=\frac{3c^3I}{8\pi^2M^2}\left(\frac{P}{\cos\alpha}\right)^2\ln\left(\frac{\sin\alpha_0}{\sin\alpha}\right).$$

再将上式改写成下列形式：

$$\tau=\frac{1}{\left(\frac{8\pi^2M^2}{3c^3I}\sin^2\alpha\right)}\left(\frac{\sin^2\alpha}{\cos^2\alpha}\right)P^2\ln\left(\frac{\sin\alpha_0}{\sin\alpha}\right).$$

如果将（2）式中的 $\Omega=\frac{2\pi}{P}$，即有

$$P\dot{P}=P\frac{dP}{dt}=\frac{8\pi^2}{3c^3I}M^2\sin^2\alpha.$$

将此代入上式后得

$$\tau=\frac{P}{2\dot{P}}\mathrm{ctg}^2\alpha\ \ln\left(\frac{\sin\alpha_0}{\sin\alpha}\right)^2. \tag{20}$$

此即本文中所求得的脉冲星的特性时间或自形成时到现在所经历的时间. 在计算 τ 时，除需要知道 P 和 $\dot{P}=\frac{\mathrm{d}P}{\mathrm{d}t}$ 两个观测值外还需知道形成时的 α_0 和现在的 α 值.

将（19）和（20）式相比较后可以看出，如果把 α 看成时间的函数，则所推出的特性时间或年龄正好是把 α 看成常量时所推出的年龄的 $\mathrm{ctg}^2\alpha\ln\left(\frac{\sin\alpha_0}{\sin\alpha}\right)^2$ 倍.

5. 讨 论

现在根据所推出的式子（6）和（7）或（5）讨论 α 和 Ω 以及其他参量随时间演变的规律和范围.

（1）根据（6）式，$\sin\alpha$ 按指数随时间衰减，又根据（7）式，Ω 也随时间减速；再根据（14）和（15）和（16）式，J 和 E 也随时间减少，但 P 随时间增长.

（2）如果取演化时间 t 为有限时间，即考虑 $0\leqslant t<\infty$，当 $t=0$ 时，由（6）和（7）式可知，$\alpha=\alpha_0$，$\Omega=\Omega_0$；当 $t\to\infty$ 时，由（6）和（7）式可知，$\alpha\to 0$，$\Omega\to\Omega_0\cos\alpha_0$. 故依（12）～（16）式，$\alpha$，$\Omega$，$P$，$J$ 和 E 变化的范围是：

$$0\leqslant\alpha\leqslant\alpha_0,$$
$$\Omega_0\cos\alpha_0<\Omega\leqslant\Omega_0,$$
$$P_0\sec\alpha_0>P\geqslant P_0,$$
$$J_0\cos\alpha_0<J\leqslant J_0,$$
$$E_0\cos^2\alpha_0<E\leqslant E_0.$$

作为讨论的例子，我们研究脉冲星 PSR0329＋54 因磁偶极辐射其角速度或自转周期和磁倾角随时间演变的范围.

依文献［6］，此脉冲星现在的自转周期 P_0 和现在的磁倾角 α_0 的观测值是：

$$P_0=0.714\ 518\ \text{秒},\ \alpha_0=26.98^\circ=26^\circ58'48''.$$

所以磁倾角 α 从现在的值 26.98°逐渐往小变化，其变化的范围：$0^\circ\leqslant\alpha\leqslant 26.98^\circ$.

自转周期 P 由 0.714 518 秒逐渐加长，但不超过或必小于 $P_0\sec\alpha_0=0.714\ 518\sec 26.98^\circ=0.801\ 701\ 7$ 秒，其变化的范围：0.801 701 7 秒$>P\geqslant$0.714 518 9 秒.

自转角速度 Ω 由 $\Omega_0=\frac{2\pi}{P_0}=8.788\ 0$ 弧度/秒减少到 $\Omega_0\cos\alpha_0=8.788\ 0\times\cos 26^\circ58'48''=$ 7.830 996 8 弧度/秒，其变化的范围：7.830 996 8 弧度/秒$<\Omega\leqslant$8.788 0 弧度/秒.

参考文献

［1］J P Ostriker，J E Gunn. Astrophys J，Vol157，N3（1969），1395.
［2］L Davis. M Goldstein. Astrophys J，Vol159，N2（1970），L81.
［3］В Л ГИН36УРГ успехи Физических Наук Томз В з（1971），393-427.
［4］W Willian，J P Mocy. Astrophys J，Vol90，N1（1974），153-163.
［5］曲钦岳，汪珍如，陆琰，罗辽复. 科学通报 4 期（1976），176-177.
［6］B Miller，B J Easthmd. Phys Rev Lett，Vol34，N14（1975），901-904.

对脉冲星在磁偶极辐射作用下的演变的进一步研究*

在本学报 1981 年第一期本文作者研究了脉冲星在磁偶极辐射作用下的演变[1]．本文在该文研究的基础上对脉冲星在磁偶极辐射作用下的演变又做了进一步研究，主要研究了脉冲星的物理参量随时间的演变以及演化时间尺度．现将这两方面研究附新结果简述如下．

一、对物理参量随时间演变的进一步研究

前文［1］根据演化方程（1）～（2）推出脉冲星因磁辐射使磁倾角 α，角速 Ω，自转周期 P，角动量 J 和自转能 E 随时间变化的式子（12）～（16）．现在根据前文［1］方程组（1）～（2）或物理参量演化式子（12）～（16），再进一步推出上述各种参量的改变率随时间的演变式子．这可在前文［1］中的（12）～（16）式对时间求导数得之，或者利用前文方程（1）：

$$\frac{\mathrm{d}\alpha}{\mathrm{d}t}=-\frac{2M^2}{3c^3I}\Omega^2\cos\alpha\sin\alpha,$$

并用 $\sin\alpha=K(t)$ 和 $\cos\alpha=[1-K(t)^2]^{\frac{1}{2}}$ 代入上式，再引用前文中的 $\Omega\cos\alpha=\Omega_0\cos\alpha_0$ 后有：

$$\frac{\mathrm{d}\alpha}{\mathrm{d}t}=\dot{\alpha}(t)=\left(-\frac{2M^2}{3c^3I}\Omega_0^2\cos\alpha_0\sin\alpha_0\right)\left(\frac{\cos\alpha_0}{\sin\alpha_0}\right)\left(\frac{\sin\alpha}{\cos\alpha}\right)=\dot{\alpha}(0)\mathrm{ctg}\alpha_0[1-K(t)^2]^{-\frac{1}{2}}K(t). \tag{1}$$

按以上同样方法又可推得其他物理参量的改变率式子：

$$\frac{\mathrm{d}\Omega}{\mathrm{d}t}=\dot{\Omega}(t)=\dot{\Omega}(0)\cos\alpha_0\mathrm{ctg}^2\alpha_0[1-K(t)^2]^{-\frac{3}{2}}K(t)^2, \tag{2}$$

$$\frac{\mathrm{d}P}{\mathrm{d}t}=\dot{P}(t)=\dot{P}(0)\csc\alpha_0\mathrm{ctg}\,\alpha_0[1-K(t)^2]^{-\frac{1}{2}}K(t)^2, \tag{3}$$

$$-\frac{\mathrm{d}J}{\mathrm{d}t}=-\dot{J}(t)=N(t)=N(0)\cos\alpha_0\mathrm{ctg}^2\alpha_0[1-K(t)^2]^{-\frac{3}{2}}K(t)^2, \tag{4}$$

---

* 原文载于《东北师范大学学报自然科学版》，1982，7（4）：33-35.

$$-\frac{\mathrm{d}E}{\mathrm{d}t}=-\dot{E}(t)=L(t)=L(0)\cos^2\alpha_0\operatorname{ctg}^2\alpha_0[1-K(t)^2]^{-2}K(t)^2. \tag{5}$$

式中 $K(t)$ 在前文 [1] 中的（17）式已给出：

$$K(t)=\begin{cases}\sin\alpha_0\exp\left\{-\frac{2}{3}\left(\frac{M_0^2}{c^3 I}\Omega_0^2\cos^2\alpha_0\right)t\right\}, & \left(\begin{array}{l}\text{磁矩 } M \text{ 不随时间}\\ \text{改变的情形}\end{array}\right) \quad (6)\\ \sin\alpha_0\exp\left\{-\frac{2}{3}\cdot\frac{M_0^2\Omega_0^2\cos^2\alpha_0}{c^3 I\xi}(1-\mathrm{e}^{-\xi t})\right\}. & \left(\begin{array}{l}\text{磁矩 } M \text{ 随时间改}\\ \text{变的情形}\end{array}\right) \quad (7)\end{cases}$$

其中

$$\dot{\alpha}(0)=\left.\frac{\mathrm{d}\alpha}{\mathrm{d}t}\right|_{t=0}=-\frac{2M^2}{3c^3 I}\Omega_0^2\cos\alpha_0\sin\alpha_0, \tag{8}$$

$$\dot{\Omega}(0)=\left.\frac{\mathrm{d}\Omega}{\mathrm{d}t}\right|_{t=0}=-\frac{2M^2}{3c^3 I}\Omega_0^3\sin^2\alpha_0, \tag{9}$$

$$\dot{P}(0)=\left.\frac{\mathrm{d}P}{\mathrm{d}t}\right|_{t=0}=\frac{4\pi M^2}{3c^3 I}\Omega_0\sin^2\alpha_0, \tag{10}$$

$$\dot{J}(0)=\left.\frac{\mathrm{d}J}{\mathrm{d}t}\right|_{t=0}=-N(0)=-\frac{2}{3}\cdot\frac{M^2}{c^3}\Omega_0^3\sin^2\alpha_0, \tag{11}$$

$$\dot{E}(0)=\left.\frac{\mathrm{d}E}{\mathrm{d}t}\right|_{t=0}=-L(0)=-\frac{2}{3}\cdot\frac{M^2}{c^3}\Omega_0^4\sin^2\alpha_0. \tag{12}$$

在（1）～（5）式中的 $N(t)$ 和 $L(t)$ 分别表示磁辐射力矩和磁辐射光度（损能率或磁偶极辐射功率），而 $\dot{\Omega}(t)$，$\dot{P}(t)$ 和 $\dot{\alpha}(t)$ 分别表示自转角速、自转周期和磁倾角的改变率随时间的变化，它们都有一定物理意义，特别 $L(t)$ 和 $N(t)$.

如果磁矩 M 按 $M^2=M_0^2\mathrm{e}^{-\xi t}$ 而衰减，这时（1）～（5）式的右端要乘上 $\mathrm{e}^{-\xi t}$ 因子，而把（8）～（12）式的右端的 M 改换成 M_0 就可以了. 如将 $M^2=M_0^2\mathrm{e}^{-\xi t}$ 代入（1）式，则有：

$$\dot{\alpha}(t)=\dot{\alpha}(0)\operatorname{ctg}\alpha_0\mathrm{e}^{-\xi t}[1-K(t)^2]^{-\frac{1}{2}}K(t).$$

其他各物理参量的式子将右端也同样乘上 $\mathrm{e}^{-\xi t}$ 因子，再将右端的 M 改写成 M_0 就可以了.

二、对演化时间尺度的进一步研究

前文 [1] 用演化方程曾推出在考虑磁倾角时的特性时间 τ 的式子：

$$\tau=\frac{P}{2\dot{P}}\operatorname{ctg}^2\alpha\ln\left(\frac{\sin\alpha_0}{\sin\alpha}\right)^2.$$

特性时间并不是脉冲星的真实年龄，它只代表真实年龄的上限. 现利用前文 [1] 磁矩衰减情形的解推出脉冲星的真实年龄的式子或将本文中的（7）式改写成：

$$\sin\alpha=\sin\alpha_0\exp\left\{-\frac{2}{3}\cdot\frac{M_0^2\Omega_0^2\cos^2\alpha_0}{c^3 I\xi}(1-\mathrm{e}^{-\xi t})\right\}.$$

再将上式写成对数形式：

$$\ln\left(\frac{\sin\alpha}{\sin\alpha_0}\right)=-\ln\left(\frac{\sin\alpha_0}{\sin\alpha}\right)=-\frac{2}{3}\cdot\frac{M_0^2\Omega_0^2\cos^2\alpha_0}{c^3I\xi}(1-e^{-\xi t}).$$

现在将 $\Omega_0^2\cos^2\alpha_0=\Omega^2\cos^2\alpha$ 代入上式，并令 $\Omega=\frac{2\pi}{P}$，则有：

$$\ln\left(\frac{\sin\alpha_0}{\sin\alpha}\right)=\frac{8\pi^2M_0^2}{3c^3I}\left(\frac{\cos^2\alpha}{P^2}\right)\frac{1}{\xi}(1-e^{-\xi t})$$

$$=\left(\frac{8\pi^2M_0^2}{3c^3I}\sin^2\alpha\cdot e^{-\xi t}\right)\frac{1}{P^2}\left(\frac{\cos^2\alpha}{\sin^2\alpha}\right)\frac{e^{\xi t}}{\xi}(1-e^{-\xi t}).$$

根据前文［1］中的公式曾有：

$$P\frac{dP}{dt}=\frac{8\pi^2M^2}{3c^3I}\sin^2\alpha=\left(\frac{8\pi^2M_0^2}{3c^3I}\sin^2\alpha\right)e^{-\xi t},$$

$$\therefore\ln\left(\frac{\sin\alpha_0}{\sin\alpha}\right)=\frac{P\dot{P}}{P^2}\text{ctg}^2\alpha\left(\frac{1}{\xi}\right)(e^{\xi t}-1).$$

从此式解出时间 t，则得脉冲星的真实年龄式子：

$$t=\frac{1}{\xi}\ln(\xi\tau+1),\tag{13}$$

其中

$$\tau=\frac{P}{2\dot{P}}\text{ctg}^2\alpha\ln\left(\frac{\sin\alpha_0}{\sin\alpha}\right)^2.\tag{14}$$

（13）式代表考虑磁倾角 α 时的脉冲星的真实年龄．在不考虑磁倾角 α 时，（13）式中的 $\tau=\frac{P}{2\dot{P}}$.

参考文献

［1］李林森．脉冲星在磁偶极辐射作用下的演变．东北师范大学学报（自然科学版），1981，N1：37-42.

脉冲星在磁偶极辐射作用下自转周期和周期变率随年龄的演变*

摘要： 对脉冲星由于磁辐射使自转周期和周期变率随年龄的演变做了进一步深入研究．给出了适合用观测值计算的理论式子，并用它对四颗脉冲星的自转周期和周期变率随年龄演变情况做了数值计算，绘出了演变曲线．结果表明，四颗脉冲星的自转周期皆随年龄的增加而延长，但周期变率皆随年龄的增加而减少．

关键词： 脉冲星；自转周期和周期变率；演变

脉冲星的自转周期和周期变化率是两个主要物理参量，而这两个参量不是不变的，它们在各种物理过程的作用下皆随时间变化，因此掌握它们的变化规律是件有意义的事．

作者在前文［1］［2］中研究了脉冲星在磁偶极辐射作用下各种物理参量随时间的演变，也给出了自转周期和周期变率随时期演变的表达式，但理论式子应用于数值计算时需用较多参量，且有些参量又难以用观测值来表述和计算．另外，前文［1］［2］所推出的理论式子只适用于物理参量随时间的演变，而不适用于随年龄的演变．然而对于脉冲星的物理参量随年龄的演变要比随时间演变更有意义．此外，作者在前文［1］［2］中也没有对具体脉冲星的自转周期和周期变率的演变做数值计算和给出演变曲线，本文在这方面做了详细研究．

1．脉冲星的自转周期和周期变率随年龄演变的进一步表述

作者在文［1］［2］曾给出自转周期 P 和周期变率 $\dot{P}$ 随时间演变的式子：

$$\begin{cases} P = P_0 \sec\alpha \left[1 - K(t)^2\right]^{\frac{1}{2}}, \\ \dfrac{\mathrm{d}P}{\mathrm{d}t} = \dot{P}(t) = \dot{P}(0)\csc\alpha_0 \operatorname{ctg}\alpha_0 \left[1 - K(t)^2\right]^{-\frac{1}{2}} K(t)^2. \end{cases} \tag{1}$$

式中 P_0，$\dot{P}$ (0) 和 α_0 是 $t=0$ 时的值．按文［2］有

$$P(0) = \left.\frac{\mathrm{d}P}{\mathrm{d}t}\right|_{t=0} = \frac{4\pi M^2}{3c^3 I}\Omega_0 \sin^2\alpha_0. \tag{2}$$

按文［1］，K (t) 由下式给出

* 原文载于《东北师范大学学报自然科学版》，1995，13 (1)：49-51.

$$K(t)=\sin\alpha=\begin{cases}\sin\alpha_0\exp\left\{-\dfrac{8\pi^2M_0^2}{3c^3I}\left(\dfrac{\cos^2\alpha_0}{P_0^2}\right)t\right\}.\\ \text{（磁矩不随时间变化的情形）}\\ \sin\alpha_0\exp\left\{-\dfrac{8\pi^2M_0^2\cos^2\alpha_0}{3c^3I\xi P_0}(1-e^{-\xi t})\right\}.\\ \text{（磁矩随时间变化的情形）}\end{cases}\tag{3}$$

现在将上式的时间 t 转换成脉冲星的年龄，即将上式 K（t）的右端的时间 t 从 $t=0$ 开始改为 t，其不仅包括现在脉冲星的年龄 t_0，也包括它过去和未来的演化时间，并将式中的磁矩 M_0 和转动惯量 I 用现在观测值 P（t_0）和 $\dot{P}$（t_0）或用特征年龄 τ 表示. 对于考虑磁矩衰减情形，这已由文［3］给出：

$$\begin{aligned}K(t)&=\sin\alpha(t)=\sin\alpha(t_0)\exp\left\{-\frac{\dot{P}(t_0)[1-e^{\xi(t_0-t)}]}{P(t_0)\xi\mathrm{ctg}^2\alpha(t_0)}\right\}\\&=\sin\alpha(t_0)\exp\left\{-\frac{[1-e^{\xi(t_0-t)}]}{2\tau\xi\mathrm{ctg}^2\alpha(t_0)}\right\},\end{aligned}\tag{4}$$

式中 t_0 是脉冲星的现在年龄，而 t 是脉冲星过去和未来的任意年龄，P（t_0），$\dot{P}$（t_0）和 α（t_0）分别代表脉冲星的现在年龄 t_0 时的自转周期、周期变率和磁倾角，而特征时间 τ：

$$\tau=\frac{P(t_0)}{2\dot{P}(t_0)}.\tag{5}$$

ξ 为磁衰减系数，按前文已取：

$$\xi=1.3\times10^{-6}/\mathrm{a}.\tag{6}$$

这样，我们就可以用（4）式去计算（1）式中的 P 和 $\dot{P}$ 随年龄演变的情况了.

2. 对四颗脉冲星的计算结果和演变曲线

本文仍将文［3］中所研究的四颗脉冲星：PSR0525＋21，PSR0329＋54，PSR1133＋16 和 PSR0823＋26 作为计算实例. 对这四颗脉冲星的 t_0 值以及 $\dot{P}$（t_0），P（t_0），α（t_0）和 τ（t_0）的观测值仍取文［3］给出的数据. 现将这些数据代入（4）式以算得对于不同年龄时每个脉冲星的 K（t）值，然后再代入（1）式以算得 P（t）和 $\dot{P}$（t）.如果将脉冲星的年龄由它诞生（$t_0=0$）到未来年龄 2.5×10⁶ a 分为 5 个间隔计算，则数值结果和演化曲线分别如图 1 和图 2 所示.

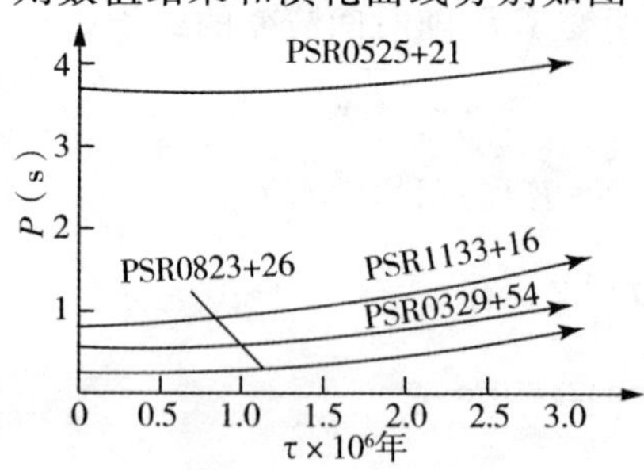

图 1　四颗脉冲星在 2.5×10⁶ a 内自转周期 P 的演变曲线

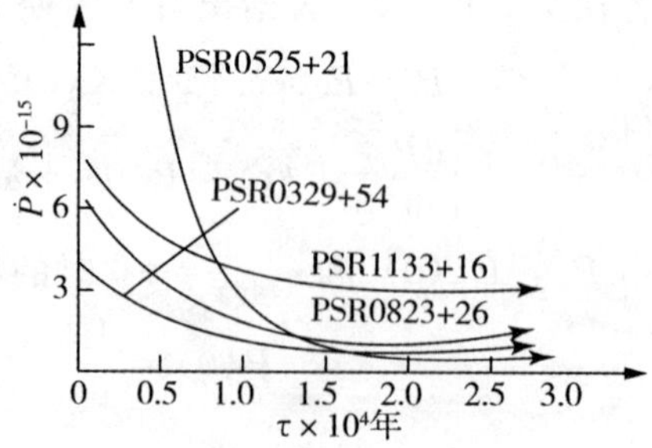

图 2　四颗脉冲星在 2.5×10⁶ a 内自转周期变率 $\dot{P}$ 的演变曲线

3. 讨论和结论

（1）由图 1 可以看出，四颗脉冲星由于磁辐射其自转周期随年龄的增加而延长，即自转周期随年龄渐渐缓慢下去．由图 2 可以看出，脉冲星的周期变率随年龄的增加逐渐减少，这对脉冲星演化很有意义．

（2）自转周期随年龄的增加或延长也是有一定限度的，这可从前面的（1）式看出．由（1）式可得出周期变化的范围在：$P_0 \leqslant P \leqslant P_0 \sec\alpha_0$．例如，四颗脉冲星的自转周期变化的范围依次为 $3^s.7454 \to 3^s.9379$；$0^s.7145 \to 0^s.8019$；$1^s.1879 \to 1^s.9426$；$0^s.5306 \to 0^s.8837$．同样，对于周期变率减少的范围也可从（1）式的第二个式子得出．考虑 $t_0 \leqslant t < \infty$ 时 $0 \leqslant \alpha \leqslant \alpha_0$，则 $\dot{P}(0) \leqslant \dot{P}(t) < 0$，即周期变率随年龄的增加减少值没有下限，一直减少到零为止．

（3）本文所给出的计算值和演化曲线只是 50×10^5 a 以后的演变值和演化走向，至于理论的现在结果同那时的观测值符合得怎样只有那时才能验证，现在只能做出理论的预言．

参考文献

[1] 李林森．脉冲星在磁偶极辐射作用下的演变 [J]．东北师范大学学报（自然科学版），1981 (1)：37-42．

[2] 李林森．对脉冲星在磁偶极辐射作用下的演变的进一步研究 [J]．东北师范大学学报（自然科学版），1982 (4)：83-85．

[3] 李林森．脉冲星磁倾角随年龄的演变 [J]．东北师范大学学报（自然科学版），1991 (3)：39-43．

脉冲星的自转能和磁辐射功率随年龄的演变*

作者曾根据脉冲星磁辐射模型演化方程组的解给出了自转能 E 和磁辐射功率或磁辐射光度 $L=-\dot{E}$ 随时间 t 演变的理论式[1][2]：

$$E(t)=E(0)\cos^2\alpha_0[1-K(t)^2]^{-1}. \tag{1}$$

$$-\frac{dE}{dt}=-\dot{E}(t)=L(t)=L(0)\cos^2\alpha_0\cot^2\alpha_0[1-K(t)^2]^{-2}K(t)^2. \tag{2}$$

式（1）（2）是在积分方程组时将积分下限时间从 $t=0$ 开始到上限 t 取未来时间得到的，故只适合自转能和磁辐射功率从现在（$t=0$）到将来随时间 t 的演变，而不包括脉冲星由诞生到现在这一过去的演变阶段. 如果将时间下限 $t=0$ 取脉冲星诞生时刻，则诞生那时的各种初始物理量，诸如磁矩自转周期 P 以及周期变率 $\dot{P}$ 又很难知道. 为解决上述问题，本文选取积分时间下限为脉冲星的现在年龄 t_0，即下限 $t=t_0$，而上限时间 t 为任意（包括过去、现在和将来）. 这样一来，如果知道脉冲星现在年龄 t_0 时的各物理量的观测值，将（1）（2）式改造成适合上述情形就可以计算脉冲星过去、现在、将来各阶段的演变. 作者在文［3］中对（1）（2）式中的时间函数 $K(t)$ 做了这方面改造，改造后的 $K(t)$ 式子为

$$K(t)=\sin\alpha(t_0)\exp\left\{-\frac{[1-e^{\xi(t_0-t)}]}{2\tau(t_0)\tan^2\alpha(t_0)}\right\}. \tag{3}$$

式中 $\tau(t_0)$ 为对应现在年龄 t_0 时的特性时间，而

$$\tau(t_0)=\frac{P(t_0)}{2\dot{P}(t_0)}. \tag{4}$$

现在的真正年龄由下式给出：

$$t_0=\frac{1}{\xi}\ln[\tau(\alpha_0)\dot{\xi}+1]. \tag{5}$$

而和磁倾角 α 有关的特性时间 $\tau(\alpha_0)$ 为

$$\tau(\alpha_0)=\tau(t_0)\tan^2\alpha(t_0)\ln\csc^2\alpha(t_0). \tag{6}$$

再将式（1）（2）中的初始量 $E(0)$，$L(0)$ 和 α_0 由 $t=0$ 时的值改成 $t=t_0$ 时的值

* 原文载于《东北师范大学学报自然科学版》，2003，32（1）：49-51.

$E(t_0)$，$L(t_0)$和$\alpha(t_0)$，再将$K(t)$用（3）式表示，即可用（1）（2）式计算脉冲星的自转能和磁辐射功率随年龄演变的情况．所以说随年龄演变，还是由（3）式右端e的指数ξ（t_0-t）决定的，其中的t_0定义为脉冲星的现在年龄，因而任意时间t也必须同t_0有同样的意义，故t由时间定义改为脉冲星的任意年龄．这是因为积分时间下限取由诞生起点的现在年龄t_0后，积分时间上限也必须同下限有相同的时间定义，即按年龄来计算之，如按时间计算起点可任选．这也是本文的特点之一．

作为算例，本文利用给出的理论结果对蟹状星云脉冲星（PSR0531＋21）的自转能和磁辐射功率随其年龄在由诞生后5 000年内演变的情况做一数值估计．对此脉冲星利用文［4］给出的基本参量的数据：$P(t_0)=0.033\ 097$ s，$P(t_0)=422.69\times10^{-15}$，$I=1.5\times10^{37}$ kg・m^2，$\alpha(t_0)=59.2°$和$\xi=1.3\times10^{-6}$/a．并且利用（1）（2）式可得蟹状星云脉冲星在5 000年内自转能和磁辐射功率随年龄演变的数值，如表1所示．

表1　蟹状星云脉冲星的自转能和磁辐射功率从诞生到5 000年后演变的数值结果

t/a	K（t）	E（t）$\times10^{41}$/J	L（t）$\times10^{30}$/（J/S）
0	0.999 8	2 974	11 342 816
1 000	0.867 3	2.856 9	7.872 6
2 000	0.752 4	1.631 7	1.933 0
3 000	0.652 9	1.233 9	0.832 3
4 000	0.566 6	1.042 7	0.447 6
5 000	0.491 8	0.933 8	0.270 5

由表1的数值结果可知，蟹状星云脉冲星由于磁辐射使其自转能和磁辐射功率均随年龄的增长而慢慢减少，且诞生时自转能之大，为现在的1 100倍，而那时的辐射功率比现在大1 600 000倍，但在5 000年内辐射功率比自转能减少更为迅速．

近年来，虽然有些文献对脉冲星磁辐射做了讨论[5][6]，然而要么没有详细给出计算脉冲星的自转能和辐射功率随时间演变的理论公式[5]，要么虽然给出自转角速度随时间演变的理论式子，并由此可以推出自转能和辐射功率随时间的演变[6]，但其理论是在磁倾角不变的情况推出的，只是本文在磁倾角可变的情况下推出的结果的特例，故本文的结果是有意义的．

参考文献

［1］李林森．脉冲星在磁偶极辐射作用下的演变［J］．东北师范大学学报（自然科学版），1981（1）：37．

［2］李林森．对脉冲星在磁偶极辐射作用下的演变的进步研究［J］．东北师范大学学报（自然科学版），1982，（4）：33．

［3］李林森. 脉冲星磁倾角随年龄的演变［J］. 东北师范大学学报（自然科学版），1991，(3)：39.

［4］L Davis，M Goldstein. Magnetic-dipole alignment in pulsar［J］. Astrophys J，1970，159：PL81.

［5］李启斌，李宗伟，汲培文. 90 年代天体物理学［M］. 北京：高教出版社，1996：182-229.

［6］S L Shapiro，S A Teukolsky. Black hale，white dwarfs and neutron stars. NewYork：A Wiley Interscience publication，1983：267-300.

脉冲星磁辐射制动力矩对具有磁辐射的两成分模型自旋的长期减速*

摘要： 利用分析法研究了具有磁辐射的两成分模型（壳层和中子超流体）的脉冲星在可变的磁辐射制动力矩的作用下，两成分自旋角速度随时间的长期变化. 给出了具有磁辐射两成分模型的耦合方程组的分析解. 理论结果给出两成分模型在外力可变的磁辐射制动力矩的作用下，自旋角速度随时间长期减慢. 利用所得的分析解对具有磁辐射的两成分模型蟹状星云脉冲星（PSR0531＋21）（Crab）在磁辐射力矩可变的情况下做了数值计算. 并讨论了所得的理论和数值结果. 结果表明，蟹状星云脉冲星（PSR0531＋21）在磁辐射制动力矩的作用下，壳层自旋角速度随时间的长期减速每年为－0.245 s.

关键词： 脉冲星；具有磁辐射的两成分模型；磁辐射力矩；自旋减速

为了解释脉冲星突然加速的现象，许多学者对脉冲星提出各式各样的模型，其中较成功的模型如磁偶极辐射模型、四极弹性能模型以及两成分模型等，两成分模型最先由文［1］［3］提出. 两成分模型主要是由导电较高的固体外壳和壳内的中子超流体的混合物组成. 因此中子星的构造模型显然分为两部分：一部分是带电的固体外壳；另一部分是壳内的中子超流体的混合体. 此外，两成分以不同角速度自转. 自转使超流体成分同带电成分在黏滞作用下相耦合，尽管这种耦合是弱的，但也反应出超流体的丰富度和耦合的程度. 脉冲星磁偶极辐射在脉冲星表层产生磁辐射制动力矩，这种力矩使两成分自旋角速度改变. 因此，只要知道磁转矩变化以及可观测的宏观弛豫时间 τ 和中子超流体的丰富度 Q，两成分的自旋耦合的微分方程可解. 文［4］给出了对两成分耦合方程组在磁辐射制动力矩不变的情况下耦合方程组的解并对解做了讨论. 文［5］研究了中子星的发射噪声的两成分模型，但没有研究磁辐射力矩对两成分模型角速度改变的影响. 文［6］研究了中子星两成分模型在广义相对论构架内的自转动力方程，并假定壳成分的转动 Ω_c 为常数，而中子超流体层的角速度依赖于坐标，但没有研究磁辐射力矩对两成分模型角速度改变的影响. 本文作者研究了在磁辐射制动力矩随时间可变的情况下，具有磁辐射的两成分角速度变化的规律，并给出方程组的解. 最后将解应用于具有磁辐射两成分模型的蟹状星云脉冲星（Crab pulsar）的两成分角速度随时间变化的数值解，此解不同于文［4］给出的解.

* 原文载于《天文研究与技术》，2016，13（3）：277-283.

1. 脉冲星两成分的耦合方程式及其在磁辐射力矩不变条件下的解

根据两成分模型理论，两成分的自旋角速度并不一致．假定带电的固体外壳的转动惯量为 I_c 并以角速度 Ω 绕自转轴旋转，而壳内中子超流体的转动惯量 I_n 并以角速度 Ω_n 绕自转轴旋转，但 $\Omega \neq \Omega_n$，带电外壳成分与壳内中子超流体成分之间的耦合由下式给出[4]：

$$I_c \frac{d\Omega}{dt} = -N - \frac{I_c}{\tau_c}(\Omega - \Omega_n), \tag{1}$$

$$I_n \frac{d\Omega_n}{dt} = \frac{I_c}{\tau_c}(\Omega - \Omega_n), \tag{2}$$

（1）式和（2）式是在星震后不存在跃变时的方程组．其中，$N(t)$ 为外部辐射制动力矩；τ_c 是理论上计算的脉冲星弛豫时间或称微观弛豫时间，它依赖于 Ω．文［7］给出计算 τ_c 的公式，文［8］将 τ_c 用下式表示：

$$\frac{1}{\tau_c} \approx \frac{\Omega}{40}\left(\frac{\Delta}{1\text{Mev}}\right)\frac{KT}{E_F}\exp\left(-\frac{\pi\Delta^2}{4E_F KT}\right)\text{秒}. \tag{3}$$

其中，Δ 为超流体间隙参数（能量间隔）；E_F 为电子的费米能量．

微观弛豫时间 τ_c 可用宏观弛豫时间 τ 表示，宏观弛豫时间 τ 是可以观测的时间，两者之间关系由下式表示[8]：

$$\tau = \tau_c \frac{I_n}{I} \text{ 或 } \frac{1}{\tau_c} = \left(\frac{I_n}{I}\right)\frac{1}{\tau}. \tag{4}$$

中子超流体的丰富度 Q：

$$Q = \frac{I_n}{I}\left(1 - \frac{\Delta\Omega_n}{\Delta\Omega_c}\right). \tag{5}$$

其中，$\Delta\Omega_n$ 为 Ω_n 的初始跃变，而总转动惯量 I：

$$I = I_n + I_c. \tag{6}$$

文［8］指出只要 $I_c \ll I_n$，Q 可以表示：

$$Q = \frac{I_n}{I}. \tag{7}$$

由于大多数脉冲星均满足上述条件，故：

$$I_n = QI, \qquad I_c = I - I_n = I(1-Q). \tag{8}$$

因此，（4）式可以写成：

$$\frac{1}{\tau_c} = \frac{Q}{\tau}. \tag{9}$$

文［4］给出了在磁辐射制动力矩 N 不变的情况下，耦合方程组（1）～（2）的解：

$$\begin{cases} \Omega = -\dfrac{N}{I}t + \dfrac{I_n}{I}\Omega_1 e^{-\frac{t}{\tau}} + \Omega_2, \\ \Omega_n = \Omega - \Omega_1 e^{-\frac{t}{\tau}} + \dfrac{N\tau}{I_c}. \end{cases} \tag{10}$$

以下本文给出在辐射制动力矩 N 可变的情况下，方程组（1）～（2）的解并应用于脉冲星.

2. 可变磁辐射制动转矩的形式

本文研究具有磁辐射的两成分模型的脉冲星. 有磁辐射必然有磁辐射力矩作用在具有磁辐射的两成分模型上，所以方程组（1）～（2）中 N 是磁辐射力矩. 本文给出磁辐射力矩随时间变化的公式.

按磁偶极辐射模型，脉冲星的辐射功率 W_d 是由自转能的变率 $\dot{E}$ 转化来的，即

$$W_d + \dot{E} = 0 \text{ 或 } W_d = -\dot{E}. \tag{11}$$

辐射功率和自转能的变率可写成[9]：

$$W_d = \frac{32\pi^4\mu^2}{3c^3P^4} = \frac{2\mu^2\Omega^4}{3c^3},\ \dot{E} = I\Omega\frac{d\Omega}{dt},\ E = \frac{1}{2}I\Omega^2. \tag{12}$$

由（11）和（12）式可得

$$\frac{d\Omega}{dt} = -\frac{2}{3}\cdot\frac{\Omega^3}{c^3 I}\mu^2. \tag{13}$$

其中，磁矩 $\mu = R^3 B_s \sin\alpha$；R 为脉冲星半径；B_s 为脉冲星的表面磁场. 假定磁转矩垂直于自转轴，则 $\alpha = 90°$，故磁矩 $\mu = R^3 B_s$. 如果在短时间内不考虑磁衰减或增长，则（13）式成为

$$\frac{d(I\Omega)}{dt} = -\frac{2}{3}\cdot\frac{I^3\Omega^3}{I^3c^3}\mu^2.\ \text{角动量 } J = I\Omega.$$

所以

$$\frac{dJ}{dt} = -\frac{2}{3}\cdot\frac{\mu^2}{(Ic)^3}J^3. \tag{14}$$

积分上式：

$$\int_{J(t_0)}^{J_m}\frac{dJ}{J^3} = -\frac{2}{3}\int_{t_0}^{t}\frac{\mu^2}{(Ic)^3}dt.$$

积分式的下限 t_0 是在星震后不存在跃变时具有磁辐射的两成分模型统一体的初始时间. 这个初始时间 t_0 不是脉冲星诞生开始 $t=0$ 时的初始时间，它是具有磁辐射的两成分模型统一体从现在年龄开始的时间. $J(t_0)$是 t_0 时的角动量：

$$J(t)_m = J(t_0)_m\left[1 + \frac{4}{3}\cdot\frac{\mu^2 J_0^2}{c^3 I^3}(t - t_0)\right]^{-\frac{1}{2}},$$

所以

$$J(t)_m = J(t_0)_m\left[1 + K_1(t - t_0)\right]^{-\frac{1}{2}}, \tag{15a}$$

其中，

$$K_1 = \frac{4}{3}\cdot\frac{\mu^2 J_0^2}{c^3 I^3} = \frac{4}{3}\cdot\frac{\mu^2\Omega_0^2}{c^3 I}. \tag{15b}$$

利用（15a）和（15b）可以给出磁辐射制动力矩 $N(t)$ 的表达式：

$$N(t)=-\frac{\mathrm{d}J}{\mathrm{d}t}.$$

将（15a）式代入上式后得

$$N(t)=-J_0\frac{\mathrm{d}}{\mathrm{d}t}[1+K_1(t-t_0)]^{-\frac{1}{2}}=\frac{1}{2}J_0K_1[1+K_1(t-t_0)]^{-\frac{3}{2}}. \tag{16}$$

3. 磁辐射制动力矩可变情况下两成分耦合方程组（1）～（2）的分析解

将（8）式、（9）式和（16）式的 I_n，I_c 和 $\frac{1}{\tau_c}$ 以及 $N(t)$ 代入方程组（1）～（2）式则（1）～（2）式可写成如下形式：

$$\frac{\mathrm{d}\Omega}{\mathrm{d}t}=-\frac{1}{2}\cdot\frac{J_0K_1}{I(1-Q)}[1+K_1(t-t_0)]^{-\frac{3}{2}}-\frac{Q}{\tau}(\Omega-\Omega_n), \tag{17}$$

$$\frac{\mathrm{d}\Omega_n}{\mathrm{d}t}=\frac{1-Q}{\tau}(\Omega-\Omega_n). \tag{18}$$

这样，方程组（1）～（2）可用观测到的宏观弛豫时间 τ 表示. 将方程组（1）～（2）的两端各项相加，可得

$$I_c\frac{\mathrm{d}\Omega}{\mathrm{d}t}+I_n\frac{\mathrm{d}\Omega_n}{\mathrm{d}t}=\frac{\mathrm{d}}{\mathrm{d}t}(I_c\Omega+I_n\Omega_n)=-N(t).$$

转动惯量 I_c 和 I_n 不变或为常数的情况下，将（16）式的 $N(t)$ 代入上式积分后可得

$$\mathrm{d}(I_c\Omega+I_n\Omega_n)=-\int_{t_0}^{t}N(t)\mathrm{d}t=-\frac{1}{2}K_1J(t_0)_m\int_{t_0}^{t}[1+K_1(t-t_0)]^{-\frac{3}{2}}\mathrm{d}t,$$

所以

$$J(t)_m=I_c\Omega+I_n\Omega_n=J(t_0)_m[1+K_1(t-t_0)]^{-\frac{1}{2}}. \tag{19}$$

此式正好是（15a）式，这说明角动量变化的（19）式左端的 $J(t)_m$ 是两成分角动量之和.

利用（7）和（8）式将（19）式改成下列两式：

$$\begin{aligned}\Omega&=\frac{J(t_0)}{I_c}[1+K_1(t-t_0)]^{-\frac{1}{2}}-\frac{I_n}{I_c}\Omega_n\\&=\frac{J(t_0)}{I(1-Q)}[1+K_1(t-t_0)]^{-\frac{1}{2}}-\left(\frac{Q}{1-Q}\right)\Omega_n;\end{aligned} \tag{20}$$

$$\begin{aligned}\Omega_n&=\frac{J(t_0)}{I_n}[1+K_1(t-t_0)]^{-\frac{1}{2}}-\frac{I_c}{I_n}\Omega\\&=\frac{J(t_0)}{IQ}[1+K_1(t-t_0)]^{-\frac{1}{2}}-\frac{1-Q}{Q}\Omega.\end{aligned} \tag{21}$$

其中 $\frac{J(t_0)_m}{I}=\Omega(t_0)_m$，即 $J(t_0)_m=I\Omega(t_0)_m$.

将（21）式的 Ω_n 代入（17）式，方程组（17）～（18）变成下列一组一阶非线性齐次方程组：

$$\frac{\mathrm{d}\Omega}{\mathrm{d}t}+\frac{1}{\tau}\Omega=\Omega(t_0)_{\mathrm{m}}\frac{1}{\tau}[1+K_1(t-t_0)]^{-\frac{1}{2}}$$

$$-\Omega(t_0)_{\mathrm{m}}\frac{1}{2}\cdot\frac{K_1}{1-Q}[1+K_1(t-t_0)]^{-\frac{3}{2}}, \tag{22}$$

$$\frac{\mathrm{d}\Omega_{\mathrm{n}}}{\mathrm{d}t}+\frac{1-Q}{\tau}\Omega_{\mathrm{n}}=\frac{1-Q}{\tau}\Omega. \tag{23}$$

解（22）式得到 Ω 后再代入（23）式得到 Ω_{n} 的解.

同样，将（20）式的 Ω 代入（18）式，方程组（17）～（18）式变成下列另一种形式：

$$\frac{\mathrm{d}\Omega_{\mathrm{n}}}{\mathrm{d}t}+\frac{1}{\tau}\Omega_{\mathrm{n}}=\frac{\Omega(t_0)_{\mathrm{m}}}{\tau}[1+K_1(t-t_0)]^{-\frac{1}{2}}, \tag{24}$$

$$\frac{\mathrm{d}\Omega}{\mathrm{d}t}+\frac{Q}{\tau}\Omega=-\frac{1}{2}\cdot\frac{\Omega(t_0)_{\mathrm{m}}K_1}{1-Q}[1+K_1(t-t_0)]^{-\frac{3}{2}}+\frac{Q}{\tau}\Omega_{\mathrm{n}}. \tag{25}$$

方程组（22）～（23）同方程组（24）～（25）的解是等价的. 以下选取方程组（22）～（23)的解 Ω 和 Ω_{n}. 首先解一阶线性非齐次方程（22）:

$$\frac{\mathrm{d}\Omega}{\mathrm{d}t}+P(t)\Omega=W(t).$$

$$P(t)=\frac{1}{\tau},\ W(t)=\Omega(t_0)_{\mathrm{m}}\left\{\frac{1}{\tau}[1+K_1(t-t_0)]^{-\frac{1}{2}}-\frac{K_1}{2(1-Q)}[1+K_1(t-t_0)]^{-\frac{3}{2}}\right\}.$$

解的形式为

$$\Omega=\mathrm{e}^{-\int\frac{1}{\tau}\mathrm{d}t}\left\{\Omega(t_0)_{\mathrm{m}}\int\left\{\frac{1}{\tau}[1+K_1(t-t_0)]^{-\frac{1}{2}}\right.\right.$$

$$\left.\left.-\frac{1}{2}\cdot\frac{K_1}{1-Q}[1+K_1(t-t_0)]^{-\frac{3}{2}}\right\}\mathrm{e}^{\int\frac{1}{\tau}\mathrm{d}t}\mathrm{d}t+C_1\right\},$$

令：

$$\Omega=\mathrm{e}^{-\frac{t}{\tau}}(I_1+I_2)+C_1\mathrm{e}^{-\frac{t}{\tau}}. \tag{26}$$

积分式：

$$I_1=\Omega(t_0)_{\mathrm{m}}\frac{1}{\tau}\int[1+K_1(t-t_0)]^{-\frac{1}{2}}\mathrm{e}^{\frac{t}{\tau}}\mathrm{d}t$$

$$=\Omega(t_0)_{\mathrm{m}}\mathrm{e}^{\frac{t}{\tau}}\left\{[1+K_1(t-t_0)]^{-\frac{1}{2}}+\frac{1}{2}K_1\tau[1+K_1(t-t_0)]^{-\frac{3}{2}}\right.$$

$$\left.+\frac{4}{3}(K_1\tau)^2[1+K_1(t-t_0)]^{-\frac{5}{2}}\right\},$$

$$I_2=-\Omega(t_0)_{\mathrm{m}}\frac{K_1}{2(1-Q)}\int[1+K_1(t-t_0)]^{-\frac{3}{2}}\mathrm{e}^{\frac{t}{\tau}}\mathrm{d}t$$

$$=-\Omega(t_0)_{\mathrm{m}}\mathrm{e}^{\frac{t}{\tau}}\left\{\frac{K_1\tau}{2(1-Q)}[1+K_1(t-t_0)]^{-\frac{3}{2}}+\frac{3}{4}\cdot\frac{(K_1\tau)^2}{1-Q}[1+K_1(t-t_0)]^{-\frac{5}{2}}\right\}.$$

I_1 和 I_2 代入（26）式，得

$$\Omega=\Omega(t_0)_{\mathrm{m}}\{[1+K_1(t-t_0)]^{-\frac{1}{2}}-K_2[1+K_1(t-t_0)]^{-\frac{3}{2}}-$$

$$K_3[1+K_1(t-t_0)]^{-\frac{5}{2}}\}+Ce_1^{-\frac{t}{T}}, \tag{27}$$

其中，

$$K_1=\frac{4}{3}\cdot\frac{\mu^2\Omega_0^2}{c^3I},\ K_2=\frac{1}{2}K_1\tau\left(\frac{Q}{1-Q}\right),\ K_3=\frac{3}{4}\cdot\frac{(K_1\tau)^2}{1-Q}Q. \tag{28}$$

初始条件 $t=t_0$，$\Omega(t_0)=\Omega(t_0)_m$，表示磁辐射和两成分统一体在星震和跃变后从现在辐射年龄 t_0 开始，则由上式可得

$$C_1=\Omega(t_0)(K_2+K_3)e^{\frac{t0}{\tau}}.$$

所以壳层角速度 Ω 在磁辐射力矩作用下随时间变化是

$$\Omega=\Omega(t_0)\{[1+K_1(t-t_0)]^{-\frac{1}{2}}-K_2[1+K_1(t-t_0)]^{-\frac{3}{2}}\}$$
$$-K_3[1+K_1(t-t_0)]^{-\frac{5}{2}}+(K_2+K_3)e^{\frac{-(t-t_0)}{\tau}}. \tag{29}$$

$$\delta\Omega=\Omega(t)-\Omega(t_0). \tag{30}$$

在（29）式中，$t-t_0=(t_0+\Delta t)-t_0=\Delta t$，$\Delta t$ 是以年为单位的时间间隔，它与脉冲星年龄无关，也与起始时间无关，所以（29）式可以写成用时间间隔表示的式子：

$$\Omega=\Omega(t_0)\Big[(1+K_1\Delta t)^{-\frac{1}{2}}-K_2(1+K_1\Delta t)^{-\frac{3}{2}}$$
$$-K_3(1+K_1\Delta t)^{-\frac{5}{2}}+(K_2+K_3)e^{\frac{-(t-t_0)}{\tau}}\Big], \tag{31}$$

此式只与取的时间间隔有关，而与时间起点无关．故本文在计算时取时间间隔为一年．

将（29）式代入（23）式后可得到 Ω_n 的一阶线性非齐次方程，令其解为

$$\Omega_n=e^{\frac{-(1-Qt)}{\tau}}\left(I_1+I_2+I_3+I_4\right)+C_2e^{\frac{-(1-Q)t}{\tau}}. \tag{32}$$

利用前面的积分方法可得 I_1，I_2，I_3，I_4 各积分结果和所得常数 C，将其代入上式，由此得到中子超流体的角速 Ω_n 随时间变化的解（推导式子较长，因篇幅关系略去）：

$$\Omega_n=\Omega_0\Big\{[1+K_1(t-t_0)]^{-\frac{1}{2}}+\frac{1}{2}K_1\tau[1+K_1(t-t_0)]^{-\frac{3}{2}}$$
$$-(K_2+K_3)\frac{(1-Q)}{Q}e^{\frac{-t}{\tau}}$$
$$-\left\{\left[1+\frac{1}{2}K_1\tau-(K_2+K_3)\frac{(1-Q)}{Q}\right]e^{\frac{-(1-Q)(t-t_0)}{\tau}}\right\}\Big\}+\Omega(t_0)_n e^{\frac{-(1-Q)(t-t_0)}{\tau}}. \tag{33}$$

$$\delta\Omega_n=\Omega(t)_n-\Omega(t_0)_n. \tag{34}$$

（29）式和（33）式就是本文给出的脉冲星磁辐射力矩对两成分模型自转角速随时间长期变化的式子．

4. 脉冲星 PSR0531+21（Crab）的理论数值结果

本文研究的脉冲星必须具有磁辐射的两成分模型，根据文［3］，蟹状星云脉冲星（Crab，PSR0531+21）是两成分模型，根据文［4］它又是磁辐射模型或是具有这两种模型的统一体．本文选取 Crab 脉冲星（PSR0531+21）作为计算实例．首先给出这个脉冲星的物理参数如表 1，其中 Ω_0，Q，τ 引自文［3］和［10］，表面磁场 B_s 引自文

[11]，$\mu=R^3B_s$. 一般假定中子星的半径 $R=1.2\times10^6$ cm，转动惯量 $I=1.4\times10^{45}$ ($cm^3\cdot g$)[6].

表 1　蟹状星云脉冲星（PSR0531＋21）的物理数据

脉冲星 Pulsar	Ω_0（rad/s）	$Q=I_n/I$	τ（d，a）	B_s（G）	$\mu\times1\,030$（$cm^3\cdot G$）
PSR0531＋21（Crab）	190	0.96	7.7（d）	0.999 553 952E＋12	6.53

将表 1 中的数据代入（28）式，得到 PSR0531＋21 的 $K_1=5.43\times10^{-11}$，$K_2=4.33\times10^{-4}$，$K_3=2.35\times10^{-8}$，再取时间间隔 $\Delta t=1$ 年. 将 K_1，K_2，K_3 的数值代入（30）和（31）式，得到 PSR0531＋21（Crab）的壳层在磁辐射力矩作用下角速每年变化的数值如表 2.

表 2　蟹状星云脉冲星（PSR0531＋21）的数值的结果（每年变化的数值：$\Delta t=1$ 年）

脉冲星 Pulsar	Ω（t）（rad/s）	Ω/Ω_0	$\delta\Omega$（rad/s）
PSR0531＋21（Crab）	189.755 0	0.999 871	−0.245 0

Ω_0 的数值在表 1 中给出.

对于中子超流体的角速度变化情形由于初始角速度 $\Omega(t_0)_n$ 难以观测到，所以中子超流体的角速度 $\Omega(t)_n$ 随时间变化也同样难以观测到. 故本文只能根据所推得的理论式子对壳层角速度变化做一计算，但给出中子超流体的角速度变化的理论式子仍有理论价值和意义.

5. 讨论和结论

（1）对推得的理论结果式子的验证. 将初始时间 $t=t_0$ 代入理论式子（29）和（33），可得到右端的初始角速度 $\Omega(t_0)$ 和 $\Omega(t_0)_n$. 即（29）式、（30）式、（33）式和（34）式变成 $\Omega=\Omega(t_0)$，$\delta\Omega=0$；$\Omega_n=\Omega(t_0)_n$，$\delta\Omega_n=0$. 这说明文中的理论结果是正确的. 此外，（29）和（33）式的级数随时间增大是收敛的.

（2）根据表 2 给出的数值结果，脉冲星 PSR0531＋21 在磁辐射外力矩的作用下，外壳角速度随时间逐渐减慢，然而这种减速是长期的，而和由于壳震角速突然加速的跃变两者迥然不同. 前者是长期性的，后者是突然临时性的. 此外，前者长期减速不会影响后者突然跃变的加速，而后者的突然跃变加速对前者的长期变化也不产生影响. 因为方程组（1）～（2）是在星震跃变不存在的情况下成立，因此它的解（长期变化）不受星震和跃变的影响.

（3）脉冲星磁辐射的演化起点是从脉冲星诞生 $t=0$ 开始，而两成分模型的演化起点是从星震和跃变后为起点，两者并不一致. 本文致力于如何使两个模型的演化起点合二为一，这是本文解决此问题的特点. 本文研究的脉冲星具有磁辐射和两成分的统一体（Crab 脉冲星就是这两种模型的统一体），因此，演化的起点 t_0 必须是在星震和跃变后统一体的初始时间. 如果按磁辐射的初始时间是脉冲星诞生 $t=0$ 为起始时间，可是脉冲星诞生时的物理参量是一个不确定的较大的物理量，另外也不符合两成分模型的演化起点．因此应该采用脉冲星的现在年龄 t_0 为两个模型统一体的初始时间．在积分式子（29）和（30）中，取从 t_0 到 t 为积分上下限，可是 $t=t_0+\Delta t$，故在（29）和（30）式子中取 $t-t_0=(t_0+\Delta t)-t_0=\Delta t$．按本文计算取时间间隔 $\Delta t=1$ 年，所以演化时间间隔与脉冲星演化的起始时间无关．这样，具有磁辐射的两成分模型，如 Crab 脉冲星的演化时间可选取在星震和跃变后，磁辐射和两成分的统一体的现在年龄为两者的初始时间．这个方法解决了上述两个模型演化起点不一致的问题．

（4）本文假定（13）式中的磁偶极矩 μ 为常量，即不随时间衰减或增长．实际上，如果从长期考虑磁矩 μ 是随时间变化的．即 $\mu=\mu_0 e^{-\xi t}$，$\xi=\dfrac{2}{\tau_D}$．文［9］给出的 $\tau_D=1.6\times10^6$ 年，$\xi=1.3\times10^{-6}$年．因此，磁衰减时间较长，磁衰减系数每年很小．本文只计算每年角速的变化值，因此，磁衰减的影响可以不必考虑．

另一方面，有的脉冲星的磁场是增长的．例如文［12］给出的 PSR0531＋21（Crab 脉冲星）属于磁场增长的脉冲星，即 $\mu=\mu_0 e^{+\xi t}=R^3 B_0 e^{+\xi t}$，但磁场增量很小，增量为 ＋0.000 6×1 012 G/年．这样小的增量对 Crab 脉冲星每年壳层角速度变化的影响也可不必考虑．

（5）在第 3 节中 I_1，I_2，I_3，I_4 各积分式子利用了下面的积分公式：

$$\int x^n e^{ax}\mathrm{d}x=\frac{e^{ax}}{a}\left[x^n-\frac{n}{a}x^{n-1}+\frac{n(n-1)}{a^2}x^{n-2}-\cdots\right],$$

级数展开式应用于本文的 $n=\dfrac{1}{2}$，$a=\dfrac{1}{K_1\tau}$ 和 $x=[1+K(t-t_0)]$．表 1 中 $K=5.43\times10^{-11}$，$\tau=7.7\ \mathrm{d}=665\ 280\ \mathrm{s}$，$K_1\tau=3.612\ 4\times10^{-5}$，$x>1$ 随时间 t 延长而增加．将这些数据代入上式，此级数是收敛的．所以，I_1，I_2，I_3，I_4 各积分式是收敛的，故由此得（29）式也是收敛的．另外，如果将第 4 节表下面的 K_1，K_2，K_3 的数值代入（29）式也可得到（29）式是收敛的，当 $x=[1+K_1(t-t_0)]$ 随时间 t 延长而增大．但由于在级数中略去了 $[1+K_1(t-t_0)]^{-\frac{7}{2}}$ 以上的高阶项，所以，（29）式的解是近似的．

参考文献

［1］Baym G，Pethick C，Pines D，et al. Spin up in neutron stars：the future of the Vela pulsar［J］. Nature，1969，224：872-874.

［2］Ruderman M. Pulsar：structure and dynamics［J］. Annual Review of Astronomy and Astrophysics，1972，10：427.

［3］Pines D. Observing neutron stars：information on stellar structure from pulsars and compact X-ray sources［C］//Proceedings of the Sixteenth Solvay Conference on Physics，Brussels，Belgium，September 24-28，1973. 1974：147-173.

[4] Shapiro S L, Teukolsky S A. Black holes, white dwarfs, and neutron stars: the physics of compact objects [M]. New York: John Wiley & Sons, 1983: 247-295.

[5] Baykal A, Alpar A, Kizilaglu U. A shot noise model for a two-comonent neutron star [J]. Astronomy & Astrophysics, 1991, 252 (2): 664-668.

[6] Sedrakian D M. Rotation of a two-component model neutron star in GTR [J]. Astrophysics, 1991, 40 (3): 260-266.

[7] Feibelman P J. Relaxation of electron velocity in a rotating neutron superfluid: application to the relaxation of a pulsar's slowdown rate [J]. Physical Review D, 1971, 4 (6): 1589-1597.

[8] Pines D, Shaham J, Rudeman M A. Physics of dense matter [J]. Proceedings of the International Astronomical Union, 1972, 1053: 21-25.

[9] 曲钦岳，汪珍茹，陆埮，等. 脉冲星的统计分析与 JP 1953 [J]. 科学通报，1976 (4): 68-81.

[10] 唐小英. 中子星星震与脉冲星加速 [J]. 北京天文台台刊，1975 (4): 68-81.

[11] Manchester R N, Hobbs G B, Teoh A, et al. The Australia Telescope National Facility pulsar catalogue [J]. The Astronomical Journal, 2005, 129 (4): 1993-2006.

[12] Li Linsen. A method for judging decay or growth of the magnetic field of pulsar [J]. Journal of Astrophysics & Astronomy, 2009, 30 (3): 145-151.

从光速圆柱磁能的衰减研究毫秒脉冲双星的演化*

摘要： 本文用脉冲星光速圆柱附近磁能的衰减理论研究了毫秒脉冲星的演化．文中从理论上给出了脉冲星到达辐射截止线时的年龄和自转周期，及现在的辐射年龄和从现在辐射年龄到达辐射截止线所需的时间．并用此理论对 7 颗脉冲双星的演化做了数值计算．

关键词： 脉冲双星；演化

1．引　言

星体演化到脉冲星阶段时，核能已经耗尽，而只靠快速自转的转动能量维持辐射输出．所以脉冲星减少的自转能就转化为磁辐射，因而磁能就是脉冲星的唯一能源．现在我们所观测到的脉冲星的射电光度就是产生于这种能量．但是辐射部位有人主张在脉冲星表面附近，也有人主张辐射能源是在光速圆柱附近的局部辐射区域里．文献［1］［4］根据脉冲星的辐射截止线的斜率近于$\frac{1}{5}$这一事实，先后提出了辐射截止条件与$\dot{P}P^{-5}$有关的论点．这一论点说明了辐射截止线同光速柱面磁场强度或同磁能有关．以此论点，文献［6］主张脉冲星的辐射起源于光速圆柱附近，而它的脉冲性质决定于光速圆柱的磁能$\frac{B^2}{8\pi}$．本文根据此理论和各种观测事实研究了毫秒脉冲星在吸积阶段使自转周期达到极小值后到达辐射截止线的演化历程．

2．由脉冲星光速圆柱附近处磁衰减确定脉冲星的辐射年龄

正如文献［5］所指出的，在脉冲星形成过程只有非吸积史的中子星的磁场不会衰减，而伴有物质吸积史阶段的中子星吸积过程使磁场渐渐减弱．可是使脉冲星加速到毫秒程度绝大部分是开始时伴有吸积物质造成的．所以考虑脉冲星演化时不仅要考虑磁场随时间的衰减，更需要考虑光速圆柱附近的磁衰减而带来的脉冲星的演化问题．

脉冲星光速圆柱附近的磁场强度 B_c 或磁能$\frac{B_c^2}{8\pi}$可根据文献［7］的磁偶极模型推出：

* 原文载于《云南天文台台刊》，1993，3（4）：15-21．

$$\frac{B_c^2}{8\pi}=\frac{3\pi^3 I}{c^3}\dot{P}P^{-5}. \tag{1}$$

式中 P 为脉冲星的自转周期，$\dot{P}=\frac{\mathrm{d}P}{\mathrm{d}t}$，$I$ 为转动惯量，可视为常量，c 为光速.

光速圆柱附近的磁衰减可按文献［5］定义的脉冲星辐射年龄 t 的公式

$$\dot{P}P^{-5}=C_0\exp\left(\frac{-2t}{\tau_D}\right).$$

并结合（1）式推出

$$B_c^2(t)=B_c^2(0)\mathrm{e}^{\frac{-2t}{\tau_D}}. \tag{2}$$

当 $t=0$ 时，常数 $C_0=\dot{P}(0)P(0)^{-5}=\frac{c^3B_c^2(0)}{24\pi^4 I}$，$B_c$ $(0)^2$ 为场强；τ_D 为磁衰减时标，依文献［5］，$\tau_D=10^6$ 年量级.

现在根据（1）和（2）式研究脉冲星的辐射年龄. 脉冲星的辐射年龄是指脉冲星自吸积阶段达到最短周期 $P_{\min}$ 时到现在所需的时间，用 t_0 表示此年龄. 以下我们从（1）和（2）式出发推出 t_0 的表达式.

现在做（1）式的积分. 取在吸积阶段使脉冲星的自转周期加快到极短周期 $P_{\min}$ 时为时间的起点，即 $t=0$ 对应 $P=P_{\min}$；$t=t_0$（现在辐射年龄）对应 $P=P(t_0)$（现在自转周期）. 故将（2）式代入（1）式后积分式可写成

$$\int_{P_{\min}}^{P(t_0)}P^{-5}\mathrm{d}P=\frac{c^3B_c^2(0)}{24\pi^4 I}\int_0^{t_0}\mathrm{e}^{\frac{-2t}{\tau_D}}\mathrm{d}t.$$

但是 $B_c(0)$ 是 $t=0$ 时的场强或 $P_{\min}$ 时的场强，对于那时的场强无法测知，需将其转换成 $B_c(t_0)$，即现在可观测值. 为此将（2）式改写成

$$B_c^2(t_0)=B_c^2(0)\mathrm{e}^{\frac{-2t_0}{\tau_D}}.$$

将时间 t 用 t_0 代替后可得

$$B_c^2(0)=B_c^2(t_0)\mathrm{e}^{\frac{2t_0}{\tau_D}}. \tag{3}$$

将（3）式代入上面积分式的右端就有

$$\int_{P_{\min}}^{P(t_0)}P^{-5}\mathrm{d}P=\frac{c^3B_c^2(t_0)}{24\pi^4 I}\mathrm{e}^{\frac{2t_0}{\tau_D}}\int_0^{t_0}\mathrm{e}^{\frac{-2t}{\tau_D}}\mathrm{d}t.$$

再利用（1）式得：

$$\frac{c^3B_c^2(t_0)}{24\pi^4 I}=\dot{P}(t_0)P(t_0)^{-5}. \tag{4}$$

将（4）式代入上面积分式的右端后积分之，得

$$\frac{1}{P(t_0)^4}-\frac{1}{P_{\min}^4}=2\tau_D\frac{\dot{P}(t_0)}{P(t_0)^5}\mathrm{e}^{\frac{2t_0}{\tau_D}}\left(\mathrm{e}^{\frac{-2t_0}{\tau_D}}-1\right).$$

由此解 t_0 后即得到脉冲星的现在辐射年龄的表达式：

$$t_0=\frac{1}{2}\tau_D\ln\left[\frac{\tau(t_0)}{\tau_D}D+1\right]. \tag{5}$$

式中

$$\left.\begin{aligned}\tau(t_0)&=\frac{P(t_0)}{2\dot{P}(t_0)},\\ D&=\left[\frac{P(t_0)}{P_{\min}}\right]^4-1.\end{aligned}\right\}\tag{6}$$

τ（t_0）就是辐射年龄 t_0 时的脉冲星的特征年龄，它可根据可观测值 P（t_0）和 $\dot{P}$（t_0）确定，而 $P_{\min}$值已由文献［6］给出.

3. 脉冲星演化到辐射截止线附近所需时间和那时的年龄

一般认为脉冲星演化到辐射截止线时由于那时磁能很低，供能不足，脉冲星衰老，辐射出现间歇性，甚至磁能或光柱磁场强度低到临界值时，辐射完全停止，射电脉冲就会消失而出现所谓缺脉冲现象. 有人曾指出，如果光速圆柱距离处磁场 $B_c=2$ G（高斯）时就会出现此现象，但依文献［4］，只要 $B_c<1.5$ G 的脉冲星就不会有脉冲辐射. 辐射区域的磁场不能大于 1.5 高斯，这个值称为脉冲星演化到辐射截止线时光柱距离处的磁场强度的临界值. 现在根据脉冲星到达辐射截止线的这种特点推出它到达辐射截止线所需时间和那时的辐射年龄.

根据（1）和（2）式，（1）式可写成

$$\begin{aligned}P(t)^{-5}\dot{P}(t)&=\frac{c^3B_c^2(t)}{24\pi^4 I}=\frac{c^3B_c^2(0)}{24\pi^4 I}e^{\frac{-2t}{\tau D}}\\ &=P(0)^{-5}\dot{P}(0)e^{\frac{-2t}{\tau D}}.\end{aligned}\tag{7}$$

式中 P（0）和 $\dot{P}$（0）是 $t=0$ 时 P 和 $\dot{P}$ 的值，即 P（0）$=P_{\min}$，$\dot{P}$（0）$=\dot{P}_{\min}$. 但 $P_{\min}$值我们可推知，这已由文献［6］给出，而 $\dot{P}_{\min}$是无法知道的，故需将其转换成用 P（t_0）和 $\dot{P}$（t_0）表之.

将前式的 t 用现在辐射年龄 t_0 表示，则有

$$P(t_0)^{-5}\dot{P}(t_0)=P(0)^5\dot{P}(0)e^{\frac{-2t_0}{\tau D}}.$$

故有

$$P(0)^{-5}\dot{P}(0)=P(t_0)^{-5}\dot{P}(t_0)e^{\frac{2t_0}{\tau D}}.$$

将此代入（7）式后则有

$$\frac{c^3B_c^2(t)}{24\pi^4 I}=P(t_0)^{-5}\dot{P}(t_0)e^{\frac{2t_0}{\tau D}}\cdot e^{\frac{-2t}{\tau D}}.$$

设 $t=t_d$ 为脉冲星到达辐射截止线时的年龄，则有

$$\frac{c^3B_c^2(t_d)}{24\pi^4 I}=P(t_0)^{-5}\dot{P}(t_0)e^{\frac{2t_0}{\tau D}}\cdot e^{\frac{-2t_d}{\tau D}}.\tag{8}$$

由此式解出 t_d，则得到脉冲星到达辐射截止线时的年龄：

$$t_d=\frac{1}{2}\tau_D\ln\left[\frac{24\pi^4 I}{c^3B_c^2(t_d)}P(t_0)^{-5}\dot{P}(t_0)e^{\frac{2t_0}{\tau D}}\right].\tag{9}$$

式中 t_0 已由（5）式给出，或者将 $e^{\frac{2t_0}{\tau D}}$ 由下式表示

$$e^{\frac{2t_0}{\tau D}} = \frac{\tau(t_0)}{\tau_D}D + 1. \tag{10}$$

所以脉冲星由现在辐射年龄 t_0 起到达辐射截止线所需时间 t_f 可由下式推算：

$$t_f = t_d - t_0.$$

或者将（8）式写成：

$$\frac{c^3 B_c^2(t_d)}{24\pi^4 I} = P(t_0)^{-5}\dot{P}(t_0)e^{\frac{-2(t_d-t_0)}{\tau D}}.$$

由此又可得到 t_f 的表达式：

$$t_f = t_d - t_0 = \frac{1}{2}\tau_D \ln\left[\frac{24\pi^4 I}{c^3 B_c^2(t_d)} \cdot \frac{\dot{P}(t_0)}{P(t_0)^5}\right]. \tag{11}$$

如果脉冲星的年龄是从吸积阶段开始，则脉冲星到达辐射截止线的年龄尚需加上吸积阶段时间 t_a，则

$$t_c = t_0 + t_f + t_a = t_a + t_d. \tag{12}$$

其中 t_a 的算式及其值已由文献［11］给出.

4. 脉冲星演化到辐射截止线时的减慢周期

脉冲星的自转周期或脉冲周期随着光柱磁能的衰减逐渐缓慢下去. 现在研究脉冲星到达辐射截止线时的减慢自转周期. 这仍需从（1）式着手研究.

设脉冲星到达辐射截止线时的自转周期用 P_f 表示，将（1）式并考虑（2）式取下列两种积分限而积分后求得 P_f：

$$\int_{P(t_0)}^{P_f} P^{-5}\mathrm{d}P = \frac{c^3 B_c^2(0)}{24\pi^4 I}\int_{t_0}^{t_d} e^{\frac{-2t}{\tau D}}\mathrm{d}t. \tag{13}$$

或

$$\int_{P_{\min}}^{P_f} P^{-5}\mathrm{d}P = \frac{c^3 B_c^2(0)}{24\pi^4 I}\int_{0}^{t_d} e^{\frac{2t}{\tau D}}\mathrm{d}t. \tag{14}$$

按前面（2）式，可将 B_c^2（0）表示成

$$B_c^2(0) = B_c^2(t_0)e^{\frac{2t_0}{\tau D}} = B_c^2(t_d)e^{\frac{2t_d}{\tau D}}. \tag{15}$$

故有

$$\frac{c^3 B_c^2(0)}{24\pi^4 I} = \frac{c^3 B_c^2(t_0)}{24\pi^4 I}e^{\frac{2t_0}{\tau D}} = P(t_0)^5\dot{P}(t_0)e^{\frac{2t_0}{\tau D}} = \frac{c^3 B_c^2(t_d)}{24\pi^4 I}e^{\frac{2t_d}{\tau D}}.$$

将这些关系式代入（13）式或（14）式，如取（13）式积分的结果，则有

$$P_f = P(t_0)\left[1 + \frac{\tau_D}{\tau(t_0)}(e^{\frac{2(t_0-t_d)}{\tau D}} - 1)\right]^{-\frac{1}{4}} \tag{16}$$

$$= P(t_0)\left[1 + \tau_D\frac{c^3 B_c^2(t_d)}{12\pi^4 I}P(t_0)^4(1 - e^{\frac{2(t_d-t_0)}{\tau D}})\right]^{-\frac{1}{4}}. \tag{17}$$

而（14）式的积分结果为

$$P_f = P_{\min}\left[1 + 2\tau_D \dot{P}(t_0)\frac{P_{\min}^4}{P(t_0)^5} e^{\frac{2t_0}{\tau D}}\left(e^{\frac{-2t_d}{\tau D}} - 1\right)\right]^{-\frac{1}{4}} \tag{18}$$

$$= P_{\min}\left[1 + \frac{\tau_D c^3 B_c^2(t_d)}{12\pi^4 I} P_{\min}^4 \left(1 - e^{\frac{2t_d}{\tau D}}\right)\right]^{-\frac{1}{4}}. \tag{19}$$

式中 $e^{\frac{2t_0}{\tau D}}$ 由（10）式给出，而 $e^{\frac{\pm 2t_d}{\tau D}}$ 和 $e^{\frac{2(t_0 - t_d)}{\tau D}}$ 均由（8）式给出：

$$e^{\frac{\pm 2t_d}{\tau D}} = \frac{24\pi^4 I}{c^3 B_c^2(t_d)} \cdot \frac{\dot{P}(t_0)}{P(t_0)^5} e^{\frac{\pm 2t_0}{\tau D}}. \tag{20}$$

$$e^{\frac{2(t_0 - t_d)}{\tau D}} = \frac{c^3 B_c^2(t_0)}{24\pi^4 I} \cdot \frac{P(t_0)^5}{\dot{P}(t_0)}. \tag{21}$$

如果取 B_c（t_d）$=1.5$ G，$I=10^{45}$ cm^{2}g（典型值），则

$$\begin{aligned} e^{\frac{2t_d}{\tau D}} &= 3.840\,4 \times 10^{16} \frac{\dot{P}(t_0)}{P(t_0)^5} e^{\frac{2t_0}{\tau D}}. \\ e^{\frac{2(t_0 - t_d)}{\tau D}} &= 2.603\,9 \times 10^{-17} \frac{P(t_0)^5}{\dot{P}(t_0)}. \end{aligned} \tag{22}$$

（16）式中的 τ（t_0）由（6）式给出.

5. 对 7 颗脉冲双星的计算结果

利用文献［6］和［8］～［12］所给出的脉冲双星的 $P_{\min}$，P（t_0），$\dot{P}$（t_0）和 τ（t_0）的数据，再根据本文推出的（5）（9）（11）（16）～（17）或（18）～（19）式可以估计 7 颗脉冲双星（见表 1）从吸积阶段时极短周期开始到现在的辐射年龄，它们到达辐射截止线的年龄以及从现在到那时所需时间和那时的自转周期. 计算过程取 $I=10^{45}$ cm^{2}g（典型值），B_c（t_d）$=1.5$ G，$\tau_D=10^6$ 年（取文献［5］给出数量级的最低值）. 计算的结果如表 1 所示.

表 1　对 7 颗脉冲双星的数值结果

脉冲星	t_0（年）（10^6）	t_f（年）（10^6）	t_d（年）（10^6）	P_f（秒）
PSR0655+64	8.9	3.6	12.5	0.196 0
PSR0820+02	4.8	0.5	5.4	0.866 0
PSR1855+09	5.7	9.5	15.2	0.005 4
PSR1913+16	4.0	6.5	10.5	0.059 1
PSR1953+29	7.6	9.4	16.9	0.006 1
PSR2303+46	3.2	1.2	4.4	1.073 4
PSR1831−00	6.3	0.3	6.6	0.521 0

6. 计算结果的讨论

6.1　本文计算所用的参量数据有些可取观测值，如 P（t_0），$\dot{P}$（t_0），$\dot{P}_{\min}$和 τ（t_0）；但有些不可能取观测值，如转动惯量 I，这只好取到量级的典型值. 此外 τ_D 也只能取到量级值，而 B_c（t_d）对每个脉冲星也只取相同值，这些都会影响数值结果的精度. 故本文所给的计算结果只能准确到量级值. 但天体演化年龄的时间尺度甚长，只要精确到量级也就足够了.

6.2　由表 1 可以看出，7 颗脉冲双星的现在辐射年龄 t_0 都是在 10^6 量级. 其中年龄最大者为 PSR0655＋64，最小者为 PSR2303＋46，而到达辐射截止线时的年龄 t_d 都是在 10^6～10^7 量级，其中 PSR1953＋29 的年龄为最大，PSR2303＋46 为最小. 7 颗脉冲星最先到达辐射截止的为 PSR1831－00，最后到达的为 PSR1855＋09 和 PSR1953＋29.

6.3　对于到达截止线时的自转周期 P_f 的计算值同 t_0 时的自转周期 P（t_0）相差甚小，计算到小数点后三位时仍同 t_0 时的自转周期相同，只有计算到小数点后四位时才稍有差别. 故计算 P_f 值意义不大. 但那时由于磁能衰减，供能不足，出现缺脉冲现象，因而那时的脉冲星变成一颗缺脉冲的自转中子星了.

附录：

本文计算时根据文献［5］［7］～［10］所给出的 P（t_0），$\dot{P}$（t_0），$P_{\min}$和 τ（t_0），T_a 的数据

脉冲星	P（t_0）(s)	$\dot{P}$（t_0）	$P_{\min}$（s）	τ（t_0）年	T_a（年）
PSR0655＋64	0.169	5×10^{-18}	0.016 7	3.1×10^{9}	1.2×10^{5}
PSR0820＋02	0.865	3.6×10^{-17}	0.252	1.31×10^{8}	1.7×10^{4}
PSR1855＋09	0.005 4	2.1×10^{-20}	0.001 57	6.8×10^{8}	1.45×10^{7}
PSR1913＋16	0.059	8.8×10^{-18}	0.024 8	9.7×10^{7}	6.0×10^{5}
PSR1953＋29	0.006 1	3.16×10^{-20}	0.001	2.9×10^{9}	1.25×10^{7}
PSR2303＋46	1.066	3.98×10^{-16}	0.500	3.3×10^{7}	9.18×10^{7}
PSR1831－00	0.520 9	0.2×10^{-17}	0.097 9	3.34×10^{8}	3.34×10^{8}

参考文献

［1］Lyne A G，Ritchings R I，Smith F G. Mon Not R Astron Soc，1975，171：579.

［2］Smith F G. Pulsars. Cambridge University Press，1977.

［3］Wang Z R. Pulsars. Proceeding of IAU Symposium NO95（Held in Aug.

26—29，1980），P215.

［4］汪珍如，初一. 天文学报，1981，22：69-71.

［5］李启斌. 天文学进展，1983，1：129-136.

［6］Van E P J den Heuvel，et al. Nature，1986，322：153-155.

［7］Manchester R N，Taylor J H. Pulsar W H Freeman and Company San Francisco：1977.

［8］Strockes G H，et al. Astrophys J，1985，294：L21-24.

［9］Dewey R J，et al. Nature，1986，322：712-714.

［10］Segelstein D J，et al. Nature，1986，322：714-717.

［11］Rawley L A，et al. Nature，1986，319：383-384.

［12］Alpar M A，et al. Nature，1983，300：728-730.

Secular Influence of Change of Moment of Inertia due to Time Variation of Gravitational Constant on the Period of Pulsar*

Abstract: The theoretical formulae for the influence of the change of moment of inertia due to time variation of the gravitational constant on the period of pulsar are given. The analytical and numerical solutions of period of pulsar slow down due to time variation of the gravitational constant are derived and calculated for five pulsars (PSR1749 − 28, PSR2045 − 16. JP1933 + 16, HP1508 + 55 and CP0834 + 06). Numerical results are given in table. 1. The results are discussed and concluded.

Keywords: Pulsars Change of Moment of inertia; Time Variation of *G* Period Influence

1. Introduction

Some authors studied the variation of pulse period arisen from the change of moment of inertia and they always use the method of the angular momentum conservation ($L = I\Omega = \text{const}$) or energy conservation ($E_{\text{rot}} = \frac{1}{2}I\Omega^2 = \text{const}$). However, the angular momentum is not conservative due to energy loss arisen from the radiating power. Hence the change of the period of pulsar can not be researched by using the angular momentum and the rotating energy conservation. In the formula of the magnetic dipole model of pulsars the moment of inertia is not variable (constant). But when we consider the energy-loss or time variation of gravitational constant the moment of inertia may be changed. Hence it is necessary to give the formula for the magnetic dipole model which suits to the change of moment of inertia. This is an important work in this paper.

It is well know that the gravitational constant is variable with time since the large number hypothesis suggested by Dirac. However, the variation of gravitational

---

* 原文载于 *SF J Astrophysics*, 2018, 1 (3): 1-4.

constant influences the change of moment of inertia according to the formula $\frac{\dot{I}}{I}=-\frac{\varepsilon\dot{G}}{G}$. Therefore the variation of G with time also influences the change of the rotational angular velocity or period of pulsar through the change of moment of inertia. Heintzman and Hillebrant[1] studied the relation between pulsar slow down and the temporal change of gravitational constant. They estimated the variable value of gravitational constant $\frac{\dot{G}}{G}$ per year from the above relation. However, they did not research the influence of time variation of G on the change of period of pulsar. In the present paper the author researched pulsar slow down due to time variation of gravitational constant through the change of moment of inertia.

2. The equation for the influence of change of moment of inertia on the period of pulsar

The pulsar radiating power W is transformed from the rotational energy at a rate $\frac{\mathrm{d}E}{\mathrm{d}t}$, i. e.

$$W=-\frac{\mathrm{d}E}{\mathrm{d}t}\ \text{or}\ W+\frac{\mathrm{d}E}{\mathrm{d}t}=0. \tag{1}$$

According to the theory of magnetic model (Shapiro and Teukolsky[2])

$$\frac{\mathrm{d}E}{\mathrm{d}t}=-\frac{2}{3c^3}(M\sin\alpha)^2\Omega^4=-\frac{32}{3c^3}\cdot\frac{\pi^4\mu^2}{P^4},\ \Omega=\frac{2\pi}{P}. \tag{2}$$

Substituting the equation (2) into the equation (1), we can obtain the radiating power W,

$$W=\frac{32\pi^4\mu^2}{3c^3P^4}.$$

Here P is the period of pulsar, and μ is the projection of the magnetic dipole moment on the direction perpendicular to the rotational axis. We assume that when we consider time variation of the gravitational constant, $\mu=\mu_0$ (const), which does not influence the magnetic dipole moment. The energy carried away by radiation from the rotational energy of pulsar can be written

$$E=\frac{1}{2}I\Omega^2=\frac{2\pi^2 I}{P^2}. \tag{3}$$

Here I denotes moment of inertia. If we consider the variation of moment of inertia with time, then

$$\dot{E}=2\pi^2\left[\frac{1}{P^2}\cdot\frac{\mathrm{d}I}{\mathrm{d}t}-\frac{2I(t)}{P^3}\cdot\frac{\mathrm{d}P}{\mathrm{d}t}\right]. \tag{4}$$

Substituting the formula (2) and (4) into the formula (1), we obtain the Bernoulli equation for $n=1$,

$$\frac{dP}{dt}-\frac{1}{2}\left(\frac{1}{I}\cdot\frac{dI}{dt}\right)P=\frac{8\pi^2\mu_0{}^2}{3c^3I(t)}(P^{-1}). \tag{5}$$

Both hand sides of the equation (5) are multiplied by $2P$, i. e.

$$2P\frac{dP}{dt}-\frac{\dot{I}}{I}P^2=\frac{16\pi^2\mu_0^2}{3c^3I(t)}.$$

Or

$$\frac{dP^2}{dt}-\frac{\dot{I}}{I}P^2=\frac{16\pi^2\mu_0{}^2}{3c^3I(t)}.$$

We can transform Bernoulli equation into the first order linear differential equation, i. e. the equation (5) may be written as the form of the first order linear differential equation

$$\frac{dP^2}{dt}+NP^2=Q(t). \tag{6}$$

Comparing the equation (6) with the above equation, we define that

$$N=-\frac{\dot{I}}{I},\ Q(t)=\frac{16\pi^2\mu_0{}^2}{3c^3I(t)}. \tag{7}$$

3. The solution of the equation and the influence of time variation of G on the period of pulsars

Some authors give the relation between the variation of moment of inertia I and time variation of the gravitational constant G as follows (Blake[3], Will[4])

$$\frac{\dot{I}}{I}=-\frac{\varepsilon\dot{G}}{G}. \tag{8}$$

Blake gives that ε lies the range 0. 1 to 0. 2, and Will[4] gives $\varepsilon=0.17$. However, the formula (8) is derived from the equation of hydrostatic equilibrium, which is suitable to Earth model and does not suite to the neutron stellar model.

Heintzmann and Hillebrant[1] studied pulsar slow down and the temporal change or G. They gave the formulas for the connection of the change of moment of inertia with time variation of the gravitational constant for the white dwarf star and neutron star with polytropic model. For the neutron stars

$$\frac{d\ln G}{d\ln I}=\frac{4-3\gamma-A\sigma}{2}. \tag{9}$$

According to (7) this can be written as

$$\frac{\dot{I}}{I}=\left(\frac{2}{4-3\gamma-A\sigma}\right)\frac{\dot{G}}{G}=-N. \tag{10}$$

Here $\sigma=\frac{2GM}{c^2R}$, M and R denote mass and radius of neutron star. A is determined by

$\gamma=1+\frac{1}{n}$. n is the index of polytropic model. For $\gamma=\frac{5}{3}$, 2, 3, $A=10$, 4, 1. $\frac{\dot{G}}{D}=-10^{-13}/\mathrm{a}\sim-10^{-12}/\mathrm{a}$

$$N=-\frac{\dot{I}}{I}=-\left(\frac{2}{4-3\gamma-A\sigma}\right)\frac{\dot{G}}{G}=\text{const.} \tag{11}$$

The integration of the formula (10) gives

$$I(t)=I_0\mathrm{e}^{-Nt}. \tag{12}$$

Substitution of (12) into the second expression of (7), we get

$$Q(t)=\frac{16\pi^2\mu_0^2}{3c^3I_0}\mathrm{e}^{Nt}. \tag{13}$$

Integrating the equation (6), we get

$$P(t)^2=\mathrm{e}^{-\int N\mathrm{d}t}\left[\int Q(t)\mathrm{e}^{\int N\mathrm{d}t}\,\mathrm{d}t+C\right].$$

C is an integrating constant Substituting (13) into the above integral expression, we obtain

$$P(t)^2=\mathrm{e}^{-Nt}\left[C+\left(\frac{16\pi^2{\mu_0}^2}{3c^3I_0}\right)\int\mathrm{e}^{2Nt}\,\mathrm{d}t\right].$$

When we take $t=0$, $P(t)^2=P(0)^2$, $\therefore C=P(0)^2$. i. e.

$$P(t)^2=\mathrm{e}^{-Nt}\left[P(0)^2+\left(\frac{16\pi^2{\mu_0}^2}{3c^3I_0}\right)\int_0^t\mathrm{e}^{2Nt}\,\mathrm{d}t\right].$$

Integrating the above expression, one yields

$$P(t)^2=\mathrm{e}^{-Nt}\left[P(0)^2-\frac{8\pi^2}{3c^3N}\left(\frac{{\mu_0}^2}{I_0}\right)(\mathrm{e}^{2Nt}-1)\right]. \tag{14}$$

In the formula (5) when $t=0$, $I=I_0$, $\frac{\mathrm{d}I_0}{\mathrm{d}t}=0$, $P=P(0)$, $\dot{P}=\dot{P}(0)$, one yields

$$\frac{8\pi^2{\mu_0}^2}{3c^3I_0}=P(0)\dot{P}(0). \tag{15}$$

Substituting the expression (15) into the formula (14), then, the formula (14) become as

$$P(t)^2=\mathrm{e}^{Nt}\left[P(0)^2-\left(\frac{P(0)\dot{P}(0)}{N}\right)(\mathrm{e}^{-2Nt}-1)\right]. \tag{16}$$

Hence, we can estimate the variable rate of pulse period per century

$$\delta P=[P(t)-P(0)](\text{s/century}). \tag{17}$$

Where $P(0)$ is the initial value as $t=0$.

4. Numerical results

We use the formulas (16) ~ (17) to estimate the periodic variation of five pulsars PSR0843+06, PSR1508+55, PSR1933+16, PSR1749−28 and PSR2045−16 due to time variation of the gravitational constant per century. For P and $\dot{P}$ of these pulsars we adopt from data in table given by Allen[5]. We assume these pulsars $M=1.4$ (solar mass) and $R=1.2$ km (Shapiro & Teukolsky[2]), the polytropic index $n=1$ (Alan, Riper[6]). $\gamma=\frac{n+1}{n}=2$, $A=4$ (Heintzmann & Hillerant[1]), $\sigma=\frac{2GM}{c^2R}=0.3439$, $4-3\gamma-A\sigma=-3.3756$. Substituting these data into the expression (10) which can be written as

$$N=-\frac{\dot{I}}{I}=-\left(\frac{2}{4-3\gamma-A\sigma}\right)\frac{\dot{G}}{G}=-\left(\frac{2}{3.3756}\right)\frac{\dot{G}}{G}=-0.592487\frac{\dot{G}}{G}. \quad (18)$$

We cited the time variation of $\frac{\dot{G}}{G}$ given by AI-Rawaf[7]:

$$-2.8\times10^{-13}/a<\frac{\dot{G}}{G}<6.0\times10^{-13}/a. \quad (19)$$

In this paper we calculate the lower limit or the minimum effect for $\frac{\dot{G}}{G}=-2.8\times10^{-13}/a$.

Substituting this value for $\frac{\dot{G}}{G}$ into the expression (18), we obtain

$$N=1.66\times10^{-13}/a. \quad (20)$$

Substituting the values of N, P (0), and $\dot{P}$ (0) into the formula (16) and takes $t=100$ year (century), we obtain the numerical results for slow down of periods of five pulsars due to time variation of gravitational constant listed in table 1.

Table 1 Numerical Results for Spin Down of Periods of Five Pulsars due to Time Variation of Gravitational Constant in the Minimum Effect

Pulsars	P (t_0) 7 (s)	$\dot{P}$ (t_0) $\times10^{-15}$ (s/s)	P (t) (s)	δt (s/cent)
PSR1749−28	0.562 553 2	8.15	0.562 578 9	0.000 025 7
PSR2045−16	1.961 566 9	10.96	1.961 603 2	0.000 036 3
JP1933+16	0.358 735 4	6.00	0.358 754 3	0.000 018 9
HP1508+55	0.739 677 9	5.04	0.739 692 8	0.000 014 9
CP0834+06	1.273 763 5	6.80	1.273 784 9	0.000 021 4

Table 1 shows that pulse periods of five pulsars are prolonged in the range 0.000 014 9 s~0.000 036 3 s per century due to time variation of gravitational constant.

5. Discussion and conclusion

(1) In the quadrupole elastic energy model of neutron stars the total energy and moment of inertia connect with oblateness ε[8], i, e,

$$E=E_0+\frac{1}{2}\cdot I\Omega^2+A\varepsilon^2+B(\varepsilon-\varepsilon_0)^2,\quad I=I_0(1+\varepsilon).$$

But in the magnetic dipole model we may not consider oblateness or $\varepsilon=0$. We consider pulsars as spherical stars.

(2) Some pulsar, such as Crab and Vela speed up suddenly due to stellar quakes in some time[8]. Thy do not replace all pulsars. It is a temporary happing and is not a secular happing. It can not influence the secular variation of speed down due to time variation of gravitational constant.

(3) Because the value for $\frac{\mu_0^2}{I_0}$ can not be obtained from the observation, it may be written as the formula (14) in terms of P (0) and $\dot{P}$ (0).

$$\frac{\mu_0^2}{I_0}=\frac{3c^3}{8\pi^2}P(0)\dot{P}(0).$$

Hence, the formula (14) can be expressed by using the formula (16).

(4) In this paper the results are obtained under the condition for the magnetic dipole moment and magnetic inclination without variation. One also obtained the conclusions:

①The variation of gravitational constant with time which may be known from the observation and theories. It connects with the large number hypothesis in the cosmology.

②Time variation of gravitational constant can influences the change of moment of inertia through $\frac{\dot{I}}{I}=-\frac{\varepsilon\dot{G}}{G}$.

③The change of moment of inertia can influences the spin down of the period of pulsar due to time variation of gravitational constant, and variation of moment of inertia is the exponential formulation under the condition for time variation of gravitational constant.

④The variable rate of the spin down of the period of five pulsars are the order 10^{-5} per century. This effect can be observed by the current astronomical instrument through a long time.

References

[1] Heintzmann H, Hillebrant W (1975). Pulsar slow down and the temporal change of G. Phys Letts, 64: 351.

[2] Shapiro L S, Teukolsky SA (1983), Black holes. White dwarf and Neutron stars. John Wiley Sons.

[3] Blake G M (1978). The large numbers hypothesis and the rotation of the Earth. Mon Not R Astron Soc, 185: 399.

[4] Will C M (1981). Theory and experiment in gravitational physics, Cambridge University Press, Cambridge, London, New York, New Rochelle, Melbourne Sydney, 197.

[5] Allen C W (1973). Astrophysical Quantities. University of London The Athlone press, 233.

[6] Allen Van Riper K (1975). Mass and stability of rigidly rotating relativistic polytropis by energy method. Ann Phys, 90: 530.

[7] AI-Rawaf A S (2007). Limits on the changes in the gravitational constant from nucleosynthesis. Astrophys Space Sci, 310: 73.

[8] Baym G, Pines D (1971). Neutron starquakes and pulsar speed up. Ann phys, 66: 816.

Pulsar Spin-Down Under Braking of Ohmic Decay*

Abstract: Spin down of pulsar under the braking of Ohmic magnetic decay in the magnetic dipole model is studied. The theoretical formulas for the influence of Ohmic magnetic decay on the variation of the pulse period in the magnetic dipole model are given. The numerical solutions for slow down of period due to the braking of Ohmic magnetic decay are calculated by using the given formulas for PSR0531＋21 (Crab). The numerical results are given. Discussions and Conclusion are draw.

Keywords: Pulsars; Ohmic decay; slow down of period

1. Introduction

At first, the gravitational radiation plays a leading role after pulsar was born in a shot time (almost 81 year), and then, the magnetic radiation plays a second role in the pulsar's life. On the other hand, when the pulsar was born the magnetic field is very strong, (10^{14} G) The magnetic field decay with time from beginning to pulsar's life. Therefore, the magnetic decay follows pulsar's life, the magnetic decay can brake spin down. It is very important for research of the magnetic decay.

In the past year some authors studied evolution of the magnetic decay of pulsars, such as Ostriker and Gunn[1], Wang et al[2], Mitra et al[3], Urpin and Gil[4]. However, these authors studied the surface magnetic decay and can not studied the internal magnetic decay, Hensel, Urpin and Yakovlev[5] studied the internal magnetic decay. They term as Ohmic decay. However, they did not study pulsar spin down under the braking of Ohmic decay. In this paper the present author studied spin down of pulsar under the braking of the magnetic Ohmic decay.

2. Spin down of pulsar under braking of ohmic decay

The pulsar radiating power is transformed from the rotational energy at a rate $\frac{\mathrm{d}E}{\mathrm{d}t}$.

---

* 原文载于 *International Journal of Advanced Research in Physical Science*, 2019, 6 (11): 31-35.

According to the theory of magnetic dipole model (Shapiro & Teukolsky[6]).

$$\frac{dE}{dt}=-\frac{2}{3c^3}(M\sin\alpha)^2\Omega^4=-\frac{32}{3c^3}\cdot\frac{\pi^4\mu^2}{P^4},\ \Omega=\frac{2\pi}{P},\tag{1}$$

Where P is the period of pulsar, and μ is the projection of the magnetic dipole moment M on the direction perpendicular to the rotational axis. α denotes magnetic inclination.

$$\mu^2(t)=M^2(t)\sin^2\alpha,\ M^2(t)=R^6B^2(t).\tag{2}$$

The total rotational energy of pulsar can be written as

$$E=\frac{1}{2}I\Omega^2=\frac{2\pi^2 I}{P^2}.\tag{3}$$

Here I is moment of inertia. If we consider the moment of inertia as a constant

$$\frac{dE}{dt}=-\frac{4\pi^2 I}{P^3}\cdot\frac{dP}{dt}.\tag{4}$$

We obtain from the equations (1) and (4)

$$\frac{dP}{dt}=\frac{8\pi^2\mu^2(t)}{3c^3 I}P^{-1}.$$

Or

$$2P\frac{dP}{dt}=\frac{16\pi^2\mu^2}{3c^3 I}.$$

i. e.

$$\frac{dP^2}{dt}=\frac{16\pi^2\mu^2}{3c^3 I}.$$

According to the expression (2)

$$\mu^2-M_0^2\sin^2\alpha=R^6B^2\sin\alpha,$$

$$\frac{dP^2}{dt}=\frac{16\pi^2R^6\sin^2\alpha}{3c^3 I}B^2(t).\tag{5}$$

Haensel et al (1990) researched Ohmic decay of internal magnetic fields in neutron stars. They obtained the theoretical formulas for decay of internal magnetic field $B\ (t)$ with time[5]

$$B(t)=B(0)\left(1+\frac{B_0^2}{B_{\max}(t)^2}\right)^{-\frac{1}{2}},\tag{6}$$

With

$$B_{\max}(t)=\left[\left(\frac{2}{D}\right)\int^t T_9^{-2}(t')dt'\right]^{-\frac{1}{2}}.$$

$$B_{\max}(t)=1.85\times10^{18}\left(\frac{t}{1\mathrm{a}}\right)^{-\frac{2}{3}}G.\tag{7}$$

This paper cited the result of the expression (6) (7) given by Haensel et al. Substitution of the expression (7) into the formula (6)

$$B(t)=B(0)[1+2.921\,8\times10^{-79}B^2(0)\left(\frac{t}{1\mathrm{a}}\right)^{\frac{4}{3}}]^{-\frac{1}{2}},$$

$$B^2(t)=B^2(0)\left[1+KB^2(0)\left(\frac{t}{1\mathrm{a}}\right)^{\frac{4}{3}}\right]^{-1}. \tag{8}$$

Where $K=2.921\,8\times10^{-37}$.

Expanding the expression (6).

$$B^2(t)=B^2(0)\left[1-KB^2(0)\left(\frac{t}{1\mathrm{a}}\right)^{\frac{4}{3}}+K^2B^4\left(\frac{t}{1\mathrm{a}}\right)^{\frac{8}{3}}\right]. \tag{9}$$

Substituting (7) into the equation (5) and integrating

$$P^2(t)-P^2(0)=\frac{16\pi^2R_0^6\sin^2\alpha}{3c^3I}\int B^2(t)\mathrm{d}t$$

$$=\frac{16\pi^2R_0^6\sin^2\alpha}{3c^3I}\int\left[1-KB_0^2\left(\frac{t}{1\mathrm{a}}\right)^{\frac{4}{3}}+K^2B_0^4\left(\frac{t}{1\mathrm{a}}\right)^{\frac{3}{8}}\right]\mathrm{d}t.$$

$$P^2(t)=P^2(0)+\frac{16\pi^2R_0^6\sin^2\alpha}{3c^3I}\int_{t_0}^{t}\left[(1\mathrm{a})-(1\mathrm{a})KB_0^2\left(\frac{t}{1\mathrm{a}}\right)^{\frac{4}{3}}\right.$$

$$\left.+(1\mathrm{a})K^2B_0^4\left(\frac{t}{1\mathrm{a}}\right)^{\frac{8}{3}}\right]\mathrm{d}\left(\frac{t}{1\mathrm{a}}\right).$$

Integrating this expression, we obtain

$$P^2(t)=P^2(0)+\frac{16\pi^2R_0^6\sin^2\alpha}{3c^3I}\left\{(t-t_0)-\frac{3}{7}(1\mathrm{a})KB_0^2\left[\left(\frac{t}{1\mathrm{a}}\right)^{\frac{3}{7}}-\left(\frac{t_0}{1\mathrm{a}}\right)^{\frac{7}{3}}\right]\right\}$$

$$+\left\{\frac{3}{11}(1\mathrm{a})K^2B_0^4\left[\left(\frac{t}{1\mathrm{a}}\right)^{\frac{11}{3}}-\left(\frac{t_0}{1\mathrm{a}}\right)^{\frac{11}{3}}\right]\right\}. \tag{10}$$

As an example we calculate the period of PSR0531+21 is prolonged by the braking of Ohmic decay. For this pulsar P (0) $=0.033\,085$ (s)[7], $R=1.2\times10^6$ cm, $I=1.4\times10^{45}$ $(\mathrm{g}\cdot\mathrm{cm}^2)$[6], $\alpha=59.2^\circ$[8]. In the internal magnetic field $B_0=10^{14}\sim10^{13}$ G and on the surface magnetic field $B_0=10^{12}$ G[5]. In this paper we use the internal magnetic field $B_0=10^{13}$ G and take $t-t_0=100$ yr. 1 yr=3.155 692 6 (s), $K=2.921\,8\times10^{37}$.

Substituting the above data into the expression (10), yields

$$P^2(t)=P^2(0)+3.067\,7\times10^{-13}(3.155\,692\,6\times10^9-18.341\,5+\cdots)$$

$$=P^2(0)+9.68\times10^{-4}-5.626\,6\times10^{-12}+\cdots. \tag{11}$$

The second term is very small, which may be neglected. The numerical results are listed in table 1.

Table 1 Numerical results for slow down of the period of PSR0531+21 due to Ohmic decay (s/cy)

Pulsar	P (s)	α (deg)	B (0) (G0)	P (t) (s/cy)	δP (s/cy)
PSR0531+21	0.033 085	59.2	10^{13}	0.045 16	0.012 33

3. Discussion and conclusion

(1) Pulsar sin-down and braking of the surface magnetic with time According to

three curves of log $(B/G)=14$, 13, 12 in Fig. 3 of Ref [5], log (B/G): 14, 13 vary with time and 12 does not vary with time. Hence the theory of Ohmic decay does not suite to study the surface magnetic field $B=10^{12}$ G. Although Ref [4] gives the formula for the construct of surface magnetic field, it can not transform to the surface magnetic decay with time. So in this paper we use the theory of the exponential magnetic decay with time.

$$\mu^2=M^2\sin^2\alpha=M_0^2\sin\alpha e^{-\xi t}=R^6\sin^2\alpha B^2(0)e^{-\xi t}. \tag{12}$$

Substituting (12) into the formula (5) and integrating the equation

$$P^2(t)=P^2(0)+\frac{16\pi^2 R_0^6\sin^2\alpha_0 B^2(0)}{3c^3 I}\int_{t_0}^{t}e^{-\xi t}dt=P^2(0)+\frac{16\pi R_0^6\sin\alpha_0 B(0)}{3c^3 I(-\xi)}(e^{-\xi t}-e^{-\xi t_0}). \tag{13}$$

In this paper we use $t-t_0=100$ a$=3.155\,692\,6\times10^9$ (s) and setting $t_0=0$,

$$-(e^{\xi t}-e^{-\xi t_0})/\xi=-(e^{-\xi t}-1)/\xi. \tag{14}$$

According to Ref [2] $\tau_D=1.8\times10^6$ a,

$$\xi=2/\tau_D=2/1.8\times10^6=1.111\,1\times10^{-6}/a=3.5\times10^{14}/s.$$ [2]

For PSR0351+21, $B_0=3.78\times10^{12}$ G[7].

Substituting the above data into (12) and (13), we obtain the numerical results are listed in table 2.

Table 2　The Numerical results for slow down of the period of PSR0531+21 due to the surface magnetic decay (s/cy)

Pulsar	P (0)	α (deg)	B (0) (G)	P (t) (s/cy)	δP (s/cy)
PSR0531+21	0.033 085	59.2	3.78×10^{12}	0.037 05	0.003 96

(2) Comparison and conclusion

It can be seen from table. 1 and table. 2 that the influence of Ohmic magnetic decay in the pulsar interior on the period is larger than that of the surface magnetic decay. Hence we conclude that it is important for study Ohmic decay in pulsar interior than that of the surface magnetic decay.

(3) In this paper PSR0531+21 has spin down with time due to braking of Ohmis decay in the secular variation. However PSR0531+21 also spin up suddenly in order $\Delta\omega/\omega\sim10^{-8}$ undergone star quake (glitches) per almost three years [9]. When after glitches it has spin down gradually and resumes to the original velocity $\omega=190$ (rad/s) in the time of relaxation 7.7 days. Hence the sudden spin up due to the glitches does not influence spin down in secular variation.

References

[1] P Ostriket, J E Gunn. Ap J, 157, 1395 (1969).

［2］Z R Wang，Q R Qu，T Lu，L F Lo. Acta Astronomica Sinica，10，199 (1979).

［3］D Mitra，S Konar，D Bhattacharya. MNRAS，307，459 (1999).

［4］V Urpin，J Gil. Astron Astrophys，415，305 (2004).

［5］P Haensel，V A Urpin，D G Vakovlev. Astron Astrophys，229，133 (1990).

［6］S I Shapiro，S A Teukosky，1983，Black holes，White dwarfs and Neutron stars (The physics of compact objects)，p278-279 (1983)，A Wiley-Interscience publishing. JOHN WILEY & SONS，New York. Chichester. Brisbane，Toronto，Singapore.

［7］R N Manchesteter，G B Hobbs. A Teoh and M Hobbs. Astron J，129，1993 (2005).

［8］L Davis，M Goldstein. Astrophys J，159，No2，L81 (1970).

［9］F D'ALESSANDRO. Astrophys & Space Science，246，73 (1997).

脉冲星磁衰减制动力矩对两成分模型自旋的长期减速（理论研究）*

摘要： 主要研究磁衰减对具有两成分模型的脉冲星自转减速的作用. 利用分析方法研究了两成分模型的脉冲星在磁衰减制动力矩作用下，两成分的自转角速度对具有两成分的蟹状星云脉冲星（PSR0531＋21，Crab）和船帆座脉冲星（PSR0833－45，Vela）在磁衰减作用下的数值计算. 结果表明：两个脉冲星的自转角速度逐年减慢，脉冲星PSR0531＋21每年减速－0.171 0 rad/s，而脉冲星PSR0833－45每年减速－0.007 1 rad/s. 最后讨论了文中得到的结果并给出在两成分模型中存在磁衰减的结论.

关键词： 脉冲星；两成分模型；磁衰减力矩；自旋减速

已知蟹状星云脉冲星和船帆座脉冲星除有星震外还具有两成分模型. 外层是带电的固体外壳，内层是中子超流体. 两成分在耦合力矩作用下两者以不同角速度绕自转轴旋转. 耦合力矩有引力辐射力矩、磁辐射力矩和磁衰减力矩[1]~[3]，文［4］研究了磁辐射制动力矩对蟹状星云脉冲星的自转角速度减速的影响. 本文继文［4］研究了磁衰减制动力矩对蟹状星云脉冲星和船帆座脉冲星的自转角速度的减速影响.

1. 在磁衰减制动力矩作用下两成分模型的方程组

文［4］根据文［1］给出的两成分模型在耦合力矩作用下的基本方程组：

$$I_c \frac{d\Omega}{dt} = -N - \frac{I_c}{\tau_c}(\Omega - \Omega_n), \tag{1}$$

$$I_n \frac{d\Omega_n}{dt} = -\frac{I_c}{\tau_c}(\Omega - \Omega_n). \tag{2}$$

其中，Ω 和 Ω_n 分别为外层固体壳和内部中子超流体层绕着自转轴的角速度；I_c 和 I_n 分别为内外两层的转动惯量；N 为作用在两成分的力矩；τ_c 为微观驰预时间；τ 为宏观驰预时间. 它们之间的关系在文［4］中已经给出：

$$I = I_c + I_n. \tag{3}$$

其中，I 为两成分的总转动惯量. 中子超流体丰富度 Q：

$$Q = \frac{I_n}{I},\ I_n = QI, \tag{4}$$

---

* 原文载于《天文研究与技术》，2020，17（1），22-26.

$$I_c = I - I_n = I(1-Q). \tag{5}$$

$$\frac{I_c}{I_n} = \frac{1-Q}{Q}, \tag{6}$$

$$\frac{1}{\tau_c} = \frac{1}{\tau}\left(\frac{I_n}{I}\right) = \frac{Q}{\tau}. \tag{7}$$

以下推导在磁衰减制动力矩作用下的力矩形式. 根据脉冲星的磁偶极辐射模型，文［4］利用：

$$\frac{d\Omega}{dt} = -\frac{2}{3}\cdot\frac{\Omega^3}{c^3 I}\mu^2. \tag{8}$$

其中，μ 为磁矩，$\mu = R^3 B\sin\alpha$；R 为脉冲星半径；B 为表面磁场. 假定磁偶矩垂直于自转轴，$\alpha = 90°$，$\mu = R^3 B$.

正如文［1］将上面方程改为角动量 J 方程：

$$\frac{dJ}{dt} = -\frac{2}{3}\cdot\frac{\mu^2}{(cI)^3}J^3,\ J = I\Omega. \tag{9}$$

积分上述方程

$$\int_{J(t_0)}^{J_m}\frac{dJ}{J^3} = -\frac{2}{3}\int_{t_0}^{t}\frac{\mu^2}{(cI)^3}dt.$$

其中，$J(t_0)$ 为 t_0 时刻的角动量. 如果取脉冲星目前的角速度和角动量，即 $t=0$ 时的角动量，上述积分取上下限为

$$\int_{J(0)}^{J_m}\frac{dJ}{J^3} = -\frac{2}{3}\int_{0}^{t}\frac{\mu^2}{(cI)^3}dt. \tag{10}$$

磁矩 μ 随时间的衰减用指数形式表示[5]，则：

$$\mu^2 = \mu_0^2 e^{-\xi t}.\ \mu_0^2 = R^6 B_0^2. \tag{11}$$

其中，ξ 为磁衰减系数. 将（11）式的 μ 代入（10）式积分后有

$$J(t) = J(0)[1 - K(e^{-\xi t} - 1)]^{-\frac{1}{2}}. \tag{12}$$

其中，常数 $K = \dfrac{4\mu_0^2\Omega_0^2}{3c^3 I\xi}$. (13)

（12）式和（13）式与文［4］的 J 和 K 大有不同. 由（12）式给出力矩 N 的形式：

$$N = -\frac{dJ}{dt} = -J(0)\frac{d}{dt}[1 - K(e^{-\xi t} - 1)]^{-\frac{1}{2}},$$

$$\therefore N = \frac{1}{2}J(0)K\xi e^{-\xi t}[1 - K(e^{-\xi t} - 1)]^{-\frac{3}{2}}. \tag{14}$$

根据文［4］，转动惯量 I_c 和 I_n 不变的情况下，（12）式的角动量：

$$J(t)_m = I_c\Omega + I_n\Omega_n = J(0)_m[1 - K(e^{-\xi t} - 1)]^{-\frac{1}{2}}. \tag{15}$$

将（15）式改写为

$$\Omega_n = \frac{J(0)_m}{I_n}[1 - K(e^{-\xi t} - 1)]^{-\frac{1}{2}} - \frac{I_c}{I_n}\Omega. \tag{16}$$

其中，$J(0)_m = I\Omega(0)$，利用（4）式和（6）式

$$\frac{I}{I_n}=\frac{1}{Q},\ \frac{I_c}{I_n}=\frac{(1-Q)}{Q},$$

将其代入（16）式后

$$\Omega_n=\frac{\Omega(0)}{Q}[1-K(e^{-\xi t}-1)]^{-\frac{1}{2}}-\frac{1-Q}{Q}\Omega. \tag{17}$$

再将（14）中的 N 和（17）中的 Ω_n 代入（1）式，利用（7）式 $\frac{1}{\tau_c}=\frac{1}{\tau}\left(\frac{I_n}{I}\right)=\frac{Q}{\tau}$ 得到外壳固体自转角速度在磁衰减制动力矩下的方程：

$$\frac{d\Omega}{dt}+\frac{1}{\tau}\Omega=\frac{\Omega(0)}{\tau}[1-K(e^{-\xi t}-1)]^{-\frac{1}{2}}-\Omega(0)\frac{K\xi e^{-\xi t}}{2(1-Q)}[1-K(e^{-\xi t}-1)]^{-\frac{3}{2}}. \tag{18}$$

利用（7）式

$$\frac{1}{\tau_c}\cdot\frac{I_c}{I_n}=\frac{1-Q}{\tau},$$

内部中子超流体层在磁衰减制动力矩作用下自转角速度方程：

$$\frac{d\Omega_n}{dt}+\frac{1-Q}{\tau}\Omega_n=\frac{1-Q}{\tau}\Omega. \tag{19}$$

2. 在磁衰减制动力矩作用下两成分耦合方程组的分析解

首先解固体外壳层的自转角速度 Ω 的方程式（18），然后再将 Ω 的解代入超流层的自转角速度 Ω_n 的方程式（19），求 Ω_n 的解.

方程式（18）是一阶线性方程，积分形式为

$$\Omega(t)=e^{-\int\frac{1}{\tau}dt}\Omega(0)\int\frac{1}{\tau}[1-K(e^{-\xi t}-1)]^{-\frac{3}{2}}e^{\int\frac{1}{\tau}dt}dt-e^{-\int\frac{1}{\tau}dt}\Omega(0)\frac{K\xi}{2(1-Q)}$$
$$\times\int e^{-\xi t}[1-(e^{-\xi t}-1)]^{-\frac{3}{2}}e^{\int\frac{1}{\tau}dt}dt+C.$$

令解的形式为

$$\Omega(t)=e^{-\frac{t}{\tau}}(I_1+I_2)+Ce^{-\frac{t}{\tau}}. \tag{20}$$

C 为积分常数.

根据上面两式

$$I_1=\Omega(0)\frac{1}{\tau}\int[1-K(e^{-\xi t}-1)]^{-\frac{1}{2}}e^{\frac{t}{\tau}}dt$$

可以证明积分式内第 2 项 K（$e^{-\xi t}-1$）<1，故可以用二项式定理展开，去掉第 3 项后有

$$I_1=\Omega(0)\frac{1}{\tau}\int\left[1+\frac{1}{2}K(e^{-\xi t}-1)\right]e^{\frac{t}{\tau}}dt$$
$$=\Omega(0)\frac{1}{\tau}\int\left[\left(1-\frac{1}{2}K\right)e^{\frac{t}{\tau}}+\frac{1}{2}Ke^{\frac{(1-\xi\tau)t}{\tau}}\right]dt$$

$$=\Omega(0)\left[\left(1-\frac{1}{2}K\right)e^{\frac{t}{\tau}}+\frac{K}{2(1-\xi\tau)}e^{-\xi t}(e^{\frac{t}{\tau}})\right],$$

$$\therefore I_1=\Omega(0)e^{\frac{t}{\tau}}\left[\left(1-\frac{1}{2}K\right)+\frac{K}{2(1-\xi\tau)}e^{-\xi t}\right]. \tag{21}$$

$$I_2=-\Omega(0)\int\frac{K\xi e^{-\xi t}}{2(1-Q)}[1-K(e^{-\xi t}-1)]^{-\frac{3}{2}}e^{\frac{t}{\tau}}dt$$

$$=-\Omega(0)\frac{K\xi}{2(1-Q)}\int e^{-\xi t}\left[1+\frac{3}{2}K(e^{-\xi t}-1)\right]e^{\frac{t}{\tau}}dt$$

$$=-\Omega(0)\frac{K\xi}{2(1-Q)}\int\left[\left(1-\frac{3}{2}K\right)e^{(1-\xi t)\frac{t}{\tau}}+\frac{3}{2}Ke^{(1-2\xi\tau)\frac{t}{\tau}}\right]dt,$$

$$I_2=-\Omega(0)e^{\frac{t}{\tau}}\left[\frac{K\xi\tau\left(1-\frac{3}{2}K\right)}{2(1-Q)(1-\xi\tau)}e^{-\xi t}+\frac{3K^2\xi\tau e^{-2\xi\tau}}{4(1-Q)(1-2\xi\tau)}\right]. \tag{22}$$

将（21）式和（22）式代入（20）式

$$\Omega(t)=\Omega(0)e^{\frac{t}{\tau}}\left[\left(1-\frac{1}{2}K\right)+\frac{Ke^{-\xi t}}{2(1-\xi\tau)}-\frac{K\xi\tau\left(1-\frac{3}{2}K\right)}{2(1-Q)(1-\xi\tau)}e^{-\xi t}\right.$$
$$\left.-\frac{3}{4}\cdot\frac{K^2\xi\tau}{(1-Q)(1-2\xi\tau)}e^{-2\xi t}\right]+Ce^{-\frac{t}{\tau}}. \tag{23}$$

令 $t=0$，得到常数 C，

$$C=\Omega(0)\left[\frac{1}{2}K-\frac{K}{2(1-\xi\tau)}+\frac{K\xi\tau\left(1-\frac{3}{2}K\right)}{2(1-Q)(1-\xi\tau)}+\frac{3}{4}\cdot\frac{K^2\xi\tau}{(1-Q)(1-2\xi\tau)}\right].$$

将常数 C 代入（23）式，得到：

$$\Omega(t)=\Omega(0)\left\{1+\frac{K}{2(1-\xi\tau)}\left[1-\frac{\xi\tau\left(1-\frac{3}{2}K\right)}{1-Q}\right](e^{-\xi t}-1)\right.$$
$$\left.-\frac{3}{4}\cdot\frac{K^2\xi\tau}{(1-Q)(1-2\xi\tau)}(e^{-2\xi t}-1)\right\}. \tag{24}$$

将 Ω（t）代入（19）式，可以得到超流体内层角速度 Ω_n. 考虑到 Ω_n 是壳层内部的角速度，一般观测不到，而且推导的式子冗长，故只研究外壳层的自转角速度变化，略去了内层超流体自转角速度的解.

3. 脉冲星 PSR0531＋21（Crab）和 PSR0833－45（Vela）的理论数值结果

本文研究具有两成分模型的脉冲星 PSR0531＋21 和 PSR0833－45 在磁衰减作用下外壳固体层的自转角速度变化，为此列出两个脉冲星的物理参数如表 1. 其中 Ω_0，Q，τ 引自文［6］［7］，表面磁场引自文［8］，$\mu_0=R^3B_0$. 一般假定中子星的半径 $R=1.2\times10^6$ cm，转动惯量引自文［1］，$I=1.4\times10^{45}$（$cm^2\cdot g$），磁衰减系数 $\xi=1.1111\times10^{-6}$年，$\tau_D=\frac{2}{\xi}=1.8\times10^6$ 年[9].

表 1　脉冲星 PSR0531+21（Crab）和 PSR0833-45（Vela）的物理参量

Pulsars	Ω_0/（rad/s）	$Q=I_c/I$	τ	$B\times10^{12}$/G
PSR0531+21（Crab）	190	0.690	7.7（d）	3.78
PSR0833-45（Vela）	70.5	0.145	1.2（yr）	3.38

将表 1 中的数据和 R，I，ξ 代入（11）式和（13）式给出的 μ_0 和 K，再取时间间隔 $t=1$ 年，结果如表 2.

表 2　脉冲星 PSR0531+21 和 PSR0833-45 的数值结果（$t=1$ 年）

Pulsars	$\mu_0\times10^{30}$ /（$cm^3\cdot G$）	K /（c·g·s）	$\frac{\Omega(t)}{\Omega(0)}$	$\Omega(t)$ /（rad/s）	$\delta\Omega$ /（rad/s）
PSR0531+21	6.53	1 546.2	0.999 1	189.827 0	-0.171 0
PSR0833-45	5.84	170.2	0.999 9	70.492 9	-0.007 1

4. 讨论和结论

（1）从表 2 的数值结果知，脉冲星 PSR0531+21 和 PSR0833-45 在磁衰减制动力矩作用下，壳层自转角速度逐年随时间长期减小. PSR0531+21 每年减小大于 PSR0833-45 的减少，这主要是由于两者的 K 值不同. K 值同磁场和角速度有关. 根据表 1，脉冲星 PSR0531+21 的磁场大于脉冲星 PSR0833-45 的磁场，而两者的角速度相差很大，PSR0531+21 的角速度几乎是 PSR0833-45 的两倍以上，故前者的 K 值大于后者的 K 值，所以 PSR0531+21 的减速大于 PSR0833-45 的减速.

（2）同文［4］相比较，对于 PSR0531+21 的磁辐射作用使其角速度减小值每年 $\delta\Omega=-0.245\ 0$ rad/s，而本文中磁衰减作用使角速度减慢 $\delta\Omega=-0.171\ 0$，故磁衰减作用稍小于磁辐射作用. 磁辐射是由于脉冲星高速自转能转换来的，而磁衰减是由于磁场减弱造成的. 然而自转能的损失加快辐射力矩作用远远大于磁场衰减的作用. 故磁辐射对脉冲星自转效应大于磁衰减对自转产生的效应.

（3）关于（10）式积分限取值，其下限 $t_0=0$，可以理解为脉冲星诞生时的开始时间，但本文不是研究脉冲星诞生时的演化问题. 另外也可以理解为脉冲星星震后的开始时间，但星震后的开始时间角动量 J_0 和 Ω_0 值不好确定，而 J_0 和 Ω_0 是目前开始的值，如表 1 的数值，所以在（10）式中，t_0 取值最好从目前 $t=0$ 开始为宜.

（4）关于（21）式和（22）式中的 $[1-K(e^{-\xi t}-1)]^{-\frac{1}{2}}$ 和 $[1-K(e^{-\xi t}-1)]^{-\frac{3}{2}}$，只有 $K(e^{-\xi t}-1)<1$ 才能用二项式定理展开. 首先估计 $K(e^{-\xi t}-1)$ 的数值：根据文［9］$\tau_D=1.8\times10^6$ 年，$\xi=\frac{2}{\tau_D}=1.11\times10^{-6}$/年. 本文取时间间隔一年，$t=1$ 年，$e^{-\xi t}-1=0.000\ 001\ 1$，对于 PSR0531+21，$K=1\ 546.2$，$K(e^{-\xi t}-1)=0.001\ 7<1$；对于 PSR0833-45，$K=170.2$，$K(e^{-\xi t}-1)=0.000\ 18<1$. 因此，两式可以用二项式定理展开：

$$[1-K(e^{-\xi t}-1)]^{-\frac{1}{2}}=1+\frac{1}{2}(e^{-\xi t}-1)+\frac{3}{8}(e^{-\xi t}-1)^2+\cdots.$$

其中 $(e^{-\xi t}-1)^2=1.21\times10^{-12}$，所以第 3 项可以略去.

（5）脉冲星 PSR0531＋21 和 PSR0833－45 是具有星震的两个脉冲星. 前者每隔 3 年，后者每隔 2 年发生一次星震或跃变. 跃变发生时是突然短暂加速后恢复跃变前的角速度，而这种跃变近似周期性的. 本文给出的这两个脉冲星的减速是长期角速度减慢效应，而临时突然加速不会影响长期减速效应[10][11].

（6）本文得到的结论是脉冲星两成分模型磁衰减是存在的，它影响角速度长期减慢的作用. 这种作用通过磁矩衰减制动角速度而造成其减慢.

参考文献

[1] SHAPRO SL，TEUKOLSKY S A. Black hole，white and neutron stars：the physics of compact objects [M]. New York：John Wiley & Sons，1983：247-295.

[2] PINES D. Observing neutron stars，information on stellar structure from pulsars and compact xray soirees [C] //Proceedings of the sixteenth Stellar Conference on Physics，1974：147-173.

[3] SEDRAKIAN D M. Rotation of a two-component model neutron star in GTR [J]. Astrophysics，1997，40 (3)：260-266.

[4] 李林森. 脉冲星辐射制动力矩对具有磁辐射的两成分模型自旋的长期减速 [J]. 天文研究与技术，2016，13 (3)：277-283.

[5] 李林森. 脉冲星在磁偶极辐射作用下的演变 [J]. 东北师范大学学报（自然科学版），1981 (1)：37-42.

[6] 中国科学院上海天文台情报室. 观测脉冲星得到的中子星结构 [R] //1972 年国际天文学协会凝聚物质物理学讨论会，1973：1-12.

[7] 唐小英. 中子星星震与脉冲星加速 [J]. 北京天文台台刊，1975 (4)：68-81.

[8] MANCHESTER R N，HOBBS G B，TEOH A，et al. The Australia Telescope National Facility pulsars catalogue [J]. The Astronomical Journal，2005，129 (4)：1993-2006.

[9] 汪珍如，曲钦岳，陆琰，等. 脉冲星射电光度的统计分析 [J]. 天文学报，1979，20 (2)：199-204.

[10] BAYM G，PETHICK G，PINES D，et al. Spin：up in neutron stars，the future of the Vela pulsar [J]. Nature，1969，224：872-874.

[11] D' ALESSANDRO F. Rotational irregularities in pulsars-a review [J]. Astrophysics and Space Science，1997，246：73-106.

The Impact of Gravitational Radiation Braking Torque on the Secular Speed Down of Spin of two-Components of Pulsar (The Theoretical Research)*

Abstract: The secular speed down of the gravitational radiation breaking torque on the model of two-components of pulsar is studied by using the analytical method. The analytical solutions obtained are applied to the research for PSR0531+21 (Crab pulsar). The numerical results show that the spin of Crab pulsar speed down in Century −0. 000 21 (rad/s). The discussions and conclusion are held on the obtained results.

Keywords: pulsar; two-components; gravitational radiation torque; speed drown

1. Introduction

Baym et al (1969) suggested a model of two-components of neutron stars in order to explain the glitches of pulsar. The two-component consists of a solid outer crust with charge and an internal neutron superfluid component which is coupled to the outer crust. The two-components rotates around their rotational axis under the coupled action of the external braking torque. The rotation of the two-components are not identical around the rotational axis. The external torques consists of dipole, magnetic dipole and quadruple gravitational radiation torques. Baykal et al (1991) researched a shot noise model of two-component neutron star. Sedrakian (1997) researched the rotation of a two-component model neutron stars. Li (2016) researched the impact of magnetic radiation braking torque on the secular retardation braking torque on the secular retardation of spin of two-components of pulsar. In the present paper Li also research the impact of gravitational radiation braking torque on the secular speed drown of spin of two-component of pulsars.

---

* 原文载于 *International Journal of Advanced Research in physical Science*, 2019, 7 (1): 1-6.

2. The coupled equation system of two-component of pulsar under braking of the external torque

According to the theory of two-component model, the solid crust with moment inertia I_c and angular velocity Ω_c rotates around the rotational axis under the action of the external torque N, and the neuronal super fluid component with moment inertia I_n and angular velocity Ω_n rotates around the rotational axis. The rotational angular velocities of two-components are not identical, i. e $\Omega_c \neq \Omega_n$.

The coupled equation system of two-component under braking of external torque is given by some authors (Baym et al, 1969, Shapiro et al 1983, D'Alessandro, 1997)

$$I_c \frac{d\Omega_c}{dt} = -N + \left(\frac{I_c}{\tau_c}\right)(\Omega_n - \Omega_c), \tag{1}$$

$$I_n \frac{d\Omega_n}{dt} = -\left(\frac{I_c}{\tau_c}\right)(\Omega_n - \Omega_c). \tag{2}$$

Where τ_c is the microscopic relaxation time, which describes the frictional coupling between the two-components. The total moment of inertia is given by

$$I = I_c + I_n. \tag{3}$$

The parameter Q ($0 \leqslant Q \leqslant 1$) is the abundant level of the neutral super fluid component which measures the fraction of the frequency step that decay away. It is related to the moment of inertia of two-components given approximately by

$$Q = \frac{I_n}{I}, \quad I_n = QI. \tag{4}$$

$$\therefore I_c = I - I_n = I(1-Q), \quad \frac{I_c}{I_n} = \frac{1-Q}{Q}. \tag{5}$$

The macroscopic relaxation time τ is the time constant of exponential decay of the frequency step. It is related to microscopic relaxation time τ_c and moment of inertia given by Feibelman (1991)

$$\tau = \left(\frac{I_n}{I}\right)\tau_c = Q\tau_c. \tag{6}$$

3. The coupling equation system of two-components under the action of braking of gravitational radiation torque

According to the theory of the material radiation, the total radiation includes dipole, magnetic dipole and quadruple radiation. A body (its ellipticity $\varepsilon \neq 0$) proceeds quadruple gravitational radiation.

The gravitational energy-loss can be transformed to the radiation power (Fang & Ruffini, 1983)

$$\frac{d\varepsilon}{dt} = -\frac{G}{45c^6} Q_{\alpha\beta}^2. \tag{7}$$

Where $Q_{\alpha\beta}$ is the quadruple tensor of mass distribution body.

$$Q_{\alpha\beta} = 18I^2\varepsilon^2\Omega^6(1+15\sin^2\theta)\sin^2\theta.$$

When we take the special case $\theta=90°$.

$$Q_{\alpha\beta} = 288I^2\varepsilon^2\Omega^6. \tag{8}$$

Substituting (8) into equation (7)

$$\frac{d\varepsilon}{dt} = -\frac{32}{5c^5}GI^2\varepsilon^2\Omega^6. \tag{9}$$

This is consistent with the power of radiation $P=\frac{32GI\varepsilon^2\Omega^6}{5c^5}$ given by Weber (1961).

If the gravitational energy-loss come from the rotational energy supplement $\varepsilon_{rot}=\frac{1}{5}I\Omega^2$ (for ellipsoid) the equation (9) can be written as

$$\frac{d\varepsilon}{dt} = \frac{d\varepsilon_{rot}}{dt} = -\frac{32}{5c^5}GI^2\varepsilon^2\Omega^6,$$

$$\therefore \frac{d\Omega}{dt} = -\frac{16}{c^5}GI\varepsilon^2\Omega^5. \tag{10}$$

Next, we deduce the gravitational radiation braking torque. We can write (10) as the form:

$$\frac{d(I\Omega)}{dt} = -\frac{16}{c^5}GI^2\varepsilon^2\Omega^5,\ J=I\Omega,$$

$$\frac{dJ}{dt} = -\frac{16}{c^5}\cdot\frac{G\varepsilon^2}{I^3}J^5. \tag{11}$$

J is the angular momentum.

Integrating the above equation

$$\int_{J_0}^{J}\frac{dJ}{J^5} = -\frac{16G\varepsilon^2}{c^5I^3}\int_{t_0}^{t}dt,$$

$$J = J_0\left[1+\frac{64G\varepsilon^2J_0^4}{c^5I^3}(t-t_0)\right]^{-\frac{1}{4}},$$

$$J_0 = I\Omega_0,$$

$$\therefore J = J_0[1+K(t-t_0)]^{-\frac{1}{4}}. \tag{12}$$

Where

$$K = \frac{64G\varepsilon^2I\Omega_0^4}{c^5}. \tag{13}$$

The torque $N(t)$ can be written as

$$N(t) = -\frac{dJ}{dt} = \frac{1}{4}J_0K[1+K(t-t_0)]^{-\frac{5}{4}},\ J_0=I\Omega_0. \tag{14}$$

We add both sides of equation (1) and (2), one yields

$$I_c\frac{d\Omega_c}{dt}+I_n\frac{d\Omega_n}{dt}=\frac{d}{dt}(I_c\Omega_c+I_n\Omega_n)=-N(t).$$

Substituting $N(t)$ for the expression (14) into the above equation and integrating it

$$J(t)_m=I_c\Omega_c+I_n\Omega_n=J(0)[1+K(t-t_0)]^{-\frac{1}{4}}, \tag{15}$$

$$\therefore\Omega_n=\frac{J(0)}{I_n}[1+K(t-t_0)]^{-\frac{1}{4}}-\frac{I_c}{I_n}\Omega_c. \tag{16}$$

$J(0)_m=I\Omega(0)$, and we use (4) ~ (5)

$$\frac{I}{I_n}=\frac{1}{Q},\ \frac{I_c}{I_n}=\frac{1-Q}{Q}.$$

$$\Omega_n(t)=\frac{\Omega(0)}{Q}\,|\,1+K(t-t_0)\,|^{-\frac{1}{4}}-\frac{1-Q}{Q}\Omega_c. \tag{17}$$

Substituting (14) and (17) into equation (1) and using $\frac{1}{\tau_c}=\frac{Q}{\tau}$ given by (6), we obtain the first order linear equation for the angular velocity Ω_c of the solid crust of pulsar

$$\frac{d\Omega_c}{dt}+\frac{1}{\tau}\Omega_c=\frac{\Omega(0)}{\tau}[1+K(t-t_0)]^{-\frac{1}{4}}-\frac{\Omega(0)K}{4(1-Q)}[1+K(t-t_0)]^{-\frac{5}{4}}. \tag{18}$$

We use (5) and (6)

$$\frac{I_c}{I_n}=\frac{1-Q}{Q},\ \tau=\tau_cQ,$$

$$\therefore\ \frac{1}{\tau_c}\cdot\frac{I_c}{I_n}=\frac{1-Q}{\tau}.$$

Substituting the above expression into the equation (2), we obtain the equation for the angular velocity Ω_n of the neutral super fluid component:

$$\frac{d\Omega_n}{dt}+\frac{1-Q}{\tau}\Omega_n=\left(\frac{1-Q}{\tau}\right)\Omega_c. \tag{19}$$

4. The analytical solutions for the equation system of two-component under braking of gravitational radiation torque

At first we solve the equation (18) for the angular velocity Ω_c of the crust of pulsar, and the equation (19). The equation (18) is the first order linear equation, its integrating form is

$$\Omega_c(t)=\Omega(0)e^{-\int\frac{1}{\tau}dt}\int\frac{1}{\tau}[1+K(t-t_0)]^{-\frac{1}{4}}e^{\int\frac{1}{\tau}dt}dt$$
$$-\Omega(0)e^{-\int\frac{1}{\tau}dt}\frac{K}{4(1-Q)}\int[1+K(t-t_0)]^{-\frac{5}{4}}e^{\int\frac{1}{\tau}dt}dt+C.$$

Letting the form of the solution:

$$\Omega_c(t)=e^{-\frac{1}{\tau}}(I_1+I_2)+Ce^{-\frac{1}{2}}. \tag{20}$$

C is a constant.

$$I_1=\Omega(0)\frac{1}{\tau}\int[1+K(t-t_0)]^{-\frac{1}{4}}e^{\frac{t}{\tau}}dt.$$

We may prove the second term $K\ (t-t_0)\leqslant 1$, so we can expand series by using the binomial theories and neglect the third term.

$$\begin{aligned}\therefore I_1&=\Omega(0)\frac{1}{\tau}\int\left[1-\frac{1}{4}K(t-t_0)\right]e^{\frac{t}{\tau}}dt\\&=\Omega(0)\frac{1}{\tau}\int\left[\left(1+\frac{1}{4}Kt_0\right)e^{\frac{t}{\tau}}\frac{1}{4}Kte^{\frac{t}{\tau}}\right]dt\\&=\Omega(0)e^{\frac{t}{\tau}}\left[\left(1+\frac{1}{4}Kt_0\right)-\frac{1}{4}K\tau^2\left(\frac{t}{\tau}-1\right)\right]\\&=\Omega(0)e^{\frac{t}{\tau}}\left[\left(1+\frac{1}{4}K\tau\right)-\frac{1}{4}K(t-t_0)\right].\end{aligned} \tag{21}$$

As the same in (21)

$$\begin{aligned}I_2&=-\Omega(0)\frac{K}{4(1-Q)}\int[1+K(t-t_0)]^{-\frac{5}{4}}e^{\frac{t}{\tau}}dt\\&=-\Omega(0)\frac{K}{4(1-Q)}\int\left[1-\frac{5}{4}K(t-t_0)\right]e^{\frac{t}{\tau}}dt\\&=-\Omega(0)e^{\frac{t}{\tau}}\frac{K\tau}{4(1-Q)}\left[\left(1+\frac{5}{4}K\tau\right)-\frac{5}{4}K(t-t_0)\right].\end{aligned} \tag{22}$$

Substituting (21) and (22) into (20), we obtain

$$\begin{aligned}\Omega_c(t)=\Omega_c(0)\Big\{1+\frac{1}{4}K\tau\left[1-\frac{1}{1-Q}\left(1+\frac{5}{4}K\tau\right)\right]\\-\frac{1}{4}K\left[1-\frac{5K\tau}{4(1-Q)}\right](t-t_0)\Big\}+Ce^{-\frac{t}{\tau}}.\end{aligned} \tag{23}$$

Letting $t=t_0$,

$$C=-\frac{1}{4}K\tau\left[1-\frac{1}{1-Q}\left(1+\frac{5}{4}K\tau\right)\right]e^{\frac{t0}{\tau}}. \tag{24}$$

Substituting (24) into (23), we obtain the solution for the angular velocity Ω_c of the crust component

$$\begin{aligned}\Omega_c(t)=\Omega_c(0)\Big\{1+\left[\frac{1}{4}K\tau-\frac{K\tau}{4(1-Q)}\left(1+\frac{5}{4}K\tau\right)\right]\left(1-e^{-\frac{(t-t0)}{\tau}}\right)\\-\frac{1}{4}K\left[1-\frac{5K\tau}{4(1-Q)}\right](t-t_0)\Big\}.\end{aligned} \tag{25}$$

$$\delta\Omega_c=\Omega(t)-\Omega(0).$$

Substituting $\Omega_c\ (t)$ for (25) into equation (19) and solving it, we obtain the angular velocity Ω_n of the superfluid component. Because this component in the crust interior can not be observed, we neglect the calculation for the angular velocity Ω_n of the superfluid component.

5. The theoretical numerical results for the PSR0531+21 (Crab)

This paper researches the secular spin down of the Crust of PSR0531+21 (Crab) under gravitational radiation braking torque. The physical parameters of this pulsar are listed in table 1. For data Ω_0, Q, τ are cited from Tang (1975), ε is cited from Rees et at (1974) and I is cited from Shapiro (et al 1983).

Table 1 Data for PSR0531+21

Pulsar	Ω_0 (rad/s)	$Q=I_n/I$	τ (d)	ε	I ($\mathrm{cm}^2\cdot\mathrm{g}$)
PSR0531+21	190	0.96	7.7	2×10^{-4}	1.4×10^{45}

$G=6.67\times10^{-8}$ ($\mathrm{d}\cdot\mathrm{cm}^2\cdot\mathrm{g}^{-2}$), $c=3\times10^{10}$ (cm/s).

Substituting the above data into (13), we obtain $K=1.2864\times10^{-15}$, $\tau=7.7\ \mathrm{d}=6.6528\times10^5$ (s), $K\tau=8.5581\times10^{-10}$, $\dfrac{5\ (K\tau)^2}{16\ (1-Q)}\sim10^{-20}$ may be neglected. In this paper we use $t-t_0=100$ year, $e^{-\frac{(t-t0)}{\tau}}=e^{-4743}\to0$. The formula (25) can be written as

$$\Omega(t)=\Omega_0\left[1-\frac{1}{4}K\tau\left(\frac{Q}{1-Q}\right)-\frac{1}{4}K(t-t_0)\right]. \tag{26}$$

Substituting K, τ, Q and $t-t_0=\Delta t=100$ year into (26), we obtain the numerical results in table 2.

Table 2 The numerical results for PSR0531+21 ($\Delta t=100$ yr)

Pulsar	Q (t) /Ω_0	Ω (t) (rad/s)	$\delta\Omega$ (rad/s)	K
PSR0531+21	0.999 998 9	189.999 79	−0.000 21	1.2864×10^{-15}

6. Discussion and conclusion

(1) It can be seen from table 2 that the angular velocity of the outer crust decreases with time under the action of gravitational radiation braking torque: $\delta\Omega=-0.00021$ (rad/s) in century. The is a very small value due to the weak gravitational radiation.

(2) Comparison with the results of the magnetic dipole radiation.

In the previous work Li (2016) the speed down of spin of the magnetic dipole radiation is given by $\delta\Omega=-0.2450$ (rad/s).

Hence, the speed down of spin of the magnetic radiation is largest than that the quadruple gravitational radiation. These is due to that for the magnetic radiation $K\sim10^{-10}$, c^{-3}; for the gravitational radiation $K\sim10^{-15}$, c^{-5}, ε^{-4}. So, the former is largest than the later.

(3) In the formula (25) $t-t_0=\Delta t$. The starting time t_0 may be selected as any time. It may be selected as the present time or the time after stellar quake (glitches),

but it can not be selected as the born time of pulsar.

(4) In the integration of the expressions (20) and (21) we used the binomial theorem to expand the expressions (20) and (21). Because

$$K(t-t_0)=1.2864\times10^{-15}\times3.1556926\times10^{9}(s)\approx3\times10^{-6}<1.$$

Hence we can use binomial theorem to expand the expressions (20) and (21).

(5) The pulsar PSR0531+21 Speeds up suddenly due to stellar quake (glitches) in three years. However it is temporary happening and it is not secular happening. It does not influence the secular variation of spin of two-components due to braking of gravitational radiation torque.

(6) We conclude that the action of gravitational radiation braking torque on the spin down of two-component is very small, but it is existing in the model of two-components indeed.

References

[1] D'Alessandro F, 1997. Astrophys & Space Science, 246, 73.

[2] Baykal A, Alpar A, Kizilaglu U, 1991. Astron Astrophys 252 (2), 664.

[3] Baym G, Pethick G, Pines D, Ruderman M, 1969. Nature, 224, 872.

[4] Fang L Z, Ruffini R, 1983. Basic Concepts in Relativistic Astrophysics, 153, World Scientific, Publisher copte Lid, Singapore.

[5] Feibelman P J, 1991. Physics Review D, 4 (6), 1589.

[6] Li L-S, 2016. Astron Res & Tech, 13 (3), 277.

[7] Rees N, Ruffini R & Wheeler J A, 1974. black holes, gravitational waves and cosmology, 30, Gordon and Breach Pres.

[8] Sedrakiam D M, 1997. Astrophysics, 40 (3), 260.

[9] Shapiro S L, Teukolsky S A, 1983. Black holes, white drafts, and neutron stars: Physics of compact objects, 247, New York, John, Wiley & Sons.

[10] Tang Xia-Ying, 1975. Pub Beijing Astron Obs, N4, 68.

[11] Weber J, 1961. General Relativity and Gravitational Waves, 93 Interscience, New Yrok.

Influence of Change of Moment of Inertia and Mass-Loss of Pulsar on Variation of Pulse Period in Magnetic Dipole Model*

Abstract: The theoretical formulas for the influence of the change of moment of inertia and mass-loss on the variation of the pulse period in the magnetic dipole model are given. The numerical solutions of slow down of period due to mass-loss are calculated by using the given formulas for three pulsars: PSR0355+54, PSR1930+22 and PSR1800-21. The numerical results are listed in table 1. Discussion and conclusion are drawn.

Keywords: Pulsars-variation of moment of inertia and mass-loss-i; pulse perid; influence

1. Introduction

Some authors studied the variation of Pulse Period arisen from the change of moment of inertia. However, they always use the method of the angular momentum conservation ($I\Omega = \text{const}$). The angular momentum is not conservative, if when we consider mass-loss of a star. Hence the change of angular momentum arisen from variation of mass-loss is not suitable to the research by using the angular momentum conservation. In the formula of the magnetic dipole model of pulsars the moment of inertia is not variable but when we consider the mass-loss of pulsar, the moment of inertia may be changed. Hence it is necessary to give the formula for the magnetic dipole model suited to the variation of moment of inertia. This is an important work in this paper.

There are some authors for researching the influence of mass-loss of a star on the rotation. However, there is a few author for researching the influence of mass-loss of pulsar on the rotation. Esposito and Harrison (1975) researched the influence of mass-loss on the orbital period for the Taylor binary pulsar, but they did not research the influence of mass-loss through the change of moment of inertia on variation of the period. This paper studies some works in this aspect.

* 原文载于 *Discovery Nature*, 2018, 12: 102-107.

2. The formulae for the influence of change of moment of inertia on the variation of the period of pulsar

The pulsar radiating power W is transformed from the rotational energy at a rate $\frac{dE}{dt}$,

$$W = -\frac{dE}{dt} \text{ or } W + \frac{dE}{dt} = 0. \tag{1}$$

According to the theory of magnetic model (Ostriker &Gunn, 1969, and Shapiro & Teukolsky 1983)

$$\frac{dE}{dt} = -\frac{2}{3c^3}(M\sin\alpha)^2\Omega^4 = -\frac{32}{3c^3}\cdot\frac{\pi^4\mu^2}{P^4},\ \Omega = \frac{2\pi}{P}. \tag{2}$$

Substituting the equation (2) into the equation (1), we can obtain the radiating power W,

$$W = \frac{32\pi^4\mu^2}{3c^3P^4}. \tag{3}$$

Where P is the period of pulsar, and μ is the projection of the magnetic dipole moment M on the direction perpendicular to the rotational axis. α denotes magnetic inclination

$$\mu^2 = (M\sin\alpha)^2 = (M_0\sin\alpha)^2 e^{-\xi t} = \mu_0{}^2 e^{-\xi t}. \tag{4}$$

ξ is the coefficient of magnetic decay.

The energy carried away by radiation from the rotational energy of pulsar can be written

$$E = \frac{1}{2}I\Omega^2 = \frac{2\pi^2 I}{P^2}. \tag{5}$$

Here I is moment of inertia. If we consider the variation of moment of inertia with time, then

$$\frac{dE}{dt} = 2\pi^2\left[\frac{1}{P^2}\cdot\frac{dI}{dt} - \frac{2I(t)}{P^3}\cdot\frac{dP}{dt}\right]. \tag{6}$$

Substituting the formula (3) and (6) into the formula (1), we obtain the Bernoulli equation for $n=1$,

$$\frac{dP}{dt} - \frac{1}{2}\left(\frac{1}{I}\cdot\frac{dI}{dt}\right)P = \frac{8\pi^2\mu(t)^2}{3c^3I(t)}P^{-1}. \tag{7-1}$$

We can transform Bernoulli equation into the first order linear differential equation. Both sides of the equation (7-1) are multiplied by $2P$. i. e.

$$2P\frac{dP}{dt} - \frac{\dot{I}}{I}P^2 = \frac{16\pi^2\mu(t)^2}{3c^3I(t)}. \tag{7-2}$$

The equation (7-2) may be written as the form of the first order linear differential equation

$$\frac{\mathrm{d}P^2}{\mathrm{d}t}-\frac{\dot{I}}{I}P^2=Q(t), \tag{8}$$

We define

$$N=-\frac{\dot{I}}{I}. \tag{9}$$

According to the first linear differential equation (6), N is the function of time t or it is a constant value. In this paper N is a constant value as shown in the expressions (22). Integrating (9), one yields

$$I=I_0\mathrm{e}^{-Nt}, \tag{10}$$

$$Q(t)=\frac{16\pi^2\mu(t)^2}{3c^3I(t)}=\frac{16\pi^2\mu_0^2}{3c^3I_0}\mathrm{e}^{-(\xi-N)t}.$$

The equation (8) may be written as

$$\frac{\mathrm{d}P^2}{\mathrm{d}t}+NP^2=Q(t). \tag{11}$$

Integrating the equation (11), one yields

$$P(t)^2=\mathrm{e}^{-\int N\mathrm{d}t}\left[\int Q(t)\mathrm{e}^{\int N\mathrm{d}t}\mathrm{d}t+C\right].$$

Substituting (10) into the above integral expression, we obtain

$$P(t)^2=\mathrm{e}^{-Nt}\left[C+\left(\frac{16\pi^2\mu_0{}^2}{3c^3I_0}\right)\int\mathrm{e}^{-(\xi-2N)t}\mathrm{d}t\right].$$

When we take $t=0$, $P(t)^2=P(0)^2$, $\therefore C=P(0)^2$. i. e.

$$P(t)^2=\mathrm{e}^{-Nt}\left[P(0)^2+\left(\frac{16\pi^2\mu_0{}^2}{3c^3I_0}\right)\int_0^t\mathrm{e}^{-(\xi-2N)t}\mathrm{d}t\right].$$

Integrating the above expression, we obtain

$$P(t)^2=\mathrm{e}^{-Nt}\left\{P(0)^2-\frac{16\pi^2}{3c^3(\xi+2N)}\left(\frac{I_0}{\mu_0{}^2}\right)^{-1}\left[\mathrm{e}^{-(\xi-2N)t}-1\right]\right\}. \tag{12}$$

When we only consider magnetic decay and do not consider the variation of moment of inertia, i. e.

$$N=0,\ \xi\lhd 0,$$

$$P(t)^2=P(0)^2-\frac{16\pi^2}{3c^3\xi}\left(\frac{I_0}{\mu_0{}^2}\right)^{-1}(\mathrm{e}^{-\xi t}-1). \tag{13}$$

When we only consider the variation of moment of inertia and do not consider the magnetic decay, i. e. $N\neq 0$, $\xi=0$, then

$$P(t)^2=\mathrm{e}^{-Nt}\left[P(0)^2-\frac{8\pi^2}{3c^3N}\left(\frac{I_0}{\mu_0{}^2}\right)^{-1}(\mathrm{e}^{2Nt}-1)\right]. \tag{14}$$

In the equation (7) $I=I_0$, $\frac{\mathrm{d}I}{\mathrm{d}t}=0$, $P=P(0)$, $\dot{P}=\dot{P}(0)$, as $t=0$ we obtain

$$\frac{8\pi^2\mu_0^2}{3c^3I_0}=P(0)\dot{P}(0). \tag{15}$$

Substituting (15) into equations (13) and (14), the equations (13) and (14) can be written as

$$P(t)^2 = P(0)^2 - 2P(0)\dot{P}(0)(e^{-\xi t} - 1)/\xi. \tag{16}$$

$$P(t)^2 = e^{-Nt}\left[P(0)^2 - P(0)\dot{P}(0)(e^{2Nt} - 1)\right]/N. \tag{17}$$

Hence, we can estimate the variable rate of pulse period per century

$$\delta P = [P(t) - P(t_0)]\left(\mathrm{s/cent}\right). \tag{18}$$

Here $P(0)$ is the initial value as $t=0$.

3. The influence of mass-loss of pulsar on the variation of its period

Esposito and Harrison (1975) wrote the luminosity of pulsar $B = 4\pi m R^2\left(\frac{\mathrm{d}P}{\mathrm{d}t}\right)/5P^2$ which equal to the rate of mass-loss $c^2\frac{\mathrm{d}m}{\mathrm{d}t}$. This is obtained from moment of inertia as a constant. In the present paper moment of inertia, I, is variable with time. We use the formula: $I=\frac{2}{5}mR^2$, where R is radius of pulsar which is assumed to be constant.

Because mass is variable with time. Hence

$$\frac{\mathrm{d}I}{\mathrm{d}t} = \frac{2}{5}R^2\frac{\mathrm{d}m}{\mathrm{d}t}, \quad I = \frac{2}{5}mR^2, \quad \frac{\dot{I}}{I} = \frac{\dot{m}}{m}. \tag{19}$$

Substituting these into the expression (5), and letting it equals $-c^2\frac{\mathrm{d}m}{\mathrm{d}t}$, and then, we have

$$c^2\frac{\mathrm{d}m}{\mathrm{d}t} - \frac{4}{5}\pi^2\left(\frac{R^2}{P^2}\right)\frac{\mathrm{d}m}{\mathrm{d}t} = -\frac{8}{5}\pi^2\cdot\frac{mR^2}{P^3}\cdot\frac{\mathrm{d}P}{\mathrm{d}t},$$

$$\therefore \frac{1}{m}\cdot\frac{\mathrm{d}m}{\mathrm{d}t} = -\frac{8\pi^2R^2}{5P^3}\cdot\frac{\mathrm{d}P}{\mathrm{d}t}\left(c^2 - \frac{4\pi^2R^2}{5P^2}\right)^{-1} = -\frac{8\pi^2R^2}{5c^2P^3}\cdot\frac{\mathrm{d}P}{\mathrm{d}t}\left(1 + \frac{4\pi^2R^2}{5c^2P^2}\right). \tag{20}$$

The second term of right hand side may be neglected because $\frac{1}{c^4}$ is very small. According to the expression (9) and (19) ~ (20) we can write

$$N = -\frac{\dot{I}}{I} = -\frac{1}{m}\cdot\frac{\mathrm{d}m}{\mathrm{d}t} = \frac{8}{5}\cdot\frac{\pi^2R^2}{c^2P^3}\cdot\frac{\mathrm{d}P}{\mathrm{d}t}. \tag{21}$$

Based on the formula (9), N is a constant, but in the right hand side of the above formula $\frac{\mathrm{d}P(t)}{\mathrm{d}t}$ and $P(t)^3$ is variable with time. In the following we may prove $\frac{\mathrm{d}P(t)}{\mathrm{d}t} = \frac{\mathrm{d}P(0)}{\mathrm{d}t} = \mathrm{const}$ and $P(t)^3 = P(0)^3 = \mathrm{const}$. We may use Taylor series to expand $\frac{\mathrm{d}P(t)}{\mathrm{d}t}$ and $P(t)^3$ as follows

$$\frac{dP(t)}{dt}=\dot{P}(t)=\dot{P}(0)+\ddot{P}(0)(t-t_0)+\cdots\cdots$$

$$P(t)^3=P(0)^3+3P(0)^2\dot{P}(0)(t-t_0)+\cdots\cdots$$

For a lot of pulsars $P(0)\sim0.1$, $\dot{P}(0)\sim10^{-15}$, $\ddot{P}(0)\sim10^{-24}$ we take $t-t_0=$ 100 year (Century) $\sim10^9$ (s), $\ddot{P}(0)(t-t_0)\sim10^{-15}$, $3P(0)^2\dot{P}(0)(t-t_0)\sim10^{-6}$.

The terms $\ddot{P}(0)(t-t_0)$ and $3P(0)^2\dot{P}(0)$ so small that may be neglected. Hence $\frac{dP(t)}{dt}=\frac{dP(0)}{dt}=$ const and $P(t)^3=P(0)^3=$ constant. Therefore, in the formula (16) N is a constant. The exponential form (8) is hold well

$$N=-\frac{\dot{I}}{I}=-\frac{1}{m}\cdot\frac{dm}{dt}=\frac{8}{5}\cdot\frac{\pi^2R^2}{c^2P(0)^3}\cdot\frac{dP(0)}{dt}=2.5266\times10^{-8}\frac{\dot{P}(0)}{P(0)}=\text{constant}. \tag{22}$$

4. Numerical results

We only consider the case of the variation of moment of inertia due to mass-loss and do not consider magnetic decay. We use the formulas (17) ~ (18) and (22) to calculate the variation of pulse period due to mass-loss for PSR0355+54, PSR1930+22 and PSR1800-21. For these pulsars we assume that $R=12\times10^5$ km. The data of P and $\frac{dP}{dt}$ of PSR0355+54 are adopted from table of pulsar parameters given by Manchester & Taylor (1977). The data of P and $\frac{dP}{dt}$ of PSR1930+22 and PSR1800−21 are adopted from given by Arzoumanian et al (1994). Substituting the above data into the formula (17) and (18), we obtain the numerical results for the rates of spin down of pulse periods due to mass-loss for three pulsars are listed in table 1.

Table 1 Numerical results of three pulsars

Pulsars	$P(0)$ (s)	$dP(0)/dt$ (10^{-15} s/s)	$N=-\frac{1}{I}\cdot\frac{dI}{dt}=-\frac{1}{m}\cdot\frac{dm}{dt}$ (10^{-8}/s)	$P(t)$ (s/cent)	δP (s/cent)
PSR0355+54	0.1563	4.39	0.9×10^{-2}	0.1576	0.0013
PSR1930+22	0.1444	63	5.28×10^{-1}	0.1463	0.0019
PSR1800−21	0.1336	134.229	1.4225	0.1376	0.0040

5. Discussion

(1) In the quadrupole elastic energy model of neutron stars the total energy and moment of inertia connects with oblateness ε:

$$E = E_0 + \frac{1}{2} I\Omega^2 + A\varepsilon^2 + B(\varepsilon - \varepsilon_0)^2, \quad I = I_0(1+\varepsilon).$$

But in the magnetic dipole model we may not consider oblateness or $\varepsilon = 0$. We consider pulsars as spherical stars.

(2) The formula $\mu^2 = \mu_0{}^2 e^{-\xi t}$ cited in this paper is suitable to the magnetic inclination α, as a constant. Because

$\mu^2 = M^2 \sin^2\alpha = M_0{}^2 e^{-\xi t} \sin^2\alpha = (M_0{}^2 \sin^2\alpha) e^{-\xi t} = \mu_0{}^2 e^{-\xi t}$ $\mu_0{}^2 = M_0{}^2 \sin^2\alpha = M_0{}^2 \sin^2\alpha_0$, i. e, $\alpha = \alpha_0 = \text{const}$.

Hence the research of this paper includes the magnetic inclination as a constant. However the magnetic inclination of pulsars varies very small in a century. We can assume that the magnetic inclination α is a constant in a century (3). We may discuss mass-less as compared with magnetic decay. We use the formula (16) to calculate the variable rate of pulse period due to magnetic decay. Substitution of these data $\xi = 1.3 \times 10^{-6}$/yr or $\xi = 3.54 \times 10^{-14}$/s given by Qu et al (1976) into the formula (16), we obtain

For PSR0355+54: $(\delta P)_{\text{mag}} = 0.000\,29$ (s/cent),

For PSR1930+22: $(\delta P)_{\text{mag}} = 0.000\,32$ (s/cent),

For PSR1800−21: $(\delta P)_{\text{mag}} = 0.000\,34$ (s/cent).

From these numerical results as compared with the results due to mass loss in table 1 we can see that the values for magnetic decay are nearly the same order with that of mass-loss for three pulsars. Hence both results cannot be ignored.

6. Conclusions

(1) The change of moment inertia of pulsars can influences spin down of pulse period in the magnetic dipole model, and spin down connect with the exponential formulation.

(2) Pulsar loses its mass with the formulation of the magnetic dipole radiation. It can influences spin down of pulse period through the change of moment of inertia. The rate of spin down of pulse period is the order 10^{-3} (s/cent) for three pulsars. The rate of slow down due to mass-loss can be observed by using the recent astronomical instruments through a long time.

(3) It can be seen from table 1 that the shorter the pulse period, the longer the rate of pulse period per century, such as PSR1800−21.

References

[1] Arzoumanian Z, Nice D J, Taylor J H, 1994. Ap J, 442, 671.

［2］ Backer D，Kulkarni S，Taylor J H，1983. Nature，301，314.

［3］ Esposito L W，Harrison G R，1975. Ap J，196，L1-2.

［4］ Manchester R N，Taylor J H，1977. Pulsar，W H Freeman and Company San Francico.

［5］ Qu Q Y，Wang Z R，Lu T，Lo L F，1976. Bulletin of Science，21，176.

［6］ Ostriker J P，Gunn J E，1969. Ap J ，157，1395.

［7］ Shapiro S L，Teukosky S A，1983. Black holes，White dwarfs and Neutron stars（The physics of compact objects），p278-279，A Wiley-Interscience publishing. JOHN WILEY & SONS，New York. Chichester. Brisbane. Toronto. Singapore.

双星系轨道和中心体自转同步和假同步理论

An Apparent Descriptive Method for Judging the Synchronization of Rotation of Binary Stars*

Abstract: The problem of the synchronous rotation of binary stars is judged by using a synchronous parameter Q introduced in an apparent descriptive method. The synchronous parameter Q is defined as the ratio of the rotational period to the orbital period. The author suggests several apparent phenomenal descriptive methods for judging the synchronization of rotation of binary stars. The first method is applicable when the orbital inclination is well-known. The synchronous parameter is defined by using the orbital inclination i and the observable rotational velocity $(V_{1,2} \sin i)_M$. The method is mainly suitable for eclipsing binary stars. Several others are suggested for the cases when the orbital inclination i is unknown. The synchronous parameters are defined by using $a_{1,2} \sin i$, $m_{1,2} \sin^3 i$, the mass function f (m) and semi-amplitudes of the velocity curve, $K_{1,2}$ given in catalogue of parameters of spectroscopic binary systems and $(V_{1,2} \sin i)_M$. These methods are suitable for spectroscopic binary stars including those that show eclipses and visual binary stars concurrently. The synchronous parameters for fifty-five components in thirty binary systems are calculated by using several methods. The numerical results are listed in tables 1 and 2. The statistical results are listed in table 3. In addition, several apparent descriptive methods are discussed.

Keywords: Binary stars; synchronization of rotation; judgement of apparent phenomenal descriptive methods

1. Introduction

In binary system the rotational period of components and its orbital period usually show a synchronous phenomenon. This is the secular evolutional result arising from tidal friction in binary systems. Investigation of this synchronous phenomenon is very meaningful for exploring the evolutional process of binary systems. Therefore, recently some authors have studied this subject by using various methods. Some authors explore the mechanism of synchronous rotational phenomenon of binary stars from theory, such as Zahn (1966, 1975, 1977), Tassoul (1987, 1988). Some authors explore this

* 原文载于 *Journal of Astrophysics and Astronomy*, 2004, 25: 203-211.

subject from observation, such as Tan Hui-song et al. (1985, 1989, 1995) and Pan Kai-ke (1996, 1997). Some authors explore this subject from an apparent phenomenal descriptive method, such as this author's work (Li 1997, 1998). The author had earlier defined the ratio of rotational velocity of primary stars with orbital velocity of components as the synchronous parameter (Li 1997). He also defined the ratio of theoretical calculated value of the period of advance of apsidal line to its observational value as the synchronous parameter (Li 1998). But the first method studies the synchronous phenomenon in the evolutional process. The later method needs a great number of the observational data of apsidal line motion of binary stars. So far, however, we have a few observational data of the velocity or period of advance of apsidal line of binary stars. So this method brings certain difficulty for judgement. Hence the author further explores how one can use a great deal of the observational data such as $a_{1,2}\sin i$, $m_{1,2}\sin^3 i$, $K_{1,2}$ and $f(m)$ in tables of binary stars to judge synchronization of rotation of binary stars by using apparent phenomenal descriptive methods. These methods are not only suitable to spectroscopic binary stars, but also eclipsing and visual binary stars. This paper will divide the case of inclination i of binary star into well known and unknown and suggest five apparent phenomenal descriptive methods to study this problem.

2. Definition of the synchronous parameters

The character of apparent phenomenal descriptive methods needs the definition of synchronous parameter for judging the synchronization of binary stars to start with. This paper defines a synchronous parameter Q as the ratio of the rotational period P_{rot}, of binaries (primary or secondary) to the orbital period of component

$$Q=\frac{P_{rot}}{P}. \tag{1}$$

It reflects the multiple relation between the rotational period of primary or secondary stars with the orbital period of component apparently.

While $Q=1$, $P_{rot}=P$, is called as complete synchronism, $Q\to 1$, $P_{rot}\to P$, is called as approachable synchronism, and when Q differs from 1, it is called as non-synchronism.

In general, the orbital period $P>$ the rotational period P_{rot}, so, $Q<1$ usually. But as the binary system evolves the orbital period shortens and the rotational period lengthens, so, $P_{rot}\to P$ or $Q\to 1$. From the evolutional point of view, P_{rot} cannot exceed P, so we cannot have Q greater than 1. However the observational data may give $Q>1$, i. e., $P_{rot}>P$, due to errors in the estimated parameters of the binary system.

In discussing the problem of synchronization of binary stars, one author defined $\omega\leqslant 1.5\Omega$ (ω: primary rotational velocity, Ω: orbital velocity of component) as the range of the synchronous judgement (Plavec 1970; Levato 1976; Giuricin et al. 1984,

Li 1998), but another author defined $\omega \leqslant 1.3\Omega$ as the synchronous judgement according to the estimation of the range of error (Pan Kai-ke et al. 1996, 1997). Therefore this paper adopted this judgement. However, this is the case when $P > P_{rot}$ or $Q < 1$. For the case: $P < P_{rot}$ or $Q > 1$, we take $\Omega \leqslant 1.3\omega$. Further $Q = 1$ represents complete synchronization. Then we have the following five cases:

Case A: $0.95 \leqslant Q \leqslant 1.05$—Almost complete synchronization.

Case B: $0.80 \leqslant Q < 0.95$—Approaching synchronization.
$1.05 < Q \leqslant 1.20$—Approaching synchronization.

Case C: $0.70 \leqslant Q \leqslant 0.80$—Critical synchronization.
$1.20 < Q \leqslant 1.30$—Critical synchronization.

Case D: $Q < 0.70$—Non-synchronization.

Case E: $Q > 1.3$—Slow rotators (slow rotation).

Case E is not a product of evolution.

3. Apparent phenomenal descriptive methods for judging the synchronization of rotation of binary stars

(1) When inclination is well-known, we adopt the following method, if binary star is an eclipsing binary.

Let $(V_{1,2} \sin i)_M$ be the observed rotational velocities of two components observed from spectral lines. i is the inclination, P_{rot} is the rotational period, $R_{1,2}$ are the radii of two components, then apparent rotational velocities of two components are written as

$$(V_{1,2} \sin i)_M = \left(\frac{2\pi R_{1,2}}{P_{rot}}\right) \sin i. \tag{2}$$

Substituting P_{rot} into expression (1), we obtain

$$Q = \frac{2\pi R_{1,2} \sin i}{P(V_{1,2} \sin i)_M}. \tag{3}$$

We denote $(V_{1,2} \sin i)_M$ in the units of km/s, radii $R_{1,2}$ by R_θ (solar radius), the orbital period by d (day), the expression (3) becomes

$$Q_{e,e'} = 50.6139 \frac{R_{1,2} \sin i}{P(V_{1,2} \sin i)_M}, \tag{4}$$

$Q_{e,e'}$ denotes Q_e and Q'_e, i. e. synchronous parameters of primary and secondary stars.

The formula (4) is suitable to the visual or eclipsing binary stars.

(2) When the inclination is unknown, we adopt the following three methods, if the table of spectroscopic binary gives $a_{1,2} \sin i$, $m_{1,2} \sin^3 i$ or K_1 and K_2 for double lined binaries.

The first method: The method uses $a_{1,2} \sin i$.

The expression (3) or (4) is written as

$$Q_{1,1'}=\frac{2\pi R_{1,2}(a_{1,2}\sin i)}{P(V_{1,2}\sin i)_M a_{1,2}}, \tag{5}$$

$Q_{1,1'}$ denotes Q_1 or Q'_1, i. e. synchronous parameters of two components.

According to the motion of center of mass and Kepler's third law, we have

$$a_{1,2}=\left(\frac{G}{4\pi^2}\right)^{\frac{1}{3}}\frac{M_{2,1}}{(M_1+M_2)^{\frac{2}{3}}}P^{\frac{2}{3}}. \tag{6}$$

Substituting (6) into (5), let $q_1=\frac{M_2}{M_1}=\frac{m_2}{m_1}$, $q_2=\frac{M_1}{M_2}=\frac{m_1}{m_2}$, $q_{1,2}$ denotes q_1 or q_2 and $m_{1,2}$ denotes m_1 or m_2, $M_1=m_1M_\odot$, $M_2=m_2M_\odot$, we obtain

$$Q_{1,1'}=1.729\,0\times10^{-5}\frac{R_{1,2}(1+q_{1,2})^{\frac{2}{3}}(a_{1,2}\sin i)}{P^{\frac{5}{3}}q_{1,2}m_{1,2}^{\frac{1}{3}}(V_{1,2}\sin i)_M}. \tag{7}$$

The second method: The method uses $m_{1,2}\sin^3 i$.

Formula (3) or (4) is written as

$$Q=\frac{2\pi R_{1,2}(M\sin^3 i)^{\frac{1}{3}}}{P(V_{1,2}\sin i)_M M^{\frac{1}{3}}}.$$

The units are the same as in the previous method, then the above expression can be written as:

$$Q_{2,2}'=50.613\,9\frac{R_{1,2}(m_{1,2}\sin^3 i)^{\frac{1}{3}}}{Pm_{1,2}^{\frac{1}{3}}(V_{1,2}\sin i)_M}. \tag{8}$$

The third method: The method uses K_1 and K_2.

Some catalogues of the orbital elements of spectroscopic binary systems gives the following formula (Batten et al. 1989, Kopal 1959)

$$m_{1,2}\sin^3 i=1.038\,5\times10^{-7}(1-e^2)^{\frac{3}{2}}(K_1+K_2)^2K_{1,2}P.$$

Substituting the formula for $m_{1,2}\sin^3 i$ into (8) and putting $K=K_1+K_2$, we obtain

$$Q_{3,3'}=0.237\,7\frac{R_{1,2}(1+q_{1,2})^{\frac{2}{3}}(1-e^2)^{\frac{1}{2}}K_{1,2}}{P^{\frac{2}{3}}q_{1,2}m_{1,2}^{\frac{1}{3}}(V_{1,2}\sin i)_M}, \tag{9}$$

where $K_{1,2}$ denotes the semi-amplitudes of the velocity curves of primary and secondary components, e is the orbital eccentricity.

The above three methods are mainly suitable for the double-lined spectroscopic binary stars.

The fourth method: The method uses mass function $f(m)$ for single-lined spectroscopic binaries.

We use the following method, only if the spectrum of primary component appears, the mass function $f(m)$ is written as

$$f(m)=\frac{m_2^3\sin^3 i}{(m_1+m_2)^2}=1.038\,5\times10^{-7}(1-e^2)^{\frac{3}{2}}K_1^3P.$$

The above formula can be written as

$$m_2 \sin^3 i = f(m) \frac{(m_1 + m_2)^2}{m_2^2}.$$

Substituting it into (8), and putting $q_1 = \frac{m_2}{m_1}$, we get

$$Q_4 = 50.613\,9 \frac{R_1 (1+q_1)^{\frac{2}{3}} [f(m)]^{\frac{1}{3}}}{P q_1 m_1^{\frac{1}{3}} (V_1 \sin i)_M}, \tag{10}$$

where Q_4 is the synchronous parameter for single-lined spectroscopic primary stars. Therefore this method is suitable for single-lined spectroscopic binary stars or eclipsing binary stars concurrently.

$a_{1,2} \sin i$, $m_{1,2} \sin^3 i$, $K_{1,2}$ and f (m) in formulas (7) ～ (10) are taken from the catalogue of spectroscopic binary systems (Batten et al. 1989).

4. Calculation for the synchronous parameters of fifty-five components in thirty binary systems

We calculate the synchronous parameters for eclipsing binary stars and double-lined and single-lined spectroscopic binary stars by using previous methods. In computation, $(V_{1,2} \sin i)_M$ are quoted from the date given by (Tan 1985, 1989, 1995). The synchronous parameters of eclipsing binary stars are calculated by using the formula (4) (the inclination is well-known). The periods, stellar radius and mass are quoted from the catalogue of parameters of eclipsing binary stars (Brancewicz et al. 1980). The calculated results are listed in table 1. The synchronous parameters of double-lined and single-lined spectroscopic binary stars are calculated by using formulas (7) ～ (10) (the inclination is unknown). The orbital periods P, $a_{1,2} \sin i$, $m_{1,2} \sin^3 i$, $K_{1,2}$ and f (m) are quoted from the catalogue of the orbital elements of spectroscopic binary systems (Batten et al. 1989). Because the stellar mass and radius are not given in the catalogue, the calculated binary systems are all spectroscopic binary stars which are also eclipsing binary stars concurrently, so the stellar mass and radius are quoted from the catalogue of parameters of eclipsing binary stars. The calculated results are listed in table 2, which also indicates the categories A, B, C, D, E, as defined earlier.

5. Statistical results for synchronization of rotation of fifty-five components

Table 3 which shows the statistical results for synchronization of rotation of fifty-five components can be obtained from tables 1 and 2.

It can be seen from the statistical table 3 that 14% components have achieved almost complete synchronism (A), 33% are approaching synchronism (B), 18% are at critical synchronism (C) and 31% are non-synchronous (D). The remaining two components are slow rotators (E) which need theoretical explanation. Further among the binaries containing category A stars G T Cep and A H Cep can be considered to have complete synchronism for both components.

6. Discussions and summary

• The characteristic of this paper is that it introduces a synchronous parameter Q. It not only judges directly synchronization of two components, but also analyses

Table 1 The calculated results for synchronous parameters of twenty components in ten eclipsing binary systems by using the apparent descriptive method of formula (4)

Name		Sp type	P (d)	i (deg)	$R_{1,2}$ ($R_\odot$)	$(V_{1,2}\sin i)_M$ (km/s)	$Q_{e,e'}$	$P_R \gtreqless P$	Synch
G T Cep	1	B2V	4.908 7	78	4.64	42	1.11	$P_R>P$	B
	2	A0			6.04	58	1.05	$P_R>P$	A
My Cyg	1	Am	4.005 1	89	2.32	26	1.13	$P_R>P$	B
	2	Am			2.06	47	0.55	$P_R<P$	D
V451 Oph	1	B9V	2.196 6	87	2.48	48	1.19	$P_R>P$	B
	2	A0			1.98	45	1.01	$P_R>P$	A
U Oph	1	B4.5	1.677 3	86.6	3.27	110	0.89	$P_R<P$	B
	2	B5.5			3.02	100	0.91	$P_R<P$	B
V505 Sgr	1	A2v	1.828 7	75	2.30	100	0.95	$P_R<P$	A
	2	F81V			2.35	50	1.94	$P_R>P$	E
C V Vel	1	B2V	6.892 5	88.2	4.27	50	0.63	$P_R<P$	D
	2	B2V			4.16	85	0.36	$P_R>P$	D
C D Tau	1	F7V	3.435 1	88	1.49	34	0.64	$P_R<P$	D
	2	F7V			1.50	34	0.65	$P_R>P$	D
V1143 Cyg	1	F5V	7.640 7	87	1.34	9	0.98	$P_R<P$	A
	2	F5V			1.04	20	0.34	$P_R<P$	D
Z Z Boo	1	F2V	4.991 7	88	1.76	12	1.48	$P_R>P$	E
	2	F2V			1.70	25	0.69	$P_R<P$	D
A S Cam	1	B8V	3.430 9	89	2.06	40	0.7	$P_R<P$	C
	2	A0V			2.47	30	1.21	$P_R>P$	C

Table 2　The calculated results for synchronous parameters of thirty-five components in twenty single-lined and double-lined spectroscopic binary systems by using four apparent descriptive methods

The first method calculated by using $a_{1,2}\sin i$

Name		Sp type	P(d)	$R_{1,2}$ ($R_\odot$)	$m_{1,2}$ ($m_\odot$)	$q_{1,2}$	$(V_{1,2}\sin i)_M$ (km/s)	$a_{1,2}\sin^3 i$ (km)	$Q_{1,1}$	$P_R \lesseqgtr P$	Synch
A G Per	1	B5pV	2.0287	3.02	5.08	0.89	105	4.53	0.69	$P_R<P$	D
	2	F6		2.78	4.52	1.1	120	4.97	0.55	$P_R<P$	D
V448 Cyg	1	O9.5	6.5179	10.00	22.25	0.73	95	$1.92\times10^{+1}$	1.08	$P_R>P$	B
	2	BII		17.34	16.24	1.37	92	$1.50\times10^{+1}$	1.10	$P_R>P$	B
G K Cep	1	A2V	0.9362	2.67	2.67	0.93	106	2.21	1.29	$P_R>P$	C
	2	A4		2.45	2.48	1.08	100	2.41	1.27	$P_R>P$	C
E I Cep	1	FI	8.4397	2.99	1.80	0.95	15	9.42	1.25	$P_R>P$	C
	2	FI		2.31	1.71	1.05	10	8.92	1.31	$P_R>P$	D
A H Cep	1	O8	1.7748	6.44	16.52	0.87	175	6.08	1.08	$P_R>P$	B
	2	O9		5.98	14.37	1.15	160	6.91	1.02	$P_R>P$	A

The second method calculated by using $m_{1,2}\sin^3 i$

Name		Sp type	P(d)	$R_{1,2}$ ($R_\odot$)	$m_{1,2}$ ($m_\odot$)	$q_{1,2}$	$(V_{1,2}\sin i)_M$ (km/s)	$m_{1,2}\sin^3 i$ (km)	$Q_{2,2}$	$P_R \lesseqgtr P$	Synch
E K Cep	1	A1V	4.4278	1.59	2.11	0.55	45	2.0	0.63	$P_R<P$	D
	2	G5		1.19	1.16	1.82	14	1.1	1.02	$P_R>P$	B
N Y CeP	1	B01V	15.2767	10.56	16.51	0.67	80	$2.7\times10^{+1}$	0.52	$P_R<P$	D
	2	B01V		8.66	11.06	1.49	71	$1.3\times10^{+1}$	0.43	$P_R<P$	D
R X Her	1	B9.5V	1.7786	2.37	2.86	0.86	73	2.7	0.93	$P_R<P$	B
	2	A0.5V		2.05	2.50	1.07	60	2.3	0.94	$P_R<P$	B
Z Vul	1	B4 V	2.4454	4.54	5.42	0.43	98	5.4	0.95	$P_R<P$	A
	2	A3III		4.57	2.33	2.32	115	2.2	0.79	$P_R<P$	C
λ Tau	1	B3V	3.9529	5.64	6.04	0.24	85	6.4	0.87	$P_R<P$	B
	2	A4IV		4.33	1.45	4.16	60	1.7	0.97	$P_R<P$	A

Table 2 （continued）

Name		Sp type	P(d)	$R_{1,2}$ ($R_\odot$)	$m_{1,2}$ ($m_\odot$)	$q_{1,2}$	e	$(V_{1,2}\sin i)_M$ (km/s)	$m_{1,2}\sin^3 i$ ($m_\odot$)	$Q_{3,3}$	$P_R \lesseqgtr P$	Synch
The third method calculated by using $k_{1,2}$												
E G Ser	1	A0	9.947 3	2.17	3.05	0.78	0	48	75.8	0.22	$P_R<P$	D
	2	A2		1.93	2.37	1.29	0	68	83.8	0.12	$P_R<P$	D
V624 Her	1	A_{3m}	3.895 0	2.93	2.23	0.86	0	36	96.6	1.02	$P_R>P$	A
	2	A_{4m}		2.32	1.90	1.17	0	36	117.2	0.84	$P_R<P$	B
Sig Aq	1	B_3V	1.950 3	4.12	6.48	0.86	0	108	16.42	0.90	$P_R<P$	B
	2	B_3V		3.44	5.58	1.16	0	125	208	0.71	$P_R>P$	C
W W Air	1	A7V	2.525 0	1.93	1.81	0.96	0	35	115.6	1.09	$P_R>P$	B
	2	A7V		1.92	1.74	1.04	0	35	127.7	1.15	$P_R>P$	B
R Z Cha	1	F5IV	2.832 1	2.94	1.90	0.84	0	39	108.2	1.34	$P_R>P$	D
	2	F5IV		3.19	1.59	1.19	0	39	107.6	1.27	$P_R>P$	C

The fourth method calculated by using $f(m)$

Name	Sp type	P(d)	$R_{1,2}$ ($R_\odot$)	m_1 ($m_\odot$)	q_1	$(V_1\sin i)_M$ (km/s)	$m_1\sin^3 i$ ($m_\odot$)	Q_4	$P_R \lesseqgtr P$	Synch
U W Vir_1	A_4	1.810 7	1.52	1.77	0.24	76	1.9×10^{-2}	0.59	$P_R<P$	D
T W Dra_1	A_5V	2.806 7	2.06	2.24	0.43	123	5.9×10^{-2}	0.59	$P_R<P$	D
Q S Aql_1	B5V	2.496 8	2.65	6.82	0.17	75	2.7×10^{-2}	0.74	$P_R<P$	C
D V Aql_1	LateA	1.575 5	2.16	2.20	0.59	92	1.4×10^{-2}	0.70	$P_R<P$	C
U X Her_1	A3	1.548 9	1.80	1.92	0.30	61	2.1×10^{-2}	0.85	$P_R<P$	B

the evolutionary progress of binary systems. Because the synchronous parameter Q indicates the evolutionary status of the binary system in that the variation of the value Q tends to unity due to tidal friction. In the end the binary system arrives at the synchronous phenomenon of the orbital and rotational periods.

• There are different suitable methods for several apparent descriptive methods suggested in this paper. The method of formula (4) suits only eclipsing binary stars including visual binary stars for which inclination i is well-known. It is not suitable for spectroscopic binary stars as their inclinations are unknown. Although some spectroscopic binary stars are eclipsing binary stars concurrently also, this method can be used, but some spectroscopic binary stars are not eclipsing binary stars. Therefore, this method cannot be used. However, for the spectroscopic binary star for which inclination i is unknown, we can make use of $a_{1,2}\sin i$, $m_{1,2}\sin^3 i$, $K_{1,2}$ and $f(m)$ in the table of spectroscopic binary stars by using the formulas (7) ~ (10). But the mass is unknown for spectroscopic binary stars. However the mass may be well-known, if the spectroscopic binary stars are eclipsing binary stars concurrently or visual binary stars. Because this paper selects two types of spectroscopic binary stars as eclipsing binary stars concurrently, so, its masses are quoted from the data in the table of eclipsing binary stars.

Table 3　The statistical results for synchronization of rotation of fifty-five components in binary systems

Type	No. of systems	No. of components	$Q<1$ $P_R<P$	$Q>1$ $P_R>P$	A	B	C	D	E
EB	10	20	11	9	4	6	2	6	2
DSB	15	30	16	14	4	11	6	9	0
SSB	5	5	5	0	0	1	2	2	0
Sum (total)	30	55	32	23	8	18	10	17	2

EB: Eclipsing binary stars. DSB: Double-line spectroscopic binary stars. SSB: Single-line spectroscopic binary stars.

References

[1] Batten A H, et al. 1989, Publ Dom Astrophys, 17, 1-127.

[2] Brancewicz H K, Dworak T Z. 1980, Acta Astronomica, 30 (4), 501.

[3] Giuricin G, et al. 1984, A& A, 131, 152; 135, 393.

[4] Kopal Z. 1959, Close binary system (London: Chapman and Hall) p 470.

[5] Levato H. 1976, Ap J, 203, 680.

[6] Li Lin-sen. Acta Astrophys. Sinica，1998，18，77；1977，17，407.

[7] Pan Kai-ke. 1996，Acta Astrophys. Sinica，16，291；370.

[8] Pan Kai-ke. 1997，A&A，321，202.

[9] Pan Kai-ke，et al. 1997，Acta Astrophys. Sinica，17，386.

[10] Pan Kai-ke，et al. 1997，Publ Yunnan Obs，No 2，87.

[11] Plavec M. 1970，in Slettebok Rotation.（ed.）A Slettebok（Dordrecht：Reidel），p133.

[12] Tan Hui-song. Acta Astron. Sinica，1989，30，135；1985，26，226.

[13] Tan Hui-song，et al. 1995，Acta Astrophys. Sinica，15，57.

[14] Tassoul J L. 1988，Ap J，324，L71；1987，322，856.

[15] Zahn J P. 1966，Ann Ap，29，489.

[16] Zahn J P. 1978，A&A，67，162；1977，57，383；1975，41，329.

判断双星自转同步性的一种新方法*

摘要： 本文提出了判断双星自转同步性的一种新方法．把假定双星为同步自转时的拱线进动周期的理论计算值与该双星的观测值之比作为同步自转参量，以判断双星同步自转情况．利用此方法对 Y Cyg 和 C W Cep 两对双星系统中子星同步自转情况做了判断．结果表明，其中 C W Cep 为同步自转双星，Y Cyg 为接近同步自转双星．最后将所得结果与其他作者用直接测量自转速度方法所得的结果进行比较，结果符合．

关键词： 双星；子星自转；同步性判断

1. 引　言

密近双星的相互作用研究已有很长的历史，自转同步性为这种相互作用的一种可观测效应吸引了国内外众多天文工作者的兴趣．有从理论上研究自转同步性根源的[1]~[4]，也有从实测上进行研究的．Giuricin 等人讨论了自转同步性同子星相对半径之间的关系[5]．Claret 等人研究了主序不相接双星的自转同步性现象[6]．在国内，云南天文台的谭徽松、潘开科等人已在这方面做了十几年的工作，取得了很好的成果[7]~[11]．他们为了获得内部一致性好、精度高的自转速度值用卷积法测得了一批精度高的 $V\sin i$ 值．利用这些 $V\sin i$ 测量值，他们对自转同步性与恒星其他物理量之间的关系进行了统计研究，并将他们的实测结果与 Zahn 和 Tassoul 理论的预期结果进行了比较．他们利用实测方法所得的结果是可信的．然而这只是研究此问题的其中一种方法．本文提出的另一种新方法则是从对双星自转同步现象的表象描述着手的．其方法的特点就是把被假定同步子星的拱线进动周期的理论计算值与该星的观测值之比作为同步自转参量，以此来判断某些双星自转同步性情况．我们用此方法所得的结果同潘开科在文[11]中用实测自转速度的方法得到的结果相比较，两者的结果是一致的．从而也检验了本文所提方法的可靠性．

2. 同步双星的拱线进动周期

有关推算双星的拱线进动周期的公式首先是由 Russell 给出的，然后又由 Kopal，Cowling 和 Sterne 等人所完善[12]~[15]．

Russell 给出的理论公式是假定双星同步时（子星的自转周期等于轨道上子星的公转周期）在近圆形轨道上的拱线进动周期．以后 Kopal 将 Russell 的公式推广到椭圆轨

* 原文载于《天体物理学报》，1998，18（1）：77-82.

道．他将由多方模型和起潮力引起的摄动运动方程加一约束条件求解，即令主星的自转周期等于轨道上子星的公转周期，求得假定双星为同步双星时的拱线进动周期[13]．随后，Cowl-ing 等人又把包括自转效应的更广泛的位能和动能公式代入拉氏方程得摄动方程后积分也同样得到了椭圆轨道的拱线进动周期的公式[14]．以后，Will 又将 Cowling 推出的公式中引入使潮汐形变滞后的角 δ，并用勒让德函数 P_2 ($\cos\delta$) 表之[16]．然而，适用于本文所用的拱线进动周期的公式，是 Sterne 所给出的公式[15]．Sterne 将潮汐力和自转以及多方模型构造引起的势函数，代入近星点角 $\tilde{\omega}$ 进动的拉氏摄动方程后推出了较完善的拱线进动角速度或进动周期的公式[15]．

$$\frac{P}{\Pi_2}=\frac{\dot{\tilde{\omega}}}{\Omega}=k_{2,1}\left(\frac{R_1}{a}\right)^5\left[15\frac{m_2}{m_1}f_2(e)+\frac{\omega_1^2a^3}{m_1G}g_2(e)\right]$$
$$+k_{2,2}\left(\frac{R_2}{a}\right)^5\left[15\frac{m_1}{m_2}f_2(e)+\frac{\omega_2^2a^3}{m_2G}g_2(e)\right]. \tag{1}$$

式中 Π_2 为拱线进动周期，$\dot{\tilde{\omega}}$为拱线进动角速度，P 为子星的轨道周期，Ω 为轨道角速度，R_1 和 R_2 分别为两子星的半径，a 为两子星的距离间隔或轨道半长轴，m_1 和 m_2 为两子星的质量，ω_1 和 ω_2 为两子星的自转角速度，G 为引力常数，e 为轨道偏心率．其中

$$f_2(e)=1+\frac{3}{2}e^2+\frac{1}{8}\cdot\frac{e^4}{(1-e^2)^5}=1+\frac{13}{2}e^2+\frac{181}{8}e^4+\cdots,$$
$$g_2(e)=1+2e^2+3e^4+\cdots. \tag{2}$$

$k_{2,1}$和 $k_{2,2}$分别表示拱线进动常数，它们可由多方指数 n 所对应的函数查表得出，也可根据星的年龄同拱线常数关系得出．它们都是和密度分布有关的常数．

如果双星中的两子星为同步双星，子星的自转角速度 ω 等于轨道上子星的公转角速度Ω，即 $\omega=\Omega$．将这个同步条件代入（1）式，并利用 Kepler 第三定律：

$$\Omega^2a^3=\omega^2a^3=G(m_1+m_2), \tag{3}$$

则由（1）式可推得双星的拱线进动周期

$$\frac{P}{\Pi_2}=\frac{\dot{\tilde{\omega}}}{\Omega}=k_{2,1}\left(\frac{R_1}{a}\right)^5\left\{\frac{m_2}{m_1}[15f_2(e)+g_2(e)]+g_2(e)\right\}$$
$$+k_{2,2}\left(\frac{R_2}{a}\right)^5\left\{\frac{m_1}{m_2}[15f_2(e)+g_2(e)]+g_2(e)\right\}. \tag{4}$$

这就是本文中所要用的同步双星的拱线进动周期（二阶解）的公式．

Sterne 还给出由于单纯潮汐力引起的拱线进动周期的三阶和四阶解：

$$\frac{P}{\Pi_3}=\frac{\dot{\tilde{\omega}}_3}{\Omega}=28\left[k_{3,1}\left(\frac{R_1}{a}\right)^7\frac{m_2}{m_1}+k_{3,2}\left(\frac{R_2}{a}\right)^7\frac{m_1}{m_2}\right]f_3(e), \tag{5}$$

其中，

$$f_3(e)=1+\frac{43}{4}e^2+\frac{449}{8}e^4+\cdots, \tag{6}$$

$$\frac{P}{\Pi_4}=\frac{\dot{\tilde{\omega}}_4}{\Omega}=45\left[k_{4,1}\left(\frac{R_1}{a}\right)^9\frac{m_2}{m_1}+k_{4,2}\left(\frac{R_2}{a}\right)^9\frac{m_1}{m_2}\right]f_4(e),\tag{7}$$

其中

$$f_4(e)=1+16e^2+\frac{467}{4}e^4+\cdots.\tag{8}$$

故总的拱线进动周期 Π 可用下式表示：

$$\frac{P}{\Pi}=\frac{P}{\Pi_2}+\frac{P}{\Pi_3}+\frac{P}{\Pi_4}\text{或}\frac{1}{\Pi}=\frac{1}{\Pi_2}+\frac{1}{\Pi_3}+\frac{1}{\Pi_4}.\tag{9}$$

但是由（9）式推出的拱线进动周期 Π 并不完全代表双星拱线进动周期的总和，它只代表由于潮汐力、自转离心力和多方模型（密度分布）所引起的拱线进动周期．除此之外，引起拱线进动周期的还有广义相对论效应、双星引力辐射阻尼效应以及双星质量损失引起的拱线进动．下面分析哪些因素可影响拱线进动周期，计算时必须加以考虑，哪些因素可以略去．

由于双星附近的引力场较强，故广义相对论的效应不应忽视，但引力辐射阻尼对近星点进动的影响只有周期性变化，而对长期变化没有影响[17]．质量损失对近星点进动的影响在一阶解中无长期项存在，只存在于变质量的二阶解中，又因二阶解的效应值甚小，故也可略去[18]．至于 Π_3 和 Π_4 对 Π 的贡献，从（5）式和（7）式可以看出，由于 Π_3 和 Π_4 分别与相对半径 $\left(\frac{R}{a}\right)$ 的 7 次方和 9 次方成正比，又因 $R\ll a$，一般星相对半径的取值小于 0.25，$\left(\frac{R}{a}\right)^7$ 和 $\left(\frac{R}{a}\right)^9$ 是个相当小的量，再加拱线常数 k_3 和 k_4 的值同 k_2 的值相比也较小[15]，故 Π_3 和 Π_4 对 Π 的贡献也可略去，在（9）式中对 Π 的贡献只考虑由（4）式给出的 Π_2 和广义相对论效应所贡献的部分就可以了．所以同步双星拱线进动周期的总量 U_{syn} 由

$$\dot{\tilde{\omega}}(s)=\dot{\tilde{\omega}}(n)+\dot{\tilde{\omega}}(R).$$

可推知

$$\frac{1}{U_{\text{syn}}}=\frac{1}{\Pi(n)}+\frac{1}{T(R)}\text{或}U_{\text{syn}}=\frac{1}{\left[\frac{1}{\Pi(n)}+\frac{1}{T(R)}\right]}.\tag{10}$$

其中，T（R）是由广义相对论引起的拱线进动周期，其量为[19]

$$\frac{1}{T(R)}=\frac{3G(m_1+m_2)}{c^2a(1-e^2)P}.\tag{11}$$

其中 c 为光速．

3. 判断自转同步双星的同步参量

（10）式所给出的拱线进动周期是把所研究的双星先假定为同步双星时（子星的自转周期和轨道公转周期相等）在理论上所推得的拱线进动周期 U_{syn}．如果将从理论上所

计算的这个值同观测到的拱线进动周期U_{obs}值相等，则此先假定所研究的那个双星就是同步双星；如果U_{syn}值接近U_{obs}值就是接近同步双星；如果两者值相差较大，则所研究的双星为偏离同步或非同步双星．基于这一点，可定义同步双星的同步参量Q为

$$Q=\frac{U_{syn}}{U_{obs}}. \tag{12}$$

如果$Q=1$，这意味着拱线进动周期的观测值正好等于所假定的同步双星的拱线进动周期的计算值，则此双星为完全同步双星（子星的自转周期正好等于子星在轨道上的公转周期）．但这种完全同步情形是极少数的．这种情形属于双星系统中的子星由于相互潮汐摩擦等作用使$\omega>\Omega$演化到$\omega=\Omega$终点的同步情形．有些双星系统尚没有达到这种终点情形，有些双星的演化趋势接近此情形．用Q值来判断双星系统是否是同步双星或接近同步双星，需要对Q值的取值范围做一规定．

由于目前在讨论双星自转同步性问题时，多数作者都将$\omega\leqslant1.5\Omega$（自转角速小于或等于公转角速的1.5倍）定义为子星的同步性判据[5]，所以本文也按此规定确定Q值为同步双星时的取值范围．为此需要先做些物理参量上的简化以给出对所有双星均适宜的Q值或经过简化的Π（$\omega=\Omega$）和Π（$\omega=1.5\Omega$）的公式．这除需利用（4）式给出的Π（$\omega=\Omega$）的公式外还需给出Π（$\omega=1.5\Omega$）的公式．将$\omega=1.5\Omega$代入Kepler第三定律，有

$$\Omega^2a^3=\omega^2a^3=2.25G(m_1+m_2). \tag{13}$$

将上式代入（1）式后得

$$\begin{aligned}\frac{P}{\Pi(\omega=1.5\Omega)}=\frac{\dot{\bar{\omega}}}{\Omega}=&k_{2,1}\left(\frac{R_1}{a}\right)^5\left\{\frac{m_2}{m_1}[15f_2(e)+2.25g_2(e)]+2.25g_2(e)\right\}\\&+k_{2,2}\left(\frac{R_2}{a}\right)^5\left\{\frac{m_1}{m_2}[15f_2(e)+2.25g_2(e)]+2.25g_2(e)\right\}.\end{aligned} \tag{14}$$

为简化起见，我们假定$m_1=m_2$，故$k_{2,1}=k_{2,2}$，$R_1=R_2$．将这些条件及$e=0$代入（4）式和（14）式后，则有

$$\begin{aligned}&\Pi(\omega=\Omega)=P\left[34k_{2,1}\left(\frac{R_1}{a}\right)^5\right]^{-1},\\&\Pi(\omega=1.5\Omega)=P\left[39k_{2,1}\left(\frac{R_1}{a}\right)^5\right]^{-1},\end{aligned} \tag{15}$$

由（15）式可得

$$\frac{\Pi(\omega=\Omega)}{\Pi(\omega=1.5\Omega)}=\frac{39}{34}\approx1.15. \tag{16}$$

这样，我们可将$Q=\frac{U_{syn}}{U_{obs}}\leqslant1.15$的双星定义为同步双星．凡$Q>1.15$为非同步双星或偏离同步双星．$Q=1$为完全同步双星．将$Q\leqslant1.15$但$Q\neq1$的双星，称为准同步双星或接近同步双星．

4. 对Y Cyg和C W Cep两对双星自转同步性的计算结果

利用（12）式计算Y Cyg和C W Cep两个双星的自转同步参量Q值以判断其自转

同步性情况．为此需先知道每个双星中两子星的 m_1，m_2，R_1，R_2，a，e 和 P 等参数，此外，还需知道年龄 τ 以及拱线常数 $k_{2,1}$ 和 $k_{2,2}$ 各值．

对于 Y Cyg 的两子星，我们采用文［20］［21］所给的数据：$m_1=17.3M_\odot$，$m_2=17.0M_\odot$，$R_1=6.0R_\odot$，$R_2=5.7R_\odot$，$a=28.3R_\odot$，$e=0.14$，$P=2.996$ d；对于 C W Cep，我们采用文［10］所给的数据：$m_1=12.42M_\odot$，$m_2=11.43M_\odot$，$R_1=5.76R_\odot$，$R_2=4.83R_\odot$，$a=23.23R_\odot$，$e=0.04$，$P=2.730$ d.

对于推算双星的拱线进动常数 k 有两种方法，其一是根据双星的多方指数 n 查表中的对应值可得知，另一方法可根据 Claret 等人在文［22］中给出的最新方法，即根据双星系统中子星的拱线进动常数 k 与它的年龄 τ 的关系推知．文［11］讨论了对双星年龄的估算方法，用该方法得到 Y Cyg 的年龄 $\tau=3.0\times10^6$ 年；对于 C W Cep，$\tau=1.0\times10^7$ 年，再利用上述给出的两子星的 m_1，m_2，R_1 和 R_2 等有关参量并从文［22］内查到 Y Cyg 的 $k_{2,1}=k_{2,2}=0.01$，C W Cep 的 $k_{2,1}=0.006\,0$，$k_{2,2}=0.006\,8$，对于 Y Cyg和 C W Cep 两双星的拱线进动周期的观测值，前者采用文［23］给出的 $U_{\text{obs}}=47.6$ 年，后者采用文［24］给出的 $U_{\text{obs}}=45.4$ 年．将以上所有数据代入（4）式、（11）式、（10）式和（12）式后，求得两双星的同步参量 Q 值如表 1 所示．

表 1　对 Y Cyg 和 C W Cep 的自转同步性的计算结果

Name	Π（$\omega=\Omega$）(a)	T（R）(a)	U_{syn} (a)	U_{obs} (a)	Q	同步性
Y Cyg	56.00	1 033.75	53.12	47.60	1.12	接近同步
C W Cep	51.81	1 144.95	49.56	45.40	1.09	同步

根据前面对双星自转同步性的判断，$Q=1$ 为完全同步双星，$Q\leqslant1.15$ 为同步双星，依此判断可知 Y Cyg 是一个接近同步双星，C W Cep 是一个同步双星．

5．结论和对比

（1）从本文对两对双星同步性的计算结果得知，Y Cyg 和 C W Cep 均是同步双星．这与文［11］用直接测量自转速度的方法得到的结果是一致的．因在该方法中判断这两对双星同步性的相对半径 $r>0.18$，对 DS 系统（不相接双星系）符合此条件均属同步双星．所以用该方法所得到的这两对双星（属 DS 系统）的同步性也应属同步双星．这说明本文所提出的判断双星子星是否同步的方法是可靠的，同时也验证了两种方法的准确性．

（2）从另一种意义来说，如果双星系统的两子星的质量很相近，由于两子星谱线的相互干扰测量子星自转速度的精度将有所降低[9]，而本文提出的方法对这类双星既简便又有效，在某种程度上与直接测量自转速度来判断子星是否同步的方法正好互补．

（3）这种先假定所研究的双星为同步双星并给出拱线进动周期的理论值，再同该星的拱线进动周期的观测值相对比，所找出的两者差距就表现出该双星距同步有多少偏离，以此作为同步参量是表征某一双星自转同步性的一种良好方法．然而，利用此方法必须掌握大量双星的拱线进动周期的观测值以及双星拱线进动常数的计算值，获得这方面的观测数据也并不容易.

参考文献

[1] Zahn J P, Ann. A p, 1966, 29, 489.

[2] Zahn J P. A &A, 1977, 57, 383.

[3] Tassoul J L. ApJ, 1987, 322, 856.

[4] Tassoul J L. ApJ, 1988, 324, L71.

[5] Giuricin G, Mardirossian F, Mezzetti M, A &A, 1984, 131, 152 ; 135, 393.

[6] Claret A, Gim nez A, Curha N C S, A &A, 1995, 299, 724.

[7] 谭徽松. 天文学报，1985，26，226.

[8] 谭徽松. 天文学报，1989，30，135.

[9] 潘开科. 谭徽松，天体物理学报，1994，14（3），228.

[10] 谭徽松，潘开科，汪洵浩. 天体物理学报，1995，15（1），57.

[11] 潘开科. 天体物理学报，1996，16（3），291；16（4），370.

[12] Russell H N. MNRAS, 1928, 88, 641.

[13] Kopal Z. MNRAS, 1938, 98, 448.

[14] Cowling T G, et al. MNRAS, 1938, 98, 734.

[15] Sterne T E. MNRAS, 1939, 99, 451.

[16] Will C M. ApJ, 1975, 196, L3-5.

[17] 李林森. 物理学报，1989，38，1875.

[18] 郁丽忠，郑学塘，李林森. 空间科学学报，1994，14，70.

[19] 李林森. 云南天文台台刊，1992（1），6.

[20] Claret A, Gimenez A, A &A. 1993, 277, 487.

[21] Hill G, Holmgren D E, A&A. 1995, 297, 127.

[22] Claret A, A &A S. 1995, 109, 441.

[23] Hegedüs T. Bull Inform CDS, 1988, No35, 15.

[24] Giménez A, Kim C H, Nha I S. MNRAS, 1987, 224, 543.

判断分光双星自转同步性方法的理论改进*

摘要：本文在文［1］研究的基础上对判断分光双星自转的同步性在理论上做了进一步改进．对双谱分光双星用视向速度曲线的半振幅 K_1 和 K_2 代替质量比 q．对单谱分光双星除前文给出一种判断同步性方法外又给出两种方法．另外，用改进的公式对6对分光双星的同步性做了计算和判断．最后对所得结果做了讨论并用结束语对此项研究工作做了回顾和展望．

关键词：分光双星；自转同步性判断；公式改进

作者在文［1］给出了判断双星自转同步性的表象描述法，其中包括了对食双星和分光双星的自转同步性的判断．已知判断分光双星自转同步性方法比判断食双星自转同步性较难且复杂．这是因为食双星的轨道倾角 i 容易知道，而分光双星的轨道倾角不能被单独测知，特别是单谱分光双星只出现一个光谱造成测量更困难．因此，本文针对分光双星的特点对其自转同步性方法做了进一步改进．文［1］在公式中用双谱分光双星两子星的质量比 q，但 q 不是观测值，在本文中用可观测的视向速度曲线的半振幅 K_1 和 K_2 值来代替质量比 $q=\frac{m_2}{m_1}$，而 K_1 和 K_2 的观测值以及质量函数 f（m），$a_{1,2}\sin i$ 和 $m_{1,2}\sin^3 i$ 的数据在分光双星表中可以查到[2]．在文［1］中作者对单谱分光双星只给出一种判断方法，而在本文第 3 节再给出两种判断方法．在第 4 节作者对 2 个双谱分光双星系统和 4 个单谱分光双星系统的同步性做了判断．

1．同步参数的定义

在文［1］中作者曾定义同步参数 Q 为：

$$Q=\frac{P_{\text{rot}}}{P}.$$

其中 P_{rot} 和 P 分别表示子星的自转周期和轨道周期．上式反映了主星或伴星的自转周期同双星的轨道周期之间的关系．

从上面式子可以看到 $Q=1$ 代表完全同步，但 Q 并不严格等于 1．所以作者在文［1］定义了同步性的 5 种情形[1]：

情形 A：$0.95\leqslant Q\leqslant 1.05$—几乎完全同步；

情形 B：$0.80\leqslant Q<0.95$，$1.05<Q\leqslant 1.20$—接近同步；

情形 C：$0.70\leqslant Q\leqslant 0.80$，$1.20<Q\leqslant 1.30$—临界同步；

情形 D：$Q<0.70$—非同步；

情形 E：$Q>1.3$—缓慢自转．

* 原文载于《天文研究与技术》，2009，6（4）：264-269.

2. 对双谱分光双星公式的改进

对于双谱分光双星虽然轨道倾角 i 不能单独测知，但它们的 $a_{1,2}\sin i$，$m_{1,2}\sin^3 i$ 和 $K_{1,2}$ 是可测知的，其值可从分光双星表中查知[2]. 因此对于双谱分光双星可用 3 种方法判断自转的同步性.

对于第 1 种方法，作者在文［1］中利用 $a_{1,2}\sin i$ 的数值和 $(V_{1,2}\sin i)_M$ 的观测值给出自转同步性判断，即：

$$Q_{1,1'}=1.7290\times10^{-5}\frac{R_{1,2}(1+q_{1,2})^{\frac{2}{3}}(a_{1,2}\sin i)}{P^{\frac{5}{3}}q_{1,2}m_{1,2}^{\frac{1}{3}}(V_{1,2}\sin i)_M}. \tag{1}$$

其中 Q 的下角标 1，1′分别代表在第 1 种方法中主星 Q_1 和伴星 Q'_1 的同步参数，而 $R_{1,2}$ 分别代表主星半径 R_1 和伴星半径 R_2，同样 $a_{1,2}$，$q_{1,2}$ 和 $V_{1,2}$ 代表主星 1 和伴星 2 的物理量，如 $q_1=\frac{m_2}{m_1}=q$，$q_2=\frac{m_1}{m_2}=\frac{1}{q}$，都是非观测量. 在本文中用可观测到的视向速度曲线的半振幅值 K_1 和 K_2 代替非观测的值 q，即利用 $q_1=\frac{m_2}{m_1}=\frac{K_1}{K_2}=q$ 和 $q_2=\frac{m_1}{m_2}=\frac{1}{q}=\frac{K_2}{K_1}$ 或者 $q_{1,2}=\frac{K_{1,2}}{K_{2,1}}$. 将其代入文［1］中的上述公式，得到改进的公式：

$$Q_{1,1'}=17.2900\frac{R_{1,2}\left(1+\frac{K_{1,2}}{K_{2,1}}\right)^{\frac{2}{3}}K_{2,1}(a_{1,2}\sin i)}{P^{\frac{5}{3}}m_{1,2}^{\frac{1}{3}}K_{1,2}(V_{1,2}\sin i)_M}. \tag{2}$$

因为在文［1］中作者取 $a_{1,2}\sin i$ 的单位为 km，为了引用文［2］分光双星表中给的数据，在本文中将 $(a_{1,2}\sin i)$ 的单位用 10^6 km 表示，所以改进的公式（2）的右端系数不是 1.7290×10^{-5}，而是 17.2900.

对于文［1］中第 2 种方法的公式，因为在给出的公式中没有 q 因子，所以该公式不需改进，仍用

$$Q_{2,2'}=50.6139\frac{R_{1,2}(m_{1,2}\sin^3 i)^{\frac{1}{3}}}{Pm_{1,2}^{\frac{1}{3}}(V_{1,2}\sin i)_M}. \tag{3}$$

其中 $Q_{2,2'}$ 代表在第 2 种方法中主星和伴星的同步参量.

对于文［1］用第 3 种方法给出的公式

$$Q_{3,3'}=0.2377\frac{R_{1,2}(1+q_{1,2})^{\frac{2}{3}}(1-e^2)^{\frac{1}{2}}K_{1,2}}{P^{\frac{2}{3}}q_{1,2}m_{1,2}^{\frac{1}{3}}(V_{1,2}\sin i)_M}. \tag{4}$$

仍用 $q_{1,2}=\frac{K_{1,2}}{K_{2,1}}$ 代入上方程，即得第 3 种方法的改进公式

$$Q_{3,3'}=0.2377\frac{R_{1,2}(1-e^2)^{\frac{1}{2}}\left(1+\frac{K_{1,2}}{K_{2,1}}\right)^{\frac{2}{3}}K_{2,1}}{P^{\frac{2}{3}}m_{1,2}^{\frac{1}{3}}(V_{1,2}\sin i)_M}. \tag{5}$$

因此，改进的公式（5）可以减少一个非观测因子 q.

3. 对于单谱分光双星的公式的改进

对于单谱分光双星因只出现一个光谱，只能测得一个 K_1 或 K_2，不能同时测两个

视向速度曲线半振幅的值，所以对于单谱分光双星不能像双谱分光双星那样的做法. 但是对于单谱分光双星在分光双星表中给出 f（m），$a_1\sin i$ 和 K_1 的数据[2]. 这样，又有 3 种方法给出 3 类公式.

在文［1］中用第 1 种方法给出公式是：

$$Q_1 = 50.6139\,\frac{R_1(1+q_1)^{\frac{2}{3}}[f(m)]^{\frac{1}{3}}}{Pq_1 m_1^{\frac{1}{3}}(V_1\sin i)_M}.$$

上式不够明确，因式中有主星的 m_1 和 R_1，所以 Q 似乎是主星的同步性参数. 实际上，根据质量函数 f（m）的性质，它应该是伴星的同步性参量，此时需将 R_1 和 m_1 改为 R_2 和 m_2. 以下重新推导此式. 如果只出现主星光谱，可观测到 K_1，则主星的质量函数 f_1（m）可写成[2][4]：

$$f_1(m) = \frac{m_2^3\sin^3 i}{(m_1+m_2)^2} = 1.0385\times 10^{-7}(1-e^2)^{\frac{3}{2}}K_1 P(m_\odot). \tag{6}$$

所以，

$$m_2\sin^3 i = \frac{f_1(m)(m_1+m_2)^2}{m_2^2}. \tag{7}$$

将（7）式代入前节（5）式，则有：

$$Q_{1'} = 50.6139\,\frac{R_2\left(1+\dfrac{1}{q}\right)^{\frac{2}{3}}f_1(m)}{Pm_2^{\frac{1}{3}}(V\sin i)_M}. \tag{8}$$

所以伴星的同步性参数需用主星的质量函数推得.

如果只出现伴星的光谱，可观测到 K_2，则伴星的质量函数 f_2（m）可写成：

$$f_2(m) = \frac{m_1^3\sin^3 i}{(m_1+m_2)^2} = 1.0385\times 10^{-7}(1-e^2)^{\frac{3}{2}}K_2^3 P(m_\odot). \tag{9}$$

所以，

$$m_1\sin^3 i = \frac{f_2(m)(m_1+m_2)^2}{m_1^2}. \tag{10}$$

将（10）式代入前节（5）式，则有：

$$Q_{1''} = 50.6139\,\frac{R_1(1+q)^{\frac{2}{3}}f_2(m)}{Pm_1^{\frac{1}{3}}(V\sin i)_M}. \tag{11}$$

所以主星的同步性参数需用伴星的质量函数推得. 但是在 Batten 等人的分光双星表中质量函数 f（m）的数据是按（6）式推得的. 实际上，那里的 f（m）就是对 f_1（m）而言. 所以在本文中只能用（8）式推算伴星的自转同步性参数，因表中没有给出 f_2（m），所以不能用（11）式推算主星的自转同步性参数.

对于单谱分光双星，文［1］只给出第 1 种方法，本文再给出 2 种方法判断自转的同步性.

第 2 种方法用 $a_1\sin i$. 因为 $a_1\sin i$ 可以从分光双星表中查到[2]，所以在文［1］中所给出的对于双谱分光双星的第 1 种判断方法的前面公式（1）做适当改进也可适用于单谱分光双星，即对于主星将 $a_{1,2}\sin i$，$V_{1,2}\sin i$，q，$m_{1,2}$ 和 $R_{1,2}$ 的下角标 1，2 改为下角标 1 就可以了. 这样，又可以得到第 2 种方法的判断式

$$Q_{2'} = 17.2900\,\frac{R_1(1+q)^{\frac{2}{3}}(a_1\sin i)}{P^{\frac{5}{3}}qm_1^{\frac{1}{3}}(V_1\sin i)_M}. \tag{12}$$

式中 $a_1 \sin i$ 是用 10^6 km 为单位表示的量.

第 3 种方法利用单谱分光双星的公式（Battenetal，1989；Kopal，1959）[2][3]

$$a_1 \sin i = 13\ 751(1-e^2)^{\frac{1}{2}} K_1 P(\mathrm{km}).$$

再将上面用 km 为单位改为用 10^6 km 为单位后再代入（1）式，则可得到第 3 种方法判断同步性的公式：

$$Q_{3'} = 0.237\ 7 \frac{R_1(1+q)^{\frac{2}{3}}(1-e^2)^{\frac{1}{2}} K_1}{P^{\frac{2}{3}} q m_1^{\frac{1}{3}} (V_1 \sin i)_M}. \tag{13}$$

式中 $(V_1 \sin i)_M$ 是可观测值.（6）式和（8）式和（9）式中的 q 均可从下列方法得到.

在（8）式和（11）～（13）式中 $q=\frac{m_2}{m_1}=\frac{K_1}{K_2}$. 因为 K_2 对于单谱分光双星是不出现的，只出现主星的 K_1，所以不能用 $q=\frac{m_2}{m_1}=\frac{K_1}{K_2}$ 的文［1］的方法. 需要利用计算 q 的别的方法.

可将文［1］所用的下列公式改写成：

$$f_1(m) = \frac{m_2^3 \sin^3 i}{(m_1+m_2)^2} = \frac{m_2^3 m_1 \sin^3 i}{m_1^3\left(1+\frac{m_2}{m_1}\right)^2} = 1.038\ 5 \times 10^{-7}(1-e^2)^{\frac{3}{2}} K_1^3 P.$$

将 $q=\frac{m_2}{m_1}$ 代入上面的方程，得到：

$$\frac{(1+q)^2}{q^3} = 9.629\ 2 \times 10^6 \frac{m_1 \sin^3 i}{(1-e^2)^{\frac{3}{2}} K_1^3 P} = C(\mathrm{const}).$$

上式右端对于单谱分光双星的 K_1，轨道偏心率 e 和轨道周期 P 都是可测的量，轨道倾角 i 可用光度测量解得到或者分光双星同时又是食双星也可从食双星轨道倾角为已知而得到. 所以上式右端 C 为一常数. 将上式化成 q 的代数三次方程式：

$$Cq^3 - q^2 - 2q - 1 = 0. \tag{14}$$

解上面的三次代数方程，可得到用常数 C 或用主星可观测到的 K_1 和 P，e，i 和 m_1 表示的 q 了.

4. 对 12 个分光双星系统的自转同步性判断的数值结果

作者在文［1］中曾用表象描述法对 30 个双星系统中的 55 颗子星计算了同步参数并给出自转同步性判断[1]. 在本文中再用改进的公式对 2 个双谱双星系统中的 4 个子星和 4 个单谱分光双星系统中的 4 个子星的同步参数做计算和判断. 对于选择的双星和子星所采用的 P，$a_{1,2} \sin i$，$m_{1,2} \sin^3 i$，f（m）和 $K_{1,2}$ 的数据引自分光双星的参量表(Battenetal)[2]. 对于 $(V_{1,2} \sin i)_M$，$m_{1,2}$，$R_{1,2}$，e 和 i 的数据引自文［5］作者给的数据（1995）. 对于单谱双星 HSHer 和 ESLib 的伴星的 R_2，m_2 和 q 引自文［6］，食双星同时又是单谱分光双星的数据，因文［5］给出的是主星的 R_1 和 m_1 的数据，故对伴星不能用. 对于双谱双星的第 2 种判断法（3）式同文［1］一样，没有改变，又因在文［1］已用该法做了计算，故在本文中略去计算. 对于单谱双星的第 2 种判断法（12）式和第 3 种方法（13）式实际上它们是同一种方法，故只选取其中的一种方法即可. 本文选了第 2 种方法（12）式. 利用改进后的公式计算和判断的结果如表 1 和表 2. 统计的结果已列入表 3. 表中 DSB 表示双谱分光双星；SSB 表示单谱分光双星.

表 1　用两种方法对 2 个双谱分光双星系统中 4 个子星的同步参数的数值和判断结果

（用 $a_{1,2}\sin i$ 计算的第 1 种方法）

Name		Sp Type	P(d)	$R_{1,2}$ ($R_\odot$)	$m_{1,2}$ ($m_\odot$)	$K_{1,2}$ (km/s)	$(V_{1,2}\sin i)_M$ (km/s)	$a_{1,2}\sin i$ (10^6 km)	$Q_{1,2}$	Synch
C W Cep	1	BO.5	27 291	5.76	12.42	207.6	123	7.79	0.85	B
	2	BO.5		4.83	11.43	221.3	112	8.30	0.78	C

（用 $K_{1,2}$ 计算的第 3 种方法）

Name		Sp Type	P(d)	$R_{1,2}$ ($R_\odot$)	$m_{1,2}$ ($m_\odot$)	e	$(V_{1,2}\sin i)_M$ (km/s)	$K_{1,2}$ (km/s)	$Q_{1,2}$	Synch
V624 Her	1	A3m	3.894 9	2.93	2.23	0	35	96.6	1.08	B
	2	A4m		2.32	1.90	0	30	117.2	0.98	A

表 2　用两种方法对 4 个单谱分光双星系统中 4 个子星的同步参数的数值和判断结果

（用 $f(m)$ 计算的第 1 种方法）

Name	Sp Type	P(d)	R_1 ($R_\odot$)	m_1 ($m_\odot$)	i deg	e	K_1 (km/s)	q_1	$(V_{1,2}\sin i)_M$ (km/s)	$f(m)$ ($m_\odot$)	Q_1	Synch
H S Her2	B6	1.637 4	1.51	1.53	87	0.05	82.6	0.34	83	0.1	0.56	D
E S Lib2	A2	0.883 0	2.22	2.26	74	0.09	86.9	0.75	153	0.038	0.52	D

（用 $a_1\sin i$ 计算的第 2 种方法）

Name	Sp Type	P(d)	R_1 ($R_\odot$)	m_1 ($m_\odot$)	i deg	e	K_1 (km/s)	q_1	$(V_{1,2}\sin i)_M$ (km/s)	$a_1\sin i$ (10^6km)	Q_2	Synch
T T Her1	A7	0.912 1	238	1.68	79	0.0	86.8	0.45	107	1.09	0.74	C
V1010 Oph1	A5	0.661 4	1.96	1.99	84	0.0	101	0.43	168	0.919	0.87	B

表 3　对 6 个分光双星系统中 8 个子星的自转同步性的统计结果

Type	系统数	子星数	$Q<1$	$Q>1$	A	B	C	D	E
DSB	2	4	2	2	1	2	1	0	0
SSB	4	4	3	1	0	1	1	2	0
总和	6	8	5	3	1	3	2	2	0

5. 讨　论

（1）在分光双星表（如 Batten 等人给的分光双星表）中 $a_{1,2}\sin i$，$m_{1,2}\sin^3 i$ 和 f（m）的数值都是由观测到的视向速度曲线的半振幅 K_1 或 K_2 推算出来的. 对于双谱分光双星需要 K_1 和 K_2；对于单谱分光双星需要 K_1. 在双谱分光双星的第 2 种判断方法（3）式虽然看来简单些，不需要 K_1 和 K_2，只用 $m_{1,2}\sin^3 i$ 的数据，然而此数据也是用 K_1 和 K_2 推算出来的. 因此，判断分光双星自转同步性的表象描述法所应用的数据主要根据可观测的视向速度曲线的半振幅 $K_{1,2}$ 和（$V\sin i$）$_{1,2}$ 的数据得到的.

（2）对单谱分光双星由于只出现一个光谱或只能观测到 K_1 或者 K_2，所以只能给出质量函数 f_1（m）或 f_2（m）其中之一. 但在分光双星表中根据 K_1 只给出主星的质量函数 f_1（m），没有给出伴星的 K_2 或 f_2（m）. 所以根据单谱分光双星的第 1 种判断法（8）式只能判断伴星的自转同步性参数的数值，不能用（11）式判断主星的自转同步性参数的数值.

（3）从表 1 和表 2 中所判断的 8 个子星的同步性的情形，其中接近自转同步性的子星占多数，这说明双星自转趋向同步性是双星系统演化过程的普遍规律.

（4）作为比较例子，作者用本文计算的 C W Cep 双星的自转同步性同用其他方法所得的结果做一比较. 在本文中对 C W Cep 主星所推算的自转同步参数 $Q=0.85$（接近同步）. 将其同文［8］中作者用拱线进动周期表述的同步参量 $Q=1.09$（接近同步）相比较后可知两者用不同方法所得结果是一致的. 另外，又与文［9］中用子星的自转同步性参数 $F_e=1.07$（接近同步）相比较后知两者用不同方法所得结果也是一致的.

（5）本文给出的计算结果包括观测误差和计算方法误差. 观测误差来自引文献中的 K_1，K_2 和（$V\sin i$）$_M$ 的观测数据（实测数据）. 例如引自 Batten 等人的分光双星表中的 K_1 和 K_2 的数据是实测数据，表中没有给出观测的误差值. 因此，引自这些无误差的数据用来计算的结果也自然包括了观测误差. 但由于误差值甚小，到小数点后位数，对本文判断自转同步性参数影响甚微. 因同步参数区间 A，B，C，D 的数值远远大于误差值，不会改变原有同步性所在的地位. 计算误差来自判断双星自转同步性的 3 种方法对于同一双星所计算的偏差. 例如文中对 C W Cep 主星的同步参量用第 1 种方法得 $Q=0.847\,0\approx0.85$（见表 1）. 用第 3 种方法将表 1 中的 K_1，K_2，$V_{1,2}\sin i$，R_1，m_1 和 $e=0.04$ 的数据代入（5）式（第 3 种方法），得 $Q=0.839\,8\approx0.84$，则两者之差仅 $0.007\approx0.01$. 对于伴星如表 1 用第 1 种方法得 $Q=0.784\,4\approx0.78$，用第 3 种方法得

Q=0.780 4≈0.78，两者之差仅 0.004，这样小的偏差不会改变原有同步性所在地位，而且 Q=0.85 和 0.84 同属于同步性 B 范围（接近同步），对于伴星两者的 Q 都近似 0.78，皆属于同步性 C 范围（临界同步）. 因此计算方法出现的偏差也不会导致双星自转同步地位的改变.

6. 结束语

双星自转同步性是双星系统演化过程的普遍现象. 探索如何判断双星自转同步性的方法是件有意义的事. 不论哪种方法都需先给出子星自转同步性参数. 作者（1997）在文［7］中曾用临界自转同步参数计算 3 类密近双星自转同步性. 但这种自转同步性的研究只限于双星系统演化过程处于临界自转时的同步性，不是现时态的自转同步性. 于是作者（1998）在文［8］中又提出用同步自转时的拱线进动周期的理论计算值与观测值之比作为同步自转参量的新方法，并给出对 C W Cep 和 Y Cyg 两双星自转同步性的判断. 然而此方法虽然可取，但判断时需要大量双星的拱线进动周期的观测值，对此有些欠缺. 作者（2004）又在文［1］中提出用表象描述法判断双星自转同步性并给出对食双星和分光双星自转同步性的判断方法的公式. 此方法不同于用拱线进动周期的观测数据，而用视线速度 $V\sin i$ 观测数据，因而后者比前者更容易掌握大量的观测数据，可提供判断自转同步性. 然而所有以上各方法包括文［9］中用的自转同步性参量 $F_e=\frac{V\sin i}{(V\sin i)_e}$都属于外观表象描述法. 如何利用外观和内观相结合的方法判断双星自转同步性，这是进一步探索的新方法. JPZahn 对双星自转同步性有一系列的可取研究[10]~[13]. 他所研究的方法接近外观和内观相结合. 但他的研究趋向对于轨道圆形化的研究并没有提出如何判断双星自转同步性. 可以期望将来会有判断双星自转同步性的先进方法.

参考文献

［1］LiLin-Sen. An apparent descriptive method for judging the synchron ization of rotation of binary stars ［J］. Journal of Astrophysics and Astronomy，2004，25：203；Erratum，2005，26：447.

［2］A H Batten，J M Fletcher，D G Mac Carthy. Eighth catalogue of the orbital elements of spectroscopic binary systems ［J］. Publication of Dominion Astrophysics of Observatory，1989，17：1-127.

［3］ZKopal. Close Binary System ［M］. London，Chapmen& Hall press，1959：470-473.

［4］O Struve，Su-ShuHuang. Spectroscopic Binaries in“ Handbuch der Physik”［M］. edited by S Flugge，Berlin，Gottingen，Heidelberg，1958：243-273.

［5］谭徽松，潘开科，汪洵浩. 密近双星自转的测量研究（Ⅱ）自转同步性的计算［J］. 天体物理学报，1995，15：57.

［6］ H K Brancewiez， T Z Dworak. A catalogue of parameters for eclipsing binaries ［J］. Acta Astronomica，1980，30（4）：501.

［7］ 李林森. 三类密近双星自转同步性参量的理论计算和统计分析［J］. 天体物理学报，1997，17（4）：407-414.

［8］ 李林森. 判断双星自转同步性的一种新方法［J］. 天体物理学报，1998，18（1）：77-82.

［9］ 潘开科，谭徽松. 密近双星自转的测量和研究（V）［J］. 天体物理学报，1997，17（4）：386-392.

［10］ J P Zahn. Tidal friction in close binary stars ［J］. A&A，1977，52：383-394.

［11］ J P Zahn. Tidal friction in close binary stars，Erratum ［J］. A&A，1978，67：162.

［12］ J P Zahn. Tidal evolution of close binary stars1 Revisiting the theory of the equilibrium tide ［J］. A&A，1989，220：112-116.

［13］ J P Zahn，L Bouchet. Tidal evolution of close binary stars Ⅱ Orbital circularization of late-type binaries ［J］. A&A，1989，223：112-118.

Orbit and Spin Evolution of Synchronous Binary Stars on the Main Sequence*

Abstract: A set of synchronous equations are derived from a set of non-synchronous equations. The analytical solutions are given by solving the set of differential equations. The results of the evolutionary trend of the spin-orbit interaction are that the semi major axis gradually shrinks with time; the orbital eccentricity gradually decreases with time until orbital circularization occurs; the orbital period gradually shortens with time and the rotational angular velocity of the primary component gradually speeds up with time before the orbit achieves circularization. The theoretical results are applied to evolution of the orbit and spin of synchronous binary stars Algol A and B that are on the main sequence. The circularization time, lifetime and the evolutionary numerical solutions of orbit and spin when circularization time occurs are estimated for Algol A and B.

Keywords: binaries: close-rotation-evolution

1. Introduction

Tidal friction plays an important role in evolution of the orbit and spin of a close binary system. The earliest author who explored this topic was Zahn (1965, 1966a, b, c, 1975). Alexander (1973) firstly studied the dynamical problem of tidal friction in a close binary system using the method employed by Darwin (1879). Later, Hut (1980, 1981) generalized the method given by Alexander (1973). He studied the stability of tidal equilibrium and tidal evolution in a close binary system using the method of energy and angular momentum. However, their research only dealt with a few examples of synchronization. Subsequent research on the synchronization of rotation was given by Zahn (1977, 1978). Rajamohan & Venkatakrishnan (1981) studied synchronization in binary stars. Giuricin et al. (1984a) investigated synchronization in eclipsing binary stars and Giuricin et al. (1984b) also researched synchronization in early-type spectroscopic binary stars. Zahn & Bouchet (1989) mainly studied the orbital

* 原文载于 *Research in Astronomy and Astrophysics*, 2012, 12 (12): 1673-1680.

circularization of late-type binary stars in the pre-main sequence phase and the theoretical results were given by Zahn (1989). Pan (1996) calculated the timescale for circularization using two mechanisms: one was an equilibrium tidal mechanism described by Zahn (1977), and the other was a purely hydrodynamic mechanism from Tassoul (1987). Keppens et al. (2000) studied the rotational evolution of a binary star system by considering both synchronization and circularization. Huang & Zeng (2000) also examined evolution of non-synchronized binary stars with masses $9M_{\odot}$ and $6M_{\odot}$. Meibom et al. (2005) observed tidal synchronization in detached solar-type binary stars and Meibom et al. (2006) also performed an observational study of tidal synchronization in solar-type binary stars in open clusters M35 and M34. Although Li (1998, 2004, 2009) studied some methods for judging synchronization of rotation in binary stars, he has not studied the evolution of orbital rotation in synchronous binary stars. In this paper, we examine the evolutionary trends of orbit and spin in synchronous binary stars on the main sequence.

2. Evolutionary equations of synchronous binary stars experiencing tidal friction on the main sequence

Equations describing secular evolution of the semi-major axis a, eccentricity e, and rotational angular velocity Ω due to tidal frication in non-synchronous binary stars are given by Zahn (1989).

$$\frac{1}{a}\cdot\frac{\mathrm{d}a}{\mathrm{d}t}=-\frac{12}{t_f}q(1+q)\left(\frac{R}{a}\right)^8\left\{\lambda^{22}\left(1-\frac{\Omega}{\omega}\right)\right.$$
$$\left.+e^2\left[\frac{3}{8}\lambda^{10}+\frac{1}{16}\lambda^{12}\left(1-2\frac{\Omega}{\omega}\right)-5\lambda^{22}\left(1-\frac{\Omega}{\omega}\right)+\frac{147}{16}\lambda^{32}\left(3-2\frac{\Omega}{\omega}\right)\right]\right\}, \tag{1}$$

$$\frac{1}{e}\cdot\frac{\mathrm{d}e}{\mathrm{d}t}=-\frac{3}{t_f}q(1+q)\left(\frac{R}{a}\right)^8\left[\frac{3}{4}\lambda^{10}-\frac{1}{8}\lambda^{12}\left(1-2\frac{\Omega}{\omega}\right)\right.$$
$$\left.-\lambda^{22}\left(1-\frac{\Omega}{\omega}\right)+\frac{49}{8}\lambda^{32}\left(3-2\frac{\Omega}{\omega}\right)\right], \tag{2}$$

$$\frac{\mathrm{d}}{\mathrm{d}t}(I\Omega)=\frac{6}{t_f}q^2MR^2\left(\frac{R}{a}\right)^2\left\{\lambda^{22}(\omega-\Omega)+e^2\left[\frac{1}{8}\lambda^{12}(\omega-2\Omega)\right.\right.$$
$$\left.\left.-5\lambda^{22}(\omega-\Omega)+\frac{49}{8}\lambda^{32}(3\omega-2\Omega)\right]\right\}, \tag{3}$$

where M and R respectively denote the mass and radius of the primary star, $q=\dfrac{M'}{M}$, M' denotes the mass of the secondary star, ω denotes the orbital angular velocity (mean motion), and I denotes the moment of inertia. The convective friction time t_f

and tidal coefficient λ^{lm} are given by Zahn & Bouchet (1989).

$$t_f=\left(\frac{MR^2}{L}\right)^{\frac{1}{3}},\lambda^{lm}=\lambda_2\left(\frac{2\pi}{|l\omega-m\Omega|}\right).$$

Here L denotes the luminosity of the primary star.

One can then derive the evolutionary equations of synchronous binary stars. Zahn & Bouchet (1989) pointed out that when the two components rotate and their orbital motion is synchronized so that $|l\omega-m\Omega|=\omega$, then all tidal coefficients are identical ($\lambda^{lm}=\lambda$) except for λ^{22}. Hence in Equations (1) ~ (3), $\lambda^{11}=\lambda^{10}=\lambda^{12}=\lambda^{32}=\lambda$, $\lambda^{22}\neq\lambda$. When we consider that the two components rotate synchronously, $\Omega=\omega$ or $\frac{\Omega}{\omega}=1$. Substituting these conditions into Equations (1) ~ (3), the secular Equations (1) ~ (3) are reduced to the following simplified synchronous secular equations

$$\frac{1}{a}\cdot\frac{\mathrm{d}a}{\mathrm{d}t}=-114q(1+q)\frac{\lambda}{t_f}e^2\left(\frac{R}{a}\right)^8, \tag{4}$$

$$\frac{1}{e}\cdot\frac{\mathrm{d}e}{\mathrm{d}t}=-21q(1+q)\frac{\lambda}{t_f}\left(\frac{R}{a}\right)^8, \tag{5}$$

$$\frac{1}{\Omega}\cdot\frac{\mathrm{d}\Omega}{\mathrm{d}t}=36q^2\left(\frac{MR^2}{I}\right)\frac{\lambda}{t_f}e^2\left(\frac{R}{a}\right)^6=36q^2\left(\frac{M}{I}\right)\frac{\lambda}{t_f}e^2a^2\left(\frac{R}{a}\right)^8. \tag{6}$$

We may also write supplementary secular equations according to Kepler's third law

$$\frac{1}{\omega}\cdot\frac{\mathrm{d}\omega}{\mathrm{d}t}=-\frac{3}{2}\cdot\frac{1}{a}\cdot\frac{\mathrm{d}a}{\mathrm{d}t}, \tag{7}$$

$$\frac{1}{P_{\mathrm{orb}}}\cdot\frac{\mathrm{d}P_{\mathrm{orb}}}{\mathrm{d}t}=\frac{3}{2}\cdot\frac{1}{a}\cdot\frac{\mathrm{d}a}{\mathrm{d}t}, \tag{8}$$

$$\frac{1}{P_{\mathrm{rot}}}\cdot\frac{\mathrm{d}P_{\mathrm{rot}}}{\mathrm{d}t}=-\frac{1}{\Omega}\cdot\frac{\mathrm{d}\Omega}{\mathrm{d}t}, \tag{9}$$

where P_{orb} denotes the orbital period and $\mathrm{P}_{\mathrm{rot}}$ denotes the rotational period.

Substituting Equation (5) for $\frac{\mathrm{d}e}{\mathrm{d}t}$ into the following equation, we get the timescale of circularization

$$t_{\mathrm{cir}}=\frac{e}{\frac{\mathrm{d}e}{\mathrm{d}t}}=\frac{t_f}{21q(1+q)\lambda}\left(\frac{a}{R}\right)^8. \tag{10}$$

In the following, we use an analytical method to solve the evolutionary Equations (4) ~ (9) with eccentricity e as an independent variable.

This paper considers the evolutionary trend of the orbital rotation of synchronous binaries before orbital circularization occurs when the stars are on the main sequence. We assume that the radius of the primary star R may be regarded as not varying, i. e. R is a constant during the main sequence phase of the star, but their separation or semi-major axis is variable due to tidal friction.

Combining Equation (4) with Equation (5), we obtain a differential equation

$$\frac{1}{a}\cdot\frac{\mathrm{d}a}{\mathrm{d}e}=\frac{38}{7}e. \tag{11}$$

Integrating this equation, we get

$$a=a_0\exp\left[\frac{19}{7}(e^2-e_0^2)\right]. \tag{12}$$

Substituting Equation (12) into Equation (5), we obtain

$$\frac{1}{e}\cdot\frac{\mathrm{d}e}{\mathrm{d}t}=-21q(1+q)\frac{\lambda}{t_f}\left(\frac{R}{a_0}\right)^8\exp\left[-\frac{152}{7}(e^2-e_0^2)\right]. \tag{13}$$

By setting $c=\frac{152}{7}$, the differential Equation (13) can be written as

$$\frac{1}{e}\exp c(e^2-e_0^2)\mathrm{d}e=\exp(-ce_0^2)\frac{\exp(ce^2)}{e}\mathrm{d}e=-21q(1+q)\frac{\lambda}{t_f}\left(\frac{R}{a_0}\right)^8\mathrm{d}t.$$

Using the expansion of the series

$$\exp(ce^2)=1+ce^2+\frac{1}{2}c^2e^4+\frac{1}{3}c^3e^6+\cdots.$$

and integrating the above differential equation yields

$$\exp(-ce_0^2)\left[\ln(e)+\frac{1}{2}ce^2+\frac{1}{8}c^2e^4+\cdots\right]_{e0}^{e}=-21q(1+q)\frac{\lambda}{t_f}\left(\frac{R}{a_0}\right)^8(t-t_0).$$

We obtain a timescale in terms of e by neglecting the term with e^4

$$t-t_0=\frac{\ln\left(\frac{e}{e_0}\right)+\frac{1}{2}c(e^2-e_0^2)}{21q(1+q)Q}. \tag{14}$$

Here

$$Q=\frac{\lambda}{t_f}\left(\frac{R}{a_0}\right)^8\exp\left(\frac{152}{7}e_0^2\right). \tag{15}$$

Combining Equation (4) with Equation (6), we derive equation

$$a\,\mathrm{d}a=-\frac{57}{18}\cdot\frac{(1+q)}{q}\cdot\frac{I}{M}\cdot\frac{\mathrm{d}\Omega}{\Omega}.$$

Integrating this equation, we obtain

$$\Omega=\Omega_0\exp\left[-\frac{9}{57}\cdot\frac{q}{(1+q)}\cdot\frac{M}{I}(a^2-a_0^2)\right]. \tag{16}$$

From Equation (12) $a=a_0\exp\left[\frac{19}{7}(e^2-e_0^2)\right]$, $a^2=a_0^2\exp\left[2\times\frac{19}{7}(e^2-e_0^2)\right]$, hence

$$a^2-a_0^2=a_0^2\left\{\exp\left[\frac{38}{7}(e^2-e_0^2)\right]-1\right\}. \tag{17}$$

We obtain an expression for the angular velocity of the primary in terms of e

$$\Omega=\Omega_0\exp\left\{-\frac{9}{57}\cdot\frac{q}{(1+q)}\cdot\frac{M}{I}a_0^2\left\{\exp\left[\frac{38}{7}(e^2-e_0^2)\right]-1\right\}\right\}. \tag{18}$$

The integrations of Equations (7) ~ (9) can be obtained as

$$\omega = \omega_0 \exp\left[-\frac{57}{14}(e^2 - e_0^2)\right], \tag{19}$$

$$P_{orb} = (P_0)_{orb} \exp\left[\frac{57}{14}(e^2 - e_0^2)\right], \tag{20}$$

$$P_{rot} = (P_0)_{rot} \exp\left\{\frac{9}{57} \cdot \frac{q}{(1+q)} \cdot \frac{M}{I} a_0^2 \left\{\exp\left[\frac{38}{7}(a^2 - a_0^2)\right] - 1\right\}\right\}. \tag{21}$$

Next, we give analytical solutions of the secular evolutionary equations with time t as an independent variable on the main sequence.

For small values of e, as is the case for Algol A and B where $e = 0.015$ and $\frac{1}{2}ce^2 = 0.0024$, the second term on the right-hand side of Equation (14) may be neglected, and we find the eccentricity decreases with time as given in Equation (14)

$$e = e_0 \exp[-21q(1+q)Q(t-t_0)], \tag{22}$$

$$e^2 - e_0^2 = e_0^2\{\exp[-42q(1+q)Q(t-t_0)] - 1\}. \tag{23}$$

Substituting Equation (22) or Equation (23) into Equation (12), we get

$$a = a_0 \exp\left\{\frac{19}{7} e_0^2 \{\exp[-42q(1+q)Q(t-t_0)] - 1\}\right\}, \tag{24}$$

$$a^2 - a_0^2 = a_0^2 \left\{\exp\left\{\frac{38}{7} e_0^2 \{\exp[-42q(1+q)Q(t-t_0) - 1]\}\right\} - 1\right\}. \tag{25}$$

Substituting Equation (23) into Equation (18) or Equation (25) into Equation (16), we obtain

$$\Omega = \Omega_0 \exp\left\{-\frac{9}{57} \cdot \frac{q}{(1+q)} \cdot \frac{M}{I} a_0^2 \left\{\exp\left\{\frac{38}{7} e_0^2 \{\exp[-42q(1+q)Q(t-t_0)] - 1\}\right\} - 1\right\}\right\}. \tag{26}$$

The integrations of Equations (7) ~ (9) can be obtained as

$$\omega = \omega_0 \exp\left[-\frac{57}{14}(e^2 - e_0^2)\right], \tag{27}$$

$$P_{orb} = (P_0)_{orb} \exp\left\{\frac{57}{14} e_0 \{\exp[-42q(1+q)Q(t-t_0)] - 1\}\right\}, \tag{28}$$

$$P_{rot} = (P_{rot})_0 \exp\left\{\frac{9}{57} \cdot \frac{q}{(1+q)} \cdot \frac{M}{I} a_0^2 \left\{\exp\left\{\frac{38}{7} e_0^2 \{\exp[-42q(1+q)Q(t-t_0)] - 1\}\right\} - 1\right\}\right\}. \tag{29}$$

3. Evolution of the orbit and spin in synchronous binaries (algol A and B)

The eclipsing binary system Algol (β Per) consists of at least three components: A, B and C. There is actually also a massive but invisible fourth component D (Hopkins, 1976). Algol A (primary) is a main sequence star (B_8 V) (Batten et al. 1989). Algol B (secondary) is a subgiant (g K_0) (Brancewicz et al. 1980; Batten et al.

1989). The separation between A and B is small and nearly constant, so the system Algol A and B is regarded as a synchronous binary system due to the tidal friction. Based on the work of Giuricin et al. (1984a), the mean rotational angular velocity of primary A is $v = 56$ km/s, the mean orbital angular velocity (the synchronized velocity) is $v_k = 55$ km/s, and based on the work of Tan (1985), $v_{\sin i} = 55$ km/s and $v_{\rm syn} = 55$ km/s. So A and B form a nearly synchronous binary system and considering the apparent descriptive method for judging the synchronization of rotation in binary stars, Li (2004, 2009) also concluded that Algol A and B represent a nearly synchronous binary system. Hence this paper selects Algol A and B as an example of synchronous binaries to calculate the orbital circularization and evolution of the orbit and spin before circularization occurs on the main sequence. For the data of Algol A and B, we cite the orbital period $P_{\rm orb} = 2.867\ 2$ day, $a_0 = 14.03\ R_\odot$, $M = 3.7\ M_\odot$, $M' = 0.81\ M_\odot$, $R = 2.74\ R_\odot$, $R' = 3.60\ R_\odot$, $q = \frac{M'}{M} = 0.22$, $T_e = 12\ 010$ K (Brancewicz & Dworak, 1980). $e_0 = 0.015$ (Tomkin & Lambert, 1978; Harrington, 1984), $\Omega_0 = \frac{v}{R} = 2.936\ 5 \times 10^{-5}$ rad/s, $t_f = t_{f\odot}\left(\frac{M}{M_\odot}\right)^{\frac{1}{3}}\left(\frac{T_e}{T_{e\odot}}\right)^{-\frac{4}{3}}$, $t_{f\odot} = 0.433$ a, $T_{e\odot} = 5\ 770$ K, $t_f = 0.251\ 9$ a and $L = 2.2\ L_\odot$ (Popper, 1980), where T_e is the effective temperature (Zahn & Bouchet, 1989).

Yang et al. (2011) recently presented an XMM-Newton observation of the eclipsing binary Algol. Their results are useful in this field.

Zahn & Bouchet (1989) showed that when the coefficients λ^{lm} are all equal, then

$$\lambda = k_2. \tag{30}$$

Here k_2 is the apsidal motion which is constant. $\lambda = k_2$ is calculated from the formula given by Cowling (1938) and leting $k_1 = k_2 = k$,

$$k = \frac{\frac{P_{\rm orb}}{P'}}{\left(\frac{R}{a}\right)^5\left(1 + 16\frac{M'}{M}\right) + \left(\frac{R'}{a}\right)^5\left[1 + 16\left(\frac{M}{M'}\right)\right]}. \tag{31}$$

Here P' denotes the period of the apsidal motion, $P' = 2.476$ year for Algol A and B as given by Hegedüs (1988). Substituting $P_{\rm orb}$, P', a, M, M', R and R' into the above formula, we get

$$\lambda = k = 0.003\ 308. \tag{32}$$

The moment of inertia

$$I = KMR^2,$$

where K is calculated from the formula $\frac{1}{K} = \frac{3}{2}\left(n + \frac{5}{2}\right)$ (Schatzman, 1963), and the polytropic index $n=3$ for a main sequence star (Algol A). So $K=\frac{4}{33}=0.121\ 2$.

$$\frac{M}{I}=\frac{M}{KMR^2}=\frac{1}{KR^2}=0.022\ 68\times10^{-10}\ \text{km}^{-2},\exp\left(\frac{152e_0^2}{7}\right)=1.004\ 89.$$

Substituting the values of k, t_f, R, a and exp $\left(\frac{152e_0^2}{7}\right)$ into Equation (15), we obtain

$$Q=2.7\times10^{-8}\ \text{a}^{-1}. \tag{33}$$

Let us estimate the numerical solutions when the orbit of Algol A and B achieves circularization.

We firstly evaluate the timescale of circularization. Substituting the values of q, R_0, a_0, t_f and $\lambda=k=0.003\ 308$ into Equation (10), we obtain this value as

$$t_{\text{cir}}=6.458\ 9\times10^6\ \text{a}. \tag{34}$$

Next we estimate the numerical solution of the evolutionary trend of the orbit and spin when Algol A and B achieve orbital circularization. By letting the initial time $t_0=0$, and substituting $t_{\text{cir}}=6.458\ 9$ a into Equations (22), (24) and (26) ~ (29), we get $a=14.022\ 6\ R_\odot$, $e=0.005\ 6$, $\omega=2.193\ 1$ rad/d, $P_{\text{orb}}=2.864\ 9$ d, $\Omega=2.553\ 6$ rad/d, $P_{\text{rot}}=2.460\ 5$ d, $\delta a=-0.007\ 4\ R_\odot$, $\delta e=-0.009\ 4$. $\delta\omega=0.001\ 7$ rad/d, $\delta P_{\text{orb}}=-0.002\ 3$d, $\delta\Omega=0.015\ 6$ rad/d and $\delta P_{\text{rot}}=-0.016\ 0$ d.

The lifetime is based on stellar mass-loss $\dot{M}$, i. e.

$$t_{\text{life}}=\frac{M}{\dot{M}}. \tag{35}$$

Its value may be calculated from the formula given by Bowers & Deeming (1984)

$$\frac{\mathrm{d}\left(\frac{M}{M_\odot}\right)}{\mathrm{d}t}=3\times10^{-8}\ \frac{\left(\frac{R}{R_\odot}\right)\left(\frac{L}{L_\odot}\right)}{\left(\frac{M}{M_\odot}\right)}\left(\frac{M_\odot}{\text{a}}\right), \tag{36}$$

or calculated from the formula given by Nieuwenhuijzen & de Jager (1990)

$$\log\dot{M}=-14.02+1.24\log\left(\frac{L}{L_\odot}\right)+0.81\log\left(\frac{R}{R_\odot}\right)+0.16\log\left(\frac{M}{M_\odot}\right). \tag{37}$$

Substituting the values of M, R and L into Equations (36) and (35), we get the lifetime

$$t_{\text{life}}=7.570\ 3\times10^7\ \text{a}. \tag{38}$$

The time for the speed up of spin is

$$t_\Omega=\frac{\Omega}{\dot{\Omega}}=\frac{t_f}{36q^2\left(\frac{M}{I}\right)ke^2a^2\left(\frac{R}{a}\right)^8}=4.244\ 7\times10^8\ \text{a}. \tag{39}$$

The orbital decay time (the collapse time of the system) is

$$t_a = \frac{a}{\dot{a}} = \frac{t_f}{114q(1+q)ke^2\left(\frac{R}{a}\right)^8} = 5.227\,3 \times 10^9 \text{ a.} \tag{40}$$

Times derived in Equations (39) and (40) represent numerical values for Equations (6) and (4) respectively.

4. Discussion and conclusions

(1) The set of Equations (4) ~ (6) describes synchronous binaries on the pre-main sequence, main sequence and post-main sequence phases according to the radius of a star. The radius of a late type star is variable due to the gravitational contraction on the pre-main sequence phase. The radius of a giant star is variable possibly due to the expansion of the shell in the post-main sequence phase. During the main sequence phase, the radius of a star is stable. Its radius can be regarded as a constant. These cases refer to the radius of the primary star because in Equations (4) ~ (6), R denotes the radius of the primary star. It is not applicable to the case of a giant star.

(2) The research in this paper differs from that of Zahn & Bouchet (1989) in some aspects. Zahn & Boucher's paper investigates the orbital evolution and circularization of binary stars during the pre-main sequence phase by using an analytical method and for non-synchronous equations by numerical integration. In the analytical method, the radii of binaries are variable due to gravitational contraction, but the semi-major axis is not variable in the main sequence phase. However, the present paper studies the orbit and spin of binary stars on the main sequence by implementing an analytical method in which the star's radius is not variable, but the semi-major axis is variable due to tidal friction. In Zahn & Boucher's paper, they must use numerical integration to solve non-synchronous equations. However, in the present paper, we use the analytical method to solve the synchronous equations. Zahn & Boucher estimated that the eccentricity decreases from 0.005 to 0.004 3 in 10 billion years for binary stars on the main sequence with masses 0.5 $M_\odot$ + 0.5$M_\odot$. This paper estimates that the eccentricity decreases from 0.015 to 0.005 6 in 6.45 million years for binary stars on the main sequence with masses 3.07 $M_\odot$ + 0.81$M_\odot$. Hence, the different methods give differing results.

(3) The results of the solution for integrating differential equations using the analytical method are a bit different from those using the method of numerical integration. For example, the semi-major axis a = 14.022 6 $R_\odot$ for Algol A and B when the circularization time (6.458 9 × 10^6 a) is calculated by the former method and a = 14.012 6 $R_\odot$ by the latter method. However, this difference is very small.

(4) The circularization time is shorter than the lifetime, and the time required for the speed up of spin and the decay time (the collapse time of the system) are longer than

the lifetime. Hence the latter are both meaningless.

(5) In the system of Algol A, B and C, the tidal friction in a triple star system (Kiseleva et al. 1998) and the perturbing effect of the third star (Algol C) (Li, 2006) may decircularize the orbit of the secondary star (Algol B). In this paper, we do not consider these effects.

Based on these results, we make the following conclusions:

(1) The eccentricity gradually decreases with time until orbital circularization occurs.

(2) The semi-major axis gradually shrinks with time or with decreases in eccentricity.

(3) The orbital period gradually shortens with time or with circularization.

(4) The rotational angular velocity of the primary component gradually speeds up with time.

References

[1] Alexander M E. 1973, Ap&SS, 23, 459.

[2] Batten A H, Fletcher J M, MacCarthy D G. 1989, Publ Dom Astrophys Obs, 17, 22.

[3] Bowers R L, Deeming T. 1984, Astrophysics, VolI: Stars (Jones & Bartlett Publishers), 325.

[4] Brancewicz H K, Dworak T Z. 1980, Acta Astronomica, 30, 501.

[5] Cowling T G. 1938, MNRAS, 98, 734.

[6] Darwin G H. 1879, Philosophical Transactions of the Royal Society of London, 170, 1.

[7] Giuricin G, Mardirossian F, Mezzetti M. 1984a, A&A, 131, 152.

[8] Giuricin G, Mardirossian F, Mezzetti M. 1984b, A&A, 135, 393.

[9] Harrington R S. 1984, ApJ, 277, L69.

[10] Hegedüs, T. 1988, Bulletin d'Information du Centre de Donnees Stellaires, 35, 15.

[11] Hopkins J. 1976, Glossary of astronomy and astrophysics (University of Chicago Press), 3.

[12] Huang R Q, Zeng Y R. 2000, Science in China A: Mathematics, 43, 331.

[13] Hut P. 1980, A&A, 92, 167.

[14] Hut P. 1981, A&A, 99, 126.

[15] Keppens R, Solanki S K, Charbonnel C. 2000, A&A, 359, 552.

[16] Kiseleva L G, Eggleton P P, Mikkola S. 1998, MNRAS, 300, 292.

[17] Li L S. 1998, Acta Astrophysica Sinica, 18, 77.

[18] Li L S. 2004, Journal of Astrophysics and Astronomy, 25, 203, Erratum, 2005, 26, 447.

[19] Li L S. 2006, AJ, 131, 994.

[20] Li L S. 2009, Astronomical Research & Technology (Publ Nat Astron Obs China), 6, 264.

[21] Meibom S, Mathieu R D, Stassun K. 2005, Bulletin of the American Astronomical Society, 36, #107. 02.

[22] Meibom S, Mathieu R D, Stassun K G. 2006, ApJ, 653, 621.

[23] Nieuwenhuijzen H, de Jager C. 1990, A&A, 231, 134.

[24] Pan K K. 1996, Acta Astrophysica Sinica, 16, 370.

[25] Popper D M. 1980, ARA&A, 18, 115.

[26] Rajamohan R, Venkatakrishnan P. 1981, Bulletin of the Astronomical Society of India, 9, 309.

[27] Schatzman E. 1963, in proceedings of the XXVIIIth Course of the International School of Physics "Enrico Fermi", Star Evolution, ed. L Gratton (New York: Academic Press), 177.

[28] Tan H S. 1985, Acta Astronomica Sinica, 26, 226.

[29] Tomkin J, Lambert D L. 1978, ApJ, 222, L119.

[30] Tassoul J L. 1987, ApJ, 322, 856.

[31] Yang X J, Lu F J, Aschenbach B, Chen L. 2011, RAA (Research in Astronomy and Astrophysics), 11, 457.

[32] Zahn J P. 1965, Compt Rend Acad Sci Paris, 260, 413.

[33] Zahn J P. 1966a, Ann Astrophy, 29, 313.

[34] Zahn J P. 1966b, Annales d'Astrophysique, 29, 489.

[35] Zahn J P. 1966c, Annales d'Astrophysique, 29, 565.

[36] Zahn J P. 1975, A&A, 41, 329.

[37] Zahn J P. 1977, A&A, 57, 383.

[38] Zahn J R. 1978, A&A, 67, 162.

[39] Zahn J P. 1989, A&A, 220, 112.

[40] Zahn J P, Bouchet L. 1989, A&A, 223, 112.

Orbit and Spin Evolution of Synchronous Binary Stars on the Main Sequence (a theoretical improvement to the analytical method)*

Abstract: This paper provides a method to study the solution of equations for synchronous binary stars with large eccentricity on the main sequence. The theoretical results show that the evolution of the eccentricity is linear with time or follows an exponential form, and the semi-major axis and spin vary with time in an exponential form that are different from the results given in a previous paper. The improved method is applicable in both cases of large eccentricity and small eccentricity. In addition, the number of terms in the expansion of a series with small eccentricity is very long due to the series converging slowly. The advantage of this method is that it is applicable to cases with large eccentricity due to the series converging quickly. This paper chooses the synchronous binary star V1143 Cyg that is on the main sequence and has a large eccentricity ($e = 0.54$) as an example calculation and gives the numerical results. Lastly, the evolutionary tendency including the evolution of orbit and spin, the time for the speed up of spin, the circularization time, the orbital collapse time and the life time are given in the discussion and conclusion. The results shown in this paper are an improvement on those from the previous paper.

Keywords: binaries: close-rotation-evolution

1. Introduction

Tidal friction can synchronize the orbit and spin of two components in a binary system. In general, synchronization is stronger in an old binary system due to tidal friction so that synchronization of the orbit and rotation in a binary system is the result of the interaction of mutual tidal friction. The set of equations describing non-synchronization of the orbit and rotation are given by Zahn (1989). Solving the set of non-synchronous equations given by Zahn must use numerical integration. However, if we solve the equation for the synchronous case, we may reduce the non-synchronous

* 原文载于 *Research in Astronomy and Astrophysics*, 2015, 15 (10): 1695-1700.

equation to the synchronous case, for which we may utilize the solution derived by an analytical method or numerical method. Zahn & Bouchet (1989) used these methods to study the orbital circularization of late-type binaries. Li (2012) used the analytical method to solve the evolution of orbit and spin of a synchronous binary star with small eccentricity, β Per (also called Algol). Li (2013) also used a numerical method to study the evolution of a synchronous binary star that has a large eccentricity named E K Cep. However, the analytical method used by the author is only applicable to a binary star with small eccentricity like β Per ($e=0.015$) and it is not suitable for cases with large eccentricity. In this paper the author provides a method which is appropriate for binary stars with large eccentricity, but the eccentricity varies with time in a linear form, which is different from the result of Li (2012), hereafter called the previous paper. Therefore, this paper represents an improvement on the previous paper.

2. The main results in the previous paper

The equations describing the secular evolution of the orbital elements (a, e) and rotational angular velocity Ω due to the tidal friction in non-synchronous binary stars are given by Zahn (1989). However, the non-synchronous equations were reduced to the following synchronous equations in the previous paper by using the coefficients of tidal friction $\lambda^{12}=\lambda^{21}=\lambda^{10}=\lambda^{32}=\lambda$, but $\lambda^{22}\neq\lambda$. (Zahn 1989)

$$\frac{1}{a}\cdot\frac{da}{dt}=-114q(1+q)\frac{\lambda}{t_f}e^2\left(\frac{R}{a}\right)^8. \tag{1}$$

$$\frac{1}{e}\cdot\frac{de}{dt}=-21q(1+q)\frac{\lambda}{t_f}\left(\frac{R}{a}\right)^8. \tag{2}$$

$$\frac{1}{\Omega}\cdot\frac{d\Omega}{dt}=36q^2\left(\frac{M}{I}\right)\frac{\lambda}{t_f}e^2a^2\left(\frac{R}{a}\right)^8. \tag{3}$$

All symbols are the same as in the previous paper. M and R denote the mass and radius of the primary star. $q=\frac{M'}{M}$, M' denotes the mass of the secondary star, and $\lambda=k_2$, which represents the constant of apsidal motion. I is the moment of inertia of the primary star. a and e denote the semi-major axis and eccentricity respectively. Ω is the angular velocity of the primary star. The convective friction time t_f is given by Zahn & Bouchet (1989)

$$t_f=\left(\frac{MR^2}{L}\right)^{\frac{1}{3}}=t_{f\odot}\left(\frac{M}{M_\odot}\right)^{\frac{1}{3}}\left(\frac{T_e}{T_{e\odot}}\right)^{-\frac{4}{3}}. \tag{4}$$

The previous paper that combines Equation (1) with Equation (2) yielded the first solution for the semi-major axis

$$a=a_0\exp\left[\frac{19}{7}(e^2-e_0^2)\right]. \tag{5}$$

Combining Equation (1) with Equation (3) provides the solution for the angular velocity of the primary star

$$\Omega=\Omega_0\exp\left[-\frac{9}{57}\left(\frac{q}{1+q}\right)\frac{M}{l}(a^2-a_0^2)\right]. \tag{6}$$

Substitution of the solution (5) into Equation (2) produces the solution for eccentricity described in the previous paper

$$t-t_0=-\frac{\ln\left(\frac{e}{e_0}\right)+\frac{1}{2}c(e^2-e_0^2)}{21q(1+q)Q}, \tag{7}$$

where

$$Q=\frac{\lambda}{t_f}\left(\frac{R}{a_0}\right)^8\exp\left(\frac{152}{7}e_0^2\right),\ c=\frac{152}{7}. \tag{8}$$

In the previous paper when we studied a star with small eccentricity, such as β Per with $e=0.015$, the second term $\frac{1}{2}c\ (e^2-e_0^2)$ could be neglected due to it being small enough, and the solution was given by

$$e=e_0\exp[-21q(1+q)Q(t-t_0)]. \tag{9}$$

3. Theoretical improvement to the analytical method

The results of the previous paper are not applicable to a binary system with large eccentricity because in the case of a large eccentricity, the second term $\frac{1}{2}c\ (e^2-e_0^2)$ cannot be neglected. Because the solution (9) is not applicable to a star with large eccentricity, we must find an improved method for these cases, which is the aim of this paper.

It is well known that an equation for a series expansion is

$$\ln(1+x)=x-\frac{x^2}{2}+\frac{x^3}{3}-\frac{x^4}{4}+\cdots(-1)^{n-1}\frac{x^n}{n},\ (-1<x\leqslant 1)$$

by letting $1+x=e^2$, $\therefore x=e^2-1$ (e: eccentricity).

The above formula can be transformed as

$$\ln e^2=(e^2-1)-\frac{(e^2-1)^2}{2}+\frac{(e^2-1)^3}{3}-\cdots(-1)^{n-1}\frac{(e^2-1)^n}{n}.\quad(-1<x<1) \tag{10}$$

In the series expansion we can see that if we retain the term to order e^2 and neglect higher order e^2 and neglect higher order terms e^4, e^6, e^8, e^{10}, $\cdots$, the results that remain are only ne^2 and $-\sum_{n=1}^{m}\frac{1}{n}$. The expression expressed in terms of nth is

$$\ln e^2=ne^2-\sum_{n=1}^{m}\frac{1}{n}.\quad(n=1,2,3,4,\cdots,m) \tag{11}$$

The first term of the numerator on the right side of Equation (7) can be written as

$$\ln\left(\frac{e}{e_0}\right)=\frac{1}{2}\ln\left(\frac{e^2}{e_0^2}\right)=\frac{1}{2}(\ln e^2-\ln e_0^2)=\frac{1}{2}\left(ne^2-\sum_{n=1}^{m}\frac{1}{n}-ne_0^2+\sum_{n=1}^{m}\frac{1}{n}\right)=\frac{1}{2}n(e^2-e_0^2). \tag{12}$$

Here n is an undetermined constant, i. e. n denotes a number such that we may retain the first term to the nth term and neglect all lower order terms. This assumes a different value for different binary star systems. It is determined mainly by the eccentricity.

Substituting $\ln\left(\frac{e}{e_0}\right)$ for Equation (12) into Equation (7), the solution for the eccentricity is obtained by the formula

$$e^2-e_0^2=-\frac{42q(1+q)Q(t-t_0)}{n+c},\quad c=\frac{152}{7}, \tag{13}$$

$$\therefore e=e_0\left[1-\frac{42q(1+q)Q(t-t_0)}{e_0^2(n+c)}\right]^{\frac{1}{2}}. \tag{14}$$

$$\delta e=e-e_0=e_0\left[\left(1-\frac{42q(1+q)Q(t-t_0)}{e_0^2(n+c)}\right)^{\frac{1}{2}}-1\right]. \tag{15}$$

Also, substituting Equation (13) into Equation (5), we get

$$a=a_0\exp\left[-\frac{114q(1+q)Q(t-t_0)}{n+c}\right]. \tag{16}$$

$$\therefore \delta a=a_0\left[\exp\left(-\frac{114q(1+q)Q(t-t_0)}{n+c}\right)-1\right]. \tag{17}$$

$$\because a^2-a_0^2=a_0^2\left[\exp\left(-\frac{228q(1+q)Q(t-t_0)}{n+c}\right)-1\right]. \tag{18}$$

Substituting Equation (18) into Equation (6), we obtain

$$\Omega=\Omega_0\exp\left\{-\frac{9}{57}\left(\frac{q}{1+q}\right)\frac{M}{I}a_0^2\left\{\exp\left[\frac{-228q(1+q)Q(t-t_0)}{n+c}\right]-1\right\}\right\}. \tag{19}$$

$$\delta\Omega=\Omega_0\left\{\exp\left\{-\frac{9}{57}\left(\frac{q}{1+q}\right)\frac{M}{I}a_0^2\left\{\exp\left[\frac{-228q(1+q)Q(t-t_0)}{n+c}\right]-1\right\}\right\}-1\right\}. \tag{20}$$

4. Numerical results for the synchronous binary star V1143 cyg that has a large eccentricity

We choose the eclipsing binary V1143 Cyg, which has a large eccentricity, as a case for an example calculation. Both components of the system V1143 Cyg (HD 185912) are similar main sequence stars with spectral type F. Synchronization of the system was analyzed by the following authors.

The analysis by Tan et al. (1995): The synchronization of the orbit with respect to the spin of the primary star: $(V\sin i)_{\text{syn}}=8.9$ (km s^{-1}): $(V\sin i)_M=9$ (km · s^{-1}), $F-1=0.011$. This is a synchronous star. The synchronization of orbit relative to the spin of the secondary star: $(V \sin i)_{syn} = 8.5$ (km s^{-1}): $(V \sin i)_M = 20$ (km s^{-1}), $F - 1 = 1.35$. This is a non-synchronous star. The analysis by Li (2004) showed that synchronization of the orbit relative to the spin of the primary star $Q_1 = 0.98$ (type A: synchronization). Synchronization of the orbit relative to the spin of the secondary star $Q = 0.34$ (type D: non-synchronization). According to the conclusions above, this paper studies the synchronization of the orbit relative to the spin of the primary star and does not consider the synchronization of the orbit relative to the spin of the secondary star.

The eccentricity in the orbit of V1134 Cyg is given by Hegedüs (1988), Batten et al. (1989) and Tan et al. (1995): $e_0 = 0.54$.

The physical and orbital parameters are provided by Brancewicz & Dworak (1980) and Tan et al. (1995). This paper cites data from the latter. The parameters we use are $P = 7.640\ 8$ (d), $M = 1.29$ ($M_\odot$), $M' = 1.28$ ($M_\odot$), $R = 1.35$ ($R_\odot$), $R' = 1.28$ ($R_\odot$), $q = 0.99$, $a = 22.24$ ($R_\odot$), and $i = 78°$.

The luminosity L and effective temperature T_e are from data given by Popper (1980): $\log L = 0.41$ ($L = 2.570\ 4\ L_\odot$), $\log T_e = 3.806$ ($T_e = 6\ 397$ K). Zahn & Bouchet (1989) gave $T_{e\odot} = 5\ 770$ K and $t_{f\odot} = 0.433$ a.

The period of the apsidal motion U is cited from the data published by Hegedüs (1988): $U = 10\ 725$ a.

The velocity of rotation of the primary star may be calculated from $\Omega_0 = \dfrac{V}{R} = 9.797\ 8 \times 10^{-7}$ rad s^{-1}, $V = \dfrac{9}{\sin i}$ km s^{-1}, and $i = 78°$.

At first, it is necessary to determine the value of n (number). Substitution of $e = 0.54$ into the expanded expression (10) yields

$$\begin{aligned}\ln e^2 = &-0.708\ 4 - 0.250\ 9 - 0.118\ 5 - 0.063\ 0 - 0.035\ 7 \\ &- 0.021\ 1 - 0.012\ 8 - 0.007\ 9 \cdots.\end{aligned} \tag{21}$$

We can see that all terms smaller than the fourth term $-0.063\ 0$ may be neglected, thus, we can retain the first to the fourth terms. Hence we may take n (number) as four ($n = 4$).

By substituting the above data into the following formulae, we can obtain

$$t_f = t_{f\odot}\left(\frac{M}{M_\odot}\right)^{\frac{1}{3}}\left(\frac{T_e}{T_{e\odot}}\right)^{-\frac{4}{3}} = 0.410\ 7\ \text{a}, \tag{22}$$

$$\lambda = k_2 = \frac{\dfrac{P}{U}}{\left(\dfrac{R}{a}\right)^5\left(1 + 16\dfrac{M'}{M}\right) + \left(\dfrac{R'}{a}\right)^5\left(1 + 16\dfrac{M}{M'}\right)} = 0.078\ 8 \tag{23}$$

from Cowling (1938).

Substituting $t_{f\odot}$, $\lambda = k_2$, $n = 4$, $c = \frac{152}{7}$ and R_0, a_0, e_0 into Equation (8), we get

$$Q = 1.9883 \times 10^{-8}\ \mathrm{a}^{-1}. \tag{24}$$

$$\frac{M}{I} = \frac{1}{KR^2} = 9.3466 \times 10^{-12}\ \mathrm{km}^{-2}.\ (K = 0.1212) \tag{25}$$

We take $t - t_0 = 100\ \mathrm{a} = \mathrm{cy}$ (the evolutional time) and substitute values of a_0, e_0, Ω_0 and q, n, c into Equations (15), (17) and (20), then we find the solution for the orbital and spin evolution of V1143 Cyg per century

$$\delta a = -0.000\,385 R_\odot\ \mathrm{cy}^{-1}, \tag{26}$$

$$\delta e = -0.000\,059 e_0\ \mathrm{cy}^{-1}, \tag{27}$$

$$\delta \Omega = 0.006\,23 \Omega_0\ \mathrm{cy}^{-1}. \tag{28}$$

The timescale of circularization is given by Equation (2)

$$t_{\mathrm{cir}} = \frac{e}{\dot{e}} = \left(\frac{t_f}{k_2}\right) \frac{1}{21q(1+q)} \left(\frac{a}{R}\right)^8 = 6.83 \times 10^8\ \mathrm{a}. \tag{29}$$

The time for speed up of spin is

$$t_\Omega = \frac{\Omega}{\dot{\Omega}} = \frac{t_f}{36q^2\left(\frac{M}{I}\right) ke^2 a^2 \left(\frac{R}{a}\right)^8} = 1.35 \times 10^6\ \mathrm{a}. \tag{30}$$

The orbital decay (the collapse time of the system) is

$$t_a = \frac{a}{\dot{a}} = \frac{t_f}{114q(1+q)ke^2\left(\frac{R}{a}\right)^8} = 4.32 \times 10^9\ \mathrm{a}. \tag{31}$$

The lifetime is

$$t_{\mathrm{life}} = \frac{M}{\dot{M}} = 2.10 \times 10^{14}\ \mathrm{a}. \tag{32}$$

By using the expressions from Nieuwenhuijzen & de Jager (1990)

$$\log \dot{M} = -14.02 + 1.24 \log\left(\frac{L}{L_\odot}\right) + 0.81 \log\left(\frac{R}{R_\odot}\right) + 0.16\left(\frac{M}{M_\odot}\right),$$

$$\dot{M} = -6.14 \times 10^{-13} M_\odot\ \mathrm{a}^{-1}.$$

5. Discussion and conclusions

(1) The improved method in this paper is not only applicable to a synchronous binary star with large eccentricity, but also to a synchronous binary star with small eccentricity.

(2) For choosing a value for the number n, the larger the eccentricity is, the smaller the value of n that can be used, which is due to the fact that the series (10) converges quickly, such as $n = 4$ for V1143 Cyg ($e = 0.54$) in this paper. On the other

hand, the smaller the eccentricity is, the larger the value of n can be, which is due to the series (10) converging slowly, such as for β Per ($e=0.015$) in the previous paper. Substituting $e=0.015$ into the series (10), we get $\ln e^2=-0.9997-0.4997-0.3330-0.2497-0.1997-0.1663-0.1425-0.1247-0.1108-0.0997-0.0996\cdots$. All the terms after the 10th term 0.099 7 can be neglected. Thus, we may retain the first term to the 10th term and hence $n=10$.

(3) The improved method is different from the method described in the previous paper. In terms of theoretical results, the eccentricity is linear with time in this paper. However, the eccentricity varies with time in an exponential form in the previous paper. Although the semi-major axis and the rotational angular velocity of the primary star also vary with time in an exponential form, the forms of both formulae are different, which is due to the fact that the eccentricity is linear with time. This aspect represents an improvement on the previous paper.

(4) On the other hand, if we change Equation (10) to be $e^2-e_0^2=\frac{2}{n}\ln\left(\frac{e}{e_0}\right)$, and then substitute it into Equation (7), we get the result that the eccentricity still varies with time in an exponential form, i. e.

$$\ln\left(\frac{e}{e_0}\right)=\frac{21q(1+q)Q(t-t_0)}{\left(1+\frac{c}{n}\right)}, \tag{33}$$

$$e=e_0\exp\left[\frac{21q(1+q)Q(t-t_0)}{\left(1+\frac{c}{n}\right)}\right], \tag{34}$$

$$\delta e=e_0\left\{\exp\left[\frac{21q(1+q)Q(t-t_0)}{\left(1+\frac{c}{n}\right)}\right]-1\right\}. \tag{35}$$

We can see that although the forms of solutions (33) (34) and (35) have exponential forms like in the previous paper, both solutions are different because the solution of the previous paper is only applicable to cases with small eccentricity but the solution of this paper suits cases with higher eccentricity.

(5) The conclusion of this paper is that the evolutionary tendency of system V1143 Cyg is such that the semi-major axis and eccentricity decrease with time, especially the eccentricity which decreases to nearly zero until the circularization time. This paper also infers that in this system, at first the speed up of spin of the primary star occurs at time 1.35×10^6 a, and then the orbital circularization occurs at time 6.83×10^8 a, and lastly the collapse of the system occurs at 4.92×10^9 a before the life time of this system is at an end in 2.10×10^{14} a.

References

［1］ Batten A H，Fletcher J M，MacCarthy D G. 1989，Publications of the Dominion Astrophysical Observatory Victoria，17，1.

［2］ Brancewicz H K，Dworak T Z. 1980，Acta Astronomica，30，501.

［3］ Cowling T G. 1938，MNRAS，98，734.

［4］ Hegeüs T. 1988，Bulletin d' Information du Centre de Donnees Stellaires，35，15 Li L-S. 2004，Journal of Astrophysics and Astronomy，25，203.

［5］ Li L-S. 2012，RAA (Research in Astronomy and Astrophysics)，12，1673.

［6］ Li L-S. 2013，Astronomical Research & Technology (Publ Nat Astron Obs China)，10，249 (in Chinese，Abstract in English).

［7］ Nieuwenhuijzen H，de Jager C. 1990，A&A，231，134.

［8］ Popper D M. 1980，ARA&A，18，115.

［9］ Tan H，Pan K，Wang X. 1995，Acta Astrophysica Sinica，15，57 Zahn J-P 1989，A&A，220，112.

［10］ Zahn J-P，Bouchet L. 1989，A&A，223，112.

Evolution of Orbit and Rotation of a Pseudo-Synchronous Binary System on the Main Sequence*

Abstract: We study the pseudo-synchronous orbital motion of a binary system on the main sequence. The equations of the pseudo-synchronous orbit are derived up to $O(e^4)$ where e is the eccentricity of the orbit. We integrate the equations to present their solutions. The theoretical results are applied to the evolution of the orbit and spin of the binary star Y Cygni, which has a current eccentricity of $e_0 = 0.142$. We tabulate our numerical results for the evolution of the orbit and spin per century. The numerical results for the semi-major axes and rotational angular velocities in the evolutional time scales of three stages (synchronization, circularization, and collapse time scale) are also tabulated. Synchronization is achieved in about 5×10^3 years followed by circularization lasting about 1×10^5 years before decaying in 2×10^5 years.

Keywords: stars; binaries-stars; kinematics and dynamics-stars; individual; Y Cygni

1. Introduction

In a close detached binary system, tidal interaction couples the spin and orbital angular momenta of the component stars. The orbit and spin of a binary system evolve from a non-synchronous orbit to a synchronous one gradually under the influence of tidal friction. It is important and meaningful to study the synchronization process of the orbit and spin. The evolution of the orbit and spin is always from non-synchronization to synchronization, where the synchronized orbit is the final destination of the evolution. This is an inevitable tendency of the evolution from the younger binary stars to old binary stars.

Generally speaking, the synchronization of binary stars requires that the rotational angular velocity Ω equals the orbital angular velocity ω. However, strictly speaking, truly synchronous binary stars are found only very rarely among binary systems. What is observed instead is that each component star settles in a state of pseudo-

* 原文载于 *Journal of the Korean Astronomical Society*, 2018, 51: 1-4.

synchronization $\Omega \neq \omega$. All binary systems appear to pass through a phase of pseudo-synchronous orbital motion. Therefore, pseudo-synchronous orbits are quite common in binary systems. Hence, it is very important to study the evolution of orbital and spin periods of binary stars.

Zahn (1977, 1978, 1989) and Zahn & Bouchet (1989) established the set of equations describing the orbital evolution of non-synchronization of binary systems. However, they did not investigate the orbit and spin of the pseudo-synchronization. Hut (1980, 1981) defines pseudo-synchronization and showed that the spin period converges to a value slightly smaller than the orbital period by an order of e^2.

Li (2012, 2013, 2015) studied the orbit and spin synchronization of binary stars using analytical and numerical solutions, but this study does not cover the pseudo-synchronization process. We investigate the orbit and spin of pseudo-synchronization of binary stars and obtain the solution of the set of the equations of pseudo-synchronization.

2. Definition of pseudo-synchrozization

Zahn (1977) wrote down the equations for the orbit and spin of a non-synchronized binary system and in Zahn (1978) also revised the equations for the time rate change of eccentricity $\frac{de}{dt}$ and spin rate $\frac{d(I\Omega)}{dt}$ of the primary star as follows.

$$\frac{1}{a} \cdot \frac{da}{dt} = -12 \frac{k_2}{t_f} q(1+q)\left(\frac{R}{a}\right)^8 \left[\left(1-\frac{\Omega}{\omega}\right) + e^2\left(23 - \frac{27\Omega}{2\omega}\right) + O(e^4)\right], \quad (1)$$

$$\frac{1}{e} \cdot \frac{de}{dt} = -3 \frac{k_2}{t_f} q(1+q)\left(\frac{R}{a}\right)^8 \left[\left(18 - \frac{11\Omega}{\omega}\right) + O(e^2)\right], \quad (2)$$

$$\frac{d(I\Omega)}{dt} = 6 \frac{k_2}{t_f} q^2 MR^2 \left(\frac{R}{a}\right)^6 \left[(\omega - \Omega) + e^2\left(\frac{27\omega}{2} - \frac{15\Omega}{2}\right) + O(e^4)\right]. \quad (3)$$

Here, M, R and I denote the mass, radius, and moment of inertia of the primary star and M_2 denotes the mass of the secondary star. The parameter $q = \frac{M_2}{M}$ is the mass ratio of the primary and secondary stars. The parameters a, e, ω denote semi-major axis, eccentricity and mean motion. We denote the apsidal motion by k_2 and the friction time by t_f introduced by Zahn & Bouchet (1989)

$$t_f = \left(\frac{MR^2}{L}\right)^{\frac{1}{3}}. \quad (4)$$

Here, L is the stellar luminosity.

Hut (1981) gives the definition of the pseudo-synchronization, describing the phenomenon of near synchronization of revolution and rotation around periastron, where the tidal interaction is the strongest. Pseudo-synchronism is therefore important in binary systems with substantial eccentricity. As Hut (1981) discusses, Mercury apparently achieved pseudo-synchronism with the Sun where its spin rate is near its orbital revolution near perihelion.

According to the definition by Hut (1981), $\Omega = \Omega_{ps}$ if $\frac{d\Omega}{dt}=0$ in Equation (3). It can be obtained for definition of the condition of the pseudo-synchronization, from which $(\omega-\Omega)+e^2\left(\frac{27\omega}{2}-\frac{15\Omega}{2}\right)=0$ and $6\left(\frac{k_2}{t_f}\right)q^2MR^2\left(\frac{R}{a}\right)^6\neq 0$. Hence, the condition of the pseudo-synchronization can be written as

$$\frac{\Omega}{\omega}=\frac{2+27e^2}{2+15e^2}. \tag{5}$$

This shows that the departure from strict synchronism ($\Omega=\omega$) is of order e^2.

3. Pseudo-synchronous equations and their solutions

Substituting the condition for the pseudo synchronization (5) into Equations (1) and (2), we obtain the following two equations for pseudo-synchronization

$$\frac{1}{a}\cdot\frac{da}{dt}=-6K_1e^2\left(\frac{14-39e^2}{2+15e^2}\right), \tag{6}$$

and

$$\frac{1}{e}\cdot\frac{de}{dt}=-3K_1\left(\frac{14-27e^2}{2+15e^2}\right). \tag{7}$$

Here, the parameter K_1 is given by

$$K_1=\left(\frac{k_2}{t_f}\right)q(1+q)\left(\frac{R}{a}\right)^8. \tag{8}$$

With the presence of the term $O(e^4)$, Equations (6) and (7) are valid up to the order of e^3. As we will present in Section 4, we will apply our theoretical model to the binary system Y Cyg, for which the eccentricity $e=0.142$, $e^4=0.0004$ is small enough. Hence Equations (6) and (7) may be neglected for the order $O(e^4)$.

From Equations (6) and (7), we have

$$\frac{da}{de}=\frac{da}{dt}\cdot\frac{dt}{de}=2ae\left(\frac{14-39e^2}{14-27e^2}\right), \tag{9}$$

leading to

$$\begin{aligned}\frac{da}{a}&=\left(\frac{14-39e^2}{14-27e^2}\right)d(e^2)\\&=\frac{1}{14}[14-12e^2+O(e^4)]d(e^2).\end{aligned} \tag{10}$$

Integrating this equation, we have

$$\ln\left(\frac{a}{a_0}\right)=\int_{e_0}^{e}\left(1-\frac{6}{7}e^2\right)\mathrm{d}(e^2). \tag{11}$$

which leads to

$$\ln\left(\frac{a}{a_0}\right)=(e^2-e_0^2)-\frac{6}{7}(e^4-e_0^4)+O(e^6). \tag{12}$$

Neglecting terms of order e^4, we obtain

$$a=a_0\exp(e^2-e_0^2). \tag{13}$$

Next, we solve Equation (7) in order to obtain variation of the eccentricity with time. Writing Equation (7) in the following form

$$\frac{1}{e}\cdot\frac{\mathrm{d}e}{\mathrm{d}t}=-3K_2\left(\frac{14-27e^2}{2+15e^2}\right)a^{-8}, \tag{14}$$

where the parameter K_2 is defined by

$$K_2=\left(\frac{k_2}{t_f}\right)q(1+q)R^8. \tag{15}$$

Substituting for Equation (10) into Equation (11), it can be written as

$$\frac{1}{e}\cdot\frac{\mathrm{d}e}{\mathrm{d}t}=-\frac{3k_2}{a_0^8}\left(\frac{14-27e^2}{2+15e^2}\right)e^{-8(e^2-e_0^2)}, \tag{16}$$

which can be rearranged to

$$\left(\frac{2+15e^2}{14-27e^2}\right)e^{8e^2}\frac{\mathrm{d}e}{e}=-3K_2a_0^8e^{8e_0^2}\mathrm{d}t. \tag{17}$$

Neglecting terms of order e^4 and higher, we can obtain

$$\left[\left(\frac{31}{28}+\frac{27}{196}\right)+\frac{1}{14e^2}\right]\mathrm{d}e^2=-3K_2a_0^{-8}\exp(8e_0^2)\mathrm{d}t. \tag{18}$$

Integration from t_0 and e_0 to t and e yields

$$\left(\frac{31}{28}+\frac{27}{196}\right)(e^2-e_0^2)+\frac{1}{14e^2}N(e)(e^2-e_0^2)\mathrm{d}e^2=-3K_2a_0^{-8}\exp(8e_0^2)\mathrm{d}t, \tag{19}$$

where the expression $N\ (e)$ is

$$N=\frac{\ln e^2-\ln e_0^2}{e^2-e_0^2}. \tag{20}$$

Substitution of the expression of K_2 leads to

$$e^2-e_0^2=-\frac{3k_2}{t_f}\cdot\frac{q(1+q)\left(\frac{R}{a_0}\right)^8\exp(8e_0^2)(t-t_0)}{\frac{N}{7}+\frac{31}{28}+\frac{27}{196}}, \tag{21}$$

from which

$$e=e_0\left[1-\frac{3k_2}{t_f}\cdot\frac{q(1+q)\left(\frac{R}{a_0}\right)^8\exp(8e_0^2)(t-t_0)}{\left(\frac{N}{7}+\frac{31}{28}+\frac{27}{196}\right)e_0^2}\right]^{\frac{1}{2}}. \tag{22}$$

Substitution into Equation (13) yields

$$a = a_0 \exp\left[-\frac{3k_2}{t_f} \cdot \frac{q(1+q)\left(\frac{R}{a_0}\right)^8 \exp(8e_0^2)(t-t_0)}{\frac{N}{7}+\frac{31}{28}+\frac{27}{196}}\right]. \tag{23}$$

From Equation (5) with $e = e_0$ we may write

$$\delta\Omega = \left(\frac{2+27e_0^2}{2+15e_0^2}\right)\delta\omega. \tag{24}$$

Combining it with the Kepler's third law $\delta\omega = -\frac{3}{2} \cdot \frac{\omega}{a} da$, we obtain

$$\delta\Omega = -\frac{3}{2}\left(\frac{2+27e_0^2}{2+15e_0^2}\right)\left(\frac{\omega}{a}\right)\delta a. \tag{25}$$

Zahn (1977) defined the circularization time t_{cir} by means of his non-revised Equation (2) for $\frac{de}{dt}$ as

$$t_{cir}^{-1} = -e^{-1}\frac{de}{dt} = \frac{63}{4} \cdot \frac{k_2}{t_f} q(1+q)\left(\frac{R}{a}\right)^8 a^{-1}. \tag{26}$$

Assuming that $\Omega = \omega$. However, in this work, we use the revised equation for $\frac{de}{dt}$ with $\Omega = \omega$, in which case the circularization time should be written as

$$t_{cir}^{-1} = 21\frac{k_2}{t_f} q(1+q)\left(\frac{R}{a}\right)^8 a^{-1}. \tag{27}$$

According to Equation (3), the synchronization time t_{syn} becomes

$$\frac{1}{t_{syn}} = -\frac{1}{\Omega-\omega} \cdot \frac{d\Omega}{dt} = 6\frac{k_2}{t_f} q^2\left(\frac{MR^2}{I}\right)\left(\frac{R}{a}\right)^6 a^{-1}. \tag{28}$$

In turn, the orbital decay time t_{decay} or the collapse time of the system can be written as

$$\frac{1}{t_{decay}} = -\frac{1}{a} \cdot \frac{da}{dt} = 12\frac{k_2}{t_f} q(1+q)\left(\frac{R}{a}\right)^8. \tag{29}$$

4. Pseudo-synchronization of orbit and spin in Y Cygni

We choose the binary system Y Cygni as our exemplary model for pseudo-synchronization. The spectral type of Y Cyg is traditionally given as B0 V in the literature, but has been found to be earlier, O9.8 V (Simon et al. 1994). Y Cyg is an eclipsing binary and is also very well known for its apsidal motion. According to Giuricin (1984), the rotational velocity $V = 146$ km/s and the estimated synchronized velocity and $V_k = 88$ km/s for the binary star Y Cyg, which shows that this binary system is not a synchronous binary system. The orbital elements and the deduced parameters are listed in table 1.

Table 1 Orbital elements and derived parameters for Y Cygni

Y Cyg	P(d)	$a(R_\odot)$	$M(M_\odot)$	q	$R(R_\odot)$	e	$\log L(L_\odot)$	k_2	V(km/s)
Orbit elements	2.996	28.49	17.57	0.97	5.93	0.142	4.653	0.005 745	146

Y Cyg	t_f(a)	$k_2/t_f(a^{-1})$	MR^2/I	ω	Ω	N
Derived values	0.103 8	0.055 3	8.250 8	2.096 5	3.573 5	49.59

P, a, M, q, R, L and e are from Simon et al.(1994) and Ibanoglu & Soyudugan(2006). Data for k_2 are from Peraiah(1965). The value of t_F is calculated using Equation(4).

Noting that $e \approx e_0$, we use l'Hospital's rule to approximate Equation(20) by

$$N(e) = \frac{\ln e^2 - \ln e_0^2}{e^2 - e_0^2} \approx \frac{1}{e_0^2}. \tag{30}$$

For Y Cyg, we have $e_0 = 0.142$, which, in turn, leads to $N \approx e_0^{-2} = 49.6$. The use of l'Hospital's rule is justified because the variation δe is very small.

Substituting these values for data of q, e, R, N while taking $t - t_0 = 100$ a into Equations (16) ~ (18) and (19) ~ (20) and (22), we obtain the change of the orbit and spin per century for Y Cyg, which is summarized in table 2.

Table 2 Numerical results for the change of the orbital elements and spin of Y Cyg during 100 years

Orbital Elements	a/a_0	$a(R_\odot)$	$\delta a(R_\odot)$	e/e_0	e	δe	$\delta\Omega$
Y Cyg	0.999 9	28.487	−0.000 4	0.999 6	0.141 9	−0.000 1	0.000 05

We estimate the changes of the orbital semi-major axis and spin of Y Cyg when the binary system achieves synchronization, circularization, and collapse. Substituting these values of data in table 1 into Equations (28) (27) and (29), we obtain the values of t_{cir}, t_{syn} and t_{decay}.

$$\begin{aligned} t_{\text{syn}} &= 4.774 \times 10^5 \text{ a}, \\ t_{\text{cir}} &= 1.279 \times 10^5 \text{ a}, \\ t_{\text{decay}} &= 2.239 \times 10^5 \text{ a}. \end{aligned} \tag{31}$$

Substituting Equation (31) into Equations (23) (24) and (25), we obtain the values for the three cases of evolutional stages of pseudo-synchronization of Y Cyg listed in table 3.

Table 3　Evolution of semi-major axis and spin of Y Cyg

Stage	t(a)	a/a_0	$a(R_\odot)$	$\delta a(R_\odot)$	$\delta\Omega$(rad/d)
A	4.774×10^3	0.999 1	28.464 3	−0.025 6	0.003 1
B	1.279×10^5	0.981 1	27.951 5	−0.053 84	0.006 5
C	2.239×10^5	0.966 9	26.852	−0.943 0	0.199 8

5.Conclusion

It can be seen from table 2 that the orbital parameters and spin exhibit very slow changes for 100 years due to the action of the tidal friction for Y Cyg.We may also find from table 3 that Y Cyg achieves or enters the synchronization stage firstly, and then, circularization stage and finally enter the orbital collapse stage.

From table 3, we may assert that in the system of Y Cyg the orbital semi-major axis, a, decreases with age monotonically and the spin rate, Ω, increases with age continuously in each stage.In the synchronous stage the decrease is large for $\delta a_{\rm syn}$, and the increase is large for $\delta\Omega_{\rm syn}$.In the circularization stage, we find that $\delta a_{\rm cir}<\delta a_{\rm syn}$ and $\delta\Omega_{\rm syn}>\delta\Omega_{\rm cir}$. However, in the orbital collapse stage, $\delta a<\delta a_{\rm cir}<\delta a_{\rm syn}$ and $\delta\Omega>\delta\Omega_{\rm cir}>\delta\Omega_{\rm syn}$.

Numerical results for the three evolutional stages of the orbital semi-major axis and spin of Y Cyg. The stages A, B and C stand for synchronization, circularization and collapse, respectively.

It should be noted that Equations (1) and (2) are valid up to second order of eccentricity e and that higher order terms $O(e^4)$ are neglected. Hence these equations should be used for binary systems with a small eccentricity, and may be inadequate to those with a large eccentricity. For the eccentricity $e=0.142$ of the eclipsing binary system Y Cyg, we have $e^4=0.000\,4$, which is sufficiently small validating our use of Equations (1) and (2).

References

[1] Giuricin G, Mardirossian F, Mezzetti, M. 1984, Synchronization in Eclipsing Binary Stars, A&A, 131, 152.

[2] Hut P. 1980, Stability of Tidal Equilibrium, A&A, 92, 167.

[3] Hut P. 1981, Tidal Evolution in Close Binary Systems, A&A, 99, 126.

[4] Ibanoglu C, Soydugan F, Soydugan E, Dervisoglu A. 2006. Angular Momentum Evolution of Algol Binaries, MNRAS, 373, 435.

[5] Li L S. 2012, Orbit and Spin Evolution of Synchronous Binary Stars on the Main Sequence, Res Astron Astrophys, 12, 1673.

[6] Li L S. 2013, Numerical Solution and Evolutionary Treads of the Orbit and Rotation of a Synchronous Binary Star System at the Orbital Circularization Time, Astron Res & Tech, 10 (3), 249.

[7] Li L S. 2015, Orbit and Spin Evolution of Synchronous Binary Stars on the Main Sequence (A Theoretical Improve-ment to the Analytical Method), Res Astron Astrophys, 15, 1695.

[8] Peraiah A. 1965, Rotation of the Components in Close Binary Systems, ZA, 62, 48.

[9] Simon K P, Sturm E, Fielder A. 1994, Spectroscopic Analysis of Hot Binaries 2: The Components of Y Cygni, A&A, 292, 507.

[10] Zahn J P. 1977, Tidal Friction in Close Binary Stars, A&A, 57, 383.

[11] Zahn J P. 1978, Erratum: Tidal Friction in Close Binary Stars, A&A, 67, 162.

[12] Zahn J P. 1989, Tidal Evolution of Close Binary Stars I - Revisiting the Theory of the Equilibrium Tide, A&A, 220, 112.

[13] Zahn J P, Bouchet L. 1989, Tidal Evolution of Close Binary Stars II Orbital Circularization of Late-Type Binaries, A&A, 223, 112.

在近距双星系统中同步双星达到轨道圆形化时的轨道和自转演化的数值解和演化趋势*

摘要： 从非同步自转双星的轨道和自转的演化方程组推出同步双星的轨道和自转的演化方程组. 用数值积分法给出演化方程组的数值解. 计算同步自转双星 E K Cep 达到轨道圆形化的时间和那时的轨道半长轴、轨道偏心率和主星自转角速度的演变数值. 最后对轨道和自转的演化趋势做了推论.

关键词： 同步自转双星 E K Cep；轨道圆化时间；轨道和自转；数值解

潮汐摩擦在近距双星系统中对轨道和自转的演化伴有重要角色. 文［1］［2］利用能量和角动量的方法研究了在近距双星系统中潮汐平衡和演化的问题，但作者的研究较少涉及轨道和自转的同步性. 自转同步性的一系列研究首先是由文［3］［4］完成的. 文［5］研究了主序前收缩星晚型星的轨道圆形化问题并给出了数值结果. 近年来，也有不少学者对双星自转和同步性的观测和理论研究做了工作. 例如：文［6］［8］等作者对双星自转的观测和同步性做了大量工作，特别对大陵五型双星的自转和同步性的统计观测. 文［9］给出了判断双星同步自转的一种新方法. 文［10］［11］研究了非同步转动双星的轨道和自转的演化. 文［12］给出了判断双星自转同步性的表象描述法. 文［13］研究了太阳型双星的同步性观测. 文［14］在文［12］的研究的基础上又给出了判断分光双星自转同步性的方法.

作者在文［15］用分析法研究了在主序上轨道偏心率较小的同步双星（β-Per）的轨道和自转演化的分析解. 本文用数值法研究了轨道偏心率较大的同步双星（E K Cep）的轨道和自转演化的数值解和演化趋势.

1. 从非自转同步演化方程组化为自转同步演化方程组

Zahn (1989) 给出了由于潮汐摩擦使轨道半长轴 a、轨道偏心率 e 和自转角速度长期演化的一般方程组[4]：

* 原文载于《天文研究与技术》，2013，10 (3)：249-254.

$$\frac{1}{a}\cdot\frac{\mathrm{d}a}{\mathrm{d}t}=-\frac{12}{t_f}q(1+q)\left(\frac{R}{a}\right)^8\left\{\lambda^{22}\left(1-\frac{\Omega}{\omega}\right)\right.$$
$$\left.+e^2\left[\frac{3}{8}\lambda^{10}+\frac{1}{16}\lambda^{12}\left(1-2\frac{\Omega}{\omega}\right)-5\lambda^{22}\left(1-\frac{\Omega}{\omega}\right)+\frac{147}{16}\lambda^{32}\left(3-2\frac{\Omega}{\omega}\right)\right]\right\},\quad(1)$$

$$\frac{1}{e}\cdot\frac{\mathrm{d}e}{\mathrm{d}t}=-\frac{3}{t_f}q(1+q)\left(\frac{R}{a}\right)^8\left[\frac{3}{4}\lambda^{10}-\frac{1}{8}\lambda^{12}\left(1-2\frac{\Omega}{\omega}\right)\right.$$
$$\left.-\lambda^{22}\left(1-\frac{\Omega}{\omega}\right)+\frac{49}{8}\lambda^{32}\left(3-2\frac{\Omega}{\omega}\right)\right],\quad(2)$$

$$\frac{\mathrm{d}}{\mathrm{d}t}(I\Omega)=\frac{6}{t_f}q^2MR^2\left(\frac{R}{a}\right)^6\left\{\lambda^{22}(\omega-\Omega)+e^2\left[\frac{1}{8}\lambda^{12}(\omega-2\Omega)\right.\right.$$
$$\left.\left.-5\lambda^{22}(\omega-\Omega)+\frac{49}{8}\lambda^{32}(3\omega-2\Omega)\right]\right\}.\quad(3)$$

式中，R 和 M 分别表示主星的半径和质量；$q=\frac{M'}{M}$，M' 为伴星质量；ω 表示轨道角速度（平均运动）；I 表示转动惯量. 对流摩擦时间 t_f 和 λ^{lm} 已由 Zahn & Bouchet (1989b) 给出[5]：

$$t_f=\left(\frac{MR^2}{L}\right)^{\frac{1}{3}}=f_\odot\left(\frac{M}{M_\odot}\right)^{\frac{1}{3}}\left(\frac{T_e}{T_{e\odot}}\right)^{-\frac{4}{3}}.\ \lambda^{lm}=\lambda_2\frac{2\pi}{|l\omega-m\Omega|}.\quad(4)$$

式中，L 和 T_e 分别是主星的光度和表面有效温度；$f_\odot$ 和 $T_{e\odot}$ 分别表示太阳的对流摩擦时间和表面有效温度.

Zahn 和 Bouchet (1989) 指出当两个子星自转轨道运动同步时，$|l\omega-m\Omega|=\omega$，而所有潮汐系数是相等的. $\lambda^{lm}=\lambda$，但对于 λ^{22} 除外. 因此，在方程组 (1) ～ (3) 中 $\lambda^{10}=\lambda^{12}=\lambda^{32}=\lambda$，$\lambda^{22}\neq\lambda$. 当考虑两个子星自转处于同步时，$\Omega=\omega$ 或 $\frac{\Omega}{\omega}=1$. 将这些条件代入方程组 (1) ～ (3) 后，方程组 (1) ～ (3) 化成下列当同步时的简单的长期演化方程组：

$$\frac{1}{a}\cdot\frac{\mathrm{d}a}{\mathrm{d}t}=-114q(1+q)\frac{\lambda}{t_f}e^2\left(\frac{R}{a}\right)^8,\quad(5)$$

$$\frac{1}{e}\cdot\frac{\mathrm{d}e}{\mathrm{d}t}=-21q(1+q)\frac{\lambda}{t_f}\left(\frac{R}{a}\right)^8,\quad(6)$$

$$\frac{1}{\Omega}\cdot\frac{\mathrm{d}\Omega}{\mathrm{d}t}=36q^2\left(\frac{MR^2}{I}\right)\frac{\lambda}{t_f}e^2\left(\frac{R}{a}\right)^6=36q^2\cdot\left(\frac{M}{I}\right)\frac{\lambda}{t_f}e^2a^2\left(\frac{R}{a}\right)^8.\quad(7)$$

根据 Kepler 第三定律也可写成以下联立方程组：

$$\frac{1}{\omega}\cdot\frac{\mathrm{d}\omega}{\mathrm{d}t}=-\frac{3}{2}\cdot\frac{1}{a}\cdot\frac{\mathrm{d}a}{\mathrm{d}t},\quad(8)$$

$$\frac{1}{T}\cdot\frac{\mathrm{d}T}{\mathrm{d}t}=\frac{3}{2}\cdot\frac{1}{a}\cdot\frac{\mathrm{d}a}{\mathrm{d}t},\quad(9)$$

$$\frac{1}{P}\cdot\frac{\mathrm{d}P}{\mathrm{d}t}=-\frac{1}{\Omega}\cdot\frac{\mathrm{d}\Omega}{\mathrm{d}t}.\quad(10)$$

式中，T 表示轨道周期（平均运动）；P 表示主星的自转周期.

轨道圆形化时间 t_{cir} 是[4]

$$\frac{1}{t_{cir}}=\frac{1}{e}\cdot\frac{de}{dt}=21\frac{\lambda}{t_f}q(i+q)\left(\frac{R}{a}\right)^8. \tag{11}$$

对于同步双星 $\lambda=k_2$（拱线进动常数）.

2. 长期演化方程组的数值解法

方程组（5）～（7）是三元联立常微分方程组. 解这类方程组可直接用积分方程组的分析解法；另外也可以用数值解法. 前者可用指数级数展开得到分析解，但指数级数展开后只能略去对于轨道偏心率小的项，对于轨道偏心率较大的双星不能略去. 本文所研究的同步双星 E K Cep 的轨道偏心率较大（$e=0.11$），故不能用指数级数展开的分析法，只能用数值积分法.

数值积分常微分方程组最好采用四阶龙格-库塔解法. 将前节方程组（5）～（7）写成适用于四阶龙格-库塔解法的形式：

$$\begin{cases}\dfrac{da}{dt}=-\dfrac{Ae^2}{a^7}=F_1(a,\ e),\\[2mm] \dfrac{de}{dt}=-\dfrac{Be}{a^8}=F_2(a,\ e),\\[2mm] \dfrac{d\Omega}{dt}=+\dfrac{Ce^2\Omega}{a^6}=F_3(a,\ e,\ \Omega).\end{cases} \tag{12}$$

$$\text{式中}\begin{cases}A=114q(1+q)\dfrac{k_2}{t_f}R^8,\\[2mm] B=21q(1+q)\dfrac{k_2}{t_f}R^8,\\[2mm] C=36q^2\dfrac{M}{I}\cdot\dfrac{k_2}{t_f}R^6.\end{cases} \tag{13}$$

对于主序星或亚巨星，其半径 R 是不变的或 R 为常数.

龙格-库塔四阶解的形式是

$t\to h$（步长），$a\to k$，$e\to l$，$\Omega\to m$（k，l，m 为增量）.

$$\begin{cases}k=\dfrac{1}{6}(k_1+2k_2+2k_3+k_4),\\[2mm] l=\dfrac{1}{6}(l_1+2l_2+2l_3+l_4),\\[2mm] m=\dfrac{1}{6}(m_1+2m_2+2m_3+m_4).\end{cases} \tag{14}$$

$$\text{式中}\begin{cases}k_1=hF_1(a_0,\ e_0),\\[2mm] k_2=hF_1\left(a_0+\dfrac{1}{2}k_1,\ e_0+\dfrac{1}{2}l_1\right),\\[2mm] k_3=hF_1\left(a_0+\dfrac{1}{2}k_2,\ e_0+\dfrac{1}{2}l_2\right),\\[2mm] k_4=hF_1\left(a_0+\dfrac{1}{2}k_3,\ e_0+l_3\right);\end{cases} \tag{15}$$

$$\begin{cases} l_1 = hF_2(a_0, e_0), \\ l_2 = hF_2(a_0 + \frac{1}{2}k_1, e_0 + \frac{1}{2}l_1), \\ l_3 = hF_2(a_0 + \frac{1}{2}k_2, e_0 + \frac{1}{2}l_2), \\ l_4 = hF_2(a_0 + \frac{1}{2}k_3, e_0 + l_3); \end{cases} \tag{16}$$

$$\begin{cases} m_1 = hF_3(a_0, e_0, \Omega_0), \\ m_2 = hF_3(a_0 + \frac{1}{2}k_1, e_0 + \frac{1}{2}l_1, \Omega_0 + \frac{1}{2}m_1), \\ m_3 = hF_3(a_0 + \frac{1}{2}k_2, e_0 + \frac{1}{2}l_2, \Omega_0 + \frac{1}{2}m_2), \\ m_4 = hF_3(a_0 + \frac{1}{2}k_3, e_0 + \frac{1}{2}l_3, \Omega_0 + m_3). \end{cases} \tag{17}$$

3. 同步双星 E K Cep 达到轨道圆形化时的轨道和自转演化的数值解

本文利用前节的龙格-库塔计算方法计算同步双星 E K Cep 达到轨道圆形化时轨道半长轴、轨道偏心率、轨道周期、轨道角速度和主星自转角速度的演化值. 密近双星 E K Cep 其系统属于 DS（分离）系统. 根据文［16］给出的光谱型，主星是 AOV（AO 型主序星），但根据文［6］［7］［17］，主星是 AOIV 型（AO 型亚巨星）. 根据文［16］系统的同步性 $V=20$ km/s，$V_k=18$ km/s. 文［7］也给出 $V\sin i=20$ km/s，$V_k=18$ km/s,所以判断此双星系是同步双星. 此双星系的轨道参数：文［17］［7］［8］均给出轨道偏心率 $e=0.11$. 文［18］给出的轨道参数：$T=4.427\,8$ 日，$a=16.72R_\odot$，$R=1.35R_\odot$，$R'=1.14R_\odot$，$q=\frac{M'}{M}=0.56$，$SM=M+M'=3.20M_\odot$，即$M=2.05M_\odot$，$M'=1.15M_\odot$，$T_e=10\,320^0$ K（主星）. 文［5］给出 $f_\odot=0.433$ 年，$T_{e\odot}=5\,770^0$ K. 根据上述 $V=20$ km/s，$R=1.35R_\odot$，$\Omega_0=\frac{V}{R}=2.128\,6\times10^{-5}$ rad / s，将这些数据代入（4）式，得潮汐摩擦时间：

$$t_f = f_\odot\left(\frac{M}{M_\odot}\right)^{\frac{1}{3}}\left(\frac{T_e}{T_{e\odot}}\right)^{-\frac{4}{3}} = 0.253\,3\ \text{年}. \tag{18}$$

对于同步双星 $\lambda=k_2$（拱线进动常数）. k_2 可根据文［19］中 logm 的数值在表中查找 k_2 的对应值. 但本文 log2. 05=0. 317 7，表中没有 k_2 的对应值故只好用 Cowlling 公式计算 $k_1=k_2=k$[20].

$$k_2 = (T/U)\Big/\left[\left(\frac{R}{a}\right)^5\left(1+16\frac{M'}{M}\right)+\left(\frac{R'}{a}\right)^5\left(1+16\frac{M}{M'}\right)\right]. \tag{19}$$

其中 U 是拱线进动周期，文［21］给出的数据，对于 E K Cep，$U=4\,000$ 年. 将上述 T，U，R，R'，M 和M'代入上式后得

$$k_2 = 0.\,033\,59.$$

再将 $\lambda=k_2=0.03359$，$t_f=0.2533$ 年以及 $q=0.56$，$R=1.35R_{\odot}$，$a=16.72R_{\odot}$ 代入（11）式后得轨道圆形化时间：

$$t_{\text{cir}}=\frac{t_f}{21q(1+q)k_2}\left(\frac{a}{R}\right)^8=2.2757\times10^8\ \text{yr}. \tag{20}$$

再将 q，k_2，t_f，R，M 和 I 代入（13）式中有：

$$\begin{cases}A=114q(1+q)\dfrac{k_2}{t_f}R^8=145.6685{R_{\odot}}^8,\\ B=21q(1+q)\dfrac{k_2}{t_f}R^8=26.8336{R_{\odot}}^8,\\ C=36q^2\dfrac{M}{I}\cdot\dfrac{k_2}{t_f}R^6=9.0612{R_{\odot}}^6.\end{cases} \tag{21}$$

在前节龙格-库塔公式（15）～（18）中利用初始条件值 $a_0=16.7R_0$，$e_0=0.11$，$\Omega_0=\dfrac{V}{R}=2.1286\times10^{-5}$ rad/s 以及 A，B，C 和 $h=t_{\text{air}}=2.2757\times10^8$ 年值，逐步得到

$k_1=-1.097R_{\odot}$，$k_2=-0.3480R_{\odot}$，$k_3=-0.5353R_{\odot}$，$k_4=-0.9518R_{\odot}$，

$l_1=-0.10997$，$l_2=-0.0719$，$l_3=-0.0811$，$l_4=-0.0357$，

$m_1=2.4307\times10^{-5}$ rad/s，$m_2=1.1701\times10^{-5}$ rad/s，$m_3=1.4642\times10^{-5}$ rad/s，$m_4=0.0344\times10^{-5}$ rad/s.

将这些数值代入（14）式得到轨道圆形化时轨道和自转的演变增量：

$k=-0.6360R_{\odot}$，$l=-0.0516$，$m=1.2888\times10^{-5}$ rad/s.

所以轨道达到圆形化时轨道半长轴、偏心率和主星自转角速度各值为

$$\begin{cases}a=a_0+k=16.72R_{\odot}-0.6360R_{\odot}=16.084R_{\odot},\\ e=e_0+l=0.11-0.0516=0.0584,\\ \Omega=\Omega_0+m=(2.1286+1.2888)\times10^{-5}\ \text{rad/s}=3.4174\times10^{-5}\ \text{rad/s}.\end{cases} \tag{22}$$

即在 2.2757×10^8 年内轨道和自转的变化值：

$\delta a=-0.6360R_{\odot}$，$\delta e=-0.0516$，$\delta\Omega=+1.2888\times10^{-5}$ rad/s.

积分（8）～（10）式的结果：

$$\begin{cases}\omega=\omega_0\left(\dfrac{a}{a_0}\right)^{-\frac{3}{2}},\\ T=T_0\left(\dfrac{a}{a_0}\right)^{\frac{3}{2}},\\ P=P_0\dfrac{\Omega}{\Omega_0}.\end{cases} \tag{23}$$

式中，$T_0=4.4278$ 日；$\omega=\dfrac{2\pi}{T_0}=1.4190$ rad/日；$P_0=\dfrac{2\pi}{\Omega_0}=3.4164$ 日.

将 $a_0=16.72R_{\odot}$，$a=16.084R_{\odot}$，$\Omega_0=2.1288\times10^{-5}$ rad/s 和 $\Omega=3.4174\times10^{-5}$ rad/s代入上式后得

$\omega=1.5038$ rad/d，$T=4.1776$ d，$P=2.1277$ d，$\delta\omega=+0.0848$ rad/d，$\delta T=-0.2502$ d，$\delta P=-1.2887$ d，$\delta\Omega=+1.2886\times10^{-5}$ rad/s.

4. 推　论

根据前节的计算结果，可以推论同步双星 E K Cep 两子星达到轨道圆形化时轨道和自转的演化趋势：

（1）轨道半长轴在近 2×10^8 年内从开始值 $16.72R_\odot$ 减少到 $16.084R_\odot$；

（2）轨道偏心率在近 2×10^8 年内从 0.11 减少到 0.0584；

（3）轨道角速度（平均运动）在近 2×10^8 年内从 1.4190 rad/日加速到1.5038 rad/日；

（4）轨道周期在近 2×10^8 年内从4.4278日缩短到4.1776日；

（5）主星的自转角速度在近 2×10^8 年内从开始值 2.1286×10^{-5} rad/s 加速到 3.4174×10^{-5} rad/s；

（6）主星的自转周期在近 2×10^8 年内从开始值3.4164日缩短到2.1277日.

从同步演化方程组（5）～（10）还可推论轨道达到圆形化时间以后轨道半长轴和轨道偏心率也继续减少；轨道平均运动继续加速，轨道周期继续缩短，而主星自转角速度继续加速，周期继续缩短.

参考文献

[1] P Hut. Stability of tidal equilibrium [J]. Astronomy and Astrophysics, 1980, 92: 167-170.

[2] P Hut. Tidal evolution in Close binary system [J]. Astronomy and Astrophysics, 1981, 99: 126-140.

[3] J P Zahn. Tidal friction in close binary stars [J]. Astronomy and Astrophysics, 1977, 57: 383-394.

[4] J P Zahn. Tidal evolution of close binary stars, I Revisiting the theory of the equilibrium tide [J]. Astronomy and Astrophysics, 1989, 220: 112-116.

[5] J P Zahn, L Bouchet. Tidal evolution of close binary stars II Orbital Circularization of late-type binaries [J]. Astronomy and Astrophysics, 1989, 223 (1): 112-118.

[6] 谭徽松. 大陵五型双星的自转统计研究 [J]. 天文学报，1989，30（2）：135-148.

Tan Huisong. Statistical study of the rotation of Algols [J], Acta Astronomical Sinica, 1989, 30 (2): 135-148.

[7] 谭徽松，潘开科，汪洵浩. 密近双星自转的测量和研究（II）自转同步性的计算 [J]. 天体物理学报，1995，15（1）：57-69.

Tan Huisong, Pan Kaike, Wang Xunhao. Measurement and Study of Rotation in Close Binary Stars (Ⅱ) Synchronization Calculation [J]. Acta Astrophysica Sinica, 1995, 15 (1): 57-69.

［8］潘开科. 密近双星自转的测量和研究（III）同步性的统计性质［J］. 天体物理学报，1996，16（3）：291-297.

Pan Kaike. Measurement and study of rotation in close binary stars (III) sta stical analysis of synchronization [J]. Acta Astrophysica Sinica, 1996, 16 (3): 291-297.

［9］李林森. 判断双星自转同步性的一种新方法［J］. 天体物理学报，1998，18（1）：77-82.

Li Linsen. A new method for judging the synchronous rotation of binary stars [J]. Acta Astrophysica Sinica, 1998, 18 (1): 77-82.

［10］黄润乾，曾艺容. 非同步转动双星系统的演化［J］. 中国科学 A 辑，数学，2000，30（2）：187-192.

[11] Huang Runqian, Zeng Yirong. Evolution of Non-Synchronized Binary Systems [J]. Science in China, Series A Mathematics, 2000, 43 (3): 331-336.

[12] Li Linsen. An apparent descriptive method for judging the synchronization of rotation of binary stars [J]. Journal of Astrophysics and Astronomy, 2004, 25 (3-4): 203-211.

[13] S Meibom, R D Mathieu, K G Stassun. An observational study of tidal synchronization in Solar-binary stars in the open clusters M 35 and M 34 [J]. The Astrophys Journal, 2006, 653 (2): 621-635.

［14］李林森. 判断分光双星自转同步性方法的理论改进［J］. 天文研究与技术（国家天文台台刊），2009，6（4）：264-270.

Li Linsen. Theoretical improvement of methods for judging the synchronizations of self rotation of stars in a spectroscopic binary system [J]. Astronomical Research & Technology: Publications of National Astronomical Observatories of China, 2009, 6 (4): 264-270.

[15] Li LinSen. Orbit and spin evolution of synchronous binary stars on the main sequence [J]. Research in Astronomy and Astrophysics , 2012, 12 (12): 1673-1680.

[16] G Giuricin, F Mardirossian, M Mezzetti. Synchronization in eclipsing binary stars [J]. Astronomy and Astrophysics, 1984, 131 (1): 152-158.

[17] A H Batten, J M Fletcher, D G Maccarthy. Eight catalogue of the orbital elements of spectroscopic binary system [J]. Publication of Domin on Astrophysics of Observatory, 1989, 17: 1-127.

[18] H K Brancewiez, T Z Dworak. A catalogue of parameters for eclipsing binaries [J]. Acta Astronomica, 1980, 30 (4): 501-524.

[19] A Claret, A Gimenez. Evolutionary stellar models using Rogers & Iglesias opacities with particalar attention to internal structure constants [J]. Astronomy and Astrophysics Supploment Series, 1992, 96 (1): 255-261.

[20] T G Cowlling. On the motion of the apsidal line in close binary systems [J]. Monthly Notices of the Royal Astronomical Society, 1938, 98 (2): 734-743.

[21] T Hegeds. AN up-dated List of eclipsing binaries showing apsidal motion [J]. Bulletin d' Information duCentre deDonnes Stellaire, 1988 , 35 (1): 15-28.

三类密近双星自转同步性参量的理论计算和统计分析*

摘要： 利用双星自转同步性理论给出了69个三类密近双星系统中93个子星的临界同步自转参量和临界自转周期．并把利用临界自转同步参量所计算的临界自转周期与由气体星自转不稳定理论所计算的临界自转周期做了比较，其结果是两者均属同一量级．

关键词： 密近双星；自转；同步参量；临界自转周期；数值计算

1. 引　言

由于双星的自转角速度或自转周期很难测定，因此可通过双星自转同步性理论来研究其自转的情况．研究双星自转同步性理论需要先确定同步参数，为此，有些作者利用与两子星的自转和公转有关的参数，将两者之比作为同步参数[1]~[3]；还有些作者用计算双星自转同步化时间作为同步参数[4]~[6]．本文则利用 Peraiah 的自转同步性理论，研究三类密近双星的同步自转情况．然而，在 Peraiah 的自转同步理论中，用子星的赤道角速度代替双星气体环的角速度是不恰当的，需要做适当改进，即需要将赤道自转角速度改为赤道临界自转角速度．改进后的理论只适用于计算双星具有临界值时（外层有 Roche 模型）的同步参数，用此参数可计算子星的临界自转角速度（包括线速度）以及临界自转周期．为了验证改正后的理论的正确性，还需根据单个气体星的自转不稳定性理论所给出的临界自转角速度或临界自转周期的公式，进行计算对比．本文对文[1]修正后的方法类似于文[2]中自转达到临界值时所对应的同步参数方法，即临界同步参数方法．

研究双星处于临界状态时的自转情况是有意义的．因为双星自转达到临界值时开始有物质流出，在系统内形成物质交流过程．这时，双星开始向外层 Roche 模型演变．另外，利用临界状态时的同步参数，可计算密近双星中子星自转的临界值（临界角速度、自转周期），还可研究某些双星是否接近或远离外层 Roche 模型星（自转角速度接近临界值）．

---

* 原文载于《天体物理学报》，1997，17 (4)：411-414.

2. 对 Peraiah 的自转同步理论的修正

在文［1］中，Peraiah 在利用双星气体环的速度研究密近双星系统中子星同步自转理论时，给出自转同步性参量，以此衡量双星接近同步自转的情况. 然而，理论上用子星的赤道角速度代替气体环的角速度是不恰当的，需要适当做些修正.

Struve 根据密近双星子星的气体环的发射线，得到了在子星赤道平面上气体环的转动线速度 V_{em} 和双星系统的轨道周期 P 之间的关系[7]：

$$V_{em}^3 P = C, \tag{1}$$

其中，常数 C 可由 Struve 的表中 V_{em} 和 P 的观测值算出，$C=11.97\times10^{27}\ \text{cm}^3/\text{s}^2$.

设 r_i 为子星的半径（$i=1$，2），又设气体环离子星表面的距离 $S=r_iN$（在赤道平面上），即 $N=\dfrac{S}{r_i}$. 如果设气体环的转动角速度为 Ω_{emi}（在赤道平面上），则环的转动线速度为

$$V_{emi}=\Omega_{emi}(r_i+r_iN) \quad (i=1,\ 2). \tag{2}$$

Peraiah 将气体环的角速度 Ω_{emi} 用子星的赤道角速度 Ω_{Ei} 代替，即 $\Omega_{emi}=\Omega_{Ei}$，再将（2）式代入（1）式后得到子星赤道角速度为

$$\Omega_{Ei}=\frac{1}{r_i(N+1)}\left(\frac{C}{P}\right)^{\frac{1}{3}}. \tag{3}$$

如果气体环和子星的赤道表面以同步（同速）转动，则有 $\Omega_{emi}=\Omega_{Ei}$，从而（3）式成立. 但是，距离子星表面 $S=r_iN$ 处的气体环不可能同子星赤道表面同步转动，故（3）式不能成立. 因此（3）式应该写成

$$\Omega_{emi}=\frac{1}{r_i(N+1)}\left(\frac{C}{P}\right)^{\frac{1}{3}}. \tag{4}$$

Peraiah 假定对于没有气体环，即 $N=0$ 的双星系统也成立，故有

$$\Omega_{Ei}=\frac{1}{r_i}\left(\frac{C}{P}\right)^{\frac{1}{3}}, \tag{5}$$

即给出了没有气体环的子星的赤道角速度公式. 令双星系统的轨道角速度为 Ω_0，则

$$\Omega_0=\frac{2\pi}{P}. \tag{6}$$

Peraiah 假定自转轴垂直于双星系统的轨道平面，并取两子星的赤道自转角速度同轨道角速度两者之比 R_i 作为同步参量，故由（5）式和（6）式得

$$\frac{\Omega_{Ei}}{\Omega_0}=\frac{C^{\frac{1}{3}}}{2\pi}\cdot\frac{P^{\frac{2}{3}}}{r_i}=R_i \quad (i=1,\ 2). \tag{7}$$

由于（3）式不正确，（7）式也必须加以改正. 现从（4）式出发，当取 $N=0$ 时意味着 $S=0$，这表示气体环距子星的中心在子星的赤道半径 r 处，这时气体环的转动角速度及其线速度仍不能等于子星赤道 r 处的自转角速度或线速度. 在赤道半径 r 处气体环上一点的惯性离心力等于该点所受的重力，所以那一点上的角速度或线速度应该是在赤道

平面上的临界自转角速度 Ω_{cE} 或 V_{cE}. 在该处也正好是子星（主星）的赤道临界角速度. 故当 $N=0$ 时，修正的（4）式中的 $\Omega_{emi}=\Omega_{cEi}$，由下式代替（5）式

$$\Omega_{cEi}=\frac{1}{r_i}\left(\frac{C}{P}\right)^{\frac{1}{3}}. \tag{8}$$

由此，（7）式可写为

$$\frac{\Omega_{cEi}}{\Omega_0}=\frac{C^{\frac{1}{3}}}{2\pi}\cdot\frac{P^{\frac{2}{3}}}{r_i}=Q_i \quad (i=1,\ 2). \tag{9}$$

本文将文［1］中的同步参量 R_i 用 Q_i 来代替.（9）式所定义的同步参数 Q 表示双星系统中子星的临界赤道自转角速度和另一子星轨道角速度的比，该比值由常数 C，子星的半径 r 和轨道周期 P 所确定.（9）式就是本文对 Peraiah 的自转同步理论的修正公式，这里，将 Q_i 称为临界自转同步参量. 为使用（9）式计算 Q_i 值，需引用 Kepler 第三定律：

$$\left(\frac{2\pi}{P}\right)^2=\frac{G(M_1+M_2)}{a^3}, \tag{10}$$

式中 M_1 和 M_2 为两子星的质量，a 为其轨道半长轴.

将（10）式代入（9）式，并以太阳半径（$R_\odot$）和太阳质量（$M_\odot$）为单位，令 $a=AR_\odot$，$r_i=R_iR_\odot$，$M_1=mM_\odot$，$M_2=mM_\odot q$，而 $q=\dfrac{M_2}{M_1}\ll 1$，将 C 值代入，则（9）式变为

$$\frac{\Omega_{cEi}}{\Omega_0}=2.4297\left(\frac{A}{R_i}\right)[m(1+q)]^{-\frac{1}{3}}=Q_i \quad (i=1,\ 2). \tag{11}$$

同步自转条件是 $\Omega_{cEi}=\Omega_0$，或 $Q_i=1$，故同步自转条件为

$$\frac{A}{R_i}=\frac{\sqrt[3]{m(1+q)}}{2.4297}. \tag{12}$$

Q_i 值反映出临界赤道自转角速度为轨道公转角速度的倍数，它类似于文［3］中的 F，但两者的意义和表达式完全不同. 我们令

$$\Delta_i=Q_i-1. \tag{13}$$

它反映出临界赤道自转角速度和轨道公转角速度之差同轨道公转角速度之比，类似于文［3］中的 $F-1$. 故由（13）式可知：

当 $\Delta_i=0$ 时，$Q_i=1$，为自转完全同步；

当 Δ_i 接近 0 时，即 Q_i 值接近 1 时，为自转接近同步；当 Δ_i 偏离 0 时，即 Q_i 值偏离 1 时，为自转偏离同步.

3. 双星自转临界值的计算

如果已知双星的轨道周期 P（d），则将 $\Omega_0=\dfrac{2\pi}{P}$ 代入（11）式，可得双星的临界赤道自转角速度 Ω_{cEi} 和临界赤道线速度 V_{cEi} 及临界赤道自转周期 P_{cEi}，

$$\left.\begin{aligned}
(\Omega_{cEi})_s &= \frac{2\pi}{P}Q_i = \frac{2\pi Q_i}{86\ 400P}\ \text{rad/s},\\
(V_{cEi})_s &= \frac{2\pi r}{P}Q_i = \frac{2\pi R_\odot}{86\ 400}\cdot\frac{R}{P}Q_i\ \text{km/s},\\
(P_{cEi})_s &= \frac{P}{Q_i}\text{d}.
\end{aligned}\right\}\tag{14}$$

其中，轨道周期 P 以日为单位，$R_\odot$ 以 km 为单位. 为了将同步理论得出的双星自转临界值同其他理论得出的自转临界值相比较，现给出由气体星的自转不稳定性理论所给出的临界值公式. 对于临界赤道角速度、线速度和自转周期分别有[8]

$$\frac{\Omega_{cE}^2}{2\pi G\bar{\rho}}=0.\ 360\ 75,$$

其中 $\bar{\rho}=\dfrac{mM_\odot}{\dfrac{4}{3}\pi R_\odot^3 R^3}=\bar{\rho}_\odot\left(\dfrac{m}{R^3}\right)$为气体星的平均密度. m 和 R 为无量纲量. 取 $\bar{\rho}_0=1.409\ \text{g/cm}^3$，$R_\odot=6.959\ 9\times10^5$ km，$G=6.67\times10^{-8}$c·g·s，则

$$\left.\begin{aligned}
(\Omega_{cE})_t &= 4.614\ 2\times10^{-4}\left(\frac{m}{R^3}\right)^{\frac{1}{2}}\ \text{rad/s},\\
(V_{cE})_t &= \Omega_{cE}R_\odot R\ \text{km/s}=321.143\ 7\left(\frac{m}{R}\right)^{\frac{1}{2}}\ \text{km/s},\\
(P_{cE})_t &= \frac{2\pi}{86\ 400\Omega_{cE}}\text{d}=0.157\ 5\left(\frac{R^3}{m}\right)^{\frac{1}{2}}\ \text{d}.
\end{aligned}\right\}\tag{15}$$

(14) 式是用双星同步理论给出的涉及两个子星物理量的子星自转临界值公式，而 (15) 式是用单个气体星的自转不稳定理论给出的只涉及一个子星物理量的子星自转临界值公式.

利用 (11) 式，(14) 式和 (15) 式可计算在三类密近双星（接触、半相接、分离）中 93 个子星的临界同步参量和临界自转周期. 计算时对于每个子星的物理数据 P，R，A，m 和 q 采用文 [3] 中所给的数据. 对于三类双星的 Q_i，Δ_i，$(P_{cEi})_s$ 和 $(P_{cE})_t$ 的计算结果如表 1～表 3 所示.

表 1　接触密近双星中子星的临界自转同步参量和临界自转周期

Name	P (d)	Q_i	Δ_i	$(P_{cEi})_s$ (d)	$(P_{cE})_t$ (d)
E E Aqr	0.51	3.641 8	2.641 8	0.14	0.25
V599 Aql	1.85	2.043 4	1.043 4	0.90	0.87
V1182 Aql	1.62	1.519 3	0.519 3	1.07	0.72
S X Aur	1.21	2.370 7	1.370 7	0.59	0.57
X Z Cnc	1.11	4.459 7	3.459 7	0.25	0.41
U W CMa	4.39	1.777 2	0.777 2	2.42	1.64

续　表

Name	P（d）	Q_i	Δ_i	$(P_{cEi})_s$（d）	$(P_{cE})_t$（d）
E M Cep	0.81	2.175 0	1.175 0	0.37	0.37
R V CrV	0.75	4.047 0	3.047 0	0.18	0.39
G O Cyg	0.72	3.179 7	2.179 7	0.23	0.40
D M Del	0.84	4.082 9	3.082 9	0.20	0.49
T T Her	0.91	3.731 9	2.731 9	0.24	0.44
U Y Mon	1.26	2.962 5	1.962 5	0.42	0.56
V1010 Oph	0.66	4.046 0	3.046 0	0.16	0.30

表 2　半相接密近双星中子星的临界自转同步参量和临界自转周期

Name	P（d）	Q_i	Δ_i	$(P_{cEi})_s$（d）	$(P_{cE})_t$（d）
Q S Aql	2.51	6.043 7	5.043 7	0.41	0.37
V377 Aql A	2.73	2.405 9	1.405 7	1.13	1.01
B		2.624 1	1.624 1	1.04	1.01
A W Cam	0.77	3.706 1	2.706 1	0.21	0.35
Y Y CWi	1.09	5.158 2	4.158 2	0.21	0.45
U Cep	2.49	6.750 5	5.750 5	0.37	0.34
G K Cep A	0.94	3.663	2.656 3	0.26	0.42
B		3.985 4	2.985 4	0.24	0.38
G T Cep A	4.91	6.466 3	5.466 3	0.76	0.58
B		4.001 3	3.001 3	1.22	1.87
V367 Cyg	18.60	3.349 2	0.813 1	1.04	0.76
V382 Cyg	1.88	1.813 1	0.813 1	1.04	0.76
V448 Cyg A	6.25	3.534 0	2.534 0	1.77	1.06
B		2.045 9	1.045 9	3.05	2.82
V548 Cyg	1.81	4.768 5	3.768 5	0.39	0.54
V1425 Cyg A	1.25	1.768 5	3.768 5	0.38	0.50
B		3.860 5	2.860 5	0.32	0.46
R V Oph	3.69	11.159 9	10.159 9	0.33	0.31
I Z Per	3.69	5.552 6	4.552 6	0.66	0.76
W UMi	1.70	5.521 2	4.521 2	0.31	0.27

续　表

Name	P (d)	Q_i	Δ_i	$(P_{cEi})_s$ (d)	$(P_{cE})_t$ (d)
U W Vir	1.81	8.885 4	7.885 4	0.20	0.27
U Y Vir	1.99	7.115 7	6.115 7	0.28	0.36
Z Vul A	2.45	4.064 5	3.064 5	0.60	0.65
B		5.037 9	4.037 9	0.61	1.00

表 3　分离双星中子星的临界自转同步参量和临界自转周期

Name	P (d)	Q_i	Δ_i	$(P_{cEi})_s$ (d)	$(P_{cE})_t$ (d)
A N And	3.22	6.757 7	5.757 7	0.47	0.62
D V Aqr	1.58	5.106 9	4.106 9	0.31	0.48
V805 Aqr A	2.41	8.719 8	7.719 8	0.28	0.33
B		10.345 5	9.345 5	0.23	0.29
V889 Aqr A	11.12	21.454 5	20.454 5	0.52	0.28
B		21.638 6	20.638 6	0.51	0.33
Sig Aq A	1.95	3.857 4	2.857 4	0.50	0.51
B		5.492 0	4.492 0	0.35	0.42
Z Z Boo A	4.99	14.442 1	13.442 1	0.34	0.36
B		14.583 6	13.583 6	0.34	0.36
T U Cnc	5.56	13.453 5	12.453 5	0.41	0.35
Del Cap	1.02	5.496 0	4.496 0	0.18	0.32
Y Z Cas	4.47	11.108 7	10.108 7	0.40	0.40
X Z Cas	5.10	2.935 5	1.935 5	1.74	1.87
A H Cep A	1.77	2.149 9	1.149 9	0.82	0.63
B		2.323 0	1.323 0	0.76	0.61
C W Cep A	2.73	3.404 2	2.404 2	0.80	0.62
B		4.059 6	3.059 6	0.67	0.49
E I Cep A	8.44	15.593 4	14.593 4	0.53	0.53
B	18.542 3	17.542 3	0.45	0.43	
E K Cep A	4.43	17.224 0	16.224 0	0.26	0.22
B		23.013 6	22.013 6	0.19	0.19
N Y Cep A	15.28	6.514 2	5.514 2	2.34	1.33

续 表

Name	P (d)	Q_i	Δ_i	$(P_{cEi})_s$ (d)	$(P_{cE})_t$ (d)
B		7.943 4	6.943 4	1.92	1.21
Alf Cr B	17.36	22.493 6	21.493 6	0.77	0.52
Y Cyg	3.00	3.409 5	2.409 5	0.88	0.59
My Cyg A	4.01	11.958 1	10.658 1	0.34	0.38
B		12.153 0	11.153 0	0.33	0.36
V444 Cyg A	4.21	2.746 7	1.746 7	1.53	0.94
B		10.785 3	9.785 3	0.39	0.17
V477 Cyg	2.35	11.598 8	10.598 8	0.20	0.21
V478 Cyg	2.88	2.762 8	1.762 8	1.04	0.76
V1143 Cyg A	7.64	29.221 9	28.221 9	0.26	0.22
B		30.820 0	29.820 0	0.25	0.44
R Y Gem	9.30	17.672 4	16.672 4	0.52	0.44
Rx Her A	4.78	6.345 5	5.345 5	0.28	0.35
B		7.336 0	6.336 0	0.24	0.30
T X Her	2.06	9.925 7	8.725 7	0.21	0.26
D I Her	10.55	17.248 9	16.248 9	0.61	0.33
H S Her	1.64	4.622 0	3.622 0	0.35	0.39
V624 Her A	3.89	8.708 9	7.708 9	0.44	0.52
B		10.998 8	9.998 8	0.35	0.40
C M Lac	1.60	8.130 4	7.130 4	0.19	0.25
I M Mon	1.19	3.202 8	2.202 8	0.37	0.41
V451 Oph A	2.20	6.893 1	5.893 1	0.32	0.37
B		8.703 4	7.703 4	0.25	0.29
Eta Ori	7.99	6.392 0	5.392 0	1.25	0.88
A W Peg	10.62	12.597 9	11.597 9	0.84	0.87
E E Peg	2.63	10.333 0	9.333 0	0.25	0.28
E G Ser A	9.95	13.641 5	12.641 5	0.72	0.31
B		15.242 3	14.242 3	0.65	0.30
Cd Tau A	3.44	13.220 6	12.220 6	0.26	0.31
B		14.643 1	13.643 1	0.23	0.27

续　表

Name	P (d)	Q_i	Δ_i	$(P_{cEi})_s$ (d)	$(P_{cE})_t$ (d)
D M Vir	4.67	14.330 5	13.330 5	0.32	0.38
D R Vul A	2.25	3.290 3	2.290 3	0.68	0.51
B		3.684 3	2.684 3	0.61	0.47

4. 计算结果的分析和讨论

(1) 根据表 1～表 3 对三类密近双星系统的临界自转同步性的计算，可得出以下统计结果（如表 4 所示）.

表 4　三类密近双星的临界自转同步性的统计

类型	系统数	子星数	$\bar{P}$ (d)	$\bar{\Delta}_i=\bar{Q}_i-1$		$(\bar{P}_{cEi})_s$ (d)	$(\bar{P}_{cE})_t$ (d)
				平均值	极端值		
接触（CB）	13	13	1.28	2.079 7	0.519 3～3.459 7	0.55	0.57
半相接（SD）	18	24	3.47	3.891 9	0.813 1～10.159 9	0.86	0.96
分离（DS）	38	56	5.03	9.752 9	1.149 9～21.280 0	0.50	0.47

(2) 从统计结果可见，临界同步参数同双星分类有关，CB 系统的$\bar{\Delta}_i$值最小，DS 系统的值最大，而 SD 系统的值介于两者之间. 子星轨道周期的平均值在三类系统中也是如此，但三类系统的临界自转周期的平均值似乎同双星分类无关，DS 和 CB 系统的值较小，SD 系统的值最大.

(3) 将本文表 1 至表 4 所给出的 $\Delta_i=Q_i-1$ 或 Δ_i 的数值，同文［3］中所给出的 F_i-1 的数值（无论平均值或非平均值）相比，文［3］中的值（DS 系统除外）都在 0 附近，而本文中的值均偏离 0 较远. 这说明文［3］中的 CB 和 SD 系统均接近同步，而本文中的三类系统均偏离同步（只有 CB 系统比其他两系统稍有偏离）. 这是正常的，因为本文中所谓同步自转是指伴星轨道周期与主星自转有临界值时的自转周期同步，当然与文［3］相比，同步性更差些.

(4) 本文将同步理论所计算的临界自转周期值与由单个气体星自转不稳定性理论所计算的临界自转周期值相对比（表 1～表 3），结果发现两者均属同一量级，只是数值稍有差异，说明同步性理论是可靠的.

(5) 本文所计算的 $(P_{cEi})_s$ 和 $(P_{cE})_t$ 属同一量级，而后者是临界值，故前者也应为临界值. 由此可以推论：Peraiah 文中的同步自转公式中的 Ω_E 不应是子星的赤道自转角速度，而应该是本文中的临界赤道自转角速度 Ω_{cE}.

参考文献

［1］ PeraiahA，ZAstrophys. 1965，62，48.

[2] Van Hamme W，Wilson R E. AJ，1990，100，1981.
[3] 谭徽松，潘开科，汪洵浩. 天体物理学报，1995，15（1）：51.
[4] Zahn J P. Ann Ap，1966，29，489.
[5] Zahn J P. A&A，1977，57，383.
[6] Tossoul J L. ApJ，1987，322，856.
[7] Struve O. ApJ，1946，103，76.
[8] 戴文赛. 太阳系演化学（上册），上海：上海科学技术出版社，1979：78-80.

第六部分

中心体自转的轨道效应

中心体自转对天体轨道要素变化的后牛顿效应*

摘要： 本文给出了在三种引力理论中中心自转对天体轨道要素变化产生的后牛顿摄动效应的研究结果. 研究结果表明：六个轨道要素除长轴不受摄动影响外其他五个要素均有周期摄动，特别开交点经度和近星点经度还有长期摄动效应. 最后将文中的理论结果同前人的工作做了比较外还应用于行星自转对卫星轨道要素变化的摄动效应计算上.

作者在文［1］中研究了天体轨道要素变化的后牛顿效应，但在该文中并没有考虑中心 体自转的影响. 本文研究了在三种引力理论（Einstein，Brans-Dicke 和 Nordtvedt）中的这方面效应，并给出理论和数值的研究结果.

关键词： 中心体自转；轨道要素变化；后牛顿效应

一、理论结果

本文根据文［2］给出的在直角坐标系中绕着中心体自转的天体摄动运动方程（3）～（5）取其与自转效应有关的各项后，推出了和自转效应有关的三个摄动分量 R，S，W 的表达式：

$$R=\frac{4}{5}\Delta\frac{an}{\sqrt{1-e^2}}mR^2\omega_0\cos i\,\frac{1+e\cos v}{r^3},$$

$$S=-\frac{4}{5}\Delta\frac{an}{\sqrt{1-e^2}}mR^2\omega_0\cos i\,\frac{e\sin v}{r^3},\tag{1}$$

$$W=\frac{4}{5}\Delta\frac{an}{\sqrt{1-e^2}}mR^2\omega_0\sin i\,\frac{e\sin\omega+\sin(\omega+v)+3e\sin v\cos(\omega+v)}{r^3}.$$

式中 $m=\dfrac{kM}{c^2}$，R 和 ω_0 分别表示中心体的几何质量、半径和自转角速度，而 a，e，n，ω，v 和 i 分别表示轨道半长轴、偏心率、平均运动、近点角距、真近点角和轨道面同中心体的赤道面相交的角. Δ 为后牛顿参数，在 Einstein 引力理论中 $\Delta=1$，在 Brans-Dicke 和 Nordtvedt 两种引力理论中 $\Delta=\dfrac{3+2\omega}{4+2\omega}$，依文［1］［2］，取理论量纲常数 $\omega=5$，则 $\Delta=\dfrac{13}{14}$.

* 原文载于《天文学报》，1990，31（1），108-111.

现将（1）式的 R，S，W 代入由文［3］给出的以真近点角 v 为自变量的拉格朗日摄动方程，积分后得后牛顿摄动量：

$$\begin{cases}\Delta a = 0,\\ \Delta e = -K\cos i(\cos v - \cos v_0),\\ \Delta i = -K\sin i\left[\sum_{i=1}^{3} I_i(\sin iv - \sin iv_0) + \sum_{i=1}^{3} I'_i(\cos iv - \cos iv_0)\right],\\ \Delta\Omega = \frac{1}{2}K\left[(v - v_0) + \sum_{i=1}^{3}\Lambda_i(\sin iv - \sin iv_0) + \sum_{i=1}^{3}\Lambda'_i(\cos iv - \cos iv_0)\right],\\ \Delta\omega = -K\cos i\left[\frac{5}{2}(v - v_0) + \sum_{i=1}^{3} W_i(\sin iv - \sin iv_0) + \sum_{i=1}^{3} W'_i(\cos iv - \cos iv_0)\right],\\ \Delta\sigma = K\cos i\,\frac{(1-e^2)^{\frac{3}{2}}}{e}(\sin v - \sin v_0),\\ \Delta\tilde{\omega} = \Delta\omega + \Delta\Omega,\\ \Delta L_0 = \Delta\sigma + \Delta\omega + \Delta\Omega = \Delta\sigma + \Delta\tilde{\omega}.\end{cases} \tag{2}$$

其中

$$K = +\frac{4}{5}\Delta\pi\,\frac{(kM)^{\frac{1}{2}}R^2\omega_0}{c^2a^{\frac{3}{2}}(1-e^2)^{\frac{3}{2}}}. \tag{3}$$

而

$$\begin{cases}I_1 = -\frac{4}{5}e\sin 2\omega,\ I'_1 = \left(1 + \frac{5}{4}\cos 2\omega\right)e;\\ I_2 = -\frac{1}{4}\sin 2\omega,\ I'_2 = \frac{1}{4}\cos 2\omega;\\ I_3 = -\frac{1}{4}e\sin 2\omega,\ I'_3 = \frac{1}{4}e\cos 2\omega.\end{cases} \tag{4}$$

$$\begin{cases}\Lambda_1 = \left(1 - \frac{1}{2}\cos 2\omega\right)e,\ \Lambda'_1 = \frac{1}{2}e\sin 2\omega;\\ \Lambda_2 = -\frac{1}{2}\cos 2\omega,\ \Lambda'_2 = -\frac{1}{2}\sin 2\omega;\\ \Lambda_3 = -\frac{1}{2}e\cos 2\omega,\ \Lambda'_3 = -\frac{1}{2}e\sin 2\omega.\end{cases} \tag{5}$$

$$\begin{cases}W_1 = \left(1 - \frac{1}{4}e + \frac{5}{4}e^2 + e^2\sin^2\omega + \frac{3}{4}e^2\cos 2\omega\right)/e,\ W'_1 = \frac{1}{4}e\sin 2\omega,\\ W_2 = -\frac{1}{4}\cos 2\omega,\ W'_2 = -\frac{1}{4}\sin 2\omega,\\ W_3 = -\frac{1}{12}\left(1 - e + \frac{3}{4}\cos 2\omega\right),\ W'_3 = -\frac{1}{4}e\sin 2\omega.\end{cases} \tag{6}$$

从（2）式可以看出，中心体自转除对长轴不产生摄动影响外对其他五个轨道要素均有周期项摄动，特别对升交点经度和近星点幅角除周期摄动外还有长期项摄动. 周期摄动项的振幅大小可由（2）～（6）式给出，而长期摄动效应可由（2）式按每周进动量或进动速度给出：

$$\begin{cases}\Delta\Omega = K = \dfrac{4}{5}\Delta\pi\dfrac{(kM)^{\frac{1}{2}}R^2\omega_0}{c^2a^{\frac{3}{2}}(1-e^2)^{\frac{3}{2}}}\Big/\text{周},\\ \Delta\omega = -5K\cos i = -\dfrac{20}{5}\Delta\pi\dfrac{(kM)^{\frac{1}{2}}R^2\omega_0\cos i}{c^2a^{\frac{3}{2}}(1-e^2)^{\frac{3}{2}}}\Big/\text{周},\\ \Delta L_0 = \Delta\tilde{\omega} = \Delta\Omega + \Delta\omega,\end{cases} \tag{7}$$

$$\begin{cases}\dot{\Omega} = \dfrac{\mathrm{d}\Omega}{\mathrm{d}t} = \dfrac{K}{T}\ \mathrm{rad/s},\\ \dot{\omega} = \dfrac{\mathrm{d}\omega}{\mathrm{d}t} = \dfrac{-5K\ \cos i}{T}\mathrm{rad/s},\\ \dot{\tilde{\omega}} = \dfrac{\mathrm{d}\tilde{\omega}}{\mathrm{d}t} = (\dot{\omega}+\dot{\Omega})\ \mathrm{rad/s},\\ \dot{L}_0 = \dfrac{\mathrm{d}L_0}{\mathrm{d}t} = \dot{\tilde{\omega}}\ \mathrm{rad/s}.\end{cases} \tag{8}$$

在广义相对论情形（$\Delta=1$）下，本文所得到的（7）式同文［2］［3］略有不同. 用角标 1，2，3 表示本文和文［2］［3］中的记号，则本文同文［2］［3］的关系是：$\Delta\Omega_1 = \Delta q_2 = \frac{1}{2}\Delta\Omega_3 = \pi K/$每周，$\Delta\omega_1 = \frac{5}{4}\Delta\omega_2 = \frac{5}{6}\Delta\omega_3 = -5K\ \cos i/$每周，其中 K 已由（3）式给出，或者三者有关系式：$\Delta\omega_1 = \Delta\omega_2 - \Delta\Omega_1\cos i = \Delta\omega_3 +(\Delta\Omega_3 - \Delta\Omega_1)\cos i$.

表 1　行星自转对卫星轨道要素产生的后牛顿长期摄动效应（角秒/世纪）

卫　星	Ω(E)	Ω(B)$=\Omega$(N)	$\dot{\omega}$(E)	$\dot{\omega}$(B)$=\dot{\omega}$(N)	$\dot{\tilde{\omega}}$(E)$=\dot{L}_0$(E)	$\dot{\tilde{\omega}}$(B)$=\dot{L}_0$(B) $\dot{\tilde{\omega}}$(N)$=\dot{L}_0$(N)
月　球	6″.1×10⁻³	5″.6×10⁻³	−2″.8×10⁻⁴	−2″.6×10⁻⁴	−1.1×10⁻⁴	−1″.021×10⁻⁴
火卫一	27″.369 0	25″.414 0	−0″.627 7	−0″.582 8	−26″.741 3	−24″.831 2
火卫二	0.008 0	0.007 5	−0.040 2	−0.037 3	−0.032 2	−0.029 8
木卫五	55.550 0	51.580 0	−277.580 0	−257.750 0	−222.030 0	−206.170 0
木卫一	4.401 8	4.087 3	−22.010 6	−20.430 0	−17.598 8	−16.352 7
木卫二	0.549 0	0.509 7	−2.740 7	−2.549 8	−2.191 7	−2.040 1
木卫三	0.270 0	0.250 7	−1.350 0	−1.253 0	−1.080 0	−1.002 7
木卫四	0.019 6	0.018 2	−0.247 7	−0.230 0	−0.228 1	−0.211 8
土卫十	16.835 5	15.620 0	−84.170 0	−78.150 0	−64.334 5	−62.530 0
土卫一	10.530 0	9.777 0	−52.656 0	−48.894 0	−42.126 0	−39.117 0

续　表

卫　星	Ω(E)	Ω(B)=Ω(N)	$\dot{\omega}$(E)	$\dot{\omega}$(B)=$\dot{\omega}$(N)	$\dot{\tilde{\omega}}$(E)=$\dot{L}_0$(E)	$\dot{\tilde{\omega}}$(B)=$\dot{L}_0$(B) $\dot{\tilde{\omega}}$(N)=$\dot{L}_0$(N)
土卫二	2.839 9	2.631 4	−14.169 0	−13.156 0	−11.335 1	−10.525 4
土卫三	2.636 2	2.447 9	−13.179 0	−12.237 6	−10.542 8	−9.789 7
土卫四	1.263 0	1.172 0	−6.315 0	−5.863 9	−5.052 0	−4.691 1
土卫五	0.462 3	0.429 2	−2.311 0	−2.145 9	−1.848 7	−1.716 6
天王卫五	0.754 1	0.700 8	−3.773 0	−3.503 5	−3.018 3	−2.802 7
天王卫一	0.234 2	0.217 4	−1.171 0	−1.087 0	−0.936 8	−0.869 6
天王卫二	0.087 0	0.080 7	−0.435 0	−0.403 9	−0.348 0	−0.323 2
天王卫三	0.019 7	0.018 3	−0.098 0	−0.091 0	−0.078 3	−0.072 7
天王卫四	0.008 2	0.007 6	−0.041 2	−0.038 2	−0.033 0	−0.030 6
海王卫一	0.017 6	0.010 3	+0.082 9	+0.076 9	+0.100 5	+0.087 2
冥王卫一	0.002 3	0.003 0	−0.008 2	−0.007 6	−0.005 0	−0.004 6

二、数值结果

利用前面所得的（8）式理论结果和文［4］给的数据，本文计算了行星自转对其卫星轨道要素产生的后牛顿摄动效应，其值在三种引力理论中由表1给出（表中Ω和ω的右边括弧内的记号E，B，N分别表示Einstein，Brans-Dicke和Nordtvedt三种引力理论）.

参考文献

［1］李林森. 中国科学（A辑），5（1988），523-529.

［2］Breen B J. phys A：Math Nucle & Gen，7（1974），216-222.

［3］Богородскйи А Ф，Астрон. ЖУРН，36（1959），883-889.

［4］Allen C W. Astrophysical Quantites（1973），140-141，146.

地球自转对人造卫星轨道长期摄动的后牛顿效应*

摘要： 本文利用中心天体自转对天体轨道要素变化的后牛顿效应所得的理论结果，计算了地球自转对人造卫星轨道要素的长期摄动的后牛顿效应值，计算结果列入附表.

关键词： 地球自转；后牛顿效应；人造卫星轨道

作者在文［1］中曾研究了中心天体自转对天体轨道要素变化的后牛顿效应，并将该理论用于行星自转对卫星轨道的长期效应上，最后给出九大行星自转对卫星的升交点经度和近星点经度的长期摄动效应的影响. 本文利用同一理论，研究了地球自转对人造卫星轨道要素的长期摄动效应.

1. 后牛顿效应表达式

根据文［1］，地球自转对人造卫星升交点经度 Ω 和近地点经度 $\tilde{\omega}$ 的表达式由下式给出：

$$\left.\begin{aligned}
&\Delta\Omega=\frac{4}{5}\Delta\pi\frac{(kM)^{\frac{1}{2}}R^2\omega_0}{c^2a^{\frac{3}{2}}(1-e^2)^{\frac{3}{2}}}, \text{（每周）}\\
&\Delta\omega=-\frac{20}{5}\Delta\pi\frac{(kM)^{\frac{1}{2}}R^2\omega_0\cos i}{c^2a^{\frac{3}{2}}(1-e^2)^{\frac{3}{2}}}, \text{（每周）}\\
&\Delta L_0=\Delta\tilde{\omega}=\Delta\Omega+\Delta\omega. \text{（每周）}
\end{aligned}\right\} \tag{1}$$

$$\left.\begin{aligned}
&\dot{\Omega}=\frac{\mathrm{d}\Omega}{\mathrm{d}t}=\frac{4}{5}\Delta\pi\frac{(kM)^{\frac{1}{2}}R^2\omega_0}{c^2a^{\frac{3}{2}}(1-e^2)^{\frac{3}{2}}T}, \left(\frac{\mathrm{rad}}{\mathrm{s}}\right)\\
&\dot{\omega}=\frac{\mathrm{d}\omega}{\mathrm{d}t}=-\frac{20}{5}\Delta\pi\frac{(kM)^{\frac{1}{2}}R^2\omega_0\cos i}{c^2a^{\frac{3}{2}}(1-e^2)^{\frac{3}{2}}T}, \left(\frac{\mathrm{rad}}{\mathrm{s}}\right)\\
&\dot{\tilde{\omega}}=\frac{\mathrm{d}\tilde{\omega}}{\mathrm{d}t}=\left(\frac{\mathrm{d}\omega}{\mathrm{d}t}+\frac{\mathrm{d}\Omega}{\mathrm{d}t}\right), \left(\frac{\mathrm{rad}}{\mathrm{s}}\right)\\
&\dot{L}_0=\dot{\tilde{\omega}}.
\end{aligned}\right\} \tag{2}$$

其中，T 为轨道周期；c 为光速.

* 原文载于《人造卫星观测与研究》，1992，4（28）：35-37.

现将地球质量 $M=5.976\times10^{27}$ g，半径 $R=6\ 400$ km，角速 $\omega_0=7.292\ 11\times10^{-5}$ rad/s 及常数 $k=6.67\times10^{-8}$ 和 $c=3\times10^{10}$ cm 代入（2）式后，以每世纪角秒为单位，则

$$\left.\begin{aligned}\dot{\omega}&=-\frac{17\ 126.444\times10^9}{a^3(1-e^2)^{\frac{3}{2}}}\Delta\cos i,\ \left(\frac{角秒}{世纪}\right)\\ \dot{\Omega}&=\frac{3\ 425.291}{a^3(1-e^2)^{\frac{3}{2}}}\Delta,\ \left(\frac{角秒}{世纪}\right)\\ \dot{\tilde{\omega}}&=(\dot{\omega}+\dot{\Omega}).\end{aligned}\right\}\tag{3}$$

式中，Δ 在 Einstein 广义相对论中为 1，在 Brans-Dicke 和 Nordtvedt 引力理论中，$\Delta=\frac{13}{14}$.

2. 计算结果

利用（3）式，对人造卫星轨道的近地点和升交点经度在三种引力理论中每世纪的进动值进行了计算. 用到的 a，e，i 的数据取自文［2］～［4］. 计算结果如附表所示. 表中括号内的 E，B，N 分别表示 Einstein，Brans-Dicke 和 Nordtvedt 三种引力理论.

附表 后牛顿效应值（角秒/世纪）

卫星名称	a（km）	e	i（°）	$\dot{\Omega}$（E）（″）	$\dot{\Omega}$（B）$=$ $\dot{\Omega}$（N）（″）
$1957\alpha_1$ 苏联卫星 1	6 954	0.052	65.10	10.230	9.490
$1962\text{-}\beta\gamma_1$ Explorer-14	55 781	0.881	32.95	0.295	0.274
$1962\beta\text{-}\alpha_1$ Alouette	7 392	0.002 4	80.46	8.481	7.875
1964-09A Anonymus	6 559	0.001 3	95.60	12.139	11.272
1964-47A Syncom-3	41 609	0.025	0.10	0.047	0.044
1970-34A 中国 1 号	7 790	0.125	68.50	7.418	6.890
中国科学实验号	7 424	0.111	69.90	8.530	7.920

续　表

卫星名称	a (km)	e	i (°)	$\dot{\Omega}$ (E) (″)	$\dot{\Omega}$ (B) = $\dot{\Omega}$ (N) (″)
1975-27A Geos-3	7 221.6	0.002	114.99	9.094	8.440
Auos-z	6 880	0.000	83	11.494	10.670

续附表

卫星名称	$\dot{\omega}$ (E) (″)	$\dot{\omega}$ (B) = $\dot{\omega}$ (N) (″)	$\dot{\tilde{\omega}}$ (E) (″)	$\dot{\tilde{\omega}}$ (B) = $\dot{\tilde{\omega}}$ (N) (″)
1957-α_1 苏联卫星-1	−21.530	−19.990	−11.300	−10.500
1962-$\beta\gamma_1$ Explorer-14	−0.782	−0.726	−0.487	−0.452
1962β-α_1 Alouette	−7.027	−6.525	1.454	1.350
1964-09A Anonymus	5.922	5.499	18.061	16.771
1964-47A Syncom-3	−0.237	−0.221	−0.190	−0.177
1970-34A 中国1号	−13.595	−12.620	−6.177	−5.730
中国科学实验号	−14.651	−13.600	−6.121	−5.680
1975-27A Geos-3	19.210	17.830	28.304	26.270
Auos-z	−7.005	−6.500	4.489	4.170

3. 讨　论

由计算结果可以看出：

a. 地球自转对 Ω 的进动影响，只产生附加的增加后牛顿效应值. 因为 $\dot{\Omega}$ 值均为正；但对 ω 的进动影响，有时是增加效应值，有时是减少效应值，当 $i<90°$时，为减少效

应，当 $90° < i < 270°$ 时，为增加效应；对 $\tilde{\omega}$ 的进动的影响，根据（3）式，有时为正，有时为负，故地球自转对 $\tilde{\omega}$ 的影响，有时增加，有时减少.

b. 与文［1］比较可知，地球自转对人造卫星轨道的后牛顿效应值比自然卫星的大，这是因为前者的轨道周期短.

c. 对同一人造卫星，因理论结果不同，本文的计算结果比文［4］的值小些.

d. 附表表明，在三种引力理论中，Einstein 的理论计算效应值要比 Brans-Dicke 和 Nordtvedt 的大些，后两者的值相等. 哪种理论符合实际，需由观测来检验.

参考文献

［1］李林森. 中心天体自转对天体轨道要素变化的后牛顿效应. 天文学报. 1990，31（1）：108-111.

［2］刘林. 人造地球卫星运动理论. 北京：科学出版社，1974：6-7.

［3］宇宙飞船，宇宙探测器，人造地球卫星. 祝君，译. 北京：科学出版社，1973：21，194.

［4］Cugus L，Proverbio E. Astron & Astrophys，1978，69：321-325.

The Post-Newtonian Effects of the Rotation of the Central Body on the Motion of the Celestial Body in Three Gravitational Theories*

Abstract: The post-Newtonian effects of the rotation of the central body on the variation of celestial orbital elements are studied according to the post-Newtonian metric theory. The variation of celestial orbital elements caused by the rotation of the central body in three gravitational theories of Einstein, Brans-Dicke and Nordtvedt is obtained by using the method of general perturbation. The resulting effects are the periodic variation of inclination, eccentricity and mean anomaly; the periodic and secular variation of longitudes of periastron and ascending node and mean longitudes of epoch, but the semimajor axis remains unperturbed (novariation). In addition, the obtained theoretical results are applied to the calculation of the post-Newtonian effect of the rotation of the sun on the variation of the orbital elements of planets in solar system. The numerical results are given in table 1. Finally, the obtained results are discussed and compared with other theories.

1. Introduction

The effect of the rotation of the central body on the motion of celestial body must be considered, if the central body rotates rapidly. The problem of the post-Newtonian effect of the rotation of central body is a classical problem. A. Einstein established general relativity before long. Firstly, Von. J. Lense and Thring[1] studied the effect of the rotation of the central body on the motion of celestial body by the methods of perturbation of celestial mechanics. Later on, Kalitzin et al.[2] and Bogdorowskii[3][4] studied this problem further also. Recently, Cheng Zongyi et al.[5] studied this problem by using Kerr metric. But all of the above theories start from general relativity. They are confined only to one theory. Firstly, B. Breen studied the effect of the rotation of central body in three gravitational theories of Einstein, Brans-Dicke and Nordtvedt. But his study is confined to the advance of periastron and the precession of normal of orbit, without giving the theory of the effect of the rotation on all of the orbital elements and

* 原文载于 *Commun. Theor. Phys*, 1991, 15 (3): 353-358.

numerical computation. In Ref. [7], the author had given the theoretical and numerical results, but the theoretical expressions are deduced not in detail, and numerical computation is estimated for the satellites only. This paper presents a detailed theoretical treatment, and the theoretical results are applied to the study of the post-Newtonian effect of the rotation of the sun on the planets in solar system.

2. Formulae

In order to derive the perturbation components R, S, W firstly it is necessary to introduce the perturbation equations that the celestial body rotates around the central body. This paper adopts the equations of motion induced by the method of expansion of post-Newtonian metric. These equations in the coordinates xyz are given by B. Breen, and we choose the expressions of the terms concerning with the effect of the rotation[6]:

$$\begin{cases} X=\ddot{x}=-\dfrac{4\Delta mR^2\omega_0\cos i}{5r^3}\left[2\dot{y}-3(\boldsymbol{r}\cdot\boldsymbol{v})\dfrac{y}{r^2}\right]+\dfrac{12\Delta mR^2\omega_0\cos i}{5r^5}x(x\dot{y}-y\dot{x}), \\ Y=\ddot{y}=+\dfrac{4\Delta mR^2\omega_0\cos i}{5r^3}\left[2\dot{x}-3(\boldsymbol{r}\cdot\boldsymbol{v})\dfrac{x}{r^2}\right]+\dfrac{12\Delta mR^2\omega_0\cos i}{5r^5}y(x\dot{y}-y\dot{x}), \\ Y=\ddot{z}=-\dfrac{4\Delta mR^2\omega_0\sin i}{5r^3}\left[\dot{x}-3(\boldsymbol{r}\cdot\boldsymbol{v})\dfrac{x}{r^2}\right], \end{cases} \quad (1)$$

where $m=\dfrac{GM}{c^2}$ is the geometrized mass of the body, R and ω_0 denote the radius and angular velocity of the central body, i denotes the inclination of the orbital plane with respect to the equatorial plane (as shown in Fig. 1), $\boldsymbol{v}$ denotes the vector of the velocity, Δ is the post-Newtonian parameter, $\Delta=1$ in the theory of Einstein, and $\Delta=\dfrac{3+2\omega}{4+2\omega}$ in the theory of Brans-Dicke and Nordtvedt, and ω is the dimensionless constant of the theory.

According to Ref. [5], we put $\omega\approx 5$, therefore, $\Delta=\dfrac{13}{14}$.

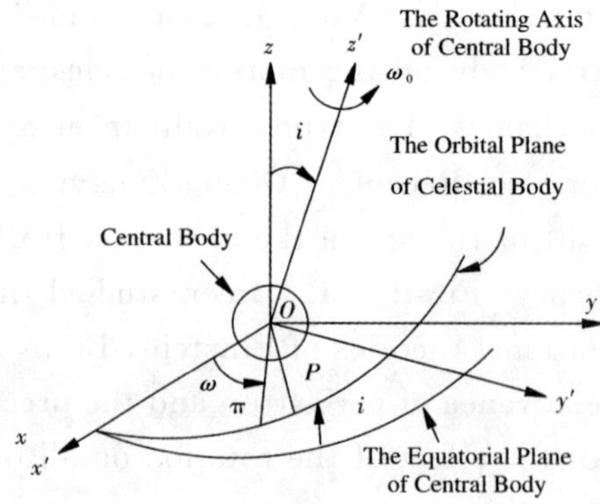

Fig. 1.

The coordinate system xyz adopted by the systems of the equations of motion coincides with the orbital coordinate system at epoch. As shown in Fig. 1, the orbital plane coincides with the plane xOy at epoch, then it is a variable due to the effect of the perturbation. So the coordinate system xyz is not the orbital coordinate system, it is an inertial frame. The system $x'y'z'$ in Fig. 1 is established by the system xyz rotating with the inclination i around the axis Ox, and the plane $x'Oy'$ is the equatorial plane of the central body, it is an inertial frame also. In the following deduce and computation, the orbital elements are defined referred to the coordinate system $x'y'z'$, and the perturbation components R, S, W are the same in two coordinate systems.

Now, x, y, $\dot{x}$, $\dot{y}$ and $(\boldsymbol{r}\cdot\boldsymbol{v})$ in the system of Eq. (1) are expressed in terms of the orbital elements. As shown in Fig. 1, in the orbital plane coinciding with the plane xOy at epoch, ω is measured from axis x $(\Omega=0)$, the anomaly is denoted by v. According to the celestial mechanics, equation (1) in terms of the orbital elements is derived:

$$\begin{aligned}X=\ddot{x}&=-A\{2[e\cos\omega+\cos(\omega+v)]-3e\sin v\sin(\omega+v)\\&\quad-3(1+e\cos v)\cos(\omega+v)\},\\Y=\ddot{y}&=-A\{2[e\sin\omega+\sin(\omega+v)]+3e\sin v\cos(\omega+v)\\&\quad-3(1+e\cos v)\sin(\omega+v)\},\\Z=\ddot{z}&=+A[e\sin v+\sin(\omega+v)+3e\sin v\cos(\omega+v)],\end{aligned}\tag{2}$$

where $A=\dfrac{(4mR^2\Delta an\omega_0\cos i)}{(5\sqrt{1-e^2}r^3)}$. This is the perturbation equation of motion in terms of the orbital elements in the coordinate system xyz. The expressions for the perturbation components R, S, W in terms of X, Y, Z or $\ddot{x}$, $\ddot{y}$, $\ddot{z}$ are

$$\begin{cases}R=X\cos\alpha_1+Y\cos\alpha_2+Z\cos\alpha_3,\\S=X\cos\beta_1+Y\cos\beta_2+Z\cos\beta_3,\\W=X\cos\gamma_1+Y\cos\gamma_2+Z\cos\gamma_3,\end{cases}\tag{3}$$

where the cosines of direction of the perturbation component (acceleration) in rectangular coordination are

$$\begin{cases}\cos\alpha_1=\cos(\omega+v),\ \sin\beta_1=\cos(\omega+v),\ \cos\gamma_1=0,\\\cos\alpha_2=\sin(\omega+v),\ \cos\beta_2=\cos(\omega+v),\ \cos\gamma_2=0,\\\cos\alpha_3=0,\ \cos\beta_3=0,\ \cos\gamma_3=1.\end{cases}\tag{4}$$

Substituting Eqs. (2) and (4) into the expression (3), then we obtain the expressions for the perturbation components R, S, W concerning with the effect of the rotation in coordinate system xyz:

$$\begin{cases} R=+\frac{4}{5}\Delta\frac{an}{\sqrt{1-e^2}}mR^2\omega_0\cos i\,\frac{1+e\cos v}{r^3}, \\ S=-\frac{4}{5}\Delta\frac{an}{\sqrt{1-e^2}}mR^2\omega_0\cos i\,\frac{e\sin v}{r^3}, \\ W=+\frac{4}{5}\Delta\frac{an}{\sqrt{1-e^2}}mR^2\omega_0\sin i\,\frac{e\sin\omega+\sin(\omega+v)+3e\sin v\cos(\omega+v)}{r^3}. \end{cases} \tag{5}$$

R, S, W of Eq. (5) are three perturbation components referred to the coordinate system xyz, but the following deduce all referred to the coordinate system $x'y'z'$, so that we must transform R, S, W into R', S', W' in the coordinate system $x'y'z'$. However as just mentioned above because both of the coordinate systems are all inertial frames, the perturbation components R, S, W are invariant under coordinate transformations according to Galilean transformation, i. e. $R=R'$, $S=S'$, $W=W'$.

3. The post-newtonian perturbation variable

By using $mc^2=kM=n^2a^3$, $n=cm^{\frac{1}{2}}p^{-\frac{3}{2}}(1-e^2)^{\frac{3}{2}}$, $r=\frac{p}{1+e\cos v}$ and $\frac{dt}{dv}=\frac{r^2}{cm^{\frac{1}{2}}p^{\frac{1}{2}}}$ to transform the Lagrange equations with the time t as an independent into the equations with anomaly v as an independent, it follows that[3]:

$$\begin{cases} \frac{da}{dv}=\frac{2pe\sin v}{c^2m(1-e^2)}r^2R+\frac{2p^2}{c^2m(1-e^2)^2}rS, \\ \frac{de}{dv}=\frac{\sin v}{c^2m}r^2R+\frac{e+2\cos v+e\cos^2 v}{c^2mp}r^3S, \\ \frac{di}{dv}=\frac{\cos(\omega+v)}{c^2mp}r^3W, \\ \frac{d\Omega}{dv}=\frac{\sin(\omega+v)}{c^2mp\sin i}r^3W, \\ \frac{d\omega}{dv}=\frac{\cos v}{c^2me}r^2R+\frac{(2+e\cos v)\sin v}{c^2mpe}r^3S-\frac{\sin(\omega+v)\cos i}{c^2mp}r^3W, \\ \frac{d\sigma}{dt}=-\frac{(1-e^2)^{\frac{1}{2}}}{c^2mpe}(2e-\cos v-e\cos^2 v)r^3R-\frac{(1-e^2)^{\frac{1}{2}}}{c^2mpe}(2+e\cos v)\sin v\,r^3S, \end{cases} \tag{6}$$

where σ is the mean anomaly when $t=0$, i. e. $\sigma=-n\tau$ and τ is the time through perihelion, and the mean longitude L_0 at epoch is

$$L_0=\sigma+\omega+\Omega=\sigma+\tilde{\omega},$$

where $\tilde{\omega}=\omega+\Omega$ is the longitude of perihelion, so

$$\Delta L_0=\Delta\sigma+\Delta\omega+\Delta\Omega=\Delta\sigma+\Delta\tilde{\omega}. \tag{7}$$

Now, substituting Eq. (5) into Eq. (6), then integrating them, we obtain the post-

Newtonian variables of the orbital elements caused by the rotation of the central body:

$$\left\{\begin{aligned}
&\Delta a=0,\\
&\Delta e=e-e_0=-K\cos i(\cos v-\cos v_0),\\
&\Delta i=-K\sin i\Big[\Big(1+\frac{5}{4}\cos 2\omega\Big)e(\cos v-\cos v_0)\\
&\qquad+\frac{1}{4}\cos 2\omega(\cos 2v-\cos 2v_0)\\
&\qquad+\frac{1}{4}\cos 2\omega\cdot e(\cos 3v-\cos 3v_0)-\frac{4}{5}e\sin 2\omega(\sin v-\sin v_0)\\
&\qquad-\frac{1}{4}\sin 2\omega(\sin 2v-\sin 2v_0)-\frac{1}{4}e\sin 2\omega(\sin 3v-\sin 3v_0)\Big],\\
&\Delta\Omega=\frac{1}{2}K\Big[(v-v_0)+\Big(1-\frac{1}{2}\cos 2\omega\Big)e(\sin v-\sin v_0)\\
&\qquad-\frac{1}{2}\cos 2\omega(\sin 2v-\sin 2v_0)\\
&\qquad-\frac{1}{2}e\cos 2\omega(\sin 3v-\sin 3v_0)+\frac{1}{2}e\sin 2\omega(\cos v-\cos v_0)\\
&\qquad-\frac{1}{2}\sin 2\omega(\cos 2v-\cos 2v_0)-\frac{1}{2}e\sin 2\omega(\cos 3v-\cos 3v_0)\Big],\\
&\Delta\omega=-\frac{K\cos i}{e}\Big[\frac{5}{2}(v-v_0)e+\Big(1-\frac{1}{4}e+\frac{5}{4}e^2+e^2\sin^2\omega+\frac{3}{4}e^2\cos 2\omega\Big)\\
&\qquad(\sin v-\sin v_0)\\
&\qquad-\frac{1}{4}e\cos 2\omega(\sin 2v-\sin 2v_0)-\frac{1}{12}\Big(1-e+\frac{3}{4}\cos 2\omega\Big)e(\sin 3v-\sin 3v_0)\\
&\qquad+\frac{1}{4}e^2\sin 2\omega(\cos v-\cos v_0)-\frac{1}{4}e\sin 2\omega(\cos 2v-\cos 2v_0)-\frac{1}{4}e^2\sin 2\omega\\
&\qquad(\cos 3v-\cos 3v_0)\Big],\\
&\Delta\sigma=K\cos i\,\frac{(1-e^2)^{\frac{3}{2}}}{e}(\sin v-\sin v_0),\\
&\Delta\tilde{\omega}=\Delta\omega+\Delta\Omega,\\
&\Delta L_0=\Delta\sigma+\Delta\omega+\Delta\Omega=\Delta\sigma+\Delta\tilde{\omega},
\end{aligned}\right. \tag{8}$$

where

$$K=\frac{4}{5}\Delta\frac{(kM)^{\frac{1}{2}}R^2\omega_0}{c^2a^{\frac{3}{2}}(1-e^2)^{\frac{3}{2}}}. \tag{9}$$

4. The periodic and secular perturbation

It can be seen from expressions (8) that the rotation of the central body causes both periodic and secular perturbations to the orbital elements. Except the semimajor axis′s remaining unperturbed (no effect), all of the orbital elements present the periodic perturbations, especially the longitudes of ascending node and periastron present both periodic and secular perturbations.

(1) Periodic perturbation

The effect of periodic perturbation on the orbital elements can be expressed in terms of the amplitude of sine and cosine. The values of their amplitudes are given by the expressions (8).

(2) Secular perturbation

It can be seen from Eq. (8) that the effects of the secular perturbation on the orbital elements are:

$$\begin{cases}\Delta\Omega=\pi K=\dfrac{4}{5}\Delta\pi\,\dfrac{(kM)^{\frac{1}{2}}R^2\omega_0}{c^2a^{\frac{3}{2}}(1-e^2)^{\frac{3}{2}}}\Big/\text{Revolution},\\ \Delta\omega=-5\pi K\cos i=-\dfrac{20}{5}\Delta\pi\,\dfrac{(kM)^{\frac{1}{2}}R^2\omega_0\cos i}{c^2a^{\frac{3}{2}}(1-e^2)^{\frac{3}{2}}}\Big/\text{Revolution},\\ \Delta L_0=\Delta\tilde{\omega}=\Delta\Omega+\Delta\omega/\text{Revolution},\end{cases}\tag{10}$$

$$\begin{cases}\dot{\Omega}=\dfrac{\mathrm{d}\Omega}{\mathrm{d}t}=\dfrac{\pi K}{T}\ \text{rad/s},\\ \dot{\omega}=\dfrac{\mathrm{d}\omega}{\mathrm{d}t}=-\dfrac{5\pi K\ \cos i}{T}\ \text{rad/s},\\ \dot{\tilde{\omega}}=\dfrac{\mathrm{d}\tilde{\omega}}{\mathrm{d}t}=(\dot{\omega}+\dot{\Omega})\ \text{rad/s},\\ L_0=\dfrac{\mathrm{d}L_0}{\mathrm{d}t}=\dot{\tilde{\omega}}\ \text{rad/s},\end{cases}\tag{11}$$

5. The estimation for the post-newtonian effect of the rotation of the sun on the orbital elements of planets

By using Eqs. (10) ~ (11) and the data for ω_0, a, e, i, M, R and T in Ref. [8], numerical computation has been made for the post-Newtonian effects of the rotation of the sun on the orbital elements of planets. The numerical results obtained for the effects of secular variation of the orbital elements per revolution in three gravitational theories are listed in table 1. In table 1 the lower indexes E, B and N in the round brackets of Ω and ω denote three gravitational theories of Einstein, Brans-Dicke and Nordtvedt.

6. Conclusion

(1) The resulting post-Newtonian effects of the rotation of the central body on the

variation of celestial orbital elements are the periodic variation of the inclination, eccentricity and mean anomaly, the periodic and the secular variation of longitudes of periastron and ascending node and mean longitudes of epoch, but the semimajor axis has no variation.

(2) It can be seen from the computation (see table 1) in three gravitational theories that the values of general relativistic effects are larger than those of the theories of Brans-Dicke and Nordtvedt no matter whether the periodic or the secular perturbation. The values of both the later theories are equal.

Table 1　The post-Newtonian effects of secular perturbation of the rotation of the sun on the orbital elements of planets (seconds of arc/century)

Planet	$\dot{\Omega}_{(E)}$	$\dot{\Omega}_{(B)}=\dot{\Omega}_{(N)}$	$\dot{\omega}_{(E)}$	$\dot{\omega}_{(B)}=\dot{\omega}_{(N)}$	$\dot{\tilde{\omega}}_{(E)}=\dot{L}_{0(E)}$	$\dot{\tilde{\omega}}_{(B)}=\dot{L}_{0(B)}$ $\dot{\tilde{\omega}}_{(N)}=\dot{L}_{0(N)}$
Mercury	$2''.933\times10^{-3}$	$2''.72\times10^{-3}$	$-1''.46\times10^{-2}$	$-1''.35\times10^{-2}$	$-1''.17\times10^{-2}$	$-1''.08\times10^{-2}$
Venus	4.21×10^{-4}	3.91×10^{-4}	-2.10×10^{-3}	-1.95×10^{-3}	-1.68×10^{-3}	-1.56×10^{-3}
Earth	1.59×10^{-4}	$1.56\times10-4$	-7.91×10^{-4}	-7.34×10^{-4}	-6.31×10^{-4}	-5.86×10^{-4}
Mars	2.52×10^{-5}	2.33×10^{-5}	-1.25×10^{-4}	-1.16×10^{-4}	-1.00×10^{-4}	-0.93×10^{-4}
Jupiter	1.14×10^{-6}	1.05×10^{-6}	-5.64×10^{-6}	-5.64×10^{-6}	-4.53×10^{-6}	-4.21×10^{-6}
Saturn	1.86×10^{-8}	1.73×10^{-8}	-9.25×10^{-7}	-8.59×10^{-7}	-9.01×10^{-7}	-8.42×10^{-7}
Uranus	2.27×10^{-8}	2.11×10^{-8}	-1.13×10^{-7}	-1.06×10^{-7}	-9.02×10^{-8}	-8.37×10^{-8}
Neptune	5.92×10^{-9}	5.49×10^{-9}	-2.95×10^{-8}	-2.74×10^{-8}	-2.35×10^{-8}	-2.18×10^{-8}
Pluto	2.78×10^{-9}	2.57×10^{-9}	-1.36×10^{-8}	-1.26×10^{-8}	-1.08×10^{-8}	-1.00×10^{-8}

(3) The relations between the results of this paper and Refs. [3] and [6] are

$$\begin{aligned}\Delta\Omega_1 &= \Delta\Omega_2 = \frac{1}{2}\Delta\Omega_3 = \pi K/\text{Revolution},\\ \Delta\omega_1 &= \frac{5}{4}\Delta\omega_2 = \frac{5}{6}\Delta\omega_3 = -5\pi K\ \cos i/\text{Revolution},\end{aligned} \tag{12}$$

or the relations between three results are

$$\Delta\omega_1 = \Delta\omega_2 - \Delta\Omega_1 \cos i = \Delta\omega_3 + (\Delta\Omega_3 - \Delta\Omega_1)\cos i, \tag{13}$$

where K is given by the expression (9), and the lower indexes 1, 2 and 3 denote the symbols in this paper and Refs. [3] and [6].

Acknowledgments

The author is grateful to HUANG Tianyi (Nanjing University) for helpful discussions.

References

［1］ J Lense，H Thirring. Physik Zeitschr XIX （1918）：156.

［2］ N st Kalitzin. Ⅱ Nuovo Cimento IX （1958）：365；XI （1959）：178.

［3］ A F Bogdorowskii. J Astron （USSR），36 （1959）：883.

［4］ A F Bogdorowskii. The Einstein Field Equations and Their Applications to Astronomy，Kiev University （1962）.

［5］ Chen Zongyi，et al. Acta Astronomica Sinica，29 （1988）：403.

［6］ B Breen，J Phys. A：Math Nucl and Gen，7 （1974）：216.

［7］ Li Linsen. Acta Astronomica Sinica，31 （1990）：108.

［8］ C W，Allen. Astrophysical Quantities，（1973）：140.

双星系中两子星的自转对双星轨道变化的后牛顿效应*

摘要：本文利用解摄动方程的平均值法求得在 PPN 框架中二体自转对轨道要素产生的后牛顿效应的长期变化影响. 利用这一理论对 C W Cep 和 D R Vul 两颗双星中两子星的自 转对轨道近星点和平近点角的长期摄动的后牛顿效应做了计算. 结果表明：对于两个质量较大快速自转的子星，由此所产生的后牛顿效应的摄动量是不能忽视的.

关键词：双星自转;轨道变化;后牛顿效应

1. 引　言

作者在文献［1］中曾研究了在 PPN 框架中中心体自转对天体轨道要素变化产生的后牛顿效应，并把理论的结果应用于行星自转对卫星轨道要素变化的后牛顿效应计算上. 然而该理论只适用于中心体缓慢自转且只考虑中心体自转的一体；而不适用于中心体快速自转的二体质量情形，如快速自转的大质量的双星情形. 文献［2］曾根据文献［3］的理论给出中心体自转的二体问题中的 PPN 摄动三分量，并将理论结果应用于太阳、行星和地球的自转对小行星、自然卫星和人造卫星的轨道要素变化的后牛顿效应的计算上，并得到良好的结果. 然而以上两文献只是对太阳系内自转较慢的小质量天体的后牛顿效应的计算. 一般来说，双星质量较大、自转较快，故中心体子星自转产生的后牛顿效应比较明显，且需要用自转的二体问题来解决. 本文就是在文献［2］研究基础上对双星系中两子星自转对轨道要素所产生的后牛顿效应的研究.

2. 自转轴垂直于轨道面的二体自转对轨道要素产生的后牛顿效应的长期摄动

为了研究自转角速矢量垂直于轨道平面的近距双星情形，本文采用文献［2］根据文献［3］给出的运动方程所推出的二体共同影响的摄动三分量 S，T，W，设其形式为

$$\begin{cases} S=\dfrac{K_1}{r^2}+\dfrac{K_2}{r^4}, \\ T=\dfrac{K_3 e\sin f}{r^3}, \\ W=0. \end{cases} \tag{1}$$

* 原文载于《陕西天文台台刊》，1998，21（1），78-81.

其中

$$\begin{cases} K_1=-\dfrac{1}{5}(1+2\gamma)(\mu_1 a_1^2\Omega_1^2+\mu_2 a_2^2\Omega_2^2), \\ K_2=\dfrac{2}{5}(1+\gamma)(\mu_1 a_1^2\Omega_1+\mu_2 a_2^2\Omega_2)\sqrt{mp}-\dfrac{3}{35}(1+\gamma)(\mu_1 a_1^4\Omega_1^2+\mu_2 a_2^4\Omega_2^2), \\ K_3=-\left[\dfrac{2}{5}(1+\gamma)\mu_1 a_1^2\Omega_1-2(1+\gamma)\mu_2 a_2^2\Omega_2\right]\dfrac{\sqrt{mp}}{p}. \end{cases} \tag{2}$$

式中 f 为真近点角，e 为轨道偏心率，a_1 和 a_2 为二体的半径，μ_1 和 μ_2 为二体的质量，而 $m=\mu_1+\mu_2$，$p=a\ (1-e^2)$，a 为轨道半长轴，γ 为后牛顿参量.

（1）（2）式中采用了引力常数 G 和光速 c 都为 1 确定的单位.

将（1）式的 S，T，W 代入拉格朗日运动方程后求平均值：

$$\begin{cases} \overline{\dfrac{\mathrm{d}a}{\mathrm{d}t}}=\dfrac{1}{2\pi}\displaystyle\int_0^{2\pi}\dfrac{2}{n\sqrt{1-e^2}}[Se\sin f+T(1+e\cos f)]\mathrm{d}M, \\ \overline{\dfrac{\mathrm{d}e}{\mathrm{d}t}}=\dfrac{1}{2\pi}\displaystyle\int_0^{2\pi}\dfrac{\sqrt{1-e^2}}{na}[S\sin f+T(\cos f+\cos E)]\mathrm{d}M, \\ \overline{\dfrac{\mathrm{d}\omega}{\mathrm{d}t}}=\dfrac{1}{2\pi}\displaystyle\int_0^{2\pi}\dfrac{\sqrt{1-e^2}}{nae}\left[-S\cos f+T\left(1+\dfrac{r}{p}\right)\sin f\right]\mathrm{d}M, \\ \overline{\dfrac{\mathrm{d}M_0}{\mathrm{d}t}}=\dfrac{1}{2\pi}\displaystyle\int_0^{2\pi}-\left(\dfrac{1-e^2}{nae}\right)\left[-S\left(\cos f-2e\dfrac{r}{p}\right)+T\left(1+\dfrac{r}{p}\right)\sin f\right]\mathrm{d}M, \\ \overline{\dfrac{\mathrm{d}i}{\mathrm{d}t}}=\overline{\dfrac{\mathrm{d}\Omega}{\mathrm{d}t}}=0. \end{cases} \tag{3}$$

将（1）式的 S 和 T 代入下式求平均值：

$$\begin{cases} \overline{T}=\dfrac{1}{2\pi}\displaystyle\int_0^{2\pi}T\mathrm{d}M=0, \\ \overline{T\cos E}=\dfrac{1}{2\pi}\displaystyle\int_0^{2\pi}T\cos E\mathrm{d}M=0, \\ \overline{T\cos f}=\dfrac{1}{2\pi}\displaystyle\int_0^{2\pi}T\cos f\mathrm{d}M=0, \\ \overline{T\sin f}=\dfrac{1}{2\pi}\displaystyle\int_0^{2\pi}T\sin f\mathrm{d}M=\dfrac{K_3 e}{2a^3(1-e^2)^{\frac{3}{2}}}, \\ \overline{Tr\sin f}=\dfrac{1}{2\pi}\displaystyle\int_0^{2\pi}Tr\sin f\mathrm{d}M=\dfrac{K_3 e}{2a^2(1-e^2)^{\frac{1}{2}}}, \\ \overline{S\sin f}=\dfrac{1}{2\pi}\displaystyle\int_0^{2\pi}S\sin f\mathrm{d}M=0, \\ \overline{S\cos f}=\dfrac{1}{2\pi}\displaystyle\int_0^{2\pi}S\cos f\mathrm{d}M=\dfrac{K_2 e}{a^4(1-e^2)^{\frac{5}{2}}}. \end{cases} \tag{4}$$

将以上（4）式代入方程组（3）后得到轨道要素的长期变率的式子

$$\begin{cases} \overline{\dfrac{\mathrm{d}a}{\mathrm{d}t}}=0, \\ \overline{\dfrac{\mathrm{d}e}{\mathrm{d}t}}=0, \\ \overline{\dfrac{\mathrm{d}\omega}{\mathrm{d}t}}=\dfrac{1}{na^3}\left(\dfrac{K_3}{p}-\dfrac{K_2}{p^2}\right), \\ \overline{\dfrac{\mathrm{d}M_0}{\mathrm{d}t}}=-\dfrac{1}{na^3}\left[2K_1+\dfrac{K_2}{a^2(1-e^2)^{\frac{3}{2}}}+\dfrac{K_3}{a(1-e^2)^{\frac{1}{2}}}\right]. \end{cases} \tag{5}$$

将（1）（2）式的 K_1，K_2 和 K_3 转换成用 c（光速）和 G（引力常数）表之，然后代入方程组（5），并利用 Kepler 第三定律

$$n^2a^3=G(\mu_1+\mu_2)，n=\frac{2\pi}{T}.$$

式中 n 和 T 分别为轨道角速度和轨道周期，则由（5）式可得双星近星点和平近点角的后牛顿效应的长期变率

$$\begin{aligned} \overline{\frac{\mathrm{d}\omega}{\mathrm{d}t}}=&-\frac{8}{5}\cdot\frac{\pi\ (1+\gamma)}{c^2p^2T}\sqrt{G\ (\mu_1+\mu_2)\ p}\left[\left(\frac{\mu_1}{\mu_1+\mu_2}\right)a_1^2\Omega_1-2\left(\frac{\mu_2}{\mu_1+\mu_2}\right)a_2^2\Omega_2\right] \\ &+\frac{6\pi\ (\gamma+1)}{35c^2p^2T}\left[\left(\frac{\mu_1}{\mu_1+\mu_2}\right)a_1^4\Omega_1^2+\left(\frac{\mu_2}{\mu_1+\mu_2}\right)a_2^4\Omega_2^2\right]. \end{aligned} \tag{6}$$

$$\begin{aligned} \overline{\frac{\mathrm{d}M_0}{\mathrm{d}t}}=&\frac{4}{5}\cdot\frac{\pi\ (1+2\gamma)}{c^2T}\left[\left(\frac{\mu_1}{\mu_1+\mu_2}\right)a_1^2\Omega_1^2+\left(\frac{\mu_2}{\mu_1+\mu_2}\right)a_2^2\Omega_2^2\right]+\frac{6\pi\ (1+\gamma)}{35c^2Ta^2\ (1-e^2)^{\frac{3}{2}}} \\ &\left[\left(\frac{\mu_1}{\mu_1+\mu_2}\right)a_1^4\Omega_1^2+\left(\frac{\mu_2}{\mu_1+\mu_2}\right]a_2^4\Omega_2^2\right]-\frac{24\pi\ (1+\gamma)}{5c^2Ta^{\frac{3}{2}}\ (1-e^2)}\cdot\frac{G\mu_2a_2^2\Omega_2}{\sqrt{G\ (\mu_1+\mu_2)}}. \end{aligned} \tag{7}$$

轨道半长轴 a 和偏心率 e 均无长期变化项，且对轨道倾角 i 和升交点角 Ω 也无摄动影响.

3. 密近双星系中两子星的自转对轨道要素 ω 和 M_0 产生的后牛顿效应的长期变率的计算

在双星系内两个子星的自转轴的坐标很难测定. 虽然在双星系中两个子星的自转轴绝大部分垂直或接近垂直于轨道面，但并不严格垂直，相差多少也难测定. 不过由于密近双星相互距离较近，潮汐摩擦作用使子星的轨道绝大部分位于主星的赤道面上. 且轨道面对主星赤道面的倾角为零，形成两子星在同一轨道面上运动. 这时可以视为两子星的自转轴垂直于轨道面或接近垂直于轨道面. 故前节所得的（6）（7）式可以应用于密近双星的计算. 本文选取 C W Cep 和 D R Vul 两颗密近双星作实例作一计算，所需物理量的数据取自文献［5］如表 1 和表 2 所列.

表 1 C W Cep 和 D R Vul 的物理量数据

	T (d)	a_1 ($R_\odot$)	a_2 ($R_\odot$)	μ_1 ($M_\odot$)	μ_2 ($M_\odot$)	a ($R_\odot$)	e
C W Cep	2.73	5.76	4.83	12.42	11.43	23.23	0.04
D R Vul	2.25	4.89	4.53	11.26	10.47	18.48	0.10

表 2　根据文献［5］所得的自转角速度值（$\Omega=V/R$）

	$V_1 \sin i$ (km/s)	$V_2 \sin i$ (km/s)	i	V_1 (km/s)	V_2 (km/s)	Ω_1 (10^{-5} rad)	Ω_2 (10^{-5} rad)
C W Cep	123	112	82°	124	113	3.09	3.36
D R Vul	130	110	88°	130	110	3.82	3.49

将表 1 中数据和表 2 中的 Ω_1 和 Ω_2 的数据代入（6）（7）式后得：

对于 C W Cep 双星的

$$\begin{cases}\overline{\dfrac{\mathrm{d}\omega}{\mathrm{d}t}}=(1+\gamma)(4.4475+0.0377)\text{ 角秒 / 年}, \\ \overline{\dfrac{\mathrm{d}M_0}{\mathrm{d}t}}=[1.0882(1+2\gamma)+0.1252(1+\gamma)-23.0563(1+\gamma)]\text{ 角秒 / 年}.\end{cases} \tag{8}$$

对于 DR Vul 双星

$$\begin{cases}\overline{\dfrac{\mathrm{d}\omega}{\mathrm{d}t}}=(1+\gamma)(7.3319+0.1971)\text{ 角秒 / 年}, \\ \overline{\dfrac{\mathrm{d}M_0}{\mathrm{d}t}}=[13.1021(1+2\gamma)+0.1961(1+\gamma)-34.8567(1+\gamma)]\text{ 角秒 / 年}.\end{cases} \tag{9}$$

在广义相对论中 $\gamma=1$，在 Brans-Dicke 理论中 $\gamma=\dfrac{1+\omega}{2+\omega}=\dfrac{15}{16}$，将两种理论的 γ 值代入（8）（9）式后得出双星系中两子星的自转在两种引力理论中对近星点和平近点角产生的后牛顿效应值，如表 3 所示. 表 3 中 $\dot{\omega}$（E），$\dot{M}_0$（E）和 $\dot{\omega}$（B），$\dot{M}_0$（B）分别表示在广义相对论和 Brans-Dicke 两种理论中的变率.

表 3　两子星在两种引力理论中产生的后牛顿效应值

双星	$\dot{\omega}$（E）（角秒/年）	$\dot{\omega}$（B）（角秒/年）	$\dot{M}_0$（E）（角秒/年）	$\dot{M}_0$（B）（角秒/年）
C W Cep	8.970 4	8.690 1	−65.528 7	−62.798 3
D R Vul	15.058 0	14.587 4	−64.677 5	−61.980 7

4. 结论和讨论

（1）从计算的结果可知，双星的自转效应比太阳、行星和地球的自转效应大. 以近星点进动为例，对 C W Cep 双星，$\dfrac{\mathrm{d}\omega}{\mathrm{d}t}=897.04''$/世纪；对 D R Vul 双星，$\dfrac{\mathrm{d}\omega}{\mathrm{d}t}=1505.80''$/世纪. 但对水星，$\dfrac{\mathrm{d}\omega}{\mathrm{d}t}=-0.0123''$/世纪；而木星对木卫二，$\dfrac{\mathrm{d}\omega}{\mathrm{d}t}=-220.3951''$/世纪.

（2）对于 C W Cep 而言，因子 $a_2^2\Omega_2^2$ 的项比 $a_2^2\Omega_2$ 项小一个数量级，$a_2^4\Omega_2^2$ 比 $a_2^2\Omega_2$ 小两个数量级；对于 D R Vul 而言，$a_2^2\Omega_2^2$ 同 $a_2^2\Omega_2$ 的量级相同，而 $a_2^4\Omega_2^2$ 比 $a_2^2\Omega_2$ 小两个量级. 故因子 $a_2^2\Omega_2^2$ 项不能略去，但因子 $a_2^4\Omega_2^2$ 项可以略而不计. 文献［1］中只有因子 $a_2^2\Omega_2$ 项，无 $a_2^2\Omega_2^2$ 项，只适宜计算太阳系天体，不适宜计算双星情形. 文献［4］对

于一体质量情形的计算所得含 $a_1^2\Omega_1^2$ 因子项产生的效应和有因子 $a_1^2\Omega_1$ 的项产生的效应有相同量级，而在二体质量的双星情形两者相差一个量级．此外，文献［4］中对于含 $a_1^4\Omega_2^2$ 因子的项比 $a_1^2\Omega_1$ 因子的项产生的效应只相差一个量级，而本文在双星情形中，两者相差两个量级．故在研究双星情形中，$\Omega_2^4\Omega_2^2$ 比 $a_2^2\Omega_2^2$ 小两个量级，所以 $\Omega_2^4a_2^2$ 项可以略而不计．

（3）如果将本文根据文献［2］给出的摄动三分量 S，T，W 取为中心体为一体自转情形（此时 $\mu_1\neq0$，$\mu_2=0$），并取 Ω 的一阶量，略去二阶量后，在广义相对论情形 $\Delta=1$，$\gamma=1$，这时 $K_1=0$，$K_2=\frac{4}{5}\mu_1a_1^2\Omega_1\sqrt{mp}$，$K_3=-\frac{4}{5}\mu_1a_1^2\Omega_1\sqrt{mp}/p$，故（1）式的 S，T，W 化为文献［1］中令 $i=0°$时的三分量 R，S，W，而文献［1］中所给出的摄动三分量是由文献［2］给出的三分量在一体质量情形取 Ω 一阶量的式子．两者给出的摄动分量式子都是正确的，只是文献［1］给出的式子是文献［2］给出的式子的特例而已．在只考虑自转缓慢的中心体—体质量时用文献［1］所计算的三分量 R，S，W 仍是正确的，所得结果仍有意义．此外，文献［1］和文献［2］两者所使用的后牛顿参量可以相互转化，即通过 $\alpha_1=8\Delta-4\gamma-4$ 使两者所用参量相互转化，如在广义相对论情形中因 $\alpha_1=0$，所以有 $\Delta=\gamma=1$．

（4）在双星系中伴星的轨道面往往不一定同主星的赤道面相一致，以及两子星的自转轴都垂直于轨道面，只有在密近双星系中两子星由于潮汐摩擦作用使伴星轨道位在主星的赤道面上，且两子星的自转轴近似垂直于轨道面．由于假定轨道面同主星的赤道面相一致，此时轨道倾角 $i=0$，故有 $W=0$，又依拉格朗日运动方程 $\frac{\mathrm{d}i}{\mathrm{d}t}=0$，故对轨道倾角 i 无摄动影响．由于轨道倾角 $i=0$，轨道上无升交点或升交点线的标志，因而摄动对升交点经度 Ω 的影响也无意义．另外，文中用 $V\sin i$ 计算自转角速 Ω，其中的 i 是指轨道面和垂直视线的天球面的交角，不是拉氏摄动方程中的轨道倾角 i．只有主星的赤道面同垂直于观测者的天球切面相一致时，两者的倾角才相同，但主星的赤道面是否同垂直于视线的天球面相一致，这是很难测定的．由于双星自转轴的坐标很难测定，故本文用前述简化方法解问题．

参考文献

［1］李林森．中心体自转对天体轨道要素变化的后牛顿效应．天文学报，1990，31（1）：108-111．

［2］韩韬．自转二体问题中的 PPN 摄动力三分量 S．T．W．紫金山天文台刊，1991．10（2）：128-138．

［3］M A Vincent．Celest Mech．1986，39：51-21．

［4］韩韬．天体自转因素导致的相对论效应．紫金山天文台刊，1991，10（4）：276-286．

［5］谭微松，潘开科，汪洵浩．密近双星自转的测量和研究（Ⅰ）．天体物理学报，1995，15（1）：57-68．

双星系中两子星的自转对双星轨道变化的后牛顿效应*

摘要：在以前研究的基础上继续研究了双星两子星的自转对轨道变化的后牛顿效应，给出自转对轨道产生的长期摄动效应和周期摄动效应. 理论结果表明，两子星的自转对轨道半长轴、轨道偏心率、近星点角和平近点经度均产生周期摄动效应，但对前两个轨道根数不产生长期摄动效应，只对后两个轨道根数产生长期摄动效应. 并利用理论结果对6个双星系：E K Cep，G T Cep，N Y Cep，V448 Cyg，V1143 Cyg和V451 Oph中两子星的自转对轨道产生周期和长期摄动效应做了数值计算，数值结果显示：对于两个质量较大快速自转的双星系，由此产生的后牛顿效应是不能忽视的.

关键词：双星自转；轨道变化；后牛顿效应

1. 引　言

在牛顿引力理论中不存在自旋场效应，但在后牛顿引力理论中就存在自旋场效应，这就是自旋体对轨道产生的后牛顿效应. 文［1］［2］曾研究了中心体自转对天体轨道要素产生的后牛顿效应，但理论结果只能应用于太阳系内自转缓慢的一体自转情形. 例如：文［1］计算行星自转对卫星轨道产生的后牛顿效应以及文［2］计算太阳自转对行星轨道产生的后牛顿效应. 随后文［4］又根据文［3］的理论结果计算了太阳系内各种天体的自转对轨道产生的效应，但也属一体自转情形. 然而，所有这些计算均不适用于双星系中质量较大的快速自转的两子星对轨道产生的后牛顿效应. 正因如此，文［5］根据文［3］给出的摄动三分量又研究了自转轴垂直于轨道面的双星自转对轨道产生的后牛顿效应. 然而，文［5］的研究采用摄动方程求平均值的积分法得到长期摄动的后牛顿效应而没有给出周期摄动效应. 此外，文中利用理论结果只对两个样本双星做了数值计算，所选取的样本星太少. 为了全面研究此课题，本文对高斯型摄动方程采用非平均值法解方程以求得周期摄动和长期摄动的后牛顿效应，并在计算实例中增加6个样本星的计算. 在计算中不仅给出轨道根数每周转的进动量、拱线进动速率和进动周期的长期摄动效应，也计算了周期摄动项中最大振幅值的效应. 所有这些研究都是对文［5］的进一步完善.

---

* 原文载于《天文学报》，2001，42（4）：428-435.

2. 双星自转对子星轨道产生的后牛顿摄动量

一般来说，双星自转轴不一定严格垂直于轨道面，但在密近双星系中潮汐摩擦作用使两子星的赤道面近似重合，两子星的自转轴近似垂直于轨道面. 本文在此假定下仍采用作者在文［5］中根据文［3］给出二体自转共同影响的摄动三分量 S，T，W 的如下形式[5]：

$$S=\frac{1}{c^2}\left(\frac{K_1}{r^2}+\frac{K_2}{r^4}\right), \tag{1}$$

$$T=\frac{K_3 e\sin f}{r^3}, \tag{2}$$

$$W=0, \tag{3}$$

其中

$$K_1=-\frac{1}{5}(1+2\gamma)(GM_1R_1^2\Omega_1^2+GM_2R_2^2\Omega_2^2), \tag{4}$$

$$\begin{aligned}K_2=&\frac{2}{5}(1+\gamma)(GM_1R_1^2\Omega_1+GM_2R_2^2\Omega_2)\sqrt{GMp}\\&-\frac{3}{35}(1+\gamma)(GM_1R_1^4\Omega_1^2+GM_2R_2^4\Omega_2^2),\end{aligned} \tag{5}$$

$$K_3=-\left[\frac{2}{5}(1+\gamma)GM_1R_1^2\Omega_1-2(1+\gamma)GM_2R_2^2\Omega_2\right]\frac{\sqrt{GMp}}{p}, \tag{6}$$

式中 f 为真近点角，e 为轨道偏心率，R_1 和 R_2 为二体的半径，M_1 和 M_2 为二体的质量，而 $M=M_1+M_2$，Ω_1 和 Ω_2 为二体的自转角速度，$p=a\ (1-e^2)$，a，c，G 和 γ 分别为轨道半长轴、光速、引力常数和后牛顿参量.

文［3］～［5］都采用了引力常数 G 和光速 c 为 1 的确定单位，而本文将 G 和 c 取为量纲单位，R_1，R_2 和 a 取太阳半径为单位，M_1，M_2 和 M 取太阳质量为单位.

将（1）～（3）式代入由摄动三分量 S，T，W 表示的以时间为自变量的高斯型摄动方程[6]，并做自变量变换：

$$\mathrm{d}t=\frac{1}{n}\left(\frac{r}{a}\right)^2\frac{1}{\sqrt{1-e^2}}\mathrm{d}f, \tag{7}$$

可得以真近点角为自变量的摄动方程：

$$\begin{aligned}\frac{\mathrm{d}a}{\mathrm{d}f}=\frac{2}{c^2n^2a^2(1-e^2)}\Bigg\{&\left[K_1+\left(\frac{K_2}{p^2}+\frac{K_3}{p}\right)e\right]\sin f\\&+\left(\frac{K_2}{p^2}+\frac{K_3}{p}\right)e^2\sin 2f\Bigg\},\end{aligned} \tag{8}$$

$$\frac{\mathrm{d}e}{\mathrm{d}f}=\frac{1}{c^2n^2a^3}\Bigg\{\left[K_1+\left(1+\frac{1}{4}e^2\right)\frac{K_2}{p^2}+5e^2\frac{K_3}{4p}\right]\sin f$$

$$+\left(\frac{K_2}{p^2}+\frac{K_3}{p}\right)e\sin 2f+\frac{1}{4}\left(\frac{K_2}{p^2}+\frac{K_3}{p}\right)e^2\sin 3f\bigg\},\tag{9}$$

$$\frac{d\omega}{df}=\frac{1}{c^2n^2a^3e}\left\{\left(\frac{K_3}{p}-\frac{K_2}{p^2}\right)e-\left[K_1+\left(1+\frac{3}{4}e^2\right)\frac{K_2}{p^2}-\frac{e^2K_3}{4p}\right]\cos f-\right.$$
$$\left.\left(\frac{K_2}{p^2}+\frac{K_3}{p}\right)e\cos 2f-\frac{1}{4}\left(\frac{K_2}{p^2}+\frac{K_3}{p}\right)e^2\cos 3f\right\},\tag{10}$$

$$\frac{dM_0}{df}=-\frac{\sqrt{1-e^2}}{c^2n^2a^3e}\left\{\left(\frac{K_2}{p^2}+\frac{K_3}{p}\right)e+\left[\frac{e^2K_3}{4p}\right.\right.$$
$$\left.-\left(1-\frac{5}{4}e^2\right)\frac{K_2}{p^2}-K_1\right]\cos f-\left(\frac{K_2}{p^2}+\frac{K_3}{p}\right)e\cos 2f$$
$$\left.-\frac{1}{4}\left(\frac{K_2}{p^2}+\frac{K_3}{p}\right)e^2\cos 3f+\frac{2eK_1r}{p}\right\}.\tag{11}$$

式中 ω 为近星点角距，M_0 为 $t=0$ 时的平近点角，n 为平均运动. 利用

$$r\,df=a\sqrt{1-e^2}\,dE \text{ 和 } n^2a^3=G(M_1+M_2),\tag{12}$$

积分（8）～（11）式可得轨道根数的后牛顿摄动量：

$$\delta a=\sum_{i=1}^{2}A_i(\cos if-\cos if_0),\tag{13}$$

$$\delta e=\sum_{i=1}^{3}E_i(\cos if-\cos if_0),\tag{14}$$

$$\delta\omega=W_0(f-f_0)+\sum_{i=1}^{3}W_i(\sin if-\sin if_0),\tag{15}$$

$$\delta M_0=Q_0(f-f_0)+Q_0'(E-E_0)+\sum_{i=1}^{3}Q_i(\sin if-\sin if_0).\tag{16}$$

式中 E 为轨道偏近点角，展开式中略去 e^3 项后可得各周期项的振幅和长期项系数如下：

$$\begin{cases}A_1=-\dfrac{2a^2}{c^2G(M_1+M_2)}\left[\dfrac{K_1}{p}+\left(\dfrac{K_2}{p^3}+\dfrac{K_3}{p^2}\right)e\right],\\ A_2=-\dfrac{a^2}{c^2G(M_1+M_2)}\left(\dfrac{K_2}{p^3}+\dfrac{K_3}{p^2}\right)e^2.\end{cases}\tag{17}$$

$$\begin{cases}E_1=-\dfrac{1}{c^2G(M_1+M_2)}\left[K_1+\left(1+\dfrac{1}{4}e^2\right)\dfrac{K_2}{p^2}+\dfrac{5e^2K_3}{4p}\right],\\ E_2=-\dfrac{1}{2c^2G(M_1+M_2)}\left(\dfrac{K_2}{p^2}+\dfrac{K_3}{p}\right)e,\\ E_3=-\dfrac{1}{12c^2G(M_1+M_2)}\left(\dfrac{K_2}{p^2}+\dfrac{K_3}{p}\right)e^2.\end{cases}\tag{18}$$

$$
\begin{cases}
W_0=-\dfrac{1}{c^2G(M_1+M_2)}\left(\dfrac{K_3}{p}-\dfrac{K_2}{p^2}\right),\\
W_1=-\dfrac{1}{c^2G(M_1+M_2)e}\left[K_1+\left(1+\dfrac{3}{4}e^2\right)\dfrac{K_2}{p^2}-\dfrac{e^2K_3}{4p}\right],\\
W_2=-\dfrac{1}{2c^2G(M_1+M_2)}\left(\dfrac{K_2}{p^2}+\dfrac{K_3}{p}\right),\\
W_3=-\dfrac{1}{12c^2G(M_1+M_2)}\left(\dfrac{K_2}{p^2}+\dfrac{K_3}{p}\right)e.
\end{cases}
\tag{19}
$$

$$
\begin{cases}
Q_0=-\dfrac{\sqrt{1-e^2}}{c^2G(M_1+M_2)}\left(\dfrac{K_2}{p^2}+\dfrac{K_3}{p}\right),\\
Q'_0=\dfrac{-2K_1}{c^2G(M_1+M_2)},\\
Q_1=\dfrac{\sqrt{1-e^2}}{c^2G(M_1+M_2)e}\left[K_1+\left(1-\dfrac{5}{4}e^2\right)\dfrac{K_2}{p^2}-\dfrac{e^2K_3}{4p}\right],\\
Q_2=\dfrac{\sqrt{1-e^2}}{2c^2G(M_1+M_2)}\left(\dfrac{K_2}{p^2}+\dfrac{K_3}{p}\right),\\
Q_3=\dfrac{\sqrt{1-e^2}}{12c^2G(M_1+M_2)}\left(\dfrac{K_2}{p^2}+\dfrac{K_3}{p}\right)e,
\end{cases}
\tag{20}
$$

式中 K_1，K_2 和 K_3 由（4）～（6）式给出.

3. 周期摄动和长期摄动

由（13）～（16）式可以看出，δa，δe，$\delta\omega$ 和 δM_0 各式右端有正弦和余弦的项，皆为周期摄动项，故 4 个轨道根数皆有周期摄动，周期摄动项的振幅为（17）～（20）中的 A_1，A_2，E_1，E_2，W_1，W_2，W_3，Q_1，Q_2 和 Q_3 各式.

又因为真近点角 f 和偏近点角 E 皆可展开平近点角 $M=nt$ 加上 M 的三角级数，所以（15）和（16）式右端凡有（$f-f_0$）和（$E-E_0$）的项皆为长期项，长期项的系数为 W_0n，Q_0n，Q'_0n. 故轨道近星点角距和平近点角不仅有周期项，还有长期项.

（1）长期项系数为

$$
\begin{cases}
W_s=W_0n=\dfrac{2\pi}{c^2G(M_1+M_2)T}\left(\dfrac{K_3}{p}-\dfrac{K_2}{p^2}\right),\\
Q_s=(Q_0+Q'_0)n=-\dfrac{2\pi\sqrt{1-e^2}}{c^2G(M_1+M_2)T}\left[\dfrac{2K_1}{\sqrt{1-e^2}}+\dfrac{K_2}{p^2}+\dfrac{K_3}{p}\right],
\end{cases}
\tag{21}
$$

式中 T 为轨道周期.

（2）轨道根数每周转一次的长期进动量

令 f 和 E 由 0° 变化到 2π，即令 $f_0=0$，$f=2\pi$，$E_0=0$，$E=2\pi$，将其代入（13）～（16）式后得每旋转一周的进动量：

$$\begin{cases}\Delta a_s=0,\Delta e_s=0,\\ \Delta\omega_s=2\pi W_0=\dfrac{2\pi}{c^2G(M_1+M_2)}\left(\dfrac{K_3}{p}-\dfrac{K_2}{p^2}\right)(\text{rad/ 周}),\\ \Delta M_{0s}=2\pi(Q_0+Q'_0)\\ \qquad=-\dfrac{2\pi\sqrt{1-e^2}}{c^2G(M_1+M_2)}\left[\dfrac{2K_1}{\sqrt{1-e^2}}+\dfrac{K_2}{p^2}+\dfrac{K_3}{p}\right](\text{rad/ 周}).\end{cases}\tag{22}$$

（3）轨道进动速率

将（22）式除以轨道周期 T，得轨道长期进动率：

$$\begin{cases}\dot a_s=\dfrac{\mathrm{d}a_s}{\mathrm{d}t}=0,\dot e_s=\dfrac{\mathrm{d}e_s}{\mathrm{d}t}=0,\\ \dot\omega_s=\dfrac{\mathrm{d}\omega_s}{\mathrm{d}t}=\dfrac{2\pi W_0}{T}=\dfrac{2\pi}{c^2G(M_1+M_2)T}\left(\dfrac{K_3}{p}-\dfrac{K_2}{p^2}\right)(\text{rad/a}),\\ \dot M_{0s}=\dfrac{\mathrm{d}M_{0s}}{\mathrm{d}t}=\dfrac{2\pi}{T}(Q_0+Q'_0)\\ \qquad=-\dfrac{2\pi\sqrt{1-e^2}}{c^2G(M_1+M_2)T}\left[\dfrac{2K_1}{\sqrt{1-e^2}}+\dfrac{K_2}{p}+\dfrac{K_3}{p}\right](\text{rad/a}),\end{cases}\tag{23}$$

式中轨道周期 T 的单位用年表示.

（4）拱线进动周期 P_ω

$$P_\omega=2\pi\text{rad}/\dot\omega.$$

如果 $\dot\omega_s$ 用角秒/年为单位表示，P_ω 用年为单位表示，则

$$P_\omega(\text{年})=1\ 296\ 004\ \text{角秒}/\dot\omega_s(\text{角秒}/\text{年}).\tag{24}$$

4. 对 6 颗双星的计算结果

正如上文所述，由于密近双星相距很近，潮汐摩擦作用使伴星的轨道面几乎位于主星的赤道面上，形成两子星几乎在同一轨道面上运动. 这时可以看作两子星的自转轴几乎垂直于轨道面，故本文的理论结果可以应用于密近双星的计算. 文［5］曾对两个样本星 C W Cep 和 D R Vul 的长期效应做计算. 本文再增加 6 颗双星：E K Cep，G T Cep，N Y Cep，V448 Cyg，V1143 Cyg 和 V451 Oph，对周期和长期摄动效应做全面计算，所需物理量 T，a，R_1，R_2，M_1，M_2 和 e 的数据取自文［7］. 两子星的自转角速度 $\Omega_{1,2}=\dfrac{V_{1,2}}{R_{1,2}}$，其中的 $V_{1,2}$ 取自文［7］.

本文对 6 颗双星在两种引力理论中做后牛顿效应的计算. 在广义相对论中取后牛顿参量 $\gamma=1$，在 Brans-Dicke 理论中 $\gamma=1+\frac{\omega}{2}+\omega=\frac{15}{16}$，耦合常数 $\omega=14$[4]. 将 γ 的值和所有物理数据代入（4）～（6）式可得两种引力理论中 K_1，K_2 和 K_3 的数值，然后代入（17）～（24）式可得周期摄动项的最大振幅值，长期项的系数值，轨道根数每周的进动量，拱线进动速率和拱线进动周期如表 1 至表 3 所示. 表中每格上方为广义相对论的理论数值，下方为 Brans-Dicke 的理论数值.

5. 讨　论

（1）由理论结果可知，对于自转轴垂直于轨道面的两子星自转对轨道半长轴和偏心率均产生周期摄动效应而无长期效应，但对近星点角距和历元平近点角不仅有周期摄动效应，而且有长期摄动效应. 这同文［1］给出的一体的自转效应略有不同. 对于一体自转情形，轨道半长轴无摄动效应，历元平近点角只有周期摄动效应而无长期摄动效应. 如果将（4）～（6）式的 K_1，K_2，K_3 代入（23）式，立即化为文［5］给出的轨道根数 ω 和 M_0 的长期摄动效应式子. 故用两种方法推得的长期摄动式子是一致的，但文［5］并没有给出周期摄动效应. 文［1］［2］［4］虽然计算了 $W\neq0$ 的情形，但所得结果只适用于太阳系内一体自转效应，而文［5］和本文的结果适用于双星系中二体自转的情形.

表 1　周期摄动项的振幅的最大值

Binary Stars	A_{max}(m)	$E_{max}\times10^{-10}$	$W_{max}\times10^{-10}$(rad)	$Q_{max}\times10^{-10}$(rad)
E K Cep	32.72	−7.49	−72.41	+67.15
	31.35	−7.41	−71.48	+66.39
G T Cep	562.95	−90.36	−1 555.06	+1 522.75
	539.94	−89.14	−1 533.23	+1 501.87
N Y Cep	7 723.29	+276.85	+323.74	+545.09
	7 395.92	+259.90	+302.09	+517.91
V448 Cyg	4 459.17	−231.99	−6 250.20	+6 177.11
	4 276.60	−231.71	−6 212.07	+6 141.14
V1143 Cyg	160.54	+16.72	−20.41	+0.18
	154.79	+16.04	−20.08	+0.43
V451 Oph	1 299.23	+308.09	+15 398.09	−15 413.81
	1 245.01	+290.34	+14 511.66	−14 526.96

表 2　长期项的系数值

Binary Stars	$W_0\times10^{-10}$(rad)	$Q_0\times10^{10}$(rad)	$Q'_0\times10^{10}$(rad)	W_0(角秒/年)	Q_S(角秒/年)
E K Cep	−3.18	−3.16	+28.47	−0.03	+0.27
	−3.08	−3.06	+27.28	−0.03	+0.26
G T Cep	−15.25	+216.13	+308.29	−0.15	+5.05
	−14.76	+209.38	+295.45	−0.14	+4.86
N Y Cep	−550.13	−61.57	+1 065.86	−1.70	+3.11
	−532.93	−59.65	+1 021.45	−1.65	+2.98
V448 Cyg	−2 831.99	+1 127.53	+1 207.17	−20.56	+16.95
	−2 743.49	+1 092.29	+1 156.87	−19.92	+16.33
V1143 Cyg	−75.91	+32.39	+31.89	−0.47	+0.39
	−73.54	+31.38	+30.56	−0.46	+0.38
V451 Oph	−528.36	−411.47	+1 556.12	−11.37	+24.63
	−511.85	−398.61	+1 491.28	−11.01	+23.51

表 3　长期摄动对轨道根数产生的后牛顿效应

Binary Stars	$\Delta\omega_s$(角秒/周)	ΔM_{0s}(角秒/周)	$\dot{\omega}_s$(角秒/年)	P_ω(年)
E K Cep	−0.000 4	0.003 2	−0.033 9	38 230 213
	−0.000 3	0.003 1	−0.032 9	39 392 226
G T Cep	−0.002 0	0.679 6	−0.146 9	8 822 357
	−0.001 9	0.654 3	−0.142 3	9 107 549
N Y Cep	−0.712 9	0.130 2	−1.704 2	760 477
	−0.690 6	0.124 6	−1.650 9	785 029
V448 Cyg	−0.367 0	0.302 6	−20.560 4	63 034
	−0.355 5	0.291 6	−19.917 9	65 067
V1143 Cyg	−0.009 8	0.008 3	−0.470 3	274 319
	−0.009 5	0.008 0	−0.455 9	282 966
V451 Oph	−0.068 4	0.148 3	−11.368 2	114 002
	−0.066 3	0.141 6	−11.012 9	117 680

由表 1 至表 3 的数值可知，双星系中两子星的自转对轨道的周期摄动效应和长期摄动效应是比较显著的. 其中对半长轴的周期摄动项的最大振幅可达 7 千米以上

(N Y Cep)，拱线进动速率在广义相对论情形下每年达 20 角秒以上，进动周期仅 6 万多年（V448 Cyg）. 所以，双星两子星的自转对轨道产生的后牛顿效应不应忽视.

(2) 如果本文根据文［3］给出的摄动三分量 S，T，W 取为一体自转情形($M_1\neq 0$，$M_2=0$) 并取 Ω 的一阶量，在广义相对论情形下（$\Delta=1$，$\gamma=1$），则（1）～（3）式中 S，T，W 化为文［1］中 $i=0$ 时的 R，S，W 式子. 故两者给出的摄动三分量式子都是正确的，只是文［1］给出的三分量是文［3］给出的式子的特例而已. 文［4］在研究和计算太阳系内一体自转效应时得出结论：含 $R^2\Omega^2$ 因子的项产生的效应与含 $R^2\Omega$ 因子的项产生的效应有相同量级. 故 Ω 的二阶量在一体自转情形下也应加以考虑，这比文［1］更完善. 在双星的二体自转效应情形下，按本文的研究和计算，如果将（4）～（6）式中的 K_1，K_2 和 K_3 代入（22）（23）式，以 E K Cep 双星为例，将其数据代入后比较 $\Delta\omega_S$ 和 ΔM_{0s} 两式右端含有 $R^2\Omega$，$R^2\Omega^2$ 和 $R^4\Omega^2$ 因子的项，可得出含 $R^2\Omega^2$ 因子的项虽然比含 $R^2\Omega$ 因子的项较小，但都属同一量级，而含 $R^4\Omega^2$ 因子的项要比含 $R^2\Omega$ 因子的项小 2～3 个量级. 故在二体自转情形下含 $R^4\Omega^2$ 因子的项可以略去，但含 $R^2\Omega^2$ 因子的项不应略去，而本文的计算值包括了对 $R^4\Omega^2$ 因子的项的计算.

(3) 由于双星两子星的自转轴的坐标难以测定，故本文选取两子星的自转轴垂直于轨道面，这可使子星轨道面同主星的赤道面一致（$i=0$），此点符合双星系两子星的潮汐摩擦作用使伴星位于主星的赤道面上，使两子星的自转轴垂直于轨道面. 然而，此种假设仍为近似而已. 由于子星轨道面同主星的赤道面一致，$i=0$，再由（3）式 $W=0$，故由高斯型摄动方程积分后可得 $\delta i=0$，即轨道倾角不受摄动影响. 至于对升交点经度的摄动影响，因 i 和 W 都为零，摄动方程虽然出现奇异性，但可通过变换消除，最后仍可得到一个合理解 $\delta\Omega=0$. 不过讨论升交点有无摄动并无意义，因为轨道面同主星赤道面重合（$i=0$），轨道上就没有升交点线的标志，因而摄动对 Ω 的效应也就无从量起，从而也就失去意义. 至于对近星点角距 ω 的摄动，虽然对 ω 也无法从升交点线量起，但只要是椭圆轨道，双星的近星点是存在的，并可观测到. 故对近星点产生的后牛顿摄动量 $\delta\omega$ 也是存在的，其值较大时也可观测到. 同样，由近星点量起的历元平近点角 M_0 也是如此，故本文对 6 颗双星所计算的 $\Delta\omega_s$，$\dot{\omega}_s$，ΔM_{0s} 和 $\dot{M}_{0s}$ 的摄动效应仍有意义.

参考文献

［1］李林森. 天文学报，1990，31：108-111.

[2] Li Linsen. Commun Theor Phys，1991，15：353-358.

[3] 韩韬. 紫金山天文台刊，1991，10：128-138.

[4] 韩韬. 紫金山天文台刊，1991，10：276-286.

[5] 李林森. 陕西天文台台刊，1998，21：78-82.

[6] 郑学塘，倪彩霞. 天体力学和天文动力学. 北京：北京师范大学出版社，1989.

[7] 谭徽松，潘开科，汪洵浩. 天体物理学报，1995，15：57-68.